2024年版

共通テスト
過去問研究

数学 Ⅰ・A/Ⅱ・B

教学社

共通テストってどんな試験？

大学入学共通テスト（以下，共通テスト）は，大学への入学志願者を対象に，高校における基礎的な学習の達成度を判定し，大学教育を受けるために必要な能力について把握することを目的とする試験です。一般選抜で国公立大学を目指す場合は原則的に，一次試験として共通テストを受験し，二次試験として各大学の個別試験を受験することになります。また，私立大学も9割近くが共通テストを利用します。そのことから，共通テストは50万人近くが受験する，大学入試最大の試験になっています。以前は大学入試センター試験がこの役割を果たしており，共通テストはそれを受け継いだものです。

どんな特徴があるの？

共通テストの問題作成方針には「思考力，判断力，表現力等を発揮して解くことが求められる問題を重視する」とあり，「思考力」を問うような出題が多く見られます。たとえば，日常的な題材を扱う問題や複数の資料を読み取る問題が，以前のセンター試験に比べて多く出題されています。特に，授業において生徒が学習する場面など，学習の過程を意識した問題の場面設定が重視されています。ただし，高校で履修する内容が変わったわけではありませんので，出題科目や出題範囲はセンター試験と同じです。

どうやって対策すればいいの？

共通テストで問われるのは，高校で学ぶべき内容をきちんと理解しているかどうかですから，普段の授業を大切にし，教科書に載っている基本事項をしっかりと身につけておくことが重要です。そのうえで出題形式に慣れるために，過去問を有効に活用しましょう。共通テストは問題文の分量が多いので，過去問に目を通して，必要とされるスピード感や難易度を事前に知っておけば安心です。過去問を解いて間違えた問題をチェックし，苦手分野の克服に役立てましょう。

また，共通テストでは思考力が重視されますが，思考力を問うような問題はセンター試験でも出題されてきました。共通テストの問題作成方針にも「大学入試センター試験及び共通テストにおける問題評価・改善の蓄積を生かしつつ」と明記されています。本書では，共通テストの内容を詳しく分析し，過去問を最大限に活用できるよう編集しています。

本書が十分に活用され，志望校合格の一助になることを願ってやみません。

はじめに

Contents

共通テストの基礎知識……………………………………………………………… 003
共通テスト対策講座………………………………………………………………… 011
共通テスト攻略アドバイス………………………………………………………… 033
実戦創作問題　数学Ⅰ・A／Ⅱ・B※
解答・解説編
問題編（別冊）
　マークシート解答用紙２回分

●過去問掲載内容

<共通テスト>

本試験　３年分（2021～2023年度）
追試験　１年分（2022年度）
数学Ⅰ／Ⅱ　本試験　２年分（2022・2023年度）
第２回　試行調査
第１回　試行調査

<センター試験>

本試験　４年分（2017～2020年度）

※ 実戦創作問題は，教学社が独自に作成した，共通テスト対策用の本書オリジナル問題です。
＊ 2021年度の共通テストは，新型コロナウイルス感染症の影響に伴う学業の遅れに対応する選択肢を確保するため，本試験が以下の２日程で実施されました。
　第１日程：2021年１月16日(土)および17日(日)
　第２日程：2021年１月30日(土)および31日(日)
＊ 第２回試行調査は2018年度に，第１回試行調査は2017年度に実施されたものです。
＊ 記述式の出題は見送りとなりましたが，試行調査で出題された記述式問題は参考として掲載しています。

数学Ⅰ・A Ⅱ・B

共通テストについてのお問い合わせは…
独立行政法人 大学入試センター
志願者問い合わせ専用（志願者本人がお問い合わせください）03-3465-8600
9：30～17：00（土・日曜，祝日，5月2日，12月29日～1月3日を除く）
https://www.dnc.ac.jp/

共通テストの 基礎知識

本書編集段階において，2024 年度共通テストの詳細については正式に発表されていませんので，ここで紹介する内容は，2023 年 3 月時点で文部科学省や大学入試センターから公表されている情報，および 2023 年度共通テストの「受験案内」に基づいて作成しています。変更等も考えられますので，各人で入手した 2024 年度共通テストの「受験案内」や，大学入試センターのウェブサイト（https://www.dnc.ac.jp/）で必ず確認してください。

共通テストのスケジュールは？

A 2024 年度共通テストの本試験は，1 月 13 日(土)・14 日(日)に実施される予定です。

「受験案内」の配布開始時期や出願期間は未定ですが，共通テストのスケジュールは，例年，次のようになっています。1 月なかばの試験実施日に対して出願が 10 月上旬とかなり早いので，十分注意しましょう。

9 月初旬　「受験案内」配布開始
　└志願票や検定料等の払込書等が添付されています。

10 月上旬　**出願**（現役生は在籍する高校経由で行います。）

1 月なかば　共通テスト　2024 年度本試験は 1 月 13 日(土)・14 日(日)に実施される予定です。

自己採点

1 月下旬　国公立大学の個別試験出願

私立大学の出願時期は大学によってまちまちです。
各人で必ず確認してください。

共通テストの出願書類はどうやって入手するの？

A 「受験案内」という試験の案内冊子を入手しましょう。

「受験案内」には，志願票，検定料等の払込書，個人直接出願用封筒等が添付されており，出願の方法等も記載されています。主な入手経路は次のとおりです。

現役生	高校で一括入手するケースがほとんどです。出願も学校経由で行います。
過年度生	共通テストを利用する全国の各大学の窓口で入手できます。 予備校に通っている場合は，そこで入手できる場合もあります。

個別試験への出願はいつすればいいの？

A 国公立大学一般選抜は「共通テスト後」の出願です。

国公立大学一般選抜の個別試験（二次試験）の出願は共通テストのあとになります。受験生は，共通テストの受験中に自分の解答を問題冊子に書きとめておいて持ち帰ることができますので，翌日，新聞や大学入試センターのウェブサイトで発表される正解と照らし合わせて**自己採点**し，その結果に基づいて，予備校などの合格判定資料を参考にしながら，出願大学を決定することができます。

私立大学の共通テスト利用入試の場合は，出願時期が大学によってまちまちです。大学や試験の日程によっては**出願の締め切りが共通テストより前**ということもあります。志望大学の入試日程は早めに調べておくようにしましょう。

受験する科目の決め方は？

A 志望大学の入試に必要な教科・科目を受験します。

次ページに掲載の 6 教科 30 科目のうちから，受験生は最大 6 教科 9 科目を受験することができます。どの科目が課されるかは大学・学部・日程によって異なりますので，受験生は志望大学の入試に必要な科目を選択して受験することになります。

共通テストの受験科目が足りないと，大学の個別試験に出願できなくなります。第一志望に限らず，**出願する可能性のある大学の入試に必要な教科・科目は早めに調べておきましょう。**

● 科目選択の注意点

地理歴史と公民で 2 科目受験するときに，選択できない組合せ

✕「世界史Ａ」と「世界史Ｂ」

✕「日本史Ａ」と「日本史Ｂ」

✕「地理Ａ」と「地理Ｂ」

✕「倫 理」と「倫理，政治・経済」

✕「政治・経済」と「倫理，政治・経済」

● 2024年度の共通テストの出題教科・科目（下線はセンター試験との相違点を示す）

教科		出題科目	備考（選択方法・出題方法）	試験時間（配点）
国語		『国語』	「国語総合」の内容を出題範囲とし，近代以降の文章（2問100点），古典（古文（1問50点），漢文（1問50点））を出題する。	80分 (200点)
地理歴史		「世界史A」 「世界史B」 「日本史A」 「日本史B」 「地理A」 「地理B」	10科目から最大2科目を選択解答（同一名称を含む科目の組合せで2科目選択はできない。受験科目数は出願時に申請）。 『倫理，政治・経済』は，「倫理」と「政治・経済」を総合した出題範囲とする。	1科目選択 60分 (100点) 2科目選択[*1] 解答時間120分 (200点)
公民		「現代社会」 「倫理」 「政治・経済」 『倫理，政治・経済』		
数学	①	「数学Ⅰ」 『数学Ⅰ・数学A』	2科目から1科目を選択解答。 『数学Ⅰ・数学A』は，「数学Ⅰ」と「数学A」を総合した出題範囲とする。「数学A」は3項目（場合の数と確率，整数の性質，図形の性質）の内容のうち，2項目以上を学習した者に対応した出題とし，問題を選択解答させる。	70分 (100点)
	②	「数学Ⅱ」 『数学Ⅱ・数学B』 『簿記・会計』 『情報関係基礎』	4科目から1科目を選択解答。 『数学Ⅱ・数学B』は，「数学Ⅱ」と「数学B」を総合した出題範囲とする。「数学B」は3項目（数列，ベクトル，確率分布と統計的な推測）の内容のうち，2項目以上を学習した者に対応した出題とし，問題を選択解答させる。	60分 (100点)
理科	①	「物理基礎」 「化学基礎」 「生物基礎」 「地学基礎」	8科目から下記のいずれかの選択方法により科目を選択解答（受験科目の選択方法は出願時に申請）。 A　理科①から2科目 B　理科②から1科目 C　理科①から2科目および理科②から1科目 D　理科②から2科目	【理科①】 2科目選択[*2] 60分（100点） 【理科②】 1科目選択 60分（100点） 2科目選択[*1] 解答時間120分 (200点)
	②	「物理」 「化学」 「生物」 「地学」		
外国語		『英語』 『ドイツ語』 『フランス語』 『中国語』 『韓国語』	5科目から1科目を選択解答。 『英語』は，「コミュニケーション英語Ⅰ」に加えて「コミュニケーション英語Ⅱ」および「英語表現Ⅰ」を出題範囲とし，「リーディング」と「リスニング」を出題する。「リスニング」には，聞き取る英語の音声を2回流す問題と，1回流す問題がある。	『英語』[*3] 【リーディング】 80分（100点） 【リスニング】 解答時間30分[*4] (100点) 『英語』以外 【筆記】 80分（200点）

＊1　「地理歴史および公民」と「理科②」で2科目を選択する場合は，解答順に「第1解答科目」および「第2解答科目」に区分し各60分間で解答を行うが，第1解答科目と第2解答科目の間に答案回収等を行うために必要な時間を加えた時間を試験時間（130分）とする。
＊2　「理科①」については，1科目のみの受験は認めない。
＊3　外国語において『英語』を選択する受験者は，原則として，リーディングとリスニングの双方を解答する。
＊4　リスニングは，音声問題を用い30分間で解答を行うが，解答開始前に受験者に配付したICプレーヤーの作動確認・音量調節を受験者本人が行うために必要な時間を加えた時間を試験時間（60分）とする。

理科や社会の科目選択によって有利不利はあるの？

A　科目間の平均点差が20点以上の場合，得点調整が行われることがあります。

共通テストの本試験では次の科目間で，原則として，「20点以上の平均点差が生じ，これが試験問題の難易差に基づくものと認められる場合」，得点調整が行われます。ただし，受験者数が1万人未満の科目は得点調整の対象となりません。

● 得点調整の対象科目

地理歴史	「世界史Ｂ」「日本史Ｂ」「地理Ｂ」の間
公　民	「現代社会」「倫理」「政治・経済」の間
理科②	「物理」「化学」「生物」「地学」の間

得点調整は，平均点の最も高い科目と最も低い科目の平均点差が15点（通常起こり得る平均点の変動範囲）となるように行われます。2023年度は理科②で，2021年度第1日程では公民と理科②で得点調整が行われました。

2025年度の試験から，新学習指導要領に基づいた新課程入試に変わるそうですが，過年度生のための移行措置はありますか？

A　あります。2025年1月の試験では，旧教育課程を履修した人に対して，出題する教科・科目の内容に応じて，配慮を行い，必要な措置を取ることが発表されています。

「受験案内」の配布時期や入手方法，出願期間などの情報は，大学入試センターのウェブサイトで公表される予定です。各人で最新情報を確認するようにしてください。

WEBもチェック！　〔教学社 特設サイト〕

共通テストのことがわかる！

http://akahon.net/k-test/

試験データ

※ 2020 年度まではセンター試験の数値です。

最近の共通テストやセンター試験について，志願者数や平均点の推移，科目別の受験状況などを掲載しています。

● 志願者数・受験者数等の推移

	2023 年度	2022 年度	2021 年度	2020 年度
志願者数	512,581 人	530,367 人	535,245 人	557,699 人
内，高等学校等卒業見込者	436,873 人	449,369 人	449,795 人	452,235 人
現役志願率	45.1%	45.1%	44.3%	43.3%
受験者数	474,051 人	488,384 人	484,114 人	527,072 人
本試験のみ	470,580 人	486,848 人	482,624 人	526,833 人
追試験のみ	2,737 人	915 人	1,021 人	171 人
再試験のみ	—	—	10 人	—
本試験＋追試験	707 人	438 人	407 人	59 人
本試験＋再試験	26 人	182 人	51 人	9 人
追試験＋再試験	1 人	—	—	—
本試験＋追試験＋再試験	—	1 人	—	—
受験率	92.48%	92.08%	90.45%	94.51%

※ 2021 年度の受験者数は特例追試験（1 人）を含む。
※ やむを得ない事情で受験できなかった人を対象に追試験が実施される。また，災害，試験上の事故などにより本試験が実施・完了できなかった場合に再試験が実施される。

● 志願者数の推移

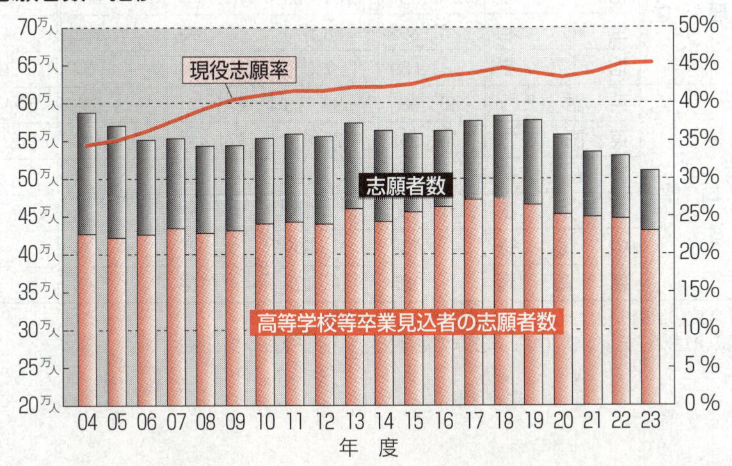

● 科目ごとの受験者数の推移（2020〜2023 年度本試験）

（人）

教科		科目	2023 年度	2022 年度	2021 年度①	2021 年度②	2020 年度
国語		国語	445,358	460,967	457,305	1,587	498,200
地理歴史		世界史A	1,271	1,408	1,544	14	1,765
		世界史B	78,185	82,986	85,690	305	91,609
		日本史A	2,411	2,173	2,363	16	2,429
		日本史B	137,017	147,300	143,363	410	160,425
		地理A	2,062	2,187	1,952	16	2,240
		地理B	139,012	141,375	138,615	395	143,036
公民		現代社会	64,676	63,604	68,983	215	73,276
		倫理	19,878	21,843	19,955	88	21,202
		政治・経済	44,707	45,722	45,324	118	50,398
		倫理，政治・経済	45,578	43,831	42,948	221	48,341
数学	数学①	数学Ⅰ	5,153	5,258	5,750	44	5,584
		数学Ⅰ・A	346,628	357,357	356,493	1,354	382,151
	数学②	数学Ⅱ	4,845	4,960	5,198	35	5,094
		数学Ⅱ・B	316,728	321,691	319,697	1,238	339,925
		簿記・会計	1,408	1,434	1,298	4	1,434
		情報関係基礎	410	362	344	4	380
理科	理科①	物理基礎	17,978	19,395	19,094	120	20,437
		化学基礎	95,515	100,461	103,074	301	110,955
		生物基礎	119,730	125,498	127,924	353	137,469
		地学基礎	43,070	43,943	44,320	141	48,758
	理科②	物理	144,914	148,585	146,041	656	153,140
		化学	182,224	184,028	182,359	800	193,476
		生物	57,895	58,676	57,878	283	64,623
		地学	1,659	1,350	1,356	30	1,684
外国語		英語（R※）	463,985	480,763	476,174	1,693	518,401
		英語（L※）	461,993	479,040	474,484	1,682	512,007
		ドイツ語	82	108	109	4	116
		フランス語	93	102	88	3	121
		中国語	735	599	625	14	667
		韓国語	185	123	109	3	135

・2021 年度①は第 1 日程，2021 年度②は第 2 日程を表す。
※英語の R はリーディング（2020 年度までは筆記），L はリスニングを表す。

● 科目ごとの平均点の推移（2020～2023年度本試験）

（点）

教科		科目	2023年度	2022年度	2021年度①	2021年度②	2020年度
国語		国語	52.87	55.13	58.75	55.74	59.66
地理歴史		世界史A	36.32	48.10	46.14	43.07	51.16
		世界史B	58.43	65.83	63.49	54.72	62.97
		日本史A	45.38	40.97	49.57	45.56	44.59
		日本史B	59.75	52.81	64.26	62.29	65.45
		地理A	55.19	51.62	59.98	61.75	54.51
		地理B	60.46	58.99	60.06	62.72	66.35
公民		現代社会	59.46	60.84	58.40	58.81	57.30
		倫理	59.02	63.29	71.96	63.57	65.37
		政治・経済	50.96	56.77	57.03	52.80	53.75
		倫理，政治・経済	60.59	69.73	69.26	61.02	66.51
数学	数学①	数学Ⅰ	37.84	21.89	39.11	26.11	35.93
		数学Ⅰ・A	55.65	37.96	57.68	39.62	51.88
	数学②	数学Ⅱ	37.65	34.41	39.51	24.63	28.38
		数学Ⅱ・B	61.48	43.06	59.93	37.40	49.03
		簿記・会計	50.80	51.83	49.90	—	54.98
		情報関係基礎	60.68	57.61	61.19	—	68.34
理科	理科①	物理基礎	56.38	60.80	75.10	49.82	66.58
		化学基礎	58.84	55.46	49.30	47.24	56.40
		生物基礎	49.32	47.80	58.34	45.94	64.20
		地学基礎	70.06	70.94	67.04	60.78	54.06
	理科②	物理	63.39	60.72	62.36	53.51	60.68
		化学	54.01	47.63	57.59	39.28	54.79
		生物	48.46	48.81	72.64	48.66	57.56
		地学	49.85	52.72	46.65	43.53	39.51
外国語		英語（R※）	53.81	61.80	58.80	56.68	58.15
		英語（L※）	62.35	59.45	56.16	55.01	57.56
		ドイツ語	61.90	62.13	59.62	—	73.95
		フランス語	65.86	56.87	64.84	—	69.20
		中国語	81.38	82.39	80.17	80.57	83.70
		韓国語	79.25	72.33	72.43	—	73.75

- 各科目の平均点は100点満点に換算した点数。
- 2023年度の「理科②」，2021年度①の「公民」および「理科②」の科目の数値は，得点調整後のものである。
  得点調整の詳細については大学入試センターのウェブサイトで確認のこと。
- 2021年度②の「—」は，受験者数が少ないため非公表。

数学①と数学②の受験状況（2023年度）

（人）

受験科目数	数学①		数学②				実受験者
	数学Ⅰ	数学Ⅰ・数学A	数学Ⅱ	数学Ⅱ・数学B	簿記・会計	情報関係基礎	
1科目	2,729	26,930	85	346	613	71	30,774
2科目	2,477	322,079	4,811	318,591	809	345	324,556
計	5,206	349,009	4,896	318,937	1,422	416	355,330

地理歴史と公民の受験状況（2023年度）

（人）

受験科目数	地理歴史						公民				実受験者
	世界史A	世界史B	日本史A	日本史B	地理A	地理B	現代社会	倫理	政治・経済	倫理，政経	
1科目	666	33,091	1,477	68,076	1,242	112,780	20,178	6,548	17,353	15,768	277,179
2科目	621	45,547	959	69,734	842	27,043	44,948	13,459	27,608	30,105	130,433
計	1,287	78,638	2,436	137,810	2,084	139,823	65,126	20,007	44,961	45,873	407,612

理科①の受験状況（2023年度）

区分	物理基礎	化学基礎	生物基礎	地学基礎	延受験者計
受験者数	18,122人	96,107人	120,491人	43,375人	278,095人
科目選択率	6.5%	34.6%	43.3%	15.6%	100.0%

・2科目のうち一方の解答科目が特定できなかった場合も含む。
・科目選択率＝各科目受験者数／理科①延受験者計×100

理科②の受験状況（2023年度）

（人）

受験科目数	物理	化学	生物	地学	実受験者
1科目	15,344	12,195	15,103	505	43,147
2科目	130,679	171,400	43,187	1,184	173,225
計	146,023	183,595	58,290	1,689	216,372

平均受験科目数（2023年度）

（人）

受験科目数	8科目	7科目	6科目	5科目	4科目	3科目	2科目	1科目
受験者数	6,621	269,454	20,535	22,119	41,940	97,537	13,755	2,090

平均受験科目数
5.62

・理科①（基礎の付された科目）は，2科目で1科目と数えている。

・上記の数値は本試験・追試験・再試験の総計。

共通テスト
対策講座

ここでは，これまでに実施された試験をもとに，共通テストについてわかりやすく解説し，具体的にどのような対策をすればよいか考えます。

- どんな問題が出るの？　012
- 共通テスト徹底分析　014
- 形式を知っておくと安心　021
- ねらいめはココ！　023
- 過去問の上手な使い方　031

どんな問題が出るの？

まずは，大学入試センターから発表されている資料から，共通テストの作問の方向性を確認しておきましょう。

大学入試センターが発表している，共通テストの「問題作成方針」によると，問題作成の基本的な考え方として，以下の3点が挙げられています。

①大学入試センター試験及び共通テストにおける問題評価・改善の蓄積を生かしつつ，共通テストで問いたい力を明確にした問題作成
②高等学校教育の成果として身に付けた，大学教育の基礎力となる知識・技能や思考力，判断力，表現力等を問う問題作成
③「どのように学ぶか」を踏まえた問題の場面設定

これまでの**良問の蓄積**を受け継ぎながら，より高校教育と大学教育の接続を意識して，知識の理解の質を問う問題や，思考力，判断力，表現力等を発揮して解くことが求められる問題を重視しています。

さらに，**授業において生徒が学習する場面**や，**社会生活や日常生活の中から課題を発見し解決方法を構想する場面**，**資料やデータ等を基に考察する場面**など，学習の過程を意識した問題の場面設定を重視し，会話形式や実用的な設定の多用，複数の資料・データの提示など，全体的に「読ませる」「考えさせる」設定になっています。

作問の方向性と題材

「問題作成方針」によると，数学においては，下記のような**作問の方向性**が示されています。

- 事象の数量等に着目して数学的な問題を見いだすこと
- 構想・見通しを立てること
- 目的に応じて数・式，図，表，グラフなどを活用し，一定の手順に従って数学的に処理すること
- 解決過程を振り返り，得られた結果を意味付けたり，活用したりすること

さらに，問題として取り扱われる**題材**については，下記のようなものが挙げられています。

- 日常の事象
- 数学のよさを実感できる題材
- 教科書等では扱われていない数学の定理等を既知の知識等を活用しながら導くことのできるような題材等

これまで共通テストで実際に出題された問題を見ても，これらのねらいや方向性が明確に表れた意欲的なものとなっていました。従来のセンター試験よりも難しくなった面もありますが，より数学の本質や実用を意識させるような問い方になっており，**よく練られた良問**であると実感できます。

記述式問題の導入の見送り

当初は，国語と数学で記述式問題が出題されることが予定されており，数学では，「数学Ⅰ」の範囲で記述式問題が出題される予定でした。『数学Ⅰ・数学Ａ』の試行調査においても，マーク式の大問の中の一部の小問が記述式問題となっており，計小問３問が出題されました。

しかし，その後**記述式問題の導入が見送られる**ことが発表されたため，本番の共通テストにおいては，**従来通りマーク式問題のみ**が出題されています。

本書では，試行調査で出題された記述式問題についても，参考までに掲載していますが（該当の問題には★印を付けています），**本番の共通テストでは，こうした形式の問題は出題されない**ので，ご注意ください。

Column

共通テスト徹底分析

共通テストではどんな問題が出題されているのでしょうか？ 形式を確認しながら，具体的に見ていきましょう。

出題教科・科目と試験時間

共通テストの数学は，下表の 2 つのグループに分かれて実施され，このうち，多くの受験生は『数学Ⅰ・数学A』と『数学Ⅱ・数学B』を選択しています。ただし，グループ①の「数学Ⅰ」および『数学Ⅰ・数学A』は，**試験時間がセンター試験では 60 分だったのが，共通テストでは 70 分**になっています。

グループ	出題科目	科目選択の方法	試験時間
①	「数学Ⅰ」『数学Ⅰ・数学A』	左記出題科目 2 科目のうちから 1 科目を選択し，解答する。	70 分
②	「数学Ⅱ」『数学Ⅱ・数学B』『簿記・会計』『情報関係基礎』	左記出題科目 4 科目のうちから 1 科目を選択し，解答する。	60 分

配点と大問構成

配点は，いずれも 100 点満点です。

大問構成は，センター試験とほぼ同じで，『数学Ⅰ・数学A』では，第 1 問と第 2 問が**「数学Ⅰ」の範囲の必答問題**（計 60 点），第 3 問～第 5 問が**「数学A」の範囲の選択問題**で，3 問のうち 2 問を選択する（計 40 点）というものです。

『数学Ⅱ・数学B』も同様に，第 1 問と第 2 問が**「数学Ⅱ」の範囲の必答問題**（計 60 点），第 3 問～第 5 問が**「数学B」の範囲の選択問題**で，3 問のうち 2 問を選択（計 40 点）となっています。

● 数学Ⅰ・数学A／大問構成の比較

試験	区分	大問	項目	配点
2023年度 本試験	必答	第1問	〔1〕数と式 〔2〕図形と計量	10点 20点
		第2問	〔1〕データの分析 〔2〕2次関数	15点 15点
	2問選択	第3問	場合の数と確率	20点
		第4問	整数の性質	20点
		第5問	図形の性質	20点
2022年度 本試験	必答	第1問	〔1〕数と式 〔2〕図形と計量 〔3〕図形と計量，2次関数	10点 6点 14点
		第2問	〔1〕2次関数，集合と論理 〔2〕データの分析	15点 15点
	2問選択	第3問	場合の数と確率	20点
		第4問	整数の性質	20点
		第5問	図形の性質	20点
2022年度 追試験	必答	第1問	〔1〕数と式 〔2〕図形と計量 〔3〕図形と計量	10点 6点 14点
		第2問	〔1〕2次関数 〔2〕データの分析	15点 15点
	2問選択	第3問	場合の数と確率	20点
		第4問	整数の性質	20点
		第5問	図形の性質	20点
2021年度 本試験 (第1日程)	必答	第1問	〔1〕2次方程式，数と式 〔2〕図形と計量	10点 20点
		第2問	〔1〕2次関数 〔2〕データの分析	15点 15点
	2問選択	第3問	場合の数と確率	20点
		第4問	整数の性質	20点
		第5問	図形の性質	20点

2021年度 本試験 (第2日程)	必　答	第1問	〔1〕数と式，集合と論理 〔2〕図形と計量	10点 20点
		第2問	〔1〕２次関数 〔2〕データの分析	15点 15点
	2問選択	第3問	場合の数と確率	20点
		第4問	整数の性質	20点
		第5問	図形の性質	20点

● 数学Ⅱ・数学B／大問構成の比較

試　験	区　分	大　問	項　目	配　点
2023年度 本試験	必　答	第1問	〔1〕三角関数 〔2〕指数・対数関数	18点 12点
		第2問	〔1〕微分 〔2〕積分	15点 15点
	2問選択	第3問	確率分布と統計的な推測	20点
		第4問	数列	20点
		第5問	ベクトル	20点
2022年度 本試験	必　答	第1問	〔1〕図形と方程式 〔2〕指数・対数関数	15点 15点
		第2問	〔1〕微分 〔2〕積分	18点 12点
	2問選択	第3問	確率分布と統計的な推測	20点
		第4問	数列	20点
		第5問	ベクトル	20点
2022年度 追試験	必　答	第1問	〔1〕図形と方程式 〔2〕三角関数	15点 15点
		第2問	微分・積分	30点
	2問選択	第3問	確率分布と統計的な推測	20点
		第4問	数列	20点
		第5問	ベクトル	20点

2021年度 本試験 (第1日程)	必　答	第1問	〔1〕三角関数 〔2〕指数関数，いろいろな式	15点 15点
		第2問	微分・積分	30点
	2問選択	第3問	確率分布と統計的な推測	20点
		第4問	数列	20点
		第5問	ベクトル	20点
2021年度 本試験 (第2日程)	必　答	第1問	〔1〕対数関数 〔2〕三角関数	13点 17点
		第2問	〔1〕微分・積分 〔2〕微分・積分	17点 13点
	2問選択	第3問	確率分布と統計的な推測	20点
		第4問	〔1〕数列 〔2〕数列	6点 14点
		第5問	ベクトル	20点

● 数学Ⅰ／大問構成の比較

試　験	区　分	大　問	項　目	配　点
2023年度 本試験	必　答	第1問	〔1〕数と式 〔2〕集合と論理	10点 10点
		第2問	図形と計量	30点
		第3問	データの分析	20点
		第4問	〔1〕２次関数 〔2〕２次関数	15点 15点
2022年度 本試験	必　答	第1問	〔1〕数と式 〔2〕２次方程式，集合と論理	10点 10点
		第2問	〔1〕図形と計量 〔2〕図形と計量，２次関数	6点 24点
		第3問	〔1〕２次関数 〔2〕２次関数，集合と論理	15点 15点
		第4問	データの分析	20点

● 数学Ⅱ／大問構成の比較

試験	区分	大問	項目	配点
2023年度 本試験	必答	第1問	〔1〕三角関数 〔2〕指数・対数関数	18点 12点
		第2問	〔1〕微分 〔2〕積分	15点 15点
		第3問	図形と方程式	20点
		第4問	いろいろな式	20点
2022年度 本試験	必答	第1問	〔1〕図形と方程式 〔2〕指数・対数関数	15点 15点
		第2問	〔1〕微分 〔2〕積分	18点 12点
		第3問	三角関数	20点
		第4問	いろいろな式	20点

分野の異なる中問，選択問題の選択率

『数学Ⅰ・数学A』『数学Ⅱ・数学B』ともに，第1問と第2問では，**分野の異なる中問に分かれていること**も，センター試験から引き継がれている傾向です。ただし，年度によって分野ごとの配点の重点が異なることがあるので，柔軟に対応する必要があります。

問題の場面設定

センター試験との大きな違いが問題の場面設定です。センター試験の数学では，一般的な形式での高校数学の問題が出題されていましたが，共通テストでは，生徒同士や先生と生徒の**会話文の設定**や，教育現場での **ICT（情報通信技術）活用の設定**，社会や日常生活における**実用的な設定**の問題などが目を引きます。また，既知ないし未知の**公式ないし数学的事実の考察・証明**や，**大学で学ぶ高度な数学の内容を背景とする**ような出題も見られます。

いずれも，そうした内容自体が知識として問われるわけではなく，あくまでも，高校で身につけた内容を駆使して取り組めるように工夫がこらされていますが，設定が目新しく，長めの問題文を読みながら解き進めていく必要もあるので，柔軟な応用力が試されるものとなっています。

● 場面設定の分類

分　類	数学Ⅰ・数学A					数学Ⅱ・数学B				
	2023 本試験	2022 本試験	2022 追試験	2021 第1日程	2021 第2日程	2023 本試験	2022 本試験	2022 追試験	2021 第1日程	2021 第2日程
会話文の設定	2〔2〕, 4	1〔2〕, 2〔1〕		1〔1〕, 3	2〔1〕	2〔2〕	1〔1〕, 4，5	1〔2〕	1〔2〕	1〔1〕
ICT活用の設定		2〔1〕			1〔2〕					
実用的な設定	2〔1〕, 2〔2〕	1〔2〕, 2〔2〕，3	1〔2〕, 2〔2〕，3	2〔1〕, 2〔2〕	2〔1〕, 2〔2〕	2〔2〕, 3，4	3，4		3	3, 4〔2〕
考察・証明 高度な数学的背景	2〔2〕, 3，5	3，4	1〔3〕, 3，5	3，4	1〔2〕, 4，5	1〔1〕, 1〔2〕	1〔1〕, 1〔2〕	2，3, 4，5	1〔2〕, 2，5	1〔2〕

※数字は大問番号，〔　〕は中問。

問題の分量

場面設定や設問形式の変更にともなって，問題の分量も大幅に増えました。センター試験でも，「試験時間が足りない」という声がよく聞かれましたが，センター試験が大問あたり 2 ～ 3 頁だとすれば，共通テストでは大問あたり 4 ～ 6 頁の分量となっています。

難易度

センター試験では概ね 50～60 点台の平均点でしたが，2021 年度の共通テストでも，大多数が受験した第 1 日程の平均点はいずれも 50 点台となりました。2022 年度は一転難化し，40 点前後の平均点となりましたが，2023 年度は 50～60 点台の高めの平均点となりました。今後も場面設定や設問形式による難化を想定して臨む方がよいと思われます。共通テストの過去問や試行調査の問題にはすべて取り組んでみて，こうした設定や形式に慣れておきましょう。本書で掲載している**「実戦創作問題」**も，それに準じてやや難しめの設定・形式で作成しています。

● 平均点の比較

科目名	2023 本試験	2022 本試験	2021 第 1 日程	2021 第 2 日程	2020 本試験	2019 本試験
数学Ⅰ・数学A	55.65 点	37.96 点	57.68 点	39.62 点	51.88 点	59.68 点
数学Ⅱ・数学B	61.48 点	43.06 点	59.93 点	37.40 点	49.03 点	53.21 点

※追試験は非公表。

形式を知っておくと安心

数学では，他科目とは異なる形式の出題があります。共通テスト対策において，これらの解答の形式に慣れておくことは重要です。

数学特有の形式と解答用紙

他科目では，選択肢の中から答えのマーク番号を選択する形式がほとんどですが，数学では，**与えられた枠に当てはまる数字や記号をマークする，穴埋め式**が出題されています。

解答用紙には，**0～9の数字**だけでなく**－の符号**と，『数学Ⅰ・数学A』「数学Ⅰ」では**±の符号**も，『数学Ⅱ・数学B』「数学Ⅱ」では，**a～dの記号**も設けられています。分数は既約分数で，根号がある場合は根号の中の数字が最小となる形で解答しなければならないことにも注意が必要です。

共通テストでは，選択肢の中から選ぶ形式の出題も増え，数字や符号を穴埋めする問題と区別して，□と二重四角で表されています。本番で焦らないよう，こうした形式に慣れておきましょう。問題冊子の裏表紙に**「解答上の注意」**が印刷されていますので，**試験開始前によく読みましょう。**

マーク式の怖さを知る

マーク式なので，途中の考え方がいかに正しくても最終的な答えが間違っていれば得点にはなりません。また，複数のマークがすべて合っていないと点が与えられない問題もあります。1問1問の配点は決して小さくはないので，本来なら解けるはずの問題を取りこぼすことは致命傷になりかねません。**マークの塗り間違い**から，**計算ミス**，**論理ミス**まで，ミスには種々のレベルがありますが，それらを本番の試験会場ですべてクリアするためには，マーク式の試験に対する十分な準備が必要です。

 定規・コンパスは使えない

定規・コンパスを持ち込むことはできません。そこで，ふだんの学習でも**図をフリーハンドできれいに描ける**ように練習しておくことが重要です。問題を解く上で図はとても重要ですので，できるだけきれいに描きましょう。

 同冊子や選択問題に注意！

試験問題は「数学Ⅰ」と『数学Ⅰ・数学A』が同冊子，「数学Ⅱ」と『数学Ⅱ・数学B』が同冊子になっています。問題冊子は「数学Ⅰ」「数学Ⅱ」が先になっているので，特に『数学Ⅰ・数学A』や『数学Ⅱ・数学B』を受験する人が，間違って「数学Ⅰ」や「数学Ⅱ」を解答してしまうケースがあるようです。**本番で慌てて違う科目を解答しないよう**十分に注意してください。

また，『数学Ⅰ・数学A』と『数学Ⅱ・数学B』では選択問題が出題されており，**選択した問題番号の解答欄にマークする**必要があるので，別の問題の解答欄にマークしないよう注意しましょう。

受験する大学の募集要項の確認

大学が指定した科目を受験しなければならないため，**数学のうちどの科目が指定されているか，受験する大学の募集要項であらかじめ確認しておく必要があります。**結果的には，グループ①から『数学Ⅰ・数学A』を，グループ②から『数学Ⅱ・数学B』を選択する受験生が多いでしょう。「数学Ⅰ」と「数学Ⅱ」を選択できる大学は限られているので，受験にあたっては注意が必要です。

Column

ねらいめはココ！

数学では，大問ないし中問が特定の分野から出題されることが多いです。苦手な分野については，その分野の問題を重点的に選んで解いていくのも効果的です。以下では，本書に収載している試験について，分野ごとの学習対策を見ていきます。

数学Ⅰ

1 数と式

2020 年度以前は，第 1 問の〔1〕で根号を含む式の計算や絶対値を含む不等式など，〔2〕で命題の真偽や必要条件と十分条件などについて出題されることが多かったですが，2021 年度以降は『数学Ⅰ・数学A』では，第 1 問〔1〕で 10 点分，「数学Ⅰ」では第 1 問で 20 点分が出題されています。「集合と論理」の分野は，「数学Ⅰ」では第 1 問〔2〕で中問として出題されていますが，『数学Ⅰ・数学A』では 2022 年度本試験の第 2 問など，他の分野の大問の中で問われています。

→2023 年度本試験	：『数学Ⅰ・数学A』第 1 問〔1〕，「数学Ⅰ」第 1 問
2022 年度本試験	：『数学Ⅰ・数学A』第 1 問〔1〕，第 2 問〔1〕の一部，「数学Ⅰ」第 1 問，第 3 問〔2〕の一部
追試験	：『数学Ⅰ・数学A』第 1 問〔1〕
2021 年度第 1 日程	：『数学Ⅰ・数学A』第 1 問〔1〕
第 2 日程	：『数学Ⅰ・数学A』第 1 問〔1〕
第 2 回試行調査	：『数学Ⅰ・数学A』第 1 問〔1〕
第 1 回試行調査	：『数学Ⅰ・数学A』第 1 問〔2〕の一部，第 4 問の一部
2020～2017 年度	：『数学Ⅰ・数学A』第 1 問〔1〕〔2〕

2 2次関数

センター試験と同様，『数学Ⅰ・数学A』では中問1題，「数学Ⅰ」では大問1題が出題されています。2021・2023年度は実用的な設定での出題，2022年度はグラフ表示ソフトの活用や三角比との融合問題が見られました。2次関数のグラフ，最大・最小，平行移動，2次不等式などが頻出です。

→2023年度本試験	：『数学Ⅰ・数学A』第2問〔2〕，「数学Ⅰ」第4問
2022年度本試験	：『数学Ⅰ・数学A』第2問〔1〕，第1問〔3〕の一部，「数学Ⅰ」第3問，第2問〔2〕の一部
追試験	：『数学Ⅰ・数学A』第2問〔1〕
2021年度第1日程	：『数学Ⅰ・数学A』第2問〔1〕
第2日程	：『数学Ⅰ・数学A』第2問〔1〕
第2回試行調査	：『数学Ⅰ・数学A』第1問〔2〕，第2問〔1〕
第1回試行調査	：『数学Ⅰ・数学A』第1問〔1〕，第2問〔1〕
2020〜2017年度	：『数学Ⅰ・数学A』第1問〔3〕

3 図形と計量

センター試験と同様，『数学Ⅰ・数学A』では中問1題，「数学Ⅰ」では大問1題が出題されることが多いですが，2022年度『数学Ⅰ・数学A』では本試験・追試験ともに中問2題が出題されました。正弦定理・余弦定理，三角形の面積などがよく問われていますが，共通テストでは，三角比を実生活で活用するような設定や，式の考察や定理の証明など，思考力を問う出題も見られます。2022年度本試験では中問のうち1題が2次関数との融合問題でした。

→2023年度本試験	：『数学Ⅰ・数学A』第1問〔2〕，「数学Ⅰ」第2問
2022年度本試験	：『数学Ⅰ・数学A』第1問〔2〕〔3〕，「数学Ⅰ」第2問〔1〕〔2〕
追試験	：『数学Ⅰ・数学A』第1問〔2〕〔3〕
2021年度第1日程	：『数学Ⅰ・数学A』第1問〔2〕
第2日程	：『数学Ⅰ・数学A』第1問〔2〕
第2回試行調査	：『数学Ⅰ・数学A』第1問〔3〕〔4〕，第2問〔1〕
第1回試行調査	：『数学Ⅰ・数学A』第1問〔2〕
2020〜2017年度	：『数学Ⅰ・数学A』第2問〔1〕

4 データの分析

「データの分析」の分野は，もともと具体的な統計を扱う分野なので，センター試験でも実用的な設定で出題されており，他の分野とは異なり，穴埋め式の問題よりも選択式の問題が中心となっていました。共通テストでもこの傾向は変わりません。グラフの読み取り・比較やデータの扱い方を問うものが多いですが，2021年度の第2日程では平均値や分散の式についての出題も見られました。

→2023年度本試験	：『数学Ⅰ・数学A』第2問〔1〕，「数学Ⅰ」第3問
2022年度本試験	：『数学Ⅰ・数学A』第2問〔2〕，「数学Ⅰ」第4問
追試験	：『数学Ⅰ・数学A』第2問〔2〕
2021年度第1日程	：『数学Ⅰ・数学A』第2問〔2〕
第2日程	：『数学Ⅰ・数学A』第2問〔2〕
第2回試行調査	：『数学Ⅰ・数学A』第2問〔2〕
第1回試行調査	：『数学Ⅰ・数学A』第2問〔2〕
2020～2017年度	：『数学Ⅰ・数学A』第2問〔2〕

数学A

1 場合の数と確率

『数学Ⅰ・数学A』で選択問題として出題されています。条件付き確率がよく出題されていますが，2023年度本試験では場合の数を求めるのみで，確率の出題がありませんでした。第1回試行調査では，高速道路の渋滞状況を考慮して，効率のよい交通量の配分をシミュレーションするという，実用的な設定で出題されました。2022年度本試験では後半の設問が前半の設問をふまえて，誘導なしで解く問題でした。

→2023～2022年度	：『数学Ⅰ・数学A』第3問
2021年度第1日程	：『数学Ⅰ・数学A』第3問
第2日程	：『数学Ⅰ・数学A』第3問
第2回試行調査	：『数学Ⅰ・数学A』第3問
第1回試行調査	：『数学Ⅰ・数学A』第3問
2020～2017年度	：『数学Ⅰ・数学A』第3問

2 整数の性質

『数学Ⅰ・数学A』で選択問題として出題されています。約数と倍数や1次不定方程式が中心となっています。共通テストではより考察的な出題や数学的な背景をもつ出題がされていますが，第2回試行調査では，天秤ばかりと分銅という設定で1次不定方程式を扱うという，実用的な設定の出題も見られました。2022年度本試験は⑷が誘導なしで解く問題で，難度が高い問題でした。

→2023～2022年度　：『数学Ⅰ・数学A』第4問
2021年度第1日程：『数学Ⅰ・数学A』第4問
　　　　　第2日程：『数学Ⅰ・数学A』第4問
第2回試行調査　：『数学Ⅰ・数学A』第4問
第1回試行調査　：『数学Ⅰ・数学A』第5問
2020～2017年度　：『数学Ⅰ・数学A』第4問

3 図形の性質

『数学Ⅰ・数学A』で選択問題として出題されています。方べきの定理やメネラウスの定理を中心とした，平面図形の出題が中心ですが，第1回試行調査では空間図形が出題されています。共通テストでは定理の証明についての問題や，作図の手順についての問題がよく出題されています。

→2023～2022年度　：『数学Ⅰ・数学A』第5問
2021年度第1日程：『数学Ⅰ・数学A』第5問
　　　　　第2日程：『数学Ⅰ・数学A』第5問
第2回試行調査　：『数学Ⅰ・数学A』第5問
第1回試行調査　：『数学Ⅰ・数学A』第4問
2020～2017年度　：『数学Ⅰ・数学A』第5問

数学Ⅱ

1 いろいろな式

「数学Ⅱ」では独立した大問が出題されていますが，『数学Ⅱ・数学B』では他の項目の中で問われるくらいで，独立した大問や中問が出題されたことはありません。ただし，第1回試行調査の第1問〔4〕では，相加平均と相乗平均の関係について，単独で問われる中問も出題されました。

→2023～2022年度	：「数学Ⅱ」第4問
2021年度第1日程	：『数学Ⅱ・数学B』第1問〔2〕の一部
第2回試行調査	：『数学Ⅱ・数学B』第1問〔2〕の一部
第1回試行調査	：『数学Ⅱ・数学B』第1問〔1〕の一部，〔4〕

2 図形と方程式

「いろいろな式」と同様に，『数学Ⅱ・数学B』では，単独で出題されることが少ない分野ですが，2022年度本試験では「三角関数」の代わりに，2022年度追試験では「指数・対数関数」の代わりに中問で出題されました。また，独立した中問がない場合でも，「微分・積分」や「指数・対数関数」の問題に関連して問われることも多いです。「数学Ⅱ」では中問ないし大問が出題されています。

→2023年度本試験	：「数学Ⅱ」第3問
2022年度本試験	：『数学Ⅱ・数学B』第1問〔1〕，「数学Ⅱ」第1問〔1〕
追試験	：『数学Ⅱ・数学B』第1問〔1〕
2021年度第1日程	：「数学Ⅱ」第3問
第2回試行調査	：『数学Ⅱ・数学B』第2問
第1回試行調査	：『数学Ⅱ・数学B』第1問〔1〕

3 指数・対数関数

中問１題で，指数・対数の方程式・不等式，指数関数・対数関数のグラフなどがよく出題されていますが，2022 年度追試験では出題されず，代わりに「図形と方程式」が出題されました。共通テストでは，計算だけでなく，指数関数と対数関数のグラフの対称性に関するものなど，選択式で定性的な理解を問う出題も見られ，指数・対数の意味するところをきちんと理解しておく必要があります。

→2023 年度本試験	：『数学Ⅱ・数学Ｂ』第１問〔２〕，「数学Ⅱ」第１問〔２〕
2022 年度本試験	：『数学Ⅱ・数学Ｂ』第１問〔２〕，「数学Ⅱ」第１問〔２〕
2021 年度第１日程	：『数学Ⅱ・数学Ｂ』第１問〔２〕
第２日程	：『数学Ⅱ・数学Ｂ』第１問〔１〕
第２回試行調査	：『数学Ⅱ・数学Ｂ』第１問〔３〕
第１回試行調査	：『数学Ⅱ・数学Ｂ』第１問〔２〕
2020～2017 年度	：『数学Ⅱ・数学Ｂ』第１問〔２〕

4 三角関数

中問１題で，三角関数の方程式や不等式，最大・最小，加法定理や２倍角の公式といった種々の公式，三角関数の合成などが問われています。共通テストでは，計算を主体としたものに比べると，定性的な理解に重点が置かれています。2022 年度本試験では，『数学Ⅱ・数学Ｂ』では独立した中問は出題されず，「数学Ⅱ」では大問１題が出題されました。

→2023 年度本試験	：『数学Ⅱ・数学Ｂ』第１問〔１〕，「数学Ⅱ」第１問〔１〕
2022 年度本試験	：「数学Ⅱ」第３問
追試験	：『数学Ⅱ・数学Ｂ』第１問〔２〕
2021 年度第１日程	：『数学Ⅱ・数学Ｂ』第１問〔１〕
第２日程	：『数学Ⅱ・数学Ｂ』第１問〔２〕
第２回試行調査	：『数学Ⅱ・数学Ｂ』第１問〔１〕
第１回試行調査	：『数学Ⅱ・数学Ｂ』第１問〔３〕
2020～2017 年度	：『数学Ⅱ・数学Ｂ』第１問〔１〕

5　微分・積分

例年第 2 問で出題され，大問 1 題，配点 30 点分の最重要分野となっており，接線の方程式，極大と極小，面積などを中心に出題されています。グラフが特に重視されているので，ふだんからグラフを描く習慣を身につけておきましょう。共通テストでは中問 2 題に分かれることが多く，2022 年度本試験や 2023 年度本試験では，微分と積分がそれぞれ別に出題されました。

→2023～2022 年度	：『数学Ⅱ・数学B』第 2 問，「数学Ⅱ」第 2 問
2021 年度第 1 日程	：『数学Ⅱ・数学B』第 2 問
第 2 日程	：『数学Ⅱ・数学B』第 2 問
第 2 回試行調査	：『数学Ⅱ・数学B』第 1 問〔2〕
第 1 回試行調査	：『数学Ⅱ・数学B』第 2 問
2020～2017 年度	：『数学Ⅱ・数学B』第 2 問

数学B

1　確率分布と統計的な推測

個別試験では，この分野を出題しない大学が多く，授業でも扱わない高校が多いためか，この大問を選択しない受験生が多いようですが，共通テストでは学習指導要領の順番に合わせて第 3 問に置かれています。難化しがちな「数列」「ベクトル」に比べると，正規分布表の読み取りなど，内容を理解していれば比較的取り組みやすい問題が多い分野ではあります。ただし，共通テストでは，従来よりも実用的で考察的な出題が増えているので，注意が必要です。

→2023～2022 年度	：『数学Ⅱ・数学B』第 3 問
2021 年度第 1 日程	：『数学Ⅱ・数学B』第 3 問
第 2 日程	：『数学Ⅱ・数学B』第 3 問
第 2 回試行調査	：『数学Ⅱ・数学B』第 3 問
第 1 回試行調査	：『数学Ⅱ・数学B』第 5 問
2020～2017 年度	：『数学Ⅱ・数学B』第 5 問

2 数　列

　等差数列，等比数列，階差数列，いろいろな数列とその和，漸化式などを中心に問われています。センター試験では，複数の数列が込み入った，計算量の多い問題がよく出題されていましたが，共通テストでは，第 1 回試行調査の薬の有効成分の血中濃度，2021 年度第 2 日程の畳の敷き方，2022 年度本試験の歩行者と自転車の時刻と位置の関係，2023 年度本試験の複利計算といった実用的な設定がよく出題されています。

→2023～2022 年度　：『数学Ⅱ・数学B』第 4 問
2021 年度第 1 日程：『数学Ⅱ・数学B』第 4 問
　　　　第 2 日程：『数学Ⅱ・数学B』第 4 問
第 2 回試行調査　：『数学Ⅱ・数学B』第 4 問
第 1 回試行調査　：『数学Ⅱ・数学B』第 3 問
2020～2017 年度　：『数学Ⅱ・数学B』第 3 問

3 ベクトル

　センター試験では，内積，位置ベクトル，内分と外分などを中心に，2018 年度以前は，平面ベクトルの出題が多かったのですが，2019・2020 年度と空間ベクトルが出題され，共通テストも 2022 年度の本試験を除き空間ベクトルの出題が続いています。センター試験では計算量の多い出題が中心でしたが，「証明」や「方針」の空欄を埋めるものなど，考察力が問われる出題となっています。

→2023～2022 年度　：『数学Ⅱ・数学B』第 5 問
2021 年度第 1 日程：『数学Ⅱ・数学B』第 5 問
　　　　第 2 日程：『数学Ⅱ・数学B』第 5 問
第 2 回試行調査　：『数学Ⅱ・数学B』第 5 問
第 1 回試行調査　：『数学Ⅱ・数学B』第 4 問
2020～2017 年度　：『数学Ⅱ・数学B』第 4 問

過去問の上手な使い方

共通テストの出題内容をふまえた上で，過去問の効果的な活用法について考えます。

実際に問題を解いてみる

共通テストやセンター試験がどういうものなのか，過去問を実際に解いてみましょう。これらを本番直前の演習用に「とっておく」受験生もいるようですが，**早いうちに問題を解いてみて，出題形式をつかみ，自分の弱点を知っておく**べきです。

時間を意識する

問題は必ず試験時間を計って解いてください。予想以上に時間が足りないと感じる人が多いのではないでしょうか。共通テストでもセンター試験でも，数学は他科目と比べて**時間との勝負**といえます。特に共通テストでは，計算力だけでなく，**問題文の出題の意図をすばやく正確に読み取る力**も必要となります。また，**各大問の時間配分**をあらかじめ決めておいて，難しい問題に時間を取られすぎないようにしましょう。慣れてきたら実際の試験時間よりも少し短めの時間で練習しておくと，本番で余裕をもって取り組めます。

誘導に乗る

出題の意図をくみ取って，**誘導形式にうまく乗って**解き進めることを意識しましょう。共通テストでは，数値の穴埋めだけでなく選択式の問題も出題されていますが，**問題文中の空欄を埋めたり，設問に答えながら読み進めていく**という意味では，従来のセンター試験と変わりません。共通テストでは，実用的な設定や高度な数学的背景をもつものなど，見慣れない設定の問題も多いので，**題意を丁寧に読み進めていく**必要があります。題意をしっかりと理解できれば，むしろセンター試験で見られたような，**煩雑な計算問題が少なく，取り組みやすい**面もあります。また，設問が次の設問の前提となったり，ヒントとなることもあるので，**最初に大問の全体を見渡しておく**と見通しがよくなります。

なお，数値を穴埋めする形式の問題については，空欄に入る桁数もよく確認しておきましょう。例えば，アイウと 3 桁になっている場合は，3 桁の数字が入ることもあれば，アに－（マイナス）が入ってイウに 2 桁の数字が入ることもあるので，注意が必要です。

図形やグラフを描いて考える

図形やグラフと関連している問題については，数式だけで解き進めようとせず，図形やグラフを描いてみましょう。数式だけで考えているよりもはるかによく全体が見えてきます。図形やグラフを描かずに計算だけに頼っていると，大局が見えず，視野の狭い解法になる危険性があります。図形やグラフを描いて考える習慣をふだんから身につけるようにし，本番では問題冊子の余白や下書きページを有効に使いましょう。

計算が必要なものについても，**余白や下書きページに整理して書く**ようにしましょう。下書きだからといって，乱雑に書くと，計算が合わなかったときにどこが間違っているかわかりにくくなったり，計算スペースが足りなくなったりする恐れがあります。

苦手な分野を集中的に

分野ごとに独立した大問や中問に分かれているので，**苦手な分野の問題をまとめて重点的に取り組む**のも効果的です。試行調査では従来は出題が少なかった分野もバランスよく問われる一方で，分野ごとの大問・中問の構成や，配点の比率などが予想しにくくなっていましたが，2021 年度以降の共通テストは概ねセンター試験の出題フレームを引き継いだものとなっています。前述の「**ねらいめはココ！**」のページも参考にして，弱点補強に取り組みましょう。

共通テスト
攻略アドバイス

ここでは，共通テストで高得点をマークした先輩方に，その秘訣を伺いました。実体験に基づく貴重なアドバイスの数々。これをヒントに，あなたも攻略ポイントを見つけ出してください！

独特の誘導形式に慣れる！

問題文には誘導があり，「次に何をすべきか」が示されています。しかし，その誘導にうまく乗れず解きにくい，という場面はよくあります。自己流の解き方をしようとせず，問題文で何が求められているかをしっかりと読み取っていく必要があります。誘導形式対策を怠らないようにしましょう。

一番大切なことは，共通テストの独特な形式に慣れることです。教科書レベルの知識をもっていれば，問題演習を重ねることで対応できるようになります。試験時間が厳しいですが，時間がかかってしまうところはどこなのか，自分なりに分析して対策を練ることで，時間内に収まるようになると思います。

H. K. さん・東京農工大学（工学部）

共通テストの数学は，時間対応といかに問題の誘導に乗れるかが大事だと思います。基本的な問題が多いので，わからなかったらすぐに飛ばして，解ける問題から解いていくとよいと思います。

H. U. さん・東京都立大学（システムデザイン学部）

個別試験の数学と共通テストの数学は全然違うものなので，11 月から共通テスト対策を入念に行いました。その結果，本番ではあまり不利にはならない点を取ることができました。個別試験の対策が共通テスト対策になることもありますが，別物と考えて早いうちから対策しておくとよいと思います。

T. I. さん・東京大学（文科二類）

時間配分を考える

「時間が足りなかった」という声をよく聞きます。時間不足で手をつけられない問題がないように，計算を省力化できる公式はしっかりと覚えておきましょう。また，各大問の前半の比較的易しい問題を確実に解答して，後半の難しい問題は飛ばして後で考えるなど，時間配分のコツをつかんでおきましょう。

共通テスト数学ならではのスピード感には早いうちに慣れておきましょう。また，時間配分を決めておくことも大切です。設定した時間を超えてしまったら，次の大問に進みましょう。 R. Y. さん・東京工業大学（物質理工学院）

試験時間が短いので，いかに素早く解くかにかかっています。また，難しい問題を捨てる覚悟も必要です。じっくり考えて沼にはまる時間はないので，わからないところはまず飛ばして，一通り解いてから優先順位をつけて戻ってきましょう。 N. H. さん・大阪大学（基礎工学部）

共通テストの数学はとにかく時間がないです。問題文も長いことが多いので，私は問題文の中から必要な情報だけを抜き出して解く練習をしていました。マークシートなので計算をミスしても気づけることが多く，ミスを気にするよりはスピードをあげることを意識していました。

K. T. さん・名古屋大学（工学部）

共通テストの数学は，時間との戦いという側面が強いため，過去問や予想問題等で演習量をできるだけ多くこなし，10 分程度の見直しの時間を確保してすべて解き終わる程度の実力が身につくまで訓練するべきです。また，初見の問題であっても，短い時間で問題の核心をつかむ考察力をしっかりと身につけておく必要があります。　T. I. さん・千葉大学（医学部）

焦らずに冷静に解き進められるかが重要です。どれだけ長い文章題が出てきても，最初の設問は単純なことが多いです。解けるところを解き切る意識が重要になってきます。　S. M. さん・広島大学（工学部）

✔ 過去問を使って練習しよう！

過去問に取り組む際は，時間を計り，巻末のマークシート解答用紙や，赤本ノートや赤本ルーズリーフなどを使って，試験本番と同じ条件で解き切る練習をしましょう。また，計算や図は余白に整理して書き込むよう心がけましょう。

マークシートを塗るタイミングについては，人それぞれやり方が違うようです。自分はどのような流れで進めるのがよいかを，過去問演習を通して確認しましょう。また，見直しはとても重要です。素早くできて確実な検算方法を工夫してみましょう。

普段は数学ができるのに，共通テストになると解けなくなることも多いので，必ず過去問や予想問題集をやってください。得点を伸ばす上で，解く順番や時間配分が非常に大切なので，研究しておくとよいです。センターの過去問もかなり使えます。　A. I. さん・一橋大学（法学部）

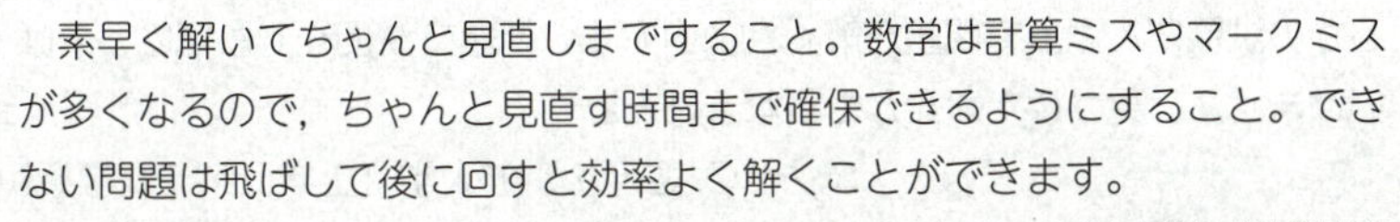

素早く解いてちゃんと見直しまですること。数学は計算ミスやマークミスが多くなるので，ちゃんと見直す時間まで確保できるようにすること。できない問題は飛ばして後に回すと効率よく解くことができます。
M. F. さん・明治大学（農学部）

「数学Ⅱ・B」は「数学Ⅰ・A」の後に受けますが，たとえ「数学Ⅰ・A」が思うようにいかなくても，引きずらずに切り替えて臨むことが大切だと思います。あとは本当にケアレスミスに気をつけてください。
T. K. さん・神戸大学（理学部）

共通テスト数学はかなり難しいです。思考力が試される問題が多いですが，それらはみんなも解けないので，基礎問題や典型問題を落とすか落とさないかで差がついてきます。こうした問題を落とさないよう，演習を積んでいきましょう。

Y. M. さん・京都大学（法学部）

対策が手薄になる分野に注意！

「データの分析」「集合と論理」など，個別試験では扱いが少ない分野は，対策が手薄になりがちですので，注意が必要です。「数学A」と「数学B」の範囲は選択問題となっているので，あらかじめ解答する分野を決めて集中して取り組むか，当日問題の難易度を見て取り組みやすそうなものを選ぶか，自分なりに戦略を立てておくとよいでしょう。

「データの分析」は慣れだと思っています。共通テスト特有の問題で，高2までに大して対策をしていたわけでもないので，共通テスト前はとりあえず数をこなしていました。

H. M. さん・北海道大学（総合入試理系）

問題の文章量が多く，文章から求められることを瞬時に理解することが重要だと思います。また，「データの分析」や「集合と論理」などはあまり馴染みのない人もいると思うので，共通テスト対策には必須だと思います。

M. U. さん・九州大学（歯学部）

記述問題ではないので，積分の６分の１公式などは覚えて使っちゃいましょう。時間の短縮になります。三角関数の分野は公式をどこまで使いこなせるかの試験だと思って問題を解くとよいです。問題文が長くてもビビってはいけません。見かけだおしかもしれません。

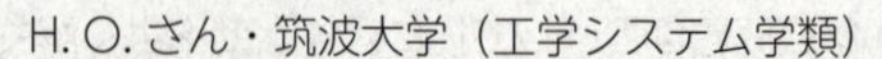

H. O. さん・筑波大学（工学システム学類）

とにかく時間との勝負なので，過去問を演習しまくるしかありません。文章も長いので，忍耐力も鍛えなければなりません。選択問題については，自分のやりやすい分野を決めてやるのがよいと思います。「確率分布と統計的な推測」は学校でやらないことも多く，個別試験で範囲外の大学も多いので，コスパがよいかどうかはしっかり考えておく必要があると思います。

K. M. さん・東北大学（医学部）

共通テスト

実戦創作問題

独自の分析に基づき，本書オリジナル模試を作成しました。試験時間・解答時間を意識した演習に役立ててください。出題形式や難易度に多少の変化があっても落ち着いて取り組める実戦力をつけておきましょう。

✔ 数学Ⅰ・数学A　問題　2
解答　27

✔ 数学Ⅱ・数学B　問題　46
解答　66

数学Ⅰ・数学A：
解答時間 70分
配点 100点

数学Ⅱ・数学B：
解答時間 60分
配点 100点

解答上の注意（数学Ⅰ・数学A）

1　解答は，解答用紙の問題番号に対応した解答欄にマークしなさい。

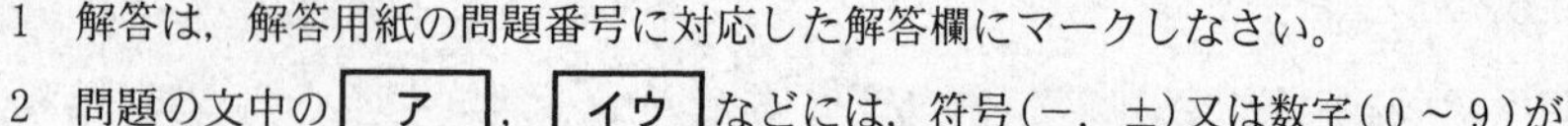

2　問題の文中の ア ， イウ などには，符号（－，±）又は数字（0～9）が入ります。ア，イ，ウ，…の一つ一つは，これらのいずれか一つに対応します。それらを解答用紙のア，イ，ウ，…で示された解答欄にマークして答えなさい。

例　アイウ に －83 と答えたいとき

ア	●	±	0	1	2	3	4	5	6	7	8	9
イ	－	±	0	1	2	3	4	5	6	7	●	9
ウ	－	±	0	1	2	●	4	5	6	7	8	9

3　分数形で解答する場合，分数の符号は分子につけ，分母につけてはいけません。

例えば，$\frac{\boxed{エオ}}{\boxed{カ}}$ に $-\frac{4}{5}$ と答えたいときは，$\frac{-4}{5}$ として答えなさい。

また，それ以上約分できない形で答えなさい。

例えば，$\frac{3}{4}$ と答えるところを，$\frac{6}{8}$ のように答えてはいけません。

4　小数の形で解答する場合，指定された桁数の一つ下の桁を四捨五入して答えなさい。また，必要に応じて，指定された桁まで⓪にマークしなさい。

例えば，キ ． クケ に2.5と答えたいときは，2.50として答えなさい。

5　根号を含む形で解答する場合，根号の中に現れる自然数が最小となる形で答えなさい。

例えば，$\boxed{コ}\sqrt{\boxed{サ}}$ に $4\sqrt{2}$ と答えるところを，$2\sqrt{8}$ のように答えてはいけません。

6　根号を含む分数形で解答する場合，例えば $\frac{\boxed{シ}+\boxed{ス}\sqrt{\boxed{セ}}}{\boxed{ソ}}$ に $\frac{3+2\sqrt{2}}{2}$ と答えるところを，$\frac{6+4\sqrt{2}}{4}$ や $\frac{6+2\sqrt{8}}{4}$ のように答えてはいけません。

7　問題の文中の二重四角で表記された タ などには，選択肢から一つを選んで，答えなさい。

8　同一の問題文中に チツ ， テ などが2度以上現れる場合，原則として，2度目以降は， チツ ， テ のように細字で表記します。

数学Ⅰ・数学Ａ

問　題	選　択　方　法
第1問	必　　答
第2問	必　　答
第3問	いずれか2問を選択し，解答しなさい。
第4問	
第5問	

第1問 (必答問題) (配点 30)

〔1〕 整数全体の集合を Z で表すこととし，集合 S を

$$S=\{p\sqrt{2}+q\sqrt{3} \mid p\in Z,\ q\in Z\}$$

で定める。

(1) 集合 $S\cap Z$ は，[ア] である。

[ア] の解答群

⓪ 自然数全体の集合	① 0以上の整数全体の集合
② 負の整数全体の集合	③ 0以下の整数全体の集合
④ 空集合	⑤ 0以上の有理数全体の集合
⑥ 負の有理数全体の集合	⑦ 0以下の有理数全体の集合
⑧ 0のみを要素とする集合	⑨ 無理数全体の集合

(2) 集合 T を

$$T=\{ab \mid a\in S,\ b\in S\}$$

で定める。

このとき，実数 x について，$x\in Z$ であることは，$x\in T$ であるための [イ]。

[イ] の解答群

⓪ 必要十分条件である
① 必要条件であるが，十分条件ではない
② 十分条件であるが，必要条件ではない
③ 必要条件でも十分条件でもない

〔2〕 太郎さんと花子さんは，先生から出された次の課題について話し合っている。会話を読んで，下の問いに答えよ。

課題

x についての2つの不等式

$x^2-2x-1\geqq 0$　……①

$x^2-ax-2a^2\leqq 0$　……②

について，次の問いに答えよ。ただし，a は正の定数とする。

(i) ①を解け。

(ii) ②を解け。

(iii) ①と②をともに満たす実数 x が存在するような a の値の範囲を求めよ。

(iv) ①と②をともに満たす整数 x が存在するような a の値の範囲を求めよ。

(v) ①と②をともに満たす整数 x がちょうど2つ存在するような a の値の範囲を求めよ。

花子：まずは(i)と(ii)の問題を考えよう。
不等式①を解くと，$x\leqq 1-\sqrt{2}$，$1+\sqrt{2}\leqq x$ であり，②を解くと，$-a\leqq x\leqq 2a$ となるね。

太郎：(iii)，(iv)，(v)の問題は，すべて①かつ②を満たす x の存在や個数についての問題だね。

花子：②を満たす x の値の範囲は，正の定数 a の値によって変化するので，状況を見やすくするために，こんな図を描いてみたよ。白丸印は，格子点（x 座標および a 座標がともに整数である点）だよ。

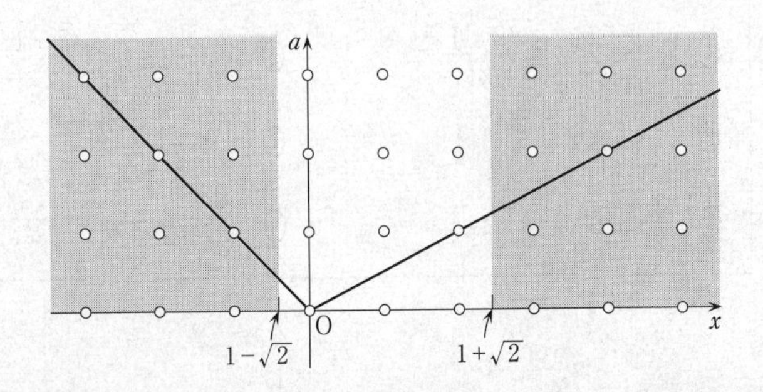

(1) 先生から出された課題の(iii)の答えは，[ウ]である。

[ウ]の解答群

⓪ $0<a\leqq1$	① $0<a<1+\sqrt{2}$
② $a\geqq1$	③ $a\geqq1+\sqrt{2}$
④ $a\geqq-1+\sqrt{2}$	⑤ $0<a<-1+\sqrt{2}$
⑥ $a>-1+\sqrt{2}$	⑦ $a\geqq2$
⑧ $a\geqq\frac{3}{2}$	⑨ $a>\frac{3}{2}$

(2) 先生から出された課題の(iv)の答えは，[エ]である。

[エ]の解答群

⓪ $0<a\leqq1$	① $0<a<1+\sqrt{2}$
② $a\geqq1$	③ $a\geqq1+\sqrt{2}$
④ $a\geqq-1+\sqrt{2}$	⑤ $0<a<-1+\sqrt{2}$
⑥ $a>-1+\sqrt{2}$	⑦ $a\geqq2$
⑧ $a\geqq\frac{3}{2}$	⑨ $a>\frac{3}{2}$

(3) 先生から出された課題の(v)の答えは，[オ]である。

[オ]の解答群

⓪ $0<a<1+\sqrt{2}$	① $0<a\leqq1+\sqrt{2}$
② $\sqrt{2}-1<a<\frac{\sqrt{2}+1}{2}$	③ $\sqrt{2}-1\leqq a<\frac{\sqrt{2}+1}{2}$
④ $\sqrt{2}-1<a\leqq\frac{\sqrt{2}+1}{2}$	⑤ $\sqrt{2}-1\leqq a\leqq\frac{\sqrt{2}+1}{2}$
⑥ $\frac{3}{2}<a<2$	⑦ $\frac{3}{2}\leqq a<2$
⑧ $\frac{3}{2}<a\leqq2$	⑨ $\frac{3}{2}\leqq a\leqq2$

〔3〕

(1) 関数 $f(x)$ を $f(x)=x^2-4x+5$ で定める。このとき，1以上の実数 a に対して，$1 \leqq x \leqq a$ における $f(x)$ の最大値を $M(a)$，最小値を $m(a)$ で表すことにする。

$y=M(a)$ のグラフを太線で表したものは［カ］であり，$y=m(a)$ のグラフを太線で表したものは［キ］である。

［カ］，［キ］については，最も適当なものを，次の⓪～③のうちから一つずつ選べ。

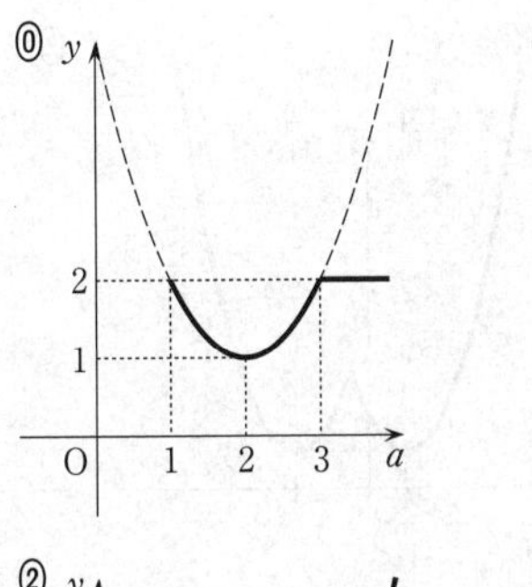

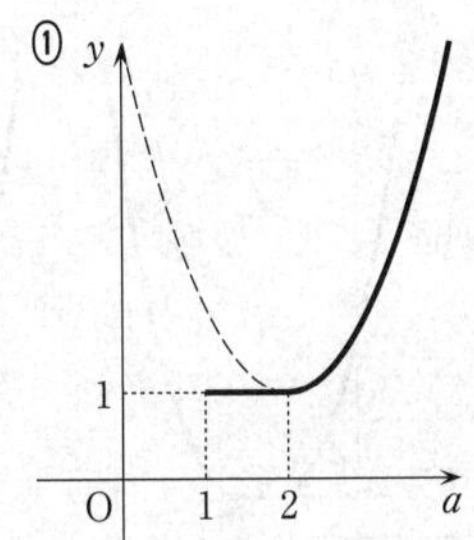

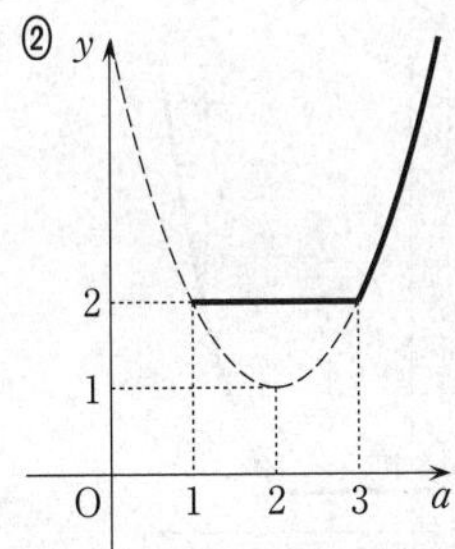

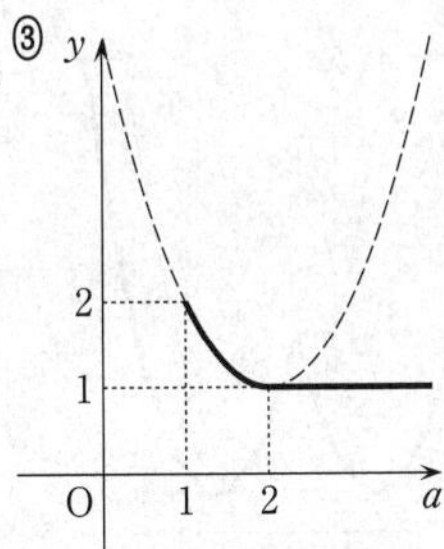

(2)　関数 $f(x)$ を $f(x)=x^2-4x+5$ で定める。このとき，実数 t に対して，$t-1 \leqq x \leqq t+3$ における $f(x)$ の最大値を $p(t)$，最小値を $q(t)$ で表すことにする。

(i)　実数 t に対して，$\{f(x) \mid t-1 \leqq x \leqq t+3\}=\{f(t-k) \mid -3 \leqq k \leqq 1\}$ である。このことに着目すると，$y=p(t)$ のグラフを太線で表したものは［ク］であり，$y=q(t)$ のグラフを太線で表したものは［ケ］である。

［ク］，［ケ］については，最も適当なものを，次の⓪～④のうちから一つずつ選べ。

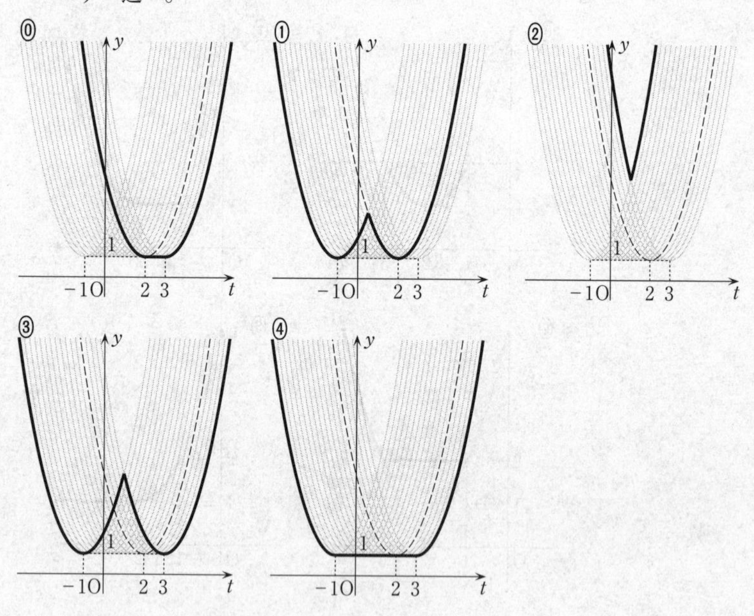

(ii)　$p(t)-q(t) \leqq 16$ を満たす t の値の範囲は

［コサ］$\leqq t \leqq$［シ］

である。

第2問 (必答問題) (配点 30)

〔1〕 太郎さんと花子さんは，プロ野球の成績について話をしている。会話を読んで，下の問いに答えよ。

順位	1	2	3	4	5	6
球団	巨人	DeNA	阪神	広島	中日	ヤクルト

太郎：今年はセ・リーグは巨人が優勝したね。最終的な順位が新聞に載っていたよ。

花子：阪神ファンの私としては，開幕前のスポーツ番組で阪神を最下位予想していた解説者の予想が外れたのがうれしいな。

太郎：そういえば，その番組は僕も見ていたよ。たしかこんな予想をしていたな。

順位	1	2	3	4	5	6
解説者A	巨人	DeNA	阪神	広島	中日	ヤクルト
解説者B	ヤクルト	中日	広島	阪神	DeNA	巨人
解説者C	広島	ヤクルト	巨人	中日	DeNA	阪神
解説者D	DeNA	中日	広島	ヤクルト	巨人	阪神
解説者E	中日	巨人	広島	DeNA	ヤクルト	阪神

花子：解説者Aはズバリ的中だよ！　それに比べて，解説者Bはまるで正反対だね。ここまで真逆をよく言えたものだね。

太郎：解説者C，D，Eは，Bほど外してはいないけど，この3人のうちでは誰が一番的中したといえるのか考えてみよう。

こんなのはどう？　巨人を1，DeNAを2，阪神を3，広島を4，中日を5，ヤクルトを6と対応付けて表を書き直すと，次のようになるよ。

順位の部分は変量xとし，それぞれの解説者の名前を変量名として小文字で書くことにしたよ。

花子：「xとの相関係数の値が大きいほど予想が的中していた」と考えればよさそうだね。

変量 x	1	2	3	4	5	6
変量 a	1	2	3	4	5	6
変量 b	6	5	4	3	2	1
変量 c	4	6	1	5	2	3
変量 d	2	5	4	6	1	3
変量 e	5	1	4	2	6	3

(1)　変量 x と変量 a の相関係数は［ア］であり，変量 x と変量 b の相関係数は［イ］である。

［ア］，［イ］については，最も適当なものを，次の⓪～⑧のうちから一つずつ選べ。ただし，同じものを繰り返し選んでもよい。

⓪　-1　　①　-0.6　　②　-0.3　　③　-0.1　　④　0
⑤　0.1　　⑥　0.3　　⑦　0.6　　⑧　1

一般に，変量 y の分散 ${s_y}^2$ は

$${s_y}^2=\overline{y^2}-\left(\overline{y}\right)^2$$

で計算できる。ここで，記号 $\overline{★}$ は変量★の平均を表す記号である。

また，一般に，二つの変量 z，w について，z と w の共分散 s_{zw} は

$$s_{zw}=\overline{zw}-\overline{z}\cdot\overline{w}$$

で計算できる。

(2)　ここでのデータでは

$$\overline{x}=\overline{a}=\overline{b}=\overline{c}=\overline{d}=\overline{e}=\frac{\boxed{ウ}}{\boxed{エ}}$$

であり

$${s_x}^2={s_a}^2={s_b}^2={s_c}^2={s_d}^2={s_e}^2=\frac{\boxed{オカ}}{\boxed{キク}}$$

である。

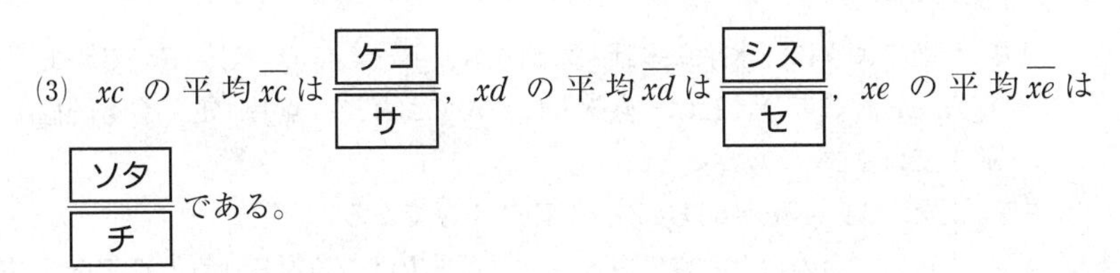

(3)　xc の平均 $\overline{xc}$ は $\dfrac{\boxed{\text{ケコ}}}{\boxed{\text{サ}}}$，$xd$ の平均 $\overline{xd}$ は $\dfrac{\boxed{\text{シス}}}{\boxed{\text{セ}}}$，$xe$ の平均 $\overline{xe}$ は $\dfrac{\boxed{\text{ソタ}}}{\boxed{\text{チ}}}$ である。

(4)　3人の解説者C，D，Eのうち，最も予想が当たっていたのは $\boxed{\text{ツ}}$ で，最も予想を外していたのは $\boxed{\text{テ}}$ といえる。

$\boxed{\text{ツ}}$，$\boxed{\text{テ}}$ については，最も適当なものを，次の⓪～②のうちから一つずつ選べ。

⓪　C	①　D	②　E

〔2〕 図のように，水平な平野上に地点A，B，C，D，E，F，Gがあり，5点A，B，C，D，Eは一直線上に並んでおり，3点E，F，Gも一直線上に並んでいる。

また，$AB=BC=CD$ であり，$EF=FG$ である。

さらに，山の頂上の点Tを各地点から見上げる角（各地点と点Tを結ぶ線分と水平面のなす角）について，山の頂上の点Tから水平面に垂線を下ろし，水平面との交点をHとすると

$$\angle TAH=30^\circ,\quad \angle TBH=45^\circ,\quad \angle TDH=60^\circ$$

であることがわかっている。

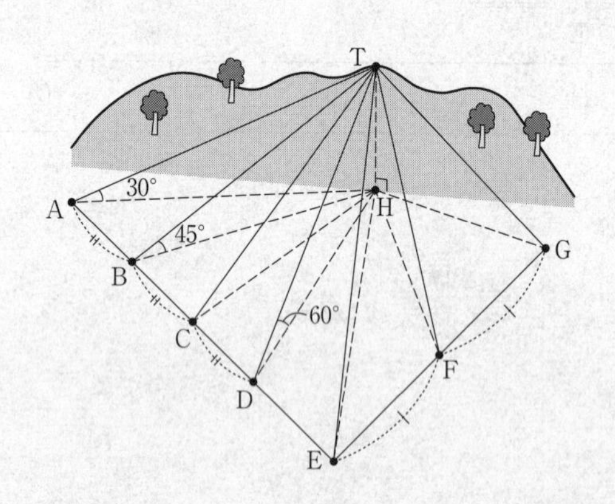

$TE=p$，$TG=q$，$TF=r$，$AB=BC=CD=t$，$EF=FG=s$，$\angle TCH=\theta$ とおき，地点Hと山の頂上の点Tの標高差 TH を h とする。

(1) $\angle TFE+\angle TFG=180^\circ$ であることに注意し，三角形 TEF と三角形 TFG に余弦定理を適用することで

$$p^2+q^2=\boxed{ト}$$

が成り立つことがわかる。

ト の解答群

⓪ $r+s$	① $2(r+s)$	② rs	③ $2rs$
④ r^2+s^2	⑤ r^2+4s^2	⑥ r^2s^2	⑦ $2(r^2+s^2)$
⑧ $2(r^2+4s^2)$	⑨ $3(r^2+4s^2)$		

(2)　∠HBA＋∠HBC＝180°であることに注意し，三角形 HAB と三角形 HBC に余弦定理を適用することで

$$h^2(\boxed{ナ}+\boxed{ニ})=2t^2$$

が成り立つことがわかる。

ニ の解答群

⓪ $\sin^2\theta$	① $\cos^2\theta$	② $\tan^2\theta$
③ $\dfrac{1}{\sin^2\theta}$	④ $\dfrac{1}{\cos^2\theta}$	⑤ $\dfrac{1}{\tan^2\theta}$

(3)　∠HCB＋∠HCD＝180°であることに注意し，三角形 HBC と三角形 HCD に余弦定理を適用することで

$$h^2\left(\frac{\boxed{ヌ}}{\boxed{ネ}}-\boxed{ノ}\right)=t^2$$

が成り立つことがわかる。

ノ の解答群

⓪ $\sin^2\theta$	① $\cos^2\theta$	② $\tan^2\theta$
③ $\dfrac{1}{\sin^2\theta}$	④ $\dfrac{1}{\cos^2\theta}$	⑤ $\dfrac{1}{\tan^2\theta}$

(4)　次ページの三角比の表を利用すると，θ はおよそ ハ であることがわかる。

ハ については，最も適当なものを，次の⓪～⑨のうちから一つ選べ。

⓪ 42°	① 47°	② 52°	③ 57°	④ 62°
⑤ 67°	⑥ 72°	⑦ 77°	⑧ 82°	⑨ 87°

(5)　$\dfrac{AD}{h}=\sqrt{\boxed{ヒ}}$ である。

三角比の表

角度	sin	cos	tan	角度	sin	cos	tan
0°	0.0000	1.0000	0.0000	45°	0.7071	0.7071	1.0000
1°	0.0175	0.9998	0.0175	46°	0.7193	0.6947	1.0355
2°	0.0349	0.9994	0.0349	47°	0.7314	0.6820	1.0724
3°	0.0523	0.9986	0.0524	48°	0.7431	0.6691	1.1106
4°	0.0698	0.9976	0.0699	49°	0.7547	0.6561	1.1504
5°	0.0872	0.9962	0.0875	50°	0.7660	0.6428	1.1918
6°	0.1045	0.9945	0.1051	51°	0.7771	0.6293	1.2349
7°	0.1219	0.9925	0.1228	52°	0.7880	0.6157	1.2799
8°	0.1392	0.9903	0.1405	53°	0.7986	0.6018	1.3270
9°	0.1564	0.9877	0.1584	54°	0.8090	0.5878	1.3764
10°	0.1736	0.9848	0.1763	55°	0.8192	0.5736	1.4281
11°	0.1908	0.9816	0.1944	56°	0.8290	0.5592	1.4826
12°	0.2079	0.9781	0.2126	57°	0.8387	0.5446	1.5399
13°	0.2250	0.9744	0.2309	58°	0.8480	0.5299	1.6003
14°	0.2419	0.9703	0.2493	59°	0.8572	0.5150	1.6643
15°	0.2588	0.9659	0.2679	60°	0.8660	0.5000	1.7321
16°	0.2756	0.9613	0.2867	61°	0.8746	0.4848	1.8040
17°	0.2924	0.9563	0.3057	62°	0.8829	0.4695	1.8807
18°	0.3090	0.9511	0.3249	63°	0.8910	0.4540	1.9626
19°	0.3256	0.9455	0.3443	64°	0.8988	0.4384	2.0503
20°	0.3420	0.9397	0.3640	65°	0.9063	0.4226	2.1445
21°	0.3584	0.9336	0.3839	66°	0.9135	0.4067	2.2460
22°	0.3746	0.9272	0.4040	67°	0.9205	0.3907	2.3559
23°	0.3907	0.9205	0.4245	68°	0.9272	0.3746	2.4751
24°	0.4067	0.9135	0.4452	69°	0.9336	0.3584	2.6051
25°	0.4226	0.9063	0.4663	70°	0.9397	0.3420	2.7475
26°	0.4384	0.8988	0.4877	71°	0.9455	0.3256	2.9042
27°	0.4540	0.8910	0.5095	72°	0.9511	0.3090	3.0777
28°	0.4695	0.8829	0.5317	73°	0.9563	0.2924	3.2709
29°	0.4848	0.8746	0.5543	74°	0.9613	0.2756	3.4874
30°	0.5000	0.8660	0.5774	75°	0.9659	0.2588	3.7321
31°	0.5150	0.8572	0.6009	76°	0.9703	0.2419	4.0108
32°	0.5299	0.8480	0.6249	77°	0.9744	0.2250	4.3315
33°	0.5446	0.8387	0.6494	78°	0.9781	0.2079	4.7046
34°	0.5592	0.8290	0.6745	79°	0.9816	0.1908	5.1446
35°	0.5736	0.8192	0.7002	80°	0.9848	0.1736	5.6713
36°	0.5878	0.8090	0.7265	81°	0.9877	0.1564	6.3138
37°	0.6018	0.7986	0.7536	82°	0.9903	0.1392	7.1154
38°	0.6157	0.7880	0.7813	83°	0.9925	0.1219	8.1443
39°	0.6293	0.7771	0.8098	84°	0.9945	0.1045	9.5144
40°	0.6428	0.7660	0.8391	85°	0.9962	0.0872	11.4301
41°	0.6561	0.7547	0.8693	86°	0.9976	0.0698	14.3007
42°	0.6691	0.7431	0.9004	87°	0.9986	0.0523	19.0811
43°	0.6820	0.7314	0.9325	88°	0.9994	0.0349	28.6363
44°	0.6947	0.7193	0.9657	89°	0.9998	0.0175	57.2900
45°	0.7071	0.7071	1.0000	90°	1.0000	0.0000	—

第3問 （選択問題）（配点　20）

二つの袋A，Bがあり，袋Aには赤球9個，白球1個の計10個の球が入っており，袋Bには赤球2個，白球8個の計10個の球が入っている。袋Aと袋Bは外見がそっくりで，外から袋の中身は見えない。

太郎さんと花子さんは，無作為に袋を選び，その選んだ袋から球を無作為に取り出すという試行について議論している。会話を読んで，下の問いに答えよ。

花子：袋に関しては，Aが選ばれやすいとかBが選ばれやすいとかという情報が全くない状況では，それぞれの袋が選ばれる確率は等しく $\frac{1}{2}$ だね。

太郎：無作為に袋を選び，その選んだ袋から無作為に球を1個取り出す試行を考えよう。

(1)　この試行で，赤球を取り出す確率は $\frac{\boxed{アイ}}{\boxed{ウエ}}$ である。

花子：試しにやってみよう。無作為に袋を選び，その選んだ袋から無作為に球を1個取り出してみると…赤球が出たよ。

太郎：こういうことが確率 $\frac{\boxed{アイ}}{\boxed{ウエ}}$ で起こるということだね。

花子：赤球が出たということは，私が選んだ袋はおそらく袋Aだったのではないかな？

太郎：袋Aだった可能性が高いね。もちろん，袋Bを選んでいる可能性も否定はできないけれども，袋Bなら赤球を取り出す可能性はわずかだからね。

花子：いま取り出した赤球を元の袋に戻すね。そのうえで，元に戻した袋からもう一度無作為に球を1個取り出すとき，再び赤球を取り出す条件付き確率 p はいくらかな？

太郎：選んだ袋はAの可能性が高いから，おそらく p は，

$$p > \frac{\boxed{アイ}}{\boxed{ウエ}}$$

を満たすよね。

花子：p の正確な値を計算してみよう。

(2)　1回目に赤球を取り出すという事象を R_1，袋Aを選ぶという事象を A とすると，1回目に赤球を取り出したという条件のもとで，袋Aを選んでいたという条件付き確率 $P_{R_1}(A)$ は

$$P_{R_1}(A)=\frac{P(R_1\cap A)}{P(R_1)}=\frac{\boxed{\text{オ}}}{\boxed{\text{カキ}}}$$

であり，袋Bを選ぶという事象を B とすると，1回目に赤球を取り出したという条件のもとで，袋Bを選んでいたという条件付き確率 $P_{R_1}(B)$ は

$$P_{R_1}(B)=\frac{P(R_1\cap B)}{P(R_1)}=\frac{\boxed{\text{ク}}}{\boxed{\text{カキ}}}$$

である。

花子：つまり，私が赤球を取り出したことによって，選んでいた袋についての情報が少し得られたというわけだね。さっき，「選んだ袋はおそらく袋Aだ」という話をしていたけど，それを数学的に表現すると

$$P_{R_1}(A)>P_{R_1}(B)$$

となるね。

太郎：だったら，選んでいる袋がAかBかということについて得られた情報を加味して考えると，2回目に赤球を取り出すという事象を R_2 として

$$p=P_{R_1}(A)\cdot P_A(R_2)+P_{R_1}(B)\cdot P_B(R_2)$$

で p の値が計算できる気がするよ。感覚的ではあるけれども…。

花子：たしかに，うまく情報を反映できている気がするね。けど，本当に正しいのかな？　いま立てた式の正当性を確認してみようよ。

太郎：そうだね。感覚的なままではなんだかモヤモヤするね。

花子：数学的にきちんと定式化して議論しよう。p は

$$p=P_{R_1}(R_2)$$

ということだね。

太郎：さらに，2回目に赤球を取り出すのは，2回目に袋Aから赤球を取り出すときと，袋Bから赤球を取り出すときの，同時には起こらない二つの場合に分けられるね。

花子：つまり，$\varnothing$ を空集合を表す記号として

$$R_2=(A\cap R_2)\ \boxed{\text{ケ}}\ (B\cap R_2)$$

$$(A\cap R_2)\ \boxed{\text{コ}}\ (B\cap R_2)=\varnothing$$

ということだね。

(3) ケ ， コ については，最も適当なものを，次の⓪～⑥のうちから一つずつ選べ。ただし，同じものを繰り返し選んでもよい。

⓪ $<$	① $=$	② $>$	③ $\subset$	④ $\supset$	⑤ $\cap$	⑥ $\cup$

太郎：だから，p を書き換えていくと

$$p=P_{R_1}(R_2)=P_{R_1}(A\cap R_2)+P_{R_1}(B\cap R_2)$$

となるね。

花子：$P_{R_1}(A\cap R_2)$ については

$$P_{R_1}(A\cap R_2)=\frac{P(R_1\cap(A\cap R_2))}{P(R_1)}=\frac{P((R_1\cap A)\cap R_2)}{P(R_1)}$$

$$=\frac{P(R_1\cap A)\cdot P_{R_1\cap A}(R_2)}{P(R_1)}$$

であることと

$$\frac{P(R_1\cap A)}{P(R_1)}=P_{R_1}(A),\quad P_{R_1\cap A}(R_2)=P_A(R_2)$$

であることに注意すると

$$P_{R_1}(A\cap R_2)=P_{R_1}(A)\cdot P_A(R_2)$$

が成り立つね。

太郎：同様に

$$P_{R_1}(B\cap R_2)=P_{R_1}(B)\cdot P_B(R_2)$$

もいえるよ。

花子：まとめると

$$p=P_{R_1}(A\cap R_2)+P_{R_1}(B\cap R_2)$$
$$=P_{R_1}(A)\cdot P_A(R_2)+P_{R_1}(B)\cdot P_B(R_2)$$

がいえるね。つまり，感覚的に立てた式は正しかったということだね。

これを計算すると，$p=\dfrac{\boxed{サシ}}{\boxed{スセ}}$ となるね。

(4) サシ ～ スセ に当てはまる数を答えよ。

太郎：直接，p を計算して確認してみるね。つまり

$$p=P_{R_1}(R_2)=\frac{P(R_1\cap R_2)}{P(R_1)}=\frac{P(A\cap R_1\cap R_2)+P(B\cap R_1\cap R_2)}{P(A\cap R_1)+P(B\cap R_1)}$$

として計算してみよう。

花子：$P(A\cap R_1\cap R_2)=\dfrac{\boxed{\text{ソタ}}}{\boxed{\text{チツテ}}}$，$P(B\cap R_1\cap R_2)=\dfrac{\boxed{\text{ト}}}{\boxed{\text{ナニ}}}$

であることから，p を計算すると…確かに同じ値になっているね。

太郎：そして，$p>\dfrac{\boxed{\text{アイ}}}{\boxed{\text{ウエ}}}$ という予想も正しかったね。

(5)　$\boxed{\text{ソタ}}$ ～ $\boxed{\text{ナニ}}$ に当てはまる数を答えよ。

第4問 (選択問題) (配点 20)

〔1〕 整数の2乗で表される数を平方数という。平方数を小さい順に左から並べると

0, 1, 4, 9, 16, 25, 36, ……

となる。平方数 n^2 に対して，0以上の整数 $|n|$ のことを“もとの数”ということにする。

(1) 平方数の性質を述べたものとして**正しくないもの**は，[ア] と [イ] である。

[ア]，[イ] の解答群（ただし，解答の順序は問わない。）

⓪ 平方数が3の倍数であるとき，その平方数の“もとの数”も3の倍数である。
① 平方数が4の倍数でないとき，その平方数の“もとの数”は奇数である。
② 平方数が5の倍数であるとき，その平方数の“もとの数”も5の倍数である。
③ 平方数が6の倍数であるとき，その平方数の“もとの数”も6の倍数である。
④ 平方数を3で割るとき，余りが2となることはない。
⑤ 平方数を4で割るとき，余りが2となることはない。
⑥ 平方数を4で割るとき，余りが3となることはない。
⑦ 平方数を8で割るとき，余りが1となることはない。
⑧ 平方数を8で割るとき，余りが4となることはない。
⑨ 平方数を8で割るとき，余りが5となることはない。

二つの平方数の和で表すことのできる整数を“2R”ということにする。たとえば

$$5=1^2+2^2,\quad 18=3^2+3^2,\quad 41=4^2+5^2,\quad 81=0^2+9^2$$

であるから，5，18，41，81などは“2R”である。また，3や6は二つの平方数の和で表すことができないので，“2R”ではない。

(2)　次の⓪～⑥のうち，“2R”である数は，［ウ］と［エ］である。

［ウ］，［エ］の解答群（ただし，解答の順序は問わない。）

⓪ 21	① 22	② 23	③ 24
④ 25	⑤ 26	⑥ 27	

一般に

$$(a^2+b^2)(c^2+d^2)=(ac+bd)^2+(ad-bc)^2$$

が成り立つ。

(3)　次の⓪～⑤のうち，“2R”である数は，［オ］，［カ］，［キ］である。

［オ］～［キ］の解答群（ただし，解答の順序は問わない。）

⓪ 18×81	① 10×31	② 14×19
③ 41×81	④ 12×80	⑤ 18×41

(4)　$1105=5\times 13\times 17$ であることに注意すると

$$1105=\boxed{(*)}$$

が成り立つ。

次の⓪～⑨のうち，［（＊）］に当てはまるものは，［ク］，［ケ］，［コ］，［サ］である。

［ク］～［サ］の解答群（ただし，解答の順序は問わない。）

⓪ 21^2+22^2	① 12^2+31^2	② 18^2+31^2	③ 23^2+24^2
④ 1^2+38^2	⑤ 12^2+29^2	⑥ 4^2+33^2	⑦ 13^2+26^2
⑧ 9^2+32^2	⑨ 19^2+22^2		

〔2〕 太郎さんと花子さんは，平方数や素数について話をしている。会話を読んで，下の問いに答えよ。

太郎：整数の問題の中には，内容は高校生にもわかるけれど，厳密に証明するとなると大変な問題がたくさんあるね。

花子：フェルマー予想は約 360 年も未解決だったけど，内容は確かに高校生でもわかるね。

太郎：そのフェルマーなんだけど，整数についての性質をたくさん調べていたらしい。その一つに，こんな定理があるよ。

定理

自然数 N が 2 通りの方法で平方数の和で表されるならば，N は素数ではない。

花子：平方数とは，整数の 2 乗になっている数のことだね。

太郎：さらに，N が 2 通りの方法で平方数の和で表されるというのは

$$N=x^2+y^2=z^2+w^2, \quad x \neq z \text{ かつ } x \neq w$$

を満たす 0 以上の整数 x，y，z，w が存在するということだね。

花子：たとえば，5 は 1^2+2^2 と平方数の和で表すことができるけれど，足す順序を入れ替えただけの 2^2+1^2 は別の表し方とはみなさないということだね。

太郎：そうだね。2 通りの方法で平方数の和で表される数の例として，50 があるよ。50 は 1^2+7^2 あるいは 5^2+5^2 とかけるので，2 通りの方法で平方数の和で表される数になっているわけだね。

花子：実際に，定理が成り立っていることを証明してみよう。

太郎：自然数 N が $x \neq z$ かつ $x \neq w$ を満たす 0 以上の整数 x，y，z，w を用いて

$$N=x^2+y^2=z^2+w^2$$

と表されたとしてみよう。

花子：すると，$x^2-z^2=w^2-y^2$ が成り立つことになるね。

太郎：両辺を因数分解すると，$(x+z)(x-z)=(w+y)(w-y)$ となるね。

花子：ここで，d を $x-z$ と $w-y$ の最大公約数としよう。すると，互いに素な整数 u，v を用いて，$x-z=du$ と $w-y=dv$ と表せるね。

太郎：すると，$(x+z)du=(w+y)dv$ となり，両辺を d で割って，

$(x+z)u=(w+y)v$ が得られるよ。

花子：ここで，u と v が互いに素であることから，整数 k を用いて，
$x+z=vk$，$w+y=uk$ と表されるね。

太郎：これより，$2x=du+vk$，$2y=uk-dv$ となるよ。

花子：すると，$4N=(d^2+k^2)(u^2+v^2)$ が成り立つね。

太郎：ここで，平方数の和を次の3つのタイプに分類してみることにするよ。

【Ⅰ型】 $(奇数)^2+(奇数)^2$，つまり，奇数の2乗どうしの和

【Ⅱ型】 $(偶数)^2+(偶数)^2$，つまり，偶数の2乗どうしの和

【Ⅲ型】 $(偶数)^2+(奇数)^2$，つまり，偶数の2乗と奇数の2乗の和

(1)　【Ⅰ型】の平方数を4で割ると，余りは［シ］，

【Ⅱ型】の平方数を4で割ると，余りは［ス］，

【Ⅲ型】の平方数を4で割ると，余りは［セ］である。

太郎：すると，x^2+y^2 と z^2+w^2 は同じタイプであるはずであり，y と w の偶奇が等しいとしても一般性は失われないね。

花子：では，これ以降は，y と w の偶奇が等しいとして議論しよう。すると，x と z の偶奇も等しくなり，d は［ソ］，k は［タ］といえるね。

太郎：このことから，N が素数でないことがいえるね。さらに，N の約数を見つける方法も与えてくれているよ。

(2)　［ソ］，［タ］については，最も適当なものを，次の⓪～①のうちから一つずつ選べ。ただし，同じものを繰り返し選んでもよい。

⓪　偶数	①　奇数

(3)　$270349=518^2+45^2=482^2+195^2$ であることに注意して，270349を素因数分解すると

$270349=$［チツテ］$\times$［トナニ］

となる。ただし，［チツテ］$\leqq$［トナニ］とする。

第5問 （選択問題）（配点　20）

太郎さんと花子さんはチェバの定理を最近学習した。以下は，職員室での太郎さん，花子さん，先生の3人の会話である。会話を読んで，下の問いに答えよ。

太郎：チェバの定理とは，三角形ABCとその内部の点Pについて，直線BCと直線APとの交点をA′，直線CAと直線BPとの交点をB′，直線ABと直線CPとの交点をC′とするとき

$$\frac{AC'}{C'B}\times\frac{BA'}{A'C}\times\frac{CB'}{B'A}=1 \quad \cdots\cdots(*)$$

が成り立つというものでした。

花子：そうですね。

$$\frac{AC'}{C'B}=\boxed{ア},\quad \frac{BA'}{A'C}=\boxed{イ},\quad \frac{CB'}{B'A}=\boxed{ウ}$$

が成り立つので，これらをかけあわせれば証明できます。

太郎：面積を考えるというのがポイントでしたね。

(1) ア ～ ウ については，最も適当なものを，次の⓪～⑨のうちから一つずつ選べ。

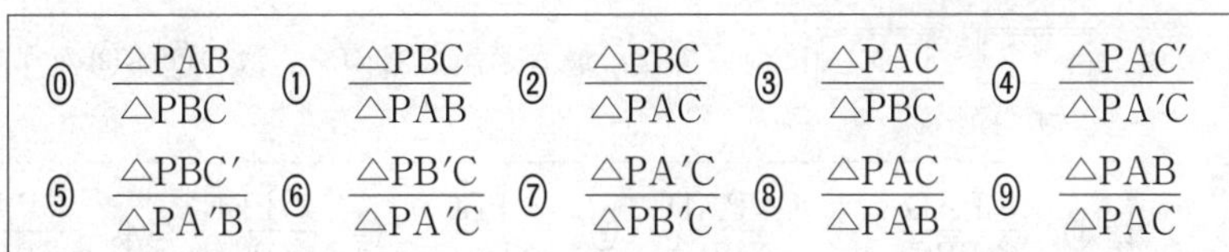

⓪ $\frac{\triangle PAB}{\triangle PBC}$　① $\frac{\triangle PBC}{\triangle PAB}$　② $\frac{\triangle PBC}{\triangle PAC}$　③ $\frac{\triangle PAC}{\triangle PBC}$　④ $\frac{\triangle PAC'}{\triangle PA'C}$

⑤ $\frac{\triangle PBC'}{\triangle PA'B}$　⑥ $\frac{\triangle PB'C}{\triangle PA'C}$　⑦ $\frac{\triangle PA'C}{\triangle PB'C}$　⑧ $\frac{\triangle PAC}{\triangle PAB}$　⑨ $\frac{\triangle PAB}{\triangle PAC}$

先生：授業のときには紹介しなかったが，このチェバの定理には，様々な拡張や変種が考えられているんだよ。今日は，そのうちの二つを紹介しよう。

花子：それは興味深いです。

先生：まずはじめは，三角形でなくても，五角形や七角形などの角の個数が奇数である多角形でも同様の式が成り立つということから始めようか。

太郎：とりあえず，五角形の図を描いてみます。そして，三角形のときと同じように点をとっていくことにします。

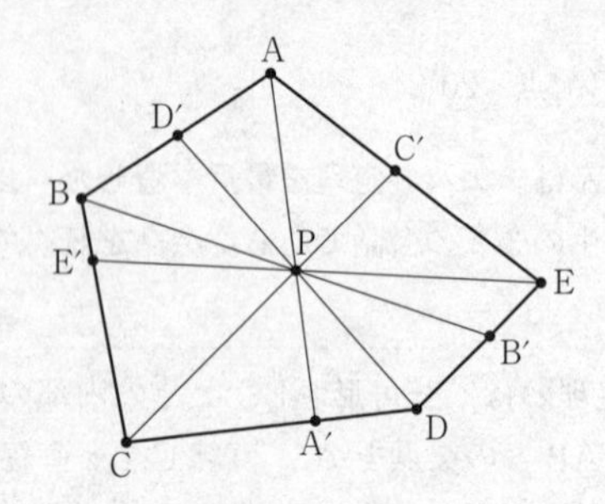

花子：さきほどと同様の式が成り立つということは，この図で

$$\frac{AD'}{D'B}\times\frac{BE'}{E'C}\times\frac{CA'}{A'D}\times\frac{DB'}{B'E}\times\frac{EC'}{C'A}=1$$

が成り立つということですか。

先生：そうだね。

太郎：三角形の場合と同様に，面積を用いて証明できそうです。実際

$\frac{AD'}{D'B}=$ **エ**，　$\frac{BE'}{E'C}=$ **オ**，　$\frac{CA'}{A'D}=$ **カ**，

$\frac{DB'}{B'E}=$ **キ**，　$\frac{EC'}{C'A}=$ **ク**

が成り立つので，これらをかけあわせれば証明できます。

(2)　**エ** 〜 **ク** については，最も適当なものを，次の⓪〜⑨のうちから一つずつ選べ。

⓪	$\frac{\triangle PAD}{\triangle PBC}$	①	$\frac{\triangle PAD}{\triangle PBD}$	②	$\frac{\triangle PBC}{\triangle PAC}$	③	$\frac{\triangle PBE}{\triangle PCE}$	④	$\frac{\triangle PAC}{\triangle PBC}$
⑤	$\frac{\triangle PBD}{\triangle PBE}$	⑥	$\frac{\triangle PCE}{\triangle PAC}$	⑦	$\frac{\triangle PAC}{\triangle PCE}$	⑧	$\frac{\triangle PAC}{\triangle PAD}$	⑨	$\frac{\triangle PAD}{\triangle PAC}$

先生：では，二つ目の内容に入ろう。今度は，三角形について，交点を辺上ではなく，三角形の外接円上にとっても，同様の式が成り立つというものだ。図を描いて説明しよう。

この図においても，最初の関係式(＊)が成り立つんだよ。A′，B′，C′を最初は三角形の辺上にとったけれども，三角形の外接円上にとっても成り立つわけだ。円の性質を用いて，証明を考えてごらん。

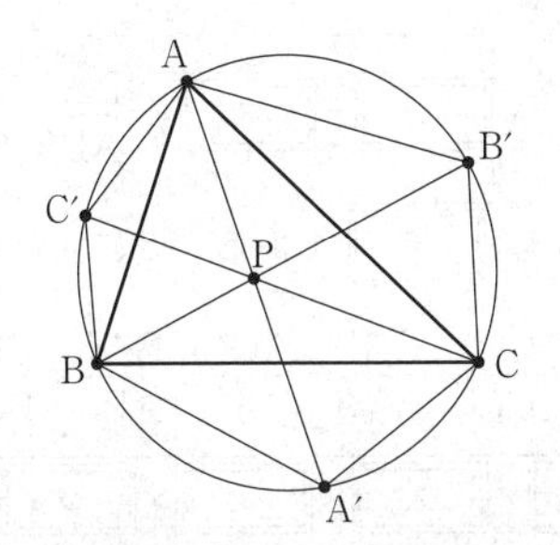

太郎：円周角の定理を用いることで

　　△PAC′∽ ケ ，△PBA′∽ コ ，△PCB′∽ サ

　　が成り立つことがわかります。

花子：相似な三角形において，対応する辺の長さの比が等しいことから

$$\frac{AC'}{CA'}=\boxed{シ}=\boxed{ス},\quad \frac{BA'}{AB'}=\boxed{セ}=\boxed{ソ},$$

$$\frac{CB'}{BC'}=\boxed{タ}=\boxed{チ}$$

　　が成り立ちます。

(3) ケ ～ サ については，最も適当なものを，次の⓪～⑨のうちから一つずつ選べ。

⓪ △A′B′C′	① △ABC	② △PBC′	③ △ABA′	④ △BCC′
⑤ △PAB′	⑥ △ACC′	⑦ △PBC	⑧ △PCA′	⑨ △PAB

(4) シ ～ チ については，最も適当なものを，次の⓪～⑨のうちから一つずつ選べ。
ただし， シ と ス ， セ と ソ ， タ と チ は，それぞれ解答の順序は問わない。

⓪ $\frac{PA}{PC}$	① $\frac{PB}{PA}$	② $\frac{PA}{PA'}$	③ $\frac{PC}{PB}$	④ $\frac{PB'}{PC'}$
⑤ $\frac{PC'}{PB'}$	⑥ $\frac{PA'}{PC'}$	⑦ $\frac{PC'}{PA'}$	⑧ $\frac{PA'}{PB'}$	⑨ $\frac{PC}{PA'}$

先生：そこで，$\dfrac{AC'}{CA'}=\sqrt{\boxed{シ}\times\boxed{ス}}$，$\dfrac{BA'}{AB'}=\sqrt{\boxed{セ}\times\boxed{ソ}}$，

$\dfrac{CB'}{BC'}=\sqrt{\boxed{タ}\times\boxed{チ}}$ であることに注目すると

$$\frac{AC'}{C'B}\times\frac{BA'}{A'C}\times\frac{CB'}{B'A}=\frac{AC'}{CA'}\times\frac{BA'}{AB'}\times\frac{CB'}{BC'}$$

$$=\sqrt{\boxed{シ}\times\boxed{ス}\times\boxed{セ}\times\boxed{ソ}\times\boxed{タ}\times\boxed{チ}}$$

$$=1\quad\cdots\cdots(**)$$

が成り立つね。

さらに，このことから，$\triangle PAC'$，$\triangle PBA'$，$\triangle PCB'$ の面積の積を S とし，$\boxed{ケ}$，$\boxed{コ}$，$\boxed{サ}$ の面積の積を T とすると，$S=T$ が成り立つことがわかるんだ。

花子：交互に三角形を見ていくとき，面積の積が等しくなるということですね。

太郎：相似な三角形では，面積比が相似比の２乗となっていることから

$$\frac{\triangle PAC'}{\boxed{ケ}}=\left(\boxed{ツ}\right)^2,\quad \frac{\triangle PBA'}{\boxed{コ}}=\left(\boxed{テ}\right)^2,$$

$$\frac{\triangle PCB'}{\boxed{サ}}=\left(\boxed{ト}\right)^2$$

が成り立ちます。

花子：これらをかけあわせ，$(**)$を用いると

$$\frac{S}{T}=\left(\boxed{ツ}\times\boxed{テ}\times\boxed{ト}\right)^2=1^2=1$$

が確かに成り立ちますね。

(5)　$\boxed{ツ}$ ～ $\boxed{ト}$ については，最も適当なものを，次の⓪～⑦のうちから一つずつ選べ。

⓪ $\dfrac{PA}{PA'}$	① $\dfrac{PA'}{PA}$	② $\dfrac{AC'}{CA'}$	③ $\dfrac{BA'}{AB'}$
④ $\dfrac{PB}{PB'}$	⑤ $\dfrac{PB'}{PB}$	⑥ $\dfrac{CB'}{BC'}$	⑦ $\dfrac{PB'}{PA'}$

共通テスト 実戦創作問題：数学Ⅰ・数学A

問題番号(配点)	解答記号	正解	配点	チェック
第1問 (30)	ア	⑧	3	
	イ	②	3	
	ウ	④	3	
	エ	②	3	
	オ	⑦	3	
	カ	②	3	
	キ	③	3	
	ク	②	3	
	ケ	④	3	
	コサ，シ	−1，3	3	

問題番号(配点)	解答記号	正解	配点	チェック
第2問 (30)	ア	⑧	2	
	イ	⓪	2	
	$\frac{\text{ウ}}{\text{エ}}$	$\frac{7}{2}$	1	
	$\frac{\text{オカ}}{\text{キク}}$	$\frac{35}{12}$	2	
	$\frac{\text{ケコ}}{\text{サ}}$	$\frac{67}{6}$	2	
	$\frac{\text{シス}}{\text{セ}}$	$\frac{71}{6}$	2	
	$\frac{\text{ソタ}}{\text{チ}}$	$\frac{25}{2}$	2	
	ツ	②	1	
	テ	⓪	1	
	ト	⑦	3	
	ナ，ニ	1，⑤	3	
	$\frac{\text{ヌ}}{\text{ネ}}$，ノ	$\frac{2}{3}$，⑤	3	
	ハ	⑥	3	
	ヒ	5	3	

問題番号（配点）	解答記号	正解	配点	チェック
第3問（20）	$\frac{アイ}{ウエ}$	$\frac{11}{20}$	2	
	$\frac{オ}{カキ}$	$\frac{9}{11}$	2	
	ク	2	2	
	ケ	⑥	1	
	コ	⑤	1	
	$\frac{サシ}{スセ}$	$\frac{17}{22}$	4	
	$\frac{ソタ}{チツテ}$	$\frac{81}{200}$	4	
	$\frac{ト}{ナニ}$	$\frac{1}{50}$	4	
第4問（20）	ア，イ	⑦，⑧（解答の順序は問わない）	2	
	ウ，エ	④，⑤（解答の順序は問わない）	2	
	オ，カ，キ	⓪，③，⑤（解答の順序は問わない）	3	
	ク，ケ，コ，サ	①，③，⑥，⑧（解答の順序は問わない）	4	
	シ，ス，セ	2，0，1	3	
	ソ，タ	⓪，⓪	2	
	チツテ，トナニ	409，661	4	

問題番号（配点）	解答記号	正解	配点	チェック
第5問（20）	ア，イ，ウ	③，⑨，①	3	
	エ，オ，カ，キ，ク	①，③，⑧，⑤，⑥	5	
	ケ，コ，サ	⑧，⑤，②	3	
	シ，ス	⓪，⑦（解答の順序は問わない）	2	
	セ，ソ	①，⑧（解答の順序は問わない）	2	
	タ，チ	③，④（解答の順序は問わない）	2	
	ツ，テ，ト	②，③，⑥	3	

（注）第1問，第2問は必答。第3問～第5問のうちから2問選択。計4問を解答。

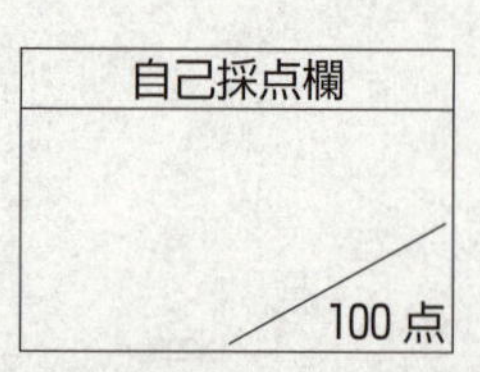

第1問 ── 数と式，2次関数

〔1〕 標準 《集合と論理》

(1) $m \in S \cap Z$ とすると　$m \in S$ かつ $m \in Z$

$m \in S$ より　$m = p\sqrt{2} + q\sqrt{3}$ ……①

と表される。ただし，$m \in Z$，$p \in Z$，$q \in Z$ である。

①より

$$(m - p\sqrt{2})^2 = 3q^2 \qquad 2mp\sqrt{2} = m^2 + 2p^2 - 3q^2$$

$mp \neq 0$ と仮定すると　$\sqrt{2} = \dfrac{m^2 + 2p^2 - 3q^2}{2mp}$

m，p，q は整数だから，$\sqrt{2}$ は有理数となり，矛盾。

したがって，$mp = 0$ である。

$m \neq 0$ と仮定すると，$p = 0$ だから，①より　$q\sqrt{3} = m$

このとき，$q \neq 0$ であるから　$\sqrt{3} = \dfrac{m}{q}$

m，q は整数だから，$\sqrt{3}$ は有理数となり，矛盾。

したがって，$m = 0$ であり　$S \cap Z = \{0\}$

よって，集合 $S \cap Z$ は，**0のみを要素とする集合** ⑧ →ア である。

(2) 「$x \in Z \Longrightarrow x \in T$」は成り立つ。

(証明)　$x \in Z$ とする。

$$x = x(\sqrt{3} + \sqrt{2})(\sqrt{3} - \sqrt{2}) = (x\sqrt{2} + x\sqrt{3})(\sqrt{3} - \sqrt{2})$$

$$x\sqrt{2} + x\sqrt{3} \in S$$

$$\sqrt{3} - \sqrt{2} = (-1) \times \sqrt{2} + 1 \times \sqrt{3} \in S$$

したがって　$x \in T$　(証明終)

「$x \in T \Longrightarrow x \in Z$」は成り立たない。

(反例：$x = \sqrt{6}$)

$$\sqrt{3} = 0 \times \sqrt{2} + 1 \times \sqrt{3} \in S, \quad \sqrt{2} = 1 \times \sqrt{2} + 0 \times \sqrt{3} \in S$$

であるから，$\sqrt{6} = \sqrt{2} \times \sqrt{3} \in T$ であるが，$\sqrt{6} \notin Z$ である。

したがって，$x \in Z$ であることは，$x \in T$ であるための**十分条件であるが，必要条件ではない。** ② →イ

解説

(1) $\sqrt{2}$，$\sqrt{3}$ が無理数（分母・分子がともに整数であるような分数で表されない実数）であることを用いて，$m = p\sqrt{2} + q\sqrt{3}$ を満たす整数 p，q，m の値を求めれば

よい。

$\sqrt{2}$ が無理数であることは，次のように背理法を用いて証明できる。

（証明）　$\sqrt{2}$ が無理数でないと仮定すると

$$\sqrt{2}=\frac{q}{p}\quad (p,\ q\text{ は互いに素な自然数})$$

このとき，$2p^2=q^2$ より，q^2 は 2 の倍数である。これより，q は 2 の倍数であり，q^2 は 4 の倍数である。

よって，p^2 は 2 の倍数である。これより，p も 2 の倍数となり，p，q が互いに素であることに矛盾する。したがって，$\sqrt{2}$ は無理数である。　（証明終）

また，a，b が有理数，r が無理数のとき

「$a+br=0$ ならば，$a=b=0$」

が成り立つことを用いてもよい（証明は，$b\neq0$ と仮定して矛盾を導けばよい）。

(2)　「$p\Longrightarrow q$」が成り立つとき，p は q であるための十分条件，q は p であるための必要条件という。

$\sqrt{3}\pm\sqrt{2}\in S$ で，$1=(\sqrt{3}+\sqrt{2})(\sqrt{3}-\sqrt{2})$ であることを利用すれば，「$x\in Z\Longrightarrow x\in T$」が成り立つことを証明できる。

また，$\sqrt{3}\in S$，$\sqrt{2}\in S$ を用いて「$x\in T\Longrightarrow x\in Z$」が成り立たないことも示せる。

〔2〕 標準 《連立不等式》

(1)　① $\Longleftrightarrow x\leqq1-\sqrt{2},\ 1+\sqrt{2}\leqq x$

② $\Longleftrightarrow -a\leqq x\leqq 2a$

①と②をともに満たす実数 x が存在するような a の値の範囲は，下図の赤い横線と網目部分が共有部分をもつ a の範囲であるから

$a\geqq-1+\sqrt{2}$　④　→ウ

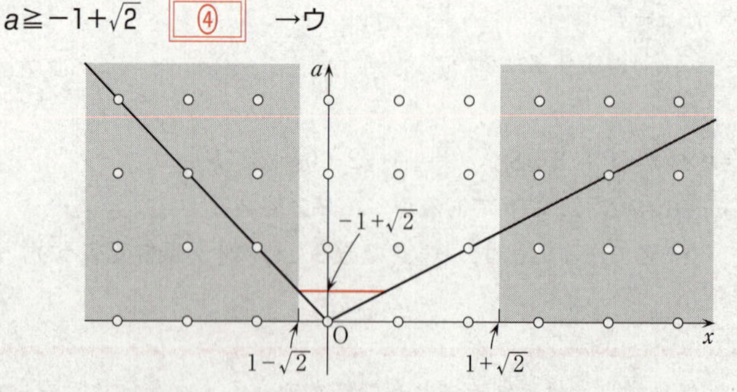

(2)　①と②をともに満たす整数 x が存在するような a の値の範囲は，次図の赤い横線と網目部分の点線が共有点をもつ a の範囲であるから

$a \geqq 1$ ② →エ

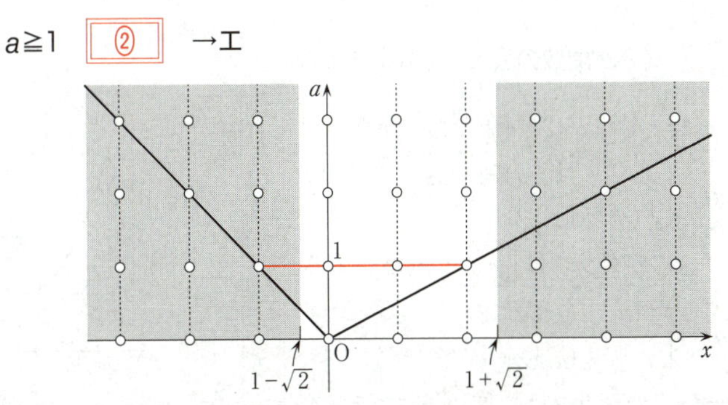

(3) ①と②をともに満たす整数 x がちょうど2つ存在するような a の値の範囲は，下図の赤い横線と網目部分の点線がちょうど2個の共有点をもつ a の範囲であるから

$\frac{3}{2} \leqq a < 2$ ⑦ →オ

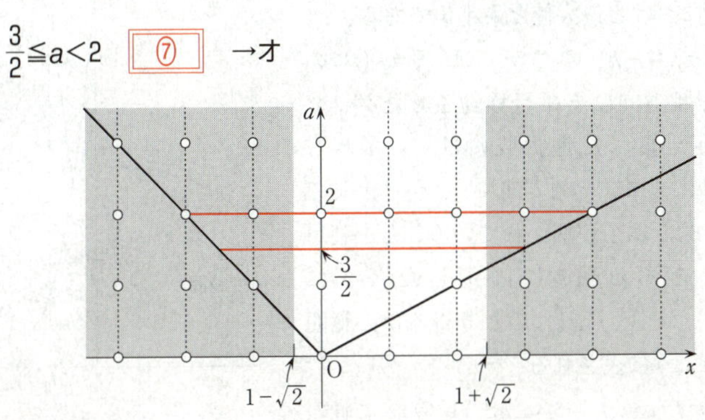

解説

数直線を図示する際，②を満たす x の範囲（赤い横線）は a の値に伴って両端が同時に動く（右に伸びるスピードは左に伸びるスピードの2倍）。
それをふまえて a の値によって，②を満たす x の範囲（赤い横線）を見やすくしたのが，下図である。a の値を大きくしていくにしたがって，区間を上へ上げて見ていけばよい。①をも満たす実数 x が存在するかどうかは，赤い横線と網目部分が共有部分をもつかどうかで判断でき，①をも満たす整数 x が存在するかどうかは，赤い横線と網目部分の点線が共有点をもつかどうかで判断できる。

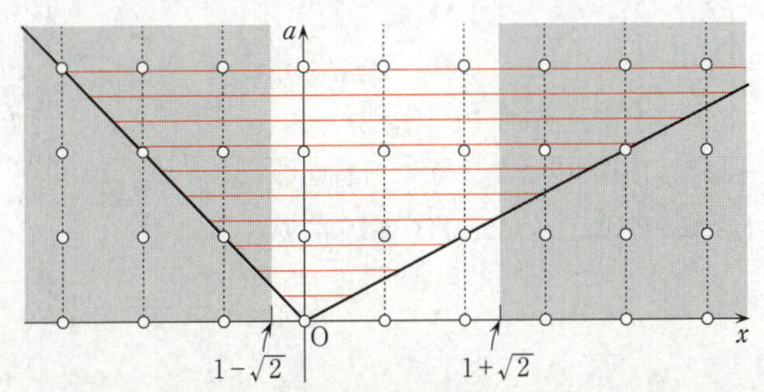

〔3〕 標準 《2次関数の最大・最小》

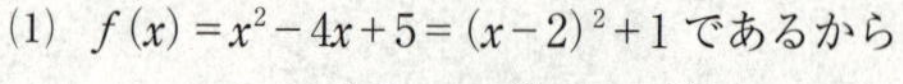

(1)　$f(x)=x^2-4x+5=(x-2)^2+1$ であるから

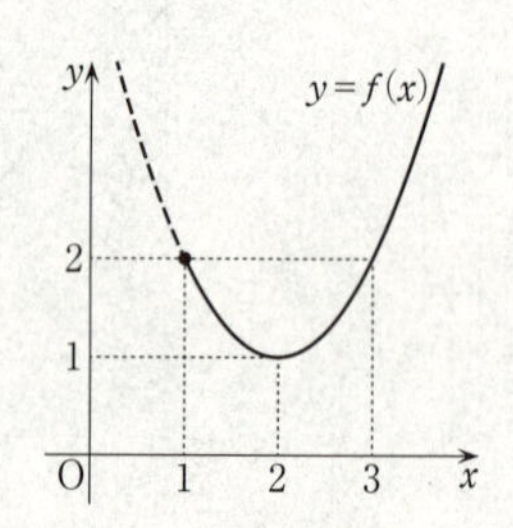

$$M(a)=\begin{cases}2 & (1\leqq a\leqq 3)\\ f(a) & (a>3)\end{cases}$$

より，$y=M(a)$ のグラフは ② →カ である。

$$m(a)=\begin{cases}f(a) & (1\leqq a\leqq 2)\\ 1 & (a>2)\end{cases}$$

より，$y=m(a)$ のグラフは ③ →キ である。

(2)(i)　問題文から，$y=f(t)$ の $t-1\leqq x\leqq t+3$ における最大値と最小値は，$y=f(t-k)$ の $-3\leqq k\leqq 1$ における最大値と最小値である。

ここで，$y=f(t-k)$ のグラフは，$y=f(t)$ のグラフを x 軸方向に k 平行移動させたグラフであり，与えられた選択肢には，いずれも $y=f(t)$ のグラフを x 軸方向に -3 から1まで平行移動させた様子が描かれていることを利用すると，t をある値 t_0 に固定したときに $y=f(t_0-k)$ $(-3\leqq k\leqq 1)$ のとり得る値の範囲は，右図のように表される。

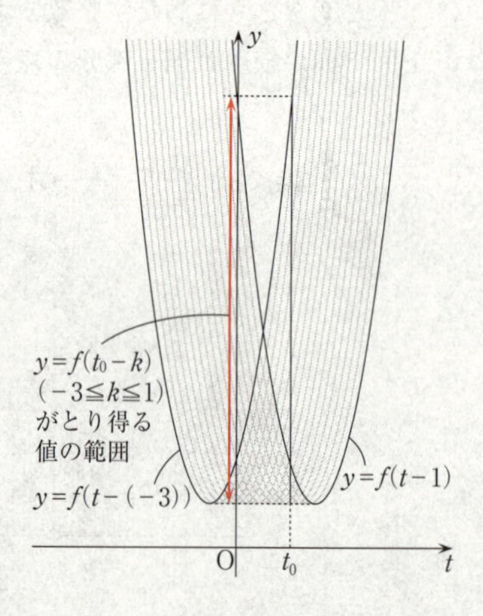

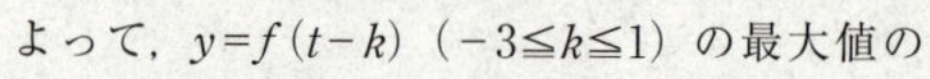

よって，$y=f(t-k)$ $(-3\leqq k\leqq 1)$ の最大値のグラフと最小値のグラフは，$y=f(t-k)$ のグラフが動き得る範囲のなかで最も上側の境界線と最も下側の境界線で表されるので，

最大値 $y=p(t)$ のグラフは ② →ク であり，

最小値 $y=q(t)$ のグラフは ④ →ケ である。

(ii)　(i)のグラフから

$$p(t)=\begin{cases}f(t-1)=t^2-6t+10 & (t\leqq 1)\\ f(t+3)=t^2+2t+2 & (t\geqq 1)\end{cases}$$

$$q(t)=\begin{cases}f(t+3)=t^2+2t+2 & (t\leqq -1)\\ 1 & (-1\leqq t\leqq 3)\\ f(t-1)=t^2-6t+10 & (t\geqq 3)\end{cases}$$

であり，$p(-1)=p(3)=17$ であるから，右図のように，$-1\leqq t\leqq 3$ のとき $p(t)-q(t)\leqq 16$ は成り立つ。

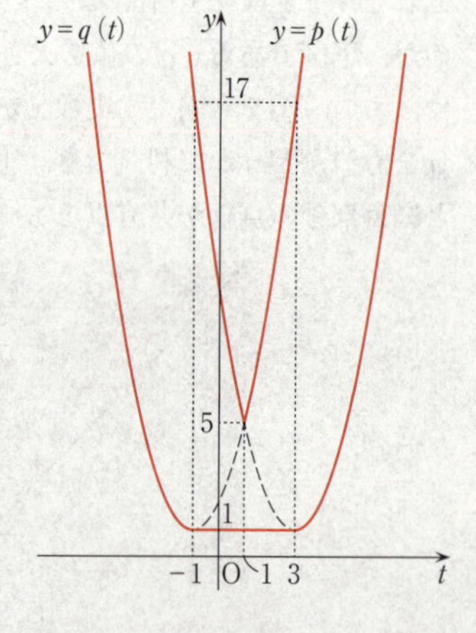

• $t<-1$ のとき

$$p(t)-q(t)=t^2-6t+10-(t^2+2t+2)$$
$$=-8t+8>16$$

• $t>3$ のとき

$$p(t)-q(t)=t^2+2t+2-(t^2-6t+10)$$
$$=8t-8>16$$

したがって，$p(t)-q(t)\leqq 16$ を満たす t の値の範囲は

$\boxed{-1}\leqq t\leqq\boxed{3}$ →コサ，シ

解説

(1) $y=f(x)$ $(x\geqq 1)$ のグラフを利用する。

$f(1)=f(3)$ であるから，$M(a)$ は，$1\leqq a\leqq 3$，$a>3$ で場合分けをして求めればよい。

また，$f(x)$ は $x=2$ で最小値をとるから，$m(a)$ は，$1\leqq a\leqq 2$，$a>2$ で場合分けをして求めればよい。

(2)(i) $t-1\leqq x\leqq t+3$ のとき，$-3\leqq t-x\leqq 1$ だから，$t-x=k$ とおくと

$$x=t-k,\ -3\leqq k\leqq 1$$

したがって

$$\{f(x)\mid t-1\leqq x\leqq t+3\}=\{f(t-k)\mid -3\leqq k\leqq 1\}$$

が成り立ち

$$f(x)=x^2-4x+5 \quad (t-1\leqq x\leqq t+3)$$

と

$$g(k)=f(t-k) \quad (-3\leqq k\leqq 1)$$

がとる値の範囲は一致する。

したがって，$g(k)=(k-t+2)^2+1$ の $-3\leqq k\leqq 1$ における最大値，最小値を求めればよい。

$g(k)$ を利用せず，$f(x)$ で考える場合は，$f(x)$ の軸は $x=2$，区間の中央は $t+1$ だから，$p(t)$ は，$t+1\leqq 2$，$2\leqq t+1$ で場合分けをし，$q(t)$ は，$2\leqq t-1$，$t-1\leqq 2\leqq t+3$，$t+3\leqq 2$ で場合分けをして考えればよい。

(ii) $y=p(t)$，$y=q(t)$ のグラフを利用する。

第２問 ── データの分析，図形と計量

〔１〕 標準 《相関係数》

(1)　変量 x と変量 a には $a=x$ という関係があり，相関係数は１ ⑧ →ア である。

変量 x と変量 b には $b=-x+7$ という関係があり，相関係数は－1 ⓪ →イ である。

(2)
$$\overline{x}=\frac{1}{6}(1+2+3+4+5+6)=\frac{7}{2} \quad \to \frac{ウ}{エ}$$

$$\overline{x^2}=\frac{1}{6}(1^2+2^2+3^2+4^2+5^2+6^2)=\frac{91}{6}$$

$$s_x{}^2=\overline{x^2}-(\overline{x})^2=\frac{91}{6}-\left(\frac{7}{2}\right)^2=\frac{35}{12} \quad \to \frac{オカ}{キク}$$

$\overline{x}=\overline{a}=\overline{b}=\overline{c}=\overline{d}=\overline{e}$，$\overline{x^2}=\overline{a^2}=\overline{b^2}=\overline{c^2}=\overline{d^2}=\overline{e^2}$ であるから

$$s_x{}^2=s_a{}^2=s_b{}^2=s_c{}^2=s_d{}^2=s_e{}^2$$

(3)
$$\overline{xc}=\frac{1\cdot4+2\cdot6+3\cdot1+4\cdot5+5\cdot2+6\cdot3}{6}=\frac{67}{6} \quad \to \frac{ケコ}{サ}$$

$$\overline{xd}=\frac{1\cdot2+2\cdot5+3\cdot4+4\cdot6+5\cdot1+6\cdot3}{6}=\frac{71}{6} \quad \to \frac{シス}{セ}$$

$$\overline{xe}=\frac{1\cdot5+2\cdot1+3\cdot4+4\cdot2+5\cdot6+6\cdot3}{6}=\frac{25}{2} \quad \to \frac{ソタ}{チ}$$

(4)
$$s_{xc}=\overline{xc}-\overline{x}\cdot\overline{c}=\frac{67}{6}-\left(\frac{7}{2}\right)^2=-\frac{13}{12}$$

よって，変量 x と変量 c の相関係数は

$$\frac{s_{xc}}{s_xs_c}=\frac{-\frac{13}{12}}{\sqrt{\frac{35}{12}}\sqrt{\frac{35}{12}}}=-\frac{13}{35}$$

同様にして　　$s_{xd}=-\frac{5}{12}$，　$s_{xe}=\frac{3}{12}$

変量 x と変量 d の相関係数は　　$\frac{s_{xd}}{s_xs_d}=-\frac{5}{35}$

変量 x と変量 e の相関係数は　　$\frac{s_{xe}}{s_xs_e}=\frac{3}{35}$

よって，３人の解説者Ｃ，Ｄ，Ｅのうち

最も予想が当たっていたのはＥ ② →ツ

最も予想を外していたのはC　⓪　→テ

解説

変量 x と変量 y の相関係数 r は，$r=\dfrac{s_{xy}}{s_x s_y}$ で与えられる。ただし，s_x，s_y はそれぞれ x，y の標準偏差，s_{xy} は x と y の共分散である。

相関係数の性質から，(1)は計算しなくても答えることができる。変量 x と変量 a の関係を散布図で表すと左下図のようになり，変量 x と変量 b の関係を散布図で表すと右下図のようになる。

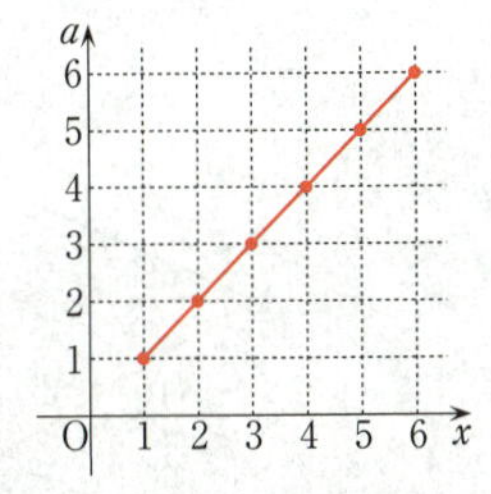

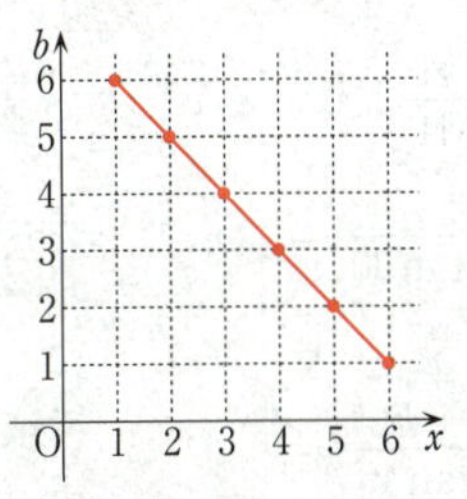

このように，右上がりの同一直線上にすべての点が存在するとき，相関係数はちょうど1となり，右下がりの同一直線上にすべての点が存在するとき，相関係数はちょうど−1となる。

本問では，s_x，s_y は5人の解説者の間で同じ値をとるが，共分散の値が異なる。共分散は

$$s_{xy}=\frac{(x_1-\overline{x})(y_1-\overline{y})+(x_2-\overline{x})(y_2-\overline{y})+\cdots+(x_n-\overline{x})(y_n-\overline{y})}{n}$$

で与えられ，$(x_i-\overline{x})(y_i-\overline{y})$ が大きい正の値になる，すなわち，$x_i-\overline{x}$ と $y_i-\overline{y}$ が同符号でともに絶対値が大きくなるような i が多いほど s_{xy} は大きくなり，逆に，$(x_i-\overline{x})(y_i-\overline{y})$ が小さい負の値（絶対値の大きい負の値）になる，すなわち，$x_i-\overline{x}$ と $y_i-\overline{y}$ が異符号でともに絶対値が大きくなるような i が多いほど s_{xy} は小さくなる。これを言い換えれば，x_i が x の平均より大きい（小さい）ほど y_i も y の平均より大きい（小さい）ようなデータ $(x_i,\ y_i)$ が多いほど s_{xy} は大きく，逆に x_i が x の平均より大きい（小さい）ほど y_i が y の平均より小さい（大きい）ようなデータ $(x_i,\ y_i)$ が多いほど s_{xy} は小さくなる。このことから，相関係数の値が大きいとき「x_i が大きければ y_i も大きく，x_i が小さければ y_i も小さい」という傾向が強く，相関係数の値が小さいとき「x_i が大きければ y_i は小さく，x_i が小さければ y_i は大きい」という傾向が強いといえる。これが「『x との相関係数の値が大きいほど予想が的中していた』と考えればよさそうだ」という発言の背景である。

〔2〕 標準 《三角比の応用》

(1)　$\angle \mathrm{TFE}=\phi$ とおくと　　$\angle \mathrm{TFG}=180^\circ-\phi$

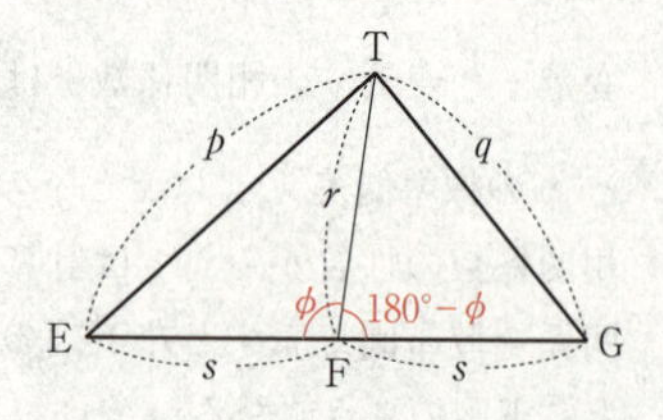

余弦定理から

$$p^2=\mathrm{TE}^2=r^2+s^2-2rs\cos\phi$$

$$q^2=\mathrm{TG}^2=r^2+s^2-2rs\cos(180^\circ-\phi)$$

$\cos(180^\circ-\phi)=-\cos\phi$ であるから

$$p^2+q^2=2(r^2+s^2)$$　⑦　→ト

(2)　$\tan 30^\circ=\dfrac{\mathrm{TH}}{\mathrm{AH}}$ より

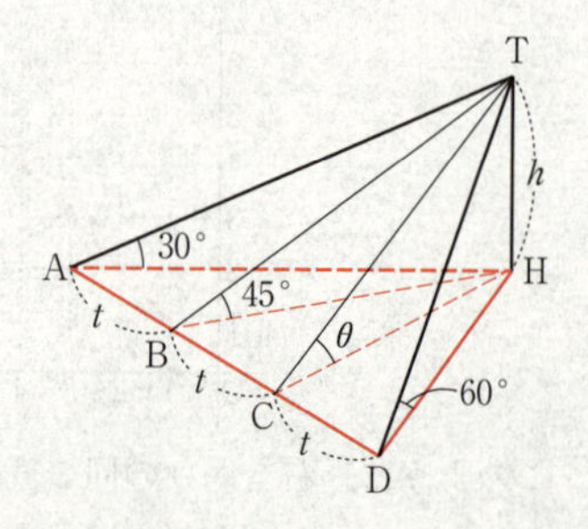

$$\mathrm{AH}=\frac{h}{\tan 30^\circ}=\sqrt{3}h$$

同様にして

$$\mathrm{BH}=\frac{h}{\tan 45^\circ}=h$$

$$\mathrm{CH}=\frac{h}{\tan\theta}$$

$$\mathrm{DH}=\frac{h}{\tan 60^\circ}=\frac{h}{\sqrt{3}}$$

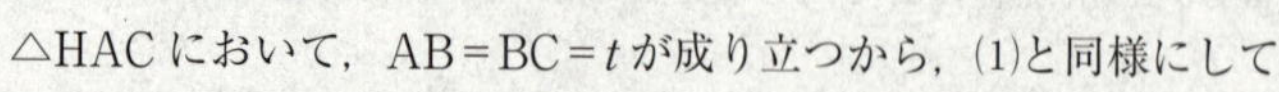

△HAC において，$\mathrm{AB}=\mathrm{BC}=t$ が成り立つから，(1)と同様にして

$$\mathrm{HA}^2+\mathrm{HC}^2=2(\mathrm{AB}^2+\mathrm{HB}^2)$$

$$(\sqrt{3}h)^2+\left(\frac{h}{\tan\theta}\right)^2=2(t^2+h^2)$$

よって　$h^2\left(\boxed{1}+\dfrac{1}{\tan^2\theta}\right)=2t^2$　⑤　→ナ，ニ

(3)　△HBD において，$\mathrm{BC}=\mathrm{CD}=t$ が成り立つから，(1)と同様にして

$$\mathrm{HB}^2+\mathrm{HD}^2=2(\mathrm{BC}^2+\mathrm{HC}^2)$$

$$h^2+\frac{h^2}{3}=2\left(t^2+\frac{h^2}{\tan^2\theta}\right)\qquad h^2\left(\frac{4}{3}-\frac{2}{\tan^2\theta}\right)=2t^2$$

よって　$h^2\left(\dfrac{\boxed{2}}{\boxed{3}}-\dfrac{1}{\tan^2\theta}\right)=t^2$　⑤　→$\dfrac{ヌ}{ネ}$，ノ

(4)　(2)，(3)の結果から

$$h^2\left(1+\frac{1}{\tan^2\theta}\right)=h^2\left(\frac{4}{3}-\frac{2}{\tan^2\theta}\right)$$

$$1+\frac{1}{\tan^2\theta}=\frac{4}{3}-\frac{2}{\tan^2\theta}\qquad \tan^2\theta=9$$

$\tan\theta>0$ より　　$\tan\theta=3$

三角比の表より，θ はおよそ 72° ⑥ →ハ である。

(5) (2)，(4)の結果から

$$\frac{t^2}{h^2}=\frac{1}{2}\left(1+\frac{1}{\tan^2\theta}\right)=\frac{5}{9} \qquad \frac{t}{h}=\frac{\sqrt{5}}{3}$$

よって

$$\frac{\text{AD}}{h}=\frac{3t}{h}=\sqrt{5} \quad \text{→ヒ}$$

解説

(1) $\cos(180°-\theta)=-\cos\theta$ に注意する。

結果から，△ABC の辺 BC の中点をMとすると

$$\text{AB}^2+\text{AC}^2=2(\text{BM}^2+\text{AM}^2)$$

が成り立つことがわかる。これを**中線定理**という。

(2) △TAH，△TBH，△TCH が直角三角形であることを利用して，AH，BH，CH を θ，h を用いて表し，△HAC で中線定理を用いる。

(4) (2)，(3)の結果から，t と h を消去し，$\tan\theta$ が満たす方程式を導く。

(5) $\dfrac{\text{AD}}{h}=\dfrac{3t}{h}$ である。(2)と，(4)で求めた $\tan\theta$ の値を利用して，$\dfrac{t}{h}$ を求める。

第3問　標準　場合の数と確率　《条件付き確率》

(1)　1回目に赤球を取り出すのは，袋Aから赤球を取り出すときと，袋Bから赤球を取り出すときの，同時には起こらない二つの場合に分けられるので，確率の加法定理，乗法定理を用いて

$$P(R_1)=P(A\cap R_1)+P(B\cap R_1)$$
$$=P(A)\cdot P_A(R_1)+P(B)\cdot P_B(R_1)$$
$$=\frac{1}{2}\times\frac{9}{10}+\frac{1}{2}\times\frac{2}{10}=\frac{\boxed{11}}{\boxed{20}}\quad\rightarrow\frac{アイ}{ウエ}$$

(2)　(1)より

$$P_{R_1}(A)=\frac{P(R_1\cap A)}{P(R_1)}=\frac{\frac{9}{20}}{\frac{11}{20}}=\frac{\boxed{9}}{\boxed{11}}\quad\rightarrow\frac{オ}{カキ}$$

$$P_{R_1}(B)=\frac{P(R_1\cap B)}{P(R_1)}=\frac{\frac{2}{20}}{\frac{11}{20}}=\frac{\boxed{2}}{11}\quad\rightarrow ク$$

である。

(3)　2回目に赤球を取り出すのは，袋Aから赤球を取り出すときと，袋Bから赤球を取り出すときの，同時には起こらない二つの場合に分けられるので

$$R_2=(A\cap R_2)\cup(B\cap R_2)\quad \boxed{⑥}\quad\rightarrow ケ$$
$$(A\cap R_2)\cap(B\cap R_2)=\varnothing\quad \boxed{⑤}\quad\rightarrow コ$$

(4)
$$p=P_{R_1}(A)\cdot P_A(R_2)+P_{R_1}(B)\cdot P_B(R_2)$$
$$=\frac{9}{11}\times\frac{9}{10}+\frac{2}{11}\times\frac{2}{10}=\frac{\boxed{17}}{\boxed{22}}\quad\rightarrow\frac{サシ}{スセ}$$

(5)　確率の乗法定理を用いて，直接 p を計算すると

$$P(A\cap R_1\cap R_2)=P(A)\cdot P_A(R_1\cap R_2)$$
$$=\frac{1}{2}\times\frac{9}{10}\times\frac{9}{10}=\frac{\boxed{81}}{\boxed{200}}\quad\rightarrow\frac{ソタ}{チツテ}$$

$$P(B\cap R_1\cap R_2)=P(B)\cdot P_B(R_1\cap R_2)$$
$$=\frac{1}{2}\times\frac{2}{10}\times\frac{2}{10}=\frac{\boxed{1}}{\boxed{50}}\quad\rightarrow\frac{ト}{ナニ}$$

よって

$$p=\frac{P(A\cap R_1\cap R_2)+P(B\cap R_1\cap R_2)}{P(R_1)}=\frac{\frac{81}{200}+\frac{1}{50}}{\frac{11}{20}}=\frac{17}{22}$$

となり，確かに p は同じ値になっている。

解説

ポイント 確率の加法定理・乗法定理

事象 A, B が同時には起こらないとき

$$P(A\cup B)=P(A)+P(B)$$

事象 A が起こったとき，事象 B が起こる確率を $P_A(B)$ とおくと

$$P(A\cap B)=P(A)\cdot P_A(B)\qquad P_A(B)=\frac{P(A\cap B)}{P(A)}$$

これらを題材にした確率の計算問題である。

$\frac{\boxed{アイ}}{\boxed{ウエ}}$ は，確率の加法定理，乗法定理を用いて

$$\begin{aligned}P(R_1)&=P(A\cap R_1)+P(B\cap R_1)\\&=P(A)\cdot P_A(R_1)+P(B)\cdot P_B(R_1)\end{aligned}$$

$\frac{\boxed{ソタ}}{\boxed{チツテ}}$ は，確率の乗法定理を用いて

$$P(A\cap R_1\cap R_2)=P(A)\cdot P_A(R_1\cap R_2)$$

を計算すればよい。

また，会話文から得られる等式

$$P_{R_1}(R_2)=P_{R_1}(A)\cdot P_A(R_2)+P_{R_1}(B)\cdot P_B(R_2)\quad\cdots\cdots(*)$$

は次のように示すことができる。

事象 $R_1\cap R_2$ が起こるのは

(i) 袋Aを選んで $R_1\cap R_2$ が起こる。

(ii) 袋Bを選んで $R_1\cap R_2$ が起こる。

の場合があり，これらの事象は互いに排反であるから，確率の加法定理，乗法定理を用いて

$$\begin{aligned}P(R_1\cap R_2)&=P(A\cap R_1\cap R_2)+P(B\cap R_1\cap R_2)\\&=P(R_1\cap(A\cap R_2))+P(R_1\cap(B\cap R_2))\\&=P(R_1)\cdot P_{R_1}(A\cap R_2)+P(R_1)\cdot P_{R_1}(B\cap R_2)\\&=P(R_1)\{P_{R_1}(A\cap R_2)+P_{R_1}(B\cap R_2)\}\end{aligned}$$

したがって

$$P_{R_1}(R_2)=\frac{P(R_1\cap R_2)}{P(R_1)}=P_{R_1}(A\cap R_2)+P_{R_1}(B\cap R_2)$$

ここで

$$P_{R_1}(A\cap R_2)=P_{R_1}(A)\cdot P_{R_1\cap A}(R_2)$$

であるが

$$\begin{aligned}P_{R_1\cap A}(R_2)&=\frac{P((A\cap R_1)\cap R_2)}{P(A\cap R_1)}=\frac{P(A\cap(R_1\cap R_2))}{P(A\cap R_1)}\\&=\frac{P(A)\cdot P_A(R_1\cap R_2)}{P(A)\cdot P_A(R_1)}=\frac{P_A(R_1\cap R_2)}{P_A(R_1)}\\&=\frac{P_A(R_1)\cdot P_A(R_2)}{P_A(R_1)}=P_A(R_2)\end{aligned}$$

であるから

$$P_{R_1}(A\cap R_2)=P_{R_1}(A)\cdot P_A(R_2)$$

同様にして

$$P_{R_1}(B\cap R_2)=P_{R_1}(B)\cdot P_B(R_2)$$

したがって，(＊)は成り立つ。

なお，センター試験・共通テストともに条件付き確率の問題がよく出題されている。本問は条件付き確率をどのように捉えるかという見方を学習する素材として適しているので，参考にしてもらいたい。

第4問 ―― 整数の性質

〔1〕 標準 《命題の真偽，平方数の和》

(1) n^2 が素数 p の倍数のとき $|n|$ も p の倍数だから，⓪と②は正しい。

また，n^2 が6の倍数のとき，n^2 は2と3の公倍数だから，$|n|$ も2と3の公倍数で6の倍数となり，③は正しい。

①の対偶「$|n|$ が偶数のとき，n^2 は4の倍数である」は正しいから，①は正しい。

以下，k は整数とする。

$(3k)^2=9k^2$，$(3k\pm1)^2=3(3k^2\pm2k)+1$ より，④は正しい。

$(2k)^2=4k^2$，$(2k+1)^2=4(k^2+k)+1$ より，⑤と⑥は正しい。

$(4k)^2=8\cdot2k^2$，$(4k+1)^2=8(2k^2+k)+1$，$(4k+2)^2=8(2k^2+2k)+4$，$(4k+3)^2=8(2k^2+3k+1)+1$ であるから，⑨は正しく，［⑦］と［⑧］が正しくない。→ア，イ

(2) 選択肢のうち，0，1，4，9，16，25 の2数の和として表されるのは

$$25=9+16=0+25,\quad 26=1+25$$

であるから，“2R” である数は 25［④］，26［⑤］→ウ，エである。

(3)
$$(a^2+b^2)(c^2+d^2)=(ac+bd)^2+(ad-bc)^2 \quad \cdots\cdots①$$

が成り立つから，“2R” である二つの整数の積は “2R” である。

$$18=3^2+3^2,\quad 41=4^2+5^2,\quad 81=0^2+9^2$$

より，18，41，81 は “2R” であるから，18×81［⓪］，41×81［③］，18×41［⑤］→オ，カ，キは “2R” である。

(4)
$$1105=5\times13\times17=(1^2+2^2)(2^2+3^2)(1^2+4^2)$$

①の等式から

$$(1^2+2^2)(2^2+3^2)=(1\cdot2+2\cdot3)^2+(1\cdot3-2\cdot2)^2=1^2+8^2$$

よって

$$1105=(1^2+8^2)(1^2+4^2)=(1\cdot1+8\cdot4)^2+(1\cdot4-8\cdot1)^2=4^2+33^2$$

$$1105=(1^2+8^2)(4^2+1^2)=(1\cdot4+8\cdot1)^2+(1\cdot1-8\cdot4)^2=12^2+31^2$$

また

$$(1^2+2^2)(3^2+2^2)=(1\cdot3+2\cdot2)^2+(1\cdot2-2\cdot3)^2=4^2+7^2$$

よって

$$1105=(4^2+7^2)(1^2+4^2)=(4\cdot1+7\cdot4)^2+(4\cdot4-7\cdot1)^2=9^2+32^2$$

$$1105=(4^2+7^2)(4^2+1^2)=(4\cdot4+7\cdot1)^2+(4\cdot1-7\cdot4)^2=23^2+24^2$$

したがって，［(＊)］に当てはまる数式は

［①］，［③］，［⑥］，［⑧］ →ク，ケ，コ，サ

解説

(1)　0 以上の整数 n を自然数 m で割ったときの商を q，余りを r とおくと，$n=mq+r$ より

$$n^2=m(mq^2+2qr)+r^2$$

よって，0 以上の整数 l に対して，l を m で割った余りを $R_m(l)$ と表すことにすれば，$R_m(n^2)=R_m(r^2)$ が成り立ち，n^2 を m で割った余りは

$$R_m(r^2)\quad (r=0,\ 1,\ \cdots,\ m-1)$$

を調べればよい。

このことを利用すれば，⓪と④，①と⑤と⑥，⑦と⑧と⑨がそれぞれ同時に真偽の判定ができる。

例えば

$$R_4(0^2)=0,\quad R_4(1^2)=1,\quad R_4(2^2)=0,\quad R_4(3^2)=1$$

より，①と⑤と⑥がすべて成り立つことがわかる。

(2)　$n^2=n^2+0^2$ より，平方数はすべて“2R”である。

(3)　$(a^2+b^2)(c^2+d^2)=(ac+bd)^2+(ad-bc)^2$ より，“2R”である二つの整数の積は“2R”である。

$$18=3^2+3^2,\quad 81=9^2+0^2$$

より，18 と 81 は“2R”であり，18×81 は“2R”である。

以下，18 と 81 が含まれている，2 数の積を調べていけばよい。

(4)　$(a^2+b^2)(d^2+c^2)=(ad+bc)^2+(ac-bd)^2$ より，$(a^2+b^2)(c^2+d^2)$ から，2 通りの“2R”が表現できることを利用する。

〔2〕 標準 《平方数の和》

(1)　以下 l，m は整数とする。

【Ⅰ型】の平方数の場合は　　$(2l+1)^2+(2m+1)^2=4(l^2+m^2+l+m)+2$

4 で割った余りは 2 →シ である。

【Ⅱ型】の平方数の場合は　　$(2l)^2+(2m)^2=4(l^2+m^2)$

4 で割った余りは 0 →ス である。

【Ⅲ型】の平方数の場合は　　$(2l)^2+(2m+1)^2=4(l^2+m^2+m)+1$

4 で割った余りは 1 →セ である。

(2)　$w^2-y^2=x^2-z^2$ であるから，y と w の偶奇が等しいとき，w^2-y^2 は偶数であり，x^2-z^2 も偶数である。

したがって，x と z も偶奇が等しく，$x-z$ と $w-y$ はともに 2 で割り切れる。

$$x-z=du,\quad w-y=dv$$

であるから，du，dv はともに 2 で割り切れる。
u，v は互いに素だから，d が 2 で割り切れ，d は偶数 ⓪ →ソ である。
このとき，$vk=2x-du$，$uk=2y+dv$ より，vk，uk は 2 で割り切れるが，u，v が互いに素だから，k が 2 で割り切れ，k は偶数 ⓪ →タ である。

(3) $518^2+45^2=482^2+195^2$ より，$x=518$，$y=45$，$z=482$，$w=195$ とおくと

$$x-z=36=6\times 6,\quad w-y=150=6\times 25$$

よって　$d=6$，$u=6$，$v=25$，$k=\dfrac{x+z}{v}=40$

このとき

$$4N=(6^2+40^2)(6^2+25^2)$$

$$N=\boxed{409}\times\boxed{661}$$ →チツテ，トナニ

解説

(1) $(\text{奇数})^2$ を 4 で割った余りが 1，$(\text{偶数})^2$ を 4 で割った余りが 0 であることを利用してもよい。

(2) $x^2+y^2=z^2+w^2$ より，x^2+y^2 と z^2+w^2 を 4 で割った余りは等しく，(1)の結果から，x^2+y^2 と z^2+w^2 は同じタイプである。
したがって，y と w の偶奇が等しいとしてもよい。
一般に，正の整数 L，M について

$$L \text{ と } M \text{ の偶奇が等しい} \Longleftrightarrow L-M \text{ が 2 の倍数}$$

が成り立つことを利用する。

(3)
$$\begin{aligned}(d^2+k^2)(u^2+v^2)&=(du+kv)^2+(dv-ku)^2\\&=(2x)^2+(2y)^2=4N \quad \cdots\cdots①\end{aligned}$$

$270349=518^2+45^2=482^2+195^2$ であるから，y と w の偶奇が等しくなるように

$$x=518,\quad y=45,\quad z=482,\quad w=195$$

として，d，k，u，v を求めれば，①を用いて 270349 が素因数分解できる。

参考　409 は，$\sqrt{409}$（$20<\sqrt{409}<21$）より小さい素数

2，3，5，7，11，13，17，19

で割り切れないから素数であり，
661 は，$\sqrt{661}$（$25<\sqrt{661}<26$）より小さい素数

2，3，5，7，11，13，17，19，23

で割り切れないから素数である。

なお，2021 年度本試験第 2 日程において，平方数の和に関する整数問題が出題されており，本問は余りに着目する見方などを学習する素材として適しているので，参考にしてもらいたい。

第5問 標準　図形の性質　《辺の比と三角形の面積比，相似》

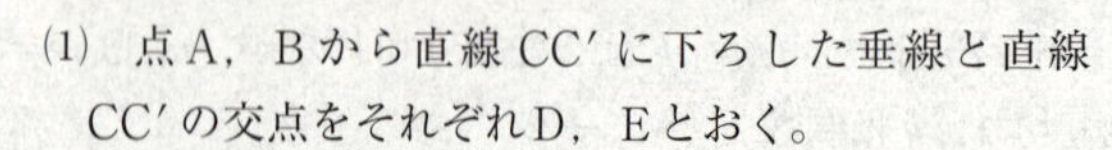

(1)　点A，Bから直線CC′に下ろした垂線と直線CC′の交点をそれぞれD，Eとおく。

△AC′D∽△BC′Eより

$$AD : BE = AC' : BC'$$

$$AD\cdot BC' = BE\cdot AC'$$

よって

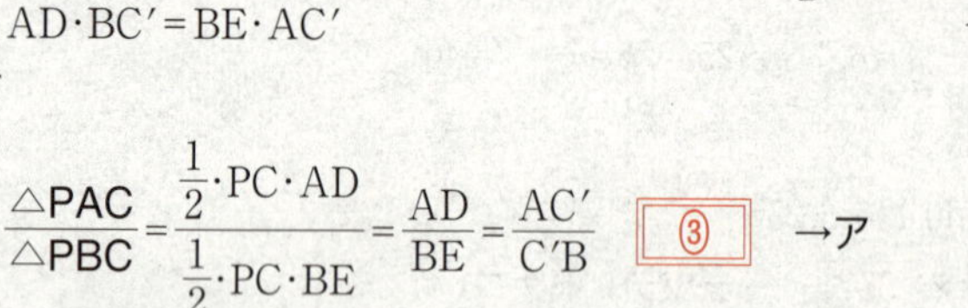

$$\frac{\triangle PAC}{\triangle PBC} = \frac{\frac{1}{2}\cdot PC\cdot AD}{\frac{1}{2}\cdot PC\cdot BE} = \frac{AD}{BE} = \frac{AC'}{C'B}$$　③　→ア

同様にして

$$\frac{BA'}{A'C} = \frac{\triangle PAB}{\triangle PAC}$$　⑨　→イ

$$\frac{CB'}{B'A} = \frac{\triangle PBC}{\triangle PAB}$$　①　→ウ

(2)　△ADBで(1)と同じようにして

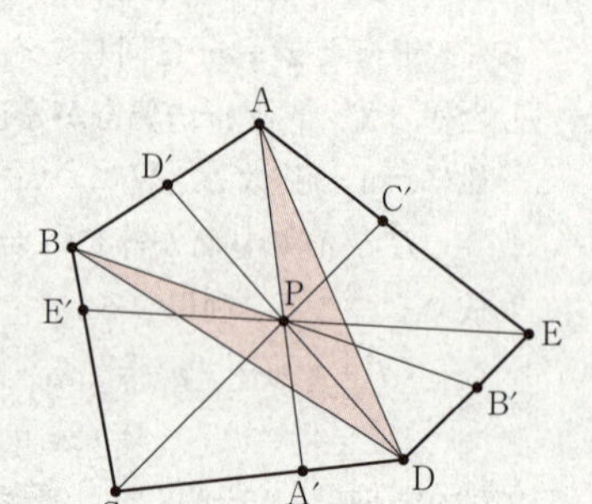

$$\frac{AD'}{D'B} = \frac{\triangle PAD}{\triangle PBD}$$　①　→エ

以下，同様にして

$$\frac{BE'}{E'C} = \frac{\triangle PBE}{\triangle PCE}$$　③　→オ

$$\frac{CA'}{A'D} = \frac{\triangle PAC}{\triangle PAD}$$　⑧　→カ

$$\frac{DB'}{B'E} = \frac{\triangle PBD}{\triangle PBE}$$　⑤　→キ

$$\frac{EC'}{C'A} = \frac{\triangle PCE}{\triangle PAC}$$　⑥　→ク

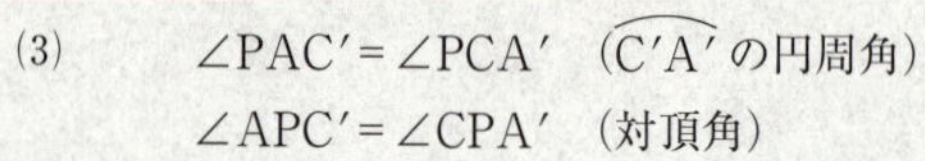

(3)　∠PAC′＝∠PCA′　($\overset{\frown}{C'A'}$の円周角)

∠APC′＝∠CPA′　(対頂角)

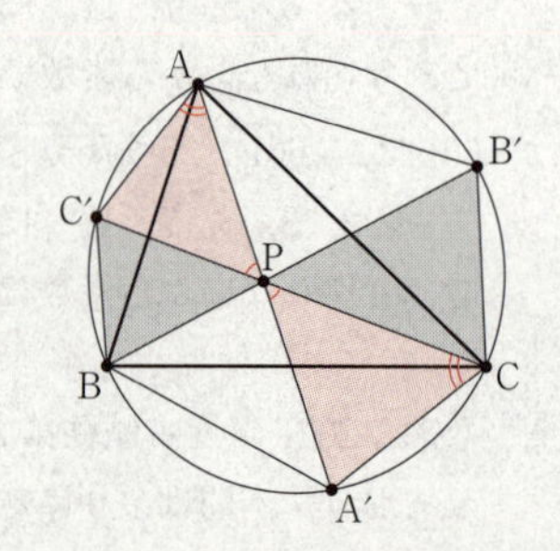

したがって

△PAC′∽△PCA′　⑧　→ケ

同様に

△PBA′∽△PAB′　⑤　→コ

△PCB′∽△PBC′　②　→サ

(4)　$\triangle \mathrm{PAC}' \backsim \triangle \mathrm{PCA}'$ であるから

$$\frac{\mathrm{AC}'}{\mathrm{CA}'}=\frac{\mathrm{PA}}{\mathrm{PC}}=\frac{\mathrm{PC}'}{\mathrm{PA}'}$$ ⓪，⑦　→シ，ス

同様に

$$\frac{\mathrm{BA}'}{\mathrm{AB}'}=\frac{\mathrm{PB}}{\mathrm{PA}}=\frac{\mathrm{PA}'}{\mathrm{PB}'}$$ ①，⑧　→セ，ソ

$$\frac{\mathrm{CB}'}{\mathrm{BC}'}=\frac{\mathrm{PC}}{\mathrm{PB}}=\frac{\mathrm{PB}'}{\mathrm{PC}'}$$ ③，④　→タ，チ

(5)　$\triangle \mathrm{PAC}' \backsim \triangle \mathrm{PCA}'$ であるから

$$\frac{\triangle \mathrm{PAC}'}{\triangle \mathrm{PCA}'}=\left(\frac{\mathrm{AC}'}{\mathrm{CA}'}\right)^2$$ ②　→ツ

同様に

$$\frac{\triangle \mathrm{PBA}'}{\triangle \mathrm{PAB}'}=\left(\frac{\mathrm{BA}'}{\mathrm{AB}'}\right)^2$$ ③　→テ

$$\frac{\triangle \mathrm{PCB}'}{\triangle \mathrm{PBC}'}=\left(\frac{\mathrm{CB}'}{\mathrm{BC}'}\right)^2$$ ⑥　→ト

解説

(1)・(2)　(1)の〔解答〕の最初に示したように，右図において

$$\frac{\triangle \mathrm{PAC}}{\triangle \mathrm{PAB}}=\frac{\mathrm{DC}}{\mathrm{BD}}$$

が成り立つことを利用する。

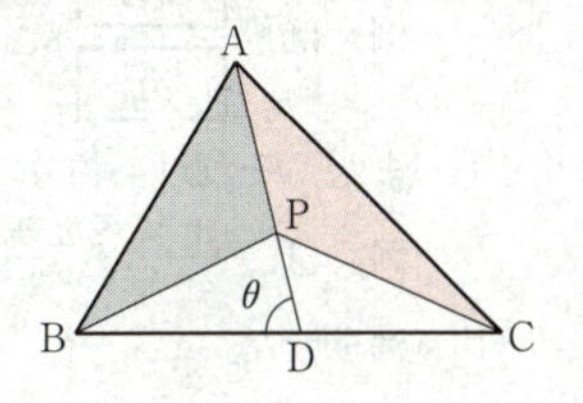

このことは，右図のように θ を決めれば

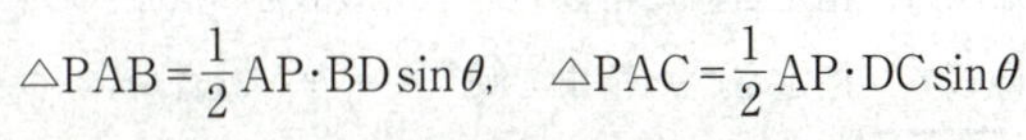

$$\triangle \mathrm{PAB}=\frac{1}{2}\mathrm{AP}\cdot\mathrm{BD}\sin\theta,\quad \triangle \mathrm{PAC}=\frac{1}{2}\mathrm{AP}\cdot\mathrm{DC}\sin\theta$$

であることからわかる。

(3)　対頂角が等しい三角形に注目する。

(5)　$\triangle \mathrm{PAC}' \backsim \triangle \mathrm{PCA}'$，相似比は $\mathrm{AC}':\mathrm{CA}'$ であるから

$$\triangle \mathrm{PAC}':\triangle \mathrm{PCA}'=(\mathrm{AC}')^2:(\mathrm{CA}')^2$$

が成り立つ。

解答上の注意（数学Ⅱ・数学B）

1　解答は，解答用紙の問題番号に対応した解答欄にマークしなさい。

2　問題の文中の［ア］，［イウ］などには，符号（－），数字（0～9），又は文字（a～d）が入ります。ア，イ，ウ，…の一つ一つは，これらのいずれか一つに対応します。それらを解答用紙のア，イ，ウ，…で示された解答欄にマークして答えなさい。

例　［アイウ］に $-8a$ と答えたいとき

ア	●	⓪	①	②	③	④	⑤	⑥	⑦	⑧	⑨	ⓐ	ⓑ	ⓒ	ⓓ
イ	⊖	⓪	①	②	③	④	⑤	⑥	⑦	●	⑨	ⓐ	ⓑ	ⓒ	ⓓ
ウ	⊖	⓪	①	②	③	④	⑤	⑥	⑦	⑧	⑨	●	ⓑ	ⓒ	ⓓ

3　数と文字の積の形で解答する場合，数を文字の前にして答えなさい。

例えば，$3a$ と答えるところを，$a3$ と答えてはいけません。

4　分数形で解答する場合，分数の符号は分子につけ，分母につけてはいけません。

例えば，$\dfrac{\boxed{エオ}}{\boxed{カ}}$ に $-\dfrac{4}{5}$ と答えたいときは，$\dfrac{-4}{5}$ として答えなさい。

また，それ以上約分できない形で答えなさい。

例えば，$\dfrac{3}{4}$，$\dfrac{2a+1}{3}$ と答えるところを，$\dfrac{6}{8}$，$\dfrac{4a+2}{6}$ のように答えてはいけません。

5　小数の形で解答する場合，指定された桁数の一つ下の桁を四捨五入して答えなさい。また，必要に応じて，指定された桁まで⓪にマークしなさい。

例えば，［キ］．［クケ］に2.5と答えたいときは，2.50として答えなさい。

6　根号を含む形で解答する場合，根号の中に現れる自然数が最小となる形で答えなさい。

例えば，$4\sqrt{2}$，$\dfrac{\sqrt{13}}{2}$，$6\sqrt{2a}$ と答えるところを，$2\sqrt{8}$，$\dfrac{\sqrt{52}}{4}$，$3\sqrt{8a}$ のように答えてはいけません。

7　問題の文中の二重四角で表記された［［コ］］などには，選択肢から一つを選んで，答えなさい。

8　同一の問題文中に［サシ］，［［ス］］などが2度以上現れる場合，原則として，2度目以降は，［サシ］，［［ス］］のように細字で表記します。

数学Ⅱ・数学Ｂ

問　題	選　択　方　法
第１問	必　　答
第２問	必　　答
第３問	いずれか２問を選択し，解答しなさい。
第４問	
第５問	

第1問 （必答問題）（配点 30）

〔1〕

(1) 次の⓪～⑧の等式のうち，任意の実数 α, β について成立するものは，［ア］，［イ］，［ウ］，［エ］である。

［ア］～［エ］の解答群（ただし，解答の順序は問わない。）

⓪ $\cos\alpha+\cos\beta=2\sin\dfrac{\alpha+\beta}{2}\sin\dfrac{\alpha-\beta}{2}$

① $\cos\alpha+\sin\beta=2\cos\dfrac{\alpha+\beta}{2}\cos\dfrac{\alpha-\beta}{2}$

② $\sin^2\alpha-\sin^2\beta=\sin(\alpha+\beta)\sin(\alpha-\beta)$

③ $\sin(\alpha^2-\beta^2)=\sin(\alpha+\beta)\sin(\alpha-\beta)$

④ $\sin^2(\alpha+\beta)=\sin^2\alpha+2\sin\alpha\sin\beta\cos(\alpha+\beta)+\sin^2\beta$

⑤ $\sin\alpha+\sin\beta=2\sin\dfrac{\alpha+\beta}{2}\cos\dfrac{\alpha-\beta}{2}$

⑥ $\sin\alpha-\sin\beta=-2\sin\dfrac{\alpha+\beta}{2}\cos\dfrac{\alpha-\beta}{2}$

⑦ $\cos^2\alpha-\sin^2\beta=\cos(\alpha+\beta)\cos(\alpha-\beta)$

⑧ $\cos(\alpha^2-\beta^2)=\cos(\alpha+\beta)\cos(\alpha-\beta)$

(2) すべての実数 x に対して

$$(\cos x+\cos 2x+\cos 3x)\times 2\sin\frac{x}{2}=\boxed{\text{オ}}$$

が成り立つ。

［オ］の解答群

⓪ $\sin\dfrac{5x}{2}-\cos\dfrac{x}{2}$	① $\sin\dfrac{5x}{2}+\sin\dfrac{x}{2}$	② $\sin\dfrac{7x}{2}-\sin\dfrac{x}{2}$
③ $\cos\dfrac{7x}{2}+\cos\dfrac{x}{2}$	④ $\sin\dfrac{9x}{2}+\sin\dfrac{x}{2}$	⑤ $\sin\dfrac{9x}{2}-\sin\dfrac{x}{2}$

(3) $0<x<2\pi$ の範囲で

$$\cos x+\cos 2x+\cos 3x=0$$

を満たす x は［カ］個ある。

〔2〕

(1) 次の⓪～⑨の等式のうち，1でない正の実数 a，b および，正の実数 M，N について常に成立するものは，キ，ク，ケ である。

キ ～ ケ の解答群（ただし，解答の順序は問わない。）

⓪ $MN=a^{\log_a M+\log_a N}$	① $MN=a^{\log_a M-\log_a N}$
② $MN=a^{\log_a M\times\log_a N}$	③ $\dfrac{M}{N}=a^{\log_a M+\log_a N}$
④ $\dfrac{M}{N}=a^{\log_a M-\log_a N}$	⑤ $\dfrac{M}{N}=a^{\log_a M\times\log_a N}$
⑥ $\dfrac{M}{N}=a^{\frac{\log_a M}{\log_a N}}$	⑦ $M^b=b^{\log_a M}$
⑧ $M^b=a^{b\log_a M}$	⑨ $M^b=a^{a\log_b M}$

(2) $1<b<a$ とするとき，三つの数

$$X=(\log_a b)^2,\quad Y=\log_a b^2,\quad Z=\log_a(\log_a b)$$

の大小を比較すると

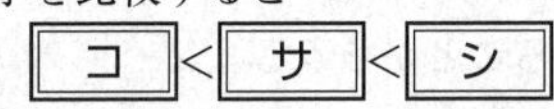

コ < サ < シ

となる。

コ ～ シ の解答群

⓪ X	① Y	② Z

〔3〕　太郎さんと花子さんは，図形と方程式との対応をみるために，コンピュータを用いた学習をしている。2人の会話を読んで，下の問いに答えよ。

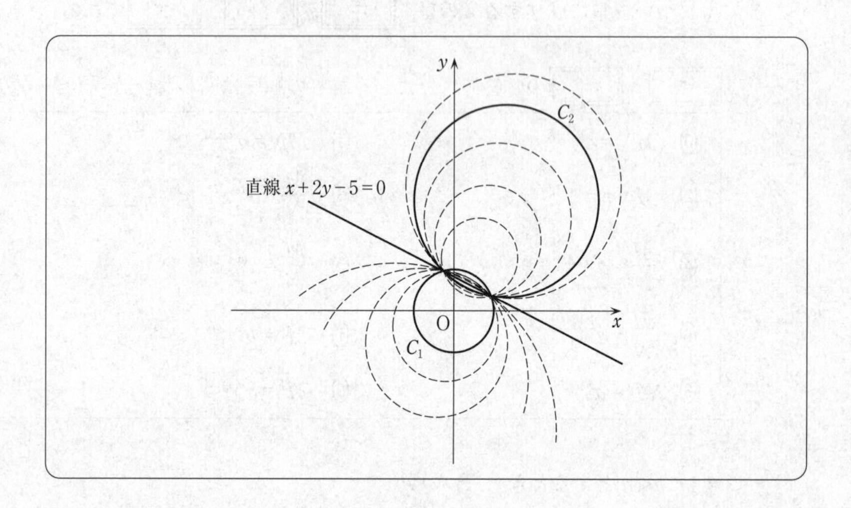

花子：このソフトでは，中心の座標と半径を入力したり，円の方程式を入力すると，その円を表示することができるよ。
　　さらに，指定した2点を通る直線の方程式を計算してくれる機能もあるようだね。

太郎：画面に出ているのは，原点を中心とする半径3の円 C_1 と，半径7の円 C_2 なんだ。
　　この二つの円の2交点を通る直線の方程式は，$x+2y-5=0$ なのだけれど，円 C_2 の中心の座標を消去してしまったので，C_2 の中心の座標がわからなくなってしまったんだ。

花子：$(x^2+y^2-9)+k(x+2y-5)=0$ という方程式で表される図形を D_k として，k に様々な値を入力してみると，D_k は，どうやら円 C_1 と円 C_2 の2交点を通る円を表すようだね。

太郎：それらの円の中心は，すべて直線 ス 上にあるようだ。さらに，上手に k の値を決めれば，円 C_2 を表示できそうだよ。

花子：円 C_1 との交点を通る直線の方程式が $x+2y-5=0$ で，半径が7であるような円 C_2 の中心として考えられるのは， セ と ソ の二つがあるけど，いま画面に表示されている円の中心は第一象限にあるから，消去してしまった円 C_2 の中心の座標は セ だね。

(1) [ス] については，最も適当なものを，次の⓪～⑨のうちから一つ選べ。

⓪ $y=x$	① $y=x+1$	② $y=x-1$	③ $y=2x$
④ $y=2x+1$	⑤ $y=2x-1$	⑥ $y=3x$	⑦ $y=3x+1$
⑧ $y=3x-1$	⑨ $y=\frac{1}{2}x$		

(2) [セ]，[ソ] については，最も適当なものを，次の⓪～⑨のうちから一つずつ選べ。

⓪ $(1,\ 1)$	① $(-1,\ -1)$	② $(2,\ 4)$	③ $(-2,\ -4)$
④ $(3,\ 6)$	⑤ $(-3,\ -6)$	⑥ $(4,\ 8)$	⑦ $(-4,\ -8)$
⑧ $(2,\ 6)$	⑨ $(-2,\ -6)$		

第2問　（必答問題）（配点　30）

〔1〕 $f(x)=-\frac{3}{2}(x-1)(x-3)$ とする。

(1) $f(x)$ を $(x-1)^2$ で割った余りは $\boxed{\text{ア}}(x-\boxed{\text{イ}})$ であり，$f(x)$ を $(x-4)^2$ で割った余りは $\boxed{\text{ウエ}}x+\dfrac{\boxed{\text{オカ}}}{\boxed{\text{キ}}}$ である。

(2) 放物線 $y=f(x)$ と直線 $y=\boxed{\text{ア}}(x-\boxed{\text{イ}})$ は x 座標が $\boxed{\text{ク}}$ の点で接している。また，放物線 $y=f(x)$ と直線 $y=\boxed{\text{ウエ}}x+\dfrac{\boxed{\text{オカ}}}{\boxed{\text{キ}}}$ は x 座標が $\boxed{\text{ケ}}$ の点で接している。

(3) 放物線 $y=f(x)$ と直線 $y=\boxed{\text{ア}}(x-\boxed{\text{イ}})$ および直線 $y=\boxed{\text{ウエ}}x+\dfrac{\boxed{\text{オカ}}}{\boxed{\text{キ}}}$ で囲まれる部分の面積は $\dfrac{\boxed{\text{コサ}}}{\boxed{\text{シ}}}$ である。

〔2〕 二つの2次関数 $y=f(x)$ と $y=g(x)$ のグラフが次のように与えられている。

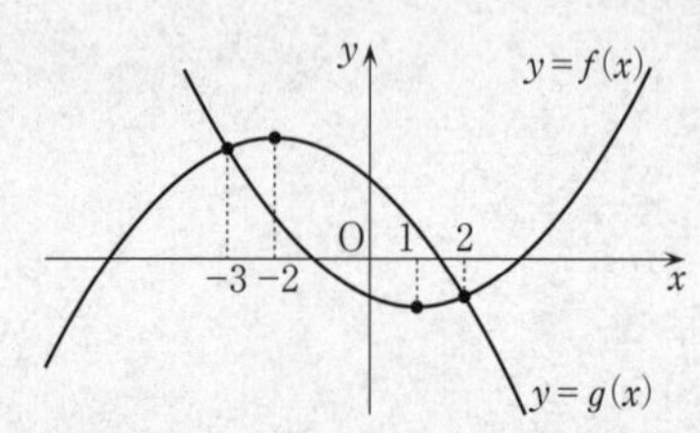

(1) $y=\int_0^x\{f(t)-g(t)\}dt$ のグラフとして最も適当なものは $\boxed{\text{ス}}$ であり，$y=\int_1^x|f(t)-g(t)|dt$ のグラフとして最も適当なものは $\boxed{\text{セ}}$ である。

$\boxed{\text{ス}}$，$\boxed{\text{セ}}$ については，最も適当なものを，次の⓪～⑧のうちから一つずつ選べ。

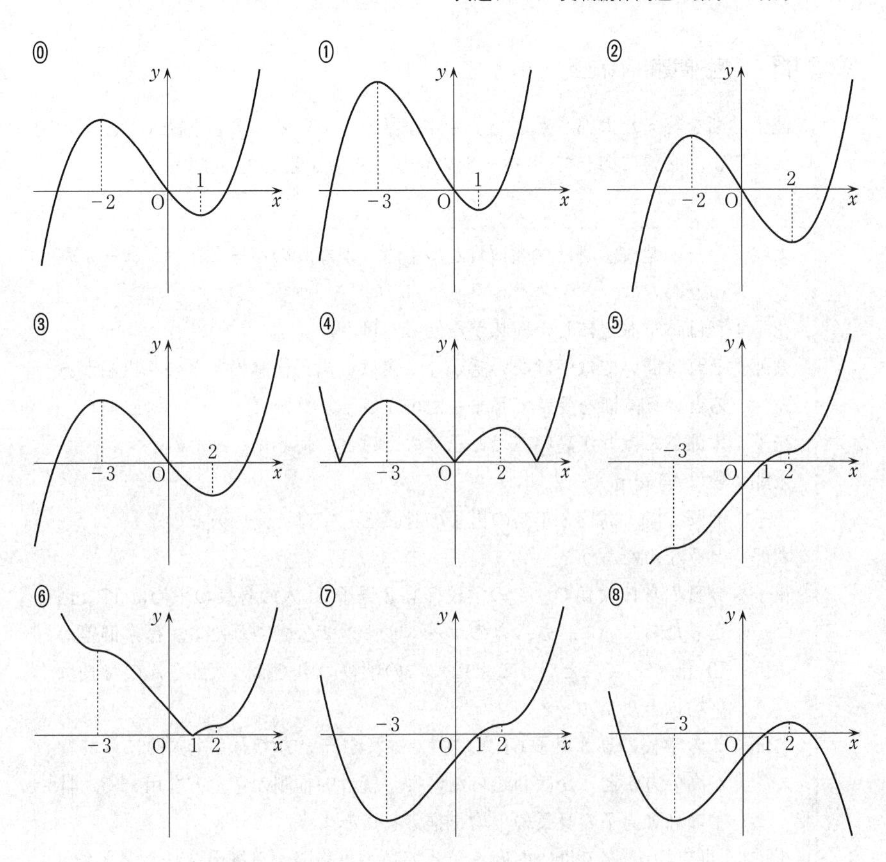

(2) $f(x)$ の x^2 の係数が 2 であり，$g(x)$ の x^2 の係数が -2 のとき，曲線 $y=f(x)$ と $y=g(x)$ および直線 $x=-2$，$x=1$ で囲まれた部分の面積 S は

$S=$ ソタ

である。

(3) $f(x)$ の x^2 の係数が 1 であり，$g(x)$ の x^2 の係数が -1 のとき，曲線 $y=f(x)$ と $y=g(x)$ で囲まれた部分の面積 T は

$T=\dfrac{\text{チツテ}}{\text{ト}}$

である。

第3問 （選択問題）（配点　20）

健康診断を終えた太郎さんと花子さんが話をしている。会話を読んで，下の問いに答えよ。必要に応じて58ページの正規分布表を用いてもよい。

太郎：今日の健康診断は検査項目が多くて，かなりのハードスケジュールだったね。

花子：私は体重測定にしか興味がなかったけどね。

太郎：それは聞いてはいけない話かな。僕は，歯科検診のときに，虫歯があるという診断を受けてしまったのがショックだよ。

花子：太郎さんは背が高い方だと思うのだけど，何 cm だったの？

太郎：僕は 175 cm だったよ。

花子：それって，高校3年生の男子の身長としては，高い方なの？

太郎：どうなんだろう？

花子：今日の身体検査で，この学校の高3男子64人の身長の平均は170 cm だったらしいよ。さっきのホームルームで公表されたよ。標準偏差が10 cm だって。ということは，この学校の中では，太郎さんの身長は平均以上だね。

太郎：この学校の高3男子64人の中では背が高い方でも，全国的にみて背が高い方かどうかはわからないよ。統計的推測の考え方を用いて，日本の高3男子の身長の平均を推定してみよう。

花子：「母平均が m で母標準偏差が σ である母集団から抽出された大きさ n の無作為標本の標本平均 $\overline{X}$ は，n が大きいとき，近似的に正規分布 $N($ ア $,$ イ $)$ に従う」ということを習ったよね。n が大きくなると，$\overline{X}$ が従う分布の分散は ウ ね。

太郎：母集団が正規分布のときには，n が大きくなくても，常に標本平均は正規分布 $N($ ア $,$ イ $)$ に従うことが知られているね。以降は，母集団が正規分布に従うと仮定することにしよう。

花子：現実的な仮定だと思うよ。さらに，母標準偏差の代わりに標本標準偏差を代用して考えることにしよう。

太郎：すると，$Z=\dfrac{\overline{X}-\boxed{ア}}{\boxed{エ}}$ によって，確率変数 Z を定めると，Z は標準正規分布に従うね。

花子：母平均を信頼度95 %で区間推定してみよう。$P(|Z|\leqq$ オ $)$ が約

0.95 であることが，正規分布表からわかるよ。

太郎：すると，母平均に対する信頼度 95％の信頼区間は，

［ カ − オ × エ ， カ ＋ オ × エ ］ すなわち

［ キ ， ク ］ となるね。

(1) ア ， イ については，最も適当なものを，次の⓪～⑨のうちから一つずつ選べ。

⓪ 0	① 1	② m	③ n	④ σ
⑤ σ^2	⑥ $\dfrac{\sigma^2}{m}$	⑦ $\dfrac{\sigma^2}{n}$	⑧ $\dfrac{\sigma}{m^2}$	⑨ $\dfrac{\sigma}{n^2}$

(2) ウ については，最も適当なものを，次の⓪～①のうちから一つ選べ。

⓪ 大きくなる	① 小さくなる

(3) エ については，最も適当なものを，次の⓪～⑨のうちから一つ選べ。

⓪ n	① m	② σ	③ σ^2	④ $\sqrt{n}$
⑤ $\sqrt{m}$	⑥ $\sqrt{\sigma}$	⑦ $\dfrac{\sigma}{\sqrt{n}}$	⑧ $\dfrac{\sigma}{n^2}$	⑨ $\dfrac{\sigma}{\sqrt{m}}$

(4) オ については，最も適当なものを，次の⓪～④のうちから一つ選べ。

⓪ 0.88	① 0.99	② 1.38	③ 1.96	④ 2.58

(5) カ ～ ク については，最も適当なものを，次の⓪～⑨のうちから一つずつ選べ。

⓪ 167.55	① 169.55	② 170	③ 171.25	④ 172
⑤ 172.45	⑥ 173	⑦ 174.25	⑧ 175.45	⑨ 176.75

花子：太郎さんには虫歯があるようだけど，今日の歯科検診で，高3の全生徒100人のうち，虫歯があったのは25人らしいよ。

太郎：4人に1人の割合だね。日本全体ではどうなのかな？
統計的推測の考え方を用いて，全国の高3の生徒のうち虫歯がある人の割合 p を推定してみよう。

花子：「ある特性をもつものの母比率が p である母集団から，大きさ n の無作為標本を抽出するとき，n が大きいとき，その特性をもつものの比率 R は近似的に正規分布 $N(\boxed{ケ},\ \boxed{コ})$ に従う」ということを習ったよね。この設定に当てはめて考えよう。

太郎：すると，$z=\dfrac{R-\boxed{ケ}}{\boxed{サ}}$ によって，確率変数 z を定めると，z は標準正規分布に従うね。

花子：母比率 p を信頼度 99 % で区間推定してみよう。$P(|z|\leqq \boxed{シ})$ が約 0.99 であることが，正規分布表からわかるよ。

太郎：n が十分大きいとき，大数の法則により，R は p に近いとみなしてよいから，母比率 p に対する信頼度 99 % の信頼区間は，
$[\boxed{ス}-\boxed{シ}\times\boxed{サ},\ \boxed{ス}+\boxed{シ}\times\boxed{サ}]$ すなわち
$[\boxed{セ},\ \boxed{ソ}]$ となるね。

(6) ケ ，コ については，最も適当なものを，次の⓪～⑨のうちから一つずつ選べ。

⓪ 0　① 1　② p　③ p^2　④ $1-p$
⑤ $(1-p)^2$　⑥ $p(1-p)$　⑦ $np(1-p)$　⑧ $\dfrac{p(1-p)}{n}$　⑨ $\dfrac{p(1-p)}{n^2}$

(7) サ については，最も適当なものを，次の⓪～⑨のうちから一つ選べ。

⓪ $\dfrac{p}{n}$　① $\dfrac{p}{\sqrt{n}}$　② $\dfrac{\sqrt{p}}{n^2}$　③ $\dfrac{1-p}{\sqrt{n}}$
④ $\dfrac{\sqrt{1-p}}{n}$　⑤ $\dfrac{p(1-p)}{n^2}$　⑥ $\dfrac{p(1-p)}{\sqrt{n}}$　⑦ $\dfrac{\sqrt{p(1-p)}}{n^2}$
⑧ $\sqrt{\dfrac{p(1-p)}{n}}$　⑨ $\dfrac{\sqrt{p(1-p)}}{n}$

(8) シ については，最も適当なものを，次の⓪～⑥のうちから一つ選べ。

⓪ 0.38	① 0.88	② 1.38	③ 1.88
④ 1.96	⑤ 2.58	⑥ 3.08	

(9) ス ～ ソ については，最も適当なものを，次の⓪～⑨のうちから一つずつ選べ。

⓪ 0.04	① 0.09	② 0.14	③ 0.19	④ 0.25
⑤ 0.29	⑥ 0.32	⑦ 0.36	⑧ 0.41	⑨ 0.47

正　規　分　布　表

次の表は，標準正規分布の分布曲線における右図の灰色部分の面積の値をまとめたものである。

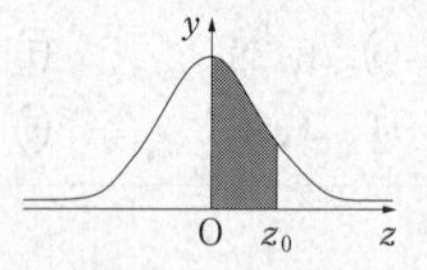

z_0	0.00	0.01	0.02	0.03	0.04	0.05	0.06	0.07	0.08	0.09
0.0	0.0000	0.0040	0.0080	0.0120	0.0160	0.0199	0.0239	0.0279	0.0319	0.0359
0.1	0.0398	0.0438	0.0478	0.0517	0.0557	0.0596	0.0636	0.0675	0.0714	0.0753
0.2	0.0793	0.0832	0.0871	0.0910	0.0948	0.0987	0.1026	0.1064	0.1103	0.1141
0.3	0.1179	0.1217	0.1255	0.1293	0.1331	0.1368	0.1406	0.1443	0.1480	0.1517
0.4	0.1554	0.1591	0.1628	0.1664	0.1700	0.1736	0.1772	0.1808	0.1844	0.1879
0.5	0.1915	0.1950	0.1985	0.2019	0.2054	0.2088	0.2123	0.2157	0.2190	0.2224
0.6	0.2257	0.2291	0.2324	0.2357	0.2389	0.2422	0.2454	0.2486	0.2517	0.2549
0.7	0.2580	0.2611	0.2642	0.2673	0.2704	0.2734	0.2764	0.2794	0.2823	0.2852
0.8	0.2881	0.2910	0.2939	0.2967	0.2995	0.3023	0.3051	0.3078	0.3106	0.3133
0.9	0.3159	0.3186	0.3212	0.3238	0.3264	0.3289	0.3315	0.3340	0.3365	0.3389
1.0	0.3413	0.3438	0.3461	0.3485	0.3508	0.3531	0.3554	0.3577	0.3599	0.3621
1.1	0.3643	0.3665	0.3686	0.3708	0.3729	0.3749	0.3770	0.3790	0.3810	0.3830
1.2	0.3849	0.3869	0.3888	0.3907	0.3925	0.3944	0.3962	0.3980	0.3997	0.4015
1.3	0.4032	0.4049	0.4066	0.4082	0.4099	0.4115	0.4131	0.4147	0.4162	0.4177
1.4	0.4192	0.4207	0.4222	0.4236	0.4251	0.4265	0.4279	0.4292	0.4306	0.4319
1.5	0.4332	0.4345	0.4357	0.4370	0.4382	0.4394	0.4406	0.4418	0.4429	0.4441
1.6	0.4452	0.4463	0.4474	0.4484	0.4495	0.4505	0.4515	0.4525	0.4535	0.4545
1.7	0.4554	0.4564	0.4573	0.4582	0.4591	0.4599	0.4608	0.4616	0.4625	0.4633
1.8	0.4641	0.4649	0.4656	0.4664	0.4671	0.4678	0.4686	0.4693	0.4699	0.4706
1.9	0.4713	0.4719	0.4726	0.4732	0.4738	0.4744	0.4750	0.4756	0.4761	0.4767
2.0	0.4772	0.4778	0.4783	0.4788	0.4793	0.4798	0.4803	0.4808	0.4812	0.4817
2.1	0.4821	0.4826	0.4830	0.4834	0.4838	0.4842	0.4846	0.4850	0.4854	0.4857
2.2	0.4861	0.4864	0.4868	0.4871	0.4875	0.4878	0.4881	0.4884	0.4887	0.4890
2.3	0.4893	0.4896	0.4898	0.4901	0.4904	0.4906	0.4909	0.4911	0.4913	0.4916
2.4	0.4918	0.4920	0.4922	0.4925	0.4927	0.4929	0.4931	0.4932	0.4934	0.4936
2.5	0.4938	0.4940	0.4941	0.4943	0.4945	0.4946	0.4948	0.4949	0.4951	0.4952
2.6	0.4953	0.4955	0.4956	0.4957	0.4959	0.4960	0.4961	0.4962	0.4963	0.4964
2.7	0.4965	0.4966	0.4967	0.4968	0.4969	0.4970	0.4971	0.4972	0.4973	0.4974
2.8	0.4974	0.4975	0.4976	0.4977	0.4977	0.4978	0.4979	0.4979	0.4980	0.4981
2.9	0.4981	0.4982	0.4982	0.4983	0.4984	0.4984	0.4985	0.4985	0.4986	0.4986
3.0	0.4987	0.4987	0.4987	0.4988	0.4988	0.4989	0.4989	0.4989	0.4990	0.4990

第4問 （選択問題）（配点　20）

(1) 二つの数列 $\{a_n\}$, $\{b_n\}$ が与えられたとき，すべての正の整数 n に対して

$$\sum_{k=1}^{n}(a_{k+1}-a_k)\,b_{k+1}+\sum_{k=1}^{n}a_k(b_{k+1}-b_k)=\boxed{\text{ア}}-\boxed{\text{イ}}\quad\cdots\cdots(*)$$

が成り立つ。

ア，イ の解答群

⓪ a_n	① b_n	② a_n+b_n	③ a_nb_n
④ $a_{n+1}+b_{n+1}$	⑤ $a_{n+1}b_{n+1}$	⑥ a_1	⑦ b_1
⑧ a_1+b_1	⑨ a_1b_1		

(2) 二つの数列 $\{a_n\}$, $\{b_n\}$ を

$a_n=n,\quad b_n=n-1\quad(n=1,\ 2,\ 3,\ \cdots)$

で与えるとき，$(*)$の左辺は ウ であり，右辺は エ であることから，オ が得られる。

ウ，エ の解答群

⓪ $\sum_{k=1}^{n}k$	① $\sum_{k=1}^{n}2k$	② $\sum_{k=1}^{n}k(k-1)$	③ $\sum_{k=1}^{n}k^2$
④ $\sum_{k=1}^{n}2k^2$	⑤ n	⑥ $n-1$	⑦ $n(n-1)$
⑧ n^2	⑨ $n(n+1)$		

オ の解答群

⓪ $\sum_{k=1}^{n}k=\frac{1}{2}n-1$	① $\sum_{k=1}^{n}k=n(n+1)$	② $\sum_{k=1}^{n}k=\frac{1}{2}n(n+1)$
③ $\sum_{k=1}^{n}k^2=\frac{1}{2}n(n+1)$	④ $\sum_{k=1}^{n}k^2=\frac{1}{6}n(n+1)(2n+1)$	

(3) 二つの数列 $\{a_n\}$, $\{b_n\}$ を

$$a_n=n^2,\quad b_n=n-1\quad (n=1,\ 2,\ 3,\ \cdots)$$

で与えるとき，(＊)の左辺は［カ］であり，右辺は［キ］であることから，［オ］を用いることで［ク］が得られる。

［カ］，［キ］の解答群

⓪ $\sum_{k=1}^{n}(2k+1)k$　① $\sum_{k=1}^{n}k^2$　② $\sum_{k=1}^{n}(3k^2+k)$　③ $\sum_{k=1}^{n}2k^2$

④ $\sum_{k=1}^{n}k^3$　⑤ $n^2(n-1)$　⑥ n^2　⑦ $(n+1)^2$

⑧ n^3　⑨ $n(n+1)^2$

［ク］の解答群

⓪ $\sum_{k=1}^{n}k=\frac{1}{2}n(n+1)$　① $\sum_{k=1}^{n}k^2=n^2(n+1)$

② $\sum_{k=1}^{n}k^2=\frac{1}{6}n(n+1)(2n+1)$　③ $\sum_{k=1}^{n}k^2=\frac{1}{6}n(n+1)(n+2)$

④ $\sum_{k=1}^{n}k^3=n^2(n+1)^2$　⑤ $\sum_{k=1}^{n}k^3=\frac{1}{4}n^2(n+1)^2$

(4)　二つの数列 $\{a_n\}$，$\{b_n\}$ を

$$a_n=n^2,\quad b_n=(n-1)^2\quad (n=1,\ 2,\ 3,\ \cdots)$$

で与えるとき，(＊)の左辺は［ケ］であり，右辺は［コ］であることから，

［サ］が得られる。

［ケ］，［コ］の解答群

⓪ $\sum_{k=1}^{n} k^2$	① $\sum_{k=1}^{n} 2k^3$	② $\sum_{k=1}^{n} k(k+1)^2$	③ $\sum_{k=1}^{n} k^3$
④ $\sum_{k=1}^{n} 4k^3$	⑤ n^2	⑥ $(n+1)^2$	⑦ $n(n+1)^2$
⑧ $n^2(n+1)^2$	⑨ $n(n+1)^3$		

［サ］の解答群

⓪ $\sum_{k=1}^{n} k=\frac{1}{2}n(n+1)$	① $\sum_{k=1}^{n} k^2=n(n+1)^2$
② $\sum_{k=1}^{n} k^2=n^2(n+1)$	③ $\sum_{k=1}^{n} k^2=\frac{1}{6}n(n+1)(2n+1)$
④ $\sum_{k=1}^{n} k^2=\frac{1}{6}n(n+1)(n+2)$	⑤ $\sum_{k=1}^{n} k^3=\frac{1}{4}n^2(n+1)^2$

(5)　二つの数列 $\{a_n\}$，$\{b_n\}$ を

$$a_n=(n-1)^3,\quad b_n=(n-1)^2\quad (n=1,\ 2,\ 3,\ \cdots)$$

で与えるとき，(＊)の左辺は［シ］であり，右辺は［ス］であることから

$$\frac{n^5-n}{5}=\sum_{k=1}^{n}(\boxed{セ})$$

が得られる。

［シ］，［ス］の解答群

⓪ $\sum_{k=1}^{n}(k^4+2k^3+2k^2+k+1)$	① $\sum_{k=1}^{n}5(k^4+2k^3+2k^2+k)$
② $\sum_{k=1}^{n}(k^4-2k^3+2k^2+k)$	③ $\sum_{k=1}^{n}5(k^4-2k^3+2k^2-k)$
④ $\sum_{k=1}^{n}(5k^4-10k^3+10k^2-5k+1)$	⑤ n^4
⑥ n^5+n^4	⑦ n^5-n
⑧ n^5	⑨ n^5+n

［セ］の解答群

⓪ $k^4+2k^3+2k^2+k$	① $k^4+2k^3+2k^2+k+1$
② $k^4-2k^3+2k^2+k$	③ $k^4-2k^3+2k^2-k-1$
④ $k^4-2k^3+2k^2-k$	⑤ $k^4-2k^3+2k^2-k+1$
⑥ $5k^4-10k^3+10k^2-5k$	⑦ $k^5-2k^3+2k^2-k+1$

(6)　すべての正の整数 n に対して

$$\sum_{k=1}^{n}k^4=\frac{1}{\boxed{ソ}}n^5+\frac{1}{\boxed{タ}}n^4+\frac{1}{\boxed{チ}}n^3-\frac{1}{\boxed{ツテ}}n$$

が成り立つ。

第5問 （選択問題）（配点　20）

太郎さんと花子さんは，ベクトルの授業で参考事項として学んだ“cleaver”という直線について話をしている。

太郎：cleaverとは，三角形の辺の中点を通り三角形の周の長さを二等分するような直線のことをいうんだよね。

花子：そうすると，一つの三角形には，3本のcleaverが存在することになるね。

太郎：cleaverは，三角形のある内角の二等分線と平行であり，3本のcleaverは1点で交わるという性質があるそうだね。

花子：角の二等分線が関係するということは，三角形の内心，つまり，内接円の中心も関わってくるのかな。

太郎：この前勉強したけど，一般に三角形ABCにおいて，$BC=a$，$CA=b$，$AB=c$とするとき，点Iが三角形ABCの内心である条件は

$$a\overrightarrow{AI}+b\overrightarrow{BI}+c\overrightarrow{CI}=\vec{0}$$

が成り立つことなんだよね。

これはきれいな等式で記憶にも残りやすい形だ。必要に応じてこのことを用いることにしよう。

花子：cleaverの性質を具体的な三角形で確認してみよう。

たとえば，$BC=14$，$CA=10$，$AB=16$であるような三角形ABCで考えてみることにするね。

太郎：BCの中点をD，CAの中点をE，ABの中点をFとして図を描いてみると，こんな感じになるよ。

花子：XD，YE，ZFの3本がcleaverというわけだね。

確かに，図を描いてみると1点で交わっていそうだよ。

太郎：AX，BY，CZの長さについて調べてみると，$AX=3$，$BY=1$，$CZ=$ ［ア］ がいえるね。

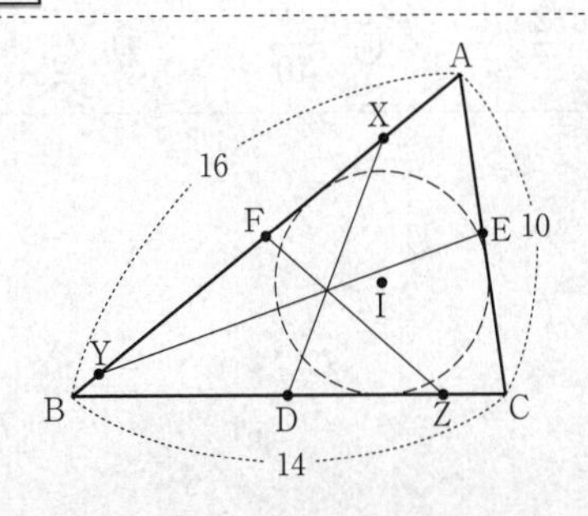

花子：cleaver は，三角形の内角の二等分線と平行であるという性質について調べてみよう。

太郎：$\overrightarrow{XD}=$ イ $\overrightarrow{AB}+$ ウ $\overrightarrow{AC}$,
$\overrightarrow{YE}=$ エ $\overrightarrow{BA}+$ オ $\overrightarrow{BC}$,
$\overrightarrow{ZF}=$ カ $\overrightarrow{CA}+$ キ $\overrightarrow{CB}$
が成り立つね。

花子：さっき話題にした内心をベクトルで表す式を用いると，三角形 ABC の内心 I について
$\overrightarrow{AI}=$ ク $\overrightarrow{AB}+$ ケ $\overrightarrow{AC}$,
$\overrightarrow{BI}=$ コ $\overrightarrow{BA}+$ サ $\overrightarrow{BC}$,
$\overrightarrow{CI}=$ シ $\overrightarrow{CA}+$ ス $\overrightarrow{CB}$
が成り立つね。

太郎：すると，$\overrightarrow{XD}=$ セ $\overrightarrow{AI}$，$\overrightarrow{YE}=$ ソ $\overrightarrow{BI}$，$\overrightarrow{ZF}=$ タ $\overrightarrow{CI}$ が成り立つよ。

花子：これで，この三角形について，cleaver が三角形の内角の二等分線と平行であるという性質を確認することができたね。

イ ～ キ の解答群（ただし，同じものを繰り返し選んでもよい。）

⓪ $\frac{1}{2}$	① $\frac{1}{3}$	② $\frac{2}{3}$	③ $\frac{1}{4}$	④ $\frac{5}{16}$
⑤ $\frac{3}{8}$	⑥ $\frac{7}{16}$	⑦ $\frac{2}{7}$	⑧ $\frac{5}{14}$	⑨ $\frac{3}{7}$

ク ～ ス の解答群（ただし，同じものを繰り返し選んでもよい。）

⓪ $\frac{1}{2}$	① $\frac{1}{3}$	② $\frac{2}{3}$	③ $\frac{1}{4}$	④ $\frac{3}{4}$
⑤ $\frac{1}{5}$	⑥ $\frac{2}{5}$	⑦ $\frac{3}{10}$	⑧ $\frac{7}{20}$	⑨ $\frac{9}{20}$

セ ～ タ の解答群（ただし，同じものを繰り返し選んでもよい。）

⓪ $\frac{1}{2}$	① $\frac{3}{2}$	② $\frac{1}{3}$	③ $\frac{2}{3}$	④ $\frac{4}{3}$
⑤ $\frac{3}{4}$	⑥ $\frac{4}{5}$	⑦ $\frac{5}{4}$	⑧ $\frac{3}{5}$	⑨ $\frac{10}{7}$

太郎：また，XD と YE の交点を S_1，XD と ZF の交点を S_2 とすると，

$\overrightarrow{AS_1}$ も $\overrightarrow{AS_2}$ もともに，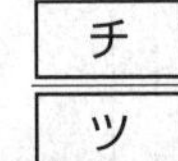 $\frac{\boxed{チ}}{\boxed{ツ}}\overrightarrow{AB}+\frac{\boxed{テ}}{\boxed{トナ}}\overrightarrow{AC}$ と表されることが少し計算することでわかるよ。

花子：これで，この三角形について，3 本の cleaver が 1 点で交わるという性質を確認することができたね。

太郎：すると，3 本の cleaver の交点を S とするとき， ニ が成り立つよ。

花子：考察した三角形 ABC について，3 本の cleaver の交点 S は，三角形 DEF の ヌ と一致することがわかるね。

ニ の解答群

⓪ $5\overrightarrow{SD}+7\overrightarrow{SE}+8\overrightarrow{SF}=\vec{0}$	① $5\overrightarrow{SD}+8\overrightarrow{SE}+7\overrightarrow{SF}=\vec{0}$
② $7\overrightarrow{SD}+5\overrightarrow{SE}+8\overrightarrow{SF}=\vec{0}$	③ $7\overrightarrow{SD}+8\overrightarrow{SE}+5\overrightarrow{SF}=\vec{0}$
④ $8\overrightarrow{SD}+5\overrightarrow{SE}+7\overrightarrow{SF}=\vec{0}$	⑤ $8\overrightarrow{SD}+7\overrightarrow{SE}+5\overrightarrow{SF}=\vec{0}$

ヌ の解答群

⓪ 外心	① 内心	② 重心	③ 垂心

共通テスト 実戦創作問題：数学Ⅱ・数学B

問題番号(配点)	解答記号	正解	配点	チェック
第1問 (30)	ア, イ, ウ, エ	②, ④, ⑤, ⑦ (解答の順序は問わない)	4	
	オ	②	4	
	カ	6	4	
	キ, ク, ケ	⓪, ④, ⑧ (解答の順序は問わない)	3	
	コ, サ, シ	②, ⓪, ①	4	
	ス	③	3	
	セ	⑥	4	
	ソ	③	4	

問題番号(配点)	解答記号	正解	配点	チェック
第2問 (30)	ア, イ	3, 1	3	
	ウエ, $\frac{オカ}{キ}$	-6, $\frac{39}{2}$	3	
	ク	1	2	
	ケ	4	2	
	$\frac{コサ}{シ}$	$\frac{27}{8}$	4	
	ス	③	4	
	セ	⑤	4	
	ソタ	66	4	
	$\frac{チツテ}{ト}$	$\frac{125}{3}$	4	

問題番号(配点)	解答記号	正　解	配　点	チェック
第3問 (20)	ア，イ	②，⑦	2	
	ウ	①	2	
	エ	⑦	1	
	オ	③	1	
	カ，キ，ク	②，⓪，⑤	3	
	ケ，コ	②，⑧	4	
	サ	⑧	2	
	シ	⑤	2	
	ス，セ，ソ	④，②，⑦	3	
第4問 (20)	ア，イ	⑤，⑨	2	
	ウ，エ	①，⑨	2	
	オ	②	2	
	カ，キ	②，⑨	2	
	ク	②	2	
	ケ，コ	④，⑧	2	
	サ	⑤	2	
	シ，ス	④，⑧	2	
	セ	④	2	
	ソ，タ，チ，ツテ	5，2，3，30	2	

問題番号(配点)	解答記号	正　解	配　点	チェック
第5問 (20)	ア	2	2	
	イ，ウ	④，⓪	1	
	エ，オ	⑥，⓪	1	
	カ，キ	⓪，⑧	1	
	ク，ケ	③，⑥	2	
	コ，サ	⑧，⑥	2	
	シ，ス	⑧，③	2	
	セ，ソ，タ	⑦，⑦，⑨	3	
	$\frac{チ}{ツ}$，$\frac{テ}{トナ}$	$\frac{3}{8}$，$\frac{3}{10}$	2	
	ニ	②	2	
	ヌ	①	2	

（注）第1問，第2問は必答。第3問～第5問のうちから2問選択。計4問を解答。

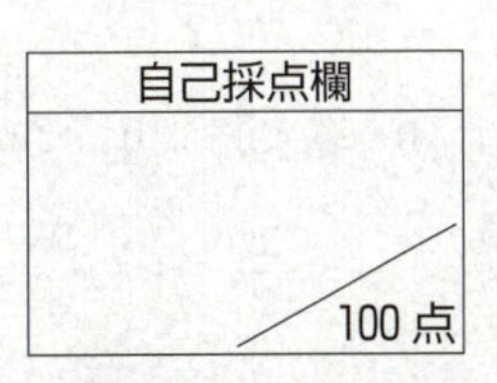

第1問 ―― 三角関数，指数・対数関数，図形と方程式

〔1〕 標準 《加法定理，和・差を積に変形する公式》

(1)　$\cos 0=1$，$\sin 0=0$ であるから，$\alpha=\beta=0$ のとき，⓪と①は成立しない。

$\sin\dfrac{\pi}{4}=\cos\dfrac{\pi}{4}=\dfrac{\sqrt{2}}{2}$，$\cos\dfrac{\pi}{2}=0$ であるから，$\alpha=\beta=\dfrac{\pi}{4}$ のとき，⑥と⑧は成立しない。

さらに，$\alpha=\pi$，$\beta=0$ のとき

$$\sin(\alpha^2-\beta^2)=\sin\pi^2\neq 0,\quad \sin(\alpha+\beta)\sin(\alpha-\beta)=0$$

であるから，③は成立しない。

したがって，任意の実数 α，β について成立するものは，②，④，⑤，⑦ →ア，イ，ウ，エである。

(2)　積から和に変形する公式

$$2\sin\alpha\cos\beta=\sin(\alpha+\beta)+\sin(\alpha-\beta)$$

を用いて

$$(\cos x+\cos 2x+\cos 3x)\times 2\sin\frac{x}{2}$$

$$=2\sin\frac{x}{2}\cos x+2\sin\frac{x}{2}\cos 2x+2\sin\frac{x}{2}\cos 3x$$

$$=\left\{\sin\frac{3x}{2}+\sin\left(-\frac{x}{2}\right)\right\}+\left\{\sin\frac{5x}{2}+\sin\left(-\frac{3x}{2}\right)\right\}+\left\{\sin\frac{7x}{2}+\sin\left(-\frac{5x}{2}\right)\right\}$$

$$=\left(\sin\frac{3x}{2}-\sin\frac{x}{2}\right)+\left(\sin\frac{5x}{2}-\sin\frac{3x}{2}\right)+\left(\sin\frac{7x}{2}-\sin\frac{5x}{2}\right)$$

$$=\sin\frac{7x}{2}-\sin\frac{x}{2}$$ ② →オ

(3)　$0<x<2\pi$ のとき，$0<\dfrac{x}{2}<\pi$ より，$\sin\dfrac{x}{2}>0$ であるから

$$\cos x+\cos 2x+\cos 3x=0 \quad \cdots\cdots ①$$

$$(\cos x+\cos 2x+\cos 3x)\times 2\sin\frac{x}{2}=0$$

$$\sin\frac{7x}{2}-\sin\frac{x}{2}=0 \qquad 2\sin\frac{3x}{2}\cos 2x=0$$

$$\sin\frac{3x}{2}=0 \quad \cdots\cdots ② \quad \text{または} \quad \cos 2x=0 \quad \cdots\cdots ③$$

$0<\dfrac{3x}{2}<3\pi$ より，②から

$$\frac{3x}{2}=\pi,\ 2\pi \qquad \therefore\ x=\frac{2\pi}{3},\ \frac{4\pi}{3}$$

$0<2x<4\pi$ より，③から

$$2x=\frac{\pi}{2},\ \frac{3\pi}{2},\ \frac{5\pi}{2},\ \frac{7\pi}{2} \qquad \therefore\ x=\frac{\pi}{4},\ \frac{3\pi}{4},\ \frac{5\pi}{4},\ \frac{7\pi}{4}$$

したがって，$0<x<2\pi$ の範囲で①を満たす x は 6 →カ 個ある。

解説

(1) 成立しないものを5個見つければよい。また，任意の実数 α，β について，②，④，⑤，⑦が成立することを示すには，次のように加法定理を用いればよい。

②
$$\begin{aligned}\sin(\alpha+\beta)\sin(\alpha-\beta)&=(\sin\alpha\cos\beta+\cos\alpha\sin\beta)(\sin\alpha\cos\beta-\cos\alpha\sin\beta)\\&=\sin^2\alpha\cos^2\beta-\cos^2\alpha\sin^2\beta\\&=\sin^2\alpha(1-\sin^2\beta)-(1-\sin^2\alpha)\sin^2\beta\\&=\sin^2\alpha-\sin^2\beta\end{aligned}$$

④
$$\begin{aligned}\sin^2(\alpha+\beta)&=(\sin\alpha\cos\beta+\cos\alpha\sin\beta)^2\\&=\sin^2\alpha\cos^2\beta+2\sin\alpha\cos\beta\cos\alpha\sin\beta+\cos^2\alpha\sin^2\beta\\&=\sin^2\alpha(1-\sin^2\beta)+2\sin\alpha\sin\beta\cos\alpha\cos\beta+\sin^2\beta(1-\sin^2\alpha)\\&=\sin^2\alpha+2\sin\alpha\sin\beta(\cos\alpha\cos\beta-\sin\alpha\sin\beta)+\sin^2\beta\\&=\sin^2\alpha+2\sin\alpha\sin\beta\cos(\alpha+\beta)+\sin^2\beta\end{aligned}$$

⑤
$$\begin{aligned}\sin\alpha+\sin\beta&=\sin\left(\frac{\alpha+\beta}{2}+\frac{\alpha-\beta}{2}\right)+\sin\left(\frac{\alpha+\beta}{2}-\frac{\alpha-\beta}{2}\right)\\&=\left(\sin\frac{\alpha+\beta}{2}\cos\frac{\alpha-\beta}{2}+\cos\frac{\alpha+\beta}{2}\sin\frac{\alpha-\beta}{2}\right)\\&\qquad+\left(\sin\frac{\alpha+\beta}{2}\cos\frac{\alpha-\beta}{2}-\cos\frac{\alpha+\beta}{2}\sin\frac{\alpha-\beta}{2}\right)\\&=2\sin\frac{\alpha+\beta}{2}\cos\frac{\alpha-\beta}{2}\end{aligned}$$

⑦
$$\begin{aligned}\cos(\alpha+\beta)\cos(\alpha-\beta)&=(\cos\alpha\cos\beta-\sin\alpha\sin\beta)(\cos\alpha\cos\beta+\sin\alpha\sin\beta)\\&=\cos^2\alpha\cos^2\beta-\sin^2\alpha\sin^2\beta\\&=\cos^2\alpha(1-\sin^2\beta)-(1-\cos^2\alpha)\sin^2\beta\\&=\cos^2\alpha-\sin^2\beta\end{aligned}$$

なお，⑤は，和・差を積に変換する次の公式群のうちの一つである。

ポイント　和・差を積に変形する公式

$$\sin\alpha+\sin\beta=2\sin\frac{\alpha+\beta}{2}\cos\frac{\alpha-\beta}{2} \qquad \sin\alpha-\sin\beta=2\cos\frac{\alpha+\beta}{2}\sin\frac{\alpha-\beta}{2}$$

$$\cos\alpha+\cos\beta=2\cos\frac{\alpha+\beta}{2}\cos\frac{\alpha-\beta}{2} \qquad \cos\alpha-\cos\beta=-2\sin\frac{\alpha+\beta}{2}\sin\frac{\alpha-\beta}{2}$$

なお，2021年度本試験第1日程において，指数を含む数式に関して，常に成り立つものとそうでないものを判断する問題が出題されている。本問と同じ傾向の問題であるので，参考にしてもらいたい。

(2)　k が自然数のとき

$$2\sin\frac{x}{2}\cos kx=\sin\left(\frac{1}{2}+k\right)x+\sin\left(\frac{1}{2}-k\right)x=\sin\left(k+\frac{1}{2}\right)x-\sin\left(k-\frac{1}{2}\right)x$$

が成り立つことを利用する。

(3)　(2)の結果を利用する。差を積に変形する公式を用いると

$$\sin\frac{7x}{2}-\sin\frac{x}{2}=2\sin\frac{3x}{2}\cos 2x$$

〔2〕 標準 《指数と対数》

(1)
$$a^{\log_a M+\log_a N}=a^{\log_a M}\times a^{\log_a N}=MN$$
$$a^{\log_a M-\log_a N}=a^{\log_a M}\div a^{\log_a N}=\frac{M}{N}$$
$$M^b=(a^{\log_a M})^b=a^{b\log_a M}$$

が成り立つ。 ⓪ ， ④ ， ⑧ →キ，ク，ケ

(2)　$t=\log_a b$ とおくと

$$X=t^2,\quad Y=2t,\quad Z=\log_a t$$

$1<b<a$ より　$0<\log_a b<\log_a a$　∴　$0<t<1$

このとき，$Z<0<t^2<2t$ が成立し，**$Z<X<Y$** ② ， ⓪ ， ① →コ，サ，シ となる。

解説

(1)　$a^{\log_a x}=y$ とおくと，対数の定義より

$$\log_a x=\log_a y\qquad\therefore\quad x=y$$

したがって，$a^{\log_a x}=x$ が成り立つ。この関係式自体が対数の定義にほかならない。いわゆる指数法則を対数を用いて表記したものを選ぶ主旨の問題である。

(2)　$\log_a b=t$ とおいて，X，Y，Z を t で表すと考えやすくなる。

〔3〕 標準 《円の方程式》

(1)　円 D_k は，$(x^2+y^2-9)+k(x+2y-5)=0$ と表され，これを変形すると

$$\left(x+\frac{k}{2}\right)^2+(y+k)^2=\frac{5}{4}k^2+5k+9$$

したがって，円の中心は $\left(-\frac{k}{2},\ -k\right)$ で，直線 **$y=2x$** ③ →ス 上にある。

(2)　円 C_2 の半径が 7 であるから

$$\sqrt{\frac{5}{4}k^2+5k+9}=7 \qquad k^2+4k-32=0$$

$$(k+8)(k-4)=0 \qquad \therefore\ k=-8,\ 4$$

よって，第一象限にある中心は，(4, 8) ⑥ →セであり，

もう一つの中心は，(−2, −4) ③ →ソである。

別解 (1) 2円 C_1 と C_2 の交点をA，Bとおき，円 C_2 の中心をO′とおくと，直線OO′は線分ABの垂直二等分線だから，傾きが2であり，O′は直線 $y=2x$ 上にある。

(2) 円 C_2 の中心を $\mathrm{O}'(t,\ 2t)$ とおくと

$$C_2 : (x-t)^2+(y-2t)^2=49$$

$$x^2+y^2-2t(x+2y)+5t^2-49=0$$

C_1，C_2 の交点の一つを $(x_0,\ y_0)$ とおくと

$$x_0{}^2+y_0{}^2=9, \quad x_0+2y_0=5, \quad x_0{}^2+y_0{}^2-2t(x_0+2y_0)+5t^2-49=0$$

x_0，y_0 を消去すると

$$9-10t+5t^2-49=0 \qquad 5t^2-10t-40=0$$

$$t^2-2t-8=0 \qquad (t+2)(t-4)=0$$

$$\therefore\ t=-2,\ 4$$

よって，円 C_2 の中心の座標は，(−2, −4)，(4, 8) で，このうち，第一象限にあるものは (4, 8) である。

解説

円 $C : x^2+y^2+ax+by+c=0$ と直線 $l : px+qy+r=0$ が交わるとき，交点の座標を $(x_0,\ y_0)$ とおくと

$$x_0{}^2+y_0{}^2+ax_0+by_0+c=0, \quad px_0+qy_0+r=0$$

このとき

$$x_0{}^2+y_0{}^2+ax_0+by_0+c+k(px_0+qy_0+r)=0+k\cdot 0=0$$

したがって

$$x^2+y^2+ax+by+c+k(px+qy+r)=0 \quad \cdots\cdots(*)$$

は，C と l の交点を通る曲線を表すが

$$(*) \Longleftrightarrow x^2+y^2+(a+kp)x+(b+kq)y+c+kr=0$$

より，(*)は C と l の交点を通る円の方程式である。

本問では，C_1 と C_2 の交点は，C_1 と直線 $x+2y-5=0$ の交点だから

$$D_k : (x^2+y^2-9)+k(x+2y-5)=0$$

と表される。

第2問 ── 微分・積分

〔1〕 標準 《接線の方程式，面積》

(1) $$f(x)=-\frac{3}{2}(x-1)(x-3)=-\frac{3}{2}(x^2-4x+3)$$
$$=-\frac{3}{2}x^2+6x-\frac{9}{2}$$

であり，$f(x)$ を $(x-1)^2$ つまり x^2-2x+1 で割った余りは，$3x-3$ つまり $\boxed{3}(x-\boxed{1})$ →ア，イである。

$$\begin{array}{r} -\frac{3}{2} \\ x^2-2x+1 \overline{\big)\ -\frac{3}{2}x^2+6x-\frac{9}{2}} \\ -\frac{3}{2}x^2+3x-\frac{3}{2} \\ \hline 3x-3 \end{array}$$

また，$f(x)$ を $(x-4)^2$ つまり $x^2-8x+16$ で割った余りは，$\boxed{-6}x+\dfrac{\boxed{39}}{\boxed{2}}$ →ウエ，$\dfrac{オカ}{キ}$ である。

$$\begin{array}{r} -\frac{3}{2} \\ x^2-8x+16 \overline{\big)\ -\frac{3}{2}x^2\ \ +6x-\frac{9}{2}} \\ -\frac{3}{2}x^2+12x-24 \\ \hline -6x+\frac{39}{2} \end{array}$$

(2) $f(x)=-\dfrac{3}{2}(x-1)^2+3(x-1)$ より，放物線 $y=f(x)$ と直線 $y=3(x-1)$ は x 座標が $\boxed{1}$ →クの点で接している。

また，$f(x)=-\dfrac{3}{2}(x-4)^2+\left(-6x+\dfrac{39}{2}\right)$ より，放物線 $y=f(x)$ と直線 $y=-6x+\dfrac{39}{2}$ は x 座標が $\boxed{4}$ →ケの点で接している。

(3) 放物線 $y=f(x)$ と直線 $y=3(x-1)$ および直線 $y=-6x+\dfrac{39}{2}$ で囲まれる部分は右図の赤色部分であり，直線 $y=3(x-1)$ と直線 $y=-6x+\dfrac{39}{2}$ は x 座標が $\dfrac{5}{2}$ の点で交わることから，その面積は

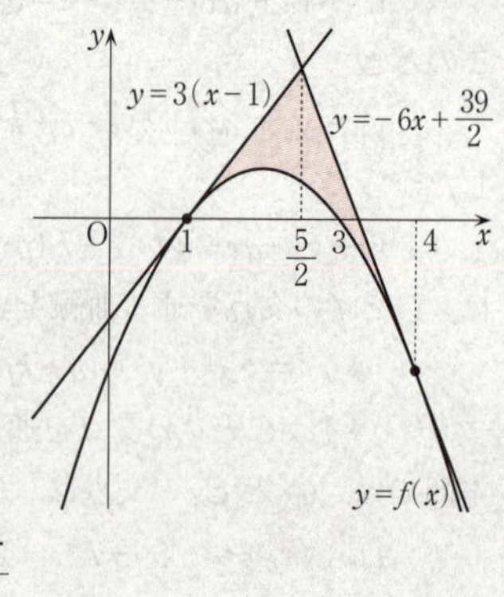

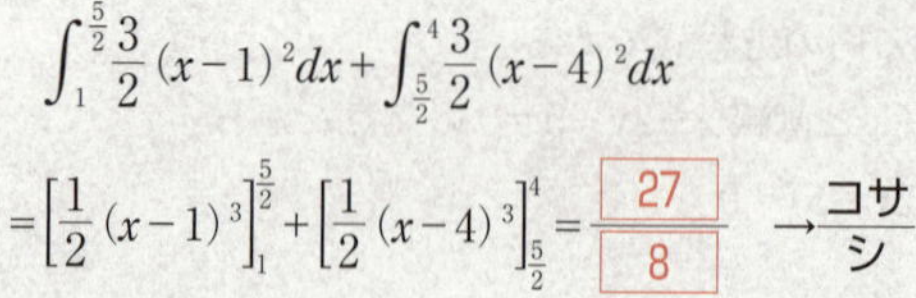

$$\int_1^{\frac{5}{2}}\frac{3}{2}(x-1)^2dx+\int_{\frac{5}{2}}^4\frac{3}{2}(x-4)^2dx$$
$$=\left[\frac{1}{2}(x-1)^3\right]_1^{\frac{5}{2}}+\left[\frac{1}{2}(x-4)^3\right]_{\frac{5}{2}}^4=\frac{\boxed{27}}{\boxed{8}}\quad\to\frac{コサ}{シ}$$

（注） 公式 $\displaystyle\int(x-\alpha)^n=\frac{1}{n+1}(x-\alpha)^{n+1}+C$ （n：自然数，α：実数の定数，C：積分定数）を用いた。

解説

(2) 一般に，実数係数の多項式 $f(x)$ について，α を実数の定数とし，$f(x)$ を $(x-\alpha)^2$ で割った余りを $px+q$（p，q は定数）とすると，直線 $y=px+q$ は曲線 $y=f(x)$ の $(\alpha,\ f(\alpha))$ における接線である。

実際，$f(x)$ を $(x-\alpha)^2$ で割ったときの商を $Q(x)$ とすると

$$f(x)=(x-\alpha)^2Q(x)+px+q$$

が成り立つことから，曲線 $y=f(x)$ と直線 $y=px+q$ の共有点の x 座標は

$$f(x)=px+q \quad \text{つまり} \quad (x-\alpha)^2Q(x)+px+q=px+q$$

の実数解として得られる。$x=\alpha$ はこの方程式の重解となるので，曲線 $y=f(x)$ と直線 $y=px+q$ は x 座標が α である点で接することがわかる。このことが本問の背景にあり，2次関数のグラフ（放物線）や3次関数のグラフにおける接線の方程式は（微分法によらなくても）多項式の除法により計算できるのである。

(3) 求める面積は，$\int_1^{\frac{5}{2}}\frac{3}{2}(x-1)^2dx+\int_{\frac{5}{2}}^4\frac{3}{2}(x-4)^2dx$ で表されることに注意しよう。

直線 $x=\frac{5}{2}$ によって二つの領域に分け，それら二つの領域の面積の和として計算する。左側の領域は $x=1$，$x=\frac{5}{2}$ および $y=3(x-1)$，$y=f(x)$ で囲まれており，その面積は，$\int_1^{\frac{5}{2}}\{3(x-1)-f(x)\}dx$ で表される。この被積分関数は x の2次式で表され，その2次式は x^2 の係数が $0-\left(-\frac{3}{2}\right)=\frac{3}{2}$ である。また，$3(x-1)-f(x)=0$ とした x の2次方程式の実数解は，$y=3(x-1)$ と $y=f(x)$ を連立した方程式の実数解 x であり，二つのグラフ $y=3(x-1)$ と $y=f(x)$ が x 座標が1の点で接していることから，この実数解は $x=1$（重解）であることがわかる。それゆえ，$3(x-1)-f(x)$ は $(x-1)^2$ を因数にもつ。このことから，$3(x-1)-f(x)$ は，$3(x-1)-f(x)=\frac{3}{2}(x-1)^2$ と因数分解できることがわかるのである。

$x=\frac{5}{2}$ の右側の領域についても同様に考えることができる。

〔2〕 標準 《定積分で表された関数，面積》

(1)　$F(t)=f(t)-g(t)$ とおくと，$f(-3)=g(-3)$，$f(2)=g(2)$ より

$$F(-3)=F(2)=0$$

したがって，因数定理より

$$F(t)=c(t+3)(t-2)$$

と表される。

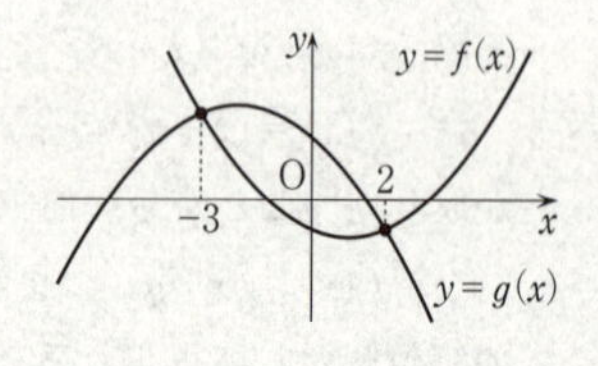

$f(t)$，$g(t)$ の t^2 の係数は，それぞれ正の数，負の数であるから

$$c>0$$

$G(x)=\int_0^x F(t)\,dt$，$H(x)=\int_1^x |F(t)|\,dt$ とおくと

$$G'(x)=F(x)=c(x+3)(x-2)$$

x	$\cdots$	-3	$\cdots$	2	$\cdots$
$G'(x)$	$+$	0	$-$	0	$+$
$G(x)$	↗		↘		↗

$G(x)$ の増減表は，右のようになり，$G(0)=0$ だから，$y=G(x)$ すなわち $y=\int_0^x\{f(t)-g(t)\}dt$ のグラフは ③ →ス である。

さらに

$$H'(x)=|F(x)|=c|(x+3)(x-2)|\geqq 0$$

したがって，$y=H(x)$ は増加関数で，$H(1)=0$ であるから，$y=H(x)$ すなわち $y=\int_1^x|f(t)-g(t)|\,dt$ のグラフは ⑤ →セ である。

(2)　$f(x)$ の x^2 の係数が2であり，$g(x)$ の x^2 の係数が-2であることより

$$c=4,\quad F(x)=4(x+3)(x-2)$$

よって

$$S=\int_{-2}^{1}\{g(x)-f(x)\}dx=-\int_{-2}^{1}F(x)\,dx$$

$$=-4\int_{-2}^{1}(x+3)(x-2)\,dx=-4\int_{-2}^{1}(x^2+x-6)\,dx$$

$$=-4\left[\frac{1}{3}x^3+\frac{1}{2}x^2-6x\right]_{-2}^{1}=66 \quad \text{→ソタ}$$

(3)　$f(x)$ の x^2 の係数が1であり，$g(x)$ の x^2 の係数が-1であることより

$$c=2,\quad F(x)=2(x+3)(x-2)$$

よって

$$T=\int_{-3}^{2}\{g(x)-f(x)\}dx=-\int_{-3}^{2}F(x)\,dx$$

$$=-2\int_{-3}^{2}(x+3)(x-2)\,dx$$

$$=\frac{2}{6}(2+3)^3=\frac{\boxed{125}}{\boxed{3}} \quad \to \frac{チツテ}{ト}$$

解説

(1) $f(-3)=g(-3)$, $f(2)=g(2)$ より，因数定理から

$$f(x)-g(x)=c(x+3)(x-2)$$

と表される。

a が定数で，$F(t)$ が t の多項式のとき

$$\frac{d}{dx}\int_a^x F(t)\,dt=F(x),\quad \frac{d}{dx}\int_a^x |F(t)|\,dt=|F(x)|$$

が成り立つことを利用して，x の関数

$$\int_0^x \{f(t)-g(t)\}\,dt,\quad \int_1^x |f(t)-g(t)|\,dt$$

の増減を調べればよい。

(2) $a \leqq x \leqq b$ において，$f(x) \geqq g(x)$ が成り立つとき，2曲線 $y=f(x)$, $y=g(x)$ と2直線 $x=a$, $x=b$ で囲まれた部分の面積 S は

$$S=\int_a^b \{f(x)-g(x)\}\,dx$$

で与えられる。したがって，c の値を求めて

$$S=-\int_{-2}^1 F(x)\,dx$$

を計算すればよい。

(3) c の値を求めて，$T=-\int_{-3}^2 F(x)\,dx$ を計算すればよい。

公式 $\int_\alpha^\beta (x-\alpha)(x-\beta)\,dx=-\frac{1}{6}(\beta-\alpha)^3$ が利用できる。証明は以下の通り。

(証明)

$$\int_\alpha^\beta (x-\alpha)(x-\beta)\,dx=\int_\alpha^\beta (x-\alpha)\{(x-\alpha)-(\beta-\alpha)\}\,dx$$

$$=\int_\alpha^\beta \{(x-\alpha)^2-(\beta-\alpha)(x-\alpha)\}\,dx$$

$$=\left[\frac{1}{3}(x-\alpha)^3-\frac{1}{2}(\beta-\alpha)(x-\alpha)^2\right]_\alpha^\beta$$

$$=\frac{1}{3}(\beta-\alpha)^3-\frac{1}{2}(\beta-\alpha)^3$$

$$=-\frac{1}{6}(\beta-\alpha)^3$$

(証明終)

第3問 標準 確率分布と統計的推測《正規分布，母平均の推定，母比率の推定》

(1) 母平均が m，母標準偏差が σ である母集団から抽出された大きさ n の無作為標本の標本平均 $\overline{X}$ は，n が大きいとき，近似的に正規分布

$$N\left(m,\ \frac{\sigma^2}{n}\right)$$ ②，⑦ →ア，イ

に従う。

(2) n が大きくなると，$\overline{X}$ の分散 $\frac{\sigma^2}{n}$ は小さくなる。① →ウ

(3) 以下，母集団が正規分布 $N(m,\ \sigma^2)$ に従うと仮定すると，大きさ n の標本の標本平均 $\overline{X}$ は，正規分布 $N\left(m,\ \frac{\sigma^2}{n}\right)$ に従い

$$Z=\frac{\overline{X}-m}{\frac{\sigma}{\sqrt{n}}}$$ ⑦ →エ

によって，確率変数 Z を定めると，Z は標準正規分布 $N(0,\ 1)$ に従う。

(4) $P(|Z|\leqq a)=0.95$ とおくと，Z は標準正規分布に従うから

$$0.95=P(|Z|\leqq a)=2P(0\leqq Z\leqq a)$$
$$P(0\leqq Z\leqq a)=0.475$$

これを満たす a の値は，正規分布表から

$$a=1.96$$ ③ →オ

(5)
$$|Z|\leqq 1.96 \iff |\overline{X}-m|\leqq 1.96\times\frac{\sigma}{\sqrt{n}}$$
$$\iff m-1.96\times\frac{\sigma}{\sqrt{n}}\leqq\overline{X}\leqq m+1.96\times\frac{\sigma}{\sqrt{n}}$$

よって，信頼度 95％の信頼区間は

$$\left[\overline{X}-1.96\times\frac{\sigma}{\sqrt{n}},\ \overline{X}+1.96\times\frac{\sigma}{\sqrt{n}}\right]$$

であり，$\overline{X}=170$ ② →カ，$n=64$ である。

また，母標準偏差の代わりに標本標準偏差 10 を代用するので，$\sigma=10$ より，信頼度 95％の信頼区間は

$$\left[170-1.96\times\frac{10}{8},\ 170+1.96\times\frac{10}{8}\right]$$

すなわち

$$[167.55,\ 172.45]$$ ⓪，⑤ →キ，ク

(6) 母比率が p である母集団から，大きさ n の無作為標本を抽出するとき，n が大

きいとき，標本比率 R は近似的に正規分布

$$N\left(p,\ \frac{p(1-p)}{n}\right)$$ ②，⑧ →ケ，コ

に従う。

(7)
$$z=\frac{R-p}{\sqrt{\dfrac{p(1-p)}{n}}}$$ ⑧ →サ

によって，確率変数 z を定めると，z は標準正規分布に従う。

(8) (7)の結果から，$P(|z|\leqq a)=0.99$ とおくと

$$0.99=P(|z|\leqq a)=2P(0\leqq z\leqq a)$$
$$P(0\leqq z\leqq a)=0.495$$

これを満たす a の値は，正規分布表から

$a=2.58$ ⑤ →シ

(9) 信頼度 99％の信頼区間は

$$\left[p-2.58\times\sqrt{\frac{p(1-p)}{n}},\ p+2.58\times\sqrt{\frac{p(1-p)}{n}}\right]$$

n が十分大きいとき，大数の法則により，R は p に近いとみなしてよいから，

$p=\dfrac{1}{4}=0.25$ ④ →ス，$n=100$ として，信頼度 99％の信頼区間は

$$\left[0.25-2.58\times\frac{\sqrt{3}}{40},\ 0.25+2.58\times\frac{\sqrt{3}}{40}\right]$$

すなわち

[0.14，0.36] ②，⑦ →セ，ソ

解説

ポイント **標本平均の分布**

母平均が m，母標準偏差が σ である母集団から抽出された大きさ n の無作為標本の標本平均を $\overline{X}$ で表すと

$$\overline{X}\text{の平均}=m \qquad \overline{X}\text{の分散}=\frac{\sigma^2}{n}$$

n が大きいとき，あるいは，母集団が正規分布に従っているとき，$\overline{X}$ は正規分布 $N\left(m,\ \dfrac{\sigma^2}{n}\right)$ に従い，$Z=\dfrac{\overline{X}-m}{\dfrac{\sigma}{\sqrt{n}}}$ によって，確率変数 Z を定めると，Z は標準正規分布 $N(0,\ 1)$ に従う。

ポイント 標本比率の分布

母比率 p, 大きさ n の無作為標本の標本比率を R とすると

$$R\text{の平均}=p \qquad R\text{の標準偏差}=\sqrt{\frac{p(1-p)}{n}}$$

標本の大きさ n が大きいとき，標本比率 R は近似的に正規分布 $N\left(p,\ \frac{p(1-p)}{n}\right)$ に従う。

ポイント 信頼区間

$\overline{X}$ が正規分布 $N\left(m,\ \frac{\sigma^2}{n}\right)$ に従っているとき

信頼度 95％の信頼区間は $\left[\overline{X}-1.96\times\frac{\sigma}{\sqrt{n}},\ \overline{X}+1.96\times\frac{\sigma}{\sqrt{n}}\right]$

信頼度 99％の信頼区間は $\left[\overline{X}-2.58\times\frac{\sigma}{\sqrt{n}},\ \overline{X}+2.58\times\frac{\sigma}{\sqrt{n}}\right]$

で与えられる。

第4問 標準 数列 《数列の和》

(1) $\sum_{k=1}^{n}(a_{k+1}-a_k)b_{k+1}+\sum_{k=1}^{n}a_k(b_{k+1}-b_k)$

$=\sum_{k=1}^{n}\{(a_{k+1}-a_k)b_{k+1}+a_k(b_{k+1}-b_k)\}$

$=\sum_{k=1}^{n}(a_{k+1}b_{k+1}-a_kb_k)$

$=(a_2b_2+a_3b_3+\cdots+a_nb_n+a_{n+1}b_{n+1})-(a_1b_1+a_2b_2+\cdots+a_nb_n)$

$=a_{n+1}b_{n+1}-a_1b_1$ ⑤, ⑨ →ア，イ

したがって

$$\sum_{k=1}^{n}(a_{k+1}-a_k)b_{k+1}+\sum_{k=1}^{n}a_k(b_{k+1}-b_k)=\sum_{k=1}^{n}(a_{k+1}b_{k+1}-a_kb_k)$$
$$=a_{n+1}b_{n+1}-a_1b_1 \quad \cdots\cdots(*)$$

(2) $a_n=n$, $b_n=n-1$ $(n=1, 2, 3, \cdots)$ のとき

$a_{k+1}b_{k+1}-a_kb_k=(k+1)k-k(k-1)=2k$

$a_{n+1}b_{n+1}-a_1b_1=(n+1)n-1\cdot 0=n(n+1)$

よって

$(*)$の左辺$=\sum_{k=1}^{n}2k$ ① →ウ

$(*)$の右辺$=n(n+1)$ ⑨ →エ

これより $\sum_{k=1}^{n}2k=n(n+1)$

よって $\sum_{k=1}^{n}k=\frac{1}{2}n(n+1)$ ② →オ

(3) $a_n=n^2$, $b_n=n-1$ $(n=1, 2, 3, \cdots)$ のとき

$a_{k+1}b_{k+1}-a_kb_k=(k+1)^2k-k^2(k-1)=3k^2+k$

$a_{n+1}b_{n+1}-a_1b_1=(n+1)^2n-1\cdot 0=n(n+1)^2$

よって

$(*)$の左辺$=\sum_{k=1}^{n}(3k^2+k)$ ② →カ

$(*)$の右辺$=n(n+1)^2$ ⑨ →キ

これより $\sum_{k=1}^{n}(3k^2+k)=n(n+1)^2$

よって

$$3\sum_{k=1}^{n}k^2=n(n+1)^2-\sum_{k=1}^{n}k$$

$$=n(n+1)^2-\frac{1}{2}n(n+1) \quad (\text{オより})$$

$$=n(n+1)\left\{(n+1)-\frac{1}{2}\right\}=\frac{1}{2}n(n+1)(2n+1)$$

$$\sum_{k=1}^{n}k^2=\frac{1}{6}n(n+1)(2n+1) \quad \boxed{②} \quad \to ク$$

(4) $a_n=n^2$, $b_n=(n-1)^2$ ($n=1, 2, 3, \cdots$) のとき

$$a_{k+1}b_{k+1}-a_kb_k=(k+1)^2k^2-k^2(k-1)^2=4k^3$$

$$a_{n+1}b_{n+1}-a_1b_1=(n+1)^2n^2-1\cdot 0=n^2(n+1)^2$$

よって

$$(*)\text{の左辺}=\sum_{k=1}^{n}4k^3 \quad \boxed{④} \quad \to ケ$$

$$(*)\text{の右辺}=n^2(n+1)^2 \quad \boxed{⑧} \quad \to コ$$

これより $\displaystyle\sum_{k=1}^{n}4k^3=n^2(n+1)^2$

よって $\displaystyle\sum_{k=1}^{n}k^3=\frac{1}{4}n^2(n+1)^2$ $\boxed{⑤}$ →サ

(5) $a_n=(n-1)^3$, $b_n=(n-1)^2$ ($n=1, 2, 3, \cdots$) のとき

$$a_{k+1}b_{k+1}-a_kb_k=k^3\cdot k^2-(k-1)^3(k-1)^2=k^5-(k-1)^5$$

$$=5k^4-10k^3+10k^2-5k+1$$

$$a_{n+1}b_{n+1}-a_1b_1=n^3\cdot n^2-0=n^5$$

よって

$$(*)\text{の左辺}=\sum_{k=1}^{n}(5k^4-10k^3+10k^2-5k+1) \quad \boxed{④} \quad \to シ$$

$$(*)\text{の右辺}=n^5 \quad \boxed{⑧} \quad \to ス$$

これより

$$5\sum_{k=1}^{n}(k^4-2k^3+2k^2-k)+n=n^5$$

$$\frac{n^5-n}{5}=\sum_{k=1}^{n}(k^4-2k^3+2k^2-k) \quad \boxed{④} \quad \to セ$$

(6) (5)の結果より

$$\sum_{k=1}^{n}k^4=2\sum_{k=1}^{n}k^3-2\sum_{k=1}^{n}k^2+\sum_{k=1}^{n}k+\frac{1}{5}(n^5-n)$$

$$=\frac{1}{2}n^2(n+1)^2-\frac{1}{3}n(n+1)(2n+1)+\frac{1}{2}n(n+1)+\frac{1}{5}(n^5-n)$$

$$=\frac{1}{6}n(n+1)\{3n(n+1)-2(2n+1)+3\}+\frac{1}{5}(n^5-n)$$

$$=\frac{1}{6}(n^2+n)(3n^2-n+1)+\frac{1}{5}(n^5-n)$$

$$=\frac{1}{6}(3n^4+2n^3+n)+\frac{1}{5}(n^5-n)$$

$$=\frac{1}{\boxed{5}}n^5+\frac{1}{\boxed{2}}n^4+\frac{1}{\boxed{3}}n^3-\frac{1}{\boxed{30}}n$$ →ソ，タ，チ，ツテ

解説

本問は，どんな数列 $\{a_n\}$，$\{b_n\}$ に対しても一般的に成立する等式（＊）に具体的な数列を適用することで，和に関する等式を順番に導く趣旨の問題であり，問題の意図と誘導に乗って議論を進めることで，解決できる問題である。

$$\sum_{k=1}^{n}k=\frac{n(n+1)}{2}$$

$$\sum_{k=1}^{n}k^2=\frac{n(n+1)(2n+1)}{6}$$

$$\sum_{k=1}^{n}k^3=\left\{\frac{n(n+1)}{2}\right\}^2$$

は公式として覚えておきたいが，本問は単に正しい等式を覚えていれば解けるというものではなく，議論の流れを理解し，公式が導かれる理由を押さえて解かなければ，正しい選択肢は選べない問題である。

(2)　等式(＊)を利用して，$\sum_{k=1}^{n}k$ を求める問題である。(＊)の左辺が

$$\sum_{k=1}^{n}(a_{k+1}b_{k+1}-a_kb_k)$$

であるから，$a_{k+1}b_{k+1}-a_kb_k$ を求めて，(＊)を書き換えればよい。

(3)〜(5)　考え方は(2)と同様であるが，得られた(＊)の式と前問までの結果を利用して，$\sum_{k=1}^{n}k^2$，$\sum_{k=1}^{n}k^3$，$\sum_{k=1}^{n}k^4$ を求めていく。工夫して計算することがポイントである。

また，(5)では，等式 $\frac{n^5-n}{5}=\sum_{k=1}^{n}(k^4-2k^3+2k^2-k)$ を導くが，この右辺はもちろん整数であることから，すべての自然数 n に対して，n^5-n が5の倍数であることが示される。

一般に，素数 p と自然数 n に対して，n^p-n は p の倍数である。これを「フェルマーの小定理」というが，本問ではこの素数 p が5である特殊な場合が示せており，n^5-n が5で割り切れることだけでなく，n^5-n を5で割ったときの商までわかったことになるのである。

第5問 標準 ベクトル 《平面ベクトル》

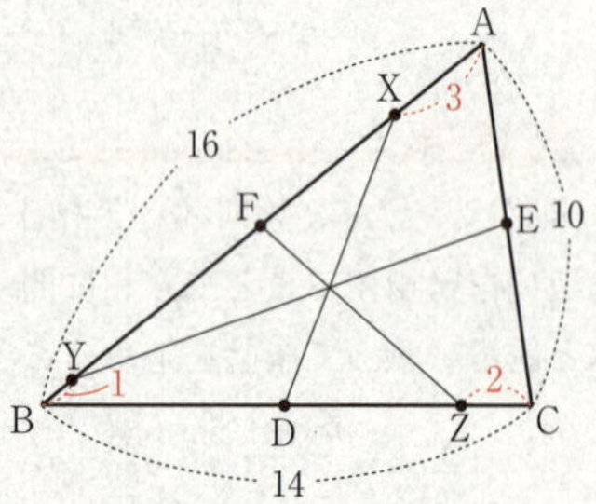

AB＋BC＋CA＝40 より

$$CZ+AC+AF=20$$

よって

$$CZ=20-AC-AF=20-10-\frac{16}{2}$$

$$=\boxed{2}\quad \to ア$$

（注） 同様に

$$AX=20-AC-CD=20-10-\frac{14}{2}=3$$

$$BY=20-BC-CE=20-14-\frac{10}{2}=1$$

がいえる。

$$\overrightarrow{XD}=\overrightarrow{AD}-\overrightarrow{AX}=\frac{1}{2}(\overrightarrow{AB}+\overrightarrow{AC})-\frac{3}{16}\overrightarrow{AB}$$

$$=\frac{5}{16}\overrightarrow{AB}+\frac{1}{2}\overrightarrow{AC}\quad \boxed{④},\ \boxed{⓪}\quad \to イ，ウ$$

$$\overrightarrow{YE}=\overrightarrow{BE}-\overrightarrow{BY}=\frac{1}{2}(\overrightarrow{BA}+\overrightarrow{BC})-\frac{1}{16}\overrightarrow{BA}$$

$$=\frac{7}{16}\overrightarrow{BA}+\frac{1}{2}\overrightarrow{BC}\quad \boxed{⑥},\ \boxed{⓪}\quad \to エ，オ$$

$$\overrightarrow{ZF}=\overrightarrow{CF}-\overrightarrow{CZ}=\frac{1}{2}(\overrightarrow{CA}+\overrightarrow{CB})-\frac{1}{7}\overrightarrow{CB}$$

$$=\frac{1}{2}\overrightarrow{CA}+\frac{5}{14}\overrightarrow{CB}\quad \boxed{⓪},\ \boxed{⑧}\quad \to カ，キ$$

Ｉが三角形 ABC の内心だから

$$14\overrightarrow{AI}+10\overrightarrow{BI}+16\overrightarrow{CI}=\vec{0}\qquad 7\overrightarrow{AI}+5\overrightarrow{BI}+8\overrightarrow{CI}=\vec{0}$$

Ａを始点としたベクトルで表すと

$$7\overrightarrow{AI}+5(\overrightarrow{AI}-\overrightarrow{AB})+8(\overrightarrow{AI}-\overrightarrow{AC})=\vec{0}$$

$$\therefore\quad \overrightarrow{AI}=\frac{5\overrightarrow{AB}+8\overrightarrow{AC}}{20}=\frac{1}{4}\overrightarrow{AB}+\frac{2}{5}\overrightarrow{AC}\quad \boxed{③},\ \boxed{⑥}\quad \to ク，ケ$$

同様にして

$$\overrightarrow{BI}=\frac{7}{20}\overrightarrow{BA}+\frac{2}{5}\overrightarrow{BC}\quad \boxed{⑧},\ \boxed{⑥}\quad \to コ，サ$$

$$\overrightarrow{CI}=\frac{7}{20}\overrightarrow{CA}+\frac{1}{4}\overrightarrow{CB}\quad \boxed{⑧},\ \boxed{③}\quad \to シ，ス$$

以上より

$$16\overrightarrow{XD}=5\overrightarrow{AB}+8\overrightarrow{AC}=20\overrightarrow{AI}$$

$$16\overrightarrow{YE}=7\overrightarrow{BA}+8\overrightarrow{BC}=20\overrightarrow{BI}$$

$$14\overrightarrow{ZF}=7\overrightarrow{CA}+5\overrightarrow{CB}=20\overrightarrow{CI}$$

であるから

$$\overrightarrow{XD}=\frac{5}{4}\overrightarrow{AI},\quad \overrightarrow{YE}=\frac{5}{4}\overrightarrow{BI},\quad \overrightarrow{ZF}=\frac{10}{7}\overrightarrow{CI}$$ ⑦，⑦，⑨

→セ，ソ，タ

以下，$\overrightarrow{AB}=\vec{b}$，$\overrightarrow{AC}=\vec{c}$ とおく。

$DS_1:S_1X=k:1-k$，$YS_1:S_1E=l:1-l$ とおくと

$$\begin{aligned}\overrightarrow{AS_1}&=\overrightarrow{AD}+\overrightarrow{DS_1}=\overrightarrow{AD}+k\overrightarrow{DX}=\overrightarrow{AD}-k\overrightarrow{XD}\\&=\frac{1}{2}(\vec{b}+\vec{c})-k\left(\frac{5}{16}\vec{b}+\frac{1}{2}\vec{c}\right)\\&=\left(-\frac{5}{16}k+\frac{1}{2}\right)\vec{b}+\left(-\frac{k}{2}+\frac{1}{2}\right)\vec{c}\end{aligned}$$

また

$$\overrightarrow{YE}=\overrightarrow{AE}-\overrightarrow{AY}=-\frac{15}{16}\vec{b}+\frac{1}{2}\vec{c}$$

であるから

$$\begin{aligned}\overrightarrow{AS_1}&=\overrightarrow{AY}+\overrightarrow{YS_1}=\overrightarrow{AY}+l\overrightarrow{YE}\\&=\frac{15}{16}\vec{b}+l\left(-\frac{15}{16}\vec{b}+\frac{1}{2}\vec{c}\right)\\&=\frac{15(1-l)}{16}\vec{b}+\frac{l}{2}\vec{c}\end{aligned}$$

$\vec{b}\not\parallel\vec{c}$，$\vec{b}\neq\vec{0}$，$\vec{c}\neq\vec{0}$ であるから

$$-\frac{5}{16}k+\frac{1}{2}=\frac{15(1-l)}{16},\quad -\frac{k}{2}+\frac{1}{2}=\frac{l}{2}$$

よって，$k=\frac{2}{5}$，$l=\frac{3}{5}$ であり

$$\overrightarrow{AS_1}=\frac{3}{8}\vec{b}+\frac{3}{10}\vec{c}=\frac{3}{8}\overrightarrow{AB}+\frac{3}{10}\overrightarrow{AC}$$ →$\frac{チ}{ツ}$，$\frac{テ}{トナ}$

$\overrightarrow{AS_2}$ も同様にして，$\overrightarrow{AS_2}=\frac{3}{8}\overrightarrow{AB}+\frac{3}{10}\overrightarrow{AC}$ となることがわかる。

上の結果から，$\overrightarrow{AS}=\frac{3}{8}\vec{b}+\frac{3}{10}\vec{c}$ であるから

$$\overrightarrow{SD}=\overrightarrow{AD}-\overrightarrow{AS}=\frac{1}{2}(\vec{b}+\vec{c})-\left(\frac{3}{8}\vec{b}+\frac{3}{10}\vec{c}\right)=\frac{1}{8}\vec{b}+\frac{1}{5}\vec{c}\quad\cdots\cdots①$$

$$\overrightarrow{SE}=\overrightarrow{AE}-\overrightarrow{AS}=\frac{1}{2}\vec{c}-\left(\frac{3}{8}\vec{b}+\frac{3}{10}\vec{c}\right)=-\frac{3}{8}\vec{b}+\frac{1}{5}\vec{c}\quad\cdots\cdots②$$

$$\overrightarrow{SF}=\overrightarrow{AF}-\overrightarrow{AS}=\frac{1}{2}\vec{b}-\left(\frac{3}{8}\vec{b}+\frac{3}{10}\vec{c}\right)=\frac{1}{8}\vec{b}-\frac{3}{10}\vec{c}\quad\cdots\cdots③$$

①，②より

$$\vec{b}=2(\overrightarrow{SD}-\overrightarrow{SE}),\quad \vec{c}=\frac{5}{4}(3\overrightarrow{SD}+\overrightarrow{SE})\quad\cdots\cdots④$$

③，④より $\vec{b}$，$\vec{c}$ を消去すると

$$\overrightarrow{SF}=\frac{1}{4}(\overrightarrow{SD}-\overrightarrow{SE})-\frac{3}{8}(3\overrightarrow{SD}+\overrightarrow{SE})$$

よって

$$\mathbf{7\overrightarrow{SD}+5\overrightarrow{SE}+8\overrightarrow{SF}=\vec{0}}$$ ② →ニ ……⑤

中点連結定理から

$$DE=\frac{1}{2}AB=8,\quad EF=\frac{1}{2}BC=7,\quad FD=\frac{1}{2}AC=5$$

したがって，⑤から，Sは△DEFの**内心** ① →ヌ である。

解説

ア．線分CZを含む半周の長さを考えればよい。

イ～キ．$\overrightarrow{XD}=\overrightarrow{AD}-\overrightarrow{AX}$ だから，$\overrightarrow{AD}$，$\overrightarrow{AX}$ を $\overrightarrow{AB}$，$\overrightarrow{AC}$ で表せばよい。$\overrightarrow{YE}$，$\overrightarrow{ZF}$ についても同様である。

ク～ス．Iが△ABCの内心である条件式を，Aを始点としたベクトルで表せば，$\overrightarrow{AI}$ を $\overrightarrow{AB}$，$\overrightarrow{AC}$ で表せる。$\overrightarrow{BI}$，$\overrightarrow{CI}$ についても同様である。

チ～ナ．$DS_1:S_1X=k:1-k$，$YS_1:S_1E=l:1-l$ とおくと

$$\overrightarrow{AS_1}=\overrightarrow{AD}+k\overrightarrow{DX},\quad \overrightarrow{AS_1}=\overrightarrow{AY}+l\overrightarrow{YE}$$

この2式を利用して，$\overrightarrow{AS_1}$ を，$\overrightarrow{AB}$，$\overrightarrow{AC}$ を用いて2通りに表して

「$a\overrightarrow{AB}+b\overrightarrow{AC}=a'\overrightarrow{AB}+b'\overrightarrow{AC}$ ならば，$a=a'$，$b=b'$」

が成り立つことを用いる。

ニ．**チ～ナ**の結果を用いて，$\overrightarrow{SD}$，$\overrightarrow{SE}$，$\overrightarrow{SF}$ を $\overrightarrow{AB}$，$\overrightarrow{AC}$ で表し，得られた3つの関係式から $\overrightarrow{AB}$，$\overrightarrow{AC}$ を消去して，$\overrightarrow{SD}$，$\overrightarrow{SE}$，$\overrightarrow{SF}$ の関係式を求めればよい。

ヌ．中点連結定理を利用して△DEFの各辺の長さを求める。Sが△DEFの内心であることは，三角形の内心についての太郎の発言内容から容易にわかる。

NOTE

NOTE

NOTE

NOTE

NOTE

NOTE

Keys & Answers

解答・解説編

<共通テスト>

- 2023年度　数学Ⅰ・A／Ⅱ・B　本試験
  数学Ⅰ／Ⅱ　本試験
- 2022年度　数学Ⅰ・A／Ⅱ・B　本試験・追試験
  数学Ⅰ／Ⅱ　本試験
- 2021年度　数学Ⅰ・A／Ⅱ・B　本試験（第1日程）
  数学Ⅰ・A／Ⅱ・B　本試験（第2日程）
- 第2回　試行調査　数学Ⅰ・A／Ⅱ・B
- 第1回　試行調査　数学Ⅰ・A／Ⅱ・B

<センター試験>

- 2020年度　数学Ⅰ・A／Ⅱ・B　本試験
- 2019年度　数学Ⅰ・A／Ⅱ・B　本試験
- 2018年度　数学Ⅰ・A／Ⅱ・B　本試験
- 2017年度　数学Ⅰ・A／Ⅱ・B　本試験

解答・配点に関する注意

本書に掲載している正解および配点は，大学入試センターから公表されたものをそのまま掲載しています。

数学 Ⅰ・A Ⅱ・B

数学Ⅰ・数学A 本試験

問題番号(配点)	解答記号	正　解	配点	チェック
第1問 (30)	アイ	−8	2	
	ウエ	−4	1	
	オ，カ	2，2	2	
	キ，ク	4，4	2	
	ケ，コ	7，3	3	
	サ	⓪	3	
	シ	⑦	3	
	ス	④	2	
	セソ	27	2	
	$\frac{タ}{チ}$	$\frac{5}{6}$	2	
	$ツ\sqrt{テト}$	$6\sqrt{11}$	3	
	ナ	⑥	2	
	$ニヌ(\sqrt{ネノ}+\sqrt{ハ})$	$10(\sqrt{11}+\sqrt{2})$	3	

問題番号(配点)	解答記号	正　解	配点	チェック
第2問 (30)	ア	②	2	
	イ	⑤	2	
	ウ	①	2	
	エ	②	3	
	オ	②	3	
	カ	⑦	3	
	キ，ク	4，3	3	
	ケ，コ	4，3	3	
	サ	②	3	
	$\frac{シ\sqrt{ス}}{セソ}$	$\frac{5\sqrt{3}}{57}$	3	
	タ，チ	⓪，⓪	3	

問題番号(配点)	解答記号	正　解	配点	チェック
第3問(20)	アイウ	320	3	
	エオ	60	3	
	カキ	32	3	
	クケ	30	3	
	コ	②	3	
	サシス	260	2	
	セソタチ	1020	3	
第4問(20)	アイ	11	2	
	ウエオカ	2310	3	
	キク	22	3	
	ケコサシ	1848	3	
	スセソ	770	2	
	タチ	33	2	
	ツテトナ	2310	2	
	ニヌネノ	6930	3	

問題番号(配点)	解答記号	正　解	配点	チェック
第5問(20)	アイ	90	2	
	ウ	③	2	
	エ	④	3	
	オ	③	3	
	カ	②	2	
	キ	③	3	
	$\frac{ク\sqrt{ケ}}{コ}$	$\frac{3\sqrt{6}}{2}$	3	
	サ	7	2	

（注）　第1問，第2問は必答。第3問～第5問のうちから2問選択。計4問を解答。

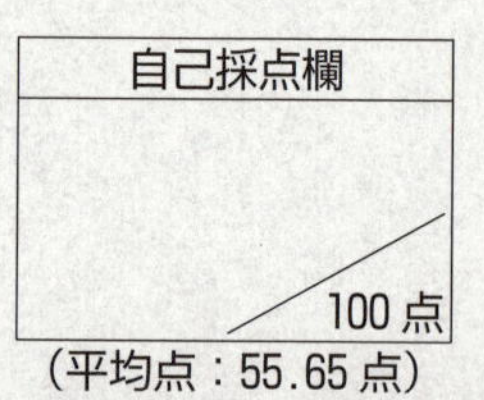

（平均点：55.65 点）

第1問 ―― 数と式，図形と計量

〔1〕 標準 《絶対値を含む不等式，式の値》

実数 x についての不等式 $|x+6| \leqq 2$ ……④ の解は

$$-2 \leqq x+6 \leqq 2$$

$$\boxed{-8} \leqq x \leqq \boxed{-4}$$ →アイ，ウエ

よって，実数 a，b，c，d が $|(1-\sqrt{3})(a-b)(c-d)+6| \leqq 2$ ……(＊) を満たしているとき，④において，$x=(1-\sqrt{3})(a-b)(c-d)$ とすれば

$$-8 \leqq (1-\sqrt{3})(a-b)(c-d) \leqq -4$$

$1-\sqrt{3}$ は負であることに注意すると，辺々を $1-\sqrt{3}$ (<0) で割って

$$-\frac{8}{1-\sqrt{3}} \geqq (a-b)(c-d) \geqq -\frac{4}{1-\sqrt{3}}$$

$$-\frac{8(1+\sqrt{3})}{1-3} \geqq (a-b)(c-d) \geqq -\frac{4(1+\sqrt{3})}{1-3}$$

$$4(1+\sqrt{3}) \geqq (a-b)(c-d) \geqq 2(1+\sqrt{3})$$

よって，$(a-b)(c-d)$ のとり得る値の範囲は

$$\boxed{2}+\boxed{2}\sqrt{3} \leqq (a-b)(c-d) \leqq \boxed{4}+\boxed{4}\sqrt{3}$$ →オ，カ，キ，ク

等式①，②，③の左辺を展開すると

(① の左辺) $=(a-b)(c-d)=ac-ad-bc+bd$

(② の左辺) $=(a-c)(b-d)=ab-ad-bc+cd$

(③ の左辺) $=(a-d)(c-b)=ac-ab+bd-cd$

となるから，比較することにより

(①の左辺)－(②の左辺)＝(③の左辺)

であることがわかる。

よって，特に $(a-b)(c-d)=4+4\sqrt{3}$ ……① であるとき，さらに $(a-c)(b-d)=-3+\sqrt{3}$ ……② が成り立つならば，①－② より

$$(a-d)(c-b)=(4+4\sqrt{3})-(-3+\sqrt{3})$$

$$=\boxed{7}+\boxed{3}\sqrt{3}$$ →ケ，コ

解説

絶対値を含む不等式についての問題と，文字を含む3つの式を比較して式の値を求める問題である。誘導が丁寧であるから，方針について迷うこともない。計算間違いのないように，落ち着いて計算していけばよい。

実数 x についての不等式④は，「$k>0$ のとき，$|X| \leqq k \iff -k \leqq X \leqq k$」を用いて式変形する。

不等式（$*$）については，$x=(1-\sqrt{3})(a-b)(c-d)$ と考えることで，不等式④の結果が利用できる。$1-\sqrt{3}$ が負であることは問題文で与えられているので，不等号の向きに注意して解き進めればよい。
$(a-d)(c-b)$ の値を求める部分に関しては，4つの文字を含む式となっているので煩雑ではあるが，問題文に「等式①，②，③の左辺を展開して比較することにより」という誘導があるので，落ち着いて左辺の式を見比べれば，
（①の左辺）－（②の左辺）＝（③の左辺）となっていることに気付けるだろう。

［2］ 標準 《正弦定理，三角比，三角形の面積，余弦定理，三角錐の体積》

(1)(i)　△ACB に正弦定理を用いると，円Oの半径が5なので

$$2\cdot 5=\frac{\mathrm{AB}}{\sin\angle\mathrm{ACB}}$$

すなわち　$\sin\angle\mathrm{ACB}=\frac{6}{2\cdot 5}=\frac{3}{5}$　⓪　→サ

また，$\sin^2\angle\mathrm{ACB}+\cos^2\angle\mathrm{ACB}=1$ より

$$\cos^2\angle\mathrm{ACB}=1-\left(\frac{3}{5}\right)^2=\frac{16}{25}$$

なので

$$\cos\angle\mathrm{ACB}=\pm\frac{4}{5}$$

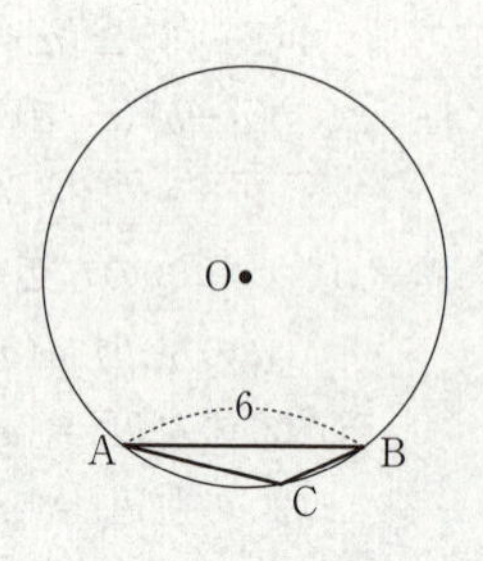

点Cを∠ACB が鈍角となるようにとるとき，
$\cos\angle\mathrm{ACB}<0$ なので

$\cos\angle\mathrm{ACB}=-\frac{4}{5}$　⑦　→シ

(ii)　△ABC の面積が最大となるのは，右図のように，点Cが直線 AB に関して中心Oと同じ側にあって，かつ，直線 CD が中心Oを通るときである。

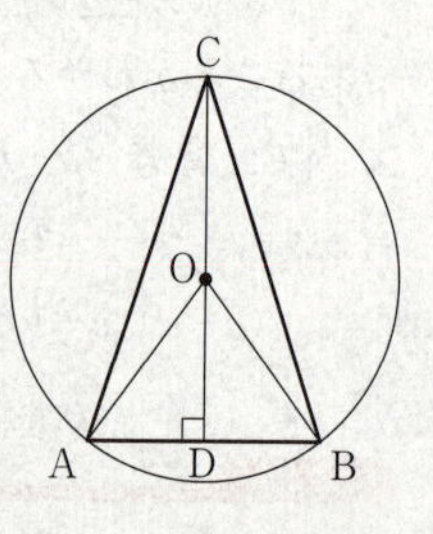

このとき，OA＝OB＝5 より，△OAB は二等辺三角形なので，点Dは線分 AB の中点と一致するから

$$\mathrm{AD}=\frac{1}{2}\mathrm{AB}=3$$

△OAD に三平方の定理を用いれば

$$\mathrm{OD}=\sqrt{\mathrm{OA}^2-\mathrm{AD}^2}=\sqrt{5^2-3^2}=4$$

よって，△OAD において

$\tan\angle\mathrm{OAD}=\frac{\mathrm{OD}}{\mathrm{AD}}=\frac{4}{3}$　④　→ス

また，OC＝5より

$$CD=OC+OD=5+4=9$$

なので，△ABCの面積は

$$\frac{1}{2}\cdot AB\cdot CD=\frac{1}{2}\cdot 6\cdot 9=\boxed{27}\quad \to セソ$$

(2)　まず，△PQRに余弦定理を用いれば

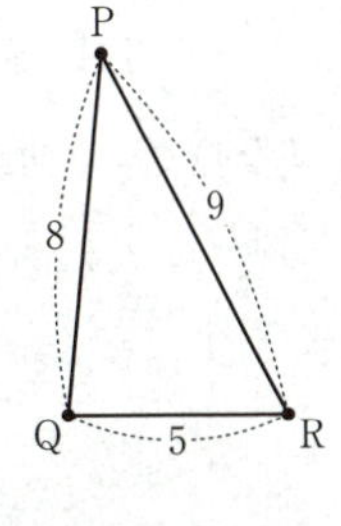

$$\cos\angle QPR=\frac{9^2+8^2-5^2}{2\cdot 9\cdot 8}=\frac{120}{144}=\frac{\boxed{5}}{\boxed{6}}\quad \to \frac{タ}{チ}$$

0°＜∠QPR＜180°より，sin∠QPR＞0なので

$$\sin\angle QPR=\sqrt{1-\cos^2\angle QPR}=\sqrt{1-\left(\frac{5}{6}\right)^2}=\frac{\sqrt{11}}{6}$$

よって，△PQRの面積は

$$\frac{1}{2}\cdot PQ\cdot RP\cdot\sin\angle QPR=\frac{1}{2}\cdot 8\cdot 9\cdot\frac{\sqrt{11}}{6}=\boxed{6}\sqrt{\boxed{11}}\quad \to ツ，テト$$

次に，球Sの中心をSとする。

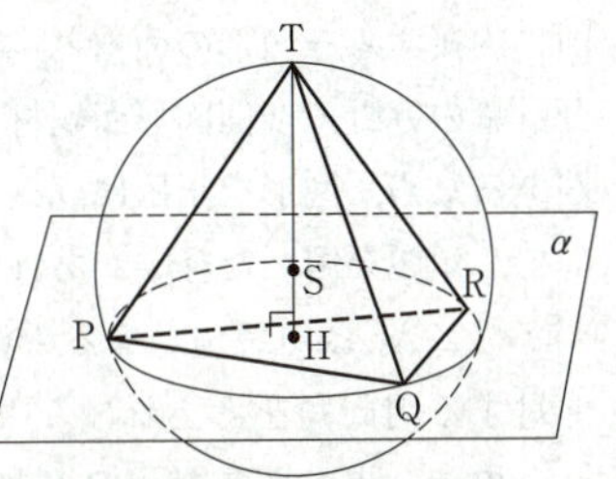

三角錐TPQRの体積が最大となるのは，右図のように，点Tが平面αに関して中心Sと同じ側にあって，かつ，直線THが中心Sを通るときである。

このとき，直角三角形SPH，SQH，SRHにおいて，SP＝SQ＝SR＝5であり，SHが共通なので，△SPH≡△SQH≡△SRHである。

したがって，PH，QH，RHの長さについて

PH＝QH＝RH　$\boxed{⑥}$　→ナ

が成り立つ。

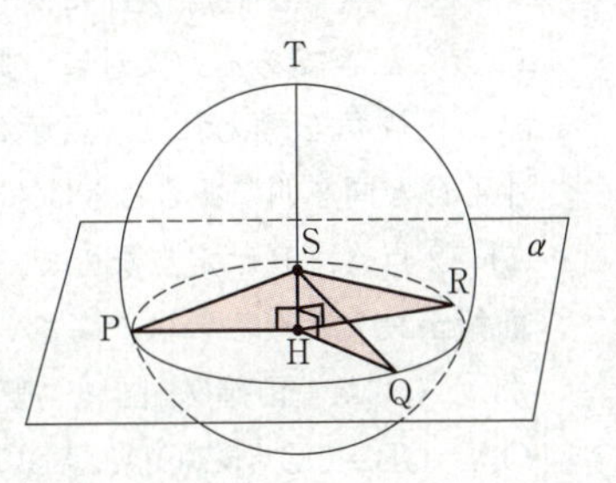

球Sと平面αが交わる断面の図形は円であり，PH＝QH＝RHより，点Hはこの円の中心である。よって，△PQRに正弦定理を用いると，△PQRの外接円の半径がPH（＝QH＝RH）なので

$$2PH=\frac{QR}{\sin\angle QPR}$$

すなわち　$PH=\dfrac{5}{2\cdot\dfrac{\sqrt{11}}{6}}=\dfrac{15}{\sqrt{11}}$

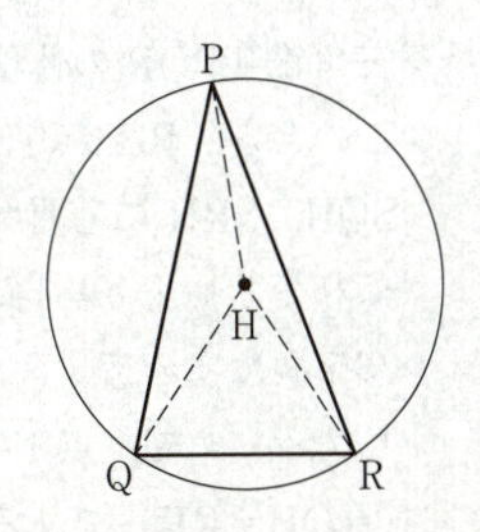

直角三角形SPHに三平方の定理を用いて

$$SH=\sqrt{SP^2-PH^2}=\sqrt{5^2-\left(\frac{15}{\sqrt{11}}\right)^2}=\sqrt{5^2\left(1-\frac{3^2}{11}\right)}=5\sqrt{\frac{2}{11}}$$

$$=\frac{5\sqrt{22}}{11}$$

以上より

$$TH=ST+SH=5+\frac{5\sqrt{22}}{11}$$

なので，三角錐 TPQR の体積は

$$\frac{1}{3}\times(\triangle PQR \text{の面積})\times TH=\frac{1}{3}\times 6\sqrt{11}\times\left(5+\frac{5\sqrt{22}}{11}\right)$$

$$=10\sqrt{11}+10\sqrt{2}$$

$$=\boxed{10}\left(\sqrt{\boxed{11}}+\sqrt{\boxed{2}}\right)$$

→ニヌ，ネノ，ハ

解説

円に内接する三角形の面積と，球に内接する三角錐の体積に関する問題である。図形と計量の分野で空間図形が題材となることは珍しい。図形的な考察を必要とする箇所があるため，図形を正確に認識できなければならないが，よく見かける問題ではあるので，類題を解いた経験があれば難しくはない。

(1)(i)　∠ACB が鈍角となるのは，弧 AB の長い方に対する円周角を考えれば，中心角が 180° より大きいので，点 C が直線 AB に関して中心 O と反対側にあるときである。反対に，弧 AB の短い方に対する円周角を考えれば，点 C が直線 AB に関して中心 O と同じ側にあるときは，∠ACB は鋭角となる。

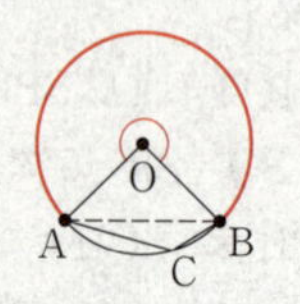

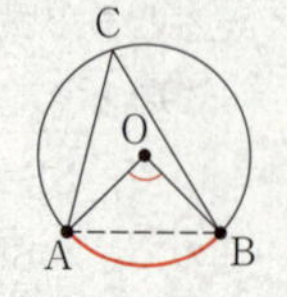

(ii)　2 点 A，B は定点なので，△ABC の底辺を AB として考えれば，△ABC の面積が最大となるのは，高さ CD が最大となるときである。この設問に解答するためには，正確な図を把握する必要があるが，それができれば，OA＝OB＝OC＝5，OD⊥AB に注意することで，正解を導き出すことができる。

(2)　3 点 P，Q，R は定点だから，三角錐 TPQR の底面を△PQR として考えれば，三角錐 TPQR の体積が最大となるのは，高さ TH が最大となるときである。

このとき，PH，QH，RH の長さの関係について調べるために，直角三角形 SPH，SQH，SRH に着目する。直角三角形の合同条件は，①「斜辺と 1 つの鋭角がそれぞれ等しい」，②「斜辺と他の 1 辺がそれぞれ等しい」であり，この問題では条件②を満たすので，△SPH≡△SQH≡△SRH が成り立ち，PH＝QH＝RH が導ける。したがって，点 H は△PQR の外心であり，△PQR の外接円の半径が PH（＝QH＝RH）であることがわかる。

第2問 ── データの分析，2次関数

〔1〕 標準 《ヒストグラム，箱ひげ図，データの相関》

(1) •52 個のデータの第1四分位数は，52 個のデータを小さいものから順に並べたときの小さい方から 13 番目と 14 番目の値の平均値である。

図1の小さい方から 13 番目と 14 番目の値が含まれる階級は 1800 以上 2200 未満。

よって，第1四分位数が含まれる階級は **1800 以上 2200 未満** ② →ア である。

•52 個のデータの第3四分位数は，52 個のデータを小さいものから順に並べたときの大きい方から 13 番目と 14 番目の値の平均値である。

図1の大きい方から 13 番目と 14 番目の値が含まれる階級は 3000 以上 3400 未満。

よって，第3四分位数が含まれる階級は **3000 以上 3400 未満** ⑤ →イ である。

•図1の四分位範囲は，第3四分位数，第1四分位数が含まれる階級がそれぞれ 3000 以上 3400 未満，1800 以上 2200 未満であることに注意すれば，

$(3000-2200=)$ 800 より大きく，$(3400-1800=)$ 1600 より小さい。

よって，四分位範囲は **800 より大きく 1600 より小さい。** ① →ウ

(2)(i) ⓪ 地域Eにおいて，小さい方から5番目の値は，19 個のデータの第1四分位数である。

地域Eの第1四分位数は，図2より，2000 より大きい。

よって，地域Eにおいて，小さい方から5番目は 2000 より大きいので，正しくない。

① 地域Eの範囲は，図2より，最大値が 3800 より小さく，最小値が 1000 より大きいことに注意すれば，$(3800-1000=)$ 2800 より小さい。

地域Wの範囲は，図3より，最大値が 4800 より大きく，最小値が 1400 より小さいことに注意すれば，$(4800-1400=)$ 3400 より大きい。

よって，地域Eと地域Wの範囲は等しくないので，正しくない。

② 地域Eの中央値は，図2より，2400 より小さい。

地域Wの中央値は，図3より，2600 より大きい。

よって，**中央値は，地域Eより地域Wの方が大きい**ので，正しい。

③ 地域Eの 2600 未満の市の割合は，図2より，中央値が 2600 より小さいので，19 個のデータの中央値は，19 個のデータを小さいものから順に並べたときの小さい方から 10 番目の値であることに注意すれば，$10\div19=0.52\cdots$ より，50％より大きい。

地域Wの 2600 未満の市の割合は，図3より，中央値が 2600 より大きいので，33 個のデータの中央値は，33 個のデータを小さいものから順に並べたときの小さい方から 17 番目の値であることに注意すれば，$16\div33=0.48\cdots$ より，50％より小さ

い。

よって，2600 未満の市の割合は，地域Ｅより地域Ｗの方が小さいので，正しくない。

以上より，かば焼きの支出金額について，図２と図３から読み取れることとして，正しいものは ② →エ である。

(ii) 分散は，偏差の２乗の平均値である。

よって，地域Ｅにおけるかば焼きの支出金額の分散は，地域Ｅのそれぞれの市におけるかば焼きの支出金額の偏差の２乗を合計して地域Ｅの市の数で割った値 ② →オ である。

(3) 表１を用いると，地域Ｅにおける，やきとりの支出金額とかば焼きの支出金額の相関係数は

$$\frac{124000}{590\times570}=\frac{1240}{59\times57}=\frac{1240}{3363}=0.368\cdots\fallingdotseq0.37 \quad ⑦ \quad →カ$$

である。

解 説

実際のデータを扱ったデータの分析に関する問題。データの分析についての基本的な知識が習得できていれば比較的解きやすい標準的な内容であったが，データ数が異なる２つの箱ひげ図から正しいことを読み取る問題は目新しい。

(1) 52 個のデータを $x_1,\ x_2,\ \cdots,\ x_{52}$（ただし，$x_1\leqq x_2\leqq\cdots\leqq x_{52}$）とすると，

第１四分位数は $\dfrac{x_{13}+x_{14}}{2}$，第３四分位数は $\dfrac{x_{39}+x_{40}}{2}$，四分位範囲は

「(第３四分位数) − (第１四分位数)」で求められる。

(2)(i) 19 個のデータを $x_1,\ x_2,\ \cdots,\ x_{19}$（ただし，$x_1\leqq x_2\leqq\cdots\leqq x_{19}$）とすると，第１四分位数は x_5，中央値は x_{10} である。

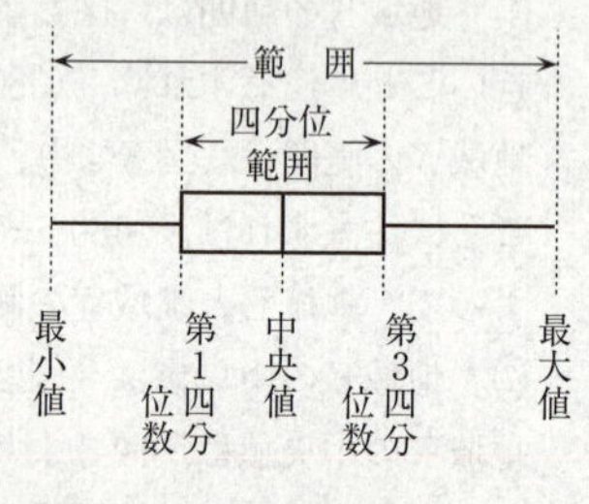

33 個のデータを $x_1,\ x_2,\ \cdots,\ x_{33}$（ただし，$x_1\leqq x_2\leqq\cdots\leqq x_{33}$）とすると，第１四分位数は $\dfrac{x_8+x_9}{2}$，中央値は x_{17} である。

① 範囲は「(最大値) − (最小値)」で求められる。

図２と図３の縦軸の目盛りは等しいので，図２と図３を横並びに比較すれば，地域Ｅと地域Ｗの範囲は等しくないことがわかる。〔解答〕では範囲を具体的に考えたが，実際にはその必要はない。

② 図２と図３の縦軸の目盛りは等しいので，図２と図３を横並びに比較すれば，地域Ｗの中央値の方が地域Ｅの中央値よりも大きいことがわかる。〔解答〕では中央値を具体的に考えたが，実際にはその必要はない。

③　2600 未満の市の「個数」ではなく，「割合」であることに注意する。
地域Wの第1四分位数は2600より小さいから，33 個のデータを小さいものから順に並べたときの小さい方から1番目から8番目までの値は2600 未満であることは確実だが，地域Wの中央値が2600より大きいことだけでは，33 個のデータを小さいものから順に並べたときの小さい方から9番目から16 番目までの値が2600 未満であるとは言えない。しかし仮に，33 個のデータを小さいものから順に並べたときの小さい方から9番目から16 番目までの値が2600 未満であったとしても，$16\div 33=0.48\cdots$ より，50％を超えることはないから，2600 未満の市の割合は，地域Eより地域Wの方が小さいと言える。

(ii)　地域Eにおけるかば焼きの支出金額を X とし，X の値を X_1，X_2，…，X_{19} とする。X の平均値を $\overline{X}$ とすると，かば焼きの支出金額の分散は

$$\frac{1}{19}\{(X_1-\overline{X})^2+(X_2-\overline{X})^2+\cdots+(X_{19}-\overline{X})^2\}$$

で求められるから，偏差 $X-\overline{X}$ の2乗の平均値である。

(3)　地域Eにおける，やきとりの支出金額とかば焼きの支出金額の相関係数は

$$\frac{\text{共分散}}{(\text{やきとりの支出金額の標準偏差})\times(\text{かば焼きの支出金額の標準偏差})}$$

で求められる。

〔2〕 やや難 《2次関数》

(1)　放物線 C_1 の方程式を $y=ax^2+bx+c$ $(a<0)$ とおくと，C_1 は $\mathrm{P}_0(0,\ 3)$ を通るので

$3=c$ ……①

C_1 は $\mathrm{M}(4,\ 3)$ を通るので

$3=16a+4b+c$ ……②

①を②に代入して

$16a+4b=0$　すなわち　$b=-4a$

よって，放物線 C_1 の方程式は

$y=ax^2-\boxed{4}ax+\boxed{3}$　→キ，ク

と表すことができる。

また，平方完成すると

$y=a(x^2-4x)+3$ ……③

$=a\{(x-2)^2-4\}+3=a(x-2)^2-4a+3$ ……④

なので，C_1 の頂点の座標は

$(2,\ -4a+3)$

よって，プロ選手の「シュートの高さ」は

$-\boxed{4}a+\boxed{3}$　→ケ，コ　……⑤

放物線 C_2 の方程式は

$$y=p\left\{x-\left(2-\frac{1}{8p}\right)\right\}^2-\frac{(16p-1)^2}{64p}+2\quad (p<0)$$

と表すことができるので，C_2 の頂点の座標は

$$\left(2-\frac{1}{8p},\ -\frac{(16p-1)^2}{64p}+2\right)$$

プロ選手と花子さんの「ボールが最も高くなるときの地上の位置」は，それぞれ

プロ選手　$x=2$

花子さん　$x=2-\dfrac{1}{8p}$

なので，$p<0$ であることに注意すると，$-\dfrac{1}{8p}>0$ より　　$2-\dfrac{1}{8p}>2$

よって，プロ選手と花子さんの「ボールが最も高くなるときの地上の位置」を比較すると，**花子さんの「ボールが最も高くなるときの地上の位置」の方が，つねにMの x 座標に近い。** $\boxed{②}$　→サ

(2)　点Dの座標は，A(3.8, 3)，$\mathrm{AD}=\dfrac{\sqrt{3}}{15}$ より　　$\mathrm{D}\left(3.8,\ 3+\dfrac{\sqrt{3}}{15}\right)$

なので，$x=3.8=\dfrac{19}{5}$，$y=3+\dfrac{\sqrt{3}}{15}$ を④に代入して

$$3+\frac{\sqrt{3}}{15}=a\left(\frac{19}{5}-2\right)^2-4a+3\qquad \frac{\sqrt{3}}{15}=\frac{81}{25}a-4a$$

$$\therefore\quad a=-\frac{5\sqrt{3}}{57}$$

よって，放物線 C_1 がDを通るとき，C_1 の方程式は，③より

$$y=-\frac{\boxed{5}\sqrt{\boxed{3}}}{\boxed{57}}(x^2-4x)+3\quad \to\frac{\text{シ，ス}}{\text{セソ}}$$

このとき，プロ選手の「シュートの高さ」は，⑤より

$$-4\cdot\left(-\frac{5\sqrt{3}}{57}\right)+3=\frac{20\sqrt{3}}{57}+3$$

$\sqrt{3}\fallingdotseq 1.73$ として考えると

$$\frac{20\sqrt{3}}{57}+3\fallingdotseq\frac{20\times 1.73}{57}+3=3.60\cdots$$

なので，プロ選手の「シュートの高さ」は約 3.6 と求められる。

また，放物線 C_2 がDを通るとき，(1)で与えられた C_2 の方程式を用いると，花子

さんの「シュートの高さ」は約3.4と求められる。
以上のことから，放物線 C_1 と C_2 がDを通るとき，プロ選手と花子さんの「シュートの高さ」を比べると

$$3.6-3.4=0.2$$

より，**プロ選手** ⓪ →タ の「シュートの高さ」の方が大きく，その差は**ボール約1個分** ⓪ →チである。

解説

バスケットボールにおいて，シュートを打つ高さによってボールの軌道がどのように変わるかを，放物線を利用して考察する問題。計算量が多くなってしまう部分に関しては，あらかじめ問題の中で計算結果が与えられているため，実際の計算量はさほど多くないが，**仮定**や会話文の文章が長く，問題設定を把握することに苦労した受験生は多かっただろう。

(1)　放物線 C_1 は上に凸なので，放物線 C_1 の方程式における x^2 の係数を a とするとき，$a<0$ である。
問題文から，放物線 C_1 の方程式を $y=ax^2-$ キ $ax+$ ク と表すので，C_1 の方程式を $y=ax^2+bx+c$ $(a<0)$ とおくとき，b を a で表さなければならないことがわかる。
仮定より，「シュートの高さ」は放物線 C_1，C_2 の頂点の y 座標であり，「ボールが最も高くなるときの地上の位置」は放物線 C_1，C_2 の頂点の x 座標である。
放物線 C_2 は上に凸なので，放物線 C_2 の方程式における x^2 の係数を p とするとき，$p<0$ である。これが意識できていないと，プロ選手と花子さんの「ボールが最も高くなるときの地上の位置」を比較する際，$2-\dfrac{1}{8p}>2$ が求められない。また，**仮定**より，ボールがリングや他のものに当たらずに上からリングを通り，かつ，ボールの中心がABの中点M(4, 3) を通る場合を考えているので，放物線の頂点の x 座標がMの x 座標 $x=4$ を超えることはないから，$2<2-\dfrac{1}{8p}<4$ が成り立つ。

(2)　プロ選手の「シュートの高さ」は，問題文で与えられた $\sqrt{3}=1.7320508\cdots$ の値を利用すれば，約3.6と求まる。〔解答〕では $\sqrt{3}\fallingdotseq 1.73$ として考えたが，$\sqrt{3}\fallingdotseq 1.7$ として考えた場合には $\dfrac{20\sqrt{3}}{57}+3\fallingdotseq 3.59\cdots$ となる。
花子さんの「シュートの高さ」は約3.4となることが問題文に与えられているので，プロ選手と花子さんの「シュートの高さ」の差は約0.2となる。**仮定**より，ボールの直径は0.2なので，「シュートの高さ」の差をボールの個数で比べた場合，ボール約1個分に相当することがわかる。

第3問　標準　場合の数と確率　《場合の数》

(1)　球1の塗り方は，5通り。

球2の塗り方は，球1に塗った色以外の4通り。

球3の塗り方は，球2に塗った色以外の4通り。

球4の塗り方は，球3に塗った色以外の4通り。

よって，図Bにおいて，球の塗り方は

$5\times4\times4\times4=$ 320 通り　→アイウ

(2)　球1の塗り方は，5通り。

球2の塗り方は，球1に塗った色以外の4通り。

球3の塗り方は，球1と球2に塗った色以外の3通り。

よって，図Cにおいて，球の塗り方は

$5\times4\times3=$ 60 通り　→エオ

(3)　赤をちょうど2回使う塗り方は

(i)　球1と球3を赤で塗り，球2と球4を赤以外で塗る。

(ii)　球2と球4を赤で塗り，球1と球3を赤以外で塗る。

のいずれかである。(i)，(ii)の塗り方をそれぞれ求めると

(i)　球1と球3を赤で塗るとき，球2と球4の塗り方はそれぞれ，赤以外の4通りだから，このときの球の塗り方は

$4\times4=16$ 通り

(ii)　球2と球4を赤で塗るとき，(i)と同様に考えれば，このときの球の塗り方は

$4\times4=16$ 通り

よって，(i)，(ii)より，図Dにおける球の塗り方のうち，赤をちょうど2回使う塗り方は

$16+16=$ 32 通り　→カキ

(4)　赤と青を複数回使うので，球1には赤と青は塗れないから，球1の塗り方は，赤と青以外の3通り。

球2から球6の五つの球を，赤をちょうど3回使い，かつ青をちょうど2回使う塗り方を考える。五つの球から赤を塗る三つの球を選ぶ選び方は ${}_5C_3$ 通り。

残りの二つの球は青を塗るから ${}_2C_2=1$ 通り。

これより

$${}_5C_3\times1={}_5C_2=\frac{5\cdot4}{2\cdot1}=10\text{ 通り}$$

よって，図Eにおける球の塗り方のうち，赤をちょうど3回使い，かつ青をちょうど2回使う塗り方は

$3\times10=$ 30 通り　→クケ

(5) 図Dにおいて，球の塗り方の総数を求めるために，図Dと図Fを比較する。
図Fにおける球の塗り方は，図Bにおける球の塗り方と同じであるため，全部で320通りある。
そのうち，球3と球4が同色になる球の塗り方を考えると，球1と球3は異なる色であるから，球1と球3がひもでつながれていると考えてもよい。
よって，図Fにおける球の塗り方のうち，球3と球4が同色になる球の塗り方の総数と一致する図は ② →コ である。
図②は，(2)の図Cだから，図②における球の塗り方は，(2)より，60通りある。
したがって，図Dにおける球の塗り方は

$320-60=$ 260 通り →サシス

(6) (5)と同様に，図Gにおいて，球の塗り方の総数を求めるために，図Gと図Hを比較する。
図Hにおける球の塗り方は，図Ⅰにおける球の塗り方と同じであるため，(1)と同様に考えると，全部で

$5\times4\times4\times4\times4=1280$ 通り

そのうち，球4と球5が同色になる球の塗り方を考えると，球1と球4は異なる色であるから，球1と球4がひもでつながれていると考えてもよい。
よって，図Hにおける球の塗り方のうち，球4と球5が同色になる球の塗り方の総数は，図Dにおける球の塗り方の総数と一致し，図Dにおける球の塗り方は，(5)より，260通りある。
したがって，図Gにおいて，球の塗り方は

$1280-260=$ 1020 通り →セソタチ

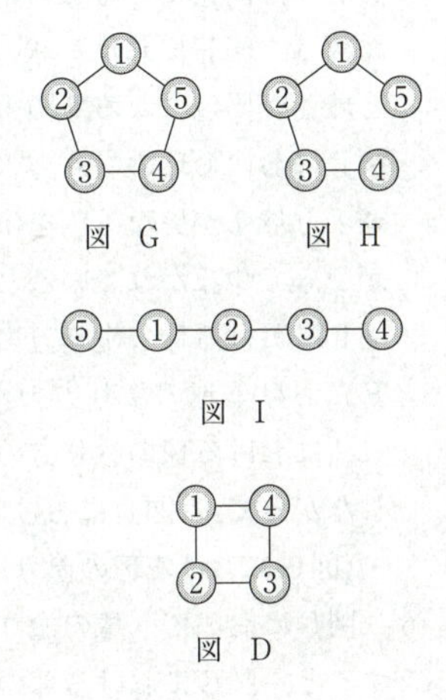

解説

ひもでつながれた複数の球の塗り分け方を考える問題。丁寧な誘導もあり，比較的解きやすい問題である。誘導にうまくのっていけるかどうかで差がついただろう。2023年度は場合の数に関する出題であり，確率に関する出題はなかった。

(1) 問題文の導入部分に，図Aにおける球の塗り方の総数の求め方が例として示されているので，それにならって求めていけばよい。

(2) 球3は，球1・球2とひもでつながれているので，球1と球2に塗った色以外を塗ることに注意する。

(3) 赤をちょうど2回使う塗り方は，(i)，(ii)のいずれかの場合が考えられる。(ii)は，(i)と同様にして求めればよいが，実際に求めると，球2と球4を赤で塗るとき，球1と球3の塗り方はそれぞれ，赤以外の4通りだから，このときの球の塗り方は $4\times4=16$ 通りとなる。

(4)　球１は，球２，球３，球４，球５，球６とそれぞれひもでつながれているから，赤と青を複数回使って球１から球６までを塗るとき，球１には赤と青は塗れないことがわかる。

球１に赤と青が塗れないので，球２から球６の五つの球を，赤をちょうど３回，青をちょうど２回使って塗ることになる。球２から球６の五つの球は互いにひもでつながれていないから，球２から球６の塗り方は，五つの球から赤を塗る三つの球を選ぶ組合せの総数に等しい。

(5)　図Ｄにおいて，球の塗り方の総数を求めるとき，**構想**に基づいて，図Ｄと図Ｆを比較すると，図Ｄは球３と球４が同色になる球の塗り方が不可能だが，図Ｆは球３と球４が同色になる球の塗り方が可能である。よって，図Ｄにおける球の塗り方の総数は，図Ｆにおける球の塗り方の総数から，図Ｆにおける球の塗り方のうち球３と球４が同色になる球の塗り方の総数を引けばよいことがわかる。

図Ｆにおける球の塗り方のうち球３と球４が同色になる球の塗り方を考えるとき，球１と球４が異なる色を塗るのに，球３と球４が同色になるのだから，球１と球３がひもでつながれていると考えてもよいことがわかる。

図Ｆにおける球の塗り方の総数は，図Ｂにおける球の塗り方の総数と一致する。図Ｆにおける球の塗り方のうち球３と球４が同色になる球の塗り方の総数は②（図Ｃ）における球の塗り方の総数と一致する。

したがって，(図Ｄにおける球の塗り方の総数)＝(図Ｂにおける球の塗り方の総数)－(図Ｃにおける球の塗り方の総数）で求められる。

(6)　図Ｇにおいて，球の塗り方の総数を求めるとき，(5)と同様に，図Ｇと図Ｈを比較すると，図Ｇにおける球の塗り方の総数は，図Ｈにおける球の塗り方の総数から，図Ｈにおける球の塗り方のうち球４と球５が同色になる球の塗り方の総数を引けばよいことがわかる。

図Ｈにおける球の塗り方の総数は，図Ｉにおける球の塗り方の総数と一致する。図Ｈにおける球の塗り方のうち球４と球５が同色になる球の塗り方の総数は図Ｄにおける球の塗り方の総数と一致する。

したがって，(図Ｇにおける球の塗り方の総数)＝(図Ｉにおける球の塗り方の総数)－(図Ｄにおける球の塗り方の総数）で求められる。

第4問  整数の性質《素因数分解，最小公倍数，最大公約数，不定方程式》

(1)　462 と 110 をそれぞれ素因数分解すると

$$462=2\times3\times7\times11$$

$$110=2\times5\times11$$

なので，462 と 110 の両方を割り切る素数のうち最大のものは 11 →アイ である。

横の長さが 462 で縦の長さが 110 である赤い長方形を，図 1 のように並べて作ることができる正方形は，横の長さと縦の長さが等しいので，一辺の長さが 462 と 110 の公倍数となる。

この正方形のうち，辺の長さが最小であるものは，一辺の長さが 462 と 110 の最小公倍数となればよいから

$$2\times3\times5\times7\times11=\boxed{2310}$$ →ウエオカ

のものである。

また，赤い長方形を横に x 枚，縦に y 枚（x，y：自然数）並べて正方形ではない長方形を作るとき，横の長さと縦の長さの差の絶対値は，462 と 110 の約数を考えると

$$|462x-110y|=|22(21x-5y)|=22|21x-5y|$$

これが最小になるのは，$462x\neq110y$ より，$|21x-5y|$ が最小の自然数となる場合を考えればよい。$|21x-5y|=1$，すなわち，$21x-5y=1$ または $21x-5y=-1$ を満たす自然数 x，y が存在するかどうかを調べると，一の位に着目して，x と y に順に値を代入していけば

- $x=1$，$y=4$ のとき　　$21x-5y=1$
- $x=4$，$y=17$ のとき　　$21x-5y=-1$　……①

となる。

このとき，横の長さと縦の長さの差の絶対値は

$$22|21x-5y|=22\times1=22$$

よって，横の長さと縦の長さの差の絶対値が最小になるのは，差の絶対値が 22 →キク になるときであることがわかる。

縦の長さが横の長さより 22 長い長方形は

$$110y-462x=22$$

$$-22(21x-5y)=22$$

すなわち，$21x-5y=-1$ を満たす自然数 x，y を考えればよい。

この長方形のうち，横の長さが最小であるものは，x の値が最小となる場合なので，①より，$x=4$，$y=17$ のときだから，横の長さが

$462\times4=$ 1848 →ケコサシ

のものである。

(2)　363 と 154 を素因数分解すると

$363=3\times11^2$

$154=2\times7\times11$

(1)で用いた赤い長方形を 1 枚以上並べて長方形を作り，その右側に横の長さが 363 で縦の長さが 154 である青い長方形を 1 枚以上並べて，図 2 のような正方形や長方形を作ることを考える。

このとき，赤い長方形を並べてできる長方形の縦の長さと，青い長方形を並べてできる長方形の縦の長さは等しい。

よって，図 2 のような長方形は，縦の長さが 110 と 154 の公倍数となる。

この長方形のうち，縦の長さが最小のものは，縦の長さが 110 と 154 の最小公倍数となればよいから

$2\times5\times7\times11=$ 770 →スセソ

のものであり，図 2 のような長方形は縦の長さが 770 の倍数である。

462 と 363 の最大公約数は

$3\times11=$ 33 →タチ

であり，33 の倍数のうちで，770 の倍数でもある最小の正の整数は，$33=3\times11$ と $770=2\times5\times7\times11$ の最小公倍数であるから

$2\times3\times5\times7\times11=$ 2310 →ツテトナ

である。

これらのことと，使う長方形の枚数が赤い長方形も青い長方形も 1 枚以上であることから，赤い長方形を横に a 枚，青い長方形を横に b 枚（a，b：自然数）並べて図 2 のような正方形を作るとき，一辺の長さは 2310 の倍数でなければならないので

$462a+363b=2310n$　（n：自然数）

$33(14a+11b)=33\times70n$

すなわち，$14a+11b=70n$　……②を満たす自然数 a，b，n を考えればよい。

この正方形のうち，辺の長さが最小であるものは，n の値が最小となる場合なので，②を変形すると

$11b=14(5n-a)$

11 と 14 は互いに素であり，b は自然数なので，k を自然数として

$b=14k$　……③

$5n-a=11k$　……④

と表せる。

④において，k は自然数より，$5n-a$ $(=11k)\geqq 11$ となるので，n，a が自然数であることを考慮すれば

$$n\geqq 3$$

となる。

$n=3$ のとき，④は

$$15-a=11k$$

となるから，$a=4$，$k=1$ のとき④を満たし，$k=1$ のとき③より $b=14$ となる。

したがって，③，④を満たす自然数 a，b が存在するので，最小となる n の値は，$n=3$ である。

よって，図2のような正方形のうち，辺の長さが最小であるものは，$a=4$，$b=14$，$n=3$ のときだから，一辺の長さが

$$2310\times 3=\boxed{6930}$$ →ニヌネノ

のものであることがわかる。

解説

色のついた長方形を並べて，長方形や正方形を作ることを考える問題。(2)の途中までは誘導があるため，計算すべきことがわかりやすくなっているが，(2)の最後の設問は誘導がないため，花子さんと太郎さんの会話文を手がかりに解答方針を設定していく必要があり，少し難しい。思考力が問われる問題となっている。

(1) 462 と 110 の両方を割り切る素数のうち最大のものを求める際に，「素数」を読み落とさないように注意する。

赤い長方形を並べて正方形を作るとき，赤い長方形を横に x 枚，縦に y 枚（x，y：自然数）並べて正方形を作ると考えて，$462x=110y$，両辺を 22 で割って，$21x=5y$ から，辺の長さが最小であるものを求めてもよい。21 と 5 は互いに素だから，$x=5$，$y=21$ となることより，一辺の長さは $462\times 5=2310$ となる。

赤い長方形を並べて正方形ではない長方形を作るとき，正方形ではないので，$462x\neq 110y$，すなわち，$|462x-110y|\neq 0$ となる場合を考える。

$|462x-110y|=22|21x-5y|$ が最小の自然数となる場合を考える際に，$|21x-5y|$ がとり得る値に当たりをつけて考える。$21x-5y=1$ または $21x-5y=-1$ を満たす自然数 x，y が存在するかどうかを調べるとき，5の倍数である $5y$ の一の位は 0 あるいは 5 となることに着目すれば，$x=1$，$y=4$ の場合に $21x-5y=1$ となることに気付く。また，$21x-5y=-1$ となるには，5の倍数である $5y$ の一の位は 0 あるいは 5 なので，$21x$ の一の位が 9 あるいは 4 とならなければならないことに気付く。

したがって，$x=1$，2，3 のとき，$21x-5y=-1$ を満たす自然数 y は存在しないことがわかるので，$x=4$ が決定でき，$y=17$ が定まる。

(2)　図2のように並べて正方形を作ることを考える際，花子さんと太郎さんの二人の会話文を参考にして考える。赤い長方形の横の長さが462で，青い長方形の横の長さが363だから，図2のような正方形の横の長さは462と363を組み合わせて作ることができる長さでないといけないから，赤い長方形を横にa枚，青い長方形を横にb枚（a，b：自然数）並べて図2のような正方形を作るとき，
$462a+363b=33(14a+11b)$ より，正方形の横の長さ（一辺の長さ）は33の倍数でなければならない。また，図2のような長方形は縦の長さが770の倍数であることはわかっているので，図2のような正方形を作るとき，横の長さは770の倍数でもなければならない。したがって，図2のような正方形の横の長さ（一辺の長さ）は，33と770の最小公倍数である2310の倍数でなければならないことがわかる。
②の右辺が定数であるような不定方程式は扱い慣れているが，②の右辺に自然数nが含まれた形となっている部分が悩ましい。〔解答〕のような解法でなくても，次のように自然数n，a，bに順に値を代入することで，正解を探し当てればよい。

• $n=1$のとき，②より

$$14a+11b=70 \quad \text{すなわち} \quad 11b=14(5-a)$$

11と14は互いに素で，bは自然数なので，$5-a$は11の正の倍数になるが，そのような自然数aは存在しない。

• $n=2$のとき，②より

$$14a+11b=70\cdot 2 \quad \text{すなわち} \quad 11b=14(10-a)$$

$n=1$のときと同様に考えて，$10-a$は11の正の倍数になるが，そのような自然数aは存在しない。

• $n=3$のとき，②より

$$14a+11b=70\cdot 3 \quad \text{すなわち} \quad 11b=14(15-a)$$

$a=4$のとき，$15-a=11$であるから，$15-a$は11の正の倍数で，このとき$b=14$である。

したがって，$n=3$，$a=4$，$b=14$のとき②を満たすから，最小となるnの値は，$n=3$である。

第5問  図形の性質

《作図，円の接線，円に内接する四角形，円周角の定理》

(1)　円Oに対して，手順1で作図を行うと，右図のようになる。

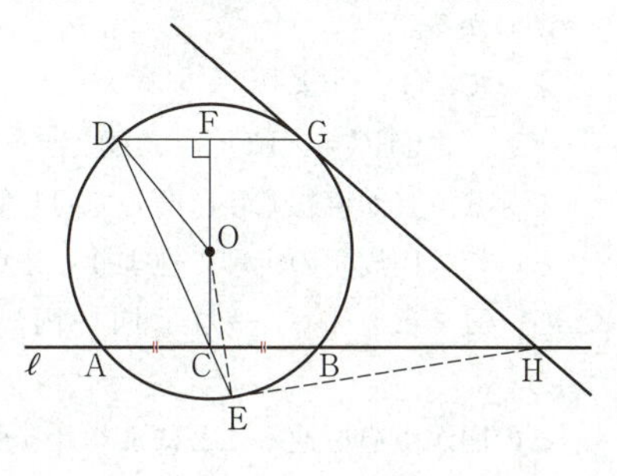

このとき，直線ℓと点Dの位置によらず，直線EHは円Oの接線である。

このことは，構想「直線EHが円Oの接線であることを証明するためには，$\angle \mathrm{OEH} =$ 90 °→アイ であることを示せばよい」に基づいて，次のように説明できる。

手順1の（Step 1）により，点Cは線分ABの中点なので，直線OCと線分ABは直交するから

$$\angle \mathrm{OCH} = 90°$$

また，手順1の（Step 4）により，直線HGは円Oの接線なので

$$\angle \mathrm{OGH} = 90°$$

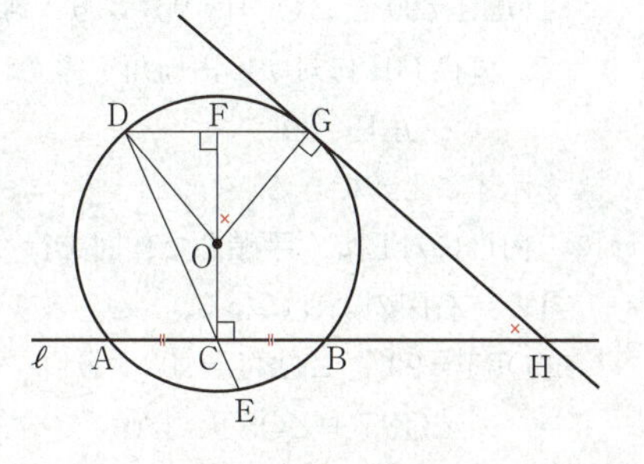

したがって

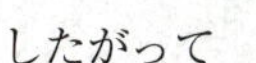

$$\angle \mathrm{OCH} + \angle \mathrm{OGH} = 180°$$

なので，四角形OCHGの1組の対角の和が180°となることより，四角形OCHGは円に内接するから，4点C，G，H，O ③ →ウ は同一円周上にあることがわかる。

よって，円に内接する四角形の内角は，その対角の外角に等しいことにより

$$\angle \mathrm{CHG} = \angle \mathrm{FOG}\quad ④\quad \text{→エ}\quad \cdots\cdots①$$

である。

一方，△ODGはOD＝OGの二等辺三角形だから，点Oから線分DGに下ろした垂線は∠DOGを2等分するので

$$\angle \mathrm{FOG} = \frac{1}{2}\angle \mathrm{DOG}$$

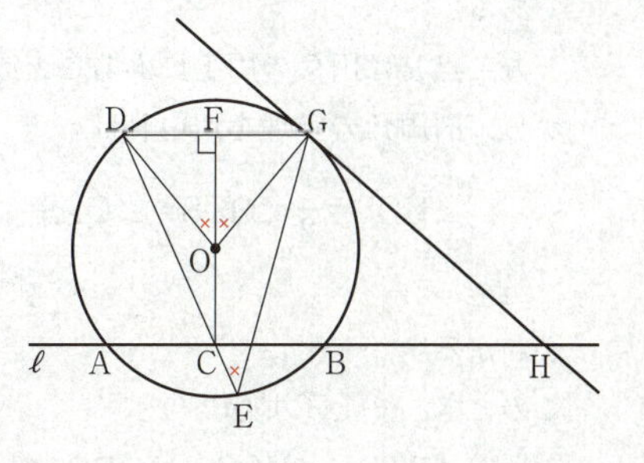

さらに，点Eは円Oの周上にあることから，円周角の定理を用いれば

$$\angle \mathrm{DEG} = \frac{1}{2}\angle \mathrm{DOG}$$

なので

$$\angle \mathrm{FOG}=\frac{1}{2}\angle \mathrm{DOG}=\angle \mathrm{DEG}$$ 　③　→オ　……②

がわかる。

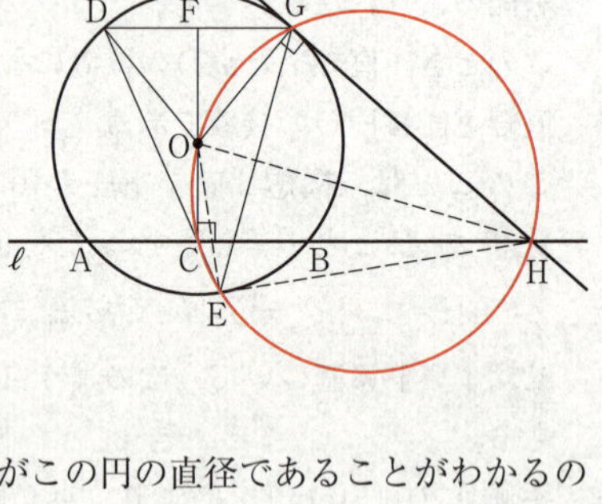

よって，①，②より

$$\angle \mathrm{CHG}=\angle \mathrm{FOG}=\angle \mathrm{DEG}=\angle \mathrm{CEG}$$

で，E，Hが直線CGに関して同じ側にあるので，円周角の定理の逆より，4点C，G，H，E　②　→カ は同一円周上にある。

この円が点Oを通ることにより，5点C，G，H，O，Eは同一円周上にある。

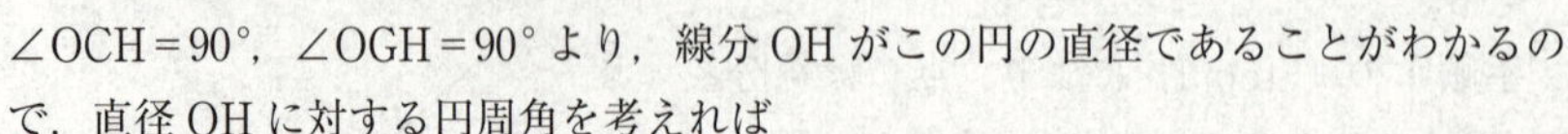

∠OCH＝90°，∠OGH＝90°より，線分OHがこの円の直径であることがわかるので，直径OHに対する円周角を考えれば

$$\angle \mathrm{OEH}=90^\circ$$

を示すことができる。

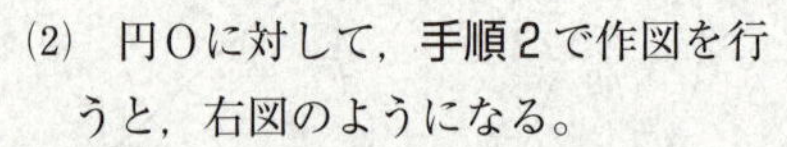

⑵　円Oに対して，手順2で作図を行うと，右図のようになる。

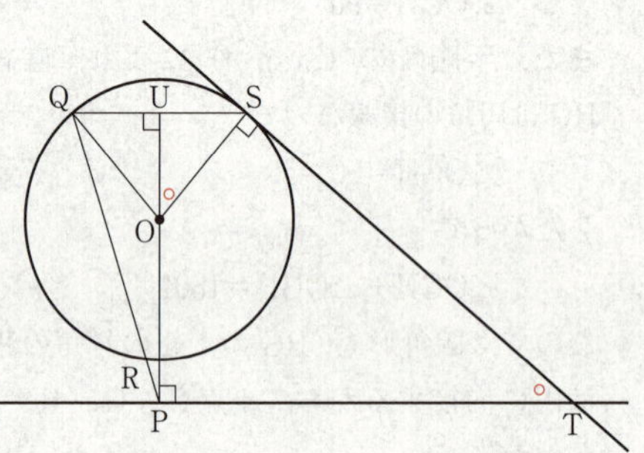

∠OPT＝90°，∠OST＝90°より

$$\angle \mathrm{OPT}+\angle \mathrm{OST}=180^\circ$$

なので，四角形OPTSは円に内接するから，4点O，P，T，Sは同一円周上にある。

よって，直線QSと直線OPの交点をUとすると，円に内接する四角形の内角は，その対角の外角に等しいことにより

$$\angle \mathrm{PTS}=\angle \mathrm{UOS}$$ 　……③

である。

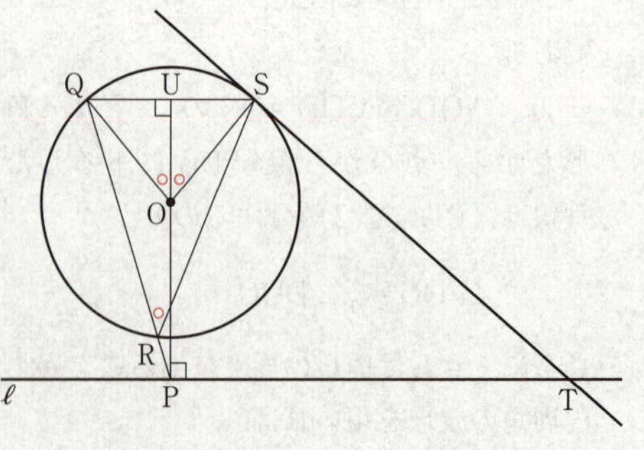

一方，点Rは円Oの周上にあることから，円周角の定理を用いれば

$$\angle \mathrm{UOS}=\frac{1}{2}\angle \mathrm{QOS}=\angle \mathrm{QRS}$$

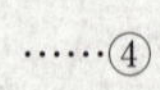

……④

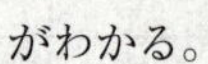

がわかる。

このとき，③，④より

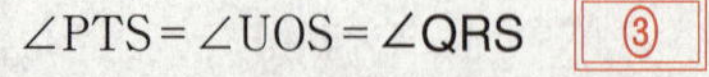

$$\angle \mathrm{PTS}=\angle \mathrm{UOS}=\angle \mathrm{QRS}$$ 　③　→キ

である。

よって，四角形RPTSの１つの内角が，その対角の外角に等しいことにより，４点R，P，T，Sは同一円周上にある。

この円が点Oを通ることにより，５点O，R，P，T，Sは同一円周上にある。

∠OPT＝90°，∠OST＝90°より，線分OTがこの円の直径であることがわかるので，３点O，P，Rを通る円の半径は，OT＝$3\sqrt{6}$より

$$\frac{1}{2}\mathrm{OT}=\frac{\boxed{3}\sqrt{\boxed{6}}}{\boxed{2}}$$

→$\frac{ク，ケ}{コ}$

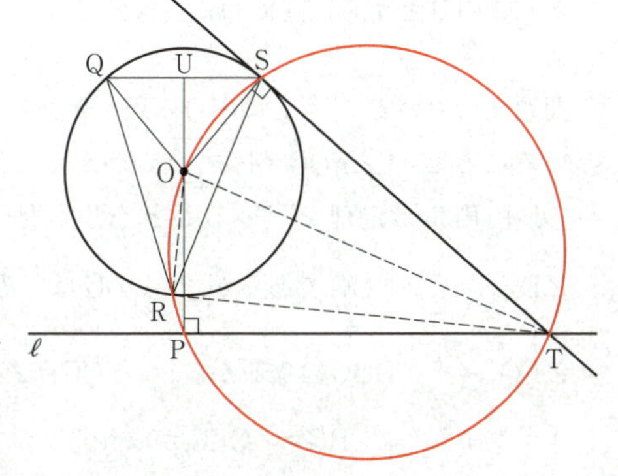

また，直径OTに対する円周角の定理を考えれば，∠ORT＝90°なので，直角三角形ORTに三平方の定理を用いると，OR＝$\sqrt{5}$より

$$\mathrm{RT}=\sqrt{\mathrm{OT}^2-\mathrm{OR}^2}=\sqrt{(3\sqrt{6})^2-(\sqrt{5})^2}=\boxed{7}$$　→サ

である。

解説

円に対して与えられた手順で作図を行い，直線が円の接線であることを構想に基づいて説明する問題。(1)では参考図が与えられており，誘導も比較的丁寧であるが，(2)では参考図が与えられていないため，手順に従って自力で図を描き，(1)の証明を参考にしながら解答を組み立てる必要があるため，少し難度が高い。円に内接する四角形の性質と円周角に関する知識が試される問題であり，図形の性質の分野において頻出である方べきの定理，チェバの定理，メネラウスの定理に関する出題はなかった。

(1)　一般に，円の接線は，接点を通る半径に垂直である。また，円周上の点を通る直線mがその点を通る半径と垂直ならば，mはこの円の接線である。このことから，直線EHが円Oの接線であることを証明するためには，∠OEH＝90°であることを示せばよいことがわかる。

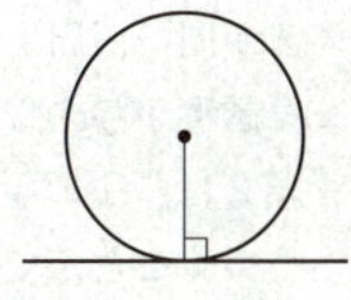

円に内接する四角形について，次のことが成り立つ。

ポイント　円に内接する四角形

四角形が円に内接する ⟺ 四角形の向かい合う内角の和が180°

⟺ 四角形の内角が，それに向かい合う角の外角に等しい

問題文において「４点C，G，H，［ウ］は同一円周上にあることがわかる」とな

っていることから，**手順１**（Step 1）の〈点Cが線分ABの中点であること〉と，**手順１**（Step 4）の〈点Gが円Oの接点であること〉に注目する。

一般に，円の中心と円の弦の中点を通る直線は，円の弦と直交する。このことから，直線OCと線分ABは直交することがわかる。

問題文において，「点Eは円Oの周上にあることから」となっていることと，「∠FOG= オ がわかる」となっていることから，円周角の定理を用いることを思い付きたい。円周角の定理を用いると，

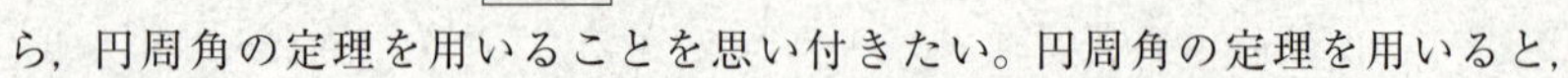

$\angle DEG=\dfrac{1}{2}\angle DOG$であるが，△ODGは二等辺三角形であり，DG⊥OFなので，

$\angle FOG=\dfrac{1}{2}\angle DOG$となるから，∠FOG=∠DEGがわかる。

①，②より，∠CHG=∠CEGが成り立つので，次の円周角の定理の逆を用いることで，４点C，G，H，Eが同一円周上にあることがわかる。

ポイント　円周角の定理の逆

４点X，Y，Z，Wについて，２点Z，Wが直線XYに関して同じ側にあるとき

∠XWY=∠XZY

ならば，４点X，Y，Z，Wは同一円周上にある。

一般に，一直線上にない３点を通る円はただ１つに決まる。この問題において，３点C，G，Hを通る円はただ１つに決まるから，４点C，G，H，Oが同一円周上にあることと，４点C，G，H，Eが同一円周上にあることがいえたので，５点C，G，H，O，Eが同一円周上にあることがわかる。

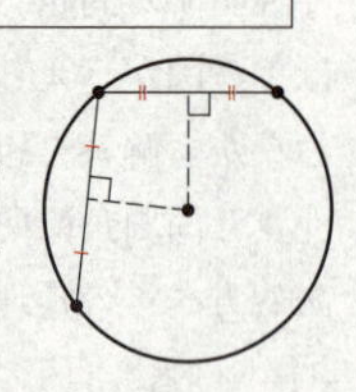

(2)　誘導が与えられていないため，(1)の証明を参考にしながら，解答を作成する。**手順２**は，(1)の**手順１**とは直線ℓの引き方を変えているが，(1)と同様の証明で進めていくことができる。ただし，４点R，P，T，Sが同一円周上にあることを証明する部分については，円周角の定理の逆ではなく，四角形の内角がそれに向かい合う角の外角に等しいことを用いて示すことになる。

∠OPT=90°，∠OST=90°から，３点O，P，Rを通る円の直径が線分OTであることに気付ければ，円の半径は$\dfrac{1}{2}$OTで求まり，(1)と同様に∠ORT=90°を考えることで，三平方の定理からRTの長さが求まる。

数学Ⅱ・数学B　本試験

問題番号(配点)	解答記号	正　解	配点	チェック
第1問(30)	ア	⓪	1	
	イ	②	1	
	ウ，エ	2，1	2	
	オ	3	2	
	$\frac{\text{カ}}{\text{キ}}$	$\frac{5}{3}$	2	
	ク，ケ	ⓐ，⑦	2	
	コ	7	2	
	$\frac{\text{サ}}{\text{シ}}$，$\frac{\text{ス}}{\text{セ}}$	$\frac{3}{7}$，$\frac{5}{7}$	2	
	ソ	6	2	
	$\frac{\text{タ}}{\text{チ}}$	$\frac{5}{6}$	2	
	ツ	②	3	
	テ	2	2	
	$\frac{\text{ト}}{\text{ナ}}$	$\frac{3}{2}$	2	
	ニ	⑤	2	
	ヌ	⑤	3	

問題番号(配点)	解答記号	正　解	配点	チェック
第2問(30)	ア	④	1	
	イウx^2＋エkx	$-3x^2+2kx$	3	
	オ	⓪	1	
	カ	⓪	1	
	キ	③	1	
	ク	⑨	1	
	$\frac{\text{ケ}}{\text{コ}}$，サ	$\frac{5}{3}$，9	3	
	シ	6	2	
	スセソ	180	2	
	タチツ	180	3	
	テトナ，ニヌ，ネ	300，12，5	3	
	ノ	④	3	
	ハ	⓪	3	
	ヒ	④	3	

問題番号(配点)	解答記号	正　解	配　点	チェック
第3問 (20)	ア	0	1	
	$\frac{\text{イ}}{\text{ウ}}$	$\frac{1}{2}$	1	
	エ	④	2	
	オ	②	2	
	カ.キク	1.65	2	
	ケ	④	2	
	$\frac{\text{コ}}{\text{サ}}$	$\frac{1}{2}$	1	
	シス	25	2	
	セ	③	1	
	ソ	⑦	1	
	タ	⓪	3	
	チツ	17	2	
第4問 (20)	ア	②	2	
	イ，ウ	⓪，③	3	
	エ，オ	④，⓪	3	
	カ，キ	②，③	2	
	ク	②	2	
	ケ	①	2	
	コ	③	2	
	サシ，スセ	30，10	2	
	ソ	⑧	2	

問題番号(配点)	解答記号	正　解	配　点	チェック
第5問 (20)	$\frac{\text{ア}}{\text{イ}}$，$\frac{\text{ウ}}{\text{エ}}$	$\frac{1}{2}$，$\frac{1}{2}$	2	
	オ	①	2	
	カ	9	2	
	キ	2	3	
	ク	⓪	3	
	ケ	③	2	
	コ	⓪	2	
	サ	④	3	
	シ	②	1	

（注）第1問，第2問は必答。第3問～第5問のうちから2問選択。計4問を解答。

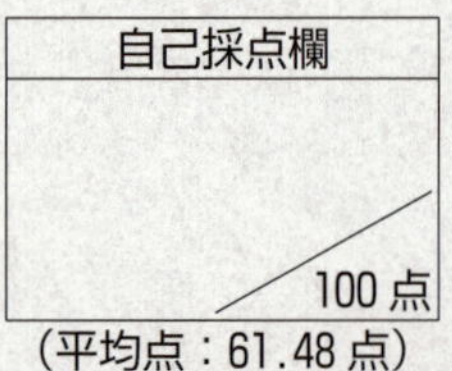

（平均点：61.48点）

第1問 ── 三角関数，指数・対数関数

〔1〕 標準 《三角関数の不等式》

(1)　$x=\frac{\pi}{6}$ のとき　　$\sin x=\sin\frac{\pi}{6}=\frac{1}{2}$，$\sin 2x=\sin\left(2\times\frac{\pi}{6}\right)=\sin\frac{\pi}{3}=\frac{\sqrt{3}}{2}$

であり，$\frac{1}{2}<\frac{\sqrt{3}}{2}$ であるから，$\sin x<\sin 2x$ ［⓪］ →ア である。

$x=\frac{2}{3}\pi$ のとき　　$\sin x=\sin\frac{2}{3}\pi=\frac{\sqrt{3}}{2}$，$\sin 2x=\sin\left(2\times\frac{2}{3}\pi\right)=\sin\frac{4}{3}\pi=-\frac{\sqrt{3}}{2}$

であり，$\frac{\sqrt{3}}{2}>-\frac{\sqrt{3}}{2}$ であるから，$\sin x>\sin 2x$ ［②］ →イ である。

(2)　　$\sin 2x-\sin x=2\sin x\cos x-\sin x$　（２倍角の公式）

$=\sin x($ ［2］ $\cos x-$ ［1］$)$　→ウ，エ

であるから，$\sin 2x-\sin x>0$ が成り立つことは

「$\sin x>0$　かつ　$2\cos x-1>0$」 ……①

または

「$\sin x<0$　かつ　$2\cos x-1<0$」 ……②

が成り立つことと同値である。$0\leqq x\leqq 2\pi$ のとき，①が成り立つような x の値の範囲は，$2\cos x-1>0 \Longleftrightarrow \cos x>\frac{1}{2}$ に注意して

$0<x<\pi$　かつ　$\left(0\leqq x<\frac{\pi}{3}\right.$　または　$\left.\frac{5}{3}\pi<x\leqq 2\pi\right)$

より

$0<x<\frac{\pi}{［3］}$　→オ

であり，②が成り立つような x の値の範囲は

$\pi<x<2\pi$　かつ　$\frac{\pi}{3}<x<\frac{5}{3}\pi$

より

$\pi<x<\frac{［5］}{［3］}\pi$　→$\frac{カ}{キ}$

である。よって，$0\leqq x\leqq 2\pi$ のとき，$\sin 2x>\sin x$ が成り立つような x の値の範囲は

$0<x<\frac{\pi}{3}$，$\pi<x<\frac{5}{3}\pi$

である。

(3)　三角関数の加法定理

$$\sin(\alpha+\beta)=\sin\alpha\cos\beta+\cos\alpha\sin\beta$$
$$\sin(\alpha-\beta)=\sin\alpha\cos\beta-\cos\alpha\sin\beta$$

より

$$\sin(\alpha+\beta)-\sin(\alpha-\beta)=2\cos\alpha\sin\beta \quad \cdots\cdots ③$$

が得られる。

$$\alpha+\beta=4x,\ \alpha-\beta=3x \quad すなわち \quad \alpha=\frac{7}{2}x,\ \beta=\frac{x}{2}$$

とおくと，③より

$$\sin 4x-\sin 3x=2\cos\frac{7}{2}x\sin\frac{x}{2}$$

であるから，$\sin 4x-\sin 3x>0$ が成り立つことは

「$\cos\frac{7}{2}x>0$　かつ　$\sin\frac{x}{2}>0$」　ⓐ，⑦　→ク，ケ　……④

または

「$\cos\frac{7}{2}x<0$　かつ　$\sin\frac{x}{2}<0$」　……⑤

が成り立つことと同値である。

$0\leqq x\leqq\pi$ のとき，$\cos\frac{7}{2}x>0$ が成り立つような x の値の範囲は

$0\leqq\frac{7}{2}x\leqq\frac{7}{2}\pi$ より　　$0\leqq\frac{7}{2}x<\frac{\pi}{2},\ \frac{3}{2}\pi<\frac{7}{2}x<\frac{5}{2}\pi$

すなわち　　$0\leqq x<\frac{\pi}{7},\ \frac{3}{7}\pi<x<\frac{5}{7}\pi$

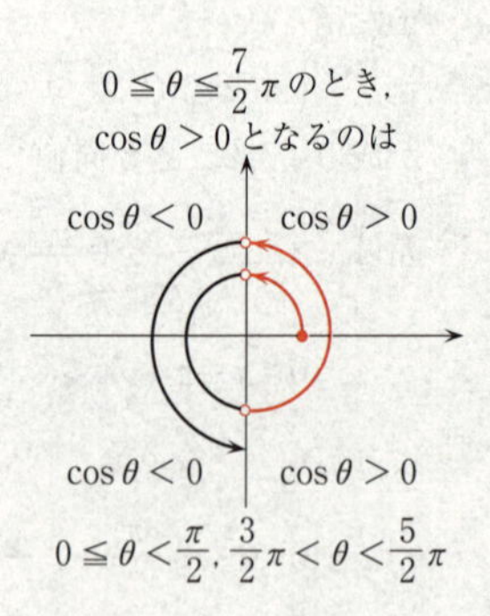

であり，$\sin\frac{x}{2}>0$ が成り立つような x の値の範囲は

$0\leqq\frac{x}{2}\leqq\frac{\pi}{2}$ より　　$0<\frac{x}{2}\leqq\frac{\pi}{2}$

すなわち　　$0<x\leqq\pi$

である。よって，④が成り立つような x の値の範囲は

$$\left(0\leqq x<\frac{\pi}{7},\ \frac{3}{7}\pi<x<\frac{5}{7}\pi\right) \quad かつ \quad (0<x\leqq\pi)$$

すなわち

$$0<x<\frac{\pi}{7},\ \frac{3}{7}\pi<x<\frac{5}{7}\pi$$

となる。

$0\leqq x\leqq\pi$ のとき，$0\leqq\frac{x}{2}\leqq\frac{\pi}{2}$ で，このとき $\sin\frac{x}{2}\geqq0$ であるから，⑤が成り立つよう

な x の値は存在しない。

したがって，$0 \leqq x \leqq \pi$ のとき，④，⑤により，$\sin 4x > \sin 3x$ が成り立つような x の値の範囲は

$$0 < x < \frac{\pi}{\boxed{7}},\quad \frac{\boxed{3}}{\boxed{7}}\pi < x < \frac{\boxed{5}}{\boxed{7}}\pi \quad \to コ,\ \frac{サ}{シ},\ \frac{ス}{セ}$$

である。

(4)　$0 \leqq x \leqq \pi$ のとき

$\sin 3x > \sin 4x$ が成り立つような x の値の範囲は，(3)より

$$\frac{\pi}{7} < x < \frac{3}{7}\pi,\quad \frac{5}{7}\pi < x < \pi \quad \cdots\cdots ⑥$$

であることがわかり，

$\sin 4x > \sin 2x$ が成り立つような x の値の範囲は，(2)の結果で，(2)の x を $2x$ とみて（(2)では $0 \leqq x \leqq 2\pi$ であるが，ここでは $0 \leqq 2x \leqq 2\pi$ となるから，(2)が使える）

$$0 < 2x < \frac{\pi}{3},\ \pi < 2x < \frac{5}{3}\pi \quad すなわち \quad 0 < x < \frac{\pi}{6},\ \frac{\pi}{2} < x < \frac{5}{6}\pi \quad \cdots\cdots ⑦$$

であることがわかる。

したがって，$0 \leqq x \leqq \pi$ のとき，$\sin 3x > \sin 4x > \sin 2x$ が成り立つような x の値の範囲は，⑥と⑦の共通部分をとり

$$\frac{\pi}{7} < x < \frac{\pi}{\boxed{6}},\quad \frac{5}{7}\pi < x < \frac{\boxed{5}}{\boxed{6}}\pi \quad \to ソ,\ \frac{タ}{チ}$$

である。

解説

(1)　$\frac{\pi}{6}$，$\frac{\pi}{3}$，$\frac{2}{3}\pi$，$\frac{4}{3}\pi$ はいずれも三角関数の値がわかる特別な角度である。

$y = \sin x$，$y = \sin 2x$ のグラフを利用するまでもない。

(2)　2倍角の公式

$$\sin 2\alpha = 2\sin\alpha\cos\alpha,\quad \cos 2\alpha = \cos^2\alpha - \sin^2\alpha = 2\cos^2\alpha - 1 = 1 - 2\sin^2\alpha$$

は必ず覚えておこう。

実数 a，b に対して次のことは基本である。

$$ab > 0 \iff (a > 0 かつ b > 0) または (a < 0 かつ b < 0)$$

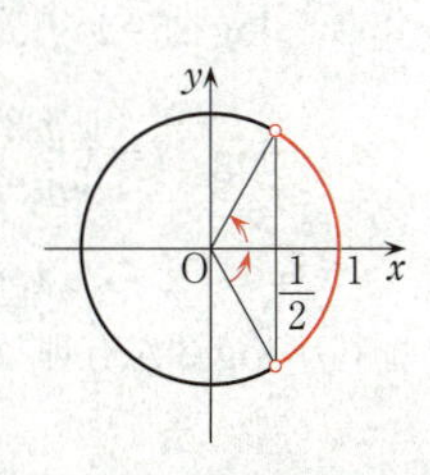

$\cos x > \frac{1}{2}$　$(0 \leqq x \leqq 2\pi)$ の解は，右図より

$$0 \leqq x < \frac{\pi}{3},\quad \frac{5}{3}\pi < x \leqq 2\pi$$

である。

(3)　加法定理

$$\sin(\alpha\pm\beta)=\sin\alpha\cos\beta\pm\cos\alpha\sin\beta$$
$$\cos(\alpha\pm\beta)=\cos\alpha\cos\beta\mp\sin\alpha\sin\beta$$
（複号同順）

は必ず覚えておこう。これらの公式からさまざまな公式が導かれる。

不等式 $\cos\frac{7}{2}x>0$ $(0\leqq x\leqq\pi)$ を解くには，整数 n を用いて次のようにもできる。

$$\left(2n-\frac{1}{2}\right)\pi<\frac{7}{2}x<\left(2n+\frac{1}{2}\right)\pi \quad \text{より} \quad \frac{(4n-1)\pi}{7}<x<\frac{(4n+1)\pi}{7}$$

として，x が $0\leqq x\leqq\pi$ を満たすような n を選ぶ。$n\geqq 2$ や $n\leqq -1$ は不適である。$n=0,\ 1$ として，$-\frac{\pi}{7}<x<\frac{\pi}{7}$，$\frac{3}{7}\pi<x<\frac{5}{7}\pi$ を得るから，$0\leqq x\leqq\pi$ に含まれるように，$0\leqq x<\frac{\pi}{7}$，$\frac{3}{7}\pi<x<\frac{5}{7}\pi$ とすればよい。

(4)　不等式 $\sin 3x>\sin 4x$ は，(3)の不等式 $\sin 4x>\sin 3x$ の解を利用すればよい。

不等式　$\sin 4x>\sin 2x$ は，(2)の不等式 $\sin 2x>\sin x$ $(0\leqq x\leqq 2\pi)$ の解

$$0<x<\frac{\pi}{3},\quad \pi<x<\frac{5}{3}\pi$$

を利用する。$x=2\theta$ とおくと，$\sin 4\theta>\sin 2\theta$ $(0\leqq 2\theta\leqq 2\pi)$ の解は

$$0<2\theta<\frac{\pi}{3},\quad \pi<2\theta<\frac{5}{3}\pi$$

となるから，$\sin 4\theta>\sin 2\theta$ $(0\leqq\theta\leqq\pi)$ の解は

$$0<\theta<\frac{\pi}{6},\quad \frac{\pi}{2}<\theta<\frac{5}{6}\pi$$

となる。θ を x に置き換えればよい。

［2］ 易 《対数の定義，背理法》

(1)　$a>0$，$a\neq 1$，$b>0$ のとき，$\log_a b=x$ とおくと

$a^x=b$　②　→ツ

が成り立つ。

(2)(i)　$\log_5 25=\log_5 5^2=2\log_5 5=2\times 1=$ 2　→テ

$$\log_9 27=\frac{\log_3 27}{\log_3 9}=\frac{\log_3 3^3}{\log_3 3^2}=\frac{3\log_3 3}{2\log_3 3}=\frac{3}{2} \quad \to \frac{ト}{ナ}$$

であり，どちらも有理数である。

(ii)　$\log_2 3$ が有理数であると仮定すると，$\log_2 3>\log_2 1=0$ であるので，二つの自然

数 p，q を用いて $\log_2 3=\frac{p}{q}$ と表すことができる。このとき，(1)により

$$\log_2 3=\frac{p}{q} \Longleftrightarrow 2^{\frac{p}{q}}=3 \Longleftrightarrow 2^p=3^q$$ ⑤ →ニ

と変形できる。2 は偶数であり 3 は奇数であるので，2^p は偶数，3^q は奇数ゆえ，$2^p=3^q$ を満たす自然数 p，q は存在しない。

したがって，$\log_2 3$ が有理数とした仮定は誤りで，$\log_2 3$ は無理数である。

(iii)　a，b を 2 以上の自然数とするとき，$\log_a b$ が有理数であれば，$\log_a b>\log_a 1=0$ であるので，二つの自然数 p，q を用いて $\log_a b=\frac{p}{q}$ と表すことができ

$$\log_a b=\frac{p}{q} \Longleftrightarrow a^{\frac{p}{q}}=b \Longleftrightarrow a^p=b^q$$

と変形できる。(ii)と同様に考えると

（a が偶数　かつ　b が奇数）または（a が奇数　かつ　b が偶数）

であれば，$a^p=b^q$ を満たす自然数 p，q は存在しないから，$\log_a b$ は無理数ということになる。したがって

「a と b のいずれか一方が偶数で，もう一方が奇数ならば $\log_a b$ はつねに無理数である」 ⑤ →ヌ

ことがわかる。

解説

(1)　対数の定義である。正確に記憶しておかなければならない。

(2)(i)　$\log_5 25=m$ とおくと，$5^m=25$ で $m=2$，

$\log_9 27=n$ とおくと，$9^n=27$ で，$3^{2n}=3^3$ とすることにより，$2n=3$ すなわち $n=\frac{3}{2}$ となる。基本問題である。

(ii)　$2^{\frac{p}{q}}=3$ の両辺を q 乗すると，$(2^{\frac{p}{q}})^q=3^q$ すなわち $2^p=3^q$ となる。どんな自然数 p，q を選んでも，左辺は偶数，右辺は奇数で，等号が成り立つことはない。

(iii)　$a^p=b^q$ が成り立つような自然数 p，q が存在しないための十分条件を求めればよいので，(ii)と同様に考えれば簡単にわかる。

第2問 ―― 微分・積分

〔1〕 易 《3次関数の増減，円錐に内接する円柱の体積の最大値》

(1)　$f(x)=x^2(k-x)=-x^3+kx^2 \quad (k>0)$

3次方程式 $f(x)=0$ を解くと，$x=0$（重解），k であるから，$y=f(x)$ のグラフと x 軸との共有点の座標は $(0,\ 0)$ と $(k,\ 0)$ ④ →ア である。

$f'(x)=$ -3 x^2+ 2 kx →イウ，エ

$=-3x\left(x-\dfrac{2}{3}k\right) \quad (k>0)$

より，右の増減表を得る。

x	$\cdots$	0	$\cdots$	$\frac{2}{3}k$	$\cdots$
$f'(x)$	$-$	0	$+$	0	$-$
$f(x)$	↘	極小	↗	極大	↘

$f(0)=0$

$f\left(\dfrac{2}{3}k\right)=\dfrac{4}{9}k^2\left(k-\dfrac{2}{3}k\right)=\dfrac{4}{27}k^3$

であるから

$x=0$ ⓪ →オ のとき，$f(x)$ は極小値 0 ⓪ →カ

$x=\dfrac{2}{3}k$ ③ →キ のとき，$f(x)$ は極大値 $\dfrac{4}{27}k^3$ ⑨ →ク

をとる。また，$0<x<k$ の範囲において，$x=\dfrac{2}{3}k$ のとき，$f(x)$ は最大となることがわかる。

(2)　底面が半径9の円で高さが15の円錐に内接する円柱を横から見ると右図のようになる。円柱の底面の半径と体積をそれぞれ x，V とし，高さを h とする。このとき，$0<x<9$ であり，右図より

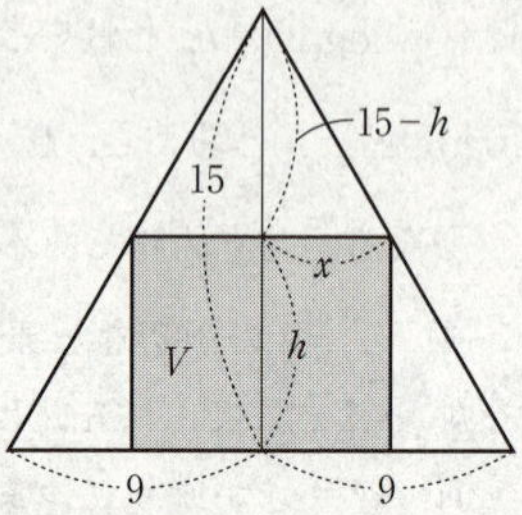

$\dfrac{15-h}{x}=\dfrac{15}{9} \qquad \therefore \quad h=15-\dfrac{5}{3}x$

であるから

$V=\pi x^2\times h=\pi x^2\left(15-\dfrac{5}{3}x\right)$

$=\dfrac{5}{3}\pi x^2(9-x) \quad (0<x<9)$ →$\dfrac{\text{ケ}}{\text{コ}}$，サ

である。

$x^2(9-x)$ は，(1)の考察において $k=9$ とすることにより，$x=\dfrac{2}{3}k=\dfrac{2}{3}\times 9=6$ のとき最大となり，最大値は $\dfrac{4}{27}k^3=\dfrac{4}{27}\times 9^3=108$ であることがわかる。よって，V は

$x=\boxed{6}$ →シ のとき，最大値 $\dfrac{5}{3}\pi\times108=\boxed{180}\pi$ →スセソ

である。

解説

(1)　3次関数の増減を調べてグラフを描く練習を積んでいれば問題なく対応できる。$k>0$ という条件を読み落とさないように。

(2)　円柱の体積 V を x を用いて表すことがポイントになる。円柱の高さ h は，相似な三角形に着目して簡単な比例式で求まる。また，体積計算は(1)の結果を利用すればよい。

〔2〕 標準 《定積分とその応用》

(1)
$$\int_0^{30}\left(\frac{1}{5}x+3\right)dx=\left[\frac{1}{10}x^2+3x\right]_0^{30}=\frac{900}{10}+90=\boxed{180}\quad\text{→タチツ}$$

$$\int\left(\frac{1}{100}x^2-\frac{1}{6}x+5\right)dx=\frac{1}{\boxed{300}}x^3-\frac{1}{\boxed{12}}x^2+\boxed{5}\,x+C\quad（C\text{ は積分定数}）$$

→テトナ，ニヌ，ネ

(2)　2月1日午前0時から $24x$ 時間（$x\geqq0$）経った時点を x 日後とし，x 日後の気温を y℃とする。$y=f(x)$ とおく。$y<0$ とはならないものとする。このとき

設定：$S(t)=\int_0^t f(x)\,dx$（$t>0$）が400に到達したとき，ソメイヨシノが開花する。

と考える。

(i)　$f(x)=\dfrac{1}{5}x+3$（$x\geqq0$）のとき

$$S(t)=\int_0^t f(x)\,dx=\int_0^t\left(\frac{1}{5}x+3\right)dx=\left[\frac{1}{10}x^2+3x\right]_0^t=\frac{1}{10}t^2+3t$$

であるから，$S(t)=400$ を解くと

$$\frac{1}{10}t^2+3t=400\qquad t^2+30t-4000=0\qquad (t-50)(t+80)=0$$

$t>0$ より　$t=50$

となる。したがって，ソメイヨシノの開花日時は2月に入ってから50日後 $\boxed{④}$ →ノ となる。

(ii)
$$f(x)=\begin{cases}\dfrac{1}{5}x+3 & (0\leqq x\leqq30)\\[2ex] \dfrac{1}{100}x^2-\dfrac{1}{6}x+5 & (x\geqq30)\end{cases}$$

のとき，(1)より

$$\int_0^{30}\left(\frac{1}{5}x+3\right)dx=180$$

であり

$$\int_{30}^{40}\left(\frac{1}{100}x^2-\frac{1}{6}x+5\right)dx=\left[\frac{1}{300}x^3-\frac{1}{12}x^2+5x\right]_{30}^{40}=115$$

となる。

$x>30$ の範囲において，$f'(x)=\frac{1}{50}x-\frac{1}{6}>0$ であるから，$x \geqq 30$ の範囲において $f(x)$ は増加する。よって

$$\int_{30}^{40} f(x)\,dx<\int_{40}^{50} f(x)\,dx$$　⓪　→ハ

であることがわかる。以上より，右図のように $S(t)$ の値がわかるから，ソメイヨシノの開花日時は２月に入ってから

40 日後より後，かつ 50 日後より前　④　→ヒ

となる。

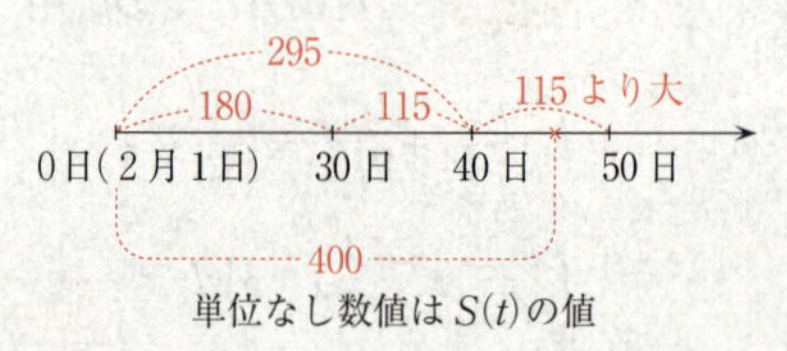

解　説

(1)　単純な定積分，不定積分の計算である。計算ミスのないように注意しよう。

(2)　問題文は長いが，意味は取りやすい。変数 x および関数 $f(x)$ の意味，設定の内容を正しく理解することが大切である。

２月１日に入ってからの気温の〈蓄積〉が 400 に到達したときソメイヨシノは開花すると太郎さんと花子さんは考えて，気温の折れ線グラフから，$y=f(x)$ のグラフを１次関数や２次関数で表してみたのである。気温の〈蓄積〉は定積分で求められる。なお，$\int_0^{30}\left(\frac{1}{5}x+3\right)dx$ の値は(1)で計算してあり，$\int_{30}^{40}\left(\frac{1}{100}x^2-\frac{1}{6}x+5\right)dx$ の値は問題文に書かれているから計算量は多くない。

$\int_{30}^{40} f(x)\,dx<\int_{40}^{50} f(x)\,dx$ （$f(x)$ は増加）は右図より明らかであろう。

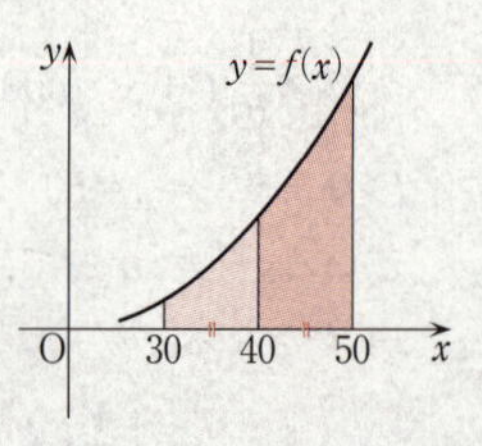

第3問 標準　確率分布と統計的な推測 ≪正規分布，二項分布，信頼区間≫

(1)　母集団：ある生産地で生産されるピーマン全体

確率変数 X：母集団におけるピーマン１個の重さ（単位は g）

確率変数 X は正規分布 $N(m,\ \sigma^2)$ に従うので，m は母平均 $E(X)$，σ は母標準偏差 $\sigma(X)$ を表す。

(i)　確率変数 X を確率変数 $Z=\dfrac{X-m}{\sigma}$ に変換すると，Z は標準正規分布 $N(0,\ 1)$ に従うから

$$P(X\geqq m)=P\left(\frac{X-m}{\sigma}\geqq \boxed{0}\right)\quad \to ア$$

$$=P(Z\geqq 0)=0.5=\frac{\boxed{1}}{\boxed{2}}\quad \to \frac{イ}{ウ}$$

である。

(ii)　母集団から無作為に抽出された大きさ n の標本 X_1，X_2，…，X_n の標本平均を $\overline{X}$ とするとき

$$E(\overline{X})=m\quad \boxed{④}\quad \to エ$$

$$\sigma(\overline{X})=\frac{\sigma}{\sqrt{n}}\quad \boxed{②}\quad \to オ$$

となる。

$n=400$，標本平均が 30.0 g，標本の標準偏差が 3.6 g のとき，m の信頼度 90％の信頼区間を求める。ただし，信頼度 90.1％の信頼区間を求め，これを信頼度 90％の信頼区間とみなして考える。

Z を標準正規分布 $N(0,\ 1)$ に従う確率変数とする。

$$P(-z_0\leqq Z\leqq z_0)=0.901$$

すなわち

$$P(0\leqq Z\leqq z_0)=\frac{0.901}{2}=0.4505$$

となる z_0 を正規分布表から求めると，$z_0=\boxed{1}.\boxed{65}$ →カ，キクである。

標本平均 $\overline{X}$ は，n が大きいとき，近似的に正規分布 $N\left(m,\ \dfrac{\sigma^2}{n}\right)$ に従うから，

$Z=\dfrac{\overline{X}-m}{\dfrac{\sigma}{\sqrt{n}}}$ は $N(0,\ 1)$ に従う。したがって

$$P(|Z| \leqq 1.65) = P\left(\left|\frac{\overline{X}-m}{\frac{\sigma}{\sqrt{n}}}\right| \leqq 1.65\right) = 0.901$$

が成り立ち，m の信頼度 90.1％の信頼区間は

$$-1.65 \leqq \frac{\overline{X}-m}{\frac{\sigma}{\sqrt{n}}} \leqq 1.65 \qquad \therefore \quad \overline{X} - 1.65 \times \frac{\sigma}{\sqrt{n}} \leqq m \leqq \overline{X} + 1.65 \times \frac{\sigma}{\sqrt{n}}$$

と表される。標本の大きさ $n=400$ は十分に大きいので，母標準偏差 σ の代わりに標本の標準偏差 3.6 g を用いてよいから，$\overline{X}=30.0$，$n=400$ とともに代入すると

$$30.0 - 1.65 \times \frac{3.6}{\sqrt{400}} \leqq m \leqq 30.0 + 1.65 \times \frac{3.6}{\sqrt{400}}$$

となり，$1.65 \times \frac{3.6}{\sqrt{400}} = 1.65 \times \frac{3.6}{20} = 1.65 \times 0.18 = 0.297$ より，求める信頼区間は

$$30.0 - 0.297 \leqq m \leqq 30.0 + 0.297 \qquad 29.703 \leqq m \leqq 30.297$$

$\therefore$ **$29.7 \leqq m \leqq 30.3$**　④　→ケ

となる。

(2)　母集団（$m=30.0$，$\sigma=3.6$ とする）から無作為にピーマンを 1 個ずつ抽出し，ピーマン 2 個を 1 組にして袋に入れたものを 25 袋作る。ただし，抽出したピーマンについて，重さが 30.0g 以下のときをＳサイズ，30.0g を超えるときはＬサイズと分類し，ＳサイズとＬサイズのピーマンを一つずつ選び，ピーマン 2 個を 1 組とした袋を作る（**ピーマン分類法**）。

(i)　$E(X)=m=30.0$ で，X が正規分布に従うのだから，無作為に 1 個抽出したピーマンがＳサイズである確率は $\frac{1}{2}$ →$\frac{コ}{サ}$ である。

ピーマンを無作為に 50 個抽出したときのＳサイズのピーマンの個数を表す確率変数 U_0 は二項分布 $B\left(50,\ \frac{1}{2}\right)$ に従うので，ピーマンを無作為に 50 個抽出したとき，**ピーマン分類法**で 25 袋作ることができる確率 p_0 は，Ｓサイズのピーマンが 25 個（Ｌサイズが 25 個）抽出される（$U_0=25$ となる）確率で，それは

$$p_0 = {}_{50}\mathrm{C}_{25} \times \left(\frac{1}{2}\right)^{25} \times \left(1-\frac{1}{2}\right)^{50-25} \quad →シス$$

$$= {}_{50}\mathrm{C}_{25}\left(\frac{1}{2}\right)^{50} \fallingdotseq 0.11$$

となる。

(ii)　**ピーマン分類法**で 25 袋作ることができる確率が 0.95 以上となるようなピーマンの個数を考える。

k を自然数とし，ピーマンを無作為に $(50+k)$ 個抽出したとき，Sサイズのピーマンの個数を表す確率変数を U_k とすると，U_k は二項分布 $B\left(50+k,\ \dfrac{1}{2}\right)$ に従う。

$(50+k)$ は十分に大きいので，U_k は近似的に正規分布

$$N\left((50+k)\times\frac{1}{2},\ (50+k)\times\frac{1}{2}\times\left(1-\frac{1}{2}\right)\right)$$

すなわち　$N\left(\dfrac{50+k}{2},\ \dfrac{50+k}{4}\right)$　③，⑦　→セ，ソ

に従い，$Y=\dfrac{U_k-\dfrac{50+k}{2}}{\sqrt{\dfrac{50+k}{4}}}$ とすると，Y は近似的に標準正規分布 $N(0,\ 1)$ に従う。

よって，**ピーマン分類法**で，25袋作ることができる確率を p_k とすると，p_k は，$U_k=25,\ 26,\ \cdots,\ 25+k$ となる確率であるから

$$p_k=P(25\leqq U_k\leqq 25+k)=P\left(-\frac{k}{\sqrt{50+k}}\leqq Y\leqq\frac{k}{\sqrt{50+k}}\right)$$　⓪　→タ

となる。

$k=\alpha,\ \sqrt{50+k}=\beta$ とおくと，$p_k\geqq 0.95$ になるような $\dfrac{\alpha}{\beta}$ について，正規分布表から

$\dfrac{\alpha}{\beta}\geqq 1.96$ を満たせばよいことがわかる。ここでは

$$\frac{\alpha}{\beta}\geqq 2\quad\cdots\cdots①$$

を満たす自然数 k を考える。①の両辺は正であるから，$\alpha^2\geqq 4\beta^2$ すなわち

$$k^2\geqq 4(50+k)\qquad k^2-4k-200\geqq 0$$

2次方程式 $k^2-4k-200=0$ を解くと

$$k=2\pm\sqrt{4+200}=2\pm\sqrt{204}=2\pm 2\sqrt{51}$$

であるから

$$k^2-4k-200\geqq 0\iff k\leqq 2-2\sqrt{51},\ 2+2\sqrt{51}\leqq k$$

ここで，$2+2\sqrt{51}=2+2\times 7.14=16.28$ である。よって，$\alpha^2\geqq 4\beta^2$ を満たす最小の自然数 k を k_0 とすると

$k_0=$ 17　→チツ

である。したがって，少なくとも $50+17=67$ 個のピーマンを抽出しておけば，**ピーマン分類法**で25袋作ることができる確率は0.95以上となる。

解説

(1)(i)　正規分布曲線は，直線 $x=m$（平均）に関して対称であるから，$X\geqq m$ となる確率は $\dfrac{1}{2}$ である。

(ii) 次のこと，特に $\sigma(\overline{X})$ をよく理解しておかなければならない。

ポイント 標本平均の平均（期待値）と標準偏差

母平均 m，母標準偏差 σ の母集団から大きさ n の標本を無作為に抽出するとき，標本平均 $\overline{X}$ の平均（期待値）と標準偏差は

$$E(\overline{X})=m,\ \ \sigma(\overline{X})=\frac{\sigma}{\sqrt{n}}$$

母平均の推定については，次の公式がある。

ポイント 母平均の推定

標本の大きさ n が大きいとき，母平均 m に対する信頼度 95％ の信頼区間は

$$\overline{X}-1.96\times\frac{\sigma}{\sqrt{n}}\leqq m\leqq\overline{X}+1.96\times\frac{\sigma}{\sqrt{n}}$$

（σ は母標準偏差であるが，n が大きいとき標本標準偏差で代用できる）

これは信頼度を 95％ としたときの公式であるが，90％ のときには，1.96 を 1.65 に代えればよい。

(2)(i) 一般に，1 回の試行で事象 A の起こる確率が p であるとき，この試行を n 回行う反復試行において，A が r 回起こる確率は

$${}_n\mathrm{C}_r p^r(1-p)^{n-r}\quad(0\leqq r\leqq n)$$

である。ここでは，事象 A は，抽出した 1 個のピーマンが S サイズであることで，$p=\frac{1}{2}$，$n=50$，$r=25$ である。

(ii) 二項分布 $B(n,\ p)$ に従う確率変数 X は，n が大きいとき，近似的に正規分布 $N(np,\ np(1-p))$ に従う。

ポイント 二項分布の平均，標準偏差

確率変数 X が二項分布 $B(n,\ p)$ に従うとき

$$E(X)=np,\ \ \sigma(X)=\sqrt{np(1-p)}$$

第4問　標準　数列　≪複利法，漸化式，数列の和≫

A 万円の預金がある預金口座に，毎年の初めに p 万円（$p>0$）の入金をする。預金には年利1％で利息がつく。$A=10$ のときの n 年目（n は自然数）の初めの預金を a_n 万円とすると

$$a_1=10+p,\ a_2=1.01a_1+p=1.01(10+p)+p$$

である。

(1)　**方針1** により a_n を求める。

$$a_3=1.01\times a_2+p=1.01\{1.01(10+p)+p\}+p$$　②　→ア

である。すべての自然数 n について

$$a_{n+1}=1.01\times a_n+p$$　⓪，③　→イ，ウ

が成り立つ。これは，この式から便宜的に $a_{n+1}=a_n=\alpha$ とおいた式を辺々引くことによって

$$\begin{array}{rl} a_{n+1}=& 1.01\times a_n+p \\ -)\qquad \alpha=& 1.01\times\alpha\ +p \\ \hline a_{n+1}-\alpha=& 1.01(a_n-\alpha) \end{array}$$

$0.01\alpha=-p$ より，$\alpha=-100p$ となるから

$$a_{n+1}+100p=1.01(a_n+100p)$$　④，⓪　→エ，オ

と変形でき，a_n を求めることができる。

方針2 により a_n を求める。

もともと預金口座にあった10万円は，2年目の初めには 10×1.01 万円，3年目の初めには 10×1.01^2 万円，…，n 年目の初めには $10\times1.01^{n-1}$ 万円になる。

- 1年目の初めに入金した p 万円は，n 年目の初めには $p\times1.01^{n-1}$ 万円になる。　②　→カ
- 2年目の初めに入金した p 万円は，n 年目の初めには $p\times1.01^{n-2}$ 万円になる。　③　→キ

⋮

- n 年目の初めに入金した p 万円は，n 年目の初めには p 万円のままである。

これより

$$\begin{aligned} a_n&=10\times1.01^{n-1}+p\times1.01^{n-1}+p\times1.01^{n-2}+\cdots+p \\ &=10\times1.01^{n-1}+p(1+1.01+\cdots+1.01^{n-2}+1.01^{n-1}) \\ &=10\times1.01^{n-1}+p\sum_{k=1}^{n}1.01^{k-1} \end{aligned}$$

（先頭を除いて並び順を逆にした）

②　→ク

となる。ここで

$$\sum_{k=1}^{n}1.01^{k-1}=\frac{1.01^n-1}{1.01-1}=100(1.01^n-1)$$　①　→ケ

となるので，a_n を求めることができる。

(2)　10 年目の終わりの預金が 30 万円以上であることを不等式を用いて表すと

$1.01a_{10}\geqq 30$　③　→コ

となる。

方針 2 の結果より

$$a_{10}=10\times 1.01^9+p\times 100(1.01^{10}-1)$$

であるから，不等式 $1.01a_{10}\geqq 30$ を p について解くと

$$10\times 1.01^9+p\times 100(1.01^{10}-1)\geqq \frac{30}{1.01}$$

$$p\times 100(1.01^{10}-1)\geqq \frac{30}{1.01}-10\times 1.01^9=\frac{30-10\times 1.01^{10}}{1.01}$$

$$\therefore\quad p\geqq \frac{30-10\times 1.01^{10}}{1.01\times 100(1.01^{10}-1)}=\frac{\boxed{30}-\boxed{10}\times 1.01^{10}}{101(1.01^{10}-1)}$$　→サシ，スセ

となる。

(3)　$A=13$ のときの n 年目の初めの預金を b_n 万円とすると，**方針 2** と同様にして

$$b_n=13\times 1.01^{n-1}+p\sum_{k=1}^{n}1.01^{k-1}$$

となるから，a_n と b_n の違いに着目して

$$b_n-a_n=13\times 1.01^{n-1}-10\times 1.01^{n-1}=(13-10)\times 1.01^{n-1}$$

$$=3\times 1.01^{n-1}$$　⑧　→ソ

である。よって，b_n 万円は a_n 万円より $3\times 1.01^{n-1}$ 万円多い。

解説

(1)　問題文の冒頭にある参考図は非常に親切である。a_3 は容易に書けるであろう。**方針 1** での 2 項間の漸化式の解法は必須事項である。

ポイント　**隣接 2 項間の漸化式 $a_{n+1}=pa_n+q$（$p\neq 1$）の解法**

$$\begin{array}{rl} & a_{n+1}=pa_n+q \\ -) & \quad\ \ \alpha=p\alpha+q \\ \hline & a_{n+1}-\alpha=p(a_n-\alpha) \end{array}\longrightarrow \alpha=\frac{q}{1-p}$$

より，数列 $\{a_n-\alpha\}$ は初項 $a_1-\alpha$，公比 p の等比数列で

$$a_n-\alpha=p^{n-1}(a_1-\alpha)\qquad\therefore\quad a_n=\frac{q}{1-p}+p^{n-1}\left(a_1-\frac{q}{1-p}\right)$$

$a_{n+1}=1.01\times a_n+p$ は $a_{n+1}+100p=1.01(a_n+100p)$ と変形されるから

$$a_n+100p=1.01^{n-1}(a_1+100p)$$

となり，$a_1=10+p$ を代入して

$$a_n=1.01^{n-1}(10+101p)-100p=10\times1.01^{n-1}+1.01^{n-1}\times1.01\times100p-100p$$
$$=10\times1.01^{n-1}+100p\,(1.01^n-1)$$

となる。

方針2では等比数列の和の公式が用いられる。

ポイント　等比数列の和

初項 a，公比 r の等比数列 $\{a_n\}$ の初項から第 n 項までの和 S_n は，$r\neq1$ のとき

$$S_n=a+ar+ar^2+\cdots+ar^{n-1}$$
$$=\frac{a(r^n-1)}{r-1}\quad\left(\frac{\langle初項\rangle(\langle公比\rangle^{\langle項数\rangle}-1)}{\langle公比\rangle-1}\text{ と覚える。指数の部分に注意}\right)$$

となり，$r=1$ のときは $S_n=na$ である。

(2)　10年目の初めの預金が a_{10} で，終わりの預金は $1.01\times a_{10}$ である。

二項定理を用いて，$1.01^{10}=(1+0.01)^{10}>1+{}_{10}C_1 0.01+{}_{10}C_2 0.01^2=1.1045$ となるから

$$\frac{30-10\times1.01^{10}}{101(1.01^{10}-1)}<\frac{30-10\times1.1045}{101(1.1045-1)}=\frac{18.955}{10.5545}=1.79\cdots$$

より，問題文の18000円を導くことができる。

(3)　A が10から13に変わるだけで，p や年利はそのままであるから，**方針2**の考え方を用いれば，ほとんど計算はいらない。

第5問 標準 ベクトル ≪空間ベクトル≫

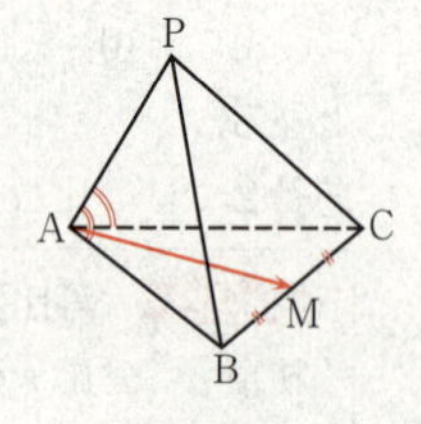

右図の三角錐 PABC において，点Mは辺 BC の中点であり，$\angle\mathrm{PAB}=\angle\mathrm{PAC}=\theta$（$0°<\theta<90°$）である。

(1)　点Mは辺 BC の中点であるから

$$\overrightarrow{\mathrm{AM}}=\frac{\overrightarrow{\mathrm{AB}}+\overrightarrow{\mathrm{AC}}}{2}$$

$$=\frac{1}{2}\overrightarrow{\mathrm{AB}}+\frac{1}{2}\overrightarrow{\mathrm{AC}}\quad\to\frac{ア}{イ},\ \frac{ウ}{エ}$$

と表せる。また

$$\overrightarrow{\mathrm{AP}}\cdot\overrightarrow{\mathrm{AB}}=|\overrightarrow{\mathrm{AP}}||\overrightarrow{\mathrm{AB}}|\cos\angle\mathrm{PAB}=|\overrightarrow{\mathrm{AP}}||\overrightarrow{\mathrm{AB}}|\cos\theta$$

$$\overrightarrow{\mathrm{AP}}\cdot\overrightarrow{\mathrm{AC}}=|\overrightarrow{\mathrm{AP}}||\overrightarrow{\mathrm{AC}}|\cos\angle\mathrm{PAC}=|\overrightarrow{\mathrm{AP}}||\overrightarrow{\mathrm{AC}}|\cos\theta$$

であるから

$$\frac{\overrightarrow{\mathrm{AP}}\cdot\overrightarrow{\mathrm{AB}}}{|\overrightarrow{\mathrm{AP}}||\overrightarrow{\mathrm{AB}}|}=\frac{\overrightarrow{\mathrm{AP}}\cdot\overrightarrow{\mathrm{AC}}}{|\overrightarrow{\mathrm{AP}}||\overrightarrow{\mathrm{AC}}|}=\cos\theta\quad \boxed{①}\quad\to オ\quad\cdots\cdots①$$

である。

(2)　$\theta=45°$，$|\overrightarrow{\mathrm{AP}}|=3\sqrt{2}$，$|\overrightarrow{\mathrm{AB}}|=|\overrightarrow{\mathrm{PB}}|=3$，$|\overrightarrow{\mathrm{AC}}|=|\overrightarrow{\mathrm{PC}}|=3$ のとき

$$\overrightarrow{\mathrm{AP}}\cdot\overrightarrow{\mathrm{AB}}=|\overrightarrow{\mathrm{AP}}||\overrightarrow{\mathrm{AB}}|\cos\theta=3\sqrt{2}\times3\times\cos45°=3\sqrt{2}\times3\times\frac{1}{\sqrt{2}}$$

$$=\boxed{9}\quad\to カ$$

であり，同様に $\overrightarrow{\mathrm{AP}}\cdot\overrightarrow{\mathrm{AC}}=9$ である。

さらに，直線 AM 上の点 D が $\angle\mathrm{APD}=90°$ を満たしているとすると，$\overrightarrow{\mathrm{PA}}\cdot\overrightarrow{\mathrm{PD}}=0$ であり，$\overrightarrow{\mathrm{AD}}=t\overrightarrow{\mathrm{AM}}$（$t$ は実数）とおける。このとき

$$\overrightarrow{\mathrm{PD}}=\overrightarrow{\mathrm{PA}}+\overrightarrow{\mathrm{AD}}=\overrightarrow{\mathrm{PA}}+t\overrightarrow{\mathrm{AM}}=\overrightarrow{\mathrm{PA}}+t\left(\frac{1}{2}\overrightarrow{\mathrm{AB}}+\frac{1}{2}\overrightarrow{\mathrm{AC}}\right)$$

$$=-\overrightarrow{\mathrm{AP}}+\frac{1}{2}t\overrightarrow{\mathrm{AB}}+\frac{1}{2}t\overrightarrow{\mathrm{AC}}$$

と表せるから

$$\overrightarrow{\mathrm{PA}}\cdot\overrightarrow{\mathrm{PD}}=-\overrightarrow{\mathrm{AP}}\cdot\left(-\overrightarrow{\mathrm{AP}}+\frac{1}{2}t\overrightarrow{\mathrm{AB}}+\frac{1}{2}t\overrightarrow{\mathrm{AC}}\right)$$

$$=|\overrightarrow{\mathrm{AP}}|^2-\frac{1}{2}t\overrightarrow{\mathrm{AP}}\cdot\overrightarrow{\mathrm{AB}}-\frac{1}{2}t\overrightarrow{\mathrm{AP}}\cdot\overrightarrow{\mathrm{AC}}$$

$$=(3\sqrt{2})^2-\frac{1}{2}t\times9-\frac{1}{2}t\times9=18-9t=0$$

となり，$t=2$ がわかる。よって，$\overrightarrow{\mathrm{AD}}=\boxed{2}\overrightarrow{\mathrm{AM}}$ →キ である。

(3)　$\overrightarrow{\mathrm{AQ}}=2\overrightarrow{\mathrm{AM}}$ とおく。

(i)　$\overrightarrow{PA}$ と $\overrightarrow{PQ}$ が垂直のとき，$\overrightarrow{PA}\cdot\overrightarrow{PQ}=0$ である。$\overrightarrow{PQ}$ を $\overrightarrow{AB}$，$\overrightarrow{AC}$，$\overrightarrow{AP}$ を用いて表すと

$$\overrightarrow{PQ}=\overrightarrow{AQ}-\overrightarrow{AP}=2\overrightarrow{AM}-\overrightarrow{AP}=2\left(\frac{1}{2}\overrightarrow{AB}+\frac{1}{2}\overrightarrow{AC}\right)-\overrightarrow{AP}=\overrightarrow{AB}+\overrightarrow{AC}-\overrightarrow{AP}$$

となるから

$$\overrightarrow{PA}\cdot\overrightarrow{PQ}=-\overrightarrow{AP}\cdot\overrightarrow{PQ}=-\overrightarrow{AP}\cdot(\overrightarrow{AB}+\overrightarrow{AC}-\overrightarrow{AP})$$
$$=-\overrightarrow{AP}\cdot\overrightarrow{AB}-\overrightarrow{AP}\cdot\overrightarrow{AC}+\overrightarrow{AP}\cdot\overrightarrow{AP}=0$$

である。よって

$$\overrightarrow{AP}\cdot\overrightarrow{AB}+\overrightarrow{AP}\cdot\overrightarrow{AC}=\overrightarrow{AP}\cdot\overrightarrow{AP}$$　**⓪**　→ク

が成り立つ。さらに，①より

$$\overrightarrow{AP}\cdot\overrightarrow{AB}=|\overrightarrow{AP}||\overrightarrow{AB}|\cos\theta,\quad \overrightarrow{AP}\cdot\overrightarrow{AC}=|\overrightarrow{AP}||\overrightarrow{AC}|\cos\theta$$

であるから

$$|\overrightarrow{AP}||\overrightarrow{AB}|\cos\theta+|\overrightarrow{AP}||\overrightarrow{AC}|\cos\theta=\overrightarrow{AP}\cdot\overrightarrow{AP}$$
$$|\overrightarrow{AP}|(|\overrightarrow{AB}|\cos\theta+|\overrightarrow{AC}|\cos\theta)=|\overrightarrow{AP}|^2$$

となり，$|\overrightarrow{AP}|\neq 0$ より

$$|\overrightarrow{AB}|\cos\theta+|\overrightarrow{AC}|\cos\theta=|\overrightarrow{AP}|$$　**③**　→ケ

が成り立つ。

したがって，$\overrightarrow{PA}$ と $\overrightarrow{PQ}$ が垂直であれば，$|\overrightarrow{AB}|\cos\theta+|\overrightarrow{AC}|\cos\theta=|\overrightarrow{AP}|$ が成り立ち，これは逆も成り立つ。

(ii)　$k\overrightarrow{AP}\cdot\overrightarrow{AB}=\overrightarrow{AP}\cdot\overrightarrow{AC}$（$k$ は正の実数）が成り立つとする。このとき

$$k|\overrightarrow{AP}||\overrightarrow{AB}|\cos\theta=|\overrightarrow{AP}||\overrightarrow{AC}|\cos\theta,\quad |\overrightarrow{AP}|\neq 0,\quad \cos\theta\neq 0$$

より，$k|\overrightarrow{AB}|=|\overrightarrow{AC}|$　**⓪**　→コ　が成り立つ。

点Bから直線APに下ろした垂線と直線APとの交点をB′とし，点Cから直線APに下ろした垂線と直線APとの交点をC′とする（右図）。このとき

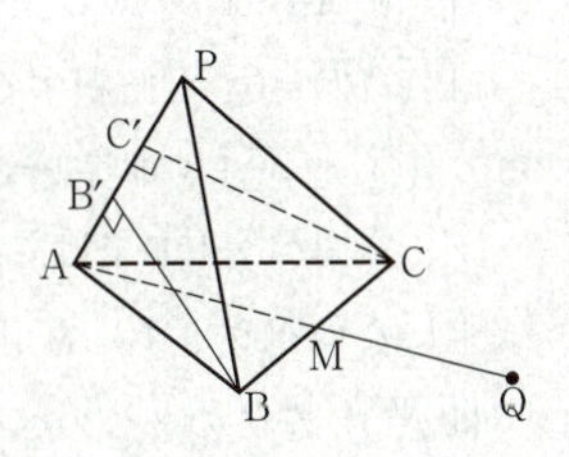

$$|\overrightarrow{AB'}|=|\overrightarrow{AB}|\cos\angle PAB=|\overrightarrow{AB}|\cos\theta$$
$$|\overrightarrow{AC'}|=|\overrightarrow{AC}|\cos\angle PAC=|\overrightarrow{AC}|\cos\theta$$

である。よって，(i)の結果と，条件 $k|\overrightarrow{AB}|=|\overrightarrow{AC}|$ より

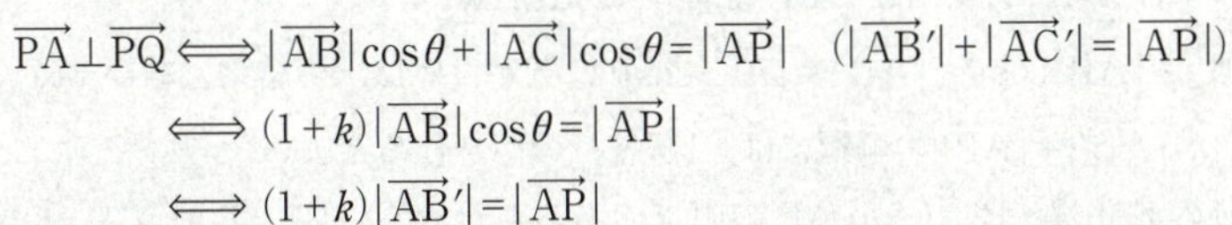

$$\overrightarrow{PA}\perp\overrightarrow{PQ}\iff|\overrightarrow{AB}|\cos\theta+|\overrightarrow{AC}|\cos\theta=|\overrightarrow{AP}|\quad(|\overrightarrow{AB'}|+|\overrightarrow{AC'}|=|\overrightarrow{AP}|)$$
$$\iff(1+k)|\overrightarrow{AB}|\cos\theta=|\overrightarrow{AP}|$$
$$\iff(1+k)|\overrightarrow{AB'}|=|\overrightarrow{AP}|$$

が成り立つ。

$(1+k)|\overrightarrow{AB'}|=|\overrightarrow{AP}|$ は，B′が線分APを $1:k$ に内分していることを表す。同時に，

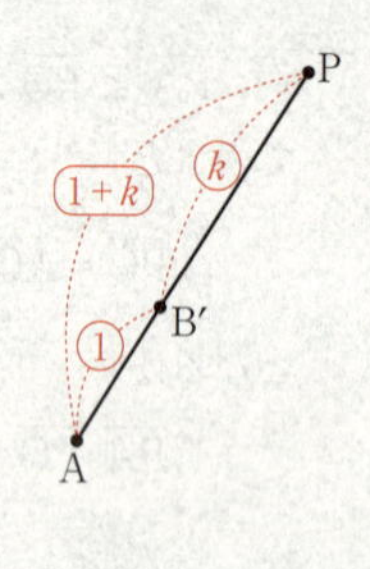

$|\overrightarrow{AB'}|+|\overrightarrow{AC'}|=|\overrightarrow{AP}|$ より，C′ が線分 AP を $k:1$ に内分していることを表す。よって，$\overrightarrow{PA}$ と $\overrightarrow{PQ}$ が垂直であることは

B′ とC′ が線分 AP をそれぞれ1：k と k：1に内分する点　④　→サ

であることと同値である。

特に $k=1$ のとき，B′ とC′ はともに AP の中点となり一致するから

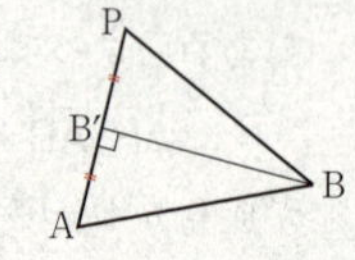

△PAB と△PAC がそれぞれ BP＝BA，CP＝CA を満たす二等辺三角形　②　→シ

であることと同値である。

解説

(1)　$\overrightarrow{AM}=\overrightarrow{AB}+\overrightarrow{BM}=\overrightarrow{AB}+\dfrac{1}{2}\overrightarrow{BC}=\overrightarrow{AB}+\dfrac{1}{2}(\overrightarrow{AC}-\overrightarrow{AB})=\dfrac{1}{2}\overrightarrow{AB}+\dfrac{1}{2}\overrightarrow{AC}$ としてもよいが，中点の公式を使うと便利である。

> **ポイント　ベクトルの内積**
>
> $\vec{0}$ でない2つのベクトル $\vec{a}$，$\vec{b}$ のなす角を θ とするとき，$\vec{a}$ と $\vec{b}$ の内積 $\vec{a}\cdot\vec{b}$ は
>
> $\vec{a}\cdot\vec{b}=|\vec{a}||\vec{b}|\cos\theta$
>
> と定義される。$\vec{a}=\vec{0}$ または $\vec{b}=\vec{0}$ のときは $\vec{a}\cdot\vec{b}=0$ と定める。
>
> 公式 $\vec{a}\cdot\vec{a}=|\vec{a}|^2$ は特に重要である。

(2)　具体的な数値を与えられた計算問題である。ここでの数値（$\theta=45°$，$|\overrightarrow{AP}|=3\sqrt{2}$ など）は(3)とは無関係であることを明確に意識しよう。

「直線 AM 上の点 D」を「$\overrightarrow{AD}=t\overrightarrow{AM}$（$t$ は実数）」と表し，「$\angle APD=90°$」を「$\overrightarrow{PA}\cdot\overrightarrow{PD}=0$」と解釈することがポイントになる。

(3)　$\overrightarrow{AQ}=2\overrightarrow{AM}$ を前提とすることに注意する。

(i)　空間ベクトルでは，基本の3つのベクトル（始点を一致させたとき，同一平面上にないベクトル）を用意し（ここでは $\overrightarrow{AB}$，$\overrightarrow{AC}$，$\overrightarrow{AP}$），他のベクトル（ここでは $\overrightarrow{AQ}$）をこの3つのベクトルで表すことが基本となる。

(ii)　条件 $k\overrightarrow{AP}\cdot\overrightarrow{AB}=\overrightarrow{AP}\cdot\overrightarrow{AC}$（$k>0$）が追加される。

$|\overrightarrow{AB'}|=|\overrightarrow{AB}|\cos\theta$，$|\overrightarrow{AC'}|=|\overrightarrow{AC}|\cos\theta$ に気が付けば(i)の結果に結びつく。

$(1+k)|\overrightarrow{AB'}|=|\overrightarrow{AP}|$ の解釈には，〔解答〕の図を作るとよい。

最後の設問は，B′，C′ が AP の中点であることから，BP＝BA，CP＝CA が導かれるので，③の「△PAB と△PAC が合同」では条件不足である。

数学Ⅰ 本試験

問題番号(配点)	解答記号	正解	配点	チェック
第1問 (20)	アイ	−8	2	
	ウエ	−4	1	
	オ，カ	2，2	2	
	キ，ク	4，4	2	
	ケ，コ	7，3	3	
	サ	④	3	
	シ，ス，セ	3，6，9	2	
	ソ，タ，チ	1，5，7	2	
	ツ，テ	①，①	3	
第2問 (30)	ア	⓪	3	
	イ	⑦	3	
	ウ$\sqrt{エ}$−オ	$3\sqrt{3}-4$	3	
	カ	④	2	
	キク	27	2	
	ケ	①	2	
	コ	②	2	
	$\frac{サシ\sqrt{スセ}}{ソ}$	$\frac{12\sqrt{10}}{5}$	3	
	$\frac{タ}{チ}$	$\frac{5}{6}$	2	
	ツ$\sqrt{テト}$	$6\sqrt{11}$	3	
	ナ	⑥	2	
	ニヌ($\sqrt{ネノ}+\sqrt{ハ}$)	$10(\sqrt{11}+\sqrt{2})$	3	

問題番号(配点)	解答記号	正解	配点	チェック
第3問 (20)	ア	③	1	
	イ	②	2	
	ウ	⑤	2	
	エ	①	2	
	オ	②	3	
	カ	②	3	
	キ	⑦	3	
	ク	⓪	2	
	ケ	②	2	
第4問 (30)	ア，イウ	5，−9	3	
	エ	9	3	
	オ	5	3	
	カ	4	3	
	$\frac{キ}{ク}$	$\frac{8}{3}$	3	
	ケ，コ	4，3	3	
	サ，シ	4，3	3	
	ス	②	3	
	$\frac{セ\sqrt{ソ}}{タチ}$	$\frac{5\sqrt{3}}{57}$	3	
	ツ，テ	⓪，⓪	3	

（注） 全問必答。

自己採点欄
100点

（平均点：37.84点）

第1問 ── 数と式，集合と論理

〔1〕 ──「数学Ⅰ・数学A」第1問〔1〕に同じ（p. 3〜4 参照）

〔2〕 標準 《集　合》

(1)　$A\cap\overline{C}$ は図4の斜線部分であり，$B\cap C$ は図5の斜線部分である。

$(A\cap\overline{C})\cup(B\cap C)$ はAと$A\cap\overline{C}$ と $B\cap C$ の和集合だから，［④］→サ の斜線部分である。

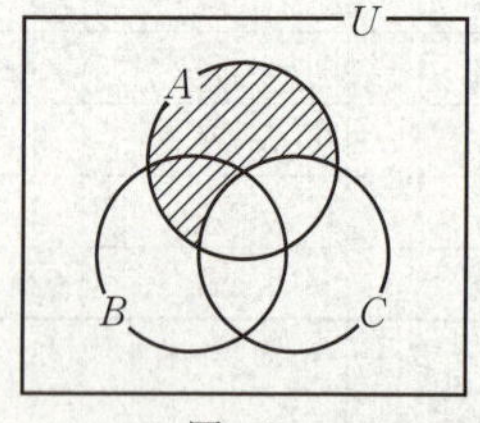

図　4

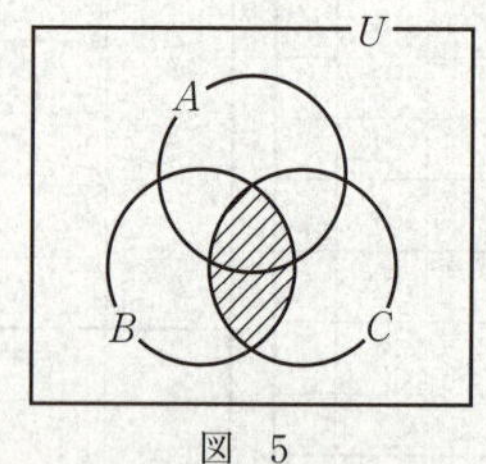

図　5

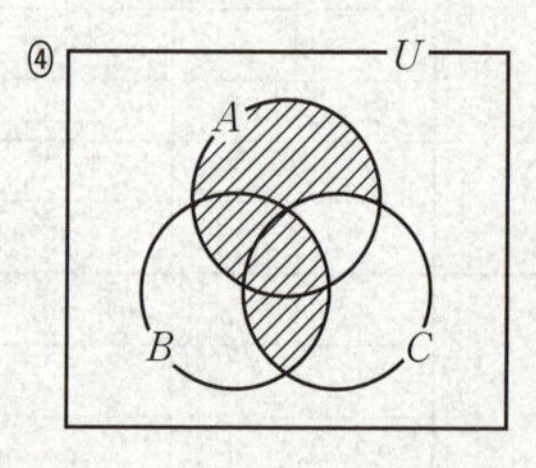

(2)　全体集合 U と，U の部分集合 A，B は図6のようになる

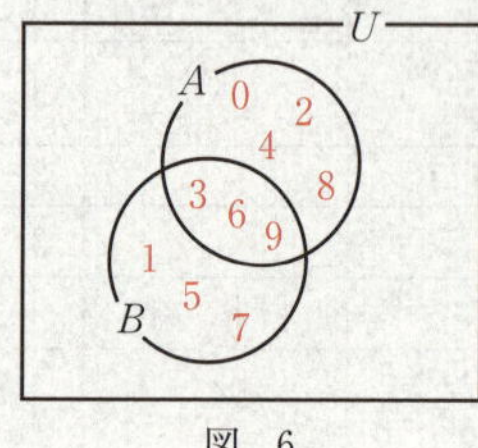

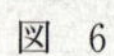
図　6

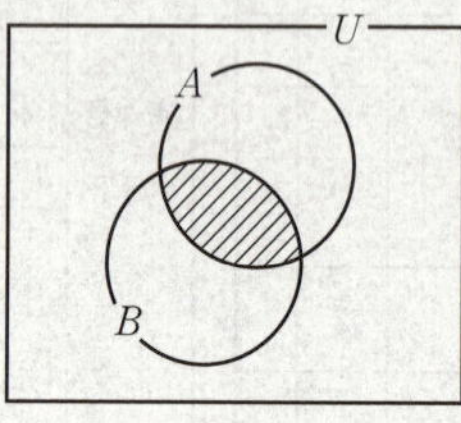

図　7

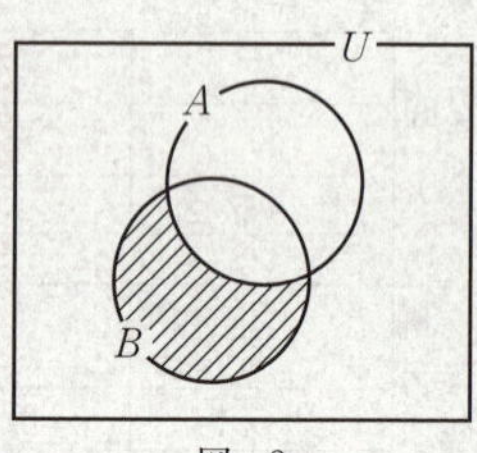

図　8

(i)　このとき，$A\cap B$ は図7の斜線部分だから

$A\cap B=\{$［3］，［6］，［9］$\}$　→シ，ス，セ

$\overline{A}\cap B$ は図8の斜線部分だから

$\overline{A}\cap B=\{$［1］，［5］，［7］$\}$　→ソ，タ，チ

(ii)

図　9

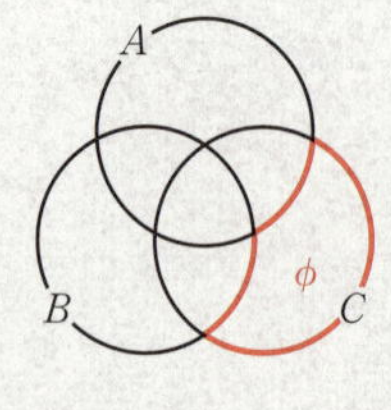

図　10

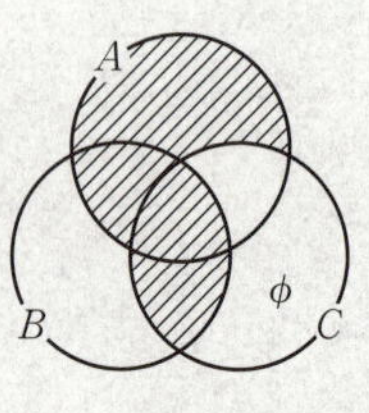

図　11

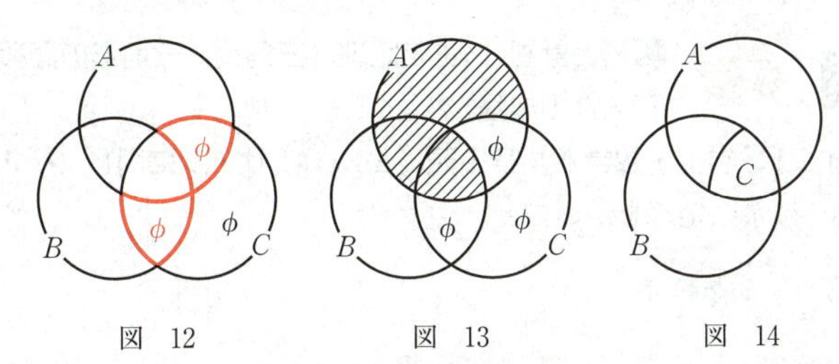

図 12　　図 13　　図 14

図 6 より，$A \cup B = U$ が成り立つので，図 9 の赤線の集合のみを考えればよいから，図 10 の赤線の集合は空集合であることがわかる。

また，$(A \cap \overline{C}) \cup (B \cap C)$ は，(1)の結果より，図 11 の斜線部分となるが，U の部分集合 C は $(A \cap \overline{C}) \cup (B \cap C) = A$ を満たすから，図 11 の斜線部分が集合 A と一致する場合を考えればよいので，図 12 の赤線の集合も空集合であることがわかる。

したがって，$(A \cap \overline{C}) \cup (B \cap C) = A$ は図 13 の斜線部分となるから，U の部分集合 A，B，C は，図 14 のように表すことができる。

このとき，次のことが成り立つ。

- $\overline{A} \cap B$ は図 15 の斜線部分だから，$\overline{A} \cap B$ のどの要素も C の要素ではない。

  ① →ツ

- $A \cap \overline{B}$ は図 16 の斜線部分だから，$A \cap \overline{B}$ のどの要素も C の要素ではない。

  ① →テ

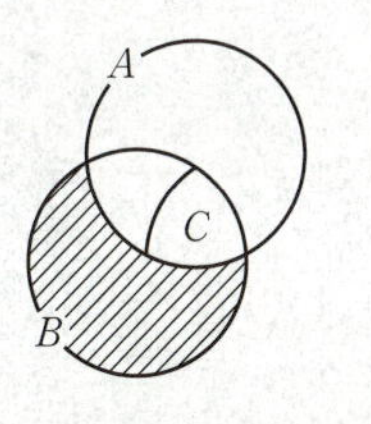

図 15

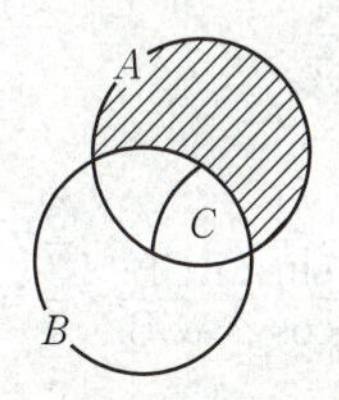

図 16

第2問  図形と計量 《正弦定理，三角比，三角形の面積，余弦定理，三角錐の体積》

(1)(i)　ア・イ　「数学Ⅰ・数学A」第1問〔2〕(1)(i)サ・シに同じ（p. 4〜6 参照）

(ii)　△ABC に余弦定理を用いると，(i)より，

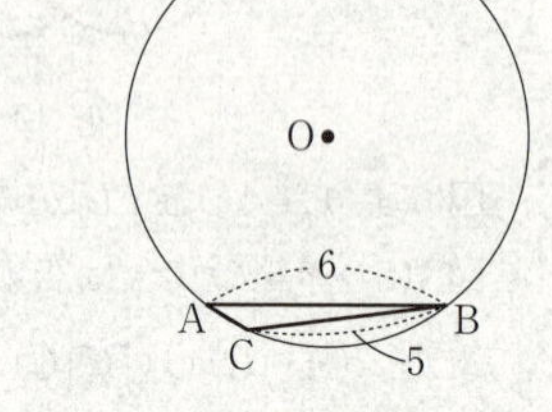

$\cos\angle ACB = -\dfrac{4}{5}$ なので

$$6^2 = 5^2 + AC^2 - 2\cdot 5\cdot AC\cdot\left(-\frac{4}{5}\right)$$

$$AC^2 + 8AC - 11 = 0$$

解の公式より

$$AC = \frac{-4 \pm \sqrt{4^2 - 1\cdot(-11)}}{1} = -4 \pm \sqrt{27} = -4 \pm 3\sqrt{3}$$

AC>0 なので

$$AC = \boxed{3}\sqrt{\boxed{3}} - \boxed{4}$$　→ウ，エ，オ

(iii)　カ〜ク　「数学Ⅰ・数学A」第1問〔2〕(1)(ii)ス〜ソに同じ（p. 4〜6 参照）

(iv)　(i)より，$\sin\angle ACB = \dfrac{3}{5}$ であり，$\cos\angle ACB = \pm\dfrac{4}{5}$ である。点Cを，(iii)と同様に，△ABC の面積が最大となるようにとるとき，∠ACB は鋭角だから，

$\cos\angle ACB > 0$ なので

$$\cos\angle ACB = \frac{4}{5}$$

このとき

$$\tan\angle ACB = \frac{\sin\angle ACB}{\cos\angle ACB} = \frac{\frac{3}{5}}{\frac{4}{5}} = \frac{3}{4}$$　$\boxed{①}$　→ケ

さらに，点Cを通り直線 AC に垂直な直線を引き，直線 AB との交点をEとする。

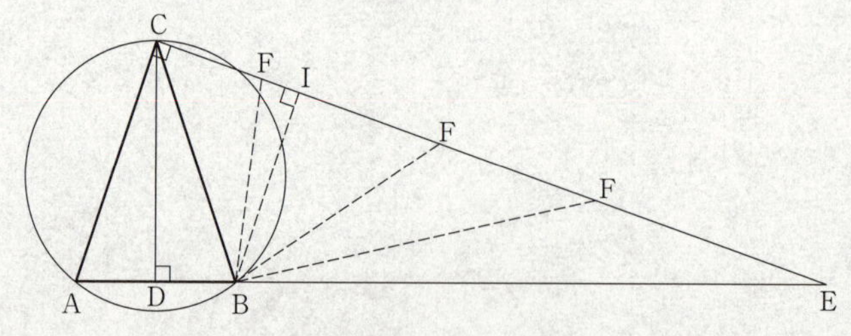

このとき

$$\angle BCE = \angle ACE - \angle ACB = 90° - \angle ACB$$

なので

$$\sin\angle BCE = \sin(90° - \angle ACB) = \cos\angle ACB = \frac{4}{5}$$ ② →コ

点Fを線分CE上にとるとき，点Bから辺CEに下ろした垂線の足をIとすると，BFの長さが最小となるのは，点Fが点Iと一致するときである。

ここで，△CBDに三平方の定理を用いると

$$CB = \sqrt{BD^2 + CD^2} = \sqrt{3^2 + 9^2} = 3\sqrt{10}$$

BFの長さの最小値はBIだから，直角三角形BCIにおいて

$$BI = CB \cdot \sin\angle BCE = 3\sqrt{10} \times \frac{4}{5} = \frac{12\sqrt{10}}{5}$$ →サシ，スセ／ソ

(2) 「数学Ⅰ・数学A」第1問〔2〕(2)に同じ（p. 5～6参照）

第3問 標準 データの分析 《ヒストグラム，箱ひげ図，データの相関》

⑴ ア •52 個のデータの中央値は，52 個のデータを小さいものから順に並べたときの 26 番目と 27 番目の値の平均値である。

図 1 の小さい方から 26 番目と 27 番目の値が含まれる階級は 2200 以上 2600 未満。

よって，中央値が含まれる階級は 2200 以上 2600 未満 **③** →ア である。

イ〜エ 「数学Ⅰ・数学A」第 2 問〔1〕⑴ア〜ウに同じ （p. 7〜8 参照）

⑵ オ・カ 「数学Ⅰ・数学A」第 2 問〔1〕⑵エ・オに同じ （p. 7〜9 参照）

⑶(i) キ 「数学Ⅰ・数学A」第 2 問〔1〕⑶カに同じ （p. 8〜9 参照）

(ii) •x の平均値を $\overline{x}$，x' の平均値を $\overline{x'}$ とすると，$x_i'=\dfrac{1}{1000}x_i$ $(i=1,\ 2,\ \cdots,\ 19)$

より

$$\overline{x'}=\frac{1}{1000}\overline{x}$$

だから

$$x'-\overline{x'}=\frac{1}{1000}x-\frac{1}{1000}\overline{x}=\frac{1}{1000}(x-\overline{x})$$

分散は，偏差の 2 乗の平均値だから，x の分散を $s_x{}^2$，x' の分散を $s_{x'}{}^2$ とすれば

$$s_{x'}{}^2=\left(\frac{1}{1000}\right)^2 s_x{}^2=\left(\frac{1}{1000}\right)^2\times 348100=\frac{348100}{1000^2}$$

よって，x' の分散は $\dfrac{348100}{1000^2}$ **⓪** →ク となる。

•y の平均値を $\overline{y}$，y' の平均値を $\overline{y'}$，y の分散を $s_y{}^2$，y' の分散を $s_{y'}{}^2$ とすると，

$y_i'=\dfrac{1}{1000}y_i$ $(i=1,\ 2,\ \cdots,\ 19)$ より，上と同様に

$$y'-\overline{y'}=\frac{1}{1000}(y-\overline{y})$$

$$s_{y'}{}^2=\left(\frac{1}{1000}\right)^2 s_y{}^2$$

が成り立つ。

共分散は，偏差の積の平均値だから，x と y の共分散を s_{xy}，x' と y' の共分散を $s_{x'y'}$ とすると

$$(x'-\overline{x'})(y'-\overline{y'})=\frac{1}{1000}(x-\overline{x})\cdot\frac{1}{1000}(y-\overline{y})=\left(\frac{1}{1000}\right)^2(x-\overline{x})(y-\overline{y})$$

より

$$s_{x'y'}=\left(\frac{1}{1000}\right)^2 s_{xy}$$

標準偏差は $\sqrt{(\text{分散})}$ だから，x と y の相関係数を r_{xy}，x' と y' の相関係数を $r_{x'y'}$

とすれば

$$r_{x'y'}=\frac{s_{x'y'}}{\sqrt{s_{x'}{}^2}\sqrt{s_{y'}{}^2}}=\frac{\left(\frac{1}{1000}\right)^2 s_{xy}}{\sqrt{\left(\frac{1}{1000}\right)^2 s_x{}^2}\sqrt{\left(\frac{1}{1000}\right)^2 s_y{}^2}}$$

$$=\frac{\left(\frac{1}{1000}\right)^2 s_{xy}}{\frac{1}{1000}\sqrt{s_x{}^2}\cdot\frac{1}{1000}\sqrt{s_y{}^2}}=\frac{s_{xy}}{\sqrt{s_x{}^2}\sqrt{s_y{}^2}}=r_{xy}$$

よって，x' と y' の相関係数は，x と y の相関係数と等しい。 ② →ケ

第4問 ―― 2次関数

〔1〕 標準 《x軸との位置関係，平行移動，絶対値を含む関数の最小値》

(1) $f(x)=(x-2)(x-8)+p$ を展開して平方完成すると

$$f(x)=x^2-10x+16+p=(x-5)^2-9+p$$

なので，2次関数 $y=f(x)$ のグラフの頂点の座標は

$(\boxed{5},\ \boxed{-9}+p)$ →ア，イウ

(2) 2次関数 $y=f(x)$ のグラフと x 軸との位置関係は，p の値によって次のように三つの場合に分けられる。$y=f(x)$ は下に凸の放物線だから

• 頂点の y 座標が正，すなわち，$-9+p>0$ より，$p>\boxed{9}$ →エ のとき，2次関数 $y=f(x)$ のグラフは x 軸と共有点をもたない。

• 頂点の y 座標が0，すなわち，$-9+p=0$ より，$p=9$ のとき，2次関数 $y=f(x)$ のグラフは x 軸と点 $(\boxed{5},\ 0)$ →オ で接する。

• 頂点の y 座標が負，すなわち，$-9+p<0$ より，$p<9$ のとき，2次関数 $y=f(x)$ のグラフは x 軸と異なる2点で交わる。

(3) 2次関数 $y=f(x)$ のグラフを x 軸方向に -3，y 軸方向に5だけ平行移動した放物線をグラフとする2次関数 $y=g(x)$ は

$$y-5=f(x+3)$$
$$=\{(x+3)-2\}\{(x+3)-8\}+p$$
$$y=(x+1)(x-5)+p+5=x^2-4x+p$$

よって　$g(x)=x^2-\boxed{4}x+p$ →カ

関数 $y=|f(x)-g(x)|$ は

$$y=|(x^2-10x+16+p)-(x^2-4x+p)|$$
$$=|-6x+16|$$

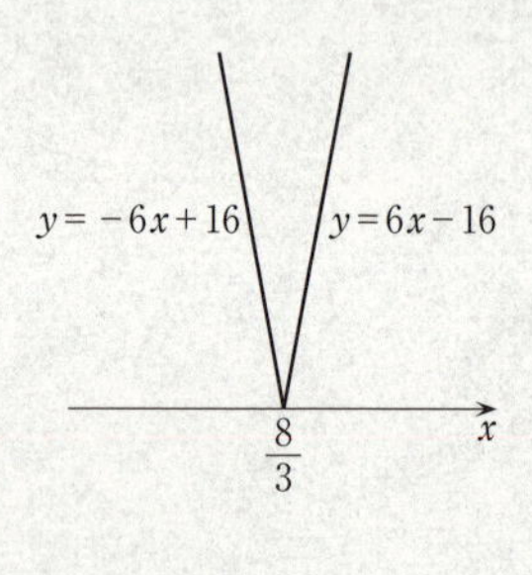

なので，関数 $y=|f(x)-g(x)|=|-6x+16|$ のグラフを考えることにより，関数 $y=|f(x)-g(x)|$ は $x=\dfrac{\boxed{8}}{\boxed{3}}$

→$\dfrac{キ}{ク}$ で最小値をとることがわかる。

〔2〕 ―― ケ～テ 「数学Ⅰ・数学A」第2問〔2〕キ～チに同じ（p. 9～11参照）

数学Ⅱ 本試験

問題番号(配点)	解答記号	正解	配点	チェック
第1問 (30)	ア	⓪	1	
	イ	②	1	
	ウ，エ	2，1	2	
	オ	3	2	
	$\frac{カ}{キ}$	$\frac{5}{3}$	2	
	ク，ケ	ⓐ，⑦	2	
	コ	7	2	
	$\frac{サ}{シ}$，$\frac{ス}{セ}$	$\frac{3}{7}$，$\frac{5}{7}$	2	
	ソ	6	2	
	$\frac{タ}{チ}$	$\frac{5}{6}$	2	
	ツ	②	3	
	テ	2	2	
	$\frac{ト}{ナ}$	$\frac{3}{2}$	2	
	ニ	⑤	2	
	ヌ	⑤	3	

問題番号(配点)	解答記号	正解	配点	チェック
第2問 (30)	ア	④	1	
	イウx^2＋エkx	$-3x^2+2kx$	3	
	オ	⓪	1	
	カ	⓪	1	
	キ	③	1	
	ク	⑨	1	
	$\frac{ケ}{コ}$，サ	$\frac{5}{3}$，9	3	
	シ	6	2	
	スセソ	180	2	
	タチツ	180	3	
	テトナ，ニヌ，ネ	300，12，5	3	
	ノ	④	3	
	ハ	⓪	3	
	ヒ	④	3	

問題番号（配点）	解答記号	正　解	配点	チェック
第3問 (20)	(アイ，ウ)	(10，5)	2	
	エ	5	2	
	$\frac{オ}{カ}$	$\frac{2}{5}$	1	
	$\frac{キ}{ク}$	$\frac{2}{5}$	1	
	ケ，コ	4，2	1	
	サ	2	1	
	シ	②	2	
	ス	②	2	
	セ	④	2	
	ソ	⓪	2	
	(タ，チ)	(3，5)	2	
	ツ	1	2	

問題番号（配点）	解答記号	正　解	配点	チェック
第4問 (20)	ア，イ	4，4	1	
	ウ	2	2	
	エ	3	1	
	オ，カ	1，2	2	
	キ	3	1	
	ク，ケ	2，1	2	
	コ，サ，シ	⓪，⑥，②	3	
	ス	①	2	
	(セ，ソ)	(2，3)	2	
	(タ，チツ)	(0，−2)	2	
	(テト，ナ)	(−5，8)	2	

(注)　全問必答。

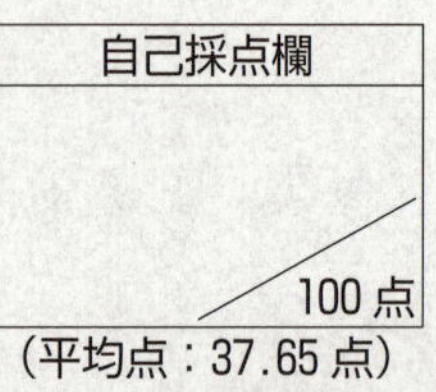

(平均点：37.65点)

第1問 ―― 「数学Ⅱ・数学B」第1問に同じ（p. 25～29 参照）

第2問 ―― 「数学Ⅱ・数学B」第2問に同じ（p. 30～32 参照）

第3問 標準 図形と方程式 《円の方程式，内分点，軌跡》

(1) 円 C_1：$(x-10)^2+(y-5)^2=25=5^2$

(i) 円 C_1 は，中心（$\boxed{10}$，$\boxed{5}$）→アイ，ウ，半径 $\boxed{5}$ →エ の円である。

(ii) 点P，Qの座標をそれぞれ $(s,\ t)$，$(x,\ y)$ とすると，点Qは線分OPを2：3に内分するから

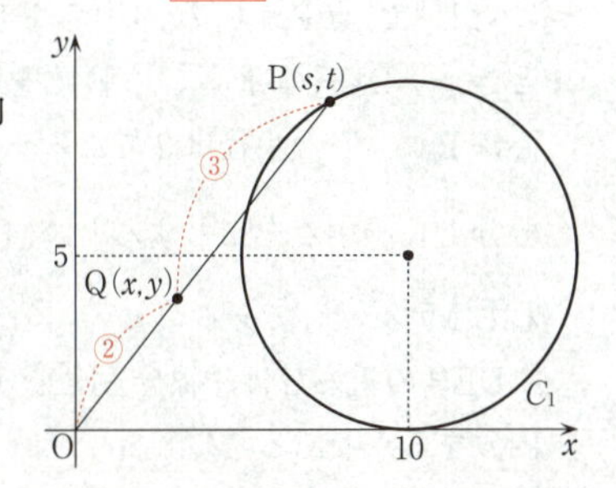

$$x=\frac{3\times0+2\times s}{2+3}=\frac{\boxed{2}}{\boxed{5}}s \quad \to \frac{オ}{カ}$$

$$y=\frac{3\times0+2\times t}{2+3}=\frac{\boxed{2}}{\boxed{5}}t \quad \to \frac{キ}{ク}$$

が成り立つ。したがって

$$s=\frac{5}{2}x,\ \ t=\frac{5}{2}y$$

である。点P$(s,\ t)$ は円 C_1 上にあることから，$(s-10)^2+(t-5)^2=25$ が成り立つので，点Q$(x,\ y)$ は方程式

$$\left(\frac{5}{2}x-10\right)^2+\left(\frac{5}{2}y-5\right)^2=25 \qquad \left\{\frac{5}{2}(x-4)\right\}^2+\left\{\frac{5}{2}(y-2)\right\}^2=25$$

すなわち

$$(x-\boxed{4})^2+(y-\boxed{2})^2=\boxed{2}^2 \quad \to ケ，コ，サ \quad \cdots\cdots①$$

が表す円上にあることがわかる。方程式①が表す円を C_2 とする。

逆に，円 C_2 上のすべての点Q$(x,\ y)$ は，条件を満たす。

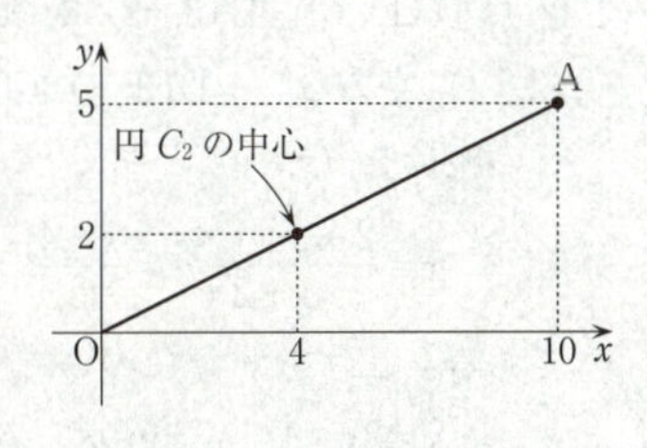

これより，点Qの軌跡が円 C_2 であることがわかる。

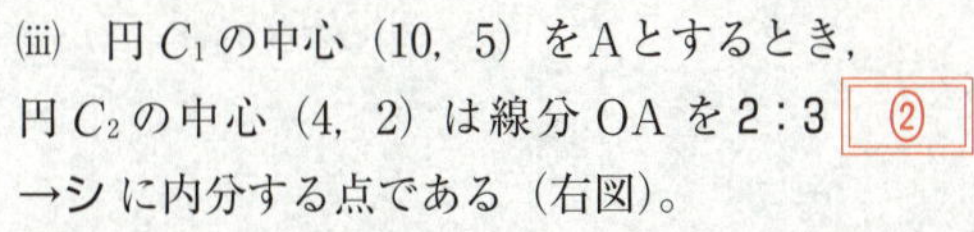

(iii) 円 C_1 の中心 (10，5) をAとするとき，円 C_2 の中心 (4，2) は線分OAを2：3 $\boxed{②}$ →シ に内分する点である（右図）。

(2) 点Pが円 C_1 上を動くとき，線分OPを $m:n$ $(m>0,\ n>0)$ に内分する点Rの

軌跡は，(1)と同様に考えて，円である。この円を C とすると，円 C の中心は線分OAを $m:n$ ［②］→ス に内分する点となる。

また，右図より

$$\frac{(\text{円}\,C\,\text{の半径})}{(\text{円}\,C_1\,\text{の半径})}=\frac{m}{m+n}$$

であるから，円 C の半径は円 C_1 の半径の $\dfrac{m}{m+n}$ 倍 ［④］→セ である。

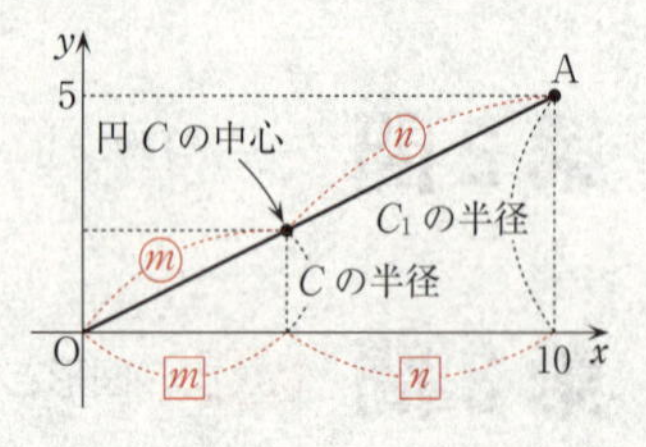

(3)　2点D(1, 6)，E(3, 2) および

$$\text{円}\,C_3：(x-5)^2+(y-7)^2=9=3^2$$

に対して，点Pが円 C_3（中心をBとする）上を動くとき，△DEPの重心Gの軌跡を求める。円 C_3 の中心はB(5, 7)，半径は3である。

線分DEの中点をMとすると，$\mathrm{M}\left(\dfrac{1+3}{2},\ \dfrac{6+2}{2}\right)$ すなわちM(2, 4) である。

△DEPの重心Gは，線分MPを1：2 ［⓪］→ソ に内分する点である。

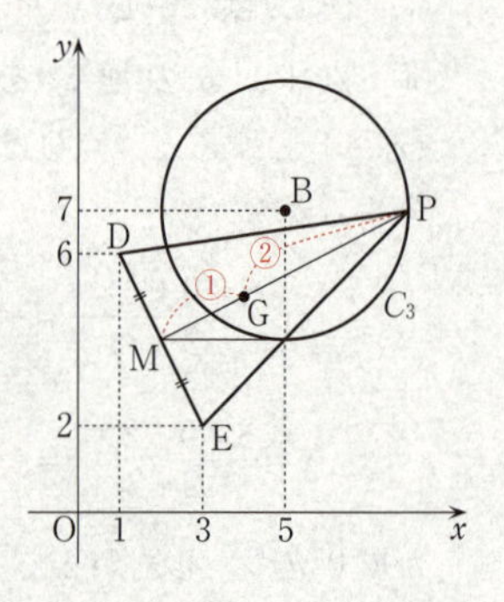

(1)の(iii)や(2)で考えたことをもとにすると，点Gの軌跡は円となり，中心は線分MBを1：2に内分する点

$$\left(\frac{2\times2+1\times5}{1+2},\ \frac{2\times4+1\times7}{1+2}\right)$$ すなわち （［3］，［5］）→タ，チ

であり，半径は円 C_3 の半径の $\dfrac{1}{1+2}$ 倍であるから，$3\times\dfrac{1}{3}=$ ［1］→ツ である。

別解　(3)　円 $C_3：(x-5)^2+(y-7)^2=9$

上の点P$(s,\ t)$ は

$$(s-5)^2+(t-7)^2=9 \quad \cdots\cdots Ⓐ$$

を満たす。

2点D(1, 6)，E(3, 2) を結ぶ線分DEの中点をMとすると，Mの座標は(2, 4) である。△DEPの重心Gは，線分MPを1：2に内分する点であるから，Gの座標を $(x,\ y)$ とおくと

$$x=\frac{2\times2+1\times s}{1+2}=\frac{s+4}{3},\quad y=\frac{2\times4+1\times t}{1+2}=\frac{t+8}{3}$$

である。これを $s,\ t$ について解くと

$$s=3x-4,\quad t=3y-8$$

であるから，Ⓐに代入すると

$$(3x-4-5)^2+(3y-8-7)^2=9$$

$$\{3(x-3)\}^2+\{3(y-5)\}^2=9$$

$$\therefore\quad (x-3)^2+(y-5)^2=1 \quad \cdots\cdots \text{Ⓑ}$$

となり，点Gは，方程式Ⓑが表す円上にあることがわかる。方程式Ⓑが表す円を C_4 とする。

逆に，円 C_4 上のすべての点 $G(x,\ y)$ は，条件を満たす。

これより，点Gの軌跡は，中心（3，5），半径1の円である。

（注） 3点D(1，6)，E(3，2)，P$(s,\ t)$ を頂点とする△DEPの重心の座標は，公式を用いて

$$\left(\frac{1+3+s}{3},\ \frac{6+2+t}{3}\right)\quad すなわち\quad \left(\frac{s+4}{3},\ \frac{t+8}{3}\right)$$

としてもよい。

第4問　標準　いろいろな式　《高次方程式，共通解》

$$S(x)=(x-2)\{x^2-2(p+1)x+2p^2-2p+5\}$$
$$T(x)=x^3+x+q$$
（p，q は実数）

x の3次方程式 $S(x)=0$ の解を2，α，β とし，$T(x)=0$ の解を r，α'，β' とする。ただし，r は実数とする。

(1)　$S(x)=0$ の解がすべて実数になるのは，α，β が実数のとき，すなわち，x の2次方程式

$$x^2-2(p+1)x+2p^2-2p+5=0 \quad \cdots\cdots①$$

が実数解をもつときである。①の判別式を D_1 とすると，①が実数解をもつための必要十分条件は $D_1 \geqq 0$ となることで，それは

$$\frac{D_1}{4}=\{-(p+1)\}^2-1\times(2p^2-2p+5)=(p^2+2p+1)-(2p^2-2p+5)$$
$$=-p^2+4p-4=-(p^2-4p+4)\geqq 0$$

より

$$p^2-\boxed{4}p+\boxed{4}\leqq 0 \quad \rightarrow ア，イ \qquad \therefore \quad (p-2)^2\leqq 0$$

である。この不等式を満たす実数 p は，$p=\boxed{2}$ →ウ である。このとき，①は重解をもつ（$D_1=0$）ので

$$\alpha=\beta=-\frac{-2(p+1)}{2\times 1}=\frac{6}{2}=3$$

である。よって，$S(x)=0$ の解がすべて実数になるとき，その解は $x=2$，$\boxed{3}$ →エ である。

$p\neq 2$ のとき，$D_1<0$ であるから，$S(x)=0$ は二つの虚数

$$x=-\{-(p+1)\}\pm\sqrt{\frac{D_1}{4}}=p+1\pm\sqrt{-(p-2)^2}=p+1\pm\sqrt{(p-2)^2}\,i$$
$$=p+\boxed{1}\pm(p-\boxed{2})i \quad \rightarrow オ，カ$$

を解にもつ。

(注)　$\sqrt{(p-2)^2}=|p-2|=\begin{cases}p-2 & (p>2)\\ -(p-2) & (p<2)\end{cases}$ より

$p>2$ のとき，$x=p+1\pm(p-2)i$

$p<2$ のとき，$x=p+1\pm\{-(p-2)\}i=p+1\mp(p-2)i$　（複号同順）

であるから，結局，$x=p+1\pm(p-2)i$ である。

(2)　$T(r)=0$ より，$r^3+r+q=0$ であるから，$q=-r^{\boxed{3}}-r$ →キ となる。これより

$$T(x)=x^3+x+q=x^3+x+(-r^3-r)=(x^3-r^3)+(x-r)$$
$$=(x-r)(x^2+rx+r^2)+(x-r)$$

$$= (x-r)(x^2+rx+r^{\boxed{2}}+\boxed{1}) \quad \to ク，ケ$$

となる。

ここで，x の2次方程式 $x^2+rx+r^2+1=0$ の判別式を D とおくと，すべての実数 r に対して

$$D=r^2-4(r^2+1)=-3r^2-4<0 \quad \boxed{⓪} \quad \to コ$$

となり，$T(x)=0$ の $x=r$ 以外の解は

$$x=\frac{-r\pm\sqrt{D}}{2\times1}=\frac{-r\pm\sqrt{-D}i}{2} \quad \boxed{⑥} \quad \to サ$$

したがって，α'，β' は虚数であり，互いに共役な複素数である。 $\boxed{②}$ →シ

(3) $S(x)=0$，$T(x)=0$ が共通の解をもつ場合を考える。

(i) 共通の解が $x=2$ であるのは，$r=2$ の場合のみであるから，r の値はちょうど1個存在する。 $\boxed{①}$ →ス

(ii) 共通の実数解をもつが，$x=2$ が共通の解ではないとき，(1)より，それは $x=3$ である。このとき $p=2$ であり，(2)より $r=3$ である。p，r の値の組（p，r）は

$$(\boxed{2},\ \boxed{3}) \quad \to セ，ソ$$

である。

(iii) 共通の解が虚数のとき，$p\neq2$ であり，かつ $p+1\pm(p-2)i$ と $\dfrac{-r\pm\sqrt{3r^2+4}i}{2}$ が一致しなければならないので

$$p\neq2 \quad かつ \quad p+1=-\frac{r}{2} \quad かつ \quad \pm(p-2)=\pm\frac{\sqrt{3r^2+4}}{2}$$

が成り立たなければならない。$p-2=-\dfrac{r}{2}-3=-\dfrac{r+6}{2}$ を最後の式に代入して

$$\pm\left(-\frac{r+6}{2}\right)=\pm\frac{\sqrt{3r^2+4}}{2}$$

両辺平方しても同値であるから

$$\frac{(r+6)^2}{4}=\frac{3r^2+4}{4} \qquad r^2+12r+36=3r^2+4$$

$$2r^2-12r-32=0 \qquad r^2-6r-16=0 \qquad (r+2)(r-8)=0$$

より，$r=-2$，8 を得る。

$r=-2$ のとき　　$p=-\dfrac{r}{2}-1=0$（$\neq2$）

$r=8$ のとき　　$p=-\dfrac{r}{2}-1=-5$（$\neq2$）

であるから，共通の解が虚数のとき，p，r の値の組（p，r）は

$$(\boxed{0},\ \boxed{-2}),\ (\boxed{-5},\ \boxed{8}) \quad \to タ，チツ，テト，ナ$$

である。

数学Ⅰ・数学A 本試験

問題番号(配点)	解答記号	正　解	配点	チェック
第1問 (30)	アイ	−6	2	
	ウエ	38	2	
	オカ	−2	2	
	キク	18	2	
	ケ	2	2	
	コ.サシス	0.072	3	
	セ	②	3	
	$\frac{ソ}{タ}$	$\frac{2}{3}$	3	
	$\frac{チツ}{テ}$	$\frac{10}{3}$	2	
	ト≦AB≦ナ	4≦ AB ≦6	3	
	$\frac{ニヌ}{ネ}$, $\frac{ノ}{ハ}$	$\frac{-1}{3}$, $\frac{7}{3}$	3	
	ヒ	4	3	

問題番号(配点)	解答記号	正　解	配点	チェック
第2問 (30)	ア	3	2	
	イ	2	2	
	ウ	5	3	
	エ	9	2	
	オ	⑥	1	
	カ	①	2	
	キ, ク	③, ①	3	
	ケ, コ, サ	②, ②, ⓪	3	
	シ, ス	⓪, ③	2	
	セ	②	4	
	ソ.タチ	0.63	3	
	ツ	③	3	

問題番号(配点)	解答記号	正　解	配点	チェック
第3問 (20)	ア	1	1	
	イ，ウ	1，2	1	
	エ	2	2	
	オ，カ	1，3	1	
	キク，ケコ	65，81	2	
	サ	8	2	
	シ	6	2	
	スセ	15	1	
	ソ，タ	3，8	2	
	チツ，テト	11，30	3	
	ナニ，ヌネ	44，53	3	
第4問 (20)	ア，イウ	1，39	3	
	エオ	17	2	
	カキク	664	2	
	ケ，コ	8，5	2	
	サシス	125	3	
	セソタチツ	12207	3	
	テト	19	3	
	ナニヌネノ	95624	2	

問題番号(配点)	解答記号	正　解	配点	チェック
第5問 (20)	ア，イ	1，2	2	
	ウ，エ，オ	2，①，③	2	
	カ，キ，ク	2，②，③	2	
	ケ	4	2	
	コ，サ	3，2	2	
	シス，セ	13，6	2	
	ソタ，チ	13，4	2	
	ツテ，トナ	44，15	3	
	ニ，ヌ	1，3	3	

（注）　第1問，第2問は必答。第3問～第5問のうちから2問選択。計4問を解答。

自己採点欄
／100点

（平均点：37.96点）

第1問 —— 数と式，図形と計量，2次関数

〔1〕 標準 《式の値，対称式》

(1)　$(a+b+c)^2$ を展開して

$$(a+b+c)^2=a^2+b^2+c^2+2ab+2bc+2ca$$
$$=a^2+b^2+c^2+2(ab+bc+ca)$$

①と②を用いると

$$1^2=13+2(ab+bc+ca)$$

$\therefore\quad ab+bc+ca=\boxed{-6}$　→アイ

であることがわかる。よって

$$(a-b)^2+(b-c)^2+(c-a)^2$$
$$=(a^2-2ab+b^2)+(b^2-2bc+c^2)+(c^2-2ca+a^2)$$
$$=2(a^2+b^2+c^2)-2(ab+bc+ca)$$
$$=2\cdot13-2\cdot(-6)$$
$$=\boxed{38}$$ →ウエ

(2)　$a-b=2\sqrt{5}$ の場合に，$b-c=x$，$c-a=y$ とおくと

$x+y=(b-c)+(c-a)=-(a-b)=\boxed{-2}\sqrt{5}$　→オカ

また，(1)の計算から，$(a-b)^2+(b-c)^2+(c-a)^2=38$ なので

$(2\sqrt{5})^2+x^2+y^2=38\qquad\therefore\quad x^2+y^2=\boxed{18}$　→キク

が成り立つ。

これらより

$$(a-b)(b-c)(c-a)=2\sqrt{5}xy$$

ここで，$x^2+y^2=(x+y)^2-2xy$ より

$$18=(-2\sqrt{5})^2-2xy\qquad\therefore\quad xy=1$$

なので

$(a-b)(b-c)(c-a)=2\sqrt{5}\cdot1=\boxed{2}\sqrt{5}$　→ケ

解説

3文字の対称式に関する問題である。比較的誘導が丁寧なので，誘導に従って落ち着いて計算をしていきたい。

(1)　$(a+b+c)^2=a^2+b^2+c^2+2ab+2bc+2ca$ は公式として頭に入れておいた方がよいが，覚えていなければ，$(a+b+c)^2=\{(a+b)+c\}^2=(a+b)^2+2(a+b)c+c^2$ としてから展開をするか，あるいは，$(a+b+c)^2=(a+b+c)(a+b+c)$ として分配法則によって展開してもよい。

(2)　与えられた誘導に従って，(1)の計算を利用すれば，x，y の対称式が得られる。$x+y=-2\sqrt{5}$，$x^2+y^2=18$ より，xy の値が求まるので，$(a-b)(b-c)(c-a)=2\sqrt{5}xy$ に代入すればよい。

〔2〕 標準 《正接の値》

図1において，定規で測ったAC，BCの長さをそれぞれ x，y とすると，$\theta=16°$ なので，三角比の表より

$$\frac{y}{x}=\tan\theta=\tan 16°=0.2867$$

実際に，キャンプ場の地点Aから点Cまでの水平方向の距離を考えると，図1の水平方向の縮尺が $\frac{1}{100000}$ なので

$$\mathrm{AC}=100000x$$

また，実際に，山頂Bから点Cまでの鉛直方向の距離を考えると，図1の鉛直方向の縮尺が $\frac{1}{25000}$ なので

$$\mathrm{BC}=25000y$$

よって，実際にキャンプ場の地点Aから山頂Bを見上げる角である ∠BAC を考えると

$$\tan\angle\mathrm{BAC}=\frac{\mathrm{BC}}{\mathrm{AC}}=\frac{25000y}{100000x}=\frac{1}{4}\cdot\frac{y}{x}=\frac{1}{4}\times 0.2867$$

$$=0.071675\fallingdotseq \boxed{0}.\boxed{072}$$ →コ，サシス

三角比の表より，$\tan 4°=0.0699$，$\tan 5°=0.0875$ なので

$$\tan 4°<\tan\angle\mathrm{BAC}<\tan 5° \qquad \therefore\ 4°<\angle\mathrm{BAC}<5°$$

したがって，∠BAC の大きさは，**4° より大きく 5° より小さい。** ② →セ

解　説

ある地点から山頂を見上げたときの仰角について考えさせる，日常の事象を題材とした問題。異なる縮尺で表された長さを考慮して正接の値を求めてから，三角比の表を利用して角の大きさを評価する必要があり，三角比についての正しい理解が要求される問題である。

問われている正接の値は，図1における正接の値ではなく，実際の距離における正接の値であることに注意する。図1において $\theta=16°$ だから，$\tan\theta=\frac{y}{x}=0.2867$ は図1における正接の値である。また，水平方向，鉛直方向の縮尺はそれぞれ，$\frac{1}{100000}$，

$\frac{1}{25000}$ より，AC にあたる実際の水平距離は $100000x$，BC にあたる実際の鉛直距離は $25000y$ なので，$\tan\angle BAC=\frac{25000y}{100000x}$ が実際の距離における正接の値であり，求めるべき正接の値である。ここで，tan∠BAC の値は，空欄に合うように四捨五入する必要があるが，その指示は裏表紙の「解答上の注意」の 4 に記載されている。試験前に必ず読み，把握しておくべき事柄である。

〔3〕 やや難 《正弦定理，外接円，2 次関数の最大値》

(1)　AB=5，AC=4 のとき，△ABC に正弦定理を用いると，△ABC の外接円の半径が 3 なので

$$\frac{4}{\sin\angle ABC}=2\times3$$

$$\therefore\quad \sin\angle ABC=\frac{\boxed{2}}{\boxed{3}}\quad \rightarrow \frac{ソ}{タ}$$

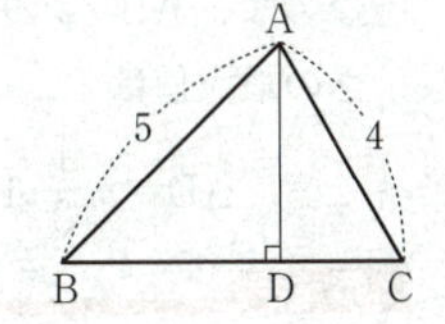

また，△ABD において

$$AD=AB\sin\angle ABC=5\cdot\frac{2}{3}=\frac{\boxed{10}}{\boxed{3}}\quad \rightarrow \frac{チツ}{テ}$$

(2)　△ABC の各辺の長さは外接円の直径 6 以下であるから，AB，AC はともに 6 以下で

$$0<AB\leqq6 \quad \cdots\cdots①$$

$$0<AC\leqq6 \quad \cdots\cdots②$$

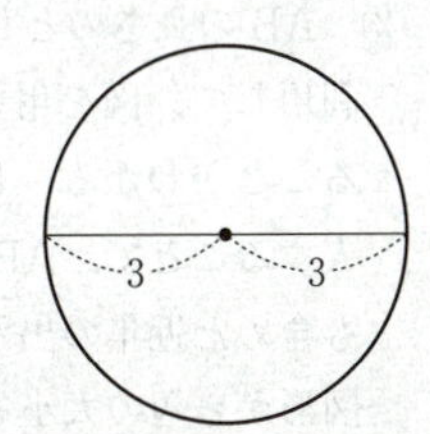

$2AB+AC=14$ より

$$AC=14-2AB \quad \cdots\cdots③$$

なので，③を②に代入して

$$0<14-2AB\leqq6 \qquad -14<-2AB\leqq-8$$

$$\therefore\quad 7>AB\geqq4$$

これと①を合わせれば，AB の長さのとり得る値の範囲は

$$\boxed{4}\leqq AB\leqq\boxed{6}\quad \rightarrow ト，ナ$$

また，(1)と同様に，△ABD において

$$AD=AB\sin\angle ABC$$

ここで，(1)と同様に，△ABC に正弦定理を用いれば

$$\frac{AC}{\sin\angle ABC}=2\times3 \qquad \therefore\quad \sin\angle ABC=\frac{AC}{6}$$

だから

$$AD=AB\sin\angle ABC=AB\cdot\frac{AC}{6}=\frac{1}{6}AB\cdot AC$$

これに③を代入して

$$AD=\frac{1}{6}AB\cdot(14-2AB)$$

$$=\frac{\boxed{-1}}{\boxed{3}}AB^2+\frac{\boxed{7}}{\boxed{3}}AB \quad \rightarrow \frac{ニヌ}{ネ},\ \frac{ノ}{ハ}$$

と表せる。

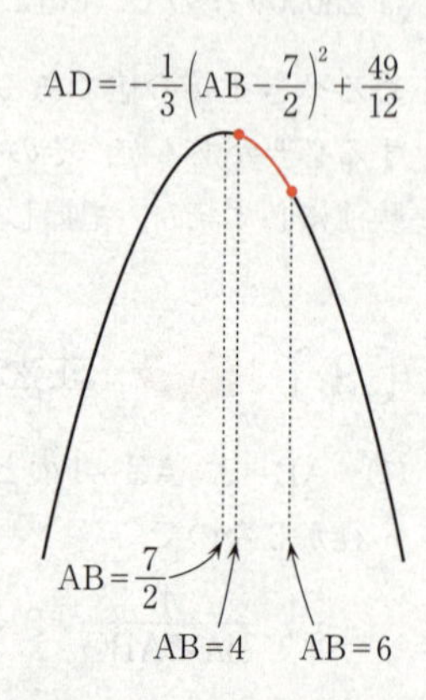

この式を平方完成すれば

$$AD=-\frac{1}{3}\left(AB-\frac{7}{2}\right)^2+\frac{49}{12} \quad (4\leqq AB\leqq 6)$$

なので，AB＝4 のとき，AD は最大となり，AD の長さの最大値は

$$AD=-\frac{1}{3}\cdot 4^2+\frac{7}{3}\cdot 4=\boxed{4} \quad \rightarrow ヒ$$

解説

外接円の半径が与えられた三角形に関する問題。(2)は「図形と計量」と「２次関数」との融合問題となっており，目新しい出題である。２辺 AB，AC の長さの関係のみが与えられた問題であり，誘導がないため難しい。AB の長さのとり得る値の範囲は，直径の長さに着目できたかどうかがポイントになる。

(2)　AB の長さのとり得る値の範囲を求めるために，外接円の半径が３という条件を利用して，図を用いて考えると，△ABC の各辺の長さは外接円の直径６以下となることがわかる。したがって，$0<AB\leqq 6$ かつ $0<AC\leqq 6$ が成り立つから，③を代入することで，AB の長さのとり得る値の範囲 $4\leqq AB\leqq 6$ が求まる。センター試験も含めた近年の出題の傾向として，図形を正確に捉えられるかどうかを試したり，図形から辺の大小を判断させたりする問題が出題されている。今後もこういった問題が出題される可能性は十分にあるので，注意しておくべきだろう。

また，(1)と同様の計算を考えることで，△ABD における三角比から $AD=AB\sin\angle ABC$，△ABC における正弦定理から $\sin\angle ABC=\frac{AC}{6}$ が得られるので，２式から $\sin\angle ABC$ を消去し，③を代入することで，AD を AB の２次関数として表した式が求まる。これに $4\leqq AB\leqq 6$ を合わせて考えれば，AD の長さの最大値が求まる。

第2問 ―― 2次関数，集合と論理，データの分析

〔1〕 やや難 《二つの2次方程式の共通解，2次関数の平行移動，集合と命題》

(1) $p=4,\ q=-4$ のとき

①は $x^2+4x-4=0$ となるから，これを解くと，解の公式より

$$x=-2\pm\sqrt{8}=-2\pm2\sqrt{2}$$

②は $x^2-4x+4=0$ となるから，これを解くと

$$(x-2)^2=0 \qquad \therefore\quad x=2$$

①と②は共通の解をもたないから，①または②を満たす実数 x の個数 n は

$n=$ 3 →ア

また，$p=1,\ q=-2$ のとき

①は $x^2+x-2=0$ となるから，これを解くと

$$(x-1)(x+2)=0 \qquad \therefore\quad x=1,\ -2$$

②は $x^2-2x+1=0$ となるから，これを解くと

$$(x-1)^2=0 \qquad \therefore\quad x=1$$

①と②は共通の解 $x=1$ をもつから，①または②を満たす実数 x の個数 n は

$n=$ 2 →イ

(2) $p=-6$ のとき，$n=3$ になる場合を考えると，①，②は

$$x^2-6x+q=0$$

$$x^2+qx-6=0$$

これらをともに満たす実数 x があるとき，その実数 x を α とすると

$$\alpha^2-6\alpha+q=0 \quad \cdots\cdots①'$$

$$\alpha^2+q\alpha-6=0 \quad \cdots\cdots②'$$

が成り立つ。

②′－①′ より，α^2 を消去すれば

$$(q+6)\alpha-(q+6)=0 \qquad (q+6)(\alpha-1)=0$$

$\therefore\quad q=-6$ または $\alpha=1$

• $\alpha=1$ のとき，$\alpha=1$ を①′ に代入して

$$1^2-6\cdot1+q=0 \qquad \therefore\quad q=5$$

このとき，①は $x^2-6x+5=0$ となるから，これを解くと

$$(x-1)(x-5)=0 \qquad \therefore\quad x=1,\ 5$$

②は $x^2+5x-6=0$ となるから，これを解くと

$$(x-1)(x+6)=0 \qquad \therefore\quad x=1,\ -6$$

①と②は共通の解 $x=1$ をもつから，①または②を満たす実数 x の個数 n は，$n=3$ となって適する。

• $q=-6$ のとき，①，②はともに $x^2-6x-6=0$ となるから，$x=3\pm\sqrt{15}$ より，①または②を満たす実数 x の個数 n は，$n=2$ となるので，不適。

これ以外に $n=3$ となるのは，①，②のいずれか一方が重解をもち，もう一方が重解とは異なる二つの実数解をもつときである。

• ①が重解をもつとき，$x^2-6x+q=0$ の判別式を D_1 とすると，$D_1=0$ となるから

$$\frac{D_1}{4}=(-3)^2-q=0 \qquad \therefore \quad q=9$$

このとき，①は $x^2-6x+9=0$ となるから，これを解くと

$$(x-3)^2=0 \qquad \therefore \quad x=3$$

②は $x^2+9x-6=0$ となるから，これを解くと，解の公式より

$$x=\frac{-9\pm\sqrt{105}}{2}$$

①と②は共通の解をもたないから，①または②を満たす実数 x の個数 n は，$n=3$ となって適する。

• ②が重解をもつとき，$x^2+qx-6=0$ の判別式を D_2 とすると，$D_2=0$ となるから

$$D_2=q^2-4\cdot(-6)=q^2+24=0$$

これを満たす実数 q は存在しないので，②が重解をもつことはない。

以上より，$n=3$ となる q の値は

$q=$ **5** ， **9** →ウ，エ

(3)　$p=-6$ に固定したまま，q の値だけを変化させる。

③を平方完成すると

$$y=x^2-6x+q=(x-3)^2+q-9$$

なので，③のグラフの頂点の座標は

$$(3,\ q-9)$$

q の値を1から増加させたとき，③のグラフの頂点の x 座標はつねに直線 $x=3$ 上にあり，頂点の y 座標の値 $q-9$ は単調に増加するから，③のグラフは上方向へ移動する。

よって，③のグラフの移動の様子を示すと **⑥** →オ となる。

④を平方完成すると

$$y=x^2+qx-6=\left(x+\frac{1}{2}q\right)^2-\frac{1}{4}q^2-6$$

なので，④のグラフの頂点の座標は

$$\left(-\frac{1}{2}q,\ -\frac{1}{4}q^2-6\right)$$

q の値を 1 から増加させたとき，④のグラフの頂点の x 座標の値 $-\frac{1}{2}q$ は単調に減少し，頂点の y 座標の値 $-\frac{1}{4}q^2-6$ も単調に減少するから，④のグラフは左下方向へ移動する。

よって，④のグラフの移動の様子を示すと ① →カ となる。

(4)　$5<q<9$ とする。

$q=5$ のとき，(2)の計算過程により，③と x 軸との共有点の x 座標は $x=1,\ 5$ であり，④と x 軸との共有点の x 座標は $x=1,\ -6$ であるから，③，④のグラフは図 1 のようになる。

$q=9$ のとき，(2)の計算過程により，③と x 軸との共有点の x 座標は $x=3$ であり，④と x 軸との共有点の x 座標は $x=\frac{-9\pm\sqrt{105}}{2}$ であるから，③，④のグラフは図 3 のようになる。

また，(3)の結果より，q の値を 5 から 9 まで増加させたとき，③のグラフは上方向へ移動し，④のグラフは左下方向へ移動することも合わせて考慮すると，$5<q<9$ のとき，③，④のグラフは図 2 のようになる。

集合 $A=\{x|x^2-6x+q<0\}$，$B=\{x|x^2+qx-6<0\}$ は図 2 の赤色部分のようになり，「$x\in A \Longrightarrow x\in B$」は偽，「$x\in B \Longrightarrow x\in A$」は偽だから，$x\in A$ は，$x\in B$ であるための**必要条件でも十分条件でもない**。 ③ →キ

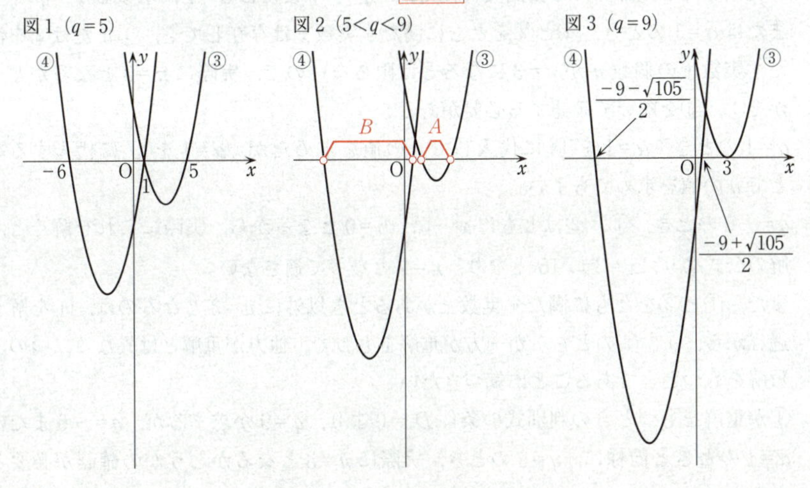

また，集合 $\overline{A}=\{x|x^2-6x+q\geqq 0\}$，$B$ は図４の赤色部分のようになり，「$x\in B\Longrightarrow x\in\overline{A}$」は真，「$x\in\overline{A}\Longrightarrow x\in B$」は偽だから，$x\in B$ は，$x\in\overline{A}$ であるための十分条件であるが，必要条件ではない。 ① →ク

図４

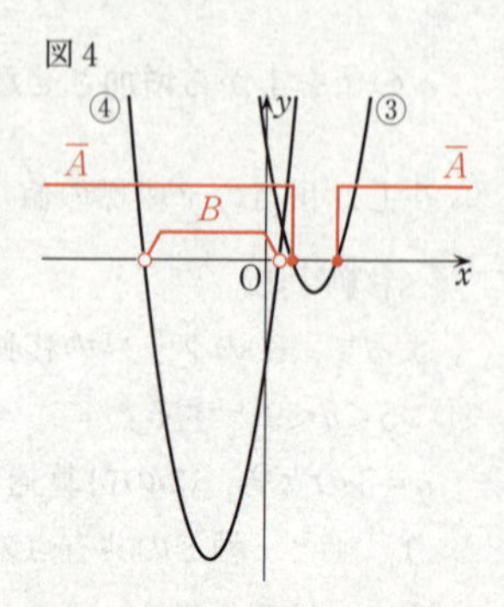

解説

二つの２次方程式の共通解に関する問題，２次関数のグラフが係数の値によってどのように移動するかを考察する平行移動に関する問題，二つの２次不等式の実数解の集合について必要条件と十分条件を考えさせる問題が含まれた，応用力を試される融合問題である。誘導が少ない上に，誘導であることに気づきにくい設定となっており，処理しなければならない分量も多い。高い思考力が要求される難しい問題であった。

⑴　①または②を満たす実数 x の個数 n を求めることから，判別式だけで処理しようとすると，①と②をともに満たす実数 x があった場合に，個数 n を正確に求めることができない。実際に①，②の解をそれぞれ求めて，共通の解があるかどうかも含めて考えなければならない。

⑵　花子さんと太郎さんの会話文に従えば，$q=-6$ または $\alpha=1$ が求まるが，$q=-6$ または $\alpha=1$ のとき，①と②をともに満たす実数 x は存在しても，①または②を満たす実数 x の個数 n が $n=3$ になるとは限らないので，実際に $n=3$ となるかどうかを①，②を解いて確認する必要がある。

$\alpha=1$ のとき，$\alpha=1$ を①′に代入して q の値を求めたが，$\alpha=1$ を②′に代入することで q の値を求めてもよい。

$q=-6$ のとき，①，②はともに $x^2-6x-6=0$ となるから，実際にこれを解くと，解の公式より，$x=3\pm\sqrt{15}$ となり，$n=2$ となって適さない。

また，①と②をともに満たす実数 x があるとき以外に $n=3$ となるのは，⑴を解く過程から，①，②のどちらか一方が重解をもって，他方が重解とは異なる二つの実数解をもつときであることに気づきたい。

①が重解をもつときの判別式の条件 $D_1=0$ より，$q=9$ が求まるが，$q=-6$ または $\alpha=1$ のときと同様に，$q=9$ のとき，実際に $n=3$ となるかどうかの確認が必要となる。

②が重解をもつときの判別式の条件 $D_2=0$ を満たす実数 q は存在しないので，②は重解をもつことはない。

(3)　③のグラフの頂点の座標が $(3,\ q-9)$ であることより，頂点の y 座標は q の１次関数 $y=q-9$ であり，q の値を１から増加させたとき，y の値は増加する。

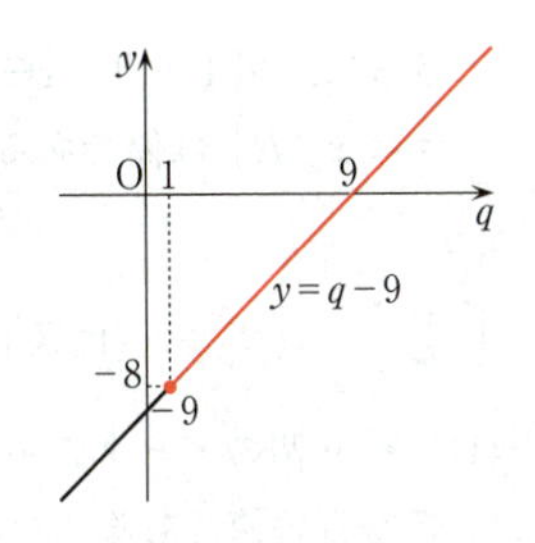

④のグラフの頂点の座標が $\left(-\dfrac{1}{2}q,\ -\dfrac{1}{4}q^2-6\right)$ であることより，頂点の x 座標は q の１次関数 $x=-\dfrac{1}{2}q$ であり，q の値を１から増加させたとき，x の値は減少する。

さらに，頂点の y 座標は q の２次関数 $y=-\dfrac{1}{4}q^2-6$ であり，q の値を１から増加させたとき，y の値は減少する。

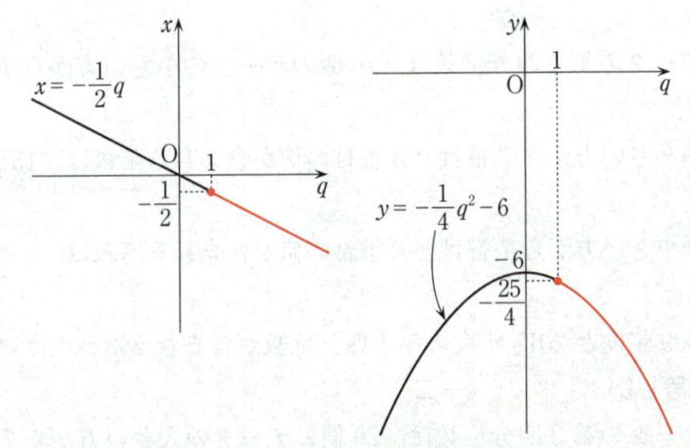

(4)　$q=5,\ 9$ のとき，(2)の計算過程で求めた①，②の解である x の値が，③，④と x 軸との共有点の x 座標として利用できるので，(3)の③，④のグラフの移動の様子も合わせて考えると，$5<q<9$ のとき，③，④のグラフが図２のようになることがわかる。図１（$q=5$）の状態から，q の値が５から９まで増加するとき，③のグラフは上方向へ移動し，④のグラフは左下方向へ移動することを考慮すれば，$x=1$ のときの y の値に着目することもできるが，$x=1$ のとき，③，④はともに $y=q-5$ となることに気づけると，$5<q<9$ のとき，$y=q-5>0$ となるから，図２の様子を理解するための手助けとなる。

③，④のグラフがどのようになるのかがわかれば，集合 A，B は，

$A=\{x\,|\,x^2-6x+q<0\}$，$B=\{x\,|\,x^2+qx-6<0\}$ であるから，③，④のグラフを用いることで，$x^2-6x+q<0$，$x^2+qx-6<0$ となる x の範囲がわかり，集合 A，B が図２の赤色部分のようになることもわかる。

図２より，２つの集合 A，B に共通部分はないので，「$x\in A\Longrightarrow x\in B$」と「$x\in B\Longrightarrow x\in A$」はともに偽である。

図４より，$x\in B$ であれば必ず $x\in\overline{A}$ となるので，「$x\in B\Longrightarrow x\in\overline{A}$」は真である。

さらに，図4より，$x \in \overline{A}$ であっても $x \in B$ とはならない x が存在するので，「$x \in \overline{A} \Longrightarrow x \in B$」は偽である。

〔2〕 標準 《ヒストグラム，箱ひげ図，データの相関》

(1) •29 個のデータの中央値は，29 個のデータを小さいものから順に並べたときの 15 番目の値である。

2009 年度の中央値が含まれる階級は，30 人以上 45 人未満。

2018 年度の中央値が含まれる階級は，30 人以上 45 人未満。

よって，2009 年度と 2018 年度の中央値が含まれる階級の階級値を比較すると，**両者は等しい。** ② →ケ

•29 個のデータの第 1 四分位数は，29 個のデータの小さい方から 7 番目と 8 番目の値の平均値である。

2009 年度の小さい方から 7 番目と 8 番目の値が含まれる階級は，15 人以上 30 人未満。

2018 年度の小さい方から 7 番目と 8 番目の値が含まれる階級は，15 人以上 30 人未満。

よって，2009 年度と 2018 年度の第 1 四分位数が含まれる階級の階級値を比較すると，**両者は等しい。** ② →コ

•29 個のデータの第 3 四分位数は，29 個のデータの大きい方から 7 番目と 8 番目の値の平均値である。

2009 年度の大きい方から 7 番目と 8 番目の値が含まれる階級は，60 人以上 75 人未満。

2018 年度の大きい方から 7 番目と 8 番目の値が含まれる階級は，45 人以上 60 人未満。

よって，2009 年度と 2018 年度の第 3 四分位数が含まれる階級の階級値を比較すると，**2018 年度の方が小さい。** ⓪ →サ

•2009 年度の範囲は，最大値，最小値が含まれる階級がそれぞれ 165 人以上 180 人未満，15 人以上 30 人未満であることに注意すれば，$(165-30=)\,135$ より大きく，$(180-15=)\,165$ より小さい。

2018 年度の範囲は，最大値，最小値が含まれる階級がそれぞれ 120 人以上 135 人未満，0 人以上 15 人未満であることに注意すれば，$(120-15=)\,105$ より大きく，$(135-0=)\,135$ より小さい。

よって，2009 年度と 2018 年度の範囲を比較すると，**2018 年度の方が小さい。** ⓪ →シ

• 2009 年度の四分位範囲は，第 3 四分位数，第 1 四分位数が含まれる階級がそれぞれ 60 人以上 75 人未満，15 人以上 30 人未満であることに注意すれば，
$(60-30=)30$ より大きく，$(75-15=)60$ より小さい。
2018 年度の四分位範囲は，第 3 四分位数，第 1 四分位数が含まれる階級がそれぞれ 45 人以上 60 人未満，15 人以上 30 人未満であることに注意すれば，
$(45-30=)15$ より大きく，$(60-15=)45$ より小さい。
よって，2009 年度と 2018 年度の四分位範囲を比較すると，**これら二つのヒストグラムからだけでは両者の大小を判断できない。** ③ →ス

(2) 2009 年度について，「教育機関 1 機関あたりの学習者数」（横軸）と「教員 1 人あたりの学習者数」（縦軸）の散布図を求める。
⓪ 図 3 の箱ひげ図より，「教育機関 1 機関あたりの学習者数」の第 3 四分位数は 250 人未満である。散布図⓪の横軸に着目すると，大きい方から 7 番目と 8 番目の値は 250 人より大きい。よって，散布図として適さない。
① 図 3 の箱ひげ図より，「教育機関 1 機関あたりの学習者数」の最大値は 450 人より大きい。散布図①の横軸に着目すると，最大値は 450 人未満である。よって，散布図として適さない。
③ 図 3 の箱ひげ図より，「教育機関 1 機関あたりの学習者数」の第 1 四分位数は 100 人未満である。散布図③の横軸に着目すると，小さい方から 7 番目と 8 番目の値は 100 人より大きい。よって，散布図として適さない。
以上より，「教育機関 1 機関あたりの学習者数」（横軸）と「教員 1 人あたりの学習者数」（縦軸）の散布図は ② →セ である。

(3) S と T の相関係数を求めると

$$\frac{735.3}{39.3\times29.9}=\frac{73530}{393\times299}=\frac{24510}{131\times299}=\frac{24510}{39169}$$
$$=0.625\cdots\fallingdotseq \boxed{0}.\boxed{63}$$ →ソ，タチ

(4) (3)で求めた相関係数の値 0.63 から，2 つの変量 S, T の間にやや強い正の相関があることがわかるから，(3)で算出した 2009 年度の S（横軸）と T（縦軸）の散布図として適するのは，①あるいは③である。
表 1 の T の平均値 72.9 に注目する。散布図①の T の度数分布表は右のようになるから

階級	度数
20 以上～ 40 未満	1
40 ～ 60	4
60 ～ 80	4
80 ～100	7
100 ～120	9
120 ～140	2
140 ～160	2
計	29

$$(T\text{の平均値})>\frac{1}{29}(20\times1+40\times4+60\times4+80\times7+100\times9+120\times2+140\times2)$$
$$=\frac{2400}{29}\fallingdotseq82.8$$

したがって，散布図①の T の平均値は明らかに72.9より大きくなる。

よって，散布図①は適さない。

以上より，S（横軸）と T（縦軸）の散布図は ③ →ツ である。

解説

データの分析についての基本的な知識が習得できていれば，比較的解きやすい標準的な内容であったが，散布図を選択させる問題ではデータを注意深く見ていく必要がある。

29個のデータを x_1，x_2，…，x_{29}（ただし，$x_1 \leqq x_2 \leqq \cdots \leqq x_{29}$）とすると，最小値は x_1，第1四分位数は $\dfrac{x_7+x_8}{2}$，中央値は x_{15}，第3四分位数は $\dfrac{x_{22}+x_{23}}{2}$，最大値は x_{29} となる。

また，範囲は「(最大値)－(最小値)」，四分位範囲は「(第3四分位数)－(第1四分位数)」で求められる。

(1)　各階級の真ん中の値を階級値という。 ケ ～ サ については，中央値，第1四分位数，第3四分位数が含まれる階級の階級値を比較するわけだから，それぞれの値が含まれる階級の階級値を求める必要はなく，それぞれの値がどの階級に含まれるかだけを考えればよい。

(2)　散布図⓪～③には，完全に重なっている点はないことに注意すること。図3の箱ひげ図において，最大値，最小値，第1四分位数，中央値，第3四分位数などの特徴のある値に注目して考えると，散布図⓪，①，③の中から，図3の箱ひげ図に矛盾する点を見つけることができる。結果として，図4のヒストグラムは使わずに解答することができてしまう。

また，「教育機関1機関あたりの学習者数」の中央値に注目することで，散布図③が適さないことを導き出すこともできる。実際には，図3の箱ひげ図において中央値は150人未満であるが，散布図③において横軸に着目すれば小さいものから順に並べたときの15番目の値は150人より大きいため，散布図③は適さない。

(3)　S と T の相関係数は $\dfrac{(S\text{と}T\text{の共分散})}{(S\text{の標準偏差})\times(T\text{の標準偏差})}$ で求められる。

また，相関係数の値は，空欄に合うように四捨五入する必要があるが，その指示は裏表紙の「解答上の注意」の4に記載されている。

(4)　散布図⓪～③には，完全に重なっている点はないことに注意すること。

相関係数には，次の性質がある。

- 相関係数の値が1に近いほど，2つの変量の正の相関関係は強く，散布図の点は右上がりの直線に沿って分布する傾向にある。
- 相関係数の値が－1に近いほど，2つの変量の負の相関関係は強く，散布図の点は右下がりの直線に沿って分布する傾向にある。
- 相関係数の値が0に近いほど，2つの変量の相関関係は弱く，散布図の点に直線的な相関関係はない傾向にある。

(3)で求めた相関係数の値が0.63であることを考えると，散布図⓪と②は，右上がりの直線に沿って分布しているとは言いがたいため，散布図として適するのは①あるいは③となる。

散布図①と③のどちらが散布図として適するかを決定するために，表1の数値を手がかりとすることになるが，散布図①と③から標準偏差と共分散の値を考えることは厳しいので，平均値を用いて考えることになる。

散布図①を見るだけでもTの平均値が72.9より大きいことがうかがえるが，散布図①のTの度数分布表を作ってTの平均値を考えると，明らかに72.9より大きくなることが確認できる。

第3問 やや難 場合の数と確率 《完全順列，条件付き確率》

(1) (i) A，Bの2人で交換会を開く場合，A，Bが持ち寄ったプレゼントをそれぞれa，bとして，プレゼントの受け取り方を樹形図で表すと，右のようになる。

A		B	
a	—	b	×
b	—	a	○

プレゼントの受け取り方の総数は2通り，1回目の交換で交換会が終了するプレゼントの受け取り方は 1 →ア 通りある。

したがって，1回目の交換で交換会が終了する確率は

$$\frac{1}{2} \rightarrow \frac{イ}{ウ}$$

である。

(ii) A，B，Cの3人で交換会を開く場合，A，B，Cが持ち寄ったプレゼントをそれぞれa，b，cとして，プレゼントの受け取り方を樹形図で表すと，右のようになる。

A	B		C	
a	b	—	c	×
	c	—	b	×
b	a	—	c	×
	c	—	a	○
c	a	—	b	○
	b	—	a	×

プレゼントの受け取り方の総数は6通り，1回目の交換で交換会が終了するプレゼントの受け取り方は 2 →エ 通りある。

したがって，1回目の交換で交換会が終了する確率は

$$\frac{2}{6}=\frac{1}{3} \rightarrow \frac{オ}{カ}$$

である。

(iii) 3人で交換会を開く場合，1回の交換で交換会が終了しない確率は，余事象の確率を考えれば，(ii)より

$$1-\frac{1}{3}=\frac{2}{3}$$

これより，4回の交換のいずれでも交換会が終了しない確率は

$$\left(\frac{2}{3}\right)^4=\frac{16}{81}$$

よって，4回以下の交換で交換会が終了する確率は，余事象の確率を考えて

$$1-\frac{16}{81}=\frac{65}{81} \rightarrow \frac{キク}{ケコ}$$

である。

(2) 4人で交換会を開く場合，1回目の交換で交換会が終了しないプレゼントの受け取り方の総数を求めるために，自分の持参したプレゼントを受け取る人数によって場合分けをする。

• 4人のうち，ちょうど1人が自分の持参したプレゼントを受け取る場合

4人のうち，自分の持参したプレゼントを受け取る1人の選び方が${}_4C_1$通り。

残りの３人は自分の持参したプレゼントを受け取らないから，プレゼントの受け取り方は，(1)の(ii)より，２通り。
よって，４人のうち，ちょうど１人が自分の持参したプレゼントを受け取る場合は

$${}_4C_1\times 2=4\times 2=\boxed{8}$$ →サ 通り

ある。

• ４人のうち，ちょうど２人が自分の持参したプレゼントを受け取る場合
４人のうち，自分の持参したプレゼントを受け取る２人の選び方が ${}_4C_2$ 通り。
残りの２人は自分の持参したプレゼントを受け取らないから，プレゼントの受け取り方は，(1)の(i)より，１通り。
よって，４人のうち，ちょうど２人が自分の持参したプレゼントを受け取る場合は

$${}_4C_2\times 1=\boxed{6}$$ →シ 通り

ある。

• ４人のうち，３人が自分の持参したプレゼントを受け取る場合
残りの１人も自分の持参したプレゼントを受け取ることになるから，４人全員が自分の持参したプレゼントを受け取る場合になり，プレゼントの受け取り方は

１通り

このように考えると，１回目のプレゼントの受け取り方のうち，１回目の交換で交換会が終了しない受け取り方の総数は

$$8+6+1=\boxed{15}$$ →スセ

である。
プレゼントの受け取り方の総数は $4!$ 通りだから，１回目の交換で交換会が終了する受け取り方の総数は

$$4!-15=24-15=9 \quad \cdots\cdots①$$

したがって，１回目の交換で交換会が終了する確率は

$$\frac{9}{4!}=\frac{9}{24}=\frac{\boxed{3}}{\boxed{8}}$$ →$\frac{ソ}{タ}$

である。

(3)　５人で交換会を開く場合，１回目の交換で交換会が終了しないプレゼントの受け取り方の総数を求めるために，自分の持参したプレゼントを受け取る人数によって場合分けをする。

• ５人のうち，ちょうど１人が自分の持参したプレゼントを受け取る場合
５人のうち，自分の持参したプレゼントを受け取る１人の選び方が ${}_5C_1$ 通り。
残りの４人は自分の持参したプレゼントを受け取らないから，プレゼントの受け取り方は，(2)の①より，９通り。
よって，５人のうち，ちょうど１人が自分の持参したプレゼントを受け取る場合は

$${}_5C_1 \times 9 = 5 \times 9 = 45 \text{ 通り}$$

ある。

• 5人のうち，ちょうど2人が自分の持参したプレゼントを受け取る場合

5人のうち，自分の持参したプレゼントを受け取る2人の選び方が ${}_5C_2$ 通り。

残りの3人は自分の持参したプレゼントを受け取らないから，プレゼントの受け取り方は，(1)の(ii)より，2通り。

よって，5人のうち，ちょうど2人が自分の持参したプレゼントを受け取る場合は

$${}_5C_2 \times 2 = 10 \times 2 = 20 \text{ 通り}$$

ある。

• 5人のうち，ちょうど3人が自分の持参したプレゼントを受け取る場合

5人のうち，自分の持参したプレゼントを受け取る3人の選び方が ${}_5C_3$ 通り。

残りの2人は自分の持参したプレゼントを受け取らないから，プレゼントの受け取り方は，(1)の(i)より，1通り。

よって，5人のうち，ちょうど3人が自分の持参したプレゼントを受け取る場合は

$${}_5C_3 \times 1 = {}_5C_2 = 10 \text{ 通り}$$

ある。

• 5人のうち，4人が自分の持参したプレゼントを受け取る場合

残りの1人も自分の持参したプレゼントを受け取ることになるから，5人全員が自分の持参したプレゼントを受け取る場合になり，プレゼントの受け取り方は

1通り

このように考えると，1回目のプレゼントの受け取り方のうち，1回目の交換で交換会が終了しない受け取り方の総数は

$$45 + 20 + 10 + 1 = 76$$

である。

プレゼントの受け取り方の総数は5!通りだから，1回目の交換で交換会が終了する受け取り方の総数は

$$5! - 76 = 120 - 76 = 44 \quad \cdots\cdots②$$

したがって，1回目の交換で交換会が終了する確率は

$$\frac{44}{5!} = \frac{44}{120} = \frac{\boxed{11}}{\boxed{30}} \quad \rightarrow \frac{\text{チツ}}{\text{テト}}$$

である。

(4)　A，B，C，D，Eの5人が交換会を開く。

1回目の交換でA，B，C，Dがそれぞれ自分以外の人の持参したプレゼントを受け取るのは

(ア)　A，B，C，Dがそれぞれ自分以外の人の持参したプレゼントを受け取り，E

が自分の持参したプレゼントを受け取る場合

(イ) A, B, C, D, Eの5人全員が自分以外の人の持参したプレゼントを受け取る場合

のいずれかである。

(ア)となる場合は, (2)の①より, 9通り, (イ)となる場合は, (3)の②より, 44通りだから, 1回目の交換でA, B, C, Dがそれぞれ自分以外の人の持参したプレゼントを受け取るプレゼントの受け取り方は

$9+44=53$ 通り

1回目の交換でA, B, C, Dがそれぞれ自分以外の人の持参したプレゼントを受け取って, かつ, その回で交換会が終了するプレゼントの受け取り方は, (イ)となる場合だから

44通り

よって, 求める条件付き確率は

$$\frac{44}{53} \rightarrow \frac{ナニ}{ヌネ}$$

である。

解説

プレゼント交換に関する確率の問題であり, 完全順列（攪乱順列）とよばれる順列に関する考察を題材とした問題である。類題の経験があればそれほど難しくはないが, 類題の経験がない場合でも, 誘導に従っていけば考えやすい問題となっている。また, 難関大学の入試問題で出題されるテーマであり, 「数学B」の漸化式の知識が必要となるが, n 人でプレゼント交換会を開く場合に1回の交換で全員が自分以外の人の持参したプレゼントを受け取る受け取り方の総数を M_n とするとき,

$M_n=(n-1)(M_{n-1}+M_{n-2})$ $(n \geqq 3)$ が成り立つ。仮に, この知識まで持っていた場合には, (1)・(2)の結果から(3)の答えをすばやく求めることができる。

(1) (i)・(ii) プレゼントの受け取り方の総数は少ないため, 樹形図を用いてすべてのプレゼントの受け取り方を書き出してしまった方が, 速く正確に処理できる。

(iii) 事象「4回以下の交換で交換会が終了する」の余事象は, 「4回の交換のすべてにおいて交換会が終了しない」となる。4回以下の交換で交換会が終了する確率を余事象の確率を考えずに求めると, 1回目, 2回目, 3回目, 4回目の交換で初めて交換会が終了する確率をそれぞれ求めることになり, 手間がかかってしまう。

(2) 構想に基づいて求める意図を把握することで, (1)の結果を利用できることに気づきたい。

4人のうち3人が自分の持参したプレゼントを受け取る場合と, 4人全員が自分の持参したプレゼントを受け取る場合は, 結局のところ, 同じことを考えていること

になるので注意すること。

(3)　(2)の構想と同様にして求めればよい。

(4)　１回目の交換でA，B，C，Dがそれぞれ自分以外の人の持参したプレゼントを受け取ったとき

(ア)　Eが自分の持参したプレゼントを受け取る場合

あるいは

(イ)　Eが自分以外の人の持参したプレゼントを受け取る場合

のどちらかとなる。

(ア)となる場合は，A，B，C，Dの４人が自分以外の人の持参したプレゼントを受け取る受け取り方の総数(2)の①が利用できる。

１回目の交換でA，B，C，Dがそれぞれ自分以外の人の持参したプレゼントを受け取って，かつ，その回で交換会が終了するプレゼントの受け取り方は，(イ)となる場合である。

第4問 やや難 整数の性質 《不定方程式》

(1)　$5^4=625$ を $2^4=16$ で割ったときの商は39，余りは1だから

$$5^4=2^4\cdot 39+1 \quad \cdots\cdots ③$$

すなわち，$5^4\cdot 1-2^4\cdot 39=1$　……④ が成り立つ。

このことを用いると，不定方程式 $5^4x-2^4y=1$　……① の整数解のうち，x が正の整数で最小になるのは

$$x=\boxed{1} \quad \to ア,\quad y=\boxed{39} \quad \to イウ$$

であることがわかる。

また，①－④より

$$5^4(x-1)-2^4(y-39)=0 \quad すなわち \quad 5^4(x-1)=2^4(y-39)$$

5^4 と 2^4 は互いに素なので，k を整数として

$$x-1=2^4k,\quad y-39=5^4k$$

と表されるから

$$x=16k+1,\quad y=625k+39$$

よって，①の整数解のうち，x が2桁の正の整数で最小になるのは，$k=1$ のときで

$$x=16\cdot 1+1=\boxed{17} \quad \to エオ$$

$$y=625\cdot 1+39=\boxed{664} \quad \to カキク$$

である。

(2)　次に，625^2 を 5^5 で割ったときの余りと，2^5 で割ったときの余りについて考える。

まず

$$625^2=(5^4)^2=5^{\boxed{8}} \quad \to ケ$$

であり，また，$m=39$ とすると，③より

$$625^2=(5^4)^2=(2^4\cdot 39+1)^2=(2^4m+1)^2$$

$$=(2^4m)^2+2\cdot 2^4m\cdot 1+1^2=2^8m^2+2^{\boxed{5}}m+1 \quad \to コ$$

である。これらより

$$625^2=5^5\cdot 5^3 \quad \cdots\cdots ⑤$$

$$625^2=2^5(2^3m^2+m)+1 \quad \cdots\cdots ⑥$$

だから，625^2 を 5^5 で割ったときの余りは0，2^5 で割ったときの余りは1であることがわかる。

(3)　(2)の考察は，不定方程式 $5^5x-2^5y=1$　……② の整数解を調べるために利用できる。

5^5x は 5^5 の倍数であり，②より

$5^5x=2^5y+1$　……⑦

なので，5^5x を 2^5 で割ったときの余りは 1 となる。

よって，(2)の⑤，⑥と⑦により

$$5^5x-625^2=5^5x-5^5\cdot5^3=5^5(x-5^3)$$

$$5^5x-625^2=(2^5y+1)-\{2^5(2^3m^2+m)+1\}=2^5(y-2^3m^2-m)$$

だから，5^5x-625^2 は 5^5 でも 2^5 でも割り切れる。

5^5 と 2^5 は互いに素なので，5^5x-625^2 は $5^5\cdot2^5$ の倍数であるから

$5^5x-625^2=5^5\cdot2^5l$　（l：整数）

とおける。この両辺を 5^5 で割れば

$x-5^3=2^5l$　すなわち　$x=2^5l+5^3=32l+125$

このことから，②の整数解のうち，x が 3 桁の正の整数で最小になるのは，$l=0$ のときで

$x=32\cdot0+125=$ 125　→サシス

このとき，$x=125=5^3$ を②に代入すれば

$5^5\cdot5^3-2^5y=1$　　$2^5y=5^5\cdot5^3-1$

$$y=\frac{5^8-1}{2^5}=\frac{(5^4+1)(5^4-1)}{2^5}=\frac{(5^4+1)(5^2+1)(5^2-1)}{2^5}=\frac{626\cdot26\cdot24}{2^5}$$

$=313\cdot13\cdot3=$ 12207　→セソタチツ

(4)　(1)～(3)と同様にして，不定方程式 $11^5x-2^5y=1$　……⑧ の整数解について調べる。

$11^4=14641$ を $2^4=16$ で割ったときの商は 915，余りは 1 だから

$11^4=2^4\cdot915+1$　……⑨

が成り立つ。

次に，14641^2 を 11^5 で割ったときの余りと，2^5 で割ったときの余りについて考える。

まず

$14641^2=(11^4)^2=11^8=11^5\cdot11^3$　……⑩

であり，また，$n=915$ とすると，⑨より

$$14641^2=(11^4)^2=(2^4\cdot915+1)^2=(2^4n+1)^2=2^8n^2+2^5n+1$$
$$=2^5(2^3n^2+n)+1\quad\cdots\cdots⑪$$

である。

これらより，14641^2 を 11^5 で割ったときの余りは 0，2^5 で割ったときの余りは 1 であることがわかる。

さらに，11^5x は 11^5 の倍数であり，⑧より

$11^5x=2^5y+1$ ……⑫

なので，11^5x を 2^5 で割ったときの余りは 1 となる。

よって，⑩，⑪と⑫により

$$11^5x-14641^2=11^5x-11^5\cdot 11^3=11^5(x-11^3)$$

$$11^5x-14641^2=(2^5y+1)-\{2^5(2^3n^2+n)+1\}=2^5(y-2^3n^2-n)$$

だから，$11^5x-14641^2$ は 11^5 でも 2^5 でも割り切れる。

11^5 と 2^5 は互いに素なので，$11^5x-14641^2$ は $11^5\cdot 2^5$ の倍数であるから

$$11^5x-14641^2=11^5\cdot 2^5j \quad (j：整数)$$

とおける。この両辺を 11^5 で割れば

$$x-11^3=2^5j \quad すなわち \quad x=2^5j+11^3=32j+1331 \quad ……⑬$$

このことから，⑧の整数解のうち，x が正の整数で最小になるのは，$1331=32\cdot 41+19$ であることに注意すれば，$j=-41$ のときで

$$x=32\cdot(-41)+1331=\boxed{19}$$ →テト

このとき，$x=19$ を⑧に代入すれば

$$11^5\cdot 19-2^5y=1 \qquad 2^5y=11^5\cdot 19-1 \qquad y=\frac{11^5\cdot 19-1}{2^5}$$

ここで，⑬は $x=19$，$j=-41$ のとき成り立つから

$$19=2^5\cdot(-41)+11^3$$

すなわち，$11^3=19-2^5\cdot(-41)=19+2^5\cdot 41$ であるから

$$y=\frac{11^5\cdot 19-1}{2^5}=\frac{11^3\cdot 11^2\cdot 19-1}{2^5}=\frac{(19+2^5\cdot 41)\cdot 11^2\cdot 19-1}{2^5}$$

$$=\frac{11^2\cdot 19^2+2^5\cdot 41\cdot 11^2\cdot 19-1}{2^5}=\frac{2^5\cdot 41\cdot 11^2\cdot 19+\{(11\cdot 19)^2-1\}}{2^5}$$

$$=\frac{2^5\cdot 41\cdot 11^2\cdot 19+(11\cdot 19+1)(11\cdot 19-1)}{2^5}$$

$$=\frac{2^5\cdot 41\cdot 11^2\cdot 19+210\cdot 208}{2^5}=41\cdot 11^2\cdot 19+105\cdot 13$$

$$=94259+1365=\boxed{95624}$$ →ナニヌネノ

別解　ナ～ノについて

このとき，$x=19$ を⑧に代入すれば

$$11^5\cdot 19-2^5y=1 \qquad 2^5y=11^5\cdot 19-1 \qquad y=\frac{11^5\cdot 19-1}{2^5}$$

ここで，⑨より，$11^4=2^4\cdot 915+1$ なので

$$y=\frac{11^5\cdot 19-1}{2^5}=\frac{11^4\cdot 11\cdot 19-1}{2^5}=\frac{(2^4\cdot 915+1)\cdot 11\cdot 19-1}{2^5}$$

$$=\frac{2^4\cdot915\cdot11\cdot19+11\cdot19-1}{2^5}=\frac{2^4\cdot915\cdot11\cdot19+208}{2^5}$$

$$=\frac{915\cdot11\cdot19+13}{2}=\frac{191235+13}{2}=95624$$

解説

係数の値が大きい1次不定方程式の整数解を，係数の剰余などを利用することで求めさせる問題。誘導は与えられているが，その誘導に沿った計算の方針が立てづらく，計算も煩雑である。全体的に取り組みづらい問題であったと思われる。

(1) 不定方程式①の整数解のうち，x が2桁の正の整数で最小になるには，$x>9$ より，$(x=)\,16k+1>9$ すなわち $k>\frac{1}{2}$ なので，k は1以上の整数となるから，$k=1$として $x=17$ を求める。

(2) $625^2=2^{\boxed{ケ}}m^2+2^{\boxed{コ}}m+1$ は，$m=\boxed{イウ}$ とするので，(1)を利用させるための誘導となっている。$625^2=(5^4)^2$ なので，(1)の問題文にある「$5^4=625$ を 2^4 で割ったときの余りは1に等しい」を数式で表した③を用いることになる。

(3) 基本的には誘導に従えばよいが，誘導となる問題文の意図が読み取りづらく，計算力も要するため，戸惑った受験生が多かっただろう。

不定方程式②の整数解のうち，x が3桁の正の整数で最小になるには，$x>99$ より，$(x=)\,32l+125>99$ すなわち $l>-\frac{13}{16}$ なので，l は0以上の整数となるから，$l=0$ として $x=125$ を求める。

$y=\frac{5^8-1}{2^5}$ の分子を和と差の積の形に因数分解してから計算すると，計算が簡略化できるが，試験場でこのやり方が思いつかなければ，単純に計算するとよい。

(4) (1)～(3)の流れを再現する思考力が必要であり，計算力も要求されるため，難しい。苦戦した受験生が多かったと思われる。

不定方程式⑧の整数解のうち，x が正の整数で最小になるには，1331を32で割ったときの商と余りを考えて，$1331=32\cdot41+19$ すなわち $19=32\cdot(-41)+1331$ に注意することで $x=19$ が求まる。$x>0$ より，$(x=)\,32j+1331>0$ すなわち $j>-\frac{1331}{32}=-41.59375$ なので，j は -41 以上の整数となるから，$j=-41$ として $x=19$ を求めてもよい。

$y=\frac{11^5\cdot19-1}{2^5}$ を求める際，〔解答〕や〔別解〕のような上手な解法はなかなか試験中に思いつくものではないので，そのような場合には少々大変にはなるが，単純に計算するしかない。

第5問　やや難　図形の性質　《重心，メネラウスの定理，方べきの定理》

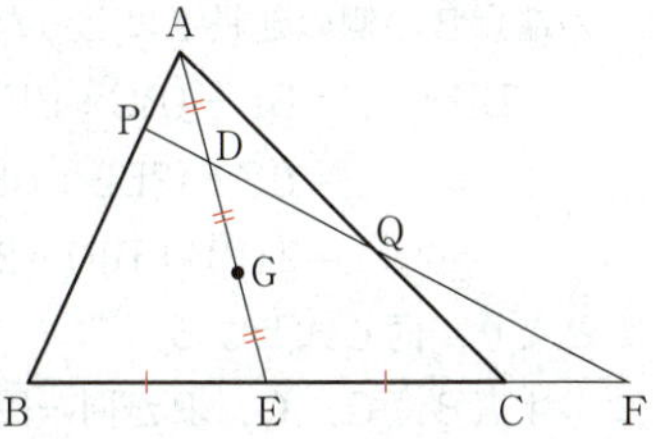

(1)　点Gは△ABCの重心なので

$$AG:GE=2:1$$

点Dは線分AGの中点であるとすると

$$AD:DG=1:1$$

なので

$$AD:DE=1:2$$

このとき，△ABCの形状に関係なく

$$\frac{AD}{DE}=\frac{\boxed{1}}{\boxed{2}} \quad \to \frac{ア}{イ}$$

また，△ABEと直線PDにメネラウスの定理を用いれば，点Fの位置に関係なく

$$\frac{BP}{PA}\cdot\frac{AD}{DE}\cdot\frac{EF}{FB}=1$$

$$\frac{BP}{AP}=\frac{DE}{AD}\cdot\frac{BF}{EF}$$

$$\frac{BP}{AP}=\boxed{2}\times\frac{BF}{EF}\left(\frac{\boxed{①}}{\boxed{③}}\right) \quad \to ウ,\ \frac{エ}{オ}$$

△AECと直線DQにメネラウスの定理を用いれば，点Fの位置に関係なく

$$\frac{CQ}{QA}\cdot\frac{AD}{DE}\cdot\frac{EF}{FC}=1$$

$$\frac{CQ}{AQ}=\frac{DE}{AD}\cdot\frac{CF}{EF}$$

$$\frac{CQ}{AQ}=\boxed{2}\times\frac{CF}{EF}\left(\frac{\boxed{②}}{\boxed{③}}\right) \quad \to カ,\ \frac{キ}{ク}$$

これより

$$\frac{BP}{AP}+\frac{CQ}{AQ}=2\times\frac{BF}{EF}+2\times\frac{CF}{EF}=2\times\frac{BF+CF}{EF}$$

ここで，点Eは，直線AGと辺BCの交点より，辺BCの中点なので

$$BC=2BE=2EC$$

となるから

$$BF+CF=(BC+CF)+CF=(2EC+CF)+CF$$
$$=2(EC+CF)=2EF$$

したがって，つねに

$$\frac{BP}{AP}+\frac{CQ}{AQ}=2\times\frac{BF+CF}{EF}=2\times\frac{2EF}{EF}=\boxed{4} \quad \to ケ$$

（注）　ここでは，点Fを辺BCの端点Cの側の延長上にとったが，右図のように，点Fを辺BCの端点Bの側の延長上にとった場合も

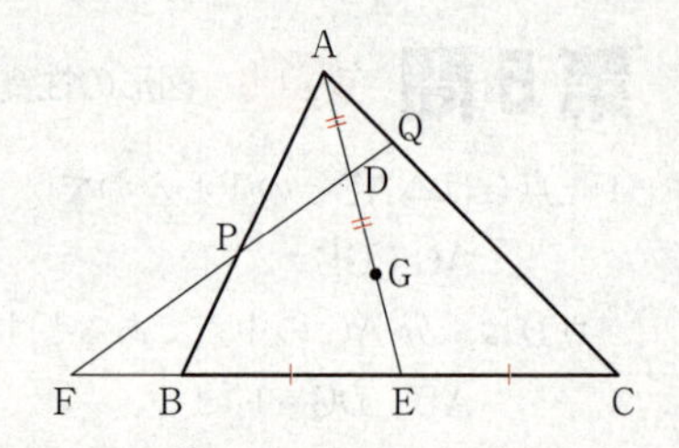

$$\begin{aligned} BF+CF &= BF+(BC+BF) \\ &= BF+(2BE+BF) \\ &= 2(BE+BF)=2EF \end{aligned}$$

となり，同じ式となる。

⑵　4点B，C，Q，Pが同一円周上にあるように点Fをとると，点Fは辺BCの端点Cの側の延長上にある。

4点B，C，Q，Pが同一円周上にあるので，方べきの定理を用いると

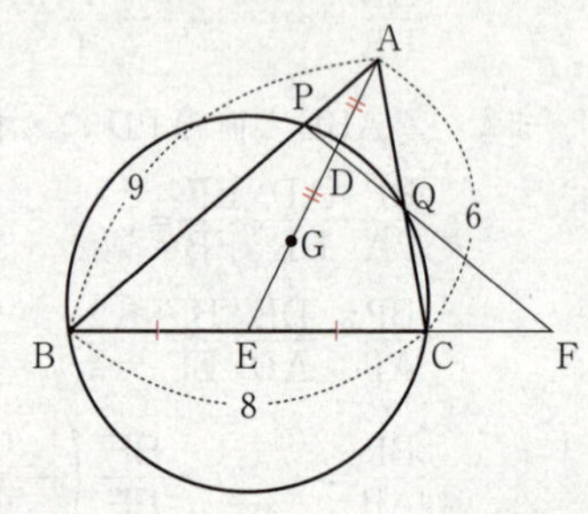

$$AP\cdot AB=AQ\cdot AC$$

AB＝9，AC＝6より

$$AP\cdot 9=AQ\cdot 6$$

$$\therefore\quad AQ=\frac{\boxed{3}}{\boxed{2}}AP \quad \to \frac{コ}{サ}$$

であるから，$AP=x$ $(x>0)$ とおくと

$$AQ=\frac{3}{2}x$$

であり

$$BP=AB-AP=9-x$$

$$CQ=AC-AQ=6-\frac{3}{2}x$$

と表せる。

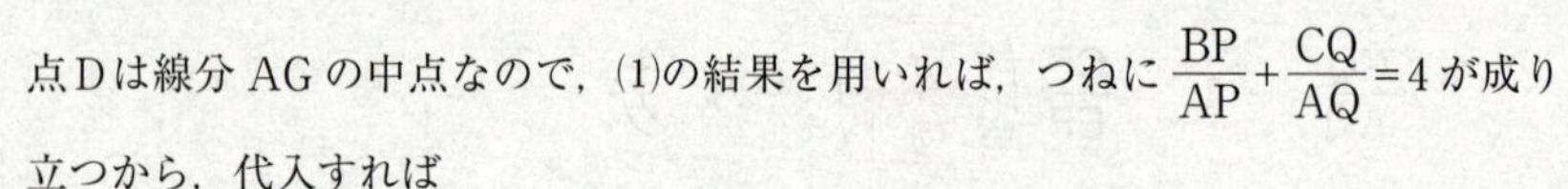

点Dは線分AGの中点なので，⑴の結果を用いれば，つねに $\dfrac{BP}{AP}+\dfrac{CQ}{AQ}=4$ が成り立つから，代入すれば

$$\frac{9-x}{x}+\frac{6-\frac{3}{2}x}{\frac{3}{2}x}=4 \qquad \frac{9-x}{x}+\frac{4-x}{x}=4$$

両辺を x 倍して

$$(9-x)+(4-x)=4x \qquad \therefore\quad x=\frac{13}{6}$$

したがって

$$AP=x=\frac{\boxed{13}}{\boxed{6}} \quad \to \frac{シス}{セ}$$

$$AQ=\frac{3}{2}x=\frac{3}{2}\cdot\frac{13}{6}=\frac{\boxed{13}}{\boxed{4}}\quad\rightarrow\frac{ソタ}{チ}$$

また

$$BP=9-x=9-\frac{13}{6}=\frac{41}{6}$$

$$CQ=6-\frac{3}{2}x=6-\frac{13}{4}=\frac{11}{4}$$

$CF=y$（$y>0$）とおくと，点Fは辺BCの端点Cの側の延長上にあるので

$$BF=BC+CF=8+y$$

となるから，△ABCと直線PQにメネラウスの定理を用いれば

$$\frac{AP}{PB}\cdot\frac{BF}{FC}\cdot\frac{CQ}{QA}=1$$

$$\frac{\frac{13}{6}}{\frac{41}{6}}\cdot\frac{8+y}{y}\cdot\frac{\frac{11}{4}}{\frac{13}{4}}=1\qquad\frac{13}{41}\cdot\frac{8+y}{y}\cdot\frac{11}{13}=1$$

両辺を$41y$倍して

$$11(8+y)=41y\qquad\therefore\quad y=\frac{44}{15}$$

よって

$$CF=y=\frac{\boxed{44}}{\boxed{15}}\quad\rightarrow\frac{ツテ}{トナ}$$

(3)　$\dfrac{AD}{DE}=k$（$k>0$）とおくと，(1)の計算過程と同様に考えることで，点Fの位置に関係なく

$$\frac{BP}{AP}=\frac{DE}{AD}\cdot\frac{BF}{EF}=\frac{1}{k}\times\frac{BF}{EF}$$

$$\frac{CQ}{AQ}=\frac{DE}{AD}\cdot\frac{CF}{EF}=\frac{1}{k}\times\frac{CF}{EF}$$

であり，つねに

$$\frac{BP}{AP}+\frac{CQ}{AQ}=\frac{1}{k}\times\frac{BF+CF}{EF}=\frac{1}{k}\times\frac{2EF}{EF}$$

$$=\frac{2}{k}$$

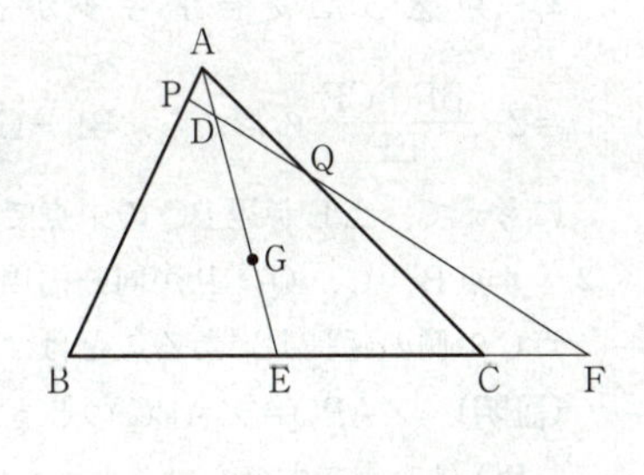

となる。

これより，△ABCの形状や点Fの位置に関係なく，つねに$\dfrac{BP}{AP}+\dfrac{CQ}{AQ}=10$となるのは

$$\frac{2}{k}=10 \qquad \therefore \quad k=\frac{1}{5}$$

のときだから

$$\frac{\mathrm{AD}}{\mathrm{DE}}=k=\frac{1}{5}$$

すなわち　　AD：DE＝1：5

これと AG：GE＝2：1＝4：2 を合わせて考えれば

AD：DG＝1：3

すなわち，$\dfrac{\mathrm{AD}}{\mathrm{DG}}=\dfrac{\boxed{1}}{\boxed{3}}$ → $\dfrac{ニ}{ヌ}$ のときである。

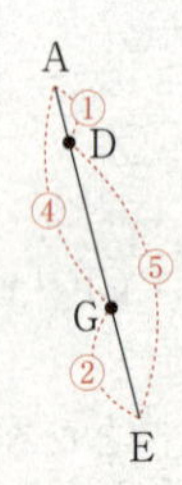

解説

三角形の線分比と円に関する平面図形の問題。条件にあった図を描くことが難しく，誘導も少ないため，重心の性質，メネラウスの定理，方べきの定理を適切に使い分けられるかどうかが試される問題であった，

(1)　問題文「線分 AG 上で点Aとは異なる位置に点Dをとる」の〰部分を「直線」と読み違えてしまうと，点Dの位置をとり違えてしまうこともあるので，「線分」と「直線」の違いをしっかりと理解することも含めて，注意すべきである。

ウ ～ ク については，求めたい式が $\dfrac{\mathrm{BP}}{\mathrm{AP}}$，$\dfrac{\mathrm{CQ}}{\mathrm{AQ}}$ であることから，メネラウスの定理を用いることを思いつく。「図形の性質」において，メネラウスの定理は頻出であるから，つねに頭の片隅に置いておかなければならない。

$\dfrac{\mathrm{BP}}{\mathrm{AP}}+\dfrac{\mathrm{CQ}}{\mathrm{AQ}}=$ ケ については，先の形を見据えながら式変形をする必要があるため，戸惑った受験生も多かったと思われる。この式の形と，$\dfrac{\mathrm{BP}}{\mathrm{AP}}+\dfrac{\mathrm{CQ}}{\mathrm{AQ}}=2\times\dfrac{\mathrm{BF}+\mathrm{CF}}{\mathrm{EF}}$ の形から，BF＋CF が EF となるような式変形ができないかを中心に考えて，点Eが辺 BC の中点であることを利用することに気づきたい。

(2)　4点B，C，Q，Pが同一円周上にあるように点Fをとると，点Fが辺 BC の端点Cの側の延長上にあることは，以下のように証明することができる。

(証明)　∠APQ＝∠ABC のとき，直線 BC と直線 PQ は平行であり，2直線 BC，PQ は交点をもたないことから

- ∠APQ＜∠ABC のとき，2直線 BC，PQ は辺 BC の端点Bの側の延長上で交わる。
- ∠APQ＞∠ABC のとき，2直線 BC，PQ は辺 BC の端点Cの側の延長上で交わる。

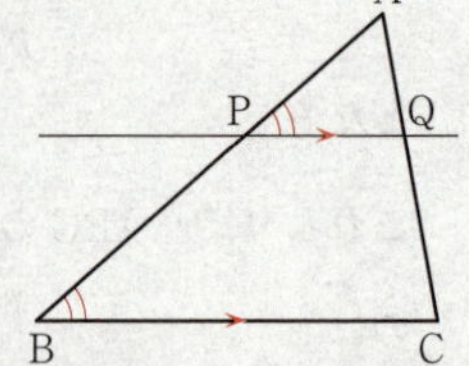

となることがわかる。

したがって，点Fが辺BCの端点Cの側の延長上にあることを示すためには，$\angle APQ > \angle ABC$ であることが示せればよい。

4点B，C，Q，Pは同一円周上にあるから，四角形BCQPの1つの内角と，その対角の外角は等しいので

$\angle APQ = \angle BCQ$　……①

△ABCにおいて，$AB=9$，$AC=6$ より，$AB > AC$ なので

$\angle BCA > \angle ABC$　……②

よって，①，②より

$\angle APQ = \angle BCQ\ (= \angle BCA) > \angle ABC$

$\therefore$　$\angle APQ > \angle ABC$

が成り立つ。　　(証明終)

本問では，試験中に点Fが辺BCの端点Cの側の延長上にあることの証明まで考えている時間的な余裕はない。仮に点Fを辺BCの端点Bの側の延長上にとってしまった場合でも，方べきの定理と(1)の結果によってAP，AQ，BP，CQは求まるが，$CF=y$ とおくとき，$BF=CF-BC=y-8$ となるから，メネラウスの定理 $\dfrac{AP}{PB}\cdot\dfrac{BF}{FC}\cdot\dfrac{CQ}{QA}=1$ により，$CF=-\dfrac{44}{15}$ となって，CFが負の値になってしまう。その時点で点Fが辺BCの端点Cの側の延長上にある可能性を検討してほしい。

センター試験も含めた近年では，正確な図を描く力を試す出題が続いている。今後もこの流れは続くものと予想されるので，普段から問題を解く際に，正しい図を描く意識をもって問題演習に取り組むとよい。

$AQ=\dfrac{\boxed{コ}}{\boxed{サ}}AP$ については，APとAQの比がわかればよいので，三角形と円が関係する図を参考にして考えれば，方べきの定理を用いることは気づけるだろう。「図形の性質」においては，方べきの定理も頻出であるから，しっかりと使いこなせるようにしておきたい。

$AP=x$ とおいてAP，AQの長さを(1)の結果を用いて求める際，(1)では点Dが線分AGの中点であるとき，△ABCの形状と点Fの位置に関係なく，つねに $\dfrac{BP}{AP}+\dfrac{CQ}{AQ}=4$ が成り立つことが示せたので，(1)の結果を利用するためには，点Dが線分AGの中点であるかどうかを確認する必要がある。

$AP=x=\dfrac{13}{6}$ が求まれば，AQ，さらに，BP，CQが求まるので，CFの長さを求め

るためにメネラウスの定理を用いる。

(3)　(1)の考え方に注目できたかどうかで差がつく問題である。(1)と同様に，点Fを辺BCの端点Bの側の延長上にとった場合には，〔解答〕とすべて同じ式になる。

(1)を俯瞰すると，$\frac{AD}{DE}$の値が求まることで$\frac{BP}{AP}+\frac{CQ}{AQ}$の値が求まるわけだから，

$\frac{AD}{DE}=k$とおいて$\frac{BP}{AP}+\frac{CQ}{AQ}=10$となる$k$の値を求める。

$\frac{AD}{DE}=k$の値が求まれば，点Gが△ABCの重心より，AG：GE＝2：1なので，

AD：DGすなわち$\frac{AD}{DG}$の値を求めることができる。

数学Ⅱ・数学B 本試験

問題番号(配点)	解答記号	正解	配点	チェック
第1問 (30)	(ア, イ)	(2, 5)	1	
	ウ	5	1	
	エ	③	2	
	オ	0	2	
	カ	⓪	2	
	$\frac{キ}{ク}$	$\frac{1}{2}$	1	
	ケ	①	2	
	$\frac{コ}{サ}$	$\frac{4}{3}$	2	
	シ	⑤	2	
	ス	2	2	
	セ	8	3	
	ソ	①	2	
	タ	①	1	
	チ	③	2	
	ツ	⓪	2	
	テ	②	3	

問題番号(配点)	解答記号	正解	配点	チェック
第2問 (30)	ア	①	2	
	イ	⓪	2	
	ウ	③	2	
	エ	②	2	
	オカ$\sqrt{キ}$	$-2\sqrt{2}$	2	
	ク	2	2	
	ケ, コ	①, ④ (解答の順序は問わない)	6 (各3)	
	サ, シス	b, $2b$	2	
	セ, ソ	②, ①	2	
	タ	②	2	
	$\frac{チツ}{テ}$, ト, ナニ, ヌ	$\frac{-1}{6}$, 9, 12, 5	4	
	$\frac{ネ}{ノ}$	$\frac{5}{2}$	2	

問題番号(配点)	解答記号	正 解	配 点	チェック
第3問 (20)	0.アイ	0.25	2	
	ウエオ	100	2	
	カ	②	2	
	キ	②	3	
	ク	1	2	
	ケ，コ	4，2	2	
	サ	3	2	
	シス	11	2	
	セ	②	3	
第4問 (20)	ア	4	1	
	イ	8	1	
	ウ	7	1	
	エ	③	2	
	オ	④	2	
	a_n＋カb_n＋キ	a_n+2b_n+2	2	
	ク	1	2	
	ケ	⑦	2	
	コ	⑨	3	
	サ	4	2	
	シスセ	137	2	

問題番号(配点)	解答記号	正 解	配 点	チェック
第5問 (20)	$\frac{\text{アイ}}{\text{ウ}}$	$\frac{-2}{3}$	1	
	エ，オ	①，⓪	2	
	カ，キ	④，⓪	2	
	$\frac{\text{ク}}{\text{ケ}}$	$\frac{3}{5}$	2	
	$\frac{\text{コ}}{\text{サ}t-\text{シ}}$	$\frac{3}{5t-3}$	2	
	ス	③	2	
	セ	⓪	2	
	ソ	6	2	
	タ	−	1	
	チ$\overrightarrow{\mathrm{OA}}$＋ツ$\overrightarrow{\mathrm{OB}}$	$2\overrightarrow{\mathrm{OA}}+3\overrightarrow{\mathrm{OB}}$	1	
	$\frac{\text{テ}}{\text{ト}}$	$\frac{3}{4}$	3	

(注）第１問，第２問は必答。第３問～第５問のうちから２問選択。計４問を解答。

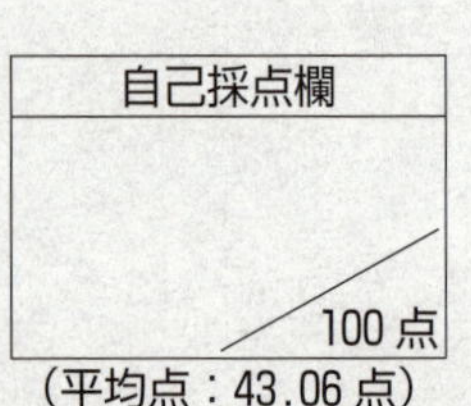

（平均点：43.06 点）

第1問 ―― 図形と方程式，指数・対数関数

〔1〕 標準 《不等式の表す領域，円と直線》

(1) 領域 D は，不等式

$$x^2+y^2-4x-10y+4\leqq 0$$

で表され，この不等式は

$$(x-2)^2+(y-5)^2\leqq 5^2$$

と変形されるから，領域 D は，中心が点（ 2 ， 5 ）→ア，イ，

半径が 5 →ウ の円の**周および内部** ③ →エ である。

(2) 右図において

$A(-8,\ 0)$，$Q(2,\ 5)$

$C : x^2+y^2-4x-10y+4=0$ ……①

である。

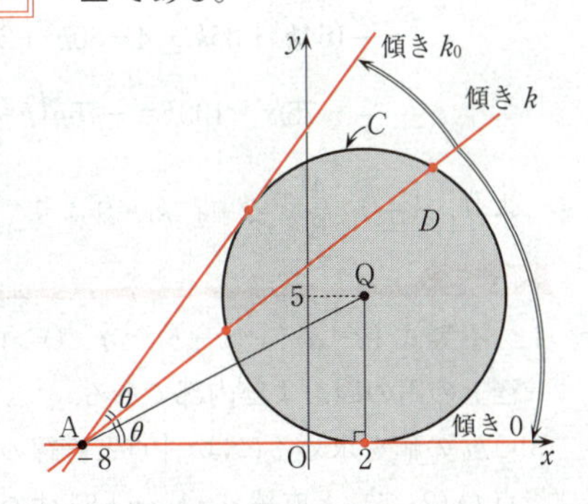

(i) 右図より，直線 $y=$ 0 →オ は点Aを通る C の接線の一つとなることがわかる。

(ii) 点Aを通り，傾きが k の直線 ℓ の方程式は

$$y=k(x+8)$$

と表せるから，これを①に代入して

$$x^2+\{k(x+8)\}^2-4x-10k(x+8)+4=0$$

すなわち

$$(k^2+1)x^2+2(8k^2-5k-2)x+(64k^2-80k+4)=0 \quad \cdots\cdots②$$

が得られる。この方程式が**重解をもつ** ⓪ →カ ときの k の値が接線の傾きとなる。

(iii) x 軸と直線AQのなす角を θ $\left(0<\theta\leqq\dfrac{\pi}{2}\right)$ とすると，上図より

$$\tan\theta=\frac{5-0}{2-(-8)}=\frac{5}{10}=\frac{1}{2} \quad \to \frac{キ}{ク}$$

であり，直線 $y=0$ と異なる接線の傾きは $\tan 2\theta$ ① →ケ と表すことができる。

(iv) 点Aを通る C の接線のうち，直線 $y=0$ と異なる接線の傾きを k_0 とするとき，(2)の(iii)の考え方を用いれば

$$k_0=\tan 2\theta=\frac{2\tan\theta}{1-\tan^2\theta} \quad （2倍角の公式）$$

$$=\frac{2\times\frac{1}{2}}{1-\left(\frac{1}{2}\right)^2}=\frac{\frac{1}{3}}{\frac{3}{4}}=\frac{\boxed{4}}{\boxed{3}}\quad\to\text{コ}/\text{サ}$$

であることがわかる。

直線 ℓ と領域 D が共有点をもつような k の値の範囲は，前ページの図より，

$0\leqq k\leqq k_0$ ⑤ →シ である。

（注） (2)の(ii)の考え方を用いて k_0 を求めると次のようになる。

2次方程式②の判別式を D_1 とし，$D_1=0$ となるときの k の値を求める。

$$\frac{D_1}{4}=(8k^2-5k-2)^2-(k^2+1)(64k^2-80k+4)$$

$$=(64k^4+25k^2+4-80k^3+20k-32k^2)-(64k^4-80k^3+4k^2+64k^2-80k+4)$$

$$=-75k^2+100k=-75k\left(k-\frac{4}{3}\right)=0$$

より，$k=0,\ \frac{4}{3}$ となり，$k_0\neq0$ より，$k_0=\frac{4}{3}$ である。

解説

(1) 不等式 $(x-a)^2+(y-b)^2\leqq r^2$ $(r>0)$ の表す領域は，点 $(a,\ b)$ を中心とする半径 r の円の周および内部である。

(2) k_0 の値を求めるには，「点と直線の距離の公式」を用いることもできる。

点 $\mathrm{Q}(2,\ 5)$ と直線 $y=k_0(x+8)$ すなわち $k_0x-y+8k_0=0$ の距離が半径の5に等しいと考えて

$$\frac{|k_0\times2-5+8k_0|}{\sqrt{k_0^2+(-1)^2}}=5$$

を解けばよい。分母を払って，両辺を5で割ると

$$|2k_0-1|=\sqrt{k_0^2+1}$$

両辺を平方して

$$4k_0^2-4k_0+1=k_0^2+1\qquad 3k_0^2-4k_0=0$$

$k_0\neq0$ より　　$k_0=\frac{4}{3}$

と求まる。（注）の方法より簡単である。身につけておくべき方法である。

なお，2次方程式②が実数解をもつ条件（$D_1\geqq0$）として，$0\leqq k\leqq k_0=\frac{4}{3}$ が求まる。

$$\frac{D_1}{4}=-75k\left(k-\frac{4}{3}\right)\geqq0\quad\text{すなわち}\quad k\left(k-\frac{4}{3}\right)\leqq0$$

より，$0\leqq k\leqq\frac{4}{3}$ である。

〔2〕 標準 《対数の大小》

(1) $\log_3 9=$ 2 →ス，$\log_9 3=\dfrac{1}{2}$ である。

$2>\dfrac{1}{2}$ より，$\log_3 9>\log_9 3$ が成り立つ。

$\left(\dfrac{1}{4}\right)^{-\frac{3}{2}}=(2^{-2})^{-\frac{3}{2}}=2^3=8$ より　$\log_{\frac{1}{4}}$ 8 $=-\dfrac{3}{2}$ →セ

$8^{-\frac{2}{3}}=(2^3)^{-\frac{2}{3}}=2^{-2}=\dfrac{1}{4}$ より　$\log_8\dfrac{1}{4}=-\dfrac{2}{3}$

である。$-\dfrac{3}{2}<-\dfrac{2}{3}$ より，$\log_{\frac{1}{4}}8<\log_8\dfrac{1}{4}$ が成り立つ。

(2)　$\log_a b=t$ ……①

とおくとき

$\log_b a=\dfrac{1}{t}$ ……②

であることを示す。ただし，$a>0$，$b>0$，$a\neq1$，$b\neq1$ である。

①により，$a^t=b$ ① →ソ である。このことにより

$(a^t)^{\frac{1}{t}}=b^{\frac{1}{t}}$　すなわち　$a=b^{\frac{1}{t}}$ ① →タ

が得られ，$\log_b a=\dfrac{1}{t}$ すなわち②が成り立つ。

(3)　$t>\dfrac{1}{t}$　$(t\neq0)$ ……③

を解くと

$-1<t<0$，$1<t$

となる。このことを用いると，a の値を一つ定めたとき，不等式

$\log_a b>\log_b a=\dfrac{1}{\log_a b}$ ……④

を満たす実数 b（$b>0$，$b\neq1$）は

$-1<\log_a b<0$，$1<\log_a b$

を満たす。これらを $-1=\log_a a^{-1}=\log_a\dfrac{1}{a}$，$0=\log_a 1$，$1=\log_a a$ を用いて

$\log_a\dfrac{1}{a}<\log_a b<\log_a 1$，$\log_a a<\log_a b$

と書き換えておく。この不等式から，④を満たす b の値の範囲は，

$a>1$ のときは，$\dfrac{1}{a}<b<1$，$a<b$ ③ →チ であり，

$0<a<1$ のときは，$\frac{1}{a}>b>1$，$a>b$ すなわち $0<b<a$，$1<b<\frac{1}{a}$ 　⓪　→ツである。

(4)　$p=\frac{12}{13}$，$q=\frac{12}{11}$ のとき，$p<1<q$ であり

$$\frac{1}{p}-q=\frac{13}{12}-\frac{12}{11}=\frac{13\times 11-12^2}{12\times 11}=\frac{143-144}{12\times 11}<0$$

より　$\frac{1}{p}<q$　$\left(\frac{1}{q}<p<1\right)$

であるから，(3)の結果より（a を q，b を p とみて），$\log_p q<\log_q p$ が成り立つ。

$p=\frac{12}{13}$，$r=\frac{14}{13}$ のとき，$p<1<r$ であり

$$\frac{1}{p}-r=\frac{13}{12}-\frac{14}{13}=\frac{13^2-12\times 14}{12\times 13}=\frac{169-168}{12\times 13}>0$$

より　$\frac{1}{p}>r$　(>1)

であるから，(3)の結果より（a を p，b を r とみて），$\log_p r>\log_r p$ が成り立つ。

したがって，$p=\frac{12}{13}$，$q=\frac{12}{11}$，$r=\frac{14}{13}$ のとき

$\log_p q<\log_q p$　かつ　$\log_p r>\log_r p$　②　→テ

である。

解説

(1)・(2)　底の変換公式 $\log_a b=\frac{\log_c b}{\log_c a}$（$a>0$，$b>0$，$c>0$，$a\neq 1$，$c\neq 1$）を用いれば

$$\log_9 3=\frac{\log_3 3}{\log_3 9}=\frac{1}{2}$$

$$\log_a b=\frac{\log_b b}{\log_b a}=\frac{1}{\log_b a}$$

がわかる。

(3)　不等式③ $t>\frac{1}{t}$（$t\neq 0$）の解き方は問題文に書かれているが，右図のように，$y=t$ のグラフと $y=\frac{1}{t}$ のグラフを描くことによって，解が $-1<t<0$，$1<t$ であることは容易にわかる。

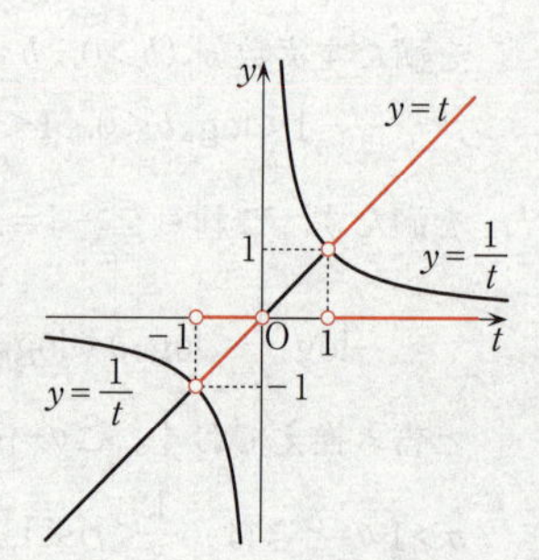

ポイント 対数関数の単調性

対数関数 $y=\log_a x$ （$a>0$，$a\neq 1$，$x>0$）は，$a>1$ のとき増加関数であり，$0<a<1$ のとき減少関数である。

したがって，$A>0$，$B>0$ として

$$\log_a A<\log_a B \iff \begin{cases} A<B & (a>1\text{ のとき}) \\ A>B & (0<a<1\text{ のとき}) \end{cases}$$

が成り立つ。重要性質である。

(4) 与えられた p，q は，$0<p<1<\frac{1}{p}<q$ を満たす。

$0<p<1$ であるから

$\frac{1}{p}<q$ より　　$\log_p \frac{1}{p}>\log_p q$　　∴　$-1>\log_p q$

$q>1$ であるから

$\frac{1}{p}<q$ より　　$\log_q \frac{1}{p}<\log_q q$　　∴　$-\log_q p<1$　すなわち　$\log_q p>-1$

以上から，$\log_p q<\log_q p$ を得る。$0<p<1<r<\frac{1}{p}$ についても同様である。

$\frac{1}{p}$ を考えるのは，(3)の結果に $\frac{1}{a}$ と b の比較があるからである。本問は(3)の結果から判断するのが本筋であるが，時間のないなかでは間違えやすい。慎重に処理したい。

第2問 ── 微分・積分

〔1〕 標準 《3次関数のグラフ，微分法の方程式への応用》

$f(x)=x^3-6ax+16$

(1) $a=0$ のとき，$f(x)=x^3+16$，$f'(x)=3x^2$ より

$f(0)=16>0$，$f'(x)\geqq 0$ （$x=0$ のときのみ $f'(x)=0$）

であるので，$y=f(x)$ のグラフは，y 切片が正，右上がりで，点 $(0,\ 16)$ における接線の傾きは0である。

よって，$a=0$ のときの $y=f(x)$ のグラフの概形は ① →ア である。

$a<0$ のとき，$f(x)=x^3-6ax+16$，$f'(x)=3x^2-6a$ より

$f(0)=16>0$，$f'(x)>0$

であるので，$y=f(x)$ のグラフは，y 切片が正，右上がりで，接線の傾きは常に正である。

よって，$a<0$ のときの $y=f(x)$ のグラフの概形は ⓪ →イ である。

(2) $a>0$ のとき

$$f'(x)=3x^2-6a=3(x^2-2a)$$
$$=3(x+\sqrt{2}a^{\frac{1}{2}})(x-\sqrt{2}a^{\frac{1}{2}})$$

であるから，$y=f(x)$ の増減表は右のようになる。

x	$\cdots$	$-\sqrt{2}a^{\frac{1}{2}}$	$\cdots$	$\sqrt{2}a^{\frac{1}{2}}$	$\cdots$
$f'(x)$	$+$	0	$-$	0	$+$
$f(x)$	↗	極大	↘	極小	↗

$$f(-\sqrt{2}a^{\frac{1}{2}})=(-\sqrt{2}a^{\frac{1}{2}})^3-6a(-\sqrt{2}a^{\frac{1}{2}})+16=-2\sqrt{2}a^{\frac{3}{2}}+6\sqrt{2}a^{\frac{3}{2}}+16$$
$$=4\sqrt{2}a^{\frac{3}{2}}+16 \quad（極大値）$$
$$f(\sqrt{2}a^{\frac{1}{2}})=(\sqrt{2}a^{\frac{1}{2}})^3-6a(\sqrt{2}a^{\frac{1}{2}})+16=2\sqrt{2}a^{\frac{3}{2}}-6\sqrt{2}a^{\frac{3}{2}}+16$$
$$=-4\sqrt{2}a^{\frac{3}{2}}+16 \quad（極小値）$$

に注意すると，曲線 $y=f(x)$ と直線 $y=p$ が3個の共有点をもつような p の値の範囲は，右図より

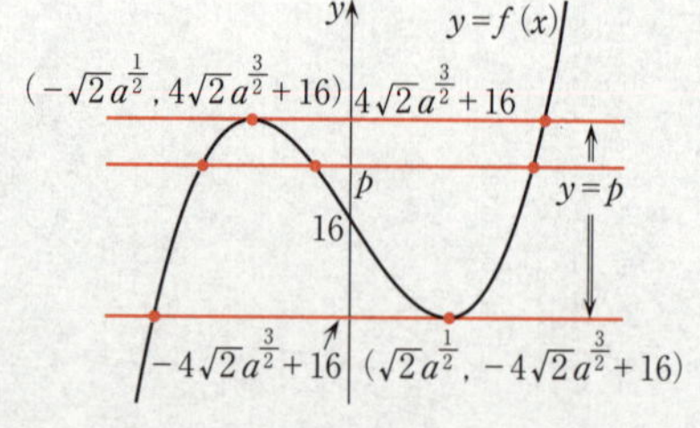

$$-4\sqrt{2}a^{\frac{3}{2}}+16<p<4\sqrt{2}a^{\frac{3}{2}}+16$$

③ $<p<$ ② →ウ，エ

である。

$p=-4\sqrt{2}a^{\frac{3}{2}}+16$ のとき，曲線 $y=f(x)$ と直線 $y=p$ は2個の共有点をもつ。それらの x 座標を q，r $(q<r)$ とすると，曲線 $y=f(x)$ と直線 $y=p$ が点 $(r,\ p)$ で接することになるから

$f(x)=p$　すなわち　$x^3-6ax+16=-4\sqrt{2}a^{\frac{3}{2}}+16$

∴　$x^3-6ax+4\sqrt{2}a^{\frac{3}{2}}=0$　……①

は重解 $x=r=\sqrt{2}a^{\frac{1}{2}}$ をもつ。

よって，①の左辺は $(x-\sqrt{2}a^{\frac{1}{2}})^2=x^2-2\sqrt{2}a^{\frac{1}{2}}x+2a$ を因数にもち

$(x-\sqrt{2}a^{\frac{1}{2}})^2(x+2\sqrt{2}a^{\frac{1}{2}})=0$

と因数分解される。

したがって，①の解は，$x=\sqrt{2}a^{\frac{1}{2}}$（重解），$-2\sqrt{2}a^{\frac{1}{2}}$ となり

$q=\boxed{-2}\sqrt{\boxed{2}}\,a^{\frac{1}{2}}$　→オカ，キ，$r=\sqrt{\boxed{2}}\,a^{\frac{1}{2}}$　→ク

と表せる。

（注） 3次方程式の解と係数の関係

$ax^3+bx^2+cx+d=0$（$a\neq0$）の解が α，β，γ であるとき

$\alpha+\beta+\gamma=-\dfrac{b}{a}$，$\alpha\beta+\beta\gamma+\gamma\alpha=\dfrac{c}{a}$，$\alpha\beta\gamma=-\dfrac{d}{a}$

が成り立つことを知っていれば，①の解が q，r（重解）であることから

$q+r+r=0$

が得られ，$q=-2r=-2\sqrt{2}a^{\frac{1}{2}}$ と求まる。

(3)　方程式 $f(x)=0$ の異なる実数解の個数すなわち曲線 $y=f(x)$ と x 軸との共有点の個数を n とするとき，(1)の $a<0$ のときの $y=f(x)$ のグラフの概形から，$a<0$ ならば $n=1$ である。

したがって，「**$a<0$ ならば $n=1$**」は正しく，「$a<0$ ならば $n=2$」は誤りである。

(2)で作った $y=f(x)$ のグラフの概形から，$a>0$ であっても $n=1$ や $n=2$ の場合がある（極小値は a の値によって負にも0にも正にもなる）から，「$a>0$ ならば $n=3$」，「$n=1$ ならば $a<0$」，「$n=2$ ならば $a<0$」も誤りである。

$n=3$ となるためには $a>0$ が必要であるから，「**$n=3$ ならば $a>0$**」は正しい。

したがって，⓪～⑤のうち正しいものは ① と ④ →ケ，コである。

解説

(1)　$a=0$ のとき $f'(x)\geqq0$，$a<0$ のとき $f'(x)>0$，この情報だけでグラフは選べる。

(2)　$a>0$ のとき $f'(x)=0$ は異なる2つの実数解をもつから，増減表を作ることが基本となる。極大値の $4\sqrt{2}a^{\frac{3}{2}}+16$ はつねに正であるが，極小値の $-4\sqrt{2}a^{\frac{3}{2}}+16$ は

$0<a<2$ のとき正，$a=2$ のとき0，$a>2$ のとき負

となる。〔解答〕の図にはあえて x 軸を描いていない。

(3)　方程式 $f(x)=0$ の異なる実数解の個数 n は

$a<0$ のとき $n=1$，$a=0$ のとき $n=1$，$0<a<2$ のとき $n=1$，

$a=2$ のとき $n=2$，$a>2$ のとき $n=3$

となる。命題④の「$n=3$ ならば $a>0$」は正しい。「$n=3$ ならば $a>2$」は正しく，「$a>2$ ならば $a>0$」は正しいからである。命題④の逆「$a>0$ ならば $n=3$」は誤りである。

〔2〕 標準 《2曲線で囲まれた図形の面積》

$$\begin{aligned} C_1 &: y=g(x)=x^3-3bx+3b^2 \\ C_2 &: y=h(x)=x^3-x^2+b^2 \end{aligned} \quad (b>0)$$

C_1 と C_2 の交点の x 座標を α，β $(\alpha<\beta)$ とすると，方程式 $g(x)=h(x)$ すなわち $g(x)-h(x)=0$ が $x=\alpha$，β $(\alpha<\beta)$ を解にもつので

$$\begin{aligned} g(x)-h(x) &= (x^3-3bx+3b^2)-(x^3-x^2+b^2) \\ &= x^2-3bx+2b^2=(x-b)(x-2b) \end{aligned}$$

より，$b>0$ に注意すれば $b<2b$ であるから

$\alpha=$ b，$\beta=$ 2b　→サ，シス

である。

$\alpha \leqq x \leqq \beta$ すなわち $b \leqq x \leqq 2b$ の範囲で C_1 と C_2 で囲まれた図形の面積 S は，この範囲で $g(x)-h(x) \leqq 0$ となることから

$$S=\int_\alpha^\beta \{h(x)-g(x)\}\,dx$$ ②　→セ

となり，$t>\beta$ に対して，$\beta \leqq x \leqq t$ の範囲で C_1 と C_2 および直線 $x=t$ で囲まれた図形の面積 T は，$\beta \leqq x$ すなわち $2b \leqq x$ のとき $g(x)-h(x) \geqq 0$ であることから

$$T=\int_\beta^t \{g(x)-h(x)\}\,dx$$ ①　→ソ

となる。よって

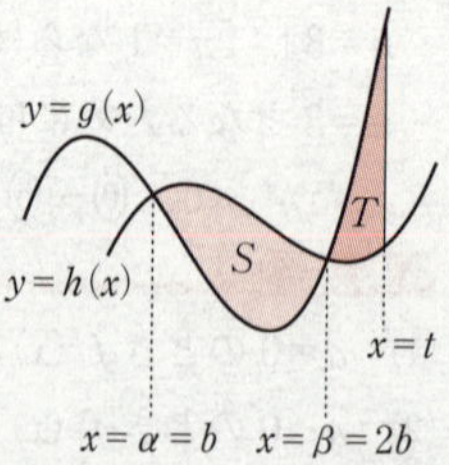

$$\begin{aligned} S-T &= \int_\alpha^\beta \{h(x)-g(x)\}\,dx-\int_\beta^t \{g(x)-h(x)\}\,dx \\ &= \int_\alpha^\beta \{h(x)-g(x)\}\,dx+\int_\beta^t \{h(x)-g(x)\}\,dx \\ &= \int_\alpha^t \{h(x)-g(x)\}\,dx \end{aligned}$$ ②　→タ

である。したがって

$$\begin{aligned} S-T &= \int_b^t (-x^2+3bx-2b^2)\,dx=\left[-\frac{x^3}{3}+\frac{3}{2}bx^2-2b^2x\right]_b^t \quad (\alpha=b) \\ &= -\frac{1}{3}(t^3-b^3)+\frac{3}{2}b(t^2-b^2)-2b^2(t-b) \end{aligned}$$

$$= -\frac{1}{6}\{2(t^3-b^3)-9b(t^2-b^2)+12b^2(t-b)\}$$

$$= -\frac{1}{6}(2t^3-2b^3-9bt^2+9b^3+12b^2t-12b^3)$$

$$= \frac{\boxed{-1}}{\boxed{6}}(2t^3-\boxed{9}\,bt^2+\boxed{12}\,b^2t-\boxed{5}\,b^3) \quad \to \frac{チツ}{テ},\ ト,\ ナニ,\ ヌ$$

が得られる。

$S=T$ となる t の値は，$S-T=0$ すなわち $2t^3-9bt^2+12b^2t-5b^3=0$ を解いて得られる。

$t=b$ はこの方程式を満たすので，因数定理により，左辺は $t-b$ を因数にもつことがわかる。よって

$$(t-b)(2t^2-7bt+5b^2)=0 \qquad (t-b)(t-b)(2t-5b)=0$$

$t>b$ であるから

$$t=\frac{\boxed{5}}{\boxed{2}}b \quad \to \frac{ネ}{ノ}$$

が求める t の値である。

解説

$\alpha<\beta$ のとき，2次式 $(x-\alpha)(x-\beta)$ の正負について次のことが成り立つ。

$$(x-\alpha)(x-\beta)>0 \Longleftrightarrow x<\alpha,\ \beta<x$$

$$(x-\alpha)(x-\beta)<0 \Longleftrightarrow \alpha<x<\beta$$

C_1 と C_2 の上下関係を正しく捉えなければならない。〔解答〕の図は C_1 と C_2 の上下関係だけを表す概念図である。

$S-T$ の計算では，次の定積分の性質を想起する。

ポイント　定積分の性質

$$\int_a^a f(x)\,dx=0$$

$$\int_a^b f(x)\,dx=-\int_b^a f(x)\,dx$$

$$\int_a^b \{kf(x)+lg(x)\}\,dx=k\int_a^b f(x)\,dx+l\int_a^b g(x)\,dx \quad (k,\ l \text{ は定数})$$

$$\int_a^b f(x)\,dx=\int_a^c f(x)\,dx+\int_c^b f(x)\,dx$$

なお，$S-T=\int_\alpha^\beta\{h(x)-g(x)\}\,dx-\int_\beta^t\{g(x)-h(x)\}\,dx$ において，$t=\alpha$ とおくと，$S-T=0$ となる。よって，方程式 $S-T=0$ の解には $t=\alpha=b$ が含まれることがわかる。

第3問 標準 確率分布と統計的な推測 《二項分布，標本比率，正規分布，確率密度関数》

(1)　A地区で収穫されたジャガイモから1個を無作為に抽出したとき，そのジャガイモの重さが200gを超える確率は0.25であるから，400個を無作為に抽出したとき，そのうち，重さが200gを超えるジャガイモの個数を表す確率変数Zは，二項分布$B(400,\ 0.\boxed{25})$ →アイ に従う。

Zの平均（期待値）は，$400\times0.25=\boxed{100}$ →ウエオ である。

(2)　(1)の標本において，重さが200gを超えていたジャガイモの標本における比率を$R=\dfrac{Z}{400}$とするとき，Rの平均は

$$E(R)=\frac{1}{400}E(Z)=\frac{100}{400}=0.25$$

である。Rの分散が

$$V(R)=\frac{1}{400^2}V(Z)=\frac{400\times0.25\times(1-0.25)}{400^2}=\frac{75}{400^2}$$

であるから，Rの標準偏差は

$$\sigma(R)=\sqrt{V(R)}=\sqrt{\frac{75}{400^2}}=\frac{5\sqrt{3}}{400}=\frac{\sqrt{3}}{80}\quad \boxed{②}\quad \to カ$$

である。よって，Rは近似的に正規分布$N\left(0.25,\ \left(\dfrac{\sqrt{3}}{80}\right)^2\right)$に従うから，確率変数$Y=\dfrac{R-0.25}{\dfrac{\sqrt{3}}{80}}$は標準正規分布$N(0,\ 1)$に従う。

$$P(R\geqq x)=P\left(Y\geqq\frac{x-0.25}{\dfrac{\sqrt{3}}{80}}\right)=P(Y\geqq y_0)=0.0465\quad\left(y_0=\frac{x-0.25}{\dfrac{\sqrt{3}}{80}}\right)$$

のとき，$0.5-0.0465=0.4535$より，正規分布表を調べると，$y_0=1.68$であることがわかるから

$$\frac{x-0.25}{\dfrac{\sqrt{3}}{80}}=1.68$$

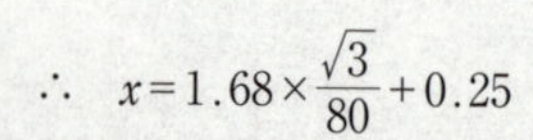

$$\therefore\quad x=1.68\times\frac{\sqrt{3}}{80}+0.25$$

が成り立ち，$\sqrt{3}=1.73$として計算すると，xの値は

$$x=0.28633\fallingdotseq0.286\quad\boxed{②}\quad\to キ$$

となる。

(3)　B地区で収穫され，出荷される予定のジャガイモ1個の重さを表す確率変数を

Xとするとき，Xは連続型確率変数であり，Xのとり得る値xの範囲は$100 \leqq x \leqq 300$である。

Xの確率密度関数$f(x)$を，206個の無作為に抽出された標本のヒストグラム（重さの標本平均は180g）から，$f(x)=ax+b$（$100 \leqq x \leqq 300$）とおく。ただし，$100 \leqq x \leqq 300$の範囲で$f(x) \geqq 0$とする。

$P(100 \leqq X \leqq 300) = \boxed{1}$ →ク であることから，$\int_{100}^{300} f(x)\,dx = 1$であるので

$$\int_{100}^{300} f(x)\,dx = \int_{100}^{300} (ax+b)\,dx = \left[\frac{a}{2}x^2 + bx\right]_{100}^{300}$$

$$= \frac{a}{2}(300^2 - 100^2) + b(300-100)$$

$$= \boxed{4} \cdot 10^4 a + \boxed{2} \cdot 10^2 b$$

$$= 1 \quad \text{→ケ，コ} \quad \cdots\cdots ①$$

である。

Xの平均（期待値）mは180であるから

$$m = \int_{100}^{300} xf(x)\,dx = \int_{100}^{300} (ax^2 + bx)\,dx = \left[\frac{a}{3}x^3 + \frac{b}{2}x^2\right]_{100}^{300}$$

$$= \frac{a}{3}(27 \times 10^6 - 10^6) + \frac{b}{2}(9 \times 10^4 - 10^4)$$

$$= \frac{26}{3} \cdot 10^6 a + 4 \cdot 10^4 b = 180 \quad \cdots\cdots ②$$

となる。$10^4 a = A$，$10^2 b = B$とおくと

①より　$4A + 2B = 1$　　$\therefore \quad 24A + 12B = 6$

②より　$\frac{26}{3} \cdot 10^2 A + 4 \cdot 10^2 B = 180$　　$\therefore \quad 26A + 12B = 5.4$

となり，$A = -0.3$，$B = 1.1$が求まる。よって，$a = -\frac{3}{10^5}$，$b = \frac{11}{10^3}$であるから

$$f(x) = -\boxed{3} \cdot 10^{-5} x + \boxed{11} \cdot 10^{-3} \quad \text{→サ，シス} \quad \cdots\cdots ③$$

が得られる。このとき，$f(x)$は減少関数で

$$f(300) = -3 \times 10^{-5} \times 300 + 11 \times 10^{-3} = -9 \times 10^{-3} + 11 \times 10^{-3}$$

$$= 2 \times 10^{-3} > 0$$

であるから，$100 \leqq x \leqq 300$の範囲で$f(x) \geqq 0$を満たしており，確かに確率密度関数として適当である。

B地区で収穫され，出荷される予定のすべてのジャガイモのうち，重さが200g以上のものの割合は

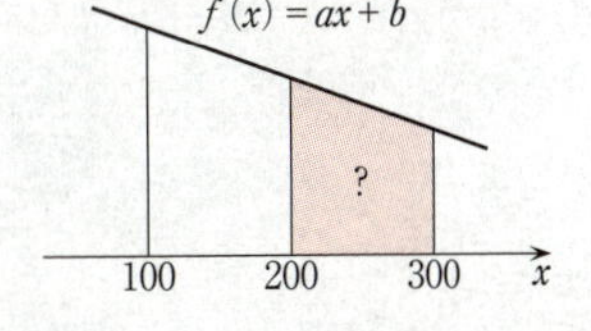

$$\int_{200}^{300} f(x)\,dx = \int_{200}^{300} (-3 \cdot 10^{-5} x + 11 \cdot 10^{-3})\,dx$$

$$=\left[-3\cdot10^{-5}\cdot\frac{x^2}{2}+11\cdot10^{-3}x\right]_{200}^{300}$$

$$=-3\cdot10^{-5}\cdot\frac{300^2-200^2}{2}+11\cdot10^{-3}(300-200)$$

$$=-\frac{3}{2}\times5\times10^{-1}+11\times10^{-1}$$

$$=\left(11-\frac{15}{2}\right)\times10^{-1}=\frac{7}{20}=0.35$$

より，35％ ② →セ であると見積もることができる。

解説

(1)　1回の試行で事象 A の起こる確率が p であるとき，この試行を n 回行う反復試行において，A が起こる回数を表す確率変数 X は二項分布 $B(n,\ p)$ に従う。

ポイント　二項分布の平均，分散，標準偏差

確率変数 X が二項分布 $B(n,\ p)$ に従うとき，$q=1-p$ として

平均 $E(X)=np$

分散 $V(X)=npq$

標準偏差 $\sigma(X)=\sqrt{V(X)}=\sqrt{npq}$

(2)　確率変数の変換 $R=\dfrac{Z}{400}$ に対して，次のことが使われる。

ポイント　確率変数の変換

確率変数 X と Y の間に，$Y=aX+b$（$a,\ b$ は定数）なる関係があるとき

平均 $E(Y)=aE(X)+b$

分散 $V(Y)=a^2V(X)$

標準偏差 $\sigma(Y)=|a|\sigma(X)$

R は近似的に正規分布に従うから，正規分布表を使えるように確率変数を変換する。

ポイント　正規分布を標準正規分布へ

確率変数 X が正規分布 $N(m,\ \sigma^2)$ に従うとき，$Z=\dfrac{X-m}{\sigma}$ とおくと，

確率変数 Z は標準正規分布 $N(0,\ 1)$ に従うから正規分布表が使える。

(3) 久しぶりに確率密度関数が出題されたが，関数は１次関数で，難しくはない。

ポイント **確率密度関数**

連続型確率変数 X のとり得る値 x の範囲が $\alpha \leqq x \leqq \beta$ で，$\alpha \leqq a \leqq b \leqq \beta$ に対し，確率 $P(a \leqq X \leqq b)$ が $\int_a^b f(x)\,dx$ で与えられるとき，$f(x)$ を X の確率密度関数という。ただし，$\alpha \leqq x \leqq \beta$ で $f(x) \geqq 0$，$\int_\alpha^\beta f(x)\,dx = 1$ とする。

このとき，平均，分散，標準偏差は次のように定義される。

平均 $E(X) = \int_\alpha^\beta xf(x)\,dx$

分散 $V(X) = \int_\alpha^\beta \{x - E(X)\}^2 f(x)\,dx$

標準偏差 $\sigma(X) = \sqrt{V(X)}$

本問の①は，定積分計算をしなくても，台形の面積公式を用いれば導くことができる。

$$\begin{aligned}\frac{1}{2}(300-100)\{f(100)+f(300)\} &= \frac{1}{2}\times 200\times\{(100a+b)+(300a+b)\}\\ &= 100(400a+2b)\\ &= 4\cdot 10^4 a + 2\cdot 10^2 b\end{aligned}$$

②を導くには定積分の計算が必要であるが，結果は問題文に書かれている。

セ の重さが 200 g 以上のものの割合も，台形の面積であるから，定積分計算を省くことが可能である。

$$\begin{aligned}\frac{1}{2}(300-200)\{f(200)+f(300)\} &= \frac{1}{2}\times 100\times\{(200a+b)+(300a+b)\}\\ &= 50(500a+2b)\\ &= 25\times 10^3 a + 10^2 b\\ &= 25\times 10^3\times\frac{-3}{10^5} + 10^2\times\frac{11}{10^3}\\ &= \frac{-75}{10^2} + \frac{110}{10^2}\\ &= \frac{35}{10^2} = 0.35\end{aligned}$$

したがって，本問は，確率密度関数の意味を理解していれば，定積分の計算はしなくてもすむのである。

第4問 やや難 数列《連立漸化式》

(1) 題意より，$a_1=2$ である。このとき歩行者は位置2にいる（歩行者は毎分1の速さ）から，$b_1=2$ である。

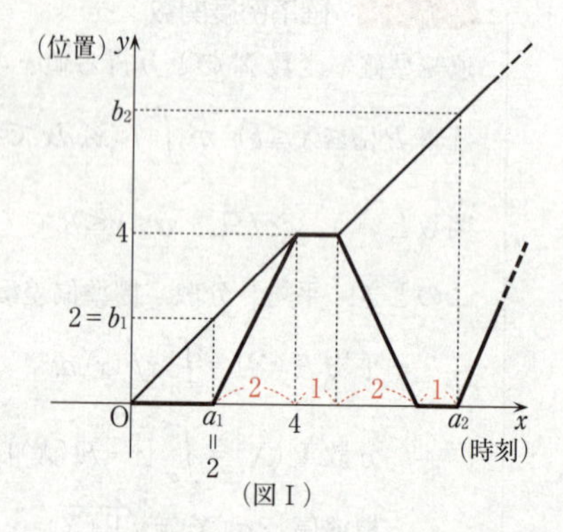

(図Ⅰ)

右図Ⅰで，2直線

$y=x$ （歩行者）

$y=2(x-2)$

（自転車，毎分2の速さ）

の交点が（4，4）であるから，自転車が最初に歩行者に追いつくときの時刻と位置を表す点の座標は（ 4 ，4）→ア である。

自転車は，時刻4から1分だけ停止し，2分かけて自宅に戻り，さらに1分だけ停止するので，$a_2=4+1+2+1=$ 8 →イ である。

歩行者は1分だけの停止なので，$a_2=8$ のとき，$b_2=8-1=$ 7 →ウ である。

右図Ⅱにおいて，点 $(a_n,\ b_n)$ を通り傾き1の直線の方程式は

$$y-b_n=x-a_n$$

であり，点 $(a_n,\ 0)$ を通り傾き2の直線の方程式は

$$y=2(x-a_n)$$

であるから，この2式より

$$x=a_n+b_n,\ y=2b_n$$

を得る。

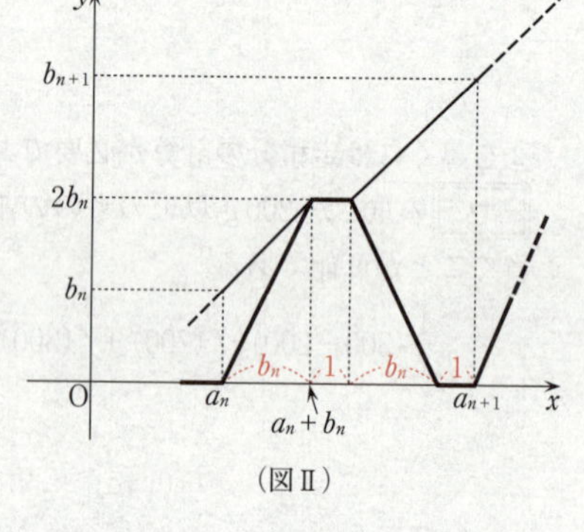

(図Ⅱ)

よって，n 回目に自宅を出発した自転車が次に歩行者に追いつくときの時刻と位置を表す点の座標は $(a_n+b_n,\ 2b_n)$

③ ， ④ →エ，オ と表せる。$(a_2,\ b_2)$ を求めたときと同様に考えれば

$$a_{n+1}=(a_n+b_n)+1+b_n+1=a_n+\boxed{2}b_n+\boxed{2} \quad \text{→カ，キ} \quad \cdots\cdots①$$

$$b_{n+1}=2b_n+(b_n+1)=3b_n+\boxed{1} \quad \text{→ク} \quad \cdots\cdots②$$

が成り立つことがわかる。

漸化式②は

$$b_{n+1}+\frac{1}{2}=3\left(b_n+\frac{1}{2}\right)$$

と変形できる。

よって，数列 $\left\{b_n+\frac{1}{2}\right\}$ は，初項が $b_1+\frac{1}{2}=2+\frac{1}{2}=\frac{5}{2}$，公比が3の等比数列である。

したがって，$n=1,\ 2,\ 3,\ \cdots$ に対し

$$b_n+\frac{1}{2}=\frac{5}{2}\times 3^{n-1} \qquad \therefore\quad b_n=\frac{5}{2}\cdot 3^{n-1}-\frac{1}{2}$$ ⑦ →ケ

である。この結果を①に代入すると

$$a_{n+1}=a_n+2\left(\frac{5}{2}\cdot 3^{n-1}-\frac{1}{2}\right)+2=a_n+5\cdot 3^{n-1}+1$$

すなわち

$$a_{n+1}-a_n=5\cdot 3^{n-1}+1$$

となる。$n=2,\ 3,\ 4,\ \cdots$ に対し，この式から順次

$$a_n-a_{n-1}=5\cdot 3^{n-2}+1$$
$$a_{n-1}-a_{n-2}=5\cdot 3^{n-3}+1$$
$$\vdots$$
$$a_3-a_2=5\cdot 3^1+1$$
$$a_2-a_1=5\cdot 3^0+1$$

が成り立つから，辺々加えて，$a_1=2$ を代入すれば

$$a_n-2=5(3^0+3^1+3^2+\cdots+3^{n-2})+(n-1)$$

$$\therefore\quad a_n=5\times\frac{3^{n-1}-1}{3-1}+(n-1)+2$$
$$=\frac{5}{2}\cdot 3^{n-1}+n-\frac{3}{2}$$ ⑨ →コ

がわかる（これは $n=1$ のときも成り立つ）。

（注） 階差数列 $\{a_{n+1}-a_n\}$ の第 n 項が $5\cdot 3^{n-1}+1$ であるから，公式を用いて $n\geqq 2$ のとき

$$a_n=a_1+\sum_{k=1}^{n-1}(5\cdot 3^{k-1}+1)$$
$$=2+5\times\frac{3^{n-1}-1}{3-1}+(n-1)$$
$$=\frac{5}{2}\cdot 3^{n-1}+n-\frac{3}{2}$$

と計算してもよい。

(2) (1)より，自転車が歩行者に追いつく n 回目の点の座標は $(a_n+b_n,\ 2b_n)$ であり

$$a_n+b_n=\left(\frac{5}{2}\cdot 3^{n-1}+n-\frac{3}{2}\right)+\left(\frac{5}{2}\cdot 3^{n-1}-\frac{1}{2}\right)=5\cdot 3^{n-1}+n-2$$

$$2b_n=2\left(\frac{5}{2}\cdot 3^{n-1}-\frac{1}{2}\right)=5\cdot 3^{n-1}-1$$

である。歩行者が $y=300$ の位置に到着するまでの n の最大値は

$$y=2b_n=5\cdot 3^{n-1}-1\leqq 300 \quad すなわち \quad 3^{n-1}\leqq \frac{301}{5}=60+\frac{1}{5}$$

より，$n=4$ である。つまり，歩行者が $y=300$ の位置に到着するまでに，自転車が歩行者に追いつく回数は $\boxed{4}$ →サ 回である。

4回目に自転車が歩行者に追いつく時刻は

$$x=a_4+b_4=5\cdot 3^{4-1}+4-2$$
$$=5\times 27+2=\boxed{137} \quad →シスセ$$

である。

解説

(1) 問題文が長いので焦るかもしれないが，落ち着いて読んで，題意を正しく捉えるよう心がけなければならない。また，問題文中に与えられた図の意味が理解できれば解答のための大きなヒントになるので，図を丁寧に見よう。

〔解答〕では，直線の方程式（太郎さんの考え）を利用して計算をしたが，花子さんの考えを利用することもできる。自転車が歩行者を追いかけるときに，間隔が1分間に1ずつ縮まっていくのだから

時刻 $a_1=2$ のとき，間隔は $b_1=2$，追いつくのに2分かかる。

時刻 a_n のとき，間隔は b_n，追いつくのに b_n 分かかる。

したがって，図を見ながら

$$a_{n+1}=a_n+(\text{追いつくのに } b_n \text{ 分})+(1\text{ 分停止})+(\text{戻るのに } b_n \text{ 分})+(1\text{ 分停止})$$
$$=a_n+b_n+1+b_n+1=a_n+2b_n+2$$
$$b_{n+1}=b_n+\{(a_{n+1}-a_n-1)\text{ 分間に歩行者が歩く距離}\}$$
$$=b_n+2b_n+1=3b_n+1$$

となり，$\boxed{ア}$ ～ $\boxed{ク}$ のすべてに答えられる。ただし，この方法はミスしやすいので，太郎さんの考えが無難であろう。

②は2項間の漸化式であるから，その解法に習熟していなければならない。

ポイント　隣接2項間の漸化式 $a_{n+1}=pa_n+q$ の解法

$$a_{n+1}=pa_n+q \quad (p,\ q \text{ は定数で } p\neq 1)$$

$$\underline{\alpha=p\alpha+q} \quad \longrightarrow \alpha=\frac{q}{1-p} \quad \left(\begin{array}{l}a_{n+1},\ a_n \text{ の両方を形式的}\\ \text{に } \alpha \text{ とおく}\end{array}\right)$$

$a_{n+1}-\alpha=p(a_n-\alpha)$ …… 数列 $\{a_n-\alpha\}$ は，初項 $a_1-\alpha$，公比 p の等比数列

$$a_n-\alpha=(a_1-\alpha)\times p^{n-1}$$

$$\therefore \quad a_n=\frac{q}{1-p}+\left(a_1-\frac{q}{1-p}\right)\times p^{n-1}$$

①は，$a_{n+1}-a_n=2b_n+2$ となり，次の公式が使える。

ポイント　階差数列

数列 $\{a_n\}$ の階差数列を $\{c_n\}$ とすると，$c_n=a_{n+1}-a_n$ であり

$$a_n=a_1+\sum_{k=1}^{n-1}c_k \quad (n\geqq 2)$$

この公式を用いると，次の計算をすればよいことがわかる。

$$a_n=a_1+\sum_{k=1}^{n-1}(2b_k+2)=a_1+2\sum_{k=1}^{n-1}b_k+2\sum_{k=1}^{n-1}1 \quad (n\geqq 2)$$

この結果は $n=1$ に対しても成り立つ。

(2)　自転車が歩行者に最初に追いつくのは $(a_1+2,\ 4)$ すなわち $(a_1+b_1,\ 2b_1)$ である。n 回目に追いつくのは $(a_n+b_n,\ 2b_n)$ である。歩行者が $y=300$ の位置に到着するまでに，$2b_n$ の n はいくつまで許されるかを考えればよい。

第5問　標準　ベクトル　《平面ベクトル》

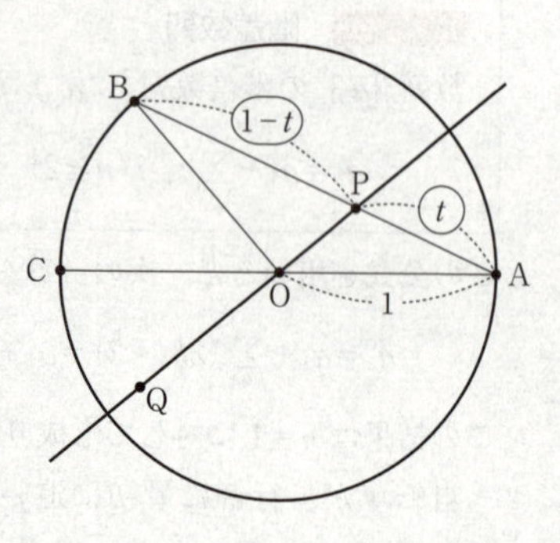

平面上の点Oを中心とする半径1の円周上に，3点A，B，Cがあり

$$\overrightarrow{OA}\cdot\overrightarrow{OB}=-\frac{2}{3}\quad\cdots\cdots ⓐ$$

$$\overrightarrow{OC}=-\overrightarrow{OA}\quad\cdots\cdots ⓑ$$

を満たす。線分 AB を $t:(1-t)$ $(0<t<1)$ に内分する点Pに対し，直線 OP 上に点Qをとる。図示すると右図のようになる。

(1)　ⓐより，$|\overrightarrow{OA}||\overrightarrow{OB}|\cos\angle AOB=-\frac{2}{3}$ が成り立ち，$|\overrightarrow{OA}|=|\overrightarrow{OB}|=1$ であるから

$$\cos\angle AOB=\frac{-2}{3}\quad\to\frac{アイ}{ウ}$$

である。

また，実数kを用いて，$\overrightarrow{OQ}=k\overrightarrow{OP}$ と表せるから

$$\overrightarrow{OQ}=k\overrightarrow{OP}=k\{(1-t)\overrightarrow{OA}+t\overrightarrow{OB}\}$$
$$=(k-kt)\overrightarrow{OA}+kt\overrightarrow{OB}\quad ①,\ ⓪\quad\to エ，オ\quad\cdots\cdots①$$

$$\overrightarrow{CQ}=\overrightarrow{OQ}-\overrightarrow{OC}$$
$$=\overrightarrow{OQ}-(-\overrightarrow{OA})\quad(ⓑより)$$
$$=\overrightarrow{OQ}+\overrightarrow{OA}$$
$$=(k-kt)\overrightarrow{OA}+kt\overrightarrow{OB}+\overrightarrow{OA}$$
$$=(k-kt+1)\overrightarrow{OA}+kt\overrightarrow{OB}\quad ④,\ ⓪\quad\to カ，キ$$

となる。

$\overrightarrow{OA}$ と $\overrightarrow{OP}$ が垂直となるのは，$\overrightarrow{OA}\cdot\overrightarrow{OP}=0$ が成り立つときで

$$\overrightarrow{OA}\cdot\overrightarrow{OP}=\overrightarrow{OA}\cdot\{(1-t)\overrightarrow{OA}+t\overrightarrow{OB}\}$$
$$=(1-t)|\overrightarrow{OA}|^2+t\overrightarrow{OA}\cdot\overrightarrow{OB}$$
$$=(1-t)\times1^2+t\times\left(-\frac{2}{3}\right)\quad(|\overrightarrow{OA}|=1，ⓐより)$$
$$=1-\frac{5}{3}t=0$$

より，$t=\frac{3}{5}\to\frac{ク}{ケ}$ のときである。

(2)　∠OCQ が直角であることより，$\overrightarrow{OC}\cdot\overrightarrow{CQ}=0$ であるから

$$\overrightarrow{OC}\cdot\overrightarrow{CQ}=-\overrightarrow{OA}\cdot\{(k-kt+1)\overrightarrow{OA}+kt\overrightarrow{OB}\}\quad (\text{ⓑと(1)より})$$
$$=-(k-kt+1)|\overrightarrow{OA}|^2-kt\overrightarrow{OA}\cdot\overrightarrow{OB}$$
$$=-k+kt-1-kt\left(-\frac{2}{3}\right)\quad (|\overrightarrow{OA}|=1,\ \text{ⓐより})$$
$$=-k-1+\frac{5}{3}kt=0$$

すなわち，$\left(\frac{5}{3}t-1\right)k=1$ のときであり，$t\neq\frac{3}{5}$ としてあるから

$$k=\frac{1}{\frac{5}{3}t-1}=\frac{\boxed{3}}{\boxed{5}\,t-\boxed{3}}\quad \to\frac{コ}{サ,\ シ}\quad \cdots\cdots②$$

となることがわかる。この式より，$\overrightarrow{OQ}=k\overrightarrow{OP}$ を満たす k は

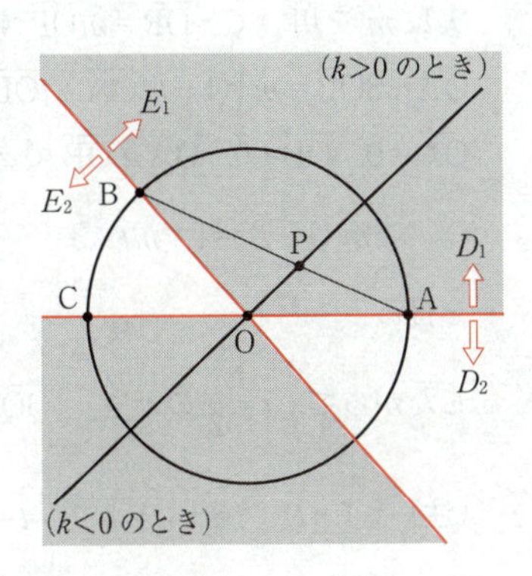

- $0<t<\frac{3}{5}$ のとき，$k<0$ となり，点Pと点Qは点Oに関して反対側であるので，点Qは右図の領域 D_2 に含まれ，かつ E_2 に含まれる。

$\boxed{③}$　→ス

- $\frac{3}{5}<t<1$ のとき，$k>0$ となり，点Pと点Qは点Oに関して同じ側であるので，点Qは右図の領域 D_1 に含まれ，かつ E_1 に含まれる。

$\boxed{⓪}$　→セ

(3)　$t=\frac{1}{2}$ のとき，①より，$\overrightarrow{OQ}=k\left(\frac{1}{2}\overrightarrow{OA}+\frac{1}{2}\overrightarrow{OB}\right)$，②より，$k=-6$ であるから，

$$\overrightarrow{OQ}=-3(\overrightarrow{OA}+\overrightarrow{OB})\quad \cdots\cdots③$$

である。したがって

$$|\overrightarrow{OQ}|^2=\overrightarrow{OQ}\cdot\overrightarrow{OQ}$$
$$=(-3)^2\times(|\overrightarrow{OA}|^2+2\overrightarrow{OA}\cdot\overrightarrow{OB}+|\overrightarrow{OB}|^2)$$
$$=9\left\{1+2\left(-\frac{2}{3}\right)+1\right\}\quad (|\overrightarrow{OA}|=|\overrightarrow{OB}|=1,\ \text{ⓐより})$$
$$=6$$

$|\overrightarrow{OQ}|\geqq 0$ より　$|\overrightarrow{OQ}|=\sqrt{\boxed{6}}$　→ソ

とわかる。

直線 OA に関して，$t=\frac{1}{2}$ のときの点Qと対称な点をRとすると

$$\overrightarrow{CR} = \boxed{-}\,\overrightarrow{CQ} \quad \to タ$$
$$= -(\overrightarrow{OQ} - \overrightarrow{OC}) = \overrightarrow{OC} - \overrightarrow{OQ}$$
$$= (-\overrightarrow{OA}) - \{-3(\overrightarrow{OA} + \overrightarrow{OB})\} \quad (ⓑ,\ ③より)$$
$$= \boxed{2}\,\overrightarrow{OA} + \boxed{3}\,\overrightarrow{OB} \quad \to チ,ツ$$

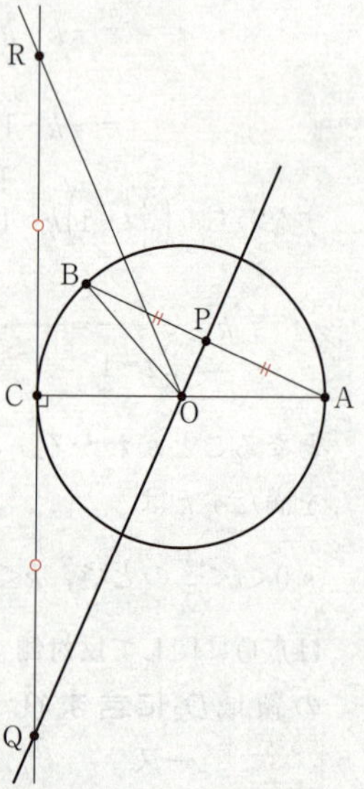

となる。このとき

$$\overrightarrow{OR} = \overrightarrow{OC} + \overrightarrow{CR}$$
$$= -\overrightarrow{OA} + (2\overrightarrow{OA} + 3\overrightarrow{OB}) \quad (ⓑより)$$
$$= \overrightarrow{OA} + 3\overrightarrow{OB}$$

である。

$$\overrightarrow{OP} = (1-t)\overrightarrow{OA} + t\overrightarrow{OB}$$

に対し，3点O，P，Rが一直線上にあるとき，
実数 m を用いて，$\overrightarrow{OR} = m\overrightarrow{OP}$ すなわち
$\overrightarrow{OA} + 3\overrightarrow{OB} = m\{(1-t)\overrightarrow{OA} + t\overrightarrow{OB}\}$ と表せ，
$\overrightarrow{OA} \neq \vec{0}$，$\overrightarrow{OB} \neq \vec{0}$，$\overrightarrow{OA} \not\parallel \overrightarrow{OB}$ であるから

$$m(1-t) = 1,\ mt = 3 \qquad \therefore\ m = 4,\ t = \frac{3}{4}$$

を得る。

したがって，$t \neq \frac{1}{2}$ のとき，$|\overrightarrow{OQ}| = \sqrt{6}$ となる t の値は $\frac{\boxed{3}}{\boxed{4}} \to \frac{テ}{ト}$ である。

(注)　$(1-t):t = 1:3$ より，$t = \frac{3}{4}$ と求めてもよい。

参考　$|\overrightarrow{OQ}|$ を t を用いて表して，$|\overrightarrow{OQ}| = \sqrt{6}$ を満たす t の値について考えると，太郎さんが言うように，たしかに計算が大変になる。実行してみると

$$|\overrightarrow{OQ}|^2 = \overrightarrow{OQ} \cdot \overrightarrow{OQ}$$
$$= \{(k-kt)\overrightarrow{OA} + kt\overrightarrow{OB}\} \cdot \{(k-kt)\overrightarrow{OA} + kt\overrightarrow{OB}\} \quad (①より)$$
$$= (k-kt)^2|\overrightarrow{OA}|^2 + 2(k-kt)kt\overrightarrow{OA} \cdot \overrightarrow{OB} + (kt)^2|\overrightarrow{OB}|^2$$
$$= (k-kt)^2 - \frac{4}{3}kt(k-kt) + k^2t^2 \quad (|\overrightarrow{OA}| = |\overrightarrow{OB}| = 1,\ ⓐより)$$
$$= k^2(1-t)^2 - \frac{4}{3}k^2(t-t^2) + k^2t^2$$
$$= \frac{k^2}{3}\{3(1-t)^2 - 4(t-t^2) + 3t^2\}$$
$$= \frac{k^2}{3}(10t^2 - 10t + 3)$$

$|\overrightarrow{OQ}|=\sqrt{6}$，$k=\dfrac{3}{5t-3}$ を代入して

$$6=\frac{1}{3}\times\left(\frac{3}{5t-3}\right)^2(10t^2-10t+3)$$

$$2(5t-3)^2=10t^2-10t+3$$

$$40t^2-50t+15=0$$

$$8t^2-10t+3=0$$

$$(2t-1)(4t-3)=0 \qquad \therefore \quad t=\frac{1}{2},\ \frac{3}{4}$$

のようになる。

解説

(1)　$\cos\angle AOB=-\dfrac{2}{3}\fallingdotseq-0.67$ をもとに，点Aに対する点Bの位置をなるべく正確に作図する。平面上のベクトルを扱う際には，すべてのベクトルを，特定の２つのベクトル（本問では $\overrightarrow{OA}$ と $\overrightarrow{OB}$）で表そうと意識することが大切である。

$\overrightarrow{OP}=\overrightarrow{OA}+t\overrightarrow{AB}=\overrightarrow{OA}+t(\overrightarrow{OB}-\overrightarrow{OA})=(1-t)\overrightarrow{OA}+t\overrightarrow{OB}$ については，結果をすぐに書けるようにしておくこと。また，$\overrightarrow{OA}\perp\overrightarrow{OP}$ のとき，$\overrightarrow{OA}\cdot\overrightarrow{OP}=0$ を想起できなければならない。

(2)　$\angle OCQ$ が直角であるから，$\overrightarrow{OC}\cdot\overrightarrow{CQ}=0$ を解く。

$\overrightarrow{OP}=(1-t)\overrightarrow{OA}+t\overrightarrow{OB}$，$0<t<1$ のとき，点Pは D_1 に含まれ，かつ E_1 に含まれる。したがって，$\overrightarrow{OQ}=k\overrightarrow{OP}$ で $k>0$ ならば，点Qは D_1 に含まれ，かつ E_1 に含まれる。$k<0$ ならば，点Qは D_2 に含まれ，かつ E_2 に含まれる。図が描けていればわかりやすい。

(3)　ベクトルの大きさに関しては，次のことが基本となる。

> **ポイント**　ベクトル $\vec{a}$ の大きさ $|\vec{a}|$
>
> $|\vec{a}|^2=\vec{a}\cdot\vec{a}$

$$\begin{aligned}|m\vec{a}+n\vec{b}|^2&=(m\vec{a}+n\vec{b})\cdot(m\vec{a}+n\vec{b})\\&=(m\vec{a})\cdot(m\vec{a})+(m\vec{a})\cdot(n\vec{b})+(n\vec{b})\cdot(m\vec{a})+(n\vec{b})\cdot(n\vec{b})\\&=m^2|\vec{a}|^2+2mn\vec{a}\cdot\vec{b}+n^2|\vec{b}|^2\end{aligned}$$

の計算も，整式の展開

$$(ma+nb)^2=m^2a^2+2mnab+n^2b^2$$

と関連させて，すばやく計算できるようにしておかなければならない。

数学Ⅰ　本試験

問題番号(配点)	解答記号	正　解	配点	チェック
第1問(20)	アイ	−6	2	
	ウエ	38	2	
	オカ	−2	2	
	キク	18	2	
	ケ	2	2	
	コ，サ，シ	2，4，2	2	
	ス	⑧	2	
	セ	⓪	2	
	ソ	①	2	
	タ，チ	①，③	2	
第2問(30)	ア.イウエ	0.072	3	
	オ	②	3	
	$\frac{\sqrt{カ}}{キ}$	$\frac{\sqrt{6}}{3}$	2	
	$ク\sqrt{ケ}$	$2\sqrt{6}$	2	
	$コ\sqrt{サ}$	$2\sqrt{6}$	3	
	$\frac{シ}{ス}$	$\frac{2}{3}$	3	
	$\frac{セソ}{タ}$	$\frac{10}{3}$	2	
	チ≦AB≦ツ	4≦AB≦6	3	
	$\frac{テト}{ナ}$，$\frac{ニ}{ヌ}$	$\frac{-1}{3}$，$\frac{7}{3}$	3	
	ネ	4	3	
	$ノ\sqrt{ハ}$	$4\sqrt{5}$	3	

問題番号(配点)	解答記号	正　解	配点	チェック
第3問(30)	ア，イ	2，⓪	2	
	ウ，エ	7，①	2	
	オ<t<カキ	1<t<21	3	
	ク	⓪	2	
	ケ	⑦	3	
	コ	③	3	
	サ	3	2	
	シ	2	2	
	ス	5	3	
	セ	9	2	
	ソ	⑥	1	
	タ	①	2	
	チ，ツ	③，①	3	
第4問(20)	ア，イ，ウ	②，②，⓪	3	
	エ，オ	⓪，③	2	
	カ	②	4	
	キ.クケ	0.63	3	
	コ	③	3	
	サシ，ス，セ	14，3，2	1	
	ソ	②	2	
	タ	②	2	

（注）　全問必答。

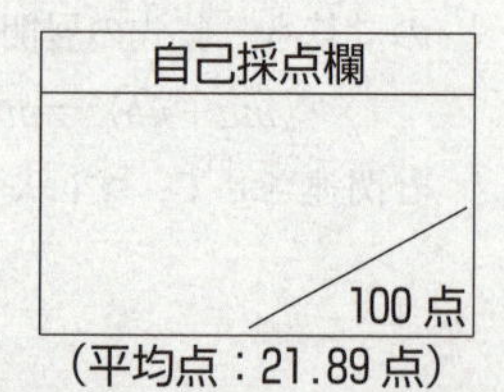

（平均点：21.89点）

第1問 —— 数と式，2次方程式，集合と論理

〔1〕 —— 「数学Ⅰ・数学A」第1問〔1〕に同じ（p. 3～4 参照）

〔2〕 やや難 《2次方程式，命題，背理法》

2次方程式 $x^2+px+r=0$ に解の公式を適用すると

$$x=\frac{-p\pm\sqrt{p^{\boxed{2}}-\boxed{4}\,r}}{\boxed{2}}$$ →コ，サ，シ

となる。ここで，D_1 を

$D_1=p^2-4r$

とおく。同様に，2次方程式 $x^2+qx+s=0$ に対して，D_2 を

$D_2=q^2-4s$

とおく。

$y=x^2+px+r$，$y=x^2+qx+s$ のグラフがそれぞれ，x 軸と共有点をもつための必要十分条件は，それぞれ，$D_1\geqq0$，$D_2\geqq0$ である。

よって，$y=x^2+px+r$，$y=x^2+qx+s$ のグラフのうち，少なくとも一方が x 軸と共有点をもつための必要十分条件は，**$D_1\geqq0$ または $D_2\geqq0$** $\boxed{⑧}$ →ス である。

つまり，**命題Aの代わりに，命題B を証明すればよい。**

背理法を用いて**命題B** を証明するためには，$D_1\geqq0$ または $D_2\geqq0$ が成り立たない，すなわち **$D_1<0$ かつ $D_2<0$** $\boxed{⓪}$ →セ が成り立つと仮定して矛盾を導けばよい。

$D_1<0$ かつ $D_2<0$ が成り立つならば

$D_1+D_2<0$ $\boxed{①}$ →ソ

が得られる。

一方，$pq=2(r+s)$ を用いると，$r+s=\frac{1}{2}pq$ であるから

$$D_1+D_2=(p^2-4r)+(q^2-4s)=p^2+q^2-4(r+s)=p^2+q^2-4\cdot\frac{1}{2}pq$$

$$=p^2+q^2-2pq$$ $\boxed{①}$ →タ

が得られるので

$$D_1+D_2=p^2+q^2-2pq=(p-q)^2\geqq0$$ $\boxed{③}$ →チ

となるが，これは $D_1+D_2<0$ に矛盾する。したがって，$D_1<0$ かつ $D_2<0$ は成り立たない。よって，**命題B** は真である。

第2問 ―― 図形と計量，2次関数

〔1〕 ―― ア～オ 「数学Ⅰ・数学A」第1問〔2〕のコ～セに同じ (p. 4～5参照)

〔2〕 やや難 《正弦定理，余弦定理，外接円，2次関数の最大値，三角形の面積》

(1) $\sin^2\angle ACB+\cos^2\angle ACB=1$ を用いれば，$0°<\angle ACB<180°$ より，$\sin\angle ACB>0$ なので

$$\sin\angle ACB=\sqrt{1-\cos^2\angle ACB}=\sqrt{1-\left(\frac{\sqrt{3}}{3}\right)^2}=\sqrt{\frac{2}{3}}$$

$$=\frac{\sqrt{\boxed{6}}}{\boxed{3}}$$ →カ，キ

△ABC に正弦定理を用いると，外接円の半径が3だから

$$\frac{AB}{\sin\angle ACB}=2\times3$$

$$\therefore\quad AB=6\sin\angle ACB=6\times\frac{\sqrt{6}}{3}$$

$$=\boxed{2}\sqrt{\boxed{6}}$$ →ク，ケ

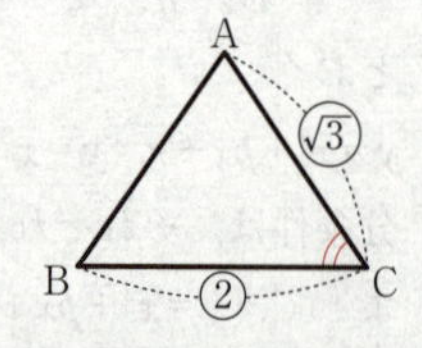

AC : BC $=\sqrt{3}:2$ より

$$AC=\sqrt{3}k,\quad BC=2k\quad(k>0)$$

とおくと，△ABC に余弦定理を用いて

$$AB^2=BC^2+CA^2-2\cdot BC\cdot CA\cdot\cos\angle ACB$$

$$(2\sqrt{6})^2=(2k)^2+(\sqrt{3}k)^2-2\cdot2k\cdot\sqrt{3}k\cdot\frac{\sqrt{3}}{3}$$

$$24=4k^2+3k^2-4k^2$$

$$k^2=8$$

$k>0$ なので　$k=\sqrt{8}=2\sqrt{2}$

よって　$AC=\sqrt{3}k=\sqrt{3}\times2\sqrt{2}=\boxed{2}\sqrt{\boxed{6}}$ →コ，サ

(2) (i)・(ii) シ～ネ 「数学Ⅰ・数学A」第1問〔3〕の(1)・(2)ソ～ヒに同じ (p. 5～6参照)

ノ・ハ　AD＝4のとき，AB＝4だから

$$AD=AB(=4),\quad AD\perp BC$$

より，△ABC は∠B＝90°の直角三角形であり，点Dは点Bと一致する。このとき，AB＝4 を AC＝14－2AB に代入すると

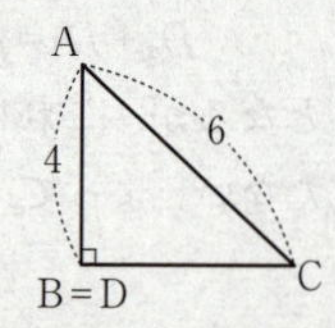

$$AC=6$$

だから，△ABC に三平方の定理を用いれば

$$BC=\sqrt{AC^2-AB^2}=\sqrt{6^2-4^2}=\sqrt{20}=2\sqrt{5}$$

よって，△ABC の面積は

$$\frac{1}{2}\times BC\times AB=\frac{1}{2}\times 2\sqrt{5}\times 4=\boxed{4}\sqrt{\boxed{5}}$$ →ノ，ハ

第3問 ── 2次関数，集合と論理

〔1〕 やや難 《1次関数，2次関数》

(1) 直線 $\ell: y=ax+b$ $(a\neq 0)$ と x 軸との交点の x 座標が s なので，ℓ は点 $(s,\ 0)$ を通り傾き a の直線であるから，$\ell: y=a(x-s)$ と表される。

$ax+b=a(x-s)$ ……①

また，直線 $m: y=cx+d$ $(c\neq 0)$ と x 軸との交点の x 座標が t なので，m は点 $(t,\ 0)$ を通り傾き c の直線であるから，$m: y=c(x-t)$ と表される。

$cx+d=c(x-t)$ ……②

(i) ㋐ $a>0$，$c<0$ について考える。$s=-1$，$t=5$ であるとき

$$y=(ax+b)(cx+d)=a(x-s)\cdot c(x-t)=ac(x+1)(x-5)$$
$$=ac(x^2-4x-5)=ac\{(x-2)^2-9\}=ac(x-2)^2-9ac$$

$a>0$，$c<0$ より，$ac<0$ なので，$y=ac(x-2)^2-9ac$ のグラフは上に凸だから，x のとり得る値の範囲が実数全体のとき，y は $x=$ 2 →ア で最大値 ⓪ →イ をとる。

(ii) ㋑ $a<c<0$ について考える。$s=6$，$t=8$ であるとき

$$y=(ax+b)(cx+d)=a(x-s)\cdot c(x-t)=ac(x-6)(x-8)$$
$$=ac(x^2-14x+48)=ac\{(x-7)^2-1\}=ac(x-7)^2-ac$$

$a<0$，$c<0$ より，$ac>0$ なので，$y=ac(x-7)^2-ac$ のグラフは下に凸だから，x のとり得る値の範囲が実数全体のとき，y は $x=$ 7 →ウ で最小値 ① →エ をとる。

(2) $s=-1$ のときの㋐ $a>0$，$c<0$ について考える。

$y=(ax+b)(cx+d)=ac(x-s)(x-t)$ は

$$y=ac(x+1)(x-t)=ac\{x^2-(t-1)x-t\}$$
$$=ac\left\{\left(x-\frac{t-1}{2}\right)^2-\left(\frac{t-1}{2}\right)^2-t\right\}$$
$$=ac\left(x-\frac{t-1}{2}\right)^2-ac\left\{\left(\frac{t-1}{2}\right)^2+t\right\}$$

(1)の(i)と同様に考えると，$ac<0$ なので，y は $x=\frac{t-1}{2}$ で最大値をとるから，$y=(ax+b)(cx+d)$ が最大値を $0<x<10$ の範囲でとるような t の値の範囲は

$$0<\frac{t-1}{2}<10$$
$$0<t-1<20$$

∴ 1 $<t<$ 21 →オ，カキ

(3) $y=(ax+b)(cx+d)=ac(x-s)(x-t)$ について，次のことが成り立つ。

• y の最大値があるのは，(1)の(i)，(ii)より，$ac<0$ のときであり，ⓐ$a>0$，$c<0$，ⓘ$a<c<0$，ⓤ$0<a<c$，ⓔ$a=c<0$，ⓞ$a=c>0$ の中で $ac<0$ を満たすのは，ⓐのみである。 ⓪ →ク

• y の最小値があるのは，(1)の(i)，(ii)より，$ac>0$ のときであり，ⓐ〜ⓞの中で $ac>0$ を満たすのは，ⓘ，ⓤ，ⓔ，ⓞである。

このとき，$y=ac(x-s)(x-t)$ のグラフは，x 座標が $x=s$，t $(s<t)$ である点で x 軸と交わるから，軸は直線 $x=\dfrac{s+t}{2}$ であり，$x=\dfrac{s+t}{2}$ を $y=ac(x-s)(x-t)$ に代入すると，頂点の y 座標は

$$y=ac\left(\frac{s+t}{2}-s\right)\left(\frac{s+t}{2}-t\right)=ac\cdot\frac{t-s}{2}\cdot\frac{s-t}{2}$$

$$=-\frac{ac(t-s)^2}{4}$$

これと，$ac>0$ より，y は $x=\dfrac{s+t}{2}$ で最小値 $-\dfrac{ac(t-s)^2}{4}$ をとるが，$ac>0$，$(t-s)^2>0$ より

$$-\frac{ac(t-s)^2}{4}<0$$

であるから，最小値は0未満となる。

よって，y の最小値があり，その値が0以上になるのはⓐ〜ⓞのうちにはない。

⑦ →ケ

• y の最小値があるのは，$ac>0$ のときであり，ⓐ〜ⓞの中で $ac>0$ を満たすのは，ⓘ，ⓤ，ⓔ，ⓞである。

このとき，$y=ac(x-s)(x-t)$ は，上と同様に考えれば，$ac>0$ なので，$x=\dfrac{s+t}{2}$ で最小値をとるから，最小値を $x>0$ の範囲でとるのは

$$\frac{s+t}{2}>0 \quad すなわち \quad s+t>0$$

のときである。

①，②より，$b=-as$，$d=-ct$ で，$a\neq0$，$c\neq0$ より

$$s=-\frac{b}{a},\ t=-\frac{d}{c}$$

であり，ℓ，m は y 軸と $y>0$ の部分で交わるので，ℓ の y 切片 b，m の y 切片 d は

$$b>0,\ d>0$$

となるから，ⓘ$a<c<0$，ⓤ$0<a<c$，ⓔ$a=c<0$，ⓞ$a=c>0$ のとき

$$\left.\begin{array}{l} ⓘ\ s>0,\ \ t>0 \\ ⓤ\ s<0,\ \ t<0 \\ ⓔ\ s>0,\ \ t>0 \\ ⓞ\ s<0,\ \ t<0 \end{array}\right\} \cdots\cdots(*)$$

（ⓘ＝い，ⓤ＝う，ⓔ＝え，ⓞ＝お）

となる。

したがって，い，う，え，おの中で $s+t>0$ を満たすのは，い，えである。

よって，y の最小値があり，その値を $x>0$ の範囲でとるのは，**いとえのみである。**

③　→コ

参考　s は ℓ と x 軸との交点の x 座標，t は m と x 軸との交点の x 座標であるから，い～おのグラフを見れば，$(*)$ であることは容易にわかる。

〔2〕　――　サ～ツ　「数学Ⅰ・数学A」第2問〔1〕ア～クに同じ（p. 7～12 参照）

第4問  データの分析 《ヒストグラム，箱ひげ図，データの相関，度数分布表》

(1)〜(4) ア〜コ 「数学Ⅰ・数学A」第2問〔2〕の(1)〜(4)ケ〜ツに同じ (p. 12〜15参照)

(5) サ〜タ 表2において，表3の0以上30未満の階級に含まれるのは4か国，30以上60未満の階級に含まれるのは1か国，90以上120未満の階級に含まれるのは1か国，210以上240未満の階級に含まれるのは1か国である。

図5において，表3の0以上30未満の階級に含まれるのは10か国，30以上60未満の階級に含まれるのは13か国，60以上90未満の階級に含まれるのは3か国，90以上120未満の階級に含まれるのは1か国，120以上150未満の階級に含まれるのは2か国である。

よって，表3の度数分布表を完成させると，次のようになる。

表3 度数分布表

階級（人）	度数（国数）	
0以上30未満	14	
30以上60未満	14	→サシ
60以上90未満	3	→ス
90以上120未満	2	→セ
120以上150未満	2	
150以上180未満	0	
180以上210未満	0	
210以上240未満	1	

表4は，29か国と7か国のそれぞれの群の「教員1人あたりの学習者数」の，平均値と標準偏差である。

表4より，これらを合わせた36か国の「教員1人あたりの学習者数」の平均値を算出する式は

$$\frac{44.8\times29+62.6\times7}{29+7}\quad ② \rightarrow ソ$$

である。

(Ⅰ)，(Ⅱ)は，「教員1人あたりの学習者数」についての記述である。

(Ⅰ)，(Ⅱ)の正誤について考えると

(Ⅰ) 36か国の「教員1人あたりの学習者数」の平均値は

$$\frac{44.8\times29+62.6\times7}{29+7}>\frac{44.8\times29+44.8\times7}{29+7}=\frac{44.8\times(29+7)}{29+7}=44.8$$

よって，36か国の「教員1人あたりの学習者数」の平均値は，29か国の「教員1

人あたりの学習者数」の平均値よりも大きいから，**誤り**。

(II)　分散は，(標準偏差)^2 だから

29 か国の「教員 1 人あたりの学習者数」の分散は，$(29.1)^2$，

7 か国の「教員 1 人あたりの学習者数」の分散は，$(66.1)^2$ で，$(29.1)^2<(66.1)^2$ である。

よって，29 か国の「教員 1 人あたりの学習者数」の分散は，7 か国の「教員 1 人あたりの学習者数」の分散より小さいから，**正しい**。

以上より，(I)，(II)の正誤の組合せとして正しいものは ② →タ である。

数学Ⅱ 本試験

問題番号(配点)	解答記号	正解	配点	チェック
第1問 (30)	(ア, イ)	(2, 5)	1	
	ウ	5	1	
	エ	③	2	
	オ	0	2	
	カ	⓪	2	
	$\frac{キ}{ク}$	$\frac{1}{2}$	1	
	ケ	①	2	
	$\frac{コ}{サ}$	$\frac{4}{3}$	2	
	シ	⑤	2	
	ス	2	2	
	セ	8	3	
	ソ	①	2	
	タ	①	1	
	チ	③	2	
	ツ	⓪	2	
	テ	②	3	

問題番号(配点)	解答記号	正解	配点	チェック
第2問 (30)	ア	①	2	
	イ	⓪	2	
	ウ	③	2	
	エ	②	2	
	オカ$\sqrt{キ}$	$-2\sqrt{2}$	2	
	ク	2	2	
	ケ, コ	①, ④ (解答の順序は問わない)	6 (各3)	
	サ, シス	b, $2b$	2	
	セ, ソ	②, ①	2	
	タ	②	2	
	$\frac{チツ}{テ}$, ト, ナニ, ヌ	$\frac{-1}{6}$, 9, 12, 5	4	
	$\frac{ネ}{ノ}$	$\frac{5}{2}$	2	

問題番号(配点)	解答記号	正　解	配点	チェック
第3問 (20)	アt^2−イ	$2t^2-1$	2	
	ウt^2＋エt−1	$8t^2+2t-1$	1	
	$\dfrac{\text{オカ}}{\text{キ}}$	$\dfrac{-1}{2}$	2	
	$\dfrac{\text{ク}}{\text{ケ}}$	$\dfrac{2}{3}$	2	
	コ	③	1	
	サ	⑤	1	
	シ	⑦	1	
	ス	③	3	
	$\dfrac{\text{セソ}}{\text{タ}}$	$\dfrac{-7}{8}$	1	
	$\dfrac{\text{チツ}}{\text{テト}}$	$\dfrac{17}{32}$	1	
	ナ	4	2	
	ニ	⑧	3	

問題番号(配点)	解答記号	正　解	配点	チェック
第4問 (20)	$\dfrac{\text{ア}\pm\sqrt{\text{イ}}\,i}{\text{ウ}}$	$\dfrac{1\pm\sqrt{7}\,i}{2}$	2	
	エm＋オ	$2m+6$	3	
	カ	3	3	
	キク$<m<$ケ	$-2<m<6$	2	
	コ	−	1	
	サ	3	1	
	シ	2	2	
	スセ±ソi	$-1\pm2i$	1	
	タチ，ツ	−2，6	1	
	テ	2	1	
	トナ	−1	2	
	ニ	2	1	

（注）　全問必答。

自己採点欄
100点

（平均点：34.41点）

第1問 ――「数学Ⅱ・数学B」第1問に同じ（p. 33～37 参照）

第2問 ――「数学Ⅱ・数学B」第2問に同じ（p. 38～41 参照）

第3問 標準 三角関数《三角関数の方程式，解の範囲》

$4\cos 2\theta + 2\cos\theta + 3 = 0 \quad (0 \leqq \theta \leqq \pi)$ ……①

(1) $t=\cos\theta$ とおくと，$0 \leqq \theta \leqq \pi$ より，$-1 \leqq t \leqq 1$ であり

$\cos 2\theta = 2\cos^2\theta - 1$ （2倍角の公式）

$= \boxed{2}\, t^2 - \boxed{1}$ →ア，イ

であるから，①により，t についての方程式

$4(2t^2-1)+2t+3=0$ すなわち $\boxed{8}\, t^2 + \boxed{2}\, t - 1 = 0$ →ウ，エ

が得られる。この方程式の解は

$(2t+1)(4t-1)=0$

より

$t = \dfrac{\boxed{-1}}{\boxed{2}},\ \dfrac{1}{4}$ →$\dfrac{オカ}{キ}$

である。

(2) $0 \leqq \theta \leqq \pi$ かつ $\cos\theta = -\dfrac{1}{2}$ を満たす θ を α とするから，$\cos\alpha = -\dfrac{1}{2}$ であり，

$0 \leqq \alpha \leqq \pi$ であるから，$\alpha = \dfrac{\boxed{2}}{\boxed{3}}\pi$ →$\dfrac{ク}{ケ}$ である。

$0 \leqq \theta \leqq \pi$ かつ $\cos\theta = \dfrac{1}{4}$ を満たす θ を β とするから，$\cos\beta = \dfrac{1}{4}$ であり，この値と

$\cos\dfrac{\pi}{6} = \dfrac{\sqrt{3}}{2}$ $\boxed{③}$ →コ

$\cos\dfrac{\pi}{4} = \dfrac{\sqrt{2}}{2}$ $\boxed{⑤}$ →サ

$\cos\dfrac{\pi}{3} = \dfrac{1}{2}$ $\boxed{⑦}$ →シ

を比較すると，$\dfrac{\sqrt{3}}{2} > \dfrac{\sqrt{2}}{2} > \dfrac{1}{2} > \dfrac{1}{4} > 0$ であるから，$\cos\dfrac{\pi}{2} = 0$ に注意して

$\dfrac{\pi}{3} < \beta < \dfrac{\pi}{2}$ $\boxed{③}$ →ス

を満たすことがわかる。

(3)　2倍角の公式を用いると

$$\cos 2\beta = 2\cos^2\beta - 1 = 2\times\left(\frac{1}{4}\right)^2 - 1 = \frac{\boxed{-7}}{\boxed{8}} \quad \to \frac{\text{セソ}}{\text{タ}}$$

$$\cos 4\beta = 2\cos^2 2\beta - 1 = 2\times\left(-\frac{7}{8}\right)^2 - 1 = \frac{\boxed{17}}{\boxed{32}} \quad \to \frac{\text{チツ}}{\text{テト}}$$

であることがわかる。

さらに，$\frac{4}{3}\pi < 4\beta < 2\pi \left(\because \ \frac{\pi}{3} < \beta < \frac{\pi}{2}\right)$，$\cos 4\beta = \frac{17}{32} > 0$ より，座標平面上で 4β の動径は第 $\boxed{4}$ →ナ 象限にあり，$\frac{1}{2} < \frac{17}{32} < \frac{\sqrt{2}}{2}$ が成り立つから，右図より

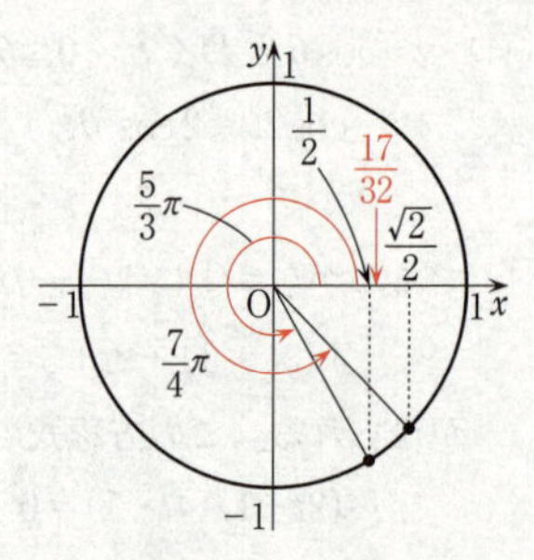

$$\frac{5}{3}\pi < 4\beta < \frac{7}{4}\pi$$

であることがわかるので，β は次の不等式を満たす。

$$\frac{5}{12}\pi < \beta < \frac{7}{16}\pi \qquad \boxed{⑧} \quad \to \text{ニ}$$

参考　$y=\cos x$ のグラフを描くと見やすくなる。

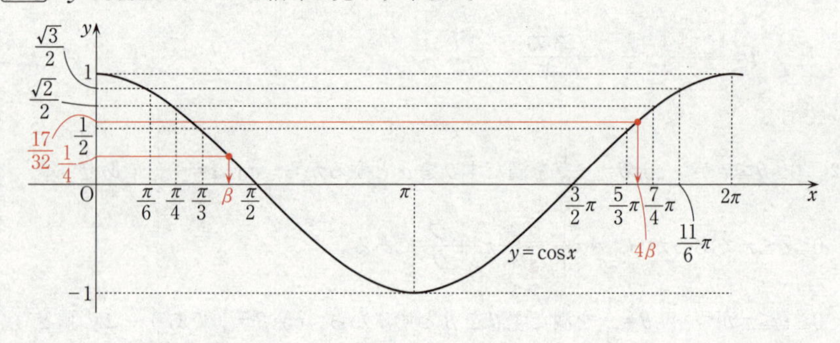

第4問 標準 いろいろな式 《高次方程式の解の個数》

$$P(x)=x^4+(m-1)x^3+5x^2+(m-3)x+n$$

$$Q(x)=x^2-x+2$$

(1) 2次方程式 $Q(x)=0$ の解は，解の公式により

$$x=\frac{-(-1)\pm\sqrt{(-1)^2-4\times1\times2}}{2\times1}=\frac{1\pm\sqrt{-7}}{2}$$

$$=\frac{\boxed{1}\pm\sqrt{\boxed{7}}\,i}{\boxed{2}} \quad \to \frac{ア，イ}{ウ}$$

である。

(2) 4次式 $P(x)$ は2次式 $Q(x)$ で割り切れ，その商が $R(x)$ であるから，$P(x)=Q(x)R(x)$ と表され，$R(x)$ は2次式である。$P(x)$ と $Q(x)$ の最高次の係数と定数項をみれば，$R(x)=x^2+bx+\frac{n}{2}$（b は定数）とおけることがわかり

$$x^4+(m-1)x^3+5x^2+(m-3)x+n=(x^2-x+2)\left(x^2+bx+\frac{n}{2}\right)$$

$$=x^4+(b-1)x^3+\left(\frac{n}{2}-b+2\right)x^2+\left(-\frac{n}{2}+2b\right)x+n$$

と表せる。両辺の係数を比較すると

x^3 の係数：$m-1=b-1$

x^2 の係数：$5=\frac{n}{2}-b+2$

x の係数：$m-3=-\frac{n}{2}+2b$

が成り立たなければならないから，第1式より $b=m$，よって，他の式より

$$n=\boxed{2}\,m+\boxed{6} \quad \to エ，オ$$

である。また

$$R(x)=x^2+mx+\frac{2m+6}{2}=x^2+mx+m+\boxed{3} \quad \to カ$$

である。

別解　$P(x)$ を実際に $Q(x)$ で割ってもよい。

$$\begin{array}{r|l} & x^2+mx+(m+3) \\ \hline x^2-x+2 & x^4+(m-1)x^3+5x^2+(m-3)x+n \\ & \underline{x^4 \quad -x^3 \quad +2x^2} \\ & mx^3 \quad +3x^2 \quad +(m-3)x+n \\ & \underline{mx^3-mx^2 \qquad +2mx} \\ & (m+3)x^2+(-m-3)x+n \\ & \underline{(m+3)x^2 \quad -(m+3)x+2(m+3)} \\ & n-2m-6 \end{array}$$

として，割り切れるのだから，余り $n-2m-6=0$ である。よって

$$n=2m+6,\ R(x)=x^2+mx+m+3$$

がわかる。

(3)　方程式 $R(x)=0$ すなわち $x^2+mx+m+3=0$ が異なる二つの虚数解 α，β をもつとき，判別式 D は負であるので，m のとり得る値の範囲は

$$D=m^2-4(m+3)=m^2-4m-12$$
$$=(m+2)(m-6)<0$$

∴　$\boxed{-2}<m<\boxed{6}$　→キク，ケ

である。また，解と係数の関係により

$\alpha+\beta=\boxed{-}\,m$　→コ

$\alpha\beta=m+\boxed{3}$　→サ

である。

$\alpha\beta(\alpha+\beta)=-10$ のとき，すなわち $-m(m+3)=-10$ のとき

$m^2+3m-10=0$　　$(m-2)(m+5)=0$　　∴　$m=2,\ -5$

であり，$-2<m<6$ であるから，$m=\boxed{2}$ →シ である。

$m=2$ のとき，方程式 $R(x)=0$ の虚数解は，$x^2+2x+5=0$ を解いて

$x=-1\pm\sqrt{1-5}=-1\pm\sqrt{-4}=\boxed{-1}\pm\boxed{2}\,i$　→スセ，ソ

である。

(4)　$P(x)=Q(x)R(x)$ より，方程式 $P(x)=0$ の解は，$Q(x)=0$ の解および $R(x)=0$ の解で，$Q(x)=0$ の解は，(1)より $x=\dfrac{1\pm\sqrt{7}i}{2}$ である。また(3)の判別式より，$R(x)=0$ は，$m=-2,\ 6$ のとき重解（実数解），$m<-2,\ 6<m$ のとき異なる二つの実数解，$-2<m<6$ のとき異なる二つの虚数解をもつことがわかる。

したがって，$P(x)=0$ の異なる解が全部で3個になるのは，$m=\boxed{-2},\ \boxed{6}$ →タチ，ツ のときであり，そのうち虚数解は $\boxed{2}$ →テ 個である。

異なる解が全部で2個になるのは，$Q(x)=0$ と $R(x)=0$ の解が一致するときであるが，$Q(x)$ と $R(x)$ の2次の係数が等しいことから，$Q(x)=R(x)$ すなわち $x^2-x+2=x^2+mx+m+3$ のときで，それは $m=\boxed{-1}$ →トナ のときである。

異なる解が全部で4個になるのは，m の値が -2，6，-1 のいずれとも等しくないときであり，$m<-2,\ 6<m$ のとき，$R(x)=0$ は異なる二つの実数解をもつから，4個の解のうち虚数解は $Q(x)=0$ の解の $\boxed{2}$ →ニ 個である。

数学Ⅰ・数学A 追試験

問題番号(配点)	解答記号	正　解	配点	チェック
第1問(30)	$\sqrt{ア}$，イ	$\sqrt{3}$，2	2	
	ウ	②	2	
	エ，オカ	6，11	2	
	キ	⑤	2	
	ク，ケ，コ	①，④，⑦	2	
	サシ	36	2	
	ス	⑤	2	
	セ	④	2	
	ソ	6	2	
	タ，チ	4，3	2	
	ツ	4	2	
	$\sqrt{テ}$	$\sqrt{2}$	2	
	ト	⑤	2	
	ナ	⑦	2	
	ニ	⑧	2	

問題番号(配点)	解答記号	正　解	配点	チェック
第2問(30)	ア	4	2	
	イウ，エ	25，2	2	
	オカ	12	2	
	キク	10	2	
	ケコ，サ	15，2	4	
	シス，セソ，タチツ	−2，30，100	3	
	テ	⑥	1	
	ト	①	2	
	ナ	①	1	
	ニ，ヌ	①，⑤ (解答の順序は問わない)	2 (各1)	
	ネノ	57	2	
	ハ	3	1	
	ヒ	2	2	
	フ	②	2	
	へ，ホ	⓪，②	2	

問題番号(配点)	解答記号	正　解	配点	チェック
第3問(20)	ア	4	1	
	イウ	10	1	
	エ，オ	1，6	2	
	カ，キ	1，3	2	
	ク，ケ	1，3	2	
	コ	①	2	
	サ，シ	5，9	2	
	ス，セ	2，3	1	
	ソタ，チツ	13，18	2	
	テ	⓪	1	
	ト	⓪	2	
	ナニ，ヌネ	11，18	2	
第4問(20)	ア	3	2	
	イ	6	2	
	ウ	6	2	
	エ	2	2	
	オ，カ	4，5	3	
	キ	3	2	
	ク	5	3	
	ケコサ	191	4	

問題番号(配点)	解答記号	正　解	配点	チェック
第5問(20)	ア，イ	⓪，①(解答の順序は問わない)	2	
	ウ，エ	2，5	2	
	オ，カ	1，2	2	
	キ，ク	1，4	2	
	ケ，コ	6，5	3	
	サ，シ，ス，セ	4，5，9，5	3	
	ソ，$\sqrt{タチ}$，ツテ	2，$\sqrt{15}$，15	3	
	ト，$\sqrt{ナ}$，ニヌ	4，$\sqrt{6}$，15	3	

(注)　第1問，第2問は必答。第3問～第5問のうちから2問選択。計4問を解答。

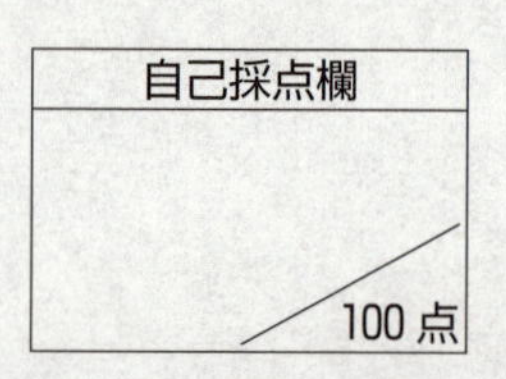

第1問 —— 数と式，図形と計量

〔1〕 易 《絶対値を含む方程式》

c を実数とし，x の方程式

$$|3x-3c+1|=(3-\sqrt{3})x-1 \quad \cdots\cdots①$$

を考える。

(1) $x \geqq c-\dfrac{1}{3}$ のとき，$3x-3c+1 \geqq 0$ となるので，①は

$$3x-3c+1=(3-\sqrt{3})x-1 \quad \cdots\cdots②$$

となる。②を満たす x は

$$\sqrt{3}x=3c-2$$

$$x=\sqrt{\boxed{3}}\,c-\frac{\boxed{2}\sqrt{3}}{3} \quad \to ア，イ \quad \cdots\cdots③$$

となる。③が $x \geqq c-\dfrac{1}{3}$ を満たすような c の値の範囲は

$$\sqrt{3}c-\frac{2\sqrt{3}}{3} \geqq c-\frac{1}{3}$$

を解いて

$$(\sqrt{3}-1)c \geqq \frac{2\sqrt{3}-1}{3}$$

$\sqrt{3}-1>0$ より

$$c \geqq \frac{2\sqrt{3}-1}{3(\sqrt{3}-1)}=\frac{(2\sqrt{3}-1)(\sqrt{3}+1)}{3(\sqrt{3}-1)(\sqrt{3}+1)}=\frac{5+\sqrt{3}}{6} \quad \boxed{②} \quad \to ウ$$

である。

また，$x<c-\dfrac{1}{3}$ のとき，$3x-3c+1<0$ となるので，①は

$$-3x+3c-1=(3-\sqrt{3})x-1 \quad \cdots\cdots④$$

となる。④を満たす x は

$$(6-\sqrt{3})x=3c$$

$$x=\frac{3c}{6-\sqrt{3}}=\frac{3(6+\sqrt{3})c}{(6-\sqrt{3})(6+\sqrt{3})}=\frac{\boxed{6}+\sqrt{3}}{\boxed{11}}c \quad \to エ，オカ \quad \cdots\cdots⑤$$

となる。⑤が $x<c-\dfrac{1}{3}$ を満たすような c の値の範囲は

$$\frac{6+\sqrt{3}}{11}c<c-\frac{1}{3}$$

を解いて

$$\frac{5-\sqrt{3}}{11}c>\frac{1}{3}$$

$\dfrac{5-\sqrt{3}}{11}>0$ より

$$c>\frac{11}{3(5-\sqrt{3})}=\frac{11(5+\sqrt{3})}{3(5-\sqrt{3})(5+\sqrt{3})}=\frac{5+\sqrt{3}}{6} \quad \boxed{⑤} \quad →キ$$

である。

(2)　(1)より，①の解について次のことがわかる。

$x \geqq c-\dfrac{1}{3}$ のとき，$c \geqq \dfrac{5+\sqrt{3}}{6}$ ならば解は③，$c<\dfrac{5+\sqrt{3}}{6}$ ならば解なし。

$x<c-\dfrac{1}{3}$ のとき，$c>\dfrac{5+\sqrt{3}}{6}$ ならば解は⑤，$c \leqq \dfrac{5+\sqrt{3}}{6}$ ならば解なし。

よって

$c>\dfrac{5+\sqrt{3}}{6}$ のとき，①の解は③と⑤

$c=\dfrac{5+\sqrt{3}}{6}$ のとき，①の解は③　……(＊)

$c<\dfrac{5+\sqrt{3}}{6}$ のとき，①の解はない

したがって

①が異なる二つの解をもつための必要十分条件は　$c>\dfrac{5+\sqrt{3}}{6}$　① →ク

①がただ一つの解をもつための必要十分条件は　$c=\dfrac{5+\sqrt{3}}{6}$　④ →ケ

①が解をもたないための必要十分条件は　$c<\dfrac{5+\sqrt{3}}{6}$　⑦ →コ

解説

(1)　絶対値を含む方程式を解く問題である。絶対値をつけたままで計算できるということはない。まずは，絶対値をはずしてから計算すること。

ポイント　絶対値のはずし方

$$|A|=\begin{cases} A & (A \geqq 0 \text{ のとき}) \\ -A & (A<0 \text{ のとき}) \end{cases}$$

$|3x-3c+1|$ の中身の $3x-3c+1$ に注目し，$3x-3c+1$ が 0 以上と 0 未満で場合分けをする。解 x を求めた後，それが条件を満たすような c の値の範囲を求める。

(2)　(1)で①を満たす x を c で表して，それを解とみなせる c の値の範囲も求めた。それをもとにして，(＊)のようなまとめ方をしておくとよい。

〔2〕 易 《三角比の図形への応用》

(1) はしご車が障害物に関係なくビルに近づくことができるのであれば，はしごの角度（はしごと水平面のなす角の大きさ）が75°のとき，はしごの先端Aの到達点は最高になる。

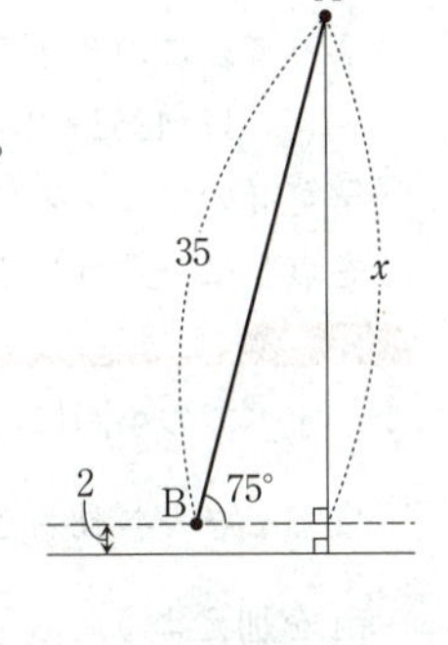

右図のようにxをおくと

$$\sin 75° = \frac{x}{35}$$

よって

$$x = 35\sin 75° = 35 \times 0.9659 = 33.8065$$

はしごの支点Bは地面から2mの高さにあるので

$$33.8065 + 2 = 35.8065$$

小数第1位を四捨五入すると，はしごの先端Aの最高到達点の高さは，地面から 36 mである。→サシ

(2) (i) 直角三角形ABQにおいて

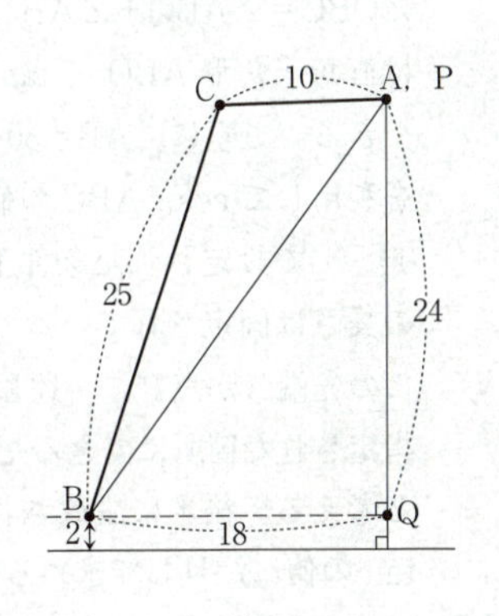

$$\tan\angle ABQ = \frac{24}{18} = \frac{4}{3} = 1.33\cdots$$

であるから，三角比の表より，∠ABQ≒53°と読み取れる。

次に，三平方の定理より

$$AB = \sqrt{18^2 + 24^2} = 6\sqrt{3^2 + 4^2} = 6 \times 5 = 30$$

よって，△ABCにおいて，余弦定理より

$$\cos\angle ABC = \frac{25^2 + 30^2 - 10^2}{2\cdot 25\cdot 30} = \frac{19}{20} = 0.95$$

であるから，三角比の表より，∠ABC≒18°と読み取れる。

したがって，はしごを点Cで屈折させ，はしごの先端Aが点Pに一致したとすると，∠QBCの大きさは53°+18°=71°で，およそ71°になる。 ⑤ →ス

(ii) (i)で∠QBCが71°のときにはしごの先端Aを点Pに一致させることができるとわかった。同じ条件下では，∠QBCの大きさを変えるとはしごの先端Aが点Pに一致しなくなる。そこで，∠QBC=71°に固定し，指定された箇所にできるだけ高いフェンスを設置するならばどこまで高くできるかと考える。

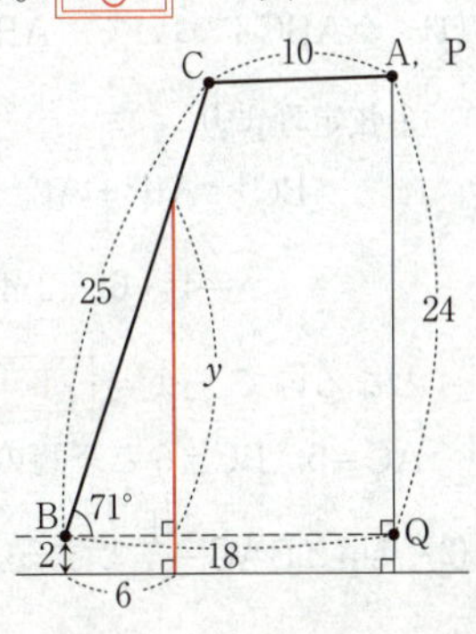

はしごの支点Bは地面から2mの高さにあるので，7m以上あるフェンスがはしごに接するときのフェンスの高さが$y+2$〔m〕であるとすると

$\tan 71° = \dfrac{y}{6}$

$y = 6\tan 71° = 6 \times 2.9042 = 17.4252$

よって，このときのフェンスの高さは

$17.4252 + 2 = 19.4252$

解答群のフェンスの高さのうち，はしごがフェンスに当たらずに，はしごの先端Aを点Pに一致させることができる最大のものは，19mである。 ④ →セ

解説

(1) すべての小問に対し，図を描いて考えること。はしごの長さと到達点との関わりはsinで表されることに注意して，$\sin 75° = \dfrac{x}{35}$ より x の値を求める。忘れずに2mを加えよう。

(2) (i) 複数の図形が融合された図になっているので，∠QBCを求めるために，∠QBC＝∠ABQ＋∠ABCと分割して求めることを方針とした。∠ABQの大きさは直角三角形ABQでtan∠ABQの値がわかると，三角比の表から求めることができる。さらに，AB＝30であることがわかれば，三角形ABCにおいて余弦定理を利用してcos∠ABCの値を求めることができ，三角比の表から∠ABCがわかる。

(ii) (i)で設定された条件下で∠QBCがおよそ71°であるとわかった。ACとBCの長さは固定されているので，同じ条件下では，∠QBCの大きさを変えるとはしごの先端Aが点Pに一致しなくなってしまう。よって，∠QBC＝71°は固定して，指定された箇所にできるだけ高いフェンスを設置するならばどこまで高くできるかと考える。後半に設置された問題なので，難しい問題かと思いきや，(1)と同様にtanの値に注目して求める易しい問題である。

［3］ 標準 《条件のもとで作る三角形の形状》

(1) △ABCにおいて，AB＝4，AC＝6，$\cos\angle BAC = \dfrac{1}{3}$ とする。

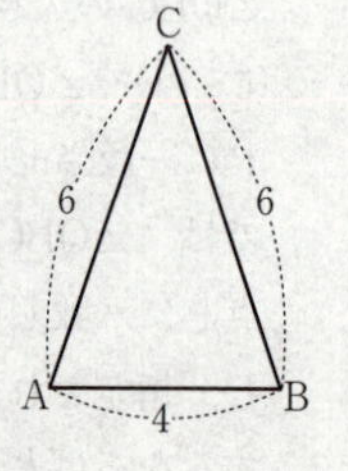

余弦定理より

$$BC^2 = AB^2 + AC^2 - 2AB \cdot AC\cos\angle BAC$$
$$= 4^2 + 6^2 - 2 \cdot 4 \cdot 6 \cdot \frac{1}{3} = 36$$

となるので，BC＝ 6 →ソ であり，△ABCはAB＝4，AC＝6，BC＝6と三辺の長さが確定するので，ただ一通りに決まる。

(2) $\sin\angle BAC = \dfrac{1}{3}$ とする。このとき，BCの長さのとり得る値の範囲を求める。

点Bから直線ACに垂線を下ろし，垂線と直線ACの交点を点Hとする。直角三角形ABHにおいて

$$\sin\angle BAH=\frac{BH}{AB}$$

$$BH=AB\sin\angle BAH=AB\sin\angle BAC=4\cdot\frac{1}{3}=\frac{4}{3}$$

以降，右の図を参考にして考える。

点Bと直線ACとの距離を考えると，BCの長さはBHの長さ以上の値がとれるから

直線AH上に点Cをとる。

$$BC\geqq\frac{\boxed{4}}{\boxed{3}}\quad\rightarrow タ,チ$$

である。

$BC=\frac{4}{3}$のときに，点Cは点Hに一致し，△ABCは$AB=4$，$BC=\frac{4}{3}$，$\angle ACB=90°$の直角三角形ただ一通りに決まる。

他に△ABCがただ一通りに決まるのは，点Hが線分ACの中点である場合であり，BA＝BCの二等辺三角形となる$BC=\boxed{4}$ →ツ のときである。

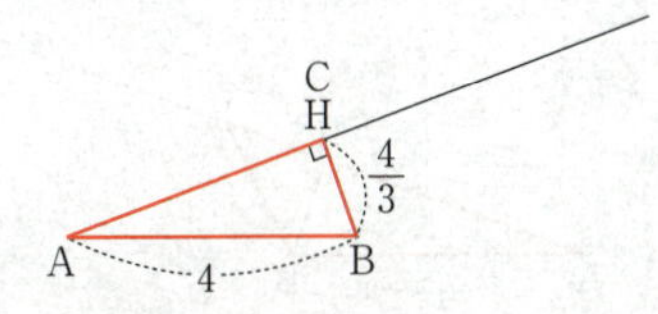

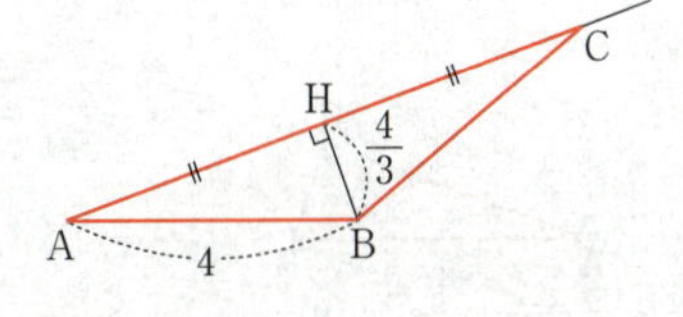

また，$\angle ABC=90°$のとき，$\sin\angle BAC=\frac{BC}{AC}=\frac{1}{3}$

より

$$AC=3BC$$

よって，$AB^2+BC^2=AC^2$より

$$4^2+BC^2=9BC^2\qquad BC^2=2$$

$BC>0$より　　$BC=\sqrt{\boxed{2}}$ →テ

したがって，△ABCの形状について，次のことが成り立つ。

- $\frac{4}{3}<BC<\sqrt{2}$のとき，△ABCは**二通りに決まり，それらは鋭角三角形と鈍角三角形である。**

→ト

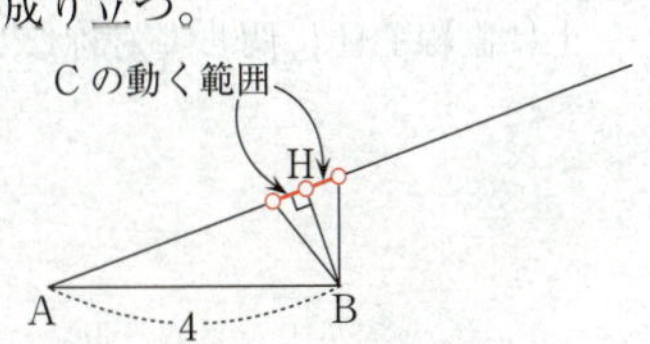

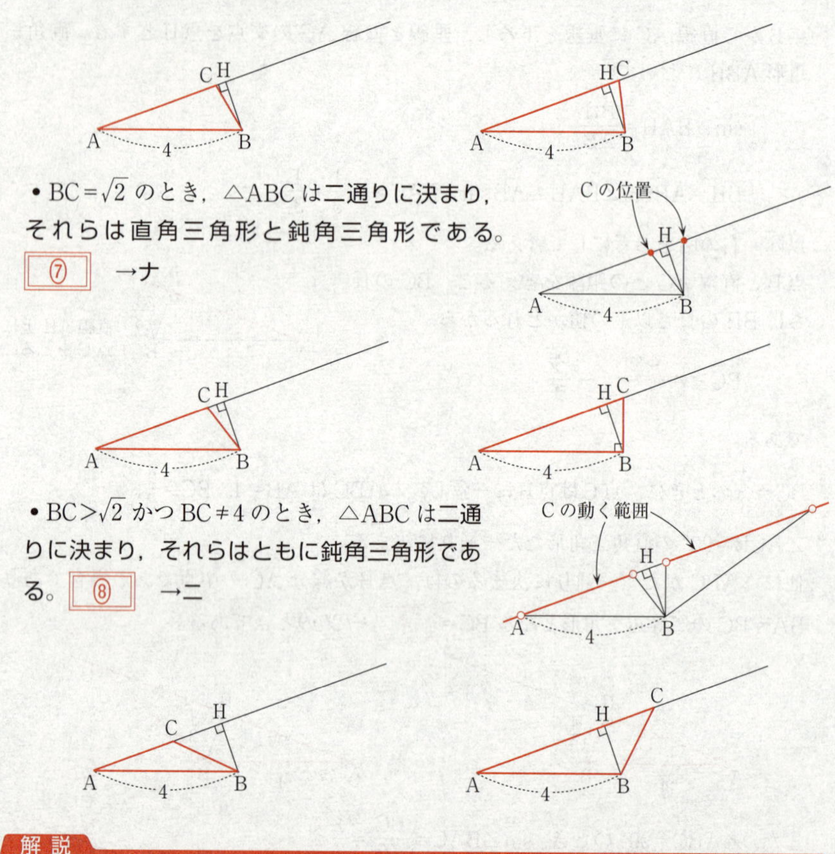

• $BC=\sqrt{2}$ のとき，△ABC は二通りに決まり，それらは直角三角形と鈍角三角形である。 ⑦ →ナ

• $BC>\sqrt{2}$ かつ $BC\neq 4$ のとき，△ABC は二通りに決まり，それらはともに鈍角三角形である。 ⑧ →ニ

解説

(1)　AB，BC，CA の長さが一通りに決まるので，三角形はただ一通りに決まるといえる。

(2)　条件を満たす三角形が何通りできるのかを点Bと直線 AC の距離を考えることで考察する問題である。場合分けの境界に当たる条件を問題で誘導してくれている。そのときの BC は計算で求めることになるが，どのような三角形ができるかは，計算を主にするのではなく，自分で手を動かして図を描き考えてみること。直線 AH 上に直線 BH に関して対称な２点を置くというイメージをもつとよい。

第2問 ―― 2次関数，データの分析

〔1〕 標準 《2次関数の最大値》

a を $5<a<10$ を満たす実数とする。長方形 ABCD を考え，AB＝CD＝5，BC＝DA＝a とする。さらに AP＝x とおく。点 P は辺 AB 上に点 B と異なるようにとることから，x は $0\leqq x<5$ を満たす値をとる。

条件を満たすように辺に点をとっていくと，長方形の内角の直角を含む直角二等辺三角形が作れる。直角を挟む辺の長さがわかれば，斜辺の長さはその $\sqrt{2}$ 倍である。このことから，各線分の長さを求めると，次のような図を得る。

四角形 QRST は長方形である。

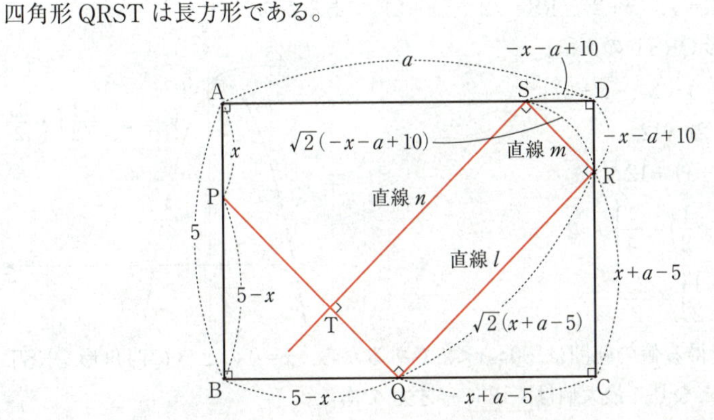

(1) $a=6$ のとき，$0\leqq x<5$ より，$x+a-5=x+1>0$ は成り立つので，l が頂点 C，D 以外の点で辺 CD と交わるための条件は

$$x+1<5$$

を満たすことであり，$x<4$ であるから，AP の値の範囲は

$$0\leqq \text{AP}<\boxed{4} \quad \to ア$$

である。

このとき，$\text{QR}=\sqrt{2}(x+1)$，$\text{RS}=\sqrt{2}(-x+4)$ であるから

$$\begin{aligned}[\text{四角形 QRST の面積}] &=\sqrt{2}(x+1)\cdot\sqrt{2}(-x+4)\\ &=-2x^2+6x+8\\ &=-2(x^2-3x)+8\\ &=-2\left\{\left(x-\frac{3}{2}\right)^2-\frac{9}{4}\right\}+8\\ &=-2\left(x-\frac{3}{2}\right)^2+\frac{25}{2}\end{aligned}$$

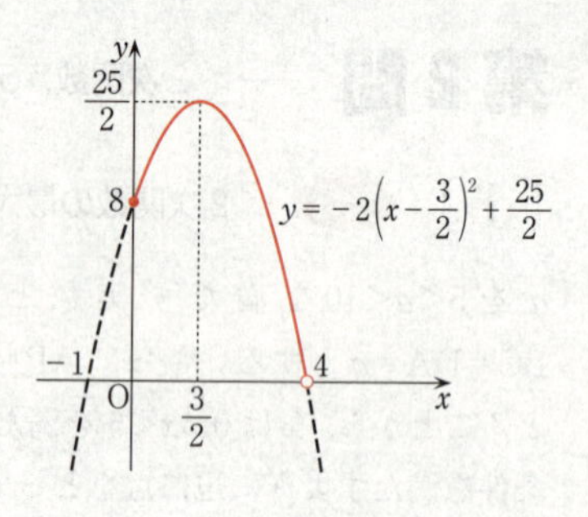

AP$=x$のとり得る値の範囲は，$0\leqq x<4$であるから，$x=\dfrac{3}{2}$のときに四角形QRSTの面積は最大となり，最大値は $\dfrac{25}{2}$ →$\dfrac{イウ}{エ}$ である。

$a=8$のとき，$0\leqq x<5$より，$x+a-5=x+3>0$は成り立つので，lが頂点C，D以外の点で辺CDと交わるための条件は

$$x+3<5$$

を満たすことであり，$x<2$であるから，APの値の範囲は$0\leqq$AP<2である。

このとき，QR$=\sqrt{2}(x+3)$，RS$=\sqrt{2}(-x+2)$であるから

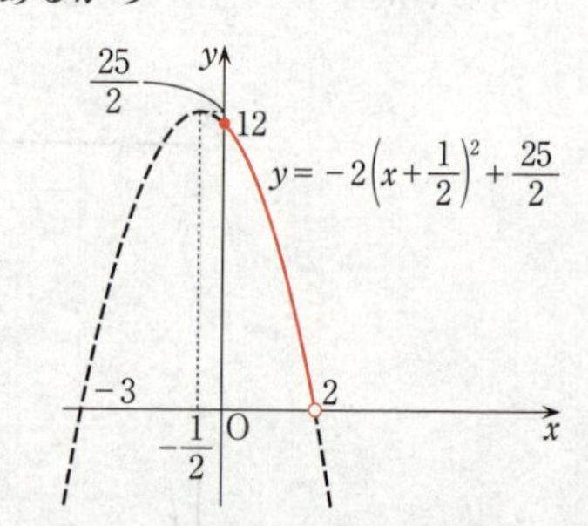

$$
\begin{aligned}
&[\text{四角形QRSTの面積}]\\
&=\sqrt{2}(x+3)\cdot\sqrt{2}(-x+2)\\
&=-2x^2-2x+12\\
&=-2(x^2+x)+12\\
&=-2\left\{\left(x+\frac{1}{2}\right)^2-\frac{1}{4}\right\}+12\\
&=-2\left(x+\frac{1}{2}\right)^2+\frac{25}{2}
\end{aligned}
$$

AP$=x$のとり得る値の範囲は，$0\leqq x<2$であるから，$x=0$のときに四角形QRSTの面積は最大となり，最大値は 12 →**オカ** である。

(2)　$5<a<10$とすると，$0\leqq x<5$より，$x+a-5>0$は成り立つので，lが頂点C，D以外の点で辺CDと交わるための条件は

$$x+a-5<5$$

を満たすことであり，$x<10-a$であるから，APの値の範囲は

$$0\leqq \text{AP}< 10 -a \quad \rightarrow\textbf{キク}\quad \cdots\cdots①$$

である。

このとき，QR$=\sqrt{2}(x+a-5)$，RS$=\sqrt{2}(-x-a+10)$であるから

$$
\begin{aligned}
&[\text{四角形QRSTの面積}]\\
&=\sqrt{2}(x+a-5)\cdot\sqrt{2}(-x-a+10)\\
&=-2(x+a-5)(x+a-10)\\
&=-2\{x^2+(2a-15)x\}-2(a-5)(a-10)\\
&=-2\left[\left\{x+\frac{1}{2}(2a-15)\right\}^2-\frac{1}{4}(2a-15)^2\right]-2(a-5)(a-10)\\
&=-2\left\{x+\frac{1}{2}(2a-15)\right\}^2+\frac{1}{2}(2a-15)^2-2(a-5)(a-10)
\end{aligned}
$$

$$= -2\left\{x-\left(-a+\frac{15}{2}\right)\right\}^2+\frac{25}{2}$$

点Pが①を満たす範囲を動くとする。四角形QRSTの面積の最大値が $\frac{25}{2}$ となるための条件は，最大値をとるときの x の値つまり $x=-a+\frac{15}{2}$ が①を満たすことなので，$5<a<10$ である a について

$$0 \leqq -a+\frac{15}{2} < 10-a$$

が成り立つことである。これより

$$\begin{cases} 0 \leqq -a+\dfrac{15}{2} & \cdots\cdots ② \\ -a+\dfrac{15}{2} < 10-a & \cdots\cdots ③ \end{cases}$$

②より　　$a \leqq \frac{15}{2}$

③より　　a はすべての実数

よって，a の値の範囲は

$$5 < a \leqq \frac{15}{2} \quad \rightarrow \frac{ケコ}{サ}$$

である。

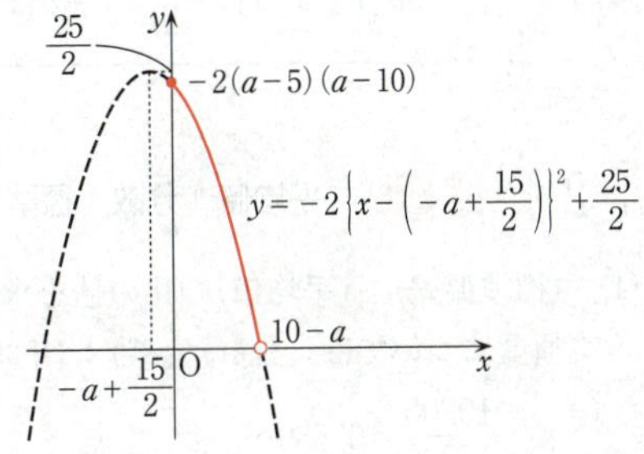

a が $\frac{15}{2}<a<10$ を満たすとき，

$-\frac{5}{2}<-a+\frac{15}{2}<0$ である。

Pが①を満たす範囲を動いたときの四角形QRSTの面積の最大値は

$$-2(a-5)(a-10) = \boxed{-2}a^2+\boxed{30}a-\boxed{100} \quad \rightarrow シス，セソ，タチツ$$

である。

解説

(1)　条件をきちんと把握して正しく点をとること。長方形ABCDの隅に直角二等辺三角形が配置され，辺の比が $1:1:\sqrt{2}$ になることを利用する。同じ規則で点をとっているにすぎないように思うが，実際に $a=6$ のときと $a=8$ のときの長方形QRSTの面積の最大値の求め方が変わってくることに気づく。つまり，放物線の軸が定義域に入るか入らないかの違いが出てくることがわかる。(2)で一般的な場合について考察した際に

$$[\text{四角形QRSTの面積}] = \sqrt{2}(x+a-5)\cdot\sqrt{2}(-x-a+10)$$
$$= -2\left\{x-\left(-a+\frac{15}{2}\right)\right\}^2+\frac{25}{2}$$

となることから，仕組みがわかる。つまり，軸が $x=-a+\frac{15}{2}$ であるから，これが0以上か負の値かで最大値のとり方が変わってくるということである。

$a=6$ のときが，$-a+\frac{15}{2}=\frac{3}{2}\geqq0$ となり最大値が $\frac{25}{2}$ となる場合，$a=8$ のときが，$-a+\frac{15}{2}=-\frac{1}{2}<0$ となり最大値が 12 となる場合の一例である。

(2)　(1)で考えたことの一般化である。(1)で具体的な操作はわかったので，ここでは a のまま長方形 QRST の面積を表せばよい。前半が(1)での $a=6$ の場合，後半が $a=8$ の場合に対応している。

平方完成の仕方をマスターし，変形できるようにしておくこと。

ポイント　**平方完成の仕方**

$$y=ax^2+bx+c\quad(a\neq0)$$
$$=a\left(x^2+\frac{b}{a}x\right)+c=a\left\{\left(x+\frac{b}{2a}\right)^2-\frac{b^2}{4a^2}\right\}+c$$
$$=a\left(x+\frac{b}{2a}x\right)^2-\frac{b^2}{4a}+c=a\left(x+\frac{b}{2a}x\right)^2-\frac{b^2-4ac}{4a}$$

〔2〕　標準　《平均値，分散，標準偏差，相関係数，箱ひげ図，散布図など》

(1)　(標準偏差)：(平均値)の比の値を求める。

交通量については，(標準偏差)：(平均値)＝10200：17300 より，比の値は

$$\frac{10200}{17300}=0.589\cdots$$

である。小数第3位を四捨五入すると，0.59 となる。

速度については，(標準偏差)：(平均値)＝9.60：82.0 より，比の値は

$$\frac{9.60}{82.0}=0.117\cdots$$

である。小数第3位を四捨五入すると，**0.12** となる。　**⑥**　→テ

また，交通量と速度の相関係数は

$$\frac{(\text{共分散})}{(\text{交通量の標準偏差})(\text{速度の標準偏差})}=\frac{-63600}{10200\times9.60}=-0.649\cdots$$

である。小数第3位を四捨五入すると，**−0.65** となる。　**①**　→ト

次に，2015 年の交通量のヒストグラムは

1．図1で交通量が 5000 に満たない地域は4地域である。解答群の⓪だけが2地域で，他は4地域である。よって，正解は①，②，③のいずれかである。

2．図1で交通量が5000以上10000未満の地域は17地域である。解答群の①，②，③のうち，①だけが17地域で，②，③は14地域である。

よって，正解は ① →ナ である。

また，表1および図1から読み取れることとして，正しいものを考えると

⓪ 交通量が27500以上の地域で速度が75以上の地域は存在するから，正しくない。

① 交通量が10000未満のすべての地域の速度は70以上であるから，**正しい**。

② 速度が平均値（82.0）以上の地域に，交通量が平均値（17300）未満の地域は存在するから，正しくない。

③ 速度が平均値（82.0）未満の地域に，交通量が平均値（17300）以上の地域は存在するから，正しくない。

④ 交通量が27500以上の地域は，7地域より多く存在するから，正しくない。

⑤ 速度が72.5未満の地域は，ちょうど11地域存在するから，**正しい**。

以上より，正しいものは ①，⑤ →ニ，ヌ である。

(2) 67地域について，2010年より2015年の速度が速くなった地域群をA群，遅くなった地域群をB群とする。

図2において，2010年の速度と2015年の速度の関係は次のようになる。

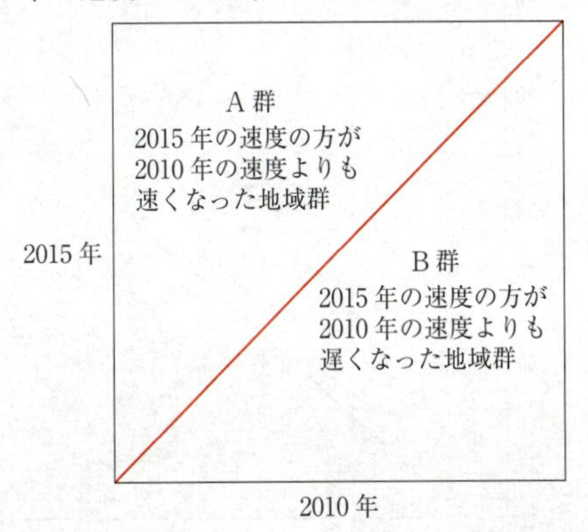

A群の地域数は多いので，地域数の少ないB群の地域数を数えると，10地域ある。2010年と2015年の速度に変化がなかった補助線上の地域はない。よって，A群の地域数は $67-10=57$ より 57 →ネノ である。

B群において，2010年より2015年の速度が5km/h以上遅くなった地域は次の領域にある地域である。

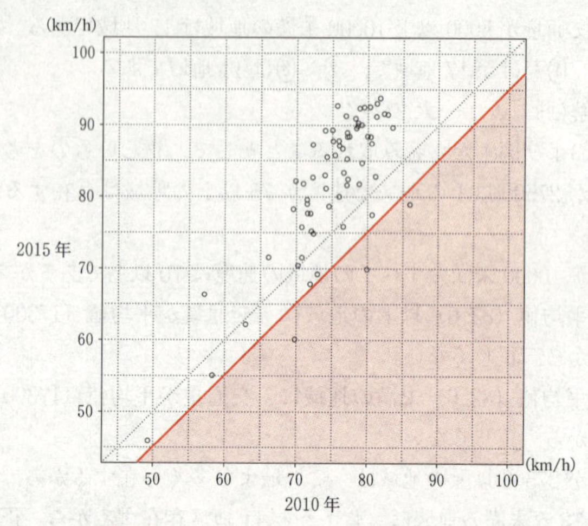

よって，その地域数は 3 →ハ である。

また，2010 年より 2015 年の速度が，10％以上遅くなった地域は次の領域にある地域である。

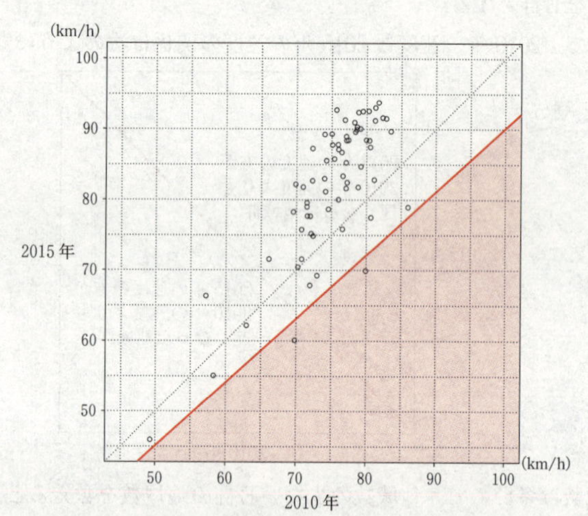

よって，その地域数は 2 →ヒ である。

A群の 2015 年の速度については，第 1 四分位数は 81.2，中央値は 86.7，第 3 四分位数は 89.7 であった。

(I)，(II)，(III)はA群とB群の 2015 年の速度に関する記述である。

最初に，B群の速度についてデータを整理しておく。

B群には 2015 年の速度として，およそ

46，55，60，62，68，69，70，76，78，79

の10の地域がある。

中央値は $\frac{68+69}{2}=68.5$，第1四分位数は60，第3四分位数は76である。

(Ⅰ) A群の速度の範囲はおよそ67km/h〜およそ94km/hの27km/h，B群の速度の範囲はおよそ46km/h〜およそ79km/hの33km/hであるから，A群の速度の範囲は，B群の速度の範囲より小さい。よって，**正しい**。

(Ⅱ) A群の速度の第1四分位数は81.2，B群の速度の第3四分位数は76で，A群の速度の第1四分位数は，B群の速度の第3四分位数より大きい。よって，**誤り**。

(Ⅲ) A群の速度の四分位範囲は $89.7-81.2=8.5$，B群の速度の四分位範囲は $76-60=16$ で，A群の速度の四分位範囲は，B群の速度の四分位範囲より小さい。よって，**正しい**。

以上より，(Ⅰ)，(Ⅱ)，(Ⅲ)の正誤の組合せとして正しいものは ② →フ である。

(3) 速度と1kmあたりの走行時間（分）を考える。

（例） 速度55km/hのとき

60分 ⟷ 55km

$\frac{60}{55}$分 ⟷ 1km （両方を55で割った）

1．解答群の⓪，①，②，③の最小値がすべて異なることから，最小値を求めて正しいものを見つける方針を立てる。

2．速度が最大のとき，1kmあたりの走行時間は最小となる。

3．速度の最大値が93km/hであるから

60分 ⟷ 93km

$\frac{60}{93}$分 ⟷ 1km （両方を93で割った）

$\frac{60}{93}=0.645\cdots$ より，1kmあたりの走行時間の最小値は0.65分である。

これを満たすものは⓪である。

よって，2015年の速度を1kmあたりの走行時間に変換したデータの箱ひげ図は ⓪ →へ である。

1．解答群の走行時間1.0分の地域に注目する。

2．1.0分 ⟷ 1km

60分 ⟷ 60km

1kmあたりの走行時間が1.0分ということは時速60kmである。図4で速度が60km/hの地域の交通量は27000台だけである。解答群で，走行時間が1.0分の交通量が27000台だけなのは②である。

よって，2015年の交通量と1kmあたりの走行時間の散布図は ② →ホ である。

解説

(1)　$a:b$ は分数に変換すると $\frac{a}{b}$ となることを知っておこう。これにより

(標準偏差)：(平均値)＝10200：17300から，比の値は $\frac{10200}{17300}=0.589\cdots$ であること

がわかる。$\frac{17300}{10200}=1.696\cdots$ とは違うのである。比の値の求め方がわからなくても，

「交通量については0.59であり」をヒントにして正しく求めよう。

正しいヒストグラムを選択する問題では，解答群のうち他と比較して明らかに異なる箇所があるものに注目して，それが正しいかどうかを図1に戻って確認するという方針をとれば，要領よく正しいものを他からより分けることができる。

(2)　図2に条件に合った地域数を数えるための補助線を引いて数えればよい。また，(1)での図1，(2)での図2のような散布図を考察する際に，速度67km/h，68km/hのように判断しにくい場合がある。そもそも速度なので整数値ではないこともあるが，気にせずにおよその値で処理していくこと。その微妙な読み取り方の違いで解答が変わってくるような出題はされないので安心しよう。これは本問全体を通して言えることである。

四分位数についても確認し，求めることができるようにしておこう。

(3)　この問題も解答群の中で違いが際立っているところに注目し，判断の根拠としよう。箱ひげ図の選択は，四分位数以前にそもそも最大値と最小値からして異なっているので，そこに注目するとよいだろう。散布図の選択についても，一個だけ離れたところにある点に注目しよう。いずれにしても，解答群の特徴に注目することがポイントである。

第3問 標準 場合の数と確率 《確率による得点に関する戦略の立て方》

2回目を投げるか投げないかを判断して，最終的には，さいころの目1，2，3，4，5，6またはその和を6で割った余りがAとなるので，$A=0, 1, 2, 3, 4, 5$である。

また，2回目を投げるときと投げないとき，それぞれの場合でAが確定し，いずれにしても，その後，さいころをもう1回投げるのである。よって，Aが大きくても最終的には得点なしになることはあるが，Aが大きいほど得点は大きくなり，得点なしの確率は小さくなる。

(1)　1回目に投げたさいころの目にかかわらず2回目を投げる場合を考える。

$A=4$となるのは出た目の合計を6で割った余りが4のときで，出た目の合計が 4 または 10 →ア，イウ の場合である。

1回目に出た目をa，2回目に出た目をbとおく。

さいころを2回投げたときの目の出方は，6^2通りあり，このうち

さいころの出た目の合計が4のとき　$(a, b)=(1, 3), (2, 2), (3, 1)$

さいころの出た目の合計が10のとき　$(a, b)=(4, 6), (5, 5), (6, 4)$

であるから，合計6通りある。

よって，$A=4$となる確率は

$$\frac{6}{6^2}=\frac{1}{6}\quad\to\frac{エ}{オ}$$

である。

また，$A=5$となるのは出た目の合計を6で割った余りが5のときで，出た目の合計が5または11の場合である。

さいころの出た目の合計が5のとき　$(a, b)=(1, 4), (2, 3), (3, 2), (4, 1)$

さいころの出た目の合計が11のとき　$(a, b)=(5, 6), (6, 5)$

であるから，合計6通りある。

よって，$A=5$となる確率は

$$\frac{6}{6^2}=\frac{1}{6}$$

である。

したがって，$A\geqq 4$となる確率は

$$\frac{1}{6}+\frac{1}{6}=\frac{1}{3}\quad\to\frac{カ}{キ}$$

である。

＜2回目を投げる場合の目の合計＞

1回目の目（横），2回目の目（縦）

	1	2	3	4	5	6
1	2	3	4	5	6	7
2	3	4	5	6	7	8
3	4	5	6	7	8	9
4	5	6	7	8	9	10
5	6	7	8	9	10	11
6	7	8	9	10	11	12

＜2回目を投げる場合のAの値＞

1回目の目（横），2回目の目（縦）

	1	2	3	4	5	6
1	2	3	4	5	0	1
2	3	4	5	0	1	2
3	4	5	0	1	2	3
4	5	0	1	2	3	4
5	0	1	2	3	4	5
6	1	2	3	4	5	0

＜2回目を投げる場合のAの値と確率＞

出た目の合計	2	3	4	5	6	7	8	9	10	11	12	計
A	2	3	4	5	0	1	2	3	4	5	0	
確　率	$\frac{1}{36}$	$\frac{2}{36}$	$\frac{3}{36}$	$\frac{4}{36}$	$\frac{5}{36}$	$\frac{6}{36}$	$\frac{5}{36}$	$\frac{4}{36}$	$\frac{3}{36}$	$\frac{2}{36}$	$\frac{1}{36}$	1

(2)　さいころを1回投げた時点で出た目を6で割った余りがある程度大きければ，2回目を投げない方がAが大きくなって，より多く得点する確率が増し，余りが小さければ，2回目を投げた方がAが大きくなって，より多く得点する確率が増す。花子さんは4点以上の景品が欲しいと思い，$A \geqq 4$となる確率が最大となるような戦略を考えた。

例えば，さいころを1回投げたところ，出た目は5であったとする。この条件のもとでは，2回目を投げない場合は1回目に出た目5を6で割った余りをAとするので，$A=5$であり，確実に$A \geqq 4$となる。

2回目を投げると，2回目に出た目1，2，3，4，5，6に対して，出た目の合計はそれぞれ6，7，8，9，10，11で，合計を6で割った余りAはそれぞれ0，1，2，3，4，5であるから，$A \geqq 4$となる確率は

$$\frac{2}{6}=\frac{1}{3} \quad \rightarrow \frac{ク}{ケ}$$

である。

よって，確実に，つまり確率1で$A \geqq 4$（実際は$A=5$）となることと比較すると，確率が下がる。したがって，さいころを1回投げたところ，出た目が5であったとすると，2回目を投げない方が$A \geqq 4$となる確率は大きくなる。

1回目に出た目が5以外の場合も，このように2回目を投げない場合と投げる場合を比較してみる。

＜2回目を投げない場合の A の値と確率＞

1回目に出た目	1	2	3	4	5	6
A	1	2	3	4	5	0
確　率	$\frac{1}{6}$	$\frac{1}{6}$	$\frac{1}{6}$	$\frac{1}{6}$	$\frac{1}{6}$	$\frac{1}{6}$

＜1回目に出た目と $A \geqq 4$ の確率＞

1回目に出た目	1	2	3	4	5	6
2回目を投げないときの $A \geqq 4$ の確率	0	0	0	1	1	0
	$\wedge$	$\wedge$	$\wedge$	$\vee$	$\vee$	$\wedge$
2回目を投げたときの $A \geqq 4$ の確率	$\frac{1}{3}$	$\frac{1}{3}$	$\frac{1}{3}$	$\frac{1}{3}$	$\frac{1}{3}$	$\frac{1}{3}$

これらの確率を比較して，花子さんは，1回目に投げたさいころの目を6で割った余りが3以下のときのみ，2回目を投げるという戦略を立てることになる。

①　→コ

表より，1回目に投げたさいころの目が5以外の場合も考えてみると，いずれの場合も2回目を投げたときに $A \geqq 4$ となる確率は $\frac{1}{3}$ である。このことから，花子さんの戦略のもとで $A \geqq 4$ となる確率は

$$\frac{1}{6}\cdot\frac{1}{3}+\frac{1}{6}\cdot\frac{1}{3}+\frac{1}{6}\cdot\frac{1}{3}+\frac{1}{6}\cdot 1+\frac{1}{6}\cdot 1+\frac{1}{6}\cdot\frac{1}{3}=\frac{1}{6}\cdot\frac{1}{3}\cdot 4+\frac{1}{6}\cdot 1\cdot 2$$

$$=\frac{5}{9}\quad\to\frac{サ}{シ}$$

であり，この確率は1回目に投げたさいころの目にかかわらず2回目を投げる場合の $A \geqq 4$ となる確率 $\frac{1}{3}$ より大きくなる。

(3)　太郎さんは，どの景品でもよいからもらいたいと思い，得点なしとなる確率が最小となるような戦略を考えた。

例えば，さいころを1回投げたところ，出た目は3であったとする。この条件のもとでは，2回目を投げない場合，$A=3$ となり，さいころをもう1回投げ，$\frac{2}{6}=\frac{1}{3}$ の確率で出た目が3未満，つまり1，2の場合は得点を3とし，$\frac{4}{6}=\frac{2}{3}\to\frac{ス}{セ}$ の確率で出た目が3以上，つまり3，4，5，6のときは得点なしとなる。

2回目を投げる場合は次のようになる。

＜2回目を投げる場合の A の値と得点なしとなる確率＞

2回目に出た目	1	2	3	4	5	6
1回目と2回目の合計	4	5	6	7	8	9
A	4	5	0	1	2	3
得点なしとなる確率	$\frac{3}{6}$	$\frac{2}{6}$	1	1	$\frac{5}{6}$	$\frac{4}{6}$

よって，さいころを1回投げたところ，出た目が3であったとき，2回目を投げる場合，得点なしとなる確率は

$$\frac{1}{6}\left(\frac{3}{6}+\frac{2}{6}+\frac{6}{6}+\frac{6}{6}+\frac{5}{6}+\frac{4}{6}\right)=\frac{26}{36}=\frac{13}{18} \quad \to \frac{ソタ}{チツ}$$

$$\frac{13}{18}-\frac{2}{3}=\frac{1}{18}>0$$

よって，1回目に投げたさいころの目が3であったときは，**2回目を投げない方が得点なしとなる確率は小さい。** ⓪ →テ

1回目に投げたさいころの目が3以外の場合についても考える。

＜2回目を投げる場合の A の値＞

2回目の目＼1回目の目	1	2	3	4	5	6
1	2	3	4	5	0	1
2	3	4	5	0	1	2
3	4	5	0	1	2	3
4	5	0	1	2	3	4
5	0	1	2	3	4	5
6	1	2	3	4	5	0

1回目に出た目	1	2	3	4	5	6
2回目を投げないときの得点なしの確率	1	$\frac{5}{6}$	$\frac{4}{6}$	$\frac{3}{6}$	$\frac{2}{6}$	1
	$\vee$	$\vee$	$\wedge$	$\wedge$	$\wedge$	$\vee$
2回目を投げるときの得点なしの確率	$\frac{13}{18}$	$\frac{13}{18}$	$\frac{13}{18}$	$\frac{13}{18}$	$\frac{13}{18}$	$\frac{13}{18}$

表より，1回目に投げたさいころの目を6で割った余りが2以下のときのみ，2回目を投げるという戦略を立てることになる。 ⓪ →ト

この戦略のもとで太郎さんが得点なしとなる確率を求める。

1回目に投げたさいころの目を6で割った余りが $\frac{3}{6}=\frac{1}{2}$ の確率で2以下のときに，

2回目を投げて得点なしになる確率は $\frac{13}{18}$ である。また，1回目に投げたさいころの目を6で割った余りが3以上のときに，2回目を投げない場合は

1回目に投げたさいころの目が3のとき，$A=3$ と決まった後にさいころをもう1回投げ，3，4，5，6の目が出る $\left(確率\frac{4}{6}\right)$ ⟶ 得点なし

1回目に投げたさいころの目が4のとき，$A=4$ と決まった後にさいころをもう1回投げ，4，5，6の目が出る $\left(確率\frac{3}{6}\right)$ ⟶ 得点なし

1回目に投げたさいころの目が5のとき，$A=5$ と決まった後にさいころをもう1回投げ，5，6の目が出る $\left(確率\frac{2}{6}\right)$ ⟶ 得点なし

よって，求める確率は

$$\frac{1}{2}\cdot\frac{13}{18}+\frac{1}{6}\left(\frac{4}{6}+\frac{3}{6}+\frac{2}{6}\right)=\frac{\boxed{11}}{\boxed{18}} \quad \to \frac{ナニ}{ヌネ}$$

この確率は，1回目に投げたさいころの目にかかわらず2回目を投げる場合における得点なしとなる確率より小さくなる。

解説

(1)　得点に応じた景品を一つもらえるということなので，特に好みがなければ高い得点になる確率が高くなるように A をできる限り大きくしたいと考える。1回目に出た目が5のとき，そのまま2回目を投げずにいたら $A=5$ となり，A の最大値が得られるので，2回目を投げない。逆に1回目に出た目が6のとき，そのまま2回目を投げずにいたら $A=0$ となり，A の最小値を得ることになってしまうので，必ず2回目を投げる。

(2)　花子さんは $A\geqq4$ となる確率が最大となるような戦略を考えた。まず1回目に出た目が5である場合を考えるところで，考え方の手順を身につけよう。その後，5以外の場合についても考える。2回目を投げるとき，1回目に5以外の目が出ても，2回目に出た目との和を6で割ると，余りが0，1，2，3，4，5の場合があり，同じ結果を得る。1回目に出た目に対して，2回目を投げる場合と投げない場合とを考えて比較し，戦略を立てる。

(3)　太郎さんは，得点なしとなる確率が最小となるような戦略を考えた。まず1回目に出た目が3である場合を考えるところで，考え方の手順を身につけよう。その後3以外の場合についても考える。2回目を投げるとき，1回目に3以外の目が出ても，2回目に出た目との和を6で割ると，余りが0，1，2，3，4，5の場合があり，同じ結果を得る。1回目に出た目に対して，2回目を投げる場合と投げない場合とで得点なしとなる確率を比較しよう。

第4問　標準　整数の性質　《倍数，約数，整数の表し方》

(1)　整数 k が $0 \leqq k < 5$ を満たすとする。$77k = 5\times 15k + 2k = [5\text{の倍数}] + 2k$ に注意すると，$77k$ を5で割った余りが1となるのは，$2k$ を5で割った余りが1となるときであり，$2k$ に $k=0,\ 1,\ \cdots,\ 4$ を代入すると

$$2k = \begin{cases} 0 & (k=0\text{のとき}) \\ 2 & (k=1\text{のとき}) \\ 4 & (k=2\text{のとき}) \\ 6 & (k=3\text{のとき}) \\ 8 & (k=4\text{のとき}) \end{cases}$$

このうち，$2k$ を5で割った余りが1となるのは，$2k=6$ つまり $k=$ 3 →ア のときである。

(2)　三つの整数 $k,\ l,\ m$ が

$$0 \leqq k < 5,\quad 0 \leqq l < 7,\quad 0 \leqq m < 11$$

を満たすとする。このとき

$$\frac{k}{5}+\frac{l}{7}+\frac{m}{11}-\frac{1}{385}\quad \cdots\cdots①\quad (385 = 5\cdot 7\cdot 11\text{である})$$

が整数となる $k,\ l,\ m$ を求める。

①の値が整数のとき，その値を n とすると

$$\frac{k}{5}+\frac{l}{7}+\frac{m}{11}-\frac{1}{385}=n$$

$$\frac{k}{5}+\frac{l}{7}+\frac{m}{11}=\frac{1}{385}+n\quad \cdots\cdots②$$

となる。②の両辺に385を掛けると

$$77k+55l+35m=1+385n\quad \cdots\cdots③$$

となる。これより

$$77k = 5(-11l-7m+77n)+1 = [5\text{の倍数}]+1$$

となることから，$77k$ を5で割った余りは1なので，(1)より $k=3$ である。

同様にして

$$55l = 7(-11k-5m+55n)+1$$

であり，$55l = 7\times 7l + 6l = [7\text{の倍数}] + 6l$ に注意すると，$55l$ を7で割った余りが1となるのは，$6l$ を7で割った余りが1となるときであり，$6l$ に $l=0,\ 1,\ \cdots,\ 6$ を代入すると

$$6l=\begin{cases}0 & (l=0\text{ のとき})\\ 6 & (l=1\text{ のとき})\\ 12 & (l=2\text{ のとき})\\ 18 & (l=3\text{ のとき})\\ 24 & (l=4\text{ のとき})\\ 30 & (l=5\text{ のとき})\\ 36 & (l=6\text{ のとき})\end{cases}$$

このうち，7で割った余りが1となるのは，$6l=36$ つまり $l=$ 6 →イ のときである。

また

$$35m=11(-7k-5l+35n)+1$$

であり，$35m=11\times 3m+2m=[11\text{ の倍数}]+2m$ に注意すると，$35m$ を11で割った余りが1となるのは，$2m$ を11で割った余りが1となるときであり，$2m$ に $m=0,\ 1,\ \cdots,\ 10$ を代入すると

$$2m=\begin{cases}0 & (m=0\text{ のとき})\\ 2 & (m=1\text{ のとき})\\ 4 & (m=2\text{ のとき})\\ 6 & (m=3\text{ のとき})\\ 8 & (m=4\text{ のとき})\\ 10 & (m=5\text{ のとき})\\ 12 & (m=6\text{ のとき})\\ 14 & (m=7\text{ のとき})\\ 16 & (m=8\text{ のとき})\\ 18 & (m=9\text{ のとき})\\ 20 & (m=10\text{ のとき})\end{cases}$$

このうち，11で割った余りが1となるのは，$2m=12$ つまり $m=$ 6 →ウ のときである。

なお，$h=3,\ l=6,\ m=6$ を③に代入すると，$n=2$ であることがわかる。

(3) 三つの整数 $x,\ y,\ z$ が

$$0\leqq x<5,\ 0\leqq y<7,\ 0\leqq z<11$$

を満たすとする。$77\cdot 3x+55\cdot 6y+35\cdot 6z$ を5，7，11で割った余りがそれぞれ2，4，5であるとする。このときの $x,\ y,\ z$ を求める。

$77\cdot 3x+55\cdot 6y+35\cdot 6z$ を5で割った余りについて考える。

$$77\cdot 3x+55\cdot 6y+35\cdot 6z=(5\cdot 46x+x)+5\cdot 11\cdot 6y+5\cdot 7\cdot 6z=[5\text{ の倍数}]+x$$

で，$0 \leqq x < 5$ のとき，$77\cdot3x+55\cdot6y+35\cdot6z$ を5で割った余りが2であることから

$x=$ 2 →エ

となる。

同様にして，$77\cdot3x+55\cdot6y+35\cdot6z$ を7で割った余りについて考える。

$$77\cdot3x+55\cdot6y+35\cdot6z=7\cdot11\cdot3x+(7\cdot47y+y)+7\cdot5\cdot6z=[7\text{の倍数}]+y$$

で，$0 \leqq y < 7$ のとき，$77\cdot3x+55\cdot6y+35\cdot6z$ を7で割った余りが4であることから

$y=$ 4 →オ

となる。

また，$77\cdot3x+55\cdot6y+35\cdot6z$ を11で割った余りについて考える。

$$77\cdot3x+55\cdot6y+35\cdot6z=11\cdot7\cdot3x+11\cdot5\cdot6y+(11\cdot19z+z)=[11\text{の倍数}]+z$$

で，$0 \leqq z < 11$ のとき，$77\cdot3x+55\cdot6y+35\cdot6z$ を11で割った余りが5であることから

$z=$ 5 →カ

となる。

x，y，z を上で求めた値として，整数 p を

$$p=77\cdot3\cdot2+55\cdot6\cdot4+35\cdot6\cdot5$$

で定める。この p は5，7，11で割った余りがそれぞれ2，4，5である数なので，同じく，5，7，11で割った余りがそれぞれ2，4，5である整数 M は，5，7，11の最小公倍数が $5\cdot7\cdot11=385$ であることから，ある整数 r を用いて

$$M=p+385r$$

と表すことができる。

(4)　整数 p を(3)で定めたもの，つまり $p=77\cdot3\cdot2+55\cdot6\cdot4+35\cdot6\cdot5$ $(=462+1320+1050=2832)$ とする。

p^a を5で割った余りが1となる正の整数 a のうち，最小のものを求める。

p は5で割ると2余る数である。

p^2 は5で割ると $2\cdot2=4$ 余る数である。

p^3 は5で割ると $4\cdot2=8=5\cdot1+3$ より，3余る数である。

p^4 は5で割ると $3\cdot2=6=5\cdot1+1$ より，1余る数である。

よって，p^a を5で割った余りが1となる正の整数 a のうち，最小のものは $a=4$ である。

次に，p^b を7で割った余りが1となる正の整数 b のうち，最小のものを求める。

p は7で割ると4余る数である。

p^2 は7で割ると $4\cdot4=16=7\cdot2+2$ より，2余る数である。

p^3 は7で割ると $2\cdot4=8=7\cdot1+1$ より，1余る数である。

よって，p^b を 7 で割った余りが 1 となる正の整数 b のうち，最小のものは

$b=$ 3 →キ

となる。

次に，p^c を 11 で割った余りが 1 となる正の整数 c のうち，最小のものを求める。

p は 11 で割ると 5 余る数である。

p^2 は 11 で割ると $5\cdot5=25=11\cdot2+3$ より，3 余る数である。

p^3 は 11 で割ると $3\cdot5=15=11\cdot1+4$ より，4 余る数である。

p^4 は 11 で割ると $4\cdot5=20=11\cdot1+9$ より，9 余る数である。

p^5 は 11 で割ると $9\cdot5=45=11\cdot4+1$ より，1 余る数である。

よって，p^c を 11 で割った余りが 1 となる正の整数 c のうち，最小のものは

$c=$ 5 →ク

である。

p^8 を 385 で割った余りを q とするときの q を求める。

p^a を 5 で割った余りが 1 となる正の整数 a のうち，最小のものは $a=4$ である。

p^b を 7 で割った余りが 1 となる正の整数 b のうち，最小のものは $b=3$ である。

p^c を 11 で割った余りが 1 となる正の整数 c のうち，最小のものは $c=5$ である。

これらのことより，p^8 を 5，7，11 で割った余りを求めて，それを利用して(3)と同様に考える。

$$\begin{aligned}p^8&=(p^4)^2\\&=(5X+1)^2\quad(X\text{ は整数})\\&=[5\text{ の倍数}]+1\end{aligned}$$

よって，p^8 を 5 で割った余りは 1 である。

$$\begin{aligned}p^6&=(p^3)^2\\&=(7Y+1)^2\quad(Y\text{ は整数})\\&=[7\text{ の倍数}]+1\end{aligned}$$

さらに

$$\begin{aligned}p^8&=p^6\cdot p^2\\&=(7Y'+1)(7Y''+2)\quad(Y',\ Y''\text{ は整数})\\&=[7\text{ の倍数}]+2\end{aligned}$$

よって，p^8 を 7 で割った余りは 2 である。

$$p^5=11Z+1\quad(Z\text{ は整数})$$

さらに

$$\begin{aligned}p^8&=p^5\cdot p^3\\&=(11Z+1)(11Z'+4)\quad(Z'\text{ は整数})\end{aligned}$$

$=[11\text{の倍数}]+4$

よって，p^8 を 11 で割った余りは 4 である。

(3)で考えたように

$$P=77\cdot3\cdot1+55\cdot6\cdot2+35\cdot6\cdot4=231+660+840=1731$$

とすると，P を 5，7，11 で割った余りがそれぞれ 1，2，4 である。

さらに，5，7，11 で割った余りがそれぞれ 1，2，4 である整数 M' は，ある整数 r' を用いて $M'=P+385r'$ と表すことができる。したがって，5，7，11 で割った余りがそれぞれ 1，2，4 である整数 p^8 は

$$p^8=1731+385r'$$
$$=(385\cdot4+191)+385r'$$
$$=385(r'+4)+191$$

ゆえに，p^8 を 385 で割った余り q は　$q=$ 191 →ケコサ

であることがわかる。

解説

(1)　整数 k が $0\leqq k<5$ を満たすとする。$77k=5\times15k+2k=[5\text{の倍数}]+2k$ と表すことができる。$77k$ を 5 で割った余りが 1 となるのは，$2k$ を 5 で割った余りが 1 となることである。$2k$ のとる値 0，2，4，6，8 の中から 5 で割って 1 余る数を見つける。

(2)　(1)での操作と同じことを 7，11 に関しても繰り返せばよい。

(3)　誘導に従って解答していけばよい。きちんと記述するとなると，それなりに手間がかかるが，客観テストとして結果だけ求めればよいので，同じような作業を繰り返せばよい。

(4)　p は 5，7，11 で割った余りがそれぞれ 2，4，5 なので，次のように考える。

$p=5L+2$　（L は整数）

と表せて

$$p^2=(5L+2)(5L+2)=[5\text{の倍数}]+4$$
$$p^3=p^2\cdot p=\{[5\text{の倍数}]+4\}(5L+2)=[5\text{の倍数}]+8$$

となるので，5 で割った余りについてだけ計算すればよい。

これも，きちんと記述すると面倒な計算に見えるが，実際の試験では余白などに計算すればよく，それほど時間のかかるものではない。

全体を通して，どのような誘導がなされているのかを意識して取り組むとよい。

第5問 標準 図形の性質 《方べきの定理，メネラウスの定理》

(1) 直線PTは3点Q，R，Tを通る円Oに接しないとする。このとき，直線PTは円Oと異なる2点で交わる。直線PTと円Oとの交点で点Tとは異なる点をT′とすると，方べきの定理より

$$PT\cdot PT'=PQ\cdot PR \quad \boxed{0},\ \boxed{1} \quad \to ア，イ$$

が成り立つ。

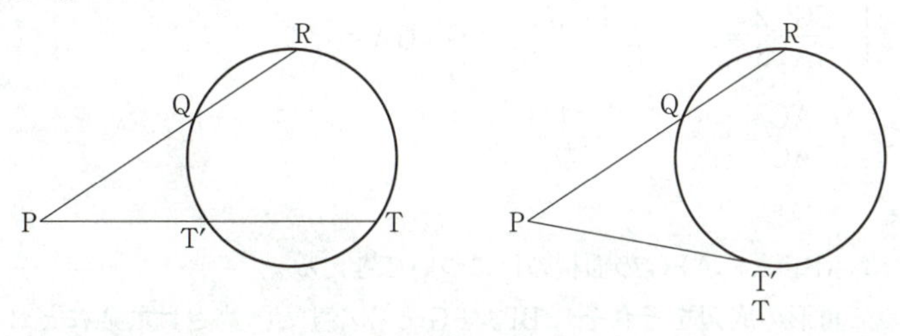

点Tと点T′が異なることにより，$PT\neq PT'$であるから，$PT\cdot PT'\neq PT^2$となり，$PQ\cdot PR=PT^2$に矛盾するので，背理法により，直線PTは3点Q，R，Tを通る円に接するといえる。

(2) △ABCにおいて，$AB=\frac{1}{2}$，$BC=\frac{3}{4}$，$AC=1$とする。このとき，∠ABCの二等分線と辺ACとの交点をDとすると

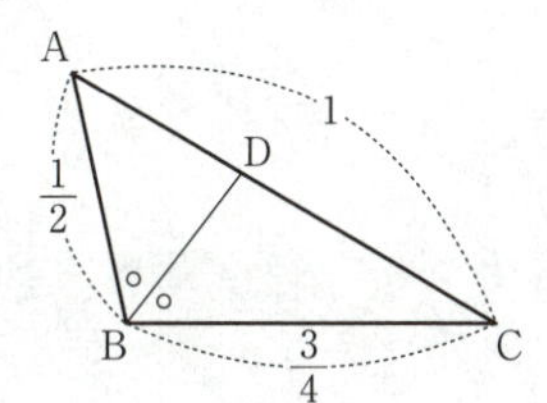

$$AD:DC=BA:BC=\frac{1}{2}:\frac{3}{4}=2:3$$

よって　$AD=\frac{2}{5}AC=\frac{2}{5}\cdot 1=\frac{\boxed{2}}{\boxed{5}}$　$\to \frac{ウ}{エ}$

である。

直線BC上に，点Cとは異なり，BC=BEとなる点Eをとる。∠ABEの二等分線と線分AEとの交点をFとし，直線ACとの交点をGとすると，次図のようになる。

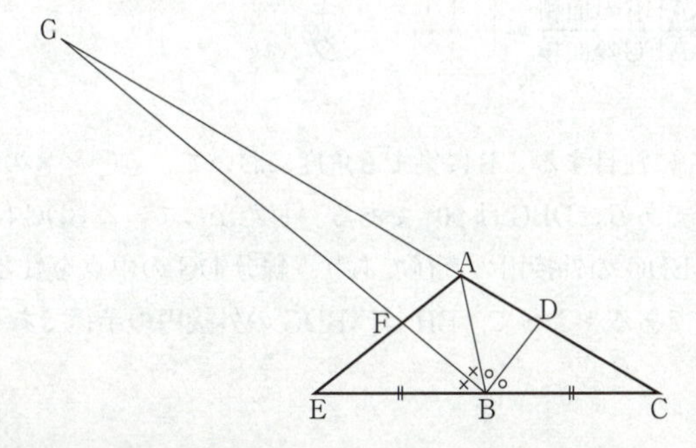

△ECA と直線 BG にメネラウスの定理を用いて

$$\frac{EB}{BC}\cdot\frac{CG}{GA}\cdot\frac{AF}{FE}=1$$

ここで，直線 BF は∠ABE の二等分線なので

$$AF:FE=BA:BE=BA:BC=\frac{1}{2}:\frac{3}{4}=2:3$$

であるから，EB：BC＝1：1 であることも合わせて

$$\frac{1}{1}\cdot\frac{CG}{GA}\cdot\frac{2}{3}=1 \qquad \frac{CG}{GA}=\frac{3}{2} \qquad CG:GA=3:2$$

よって　$\dfrac{AC}{AG}=\dfrac{\boxed{1}}{\boxed{2}}$　→オ／カ

である。

次に，△ABF と△AFG の面積の比について考える。

二つの三角形の底辺をそれぞれ BF，FG とみなすと，高さは共通にとれるので，底辺の長さの比 BF：FG が面積の比となる。

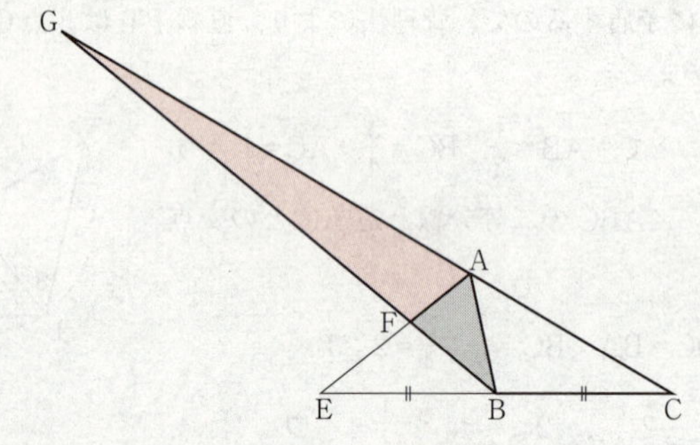

△GCB と直線 AE にメネラウスの定理を用いて

$$\frac{GA}{AC}\cdot\frac{CE}{EB}\cdot\frac{BF}{FG}=1 \qquad \frac{2}{1}\cdot\frac{2}{1}\cdot\frac{BF}{FG}=1$$

$$\frac{BF}{FG}=\frac{1}{4} \qquad BF:FG=1:4$$

よって　$\dfrac{\triangle ABF\text{の面積}}{\triangle AFG\text{の面積}}=\dfrac{\boxed{1}}{\boxed{4}}$　→キ／ク

である。

次図の△BDG に注目する。B に集まる角度において，○○××の和が 180° であるから○×の和である∠DBG は 90° である。したがって，△BDG は直角三角形で，線分 DG が△BDG の外接円の直径であり，線分 DG の中点を H とすると，点 H は外接円の中心である。よって，BH は△BDG の外接円の半径であり

$$BH=DH=\frac{1}{2}DG=\frac{1}{2}(AD+AG)=\frac{1}{2}(AD+2AC)$$

$$=\frac{1}{2}\left(\frac{2}{5}+2\cdot 1\right)=\frac{\boxed{6}}{\boxed{5}} \quad \to \frac{ケ}{コ}$$

である。

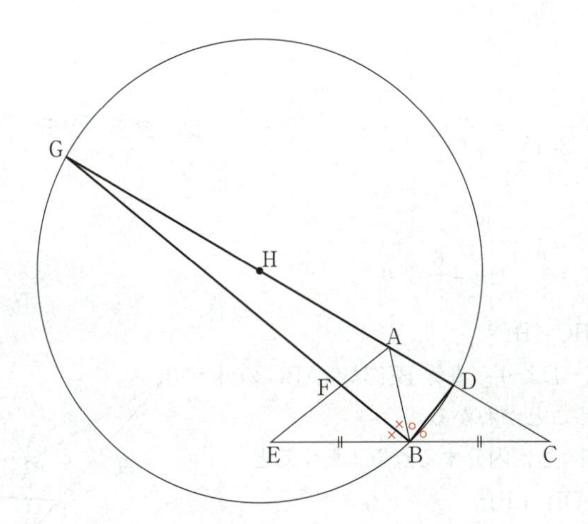

また

$$AH=AG-GH=AG-BH=2-\frac{6}{5}=\frac{\boxed{4}}{\boxed{5}} \quad \to \frac{サ}{シ}$$

$$CH=AH+AC=\frac{4}{5}+1=\frac{\boxed{9}}{\boxed{5}} \quad \to \frac{ス}{セ}$$

である。

△ABC の外心を O とする。△ABC の外接円 O の半径を求めるには正弦定理を用いる。△ABC の外接円 O の半径を R とおくと

$$\frac{BC}{\sin\angle BAC}=2R$$

と表せて　　$R=\dfrac{BC}{2\sin\angle BAC}$

ここで　　$BC=\dfrac{3}{4}$

△ABC において，余弦定理より

$$\cos\angle BAC=\frac{AB^2+AC^2-BC^2}{2AB\cdot AC}=\frac{\left(\frac{1}{2}\right)^2+1^2-\left(\frac{3}{4}\right)^2}{2\cdot\frac{1}{2}\cdot 1}=\frac{11}{16}$$

相互関係 $\sin^2\angle BAC+\cos^2\angle BAC=1$ より

$$\sin^2\angle BAC=1-\left(\frac{11}{16}\right)^2=\frac{135}{16^2}$$

$\sin\angle BAC>0$ より

$$\sin\angle BAC=\frac{3\sqrt{15}}{16}$$

よって

$$R=\frac{\frac{3}{4}}{2\cdot\frac{3\sqrt{15}}{16}}=\frac{2}{\sqrt{15}}=\frac{\boxed{2}\sqrt{\boxed{15}}}{\boxed{15}} \quad \text{→ソ，タチ，ツテ}$$

である。

$HA=\frac{4}{5}$，$HC=\frac{9}{5}$，$HB=\frac{6}{5}$ より

$$HA\cdot HC=HB^2$$

が成り立ち，(1)より，直線 BH は△ABC の外接円に接することがわかる。

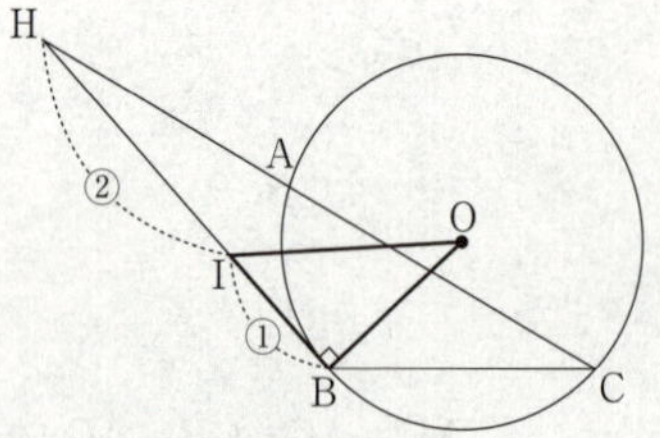

線分 BH を 1：2 に内分する点を I とすると

$$\begin{aligned}IO^2&=OB^2+BI^2\\&=\left(\frac{2\sqrt{15}}{15}\right)^2+\left(\frac{1}{3}\cdot\frac{6}{5}\right)^2\\&=\frac{60}{15^2}+\frac{36}{15^2}=\frac{96}{15^2}\end{aligned}$$

したがって

$$IO=\frac{\boxed{4}\sqrt{\boxed{6}}}{\boxed{15}} \quad \text{→ト，ナ，ニヌ}$$

であることがわかる。

解説

(1) 方べきの定理に関連した問題であることはわかるであろう。本問はこの定理の逆を証明する問題である。

(2) 解答する際に，比がわからない線分があるので，それをメネラウスの定理から求めることになる。外接円の半径を求めるときは正弦定理を利用する。$\sin\angle BAC$ の値がわからないので，余弦定理で $\cos\angle BAC$ の値を求めることで繋げる。

(1)をなぜ証明したのかを常に意識しておくこと。途中，利用する機会はないが，最後に，(1)の定理をうまく使って IO の長さを求めよう。

数学Ⅱ・数学B　追試験

問題番号(配点)	解答記号	正　解	配点	チェック
第1問(30)	アイ	13	2	
	(ウ，エオ)	(5，12)	2	
	カ	0	2	
	$\frac{キク}{ケ}$	$\frac{-3}{2}$	2	
	$\frac{コ}{サ}$	$\frac{2}{3}$	1	
	シス	13	2	
	$\frac{セ}{ソ}$	$\frac{2}{3}$	2	
	$\frac{タチ}{ツ}$	$\frac{-3}{2}$	2	
	テ	⓪	2	
	ト，ナ	⑦，④	2	
	ニ	⑧	2	
	ヌ	ⓐ	2	
	ネ	②	2	
	ノ	④	2	
	ハ	②	3	

問題番号(配点)	解答記号	正　解	配点	チェック
第2問(30)	ア	0	2	
	イウ	12	2	
	エオ	−2	2	
	カ	5	2	
	キク	19	2	
	ケ	3	1	
	$\frac{コサ}{シ}$	$\frac{81}{2}$	4	
	スセ	$-a$	2	
	ソ	3	2	
	タ	3	1	
	チ	3	2	
	ツ	6	2	
	テト	−1	2	
	ナ，ニ	①，③または③，①	4	

問題番号(配点)	解答記号	正　解	配点	チェック
第3問(20)	アイ	72	1	
	$\frac{ウ}{エオ}$	$\frac{1}{36}$	1	
	カ	②	1	
	キ	2	1	
	$\frac{\sqrt{クケ}}{コ}$	$\frac{\sqrt{70}}{6}$	2	
	$\frac{サ}{シ}$, ス	$\frac{1}{7}$, 1	1	
	$\frac{セソ}{タチ}$	$\frac{38}{21}$	2	
	$\frac{ツ}{テ}$	$\frac{1}{7}$	2	
	$\frac{トナ}{ニヌ}$	$\frac{38}{21}$	1	
	ネ	②	2	
	ノ, ハ	⓪, ⓪	2	
	ヒ	④	2	
	0.フヘホ	0.055	2	
第4問(20)	ア	7	1	
	イn^2−ウ	$2n^2-1$	3	
	$\frac{エn^3+オn^2-カn}{キ}$	$\frac{2n^3+3n^2-2n}{3}$	3	
	ク	5	1	
	ケ	⑤	2	
	コ, サ	①, ②	2	
	シ, ス	②, ②	2	
	セ−ソ	$1-c$	2	
	タ	2	2	
	チ, ツ	⓪, ①	2	

問題番号(配点)	解答記号	正　解	配点	チェック
第5問(20)	B_2(−1, ア, イウ)	$B_2(-1, 1, 2a)$	2	
	C_3(−1, エ, オカ)	$C_3(-1, 0, 3a)$	2	
	キ	⑧	2	
	ク	③	2	
	$\frac{\sqrt{ケ}}{コ}$	$\frac{\sqrt{2}}{2}$	2	
	$\frac{サ}{シ}$	$\frac{3}{2}$	1	
	$\frac{ス}{セ}$	$\frac{1}{2}$	1	
	$\frac{ソ}{タ}$	$\frac{1}{3}$	2	
	チ	①	3	
	ツ, テ	①, ⓪	3	

（注）　第1問，第2問は必答。第3問～第5問のうちから2問選択。計4問を解答。

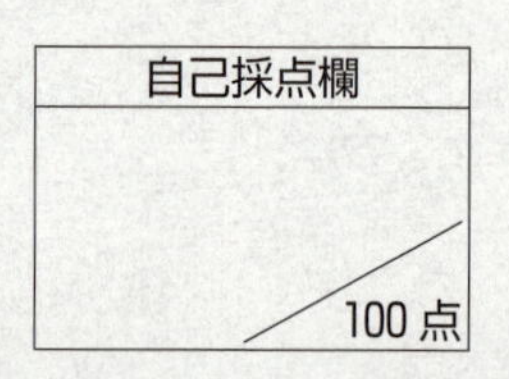

第1問 —— 図形と方程式，三角関数

〔1〕 標準 《不等式と領域》

(1) 直線 $l_1: 3x+2y-39=0$ に $y=0$ を代入して

$$3x+2\cdot0-39=0 \qquad 3x=39 \qquad x=13$$

よって，直線 l_1 と x 軸は，点（13，0）→アイ で交わる。

直線 $l_2: kx-y-5k+12=0$ を k について整理すると

$$(x-5)k+(-y+12)=0$$

これが，k に関しての恒等式であるための条件を求めて

$$\begin{cases} x-5=0 \\ -y+12=0 \end{cases}$$

これを解いて

$$\begin{cases} x=5 \\ y=12 \end{cases}$$

したがって，直線 l_2 は k の値に関係なく点（5，12）→ウ，エオ を通る。

直線 $l_1: 3x+2y-39=0$ に $(x,\ y)=(5,\ 12)$ を代入すると

$$3\cdot5+2\cdot12-39=0$$

となり，成り立つので，直線 l_1 もこの点を通る。

(2) (1)より，l_1 は2点（13，0），（5，12）を通る直線であり，$l_2: y=k(x-5)+12$ は点（5，12）を通る傾き k の直線である。

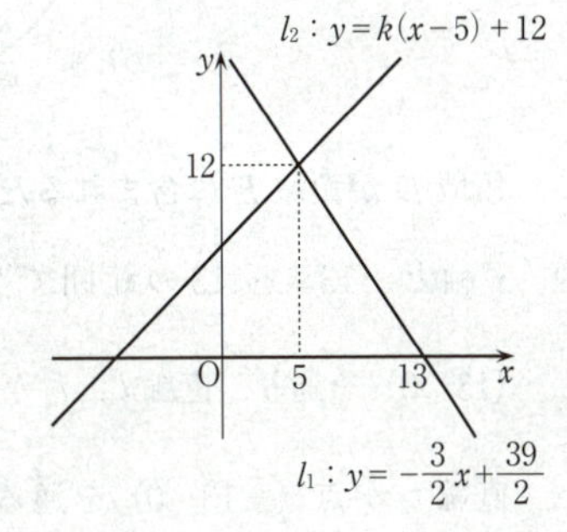

よって，2直線 l_1，l_2 および x 軸によって囲まれた三角形ができないのは，「l_2 と x 軸が平行」または「l_2 と l_1 が一致する」ときである。

l_1 の傾きは $-\frac{3}{2}$ であるから，求める k の値は

$$k=0,\ \frac{-3}{2} \quad \to \text{カ},\ \frac{\text{キク}}{\text{ケ}}$$

(3) 2直線 l_1，l_2 および x 軸によって囲まれた三角形ができる，つまり(2)より，$k\neq0$，$k\neq-\frac{3}{2}$ のとき，この三角形の周および内部からなる領域を D とする。さらに，r を正の実数とし，不等式 $x^2+y^2\leqq r^2$ の表す領域を E とする。

直線 l_2 が点（-13，0）を通る場合を考える。このとき

$$k\cdot(-13)-0-5k+12=0$$

$18k=12$

より　$k=\dfrac{2}{3}$　→ $\dfrac{コ}{サ}$

である。

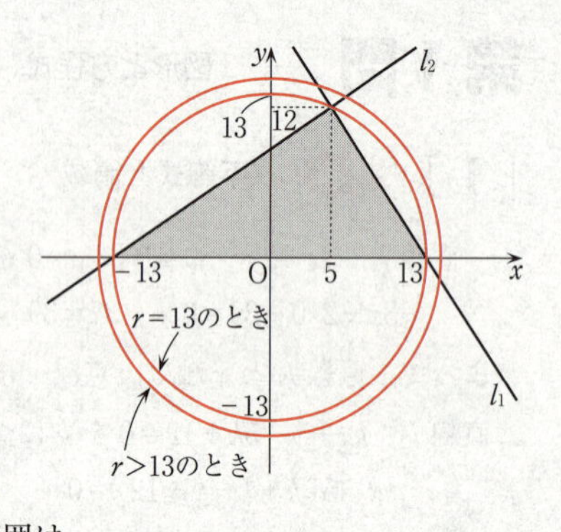

領域 D は図の網目部分であり，境界線を含む。また，円 $x^2+y^2=r^2$ の周および内部からなる領域が E であり，円の半径が 13 以上になれば条件を満たす。よって，領域 D が原点を中心とする半径 r の円の周および内部からなる領域 E に含まれるような r の値の範囲は

$r \geqq 13$　→シス

である。

次に，$r=13$ の場合を考える。

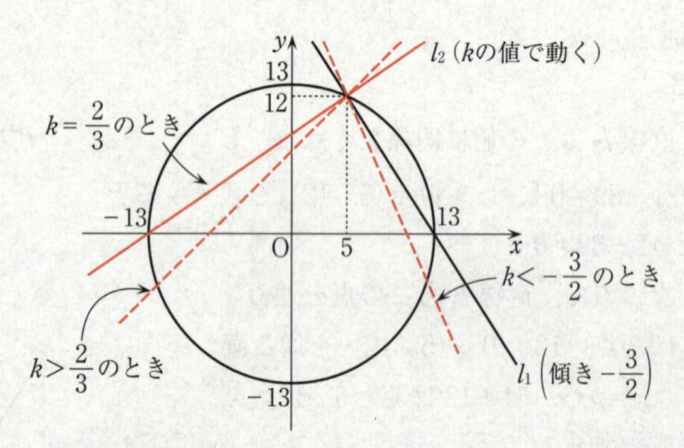

領域 D が領域 E に含まれるための条件は，点 $(5,\ 12)$ を通る傾き k の直線 l_2 が x 軸と $-13 \leqq x < 13$ の範囲で交わることである $\left(k=-\dfrac{3}{2}\right.$ のとき，直線 l_2 は点 $(13,\ 0)$ を通り，直線 l_1，l_2 が一致するので，領域 D はできないことに注意$\left.\right)$。

直線 l_2 が点 $(-13,\ 0)$ を通るとき，$k=\dfrac{2}{3}$ で，点 $(13,\ 0)$ を通るとき，$k=-\dfrac{3}{2}$ である。

よって，領域 D が領域 E に含まれるような k の値の範囲は

$k \geqq \dfrac{2}{3}$　または　$k<\dfrac{-3}{2}$　→ $\dfrac{セ}{ソ}$，$\dfrac{タチ}{ツ}$

である。

解説

(1) 直線 l_1 と x 軸（方程式 $y=0$）の交点の座標を求めるには，連立方程式を解けばよいので，直線 l_1 の方程式の y に 0 を代入すればよい。

直線 l_2 が k の値に関係なく通る点を求めるには，k について $ak+b=0$ の形に整理する。k の値にかかわらず成り立つための条件は $a=b=0$ が成り立つことである。

(2) 一般に，3 直線で三角形ができないための条件は，3 直線が 1 点で交わること，または少なくとも 2 直線が平行であることである。

(3) 前半は，領域 D が固定されており，領域 E の境界線の円の半径 r のとり得る値の範囲を求める問題である。後半は，$r=13$ と決まり領域 E が固定され，それに含まれるように三角形の領域 D を設定する問題である。k のとり得る値の範囲を求める問題で，不等号の下の等号が付いているかどうかは問題に記されており問われてはいないが，$k=-\dfrac{3}{2}$ のときは直線 l_1，l_2 が一致して三角形ができないので等号は除く。

ポイント　2 直線が平行／垂直になるための条件

［Ⅰ］ $\begin{cases} y=m_1x+n_1 \\ y=m_2x+n_2 \end{cases}$

で表される 2 直線が平行になるための条件は $m_1=m_2$ であり，垂直になるための条件は $m_1m_2=-1$ である。

［Ⅱ］ $\begin{cases} a_1x+b_1y+c_1=0 \\ a_2x+b_2y+c_2=0 \end{cases}$

で表される 2 直線が平行になるための条件は $a_1b_2-a_2b_1=0$ であり，垂直になるための条件は $a_1a_2+b_1b_2=0$ である。

上記のうち利用できる方を利用すること。特に y の係数に文字を含む場合は不用意に $y=$　の形にしないこと。変形の際に両辺を 0 で割ることはできないので，そのような場合には，y の係数で場合分けをするか［Ⅱ］を利用するとよい。

〔2〕 易 《三角関数の相互関係，加法定理，2 倍角の公式》

(1) $-\dfrac{\pi}{2}<\theta<\dfrac{\pi}{2}$ の範囲で $\tan\theta=-\sqrt{3}$ を満たす θ を求めると

$\theta=-\dfrac{\pi}{3}$ 　⓪ →テ

$\theta=-\dfrac{\pi}{3}$ のとき　$\cos\theta=\dfrac{1}{2}$ 　⑦ →ト　$\sin\theta=-\dfrac{\sqrt{3}}{2}$ 　④ →ナ

一般に，$\tan\theta=k$ のとき，$1+\tan^2\theta=\dfrac{1}{\cos^2\theta}$ より

$$1+k^2=\frac{1}{\cos^2\theta}\qquad \cos^2\theta=\frac{1}{1+k^2}$$

$-\dfrac{\pi}{2}<\theta<\dfrac{\pi}{2}$ の範囲では $\cos\theta>0$ なので

$$\cos\theta=\frac{1}{\sqrt{1+k^2}}$$ ⑧ →ニ

よって　$\sin\theta=\cos\theta\tan\theta=\dfrac{k}{\sqrt{1+k^2}}$ ⓐ →ヌ

(2)　$\dfrac{\sin 2\theta}{\cos\theta}=p$，$\dfrac{\sin\left(\theta+\dfrac{\pi}{7}\right)}{\cos\theta}=q$ とおく。

$$p=\frac{\sin 2\theta}{\cos\theta}=\frac{2\sin\theta\cos\theta}{\cos\theta}=2\sin\theta$$

$-\dfrac{\pi}{2}<\theta<\dfrac{\pi}{2}$ の範囲で θ を動かすとき，$-1<\sin\theta<1$ より

$$-2<2\sin\theta<2$$

よって，p のとり得る値の範囲は

$$-2<p<2$$ ② →ネ

であり

$$q=\frac{\sin\left(\theta+\dfrac{\pi}{7}\right)}{\cos\theta}=\frac{\sin\theta\cos\dfrac{\pi}{7}+\cos\theta\sin\dfrac{\pi}{7}}{\cos\theta}=\cos\frac{\pi}{7}\tan\theta+\sin\frac{\pi}{7}$$

ここで，$\sin\dfrac{\pi}{7}$，$\cos\dfrac{\pi}{7}$ は0より大きく1より小さい値で，花子さんが話しているように，$-\dfrac{\pi}{2}<\theta<\dfrac{\pi}{2}$ の範囲では，$\tan\theta$ のとり得る値の範囲は実数全体なので，q のとり得る値の範囲は**実数全体**である。 ④ →ノ

(3)　α は $0\leqq\alpha<2\pi$ を満たすとし

$$\frac{\sin(\theta+\alpha)}{\cos\theta}=r$$

とおく。$\alpha=\dfrac{\pi}{7}$ の場合，r は(2)で定めた q と等しい。

α の値を一つ定め，$-\dfrac{\pi}{2}<\theta<\dfrac{\pi}{2}$ の範囲で θ のみを動かすとき，r のとり得る値の範囲を考える。

$$r=\frac{\sin(\theta+\alpha)}{\cos\theta}=\frac{\sin\theta\cos\alpha+\cos\theta\sin\alpha}{\cos\theta}=\cos\alpha\tan\theta+\sin\alpha$$

rのとり得る値の範囲がqのとり得る値の範囲である「実数全体」と異なるのは，$\cos\alpha=0$となる場合に当たるので，$0\leqq\alpha<2\pi$の範囲で考えて，$\alpha=\frac{\pi}{2}$，$\frac{3}{2}\pi$のときである。

よって，rのとり得る値の範囲がqのとり得る値の範囲と異なるようなα（$0\leqq\alpha<2\pi$）は**ちょうど2個存在する。** ② →ハ

このとき，rは「実数全体」とはならず，$\alpha=\frac{\pi}{2}$のとき，$r=1$，$\alpha=\frac{3\pi}{2}$のとき，$r=-1$となる。

解説

(1)

ポイント　三角関数の相互関係

$$\begin{cases} \tan\theta=\dfrac{\sin\theta}{\cos\theta} \\ \sin^2\theta+\cos^2\theta=1 \\ 1+\tan^2\theta=\dfrac{1}{\cos^2\theta} \end{cases}$$

これらをきちんと理解し覚えておくこと。$-\frac{\pi}{2}<\theta<\frac{\pi}{2}$の範囲では$\cos\theta>0$であることがわかり，$\sin\theta=\cos\theta\tan\theta$より$\sin\theta$の値を求めることができるが，$-\frac{\pi}{2}<\theta<\frac{\pi}{2}$の範囲で$\tan\theta<0$の値をとっているということは，$-\frac{\pi}{2}<\theta<0$の範囲の角であることがわかる。$\sin\theta$，$\cos\theta$，$\tan\theta$のうち2種類までがわかれば，残りの1種類を求めるためには$\tan\theta=\frac{\sin\theta}{\cos\theta}$の関係式を利用する。

(2)　2倍角の公式，加法定理がテーマの問題である。$-\frac{\pi}{2}<\theta<\frac{\pi}{2}$の範囲では$-1<\sin\theta<1$，$0<\cos\theta\leqq1$，$\tan\theta$は実数全体の範囲の値をとることに注意する。

(3)　$\tan\theta$のとり得る値の範囲が実数全体であるにもかかわらず，$r=\cos\alpha\tan\theta+\sin\alpha$と表される$r$のとり得る値の範囲が，$q$のとり得る値の範囲と異なり，実数全体でないのは，$\cos\alpha=0$となる場合であることに気づくこと。

第2問 標準 微分・積分 ≪曲線の平行移動，極大・極小，曲線で囲まれた図形の面積≫

(1) (i) $f(x)=x^3-kx$ より　　$f'(x)=3x^2-k$

関数 $f(x)$ は $x=2$ で極値をとるとする。

このとき，$f'(2)=$ **0** →ア であるから

$3\cdot 2^2-k=0$　　$k=$ **12** →イウ

となる。

このとき　　$f(x)=x^3-12x$

$f'(x)=3x^2-12=3(x+2)(x-2)$

よって，$f'(x)=0$ のとき，$x=-2,\ 2$ となる。

$f(x)$ の増減は次のようになる。

x	$\cdots$	-2	$\cdots$	2	$\cdots$
$f'(x)$	$+$	0	$-$	0	$+$
$f(x)$	↗	16	↘	-16	↗

よって，$f(x)$ は $x=$ **−2** →エオ で極大値をとる。

曲線 $C：y=f(x)$ を x 軸方向に t だけ平行移動したものが曲線 $C_1：y=g(x)$ である。この $g(x)$ が $x=3$ で極大値をとるということは，曲線 C_1 は曲線 C を x 軸方向に $3-(-2)=5$ だけ平行移動したものということになり，$g(x)$ が $x=3$ で極大値をとるとき，$t=$ **5** →カ である。

(ii) $t=1$ とする。

$$\begin{cases} C：y=x^3-kx \\ C_1：y=(x-1)^3-k(x-1) \end{cases}$$

は2点で交わるとする。

y を消去して

$(x-1)^3-k(x-1)=x^3-kx$

$x^3-3x^2+3x-1-kx+k=x^3-kx$

$k=3x^2-3x+1$　……(＊)

一つの交点の x 座標は -2 であるとすると，$x=-2$ は(＊)を満たす x の値なので，代入して

$k=3\cdot(-2)^2-3\cdot(-2)+1=19$

$k=19$ を(＊)に代入すると

$3x^2-3x+1=19$　　$3(x^2-x-6)=0$

$3(x-3)(x+2)=0$　　$x=-2,\ 3$

となる。よって，曲線 C と C_1 は2点で交わり，一つの交点の x 座標は -2 であるとするとき，$k=$ 19 →キク であり，もう一方の交点の x 座標は 3 →ケ である。

そして，曲線 C，C_1 の方程式は

$$\begin{cases} C : y=x^3-19x \\ C_1 : y=(x-1)^3-19(x-1) \end{cases}$$

と定まる。

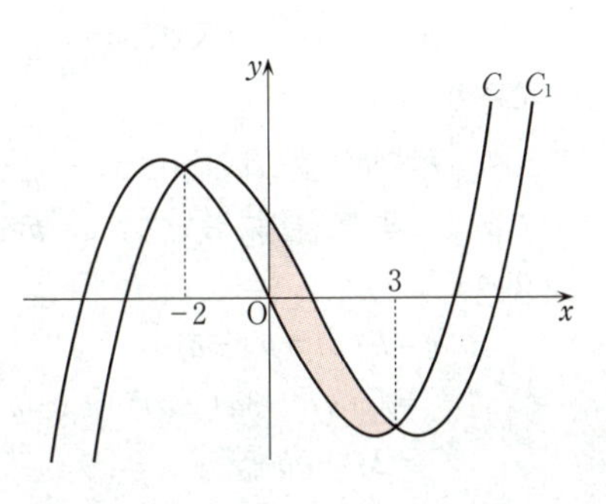

右のグラフのように，$-2<x<3$ の範囲では，C_1 のほうが C よりも上側にあるので，C と C_1 で囲まれた図形のうち，$x\geqq 0$ の範囲にある部分は図の網目部分のようになり，その面積は

$$\int_0^3\left[\{(x-1)^3-19(x-1)\}-(x^3-19x)\right]dx$$

$$=\int_0^3(-3x^2+3x+18)\,dx$$

$$=-3\int_0^3(x^2-x-6)\,dx$$

$$=-3\left[\frac{1}{3}x^3-\frac{1}{2}x^2-6x\right]_0^3$$

$$=-3\left(9-\frac{9}{2}-18\right)$$

$$=-3\cdot\left(-\frac{27}{2}\right)$$

$$=\frac{81}{2} \quad \to \frac{\text{コサ}}{\text{シ}}$$

である。

(2) a，b，c を実数とし

$$h(x)=x^3+3ax^2+bx+c$$

とおく。また，座標平面上の曲線 $y=h(x)$ を C_2 とする。

(i) 曲線 C を平行移動して，C_2 と一致させることができるかどうかを考察する。

C を x 軸方向に p，y 軸方向に q だけ平行移動した曲線が C_2 と一致するとき

$$h(x)=(x-p)^3-k(x-p)+q \quad \cdots\cdots ①$$

である。これを展開，整理すると

$$h(x)=x^3-3px^2+(3p^2-k)x-p^3+kp+q$$

これと，$h(x)=x^3+3ax^2+bx+c$ の各項の係数がそれぞれ一致することにより

$$\begin{cases} x^2\text{の係数} & -3p=3a \\ x\text{の係数} & 3p^2-k=b \\ \text{定数項} & -p^3+kp+q=c \end{cases}$$

よって

$p=$ $\boxed{-a}$ →スセ，$b=$ $\boxed{3}$ p^2-k →ソ

であり

$k=3p^2-b=3(-a)^2-b=$ $\boxed{3}$ a^2-b →タ ……②

である。また，①において，$x=p$ を代入すると $h(p)=(p-p)^3-k(p-p)+q=q$ なので

$$q=h(p)=h(-a)$$
$$=(-a)^3+3a(-a)^2+b(-a)+c$$
$$=2a^3-ab+c$$

となる。

逆に，k が $k=3a^2-b$ ……② を満たすとき，曲線 C の方程式は

$$C: y=x^3-(3a^2-b)x$$

と表すことができ，C を x 軸方向に $-a$，y 軸方向に $h(-a)$ だけ平行移動したものは

$$y-h(-a)=(x+a)^3-(3a^2-b)(x+a)$$

である。これを展開，整理すると

$$y=x^3+3ax^2+bx+c$$

となるので，C_2 と一致することが確かめられる。

(ii) $b=3a^2-3$ とする。②に代入すると

$$k=3a^2-b=3a^2-(3a^2-3)=3$$

である。よって，曲線 C_2 は，曲線

$y=x^3-$ $\boxed{3}$ x →チ

を平行移動したものと一致する。

よって　$f(x)=x^3-3x$

$$f'(x)=3x^2-3=3(x+1)(x-1)$$

$f'(x)=0$ のとき $x=-1,\ 1$ であるから，$f(x)=x^3-3x$ の増減は次のようになる。

x	$\cdots$	-1	$\cdots$	1	$\cdots$
$f'(x)$	$+$	0	$-$	0	$+$
$f(x)$	↗	2	↘	-2	↗

$f(x)$ は $x=-1$ のときに極大値 2 をとるが，$h(x)$ は $x=4$ のときに極大値 3 をとる。よって，C を x 軸方向に $4-(-1)=5$，y 軸方向に $3-2=1$ だけ平行移動した

ものが C_2 である。

$f(x)$ は $x=1$ のときに極小値 -2 をとるので，$h(x)$ は $x=1+5=$ 6 →ツ で極小値 $-2+1=$ −1 →テト をとることがわかる。

(iii) ((i)より，わかったこと)

曲線 $C: y=x^3-(3a^2-b)x$ → [x 軸方向に $-a$，y 軸方向に $2a^3-ab+c$ だけ平行移動]

→ 曲線 $C_2: y=x^3+3ax^2+bx+c$

⓪ 曲線 $y=x^3-x-5$ は，$(a,\ b,\ c)=(0,\ -1,\ -5)$ の場合に当たるので

$$3a^2-b=3\cdot0^2-(-1)=1$$

よって，曲線 $y=x^3-x$ を平行移動したものである。

① 曲線 $y=x^3+3x^2-2x-4$ は，$(a,\ b,\ c)=(1,\ -2,\ -4)$ の場合に当たるので

$$3a^2-b=3\cdot1^2-(-2)=5$$

よって，曲線 $y=x^3-5x$ を平行移動したものである。

② 曲線 $y=x^3-6x^2-x-4$ は，$(a,\ b,\ c)=(-2,\ -1,\ -4)$ の場合に当たるので

$$3a^2-b=3(-2)^2-(-1)=13$$

よって，曲線 $y=x^3-13x$ を平行移動したものである。

③ 曲線 $y=x^3-6x^2+7x-5$ は，$(a,\ b,\ c)=(-2,\ 7,\ -5)$ の場合に当たるので

$$3a^2-b=3(-2)^2-7=5$$

よって，曲線 $y=x^3-5x$ を平行移動したものである。

したがって，平行移動によって一致させることができる二つの異なる曲線は

① と ③ →ナ，ニ（解答の順序は問わない）である。

解説

一般に，曲線 $y=F(x)$ を x 軸方向に p，y 軸方向に q だけ平行移動した曲線の方程式は $y=F(x-p)+q$ で表すことができる。これを利用して，平行移動する前後の極大値，極小値を比較したり，二つの曲線が一致することを調べたりする問題である。

(1) (i) (1)では x 軸方向だけの平行移動について考える。極大値をとる x の値から曲線 C_1 は曲線 C をどのように平行移動したものかがわかる。

(ii) 曲線 $C: y=f(x)$ と，これを x 軸方向に t だけ平行移動した曲線 $C_1: y=g(x)$ で囲まれた図形のうち $x\geqq0$ の範囲にある部分の面積を求める問題である。連立方程式を解いて，交点の x 座標と，区間でどちらの曲線が上側にあるのか，$f(x)$，$g(x)$ の大小関係を求める。

(2) 二つの曲線が一致するか一致しないかの判定をする問題である。(1)では x 軸方向への平行移動のみであったが，(2)では y 軸方向への平行移動も加わる。

(i)　$C : y = x^3 - kx$ を x 軸方向に p，y 軸方向に q だけ平行移動すると，曲線 $C_2 : y = x^3 + 3ax^2 + bx + c$ と一致するならば，$p = -a$，$b = 3p^2 - k$ となることから，$k = 3a^2 - b$ を得る。つまり，条件を満たす曲線 C の方程式が，$y = x^3 - (3a^2 - b)x$ であるということがわかる。

(iii)　(i)より得られた，曲線 $y = x^3 - (3a^2 - b)x$ を x 軸方向に $p = -a$，y 軸方向に $q = 2a^3 - ab + c$ だけ平行移動すると曲線 $y = x^3 + 3ax^2 + bx + c$ に一致することを用いて，一つ一つチェックしていく。

第3問 標準 確率分布と統計的な推測 《二項分布，正規分布，標本平均》

(1) 2個のさいころを同時に投げることを72回繰り返す試行を行い，2個とも1の目が出た回数を表す確率変数Xの分布を考えることとなった。2個とも1の目が出る確率は，$\left(\frac{1}{6}\right)^2=\frac{1}{36}$であるから，72回試行を行うと，$X$は二項分布

$B\left(\boxed{72},\ \frac{\boxed{1}}{\boxed{36}}\right)$ →アイ，$\frac{ウ}{エオ}$に従う。

このとき，$k=72$，$p=\frac{1}{36}$とおくと，$X=r$である確率は

$$P(X=r)={}_k\mathrm{C}_r p^r(1-p)^{k-r} \quad (r=0,\ 1,\ 2,\ \cdots,\ k) \quad \cdots\cdots①$$

である。$\boxed{②}$ →カ

また，Xの平均（期待値）は

$$E(X)=72\cdot\frac{1}{36}=\boxed{2} \quad →キ$$

標準偏差は

$$\sigma(X)=\sqrt{72\cdot\frac{1}{36}\left(1-\frac{1}{36}\right)}=\frac{\sqrt{\boxed{70}}}{\boxed{6}} \quad →クケ，コ$$

である。

(2) 21名全員の試行結果について，2個とも1の目が出た回数を調べたところ，次の表のような結果になった。

回数	0	1	2	3	4	計
人数	2	7	7	3	2	21

この表をもとに，確率変数Yを考える。Yのとり得る値を0，1，2，3，4とし，各値の相対度数を確率とするということは，各回数の人数を計の21で割ればよいので，Yの確率分布を次の表のとおりとする。

Y	0	1	2	3	4	計
P	$\frac{2}{21}$	$\frac{1}{3}$	$\frac{1}{3}$	$\frac{\boxed{1}}{\boxed{7}}$ →$\frac{サ}{シ}$	$\frac{2}{21}$	$\boxed{1}$ →ス

このとき，Yの平均$E(Y)$は

$$E(Y)=0\times\frac{2}{21}+1\times\frac{7}{21}+2\times\frac{7}{21}+3\times\frac{3}{21}+4\times\frac{2}{21}=\frac{\boxed{38}}{\boxed{21}} \quad →\frac{セソ}{タチ}$$

である。分散$V(Y)$は

$$V(Y)=0^2\cdot\frac{2}{21}+1^2\cdot\frac{7}{21}+2^2\cdot\frac{7}{21}+3^2\cdot\frac{3}{21}+4^2\cdot\frac{2}{21}-\left(\frac{38}{21}\right)^2$$

$$=\frac{94}{21}-\left(\frac{38}{21}\right)^2=\frac{530}{21^2}$$

よって，標準偏差 $\sigma(Y)$ は

$$\sigma(Y)=\frac{\sqrt{530}}{21}$$

となる。

(3)　先生の提案は，$Z=r$ である確率を

$$P(Z=r)=\alpha\cdot\frac{2^r}{r!}\quad(r=0,\ 1,\ 2,\ 3,\ 4)$$

とすることである。(2)と同様に Z の確率分布の表を作成する。

$$P(Z=0)=\alpha\cdot\frac{2^0}{0!}=\alpha$$

$$P(Z=1)=\alpha\cdot\frac{2^1}{1!}=2\alpha$$

$$P(Z=2)=\alpha\cdot\frac{2^2}{2!}=2\alpha$$

$$P(Z=3)=\alpha\cdot\frac{2^3}{3!}=\frac{4}{3}\alpha$$

$$P(Z=4)=\alpha\cdot\frac{2^4}{4!}=\frac{2}{3}\alpha$$

であることから次の確率分布の表を得る。

Z	0	1	2	3	4	計
P	α	2α	2α	$\frac{4}{3}\alpha$	$\frac{2}{3}\alpha$	1

これより

$$\alpha+2\alpha+2\alpha+\frac{4}{3}\alpha+\frac{2}{3}\alpha=1$$

$$7\alpha=1$$

$$\alpha=\frac{1}{7}\quad\rightarrow\text{ツ テ}$$

であることがわかる。

Z の平均 $E(Z)$ は

$$E(Z)=0\cdot\alpha+1\cdot2\alpha+2\cdot2\alpha+3\cdot\frac{4}{3}\alpha+4\cdot\frac{2}{3}\alpha=\frac{38}{3}\alpha=\frac{38}{21}$$

Z の分散 $V(Z)$ は

$$V(Z)=0^2\cdot\alpha+1^2\cdot2\alpha+2^2\cdot2\alpha+3^2\cdot\frac{4}{3}\alpha+4^2\cdot\frac{2}{3}\alpha-\left(\frac{38}{21}\right)^2$$

$$=\frac{98}{21}-\left(\frac{38}{21}\right)^2=\frac{614}{21^2}$$

よって

$$\sigma(Z)=\frac{\sqrt{614}}{21}$$

であり，$E(Z)=E(Y)$ が成り立つ。また，$Z=1$，$Z=2$ である確率が最大であり，かつ，それら二つの確率は等しい。これらのことから，太郎さんは Y の確率分布と Z の確率分布は似ていると判断し，提案されたこの Z の確率分布を利用することを考えた。

(4) (3)で考えた確率変数 Z の確率分布をもつ母集団を考え，この母集団から無作為に抽出した大きさ n の標本を確率変数 W_1，W_2，…，W_n とし，標本平均を $\overline{W}=\frac{1}{n}(W_1+W_2+\cdots+W_n)$ とする。

$\overline{W}$ の平均を $E(\overline{W})=m$，標準偏差を $\sigma(\overline{W})=s$ とおくと

$$m=E(\overline{W})=E(Z)=\frac{38}{21}$$ →$\frac{\text{トナ}}{\text{ニヌ}}$

$$s=\sigma(\overline{W})=\sigma(Z)\cdot\frac{1}{\sqrt{n}}$$ ② →ネ

標本の大きさ n が十分に大きいとき，$\overline{W}$ は近似的に正規分布 $N(m,\ s^2)$ に従う。

さらに

$$s^2=\left\{\sigma(Z)\cdot\frac{1}{\sqrt{n}}\right\}^2=\left(\frac{\sqrt{614}}{21}\right)^2\frac{1}{n}$$

よって，n が増加すると s^2 は**小さくなる**。⓪ →ノ

したがって，$\overline{W}$ の分布曲線と，m と $E(X)=2$ の大小関係 $m<E(X)$ に注意すれば，n が増加すると $P(\overline{W}\geqq2)$ は**小さくなる**ことがわかる。⓪ →ハ

ここで，$U=\frac{\overline{W}-m}{s}$ ④ →ヒ とおくと，n が十分に大きいとき，確率変数 U は近似的に標準正規分布 $N(0,\ 1)$ に従う。このことを利用すると，$n=100$ のとき，標本の大きさは十分に大きいので，$P(\overline{W}\geqq2)$ について，$\overline{W}\geqq2$ より

$$\overline{W}-m\geqq2-m$$

両辺を正の数 s で割ると

$$\frac{\overline{W}-m}{s}\geqq\frac{2-m}{s}\quad \text{すなわち}\quad U\geqq\frac{2-m}{s}$$

となり

$$P(\overline{W}\geqq 2)=P\left(U\geqq\frac{2-m}{s}\right)$$

と表せる。ここで

$$\frac{2-m}{s}=\frac{2-\frac{38}{21}}{\frac{\sqrt{614}}{21}\cdot\frac{1}{\sqrt{100}}}=\frac{210\left(2-\frac{38}{21}\right)}{\sqrt{614}}=\frac{40}{\sqrt{614}}=40\times\frac{\sqrt{614}}{614}=40\times 0.040$$
$$=1.60$$

したがって，正規分布表より，$P(0\leqq U<1.60)=0.4452$ なので

$$P(\overline{W}\geqq 2)=P(U\geqq 1.60)=0.5-0.4452=0.0548\fallingdotseq 0.\boxed{055}$$ →フヘホ

これらより，$\overline{W}$ の確率分布において $E(X)=2$ は極端に大きな値をとっていることがわかり，$E(X)$ と $E(\overline{W})$ は等しいとはみなせない。

解説

(1)　X が従う二項分布についての設問である。$X=r$ である確率，期待値，標準偏差を求める基本的な問題である。この分野の問題を解くことができない要因の一つとして，用語や関連する式などの基本事項をマスターできていないということがあげられる。用語と定義をきちんと理解して，求めることができるようにしておくこと。

ポイント　二項分布の平均，分散，標準偏差

X が二項分布 $B(n,\ p)$ に従うとき，確率変数 X の平均，分散，標準偏差は次のように求めることができる。

X の平均　　$E(X)=np$

X の分散　　$V(X)=npq\quad(q=1-p)$

X の標準偏差　$\sigma(X)=\sqrt{npq}$

(2)　各回数の人数の分布の表から，確率変数 Y の確率分布の表への変換の方法をマスターしておくこと。合計の人数で各回数の人数を割れば，確率変数の相対度数としての確率が得られる。

確率変数 Y の平均 $E(Y)$，標準偏差 $\sigma(Y)$ の求め方を理解しておくこと。

ポイント　確率分布表と平均，分散，標準偏差

確率変数 Y	y_1	y_2	…	y_n
確率 P	p_1	p_2	…	p_n

ただし，$p_1+p_2+\cdots+p_n=1$

Y の平均　　$E(Y)=\sum_{k=1}^{n}y_kp_k$

Y の分散　　$V(Y)=\sum_{k=1}^{n}(y_k-\mu)^2p_k=\sum_{k=1}^{n}y_k^2p_k-\mu^2$　（μ は Y の平均）

Y の標準偏差　$\sigma(Y)=\sqrt{V(Y)}$

(3) (2)と同様にZの確率分布の表を作成することにより，αの値を求めればよい。以降，先生の提案を受け入れるということなので，指示に従っていけばよい。

(4)

ポイント 標本平均の平均，分散，標準偏差

母平均μ，母分散σ^2の大きさNの母集団から，大きさnの標本W_1，W_2，…，W_nを無作為に抽出したとき，標本平均を$\overline{W}=\frac{1}{n}(W_1+W_2+\cdots+W_n)$とする。

$\overline{W}$の平均　$E(\overline{W})=\mu$

$\overline{W}$の分散　$V(\overline{W})=\frac{\sigma^2}{n}$

$\overline{W}$の標準偏差　$\sigma(\overline{W})=\frac{\sigma}{\sqrt{n}}$

ポイント 二項分布の正規分布による近似

二項分布$B(n,\ p)$に従う確率変数Xは，nが大きいとき，近似的に正規分布$N(np,\ npq)$　$(q=1-p)$に従う。

ポイント 正規分布を標準正規分布へ

確率変数Xが正規分布$N(m,\ \sigma^2)$に従うとき，$Z=\frac{X-m}{\sigma}$とおくと，確率変数Zは標準正規分布$N(0,\ 1)$に従う。

正規分布曲線をイメージしながら，どの領域の部分の確率を求めればよいのかを意識して解答しよう。

第4問 標準　数列 ≪漸化式，階差数列，数列の和≫

(1) $\begin{cases} a_1=1 \\ a_{n+1}=a_n+4n+2 \quad (n=1,\ 2,\ 3,\ \cdots) \end{cases}$

$n=1$ のとき

$$a_2=a_1+4\cdot 1+2=1+4+2=\boxed{7} \quad \to ア$$

である。また

$$a_{n+1}-a_n=4n+2$$

より，数列 $\{a_n\}$ の階差数列の一般項は $4n+2$ であることがわかり，$n\geqq 2$ のとき

$$\begin{aligned} a_n &= a_1+\sum_{k=1}^{n-1}(4k+2) \\ &= 1+\frac{1}{2}(n-1)[(4\cdot 1+2)+\{4(n-1)+2\}] \\ &= 1+\frac{1}{2}(n-1)(4n+4) \\ &= 2n^2-1 \end{aligned}$$

となる。

$n=1$ のとき

$$a_1=2\cdot 1^2-1=1$$

となり，正しい値を示すので，これは $n=1$ のときにも成り立ち，まとめて

$$a_n=\boxed{2}n^2-\boxed{1} \quad (n=1,\ 2,\ 3,\ \cdots) \quad \to イ，ウ$$

であることがわかる。さらに

$$\begin{aligned} S_n &= \sum_{k=1}^{n}a_k \\ &= \sum_{k=1}^{n}(2k^2-1) \\ &= 2\sum_{k=1}^{n}k^2-\sum_{k=1}^{n}1 \\ &= 2\cdot\frac{1}{6}n(n+1)(2n+1)-n \\ &= \frac{n(n+1)(2n+1)-3n}{3} \\ &= \frac{\boxed{2}n^3+\boxed{3}n^2-\boxed{2}n}{\boxed{3}} \quad (n=1,\ 2,\ 3,\ \cdots) \quad \to エ，オ，カ，キ \end{aligned}$$

を得る。

(2) $\begin{cases} b_1=1 \\ b_{n+1}=b_n+4n+2+2\cdot(-1)^n \quad (n=1,\ 2,\ 3,\ \cdots) \end{cases}$

$n=1$ のとき

$$b_2=b_1+4\cdot1+2+2\cdot(-1)^1=1+4+2-2=\boxed{5} \quad \to ク$$

である。また，すべての自然数 n に対して

$$a_{n+1}-b_{n+1}=(a_n+4n+2)-\{b_n+4n+2+2\cdot(-1)^n\}$$
$$=(a_n-b_n)-2\cdot(-1)^n$$

より，数列 $\{a_n-b_n\}$ の階差数列の一般項は $-2\cdot(-1)^n$ であることがわかり，$n\geqq2$ のとき

$$a_n-b_n=(a_1-b_1)+\sum_{k=1}^{n-1}\{-2\cdot(-1)^k\}$$
$$=-2\sum_{k=1}^{n-1}(-1)^k$$
$$=-2\cdot\frac{-1\cdot\{1-(-1)^{n-1}\}}{1-(-1)}$$

$\left(\sum_{k=1}^{n-1}(-1)^k\right.$ は，初項 -1，公比 -1，項数 $n-1$ の等比数列の和$\left.\right)$

$$=1-(-1)^{n-1}$$
$$=1+(-1)\cdot(-1)^{n-1}$$
$$=1+(-1)^n \quad \boxed{⑤} \quad \to ケ$$

(3) (2)の

$$a_n-b_n=1+(-1)^n$$

より，$n=2021$ のとき

$$a_{2021}-b_{2021}=1+(-1)^{2021}=1-1=0$$

となるので　$a_{2021}=b_{2021}$　$\boxed{①}$　→コ

$n=2022$ のとき

$$a_{2022}-b_{2022}=1+(-1)^{2022}=1+1=2>0$$

となるので　$a_{2022}>b_{2022}$　$\boxed{②}$　→サ

が成り立つことがわかる。

$$\begin{cases} n\text{ が偶数のとき，}a_n-b_n=2>0 \\ n\text{ が奇数のとき，}a_n-b_n=0 \end{cases}$$

よって

$$\begin{cases} n\text{ が偶数のとき，}a_n>b_n \\ n\text{ が奇数のとき，}a_n=b_n \end{cases}$$

したがって，$T_n=\sum_{k=1}^{n}b_k$ とおくと，$S_1=a_1$，$T_1=b_1$ より　$S_1=T_1$

$S_2=a_1+a_2$，$T_2=b_1+b_2$ において，$a_1=b_1$ かつ $a_2>b_2$ より　$S_2>T_2$

$S_3=a_1+a_2+a_3$，$T_3=b_1+b_2+b_3$ において，$a_1=b_1$，$a_2>b_2$，$a_3=b_3$ より

$S_3>T_3$

これ以降も $a_n<b_n$ となるような n は存在せず，n が偶数，奇数のときで同じ規則性が続くので

$S_{2021}>T_{2021}$　②　→シ，$S_{2022}>T_{2022}$　②　→ス

が成り立つこともわかる。

(4)　$\begin{cases} c_1=c \\ c_{n+1}=c_n+4n+2+2\cdot(-1)^n \quad (n=1,\ 2,\ 3,\ \cdots) \end{cases}$

を満たす数列 $\{c_n\}$ を考える。

すべての自然数 n に対して

$$\begin{aligned} b_{n+1}-c_{n+1}&=\{b_n+4n+2+2\cdot(-1)^n\}-\{c_n+4n+2+2\cdot(-1)^n\} \\ &=b_n-c_n \end{aligned}$$

となる。

数列 $\{b_n-c_n\}$ は初項 $b_1-c_1=1-c$，公比1の等比数列なので

$b_n-c_n=(1-c)\cdot 1^{n-1}=1-c$

（数列 $\{b_n-c_n\}$ は初項 $b_1-c_1=1-c$，公差0の等差数列とみてもよい）

よって，すべての自然数 n に対して

$b_n-c_n=$ 1 − c　→セ，ソ

が成り立つ。

また

$\begin{cases} a_n-b_n=1+(-1)^n \\ b_n-c_n=1-c \end{cases}$

の辺々を加えて

$a_n-c_n=2+(-1)^n-c$

よって，$U_n=\sum_{k=1}^{n} c_k$ とおき，$S_4=U_4$ が成り立つとき

$a_1+a_2+a_3+a_4=c_1+c_2+c_3+c_4$

$(a_1-c_1)+(a_2-c_2)+(a_3-c_3)+(a_4-c_4)=0$

$\{2+(-1)^1-c\}+\{2+(-1)^2-c\}+\{2+(-1)^3-c\}+\{2+(-1)^4-c\}=0$

$8-4c=0$

$c=$ 2　→タ

である。

このとき　$a_n-c_n=(-1)^n$

したがって　$\begin{cases} n\text{が奇数のとき，}a_n-c_n=-1 \\ n\text{が偶数のとき，}a_n-c_n=1 \end{cases}$

よって

$$S_n - U_n = \sum_{k=1}^{n} a_k - \sum_{k=1}^{n} c_k = \sum_{k=1}^{n} (a_k - c_k) = \sum_{k=1}^{n} (-1)^k$$
$$= \frac{-1\cdot\{1-(-1)^n\}}{1-(-1)} = \frac{-1+(-1)^n}{2}$$
$$= \begin{cases} n\text{が偶数のとき，}\ 0 \\ n\text{が奇数のとき，}\ -1 \end{cases}$$

したがって

$$\begin{cases} n\text{が偶数のとき，}\ S_n = U_n \\ n\text{が奇数のとき，}\ S_n < U_n \end{cases}$$

となるので

$S_{2021} < U_{2021}$　⓪　→チ，$S_{2022} = U_{2022}$　①　→ツ

も成り立つ。

解説

(1)　数列 $\{a_n\}$ の階差数列を考えることにより，数列 $\{a_n\}$ の一般項を求める。その際，客観テストでは確認する必要はないが，階差数列で求めることができる a_n は $n \geqq 2$ の項であり，a_1 を求めることはできないので，条件 $n \geqq 2$ をつけて式を立てて求めよう。その後，$n=1$ のときに成り立つかどうか確認するという手順をとる。

ポイント　等比数列の一般項と和

初項 a_1 が a，公比が r の等比数列 $\{a_n\}$ について，漸化式 $a_{n+1} = ra_n$ が成り立ち，一般項は $a_n = ar^{n-1}$ と表される。

初項 a_1 から第 n 項までの和 S_n は

$$S_n = \begin{cases} \dfrac{a(1-r^n)}{1-r} & (r \neq 1\text{ のとき}) \\ na & (r = 1\text{ のとき}) \end{cases}$$

ポイント　階差数列

数列 $\{a_n\}$ に対して

$$b_n = a_{n+1} - a_n \quad (n = 1,\ 2,\ 3,\ \cdots)$$

で定められる数列 $\{b_n\}$ を数列 $\{a_n\}$ の階差数列という。このとき

$$a_n = a_1 + \sum_{k=1}^{n-1} b_k \quad (n \geqq 2)$$

$a_n = a_1 + \displaystyle\sum_{k=1}^{n-1} (4k+2)$ は

$$a_n = a_1 + \frac{1}{2}(\text{項数})(\text{初項}+\text{末項})$$

で計算したが，$\sum_{k=1}^{n}k=\frac{1}{2}n(n+1)$，$\sum_{k=1}^{n}2=2n$ の n を $n-1$ に置き換えて

$$\begin{aligned} a_n &= a_1+4\sum_{k=1}^{n-1}k+2(n-1) \\ &= 1+4\cdot\frac{1}{2}(n-1)\{(n-1)+1\}+2(n-1) \\ &= 1+2n(n-1)+2(n-1) \\ &= 2n^2-1 \end{aligned}$$

のように求めてもよい。

(2)　(1)と同じようにして，数列 $\{a_n-b_n\}$ の階差数列を考えることにより，数列 $\{a_n-b_n\}$ の一般項を求める。$a_1-b_1=1-1=0$ なので，解答群のうち $n=1$ を代入して0にならないものは正解ではない。

(3)　(2)で求めた数列 $\{a_n-b_n\}$ の一般項から a_n と b_n の大小関係を求める。n が偶数のときと奇数のときとで場合分けが必要なことがわかる。

(4)　数列 $\{b_n-c_n\}$ の漸化式を求めて，それをもとにして数列 $\{b_n-c_n\}$ の一般項を求める。

条件より，c の値を求めて，$a_n-c_n=(-1)^n$ を得る。

$$\begin{cases} n\text{ が奇数のとき，}a_n-c_n=-1 \\ n\text{ が偶数のとき，}a_n-c_n=1 \end{cases}$$

が成り立つことがわかるので，$n=1,\ 2,\ 3,\ \cdots$ として和を求めていき，偶数番目まで加えると，$(-1)+1=0$ の組が何組かできることになり，和は0になる。奇数番目まで加えると和は $0+(-1)=-1$ となる。

第5問 標準 ベクトル ≪空間ベクトル，内積，ベクトルで調べる平面に関する2点の位置関係≫

(1) 四角形 $A_2OA_3B_2$ はひし形であるから

$$\overrightarrow{OB_2}=\overrightarrow{OA_2}+\overrightarrow{OA_3}=(0,\ 1,\ a)+(-1,\ 0,\ a)=(-1,\ 1,\ 2a)$$

よって，点 B_2 の座標は　$(-1,\ \boxed{1},\ \boxed{2a})$ →ア，イウ

である。また

$$\overrightarrow{OC_3}=\overrightarrow{OB_2}+\overrightarrow{B_2C_3}$$

と表されて

$$\overrightarrow{B_2C_3}=\overrightarrow{OA_4}=(0,\ -1,\ a)$$ （四角形 $A_3B_3C_3B_2$，$A_3OA_4B_3$はともにひし形）

であるから

$$\overrightarrow{OC_3}=(-1,\ 1,\ 2a)+(0,\ -1,\ a)=(-1,\ 0,\ 3a)$$

よって，点 C_3 の座標は　$(-1,\ \boxed{0},\ \boxed{3a})$ →エ，オカ

である。また

$$\begin{cases}\overrightarrow{OA_1}=(1,\ 0,\ a)\\ \overrightarrow{OB_2}=(-1,\ 1,\ 2a)\end{cases}$$

であるから

$$\overrightarrow{OA_1}\cdot\overrightarrow{OB_2}=1\cdot(-1)+0\cdot1+a\cdot2a=2a^2-1\quad \boxed{⑧}$$ →キ

$$\overrightarrow{OA_1}\cdot\overrightarrow{B_2C_3}=1\cdot0+0\cdot(-1)+a\cdot a=a^2\quad \boxed{③}$$ →ク

(2) ひし形 $A_1OA_2B_1$ と $A_1B_1C_1B_4$ が合同であるとする。

対応する対角線 OB_1 と B_1B_4 の長さが等しいことから，ひし形 $A_1OA_2B_1$ において

$$\overrightarrow{OB_1}=\overrightarrow{OA_1}+\overrightarrow{OA_2}=(1,\ 0,\ a)+(0,\ 1,\ a)=(1,\ 1,\ 2a)$$

$$|\overrightarrow{OB_1}|=\sqrt{1^2+1^2+(2a)^2}=\sqrt{4a^2+2}$$

ひし形 $A_1B_1C_1B_4$ において，$\overrightarrow{OA_4}=(0,\ -1,\ a)$ であるから

$$\overrightarrow{B_1B_4}=\overrightarrow{OB_4}-\overrightarrow{OB_1}=\overrightarrow{OA_4}+\overrightarrow{OA_1}-\overrightarrow{OB_1}$$

$$=(0,\ -1,\ a)+(1,\ 0,\ a)-(1,\ 1,\ 2a)=(0,\ -2,\ 0)$$

$$|\overrightarrow{B_1B_4}|=2$$

よって

$$\sqrt{4a^2+2}=2\qquad 4a^2+2=4$$

$$a^2=\frac{1}{2}$$

a は正の実数なので

$$a=\frac{1}{\sqrt{2}}=\frac{\sqrt{\boxed{2}}}{\boxed{2}}$$ →ケ，コ

であることがわかる。

直線 OA_1 上に点 P を $\angle OPA_2$ が直角となるようにとる。

実数 s を用いて $\overrightarrow{OP}=s\overrightarrow{OA_1}$ と表せる。

$\overrightarrow{PA_2}$ と $\overrightarrow{OA_1}$ が垂直であることより

$$\overrightarrow{PA_2}\cdot\overrightarrow{OA_1}=0$$
$$(\overrightarrow{OA_2}-\overrightarrow{OP})\cdot\overrightarrow{OA_1}=0$$
$$(\overrightarrow{OA_2}-s\overrightarrow{OA_1})\cdot\overrightarrow{OA_1}=0$$
$$\overrightarrow{OA_1}\cdot\overrightarrow{OA_2}-s\overrightarrow{OA_1}\cdot\overrightarrow{OA_1}=0$$

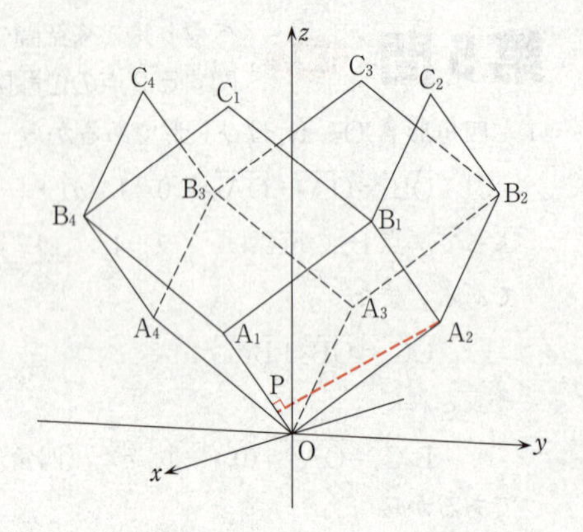

ここで

$$\overrightarrow{OA_1}\cdot\overrightarrow{OA_1}=|\overrightarrow{OA_1}|^2=a^2+1=\left(\frac{1}{\sqrt{2}}\right)^2+1=\frac{\boxed{3}}{\boxed{2}}\quad\to サ,シ$$

$$\overrightarrow{OA_1}\cdot\overrightarrow{OA_2}=1\cdot0+0\cdot1+a^2=a^2=\left(\frac{1}{\sqrt{2}}\right)^2=\frac{\boxed{1}}{\boxed{2}}\quad\to ス,セ$$

であることにより

$$\frac{1}{2}-\frac{3}{2}s=0\qquad s=\frac{\boxed{1}}{\boxed{3}}\quad\to ソ,タ$$

であることがわかる。

(3)　実数 a および点 P を(2)のようにとる。つまり $a=\dfrac{\sqrt{2}}{2}$，$s=\dfrac{1}{3}$ とする。3点 P，A_2，A_4 を通る平面を α とするとき，平面 α と2点 B_2，C_3 の位置関係を考察する。

対称性より，$\angle OPA_4$ も直角であるので，$\overrightarrow{PA_2}\perp\overrightarrow{OA_1}$ かつ $\overrightarrow{PA_4}\perp\overrightarrow{OA_1}$ より，$\overrightarrow{OA_1}$ と平面 α は垂直であることに注意する。

直線 B_2C_3 と平面 α の交点を Q とする。点 Q は直線 B_2C_3 上の点なので

$$\overrightarrow{B_2Q}=t\overrightarrow{B_2C_3}\quad（t は実数）$$

と表せて

$$\overrightarrow{OQ}=\overrightarrow{OB_2}+\overrightarrow{B_2Q}=\overrightarrow{OB_2}+t\overrightarrow{B_2C_3}\quad\cdots\cdots①$$

$\overrightarrow{OA_1}$ は平面 α と垂直なので，平面 α 上のベクトル $\overrightarrow{PQ}$ とも垂直であるから，$\overrightarrow{PQ}\perp\overrightarrow{OA_1}$ より

$$\overrightarrow{PQ}\cdot\overrightarrow{OA_1}=0\qquad(\overrightarrow{OQ}-\overrightarrow{OP})\cdot\overrightarrow{OA_1}=0$$
$$\overrightarrow{OQ}\cdot\overrightarrow{OA_1}-\overrightarrow{OP}\cdot\overrightarrow{OA_1}=0$$
$$(\overrightarrow{OB_2}+t\overrightarrow{B_2C_3})\cdot\overrightarrow{OA_1}-\frac{1}{3}\overrightarrow{OA_1}\cdot\overrightarrow{OA_1}=0$$
$$\overrightarrow{OA_1}\cdot\overrightarrow{OB_2}+t\overrightarrow{OA_1}\cdot\overrightarrow{B_2C_3}-\frac{1}{3}|\overrightarrow{OA_1}|^2=0$$

ここで，(1)，(2)で求めたものを代入して

$$(2a^2-1)+t\cdot a^2-\frac{1}{3}\cdot\frac{3}{2}=0$$

$a=\dfrac{1}{\sqrt{2}}$ なので

$$\frac{1}{2}t-\frac{1}{2}=0$$

$t=1$　①　→チ

このとき，①より

$$\overrightarrow{OQ}=\overrightarrow{OB_2}+\overrightarrow{B_2C_3}=\overrightarrow{OC_3}$$

したがって，点Qと点 C_3 は一致する。この点Qは平面 α 上の点なので点 C_3 は平面 $\boldsymbol{\alpha}$ **上**にある。　→テ

また，平面 α 上に点Rをとると

$$\overrightarrow{PR}=k\overrightarrow{PA_2}+l\overrightarrow{PA_4}\quad (k,\ l \text{ は実数})$$

と表せて

$$\overrightarrow{OR}=\overrightarrow{OP}+\overrightarrow{PR}=\overrightarrow{OP}+k\overrightarrow{PA_2}+l\overrightarrow{PA_4}$$

ここで

$$\begin{cases}\overrightarrow{OP}=\dfrac{1}{3}\overrightarrow{OA_1}=\dfrac{1}{3}\left(1,\ 0,\ \dfrac{\sqrt{2}}{2}\right)\\[2mm] \overrightarrow{PA_2}=\overrightarrow{OA_2}-\overrightarrow{OP}=\left(-\dfrac{1}{3},\ 1,\ \dfrac{\sqrt{2}}{3}\right)\\[2mm] \overrightarrow{PA_4}=\overrightarrow{OA_4}-\overrightarrow{OP}=\left(-\dfrac{1}{3},\ -1,\ \dfrac{\sqrt{2}}{3}\right)\end{cases}$$

よって

$$\begin{aligned}\overrightarrow{OR}&=\frac{1}{3}\left(1,\ 0,\ \frac{\sqrt{2}}{2}\right)+k\left(-\frac{1}{3},\ 1,\ \frac{\sqrt{2}}{3}\right)+l\left(-\frac{1}{3},\ -1,\ \frac{\sqrt{2}}{3}\right)\\&=\frac{1}{3}\left(1-k-l,\ 3(k-l),\ \frac{\sqrt{2}}{2}+\sqrt{2}(k+l)\right)\\&=\frac{1}{6}\left(2(1-k-l),\ 6(k-l),\ \sqrt{2}(1+2k+2l)\right)\end{aligned}$$

点 B_2 の座標は $(-1,\ 1,\ \sqrt{2})$ であるが，平面 α 上の点で点 B_2 と x 座標，y 座標のそれぞれが一致する点を求める。

$$\begin{cases}\dfrac{1}{3}(1-k-l)=-1\\ k-l=1\end{cases}\qquad \begin{cases}k=\dfrac{5}{2}\\ l=\dfrac{3}{2}\end{cases}$$

このとき　$\overrightarrow{\mathrm{OR}}=\left(-1,\ 1,\ \dfrac{3\sqrt{2}}{2}\right)$

となるので，平面 α 上に点 $\left(-1,\ 1,\ \dfrac{3\sqrt{2}}{2}\right)$ が存在する z 座標の大小関係で判断して，点 $\mathrm{B}_2(-1,\ 1,\ \sqrt{2})$ は**Oを含む側**にある。 ① →ツ

解説

(1)　各面がひし形なので，対辺が平行で大きさが等しいことを利用する。点 B_2，C_3 の座標を求めるためには，原点を始点にして，それぞれ $\overrightarrow{\mathrm{OB}_2}$，$\overrightarrow{\mathrm{OC}_3}$ の成分を求めればよい。

成分が与えられているベクトルの内積を求めることができるようにしておくこと。

ポイント　内積の定義

ベクトル $\vec{a}(\neq\vec{0})$ とベクトル $\vec{b}(\neq\vec{0})$ の内積 $\vec{a}\cdot\vec{b}$ を $\vec{a}$，$\vec{b}$ のなす角を θ $(0\leqq\theta\leqq\pi)$ として

$$\vec{a}\cdot\vec{b}=|\vec{a}||\vec{b}|\cos\theta$$

と定める。$\vec{a}=\vec{0}$ または $\vec{b}=\vec{0}$ のときは $\vec{a}\cdot\vec{b}=0$ とする。

(2)　ベクトルの問題で，ひし形 $\mathrm{A}_1\mathrm{OA}_2\mathrm{B}_1$ と $\mathrm{A}_1\mathrm{B}_1\mathrm{C}_1\mathrm{B}_4$ が合同であるという条件をどのように捉えるか。本問では，誘導があって，対応する対角線の長さが等しいことから，a の値を求める。また，二つのベクトルが垂直であるという条件は，ベクトルの内積が 0 になることを利用しよう。

ポイント　内積と成分

$\vec{a}=(a_1,\ a_2,\ a_3)$，$\vec{b}=(b_1,\ b_2,\ b_3)$ のとき

$$\vec{a}\cdot\vec{b}=a_1b_1+a_2b_2+a_3b_3$$

ポイント　ベクトルの垂直

$\vec{a}=(a_1,\ a_2,\ a_3)(\neq\vec{0})$，$\vec{b}=(b_1,\ b_2,\ b_3)(\neq\vec{0})$ について

$$\vec{a}\perp\vec{b}\iff\vec{a}\cdot\vec{b}=0\iff a_1b_1+a_2b_2+a_3b_3=0$$

ポイント　内積とベクトルの大きさ

内積の定義より，$\vec{a}\cdot\vec{a}=|\vec{a}|^2$ が成り立つ。

(3)　誘導に従って，丁寧に解き進めていこう。

試験のときには，$\overrightarrow{\mathrm{OQ}}=\overrightarrow{\mathrm{OC}_3}$ が示せた時点で，図より，点 B_2 が原点を含む側にあることは明らかと判断して解答してもよいだろう。

数学Ⅰ・数学A

問題番号（配点）	解答記号	正解	配点	チェック
第１問（30）	（アx＋イ）（x－ウ）	$(2x+5)(x-2)$	2	
	$\frac{-エ\pm\sqrt{オカ}}{キ}$	$\frac{-5\pm\sqrt{65}}{4}$	2	
	$\frac{ク+\sqrt{ケコ}}{サ}$	$\frac{5+\sqrt{65}}{2}$	2	
	シ	6	2	
	ス	3	2	
	$\frac{セ}{ソ}$	$\frac{4}{5}$	2	
	タチ	12	2	
	ツテ	12	2	
	ト	②	1	
	ナ	⓪	1	
	ニ	①	1	
	ヌ	③	3	
	ネ	②	2	
	ノ	②	2	
	ハ	⓪	2	
	ヒ	③	2	

問題番号（配点）	解答記号	正解	配点	チェック
第２問（30）	ア	②	3	
	イウ$x+\frac{エオ}{5}$	$-2x+\frac{44}{5}$	3	
	カ.キク	2.00	2	
	ケ.コサ	2.20	3	
	シ.スセ	4.40	2	
	ソ	③	2	
	タとチ	①と③（解答の順序は問わない）	4（各２）	
	ツ	①	2	
	テ	④	3	
	ト	⑤	3	
	ナ	②	3	

問題番号(配点)	解答記号	正　解	配点	チェック
第3問 (20)	$\frac{\text{ア}}{\text{イ}}$	$\frac{3}{8}$	2	
	$\frac{\text{ウ}}{\text{エ}}$	$\frac{4}{9}$	3	
	$\frac{\text{オカ}}{\text{キク}}$	$\frac{27}{59}$	3	
	$\frac{\text{ケコ}}{\text{サシ}}$	$\frac{32}{59}$	2	
	ス	③	3	
	$\frac{\text{セソタ}}{\text{チツテ}}$	$\frac{216}{715}$	4	
	ト	⑧	3	
第4問 (20)	ア	2	1	
	イ	3	1	
	ウ，エ	3，5	3	
	オ	4	2	
	カ	4	2	
	キ	8	1	
	ク	1	2	
	ケ	4	2	
	コ	5	1	
	サ	③	2	
	シ	6	3	

問題番号(配点)	解答記号	正　解	配点	チェック
第5問 (20)	$\frac{\text{ア}}{\text{イ}}$	$\frac{3}{2}$	2	
	$\frac{\text{ウ}\sqrt{\text{エ}}}{\text{オ}}$	$\frac{3\sqrt{5}}{2}$	2	
	カ$\sqrt{\text{キ}}$	$2\sqrt{5}$	2	
	$\sqrt{\text{ク}}\,r$	$\sqrt{5}\,r$	2	
	ケ$-r$	$5-r$	2	
	$\frac{\text{コ}}{\text{サ}}$	$\frac{5}{4}$	2	
	シ	1	2	
	$\sqrt{\text{ス}}$	$\sqrt{5}$	2	
	$\frac{\text{セ}}{\text{ソ}}$	$\frac{5}{2}$	2	
	タ	①	2	

（注）　第1問，第2問は必答。第3問～第5問のうちから2問選択。計4問を解答。

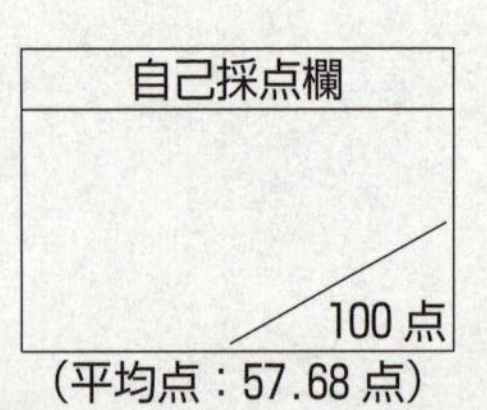

（平均点：57.68 点）

第１問 ── 数と式，図形と計量

〔１〕 標準 《２次方程式，式の値》

(1)　$c=1$ のとき，$2x^2+(4c-3)x+2c^2-c-11=0$ ……① に $c=1$ を代入すれば

$$2x^2+x-10=0$$

左辺を因数分解すると

$$(\boxed{2}x+\boxed{5})(x-\boxed{2}) \quad \to ア，イ，ウ$$

であるから，①の解は

$$x=-\frac{5}{2},\ 2$$

である。

(2)　$c=2$ のとき，①に $c=2$ を代入すれば

$$2x^2+5x-5=0$$

解の公式を用いると，①の解は

$$x=\frac{-5\pm\sqrt{5^2-4\cdot2\cdot(-5)}}{2\cdot2}=\frac{-\boxed{5}\pm\sqrt{\boxed{65}}}{\boxed{4}} \quad \to エ，オカ，キ$$

であり，大きい方の解を α とすると

$$\alpha=\frac{-5+\sqrt{65}}{4}$$

だから

$$\frac{5}{\alpha}=\frac{5}{\frac{-5+\sqrt{65}}{4}}=\frac{20}{\sqrt{65}-5}=\frac{20(\sqrt{65}+5)}{(\sqrt{65}-5)(\sqrt{65}+5)}$$

$$=\frac{20(\sqrt{65}+5)}{40}=\frac{\boxed{5}+\sqrt{\boxed{65}}}{\boxed{2}} \quad \to ク，ケコ，サ$$

である。

また，$8=\sqrt{64}$，$9=\sqrt{81}$ より

$$8<\sqrt{65}<9 \qquad 13<5+\sqrt{65}<14 \qquad \frac{13}{2}<\frac{5+\sqrt{65}}{2}<7$$

だから

$$6<\frac{5}{\alpha}<7$$

よって，$m<\frac{5}{\alpha}<m+1$ を満たす整数 m は $\boxed{6}$ →シ である。

(3)　２次方程式①の解の公式の根号の中に着目すると，根号の中を D とすれば

$$D=(4c-3)^2-4\cdot2\cdot(2c^2-c-11)=-16c+97$$

①の解が異なる二つの実数解となるためには，$D>0$ となればよいから

$$D=-16c+97>0 \qquad c<\frac{97}{16}=6.06\cdots$$

c は正の整数なので　　$c=1,\ 2,\ 3,\ 4,\ 5,\ 6$

さらに，①の解が有理数となるためには，D が平方数となればよいので，$c=1,\ 2,\ 3,\ 4,\ 5,\ 6$ のときの $D=-16c+97$ の値を計算すると

$$81\ (=9^2),\ 65,\ 49\ (=7^2),\ 33,\ 17,\ 1\ (=1^2)$$

よって，$D=-16c+97$ が平方数となるのは，$c=1,\ 3,\ 6$ のときだから，①の解が異なる二つの有理数であるような正の整数 c の個数は **3** →ス 個である。

解説

文字定数 c を含む2次方程式の解についての問題である。(3)の有理数をもつための条件を求めさせる問題は，個別試験においても出題されるやや発展的な問題である。太郎さんと花子さんの会話文が誘導となっているので，それを手がかりとして正しい方針を立てられるかどうかがポイントである。

(1)・(2)　計算間違いに気を付けさえすれば，特に問題となる部分はない。

(3)　①に解の公式を用いると，$x=\dfrac{-(4c-3)\pm\sqrt{(4c-3)^2-4\cdot2\cdot(2c^2-c-11)}}{2\cdot2}$

$=\dfrac{-4c+3\pm\sqrt{-16c+97}}{4}$ であるが，太郎さんと花子さんの会話文に従って，根号の中に着目して考える。根号の中が平方数となれば，①の解は有理数となることに気付きたい。

①が異なる二つの実数解をもつための条件は，根号の中の D が $D>0$ となることであるから，$D>0$ を考えることで正の整数 c の値を具体的に絞り込むことができる。そこから c の値が $c=1,\ 2,\ 3,\ 4,\ 5,\ 6$ のいずれかであることがわかるので，c の値を $D=-16c+97$ に代入して実際に計算することで，根号の中の $D=-16c+97$ が平方数となるかどうかを調べればよい。

〔2〕 やや難 《三角形の面積，辺と角の大小関係，外接円》

(1)　$0° < A < 180°$ より，$\sin A > 0$ なので，$\sin^2 A + \cos^2 A = 1$ を用いて

$$\sin A = \sqrt{1 - \cos^2 A} = \sqrt{1 - \left(\frac{3}{5}\right)^2} = \frac{\boxed{4}}{\boxed{5}}$$ →セ，ソ

であり，△ABC の面積は

$$\frac{1}{2} \cdot \mathrm{CA} \cdot \mathrm{AB} \cdot \sin A = \frac{1}{2} bc \sin A = \frac{1}{2} \cdot 6 \cdot 5 \cdot \frac{4}{5} = \boxed{12}$$ →タチ

四角形 CHIA，ADEB は正方形より

$$\mathrm{AI} = \mathrm{CA} = b,\ \mathrm{DA} = \mathrm{AB} = c$$

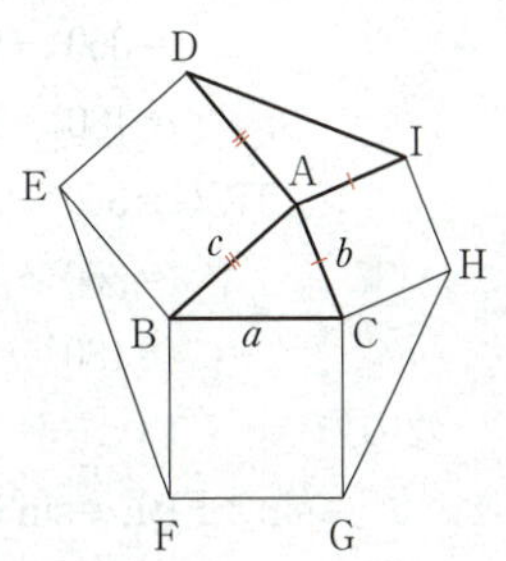

であり

$$\angle \mathrm{DAI} = 360° - \angle \mathrm{IAC} - \angle \mathrm{BAD} - \angle \mathrm{CAB}$$
$$= 360° - 90° - 90° - A$$
$$= 180° - A$$

なので

$$\sin \angle \mathrm{DAI} = \sin(180° - A) = \sin A$$

よって，△AID の面積は

$$\frac{1}{2} \cdot \mathrm{AI} \cdot \mathrm{DA} \cdot \sin \angle \mathrm{DAI} = \frac{1}{2} bc \sin A = \boxed{12}$$ →ツテ

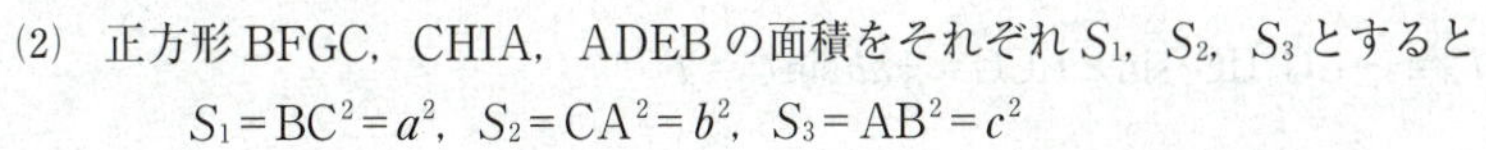

(2)　正方形 BFGC，CHIA，ADEB の面積をそれぞれ S_1，S_2，S_3 とすると

$$S_1 = \mathrm{BC}^2 = a^2,\ S_2 = \mathrm{CA}^2 = b^2,\ S_3 = \mathrm{AB}^2 = c^2$$

このとき

$$S_1 - S_2 - S_3 = a^2 - b^2 - c^2 = a^2 - (b^2 + c^2)$$

となる。

- $0° < A < 90°$ のとき

$$a^2 < b^2 + c^2$$

なので，$S_1 - S_2 - S_3 = a^2 - (b^2 + c^2)$ は負の値である。 ② →ト

- $A = 90°$ のとき

$$a^2 = b^2 + c^2$$

なので，$S_1 - S_2 - S_3 = a^2 - (b^2 + c^2)$ は0である。 ⓪ →ナ

- $90° < A < 180°$ のとき

$$a^2 > b^2 + c^2$$

なので，$S_1 - S_2 - S_3 = a^2 - (b^2 + c^2)$ は正の値である。 ① →ニ

(3)　△ABC の面積を T とすると

$$T = \frac{1}{2} bc \sin A = \frac{1}{2} ca \sin B = \frac{1}{2} ab \sin C$$

△AIDの面積 T_1 は，(1)より

$$T_1=\frac{1}{2}bc\sin A=T$$

(1)と同様にして考えると，四角形ADEB，BFGC，CHIAが正方形より

$$\mathrm{BE}=\mathrm{AB}=c,\ \ \mathrm{FB}=\mathrm{BC}=a$$

$$\mathrm{CG}=\mathrm{BC}=a,\ \ \mathrm{HC}=\mathrm{CA}=b$$

であり

$$\begin{aligned}\angle\mathrm{FBE}&=360^\circ-\angle\mathrm{EBA}-\angle\mathrm{CBF}-\angle\mathrm{ABC}\\&=360^\circ-90^\circ-90^\circ-B\\&=180^\circ-B\end{aligned}$$

$$\begin{aligned}\angle\mathrm{HCG}&=360^\circ-\angle\mathrm{GCB}-\angle\mathrm{ACH}-\angle\mathrm{BCA}\\&=360^\circ-90^\circ-90^\circ-C\\&=180^\circ-C\end{aligned}$$

なので

$$\sin\angle\mathrm{FBE}=\sin(180^\circ-B)=\sin B$$

$$\sin\angle\mathrm{HCG}=\sin(180^\circ-C)=\sin C$$

よって，△BEF，△CGHの面積 T_2，T_3 は

$$T_2=\frac{1}{2}\cdot\mathrm{BE}\cdot\mathrm{FB}\cdot\sin\angle\mathrm{FBE}=\frac{1}{2}ca\sin B=T$$

$$T_3=\frac{1}{2}\cdot\mathrm{CG}\cdot\mathrm{HC}\cdot\sin\angle\mathrm{HCG}=\frac{1}{2}ab\sin C=T$$

なので

$$T=T_1=T_2=T_3$$

したがって，a，b，c の値に関係なく，$T_1=T_2=T_3$ 　③　→ヌ である。

(4)　△ABC，△AID，△BEF，△CGHの外接円の半径をそれぞれ，R，R_1，R_2，R_3 とする。

$0^\circ<A<90^\circ$ のとき，$\angle\mathrm{DAI}=180^\circ-A$ より　　$\angle\mathrm{DAI}>90^\circ$

すなわち　　$\angle\mathrm{DAI}>A$

△AIDと△ABCは

$$\mathrm{AI}=\mathrm{CA},\ \ \mathrm{DA}=\mathrm{AB}$$

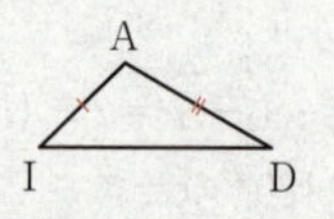

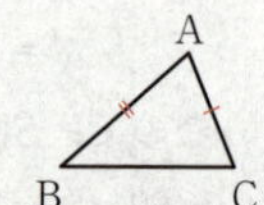

なので，$\angle\mathrm{DAI}>A$ より

$\mathrm{ID}>\mathrm{BC}$ 　②　→ネ　……①

である。

△AIDに正弦定理を用いると

$$2R_1=\frac{\mathrm{ID}}{\sin\angle\mathrm{DAI}}=\frac{\mathrm{ID}}{\sin A}\qquad\therefore\ \ R_1=\frac{\mathrm{ID}}{2\sin A}$$

△ABC に正弦定理を用いると

$$2R=\frac{\mathrm{BC}}{\sin A}\qquad \therefore\quad R=\frac{\mathrm{BC}}{2\sin A}$$

①の両辺を $2\sin A\,(>0)$ で割って

$$\frac{\mathrm{ID}}{2\sin A}>\frac{\mathrm{BC}}{2\sin A}\qquad \therefore\quad R_1>R\quad \cdots\cdots②$$

したがって

（△AIDの外接円の半径）＞（△ABCの外接円の半径）　②　→ノ

であるから，上の議論と同様にして考えれば

•$0°<A<B<C<90°$ のとき

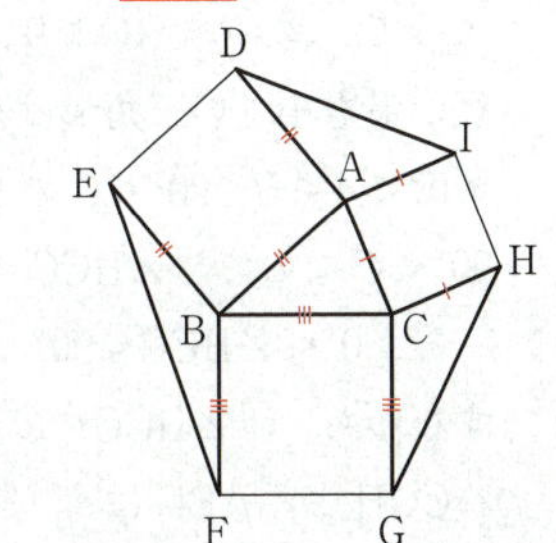

$0°<B<90°$ なので，$\angle\mathrm{FBE}=180°-B$ より

$$\angle\mathrm{FBE}>90°$$

すなわち　$\angle\mathrm{FBE}>B$

△BEF と△ABC は

$$\mathrm{BE}=\mathrm{AB},\ \mathrm{FB}=\mathrm{BC}$$

なので，$\angle\mathrm{FBE}>B$ より

$$\mathrm{EF}>\mathrm{CA}\quad\cdots\cdots③$$

である。

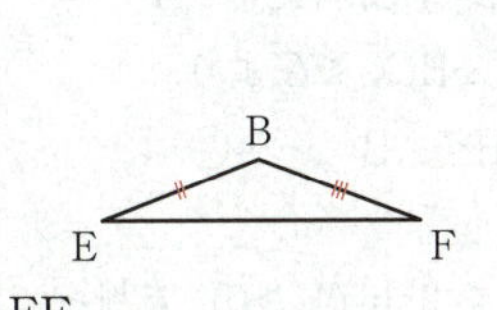

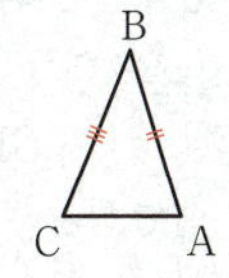

△BEF に正弦定理を用いると

$$2R_2=\frac{\mathrm{EF}}{\sin\angle\mathrm{FBE}}=\frac{\mathrm{EF}}{\sin B}\qquad \therefore\quad R_2=\frac{\mathrm{EF}}{2\sin B}$$

△ABC に正弦定理を用いると

$$2R=\frac{\mathrm{CA}}{\sin B}\qquad \therefore\quad R=\frac{\mathrm{CA}}{2\sin B}$$

$0°<B<180°$ より，$\sin B>0$ なので，③の両辺を $2\sin B\,(>0)$ で割って

$$\frac{\mathrm{EF}}{2\sin B}>\frac{\mathrm{CA}}{2\sin B}\qquad \therefore\quad R_2>R\quad\cdots\cdots④$$

$0°<C<90°$ なので，$\angle\mathrm{HCG}=180°-C$ より

$$\angle\mathrm{HCG}>90°$$

すなわち　$\angle\mathrm{HCG}>C$

△CGH と△ABC は

$$\mathrm{CG}=\mathrm{BC},\ \mathrm{HC}=\mathrm{CA}$$

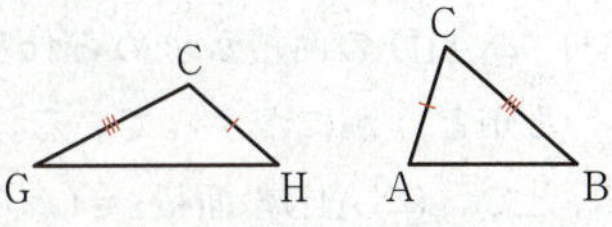

なので，$\angle\mathrm{HCG}>C$ より

$$\mathrm{GH}>\mathrm{AB}\quad\cdots\cdots⑤$$

である。

△CGH に正弦定理を用いると

$$2R_3=\frac{\mathrm{GH}}{\sin\angle\mathrm{HCG}}=\frac{\mathrm{GH}}{\sin C} \qquad \therefore \quad R_3=\frac{\mathrm{GH}}{2\sin C}$$

△ABC に正弦定理を用いると

$$2R=\frac{\mathrm{AB}}{\sin C} \qquad \therefore \quad R=\frac{\mathrm{AB}}{2\sin C}$$

$0°<C<180°$ より，$\sin C>0$ なので，⑤の両辺を $2\sin C\,(>0)$ で割って

$$\frac{\mathrm{GH}}{2\sin C}>\frac{\mathrm{AB}}{2\sin C} \qquad \therefore \quad R_3>R \quad \cdots\cdots⑥$$

よって，②，④，⑥より，△ABC，△AID，△BEF，△CGH のうち，外接円の半径が最も小さい三角形は△**ABC** ⓪ →ハ である。

• $0°<A<B<90°<C$ のとき

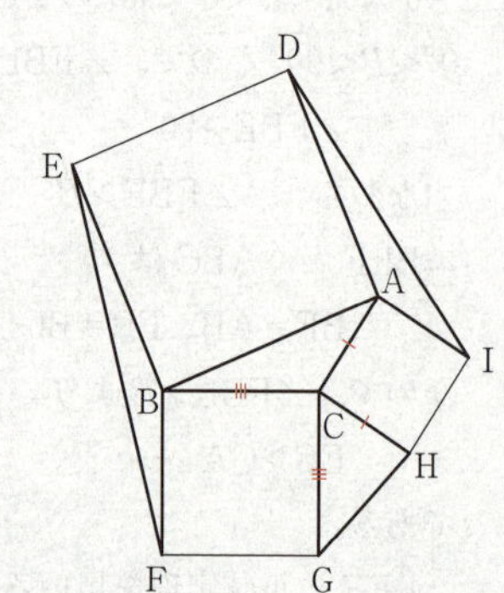

$90°<C$ なので，$\angle\mathrm{HCG}=180°-C$ より

$$0°<\angle\mathrm{HCG}<90°$$

すなわち　$\angle\mathrm{HCG}<C$

△CGH と△ABC は

$$\mathrm{CG}=\mathrm{BC},\quad \mathrm{HC}=\mathrm{CA}$$

なので，$\angle\mathrm{HCG}<C$ より

$$\mathrm{GH}<\mathrm{AB} \quad \cdots\cdots⑦$$

である。

⑦の両辺を $2\sin C\,(>0)$ で割って

$$\frac{\mathrm{GH}}{2\sin C}<\frac{\mathrm{AB}}{2\sin C} \qquad \therefore \quad R_3<R \quad \cdots\cdots⑧$$

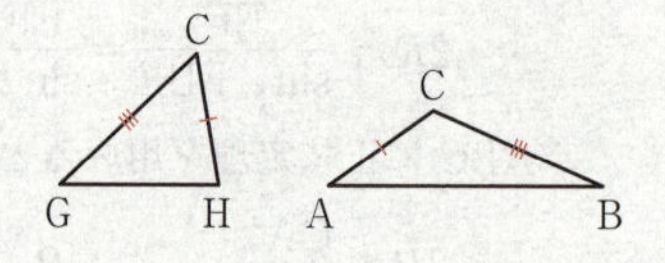

よって，②，④，⑧より，△ABC，△AID，△BEF，△CGH のうち，外接円の半径が最も小さい三角形は△**CGH** ③ →ヒ である。

解説

三角形の外側に，三角形の各辺を1辺とする3つの正方形と，正方形の間にできる3つの三角形を考え，それらの面積の大小関係や，外接円の半径の大小関係について考えさせる問題である。単純に式変形や計算をするだけでなく，辺と角の大小関係と融合させながら考えていく必要があり，思考力の問われる問題である。

(1)　△AID の面積が求められるかどうかは，$\angle\mathrm{DAI}=180°-A$ となることに気付けるかどうかにかかっている。これがわかれば，$\sin(180°-\theta)=\sin\theta$ を利用することで，(△AIDの面積)＝(△ABCの面積)＝12 であることが求まる。

(2)　$S_1-S_2-S_3=a^2-(b^2+c^2)$ であることはすぐにわかるので，問題文の $0°<A<90°$，$A=90°$，$90°<A<180°$ から，以下の〔ポイント〕を利用することに気付きたい。

ポイント　三角形の形状

△ABCにおいて

$$A<90^\circ \iff \cos A>0 \iff a^2<b^2+c^2$$

$$A=90^\circ \iff \cos A=0 \iff a^2=b^2+c^2$$

$$A>90^\circ \iff \cos A<0 \iff a^2>b^2+c^2$$

上の〔ポイント〕は暗記してしまってもよいが，余弦定理を用いることで

$\cos A=\dfrac{b^2+c^2-a^2}{2bc}$となることを考えれば，その場で簡単に導き出すことができる。

(3)　△ABCの面積をTとすると，(1)の結果より$T_1=T$が成り立つので，(1)と同様にすることで，$T_2=T$，$T_3=T$が示せることも予想がつくだろう。

(4)　(1)において$\angle \mathrm{DAI}=180^\circ-A$であることがわかっているので，$0^\circ<A<90^\circ$のとき$\angle \mathrm{DAI}>90^\circ$であり，$\angle \mathrm{DAI}>A$であることがわかる。

△AIDと△ABCは$\mathrm{AI}=\mathrm{CA}$，$\mathrm{DA}=\mathrm{AB}$なので，$\angle \mathrm{DAI}>A$より，

$\mathrm{ID}>\mathrm{BC}$　……①であるといえる。$\mathrm{AI}=\mathrm{CA}$，$\mathrm{DA}=\mathrm{AB}$が成り立たない場合には，$\angle \mathrm{DAI}>A$であっても，$\mathrm{ID}>\mathrm{BC}$とはいえない。

△AID，△ABCにそれぞれ正弦定理を用いると，$\sin\angle \mathrm{DAI}=\sin A$より，

$R_1=\dfrac{\mathrm{ID}}{2\sin A}$，$R=\dfrac{\mathrm{BC}}{2\sin A}$が求まるので，①を利用することで，$R_1>R$　……②が求まる。

$0^\circ<A<B<C<90^\circ$のとき，$0^\circ<B<90^\circ$，$0^\circ<C<90^\circ$なので，$R_1>R$　……②を求めたときの議論と同様にすることで，$R_2>R$　……④，$R_3>R$　……⑥が求まる。

②，④，⑥より，$R_1>R$，$R_2>R$，$R_3>R$となるから，外接円の半径が最も小さい三角形は△ABCであることがわかる。結果的に，与えられた条件$A<B<C$は利用することのない条件となっている。

$0^\circ<A<B<90^\circ<C$のとき，$0^\circ<A<90^\circ$，$0^\circ<B<90^\circ$なので，$R_1>R$　……②，$R_2>R$　……④が成り立つ。この場合は$90^\circ<C$であるが，$0^\circ<C<90^\circ$のときと同じように考えていくことにより，$R_3<R$　……⑧が導き出せる。②，④，⑧より，$R_1>R$，$R_2>R$，$R>R_3$となるから，外接円の半径が最も小さい三角形は△CGHであることがわかる。ここでも，与えられた条件$A<B$は利用することのない条件である。

第2問 ── 2次関数，データの分析

〔1〕 標準 《1次関数，2次関数》

(1)　1秒あたりの進む距離すなわち平均速度は，x と z を用いて

平均速度＝1秒あたりの進む距離
＝1秒あたりの歩数×1歩あたりの進む距離
＝$z\times x=xz$〔m/秒〕　②　→ア

と表される。

これより，タイム と，ストライド，ピッチとの関係は

$$タイム=\frac{100〔m〕}{平均速度〔m/秒〕}=\frac{100}{xz}\quad \cdots\cdots ①$$

と表されるので，xz が最大になるときにタイムが最もよくなる。

(2)　ストライドが0.05大きくなるとピッチが0.1小さくなるという関係があると考えて，ピッチがストライドの1次関数として表されると仮定したとき，そのグラフの傾きは，ストライド x が0.05大きくなると，ピッチ z が0.1小さくなることより

$$\frac{-0.1}{0.05}=-2$$

これより，グラフの z 軸上の切片を b とすると

$$z=-2x+b$$

とおけるから，表の2回目のデータより，$x=2.10$，$z=4.60$ を代入して

$$4.60=-2\times 2.10+b \qquad \therefore \quad b=8.80=\frac{44}{5}$$

よって，ピッチ z はストライド x を用いて

$$z=\boxed{-2}\,x+\frac{\boxed{44}}{5}$$ →イウ，エオ　……②

と表される。

②が太郎さんのストライドの最大値2.40とピッチの最大値4.80まで成り立つと仮定すると，ピッチ z の最大値が4.80より，$z\leqq 4.80$ だから，②を代入して

$$-2x+\frac{44}{5}\leqq 4.80 \qquad -2x\leqq 4.80-8.80 \qquad \therefore \quad x\geqq 2.00$$

ストライド x の最大値が2.40より，$x\leqq 2.40$ だから，x の値の範囲は

$$\boxed{2}.\boxed{00}\leqq x\leqq 2.40$$ →カ，キク

$y=xz$ とおく。②を $y=xz$ に代入すると

$$y=x\left(-2x+\frac{44}{5}\right)=-2x^2+\frac{44}{5}x=-2\left(x-\frac{11}{5}\right)^2+\frac{242}{25}$$

太郎さんのタイムが最もよくなるストライドとピッチを求めるためには，$2.00 \leqq x \leqq 2.40$ の範囲で y の値を最大にする x の値を見つければよい。

このとき，$x=\dfrac{11}{5}=2.2$ より，y の値が最大になるのは

$x=$ 2 . 20 →ケ，コサのときであり，y の値の最大値は $\dfrac{242}{25}$ である。

$y=-2\left(x-\dfrac{11}{5}\right)^2+\dfrac{242}{25}$

$x=2.00$ $x=2.40$ $x=2.20$

よって，太郎さんのタイムが最もよくなるのは，ストライド x が 2.20 のときであり，このとき，ピッチ z は，$x=2.20$ を②に代入して

$$z=-2\times 2.20+8.80= 4 . 40 \quad \text{→シ，スセ}$$

である。

また，このときの太郎さんのタイムは，$y=xz$ の最大値が $\dfrac{242}{25}$ なので，①より

$$\text{タイム}=\frac{100}{xz}=\frac{100}{\frac{242}{25}}=100\div\frac{242}{25}=\frac{1250}{121}=10.330\cdots \fallingdotseq 10.33 \quad ③ \quad \text{→ソ}$$

である。

解説

陸上競技の短距離100m走において，タイムが最もよくなるストライドとピッチを，ストライドとピッチの間に成り立つ関係も考慮しながら考察していく，日常の事象を題材とした問題である。問題文で与えられた用語の定義や，その間に成り立つ関係を理解し，数式を立てられるかどうかがポイントとなる。

(1) 問題文に，ピッチ $z=$(1秒あたりの歩数)，ストライド $x=$(1歩あたりの進む距離)であることが与えられているので，平均速度＝(1秒あたりの進む距離)であることと合わせて考えれば，平均速度 $=xz$ と表されることがわかる。あるいは

$$\text{ストライド }x=\frac{100\text{〔m〕}}{\text{100mを走るのにかかった歩数〔歩〕}}$$

$$\text{ピッチ }z=\frac{\text{100mを走るのにかかった歩数〔歩〕}}{\text{タイム〔秒〕}}$$

であることを利用して

$$\text{平均速度}=\text{1秒あたりの進む距離}=\frac{100\text{〔m〕}}{\text{タイム〔秒〕}}$$

$$=\frac{100\text{〔m〕}}{\text{100mを走るのにかかった歩数〔歩〕}}\cdot\frac{\text{100mを走るのにかかった歩数〔歩〕}}{\text{タイム〔秒〕}}$$

$$=xz$$

と考えてもよい。

(2)　ピッチがストライドの１次関数として表されると仮定したとき，ストライド x が 0.05 大きくなるとピッチ z が 0.1 小さくなることより，変化の割合は $\dfrac{-0.1}{0.05}=-2$ で求められる。

〔解答〕では $z=-2x+b$ とおき，表の２回目のデータ $x=2.10$，$z=4.60$ を代入したが，１回目のデータ $x=2.05$，$z=4.70$，もしくは，３回目のデータ $x=2.15$，$z=4.50$ を代入して b の値を求めてもよい。$z=-2x+\dfrac{44}{5}$ ……②が求まれば，$x \leqq 2.40$，$z \leqq 4.80$ を用いて x の値の範囲が求められる。

$y=xz$ とおいてからは，問題文に丁寧な誘導がついているので，それに従っていけば y の値が最大になる x の値が求まる。このときの z の値は②を利用し，タイムは①がタイム $=\dfrac{100}{xz}=\dfrac{100}{y}$ であることを利用する。

〔２〕 標準 《箱ひげ図，ヒストグラム，データの相関》

(1)　図１から読み取れることとして正しくないものを考えると

⓪　第１次産業の就業者数割合の四分位範囲は，2000 年度までは，後の時点になるにしたがって減少している。よって，正しい。

①　第１次産業の就業者数割合について，左側のひげの長さと右側のひげの長さを比較すると，1990 年度，2000 年度，2005 年度，2010 年度において右側の方が長い。よって，**正しくない**。

②　第２次産業の就業者数割合の中央値は，1990 年度以降，後の時点になるにしたがって減少している。よって，正しい。

③　第２次産業の就業者数割合の第１四分位数は，1975 年度から 1980 年度，1985 年度から 1990 年度では増加している。よって，**正しくない**。

④　第３次産業の就業者数割合の第３四分位数は，後の時点になるにしたがって増加している。よって，正しい。

⑤　第３次産業の就業者数割合の最小値は，後の時点になるにしたがって増加している。よって，正しい。

以上より，正しくないものは ① と ③ →タ，チ（解答の順序は問わない）である。

(2)　• 1985 年度におけるグラフについて考える。

図１の 1985 年度の第１次産業の就業者数割合の箱ひげ図より，最大値は 25 より大きく 30 より小さいから，1985 年度におけるグラフとして適するのは，①あるいは

③である。

図1の1985年度の第3次産業の就業者数割合の箱ひげ図より，最小値は45だから，ヒストグラムの各階級の区間は，左側の数値を含み，右側の数値を含まないことに注意すると，①と③の2つのグラフのうち，最小値が45以上50未満の区間にあるのは①である。

よって，1985年度におけるグラフは［①］→ツ である。

• 1995年度におけるグラフについて考える。

図1の1995年度の第1次産業の就業者数割合の箱ひげ図より，最大値は15より大きく20より小さいから，1995年度におけるグラフとして適するのは，②あるいは④である。

図1の1995年度の第3次産業の就業者数割合の箱ひげ図より，中央値は55より大きく60より小さい。

47個のデータの中央値は，47個のデータを小さいものから順に並べたときの24番目の値であるから，②と④の2つのグラフのうち，24番目の値である中央値が55以上60未満の区間にあるのは④である。

よって，1995年度におけるグラフは［④］→テ である。

(3)　1975年度を基準としたときの，2015年度の変化について考える。

(Ⅰ)　都道府県別の第1次産業の就業者数割合と第2次産業の就業者数割合の間の相関を考えると，図2の左端の散布図は負の相関がみられるが，図3の左端の散布図は相関がみられない。よって，都道府県別の第1次産業の就業者数割合と第2次産業の就業者数割合の間の相関は，1975年度を基準にしたとき，2015年度は弱くなっているから，**誤り**。

(Ⅱ)　都道府県別の第2次産業の就業者数割合と第3次産業の就業者数割合の間の相関を考えると，図2の中央の散布図は相関がみられないが，図3の中央の散布図は負の相関がみられる。よって，都道府県別の第2次産業の就業者数割合と第3次産業の就業者数割合の間の相関は，1975年度を基準にしたとき，2015年度は強くなっているから，**正しい**。

(Ⅲ)　都道府県別の第3次産業の就業者数割合と第1次産業の就業者数割合の間の相関を考えると，図2の右端の散布図は負の相関がみられるが，図3の右端の散布図は相関がみられない。よって，都道府県別の第3次産業の就業者数割合と第1次産業の就業者数割合の間の相関は，1975年度を基準にしたとき，2015年度は弱くなっているから，**誤り**。

以上より，(Ⅰ)，(Ⅱ)，(Ⅲ)の正誤の組合せとして正しいものは［⑤］→ト である。

(4)「各都道府県の，男性の就業者数と女性の就業者数を合計すると就業者数の全体となる」とあるので，都道府県別の，第1次産業の就業者数割合（横軸）と，女性の就業者数割合（縦軸）の散布図の各点は，都道府県別の，第1次産業の就業者数割合（横軸）と，男性の就業者数割合（縦軸）の散布図の各点を，縦軸の50％を通る横軸に平行な直線に関して対称移動させた位置にある。よって，都道府県別の，第1次産業の就業者数割合（横軸）と，女性の就業者数割合（縦軸）の散布図は，図4の散布図を上下逆さまにしたものとなるから，②　→ナ　である。

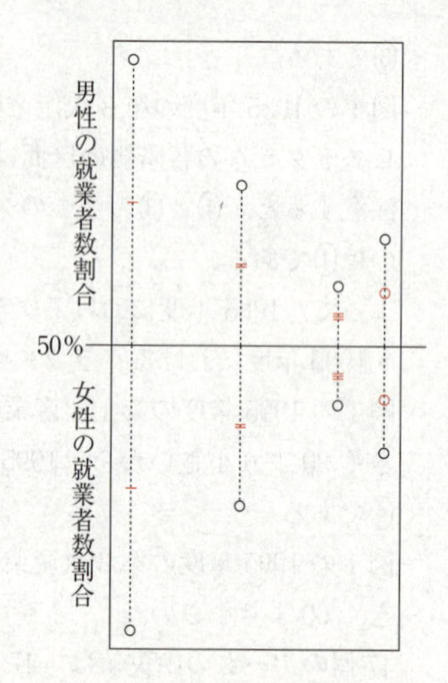

解説

(1)　箱ひげ図から読み取れることとして正しくないものを選ぶ問題である。

(四分位範囲)＝(第3四分位数)－(第1四分位数)で求めることができる。

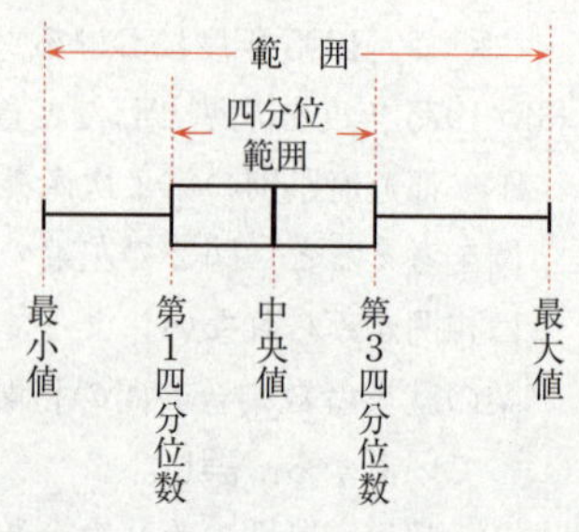

(2)　箱ひげ図に対応するグラフを選択肢の中から選ぶ問題である。まず最大値・最小値に着目し，それで判断できなければ四分位数に着目する。

図1の1985年度の第1次産業の就業者数割合の箱ひげ図の最大値に着目すると，1985年度におけるグラフとして適するのは，①あるいは③となる。さらに，図1の1985年度の第3次産業の就業者数割合の箱ひげ図の最小値は45だから，ヒストグラムの各階級の区間は，左側の数値を含み，右側の数値を含まないことに注意して，①と③の2つのグラフのうち，どちらが1985年度のグラフとして適するかを考えることになる。

図1の1995年度の第1次産業の就業者数割合の箱ひげ図の最大値に着目すると，1995年度におけるグラフとして適するのは，②あるいは④となる。さらに，図1の1995年度の第3次産業の就業者数割合の箱ひげ図の中央値に着目することで，②と④の2つのグラフのうち，どちらが1995年度のグラフとして適するかが判断できる。ここでは，47の都道府県別のデータを扱っているので，データの個数は47個であり，47個のデータをx_1，x_2，…，x_{47}（ただし，$x_1 \leqq x_2 \leqq \cdots \leqq x_{47}$）とすると，最小値は$x_1$，第1四分位数は$x_{12}$，中央値は$x_{24}$，第3四分位数は$x_{36}$，最大値は$x_{47}$となる。

(3) 散布図に関する記述の正誤の組合せとして正しいものを選択肢の中から選ぶ問題である。

- 相関係数の値が1に近いほど，２つの変量の正の相関関係は強く，散布図の点は右上がりの直線に沿って分布する傾向にある。
- 相関係数の値が−1に近いほど，２つの変量の負の相関関係は強く，散布図の点は右下がりの直線に沿って分布する傾向にある。
- 相関係数の値が0に近いほど，２つの変量の相関関係は弱く，散布図の点に直線的な相関関係はない傾向にある。

この問題で「相関が強くなった」とは，相関係数の絶対値が大きくなったことを意味するので，1975年度の散布図の点の分布を基準にしたとき，2015年度の散布図の点が，直線に沿って分布する傾向がなお一層みられるようになったかどうかにだけ注目すればよい。

(4) 都道府県別の，第１次産業の就業者数割合と，男性の就業者数割合の散布図から，都道府県別の，第１次産業の就業者数割合と，女性の就業者数割合の散布図を，選択肢の中から選ぶ問題である。

「各都道府県の，男性の就業者数と女性の就業者数を合計すると就業者数の全体となる」ということは，男性の就業者数割合と女性の就業者数割合の合計が100％になるということである。したがって，都道府県別の，第１次産業の就業者数割合（横軸）と，女性の就業者数割合（縦軸）の散布図の点は，図４の散布図を，上下逆さまにした位置に分布することがわかる。

第3問　標準　場合の数と確率　《条件付き確率》

(1)　(i)　箱Aにおいて，当たりくじを引く確率は$\frac{1}{2}$，はずれくじを引く確率は

$$1-\frac{1}{2}=\frac{1}{2}$$

3回中ちょうど1回当たるのは，1回目に当たる場合と，2回目に当たる場合と，3回目に当たる場合の${}_3C_1=3$通りあり，いずれの確率も$\frac{1}{2}\cdot\left(\frac{1}{2}\right)^2$である。

よって，箱Aにおいて，3回中ちょうど1回当たる確率は

$$ {}_3C_1\times\frac{1}{2}\cdot\left(\frac{1}{2}\right)^2=\boxed{\frac{3}{8}} $$ →ア，イ　……①

箱Bにおいて，当たりくじを引く確率は$\frac{1}{3}$，はずれくじを引く確率は

$$1-\frac{1}{3}=\frac{2}{3}$$

3回中ちょうど1回当たるのは，1回目に当たる場合と，2回目に当たる場合と，3回目に当たる場合の${}_3C_1=3$通りあり，いずれの確率も$\frac{1}{3}\cdot\left(\frac{2}{3}\right)^2$である。

よって，箱Bにおいて，3回中ちょうど1回当たる確率は

$$ {}_3C_1\times\frac{1}{3}\cdot\left(\frac{2}{3}\right)^2=\boxed{\frac{4}{9}} $$ →ウ，エ　……②

(ii)　箱Aが選ばれる事象をA，箱Bが選ばれる事象をB，3回中ちょうど1回当たる事象をWとすると，①，②より

$$P(A\cap W)=\frac{1}{2}\times\frac{3}{8},\ P(B\cap W)=\frac{1}{2}\times\frac{4}{9}$$

これより

$$P(W)=P(A\cap W)+P(B\cap W)=\frac{1}{2}\times\frac{3}{8}+\frac{1}{2}\times\frac{4}{9}=\frac{1}{2}\left(\frac{3}{8}+\frac{4}{9}\right)$$

$$=\frac{1}{2}\times\frac{27+32}{8\times9}=\frac{1}{2}\times\frac{59}{8\times9}$$

であるから，3回中ちょうど1回当たったとき，選んだ箱がAである条件付き確率$P_W(A)$は

$$P_W(A)=\frac{P(W\cap A)}{P(W)}=\frac{P(A\cap W)}{P(W)}=\left(\frac{1}{2}\times\frac{3}{8}\right)\div\left(\frac{1}{2}\times\frac{59}{8\times9}\right)$$

$$=\boxed{\frac{27}{59}}$$ →オカ，キク

となる。

また，条件付き確率 $P_W(B)$ は

$$P_W(B)=\frac{P(W\cap B)}{P(W)}=\frac{P(B\cap W)}{P(W)}=\left(\frac{1}{2}\times\frac{4}{9}\right)\div\left(\frac{1}{2}\times\frac{59}{8\times 9}\right)$$

$$=\frac{32}{59}$$ →ケコ，サシ

となる。

(2) $P_W(A)$ と $P_W(B)$ について

$$P_W(A):P_W(B)=\frac{27}{59}:\frac{32}{59}=27:32$$

また，①の確率と②の確率について

$$(①の確率):(②の確率)=\frac{3}{8}:\frac{4}{9}=27:32$$

よって，$P_W(A)$ と $P_W(B)$ の比 ③ →ス は，①の確率と②の確率の比に等しい。

(3) 箱Cにおいて，当たりくじを引く確率は $\frac{1}{4}$，はずれくじを引く確率は

$$1-\frac{1}{4}=\frac{3}{4}$$

よって，箱Cにおいて，３回中ちょうど１回当たる確率は，(1)(i)と同様に考えれば

$$_3C_1\times\frac{1}{4}\cdot\left(\frac{3}{4}\right)^2=\frac{27}{64}\quad\cdots\cdots③$$

箱Aが選ばれる事象を A，箱Bが選ばれる事象を B，箱Cが選ばれる事象を C，３回中ちょうど１回当たる事象を W とすると，①，②，③より

$$P(A\cap W)=\frac{1}{3}\times\frac{3}{8},\ P(B\cap W)=\frac{1}{3}\times\frac{4}{9},\ P(C\cap W)=\frac{1}{3}\times\frac{27}{64}$$

これより

$$P(W)=P(A\cap W)+P(B\cap W)+P(C\cap W)=\frac{1}{3}\times\frac{3}{8}+\frac{1}{3}\times\frac{4}{9}+\frac{1}{3}\times\frac{27}{64}$$

$$=\frac{1}{3}\left(\frac{3}{8}+\frac{4}{9}+\frac{27}{64}\right)=\frac{1}{3}\times\frac{216+256+243}{9\times 64}=\frac{1}{3}\times\frac{715}{9\times 64}$$

であるから，３回中ちょうど１回当たったとき，選んだ箱がAである条件付き確率は

$$P_W(A)=\frac{P(W\cap A)}{P(W)}=\frac{P(A\cap W)}{P(W)}=\left(\frac{1}{3}\times\frac{3}{8}\right)\div\left(\frac{1}{3}\times\frac{715}{9\times 64}\right)$$

$$=\frac{216}{715}$$ →セソタ，チツテ

となる。

(4)　箱Dにおいて，当たりくじを引く確率は$\frac{1}{5}$，はずれくじを引く確率は

$$1-\frac{1}{5}=\frac{4}{5}$$

よって，箱Dにおいて，3回中ちょうど1回当たる確率は，(1)(i)と同様に考えれば

$${}_3C_1\times\left(\frac{1}{5}\right)\cdot\left(\frac{4}{5}\right)^2=\frac{48}{125}\quad\cdots\cdots④$$

箱Aが選ばれる事象をA，箱Bが選ばれる事象をB，箱Cが選ばれる事象をC，箱Dが選ばれる事象をD，3回中ちょうど1回当たる事象をWとする。

箱が四つの場合でも，条件付き確率の比は各箱で3回中ちょうど1回当たりくじを引く確率の比になっていることを利用すると，①，②，③，④より

$$P_W(A):P_W(B):P_W(C):P_W(D)$$

$$=(①\text{の確率}):(②\text{の確率}):(③\text{の確率}):(④\text{の確率})=\frac{3}{8}:\frac{4}{9}:\frac{27}{64}:\frac{48}{125}$$

$$=27000:32000:30375:27648$$

すなわち

$$P_W(B)>P_W(C)>P_W(D)>P_W(A)$$

であるから，条件付き確率を用いて，どの箱からくじを引いた可能性が高いかを考え，可能性が高い方から順に並べるとB，C，D，A　⑧　→ト となる。

参考1　$P_W(A):P_W(B):P_W(C):P_W(D)$

$$=(①\text{の確率}):(②\text{の確率}):(③\text{の確率}):(④\text{の確率})=\frac{3}{8}:\frac{4}{9}:\frac{27}{64}:\frac{48}{125}$$

ここで，(3)の$P(W)$の計算過程より

$$\frac{3}{8}:\frac{4}{9}:\frac{27}{64}=216:256:243$$

なので

$$\frac{4}{9}>\frac{27}{64}>\frac{3}{8}$$

また

$$\frac{27}{64}:\frac{48}{125}=\frac{9}{64}:\frac{16}{125}=1125:1024$$

$$\frac{3}{8}:\frac{48}{125}=\frac{1}{8}:\frac{16}{125}=125:128$$

なので

$$\frac{27}{64}>\frac{48}{125}>\frac{3}{8}$$

よって

$$\frac{4}{9}>\frac{27}{64}>\frac{48}{125}>\frac{3}{8}$$

すなわち

$$P_W(B)>P_W(C)>P_W(D)>P_W(A)$$

参考２　$P_W(A):P_W(B):P_W(C):P_W(D)$

$$=(①の確率):(②の確率):(③の確率):(④の確率)=\frac{3}{8}:\frac{4}{9}:\frac{27}{64}:\frac{48}{125}$$

ここで

$$\frac{3}{8}=0.375,\quad \frac{4}{9}=0.\dot{4},\quad \frac{27}{64}=0.421875,\quad \frac{48}{125}=0.384$$

なので

$$\frac{4}{9}>\frac{27}{64}>\frac{48}{125}>\frac{3}{8}$$

すなわち

$$P_W(B)>P_W(C)>P_W(D)>P_W(A)$$

解説

複数の箱からくじを引き，条件付き確率を用いて，どの箱からくじを引いた可能性が高いかを考える問題である。誘導が丁寧に与えられているため解きやすいと思われるが，前問までの計算過程と，比を上手に利用していかないと，計算量が多くなってしまい，時間を浪費してしまうことになりかねない。その点で差のつく問題であったといえるだろう。

(1)　(i)　３回中ちょうど１回当たるのは，１回目，２回目，３回目のいずれかで当たる場合である。

(ii)　誘導が丁寧に与えられているので，誘導に従って，条件付き確率を求める。計算もそれほど面倒なものではないので，確実に正解したい問題である。

(2)　正解以外の選択肢⓪和，①２乗の和，②３乗の和，④積については，$P_W(A)=\frac{27}{59}$，$P_W(B)=\frac{32}{59}$，(①の確率)$=\frac{3}{8}$，(②の確率)$=\frac{4}{9}$の値を使って実際に計算してみれば，適さないことがすぐにわかる。

(3)　花子さんと太郎さんが事実(＊)について話している会話文の内容は，以下のことを表している。

$$P_W(A):P_W(B)=\frac{P(A\cap W)}{P(W)}:\frac{P(B\cap W)}{P(W)}=P(A\cap W):P(B\cap W)$$

$$=\frac{1}{2}\times\frac{3}{8}:\frac{1}{2}\times\frac{4}{9}=\frac{1}{2}\times(①の確率):\frac{1}{2}\times(②の確率)$$

$$=(①の確率):(②の確率)$$

これが理解できると，箱が三つの場合でも，箱が四つの場合でも，同様の結果が成り立つことがわかる。

(4)　3回中ちょうど1回当たったとき，条件付き確率を用いて，どの箱からくじを引いた可能性が高いかを考えるので，選んだ箱がA，B，C，Dである条件付き確率 $P_W(A)$，$P_W(B)$，$P_W(C)$，$P_W(D)$ の値の大きさを比較すればよい。その際，花子さんと太郎さんの会話文において，条件付き確率の比は各箱で3回中ちょうど1回当たりくじを引く確率の比になっていることが誘導として与えられているので，それを利用して，条件付き確率の値は計算せずにその大きさを比較する。

〔解答〕のように素直に①，②，③，④の確率の比を考えてもよいが，計算量を減らすためにも〔参考1〕のように工夫して考えたい。①，②，③の確率の比は，(3)の $P(W)$ の計算過程 $P(W)=\dfrac{1}{3}\times\dfrac{216+256+243}{9\times64}$ より，216：256：243であることがわかるので，①，②，③の確率の大きさの大小が求まる。あとは，③，④の確率の比と，①，④の確率の比を考えることで，①，②，③，④の確率の大きさの大小が求まる。また，〔参考2〕のように小数の値に直してから大小を比較するのも速く処理できてよい。

第4問 やや難 整数の性質 《不定方程式》

(1) さいころを5回投げて，偶数の目がx回，奇数の目がy回出たとき，点P_0にある石を点P_1に移動させることができたとすると

$$5x-3y=1,\ x+y=5$$

なので，これを解けば

$$x=2,\ y=3$$

よって，さいころを5回投げて，偶数の目が 2 →ア 回，奇数の目が 3 →イ 回出れば，点P_0にある石を点P_1に移動させることができる。

このとき，$x=2$，$y=3$は，不定方程式$5x-3y=1$の整数解になっているので

$$5\cdot2-3\cdot3=1 \quad \cdots\cdots ⓐ$$

が成り立つ。

(2) ⓐの両辺を8倍して

$$5\cdot16-3\cdot24=8 \quad \cdots\cdots ⓑ$$

$5x-3y=8$ ……① の辺々からⓑを引けば

$$5(x-16)-3(y-24)=0 \qquad 5(x-16)=3(y-24)$$

5と3は互いに素だから，不定方程式①のすべての整数解x，yは，kを整数として

$$x-16=3k,\ y-24=5k$$

$$\therefore\ x=16+3k \quad \cdots\cdots ② \qquad y=24+5k \quad \cdots\cdots ③$$

$=2\times8+$ 3 k →ウ　　$=3\times8+$ 5 k →エ

と表される。

①の整数解x，yの中で，$0\leqq y<5$を満たすものは，③を$0\leqq y<5$に代入すれば

$$0\leqq24+5k<5 \qquad -24\leqq5k<-19$$

$$(-4.8=)-\frac{24}{5}\leqq k<-\frac{19}{5}\ (=-3.8)$$

なので，$k=-4$のときであるから，②，③より

$x=16+3\cdot(-4)$　　$y=24+5\cdot(-4)$

$=$ 4 →オ　　$=$ 4 →カ

である。

したがって，さいころを$x+y=4+4=$ 8 →キ 回投げて，偶数の目が4回，奇数の目が4回出れば，点P_0にある石を点P_8に移動させることができる。

(3) (2)において，さいころを8回より少ない回数だけ投げて，点P_0にある石を点P_8に移動させることができないかを考える。

(*)に注意すると，$8-15=-7$より，点P_0にある石を時計回りに7個先の点（反

時計回りに-7個先の点）に移動させれば，点P_8に移動させることができる。

これより，不定方程式$5x-3y=-7$ ……④ の0以上の整数解x，yの中で，$x+y<8$ ……⑤ を満たすものを求める。

④より　$3y=5x+7$

⑤より　$3x+3y<24$

よって，$3x+(5x+7)<24$ より　$x<\dfrac{17}{8}$

$x=0$，1，2のときを考えると

• $x=0$ のとき　$-3y=-7$　これを満たす0以上の整数yは存在しない。

• $x=1$ のとき　$-3y=-12$　$y=4$

• $x=2$ のとき　$-3y=-17$　これを満たす0以上の整数yは存在しない。

以上より　$x=1$，$y=4$

よって，偶数の目が 1 →ク 回，奇数の目が 4 →ケ 回出れば，さいころを投げる回数が$x+y=1+4=$ 5 →コ 回で，点P_0にある石を点P_8に移動させることができる。

(4) ⓪ 点P_0にある石を反時計回りに10個先の点に移動させるか，または，$10-15=-5$より時計回りに5個先の点（反時計回りに-5個先の点）に移動させれば，点P_{10}に移動させることができる。

これより，不定方程式$5x-3y=10$または-5の0以上の整数解x，yを求めると

• $x=0$ のとき　$-3y=10$，-5　これを満たす0以上の整数yは存在しない。

• $x=1$ のとき　$-3y=5$，-10　これを満たす0以上の整数yは存在しない。

• $x=2$ のとき　$-3y=0$，-15　$y=0$，5

$x+y=2+0=2$となる組$(x,\ y)$が見つかったので，$x+y<2$となる組$(x,\ y)$のみを考えればよいから，上記以外の組$(x,\ y)$は存在しない。

よって，点P_{10}の最小回数は$x+y=2+0=2$回である。

① 点P_0にある石を反時計回りに11個先の点に移動させるか，または，$11-15=-4$より時計回りに4個先の点（反時計回りに-4個先の点）に移動させれば，点P_{11}に移動させることができる。

これより，不定方程式$5x-3y=11$または-4の0以上の整数解x，yを求めると

• $x=0$ のとき　$-3y=11$，-4　これを満たす0以上の整数yは存在しない。

• $x=1$ のとき　$-3y=6$，-9　$y=3$

$x+y=1+3=4$となる組$(x,\ y)$が見つかったので，以下，$x+y<4$となる組$(x,\ y)$のみを考える。

• $x=2$ のとき　$-3y=1$，-14　これを満たす0以上の整数yは存在しない。

• $x=3$ のとき　$-3y=-4$，-19　これを満たす0以上の整数yは存在しない。

よって，点 P_{11} の最小回数は $x+y=1+3=4$ 回である。

② 点 P_0 にある石を反時計回りに 12 個先の点に移動させるか，または，$12-15=-3$ より時計回りに 3 個先の点（反時計回りに -3 個先の点）に移動させれば，点 P_{12} に移動させることができる。

これより，不定方程式 $5x-3y=12$ または -3 の 0 以上の整数解 x，y を求めると

- $x=0$ のとき　$-3y=12,\ -3$　$y=1$

$x+y=0+1=1$ となる組 $(x,\ y)$ が見つかったので，$x+y<1$ となる組 $(x,\ y)$ のみを考えればよいから，上記以外の組 $(x,\ y)$ は存在しない。

よって，点 P_{12} の最小回数は $x+y=0+1=1$ 回である。

③ 点 P_0 にある石を反時計回りに 13 個先の点に移動させるか，または，$13-15=-2$ より時計回りに 2 個先の点（反時計回りに -2 個先の点）に移動させれば，点 P_{13} に移動させることができる。

これより，不定方程式 $5x-3y=13$ または -2 の 0 以上の整数解 x，y を求めると

- $x=0$ のとき　$-3y=13,\ -2$　これを満たす 0 以上の整数 y は存在しない。
- $x=1$ のとき　$-3y=8,\ -7$　これを満たす 0 以上の整数 y は存在しない。
- $x=2$ のとき　$-3y=3,\ -12$　$y=4$

$x+y=2+4=6$ となる組 $(x,\ y)$ が見つかったので，以下，$x+y<6$ となる組 $(x,\ y)$ のみを考える。

- $x=3$ のとき　$-3y=-2,\ -17$　これを満たす 0 以上の整数 y は存在しない。
- $x=4$ のとき　$-3y=-7,\ -22$　これを満たす 0 以上の整数 y は存在しない。
- $x=5$ のとき　$-3y=-12,\ -27$　$y=4,\ 9$ となるが，$x+y<6$ に反するので，不適。

よって，点 P_{13} の最小回数は $x+y=2+4=6$ 回である。

④ 点 P_0 にある石を反時計回りに 14 個先の点に移動させるか，または，$14-15=-1$ より時計回りに 1 個先の点（反時計回りに -1 個先の点）に移動させれば，点 P_{14} に移動させることができる。

これより，不定方程式 $5x-3y=14$ または -1 の 0 以上の整数解 x，y を求めると

- $x=0$ のとき　$-3y=14,\ -1$　これを満たす 0 以上の整数 y は存在しない。
- $x=1$ のとき　$-3y=9,\ -6$　$y=2$

$x+y=1+2=3$ となる組 $(x,\ y)$ が見つかったので，以下，$x+y<3$ となる組 $(x,\ y)$ のみを考える。

- $x=2$ のとき　$-3y=4,\ -11$　これを満たす 0 以上の整数 y は存在しない。

よって，点 P_{14} の最小回数は $x+y=1+2=3$ 回である。

以上より，最小回数が最も大きいのは点 P_{13} ③ →サ であり，その最小回数は 6 →シ 回である。

別解1　(3)　(＊)に注意すると，$15=5\cdot3$ より，偶数の目が3回出ると反時計回りに15個先の点に移動して元の点に戻る。また，$15=3\cdot5$ より，奇数の目が5回出ると時計回りに15個先の点（反時計回りに -15 個先の点）に移動して元の点に戻る。

これより，偶数の目の出る回数が3回少ないか，または，奇数の目の出る回数が5回少ないならば，同じ点に移動させることができるので，(2)において，偶数の目が4回，奇数の目が4回出れば，点 P_0 にある石を点 P_8 に移動させることができることより，偶数の目が出る回数を3回減らしたとしても，点 P_0 にある石を点 P_8 に移動させることができる。

よって，偶数の目が $4-3=1$ 回，奇数の目が4回出れば，さいころを投げる回数が $1+4=5$ 回で，点 P_0 にある石を点 P_8 に移動させることができる。

(4)　(3)と同様に(＊)に注意して考えれば，偶数の目が3回以上出る場合には，偶数の目の出る回数を3回ずつ減らしたとしても，同じ点に移動させることができるので，偶数の目の出る回数は0回，1回，2回のみを考えればよいことがわかる。同様に，奇数の目が5回以上出る場合には，奇数の目の出る回数を5回ずつ減らしたとしても，同じ点に移動させることができるので，奇数の目の出る回数は0回，1回，2回，3回，4回のみを考えればよいことがわかる。

これより，偶数の目が x 回（$0\leqq x\leqq2$ である整数），奇数の目が y 回（$0\leqq y\leqq4$ である整数）出たとき，点 P_0 にある石を移動させることができる点を表にまとめると，右のようになる。

x ＼ y	0	1	2	3	4
0	P_0	P_{12}	P_9	P_6	P_3
1	P_5	P_2	P_{14}	P_{11}	P_8
2	P_{10}	P_7	P_4	P_1	P_{13}

よって，各点 P_1，P_2，…，P_{14} の最小回数は，右の表の $x+y$ の値であることに注意すれば，点 P_1，P_2，…，P_{14} のうち，この最小回数が最も大きいのは点 P_{13} であり，その最小回数は $x+y=2+4=6$ 回である。

別解2　(4)　• さいころを1回投げて，点 P_0 にある石を移動させることができる点について考える。

さいころを1回投げるとき，偶数の目が出るか，あるいは，奇数の目が出るかのどちらかなので，点 P_5，P_{12} のどちらかに移動させることができる。

よって，点 P_5，P_{12}の最小回数は1回である。

• さいころを2回投げて，点 P_0 にある石を移動させることができる点について考える。

さいころを1回投げるとき，点 P_5，P_{12} のどちらかに移動させることができるから，点 P_5，P_{12} のそれぞれにおいて，さいころを2回目に投げるとき，偶数の目が出た場合と，奇数の目が出た場合を考えれば，点 P_{10}，P_2，P_9 のいずれかに移動させることができる。

よって，点P_2，P_9，P_{10}の最小回数は2回である。

• さいころを3回投げて，点P_0にある石を移動させることができる点について考える。

さいころを2回投げるとき，点P_{10}，P_2，P_9のいずれかに移動させることができるから，点P_{10}，P_2，P_9のそれぞれにおいて，さいころを3回目に投げるとき，偶数の目が出た場合と，奇数の目が出た場合を考えれば，点P_0，P_7，P_{14}，P_6のいずれかに移動させることができる。

よって，点P_6，P_7，P_{14}の最小回数は3回である。

• さいころを4回投げて，点P_0にある石を移動させることができる点について考える。

さいころを3回投げるとき，点P_0，P_7，P_{14}，P_6のいずれかに移動させることができるから，点P_0，P_7，P_{14}，P_6のそれぞれにおいて，さいころを4回目に投げるとき，偶数の目が出た場合と，奇数の目が出た場合を考えれば，点P_5，P_{12}，P_4，P_{11}，P_3のいずれかに移動させることができる。

よって，点P_3，P_4，P_{11}の最小回数は4回である。

• さいころを5回投げて，点P_0にある石を移動させることができる点について考える。

さいころを4回投げるとき，点P_5，P_{12}，P_4，P_{11}，P_3のいずれかに移動させることができるから，点P_5，P_{12}，P_4，P_{11}，P_3のそれぞれにおいて，さいころを5回目に投げるとき，偶数の目が出た場合と，奇数の目が出た場合を考えれば，点P_{10}，P_2，P_9，P_1，P_8，P_0のいずれかに移動させることができる。

よって，点P_1，P_8の最小回数は5回である。

• さいころを6回投げて，点P_0にある石を移動させることができる点について考える。

さいころを5回投げるとき，点P_{10}，P_2，P_9，P_1，P_8，P_0のいずれかに移動させることができるから，点P_{10}，P_2，P_9，P_1，P_8，P_0のそれぞれにおいて，さいころを6回目に投げるとき，偶数の目が出た場合と，奇数の目が出た場合を考えれば，点P_0，P_7，P_{14}，P_6，P_{13}，P_5，P_{12}のいずれかに移動させることができる。

よって，点P_{13}の最小回数は6回である。

以上より，各点P_1，P_2，…，P_{14}の最小回数は，右の表のようになるから，点P_1，P_2，…，P_{14}のうち，この最小回数が最も大きいのは点P_{13}であり，その最小回数は6回である。

最小回数	点
1	P_5　P_{12}
2	P_2　P_9　P_{10}
3	P_6　P_7　P_{14}
4	P_3　P_4　P_{11}
5	P_1　P_8
6	P_{13}

解説

円周上に並ぶ15個の点上を，さいころの目によって石を移動させるときに，移動させることができる点について，不定方程式の整数解を用いて考察させる問題である。与えられた1次不定方程式を解いていくだけでなく，1次不定方程式をどのように利用するかを考える必要があり，思考力の問われる問題である。

(1)　さいころを5回投げる場合を考えるから，偶数の目がx回，奇数の目が$(5-x)$回出たとき，点P_0にある石を点P_1に移動させることができたとして，$5x-3(5-x)=1$と立式することからxの値を求めてもよい。

(2)　(1)の結果から，ⓐが成り立つので，ⓐの両辺を8倍した式ⓑをつくることで①−ⓑを考えれば，不定方程式①のすべての整数解x，yを求めることができる。
①の整数解x，yの中で，$0\leqq y<5$を満たすものは，③を$0\leqq y<5$に代入することで，$0\leqq y<5$を満たすときのkの値が$k=-4$と求まるので，$k=-4$を②，③に代入すればよい。あるいは，$y=24+5k$　……③のkに具体的な値を代入しながら，$0\leqq y<5$を満たすkの値を探すことで$k=-4$を見つけ出す方法も考えられる。

(3)　〔解答〕では，(＊)に注意することで，点P_0にある石を反時計回りに-7個先の点に移動させれば，点P_8に移動させることができることを考えた。なぜなら，(＊)より，偶数の目が3回出ると反時計回りに15個先の点に移動して元の点に戻り，奇数の目が5回出ると反時計回りに-15個先の点に移動して元の点に戻るので，点P_0にある石を反時計回りに-7個先の点に移動させることだけを考えればよいことがわかるからである。
(2)と同様に，不定方程式$5x-3y=-7$のすべての整数解x，yを求めてから，条件に適する0以上の整数x，yを選んでもよいが，ここでは整数x，yが0以上の整数であることと，$x+y<8$であることを考えれば，$5x-3y=-7$に0以上の整数x，yの値を順に代入していく方が単純に速く処理できるだろう。
〔別解1〕では，(＊)より，偶数の目が3回出ると反時計回りに15個先の点に移動して元の点に戻り，奇数の目が5回出ると反時計回りに-15個先の点に移動して元の点に戻るので，偶数の目の出た回数を3回減らすか，または，奇数の目の出た回数を5回減らしたとしても，同じ点に移動させることができることを利用して，偶数の目が1回，奇数の目が4回出ればよいことを求めている。

(4)　〔解答〕では，(3)と同様に(＊)に注意することで，反時計回りに移動する場合と，時計回りに移動する場合を考え，不定方程式に0以上の整数x，yの値を順に代入する方法で最小回数を求めている。〔別解1〕のような解法を試験中に思いつくことが難しければ，〔解答〕のように整数解x，yを調べ上げることから正解を導くことも大切である。ちなみに，〔解答〕は［サ］の解答群に従うことで，最小回数が最も大きいのは点P_{13}であるとしたが，実際には点P_{10}，P_{11}，P_{12}，P_{13}，P_{14}の最小回数を調べただけなので，点P_1，P_2，…，P_{14}のうち，最小回数が最も大きい点がP_{13}であるといえたわけではない。

〔別解1〕では，(3)と同様に考えることで，偶数の目の出た回数を3回減らすか，または，奇数の目の出た回数を5回減らしたとしても，同じ点に移動させることができることがわかるから，偶数の目の出る回数は0回～2回を考えればよく，奇数の目の出る回数は0回～4回を考えればよいことがわかる。点P_0にある石を移動させることができる点をまとめた表から，各点の最小回数はxとyの和$x+y$に等しいことに注意することで，点P_1，P_2，…，P_{14}のうち，最小回数が最も大きいのは点P_{13}であることがわかる。

〔別解2〕は，さいころを投げる回数から，点P_0にある石を移動させることができる点をすべて調べ上げる解法である。円周上に並ぶ15個の点P_0，P_1，…，P_{14}を描いて考えなくとも，点Pの添え字に着目して，偶数の目が出る場合は添え字を$+5$，奇数の目が出る場合は添え字を-3をすることで，移動させることができる点を求めることができる。ただし，添え字が15以上になった場合には-15をし，添え字が負の数になった場合には$+15$をする必要がある。実際に手を動かしてみると想像するよりも時間と手間がかからずに済む。この解法も単純に処理できてよい。

第5問　やや難　図形の性質　《角の二等分線と辺の比，方べきの定理》

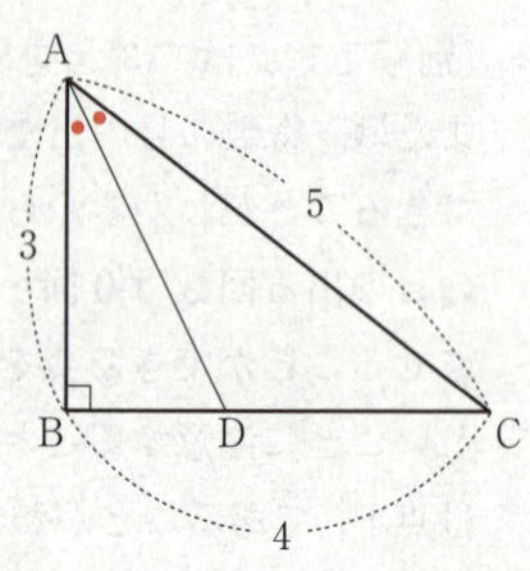

線分 AD は∠BAC の二等分線なので

$$BD : DC = AB : AC = 3 : 5$$

であるから

$$BD = \frac{3}{3+5}BC = \frac{3}{8}\cdot 4 = \frac{\boxed{3}}{\boxed{2}}$$ →ア，イ

△ABC において

$$AC^2 = AB^2 + BC^2$$

が成り立つので，三平方の定理の逆より，∠B＝90° である。

直角三角形 ABD に三平方の定理を用いて

$$AD^2 = AB^2 + BD^2 = 3^2 + \left(\frac{3}{2}\right)^2 = \frac{45}{4}$$

AD＞0 より

$$AD = \sqrt{\frac{45}{4}} = \frac{\boxed{3}\sqrt{\boxed{5}}}{\boxed{2}}$$ →ウ，エ，オ

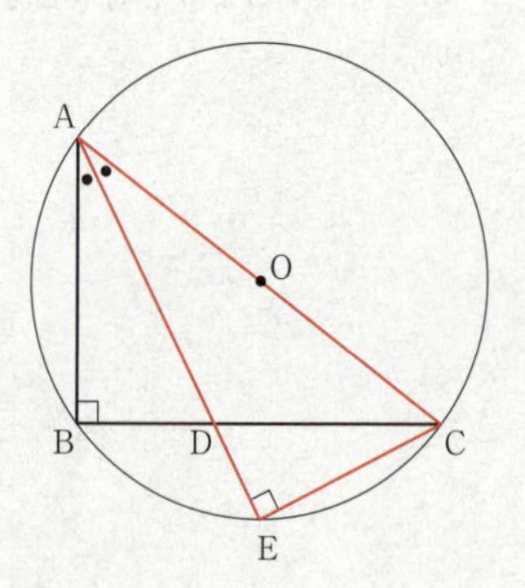

また，∠B＝90° なので，円周角の定理の逆より，△ABC の外接円 O の直径は AC である。

円周角の定理より

$$\angle AEC = 90^\circ$$

なので，△AEC に着目すると，△AEC と△ABD において，∠CAE＝∠DAB，∠AEC＝∠ABD＝90° より，△AEC∽△ABD であるから

$$AE : AB = AC : AD$$

$$AE : 3 = 5 : \frac{3\sqrt{5}}{2} \qquad \frac{3\sqrt{5}}{2}AE = 15$$

$$\therefore\quad AE = 15\times\frac{2}{3\sqrt{5}} = \boxed{2}\sqrt{\boxed{5}}$$ →カ，キ

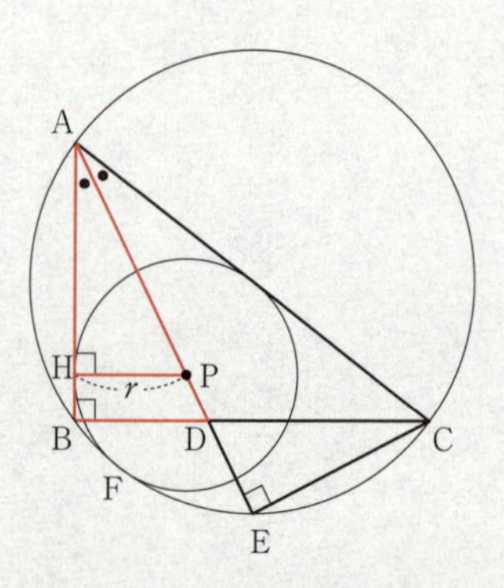

円 P は△ABC の 2 辺 AB，AC の両方に接するので，円 P の中心 P は∠BAC の二等分線 AE 上にある。

円 P と辺 AB との接点を H とすると

$$\angle AHP = 90^\circ,\ HP = r$$

HP∥BD より

$$AP : AD = HP : BD$$

$$AP : \frac{3\sqrt{5}}{2} = r : \frac{3}{2} \qquad \frac{3}{2}AP = \frac{3\sqrt{5}}{2}r$$

$\therefore\quad \mathrm{AP}=\sqrt{\boxed{5}}\,r$ →ク

円Pは△ABCの外接円Oに内接するので，円Pと外接円Oとの接点Fと，円Pの中心Pを結ぶ直線PFは，外接円Oの中心Oを通る。

これより，FGは外接円Oの直径なので

$$\mathrm{FG}=\mathrm{AC}=5$$

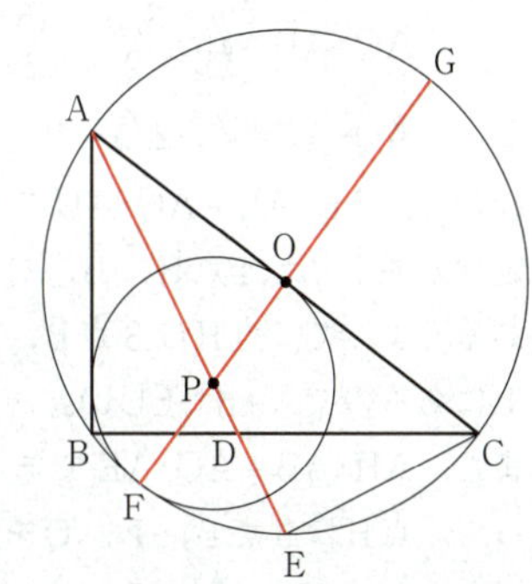

であり

$$\mathrm{PG}=\mathrm{FG}-\mathrm{FP}=\boxed{5}-r$$ →ケ

と表せる。

したがって，方べきの定理より

$$\mathrm{AP}\cdot\mathrm{PE}=\mathrm{FP}\cdot\mathrm{PG}$$

$$\mathrm{AP}\cdot(\mathrm{AE}-\mathrm{AP})=\mathrm{FP}\cdot\mathrm{PG}$$

$$\sqrt{5}\,r\,(2\sqrt{5}-\sqrt{5}\,r)=r\,(5-r)$$

$$4r^2-5r=0 \qquad r\,(4r-5)=0$$

$r>0$ なので　$r=\dfrac{\boxed{5}}{\boxed{4}}$ →コ，サ

内接円Qの半径を r' とすると，$(\triangle\mathrm{ABC}の面積)=\dfrac{1}{2}r'(\mathrm{AB}+\mathrm{BC}+\mathrm{CA})$ が成り立つので

$$\frac{1}{2}\cdot3\cdot4=\frac{1}{2}r'(3+4+5) \qquad \therefore\quad r'=1$$

よって，内接円Qの半径は $\boxed{1}$ →シ

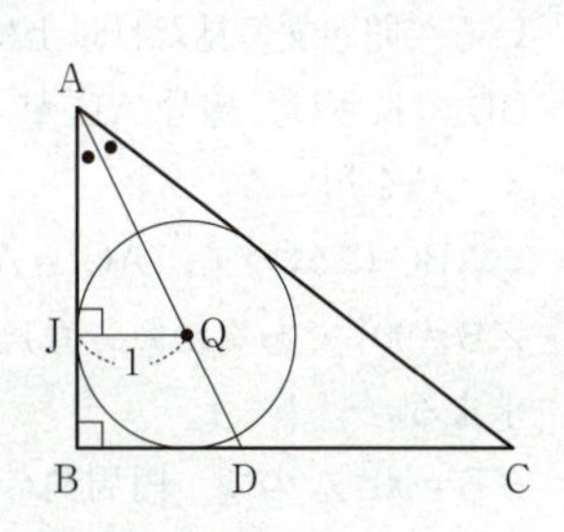

内接円Qの中心Qは，△ABCの内心なので，∠BACの二等分線AD上にある。

内接円Qと辺ABとの接点をJとすると

$$\angle\mathrm{AJQ}=90^\circ,\ \mathrm{JQ}=r'=1$$

なので，JQ∥BDより

$$\mathrm{AQ}:\mathrm{AD}=\mathrm{JQ}:\mathrm{BD}$$

$$\mathrm{AQ}:\frac{3\sqrt{5}}{2}=1:\frac{3}{2} \qquad \frac{3}{2}\mathrm{AQ}=\frac{3\sqrt{5}}{2}$$

$\therefore\quad \mathrm{AQ}=\sqrt{\boxed{5}}$ →ス

である。

また，点Aから円Pに引いた2接線の長さが等しいことより

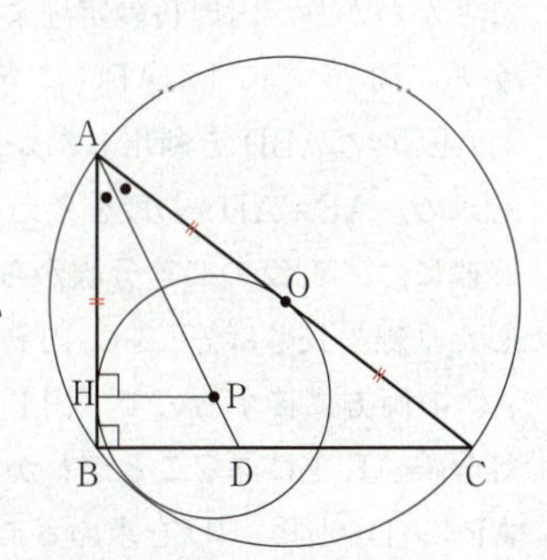

$$\mathrm{AH}=\mathrm{AO}=\frac{\mathrm{AC}}{2}=\frac{\boxed{5}}{\boxed{2}}$$ →セ，ソ

である。このとき

$$AH \cdot AB = \frac{5}{2} \cdot 3 = \frac{15}{2}$$

$$AQ \cdot AD = \sqrt{5} \cdot \frac{3\sqrt{5}}{2} = \frac{15}{2}$$

$$AQ \cdot AE = \sqrt{5} \cdot 2\sqrt{5} = 10$$

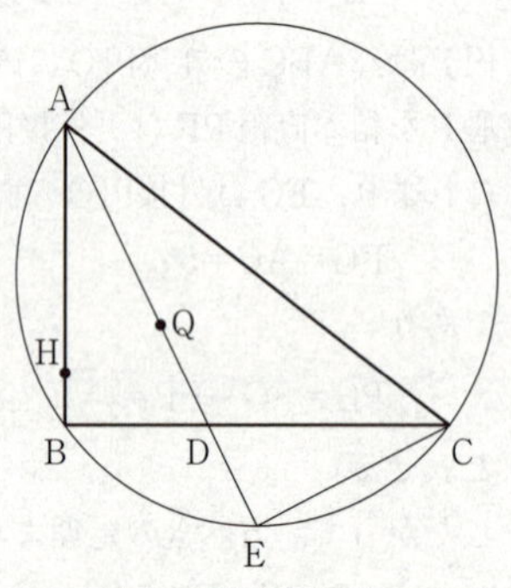

なので，AH・AB＝AQ・ADであるから，方べきの定理の逆より，4点H，B，Q，Dは同一円周上にある。よって，点Hは3点B，D，Qを通る円の周上にあるので，(a)は**正しい。**

また，AH・AB≠AQ・AEであるから，4点H，B，Q，Eは同一円周上にない。よって，点Hは3点B，E，Qを通る円の周上にないので，(b)は**誤り。**

以上より，点Hに関する(a)，(b)の正誤の組合せとして正しいものは ① →**タ** である。

解説

直角三角形の外接円，外接円に内接する円，内接円に関する問題。問題では図が与えられていないため，正確な図を描くだけでも難しい。また，3つの円を考えていくので，設問に合わせた図を何回か描き直す必要があり，時間もかかる。誘導も丁寧に与えられていないので，行間を思考しながら埋めていかなければならず，平面図形において成り立つ図形的な性質を理解していないと解き進められない問題も出題されている。問題文の見た目以上に時間のかかる，難易度の高い問題である。

BDの長さは，線分ADが∠BACの二等分線なので，角の二等分線と辺の比に関する定理を用いる。

△ABCにおいて，$AC^2 = AB^2 + BC^2$が成り立つので，三平方の定理の逆より，∠B＝90°であるから，直角三角形ABDに三平方の定理を用いれば，ADの長さが求まる。

∠B＝90°なので，円周角の定理の逆より，△ABCの外接円Oの直径はACであることがわかり，円周角の定理より，△AECにおいても∠AEC＝90°であることがわかる。問題文に「△AECに着目する」という誘導が与えられているので，△AEC∽△ABDを利用したが，方べきの定理を用いてAD・DE＝BD・DCからDEを求め，AE＝AD＋DEを考えることでAEの長さを求めることもできる。

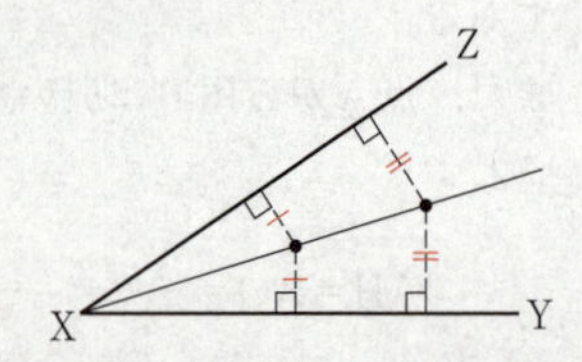

一般に，∠YXZの二等分線から，2辺XY，XZへ下ろした垂線の長さは等しい。円Pが△ABCの2辺ABとACの両方に接するので，円Pの中心Pは∠BACの二等分線AE上にあることがわかる。この理解がないと，AP：AD＝HP：BDを求めることは難しい。

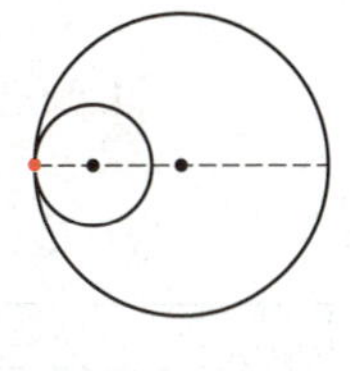

一般に，内接する2円の接点と，2円の中心は一直線上にある。
円Pは△ABCの外接円Oに内接するので，直線PFは外接円Oの中心Oを通る。この理解がないと，FG=5を求めることは難しい。
AP，PGの長さが求まれば，方べきの定理を用いることは問題文の誘導として与えられているので，ここまでに求めてきた線分の長さも考慮に入れることで，AP･PE=FP･PGからrを求めることに気付けるだろう。

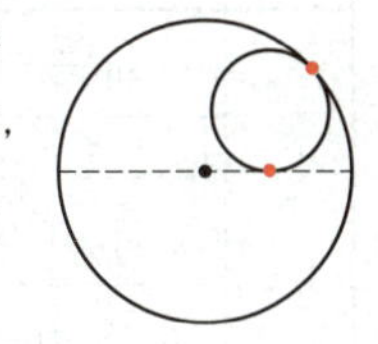

一般に，内接する2円において，内側の円が外側の円の直径にも接するとき，その接点は外側の円の中心とは限らない。この問題では，結果として$r=\dfrac{5}{4}$が求まるので，円Pが外接円Oの中心Oにおいて外接円Oの直径ACと接していることがわかる。

内接円Qの半径は，(△ABCの面積)$=\dfrac{1}{2}r'$(AB+BC+CA) を利用して求めた。円外の点から円に引いた2接線の長さが等しいことを利用して，半径r'を求めることもできる。

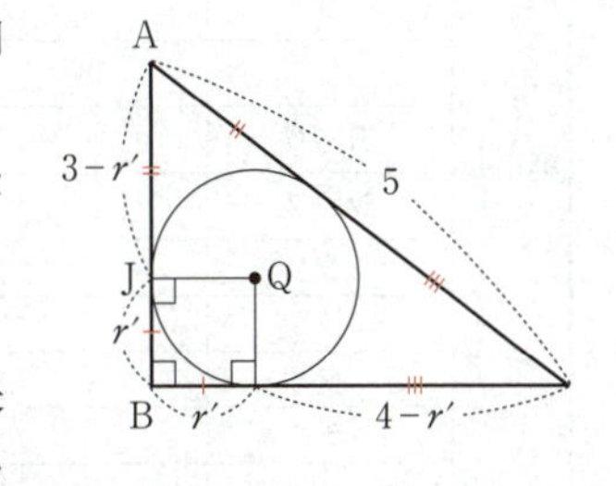

AQを求める際に，AQ：AD=JQ：BDを利用したが，AJ=AB−JB=3−r'=2，JQ=r'=1であることがわかれば，△AJQに三平方の定理を用いてもよい。
AHを求める際に，点Aから円Pに引いた2接線の長さが等しいことを利用したが，HP=r，AP=$\sqrt{5}r$なので，△AHPに三平方の定理を用いる解法も思い付きやすい。
点Hに関する(a)，(b)の正誤を判断する問題は，これまでに得られた結果を念頭において考える。ここまでの設問でAH，AQ，AD，AEの長さは求まっているので，方べきの定理の逆を用いることに気付きたい。

ポイント　方べきの定理の逆

2つの線分VWとXY，または，VWの延長とXYの延長どうしが点Zで交わっているとき

ZV･ZW=ZX･ZY

が成り立つならば，4点V，W，X，Yは同一円周上にある。

近年のセンター試験でも，方べきの定理の逆を利用する問題が出題されていたので，過去問演習をしていれば，思い付くことができたのではないかと思われる。
AH･AB，AQ･AD，AQ･AEの値を計算することで，AH･AB=AQ･ADが成り立つことがわかるから，方べきの定理の逆より，4点H，B，D，Qは同一円周上にあることがわかる。また，AH･AB≠AQ･AEであるから，方べきの定理の対偶を考えることで，4点H，B，E，Qは同一円周上にないことがわかる。

数学Ⅱ・数学B

問題番号（配点）	解答記号	正　解	配点	チェック
第１問（30）	$\sin\frac{\pi}{\text{ア}}$	$\sin\frac{\pi}{3}$	2	
	イ	2	2	
	$\frac{\pi}{\text{ウ}}$，エ	$\frac{\pi}{6}$，2	2	
	$\frac{\pi}{\text{オ}}$，カ	$\frac{\pi}{2}$，1	1	
	キ	⑨	2	
	ク	①	1	
	ケ	③	1	
	コ，サ	①，⑨	2	
	シ，ス	②，①	2	
	セ	1	1	
	ソ	0	1	
	タ	0	1	
	チ	1	1	
	$\log_2(\sqrt{\text{ツ}}-\text{テ})$	$\log_2(\sqrt{5}-2)$	2	
	ト	⓪	1	
	ナ	③	1	
	ニ	1	2	
	ヌ	2	2	
	ネ	①	3	

問題番号（配点）	解答記号	正　解	配点	チェック
第２問（30）	ア	3	1	
	イx＋ウ	$2x+3$	2	
	エ	④	2	
	オ	c	1	
	カx＋キ	$bx+c$	2	
	$\frac{\text{クケ}}{\text{コ}}$	$\frac{-c}{b}$	1	
	$\frac{ac^{\text{サ}}}{\text{シ}b^{\text{ス}}}$	$\frac{ac^3}{3b^3}$	4	
	セ	⓪	3	
	ソ	5	1	
	タx＋チ	$3x+5$	2	
	ツ	d	1	
	テx＋ト	$cx+d$	2	
	ナ	②	3	
	$\frac{\text{ニヌ}}{\text{ネ}}$，ノ	$\frac{-b}{a}$，0	2	
	$\frac{\text{ハヒフ}}{\text{ヘホ}}$	$\frac{-2b}{3a}$	3	

問題番号(配点)	解答記号	正解	配点	チェック
第3問(20)	ア	③	2	
	イウ	50	2	
	エ	5	2	
	オ	①	2	
	カ	②	1	
	キクケ	408	2	
	コサ.シ	58.8	2	
	ス	③	2	
	セ	③	1	
	ソ，タ	②，④ (解答の順序は問わない)	4 (各2)	
第4問(20)	ア$+(n-1)p$	$3+(n-1)p$	1	
	イr^{n-1}	$3r^{n-1}$	1	
	ウ$a_{n+1}=r(a_n+$エ$)$	$2a_{n+1}=r(a_n+3)$	2	
	オ，カ，キ	2，6，6	2	
	ク	3	2	
	$\dfrac{ケ}{コ}n(n+サ)$	$\dfrac{3}{2}n(n+1)$	2	
	シ，ス	3，1	2	
	$\dfrac{セa_{n+1}}{a_n+ソ}c_n$	$\dfrac{4a_{n+1}}{a_n+3}c_n$	2	
	タ	②	2	
	$\dfrac{チ}{q}(d_n+u)$	$\dfrac{2}{q}(d_n+u)$	2	
	$q>$ツ	$q>2$	1	
	$u=$テ	$u=0$	1	

問題番号(配点)	解答記号	正解	配点	チェック
第5問(20)	アイ	36	2	
	ウ	a	2	
	エーオ	$a-1$	3	
	$\dfrac{カ+\sqrt{キ}}{ク}$	$\dfrac{3+\sqrt{5}}{2}$	2	
	$\dfrac{ケ-\sqrt{コ}}{サ}$	$\dfrac{1-\sqrt{5}}{4}$	3	
	シ	⑨	3	
	ス	⓪	3	
	セ	⓪	2	

(注) 第1問，第2問は必答。第3問～第5問のうちから2問選択。計4問を解答。

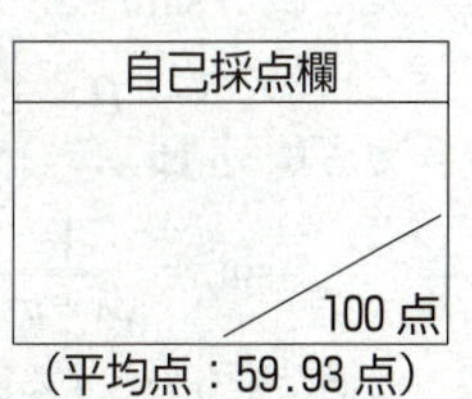

(平均点：59.93点)

第1問 ―― 三角関数，指数関数，いろいろな式

〔1〕 標準 《三角関数の最大値》

(1)　関数 $y=\sin\theta+\sqrt{3}\cos\theta\ \left(0\leqq\theta\leqq\dfrac{\pi}{2}\right)$ ……Ⓐ の最大値を求める。

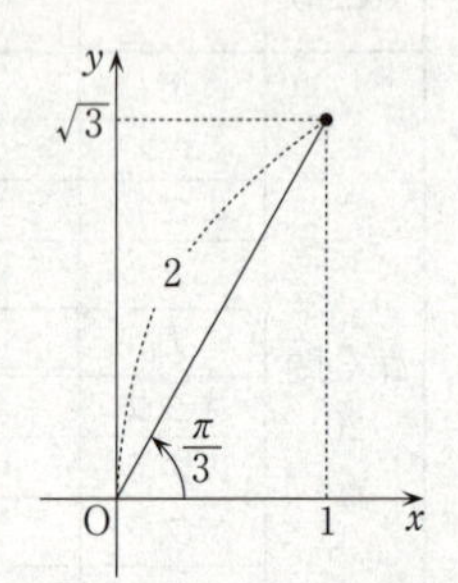

$$\sin\frac{\pi}{\boxed{3}}=\frac{\sqrt{3}}{2}\ \to ア,\quad \cos\frac{\pi}{3}=\frac{1}{2}$$

であるから，Ⓐの右辺に対する三角関数の合成により，Ⓐは

$$y=\boxed{2}\sin\left(\theta+\frac{\pi}{3}\right)\ \to イ$$

と変形できる。$0\leqq\theta\leqq\dfrac{\pi}{2}$ より，$\dfrac{\pi}{3}\leqq\theta+\dfrac{\pi}{3}\leqq\dfrac{5}{6}\pi$ であるから，

y は

$$\theta+\frac{\pi}{3}=\frac{\pi}{2}\quad すなわち\quad \theta=\frac{\pi}{\boxed{6}}\ \to ウ$$

で最大値 $\boxed{2}$ →エ をとる。

(2)　関数 $y=\sin\theta+p\cos\theta\ \left(0\leqq\theta\leqq\dfrac{\pi}{2}\right)$ ……Ⓑ の最大値を求める。

(i)　$p=0$ のとき，Ⓑは

$$y=\sin\theta\quad\left(0\leqq\theta\leqq\frac{\pi}{2}\right)$$

であるから，y は $\theta=\dfrac{\pi}{\boxed{2}}$ →オ で最大値 $\boxed{1}$ →カ をとる。

(ii)　$p>0$ のとき，加法定理

$$\cos(\theta-\alpha)=\cos\theta\cos\alpha+\sin\theta\sin\alpha$$

を用いると

$$r\cos(\theta-\alpha)=(r\sin\alpha)\sin\theta+(r\cos\alpha)\cos\theta\quad(r は正の定数)$$

が成り立つから，Ⓑは

$$y=\sin\theta+p\cos\theta=r\cos(\theta-\alpha)$$

と表すことができる。

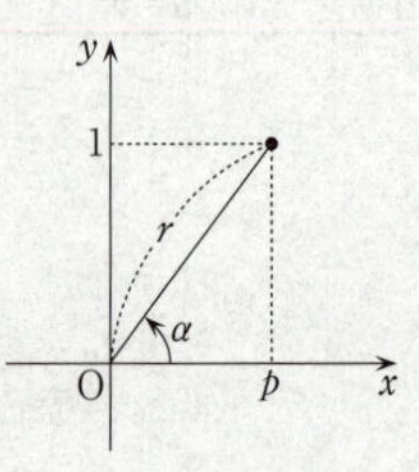

ただし，$r\sin\alpha=1$，$r\cos\alpha=p$ であるから，右図より

$$r=\sqrt{1+p^2}\quad \boxed{⑨}\ \to キ$$

であり，α は

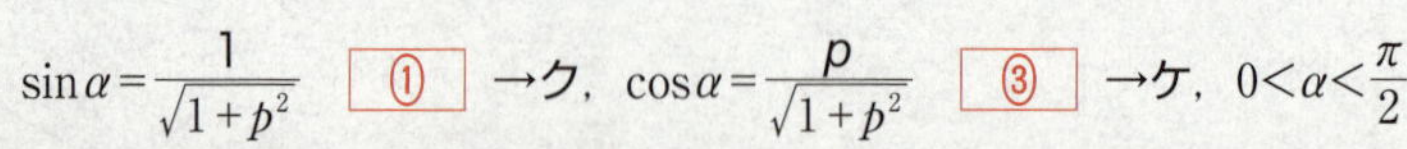

$$\sin\alpha=\frac{1}{\sqrt{1+p^2}}\quad\boxed{①}\ \to ク,\quad \cos\alpha=\frac{p}{\sqrt{1+p^2}}\quad\boxed{③}\ \to ケ,\quad 0<\alpha<\frac{\pi}{2}$$

を満たすものとする。

このとき，y は，$\theta-\alpha=0$ すなわち $\theta=\alpha$ ① →コ で最大値 $r=\sqrt{1+p^2}$ ⑨ →サ をとる。

(iii) $p<0$ のとき，$0\leqq\theta\leqq\dfrac{\pi}{2}$ より

$$0\leqq\sin\theta\leqq1,\ 0\leqq\cos\theta\leqq1,\ p\leqq p\cos\theta\leqq0$$

であるから，Ⓑの右辺に対して，不等式

$$p\leqq\sin\theta+p\cos\theta\leqq1$$

が成り立つ。すなわち，$p\leqq y\leqq1$ であり，$\theta=\dfrac{\pi}{2}$ のとき，確かに $y=1$ となるから，

y は $\theta=\dfrac{\pi}{2}$ ② →シ で最大値1 ① →ス をとる。

解説

(1) 三角関数の合成については，次の［Ⅰ］がよく使われるが，［Ⅱ］の形もある。いずれも加法定理から導ける。

ポイント 三角関数の合成

［Ⅰ］ $a\sin\theta+b\cos\theta=\sqrt{a^2+b^2}\sin(\theta+\alpha)$

$$\left(\text{ただし，}\cos\alpha=\frac{a}{\sqrt{a^2+b^2}},\ \sin\alpha=\frac{b}{\sqrt{a^2+b^2}}\right)$$

［Ⅱ］ $a\sin\theta+b\cos\theta=\sqrt{a^2+b^2}\cos(\theta-\beta)$

$$\left(\text{ただし，}\sin\beta=\frac{a}{\sqrt{a^2+b^2}},\ \cos\beta=\frac{b}{\sqrt{a^2+b^2}}\right)$$

(2) (i)は容易である。(ii)は，上の［Ⅱ］を知っていればよいが，［Ⅰ］の作り方を理解していれば対応できるであろう。

$0\leqq\theta\leqq\dfrac{\pi}{2}$，$0<\alpha<\dfrac{\pi}{2}$ より，$-\dfrac{\pi}{2}<\theta-\alpha<\dfrac{\pi}{2}$ であるので，$\cos(\theta-\alpha)=1$ となるのは $\theta-\alpha=0$ のときだけである。

(iii) $y=\sin\theta+p\cos\theta\leqq1$ であるからといって，y の最大値が1であるとはかぎらない。例えば，$0\leqq\theta\leqq\dfrac{\pi}{2}$ のとき，$0\leqq\sin\theta\leqq1$，$0\leqq\cos\theta\leqq1$ から

$$0\leqq\sin\theta+\cos\theta\leqq2$$

は導けるが，この不等式の等号を成り立たせる θ は存在しない。

したがって，$\sin\theta+p\cos\theta\leqq1$ の等号を成り立たせる θ が $0\leqq\theta\leqq\dfrac{\pi}{2}$ の範囲に存在することを確認する必要がある。

〔２〕 標準 《指数関数の性質》

$$f(x)=\frac{2^x+2^{-x}}{2},\quad g(x)=\frac{2^x-2^{-x}}{2}$$

(1)
$$f(0)=\frac{2^0+2^0}{2}=\frac{1+1}{2}=\boxed{1}\quad \to セ$$

$$g(0)=\frac{2^0-2^0}{2}=\frac{1-1}{2}=\boxed{0}\quad \to ソ$$

である。$2^x>0$，$2^{-x}>0$ であるので，相加平均と相乗平均の関係から

$$f(x)=\frac{2^x+2^{-x}}{2}\geqq\sqrt{2^x\times2^{-x}}=\sqrt{2^0}=1$$

が成り立ち，等号は，$2^x=2^{-x}$ が成り立つとき，すなわち $x=0$ のときに成り立つから，$f(x)$ は $x=\boxed{0}$ →タ で最小値 $\boxed{1}$ →チ をとる。

$2^{-x}=\dfrac{1}{2^x}$ に注意して，$g(x)=\dfrac{2^x-2^{-x}}{2}=-2$ となる 2^x の値を求めると

$$2^x-\frac{1}{2^x}=-4\qquad (2^x)^2+4(2^x)-1=0$$

$2^x=X$ とおくと　　$X^2+4X-1=0$

$X>0$ より　　$X=-2+\sqrt{4+1}=-2+\sqrt{5}$

よって　　$2^x=-2+\sqrt{5}$

である。したがって，$g(x)=-2$ となる x の値は

$$x=\log_2(\sqrt{\boxed{5}}-\boxed{2})\quad \to ツ，テ$$

である。

(2)
$$f(-x)=\frac{2^{-x}+2^x}{2}=f(x)\quad \boxed{⓪}\quad \to ト$$

$$g(-x)=\frac{2^{-x}-2^x}{2}=-\frac{2^x-2^{-x}}{2}=-g(x)\quad \boxed{③}\quad \to ナ$$

$$\{f(x)\}^2-\{g(x)\}^2=\{f(x)+g(x)\}\{f(x)-g(x)\}$$
$$=2^x\times2^{-x}=2^0=\boxed{1}\quad \to ニ$$

$$g(2x)=\frac{2^{2x}-2^{-2x}}{2}=\frac{(2^x)^2-(2^{-x})^2}{2}=\frac{(2^x+2^{-x})(2^x-2^{-x})}{2}$$
$$=\frac{2f(x)\times2g(x)}{2}=\boxed{2}\,f(x)g(x)\quad \to ヌ$$

(3)
$$f(\alpha-\beta)=f(\alpha)g(\beta)+g(\alpha)f(\beta)\quad \cdots\cdots(A)$$
$$f(\alpha+\beta)=f(\alpha)f(\beta)+g(\alpha)g(\beta)\quad \cdots\cdots(B)$$
$$g(\alpha-\beta)=f(\alpha)f(\beta)+g(\alpha)g(\beta)\quad \cdots\cdots(C)$$
$$g(\alpha+\beta)=f(\alpha)g(\beta)-g(\alpha)f(\beta)\quad \cdots\cdots(D)$$

$\beta=0$ とおいてみる。

(A)は，$f(\alpha)=f(\alpha)g(0)+g(\alpha)f(0)$ となるが，(1)より，$f(0)=1$，$g(0)=0$ であるから，$f(\alpha)=g(\alpha)$ となり，これは $\alpha=0$ のとき成り立たない。よって，(A)はつねに成り立つ式ではない。

(C)も，$g(\alpha)=f(\alpha)f(0)+g(\alpha)g(0)=f(\alpha)$ となる。よって，(C)はつねに成り立つ式ではない。

(D)は，$g(\alpha)=f(\alpha)g(0)-g(\alpha)f(0)=-g(\alpha)$ すなわち $g(\alpha)=0$ となる。

$g(1)=\dfrac{2-\frac{1}{2}}{2}=\dfrac{3}{4}\neq 0$ であるから，これは $\alpha=1$ のとき成り立たない。よって，(D)はつねに成り立つ式ではない。

(B)については

$$
\begin{aligned}
f(\alpha)f(\beta)+g(\alpha)g(\beta)&=\frac{2^{\alpha}+2^{-\alpha}}{2}\times\frac{2^{\beta}+2^{-\beta}}{2}+\frac{2^{\alpha}-2^{-\alpha}}{2}\times\frac{2^{\beta}-2^{-\beta}}{2}\\
&=\frac{2^{\alpha+\beta}+2^{\alpha-\beta}+2^{-\alpha+\beta}+2^{-\alpha-\beta}}{4}\\
&\qquad+\frac{2^{\alpha+\beta}-2^{\alpha-\beta}-2^{-\alpha+\beta}+2^{-\alpha-\beta}}{4}\\
&=\frac{2^{\alpha+\beta}+2^{-\alpha-\beta}}{2}=f(\alpha+\beta)
\end{aligned}
$$

となり，つねに成り立つ。

したがって，(B) ［①］ →ネ 以外の三つは成り立たない。

解説

(1)　2数 a，b（$a>0$，$b>0$）の相加平均 $\dfrac{a+b}{2}$，相乗平均 $\sqrt{ab}$ の間には，つねに次の不等式が成り立つ。

> **ポイント　相加平均と相乗平均の関係**
>
> $a>0$，$b>0$ のとき
>
> $$\frac{a+b}{2}\geqq\sqrt{ab}\quad(a=b\text{ のとき等号成立})$$

また，3数 a，b，c（$a>0$，$b>0$，$c>0$）に対しては

$$\frac{a+b+c}{3}\geqq\sqrt[3]{abc}\quad(a=b=c\text{ のとき等号成立})$$

が成り立つので記憶しておこう。

$g(x)=-2$ は指数方程式になる。まず 2^x の値を求める。$2^x=X$ と置き換えるとよい。

(2)　$\{f(x)\}^2-\{g(x)\}^2$ に $f(x)=\dfrac{2^x+2^{-x}}{2}$，$g(x)=\dfrac{2^x-2^{-x}}{2}$ を代入した場合は，

$2^x\times2^{-x}=2^0=1$ に注意して

$$\left(\frac{2^x+2^{-x}}{2}\right)^2-\left(\frac{2^x-2^{-x}}{2}\right)^2=\frac{2^{2x}+2+2^{-2x}}{4}-\frac{2^{2x}-2+2^{-2x}}{4}=\frac{2+2}{4}=1$$

となる。また

$$f(x)g(x)=\frac{2^x+2^{-x}}{2}\times\frac{2^x-2^{-x}}{2}=\frac{(2^x)^2-(2^{-x})^2}{4}=\frac{1}{2}\times\frac{2^{2x}-2^{-2x}}{2}=\frac{1}{2}g(2x)$$

と計算して $g(2x)=2f(x)g(x)$ を導いてもよい。

(3)　本問は，式(A)～(D)のなかに，「つねに成り立つ式」があるかどうかを調べる問題である。$f(x)$ も $g(x)$ も実数全体で定義されているので，「つねに成り立つ式」では，α，β にどんな実数を代入しても成り立つはずである。式が成り立たないような実数が少なくとも一つ見つかれば，その式は「つねに成り立つ式」ではないと判定できる。

花子さんの「β に何か具体的な値を代入して調べてみたら」をヒントにして，〔解答〕では $\beta=0$ とおいてみたが，$\alpha=\beta$ とおいてもできる。

(A)は，$f(0)=2f(\alpha)g(\alpha)$ となるが，(1)より，$f(0)=1$ で，(2)より，

$2f(\alpha)g(\alpha)=g(2\alpha)$ であるから，$g(2\alpha)=1$ となる。

(C)は，$g(0)=\{f(\alpha)\}^2+\{g(\alpha)\}^2$ となるが，(1)より，$g(0)=0$，したがって，

$f(\alpha)=g(\alpha)=0$ となる。

(D)は，$g(2\alpha)=f(\alpha)g(\alpha)-g(\alpha)f(\alpha)=0$ となる。

いずれも $g(x)$ が定数関数となって，矛盾が生じてしまう。

第2問 標準 微分・積分《接線，面積，3次関数のグラフ》

(1)　$y=3x^2+2x+3$ ……①

$y=2x^2+2x+3$ ……②

①，②はいずれも $x=0$ のとき $y=3$ であるから，①，②の2次関数のグラフと y 軸との交点の y 座標はいずれも 3 →ア である。

①，②よりそれぞれ $y'=6x+2$，$y'=4x+2$ が得られ，いずれも $x=0$ のとき $y'=2$ であるから，①，②の2次関数のグラフと y 軸との交点における接線の方程式はいずれも $y=$ 2 $x+$ 3 →イ，ウ である。

問題の⓪～⑤の2次関数のグラフのうち，y 軸との交点における接線の方程式が $y=2x+3$（点 $(0,\ 3)$ を通り，傾きが2の直線）となるものは ④ →エ である。なぜなら，点 $(0,\ 3)$ を通るものは，③，④，⑤で，それぞれ $y'=4x-2$，$y'=-2x+2$，$y'=-2x-2$ であるから，$x=0$ のとき $y'=2$ となるものは，④のみである。

曲線 $y=ax^2+bx+c$（a，b，c は0でない実数）上の点 $(0,$ c $)$ →オ における接線 ℓ の方程式は，$y'=2ax+b$（$x=0$ のとき $y'=b$）より

$$y-c=b(x-0) \qquad \therefore \quad y=\boxed{b}x+\boxed{c} \quad \text{→カ，キ}$$

である。

接線 ℓ と x 軸との交点の x 座標は，$0=bx+c$ より，$\dfrac{-c}{b}$ →クケ，コ である。

a，b，c が正の実数であるとき，曲線 $y=ax^2+bx+c$ と接線 ℓ および直線 $x=-\dfrac{c}{b}$ (<0) で囲まれた図形の面積 S は，右図より

$$S=\int_{-\frac{c}{b}}^{0}\{(ax^2+bx+c)-(bx+c)\}dx$$

$$=\int_{-\frac{c}{b}}^{0}ax^2dx=\left[\frac{a}{3}x^3\right]_{-\frac{c}{b}}^{0}$$

$$=0-\frac{a}{3}\left(-\frac{c}{b}\right)^3$$

$$=\frac{ac^{\boxed{3}}}{\boxed{3}\,b^{\boxed{3}}} \quad \text{→サ，シ，ス} \quad \cdots\cdots③$$

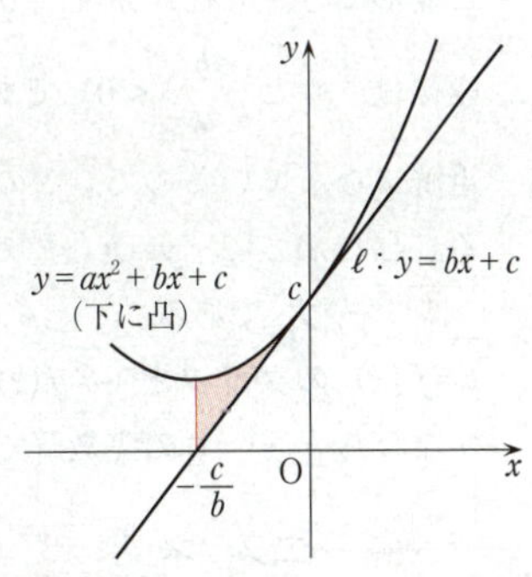

である。

③において，$a=1$ とすると，$S=\dfrac{c^3}{3b^3}$ であり，S の値が一定となるように正の実数 b，c の値を変化させるとき，b と c の関係を表す式は

$$c^3=3Sb^3 \quad より \quad c=\sqrt[3]{3S}\,b$$

となり，$\sqrt[3]{3S}$ は正の定数であるから，このグラフは，原点を通り正の傾きをもつ直線の $b>0$，$c>0$ の部分である。

よって，問題のグラフの概形⓪～⑤のうち，最も適当なものは [⓪] →セ である。

(2)
$$y=4x^3+2x^2+3x+5 \quad \cdots\cdots④$$
$$y=-2x^3+7x^2+3x+5 \quad \cdots\cdots⑤$$
$$y=5x^3-x^2+3x+5 \quad \cdots\cdots⑥$$

④，⑤，⑥はいずれも $x=0$ のとき $y=5$ であるから，④，⑤，⑥の3次関数のグラフと y 軸との交点の y 座標は [5] →ソ である。

④，⑤，⑥よりそれぞれ $y'=12x^2+4x+3$，$y'=-6x^2+14x+3$，$y'=15x^2-2x+3$ が得られ，いずれも $x=0$ のとき $y'=3$ であるから，④，⑤，⑥の3次関数のグラフと y 軸との交点における接線の方程式は $y=$ [3] $x+$ [5] →タ，チ である。

曲線 $y=ax^3+bx^2+cx+d$（a，b，c，d は0でない実数）上の点（0，[d]）→ツ における接線の方程式は，$y'=3ax^2+2bx+c$（$x=0$ のとき $y'=c$）より

$$y-d=c(x-0) \qquad \therefore \quad y= \boxed{c}\,x+\boxed{d} \quad →テ，ト$$

である。

次に，$f(x)=ax^3+bx^2+cx+d$，$g(x)=cx+d$ に対し

$$h(x)=f(x)-g(x)=ax^3+bx^2$$

を考える。a，b，c，d が正の実数であるとき，これは

$$y=h(x)=ax^2\left(x+\frac{b}{a}\right)$$

と変形でき，方程式 $h(x)=0$ を解くことで，この関数のグラフと x 軸との交点の x 座標は，0と $-\dfrac{b}{a}$（<0）であることがわかる。さらに，$x=0$ は方程式 $h(x)=0$ の重解になっているので，この関数のグラフは $x=0$ で x 軸に接していることもわかる。したがって，$y=h(x)$ のグラフの概形として⓪～⑤のうち最も適当なものは

[②] →ナ である。

$y=f(x)$ のグラフと $y=g(x)$ のグラフの共有点の x 座標は，方程式 $f(x)=g(x)$ すなわち $h(x)=0$ の実数解で与えられるから，上で調べた通り

$\dfrac{\boxed{-b}}{\boxed{a}}$ →ニヌ，ネ と [0] →ノ である。

$-\dfrac{b}{a}<x<0$ を満たす x に対して，$|f(x)-g(x)|=|h(x)|$ の値が最大となる x の値は，次図より，$h'(x)=0$ $\left(-\dfrac{b}{a}<x<0\right)$ の解である。それは

$h'(x)=3ax^2+2bx=x(3ax+2b)=0$

より

$x=\dfrac{-2b}{3a}$ →ハヒフ，ヘホ

である（$x=0$ は不適）。

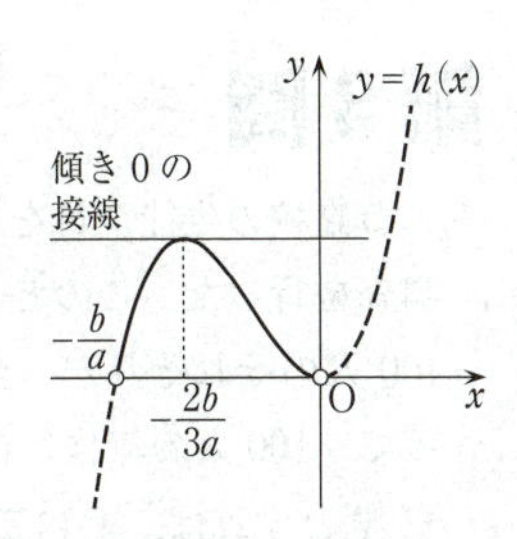

解説

(1) 関数 $y=f(x)$ のグラフと y 軸との交点の y 座標（y 切片という）は $f(0)$ である。

> **ポイント** 接線の方程式
>
> 関数 $y=f(x)$ のグラフ上の点 $(a,\ f(a))$ における接線の方程式は
>
> $y-f(a)=f'(a)(x-a)$

⓪～⑤の 2 次関数のグラフから正しいものを一つ選ぶ問題は，その次の一般的な問題を先に解く方が時間の節約になる。

関数 $y=f(x)$ のグラフと x 軸との交点の x 座標（x 切片という）は，方程式 $f(x)=0$ の解で与えられる。

面積 S の計算では，図を描くことが第一歩である。$a>0$ であるから，2 次関数のグラフは下に凸になる。定積分の計算は容易である。

A，B が実数ならば，$A^3=B^3 \iff A=B$ である。これは，

$A^3-B^3=(A-B)(A^2+AB+B^2)=(A-B)\left\{\left(A+\frac{1}{2}B\right)^2+\frac{3}{4}B^2\right\}$ からわかる。

(2) 曲線 $y=ax^3+bx^2+cx+d$ 上の点 $(0,\ d)$ における接線の方程式が

$y=cx+d$

となることは，(1)の経験から，計算なしに求まるであろう。

$h(x)=ax^3+bx^2$ $(a>0,\ b>0)$ のグラフは，y 切片が $h(0)=0$，x 切片は，$h(x)=ax^3+bx^2=0$ より $x=0,\ -\dfrac{b}{a}$ (<0) であるから，$y=h(x)$ のグラフの概形は，①と②にしぼられる。$h'(x)=3ax^2+2bx=0$ を解くと，$x=0,\ -\dfrac{2b}{3a}$ (<0) となり，$x=0$ で極値をもつことがわかる。このことから②であるとすることもできる。

$|f(x)-g(x)|=|h(x)|$ の値が最大となる x の値を求める問題では，グラフ②を見て考える。

第3問 標準 確率分布と統計的な推測 《二項分布，正規分布，母平均の推定》

(1)　Q高校の生徒全員を対象に100人の生徒を無作為に抽出して，読書時間に関する調査を行った。このとき，全く読書をしなかった生徒の母比率を0.5とするから，100人のそれぞれが，全く読書をしなかった生徒である確率は0.5である。したがって，100人の無作為標本のうちで全く読書をしなかった生徒の数を表す確率変数を X とすれば，X は二項分布 $B(100,\ 0.5)$ に従う。 ③ →ア

X の平均（期待値）$E(X)$，標準偏差 $\sigma(X)$ は

$$E(X)=100\times0.5=50 \quad \text{→イウ}$$

$$\sigma(X)=\sqrt{100\times0.5\times(1-0.5)}=\sqrt{25}=5 \quad \text{→エ}$$

である。

(2)　全く読書をしなかった生徒の母比率を0.5とする。標本の大きさ100は十分大きいので，(1)より，確率変数 X は近似的に正規分布 $N(50,\ 5^2)$ に従うから，$Z=\dfrac{X-50}{5}$ とおくと，確率変数 Z は標準正規分布 $N(0,\ 1)$ に従う。したがって，全く読書をしなかった生徒が36人以下となる確率 p_5 は

$$p_5=P(X\leqq36)=P\left(Z\leqq\frac{36-50}{5}\right)=P(Z\leqq-2.8)=P(Z\geqq2.8)$$

$$=P(Z\geqq0)-P(0\leqq Z\leqq2.8)=0.5-0.4974 \quad \text{（正規分布表より）}$$

$$=0.0026\fallingdotseq0.003 \quad ① \quad \text{→オ}$$

である。

全く読書をしなかった生徒の母比率を0.4とする。X は $B(100,\ 0.4)$ に従うから，$E(X)=100\times0.4=40$，$\sigma(X)=\sqrt{100\times0.4\times(1-0.4)}=\sqrt{24}=2\sqrt{6}$ より，X は正規分布 $N(40,\ (2\sqrt{6})^2)$ に従うと考えられ，$Z=\dfrac{X-40}{2\sqrt{6}}$ とおくと，Z は $N(0,\ 1)$ に従う。したがって，全く読書をしなかった生徒が36人以下となる確率 p_4 は

$$p_4=P(X\leqq36)=P\left(Z\leqq\frac{36-40}{2\sqrt{6}}\right)=P\left(Z\leqq-\sqrt{\frac{2}{3}}\right)=P\left(Z\geqq\sqrt{\frac{2}{3}}\right)$$

となる。$p_5=P(Z\geqq2.8)$ であったから，$\sqrt{\dfrac{2}{3}}<2.8$ に注意すると，正規分布表より $p_4>p_5$ がわかる。 ② →カ

(3)　1週間の読書時間の母平均 m に対する信頼度95％の信頼区間 $C_1\leqq m\leqq C_2$ を求める。

標本の大きさ100は十分大きく，母標準偏差が150であるから，標本平均を $\overline{Y}$ とおくと，$\overline{Y}$ は近似的に正規分布 $N\left(m,\ \dfrac{150^2}{100}\right)$ に従う。

よって，確率変数 $Z=\dfrac{\overline{Y}-m}{\sqrt{\dfrac{150^2}{100}}}=\dfrac{\overline{Y}-m}{\dfrac{150}{10}}=\dfrac{\overline{Y}-m}{15}$ は近似的に標準正規分布 $N(0,\ 1)$ に従う。正規分布表より

$$P(|Z|\leqq 1.96)\fallingdotseq 0.95 \quad (P(0\leqq Z\leqq 1.96)=0.4750)$$

であるから

$$P\left(-1.96\leqq\frac{\overline{Y}-m}{15}\leqq 1.96\right)\fallingdotseq 0.95$$

が成り立つ。この式より，$C_1\leqq m\leqq C_2$ は

$$\overline{Y}-15\times 1.96\leqq m\leqq\overline{Y}+15\times 1.96$$

となり，$\overline{Y}=204$ であるから，$204-15\times 1.96\leqq m\leqq 204+15\times 1.96$　すなわち

$$C_1=204-15\times 1.96,\quad C_2=204+15\times 1.96$$

である。よって

$C_1+C_2=$ 408　→キクケ

$C_2-C_1=2\times 15\times 1.96=$ 58 . 8　→コサ，シ

であることがわかる。

また，母平均 m と C_1，C_2 については，95％の確率で $C_1\leqq m\leqq C_2$ となるとしかいえないので，**$C_1\leqq m$ も $m\leqq C_2$ も成り立つとは限らない。** ③　→ス

(4)　校長も図書委員会も独立に同じ調査をしたが，それぞれが無作為に100人を選んでいるので，全く読書をしなかった生徒の数（校長の調査では36，図書委員会の調査では n）**の大小はわからない。** ③　→セ

(5)　図書委員会が行った調査結果による母平均 m に対する信頼度95％の信頼区間 $D_1\leqq m\leqq D_2$ と(3)の $C_1\leqq m\leqq C_2$ について，いずれも標本数は100，母標準偏差は150であるから，どちらの標本平均も $N\left(m,\ \dfrac{150^2}{100}\right)$ に従う。よって，(3)より，$C_2-C_1=D_2-D_1=2\times 15\times 1.96$ であるから，**$C_2-C_1=D_2-D_1$ が必ず成り立つ。**

ただし，図書委員会が行った調査結果による標本平均は不明であるので，C_1 と D_1，D_2 の大小，C_2 と D_1，D_2 の大小は確定しない。よって，**$D_2<C_1$ または $C_2<D_1$ となる場合もある。** ②，④　→ソ，タ（解答の順序は問わない）

解説

(1)　１回の試行で事象 E の起こる確率が p であるとき，この試行を n 回行う反復試行において，E が起こる回数を X とすれば，確率変数 X は二項分布 $B(n,\ p)$ に従う。

本問では，１回の試行を１人の生徒を抽出することに，事象 E を「全く読書をしなかった」ことに，n 回行う反復試行を100人の無作為抽出に対応させればよい。

ポイント 二項分布の平均，分散，標準偏差

確率変数 X が二項分布 $B(n,\ p)$ に従うとき

平均 $E(X)=np$　　分散 $V(X)=np(1-p)$

標準偏差 $\sigma(X)=\sqrt{V(X)}=\sqrt{np(1-p)}$

(2) 二項分布を正規分布で近似して，正規分布表の利用を考える。

ポイント 二項分布の正規分布による近似

二項分布 $B(n,\ p)$ に従う確率変数 X は，n が大きいとき，近似的に

正規分布 $N(np,\ npq)$

に従う。ただし，$q=1-p$ とする。

正規分布表を使うために，確率変数を変換する。

ポイント 標準正規分布

確率変数 X が正規分布 $N(m,\ \sigma^2)$ に従うとき，$Z=\dfrac{X-m}{\sigma}$ とおくと，確率変数 Z は標準正規分布 $N(0,\ 1)$ に従う。

$P(Z\leqq -2.8)$ の計算は，正規分布曲線を思い浮かべながら進めるとよい。

(3) 〔解答〕では，母平均 m，母標準偏差 σ の母集団から大きさ n の無作為標本を抽出するとき，標本平均 $\overline{Y}$ は，n が大きいとき，近似的に正規分布 $N\left(m,\ \dfrac{\sigma^2}{n}\right)$ に従うとみなせることを用いて $C_1\leqq m\leqq C_2$ を求めているが，次のことを知っていればすぐに結果はわかる。

ポイント 母平均の推定

母集団が標準偏差 σ の正規分布をなすとき，この母集団から抽出した大きさ n の標本平均を $\overline{Y}$ とすると，母平均 m に対する信頼度 95％の信頼区間は

$$\overline{Y}-1.96\times\frac{\sigma}{\sqrt{n}}\leqq m\leqq\overline{Y}+1.96\times\frac{\sigma}{\sqrt{n}}$$
（n は十分大きいとする。σ は標本標準偏差で代用できる）

「信頼度 95％」の意味は，仮に無作為抽出を 100 回実施し，100 個の信頼区間を作ったとしたとき，95 個程度の信頼区間が m を含む，ということで，すべてが必ず成り立つというわけではない。

(4) 本問はミスできない。

(5) 母平均に対する信頼区間は，標本平均，標本の大きさ，母標準偏差（あるいは標本標準偏差）の 3 要素で決まる。

第4問 標準 数列《等差数列，等比数列，漸化式》

$a_nb_{n+1}-2a_{n+1}b_n+3b_{n+1}=0 \quad (n=1, 2, 3, \cdots) \quad \cdots\cdots①$

(1) 数列 $\{a_n\}$ は，初項3，公差 p $(\neq 0)$ の等差数列であるから

$a_n=\boxed{3}+(n-1)p$ →ア ……②

$a_{n+1}=3+np$ ……③

数列 $\{b_n\}$ は，初項3，公比 r $(\neq 0)$ の等比数列であるから

$b_n=\boxed{3}\,r^{n-1}$ →イ

と表される。$r\neq 0$ により，すべての自然数 n について，$b_n\neq 0$ となる。①の両辺を b_n で割ることにより

$$\frac{a_nb_{n+1}}{b_n}-2a_{n+1}+\frac{3b_{n+1}}{b_n}=0$$

$\dfrac{b_{n+1}}{b_n}=r$ であるから　　$ra_n-2a_{n+1}+3r=0$

$\therefore \quad \boxed{2}\,a_{n+1}=r(a_n+\boxed{3})$ →ウ，エ ……④

が成り立つことがわかる。④に②と③を代入すると

$2(3+np)=r\{3+(n-1)p+3\}$

$6+2pn=6r+rpn-rp$

$\therefore \quad (r-\boxed{2})pn=r(p-\boxed{6})+\boxed{6}$ →オ，カ，キ ……⑤

となる。⑤がすべての n で成り立つことおよび $p\neq 0$ により，$r-2=0$ すなわち $r=2$ を得る。さらに，このことから

$0=2(p-6)+6$

$\therefore \quad p=\boxed{3}$ →ク

を得る。

以上から，すべての自然数 n について，a_n と b_n が正であることもわかる。

(2) $p=3$，$r=2$ であることから，$\{a_n\}$，$\{b_n\}$ の初項から第 n 項までの和は，それぞれ次の式で与えられる。

$$\sum_{k=1}^{n}a_k=\sum_{k=1}^{n}\{3+(k-1)\times 3\}=\sum_{k=1}^{n}3k=3\sum_{k=1}^{n}k=3\times\frac{1}{2}n(n+1)$$

$$=\frac{\boxed{3}}{\boxed{2}}n(n+\boxed{1}) \quad \text{→ケ，コ，サ}$$

$$\sum_{k=1}^{n}b_k=\sum_{k=1}^{n}3\times 2^{k-1}=3\sum_{k=1}^{n}2^{k-1}=3(1+2+2^2+\cdots+2^{n-1})$$

$$=3\times\frac{2^n-1}{2-1}=\boxed{3}(2^n-\boxed{1}) \quad \text{→シ，ス}$$

(3)　$a_nc_{n+1}-4a_{n+1}c_n+3c_{n+1}=0 \quad (n=1,\ 2,\ 3,\ \cdots)$　……⑥

⑥を変形して

$$(a_n+3)c_{n+1}=4a_{n+1}c_n$$

a_n が正であることから，$a_n+3\neq 0$ なので

$$c_{n+1}=\frac{\boxed{4}\,a_{n+1}}{a_n+\boxed{3}}c_n$$ →セ，ソ

を得る。さらに，$p=3$ であることから，$a_{n+1}=a_n+3$ であるので

$$c_{n+1}=4c_n \quad (c_1=3)$$

となり，数列 $\{c_n\}$ は公比が1より大きい等比数列である。 ② →タ

(4)　$d_nb_{n+1}-qd_{n+1}b_n+ub_{n+1}=0 \quad (n=1,\ 2,\ 3,\ \cdots)$　……⑦

において，q，u は定数で，$q\neq 0$ であり，$d_1=3$ である。

$r=2$ であることから，$b_{n+1}=2b_n$ であるので，⑦は

$$2b_nd_n-qb_nd_{n+1}+2ub_n=0$$

となり，$b_n>0$ であるので，両辺を b_n で割って

$$2d_n-qd_{n+1}+2u=0$$

$q\neq 0$ より

$$d_{n+1}=\frac{\boxed{2}}{q}(d_n+u)$$ →チ

を得る。

数列 $\{d_n\}$ が，公比 $s\,(0<s<1)$ の等比数列のとき，$d_{n+1}=sd_n\ (d_1=3)$ であるから，上の式に代入して

$$sd_n=\frac{2}{q}(d_n+u)$$

$$\therefore\quad \left(s-\frac{2}{q}\right)d_n=\frac{2}{q}u$$

となる。$s-\frac{2}{q}$，$\frac{2}{q}u$ は定数であり，$\{d_n\}$ は $d_1>d_2>d_3>\cdots$ となる等比数列であるので，この式が成り立つのは，$s-\frac{2}{q}=0$ かつ $\frac{2}{q}u=0$ すなわち $s=\frac{2}{q}$（$0<s<1$ より $q>2$）かつ $u=0$ のときである。逆に，$q>2$ かつ $u=0$ であれば，$\{d_n\}$ は公比が0より大きく1より小さい等比数列となる。

したがって，数列 $\{d_n\}$ が，公比が0より大きく1より小さい等比数列となるための必要十分条件は，$q>\boxed{2}$ →ツ かつ $u=\boxed{0}$ →テ である。

解説

(1) 等差数列，等比数列について，それぞれの一般項と，それらの初項から第 n 項までの和についてまとめておく。

ポイント 等差数列

初項が a，公差が d の等差数列 $\{a_n\}$ $(a_1=a)$ について，

漸化式 $a_{n+1}=a_n+d$ が成り立ち，一般項は $a_n=a+(n-1)d$ と表される。

初項から第 n 項までの和 S_n は

$$S_n=a_1+a_2+\cdots+a_n=\frac{1}{2}n\{2a+(n-1)d\}=\frac{1}{2}n(a_1+a_n)$$

ポイント 等比数列

初項が b，公比が r の等比数列 $\{b_n\}$ $(b_1=b)$ について，

漸化式 $b_{n+1}=rb_n$ が成り立ち，一般項は $b_n=br^{n-1}$ と表される。

初項から第 n 項までの和 T_n は

$$T_n=b_1+b_2+\cdots b_n=\begin{cases}\dfrac{b(1-r^n)}{1-r}=\dfrac{b(r^n-1)}{r-1} & (r\neq 1)\\ nb & (r=1)\end{cases}$$

⑤の $(r-2)pn=r(p-6)+6$ は自然数 n についての恒等式であるから

$$(r-2)p=0 \quad かつ \quad r(p-6)+6=0$$

が成り立つ。

(2) $\sum_{k=1}^{n}a_k=a_1+a_2+\cdots+a_n$ は，〔ポイント〕にある和の公式を用いて

$$\frac{1}{2}n\{2\times3+(n-1)\times3\}=\frac{3}{2}n(n+1) \quad (\{a_n\} は初項が3，公差が3)$$

と計算できる。〔解答〕では Σ の性質を用いた。

(3) 問題文の指示に従えばよい。$p=3$ であることは，$a_{n+1}=a_n+3$ を表しているが，$a_n=3n$ であるので，$a_{n+1}=3(n+1)$ として代入してもよい。

(4) $r=2$ であることは，$b_{n+1}=2b_n$ を表しているが，$b_n=3\times2^{n-1}$ であるから，$b_{n+1}=3\times2^n$ として代入してもよい（計算ミスには気をつけたい）。

最後の必要十分条件を求める部分は，〔解答〕では，手順通りにまず必要条件を求めて，それが十分条件になることを確かめた。しかし，本問では十分条件 $q>2$，$u=0$ がわかりやすく，空所補充形式の問題であるから，手早く解答できるであろう。$u\neq0$ でも $\{d_n\}$ が等比数列になることはあるので注意しよう。$q=4$，$u=3$ とすると $d_1=3$，$d_2=3$，$d_3=3$，…となり，公比1の等比数列である。

第5問 標準 ベクトル《内積，空間のベクトル》

(1)　1辺の長さが1の正五角形 $OA_1B_1C_1A_2$ において，対角線の長さを a とする（右図）。

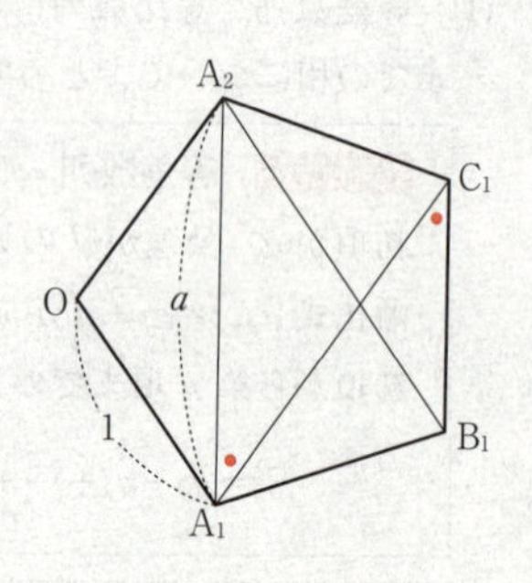

正五角形の1つの内角の大きさは $\frac{180°\times 3}{5}=108°$ であり，$\triangle A_1B_1C_1$ は $A_1B_1=C_1B_1=1$ の二等辺三角形であるから

$$\angle A_1C_1B_1=\frac{180°-108°}{2}=\boxed{36}° \quad \to アイ,$$

$$\angle C_1A_1A_2=108°-36°\times 2=36°$$

となることから，$\overrightarrow{A_1A_2}$ と $\overrightarrow{B_1C_1}$ は平行である。ゆえに

$$\overrightarrow{A_1A_2}=\boxed{a}\,\overrightarrow{B_1C_1} \quad \to ウ$$

であるから

$$\overrightarrow{B_1C_1}=\frac{1}{a}\overrightarrow{A_1A_2}=\frac{1}{a}(\overrightarrow{OA_2}-\overrightarrow{OA_1})$$

また，$\overrightarrow{OA_1}$ と $\overrightarrow{A_2B_1}$ は平行で，さらに，$\overrightarrow{OA_2}$ と $\overrightarrow{A_1C_1}$ も平行であることから

$$\overrightarrow{B_1C_1}=\overrightarrow{B_1A_2}+\overrightarrow{A_2O}+\overrightarrow{OA_1}+\overrightarrow{A_1C_1}=-a\overrightarrow{OA_1}-\overrightarrow{OA_2}+\overrightarrow{OA_1}+a\overrightarrow{OA_2}$$
$$=(a-1)\overrightarrow{OA_2}-(a-1)\overrightarrow{OA_1}=(\boxed{a}-\boxed{1})(\overrightarrow{OA_2}-\overrightarrow{OA_1}) \quad \to エ，オ$$

となる。したがって，$\frac{1}{a}=a-1$ が成り立つ。

分母を払って整理すると，$a^2-a-1=0$ となるから

$$a=\frac{1\pm\sqrt{1+4}}{2}=\frac{1\pm\sqrt{5}}{2}$$

$a>0$ より，$a=\frac{1+\sqrt{5}}{2}$ を得る。

(2)　1辺の長さが1の正十二面体（右図）において，面 $OA_1B_1C_1A_2$ に着目する。$\overrightarrow{OA_1}$ と $\overrightarrow{A_2B_1}$ が平行であることから

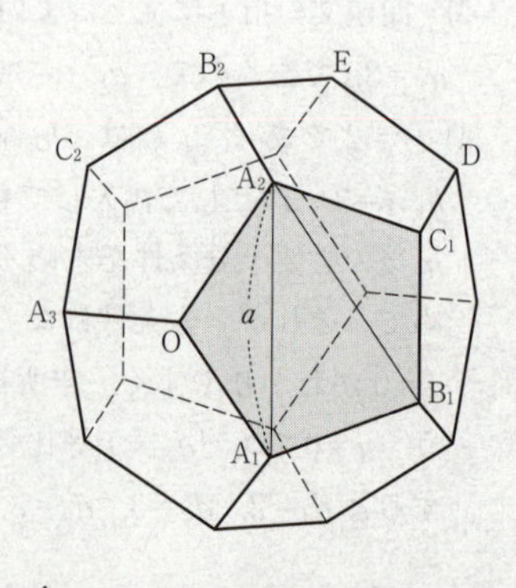

$$\overrightarrow{OB_1}=\overrightarrow{OA_2}+\overrightarrow{A_2B_1}=\overrightarrow{OA_2}+a\overrightarrow{OA_1}$$

である。また

$$|\overrightarrow{OA_2}-\overrightarrow{OA_1}|^2=|\overrightarrow{A_1A_2}|^2=a^2$$
$$=\left(\frac{1+\sqrt{5}}{2}\right)^2=\frac{1+2\sqrt{5}+5}{4}$$
$$=\frac{\boxed{3}+\sqrt{\boxed{5}}}{\boxed{2}} \quad \to カ，キ，ク$$

に注意すると

$$|\overrightarrow{OA_2}-\overrightarrow{OA_1}|^2=(\overrightarrow{OA_2}-\overrightarrow{OA_1})\cdot(\overrightarrow{OA_2}-\overrightarrow{OA_1})=|\overrightarrow{OA_2}|^2-2\overrightarrow{OA_1}\cdot\overrightarrow{OA_2}+|\overrightarrow{OA_1}|^2$$
$$=1^2-2\overrightarrow{OA_1}\cdot\overrightarrow{OA_2}+1^2=2(1-\overrightarrow{OA_1}\cdot\overrightarrow{OA_2})$$

より，$2(1-\overrightarrow{OA_1}\cdot\overrightarrow{OA_2})=\dfrac{3+\sqrt{5}}{2}$ が成り立ち

$$\overrightarrow{OA_1}\cdot\overrightarrow{OA_2}=1-\frac{3+\sqrt{5}}{4}=\frac{\boxed{1}-\sqrt{\boxed{5}}}{\boxed{4}}$$ →ケ，コ，サ

を得る。

次に，面 $OA_2B_2C_2A_3$（右図）に着目すると

$$\overrightarrow{OB_2}=\overrightarrow{OA_3}+\overrightarrow{A_3B_2}=\overrightarrow{OA_3}+a\overrightarrow{OA_2}$$

である。さらに，図の対称性により

$$\overrightarrow{OA_2}\cdot\overrightarrow{OA_3}=\overrightarrow{OA_3}\cdot\overrightarrow{OA_1}=\overrightarrow{OA_1}\cdot\overrightarrow{OA_2}=\frac{1-\sqrt{5}}{4}$$

が成り立つことがわかる。ゆえに

$$\overrightarrow{OA_1}\cdot\overrightarrow{OB_2}=\overrightarrow{OA_1}\cdot(\overrightarrow{OA_3}+a\overrightarrow{OA_2})$$
$$=\overrightarrow{OA_1}\cdot\overrightarrow{OA_3}+a\overrightarrow{OA_1}\cdot\overrightarrow{OA_2}$$
$$=\frac{1-\sqrt{5}}{4}+\frac{1+\sqrt{5}}{2}\times\frac{1-\sqrt{5}}{4}$$
$$=\frac{1-\sqrt{5}}{4}+\frac{1-5}{8}=\frac{-1-\sqrt{5}}{4}$$ $\boxed{⑨}$ →シ

$$\overrightarrow{OB_1}\cdot\overrightarrow{OB_2}=(\overrightarrow{OA_2}+a\overrightarrow{OA_1})\cdot(\overrightarrow{OA_3}+a\overrightarrow{OA_2})$$
$$=\overrightarrow{OA_2}\cdot\overrightarrow{OA_3}+a|\overrightarrow{OA_2}|^2+a\overrightarrow{OA_1}\cdot\overrightarrow{OA_3}+a^2\overrightarrow{OA_1}\cdot\overrightarrow{OA_2}$$
$$=\frac{1-\sqrt{5}}{4}+\frac{1+\sqrt{5}}{2}\times1^2+\frac{1+\sqrt{5}}{2}\times\frac{1-\sqrt{5}}{4}+\frac{3+\sqrt{5}}{2}\times\frac{1-\sqrt{5}}{4}$$
$$=\frac{1-\sqrt{5}}{4}+\frac{1+\sqrt{5}}{2}+\frac{1-5}{8}+\frac{-2-2\sqrt{5}}{8}$$
$$=\frac{3+\sqrt{5}}{4}-\frac{1}{2}+\frac{-1-\sqrt{5}}{4}=0$$ $\boxed{⓪}$ →ス

である。これは，$\angle B_1OB_2=90°$ であることを意味している。

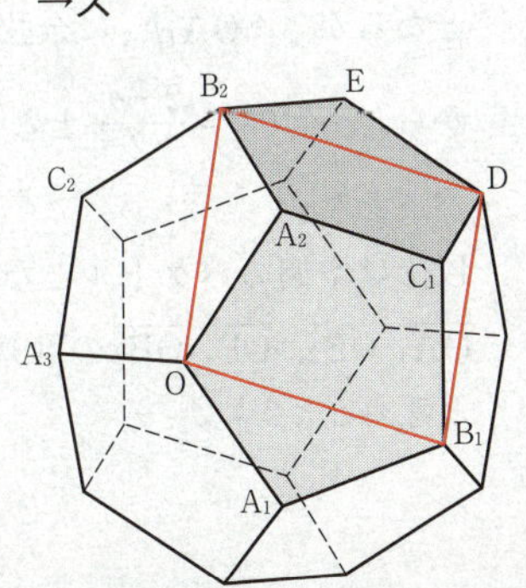

最後に，面 $A_2C_1DEB_2$（右図）に着目する。

$$\overrightarrow{B_2D}=a\overrightarrow{A_2C_1}=\overrightarrow{OB_1}$$

であることに注意すると，４点 O，B_1，D，B_2 は同一平面上にあり，$OB_1=OB_2$，$\angle B_1OB_2=90°$ であることから，四角形 OB_1DB_2 は**正方形であることがわかる。** $\boxed{⓪}$ →セ

解説

(1)　問題文では，$\overrightarrow{B_1C_1}=\frac{1}{a}\overrightarrow{A_1A_2}$ かつ

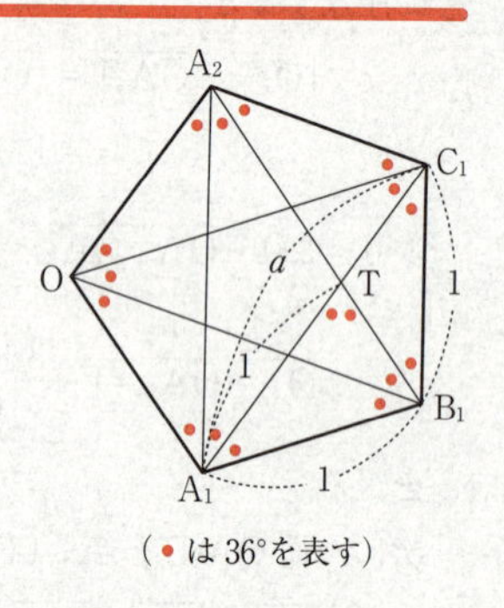

（● は 36°を表す）

$\overrightarrow{B_1C_1}=(a-1)\overrightarrow{A_1A_2}$ より，$\frac{1}{a}=a-1$ が導かれている。

このことは，右図を見るとわかりやすい。

$\triangle B_1C_1A_1 \backsim \triangle TB_1C_1$ より，$TC_1=\frac{1}{a}$ がわかり，

$\triangle A_1B_1T$ が $A_1B_1=A_1T=1$ の二等辺三角形であることより，$TC_1=a-1$ がわかる。よって，$\frac{1}{a}=a-1$，

$a=\frac{1+\sqrt{5}}{2}$ である。この値から $\cos 36°$ や $\sin 36°$ の値を知ることができる。

なお，問題文で，$\overrightarrow{B_1C_1}=\overrightarrow{B_1A_2}+\overrightarrow{A_2O}+\overrightarrow{OA_1}+\overrightarrow{A_1C_1}$ としてあるのは，$\overrightarrow{B_1C_1}$ を $\overrightarrow{OA_1}$ と $\overrightarrow{OA_2}$ だけで表そうとしているからで，$\overrightarrow{B_1A_2}=a\overrightarrow{A_1O}=-a\overrightarrow{OA_1}$ などとなる。

(2)　ここでは内積の計算がポイントになる。

> **ポイント　内積の基本性質**
>
> ベクトルの大きさと内積の関係 $|\vec{a}|^2=\vec{a}\cdot\vec{a}$ は重要である。
>
> 計算規則として次のことが成り立つので，整式の展開計算と同様の計算ができる。
>
> $\vec{a}\cdot\vec{b}=\vec{b}\cdot\vec{a}$　（交換法則）
>
> $\vec{a}\cdot(\vec{b}+\vec{c})=\vec{a}\cdot\vec{b}+\vec{a}\cdot\vec{c}$　（分配法則）
>
> $(m\vec{a})\cdot\vec{b}=\vec{a}\cdot(m\vec{b})=m(\vec{a}\cdot\vec{b})$　（m は実数）
>
> また，$\vec{a}\cdot\vec{b}=0$，$\vec{a}\neq\vec{0}$，$\vec{b}\neq\vec{0}$ のとき $\vec{a}\perp\vec{b}$ である。

$\overrightarrow{OA_1}\cdot\overrightarrow{OA_2}$ の値は，図形的定義に従って求めることもできる。

$$\overrightarrow{OA_1}\cdot\overrightarrow{OA_2}=|\overrightarrow{OA_1}||\overrightarrow{OA_2}|\cos\angle A_2OA_1=1\times1\times\cos 108°$$

となるが，$\triangle OA_1A_2$ に余弦定理を用いて，$a^2=1^2+1^2-2\times1\times1\times\cos 108°$ であるから，$\cos 108°=\frac{2-a^2}{2}$ となるので，$\overrightarrow{OA_1}\cdot\overrightarrow{OA_2}=\frac{2-a^2}{2}=\frac{1}{2}\left\{2-\left(\frac{1+\sqrt{5}}{2}\right)^2\right\}=\frac{1-\sqrt{5}}{4}$ が求まる。

以降は空間のベクトルとなるが，図形の対称性を考慮することが大切である。

$\overrightarrow{OA_1}\cdot\overrightarrow{OB_2}$，$\overrightarrow{OB_1}\cdot\overrightarrow{OB_2}$ の計算では，ベクトルをすべて $\overrightarrow{OA_1}$，$\overrightarrow{OA_2}$，$\overrightarrow{OA_3}$ で表そうと考えるとよい。

数学Ⅰ・数学A 本試験（第2日程）

問題番号(配点)	解答記号	正　解	配点	チェック
第1問(30)	アイ，ウエ	−2，−1 又は −1，−2	3	
	オ	8	3	
	カ	3	4	
	キ	8	2	
	クケ	90	2	
	コ	4	2	
	サ	4	2	
	シ	①	2	
	ス	①	1	
	セ	⓪	1	
	ソ	⓪	2	
	タ	③	2	
	$\frac{チ}{ツ}$	$\frac{4}{5}$	2	
	テ	5	2	

問題番号(配点)	解答記号	正　解	配点	チェック
第2問(30)	アイウ$-x$	$400-x$	3	
	エオカ，キ	560，7	3	
	クケコ	280	3	
	サシスセ	8400	3	
	ソタチ	250	3	
	ツ	⑤	4	
	テ	③	3	
	トナニ	240	2	
	ヌ，ネ	③，⓪	2	
	ノ	⑥	2	
	ハ	③	2	

問題番号（配点）	解答記号	正解	配点	チェック
第３問（20）	$\frac{アイ}{ウエ}$	$\frac{11}{12}$	2	
	$\frac{オカ}{キク}$	$\frac{17}{24}$	2	
	$\frac{ケ}{コサ}$	$\frac{9}{17}$	3	
	$\frac{シ}{ス}$	$\frac{1}{3}$	3	
	$\frac{セ}{ソ}$	$\frac{1}{2}$	3	
	$\frac{タチ}{ツテ}$	$\frac{17}{36}$	3	
	$\frac{トナ}{ニヌ}$	$\frac{12}{17}$	4	
第４問（20）	ア，イ，ウ，エ	3，2，1，0	3	
	オ	3	3	
	カ	8	3	
	キ	4	3	
	クケ，コ，サ，シ	12，8，4，0	4	
	ス	3	2	
	セソタ	448	2	

問題番号（配点）	解答記号	正解	配点	チェック
第５問（20）	ア	⑤	2	
	イ，ウ，エ	②，⑥，⑦	2	
	オ	①	1	
	カ	②	2	
	キ	2	1	
	$ク\sqrt{ケコ}$	$2\sqrt{15}$	2	
	サシ	15	3	
	$ス\sqrt{セソ}$	$3\sqrt{15}$	2	
	$\frac{タ}{チ}$	$\frac{4}{5}$	2	
	$\frac{ツ}{テ}$	$\frac{5}{3}$	3	

（注）　第１問，第２問は必答。第３問～第５問のうちから２問選択。計４問を解答。

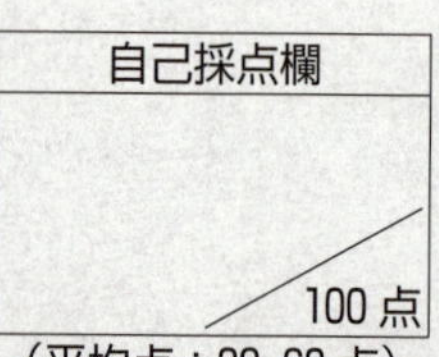

（平均点：39.62点）

第1問 —— 数と式，図形と計量

〔1〕 標準 《絶対値を含む不等式で定められる集合》

$|ax-b-7|<3$ ……①

(1) $a=-3$，$b=-2$ のとき，①を解くと

$$|-3x-(-2)-7|<3 \qquad |-3x-5|<3 \qquad \left|x+\frac{5}{3}\right|<1$$

$$-1<x+\frac{5}{3}<1 \qquad -\frac{8}{3}<x<-\frac{2}{3}$$

したがって

$$P=\{x\,|\,x\text{ は整数，}x\text{ は①を満たす}\}$$

$$=\left\{x\,\middle|\,x\text{ は整数，}-\frac{8}{3}<x<-\frac{2}{3}\right\}$$

$$=\{\boxed{-2},\ \boxed{-1}\}$$ →アイ，ウエ

となる（解答の順序は問わない）。

(2) (i) $a=\dfrac{1}{\sqrt{2}}$，$b=1$ のとき，①を解くと

$$\left|\frac{1}{\sqrt{2}}x-1-7\right|<3 \qquad |x-8\sqrt{2}|<3\sqrt{2}$$

$$-3\sqrt{2}<x-8\sqrt{2}<3\sqrt{2} \qquad 5\sqrt{2}<x<11\sqrt{2}$$

である。ここで

$\sqrt{49}<5\sqrt{2}=\sqrt{50}<\sqrt{64}$ より $7<5\sqrt{2}<8$

であり，また

$\sqrt{225}<11\sqrt{2}=\sqrt{242}<\sqrt{256}$ より $15<11\sqrt{2}<16$

であることに注意すると，①を満たす整数は全部で

8，9，10，11，12，13，14，15

の $\boxed{8}$ 個である。 →オ

(ii) $a=\dfrac{1}{\sqrt{2}}$ のとき，①を解くと

$$\left|\frac{1}{\sqrt{2}}x-b-7\right|<3 \qquad |x-(b+7)\sqrt{2}|<3\sqrt{2}$$

$$-3\sqrt{2}<x-(b+7)\sqrt{2}<3\sqrt{2} \qquad (b+4)\sqrt{2}<x<(b+10)\sqrt{2}$$

これより，正の整数 b が2のとき，①を満たす整数は $6\sqrt{2}<x<12\sqrt{2}$ を満たす整数である。

ここで

$$\sqrt{64}<6\sqrt{2}=\sqrt{72}<\sqrt{81}\quad より\quad 8<6\sqrt{2}<9$$

であり，また

$$\sqrt{256}<12\sqrt{2}=\sqrt{288}<\sqrt{289}\quad より\quad 16<12\sqrt{2}<17$$

であることに注意すると，①を満たす整数は全部で

9，10，11，12，13，14，15，16

の８個である。

次に，正の整数 b が３のとき，①を満たす整数は $7\sqrt{2}<x<13\sqrt{2}$ を満たす整数である。

ここで

$$\sqrt{81}<7\sqrt{2}=\sqrt{98}<\sqrt{100}\quad より\quad 9<7\sqrt{2}<10$$

であり，また

$$\sqrt{324}<13\sqrt{2}=\sqrt{338}<\sqrt{361}\quad より\quad 18<13\sqrt{2}<19$$

であることに注意すると，①を満たす整数は全部で

10，11，12，13，14，15，16，17，18

の９個である。

したがって，求める最小の正の整数 b は

$b=$ **3**　→カ

である。

解説

(1)　絶対値記号を含む不等式を満たす整数を求める問題である。P は集合として定義されているが，実質は不等式を満たす整数を考えるだけの問題で，集合がメインテーマとなっているわけではない。「整数」という文言を見落とさないように注意したい。なお，〔解答〕では，絶対値についての性質

$$|ab|=|a||b|,\quad \left|\frac{a}{b}\right|=\frac{|a|}{|b|}\quad (b\neq 0)$$

を用いて

$$|-3x-5|=\left|-3\left(x+\frac{5}{3}\right)\right|=|-3|\left|x+\frac{5}{3}\right|=3\left|x+\frac{5}{3}\right|$$

と考えて処理した。

また，絶対値を含む不等式を考える際には，絶対値が距離という図形的な意味をもっていることに注目すると，見通しよく処理できることがある。具体的には，$|z-w|$ が数直線上で z，w が表す２点間の距離を意味しており，$\left|x+\frac{5}{3}\right|<1$ を解く際，$\left|x-\left(-\frac{5}{3}\right)\right|<1$ とみて，x が表す点の $-\frac{5}{3}$ が表す点からの距離が１未満であるような x の値の範囲を考えれば

$$-\frac{5}{3}-1<x<-\frac{5}{3}+1 \quad \text{すなわち} \quad -\frac{8}{3}<x<-\frac{2}{3}$$

と解くことができる。

(2) $\sqrt{2}$ を含む値の評価をする問題である。$\sqrt{2}$ を含む値を連続する整数で挟むことが要求される。

(i)で①を解くと，$5\sqrt{2}<x<11\sqrt{2}$ が得られるが，ここで，$1<\sqrt{2}<2$ であるから，$5<5\sqrt{2}<10$，$11<11\sqrt{2}<22$ より，$5<x<22$ とし，①を満たす整数が $21-5=16$ 個とするのは正しくない。$5\sqrt{2}<x<11\sqrt{2}$ を満たす x は $5<x<22$ を満たすが，$5\sqrt{2}<x<11\sqrt{2}$ を満たす x のとり得る値の範囲が $5<x<22$ というわけではないことに注意しよう。

もっとわかりやすく説明すると，$5\sqrt{2}<x<11\sqrt{2}$ を満たす整数 x を考えることは，$5\sqrt{2}$ と $11\sqrt{2}$ を近似する整数を調べることに帰着されるが，$1<\sqrt{2}<2$ だから $5<5\sqrt{2}<10$ であるという不等式を考えても，この不等式自体は誤りではないが，これでは $5\sqrt{2}$ を近似する整数が把握できない。$1<\sqrt{2}<2$ という不等式自体が“大雑把な評価”であるので，それを5倍すると誤差も5倍されるので，精密性が失われる。精密に評価するには，$\sqrt{2}$ だけを評価するのではなく，$5\sqrt{2}$ 自体を評価しなければならず

$$5\sqrt{2}=\sqrt{5^2\cdot 2}=\sqrt{50}$$

として，根号内の50を平方数（整数の2乗）で挟むことを考えることで，$7^2<50<8^2$ より $7<5\sqrt{2}<8$ が得られるわけである。

(ii)は，条件を満たす正の整数 b のうち最小のものを求める問題であり，$b=1$ のときは(i)で計算しているので，$b=2$，$b=3$，… と小さい順に試していくことになる。あらかじめ，$16^2=256$，$17^2=289$，$18^2=324$，$19^2=361$ を確認しておくと考えやすい。

〔2〕 標準 《外接円の半径が最小となる三角形》

(1) △ABP に正弦定理を適用すると

$$\frac{\text{AB}}{\sin\angle\text{APB}}=2R \quad \text{すなわち} \quad 2R=\frac{\boxed{8}}{\sin\angle\text{APB}} \quad \rightarrow\text{キ}$$

を得る。

よって，R が最小となるのは $\sin\angle\text{APB}$ が最大になるとき，つまり

$$\angle\text{APB}=\boxed{90}^\circ \quad \rightarrow\text{クケ}$$

のときである。

このとき

$$R=\frac{8}{2\sin 90^\circ}=\boxed{4}\quad \to コ$$

である。

(2)　円Cの半径が $\frac{8}{2}=4$ であるから

直線 ℓ が円Cと共有点をもつ $\Longleftrightarrow h\leqq \boxed{4}$ →サ

直線 ℓ が円Cと共有点をもたない $\Longleftrightarrow h>4$

である。

R が最小となるのは $\sin\angle\mathrm{APB}$ が最大になるときであり，点Pを直線 ℓ 上にとるという制約のもとで考えることになる。

(i)　$h\leqq 4$ のとき，直線 ℓ が円Cと共有点をもち，$h<4$ のとき，直線 ℓ と円Cの２交点がPと一致するときに∠APBは 90° となり，直線 ℓ と円Cの２交点以外の位置にPがあるとき，∠APBは 90° ではない。具体的には，直線 ℓ 上の点のうち円の内部にある点とPが一致するとき∠APBは鈍角になり，直線 ℓ 上の点のうち円の外部にある点とPが一致するとき∠APBは鋭角になる。

したがって，R が最小となる△ABPは

直角三角形　$\boxed{①}$ →シ

である。

また，$h=4$ のとき，直線 ℓ と円Cは接する。直線 ℓ と円Cの接点がPと一致するときに∠APBは 90° となり，直線 ℓ 上の点のうち円の外部にある点とPが一致するとき∠APBは鋭角になる。

したがって，R が最小となる△ABPは直角二等辺三角形である。

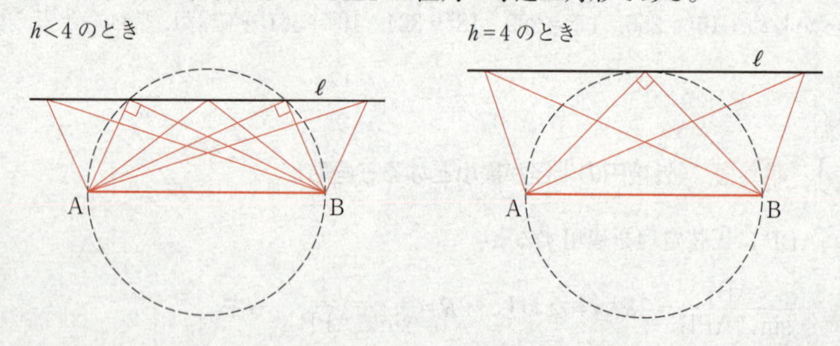

(ii)　$h>4$ のとき，直線 ℓ は円Cと共有点をもたない。

円周角の定理より

$$\angle AP_3B=\angle AP_2B$$　①　→ス

である。

また，$\angle AP_3B<\angle AP_1B<90°$ より

$$\sin\angle AP_3B<\sin\angle AP_1B$$　⓪　→セ

である。

このとき

（$\triangle ABP_1$ の外接円の半径）＜（$\triangle ABP_2$ の外接円の半径）　⓪　→ソ

であり，R が最小となるのは，PがP$_1$のときであり，そのとき，△ABP は

二等辺三角形　③　→タ

である。

$h>4$ のとき

(3)　$h=8$ のとき，△ABP の外接円の半径 R が最小であるのは，PがP$_1$と一致するときである。

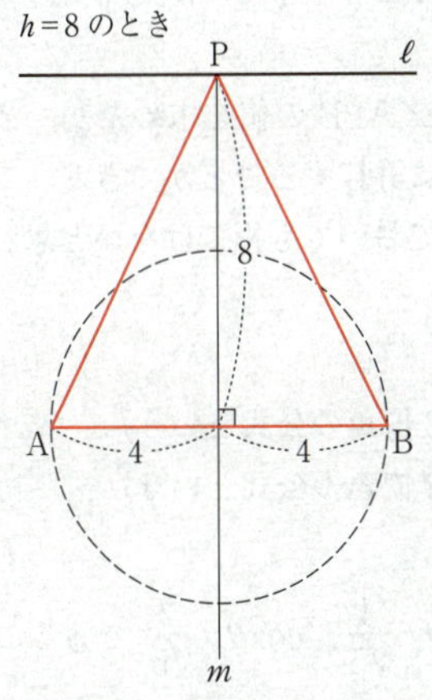

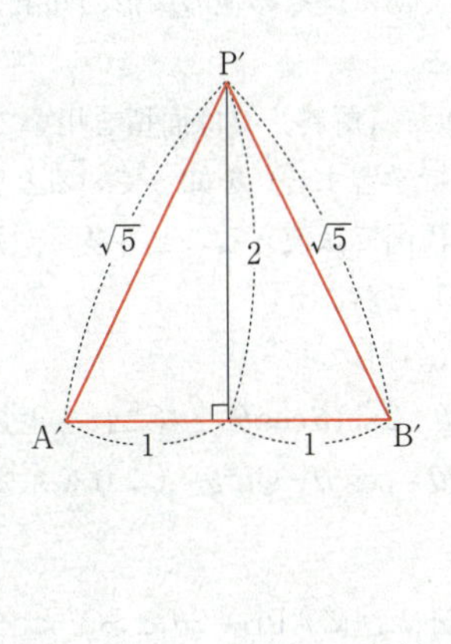

このとき，二等辺三角形 ABP と相似である二等辺三角形 A′B′P′ を考えると，△A′P′B′ の面積に着目することで

$$\frac{1}{2}\cdot(\sqrt{5})\cdot(\sqrt{5})\cdot\sin\angle A'P'B'=\frac{1}{2}\cdot2\cdot2$$

より

$$\sin\angle A'P'B' = \frac{4}{5}$$

$\angle APB = \angle A'P'B'$ より

$$\sin\angle APB = \frac{\boxed{4}}{\boxed{5}}$$ →チ，ツ

である。また

$$R = \frac{8}{2\sin\angle APB} = \boxed{5}$$ →テ

である。

解説

2頂点が固定された三角形において，もう一つの頂点をどうとるかによって変化する三角形の外接円の半径 R が最小になるときを考える問題である。この主題自体は有名なものであり，結論を知っている人もいるかもしれないが，本問は誘導が丁寧についているので，初見であったとしてもじっくり文章を読み進めていけば，それほど難しくはないと思われる。ただ，補助線や補助点がたくさん登場し，(2)の(ii)では文章から自分で図を描くことが要求されるので，「流れに乗って議論についていけるか」が重要なポイントになる。

本問で用いる図形と計量の知識としては，正弦定理と三角形の面積の公式を知っていれば十分である。その他の図形の知識としては，中学で学ぶ三平方の定理と円周角の定理である。

最後の(3)は，〔解答〕では面積を用いて $\sin\angle APB$ の値を求めたが，2倍角の公式（「数学Ⅱ」で学習する）を知っていると容易に計算することができる。二等辺三角形が関連する構図では使えることも多く，知っておいても損ではないと思われるので，ここで解説しておこう。

任意の角 θ に対して

$\sin 2\theta = 2\sin\theta\cos\theta$　（これを正弦の2倍角の公式という）

$\cos 2\theta = \cos^2\theta - \sin^2\theta$　（これを余弦の2倍角の公式という）

が成り立つ。

これを用いると，$\angle APB = 2\theta$ とおくと，$\sin\theta = \frac{1}{\sqrt{5}}$，$\cos\theta = \frac{2}{\sqrt{5}}$ であることから

$$\sin\angle APB = \sin 2\theta = 2\sin\theta\cos\theta = 2\cdot\frac{1}{\sqrt{5}}\cdot\frac{2}{\sqrt{5}} = \frac{4}{5}$$

と求めることができる。

第２問 ── １次関数，２次関数，データの分析

〔１〕 標準 《１次関数，２次関数》

(1) １皿あたりの価格を x 円とし，売り上げ数を d 皿とすると，d が x の１次関数であるという仮定から，定数 a，b を用いて

$$d=ax+b$$

と表せる。$x=200$ のとき $d=200$，$x=250$ のとき $d=150$，$x=300$ のとき $d=100$ より，$a=-1$，$b=400$ である。したがって，売り上げ数は

$\boxed{400}-x$ →アイウ ……①

と表される。

(2)

$$\begin{aligned} y &= (\text{売り上げ金額})-(\text{必要な経費}) \\ &= (\text{１皿あたりの価格})\times(\text{売り上げ数}) \\ &\qquad -\{(\text{たこ焼き用器具の賃貸料})+(\text{材料費})\} \\ &= (\text{１皿あたりの価格})\times(\text{売り上げ数}) \\ &\qquad -\{(\text{たこ焼き用器具の賃貸料})+(\text{１皿あたりの材料費})\times(\text{売り上げ数})\} \\ &= x\times(400-x)-\{6000+160\times(400-x)\} \\ &= -x^2+560x-70000 \\ &= -x^2+\boxed{560}x-\boxed{7}\times10000 \end{aligned}$$

→エオカ，キ ……②

である。

(3)

$$-x^2+560x-70000=-(x-280)^2+8400$$

より，利益 y は

$x=\boxed{280}$ 円 →クケコ

のときに最大となる。このとき，売り上げ数は $400-280=120$ 皿であり，利益は

$\boxed{8400}$ 円 →サシスセ

である。

(4) $-(x-280)^2+8400\geqq7500$ を解くと

$$(x-280)^2\leqq900 \qquad -30\leqq x-280\leqq30 \qquad 250\leqq x\leqq310$$

したがって，利益 y が $y\geqq7500$ を満たすもとで，x の最小値は

$x=\boxed{250}$ 円 →ソタチ

となる。

解 説

文化祭でたこ焼き店を出店するという現実生活設定の問題であるが，数学的に定式化すると，１次関数，２次関数の問題に帰着される。変量の設定は問題文に書かれて

いる通りであるので，文章通りに式を立てていけばよい。情報が整理しきれず，一度に文字式による立式が困難なようであれば，〔解答〕のように日本語を含む数式を用いて考えていけばよい。すべて問題文に書かれている内容から立式できる。(3)・(4)では，(2)で定式化した式②に基づいて考えればよい。

〔2〕 標準 《散布図，ヒストグラム，平均値，分散》

(1)　図1の散布図に関して考える。

(Ⅰ)の内容について。黒丸の縦軸の目盛りと白丸の縦軸の目盛りをみて，小学生数の四分位範囲は外国人数の四分位範囲より小さいと判断できるので，**誤り**である。

(Ⅱ)の内容について。横軸の目盛りをみると，旅券取得者数の範囲は

約 $530-135=395$

であるのに対し，白丸の縦軸の目盛りをみると，外国人数の範囲は

約 $240-30=210$

であるから，旅券取得者数の範囲は外国人数の範囲より大きいと判断できるので，**正しい**。

(Ⅲ)の内容について。黒丸の分布の仕方と比べて，白丸の分布の仕方には右上がりの傾向がみられるので，旅券取得者数と小学生数の相関係数は，旅券取得者数と外国人数の相関係数より小さいと判断できるので，**誤り**である。

したがって，(Ⅰ)，(Ⅱ)，(Ⅲ)の正誤の組合せとして正しいものは ⑤ →ツ である。

(2)　仮定のもとで，x の平均値 $\overline{x}$ は

$$\overline{x}=\frac{1}{n}(x_1f_1+x_2f_2+x_3f_3+x_4f_4+\cdots+x_kf_k)$$

$$=\frac{1}{n}[x_1f_1+(x_1+h)f_2+(x_1+2h)f_3+(x_1+3h)f_4+\cdots+\{x_1+(k-1)h\}f_k]$$

$$=\frac{1}{n}[x_1(f_1+f_2+f_3+f_4+\cdots+f_k)+h\{f_2+2f_3+3f_4+\cdots+(k-1)f_k\}]$$

$$=\frac{1}{n}\cdot x_1\cdot n+\frac{h}{n}\{f_2+2f_3+3f_4+\cdots+(k-1)f_k\}$$

$$=x_1+\frac{h}{n}\{f_2+2f_3+3f_4+\cdots+(k-1)f_k\}$$ ③ →テ

と変形できる。

図2および問題の仮定から，次の度数分布表を得る。

階級値	100	200	300	400	500	計
度数	4	25	14	3	1	47

テの式で，$x_1=100$，$h=100$，$n=47$，$k=5$，$f_2=25$，$f_3=14$，$f_4=3$，$f_5=1$として

$$\bar{x}=100+\frac{100}{47}(25+2\cdot14+3\cdot3+4\cdot1)$$
$$=100\left(1+\frac{66}{47}\right)=100\times\frac{113}{47}=240.4\cdots$$

であり，この小数第1位を四捨五入すると

240 →トナニ

である。

(3) 仮定のもとで，xの分散s^2は

$$s^2=\frac{1}{n}\left\{\left(x_1-\bar{x}\right)^2f_1+\left(x_2-\bar{x}\right)^2f_2+\cdots+\left(x_k-\bar{x}\right)^2f_k\right\}$$
$$=\frac{1}{n}\left[\left\{x_1{}^2-2x_1\bar{x}+\left(\bar{x}\right)^2\right\}f_1+\left\{x_2{}^2-2x_2\bar{x}+\left(\bar{x}\right)^2\right\}f_2+\cdots+\left\{x_k{}^2-2x_k\bar{x}+\left(\bar{x}\right)^2\right\}f_k\right]$$
$$=\frac{1}{n}\left\{(x_1{}^2f_1+x_2{}^2f_2+\cdots+x_k{}^2f_k)-2\bar{x}(x_1f_1+x_2f_2+\cdots+x_kf_k)\right.$$
$$\left.+\left(\bar{x}\right)^2\times(f_1+f_2+\cdots+f_k)\right\}$$
$$=\frac{1}{n}\left\{(x_1{}^2f_1+x_2{}^2f_2+\cdots+x_k{}^2f_k)-2\bar{x}\times n\bar{x}+\left(\bar{x}\right)^2\times n\right\}$$

③ →ヌ，⓪ →ネ

と変形できる。

これより

$$s^2=\frac{1}{n}(x_1{}^2f_1+x_2{}^2f_2+\cdots+x_k{}^2f_k)-\left(\bar{x}\right)^2$$ ⑥ →ノ ……①

である。

図3のヒストグラムについて，(2)で得た$\bar{x}=240$と式①を用いると，$x_1=100$，$x_2=200$，$x_3=300$，$x_4=400$，$x_5=500$，$n=47$，$k=5$，$f_1=4$，$f_2=25$，$f_3=14$，$f_4=3$，$f_5=1$として，分散s^2は

$$s^2=\frac{1}{47}(100^2\times4+200^2\times25+300^2\times14+400^2\times3+500^2\times1)-240^2$$
$$=\frac{100^2}{47}(4+100+126+48+25)-240^2$$
$$=\frac{100^2}{47}\times303-240^2=\frac{322800}{47}\fallingdotseq6868$$

であり，この値に最も近い選択肢は

6900 ③ →ハ

である。

解　説

データの分析では，得られたデータを一見して特徴がわかるように視覚的に整理したり，１つの値に代表させて特徴を代表値として抽出することを行う。視覚的な整理の方法として，ヒストグラム，箱ひげ図，散布図などがある。

⑴　図をみて，特徴的な値を読み取る設問である。記述(Ⅰ)，(Ⅱ)は一つの変量に関する四分位範囲（＝第３四分位数－第１四分位数）や範囲（＝最大値－最小値）について考える問題である。(Ⅰ)では散布図を一方の軸の日盛りに注目して箱ひげ図のような見方をすることで，第３四分位数と第１四分位数を正確に求めなくても判断できるであろう。(Ⅲ)は二つの変量間の相関を読み取る問題であり，散布図で点の分布傾向を読み取れば判断できる。具体的に計算するべき設問なのか，定性的に判断する問題なのかを適切に判断し，なるべく時間をかけずに対処したい。

⑵・⑶　定量的な議論の問題である。「ヒストグラムに関して，各階級に含まれるデータの値がすべてその階級値に等しい」という仮定のもと，⑵は平均値に関する公式を導き，それを用いて具体的に計算する問題，⑶は分散に関する公式を導き，それを用いて具体的に計算する問題である。公式の導出部分は定義と仮定をもとに，誘導にしたがって式変形を進めていけば自然に答えにたどり着く。⑶は分散に関する有名な公式 $s^2=\overline{(x^2)}-(\overline{x})^2$ を度数分布で考えた題材であり，この公式の証明を経験したことがあれば解きやすかったであろう。

第３問  場合の数と確率　《条件付き確率》

(1)　(i)　余事象が「箱の中の２個の球がともに白球である」ことに着目すると，求める確率は

$$1-\frac{1}{3}\times\frac{1}{4}=\frac{11}{12}$$ →アイ，ウエ

である。

(ii)　それぞれの袋から取り出される球の色によって分けて考えると，次の表の４通りある。

	Aの袋から取り出される球	Bの袋から取り出される球	箱から赤球が取り出される確率
(Ⅰ)	赤球	赤球	$\frac{2}{3}\times\frac{3}{4}\times1=\frac{1}{2}$
(Ⅱ)	赤球	白球	$\frac{2}{3}\times\frac{1}{4}\times\frac{1}{2}=\frac{1}{12}$
(Ⅲ)	白球	赤球	$\frac{1}{3}\times\frac{3}{4}\times\frac{1}{2}=\frac{1}{8}$
(Ⅳ)	白球	白球	0

したがって，取り出した球が赤球である確率は

$$\frac{1}{2}+\frac{1}{12}+\frac{1}{8}+0=\frac{17}{24}$$ →オカ，キク

である。

また，Bの袋からの赤球を箱から取り出す確率は，(Ⅰ)，(Ⅲ)の場合でBの袋由来の赤球に着目して

$$\frac{2}{3}\times\frac{3}{4}\times\frac{1}{{}_2C_1}+\frac{1}{3}\times\frac{3}{4}\times\frac{1}{{}_2C_1}=\frac{1}{4}+\frac{1}{8}=\frac{3}{8}$$

であるから，取り出した球が赤球であったときに，それがBの袋に入っていたものである条件付き確率は

$$\frac{\frac{3}{8}}{\frac{17}{24}}=\frac{9}{17}$$ →ケ，コサ

である。

(2)　(i)　Aの袋とBの袋にはともに白球が１個しか入っていないことに注意すると，箱の中の４個の球のうち，ちょうど２個が赤球となる場合は，Aの袋，Bの袋からともに赤球と白球を１個ずつ取り出す場合しかない。したがって，その確率は

$$\frac{2}{{}_3C_2}\times\frac{3}{{}_4C_2}=\frac{1}{3}$$ →シ，ス

である。

また，箱の中の4個の球のうち，ちょうど3個が赤球となる場合は，白球1個をAかBのどちらの袋から取り出すかで分けて考えると，その確率は

$$\frac{2}{{}_3C_2}\times\frac{3}{{}_4C_2}+\frac{1}{{}_3C_2}\times\frac{3}{{}_4C_2}=\frac{1}{3}+\frac{1}{6}=\frac{\boxed{1}}{\boxed{2}}$$ →セ，ソ

である。

(ii)　箱の中の4個の球がすべて赤球となる確率は

$$\frac{1}{{}_3C_2}\times\frac{3}{{}_4C_2}=\frac{1}{6}$$

である。したがって，箱の中をよくかき混ぜてから球を2個同時に取り出すとき，どちらの球も赤球である確率は，箱の中の赤球の個数で分けて考えると

$$\frac{1}{3}\times\frac{1}{{}_4C_2}+\frac{1}{2}\times\frac{3}{{}_4C_2}+\frac{1}{6}\times1=\frac{1}{18}+\frac{1}{4}+\frac{1}{6}=\frac{\boxed{17}}{\boxed{36}}$$ →タチ，ツテ

である。

また，箱からAの袋由来の赤球とBの袋由来の赤球を1個ずつ取り出す確率は

$$\frac{1}{3}\times\frac{1}{{}_4C_2}+\frac{1}{2}\times\frac{2}{{}_4C_2}+\frac{1}{6}\times\frac{4}{{}_4C_2}=\frac{1}{18}+\frac{1}{6}+\frac{1}{9}=\frac{1}{3}$$

であるから，取り出した2個の球がどちらも赤球であったときに，それらのうちの1個のみがBの袋に入っていたものである条件付き確率は

$$\frac{\frac{1}{3}}{\frac{17}{36}}=\frac{\boxed{12}}{\boxed{17}}$$ →トナ，ニヌ

である。

解説

2段階の操作を組み合わせて事象を考える確率の問題が扱われている。(1)と(2)では取り出す球の個数が異なるだけで，考えている問題意識は同じである。A，Bどちらの袋にも白球が1個しか入っていないおかげで，若干数えやすくなっている。条件付き確率の設問では，箱から取り出された球がどちらの袋由来の球であるかを考えるという「時系列を逆転させる条件付き確率」，いわゆる「原因の確率」が問われている。

(1)(ii)では，「取り出した球が赤球であったときに，それがBの袋に入っていたものである条件付き確率」が問われているが，これは

$$\frac{P(\text{箱からBの袋由来の赤球を取り出す})}{P(\text{箱から赤球を取り出す})}$$

を計算することになる。また，(2)(ii)では，「取り出した2個の球がどちらも赤球であったときに，それらのうちの1個のみがBの袋に入っていたものである条件付き確率」が問われているが，これは

$$\frac{P(\text{箱からAの袋由来の赤球とBの袋由来の赤球を1個ずつ取り出す})}{P(\text{箱から赤球を2個取り出す})}$$

を計算することになる。ともに分母は直前の設問で求めているが，そこでは球の色にしか注目していないため，分子を計算する際には，球の色だけでなく，その球がどちらの袋に入っていたものなのかという由来まで考えなければならないところが本問の難しさである。

(1)(ii)の〔解答〕での「Bの袋からの赤球を箱から取り出す確率は，(I)，(III)の場合でBの袋由来の赤球に着目して，$\frac{2}{3}\times\frac{3}{4}\times\frac{1}{{}_2C_1}+\frac{1}{3}\times\frac{3}{4}\times\frac{1}{{}_2C_1}=\frac{1}{4}+\frac{1}{8}=\frac{3}{8}$」とした部分の $\frac{1}{{}_2C_1}$ という確率が，Bの袋由来であることを考えている計算に対応している。また，(2)(ii)の〔解答〕での「箱からAの袋由来の赤球とBの袋由来の赤球を1個ずつ取り出す確率は，$\frac{1}{3}\times\frac{1}{{}_4C_2}+\frac{1}{2}\times\frac{2}{{}_4C_2}+\frac{1}{6}\times\frac{4}{{}_4C_2}=\frac{1}{3}$」とした部分の $\frac{1}{{}_4C_2}$，$\frac{2}{{}_4C_2}$，$\frac{4}{{}_4C_2}$ という確率が，由来する袋を考えている計算に対応している。

第４問 やや難 整数の性質 《平方数の和》

$$a^2+b^2+c^2+d^2=m,\ a \geqq b \geqq c \geqq d \geqq 0 \quad \cdots\cdots ①$$

(1)　$m=14$ のとき，①は

$$a^2+b^2+c^2+d^2=14,\ a \geqq b \geqq c \geqq d \geqq 0$$

であり，$4^2=16>14$ であることに注意すると，①を満たす整数 a，b，c，d の組 $(a,\ b,\ c,\ d)$ は

$$(a,\ b,\ c,\ d)=(\boxed{3},\ \boxed{2},\ \boxed{1},\ \boxed{0})$$ →ア，イ，ウ，エ

のただ一つである。

また，$m=28$ のとき，①は

$$a^2+b^2+c^2+d^2=28,\ a \geqq b \geqq c \geqq d \geqq 0$$

であり，$6^2=36>28$ であることに注意すると，①を満たす整数 a，b，c，d の組 $(a,\ b,\ c,\ d)$ は

$$(a,\ b,\ c,\ d)=(5,\ 1,\ 1,\ 1),\ (4,\ 2,\ 2,\ 2),\ (3,\ 3,\ 3,\ 1)$$

の $\boxed{3}$ 個である。　→オ

(2)　a が奇数のとき，n を整数として $a=2n+1$ と表すことにすると

$$a^2-1=(a+1)(a-1)=(2n+2)2n=4n(n+1)$$

であり，正の整数 h のうち，すべての n に対する $4n(n+1)$ の値を割り切る最大のものは

$$h=\boxed{8}$$ →カ

である。実際，$n(n+1)$ は偶数であるから，$4n(n+1)$ は８の倍数であり，$n=1$ のときに $4n(n+1)$ は８の倍数のうち正で最小の値である８をとる。

(3)　(2)により，a，b，c，d のうち，偶数であるものの個数と，$a^2+b^2+c^2+d^2$ を８で割った余りとしてとり得る値の対応は次の表のようになる。

a，b，c，d のうち，偶数であるものの個数	$a^2+b^2+c^2+d^2$ を８で割った余りとしてとり得る値
0	4
1	3，7
2	2，6
3	1，5
4	0，4

これより，$a^2+b^2+c^2+d^2$ が８の倍数ならば，整数 a，b，c，d のうち，偶数であるものの個数は $\boxed{4}$ 個である。　→キ

(4)　$m=224=8\times 28$ のとき，①は

$a^2+b^2+c^2+d^2=224,\ a\geqq b\geqq c\geqq d\geqq 0$

であり，(3)を用いて，これを満たす $a,\ b,\ c,\ d$ はすべて偶数でなければならないことに注意すると

$a=2a_1,\ b=2b_1,\ c=2c_1,\ d=2d_1$

（$a_1,\ b_1,\ c_1,\ d_1$ は $a_1\geqq b_1\geqq c_1\geqq d_1\geqq 0$ を満たす整数）

とおけ，①は

$a_1{}^2+b_1{}^2+c_1{}^2+d_1{}^2=56=8\times 7$

となる。再び(3)を用いて，これを満たす $a_1,\ b_1,\ c_1,\ d_1$ はすべて偶数でなければならないことに注意すると

$a_1=2a_2,\ b_1=2b_2,\ c_1=2c_2,\ d_1=2d_2$

（$a_2,\ b_2,\ c_2,\ d_2$ は $a_2\geqq b_2\geqq c_2\geqq d_2\geqq 0$ を満たす整数）

とおけ

$a_2{}^2+b_2{}^2+c_2{}^2+d_2{}^2=14$

を考えることに帰着されるが，これは(1)ですでに考えており

$(a_2,\ b_2,\ c_2,\ d_2)=(3,\ 2,\ 1,\ 0)$

のみであるから，$m=224$ のとき，①を満たす整数 $a,\ b,\ c,\ d$ の組 $(a,\ b,\ c,\ d)$ は

$(a,\ b,\ c,\ d)=(4a_2,\ 4b_2,\ 4c_2,\ 4d_2)$

$=(\boxed{12},\ \boxed{8},\ \boxed{4},\ \boxed{0})$ →クケ，コ，サ，シ

のただ一つであることがわかる。

(5) $896=2^7\times 7$ より，7の倍数で896の約数である正の整数は

$7,\ 2\times 7,\ 2^2\times 7,\ 2^3\times 7,\ 2^4\times 7,\ 2^5\times 7,\ 2^6\times 7,\ 2^7\times 7$ ……(＊)

の8個あり，これらを m の値としたときの①を満たす整数 $a,\ b,\ c,\ d$ の組 $(a,\ b,\ c,\ d)$ の個数が3個であるようなものの個数を考える。

ここで，(＊)のうち，$2^3\times 7,\ 2^4\times 7,\ 2^5\times 7,\ 2^6\times 7,\ 2^7\times 7$ は8の倍数であるから，(3)を（必要があれば繰り返し）用いることで

$a^2+b^2+c^2+d^2=2^3\times 7$ は $a^2+b^2+c^2+d^2=2^1\times 7$ へ

$a^2+b^2+c^2+d^2=2^4\times 7$ は $a^2+b^2+c^2+d^2=2^2\times 7$ へ

$a^2+b^2+c^2+d^2=2^5\times 7$ は $a^2+b^2+c^2+d^2=2^1\times 7$ へ

$a^2+b^2+c^2+d^2=2^6\times 7$ は $a^2+b^2+c^2+d^2=2^2\times 7$ へ

$a^2+b^2+c^2+d^2=2^7\times 7$ は $a^2+b^2+c^2+d^2=2^1\times 7$ へ

と帰着されることがわかる。

また，$a^2+b^2+c^2+d^2=7,\ a\geqq b\geqq c\geqq d\geqq 0$ を満たす整数 $a,\ b,\ c,\ d$ の組 $(a,\ b,\ c,\ d)$ は

$(a,\ b,\ c,\ d)=(2,\ 1,\ 1,\ 1)$

の1個だけであり，$a^2+b^2+c^2+d^2=2\times7$，$a\geqq b\geqq c\geqq d\geqq0$ を満たす整数 a，b，c，d の組 (a, b, c, d) は，(1)より1個だけであり，$a^2+b^2+c^2+d^2=2^2\times7$，$a\geqq b\geqq c\geqq d\geqq0$ を満たす整数 a，b，c，d の組 (a, b, c, d) は，(1)より3個のみであるから，(＊)を m の値としたときの①を満たす整数 a，b，c，d の組 (a, b, c, d) の個数が3個であるようなものは

$$m=2^2\times7,\ 2^4\times7,\ 2^6\times7$$

の 3 →ス 個であり，そのうち最大のものは

$$m=2^6\times7=448$$ →セソタ

である。

解説

正の整数を4つの平方数（整数の2乗）の和で表す題材を扱った問題である。なお，このテーマは歴史的にもラグランジュ，ガウス，ヤコビなどの数学者が取り組んできた有名なものである。大学入学共通テストの問題作成方針で「教科書等では扱われていない数学の定理等を既知の知識等を活用しながら導くことのできるような題材等」を取り扱うという方向性を体現したものと考えられる。具体的には「降下法」と呼ばれる考え方を誘導を通して活用することが本問のメインテーマとなっている。

(1)　具体的に m の値が14と28のときに整数解 (a, b, c, d) を考える問題である。平方数が0以上の値であることに着目し，大小関係で絞り込んで候補をチェックしていくことで漏れなく調べることができる。実は，ここで求めた整数解は(4)・(5)で活かされる。

(2)・(3)　平方数を8で割った剰余についての設問である。平方数の剰余については，3や4で割ったときの剰余がよく扱われるが，本問では8で割った剰余に関する議論が要求された。「連続する2つの整数の積が偶数になる」ことなど，誘導が丁寧につけられており，その議論に乗ることができれば難しくはないだろうが，整数問題の考え方に不慣れだと難しく感じるかもしれない。

(4)・(5)　いわゆる「降下法」と呼ばれる整数の議論で現れる特有の考え方を具体的な形で理解し，問題の中でその発想を活かせるかが問われている。扱っているテーマとしてはかなり高級なものである。さらに，(1)からの小問がすべて(5)の解決に使われる流れになっており，構想や見通しを立てることなど，思考力および判断力が要求される問題である。解けなかった人もぜひ最後の設問まで理解しておいてもらいたい。

(3)では「m が8の倍数のとき，①を満たす整数 a，b，c，d はすべて偶数である」ということを議論した。すると，m が8の倍数のとき，$m=2^MN$（M は3以上の整数，N は正の奇数）とおき，①を満たす整数 a，b，c，d を $a=2a_1$，$b=2b_1$，$c=2c_1$，$d=2d_1$ と整数 a_1，b_1，c_1，d_1 を用いて表すことで，①は

$$2^2(a_1{}^2+b_1{}^2+c_1{}^2+d_1{}^2)=2^M N$$

すなわち

$$a_1{}^2+b_1{}^2+c_1{}^2+d_1{}^2=2^{M-2}N$$

を考えることに帰着される。つまり，$a^2+b^2+c^2+d^2=m$ の整数解を求める問題が $a^2+b^2+c^2+d^2=\dfrac{m}{4}$ の整数解を求める問題に帰着されるわけであり，右辺の値を小さくできることで整数解が求めやすくなるのである。ここで，仮に $M-2 \geqq 3$ であれば，いま行った議論を再びもち出すことで，さらに右辺の値を小さくできる。これは右辺が8の倍数でなくなるまで繰り返し行うことができ，右辺の値や整数解が段階的に小さくなることから，このようなアプローチは「降下法」と呼ばれている。この考え方を具体的に $m=224=2^5\times 7$ のときにみるのが(4)であった。2回降下が実行され，その結果，(1)での $m=14$ の場合に帰着されたわけである。(5)では，7の倍数で896の約数である正の整数を m の値として考えた不定方程式①が，(1)での $m=14$，28の場合に帰着されるという大団円を迎える問題であった。

第5問　やや難　図形の性質　《作図の手順》

(1)　円Oが点Sを通り，半直線ZXと半直線ZYの両方に接する円であることを示すには，点Oが∠XZYの二等分線ℓ上にあること，OHとZXが垂直であることを踏まえると，OH＝OS　⑤　→ア　が成り立つことを示せばよい。

上の構想に基づいて，手順で作図した円Oが求める円であることを説明しよう（下図では，円Cと直線ZSとの２つの交点のうち，Zに近い側をGとしているが，Zから遠い側をGとしても同様の議論ができる）。

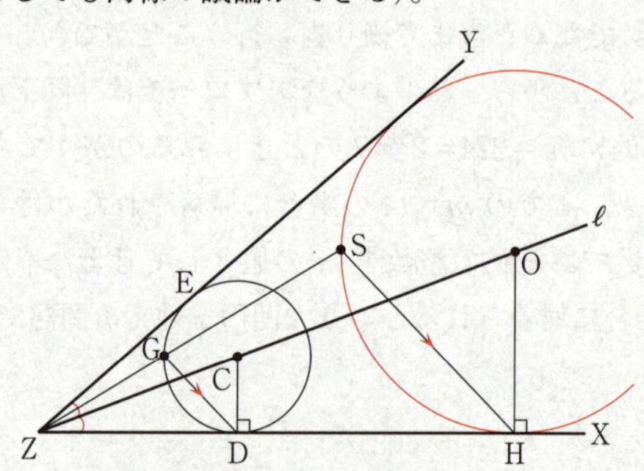

作図の手順より，△ZDGと△ZHSが相似であるので

DG：HS＝ZD：ZH　②　→イ，　⑥　→ウ，　⑦　→エ

であり，△ZDCと△ZHOが相似であるので

DC：HO＝ZD：ZH　①　→オ

であるから

DG：HS＝DC：HO

となる。

ここで，３点S，O，Hが一直線上にない場合は

∠CDG＝∠OHS　②　→カ

であるので，△CDGと△OHSとの関係に着目すると，CD＝CGよりOH＝OSであることがわかる。

なお，３点S，O，Hが一直線上にある場合は

DG＝　2　DC　→キ

となり，DG：HS＝DC：HOよりOH＝OSであることがわかる。

(2)　点Sが∠XZYの二等分線ℓ上にある場合を考える。このとき，２円O_1，O_2は点Sで外接する。

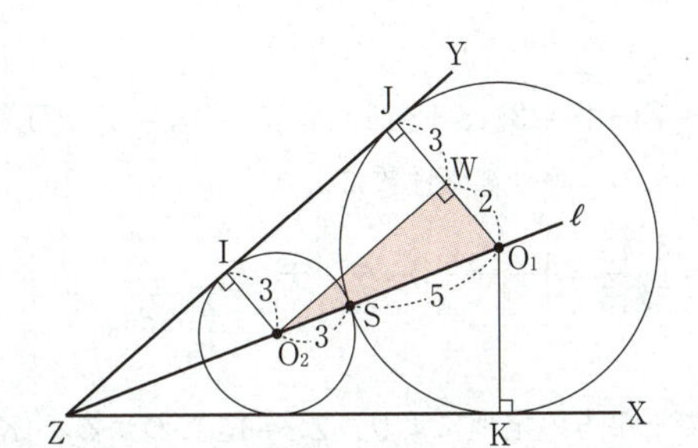

点 O_2 を通り IJ と平行な直線と JO_1 との交点を上図のようにWとすると，四角形 IO_2WJ は長方形であり，$\triangle O_1WO_2$ は直角三角形である。

$IO_2=JW=3$，$JO_1=5$ より，$WO_1=2$ であり，$O_1O_2=3+5=8$ である。直角三角形 O_1WO_2 で三平方の定理より

$$O_2W^2=O_1O_2{}^2-O_1W^2=8^2-2^2=2^2\cdot15$$

より　$O_2W=2\sqrt{15}$

四角形 IO_2WJ は長方形であるから

$$IJ=O_2W=\boxed{2}\sqrt{\boxed{15}}$$ →ク，ケコ

である。

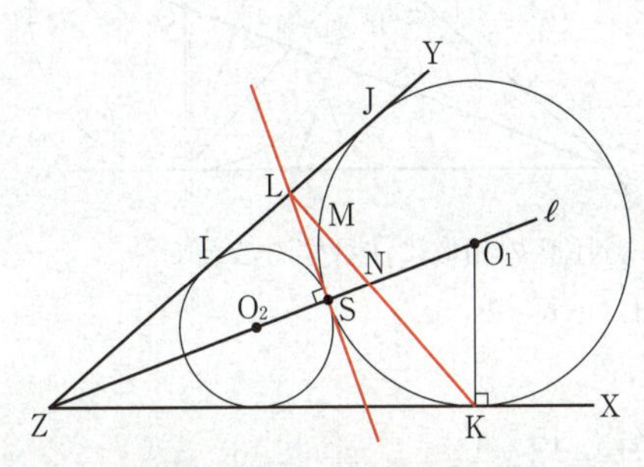

Lから円 O_2 に引いた接線の長さとして $LI=LS$ がわかり，Lから円 O_1 に引いた接線の長さとして $LJ=LS$ がわかるので

$$LI=LS=LJ=\frac{IJ}{2}=\sqrt{15}$$

である。円 O_1 に関して，方べきの定理により

$$LM\cdot LK=LS^2=(\sqrt{15})^2=\boxed{15}$$ →サシ

である。

また，$\triangle ZIO_2$ と $\triangle O_2WO_1$ が相似であることに着目することで

$$ZI:O_2W=IO_2:WO_1$$

より

$$ZI=O_2W\times\frac{IO_2}{WO_1}=2\sqrt{15}\times\frac{3}{2}=\boxed{3}\sqrt{\boxed{15}}$$ →ス，セソ

がわかる。

これより，$ZL=ZI+IL=3\sqrt{15}+\sqrt{15}=4\sqrt{15}$，$ZK=ZJ=ZL+LJ=4\sqrt{15}+\sqrt{15}=5\sqrt{15}$ であるから，角の二等分線の性質により

$$\frac{LN}{NK}=\frac{ZL}{ZK}=\frac{4\sqrt{15}}{5\sqrt{15}}=\frac{\boxed{4}}{\boxed{5}}$$ →タ，チ

である。

直角三角形 LZS で三平方の定理により，$ZS=15$ とわかる。JK と ℓ との交点を P とすると，2つの直角三角形 LZS と JZP の相似に注目することで，$ZP=15\times\frac{5\sqrt{15}}{4\sqrt{15}}=\frac{75}{4}$ であるので

$$SP=ZP-ZS=\frac{15}{4}$$

である。

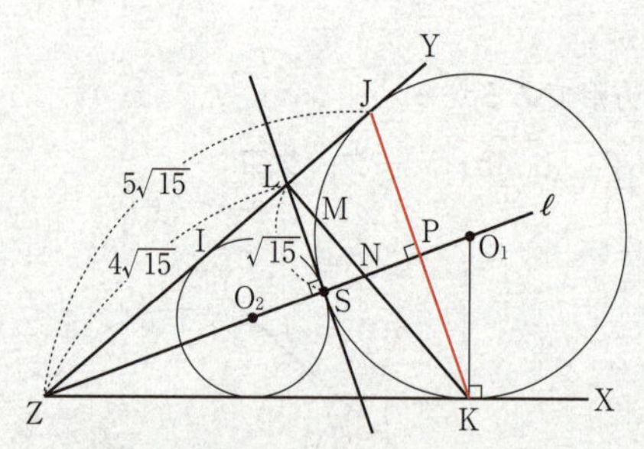

さらに，△NLS と △NKP の相似に注目することで

$$SN:PN=NL:NK=4:5$$

がわかるので

$$SN=SP\times\frac{4}{4+5}=\frac{15}{4}\times\frac{4}{9}=\frac{\boxed{5}}{\boxed{3}}$$ →ツ，テ

である。

解説

(1)では作図の手順とそれが正しいことについて，構想に基づく説明を考える問題である。イ～カは選択肢から選んで答えるので，判断に迷ったときには，自分の候補が選択肢に入っているかどうかを確認することで可能性を絞り込むこともできる。時間的な余裕の少ない試験であることを踏まえると，このようなテクニックも必要であれば活用していきたい。

また，第1問〔2〕と同様に，文章を読んで自分で図を描いて考えていかなければならない。普段から図を描く訓練もしておかなければならないだろう。与えられた図を見て解いているだけでは対応できないかもしれない。(2)でも自分で図を描くことが

要求される。「点Ｓが二等分線 ℓ 上にある」などの設定をきちんと把握し，正しく図を描かなくてはならない。共通接線の長さについての問題，方べきの定理を用いる問題，角の二等分線の性質を用いる問題，三角形の相似を利用する問題など出題内容の幅は広く，たくさんの点や線が登場する図の中から必要な構図を見抜く力が要求される問題である。

数学Ⅱ・数学B

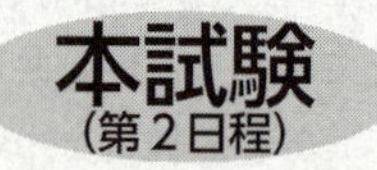

問題番号（配点）	解答記号	正　解	配点	チェック
第１問（30）	ア	1	1	
	$イ\log_{10}2+ウ$	$-\log_{10}2+1$	2	
	$エ\log_{10}2+\log_{10}3+オ$	$-\log_{10}2+\log_{10}3+1$	2	
	カキ	23	2	
	クケ	24	2	
	$\log_{10}コ$	$\log_{10}3$	2	
	サ	3	2	
	シ	2	1	
	ス	4	1	
	セ	⑦	2	
	ソ	④	2	
	タ	0	1	
	$\dfrac{\sqrt{チ}}{ツ}$	$\dfrac{\sqrt{2}}{2}$	1	
	$\sqrt{テ}\sin\left(\alpha+\dfrac{\pi}{ト}\right)$	$\sqrt{2}\sin\left(\alpha+\dfrac{\pi}{4}\right)$	1	
	ナニ	11	2	
	ヌネ	19	1	
	$\dfrac{ノハ}{ヒ}$	$\dfrac{-1}{2}$	2	
	$\dfrac{フ}{ヘ}\pi$	$\dfrac{2}{3}\pi$	1	
	ホ	⓪	2	

問題番号（配点）	解答記号	正　解	配点	チェック
第２問（30）	ア	2	2	
	イ	2	2	
	ウ	0	1	
	エ	①	2	
	オ，カ	①，③	2	
	キ	2	2	
	ク	a	2	
	ケ	0	1	
	コ*	2	3	
	サ	1	3	
	シス	$-c$	2	
	セ	c	2	
	ソ，タ，チ，ツ	−，3，3，6	3	
	テ	2	3	

問題番号(配点)	解答記号	正　解	配点	チェック
第３問(20)	アイ	45	2	
	ウエ	15	2	
	オカ	47	2	
	$\frac{キ}{ク}$	$\frac{a}{5}$	1	
	$\frac{ケ\sqrt{コサ}}{シ}$	$\frac{3\sqrt{11}}{8}$	3	
	ス	①	2	
	セ	4	2	
	ソタチ.ツテ	112.16	1	
	トナニ.ヌネ	127.84	1	
	ノ	②	2	
	ハ.ヒ	1.5	2	
第４問(20)	ア	4	1	
	イ・ウ$^{n-1}$	$4\cdot5^{n-1}$	2	
	$\frac{エ}{オカ}$	$\frac{5}{16}$	2	
	キ	5	1	
	ク	4	2	
	ケ，コ	1，1	3	
	サシ	15	2	
	ス，セ	1，2	3	
	ソタ	41	2	
	チツテ	153	2	

問題番号(配点)	解答記号	正　解	配点	チェック
第５問(20)	ア	5	2	
	$\frac{イ}{ウエ}$	$\frac{9}{10}$	2	
	$\frac{オ}{カ}$，$\frac{キ}{ク}$	$\frac{2}{5}$，$\frac{1}{2}$	2	
	ケ	4	2	
	コ，$\sqrt{サ}$	3，$\sqrt{7}$	2	
	シ	－	2	
	$\frac{ス}{セ}$	$\frac{1}{3}$	3	
	$\frac{ソ}{タチ}$	$\frac{7}{12}$	3	
	ツ	①	2	

（注）　第１問，第２問は必答。第３問～第５問のうちから２問選択。計４問を解答。
＊第２問コで b と解答した場合、第２問キで２と解答しているときにのみ３点を与える。

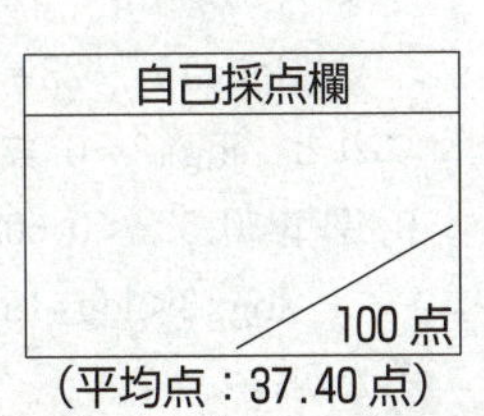

（平均点：37.40 点）

第1問 ―― 対数関数，三角関数

〔1〕 標準 《桁数と最高位の数字》

(1)　$\log_{10}10=\boxed{1}$ →ア

$\log_{10}5$，$\log_{10}15$ をそれぞれ $\log_{10}2$ と $\log_{10}3$ を用いて表すと

$$\log_{10}5=\log_{10}\frac{10}{2}=\log_{10}10-\log_{10}2=\boxed{-}\log_{10}2+\boxed{1}$$ →イ，ウ ……①

$$\log_{10}15=\log_{10}(3\cdot5)=\log_{10}3+\log_{10}5$$

ここで，①を用いると

$$\log_{10}15=\log_{10}3+(-\log_{10}2+1)$$
$$=\boxed{-}\log_{10}2+\log_{10}3+\boxed{1}$$ →エ，オ ……②

(2)　$\log_{10}15^{20}=20\log_{10}15$

と表されるから，②を用いると

$$\log_{10}15^{20}=20(-\log_{10}2+\log_{10}3+1)$$
$$=20(-0.3010+0.4771+1)$$
$$=20\times1.1761$$
$$=23.522$$ ……③

よって，$\log_{10}15^{20}$ は

$$\boxed{23}<\log_{10}15^{20}<23+1$$ →カキ

を満たす。

$$23<\log_{10}15^{20}<24$$

ここで，$23=23\cdot1=23\log_{10}10=\log_{10}10^{23}$，同様にして，$24=\log_{10}10^{24}$ であるから

$$\log_{10}10^{23}<\log_{10}15^{20}<\log_{10}10^{24}$$

底が10で，1より大きいので，真数を比較すると

$$10^{23}<15^{20}<10^{24}$$

したがって，15^{20} は $\boxed{24}$ 桁の数である。 →クケ

次に，$N\cdot10^{23}<15^{20}<(N+1)\cdot10^{23}$ を満たすような正の整数 N に着目することで 15^{20} の最高位の数字を求める。

③より，$\log_{10}15^{20}$ の整数部分は23なので，小数部分は

$$\log_{10}15^{20}-23=23.522-23=0.522$$

これと，$\log_{10}3=0.4771$，$\log_{10}4=\log_{10}2^2=2\log_{10}2=2\times0.3010=0.6020$ の各数で，$0.4771<0.522<0.6020$ が成り立つから

$$\log_{10}3<\log_{10}15^{20}-23<\log_{10}4$$

したがって

$$\log_{10} \boxed{3} < \log_{10}15^{20} - 23 < \log_{10}(3+1) \quad \to コ$$

$$23 + \log_{10}3 < \log_{10}15^{20} < 23 + \log_{10}4$$

$$\log_{10}10^{23} + \log_{10}3 < \log_{10}15^{20} < \log_{10}10^{23} + \log_{10}4$$

$$\log_{10}(3\times10^{23}) < \log_{10}15^{20} < \log_{10}(4\times10^{23})$$

底が10で，1より大きいので，真数を比較すると

$$3\times10^{23} < 15^{20} < 4\times10^{23}$$

よって，15^{20} の最高位の数字は $\boxed{3}$ である。→サ

解説

(1)は対数の基本的な計算問題である。この計算結果は(2)の計算過程で利用することになる。(2)は 15^{20} の桁数と最高位の数字を求める典型的な問題であるが，このような問題は各人，普段解答している自分自身のスタイルがあると思われるので，かえって誘導に従うことが面倒に感じることもあるだろう。誘導に乗りつつも，自分の解法にも対応づけながら，解答につなげていくことが肝要である。ぜひ，完答しておきたい問題の一つである。

〔2〕 標準 《三角関数に関わる図形についての命題》

(1) **考察1**　△PQR が正三角形である場合を考える。

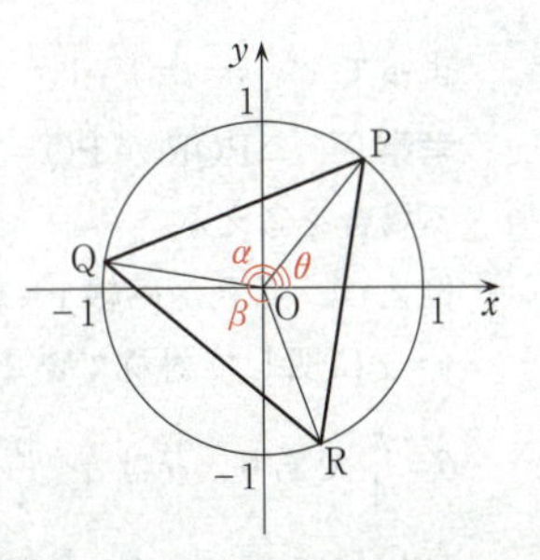

△PQR が正三角形のとき，$\angle PRQ = \dfrac{\pi}{3}$ である。中心角は円周角の2倍であるという関係があるので

$$\angle POQ = \frac{2}{3}\pi$$

同様にして，$\angle QPR = \dfrac{\pi}{3}$ であるから

$$\angle QOR = \frac{2}{3}\pi$$

したがって

$$\alpha = \theta + \frac{\boxed{2}}{3}\pi \quad \to シ, \quad \beta = \theta + \frac{\boxed{4}}{3}\pi \quad \to ス$$

であり，加法定理により

$$\cos\alpha = \cos\left(\theta + \frac{2}{3}\pi\right) = \cos\theta\cos\frac{2}{3}\pi - \sin\theta\sin\frac{2}{3}\pi$$

$$= -\frac{\sqrt{3}}{2}\sin\theta - \frac{1}{2}\cos\theta \quad \boxed{⑦} \quad \to セ$$

$$\sin\alpha = \sin\left(\theta + \frac{2}{3}\pi\right) = \sin\theta\cos\frac{2}{3}\pi + \cos\theta\sin\frac{2}{3}\pi$$

$$=-\frac{1}{2}\sin\theta+\frac{\sqrt{3}}{2}\cos\theta$$ ④ →ソ

同様にして

$$\cos\beta=\cos\left(\theta+\frac{4}{3}\pi\right)=\cos\theta\cos\frac{4}{3}\pi-\sin\theta\sin\frac{4}{3}\pi$$

$$=\frac{\sqrt{3}}{2}\sin\theta-\frac{1}{2}\cos\theta$$

$$\sin\beta=\sin\left(\theta+\frac{4}{3}\pi\right)=\sin\theta\cos\frac{4}{3}\pi+\cos\theta\sin\frac{4}{3}\pi$$

$$=-\frac{1}{2}\sin\theta-\frac{\sqrt{3}}{2}\cos\theta$$

これらのことから

$$s=\cos\theta+\cos\alpha+\cos\beta$$

$$=\cos\theta+\left(-\frac{\sqrt{3}}{2}\sin\theta-\frac{1}{2}\cos\theta\right)+\left(\frac{\sqrt{3}}{2}\sin\theta-\frac{1}{2}\cos\theta\right)$$

$$=0$$

$$t=\sin\theta+\sin\alpha+\sin\beta$$

$$=\sin\theta+\left(-\frac{1}{2}\sin\theta+\frac{\sqrt{3}}{2}\cos\theta\right)+\left(-\frac{1}{2}\sin\theta-\frac{\sqrt{3}}{2}\cos\theta\right)$$

$$=0$$

よって　$s=t=$ 0 →タ

考察2　△PQR が PQ＝PR となる二等辺三角形である場合を考える。

例えば，点Pが直線 $y=x$ 上にあり，点Q，Rが直線 $y=x$ に関して対称である場合を考える。このとき，$\theta=\frac{\pi}{4}$ であり，α は $\alpha<\frac{5}{4}\pi$，β は $\frac{5}{4}\pi<\beta$ を満たす。

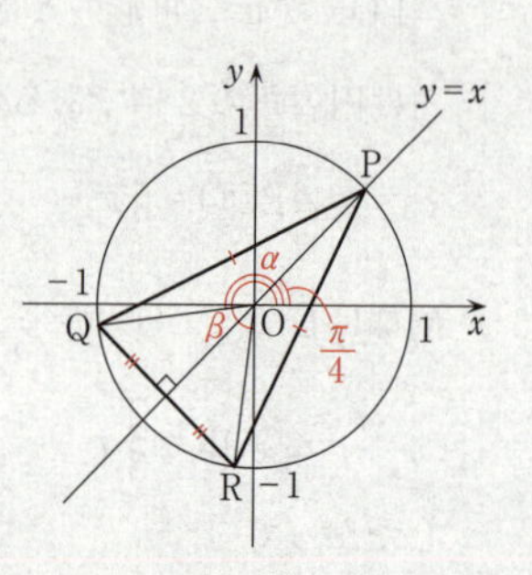

点Q$(\cos\alpha,\ \sin\alpha)$，R$(\cos\beta,\ \sin\beta)$ が直線 $y=x$ に関して対称であるから

$$\sin\beta=\cos\alpha,\quad \cos\beta=\sin\alpha$$

が成り立つ。よって

$$s=\cos\theta+\cos\alpha+\cos\beta=\cos\frac{\pi}{4}+\cos\alpha+\sin\alpha$$

$$=\frac{\sqrt{2}}{2}+\sin\alpha+\cos\alpha$$

$$t=\sin\theta+\sin\alpha+\sin\beta=\sin\frac{\pi}{4}+\sin\alpha+\cos\alpha$$

$$=\frac{\sqrt{2}}{2}+\sin\alpha+\cos\alpha$$

したがって

$$s=t=\frac{\sqrt{\boxed{2}}}{\boxed{2}}+\sin\alpha+\cos\alpha \quad \rightarrow チ，ツ$$

ここで，三角関数の合成により

$$\sin\alpha+\cos\alpha=\sqrt{2}\left\{(\sin\alpha)\frac{1}{\sqrt{2}}+(\cos\alpha)\frac{1}{\sqrt{2}}\right\}$$
$$=\sqrt{2}\left(\sin\alpha\cos\frac{\pi}{4}+\cos\alpha\sin\frac{\pi}{4}\right)$$
$$=\sqrt{\boxed{2}}\sin\left(\alpha+\frac{\pi}{\boxed{4}}\right) \quad \rightarrow テ，ト$$

である。$s=t=0$ となる α，β を求める。

$$s=t=\frac{\sqrt{2}}{2}+\sin\alpha+\cos\alpha$$
$$=\frac{\sqrt{2}}{2}+\sqrt{2}\sin\left(\alpha+\frac{\pi}{4}\right)$$

$s=t=0$ のとき

$$\sin\left(\alpha+\frac{\pi}{4}\right)=-\frac{1}{2}$$

$0<\alpha<\frac{5}{4}\pi$ より，$\frac{\pi}{4}<\alpha+\frac{\pi}{4}<\frac{3}{2}\pi$ であるから　　$\alpha+\frac{\pi}{4}=\frac{7}{6}\pi$

よって　　$\alpha=\frac{\boxed{11}}{12}\pi$　→ナニ

α，β が $\alpha<\frac{5}{4}\pi<\beta$ を満たし，点Q，Rが直線 $y=x$ に関して対称であるので

$$\frac{\alpha+\beta}{2}=\frac{5}{4}\pi$$

よって

$$\beta=\frac{5}{2}\pi-\alpha=\frac{5}{2}\pi-\frac{11}{12}\pi=\frac{\boxed{19}}{12}\pi \quad \rightarrow ヌネ$$

このとき，$s=t=0$ である。

(2)　**考察3**　$s=t=0$ の場合を考える。

$$\begin{cases}\cos\theta+\cos\alpha+\cos\beta=0\\ \sin\theta+\sin\alpha+\sin\beta=0\end{cases} \quad \cdots\cdots①$$

$$\begin{cases}\cos\theta=-\cos\alpha-\cos\beta\\ \sin\theta=-\sin\alpha-\sin\beta\end{cases}$$

これらを $\sin^2\theta+\cos^2\theta=1$ に代入すると

$$(-\sin\alpha-\sin\beta)^2+(-\cos\alpha-\cos\beta)^2=1$$

$$(\sin^2\alpha+2\sin\alpha\sin\beta+\sin^2\beta)+(\cos^2\alpha+2\cos\alpha\cos\beta+\cos^2\beta)=1$$

$$2+2(\cos\alpha\cos\beta+\sin\alpha\sin\beta)=1$$

$$\cos\alpha\cos\beta+\sin\alpha\sin\beta=\frac{\boxed{-1}}{\boxed{2}}$$ →ノハ，ヒ

$$\cos(\beta-\alpha)=-\frac{1}{2}\quad\cdots\cdots②$$

同様にして，①より

$$\begin{cases}\cos\beta=-\cos\theta-\cos\alpha\\ \sin\beta=-\sin\theta-\sin\alpha\end{cases}$$

これらを $\sin^2\beta+\cos^2\beta=1$ に代入すると

$$(-\sin\theta-\sin\alpha)^2+(-\cos\theta-\cos\alpha)^2=1$$

$$(\sin^2\theta+2\sin\theta\sin\alpha+\sin^2\alpha)+(\cos^2\theta+2\cos\theta\cos\alpha+\cos^2\alpha)=1$$

$$2+2(\cos\theta\cos\alpha+\sin\theta\sin\alpha)=1$$

$$\cos\theta\cos\alpha+\sin\theta\sin\alpha=-\frac{1}{2}$$

$$\cos(\alpha-\theta)=-\frac{1}{2}\quad\cdots\cdots③$$

$0\leqq\theta<\alpha<\beta<2\pi$ より，$\alpha-\theta$，$\beta-\alpha$ はそれぞれ $0<\alpha-\theta<2\pi$，$0<\beta-\alpha<2\pi$ を満たす角度である。よって，②，③を満たす $\alpha-\theta$，$\beta-\alpha$ はともに $\frac{2}{3}\pi$ または $\frac{4}{3}\pi$ である。

ここで，少なくとも一方が $\frac{4}{3}\pi$ であるとすると

$$(\alpha-\theta)+(\beta-\alpha)\geqq2\pi$$

$$\beta-\theta\geqq2\pi$$

となり，$0\leqq\theta<\alpha<\beta<2\pi$ である条件を満たさなくなるので

$$\beta-\alpha=\alpha-\theta=\frac{\boxed{2}}{\boxed{3}}\pi$$ →フ，ヘ

(3)　考察1でわかったこと：△PQR が正三角形ならば　　$s=t=0$

考察2でわかったこと：△PQR が PQ＝PR となる二等辺三角形 $\left(\text{特に}\,\theta=\frac{\pi}{4}\right)$ のとき，$\alpha=\frac{11}{12}\pi$，$\beta=\frac{19}{12}\pi$ ならば　　$s=t=0$

考察3でわかったこと：$s=t=0$ ならば　　$\beta-\alpha=\alpha-\theta=\frac{2}{3}\pi$

さらに補足する。

考察２について

$\theta=\dfrac{\pi}{4}$，$\alpha=\dfrac{11}{12}\pi$ より　　$\angle\mathrm{POQ}=\alpha-\theta=\dfrac{11}{12}\pi-\dfrac{\pi}{4}=\dfrac{2}{3}\pi$

円周角は中心角の $\dfrac{1}{2}$ 倍であるという関係があるので　　$\angle\mathrm{PRQ}=\dfrac{\pi}{3}$

$\beta=\dfrac{19}{12}\pi$ より　　$\angle\mathrm{QOR}=\beta-\alpha=\dfrac{19}{12}\pi-\dfrac{11}{12}\pi=\dfrac{2}{3}\pi$

同様にして，$\angle\mathrm{QPR}=\dfrac{\pi}{3}$ である。残りの内角も $\dfrac{\pi}{3}$ となり，$\theta=\dfrac{\pi}{4}$，$\alpha=\dfrac{11}{12}\pi$，$\beta=\dfrac{19}{12}\pi$ であるときの $\mathrm{PQ}=\mathrm{PR}$ である二等辺三角形 PQR は正三角形であることがわかる。

考察３について

$\beta-\alpha=\alpha-\theta=\dfrac{2}{3}\pi$ から続ける。

$\beta-\alpha=\dfrac{2}{3}\pi$ より　　$\angle\mathrm{QOR}=\dfrac{2}{3}\pi$

円周角は中心角の $\dfrac{1}{2}$ 倍であるという関係があるので　　$\angle\mathrm{QPR}=\dfrac{\pi}{3}$

$\alpha-\theta=\dfrac{2}{3}\pi$ より　　$\angle\mathrm{POQ}=\dfrac{2}{3}\pi$

同様にして，$\angle\mathrm{PRQ}=\dfrac{\pi}{3}$ である。残りの内角も $\dfrac{\pi}{3}$ となり，△PQR は正三角形であることがわかる。

⓪，①，②，③の真偽を判断する観点から，各考察を再度，整理すると次のようになる。

考察１：△PQR が正三角形ならば　　$s=t=0$

考察２：△PQR が $\mathrm{PQ}=\mathrm{PR}$ となる二等辺三角形で，$\theta=\dfrac{\pi}{4}$，$\alpha=\dfrac{11}{12}\pi$，$\beta=\dfrac{19}{12}\pi$

（このとき△PQR は正三角形である）ならば　　$s=t=0$

（**考察１**の θ，α，β についての一つの例である）

考察３：$s=t=0$ ならば△PQR は正三角形である。

したがって，⓪～③のうち正しいものは [⓪] である。　→ホ

解説

三角形の形状と定義された式の値との関係について考察する問題である。図形に対する条件は二等辺三角形，正三角形であることで，問題なく把握できる基本的なものであるから，三角関数の加法定理，合成などの計算処理が中心のテーマとなる。

考察1，2，3についてはそれぞれ仮定と結論を明確にして考えることが肝心である。考察1では加法定理を用いた計算から s，t それぞれの値を求めることになる。

考察2では三角関数の合成により式を整理し，α，β の値がいくらのときに $s=t=0$ であるのかを求める。$\theta=\dfrac{\pi}{4}$ のときは，α と β を，$\alpha=\dfrac{11}{12}\pi$，$\beta=\dfrac{19}{12}\pi$ と定めると，$s=t=0$ となることがわかる。この条件では，二等辺三角形PQRは特に正三角形であることを確認しておくこと。

考察3では $s=t=0$ を仮定して，そのときの三角形の形状を求める。式の展開，三角関数の相互関係，加法定理を用いて計算，整理をしていく。

これらの考察から得られたことを正確に読み解いて，(3)を答えよう。

第２問 ―― 微分・積分

〔１〕 標準 《２次関数の増減と極大・極小》

(1) $a=1$ のとき　$f(x)=(x-1)(x-2)$

$$F(x)=\int_0^x f(t)\,dt$$

の両辺を x で微分すると

$F'(x)=f(x)$　つまり　$F'(x)=(x-1)(x-2)$

となるので，$F'(x)=0$ となるのは $x=1$，２のときであり，$F(x)$ の増減は次のようになる。

x	$\cdots$	1	$\cdots$	2	$\cdots$
$F'(x)\,(f(x))$	＋	0	－	0	＋
$F(x)$	↗	極大	↘	極小	↗

したがって，$F(x)$ は $x=$ 2 で極小になる。 →ア

(2)　$$F(x)=\int_0^x f(t)\,dt$$

の両辺を x で微分すると

$F'(x)=f(x)$　つまり　$F'(x)=(x-a)(x-2)$

$F(x)$ がつねに増加するための条件は，すべての実数 x に対して，$F'(x)$ つまり $f(x)$ がつねに０以上であることである。それは，右のグラフのように，$f(x)=(x-a)(x-2)$ において，$a=$ 2 →イ のときの，$f(x)=(x-2)^2$ となることである。

さらに，$F(0)=\int_0^0 f(t)\,dt$ となり，上端と下端の値が一致することから

$F(0)=$ 0 →ウ

これは $y=F(x)$ のグラフが原点 (0，0) を通ることを示す。よって，$y=F(x)$ のグラフは，原点 (0，0) を通り，単調に増加することになるので，右のグラフのようになり，$a=2$ のとき，$F(2)$ の値は正となる。 ① →エ

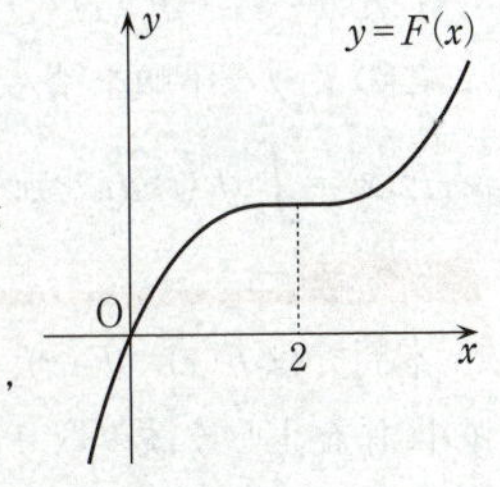

(3) $a>2$ とする。

$$G(x)=\int_b^x f(t)\,dt=\Big[F(x)\Big]_b^x=F(x)-F(b)\quad\cdots\cdots①$$

よって，$y=G(x)$ のグラフは，$y=F(x)$ のグラフを y 軸 ① →オ 方向に $-F(b)$ ③ →カ だけ平行移動したものと一致する。

$$G'(x)=\{F(x)-F(b)\}'=F'(x)$$

となるので，$F'(x)=(x-a)(x-2)$ において，$F'(x)=0$ となるのは $x=2$，a のときであり，$a>2$ より，$G(x)$ の増減は次のようになる。

x	$\cdots$	2	$\cdots$	a	$\cdots$
$G'(x)$	+	0	−	0	+
$G(x)$	↗	極大	↘	極小	↗

したがって，$G(x)$ は $x=$ 2 で極大になり，$x=$ a で極小になる。

→キ，ク

$G(b)$ の値を求めるには，①の定積分 $G(x)$ において $x=b$ とし，上端と下端の値を一致させればよいから

$$G(b)=F(b)-F(b)=\boxed{0}\quad →ケ$$

となる。

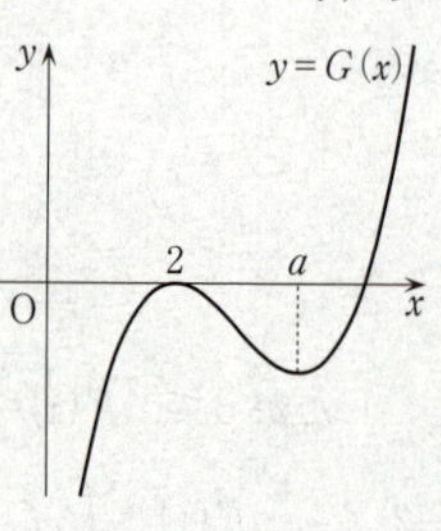

$b=2$ のとき，上の $G(x)$ の増減表で極大値は $G(2)=0$ なので，曲線 $y=G(x)$ と x 軸との共有点の個数は 2 個である。→コ

参考　$F(x)=\int_0^x f(t)\,dt$ において，$f(t)$ の不定積分の一つを $P(t)$ とおくと

$$F(x)=\Big[P(t)\Big]_0^x=P(x)-P(0)$$

両辺を x で微分する。$f(t)$ の不定積分の一つを $P(t)$ と定義しているので，t と x の違いがあるだけで，$P(x)$ を x で微分した $P'(x)$ は $f(x)$ に戻る。$P(0)$ は定数なので，定数を x で微分すると0になる。よって

$$F'(x)=f(x)-0=f(x)$$

となる。

したがって，$F'(x)=(x-a)(x-2)$ となる。

このような手順を踏んでもよいが，このプロセスが理解できていたら，スマートに $F(x)=\int_0^x f(t)\,dt$ を x で微分したいところである。

解説

本問では $f(x)$，$F(x)$，$G(x)$ といろいろな関数を扱うことになるので，それぞれの関係を正しく読み取り，上手に誘導に乗って解き進めていこう。問題を通して，計算だけに頼るのではなく，グラフを描くこともうまく織り交ぜながら確認していくとスムーズな流れで解答できる。

(1)・(2)　$F(x)=\int_0^x f(t)\,dt$ より，$F'(x)=f(x)$ の関係を得る。$f(x)=(x-a)(x-2)$ とわかっているので，$F'(x)$ の符号をみることで $F(x)$ の増減がわかる。

(3)　$G(x)=\int_b^x f(t)\,dt$ より，$G(x)=F(x)-F(b)$ の関係を得る。$F(b)$ が定数であることから，両辺を x で微分して $G'(x)=F'(x)$ となる。

〔2〕 標準 《絶対値を含む関数のグラフと図形の面積》

$$|x|=\begin{cases} x & (x\geqq 0 \text{ のとき}) \\ -x & (x<0 \text{ のとき}) \end{cases}$$

であるから

$$g(x)=\begin{cases} x(x+1) & (x\geqq 0 \text{ のとき}) \\ -x(x+1) & (x<0 \text{ のとき}) \end{cases}$$

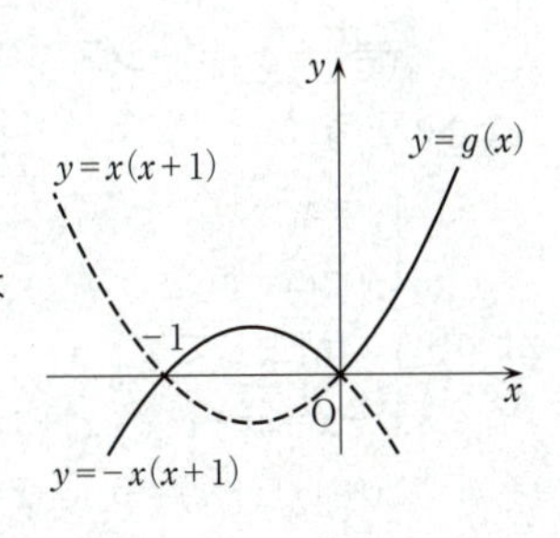

曲線 $y=g(x)$ は右図のようになる。

点 P$(-1,\ 0)$ は曲線 $y=g(x)$ 上の点である。$g(x)$ は $x=-1$ のとき，$x<0$ の場合にあたるので

$$g(x)=-x(x+1)=-x^2-x$$

であるから，このとき

$$g'(x)=-2x-1$$

よって　　$g'(-1)=-2(-1)-1=$ 1 　→サ

したがって，曲線 $y=g(x)$ 上の点Pにおける接線の傾きは1であり，その接線の方程式は

$$y-0=1\{x-(-1)\}\quad \text{より}\quad y=x+1$$

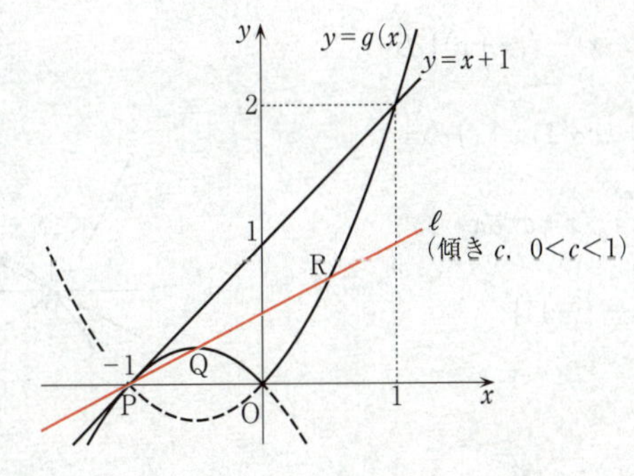

グラフより，$0<c<1$ のとき，曲線 $y=g(x)$ と直線 ℓ は３点で交わる。

直線 ℓ の方程式は

$$y-0=c\{x-(-1)\} \quad \text{より} \quad y=cx+c$$

曲線 $y=g(x)$ と直線 ℓ の共有点の x 座標を求める。

$x<0$ のとき

$$\begin{cases} y=-x^2-x \\ y=cx+c \end{cases}$$

より，y を消去して

$$cx+c=-x^2-x \qquad x^2+(c+1)x+c=0$$

$$(x+c)(x+1)=0 \qquad x=-c,\ -1$$

$x=-1$ は点Pの x 座標であるから，求める点Qの x 座標は

$$x=\boxed{-c} \quad \to \text{シス}$$

$x \geqq 0$ のとき

$$\begin{cases} y=x^2+x \\ y=cx+c \end{cases}$$

より，y を消去して

$$x^2+x=cx+c \qquad x^2+(-c+1)x-c=0$$

$$(x+1)(x-c)=0 \qquad x=-1,\ c$$

$x=-1$ は点Pの x 座標であるから，求める点Rの x 座標は

$$x=\boxed{c} \quad \to \text{セ}$$

また，$0<c<1$ のとき，線分PQと曲線 $y=g(x)$ で囲まれた図形（下図の赤色の網かけ部分）の面積を S とし，線分QRと曲線 $y=g(x)$ で囲まれた図形（下図の灰色の網かけ部分）の面積を T とすると

$$S=\int_{-1}^{-c}\{(-x^2-x)-(cx+c)\}dx$$

$$=-\int_{-1}^{-c}\{x^2+(c+1)x+c\}dx$$

$$=-\int_{-1}^{-c}(x+1)(x+c)\,dx$$

$$=-\frac{-1}{6}\{-c-(-1)\}^3$$

$$=\frac{1}{6}(-c+1)^3$$

$$=\frac{\boxed{-}\,c^3+\boxed{3}\,c^2-\boxed{3}\,c+1}{\boxed{6}} \quad \to \text{ソ，タ，チ，ツ}$$

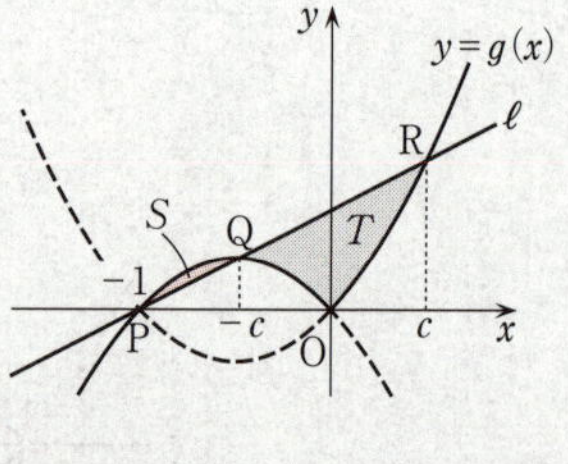

$$T=\int_{-c}^{0}\{(cx+c)-(-x^2-x)\}\,dx+\int_{0}^{c}\{(cx+c)-(x^2+x)\}\,dx$$

$$=\int_{-c}^{c}(cx+c)\,dx+\int_{-c}^{0}(x^2+x)\,dx-\int_{0}^{c}(x^2+x)\,dx$$

$$=\left[\frac{1}{2}cx^2+cx\right]_{-c}^{c}+\left[\frac{1}{3}x^3+\frac{1}{2}x^2\right]_{-c}^{0}-\left[\frac{1}{3}x^3+\frac{1}{2}x^2\right]_{0}^{c}$$

$$=2c^2-\frac{1}{3}(-c)^3-\frac{1}{2}(-c)^2-\frac{1}{3}c^3-\frac{1}{2}c^2$$

$$=c^{\boxed{2}}$$ →テ

参考　T の求め方

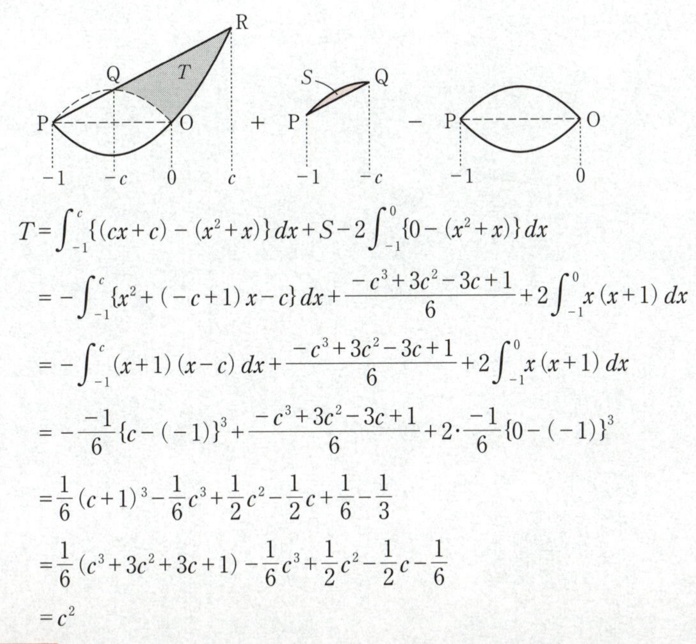

$$T=\int_{-1}^{c}\{(cx+c)-(x^2+x)\}\,dx+S-2\int_{-1}^{0}\{0-(x^2+x)\}\,dx$$

$$=-\int_{-1}^{c}\{x^2+(-c+1)x-c\}\,dx+\frac{-c^3+3c^2-3c+1}{6}+2\int_{-1}^{0}x(x+1)\,dx$$

$$=-\int_{-1}^{c}(x+1)(x-c)\,dx+\frac{-c^3+3c^2-3c+1}{6}+2\int_{-1}^{0}x(x+1)\,dx$$

$$=-\frac{-1}{6}\{c-(-1)\}^3+\frac{-c^3+3c^2-3c+1}{6}+2\cdot\frac{-1}{6}\{0-(-1)\}^3$$

$$=\frac{1}{6}(c+1)^3-\frac{1}{6}c^3+\frac{1}{2}c^2-\frac{1}{2}c+\frac{1}{6}-\frac{1}{3}$$

$$=\frac{1}{6}(c^3+3c^2+3c+1)-\frac{1}{6}c^3+\frac{1}{2}c^2-\frac{1}{2}c-\frac{1}{6}$$

$$=c^2$$

解　説

$g(x)$ は絶対値を含む関数である。場合分けをして正しくグラフを描こう。計算だけでは曲線 $y=g(x)$ と直線 ℓ が３点で交わる状況が正しく把握できない。基準となる点Pでの接線を描き，３点で交わる仕組みを読み取ろう。図形の面積 S，T は容易に求めることができる。面積を求める段階では

$$\int_{\alpha}^{\beta}(x-\alpha)(x-\beta)\,dx=-\frac{1}{6}(\beta-\alpha)^3$$

の公式を使うことで計算の過程をかなり省略できるので，積極的に利用すること。〔解答〕の T を求めるところでは，定積分の計算だけで処理したが，点Q，Rから x 軸に垂線を下ろし，台形の面積から余分な部分の面積を除いてもよい。三角形，台形

の面積など基本的な図形に関するものは定積分の計算から求めようとせず，各図形の面積の公式を利用してもよい。

また，〔参考〕のように，公式である$\int_{\alpha}^{\beta}(x-\alpha)(x-\beta)\,dx=-\frac{1}{6}(\beta-\alpha)^3$だけをつなげて用いて計算することもできる。説明のために行数が多くなっているが，実際の計算では暗算で処理できるところもあるので簡単である。

第3問 標準 確率分布と統計的な推測 《二項分布，正規分布》

(1) すべての留学生が三つのコースのうち，いずれか一つのコースのみに登録することになっているので，留学生全体における上級コースに登録した留学生の割合は

$$100-20-35=\boxed{45}〔\%〕 \quad \to アイ$$

留学生の人数を N 人とすると

初級コースで1週間に10時間の日本語の授業を受講する留学生の人数は $0.20N$ 人，
中級コースで1週間に8時間の日本語の授業を受講する留学生の人数は $0.35N$ 人，
上級コースで1週間に6時間の日本語の授業を受講する留学生の人数は $0.45N$ 人
であるから，1週間に受講する日本語学習コースの授業の時間数を表す確率変数 X の平均（期待値）は

$$\frac{10\times0.20N+8\times0.35N+6\times0.45N}{N}=\frac{\boxed{15}}{2} \quad \to ウエ$$

X の分散は

$$\frac{\left(10-\frac{15}{2}\right)^2\times0.20N+\left(8-\frac{15}{2}\right)^2\times0.35N+\left(6-\frac{15}{2}\right)^2\times0.45N}{N}=\frac{\boxed{47}}{20} \quad \to オカ$$

次に，留学生全体を母集団とし，a 人を無作為に抽出したとき，初級コースに登録した人数を表す確率変数を Y とすると，Y は二項分布に従い，Y の平均 $E(Y)$ は

$$E(Y)=a\times0.20=\frac{\boxed{a}}{\boxed{5}} \quad \to キ，ク$$

Y の標準偏差 $\sigma(Y)$ は

$$\sigma(Y)=\sqrt{a\cdot\frac{20}{100}\cdot\frac{80}{100}}=\frac{40}{100}\sqrt{a}$$

また，上級コースに登録した人数を表す確率変数を Z とすると，Z は二項分布に従い，Z の標準偏差 $\sigma(Z)$ は

$$\sigma(Z)=\sqrt{a\cdot\frac{45}{100}\cdot\frac{55}{100}}=\frac{15\sqrt{11}}{100}\sqrt{a}$$

したがって

$$\frac{\sigma(Z)}{\sigma(Y)}=\frac{\frac{15\sqrt{11}}{100}\sqrt{a}}{\frac{40}{100}\sqrt{a}}=\frac{15\sqrt{11}}{40}=\frac{\boxed{3}\sqrt{\boxed{11}}}{\boxed{8}} \quad \to ケ，コサ，シ$$

ここで，$a=100$ としたとき，$a=100$ は十分大きいので，Y は近似的に正規分布 $N(E(Y),\ \sigma(Y))$ に従い

$$E(Y)=\frac{100}{5}=20,\quad \sigma(Y)=\frac{40}{100}\sqrt{100}=4$$

であるから

$$W=\frac{Y-20}{4}$$

とすると，W は平均 0，標準偏差 1 の正規分布 $N(0,\ 1)$ に従う。

$Y \geqq 28$ のとき，$W \geqq \frac{28-20}{4}$ つまり，$W \geqq 2$ なので，求める確率 p は

$$p=P(W \geqq 2.0)=P(W \geqq 0)-P(0 \leqq W \leqq 2.0)=0.5-0.4772$$
$$=0.0228$$

ゆえに，p の近似値について最も適当なものは選択肢の中では 0.023 [①] →ス

である。

(2)　母平均 m，母分散 $\sigma^2=640$ の母集団から大きさ 40 の無作為標本を復元抽出するとき，標本平均の標準偏差は

$$\frac{\sqrt{640}}{\sqrt{40}}=\sqrt{16}=\boxed{4}$$ →セ

標本平均が近似的に正規分布 $N\left(120,\ \frac{640}{40}\right)$ つまり $N(120,\ 16)$ に従うとして，母平均 m に対する信頼度 95％の信頼区間は

$$120-1.96\times\frac{\sqrt{640}}{\sqrt{40}} \leqq m \leqq 120+1.96\times\frac{\sqrt{640}}{\sqrt{40}}$$

$$120-1.96\times 4 \leqq m \leqq 120+1.96\times 4$$

$$112.16 \leqq m \leqq 127.84$$

よって

$$C_1=\boxed{112}.\boxed{16}$$ →ソタチ，ツテ

$$C_2=\boxed{127}.\boxed{84}$$ →トナニ，ヌネ

(3)　(2)での母平均 m に対する信頼度 95％の信頼区間

$$120-1.96\times\frac{\sqrt{640}}{\sqrt{40}} \leqq m \leqq 120+1.96\times\frac{\sqrt{640}}{\sqrt{40}}$$

において，$\sqrt{40}$ のところを $\sqrt{50}$ に置き換えると

$$120-1.96\times\frac{\sqrt{640}}{\sqrt{50}} \leqq m \leqq 120+1.96\times\frac{\sqrt{640}}{\sqrt{50}}$$

となり，$\frac{\sqrt{640}}{\sqrt{40}} > \frac{\sqrt{640}}{\sqrt{50}}$ であるから

$$120-1.96\times\frac{\sqrt{640}}{\sqrt{50}} > 120-1.96\times\frac{\sqrt{640}}{\sqrt{40}}$$

$$120+1.96\times\frac{\sqrt{640}}{\sqrt{50}} < 120+1.96\times\frac{\sqrt{640}}{\sqrt{40}}$$

となり，$D_1>C_1$ かつ $D_2<C_2$ が成り立つ。 ② →ノ

また

$$D_2-D_1=\left(120+1.96\times\frac{\sqrt{640}}{\sqrt{50}}\right)-\left(120-1.96\times\frac{\sqrt{640}}{\sqrt{50}}\right)=1.96\times2\times\frac{\sqrt{640}}{\sqrt{50}}$$

$D_2-D_1=E_2-E_1$ のとき

$$1.96\times2\times\frac{\sqrt{640}}{\sqrt{50}}=1.96\times2\times\frac{\sqrt{960}}{\sqrt{50x}}$$

$$x=\frac{960}{640}=1.5$$

よって，標本の大きさを50の 1 . 5 倍にする必要がある。 →ハ，ヒ

解説

問われている事項はすべて教科書で扱われている基本的な公式，考え方で解答できてしまうレベルである。面倒な計算にならないようにするための配慮として，$\sqrt{\quad}$ の中の数も処理しやすいように値が調整されており，比較的楽に解答を得ることができる。解答したあとで，よく理解できなかった箇所に関してはしっかり復習しておこう。

「数学B」の「確率分布と統計的な推測」は学校の授業では扱われない場合が多い。よって，本問を選択し解答する多くの受験生は自学自習しており，他の分野と比べて理解が浅く，対策が手薄になっている傾向がある。そのような場合，実際には標準レベルの問題なのに，難しめに感じるかもしれない。対策としては，まず，教科書を丁寧に読んで，用語，公式，考え方を理解すること。基本事項を正しく覚えて理解を深めておくことが，特にこの分野で肝心なことである。一番丁寧に説明がついているものは有名な参考書ではなく，意外に思うかもしれないが教科書である。内容の理解に努める際にはぜひ教科書を利用してほしい。用いる公式，考え方は限られているので，一つ一つを正しく理解すること。ただし，教科書は授業で使用されることが前提なので，例題を除く練習問題の解説が略されている。そこが教科書を自学自習で用いる際の唯一のネックであるから，それを補うために詳しい解答が付属している教科書傍用問題集で問題演習をしよう。

第4問 ── 数列

〔1〕 標準 《数列の和と一般項との関係，等比数列の和》

$S_n=5^n-1$ ……① が数列 $\{a_n\}$ の初項から第 n 項までの和であるとすると，$n=1$ のときに S_1 は初項を表すので

$$a_1=S_1=5^1-1=5-1=\boxed{4}\quad \rightarrow ア$$

また，①は $n=1,\ 2,\ 3,\ \cdots$ で成り立つことから，$S_{n-1}=5^{n-1}-1$ ……②は，$n=2,\ 3,\ 4,\ \cdots$ で成り立ち，①，②の辺々を引くと

$$\begin{aligned}S_n-S_{n-1}&=(5^n-1)-(5^{n-1}-1)=5^n-5^{n-1}\\&=(5-1)5^{n-1}=4\cdot5^{n-1}\end{aligned}$$

が①と②の共通の n の値の範囲である $n=2,\ 3,\ 4,\ \cdots$ で成り立つ。

よって，$n\geqq2$ のとき

$$a_n=S_n-S_{n-1}=\boxed{4}\cdot\boxed{5}^{n-1}\quad \rightarrow イ，ウ$$

これは，$n=1$ のときに $a_1=4\cdot5^{1-1}=4\cdot5^0=4\cdot1=4$ となり，アで求めた値4に一致するので，$n=1$ のときにも成り立つ。

したがって　$a_n=4\cdot5^{n-1}\quad(n=1,\ 2,\ 3,\ \cdots)$

このとき　$\dfrac{1}{a_n}=\dfrac{1}{4\cdot5^{n-1}}=\dfrac{1}{4}\left(\dfrac{1}{5}\right)^{n-1}$

よって

$$\begin{aligned}\sum_{k=1}^{n}\frac{1}{a_k}&=\left(\text{初項}\ \frac{1}{4},\ \text{公比}\ \frac{1}{5},\ \text{項数}\ n\ \text{の等比数列の和}\right)\\&=\frac{\frac{1}{4}\left\{1-\left(\frac{1}{5}\right)^n\right\}}{1-\frac{1}{5}}=\frac{5}{16}\{1-(5^{-1})^n\}\\&=\frac{\boxed{5}}{\boxed{16}}(1-\boxed{5}^{-n})\quad \rightarrow エ，オカ，キ\end{aligned}$$

解説

前半は，数列の和から数列の一般項を読み解く問題である。n の値を1だけずらして辺々を引き，S_n-S_{n-1} より a_n を導き出すところがポイントになる。n の値を操作した際には，取り得る n の値も考えておくこと。後半は等比数列の和を求める問題である。いずれも基本的な内容の問題である。

〔２〕 やや難 《部屋に畳を敷き詰める方法の総数》

(1)　$(3n+1)$ 枚のタイルを用いた T_n 内の配置の総数を t_n とすると，$n=1$ のときは次のようになる。

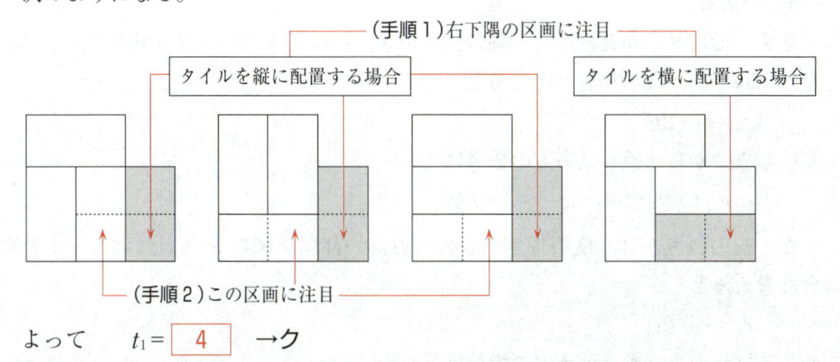

よって　　$t_1=$ 4 　→ク

• 太郎さんが T_n 内の配置について，右下隅のタイルに注目して描いた図

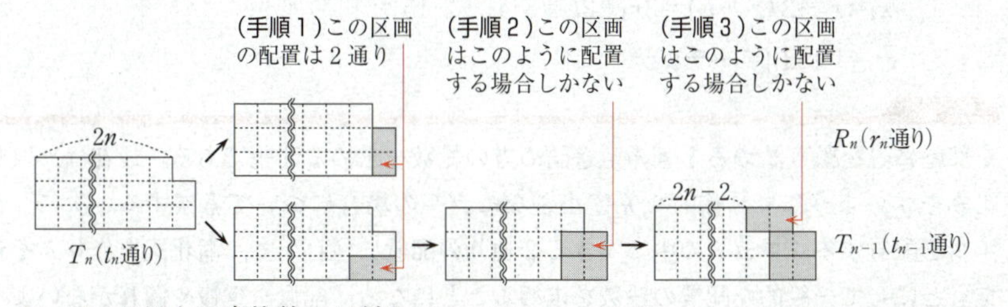

よって，２以上の自然数 n に対して

$t_n=r_n+t_{n-1}$

したがって，$t_n=Ar_n+Bt_{n-1}$ が成り立つときに，$A=$ 1 →ケ，$B=$ 1 →コ

である。

以上から　　$t_2=r_2+t_1=11+4=$ 15 　→サシ

であることがわかる。

• 太郎さんが R_n 内の配置について，右下隅のタイルに注目して描いた図

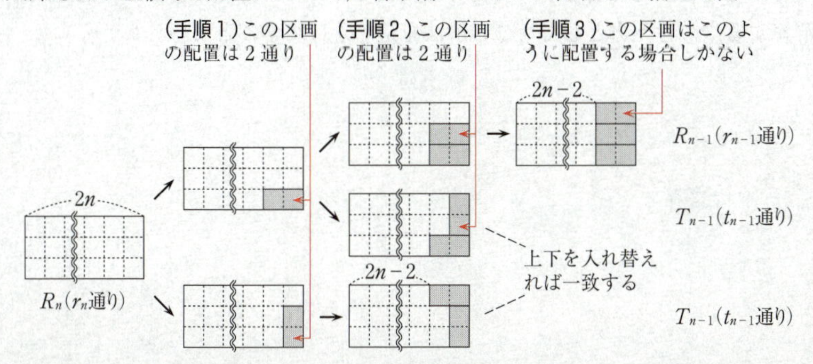

よって，2以上の自然数nに対して

$$r_n=r_{n-1}+2t_{n-1}$$

したがって，$r_n=Cr_{n-1}+Dt_{n-1}$が成り立つときに，$C=$ 1 →ス，$D=$ 2 →セ である。

(2) 畳を(1)でのタイルとみなし，縦の長さが3，横の長さが6の長方形の部屋を図形R_nにおいて$n=3$の場合と考えると

$$r_3=r_2+2t_2$$

が成り立つから，敷き詰め方の総数は

$$r_3=11+2\cdot15=\boxed{41}$$ →ソタ

また，縦の長さが3，横の長さが8の長方形の部屋を図形R_nにおいて$n=4$の場合と考えると

$$r_4=r_3+2t_3$$

が成り立つから，敷き詰め方の総数は

$$r_4=r_3+2(r_3+t_2)=3r_3+2t_2=3\cdot41+2\cdot15$$
$$=\boxed{153}$$ →チツテ

解説

部屋に畳を敷き詰めるときの敷き詰め方の総数を求める問題である。最初は，取り組みやすいように，具体的なnで小さなモデルの場合について考察する。次に，タイルを配置するプロセスの中でできる2通りの配置に注目して，漸化式を作り，それをもとにして一般的な配置の総数を求めることになる。配置を重複や漏れがないように求める工夫として，一つの区画に注目すること。そこをタイルを縦，横のどちらにして埋めるのかを考えて，順に場合分けしていく。決して思いついたものからかき出したりしないようにしよう。

漸化式から一般項を求める問題も多いが，本問はその類いの問題ではないことに注意しよう。一般項がわからないままに，帰納的に求めていく。推移を考察する段階では，漏れがないように，また重複がないように自分で考えなければならないところが，本問ではその目の付け所をすべて誘導で教えてくれているので助かる。記述式の問題を解答する際の考え方としてもこの解法を追いかけて学ぶとよい。

第5問　標準　ベクトル　《空間における点の位置の考察》

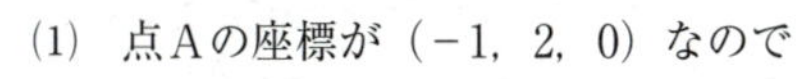

(1)　点Aの座標が $(-1,\ 2,\ 0)$ なので

$$\overrightarrow{OA}=(-1,\ 2,\ 0)$$

したがって

$$|\overrightarrow{OA}|^2=(-1)^2+2^2+0^2$$
$$=\boxed{5}\quad\rightarrow ア\quad\cdots\cdots(*)$$

点Dは線分 OA を $9:1$ に内分する点なので

$$\overrightarrow{OD}=\frac{\boxed{9}}{\boxed{10}}\overrightarrow{OA}\quad\rightarrow イ,\ ウエ$$

また，点Cは線分 AB の中点なので

$$\overrightarrow{OC}=\frac{\overrightarrow{OA}+\overrightarrow{OB}}{2}$$

よって

$$\overrightarrow{CD}=\overrightarrow{OD}-\overrightarrow{OC}=\frac{9}{10}\overrightarrow{OA}-\frac{\overrightarrow{OA}+\overrightarrow{OB}}{2}$$
$$=\frac{\boxed{2}}{\boxed{5}}\overrightarrow{OA}-\frac{\boxed{1}}{\boxed{2}}\overrightarrow{OB}\quad\rightarrow オ,\ カ,\ キ,\ ク$$

と表される。これを用いることにより，$\overrightarrow{OA}\perp\overrightarrow{CD}$ から

$$\overrightarrow{OA}\cdot\overrightarrow{CD}=0\qquad \overrightarrow{OA}\cdot\left(\frac{2}{5}\overrightarrow{OA}-\frac{1}{2}\overrightarrow{OB}\right)=0$$

$$\frac{2}{5}|\overrightarrow{OA}|^2-\frac{1}{2}\overrightarrow{OA}\cdot\overrightarrow{OB}=0$$

$(*)$ より

$$\frac{2}{5}\cdot 5-\frac{1}{2}\overrightarrow{OA}\cdot\overrightarrow{OB}=0\qquad \overrightarrow{OA}\cdot\overrightarrow{OB}=\boxed{4}\quad\rightarrow ケ\quad\cdots\cdots①$$

同様にして，$\overrightarrow{CE}$ を $\overrightarrow{OA}$，$\overrightarrow{OB}$ を用いて表す。

点Eは線分 OB を $3:2$ に内分する点なので　$\overrightarrow{OE}=\frac{3}{5}\overrightarrow{OB}$

よって

$$\overrightarrow{CE}=\overrightarrow{OE}-\overrightarrow{OC}=\frac{3}{5}\overrightarrow{OB}-\frac{\overrightarrow{OA}+\overrightarrow{OB}}{2}$$
$$=-\frac{1}{2}\overrightarrow{OA}+\frac{1}{10}\overrightarrow{OB}$$

と表される。これを用いることにより，$\overrightarrow{OB}\perp\overrightarrow{CE}$ から

$$\overrightarrow{OB}\cdot\overrightarrow{CE}=0\qquad \overrightarrow{OB}\cdot\left(-\frac{1}{2}\overrightarrow{OA}+\frac{1}{10}\overrightarrow{OB}\right)=0$$

$$-\frac{1}{2}\overrightarrow{OA}\cdot\overrightarrow{OB}+\frac{1}{10}|\overrightarrow{OB}|^2=0$$

①より

$$-\frac{1}{2}\cdot4+\frac{1}{10}|\overrightarrow{OB}|^2=0 \qquad |\overrightarrow{OB}|^2=20 \quad \cdots\cdots ②$$

が得られる。

点Bの座標が $(2,\ p,\ q)$ なので　$\overrightarrow{OB}=(2,\ p,\ q)$

$\overrightarrow{OA}\cdot\overrightarrow{OB}$ の値をベクトルの成分で求めると

$$\overrightarrow{OA}\cdot\overrightarrow{OB}=(-1)\cdot2+2\cdot p+0\cdot q=2p-2$$

となり，①より　$2p-2=4$　$p=3$

また，$|\overrightarrow{OB}|^2=2^2+p^2+q^2=p^2+q^2+4$ であるから，②より

$$p^2+q^2+4=20 \qquad p^2+q^2=16$$

これに，$p=3$ を代入すると　$q^2=7$

$q>0$ であるから　$q=\sqrt{7}$

したがって，Bの座標は　$(2,\ \boxed{3},\ \sqrt{\boxed{7}})$　→コ，サ

(2)　点Hが α 上にあることから，実数 s，t を用いて

$$\overrightarrow{OH}=s\overrightarrow{OA}+t\overrightarrow{OB}$$

と表される。よって

$$\overrightarrow{GH}=\overrightarrow{OH}-\overrightarrow{OG}=(s\overrightarrow{OA}+t\overrightarrow{OB})-\overrightarrow{OG}$$
$$=\boxed{-}\overrightarrow{OG}+s\overrightarrow{OA}+t\overrightarrow{OB} \quad →シ$$

これと，$\overrightarrow{GH}\perp\overrightarrow{OA}$ および $\overrightarrow{GH}\perp\overrightarrow{OB}$ が成り立つことから

$$\begin{cases}\overrightarrow{GH}\cdot\overrightarrow{OA}=0\\ \overrightarrow{GH}\cdot\overrightarrow{OB}=0\end{cases}$$

$$\begin{cases}(-\overrightarrow{OG}+s\overrightarrow{OA}+t\overrightarrow{OB})\cdot\overrightarrow{OA}=0\\ (-\overrightarrow{OG}+s\overrightarrow{OA}+t\overrightarrow{OB})\cdot\overrightarrow{OB}=0\end{cases}$$

$$\begin{cases}-\overrightarrow{OA}\cdot\overrightarrow{OG}+s|\overrightarrow{OA}|^2+t\overrightarrow{OA}\cdot\overrightarrow{OB}=0\\ -\overrightarrow{OB}\cdot\overrightarrow{OG}+s\overrightarrow{OA}\cdot\overrightarrow{OB}+t|\overrightarrow{OB}|^2=0\end{cases} \quad \cdots\cdots ③$$

ここで，点Gの座標が $(4,\ 4,\ -\sqrt{7})$ なので，$\overrightarrow{OG}=(4,\ 4,\ -\sqrt{7})$ であるから

$$\begin{cases}\overrightarrow{OA}\cdot\overrightarrow{OG}=-1\cdot4+2\cdot4+0\cdot(-\sqrt{7})=4\\ \overrightarrow{OB}\cdot\overrightarrow{OG}=2\cdot4+3\cdot4+\sqrt{7}\cdot(-\sqrt{7})=13\end{cases}$$

よって，③より

$$\begin{cases}-4+5s+4t=0\\ -13+4s+20t=0\end{cases}$$

これを解いて

$$s=\frac{\boxed{1}}{\boxed{3}}$$ →ス，セ

$$t=\frac{\boxed{7}}{\boxed{12}}$$ →ソ，タチ

となるので

$$\overrightarrow{OH}=\frac{1}{3}\overrightarrow{OA}+\frac{7}{12}\overrightarrow{OB}=\frac{4\overrightarrow{OA}+7\overrightarrow{OB}}{12}$$

$$=\frac{11}{12}\cdot\frac{4\overrightarrow{OA}+7\overrightarrow{OB}}{7+4}$$

ここで，$\overrightarrow{OF}=\dfrac{4\overrightarrow{OA}+7\overrightarrow{OB}}{7+4}$ とおくとき，点Fは線分ABを7：4に内分する点であり

$$\overrightarrow{OH}=\frac{11}{12}\overrightarrow{OF}$$

と表されて，点Hは線分OFを11：1に内分する点であり，右のような図を得る。

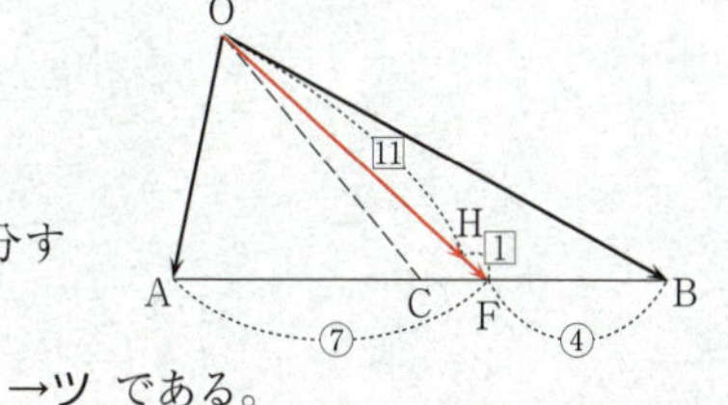

よって，Hは三角形OBCの内部の点 $\boxed{①}$ →ツ である。

解説

選択問題3題の中では最も典型的で完答しやすい問題であろう。まずは条件を図にしてみよう。(1)・(2)の誘導も自然でマークしやすい。(2)で「α 上に点Hを $\overrightarrow{GH}\perp\overrightarrow{OA}$ と $\overrightarrow{GH}\perp\overrightarrow{OB}$ が成り立つようにとる」とあるが，これは $\overrightarrow{GH}\perp$ 平面OABとなるための条件であるから，「点Gから平面 α 上に垂線を下ろし，垂線と平面 α の交点を点Hとする」などという表現で点Hを定義する場合もある。仮にそのような条件の与えられ方をしても，それを $\overrightarrow{GH}\perp\overrightarrow{OA}$ かつ $\overrightarrow{GH}\perp\overrightarrow{OB}$ と置き換えて解答を進めることができるようにしておこう。

ツについては，点Hは三角形OAB内の点であることはわかるが，その選択肢がない。候補は⓪・①に絞られるので，どちらを選択するかを考える。$\overrightarrow{OF}=\dfrac{4\overrightarrow{OA}+7\overrightarrow{OB}}{7+4}$ とおくとき，点Fは線分ABを7：4に内分する点であることと，さらに $\overrightarrow{OH}=\dfrac{11}{12}\overrightarrow{OF}$ と表されることにより，点Hは線分OFを11：1に内分する点であることから，点Hの位置が定まる。わかったことを図示し，解き進めていくとよい。

第２回　試行調査：数学Ⅰ・数学Ａ

問題番号(配点)	解答記号	正解	配点	チェック
第１問 (25)	(あ)	(次ページを参照)	5	
	ア，イ	①，④ (解答の順序は問わない)	3	
	ウ	①	2	
	エ	③	2	
	オ	①	2	
	(い)	(次ページを参照)	5	
	カ	①	2	
	キ	⑤	2	
	ク	⑤	2	
第２問 (35)	ア$\sqrt{イウ}$	$2\sqrt{57}$	2	
	エ$\sqrt{オ}$	$8\sqrt{3}$	2	
	カキク	⓪ ①，④ ②，③ (それぞれマークして正解)	4	
	(う)	(次ページを参照)	5	
	$\frac{ケコ \pm サ\sqrt{シ}}{ス}$	$\frac{30 \pm 6\sqrt{5}}{5}$	3	
	セ	⑧	2	
	ソ	⑥	2	
	タ	①	3	
	チ	③	3	
	ツ	②	3	
	テ	④	3	
	ト	③	3	

（注）第１問，第２問は必答。第３問～第５問のうちから２問選択。計４問を解答。

問題番号(配点)	解答記号	正解	配点	チェック
第３問 (20)	$\frac{ア}{イウ}$	$\frac{1}{20}$	2	
	$\frac{エ}{オカ}$	$\frac{3}{40}$	2	
	$\frac{キ}{ク}$	$\frac{2}{3}$	2	
	ケ	4	1	
	$\frac{コ}{サシ}$	$\frac{2}{27}$	2	
	$\frac{ス}{セソ}$	$\frac{1}{15}$	3	
	$\frac{タ}{チツ}$	$\frac{4}{51}$	4	
	テ	①	4	
第４問 (20)	ア，イ	1，5	1	
	ウ	7	1	
	エ	1	1	
	オ，カ	①，④	2	
	キ，ク	4，4	2	
	x＝ケコ＋サn	$x=-4+8n$	2	
	－シn	$-3n$	2	
	ス	①，② (２つマークして正解)	2	
	セ通り	7 通り	2	
	ソタ	13	2	
	チツテト	4033	3	
第５問 (20)	ア，イ	⓪，⑦ (解答の順序は問わない)	3	
	ウ	⑤	2	
	エ，オ	②，③ (解答の順序は問わない)	2	
	カ	③	2	
	キ	④	3	
	ク	③	4	
	ケ	⑥	4	

★ (あ) 《正答例》 $\{1\} \subset A$

《留意点》

• 正答例とは異なる記述であっても題意を満たしているものは正答とする。

(い) 《正答例》 $26 \leqq x \leqq \dfrac{18}{\tan 33^\circ}$

《留意点》

• 「≦」を「<」と記述しているものは誤答とする。
• 33° の三角比を用いずに記述しているものは誤答とする。
• 正答例とは異なる記述であっても題意を満たしているものは正答とする。

(う) 《正答例1》 時刻によらず，$S_1 = S_2 = S_3$ である。

《正答例2》 移動を開始してからの時間を t とおくとき，移動の間におけるすべての t について $S_1 = S_2 = S_3$ である。

《留意点》

• 時刻によって面積の大小関係が変化しないことについて言及していないものは誤答とする。
• S_1 と S_2 と S_3 の値が等しいことについて言及していないものは誤答とする。
• 移動を開始してからの時間を表す文字を説明せずに用いているものは誤答とする。
• 前後の文脈により正しいと判断できる書き間違いは基本的に許容するが，正誤の判断に影響するような誤字・脱字は誤答とする。

(注) 記述式問題については，導入が見送られることになりました。本書では，出題内容や場面設定の参考としてそのまま掲載しています（該当の問題には★印を付けています）。

● 正解および配点は，大学入試センターから公表されたものをそのまま掲載しています。

※ 2018年11月の試行調査の受検者のうち，3年生の平均点を示しています（記述式を除く85点を満点とした平均点）。

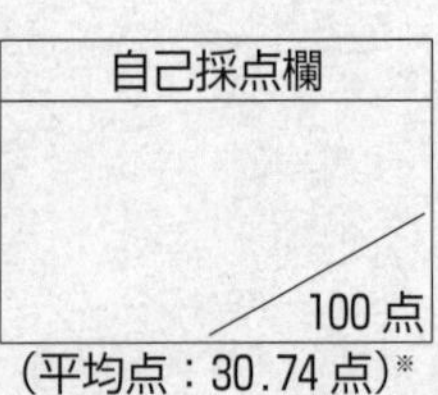

（平均点：30.74点）※

第1問 ── 集合，命題，２次関数，２次方程式，２次不等式，三角比，正弦定理

〔１〕 標準 《集合，命題》

★(1) 1のみを要素にもつ集合は $\{1\}$ で表される。

よって，「1のみを要素にもつ集合は集合 A の部分集合である」という命題を，記号を用いて表すと

$\{1\}\subset A$ →(あ)

となる。

(2) 条件 p，q を

$p：x\in B,\ y\in B$　　$q：x+y\in B$

とする。

⓪ $y=0$ は有理数であるので，$x=\sqrt{2}$，$y=0$ は p を満たさない。よって，反例とならない。

① $x=3-\sqrt{3}$，$y=\sqrt{3}-1$ は無理数であり，$x+y=2$ は有理数であるので，p を満たすが，q を満たさない。よって，反例となる。

② $x=\sqrt{3}+1$，$y=\sqrt{2}-1$ は無理数であり，$x+y=\sqrt{2}+\sqrt{3}$ は無理数であるので，p を満たし，q も満たす。よって，反例とならない。

③ $x=\sqrt{4}=2$，$y=-\sqrt{4}=-2$ は有理数であるので，$x=\sqrt{4}$，$y=-\sqrt{4}$ は p を満たさない。よって，反例とならない。

④ $x=\sqrt{8}=2\sqrt{2}$，$y=1-2\sqrt{2}$ は無理数であり，$x+y=1$ は有理数であるので，p を満たすが，q を満たさない。よって，反例となる。

⑤ $x=\sqrt{2}-2$，$y=\sqrt{2}+2$ は無理数であり，$x+y=2\sqrt{2}$ は無理数であるので，p を満たし，q も満たす。よって，反例とならない。

以上より，命題「$x\in B$，$y\in B$ ならば，$x+y\in B$ である」が偽であることを示すための反例となる x，y の組は ①，④ →ア，イ である。

解説

(1)は集合についての命題を，記号を用いて表す問題であり，(2)は命題 $p\Longrightarrow q$ が偽であることを示すための反例を，選択肢の中から選ぶ問題である。普段から教科書に載っている用語や記号について，しっかりと確認し，慣れていないと，悩んでしまう部分があったのではないかと思われる。

★(1) 1のみを要素にもつ集合を $\{1\}$ と表すことに慣れていなければ，$C=\{x|x=1\}$ とおいて，$C\subset A$ と解答することも考えられる。

(2) 命題 $p\Longrightarrow q$ が偽であることを示すためには，仮定 p を満たすが，結論 q を満たさないような例を1つ挙げればよい。このような例を反例という。この問題では，

命題「$x \in B$，$y \in B$ ならば，$x+y \in B$ である」が偽であることを示すための反例となる x，y の組を選びたいので，「x，y はともに無理数であるが，$x+y$ は無理数でない」すなわち「x，y はともに無理数であるが，$x+y$ は有理数である」ような x，y の組を選べればよい。

〔2〕 易 《2次関数，2次方程式，2次不等式》

(1)　図1の放物線は，x 軸の負の部分と2点で交わっている。

よって，図1の放物線を表示させる a，p，q の値に対して，方程式 $f(x)=0$ の解について正しく記述したものは

方程式 $f(x)=0$ は異なる二つの負の解をもつ。

①　→ウ

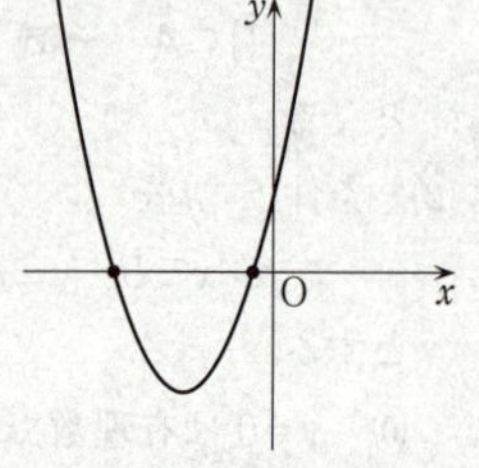

である。

(2)　関数 $y=a(x-p)^2+q$ のグラフは，図1より，下に凸なので $a>0$ であり，頂点は第3象限にあるから

（頂点の x 座標）$=p<0$，　（頂点の y 座標）$=q<0$

である。

不等式 $f(x)>0$ の解がすべての実数となるための条件は

$a \geqq 0$　かつ　（頂点の y 座標）$=q>0$

であるから，図1の状態から a の値は変えず，q の値だけを変化させればよい。

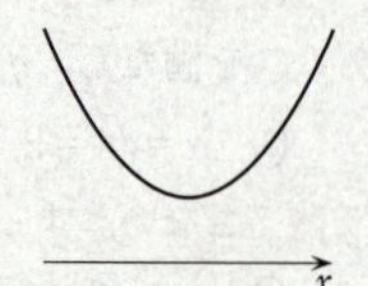

よって，「不等式 $f(x)>0$ の解がすべての実数となること」が起こり得る操作は**操作Qだけである。**　③　→エ

不等式 $f(x)>0$ の解がないための条件は

$a \leqq 0$　かつ　（頂点の y 座標）$=q \leqq 0$

であるから，図1の状態から q の値は変えず，a の値だけを変化させればよい。

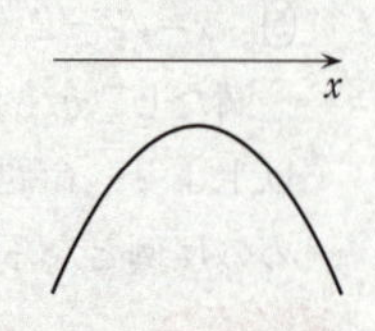

よって，「不等式 $f(x)>0$ の解がないこと」が起こり得る操作は**操作Aだけである。**　①　→オ

解説

2次方程式 $f(x)=0$ の実数解と2次不等式 $f(x)>0$ の解を，$y=f(x)$ のグラフと x 軸との位置関係から考えさせる問題である。問われていることは頻出の内容なので，特に難しい部分は見当たらない。

(1)　方程式 $f(x)=0$ の実数解 x は，$y=f(x)$ のグラフと x 軸の共有点の x 座標と一致する。

(2) 不等式$f(x)>0$の解がすべての実数となるための条件は，$a \geqq 0$，$q>0$であるから，pの値については，図１の状態から変化があってもなくてもどちらでもよいが，$a \geqq 0$，$q>0$となり得る操作は操作Ｑだけである。
不等式$f(x)>0$の解がないための条件は，$a \leqq 0$，$q \leqq 0$であるから，pの値については，図１の状態から変化があってもなくてもどちらでもよいが，$a \leqq 0$，$q \leqq 0$となり得る操作は操作Ａだけである。

★〔3〕 標準 《三角比》

階段の傾斜をちょうど33°とするとき，踏面をx〔cm〕とすると，蹴上げは$x\tan 33°$〔cm〕だから，蹴上げを18cm以下にするためには

$$x\tan 33° \leqq 18$$

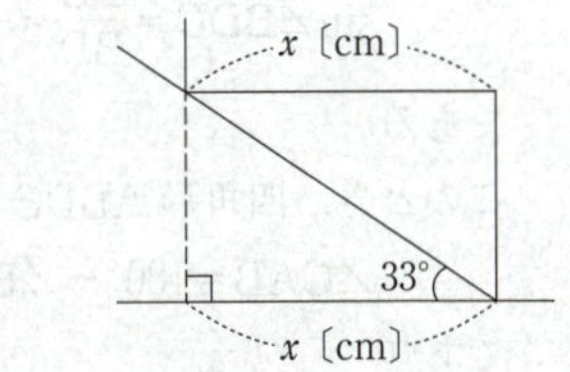

$\tan 33°>0$より　$x \leqq \dfrac{18}{\tan 33°}$

踏面は26cm以上だから　$26 \leqq x \leqq \dfrac{18}{\tan 33°}$

よって，xのとり得る値の範囲を求めるための不等式を，33°の三角比とxを用いて表すと

$$26 \leqq x \leqq \frac{18}{\tan 33°} \quad \to (い)$$

解説

三角比を用いて，建築基準法を満たす踏面の範囲を求めさせる問題である。問題文に33°の三角比とxを用いることは書かれているので，$\sin 33°$，$\cos 33°$，$\tan 33°$のいずれかを用いるが，踏面xと蹴上げが18cm以下という条件が生かせる$\tan 33°$を利用する。

高等学校の階段では，蹴上げが18cm以下，踏面が26cm以上となっているので，$x \geqq 26$の条件が付加されることに注意が必要である。

〔4〕 易 《正弦定理》

(1) 点Ａを含む弧BC上に点A′をとると，円周角の定理より

$$\angle \mathrm{CAB} = \angle \mathrm{CA'B}$$

が成り立つ。
特に，直線BOと円Oとの交点のうち点Bと異なる点 ① →カ を点A′とし，三角形A′BCに対して$C=90°$の場合の考察の結果を利用すれば

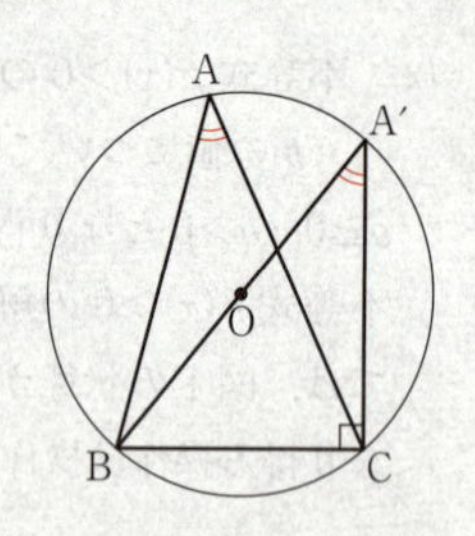

$$\sin A=\sin\angle\mathrm{CAB}=\sin\angle\mathrm{CA'B}=\sin A'=\frac{\mathrm{BC}}{\mathrm{A'B}}=\frac{a}{2R}$$

であるから

$$\frac{a}{\sin A}=2R$$

が成り立つことを証明できる。

$\dfrac{b}{\sin B}=2R$，$\dfrac{c}{\sin C}=2R$ についても同様に証明できる。

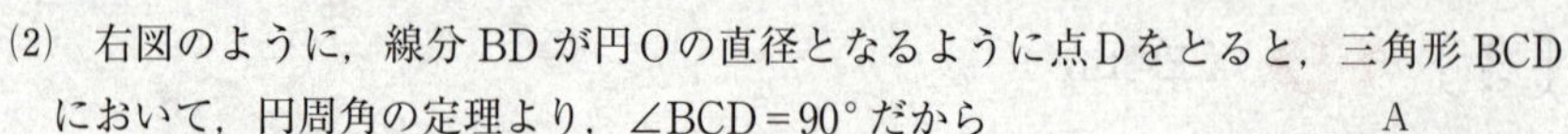

(2) 右図のように，線分 BD が円Ｏの直径となるように点Ｄをとると，三角形 BCD において，円周角の定理より，$\angle\mathrm{BCD}=90^\circ$ だから

$$\sin\angle\mathbf{BDC}=\frac{\mathrm{BC}}{\mathrm{BD}}=\frac{a}{2R}$$ ⑤ →キ

である。

このとき，四角形 ABDC は円Ｏに内接するから

$\angle\mathrm{CAB}=\mathbf{180^\circ-\angle BDC}$  ⑤ →ク

であり

$$\sin\angle\mathrm{CAB}=\sin(180^\circ-\angle\mathrm{BDC})=\sin\angle\mathrm{BDC}$$

となることを用いる。

したがって

$$\sin A=\sin\angle\mathrm{CAB}=\sin\angle\mathrm{BDC}=\frac{a}{2R}$$

であるから

$$\frac{a}{\sin A}=2R$$

が成り立つことが証明できる。

解説

正弦定理の証明問題である。教科書で一度は目にしたことがあるだろう。証明方法を覚えていなかったとしても，誘導が丁寧に与えられているので，その場で考えれば正解が導き出せるようになっている。

(1) 問題文に「直角三角形の場合に（＊）の関係が成り立つことをもとにして」とあり，太郎さんの証明の構想においても「特に，［カ］を点 A′ とし，三角形 A′BC に対して $C=90^\circ$ の場合の考察の結果を利用すれば」と書かれているので，［カ］に当てはまる最も適当なものとして①を選ぶことは難しくないはずである。

(2) 円周角の定理より，$\angle\mathrm{BCD}=90^\circ$ となることに気付けるかどうかがポイントとなる。このことに気付けさえすれば，特に難しい部分はないだろう。

第２問 ―― 余弦定理，三角形の面積，データの相関，共分散，相関係数

〔１〕 標準 《余弦定理，三角形の面積》

(1) 図１の直角三角形 ABC は，$\angle ABC=30^\circ$，$\angle CAB=60^\circ$，$\angle ACB=90^\circ$ なので，$CA:BC:AB=1:\sqrt{3}:2$ であるから，$AB=20$ より

$$CA=10,\quad BC=10\sqrt{3}$$

点Ｐは毎秒１の速さで移動するから，$CA=10$ より，10 秒後に点Ｃの位置に到達するので，点Ｑ，Ｒもそれぞれ点Ａ，Ｂの位置に 10 秒後に到達する。

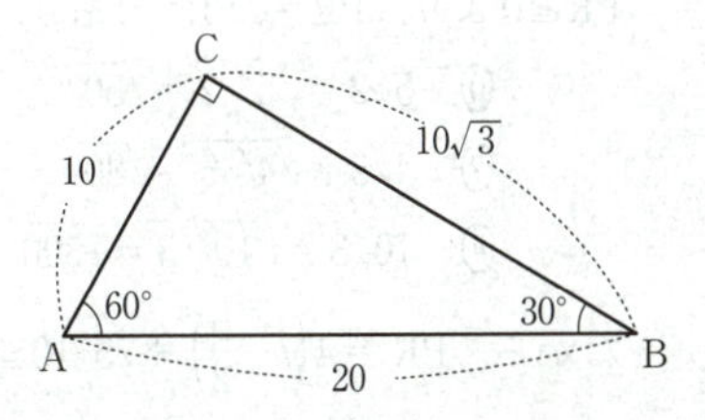

これより

点Ｑの移動する速さは，$\dfrac{AB}{10}=\dfrac{20}{10}=2$ より，毎秒 2

点Ｒの移動する速さは，$\dfrac{BC}{10}=\dfrac{10\sqrt{3}}{10}=\sqrt{3}$ より，毎秒 $\sqrt{3}$

となる。

したがって，移動を開始してから t 秒後（$0\leqq t\leqq 10$）の点Ｐ，Ｑ，Ｒは，それぞれ辺 AC，BA，CB 上の $AP=t$，$BQ=2t$，$CR=\sqrt{3}t$ の位置にある。

(i) 移動を開始してから２秒後の点Ｐ，Ｑは，$t=2$ より

$$AP=2,\quad BQ=4$$

の位置にあるから，三角形 APQ に余弦定理を用いて

$$\begin{aligned}PQ^2&=AP^2+AQ^2-2\cdot AP\cdot AQ\cdot\cos 60^\circ\\&=2^2+16^2-2\cdot 2\cdot 16\cdot\frac{1}{2}\\&=2^2(1+8^2-8)\\&=2^2\cdot 57\end{aligned}$$

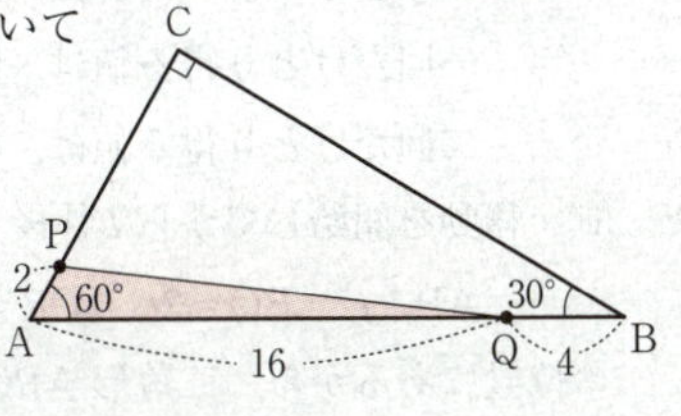

$PQ\geqq 0$ なので，各点が移動を開始してから２秒後の線分 PQ の長さは

$$PQ=\sqrt{2^2\cdot 57}=\boxed{2}\sqrt{\boxed{57}}$$ →ア，イウ

また，三角形 APQ の面積 S は

$$\begin{aligned}S&=\frac{1}{2}\cdot AP\cdot AQ\cdot\sin 60^\circ=\frac{1}{2}\cdot 2\cdot 16\cdot\frac{\sqrt{3}}{2}\\&=\boxed{8}\sqrt{\boxed{3}}\end{aligned}$$ →エ，オ

(ii) 移動を開始してから t 秒後（$0\leqq t\leqq 10$）の点Ｐ，Ｒは

$$AP=t,\quad CR=\sqrt{3}t$$

の位置にあるから，$\angle ACB=90^\circ$ より，三角形CPRに三平方の定理を用いて

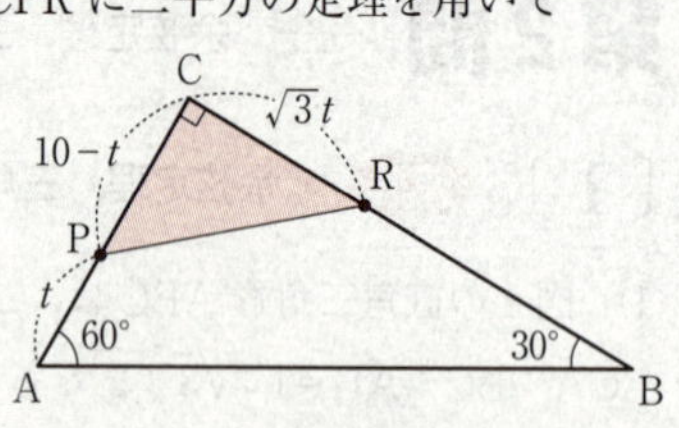

$$PR^2=CP^2+CR^2$$
$$=(10-t)^2+(\sqrt{3}t)^2$$
$$=4t^2-20t+100$$
$$=4\left(t-\frac{5}{2}\right)^2+75 \quad (0\leqq t\leqq 10)$$

$PR\geqq 0$ より，$PR=\sqrt{PR^2}$ であり，⓪～④の値は

⓪　$5\sqrt{2}=\sqrt{5^2\cdot 2}=\sqrt{50}$　　①　$5\sqrt{3}=\sqrt{5^2\cdot 3}=\sqrt{75}$

②　$4\sqrt{5}=\sqrt{4^2\cdot 5}=\sqrt{80}$　　③　$10=\sqrt{10^2}=\sqrt{100}$

④　$10\sqrt{3}=\sqrt{10^2\cdot 3}=\sqrt{300}$

だから，$PR^2=4\left(t-\frac{5}{2}\right)^2+75$ $(0\leqq t\leqq 10)$ のグラフを利用し，PR^2 の値に着目すれば

$PR^2=50$ は，とり得ない値

$PR^2=75$ は，一回だけとり得る値

$PR^2=80$ は，二回だけとり得る値

$PR^2=100$ は，二回だけとり得る値

$PR^2=300$ は，一回だけとり得る値

である。

よって，各点が移動する間の線分PRの長さとして

とり得ない値は，$5\sqrt{2}$　⓪ →カ

一回だけとり得る値は，$5\sqrt{3}$，$10\sqrt{3}$　①，④ →キ

二回だけとり得る値は，$4\sqrt{5}$，10　②，③ →ク

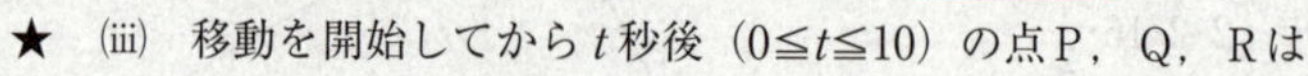

★ (iii) 移動を開始してから t 秒後 $(0\leqq t\leqq 10)$ の点P，Q，Rは

$AP=t$,　$BQ=2t$,　$CR=\sqrt{3}t$

の位置にあるから，三角形APQの面積 S_1 は

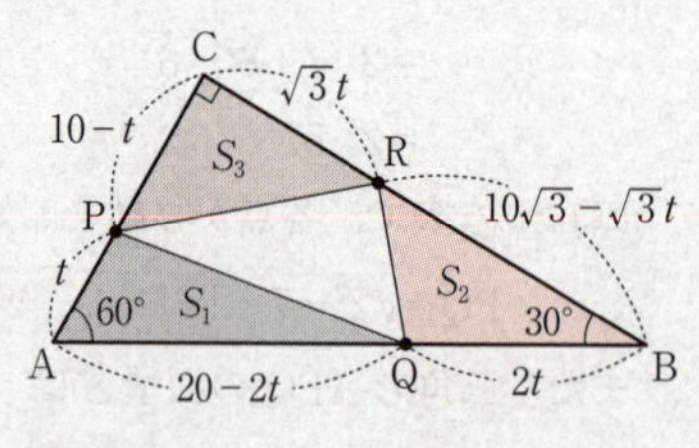

$$S_1=\frac{1}{2}\cdot AP\cdot AQ\cdot \sin 60^\circ$$
$$=\frac{1}{2}\cdot t\cdot (20-2t)\cdot \frac{\sqrt{3}}{2}$$
$$=\frac{1}{2}\cdot t\cdot 2(10-t)\cdot \frac{\sqrt{3}}{2}=\frac{\sqrt{3}}{2}t(10-t)$$

三角形BQRの面積 S_2 は

$$S_2=\frac{1}{2}\cdot BQ\cdot BR\cdot \sin 30^\circ=\frac{1}{2}\cdot 2t\cdot (10\sqrt{3}-\sqrt{3}t)\cdot \frac{1}{2}$$
$$=\frac{1}{2}\cdot 2t\cdot \sqrt{3}(10-t)\cdot \frac{1}{2}=\frac{\sqrt{3}}{2}t(10-t)$$

三角形CRPの面積 S_3 は，$\angle\mathrm{ACB}=90°$ より

$$S_3=\frac{1}{2}\cdot\mathrm{CR}\cdot\mathrm{CP}=\frac{1}{2}\cdot\sqrt{3}t\cdot(10-t)=\frac{\sqrt{3}}{2}t(10-t)$$

よって，**時刻によらず，$S_1=S_2=S_3$ である。**→(う)

(2) 点Pは毎秒1の速さで移動するから，CA＝12より，12秒後に点Cの位置に到達するので，点Q，Rもそれぞれ点A，Bの位置に12秒後に到達する。

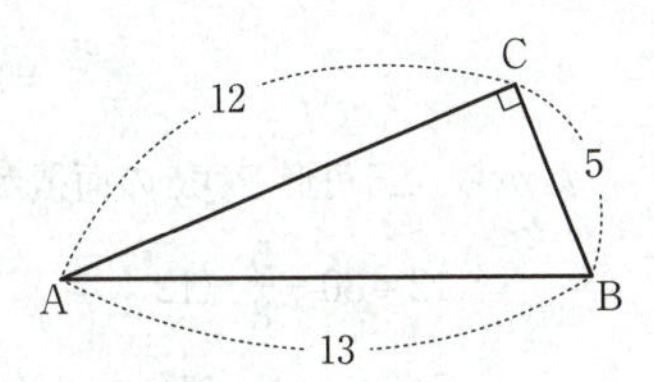

これより

点Qの移動する速さは，$\frac{\mathrm{AB}}{12}=\frac{13}{12}$ より，毎秒 $\frac{13}{12}$

点Rの移動する速さは，$\frac{\mathrm{BC}}{12}=\frac{5}{12}$ より，毎秒 $\frac{5}{12}$

となる。

したがって，移動を開始してから t 秒後（$0\leqq t\leqq 12$）の点P，Q，Rは，それぞれ辺AC，BA，CB上の $\mathrm{AP}=t$，$\mathrm{BQ}=\frac{13}{12}t$，$\mathrm{CR}=\frac{5}{12}t$ の位置にある。

三角形APQの面積を T_1 とすると，直角三角形ABCにおいて

$$\sin\angle\mathrm{CAB}=\frac{\mathrm{BC}}{\mathrm{AB}}=\frac{5}{13}$$

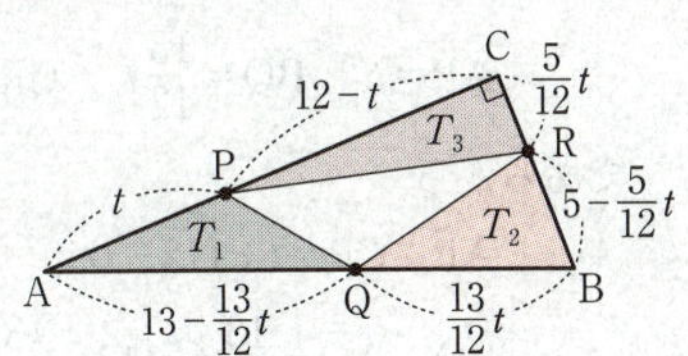

より

$$T_1=\frac{1}{2}\cdot\mathrm{AP}\cdot\mathrm{AQ}\cdot\sin\angle\mathrm{CAB}$$
$$=\frac{1}{2}\cdot t\cdot\left(13-\frac{13}{12}t\right)\cdot\frac{5}{13}$$
$$=\frac{1}{2}\cdot t\cdot\frac{13}{12}(12-t)\cdot\frac{5}{13}=\frac{5}{24}t(12-t)$$

三角形BQRの面積を T_2 とすると，直角三角形ABCにおいて

$$\sin\angle\mathrm{ABC}=\frac{\mathrm{CA}}{\mathrm{AB}}=\frac{12}{13}$$

より

$$T_2=\frac{1}{2}\cdot\mathrm{BQ}\cdot\mathrm{BR}\cdot\sin\angle\mathrm{ABC}=\frac{1}{2}\cdot\frac{13}{12}t\cdot\left(5-\frac{5}{12}t\right)\cdot\frac{12}{13}$$
$$=\frac{1}{2}\cdot\frac{13}{12}t\cdot\frac{5}{12}(12-t)\cdot\frac{12}{13}=\frac{5}{24}t(12-t)$$

三角形CRPの面積を T_3 とすると，$\angle\mathrm{ACB}=90°$ より

$$T_3=\frac{1}{2}\cdot\mathrm{CR}\cdot\mathrm{CP}=\frac{1}{2}\cdot\frac{5}{12}t\cdot(12-t)=\frac{5}{24}t(12-t)$$

また，三角形ABCの面積を T_0 とすると

$$T_0=\frac{1}{2}\cdot BC\cdot CA=\frac{1}{2}\cdot 5\cdot 12=30$$

三角形PQRの面積は

$$(\text{三角形PQRの面積})=T_0-(T_1+T_2+T_3)$$
$$=30-3\times\frac{5}{24}t(12-t)=30-\frac{5}{8}t(12-t)$$

だから，三角形PQRの面積が12のとき

$$12=30-\frac{5}{8}t(12-t)\qquad \frac{5}{8}t(12-t)=18$$

$$5t(12-t)=144\qquad 5t^2-60t+144=0$$

$$t=\frac{-(-30)\pm\sqrt{(-30)^2-5\cdot 144}}{5}=\frac{30\pm\sqrt{180}}{5}$$

$$=\frac{30\pm 6\sqrt{5}}{5}\quad (\text{これらは } 0\leqq t\leqq 12 \text{ を満たす})$$

よって，三角形PQRの面積が12となるのは，各点が移動を開始してから

$$\frac{\boxed{30}\pm\boxed{6}\sqrt{\boxed{5}}}{\boxed{5}}$$ 秒後　→ケコ，サ，シ，ス

別解　(2)　移動を開始してから t 秒後（$0\leqq t\leqq 12$）の点P，Q，Rは

$$AP=t,\quad BQ=\frac{13}{12}t,\quad CR=\frac{5}{12}t$$

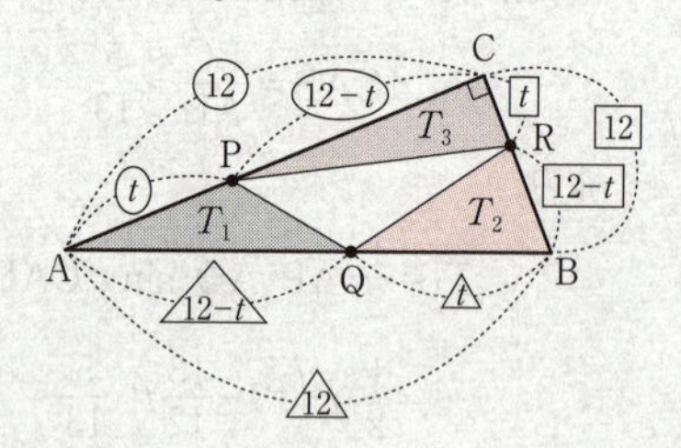

であるから

$$AP:CP=t:(12-t)$$

$$BQ:AQ=\frac{13}{12}t:\left(13-\frac{13}{12}t\right)$$
$$=\frac{13}{12}t:\frac{13}{12}(12-t)$$
$$=t:(12-t)$$

$$CR:BR=\frac{5}{12}t:\left(5-\frac{5}{12}t\right)=\frac{5}{12}t:\frac{5}{12}(12-t)$$
$$=t:(12-t)$$

これより，三角形ABC，三角形APQ，三角形BQR，三角形CRPの面積をそれぞれ，T_0，T_1，T_2，T_3 とすれば

$$T_1:T_0=AP\cdot AQ:AC\cdot AB=t\cdot(12-t):12\cdot 12$$

すなわち　$$T_1=\frac{t(12-t)}{144}T_0$$

$$T_2:T_0=BQ\cdot BR:BA\cdot BC=t\cdot(12-t):12\cdot 12$$

すなわち　$$T_2=\frac{t(12-t)}{144}T_0$$

$$T_3 : T_0 = \mathrm{CR} \cdot \mathrm{CP} : \mathrm{CB} \cdot \mathrm{CA} = t \cdot (12-t) : 12 \cdot 12$$

すなわち　$T_3 = \dfrac{t(12-t)}{144} T_0$

ここで，三角形 ABC の面積 T_0 は

$$T_0 = \frac{1}{2} \cdot \mathrm{BC} \cdot \mathrm{CA} = \frac{1}{2} \cdot 5 \cdot 12 = 30$$

であり，三角形 PQR の面積は

$$(\text{三角形 PQR の面積}) = T_0 - (T_1 + T_2 + T_3) = T_0 - 3 \times \frac{t(12-t)}{144} T_0$$

$$= 30 - 3 \times \frac{t(12-t)}{144} \times 30 = 30 - \frac{5}{8} t(12-t)$$

(以下，〔解答〕に同じ)

解説

直角三角形の辺上を移動する3点が，ある規則に従って移動するときの，線分の長さや，三角形の面積を求める問題である。

(1) (i) 3点P，Q，Rの規則より，点Qは毎秒2の速さで辺BA上を移動し，点Rは毎秒$\sqrt{3}$の速さで辺CB上を移動することがわかるかどうかがポイントになる。これがわかれば，三角形 APQ に余弦定理と面積の公式を用いることに気付くのは容易である。

(ii) $\mathrm{PR} = \sqrt{\mathrm{PR}^2}$ と，⓪$\sqrt{50}$，①$\sqrt{75}$，②$\sqrt{80}$，③$\sqrt{100}$，④$\sqrt{300}$ より，$\mathrm{PR}^2 = 50$，75，80，100，300 となる t の値がそれぞれ何個ずつ存在するのかを，

$\mathrm{PR}^2 = 4\left(t - \dfrac{5}{2}\right)^2 + 75$ $(0 \leqq t \leqq 10)$ のグラフから読み取る。

★ (iii) 三角形の面積の公式を用いて S_1，S_2，S_3 を求めることで，時刻によらず，$S_1 = S_2 = S_3$ となっていることを示す。

(2) (1)と同様に，3点P，Q，Rの規則より，点Qは毎秒$\dfrac{13}{12}$の速さで辺BA上を移動し，点Rは毎秒$\dfrac{5}{12}$の速さで辺CB上を移動することがわかる。また，〔別解〕では，一般に成り立つ以下の性質を用いている。

ポイント　1つの角が等しい2つの三角形の面積比

右図のような，1つの角が等しい2つの三角形 OVW と OXY において，$\mathrm{OV} : \mathrm{OX} = a : x$，$\mathrm{OW} : \mathrm{OY} = b : y$ であるとき

(三角形OVWの面積)：(三角形OXYの面積)

$= ab : xy$

が成り立つ。

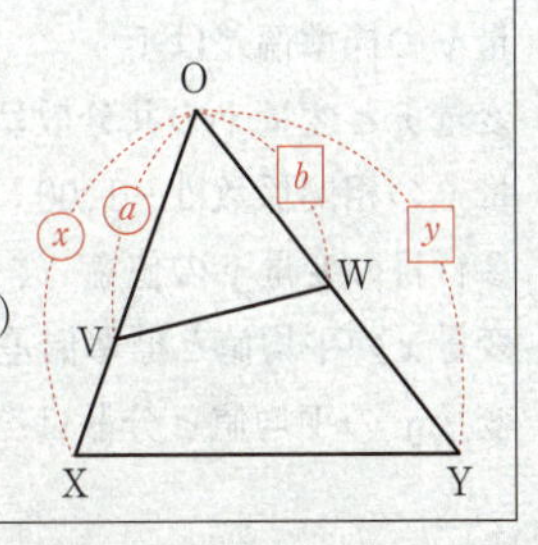

最後に $t=\dfrac{30\pm6\sqrt{5}}{5}$ が $0\leqq t\leqq12$ を満たすかどうかを調べなければならないが，

$2<\sqrt{5}<3$ より

$$12<6\sqrt{5}<18 \qquad 42<30+6\sqrt{5}<48$$

$$\therefore\quad (8.4=)\,\frac{42}{5}<\frac{30+6\sqrt{5}}{5}<\frac{48}{5}\,(=9.6)$$

$$-18<-6\sqrt{5}<-12 \qquad 12<30-6\sqrt{5}<18$$

$$\therefore\quad (2.4=)\,\frac{12}{5}<\frac{30-6\sqrt{5}}{5}<\frac{18}{5}\,(=3.6)$$

となって，$0\leqq t\leqq12$ を満たすことがわかる。

〔2〕 標準 《データの相関，共分散，相関係数》

(1)　変量 x の平均値は　$\dfrac{1+2}{2}=1.50$　⑧ →セ

変量 x の分散は　$\dfrac{(1-1.5)^2+(2-1.5)^2}{2}=\dfrac{0.5^2+0.5^2}{2}=\dfrac{0.5^2\times2}{2}=0.5^2$

なので，変量 x の標準偏差は　$\sqrt{0.5^2}=0.50$　⑥ →ソ

変量 y の平均値は　$\dfrac{2+1}{2}=1.50$

変量 y の分散は　$\dfrac{(2-1.5)^2+(1-1.5)^2}{2}=\dfrac{0.5^2+0.5^2}{2}=0.5^2$

なので，変量 y の標準偏差は　$\sqrt{0.5^2}=0.50$

変量 x と変量 y の共分散は

$$\frac{(1-1.5)(2-1.5)+(2-1.5)(1-1.5)}{2}=\frac{-0.5^2-0.5^2}{2}=\frac{-0.5^2\times2}{2}=-0.5^2$$

なので，変量 x と変量 y の相関係数は　$\dfrac{-0.5^2}{0.5\times0.5}=-1.00$　① →タ

(2)　3行目の変量 y の値を0に変えたときの相関係数の値を求める。

変量 x の平均値と標準偏差はそれぞれ，(1)より，1.5，0.5

変量 y の平均値と分散はそれぞれ，(1)と同様にして求めれば，1，1なので，変量 y の標準偏差は1

変量 x と変量 y の共分散は，(1)と同様にして求めれば，-0.5 なので，変量 x と変量 y の相関係数は -1.00

3行目の変量 y の値を -1 に変えたときの相関係数の値を求める。

変量 x の平均値と標準偏差はそれぞれ，(1)より，1.5，0.5

変量 y の平均値と分散はそれぞれ，(1)と同様にして求めれば，0.5，1.5^2 なので，

変量 y の標準偏差は1.5

変量 x と変量 y の共分散は，(1)と同様にして求めれば，-0.5×1.5 なので，変量 x と変量 y の相関係数は -1.00

今度は，３行目の変量 y の値を２に変えたときを考える。

変量 x の平均値と標準偏差はそれぞれ，(1)より，1.5，0.5

変量 y の平均値と分散はそれぞれ，(1)と同様にして求めれば，２，０なので，変量 y の標準偏差は０

変量 x と変量 y の共分散は，(1)と同様にして求めれば，０

変量 x と変量 y の値の組を変更して，$(x,\ y)=(1,\ 2)$，$(2,\ 2)$ としたときには相関係数が計算できなかった。その理由として最も適当なものを選ぶ。

⓪ (1)において $(x,\ y)=(1,\ 2)$，$(2,\ 1)$ としたとき，相関係数は計算できるので，値の組の個数が２個しかないからというのは理由として適さない。

① ３行目の変量 y の値を０に変えたとき，変量 x の平均値は1.5，変量 y の平均値は１となり，両者の値は異なるが，相関係数は計算できるので，変量 x の平均値と変量 y の平均値が異なるからというのは理由として適さない。

② ３行目の変量 y の値を０に変えたとき，変量 x の標準偏差の値は0.5，変量 y の標準偏差の値は１となり，両者の値は異なるが，相関係数は計算できるので，変量 x の標準偏差の値と変量 y の標準偏差の値が異なるからというのは理由として適さない。

③ $(x,\ y)=(1,\ 2)$，$(2,\ 2)$ としたとき，変量 y の標準偏差の値は０となるから，相関係数を求める式において変量 x と変量 y の共分散を０で割ることになる。このため，相関係数は計算できないので，**変量 y の標準偏差の値が０であるから**というのは理由として適する。

よって，理由として最も適当なものは ③ →チ である。

(3) ３行目の変量 y の値を３に変えたときの相関係数の値を求める。

変量 x の平均値と標準偏差はそれぞれ，(1)より，1.5，0.5

変量 y の平均値と分散はそれぞれ，(1)と同様にして求めれば，2.5，0.5^2 なので，変量 y の標準偏差は0.5

変量 x と変量 y の共分散は，(1)と同様にして求めれば，0.5^2 なので，変量 x と変量 y の相関係数は1.00

３行目の変量 y の値を４に変えたときの相関係数の値を求める。

変量 x の平均値と標準偏差はそれぞれ，(1)より，1.5，0.5

変量 y の平均値と分散はそれぞれ，(1)と同様にして求めれば，３，１なので，変量 y の標準偏差は１

変量 x と変量 y の共分散は，(1)と同様にして求めれば，0.5なので，変量 x と変量

y の相関係数は 1.00

3行目の変量 y の値を5に変えたときの相関係数の値を求める。

変量 x の平均値と標準偏差はそれぞれ，(1)より，1.5，0.5

変量 y の平均値と分散はそれぞれ，(1)と同様にして求めれば，3.5，1.5^2 なので，

変量 y の標準偏差は 1.5

変量 x と変量 y の共分散は，(1)と同様にして求めれば，0.5·1.5 なので，変量 x と

変量 y の相関係数は 1.00

次に値の組の個数を3とする。

$(x,\ y)=(1,\ 1),\ (2,\ 2),\ (3,\ 3)$ とするときの相関係数の値を求める。

変量 x の平均値は　$\dfrac{1+2+3}{3}=2$

変量 x の分散は　$\dfrac{(1-2)^2+(2-2)^2+(3-2)^2}{3}=\dfrac{2}{3}$

なので，変量 x の標準偏差は $\sqrt{\dfrac{2}{3}}$

変量 x と変量 y は同じ値だから，変量 y の平均値と分散と標準偏差はそれぞれ，

$2,\ \dfrac{2}{3},\ \sqrt{\dfrac{2}{3}}$

変量 x と変量 y の共分散は　$\dfrac{(1-2)(1-2)+(2-2)(2-2)+(3-2)(3-2)}{3}=\dfrac{2}{3}$

なので，変量 x と変量 y の相関係数は　$\dfrac{\frac{2}{3}}{\sqrt{\frac{2}{3}}\times\sqrt{\frac{2}{3}}}=1.00$

$(x,\ y)=(1,\ 1),\ (2,\ 2),\ (3,\ 1)$ とするときの相関係数の値を求める。

変量 x の平均値と分散はそれぞれ，上と同様にして求めれば，$2,\ \dfrac{2}{3}$ なので，変量 x の標準偏差は $\sqrt{\dfrac{2}{3}}$

変量 y の平均値と分散はそれぞれ，上と同様にして求めれば，$\dfrac{4}{3},\ \dfrac{2}{9}$ なので，変量 y の標準偏差は $\sqrt{\dfrac{2}{9}}$

変量 x と変量 y の共分散は，上と同様にして求めれば，0 なので，変量 x と変量 y の相関係数は 0.00

$(x,\ y)=(1,\ 1),\ (2,\ 2),\ (2,\ 2)$ とするときの相関係数の値を求める。

変量 x の平均値と分散はそれぞれ，上と同様にして求めれば，$\dfrac{5}{3},\ \dfrac{2}{9}$ なので，変量

x の標準偏差は $\sqrt{\frac{2}{9}}$

変量 x と変量 y は同じ値だから，変量 y の平均値と分散と標準偏差はそれぞれ，$\frac{5}{3}$，$\frac{2}{9}$，$\sqrt{\frac{2}{9}}$

変量 x と変量 y の共分散は，上と同様にして求めれば，$\frac{2}{9}$ なので，変量 x と変量 y の相関係数は 1.00

値の組の個数を 100 にして，1 個だけ $(x,\ y)=(1,\ 1)$ で，99 個は $(x,\ y)=(2,\ 2)$ としたときの相関係数の値を求める。

変量 x の平均値は $\dfrac{1+2+\cdots+2}{100}=\dfrac{1+2\times 99}{100}=\dfrac{199}{100}=1.99$

変量 x の分散は

$$\frac{(1-1.99)^2+(2-1.99)^2+\cdots+(2-1.99)^2}{100}=\frac{0.99^2+0.01^2+\cdots+0.01^2}{100}$$

$$=\frac{0.99^2+0.01^2\times 99}{100}=\frac{0.99^2+0.01\times 0.99}{100}=\frac{0.99(0.99+0.01)}{100}$$

$$=\frac{0.99}{100}=0.0099$$

なので，変量 x の標準偏差は $\sqrt{0.0099}$

変量 x と変量 y は同じ値だから，変量 y の平均値と分散と標準偏差はそれぞれ，1.99，0.0099，$\sqrt{0.0099}$

変量 x と変量 y の共分散は

$$\frac{(1-1.99)(1-1.99)+(2-1.99)(2-1.99)+\cdots+(2-1.99)(2-1.99)}{100}$$

$$=\frac{0.99^2+0.01^2+\cdots+0.01^2}{100}=\frac{0.99^2+0.01^2\times 99}{100}=0.0099$$

なので，変量 x と変量 y の相関係数は $\dfrac{0.0099}{\sqrt{0.0099}\times\sqrt{0.0099}}=1.00$

相関係数の値についての記述として誤っているものを選ぶ。

⓪ $(x,\ y)=(x_1,\ y_1)$，$(x_2,\ y_2)$ としたとき，標準偏差はデータの散らばりの度合いを表す量だから，$x_1=x_2$ であると変量 x の標準偏差は 0 となり，$y_1=y_2$ であると変量 y の標準偏差は 0 となってしまうため，相関係数は計算できない。したがって，$x_1\neq x_2$ かつ $y_1\neq y_2$ である場合を考えると，散布図において 2 点 $(x_1,\ y_1)$，$(x_2,\ y_2)$ を通る直線はただ一つ存在し，この直線の傾きは正か負のどちらかとなるから，相関係数の値が 0 になることはない。よって，値の組の個数が 2 のときには相関係数の値が 0.00 になることはないので，正しい。

① 例えば，$(x,\ y)=(1,\ 2)$，$(2,\ 1)$，$(2,\ 1)$ としたとき，変量 x の平均値と分散はそれぞれ，上と同様にして求めれば，$\frac{5}{3}$，$\frac{2}{9}$ なので，変量 x の標準偏差は $\sqrt{\frac{2}{9}}$

変量 y の平均値と分散はそれぞれ，上と同様にして求めれば，$\frac{4}{3}$，$\frac{2}{9}$ なので，変量 y の標準偏差は $\sqrt{\frac{2}{9}}$

変量 x と変量 y の共分散は，上と同様にして求めれば，$-\frac{2}{9}$ なので，変量 x と変量 y の相関係数は -1

よって，値の組の個数が3のときには相関係数の値が -1.00 となることがあるので，正しい。

② 例えば，$(x,\ y)=(1,\ 1)$，$(1,\ 1)$，$(2,\ 2)$，$(2,\ 2)$ としたとき，変量 x の平均値は

$$\frac{1+1+2+2}{4}=1.5$$

変量 x の分散は

$$\frac{(1-1.5)^2+(1-1.5)^2+(2-1.5)^2+(2-1.5)^2}{4}=\frac{0.5^2+0.5^2+0.5^2+0.5^2}{4}$$

$$=\frac{0.5^2\times4}{4}=0.5^2$$

なので，変量 x の標準偏差は　$\sqrt{0.5^2}=0.5$

変量 x と変量 y は同じ値だから，変量 y の平均値と分散と標準偏差はそれぞれ，1.5，0.5^2，0.5

変量 x と変量 y の共分散は

$$\frac{(1-1.5)(1-1.5)+(1-1.5)(1-1.5)+(2-1.5)(2-1.5)+(2-1.5)(2-1.5)}{4}$$

$$=\frac{0.5^2+0.5^2+0.5^2+0.5^2}{4}=\frac{0.5^2\times4}{4}=0.5^2$$

なので，変量 x と変量 y の相関係数は　$\frac{0.5^2}{0.5\times0.5}=1$

よって，値の組の個数が4のときには相関係数の値が1.00となることがあるので，誤りである。

③ 変量 x の平均値は　$\frac{1+2+\cdots+2}{50}=\frac{1+2\times49}{50}=\frac{99}{50}=1.98$

変量 x の分散は

$$\frac{(1-1.98)^2+(2-1.98)^2+\cdots+(2-1.98)^2}{50}=\frac{0.98^2+0.02^2+\cdots+0.02^2}{50}$$

$$=\frac{0.98^2+0.02^2\times 49}{50}=\frac{0.98^2+0.02\times 0.98}{50}=\frac{0.98(0.98+0.02)}{50}=\frac{0.98}{50}$$

$=0.0196$

なので，変量 x の標準偏差は $\sqrt{0.0196}$

変量 y の平均値は　$\frac{1+0+\cdots+0}{50}=\frac{1}{50}=0.02$

変量 y の分散は

$$\frac{(1-0.02)^2+(0-0.02)^2+\cdots+(0-0.02)^2}{50}=\frac{0.98^2+0.02^2+\cdots+0.02^2}{50}$$

$$=\frac{0.98^2+0.02^2\times 49}{50}=0.0196$$

なので，変量 y の標準偏差は $\sqrt{0.0196}$

変量 x と変量 y の共分散は

$$\frac{(1-1.98)(1-0.02)+(2-1.98)(0-0.02)+\cdots+(2-1.98)(0-0.02)}{50}$$

$$=\frac{-0.98^2-0.02^2-\cdots-0.02^2}{50}=\frac{-(0.98^2+0.02^2\times 49)}{50}=-0.0196$$

なので，変量 x と変量 y の相関係数は　$\frac{-0.0196}{\sqrt{0.0196}\times\sqrt{0.0196}}=-1$

よって，値の組の個数が50であり，1個の値の組が $(x,\ y)=(1,\ 1)$，残りの49個の値の組が $(x,\ y)=(2,\ 0)$ のときは相関係数の値は -1.00 であるので，正しい。

④　変量 x の平均値は　$\frac{1+\cdots+1+2+\cdots+2}{100}=\frac{1\times 50+2\times 50}{100}=\frac{150}{100}=1.5$

変量 x の分散は

$$\frac{(1-1.5)^2+\cdots+(1-1.5)^2+(2-1.5)^2+\cdots+(2-1.5)^2}{100}$$

$$=\frac{0.5^2+\cdots+0.5^2+0.5^2+\cdots+0.5^2}{100}=\frac{0.5^2\times 100}{100}=0.5^2$$

なので，変量 x の標準偏差は　$\sqrt{0.5^2}=0.5$

変量 x と変量 y は同じ値だから，変量 y の平均値と分散と標準偏差はそれぞれ，$1.5,\ 0.5^2,\ 0.5$

変量 x と変量 y の共分散は

$$\frac{(1-1.5)(1-1.5)+\cdots+(1-1.5)(1-1.5)+(2-1.5)(2-1.5)+\cdots+(2-1.5)(2-1.5)}{100}$$

$$=\frac{0.5^2+\cdots+0.5^2+0.5^2+\cdots+0.5^2}{100}=\frac{0.5^2\times 100}{100}=0.5^2$$

なので，変量 x と変量 y の相関係数は $\dfrac{0.5^2}{0.5\times0.5}=1$

よって，値の組の個数が100であり，50個の値の組が $(x,\ y)=(1,\ 1)$，残りの50個の値の組が $(x,\ y)=(2,\ 2)$ のときは相関係数の値は1.00であるので，正しい。

以上より，相関係数の値についての記述として誤っているものは ② →ツ である。

(4)　値の組の個数が2のときは，相関係数の値は1.00か−1.00，または計算できない場合の3通りしかない。

値の組を散布図に表したとき，相関係数の値はあくまで散布図の点が**直線に沿って分布する**程度を表していて ④ →テ，値の組の個数が2の場合に，花子さんが言った3通りに限られるのは**平面上の異なる2点は必ずある直線上にある**からである ③ →ト。

解説

与えられた二つの変量の平均値，標準偏差，相関係数の値を求めさせることで，相関係数について考察させる問題である。

(1)　平均値，標準偏差，相関係数を定義に従って求めていけばよい。

(2)　⓪は(1)の結果から理由として適さないことがわかり，①と②は3行目の変量 y の値を0に変えた場合の平均値，標準偏差，相関係数を計算することで理由として適さないことがわかる。

(3)　⓪　$(\text{変量 } x \text{ と変量 } y \text{ の相関係数})=\dfrac{\text{変量 } x \text{ と変量 } y \text{ の共分散}}{(\text{変量 } x \text{ の標準偏差})\times(\text{変量 } y \text{ の標準偏差})}$

だから，$(x,\ y)=(x_1,\ y_1)$，$(x_2,\ y_2)$ において，$x_1=x_2$ または $y_1=y_2$ のとき，変量 x の標準偏差または変量 y の標準偏差は0となってしまい，相関係数の値は計算できない。したがって，ここでは $x_1\neq x_2$ かつ $y_1\neq y_2$ のときを考えている。

相関係数の値が0となるのは，散布図の点に直線的な相関関係がないときであり，相関係数の値が1に近いとき，散布図の点は右上がりの直線に沿って分布する傾向が強く，相関係数の値が−1に近いとき，散布図の点は右下がりの直線に沿って分布する傾向が強くなる。

散布図において，2点 $(x_1,\ y_1)$，$(x_2,\ y_2)$ $(x_1\neq x_2$ かつ $y_1\neq y_2)$ を通る直線を考えると，相関係数の値が0にならないだけでなく，この直線の傾きは，$x_1\neq x_2$ かつ $y_1\neq y_2$ より，正か負のどちらかになるから，この直線の傾きが正のときには相関係数の値は1，この直線の傾きが負のときには相関係数の値は−1であることまでわかってしまう。

①　(3)にむけた会話文の中で，まったく同じ値の組が含まれていても相関係数の値は計算できることがあると書かれているので，相関係数の値が−1となった(1)の $(x,\ y)=(1,\ 2)$，$(2,\ 1)$ を利用することを考えて，$(x,\ y)=(1,\ 2)$，$(2,\ 1)$，

(2, 1) を例に選んでいる。

② ここでは，$(x, y)=(1, 1), (1, 1), (2, 2), (2, 2)$ を例に選んだが，$(x, y)=(1, 1), (1, 1), (-1, -1), (-1, -1)$ も非常に計算しやすい。ちなみに，このとき，変量 x，変量 y はともに平均値と標準偏差がそれぞれ 0 と 1，変量 x と変量 y の共分散は 1，変量 x と変量 y の相関係数は 1 となる。

(4) 値の組の個数が 2 のときは，相関係数の値は 1.00 か −1.00，または計算できない場合の 3 通りしかないことは，〔解説〕(3)の⓪のように散布図で考えて示すこともできるが，計算で以下のように示すこともできる。

$(x, y)=(x_1, y_1), (x_2, y_2)$ としたとき，変量 x の平均値は $\dfrac{x_1+x_2}{2}$

変量 x の分散は $\dfrac{\left(x_1-\dfrac{x_1+x_2}{2}\right)^2+\left(x_2-\dfrac{x_1+x_2}{2}\right)^2}{2}=\dfrac{(x_1-x_2)^2}{4}$

なので，変量 x の標準偏差は $\sqrt{\dfrac{(x_1-x_2)^2}{4}}=\dfrac{|x_1-x_2|}{2}$

同様にして，変量 y の平均値と分散と標準偏差はそれぞれ，$\dfrac{y_1+y_2}{2}$，$\dfrac{(y_1-y_2)^2}{4}$，$\dfrac{|y_1-y_2|}{2}$

ここで，$x_1=x_2$ または $y_1=y_2$ のとき，変量 x の標準偏差または変量 y の標準偏差は 0 となるので，相関係数の値は計算できない。

$x_1 \neq x_2$ かつ $y_1 \neq y_2$ のとき，変量 x と変量 y の共分散は

$$\frac{\left(x_1-\dfrac{x_1+x_2}{2}\right)\left(y_1-\dfrac{y_1+y_2}{2}\right)+\left(x_2-\dfrac{x_1+x_2}{2}\right)\left(y_2-\dfrac{y_1+y_2}{2}\right)}{2}=\frac{(x_1-x_2)(y_1-y_2)}{4}$$

なので，変量 x と変量 y の相関係数は

$$\frac{\dfrac{(x_1-x_2)(y_1-y_2)}{4}}{\dfrac{|x_1-x_2|}{2}\times\dfrac{|y_1-y_2|}{2}}=\frac{(x_1-x_2)(y_1-y_2)}{|(x_1-x_2)(y_1-y_2)|}=\frac{(x_1-x_2)(y_1-y_2)}{\pm(x_1-x_2)(y_1-y_2)}=\pm 1$$

よって，値の組の個数が 2 のときは，相関係数の値は 1.00 か −1.00，または計算できない場合の 3 通りしかない。

また，(4)は，この問題で相関係数について考察してきたことの結論が述べられており，(1)〜(3)の結果をふまえずとも，［テ］，［ト］に当てはまる選択肢が選べてしまうような内容となっているため，出題者の意図とは逆行するが，(4)を読んでから(3)を解いた方が，(3)の正解を選びやすくなっている。

第3問 やや難 《条件付き確率》

(1)　箱Aには当たりくじが10本入っていて，箱Bには当たりくじが5本入っている場合を考える。

1番目の人がくじを引いた箱が箱Aであったという条件の下で，当たりくじを引く条件付き確率 $P_A(W)$ は

$$P_A(W)=\frac{10}{100}=\frac{1}{10}$$

なので，1番目の人が引いた箱が箱Aで，かつ当たりくじを引く確率は

$$P(A\cap W)=P(A)\cdot P_A(W)=\frac{1}{2}\cdot\frac{1}{10}=\frac{\boxed{1}}{\boxed{20}}$$ →ア，イウ

である。

一方で，1番目の人が当たりくじを引く事象 W は，箱Aから当たりくじを引くか箱Bから当たりくじを引くかのいずれかであるので，その確率は

$$P(W)=P(A\cap W)+P(B\cap W)$$

ここで，1番目の人がくじを引いた箱が箱Bであったという条件の下で，当たりくじを引く条件付き確率 $P_B(W)$ は

$$P_B(W)=\frac{5}{100}=\frac{1}{20}$$

なので，1番目の人が引いた箱が箱Bで，かつ当たりくじを引く確率は

$$P(B\cap W)=P(B)\cdot P_B(W)=\frac{1}{2}\cdot\frac{1}{20}=\frac{1}{40}$$

である。したがって

$$P(W)=P(A\cap W)+P(B\cap W)=\frac{1}{20}+\frac{1}{40}=\frac{\boxed{3}}{\boxed{40}}$$ →エ，オカ

である。

よって，1番目の人が当たりくじを引いたという条件の下で，その箱が箱Aであるという条件付き確率 $P_W(A)$ は

$$P_W(A)=\frac{P(A\cap W)}{P(W)}=\frac{\frac{1}{20}}{\frac{3}{40}}=\frac{1}{20}\div\frac{3}{40}=\frac{\boxed{2}}{\boxed{3}}$$ →キ，ク

と求められる。

また，1番目の人が当たりくじを引いた後，同じ箱から2番目の人がくじを引くとき，そのくじが当たりくじであるのは

(i)　1番目の人が当たりくじを引いた後，その箱が箱Aであるとき，箱Aから2番目の人が当たりくじを引く。

(ii) １番目の人が当たりくじを引いた後，その箱が箱Ｂであるとき，箱Ｂから２番目の人が当たりくじを引く。

のいずれかだから，(i)，(ii)の確率をそれぞれ求めると

(i) １番目の人が当たりくじを引いた後，その箱が箱Ａであるときの確率は

$$P_W(A)=\frac{2}{3}$$

箱Ａから２番目の人が当たりくじを引く確率は，引いたくじはもとに戻さないことに注意して

$$\frac{9}{99}$$

したがって，このときの確率は

$$P_W(A)\times\frac{9}{99}=\frac{2}{3}\times\frac{9}{99}=\frac{18}{3\cdot 99}$$

(ii) １番目の人が当たりくじを引いた後，その箱が箱Ｂであるときの確率は

$$P_W(B)=\frac{P(B\cap W)}{P(W)}=\frac{\frac{1}{40}}{\frac{3}{40}}=\frac{1}{40}\div\frac{3}{40}=\frac{1}{3}$$

箱Ｂから２番目の人が当たりくじを引く確率は，引いたくじはもとに戻さないことに注意して

$$\frac{4}{99}$$

したがって，このときの確率は

$$P_W(B)\times\frac{4}{99}=\frac{1}{3}\times\frac{4}{99}=\frac{4}{3\cdot 99}$$

よって，１番目の人が当たりくじを引いた後，同じ箱から２番目の人がくじを引くとき，そのくじが当たりくじである確率は，(i)，(ii)より

$$P_W(A)\times\frac{9}{99}+P_W(B)\times\frac{\boxed{4}}{99}=\frac{18}{3\cdot 99}+\frac{4}{3\cdot 99}=\frac{22}{3\cdot 99}$$

$$=\frac{\boxed{2}}{\boxed{27}}$$ →ケ，コ，サシ ……①

それに対して，１番目の人が当たりくじを引いた後，異なる箱から２番目の人がくじを引くとき，そのくじが当たりくじであるのは

(iii) １番目の人が当たりくじを引いた後，その箱が箱Ａであるとき，箱Ｂから２番目の人が当たりくじを引く。

(iv) １番目の人が当たりくじを引いた後，その箱が箱Ｂであるとき，箱Ａから２番目の人が当たりくじを引く。

のいずれかだから，(iii)，(iv)の確率をそれぞれ求めると

(iii) 1番目の人が当たりくじを引いた後，その箱が箱Aであるときの確率は

$$P_W(A)=\frac{2}{3}$$

箱Bから2番目の人が当たりくじを引く確率は

$$\frac{5}{100}$$

したがって，このときの確率は

$$P_W(A)\times\frac{5}{100}=\frac{2}{3}\times\frac{5}{100}=\frac{1}{30}$$

(iv) 1番目の人が当たりくじを引いた後，その箱が箱Bであるときの確率は

$$P_W(B)=\frac{1}{3}$$

箱Aから2番目の人が当たりくじを引く確率は

$$\frac{10}{100}$$

したがって，このときの確率は

$$P_W(B)\times\frac{10}{100}=\frac{1}{3}\times\frac{10}{100}=\frac{1}{30}$$

よって，1番目の人が当たりくじを引いた後，異なる箱から2番目の人がくじを引くとき，そのくじが当たりくじである確率は，(iii)，(iv)より

$$P_W(A)\times\frac{5}{100}+P_W(B)\times\frac{10}{100}=\frac{1}{30}+\frac{1}{30}=\frac{1}{15}$$ →ス，セソ ……②

(2) 今度は箱Aには当たりくじが10本入っていて，箱Bには当たりくじが7本入っている場合を考える。

1番目の人がくじを引いた箱が箱Aであったという条件の下で，当たりくじを引く条件付き確率 $P_A(W)$ は

$$P_A(W)=\frac{10}{100}=\frac{1}{10}$$

なので，1番目の人が引いた箱が箱Aで，かつ当たりくじを引く確率は

$$P(A\cap W)=P(A)\cdot P_A(W)=\frac{1}{2}\cdot\frac{1}{10}=\frac{1}{20}$$

また，1番目の人がくじを引いた箱が箱Bであったという条件の下で，当たりくじを引く条件付き確率 $P_B(W)$ は

$$P_B(W)=\frac{7}{100}$$

なので，1番目の人が引いた箱が箱Bで，かつ当たりくじを引く確率は

$$P(B\cap W)=P(B)\cdot P_B(W)=\frac{1}{2}\cdot\frac{7}{100}=\frac{7}{200}$$

一方で，１番目の人が当たりくじを引く事象 W は，箱Aから当たりくじを引くか，箱Bから当たりくじを引くかのいずれかであるので，その確率は

$$P(W)=P(A\cap W)+P(B\cap W)=\frac{1}{20}+\frac{7}{200}=\frac{17}{200}$$

よって，１番目の人が当たりくじを引いたという条件の下で，その箱が箱Aであるという条件付き確率 $P_W(A)$ は

$$P_W(A)=\frac{P(A\cap W)}{P(W)}=\frac{\frac{1}{20}}{\frac{17}{200}}=\frac{1}{20}\div\frac{17}{200}=\frac{10}{17}\quad\cdots\cdots③$$

また，１番目の人が当たりくじを引いたという条件の下で，その箱が箱Bであるという条件付き確率 $P_W(B)$ は

$$P_W(B)=\frac{P(B\cap W)}{P(W)}=\frac{\frac{7}{200}}{\frac{17}{200}}=\frac{7}{200}\div\frac{17}{200}=\frac{7}{17}\quad\cdots\cdots④$$

以上より，１番目の人が当たりくじを引いた後，同じ箱から２番目の人がくじを引くとき，そのくじが当たりくじであるのは

- １番目の人が当たりくじを引いた後，その箱が箱Aであるとき，箱Aから２番目の人が当たりくじを引く。
- １番目の人が当たりくじを引いた後，その箱が箱Bであるとき，箱Bから２番目の人が当たりくじを引く。

のいずれかだから，(1)の(i)・(ii)と同様に考えれば，その確率は

$$P_W(A)\times\frac{9}{99}+P_W(B)\times\frac{6}{99}=\frac{10}{17}\times\frac{9}{99}+\frac{7}{17}\times\frac{6}{99}$$

$$=\frac{132}{17\cdot 99}=\boxed{\frac{4}{51}}$$ →タ，チツ ……⑤

それに対して，１番目の人が当たりくじを引いた後，異なる箱から２番目の人がくじを引くとき，そのくじが当たりくじであるのは

- １番目の人が当たりくじを引いた後，その箱が箱Aであるとき，箱Bから２番目の人が当たりくじを引く。
- １番目の人が当たりくじを引いた後，その箱が箱Bであるとき，箱Aから２番目の人が当たりくじを引く。

のいずれかだから，(1)の(iii)・(iv)と同様に考えれば，その確率は

$$P_W(A)\times\frac{7}{100}+P_W(B)\times\frac{10}{100}=\frac{10}{17}\times\frac{7}{100}+\frac{7}{17}\times\frac{10}{100}=\frac{140}{17\cdot 100}=\frac{7}{85}\quad\cdots\cdots⑥$$

(3) 箱Aに当たりくじが10本入っている場合，1番目の人が当たりくじを引いたとき，2番目の人が当たりくじを引く確率を大きくするためには，1番目の人が引いた箱と同じ箱，異なる箱のどちらを選ぶべきかを考察する。

(1)より，箱Aには当たりくじが10本入っていて，箱Bには当たりくじが5本入っている場合，1番目の人が当たりくじを引いたとき，2番目の人が1番目の人が引いた箱と同じ箱から当たりくじを引く確率①と，2番目の人が1番目の人が引いた箱と異なる箱から当たりくじを引く確率②を大小比較すると，$\frac{2}{27}=\frac{10}{135}>\frac{9}{135}=\frac{1}{15}$ だから，1番目の人が引いた箱と同じ箱を選ぶ方が，2番目の人が当たりくじを引く確率は大きくなる。

(2)より，箱Aには当たりくじが10本入っていて，箱Bには当たりくじが7本入っている場合，1番目の人が当たりくじを引いたとき，2番目の人が1番目の人が引いた箱と同じ箱から当たりくじを引く確率⑤と，2番目の人が1番目の人が引いた箱と異なる箱から当たりくじを引く確率⑥を大小比較すると，$\frac{4}{51}=\frac{20}{255}<\frac{21}{255}=\frac{7}{85}$ だから，1番目の人が引いた箱と異なる箱を選ぶ方が，2番目の人が当たりくじを引く確率は大きくなる。

したがって，箱Aには当たりくじが10本入っていて，箱Bには当たりくじが6本入っている場合を考える。

1番目の人がくじを引いた箱が箱Aであったという条件の下で，当たりくじを引く条件付き確率 $P_A(W)$ は

$$P_A(W)=\frac{10}{100}=\frac{1}{10}$$

なので，1番目の人が引いた箱が箱Aで，かつ当たりくじを引く確率は

$$P(A\cap W)=P(A)\cdot P_A(W)=\frac{1}{2}\cdot\frac{1}{10}=\frac{1}{20}$$

また，1番目の人がくじを引いた箱が箱Bであったという条件の下で，当たりくじを引く条件付き確率 $P_B(W)$ は

$$P_B(W)=\frac{6}{100}=\frac{3}{50}$$

なので，1番目の人が引いた箱が箱Bで，かつ当たりくじを引く確率は

$$P(B\cap W)=P(B)\cdot P_B(W)=\frac{1}{2}\cdot\frac{3}{50}=\frac{3}{100}$$

一方で，1番目の人が当たりくじを引く事象 W は，箱Aから当たりくじを引くか，箱Bから当たりくじを引くかのいずれかであるので，その確率は

$$P(W)=P(A\cap W)+P(B\cap W)=\frac{1}{20}+\frac{3}{100}=\frac{2}{25}$$

よって，１番目の人が当たりくじを引いたという条件の下で，その箱が箱Ａであるという条件付き確率 $P_W(A)$ は

$$P_W(A)=\frac{P(A\cap W)}{P(W)}=\frac{\frac{1}{20}}{\frac{2}{25}}=\frac{1}{20}\div\frac{2}{25}=\frac{5}{8}$$

また，１番目の人が当たりくじを引いたという条件の下で，その箱が箱Ｂであるという条件付き確率 $P_W(B)$ は

$$P_W(B)=\frac{P(B\cap W)}{P(W)}=\frac{\frac{3}{100}}{\frac{2}{25}}=\frac{3}{100}\div\frac{2}{25}=\frac{3}{8}$$

以上より，１番目の人が当たりくじを引いた後，同じ箱から２番目の人がくじを引くとき，そのくじが当たりくじであるのは

- １番目の人が当たりくじを引いた後，その箱が箱Ａであるとき，箱Ａから２番目の人が当たりくじを引く。
- １番目の人が当たりくじを引いた後，その箱が箱Ｂであるとき，箱Ｂから２番目の人が当たりくじを引く。

のいずれかだから，(1)の(i)・(ii)と同様に考えれば，その確率は

$$P_W(A)\times\frac{9}{99}+P_W(B)\times\frac{5}{99}=\frac{5}{8}\times\frac{9}{99}+\frac{3}{8}\times\frac{5}{99}=\frac{60}{8\cdot 99}=\frac{5}{66}\quad\cdots\cdots⑦$$

それに対して，１番目の人が当たりくじを引いた後，異なる箱から２番目の人がくじを引くとき，そのくじが当たりくじであるのは

- １番目の人が当たりくじを引いた後，その箱が箱Ａであるとき，箱Ｂから２番目の人が当たりくじを引く。
- １番目の人が当たりくじを引いた後，その箱が箱Ｂであるとき，箱Ａから２番目の人が当たりくじを引く。

のいずれかだから，(1)の(iii)・(iv)と同様に考えれば，その確率は

$$P_W(A)\times\frac{6}{100}+P_W(B)\times\frac{10}{100}=\frac{5}{8}\times\frac{6}{100}+\frac{3}{8}\times\frac{10}{100}=\frac{60}{8\cdot 100}=\frac{3}{40}\quad\cdots\cdots⑧$$

これより，１番目の人が当たりくじを引いたとき，２番目の人が１番目の人が引いた箱と同じ箱から当たりくじを引く確率⑦と，２番目の人が１番目の人が引いた箱と異なる箱から当たりくじを引く確率⑧を大小比較すると，$\frac{5}{66}=\frac{100}{1320}>\frac{99}{1320}=\frac{3}{40}$ だから，１番目の人が引いた箱と同じ箱を選ぶ方が，２番目の人が当たりくじを引く確率は大きくなる。

よって，箱Ｂに入っている当たりくじの本数が４本，５本，６本，７本のそれぞれの場合において選ぶべき箱の組み合わせとして正しいものは ① →テ である。

解説

1番目の人が一方の箱からくじを1本引いたところ，当たりくじであったとするとき，2番目の人が当たりくじを引く確率を大きくするためには，1番目の人が引いた箱と同じ箱，異なる箱のどちらを選ぶべきかを考察する問題である。

普段から確率の問題に取り組む際に，求めたい確率が何であるかをしっかりと考えたり，記号の表す意味についてよく考えたりしていないと，何を求めてよいかわからなくなってしまったであろう。

(1)　丁寧な誘導が与えられているので，それに従って確率を求めていけばよい。その際，2番目の人がくじを引くとき，1番目の人が引いたくじはもとに戻さないことに注意する必要がある。

(2)　(2)にむけた会話文「花子：やっぱり1番目の人が当たりくじを引いた場合は，同じ箱から引いた方が当たりくじを引く確率が大きいよ」は，(確率①)$=\frac{2}{27}>\frac{1}{15}=$(確率②) であることを意味している。

(2)は，(1)と同様に考えて，箱Aに当たりくじが10本入っていて，箱Bに当たりくじが7本入っている場合の確率を求めればよい。

(3)　(3)にむけた会話文「太郎：今度は異なる箱から引く方が当たりくじを引く確率が大きくなったね」は，(確率⑤)$=\frac{4}{51}<\frac{7}{85}=$(確率⑥) であることを意味している。

また，「花子：最初に当たりくじを引いた箱の方が箱Aである確率が大きいのに不思議だね」は，(確率③)$=P_W(A)=\frac{10}{17}>\frac{7}{17}=P_W(B)=$(確率④) であることを意味している。

(1)の結果から，箱Bに入っている当たりくじの本数が5本の場合，1番目の人が引いた箱と同じ箱を選ぶべきであり，(2)の結果から，箱Bに入っている当たりくじの本数が7本の場合，1番目の人が引いた箱と異なる箱を選ぶべきであることがわかるので，選ぶべき箱の組み合わせとして正しい選択肢は①，②のどちらかになる。したがって，箱Bに入っている当たりくじの本数が6本の場合を考えることになる。

正解を選ぶ上では，箱Bに入っている当たりくじの本数が4本の場合を考える必要はないが，実際に求めてみると，(1)と同様に考えれば

$$P_A(W)=\frac{10}{100}=\frac{1}{10},\quad P(A\cap W)=\frac{1}{2}\cdot\frac{1}{10}=\frac{1}{20}$$

$$P_B(W)=\frac{4}{100}=\frac{1}{25},\quad P(B\cap W)=\frac{1}{2}\cdot\frac{1}{25}=\frac{1}{50}$$

$$P(W)=\frac{1}{20}+\frac{1}{50}=\frac{7}{100}$$

$$P_W(A)=\frac{1}{20}\div\frac{7}{100}=\frac{5}{7},\quad P_W(B)=\frac{1}{50}\div\frac{7}{100}=\frac{2}{7}$$

となり，１番目の人が引いた箱と同じ箱から２番目の人が当たりくじを引く確率は

$$P_W(A)\times\frac{9}{99}+P_W(B)\times\frac{3}{99}=\frac{5}{7}\times\frac{9}{99}+\frac{2}{7}\times\frac{3}{99}=\frac{51}{7\cdot 99}=\frac{17}{231}$$

１番目の人が引いた箱と異なる箱から２番目の人が当たりくじを引く確率は

$$P_W(A)\times\frac{4}{100}+P_W(B)\times\frac{10}{100}=\frac{5}{7}\times\frac{4}{100}+\frac{2}{7}\times\frac{10}{100}=\frac{40}{7\cdot 100}=\frac{2}{35}$$

となるから，$\frac{17}{231}=\frac{85}{1155}>\frac{66}{1155}=\frac{2}{35}$ より，１番目の人が引いた箱と同じ箱を選ぶべきであることがわかる。

第４問 やや難 《不定方程式》

(1)　天秤ばかりの皿ＡにM〔g〕(M：自然数）の物体Ｘと８ｇの分銅１個をのせ，皿Ｂに３ｇの分銅５個をのせると天秤ばかりは釣り合う。このとき，皿Ａ，Ｂにのせているものの質量を比較すると

$M+8\times$ 1 $=3\times$ 5 →ア，イ

が成り立ち，この式を解けば

$M=3\times5-8\times1=$ 7 →ウ

である。上の式は

$3\times5+8\times(-1)=M$

と変形することができ，$x=5$，$y=-1$は，方程式$3x+8y=M$の整数解の一つである。

(2)　$M=1$のとき

$M+8\times1=3\times3$ ……①

が成り立つから，皿Ａに物体Ｘと８ｇの分銅 1 →エ 個をのせ，皿Ｂに３ｇの分銅３個をのせると釣り合う。

①は$1+8\times1=3\times3$なので，両辺にMをかけると

$M+8\times M=3\times3M$

よって，Mがどのような自然数であっても，皿Ａに物体Ｘと８ｇの分銅 M ① →オ 個をのせ，皿Ｂに３ｇの分銅 $3M$ ④ →カ 個をのせることで釣り合うことになる。

(3)　$M=20$のとき，皿Ａに物体Ｘと３ｇの分銅p個を，皿Ｂに８ｇの分銅q個をのせたところ，天秤ばかりが釣り合ったとする。このとき

$20+3\times p=8\times q$ ……②

が成り立つから，自然数pに$p=1,\ 2,\ 3,\ \cdots$の順に値を代入して，②を満たす自然数の組$(p,\ q)$を調べていけば，このような自然数の組$(p,\ q)$のうちで，pの値が最小であるものは

$p=$ 4 →キ，$q=$ 4 →ク

である。

$p=4$，$q=4$のとき，②より　$20+3\times4=8\times4$

すなわち　$3\times(-4)+8\times4=20$ ……③

が成り立つから，方程式$3x+8y=20$ ……④ から③の辺々をそれぞれ引いて

$3(x+4)+8(y-4)=0$　∴　$-3(x+4)=8(y-4)$

３と８は互いに素なので，整数nを用いて

$x+4=8n$，$y-4=-3n$

と表せるから，④のすべての整数解は，整数 n を用いて

$x=$ [-4] $+$ [8] n →ケコ，サ，　$y=4-$ [3] n →シ

と表すことができる。

(4)　$M=7$ とする。3g と 8g の分銅を，他の質量の分銅の組み合わせに変えると，分銅をどのようにのせても天秤ばかりが釣り合わない場合がある。この場合の分銅の質量の組み合わせを選ぶ。

⓪　3g の分銅 x 個と 14g の分銅 y 個をのせて天秤ばかりが釣り合うためには

$$3x+14y=7$$

を満たす整数 x，y が存在すればよい。

$x=7$，$y=-1$ のとき，$3\cdot7+14\cdot(-1)=7$ が成り立つから

$$3\cdot7=7+14\cdot1$$

と変形できる。

よって，一方の皿に 3g の分銅 7 個をのせ，もう一方の皿に 7g の物体Xと 14g の分銅 1 個をのせると天秤ばかりは釣り合う。

①　3g の分銅 x 個と 21g の分銅 y 個をのせて天秤ばかりが釣り合うためには

$$3x+21y=7$$

を満たす整数 x，y が存在すればよい。$3x+21y=7$ を変形すると

$$3(x+7y)=7$$

x，y が整数のとき，左辺は 3 の倍数，右辺は 7 となるから，$3x+21y=7$ を満たす整数 x，y は存在しない。

よって，分銅をどのようにのせても天秤ばかりは釣り合わない。

②　8g の分銅 x 個と 14g の分銅 y 個をのせて天秤ばかりが釣り合うためには

$$8x+14y=7$$

を満たす整数 x，y が存在すればよい。$8x+14y=7$ を変形すると

$$2(4x+7y)=7$$

x，y が整数のとき，左辺は 2 の倍数，右辺は 7 となるから，$8x+14y=7$ を満たす整数 x，y は存在しない。

よって，分銅をどのようにのせても天秤ばかりは釣り合わない。

③　8g の分銅 x 個と 21g の分銅 y 個をのせて天秤ばかりが釣り合うためには

$$8x+21y=7$$

を満たす整数 x，y が存在すればよい。

8 と 21 にユークリッドの互除法を用いると

$$8\cdot8+21\cdot(-3)=1$$

が成り立つから，両辺を 7 倍すれば

$$8\cdot56+21\cdot(-21)=7 \quad \text{すなわち} \quad 8\cdot56=7+21\cdot21$$

と変形できる。

よって，一方の皿に8gの分銅56個をのせ，もう一方の皿に7gの物体Xと21gの分銅21個をのせると天秤ばかりは釣り合う。

以上より，分銅をどのようにのせても天秤ばかりが釣り合わない場合の分銅の質量の組み合わせは ①，② →ス である。

(5)　皿Aには物体Xのみをのせ，皿Bには3gの分銅 x 個と8gの分銅 y 個のみをのせて，天秤ばかりが釣り合うためには

$$M=3x+8y$$

を満たす0以上の整数 x，y が存在すればよい。

x を0以上の整数とするとき

(i)　$y=0$ のとき

$M=3x+8\times0=3x$（$x=0$，1，2，…）は0以上であって，$M=3x$ より，3の倍数である。

(ii)　$y=1$ のとき

$M=3x+8\times1=3x+8$（$x=0$，1，2，…）は8以上であって，$M=3x+(3\cdot2+2)=3(x+2)+2$ より，3で割ると2余る整数である。

(iii)　$y=2$ のとき

$M=3x+8\times2=3x+16$（$x=0$，1，2，…）は16以上であって，$M=3x+(3\cdot5+1)=3(x+5)+1$ より，3で割ると1余る整数である。

よって，3gの分銅 x 個と8gの分銅 y 個を皿Bにのせることでは M の値を量ることができない場合，このような自然数 M の値は

$$M=1,\ 2,\ 4,\ 5,\ 7,\ 10,\ 13$$

の 7 →セ 通りあり，そのうち最も大きい値は 13 →ソタ である。

このような考え方で，0以上の整数 x，y を用いて $3x+2018y$ と表すことができないような自然数の最大値を求める。

$N=3x+2018y$（N：自然数）とおけば，x を0以上の整数とするとき

(iv)　$y=0$ のとき

$N=3x+2018\times0=3x$（$x=0$，1，2，…）は0以上であって，$N=3x$ より，3の倍数である。

(v)　$y=1$ のとき

$N=3x+2018\times1=3x+2018$（$x=0$，1，2，…）は2018以上であって，

$N=3x+(3\cdot672+2)=3(x+672)+2$ より，3で割ると2余る整数である。

(vi)　$y=2$ のとき

$N=3x+2018\times2=3x+4036$（$x=0$，1，2，…）は4036以上であって，

$N=3x+(3\cdot1345+1)=3(x+1345)+1$ より，3で割ると1余る整数である。

4033 より大きな M の値は，(iv)，(v)，(vi)のいずれかに当てはまることから，0 以上の整数 x，y を用いて $N=3x+2018y$ と表すことができる。

よって，0 以上の整数 x，y を用いて $3x+2018y$ と表すことができないような自然数の最大値は 4033 →チツテト である。

解説

ある物体の質量を天秤ばかりと分銅を用いて量るときに，使用する分銅の個数や質量，量ることのできない質量などについて，1 次不定方程式を解くことから考察させる問題である。(5)は 2 次試験で見かけるような問題であり，丁寧な誘導はついているものの，こういった問題に触れた経験がないと，なかなか難しいと思われる。

(1) 誘導に従って解いていけば，特に難しい部分は見当たらない。

(2) $M=1$ のとき，①が成り立つから，①の両辺を M 倍することで，M がどのような自然数であっても，皿 A に物体 X と 8 g の分銅 M 個，皿 B に 3 g の分銅 $3M$ 個をのせることで天秤ばかりが釣り合うことがわかる。

(3) ②を満たすような自然数の組 $(p,\ q)$ のうちで，p の値が最小であるものを求めたいので，p に 1 から順に値を代入していくことで $(p,\ q)=(4,\ 4)$ を求めた。この方法で自然数の組 $(p,\ q)$ を見つけづらい場合には，②のすべての整数解を求めてから，自然数 p の値が最小となるものを選ぶこともできる。

方程式④のすべての整数解を求める際には，$x=$ ケコ $+$ サ n，$y=4-$ シ n の形に合うように，$x+4=8n$，$y-4=-3n$ と表した。$x+4=-8n$，$y-4=3n$ と表した場合には，空欄の形に合わせるために n に $(-n)$ を代入することになる。

(4) a〔g〕の分銅 x 個と b〔g〕の分銅 y 個をのせて天秤ばかりが釣り合うためには，$ax+by=7$ を満たす整数 x，y が存在すればよい。仮に，x，y が負の整数となった場合には，移項することで，天秤ばかりが釣り合う分銅の個数 x，y が求まることになる。

⓪ $x=7$，$y=-1$ が $3x+14y=7$ を満たすことに気付かなければ，3 と 14 にユークリッドの互除法を用いることで

$$14=3\cdot4+2 \qquad \therefore\ 2=14-3\cdot4$$
$$3=2\cdot1+1 \qquad \therefore\ 1=3-2\cdot1$$

すなわち

$$\begin{aligned}1&=3-2\cdot1\\&=3-(14-3\cdot4)\cdot1\\&=3\cdot5+14\cdot(-1)\end{aligned}$$

と変形できるから，両辺を 7 倍して

$$7=3\cdot35+14\cdot(-7)$$

とすることで，$x=35$，$y=-7$ を求めることができる。

③　8と21にユークリッドの互除法を用いると

$21=8\cdot2+5$　　$\therefore\ 5=21-8\cdot2$

$8=5\cdot1+3$　　$\therefore\ 3=8-5\cdot1$

$5=3\cdot1+2$　　$\therefore\ 2=5-3\cdot1$

$3=2\cdot1+1$　　$\therefore\ 1=3-2\cdot1$

すなわち

$$\begin{aligned}1&=3-2\cdot1\\&=3-(5-3\cdot1)\cdot1\\&=3\cdot2+5\cdot(-1)\\&=(8-5\cdot1)\cdot2+5\cdot(-1)\\&=8\cdot2+5\cdot(-3)\\&=8\cdot2+(21-8\cdot2)\cdot(-3)\\&=8\cdot8+21\cdot(-3)\end{aligned}$$

が成り立つ。また，ユークリッドの互除法を用いずに，x，y に順に値を代入することで，$8x+21y=7$ を満たす整数 x，y を求めることもできる。この方法であれば，$x=-7$，$y=3$ などが見つけやすい。

(5)　皿Aには物体Xのみをのせ，皿Bには3gの分銅 x 個と8gの分銅 y 個のみをのせるので，天秤ばかりが釣り合うためには，(4)とは違って，$M=3x+8y$ を満たす0以上の整数 x，y が存在すればよいことになる。

0以上の整数 x，y を用いて $M=3x+8y$ と表すことができないような自然数 M は，(i)，(ii)，(iii)より，以下のように値を書き出すとわかりやすい。□で囲んだ数が $M=3x+8y$ の形に表すことができない自然数である。

(iii)　[1]，[4]，[7]，[10]，[13]，16，19，22，…

(ii)　[2]，[5]，8，11，14，17，20，23，…

(i)　3，6，9，12，15，18，21，24，…

13より大きな M の値は，(i)，(ii)，(iii)のいずれかに当てはまることがわかる。

同様に，0以上の整数 x，y を用いて $N=3x+2018y$ と表すことができないような自然数 N は，(iv)，(v)，(vi)より，以下のように値を書き出すとわかりやすい。□で囲んだ数が $N=3x+2018y$ の形に表すことができない自然数である。

(vi)　[1]，[4]，…，[2011]，[2014]，[2017]，[2020]，…，[4030]，[4033]，4036，…

(v)　[2]，[5]，…，[2012]，[2015]，2018，2021，…，4031，4034，4037，…

(iv)　3，6，…，2013，2016，2019，2022，…，4032，4035，4038，…

4033より大きな M の値は，(iv)，(v)，(vi)のいずれかに当てはまることから，$N=3x+2018y$ と表すことができないような自然数の最大値は4033であることがわかる。

第５問 やや難 《合同，円周角の定理，三角形の３辺の大小関係》

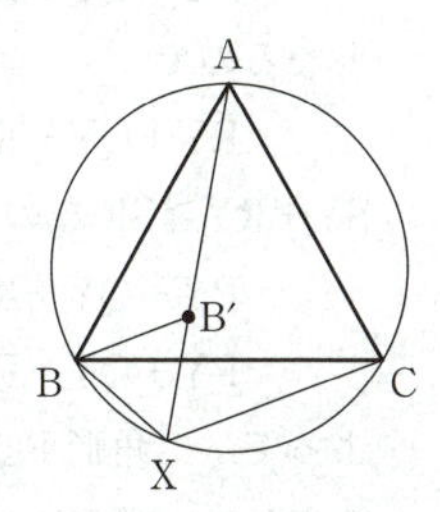

(1) **問題１**は次のような構想をもとにして証明できる。

線分 AX 上に BX＝B′X となる点 B′ をとり，B と B′ を結ぶ。

AX＝AB′＋B′X なので，AX＝BX＋CX を示すには，BX＝B′X より，AB′＝CX を示せばよく，AB′＝CX を示すには，二つの三角形△**ABB′** と△**CBX** ⓪，⑦ →ア，イ が合同であることを示せばよい。

以下，△ABB′≡△CBX を示す。

△ABC は正三角形なので　　AB＝CB　……①

弧 AB に対して円周角の定理を用いれば，△ABC が正三角形であることより

$$\angle \mathrm{BXB'}=\angle \mathrm{BCA}=60^\circ$$

これと，BX＝B′X より，△XB′B は正三角形であるから　　BB′＝BX　……②

また，△XB′B が正三角形であることより，∠B′BX＝60° なので

$$(60^\circ=)\angle \mathrm{ABC}=\angle \mathrm{B'BX}$$

だから

$$\angle \mathrm{ABB'}=\angle \mathrm{ABC}-\angle \mathrm{B'BC}=\angle \mathrm{B'BX}-\angle \mathrm{B'BC}$$
$$=\angle \mathrm{CBX}\quad\cdots\cdots③$$

よって，①，②，③より，△ABB′ と△CBX は，２辺とその間の角が等しいから

$$\triangle \mathrm{ABB'}\equiv\triangle \mathrm{CBX}$$

が成り立つ。　　　　　　　　　　　　　　　　　　（証明終）

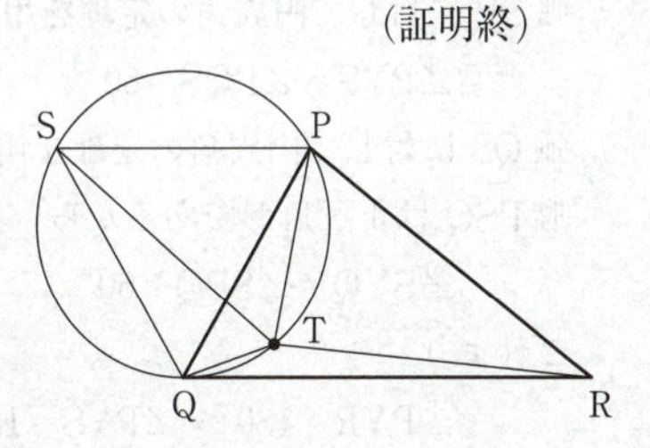

(2) (i) 右図の三角形 PQR を考える。ただし，辺 QR を最も長い辺とする。辺 PQ に関して点 R とは反対側に点 S をとって，正三角形 PSQ をかき，その外接円をかく。

正三角形 PSQ の外接円の弧 PQ 上に点 T をとると，**問題１**より，PT と QT の長さの和は線分 **ST** ⑤ →ウ の長さに置き換えられるから

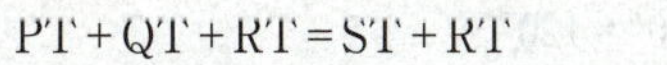

$$\mathrm{PT}+\mathrm{QT}+\mathrm{RT}=\mathrm{ST}+\mathrm{RT}$$

(ii)・(iii) 点 Y が弧 PQ 上にあるとき，(i)の結果より

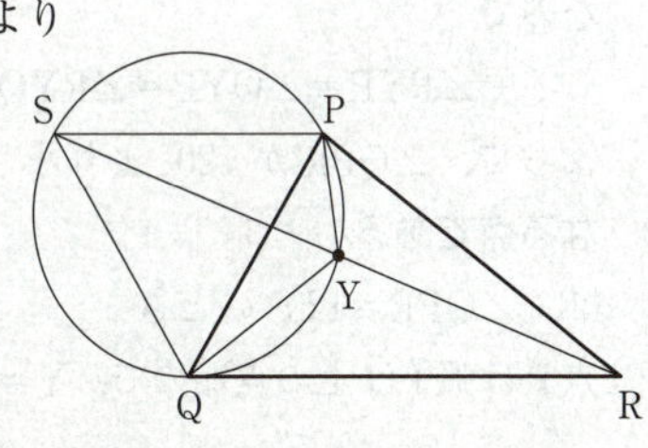

$$\mathrm{PY}+\mathrm{QY}+\mathrm{RY}=\mathrm{SY}+\mathrm{RY}$$

SY＋RY≧SR なので

$$\mathrm{PY}+\mathrm{QY}+\mathrm{RY}=\mathrm{SY}+\mathrm{RY}\geqq\mathrm{SR}$$

SY＋RY＝SR となるとき

$$\mathrm{PY}+\mathrm{QY}+\mathrm{RY}=\mathrm{SR}$$

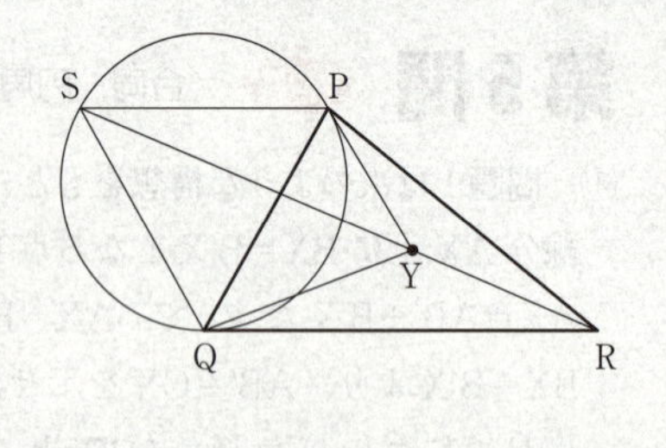

また，点Yが弧PQ上にないとき，**定理**より

$$PY+QY>SY$$

となるので

$$PY+QY+RY>SY+RY$$

$SY+RY \geqq SR$ なので

$$PY+QY+RY>SY+RY \geqq SR$$

$$\therefore\quad PY+QY+RY>SR$$

よって，三角形PQRについて，各頂点からの距離の和 $PY+QY+RY$ が最小になる点Yは，弧PQ上にあり，$SY+RY=SR$ となる点である。

したがって，**定理**と**問題1**で証明したことを使うと，**問題2**の点Yは，点**R**と点

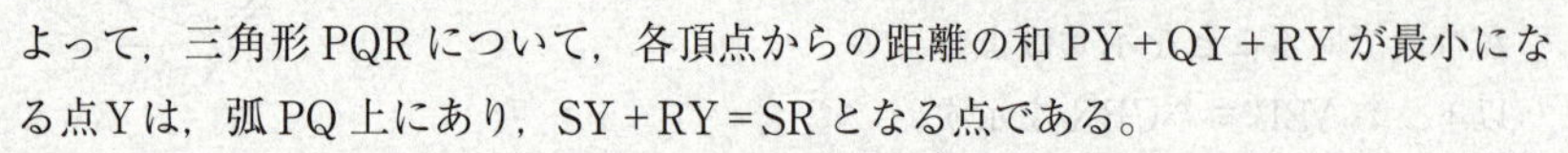

S ②，③ →**エ，オ**を通る直線と**弧PQ** ③ →**カ**との交点になることが示せる。

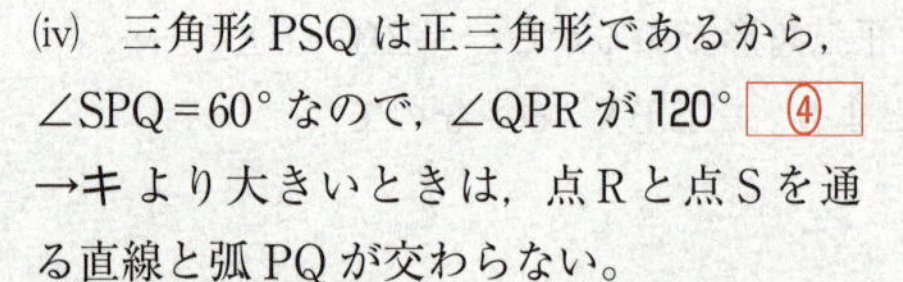

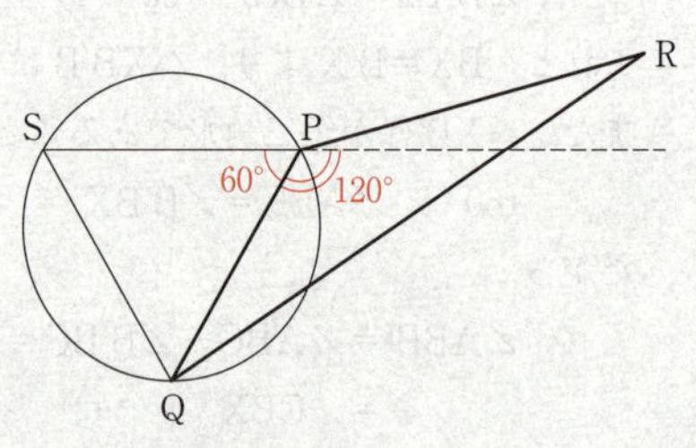

(iv)　三角形PSQは正三角形であるから，

$\angle SPQ=60°$ なので，$\angle QPR$ が **120°** ④ →**キ**より大きいときは，点Rと点Sを通る直線と弧PQが交わらない。

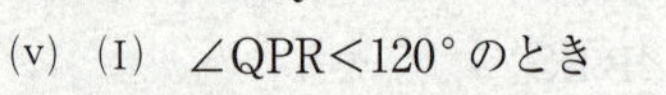

(v)　(Ⅰ)　$\angle QPR<120°$ のとき

(i)〜(iv)の結果より，三角形PQRについて，各頂点からの距離の和 $PY+QY+RY$ が最小になる点Yは，点Rと点Sを通る直線と弧PQとの交点である。

弧SPに対して円周角の定理を用いれば，三角形PSQは正三角形であるから

$$\angle PYS=\angle PQS=60°$$

弧QSに対して円周角の定理を用いれば，三角形PSQは正三角形であるから

$$\angle SYQ=\angle SPQ=60°$$

これより

$$\angle PYR=180°-\angle PYS=180°-60°=120°$$

$$\angle QYP=\angle PYS+\angle SYQ=60°+60°=120°$$

$$\angle RYQ=180°-\angle SYQ=180°-60°=120°$$

なので

$$\angle PYR=\angle QYP=\angle RYQ\ (=120°)$$

よって，$\angle QPR$ が120°より小さいときの点**Y**は，**∠PYR＝∠QYP＝∠RYQとなる点である。** ③ →**ク**

(Ⅱ)　$\angle QPR=120°$ のとき

点Pは弧PQ上の点なので，$Y=P$ であるときも，**問題1**より

$$SY = PY + QY$$

が成り立つから，(i)〜(iii)と同様にすれば，三角形 PQR について，各頂点からの距離の和 PY＋QY＋RY が最小となる点 Y は，Y＝P である。

(Ⅲ) ∠QPR＞120° のとき

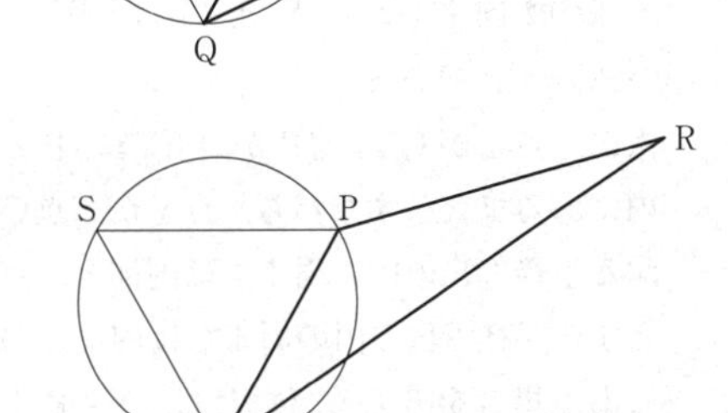

Y＝P ならば

$$PY + QY + RY = PP + QP + RP$$
$$= QP + RP$$
$$\therefore\quad PY + QY + RY = PQ + PR$$

となる。

以下，Y≠P ならば

$$PY + QY + RY > PQ + PR$$

となることを示す。

三角形 PQR について，∠QPR（＞120°）が最大角なので，対辺である QR が最大辺となるから，まず，点 Y が QY≦QP かつ RY≦RP となる領域内にないときには

$$PY + QY + RY > PQ + PR$$

であることを示す。

(ア) QY＞QP のとき

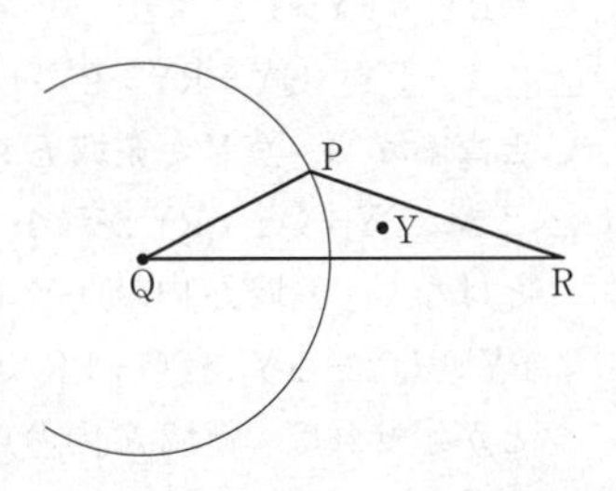

$$PY + QY + RY > PY + QP + RY$$
$$= (PY + RY) + QP$$

PY＋RY≧PR（等号は Y が線分 PR 上にあるとき成立）なので

$$PY + QY + RY > (PY + RY) + QP$$
$$\geqq PR + QP$$
$$\therefore\quad PY + QY + RY > PR + QP$$

これより　$PY + QY + RY > PQ + PR$

となる。

(イ) RY＞RP のとき

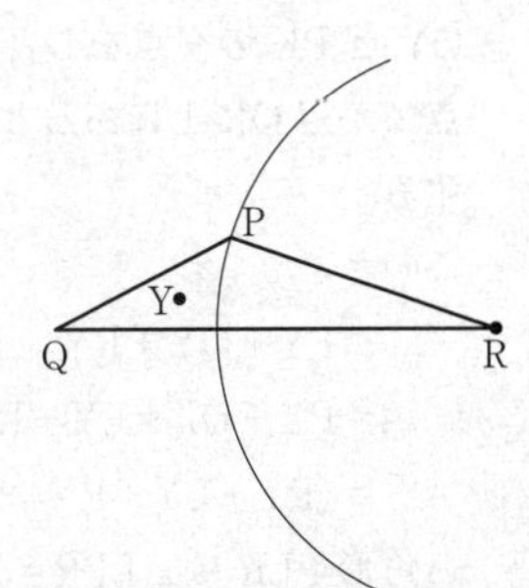

$$PY + QY + RY > PY + QY + RP$$
$$= (PY + QY) + RP$$

PY＋QY≧PQ（等号は Y が線分 PQ 上にあるとき成立）なので

$$PY + QY + RY > (PY + QY) + RP$$
$$\geqq PQ + RP$$

$\therefore$　PY＋QY＋RY＞PQ＋RP

これより　　PY＋QY＋RY＞PQ＋PR

となる。

(ア)，(イ)より，点YがQY≦QPかつRY≦RPとなる領域内にないときには，PY＋QY＋RY＞PQ＋PRである。

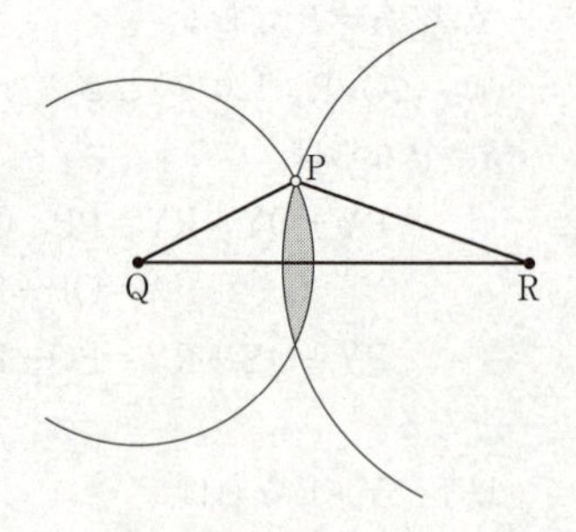

次に，点YがQY≦QPかつRY≦RPとなる領域内にある場合，すなわち，点Yが，点Qを中心とする半径QPの円の周または内部と，点Rを中心とする半径RPの円の周または内部との共通部分にある場合を考える（ただし，Y≠Pより，点Pは除く）。

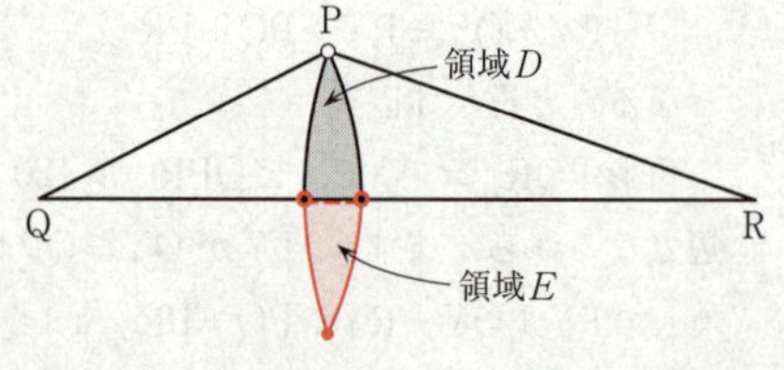

右図のように，2つの領域を領域D，Eとする。ここで，点Yが領域E内にあるとき，線分QRに関して点Yと対称な点をY′とすると，点Y′は領域D内にあり，QY＝QY′，RY＝RY′，PY＞PY′より

　　PY＋QY＋RY＞PY′＋QY′＋RY′

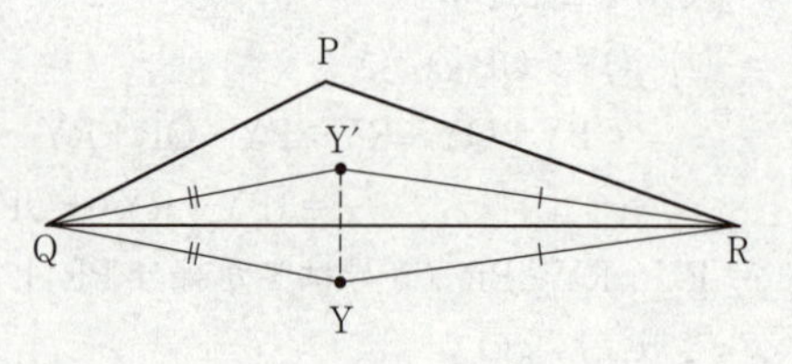

となるから，点Yが領域E内にあるとき，PY＋QY＋RYが最小となることはなく，領域D内の点Y′に対してPY′＋QY′＋RY′＞PQ＋PRであることが示せれば，領域E内の点Yに対してPY＋QY＋RY＞PQ＋PRが示せたことになる。

したがって，点Yが領域D内にある場合を考えればよい。（※）

点Yが領域D内にあるとき，∠RPK＝120°となるように点Kを辺QR上にとり，QYとPKの交点をLとする。ただし，点Yが辺QR上にあるときはL＝Kとする。

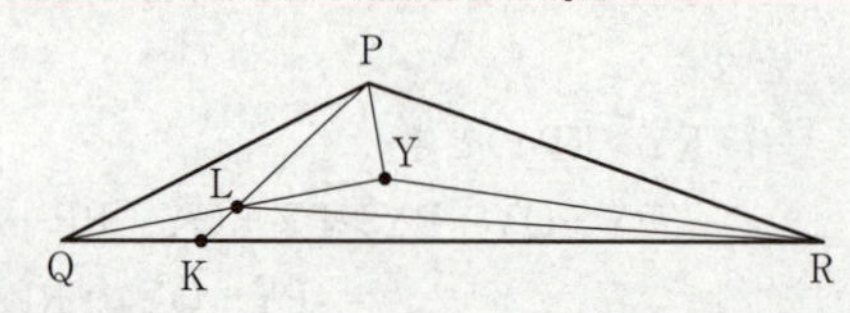

このとき

　　PY＋QY＋RY

　＝PY＋QL＋LY＋RY

　＝(PY＋LY＋RY)＋QL

三角形PLRは∠LPR＝120°なので，(Ⅱ)の結果より，三角形PLRについて，各頂

点からの距離の和 PY＋LY＋RY が最小になる点Yは，Y＝P であるから

$$PY+LY+RY>PL+PR$$

となるので

$$\begin{aligned}PY+QY+RY&=(PY+LY+RY)+QL\\&>(PL+PR)+QL\\&=(QL+PL)+PR\end{aligned}$$

三角形 PQL において，QL＋PL＞PQ なので

$$\begin{aligned}PY+QY+RY&>(QL+PL)+PR\\&>PQ+PR\end{aligned}$$

$$\therefore\quad PY+QY+RY>PQ+PR$$

これより，点Yが領域 D 内にあるとき

$$PY+QY+RY>PQ+PR$$

となる。よって，Y≠P ならば

$$PY+QY+RY>PQ+PR$$

となることが示せた。

以上より，三角形 PQR について，各頂点からの距離の和 PY＋QY＋RY が最小になる点Yは，Y＝P である。

したがって，∠QPR が 120°より大きいときの**点Yは，三角形 PQR の三つの辺のうち，最も長い辺を除く二つの辺の交点である。** ⑥ →ケ

別解 (2) (v) (Ⅲ)の（※）印以下は次のように考えてもよい。

点Yが領域 D 内にあるとき，三角形 PQY を，点Pを中心に時計回りに 60°回転させる。そのとき，点Qの移動した点は点Sであり，点Yの移動した点を Y″ とする。また，直線 PR と線分 SY″ の交点をMとする。

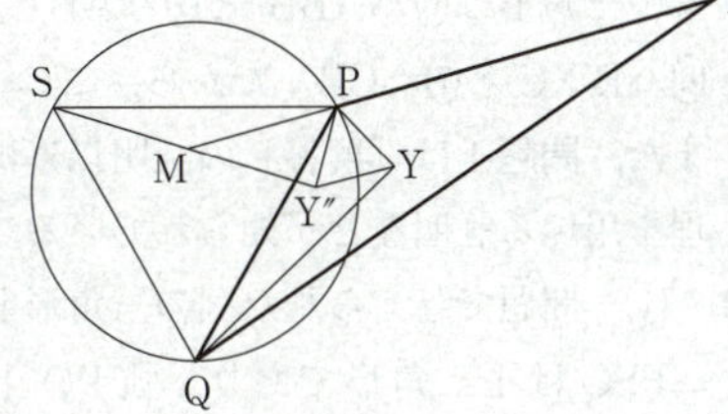

このとき，PQ＝PS なので

$$PQ+PR=PS+PR$$

三角形 PSM において，PS＜SM＋MP なので

$$\begin{aligned}PQ+PR&=PS+PR\\&<(SM+MP)+PR\\&=SM+(MP+PR)\\&=SM+MR\end{aligned}$$

三角形 RMY″ において，MR＜MY″＋Y″R なので

$$\begin{aligned}PQ+PR&<SM+MR\\&<SM+(MY''+Y''R)\\&=(SM+MY'')+Y''R\end{aligned}$$

$=SY''+Y''R$

$Y''R \leqq Y''Y+YR$（等号はYが線分 $Y''R$ 上にあるとき成立）なので

$PQ+PR<SY''+Y''R$

$\leqq SY''+(Y''Y+YR)$

$PY=PY''$，$\angle Y''PY=60°$ より，三角形 $PY''Y$ は正三角形であるから

$Y''Y=PY$

また，$QY=SY''$ なので

$PQ+PR<SY''+Y''Y+YR$

$=QY+PY+YR$

$\therefore$　$PQ+PR<QY+PY+YR$

これより，点Yが領域 D 内にあるとき

$PY+QY+RY>PQ+PR$

となる。

（以下，〔解答〕に同じ）

解説

三角形の各頂点からの距離の和が最小になる点について考察させる問題である。この点はフェルマー点やシュタイナー点とよばれており，２次試験で時折出題されるテーマである。

(1)　$AX=BX+CX$ を示すには，$AX=AB'+B'X$，$BX=B'X$ より，$AX=AB'+B'X=AB'+BX$ だから，$AB'=CX$ を示せばよいことがわかる。

$AB'=CX$ を示すために，線分 AB' を１辺にもつ三角形と，線分 CX を１辺にもつ三角形が合同であることを示すことになるが，選択肢の中で，線分 AB' を１辺にもつ三角形は⓪$\triangle ABB'$ と①$\triangle AB'C$，線分 CX を１辺にもつ三角形は③$\triangle AXC$ と⑥$\triangle B'XC$ と⑦$\triangle CBX$ だから，この中から一つずつ三角形を選ぶことになる。

また，**問題1**は〔解答〕の証明以外にも，トレミーの定理を用いる証明や，正弦定理を用いる証明などが知られている。

(2)　(i)　問題で与えられた図の三角形 PQR は，鋭角三角形である。

$\triangle PSQ$ は正三角形であり，弧 PQ 上に点Tをとるので，**問題1**が利用できて，$PT+QT=ST$ が成り立つ。

(ii)・(iii)　点Yが弧 PQ 上にある場合と，弧 PQ 上にない場合で，場合分けをしている。

点Yが弧 PQ 上にあるとき，(i)の結果より，$PY+QY+RY=SY+RY$ となり，$SY+RY \geqq SR$ が成り立つので，$PY+QY+RY \geqq SR$ となる。$SY+RY=SR$ となるとき，$PY+QY+RY=SR$ が成り立つ。

点Yが弧 PQ 上にないとき，**定理**より，$PY+QY>SY$ となるので，$PY+QY+RY$

$>$SY＋RYとなる。SY＋RY≧SRが成り立つので，PY＋QY＋RY＞SY＋RY≧SR，すなわち，PY＋QY＋RY＞SRとなるから，SY＋RY＝SRとなるときでも，PY＋QY＋RY＞SRである。

(iv) 点Rの位置を変化させることで，∠QPRの角度を変化させていけば，∠SPQ＝60°より，∠QPRが120°より大きいときは，点Rと点Sを通る直線と弧PQが交わらないことがわかる。

(v) 三角形PQRについて，各頂点からの距離の和PY＋QY＋RYが最小になる点Yは，∠QPRが120°より小さいときは，∠PYR＝∠QYP＝∠RYQ＝120°となる点であり，∠QPRが120°より大きいときは，三角形PQRの三つの辺のうち，最も長い辺QRを除く二つの辺PQ，RPの交点Pであることは，このテーマにおいてよく知られた結果である。

しかし，∠QPR＞120°の場合を厳密に証明することは難しいため，試験本番では，点Rの位置を変化させていくことで，点Yの位置がどのように変化していくかをみて，Y＝Pとなることを予想して解答することになるだろう。

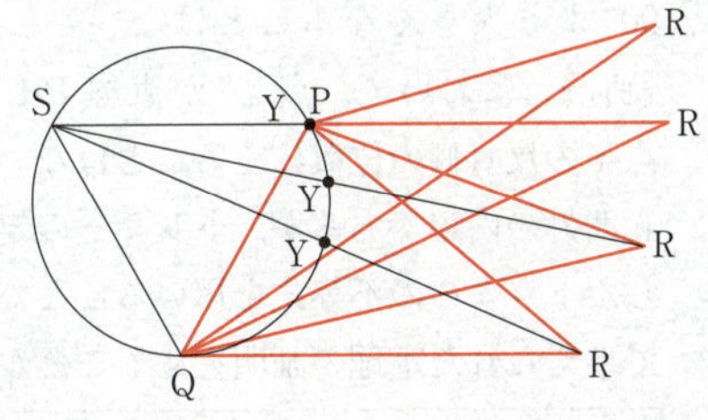

(I) 4点P，S，Q，Yが同一円周上にある場合を考えるので，円周角の定理を用いることに気付けるとよい。

(II) (i)～(iii)と同様の証明をすることで，PY＋QY＋RYが最小になる点Yは，Y＝Pであることが示せる。

この問題の中で，∠QPR＝120°であるときの点Yがどのような位置にあるかは問われていないが，この結果を(III)の中で利用している。

(III) 結果として

Y＝Pならば，PY＋QY＋RY＝PQ＋PR

Y≠Pならば，PY＋QY＋RY＞PQ＋PR

となることが示せるので，PY＋QY＋RYが最小となる点Yは，Y＝Pである。

Y≠Pであるときの証明の大まかな流れは，まず，三角形PQRの内部と周の一部である領域D内に点Yがないときには，PY＋QY＋RY＞PQ＋PRであることを示し，次に，点Yが領域D内にあるときには，〔解答〕では(II)の結果を利用し，〔別解〕では三角形PQYを，点Pを中心に時計回りに60°回転させた三角形PSY″を考えることで，PY＋QY＋RY＞PQ＋PRを示した。

また，〔解答〕と〔別解〕の中で，以下のような三角形の辺の長さの関係式（三角不等式）を多用している。

ポイント　三角形の3辺の大小関係

三角形の2辺の長さの和は，残りの1辺の長さより大きい。

〔別解〕で，三角形PQYを，点Pを中心に時計回りに60°回転させた三角形PSY″を考えたが，この手法はこのテーマのときによく使われる証明方法である。(1)において，点B′をBX＝B′Xとなる点としてとったが，点B′は三角形BXCを点Bを中心に反時計回りに60°回転させたときの三角形を三角形BB′Aとしたと考えることもできるのである。

点Yが領域 D 内にあるとき，点Rを中心とする半径RPの円周上の点Pにおける接線を考えると，線分RPと接線が直交することより，∠RPYが90°より大きくなることはない。したがって，〔別解〕において，点Y″が直線PRに関して，点Yの反対側の位置にくることはない。

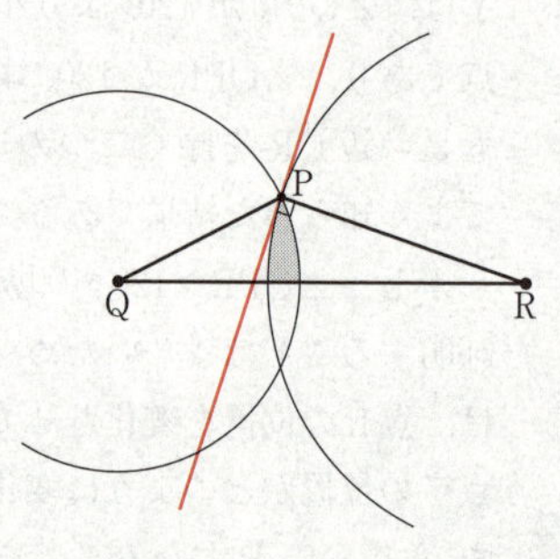

範囲外の内容であるが，トレミーの定理を一般化したトレミーの不等式を用いることで，問題の中で与えられた**定理**の証明をすることができる。

ポイント　トレミーの不等式

四角形FGHIに対して

$$FG\cdot HI+FI\cdot GH\geqq FH\cdot GI$$

が成り立つ。等号が成り立つのは，四角形FGHIが円に内接する四角形となるときである。

トレミーの不等式において，等号が成立するとき，トレミーの定理と一致する。

定理の正三角形ABCと，正三角形ABCの外接円の弧BC上にない点Xにトレミーの不等式を適用すると

$$AB\cdot XC+AC\cdot BX>AX\cdot BC$$

が成り立ち，AB＝BC＝CAより，両辺をAB（＝BC＝CA＞0）で割れば

$$XC+BX>AX$$

すなわち，AX＜BX＋CXが成り立つ。

第２回 試行調査：数学Ⅱ・数学Ｂ

問題番号(配点)	解答記号	正解	配点	チェック
第１問 (30)	ア，イ	①，⓪	1	
	ウ，エ	⓪，④	2	
	オ	②	3	
	カ	2	1	
	$(x+キ)(x-ク)$	$(x+1)(x-3)$	2	
	$f(x)=\frac{ケコ}{サ}x^3+シx^2+スx+セ$	$f(x)=\frac{-2}{3}x^3+2x^2+6x+2$	3	
	ソ	2	2	
	タ	⑦	3	
	チ	①	1	
	ツ	⑤	1	
	テ	②	2	
	ト	①	3	
	ナ	②	3	
	ニ	②，③，④，⑤（4つマークして正解）	3	

問題番号(配点)	解答記号	正解	配点	チェック
第２問 (30)	ア	⓪	1	
	イ	②	1	
	ウ，エ	①，③（解答の順序は問わない）	2	
	オカキ	575	3	
	$\frac{ク}{ケ}$，$\frac{コ}{サ}$	$\frac{9}{4}$，$\frac{7}{2}$	2	
	シスセ	500	2	
	ソ	4	3	
	タ，チ	3，3	2	
	ツテ	18	3	
	ト	①	2	
	ナ	⓪	3	
	ニ	①，④，⑤（3つマークして正解）	3	
	ヌ	③	3	

問題番号(配点)	解答記号	正解	配点	チェック
第3問 (20)	アイウ	200	1	
	0.エ	0.5	1	
	0.オカキ	0.025	2	
	クケ	24	2	
	$\dfrac{\sigma}{コサ}$	$\dfrac{\sigma}{20}$	2	
	0.シスセソ	0.0013	3	
	タ	④	3	
	チ	④	3	
	ツ	④	3	
第4問 (20)	ア	4	1	
	$a_n=イ\cdot ウ^{n-1}+エ$	$a_n=2\cdot 3^{n-1}+4$	2	
	オ	6	1	
	$p_{n+1}=カp_n-キ$	$p_{n+1}=3p_n-8$	2	
	$p_n=ク\cdot ケ^{n-1}+コ$	$p_n=2\cdot 3^{n-1}+4$	2	
	サ，シ	③，⓪	2	
	スセ，ソ	−4，1	3	
	$b_n=タ^{n-1}+チn-ツ$	$b_n=3^{n-1}+4n-1$	3	
	$c_n=テ\cdot ト^{n-1}+ナn^2+ニn+ヌ$	$c_n=2\cdot 3^{n-1}+2n^2+4n+8$	4	

問題番号(配点)	解答記号	正解	配点	チェック
第5問 (20)	$\dfrac{ア}{イ}$	$\dfrac{1}{2}$	1	
	$\dfrac{ウ}{エ}$	$\dfrac{1}{2}$	1	
	$k=\dfrac{オ}{カ}$	$k=\dfrac{2}{3}$	2	
	$\vec{d}=\dfrac{キ}{ク}\vec{a}+\dfrac{ケ}{コ}\vec{b}-\vec{c}$	$\vec{d}=\dfrac{2}{3}\vec{a}+\dfrac{2}{3}\vec{b}-\vec{c}$	3	
	$\dfrac{サ}{シ}$	$\dfrac{1}{2}$	2	
	$\dfrac{スセ}{ソ}$	$\dfrac{-1}{3}$	3	
	タ	①	4	
	$\alpha=チツ^\circ$	$\alpha=90^\circ$	2	
	テ	①	2	

（注）第1問，第2問は必答。第3問～第5問のうちから2問選択。計4問を解答。

● 正解および配点は，大学入試センターから公表されたものをそのまま掲載しています。

※ 2018年11月の試行調査の受検者のうち，3年生の平均点を示しています。

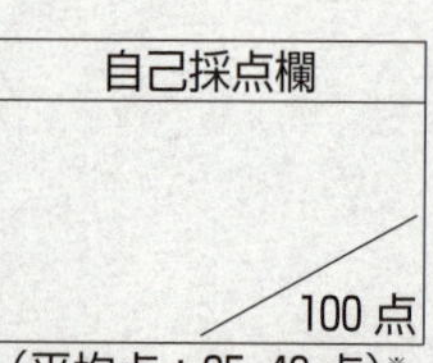

（平均点：35.49点）※

第1問 ―― 三角関数，微・積分法，指数・対数関数

〔1〕 易 《三角関数のグラフ》

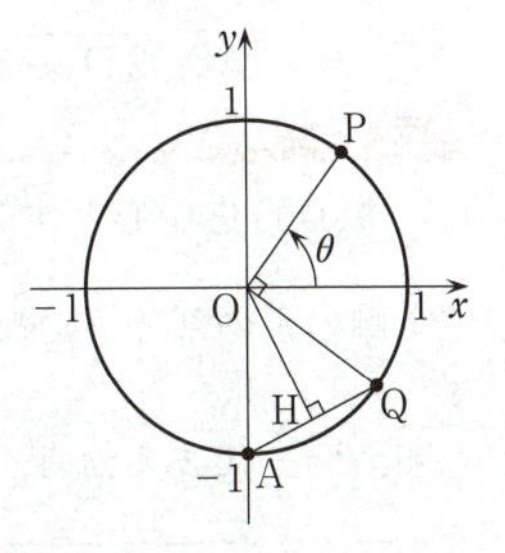

(1) 右図より，P，Qの座標は

P$(\cos\boldsymbol{\theta},\ \sin\boldsymbol{\theta})$ ①，⓪ →ア，イ

Q$\left(\cos\left(\theta-\dfrac{\pi}{2}\right),\ \sin\left(\theta-\dfrac{\pi}{2}\right)\right)$

であり

$$\cos\left(\theta-\frac{\pi}{2}\right)=\cos\left(\frac{\pi}{2}-\theta\right)=\sin\boldsymbol{\theta}$$ ⓪ →ウ

$$\sin\left(\theta-\frac{\pi}{2}\right)=-\sin\left(\frac{\pi}{2}-\theta\right)=-\cos\boldsymbol{\theta}$$ ④ →エ

（Pのy座標）>0
（Qのx座標）>0
$0<\theta<\pi$，$\angle\mathrm{POQ}=\dfrac{\pi}{2}$

(2) $0<\theta<\pi$であるから，$\angle\mathrm{AOQ}=\left(\dfrac{\pi}{2}+\theta\right)-\dfrac{\pi}{2}=\theta$である。OA＝OQの二等辺三角形AOQの頂点Oから辺AQに垂線OHを下ろすと，Hは辺AQの中点であり，$\angle\mathrm{AOH}=\dfrac{1}{2}\angle\mathrm{AOQ}=\dfrac{\theta}{2}$であるので

$$\mathrm{AQ}=2\mathrm{AH}=2\mathrm{OA}\sin\angle\mathrm{AOH}=2\times1\times\sin\frac{\theta}{2}\quad(0<\theta<\pi)$$

である。よって，線分AQの長さℓはθの関数として$\ell=2\sin\dfrac{\theta}{2}$ $(0<\theta<\pi)$ と表される。関数ℓのグラフは，$\ell=\sin\theta$のグラフをθ軸方向に2倍$\left(\text{周期が}\dfrac{2\pi}{\frac{1}{2}}=4\pi\right)$，$\ell$軸方向に2倍だけ拡大したグラフの$0<\theta<\pi$の部分であるから，最も適当なグラフは ② →オ である。

(注) AQの長さℓは次のように求めてもよい。

△AOQに余弦定理を用いると

$$\mathrm{AQ}^2=\mathrm{OA}^2+\mathrm{OQ}^2-2\times\mathrm{OA}\times\mathrm{OQ}\cos\angle\mathrm{AOQ}=1^2+1^2-2\times1\times1\times\cos\theta$$
$$=2(1-\cos\theta)$$

となり，半角の公式より，$1-\cos\theta=2\sin^2\dfrac{\theta}{2}$であるから

$$\mathrm{AQ}^2=4\sin^2\frac{\theta}{2}$$

$0<\theta<\pi$より$\sin\dfrac{\theta}{2}>0$であるから　　$\mathrm{AQ}=2\sin\dfrac{\theta}{2}$

また，２点 A(0, −1)，Q(sinθ, −cosθ) の距離として求めることもできる。

$$AQ=\sqrt{(\sin\theta-0)^2+(-\cos\theta+1)^2}=\sqrt{\sin^2\theta+\cos^2\theta-2\cos\theta+1}$$
$$=\sqrt{2(1-\cos\theta)}$$ （以下，省略）

解説

(1)　原点Oを中心とする半径 $r(>0)$ の円周上の点 $P(x,\ y)$ に対して，動径 OP が x 軸の正の部分（始線）となす角（動径 OP の表す角）を θ とするとき，$\cos\theta=\frac{x}{r}$，$\sin\theta=\frac{y}{r}$ であるから，Pの座標は $(r\cos\theta,\ r\sin\theta)$ と表せる。

> **ポイント　単位円周上の点の座標**
> 原点Oを中心とする半径１の円（単位円）の周上の点の座標は，その点とOを結ぶ動径の表す角を θ とすれば，$(\cos\theta,\ \sin\theta)$ と表せる。

Qの座標は $\left(\cos\left(\theta-\frac{\pi}{2}\right),\ \sin\left(\theta-\frac{\pi}{2}\right)\right)$ となるが，三角関数の次の性質を用いて，簡単な表し方にする。

$$\sin(-\theta)=-\sin\theta,\quad \cos(-\theta)=\cos\theta$$
$$\sin\left(\frac{\pi}{2}-\theta\right)=\cos\theta,\quad \cos\left(\frac{\pi}{2}-\theta\right)=\sin\theta$$

(2)　線分 AQ の長さ ℓ を求めるには，（注）のようにしてもよいが，その際には半角の公式 $\sin^2\frac{\theta}{2}=\frac{1-\cos\theta}{2}$ を用いなければならない。〔解答〕のように図形的に考えると簡単である。

また，正弦曲線（サインカーブ）の概形はいつでも描けるようにしておきたい。

> **ポイント　正弦曲線**
>
> 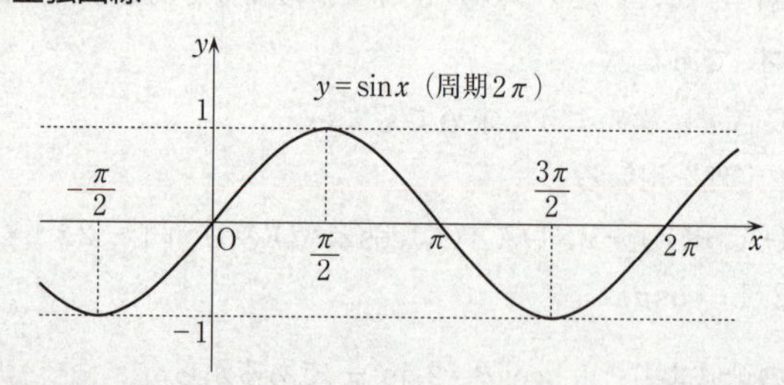
>
>
> $y=a\sin px$ のグラフは，$y=\sin x$ のグラフを x 軸方向に $\frac{1}{|p|}$ 倍，y 軸方向に $|a|$ 倍したもので，関数 $y=a\sin px$ の周期は $\frac{2\pi}{|p|}$ となる。

〔２〕 易 《３次関数の決定，定積分と面積》

(1) $f(x)$ は３次関数であるから，その導関数 $f'(x)$ は [2] →カ 次関数である。
$f(x)$ が $x=-1$ と $x=3$ で極値をもつことから，$f'(-1)=f'(3)=0$ であるので，
$f'(x)$ は $\{x-(-1)\}$ と $(x-3)$ を因数にもつ。すなわち，$f'(x)$ は

$(x+$ [1] $)(x-$ [3] $)$ →キ，ク

で割り切れる。

(2) (1)より，定数 a を用いて

$$f'(x)=a(x+1)(x-3)=a(x^2-2x-3)$$

とおけるから，積分して $f(x)$ を求めると，積分定数を C として

$$f(x)=a\left(\frac{x^3}{3}-x^2-3x\right)+C$$

となる。$x=-1$ で極小値 $-\frac{4}{3}$ をとることから，$f(-1)=-\frac{4}{3}$，また，曲線 $y=f(x)$ が点 $(0,\ 2)$ を通ることから，$f(0)=2$ である。よって

$$\begin{cases} f(-1)=a\left(-\frac{1}{3}-1+3\right)+C=-\frac{4}{3} \\ f(0)=C=2 \end{cases}$$

より，$C=2$，$a=-2$ が求まる。したがって

$$f(x)=-2\left(\frac{x^3}{3}-x^2-3x\right)+2$$

$$=\frac{\boxed{-2}}{\boxed{3}}x^3+\boxed{2}x^2+\boxed{6}x+\boxed{2}$$ →ケコ，サ，シ，ス，セ

である。

(3) (2)より，$f'(x)=-2(x+1)(x-3)$ であるので，$f(x)$ の増減表は右のようになる。

x	$\cdots$	-1	$\cdots$	3	$\cdots$
$f'(x)$	$-$	0	$+$	0	$-$
$f(x)$	↘	$-\frac{4}{3}$	↗	20	↘

条件 $f(0)=2$ に注意して $y=f(x)$ のグラフを描けば次図のようになる。このグラフから，方程式 $f(x)=0$ は，三つの実数解をもち，そのうち負の解は [2] →ソ 個であることがわかる。

$f(x)=0$ の解を a，b，c $(a<b<c)$ とし，曲線 $y=f(x)$ の $a\leqq x\leqq b$ の部分と x 軸とで囲まれた図形の面積を S，曲線 $y=f(x)$ の $b\leqq x\leqq c$ の部分と x 軸とで囲まれた図形の面積を T とすると

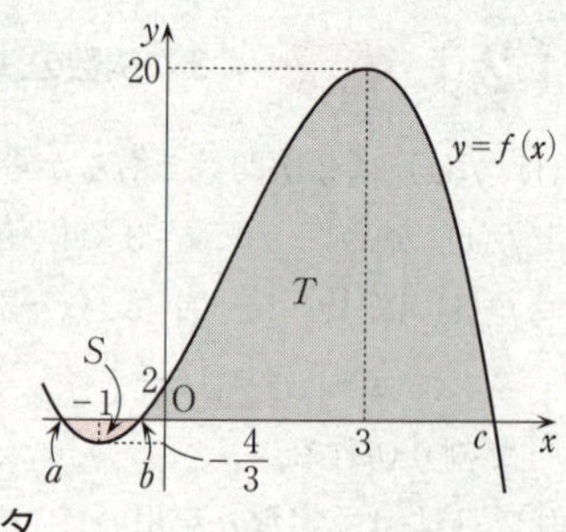

$$S=\int_a^b\{-f(x)\}dx=-\int_a^b f(x)\,dx$$

$$T=\int_b^c f(x)\,dx$$

であり

$$\int_a^c f(x)\,dx=\int_a^b f(x)\,dx+\int_b^c f(x)\,dx$$

であるから

$$\int_a^c f(x)\,dx=(-S)+T=-S+T$$  ⑦ →タ

解　説

(1)　与えられた条件を式で表すと

「$x=-1$ で極小値 $-\frac{4}{3}$ をとる」は　　$f'(-1)=0$，$f(-1)=-\frac{4}{3}$

「$x=3$ で極大値をとる」は　　$f'(3)=0$

「点（0，2）を通る」は　　$f(0)=2$

となる。

方程式 $g(x)=0$ が $x=\alpha$，β を解にもてば，$g(x)=(x-\alpha)(x-\beta)h(x)$ と書ける。$g(x)$ は $(x-\alpha)(x-\beta)$ で割り切れることになる。

(2)　$a\leqq x\leqq b$ で $f(x)\leqq 0$，$b\leqq x\leqq c$ で $f(x)\geqq 0$ であるから，S と T を合わせた面積は

$$S+T=\int_a^c|f(x)|dx=\int_a^b|f(x)|dx+\int_b^c|f(x)|dx$$

$$=\int_a^b\{-f(x)\}dx+\int_b^c f(x)\,dx=-\int_a^b f(x)\,dx+\int_b^c f(x)\,dx$$

となる。

> **ポイント**　**定積分の性質**
>
> $$\int_\alpha^\beta f(x)\,dx=\int_\alpha^\gamma f(x)\,dx+\int_\gamma^\beta f(x)\,dx\quad(\gamma\text{ は任意})$$

これは，$F'(x)=f(x)$ とおいてみると，次のように示せる。

$$(\text{右辺})=\Big[F(x)\Big]_\alpha^\gamma+\Big[F(x)\Big]_\gamma^\beta=\{F(\gamma)-F(\alpha)\}+\{F(\beta)-F(\gamma)\}$$

$$=F(\beta)-F(\alpha)$$

となって（左辺）と等しくなる。これは γ の値に無関係に成り立つ。

〔3〕 やや難 《常用対数の性質》

(1) $\log_{10}2=0.3010$ は $10^{0.3010}=2$ ① →チ と表される。

したがって，$2^{\frac{1}{0.3010}}=10$ ⑤ →ツ である。

(2) (i) 対数ものさしAにおいて，3の目盛りと4の目盛りの間隔は

$$\log_{10}4-\log_{10}3=\log_{10}\frac{4}{3}$$

であり，1の目盛りと2の目盛りの間隔は

$$\log_{10}2-\log_{10}1=\log_{10}2$$

である。

$$\log_{10}\frac{4}{3}<\log_{10}2 \quad \left(\text{底の }10\text{ は }1\text{ より大，}\frac{4}{3}<2\text{ より}\right)$$

であるから，前者は後者**より小さい**。② →テ

(ii) 対数ものさしAの2の目盛りと a の目盛りの間隔は，$\log_{10}a-\log_{10}2=\log_{10}\frac{a}{2}$ であり，対数ものさしBの1の目盛りと b の目盛りの間隔は，$\log_{10}b-\log_{10}1=\log_{10}b$ である。与えられた条件は，これらの間隔が等しいことを表しているので

$$\log_{10}\frac{a}{2}=\log_{10}b \quad \text{すなわち} \quad a=2b$$ ① →ト

がいつでも成り立つ。

(iii) 対数ものさしAの1の目盛りと d の目盛りの間隔は，$\log_{10}d-\log_{10}1=\log_{10}d$ であり，ものさしCの0の目盛りと c の目盛りの間隔は $c\log_{10}2$ である。与えられた条件は，これらの間隔が等しいことを表しているので，$\log_{10}d=c\log_{10}2$ より

$$\log_{10}d=\log_{10}2^{c} \quad \text{すなわち} \quad d=2^{c}$$ ② →ナ

がいつでも成り立つ。

(iv) 対数ものさしAと対数ものさしBの目盛りを一度だけ合わせるか，対数ものさしAとものさしCの目盛りを一度だけ合わせることにするとき，適切な箇所の目盛りを読み取るだけで実行できる計算は，(ii)，(iii)より，かけ算や割り算および累乗の計算のみである。したがって，⓪の $17+9$，①の $23-15$ は実行できない。

② $13\times4=x$ とすると，$\log_{10}(13\times4)=\log_{10}x$ が成り立ち，変形すると，$\log_{10}13+\log_{10}4=\log_{10}x$ となるから，$\log_{10}13-\log_{10}1=\log_{10}x-\log_{10}4$ より，下図のように目盛りを合わせて x を読めばよい。

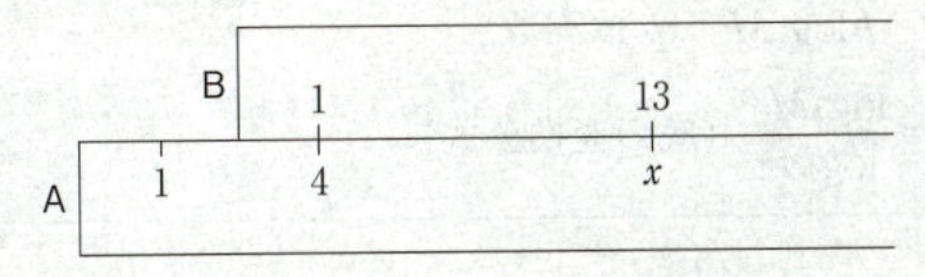

③　$63 \div 9 = y$とすると，$\log_{10}\dfrac{63}{9} = \log_{10}y$が成り立ち，変形すると，$\log_{10}63 - \log_{10}9 = \log_{10}y$となるから，$\log_{10}63 - \log_{10}9 = \log_{10}y - \log_{10}1$より，下図のように目盛りを合わせて$y$を読めばよい。

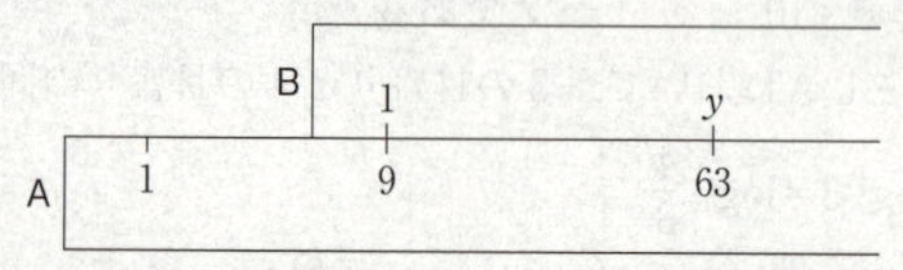

④　$2^4 = z$とすると，$\log_{10}2^4 = \log_{10}z$が成り立ち，変形すると，$4\log_{10}2 = \log_{10}z - \log_{10}1$となるから，下図のように目盛りを合わせて$z$を読めばよい。

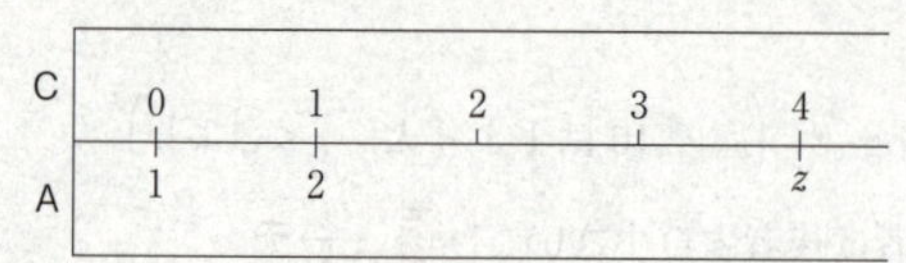

⑤　$\log_2 64 = w$とすると，$\dfrac{\log_{10}64}{\log_{10}2} = w$となるから，分母を払って整理すると，$\log_{10}64 - \log_{10}1 = w\log_{10}2$となるから，下図のように目盛りを合わせて$w$を読めばよい。

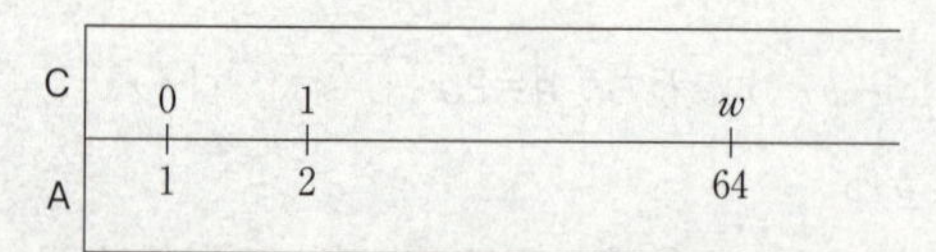

したがって，適切な箇所の目盛りを読み取るだけで実行できるものは **②，③，④，⑤** →ニである。

解説

(1)　$a^m = M$（$a>0$，$a \neq 1$）であるようなmを，aを底とするMの対数といい，$m = \log_a M$と表す。このとき，Mを対数mの真数という。$M>0$である。

(2)　次のことは必須である。

ポイント　対数の性質

$a>0$，$a \neq 1$，$b>0$，$b \neq 1$，$M>0$，$N>0$とする。

$\log_a a = 1$，　$\log_a 1 = 0$

$\log_a MN = \log_a M + \log_a N$，　$\log_a \dfrac{M}{N} = \log_a M - \log_a N$

$\log_a M^p = p\log_a M$　（pは実数）

$\log_a M = \dfrac{\log_b M}{\log_b a}$　（底の変換公式）

(i) 対数の大小については，底に注意する。

$a>1$ のとき　　$\log_a M>\log_a N \Longleftrightarrow M>N$

$0<a<1$ のとき　　$\log_a M>\log_a N \Longleftrightarrow M<N$

(ii) 対数ものさしA，Bは目盛りの間隔が次第に狭くなっている。

下図のように，対数ものさしA，Bの目盛りを合わせると

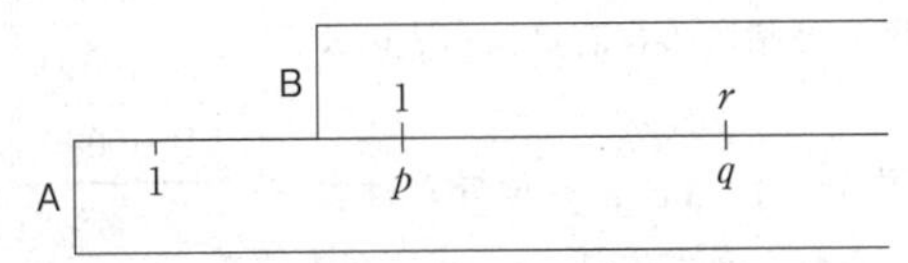

$$\log_{10}q-\log_{10}p=\log_{10}r-\log_{10}1 \qquad \log_{10}\frac{q}{p}=\log_{10}r$$

すなわち　$\dfrac{q}{p}=r$　あるいは　$q=pr$

が成り立つ。よって，p，q，r のうち２つに数値を与えれば，残りの１つの値は，目盛りを読むことによって得られることになる。したがって，(iv)の②，③の計算は可能である。

(iii) ものさしCの目盛りの間隔は一定（$\log_{10}2$）である。

右図のように，対数ものさしAとものさしCの目盛りを合わせると

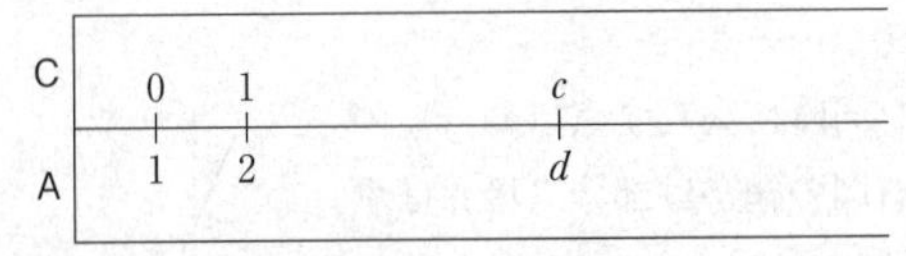

$$\log_{10}d=c\log_{10}2 \qquad \log_{10}d=\log_{10}2^c$$

すなわち　$d=2^c$　あるいは　$c=\log_2 d$

が成り立つ。よって，２の累乗，２を底とする対数の値は求めることができる。(iv)の④，⑤の計算は可能である。

(iv) 「すべて選ぶ」問題であるだけに，理解が不十分であると正解できない。限られた時間では難しいかもしれない。

第2問 ―― 図形と方程式

〔1〕 標準 《線形計画法》

(1) 100g ずつ袋詰めされている食品AとBの1袋あたりのエネルギーと脂質の含有量は右表のようになる。

食品	エネルギー	脂質
A (100g)	200kcal	4g
B (100g)	300kcal	2g

(i) 食品Aを x 袋分，食品Bを y 袋分だけ食べるとすると，与えられた条件より，x, y は不等式

$200x+300y \leqq 1500$　⓪ →ア （エネルギーは1500kcal 以下）　……①

$4x+2y \leqq 16$　② →イ （脂質は16g 以下）　……②

$x \geqq 0$, $y \geqq 0$ （一方のみを食べる場合もある）　……③

を満たさなければならない。

(ii) 不等式①は両辺を100で割り，②は両辺を2で割り，改めて①～③を書き出すと

$2x+3y \leqq 15$　……①

$2x+y \leqq 8$　……②

$x \geqq 0$, $y \geqq 0$　……③

となり，これらを同時に満たす点 (x, y) の存在する範囲は右図の網かけ部分（境界はすべて含む）となる。右図より，点 (0, 5), (3, 2) は網かけ部分に含まれるので，これらは①も②も満たす。点 (5, 0), (4, 1) は①を満たすが，②を満たさない。したがって，⓪，②は誤りで，正しいものは ①，③ → ウ，エである。

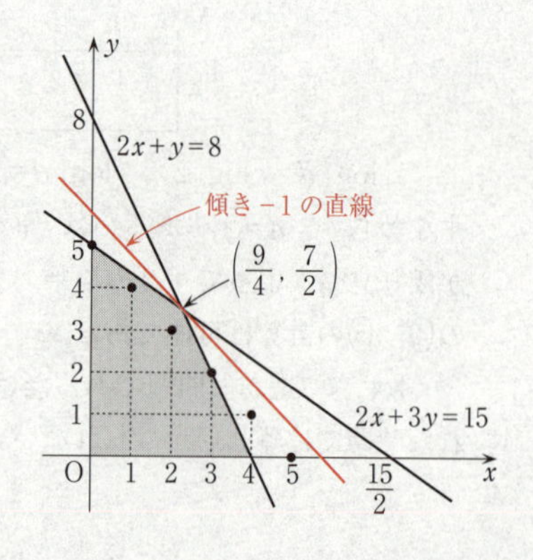

(iii) 2直線

$$\begin{cases} 2x+3y=15 \\ 2x+y=8 \end{cases}$$

の交点の座標は，この連立方程式を解いて，$(x, y)=\left(\dfrac{9}{4}, \dfrac{7}{2}\right)$ である。

食べる量の合計は $100x+100y=100(x+y)$〔g〕であるから，食べる量の合計が最大となるのは，$x+y$ が最大となるときである。

$x+y=k$ すなわち $y=-x+k$ とおくと，これは傾き -1 の直線を表す。2直線 $2x+3y=15$, $2x+y=8$ の傾きはそれぞれ $-\dfrac{2}{3}$, -2 であるから，直線 $x+y=k$ が，

先に求めた交点を通るとき，すなわち $x=\frac{9}{4}$，$y=\frac{7}{2}$ のとき，y 切片の k は最大となる。

よって，x，y のとり得る値が実数の場合，食べる量の合計の最大値は

$$100\left(\frac{9}{4}+\frac{7}{2}\right)=100\times\frac{23}{4}=\boxed{575}\ \mathrm{g}$$ →オカキ

である。このときの $(x,\ y)$ の組は

$$(x,\ y)=\left(\frac{\boxed{9}}{\boxed{4}},\ \frac{\boxed{7}}{\boxed{2}}\right)$$ →ク，ケ，コ，サ

である。

x，y のとり得る値が整数の場合は，$(x,\ y)=(0,\ 5)$，$(1,\ 4)$，$(2,\ 3)$，$(3,\ 2)$ のとき $x+y$ が最大となることが上図よりわかり，最大値は5である。よって，食べる量の最大値は $100\times5=\boxed{500}$ →シスセ g であり，このときの $(x,\ y)$ の組は $\boxed{4}$ →ソ 通りある。

(2) (1)と同様に考えれば

$100(x+y)\geqq600$ すなわち $x+y\geqq6$ ……④

$200x+300y\leqq1500$ すなわち $2x+3y\leqq15$ ……⑤

$x\geqq0$，$y\geqq0$ ……⑥

の条件のもとで，$4x+2y$ の最小値を求めることになる。ただし，x，y は整数である。

2直線 $x+y=6$，$2x+3y=15$ の交点の座標は $(3,\ 3)$ であり，④～⑥を同時に満たす点 $(x,\ y)$ の存在する範囲は右図の網かけ部分（境界はすべて含む）となる。

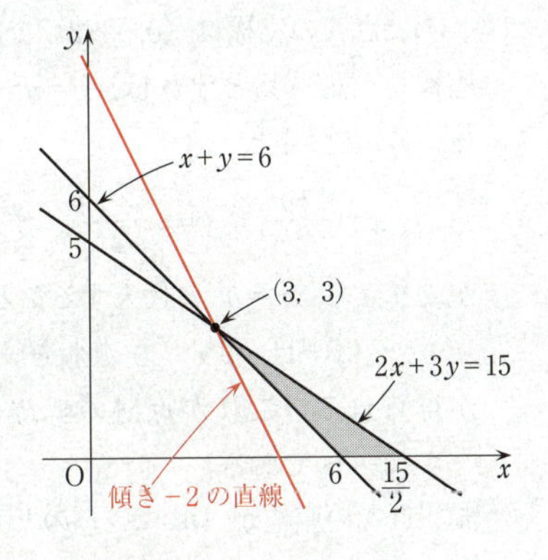

$4x+2y=\ell$ すなわち $y=-2x+\frac{\ell}{2}$ とおくと，

この直線が点 $(3,\ 3)$ を通るとき y 切片 $\frac{\ell}{2}$ が最小となることがわかる。つまり，このとき ℓ は最小である。このときの x，y は整数であるので条件を満たす。

したがって，Aを $\boxed{3}$ →タ 袋，Bを $\boxed{3}$ →チ 袋食べるとき，脂質を最も少なくできる。そのときの脂質は，$4\times3+2\times3=\boxed{18}$ →ツテ g である。

解説

(1) (i) 文章で表された条件を式で表現する。食品ごとのエネルギーと脂質の含有量を表にまとめておくとよい。

(ii) $(x,\ y)=(0,\ 5)$ 以下各組を式①，②に代入してチェックしてもよいが，後のことを考えれば，ここで不等式①～③を同時に満たす点の存在範囲（領域）を図示しておきたい。

(iii) 食べる量の合計は $100(x+y)$〔g〕となるが，この $x,\ y$ は，点 $(x,\ y)$ として，(ii)で描いた領域に含まれていなければ意味がない。点 $(x_0,\ y_0)$ が領域に含まれていれば，$100(x_0+y_0)$〔g〕が食べる量の合計になる。領域内の各点に対していちいち $x+y$ の値を調べていては大変であるし，説得性もない。そこで，直線 $x+y=k$ を考える。k の値はこの直線の y 切片となって現れるから，図の上で，傾き -1 の直線を，領域を通過するように（$x,\ y$ が意味をもつように）動かしてみれば，y 切片が最も大きくなるのは，交点 $\left(\frac{9}{4},\ \frac{7}{2}\right)$ を通るときであることがわかる。ただし，$x,\ y$ がともに整数であるときは，$x,\ y$ がともに整数である点（格子点）を通過するように，直線を動かさなければならない。

(2) (1)とほとんど同じ問題である。領域を正しく図示することが大切である。

〔2〕 標準 《軌跡の方程式》

(1) (i) 点Aの座標は $(0,\ -2)$ である。点Pは放物線 $y=x^2$ 上を動くから，点Pの座標を $(u,\ v)$ とすれば，$v=u^2$ の関係が成り立つ。線分 AP の中点Mの座標を $(x,\ y)$ とおくと

$$x=\frac{0+u}{2},\quad y=\frac{-2+v}{2}\quad \text{すなわち}\quad u=2x,\quad v=2(y+1)$$

が成り立ち，$v=u^2$ に代入することで

$$2(y+1)=2^2x^2\quad \text{すなわち}\quad y=2x^2-1$$

が得られる。これが点Mの軌跡の方程式であるから，正しいものは $y=2x^2-1$ ① →ト である。

(ii) 点Aの座標が $(p,\ -2)$ のとき，(i)の点Mの座標が

$$x=\frac{p+u}{2},\quad y=\frac{-2+v}{2}\quad \text{すなわち}\quad u=2\left(x-\frac{p}{2}\right),\quad v=2(y+1)$$

となるから，$v=u^2$ を用いて，点Mの軌跡の方程式は

$$2(y+1)=2^2\left(x-\frac{p}{2}\right)^2\quad \text{すなわち}\quad y=2\left(x-\frac{p}{2}\right)^2-1$$

となる。このグラフは $y=2x^2-1$ のグラフを x 軸方向に $\frac{1}{2}p$ ⓪ →ナ だけ平行

移動したものである。

(iii) 点Ａの座標が $(p,\ q)$ のとき，(i)の点Ｍの座標が

$$x=\frac{p+u}{2},\quad y=\frac{q+v}{2}\quad \text{すなわち}\quad u=2\left(x-\frac{p}{2}\right),\quad v=2\left(y-\frac{q}{2}\right)$$

となるから，点Ｍの軌跡の方程式は，$v=u^2$ より

$$2\left(y-\frac{q}{2}\right)=2^2\left(x-\frac{p}{2}\right)^2\quad \text{すなわち}\quad y=2\left(x-\frac{p}{2}\right)^2+\frac{q}{2}=2x^2-2px+\frac{p^2+q}{2}$$

である。この放物線と放物線 $y=x^2$ の共有点の個数は，両式から y を消去してできる２次方程式

$$2x^2-2px+\frac{p^2+q}{2}=x^2\quad \text{すなわち}\quad x^2-2px+\frac{p^2+q}{2}=0$$

の異なる実数解の個数に等しい。この２次方程式の判別式を D とおけば

$$\frac{D}{4}=(-p)^2-\frac{p^2+q}{2}=\frac{p^2-q}{2}$$

であるから，$q=0$ のとき，$D=2p^2$ である。このとき

$p=0$ ならば $D=0$ で，実数解は１個（重解）だから共有点は１個

$p\neq 0$ ならば $D>0$ で，異なる２つの実数解をもつから共有点は２個

である。ゆえに，⓪，②は誤りで，①は正しい。

次に，$q<p^2$ のとき，$D>0$ であるから，２次方程式は異なる２つの実数解をもつ。よって，共有点は２個である。③は誤りである。

$q=p^2$ のとき，$D=0$ であるから，２次方程式は実数解を１つ（重解）もつので，共有点は１個である。④は正しい。

$q>p^2$ のとき，$D<0$ であるから，２次方程式は実数解をもたない。よって，共有点は０個である。⑤は正しい。

以上から，正しいものは ①，④，⑤ →ニ である。

(2) 点 $C_0(c,\ d)$ を中心とする半径 $r\ (>0)$ の円 C'：$(x-c)^2+(y-d)^2=r^2$ と定点 $A'(a,\ b)$ を考える。C' を動く点 Q′ の座標を $(u,\ v)$，A′Q′ の中点 M′ の座標を $(x,\ y)$ とすれば

$$x=\frac{a+u}{2},\quad y=\frac{b+v}{2}\quad \text{すなわち}\quad u=2\left(x-\frac{a}{2}\right),\quad v=2\left(y-\frac{b}{2}\right)$$

と表され，u，v は $(u-c)^2+(v-d)^2=r^2$ を満たすから

$$\left\{2\left(x-\frac{a+c}{2}\right)\right\}^2+\left\{2\left(y-\frac{b+d}{2}\right)\right\}^2=r^2$$

すなわち $$\left(x-\frac{a+c}{2}\right)^2+\left(y-\frac{b+d}{2}\right)^2=\left(\frac{r}{2}\right)^2$$

となる。これが点 M′ の軌跡の方程式である。つまり，点 M′ の軌跡は中心が

$\left(\dfrac{a+c}{2},\ \dfrac{b+d}{2}\right)$，半径が $\dfrac{r}{2}$ の円である。これは，次のことを意味している。

「ある円上を動く点と定点の中点の軌跡は，ある円の半径の $\dfrac{1}{2}$ を半径とし，

ある円の中心と定点の中点を中心とする円になる」　……(＊)

このことより，円 C の半径は4である（問題文の図中の5つの円の半径はすべて2であるから）。よって，選択肢は③と⑦だけ調べればよい。

③の円の中心は (0, 0) であるから，軌跡の円の中心は，Oに対して (0, 0)，

A_1 に対して $\left(-\dfrac{9}{2},\ 0\right)$，$A_2$ に対して $\left(-\dfrac{5}{2},\ -\dfrac{5}{2}\right)$，$A_3$ に対して $\left(\dfrac{5}{2},\ -\dfrac{5}{2}\right)$，

A_4 に対して $\left(\dfrac{9}{2},\ 0\right)$ となり，5つの円の中心に一致している。

⑦の円の中心は (0, −1) であるが，軌跡の円の中心は，Oに対して $\left(0,\ -\dfrac{1}{2}\right)$ となる。しかし，この点を中心にもつ円は図中の5つの円のなかにないので，⑦は不適である。

したがって，円 C の方程式として最も適当なものは ③ →ヌ である。

別解　(2)　選択肢⓪～⑦のそれぞれについて，C 上に任意の点Qをとり，点Qと点O(0, 0) との中点を通る円が，図中の5つの円のなかにあるかどうかを調べる。

⓪　Q(1, 0) とすると，OQの中点 $\left(\dfrac{1}{2},\ 0\right)$ を通る円はない。

①　Q$(\sqrt{2},\ 0)$ とすると，OQの中点 $\left(\dfrac{\sqrt{2}}{2},\ 0\right)$ を通る円はない。

②　Q(2, 0) とすると，OQの中点 (1, 0) を通る円はない。

③　Q(4, 0) とすると，OQの中点 (2, 0) を通る円はある。

④　Q(1, −1) とすると，OQの中点 $\left(\dfrac{1}{2},\ -\dfrac{1}{2}\right)$ を通る円はない。

⑤　Q$(\sqrt{2},\ -1)$ とすると，OQの中点 $\left(\dfrac{\sqrt{2}}{2},\ -\dfrac{1}{2}\right)$ を通る円はない。

⑥　Q(2, −1) とすると，OQの中点 $\left(1,\ -\dfrac{1}{2}\right)$ を通る円はない。

⑦　Q(4, −1) とすると，OQの中点 $\left(2,\ -\dfrac{1}{2}\right)$ を通る円はない。

よって，⓪～②および④～⑦は不適である。そこで，③について調べてみる。

$C : x^2+y^2=16$ 上の点Qの座標を $(u,\ v)$ とおき，点Qと定点A$(a,\ b)$ との中点Mの座標を $(x,\ y)$ とすれば

$$u^2+v^2=16,\quad x=\frac{u+a}{2},\quad y=\frac{v+b}{2}$$

が成り立ち，u，v を消去することによって

$$2^2\left(x-\frac{a}{2}\right)^2+2^2\left(y-\frac{b}{2}\right)^2=16 \quad \text{すなわち} \quad \left(x-\frac{a}{2}\right)^2+\left(y-\frac{b}{2}\right)^2=2^2$$

を得る。A$(a,\ b)$ をO$(0,\ 0)$，$A_1(-9,\ 0)$，$A_2(-5,\ 5)$，$A_3(5,\ -5)$，$A_4(9,\ 0)$ に置き換えれば，図の５つの円がすべて得られる。

以上のことから，円 C の方程式として最も適当なものは③である。

解説

(1) (i) 点Mの軌跡の方程式を求めるには，点Mの座標を $(x,\ y)$ とおいて，x と y の関係式を求めればよい。動点Pの座標を $(u,\ v)$ とおいてみると，点Aに対して，線分APの中点がMであることから，u，v は x，y を用いて表せる。Pは放物線 $y=x^2$ 上にあるので，u と v の間には $v=u^2$ の関係がある。これで x と y の関係が求まる。これは定型的な解法である。

点M$(x,\ y)$ の満たすべき方程式はこれで求められるが，一般に，条件 E を満たす点の軌跡が図形 F であることをいうには

〈１〉条件 E を満たす点は図形 F 上にある（必要条件）

〈２〉図形 F 上の点はすべて条件 E を満たす（十分条件）

の２点を示す必要がある。本問は記述式の問題ではないので，〔解答〕では〈１〉だけ示してある。

(ii) $y=f(x)$ のグラフの平行移動については次のことをおさえておく。

> **ポイント　$y=f(x)$ のグラフの平行移動**
>
> 関数 $y=f(x)$ のグラフを x 軸方向に p，y 軸方向に q だけ平行移動したグラフを表す方程式は
>
> $y-q=f(x-p)$　すなわち　$y=f(x-p)+q$
>
> となる（x を $x-p$ で，y を $y-q$ で置き換えればよい）。

(iii) $y=f(x)$ のグラフと $y=g(x)$ のグラフの共有点の x 座標は，方程式

$f(x)=g(x)$　すなわち　$f(x)-g(x)=0$

の実数解で与えられる。この方程式が２次方程式の場合，判別式を D とすると

$D>0$ ならば異なる２つの実数解をもつから，共有点は２個

$D=0$ ならば１つの実数解（重解）をもつから，共有点は１個

$D<0$ ならば実数解をもたないから，共有点は０個

と分類できる。

(2) 〔解答〕において，計算で求めた内容（∗）は，下図より簡単に導き出せる。

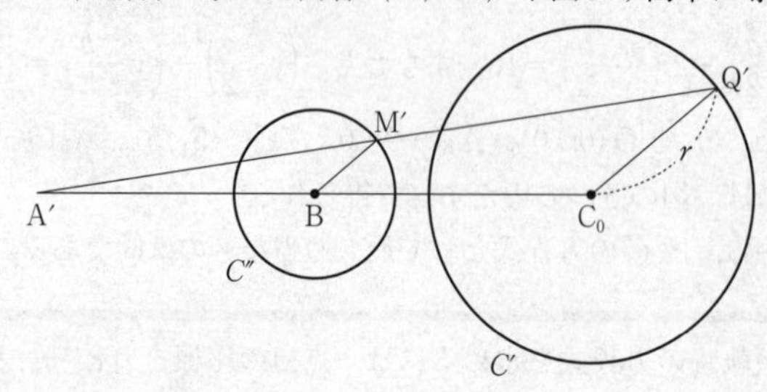

線分 $\mathrm{A'C_0}$ の中点をBとする。

$\mathrm{A'B}=\dfrac{1}{2}\mathrm{A'C_0}$，$\mathrm{A'M'}=\dfrac{1}{2}\mathrm{A'Q'}$ より　　$\mathrm{BM'}/\!/\mathrm{C_0Q'}$

よって　　$\mathrm{BM'}=\dfrac{1}{2}\mathrm{C_0Q'}=\dfrac{1}{2}r$

つまり，点Q′を円 C' 上のどこにとっても，それに応じてBM′はつねに $\dfrac{1}{2}r$ となるから，点M′は点Bを中心とする半径 $\dfrac{1}{2}r$ の円（C''）上にある（必要条件）。

逆に，円 C'' 上の任意の点M′に対し，$2\mathrm{A'M'}=\mathrm{A'Q'}$ となる点Q′は $\mathrm{C_0Q'}=r$ の円 C' 上にある（十分条件）。

これで（∗）が示せた。（∗）に気付けば，選択肢はすぐに③と⑦に絞れる。

〔別解〕のように⓪～⑦を逐次チェックしても，説明を書く必要はないので，そう時間はかからないだろう。

第3問 標準《二項分布，正規分布，母平均の推定》

(1) P大学生のうち全く読書をしない学生の母比率が50％すなわち0.5であるとき，標本400人のうち全く読書をしない学生の人数Tは二項分布$B(400,\ 0.5)$に従う。

よって，Tの平均は$E(T)=400\times0.5=$ 200 →アイウ人であり，分散は$V(T)=400\times0.5\times(1-0.5)=100$である。

また，標本の大きさ400は十分に大きいので，標本のうち全く読書をしない学生の比率$\dfrac{T}{400}$の分布は，平均$E\left(\dfrac{T}{400}\right)=\dfrac{1}{400}E(T)=\dfrac{200}{400}=\dfrac{1}{2}=0.$ 5 →エ，分散$V\left(\dfrac{T}{400}\right)=\dfrac{1}{400^2}V(T)=\dfrac{100}{400^2}=\dfrac{1}{1600}$，標準偏差$\sigma\left(\dfrac{T}{400}\right)=\sqrt{V\left(\dfrac{T}{400}\right)}=\sqrt{\dfrac{1}{1600}}=\dfrac{1}{40}$
$=0.$ 025 →オカキの正規分布$N(0.5,\ 0.025^2)$で近似できる。

(2) P大学生の読書時間は，母平均が24分であるとし，母標準偏差をσ分とおく。

(i) 標本の大きさ400は十分に大きいので，読書時間の標本平均$\overline{X}$の分布は，平均（期待値） 24 →クケ分，標準偏差$\dfrac{\sigma}{\sqrt{400}}=\dfrac{\sigma}{20}$ →コサ分の正規分布

$N\left(24,\ \left(\dfrac{\sigma}{20}\right)^2\right)$で近似できる。

(ii) $\sigma=40$として，読書時間の標本平均$\overline{X}$が30分以上となる確率$P(\overline{X}\geqq30)$を求める。確率変数$\overline{X}$を$Z=\dfrac{\overline{X}-24}{2}$ $\left(\dfrac{\sigma}{20}=\dfrac{40}{20}=2\right)$に変換すれば，$Z$は標準正規分布$N(0,\ 1)$に従う。よって

$$P(\overline{X}\geqq30)=P(Z\geqq3)=P(Z\geqq0)-P(0\leqq Z\leqq3)$$
$$=0.5-0.4987=0.\ \boxed{0013}$$ →シスセソ （正規分布表より）

である。

また，選択肢⓪～⑤のうち，確率がおよそ0.1587となるのは，④以外ではない。⓪，①については，P大学の全学生の読書時間の分布がわかっていないので，確率を求めることはできない。②，③については，P大学の全学生の読書時間の平均，すなわち母平均を24分と仮定しているので，26分以上となる確率は0，64分以下となる確率は1である。⑤は，母平均が24分，標本平均が30分以上となる確率が0.0013であることを考えると，64分以下の確率は0.5より大きいはずで0.1587はあり得ない。

そこで，④を確認すると

$$P(\overline{X}\geqq26)=P(Z\geqq1)=P(Z\geqq0)-P(0\leqq Z\leqq1)$$
$$=0.5-0.3413=0.1587$$

となるから，当てはまる最も適当なものは ④ →タ である。

(3) (i)　P大学生の読書時間の母標準偏差をσとし，標本平均を$\overline{X}$とするとき，P大学生の読書時間の母平均mに対する信頼度95％の信頼区間$A \leqq m \leqq B$を求める。

標本平均$\overline{X}$は，標本の大きさ400が十分に大きいので，近似的に正規分布$N\left(m,\ \dfrac{\sigma^2}{400}\right)$に従う。すなわち，$Z=\dfrac{\overline{X}-m}{\dfrac{\sigma}{20}}$は，近似的に標準正規分布$N(0,\ 1)$に従う。

正規分布表より

$$P(0 \leqq Z \leqq 1.96)=0.4750=\frac{0.95}{2}\quad すなわち\quad P(|Z| \leqq 1.96)=0.95$$

であるから，求める$A \leqq m \leqq B$は$\left|\dfrac{\overline{X}-m}{\dfrac{\sigma}{20}}\right| \leqq 1.96$を変形して

$$\overline{X}-1.96\times\frac{\sigma}{20} \leqq m \leqq \overline{X}+1.96\times\frac{\sigma}{20}$$

となる。

よって　　$A=\overline{X}-1.96\times\dfrac{\sigma}{20}$　④ →チ

(ii)　母平均mに対する信頼度95％の信頼区間$A \leqq m \leqq B$とは，無作為抽出を繰り返し，その都度得られる標本平均$\overline{X}$に対して区間$A \leqq m \leqq B$を作ると，100回中95回程度は，それが正しい不等式になることを意味している。したがって，最も適当なものは ④ →ツ である。

解説

(1)　400人の学生から1人を無作為に選んだとき，その学生が，全く読書をしない学生である確率が$\dfrac{1}{2}$である。ゆえに，400人のうち全く読書をしない学生の人数Tは，二項分布$B\left(400,\ \dfrac{1}{2}\right)$に従う。

ポイント　二項分布の平均・分散・標準偏差

確率変数Xが二項分布$B(n,\ p)$に従うとき

　平均$E(X)=np$

　分散$V(X)=npq\quad (p+q=1)$

　標準偏差$\sigma(X)=\sqrt{V(X)}=\sqrt{npq}$

また，二項分布は，nが大きいとき，正規分布で近似できる。

> **ポイント** **二項分布と正規分布**
> 二項分布 $B(n,\ p)$ に従う確率変数 X は，n が大きいとき，近似的に
> 　　正規分布 $N(np,\ npq)$　$(p+q=1)$
> に従う。

(2)　大きな標本の無作為抽出を何度も繰り返し，その標本平均 $\overline{X}$ を集めると，$\overline{X}$ は近似的に正規分布に従う。

> **ポイント** **標本平均の分布**
> 母平均が m，母標準偏差が σ の母集団から大きさ n の標本を無作為抽出するとき，n が大きいならば，標本平均 $\overline{X}$ は，近似的に
> 　　正規分布 $N\left(m,\ \dfrac{\sigma^2}{n}\right)$
> に従う。

(ii)の選択肢⓪～⑤から1つ選ぶ問題で，正規分布表を見ながら

$$0.1587=0.5-0.3413$$
$$=\begin{cases} P(Z\geqq 0)-P(0\leqq Z\leqq 1.00)=P(Z\geqq 1)=P(\overline{X}\geqq 26) \\ P(Z\leqq 0)-P(-1.00\leqq Z\leqq 0)=P(Z\leqq -1)=P(\overline{X}\leqq 22) \end{cases}$$

とすると，④が $P(\overline{X}\geqq 26)$ であるので正解が得られる。しかし，$0.1587=0.5-0.3413$ とするところに必然性はないので，いつでも使える解法ではない。

(3)　次のことを覚えておくとよい。

> **ポイント** **母平均の推定**
> 標本の大きさ n が大きいとき，母平均 m に対する信頼度95％の信頼区間は
> $$\overline{X}-1.96\times\frac{\sigma}{\sqrt{n}}\leqq m\leqq \overline{X}+1.96\times\frac{\sigma}{\sqrt{n}}\quad\left(\begin{array}{l}\overline{X}\text{ は標本平均}\\ \sigma\text{ は母標準偏差}\end{array}\right)$$
> 母標準偏差は標本標準偏差で代用できる。

信頼区間の意味は正確に覚えておかなければならない。

第４問 標準 《２項間の漸化式》

(1)　(i)　$a_1=6,\ a_{n+1}=3a_n-8\quad(n=1,\ 2,\ 3,\ \cdots)$　……Ⓐ

$a_{n+1}-k=3(a_n-k)$ は，$a_{n+1}=3a_n-2k$ と変形され，これがⒶに一致しなければならないから，$2k=8$ すなわち $k=$ [4] →ア である。

(ii)　漸化式 $a_{n+1}-4=3(a_n-4)$ は，数列 $\{a_n-4\}$ が公比を３とする等比数列であることを表し，初項が $a_1-4=6-4=2$（Ⓐより）であるので

$a_n-4=2\times3^{n-1}$　　∴　$a_n=$ [2]・[3]$^{n-1}$＋[4]　→イ，ウ，エ

である。

(2)　(i)　$b_1=4,\ b_{n+1}=3b_n-8n+6\quad(n=1,\ 2,\ 3,\ \cdots)$　……Ⓑ

数列 $\{b_n\}$ の階差数列 $\{p_n\}$ を，$p_n=b_{n+1}-b_n\ (n=1,\ 2,\ 3,\ \cdots)$ と定めると

$p_1=b_2-b_1=(3b_1-8\times1+6)-b_1$　（Ⓑより）

$=2b_1-2=2\times4-2$　（Ⓑより）

$=$ [6]　→オ

である。

(ii)　Ⓑより

$b_{n+2}=3b_{n+1}-8(n+1)+6$

$b_{n+1}=3b_n-8n+6$

となるから，辺々引くと

$b_{n+2}-b_{n+1}=3(b_{n+1}-b_n)-8$

すなわち

$p_{n+1}=$ [3] p_n- [8]　→カ，キ

となる。

(iii)　$p_1=6,\ p_{n+1}=3p_n-8$ は(1)の数列 $\{a_n\}$ の漸化式と全く同一であるから

$p_n=a_n=$ [2]・[3]$^{n-1}$＋[4]　→ク，ケ，コ

である。

(3)　(i)　漸化式Ⓑを，ある数列 $\{q_n\}$ を用いて，$q_{n+1}=3q_n$ と変形する。それには，Ⓑの n の１次式の部分を一般化して

$q_n=b_n+sn+t$　（$s,\ t$ は定数）

とおくと

$q_{n+1}=b_{n+1}+s(n+1)+t$

となるから，$q_{n+1}=3q_n$ は

$b_{n+1}+s(n+1)+t=3(b_n+sn+t)$　[③] →サ，[⓪] →シ

と表せる。

(ii) 上の式を変形すれば

$$b_{n+1}=3b_n+2sn+2t-s$$

となり，これがⒷと一致するようにすれば

$$2s=-8,\quad 2t-s=6$$

を得るから，$s=$ $\boxed{-4}$ →スセ，$t=$ $\boxed{1}$ →ソ である。

(4) 漸化式Ⓑを(2)の方法で解くと，次のようになる。

$n \geqq 2$ のとき

$$b_n=b_1+\sum_{k=1}^{n-1}p_k=4+\sum_{k=1}^{n-1}(2\times 3^{k-1}+4)=4+2\sum_{k=1}^{n-1}3^{k-1}+\sum_{k=1}^{n-1}4$$

$$=4+2\times\frac{3^{n-1}-1}{3-1}+4(n-1)$$

$$=3^{n-1}+4n-1$$

これは，$b_1=4$ も成立させるから，$n=1, 2, 3, \cdots$ に対して

$$b_n=\boxed{3}^{n-1}+\boxed{4}n-\boxed{1}$$ →タ，チ，ツ

である。

漸化式Ⓑを(3)の方法で解くと，次のようになる。

数列 $\{q_n\}$ は，初項が $q_1=b_1+s+t=4-4+1=1$，公比が３の等比数列であるから，$q_n=1\times 3^{n-1}=3^{n-1}$ である。$q_n=b_n+sn+t=b_n-4n+1$ であったから

$$b_n=q_n+4n-1=3^{n-1}+4n-1$$

である。

(5) $c_1=16,\ c_{n+1}=3c_n-4n^2-4n-10 \quad (n=1, 2, 3, \cdots)$ ……Ⓒ

(3)の方法を用いることにする。$r_n=c_n+kn^2+\ell n+m$ とおいて，$r_{n+1}=3r_n$ となるような定数 k, ℓ, m を求めたい。

$$c_{n+1}+k(n+1)^2+\ell(n+1)+m=3(c_n+kn^2+\ell n+m)$$

変形して $c_{n+1}=3c_n+2kn^2+(2\ell-2k)n+2m-k-\ell$

これがⒸと一致するためには

$$2k=-4,\quad 2\ell-2k=-4,\quad 2m-k-\ell=-10$$

が成り立てばよいので，$k=-2$，$\ell=-4$，$m=-8$ が得られる。

よって，数列 $\{c_n-2n^2-4n-8\}$ は公比が３の等比数列である。この数列の初項は $c_1-2\times 1^2-4\times 1-8=16-2-4-8=2$（Ⓒより）であるから，数列 $\{c_n\}$ の一般項は，次のようになる。

$$c_n-2n^2-4n-8=2\times 3^{n-1}$$

$$\therefore\quad c_n=\boxed{2}\cdot\boxed{3}^{n-1}+\boxed{2}n^2+\boxed{4}n+\boxed{8}$$ →テ，ト，ナ，ニ，ヌ

解説

⑴　教科書で学習する基本形である。

ポイント　2項間の漸化式 $a_{n+1}=pa_n+q$ $(pq\neq0,\ p\neq1)$ の解法

$$\begin{array}{rl} & a_{n+1}=pa_n+q \\ -) & \alpha=p\alpha+q \quad \cdots\rightarrow \alpha=\dfrac{q}{1-p} \\ \hline & a_{n+1}-\alpha=p(a_n-\alpha) \quad \cdots\rightarrow \text{数列}\ \{a_n-\alpha\}\ \text{は公比が}\ p\ \text{の等比数列} \end{array}$$

$\therefore$　$a_n-\alpha=(a_1-\alpha)\times p^{n-1}$　すなわち　$a_n=\alpha+(a_1-\alpha)p^{n-1}$

⑵　階差数列の一般項からもとの数列 $\{a_n\}$ の一般項を得るには，等式

$$a_n=a_1+(a_2-a_1)+(a_3-a_2)+\cdots+(a_n-a_{n-1}) \quad (n\geqq2)$$

を利用する。階差数列 $\{a_{n+1}-a_n\}$ の初項 (a_2-a_1) から，第 $(n-1)$ 項 (a_n-a_{n-1}) までの和に a_1 を加えたものが a_n となる。

⑶「等比化」とよばれる解法である。この方法は身に付けておきたい。

⑷　⑵の方法，⑶の方法をどちらも〔解答〕に載せておいた。⑶の方法の方が簡単である。

⑸　ここでも⑵の方法と⑶の方法が考えられるが，〔解答〕では⑶の方法を用いた。⑵の方法を用いた場合はかなり面倒になるだろう。

第５問  《空間ベクトル》

(1) 右図において，$\overrightarrow{OA}=\vec{a}$，$\overrightarrow{OB}=\vec{b}$，$\overrightarrow{OC}=\vec{c}$，$\overrightarrow{OD}=\vec{d}$ とおく。

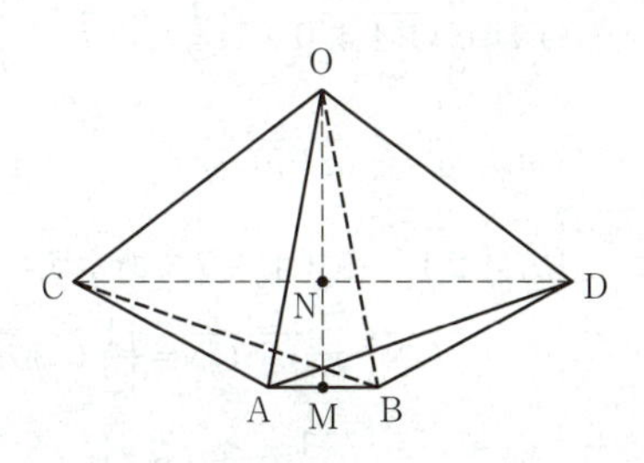

(i) 点Mは線分 AB の中点であるから

$$\overrightarrow{OM}=\frac{\overrightarrow{OA}+\overrightarrow{OB}}{2}$$

$$=\frac{\boxed{1}}{\boxed{2}}(\vec{a}+\vec{b}) \quad \to ア，イ$$

であり，点Nは線分 CD の中点であるから

$$\overrightarrow{ON}=\frac{\overrightarrow{OC}+\overrightarrow{OD}}{2}=\frac{1}{2}(\vec{c}+\vec{d})$$

である。6つの面 OAC，OBC，OAD，OBD，ABC，ABD は１辺の長さが１の正三角形であるから，△OAB も１辺の長さが１の正三角形で

$$\vec{a}\cdot\vec{b}=\overrightarrow{OA}\cdot\overrightarrow{OB}=|\overrightarrow{OA}||\overrightarrow{OB}|\cos\angle AOB=1\times1\times\cos60^\circ=\frac{1}{2}$$

である。$\vec{a}\cdot\vec{c}$，$\vec{a}\cdot\vec{d}$，$\vec{b}\cdot\vec{c}$，$\vec{b}\cdot\vec{d}$ も同様であるので

$$\vec{a}\cdot\vec{b}=\vec{a}\cdot\vec{c}=\vec{a}\cdot\vec{d}=\vec{b}\cdot\vec{c}=\vec{b}\cdot\vec{d}=\frac{\boxed{1}}{\boxed{2}} \quad \to ウ，エ$$

となる。

(ii) $$\overrightarrow{OA}\cdot\overrightarrow{CN}=\overrightarrow{OA}\cdot(\overrightarrow{ON}-\overrightarrow{OC})=\vec{a}\cdot\left\{\frac{1}{2}(\vec{c}+\vec{d})-\vec{c}\right\}=\vec{a}\cdot\left(-\frac{1}{2}\vec{c}+\frac{1}{2}\vec{d}\right)$$

$$=-\frac{1}{2}\vec{a}\cdot\vec{c}+\frac{1}{2}\vec{a}\cdot\vec{d}=-\frac{1}{2}\times\frac{1}{2}+\frac{1}{2}\times\frac{1}{2}=0 \quad \left(\vec{a}\cdot\vec{c}=\vec{a}\cdot\vec{d}=\frac{1}{2}\text{ より}\right)$$

である。3点O，N，Mは同一直線上にあるから，$\overrightarrow{ON}=k\overrightarrow{OM}$（$k$は実数）とおけるので，$\overrightarrow{CN}=\overrightarrow{ON}-\overrightarrow{OC}=k\overrightarrow{OM}-\overrightarrow{OC}=k\times\frac{1}{2}(\vec{a}+\vec{b})-\vec{c}$ と表される。これを，$\overrightarrow{OA}\cdot\overrightarrow{CN}=0$ に代入すると

$$\vec{a}\cdot\left\{\frac{k}{2}(\vec{a}+\vec{b})-\vec{c}\right\}=0 \qquad \frac{k}{2}\vec{a}\cdot\vec{a}+\frac{k}{2}\vec{a}\cdot\vec{b}-\vec{a}\cdot\vec{c}=0$$

となり，$\vec{a}\cdot\vec{a}=|\vec{a}|^2=1$，$\vec{a}\cdot\vec{b}=\vec{a}\cdot\vec{c}=\frac{1}{2}$ より

$$\frac{k}{2}\times1+\frac{k}{2}\times\frac{1}{2}-\frac{1}{2}=0 \qquad \therefore \ k=\frac{\boxed{2}}{\boxed{3}} \quad \to オ，カ$$

である。つまり，$\overrightarrow{ON}=\frac{2}{3}\overrightarrow{OM}$ である。

(iii) 〔方針1〕 $\vec{d}$ を $\vec{a}$，$\vec{b}$，$\vec{c}$ を用いて表すと，次のようになる。

$\overrightarrow{ON}=\frac{2}{3}\overrightarrow{OM}$ より　$\frac{1}{2}(\vec{c}+\vec{d})=\frac{2}{3}\times\frac{1}{2}(\vec{a}+\vec{b})$

$$\therefore\quad \vec{d}=\frac{2}{3}(\vec{a}+\vec{b})-\vec{c}=\frac{2}{3}\vec{a}+\frac{2}{3}\vec{b}-\vec{c}$$ →キ，ク，ケ，コ

〔方針2〕 $\angle COD=\theta$ であるから

$$|\overrightarrow{ON}|^2=\overrightarrow{ON}\cdot\overrightarrow{ON}=\left\{\frac{1}{2}(\vec{c}+\vec{d})\right\}\cdot\left\{\frac{1}{2}(\vec{c}+\vec{d})\right\}=\frac{1}{4}(|\vec{c}|^2+2\vec{c}\cdot\vec{d}+|\vec{d}|^2)$$

$$=\frac{1}{4}(|\vec{c}|^2+2|\vec{c}||\vec{d}|\cos\theta+|\vec{d}|^2)=\frac{1}{4}(1^2+2\times1\times1\times\cos\theta+1^2)$$

$$=\frac{1}{2}+\frac{1}{2}\cos\theta$$ →サ，シ

である。

(iv) 〔方針1〕を用いて $\cos\theta$ の値を求める。

$$\vec{c}\cdot\vec{d}=\vec{c}\cdot\left(\frac{2}{3}\vec{a}+\frac{2}{3}\vec{b}-\vec{c}\right)=\frac{2}{3}\vec{a}\cdot\vec{c}+\frac{2}{3}\vec{b}\cdot\vec{c}-|\vec{c}|^2$$

$$=\frac{2}{3}\times\frac{1}{2}+\frac{2}{3}\times\frac{1}{2}-1^2=-\frac{1}{3}$$

であり，$\vec{c}\cdot\vec{d}=|\vec{c}||\vec{d}|\cos\theta=1\times1\times\cos\theta=\cos\theta$ であるから

$$\cos\theta=\frac{-1}{3}$$ →スセ，ソ

である。

〔方針2〕を用いて $\cos\theta$ の値を求める。

$\overrightarrow{OM}$ と $\overrightarrow{ON}$ のなす角は $0°$ であるから，$\overrightarrow{OM}\cdot\overrightarrow{ON}=|\overrightarrow{OM}||\overrightarrow{ON}|$ が成り立つ。

$$\overrightarrow{OM}\cdot\overrightarrow{ON}=\left\{\frac{1}{2}(\vec{a}+\vec{b})\right\}\cdot\left\{\frac{1}{2}(\vec{c}+\vec{d})\right\}=\frac{1}{4}(\vec{a}\cdot\vec{c}+\vec{a}\cdot\vec{d}+\vec{b}\cdot\vec{c}+\vec{b}\cdot\vec{d})$$

$$=\frac{1}{4}\left(\frac{1}{2}+\frac{1}{2}+\frac{1}{2}+\frac{1}{2}\right)=\frac{1}{2}$$

$$|\overrightarrow{OM}|^2=\overrightarrow{OM}\cdot\overrightarrow{OM}=\left\{\frac{1}{2}(\vec{a}+\vec{b})\right\}\cdot\left\{\frac{1}{2}(\vec{a}+\vec{b})\right\}=\frac{1}{4}(|\vec{a}|^2+2\vec{a}\cdot\vec{b}+|\vec{b}|^2)$$

$$=\frac{1}{4}\left(1^2+2\times\frac{1}{2}+1^2\right)=\frac{3}{4}$$

これらを，$(\overrightarrow{OM}\cdot\overrightarrow{ON})^2=|\overrightarrow{OM}|^2|\overrightarrow{ON}|^2$ に代入すると

$$\left(\frac{1}{2}\right)^2=\frac{3}{4}|\overrightarrow{ON}|^2 \quad すなわち \quad |\overrightarrow{ON}|^2=\frac{1}{3}$$

となる。これを，上で求めた $|\overrightarrow{ON}|^2=\frac{1}{2}+\frac{1}{2}\cos\theta$ に代入すると

$\frac{1}{3}=\frac{1}{2}+\frac{1}{2}\cos\theta$ より　　$\cos\theta=-\frac{1}{3}$

となる。

(2) 右図において，4つの面 OAC，OBC，OAD，OBD は1辺の長さが1の正三角形である。面 ABC，ABD は合同な二等辺三角形である（AC＝BC＝AD＝BD）。

$\angle AOB=\alpha,\ \angle COD=\beta\ (\alpha>0,\ \beta>0)$

とする。

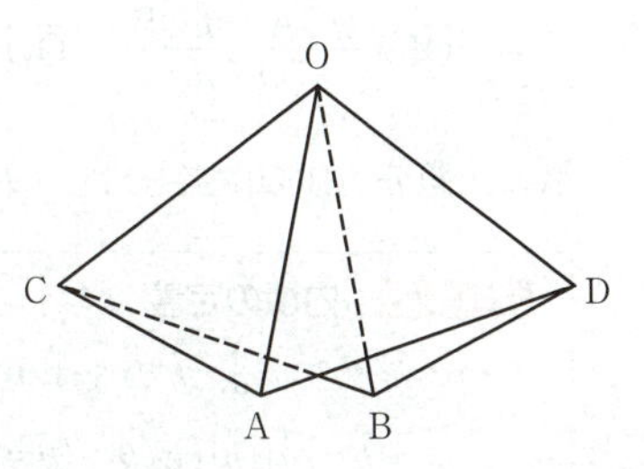

線分 AB の中点 M′ と線分 CD の中点 N′ および点Oは一直線上にある。

(i) $\overrightarrow{OM'}=\frac{1}{2}(\vec{a}+\vec{b}),\ \overrightarrow{ON'}=\frac{1}{2}(\vec{c}+\vec{d})$ であるから，〔方針2〕と同様に考えて

$$|\overrightarrow{OM'}|^2=\overrightarrow{OM'}\cdot\overrightarrow{OM'}=\left\{\frac{1}{2}(\vec{a}+\vec{b})\right\}\cdot\left\{\frac{1}{2}(\vec{a}+\vec{b})\right\}=\frac{1}{4}(|\vec{a}|^2+2\vec{a}\cdot\vec{b}+|\vec{b}|^2)$$

$$=\frac{1}{4}(1^2+2\times1\times1\times\cos\alpha+1^2)=\frac{1}{2}(1+\cos\alpha)$$

同様に，$|\overrightarrow{ON'}|^2=\frac{1}{2}(1+\cos\beta)$ が得られる。

$\overrightarrow{OM'}\cdot\overrightarrow{ON'}=|\overrightarrow{OM'}||\overrightarrow{ON'}|$ であるから

$$(\overrightarrow{OM'}\cdot\overrightarrow{ON'})^2=|\overrightarrow{OM'}|^2|\overrightarrow{ON'}|^2=\frac{1}{2}(1+\cos\alpha)\times\frac{1}{2}(1+\cos\beta)$$

$$=\frac{1}{4}(1+\cos\alpha)(1+\cos\beta)$$

であり，$\overrightarrow{OM'}\cdot\overrightarrow{ON'}=\left\{\frac{1}{2}(\vec{a}+\vec{b})\right\}\cdot\left\{\frac{1}{2}(\vec{c}+\vec{d})\right\}=\overrightarrow{OM}\cdot\overrightarrow{ON}=\frac{1}{2}$ であるから

$$\left(\frac{1}{2}\right)^2=\frac{1}{4}(1+\cos\alpha)(1+\cos\beta)$$

すなわち　　$(1+\cos\alpha)(1+\cos\beta)=1$　**①** →タ

が成り立つ。

(ii) $\alpha=\beta$ のとき，$(1+\cos\alpha)(1+\cos\beta)=1$ から β を消去すると

$(1+\cos\alpha)^2=1$　　$1+2\cos\alpha+\cos^2\alpha=1$

$\cos\alpha(\cos\alpha+2)=0$

となり，$\cos\alpha+2>0$ より，$\cos\alpha=0$ を得る。

$0°<\alpha<180°$ より，$\alpha=$ **90** °→チツ である。

また，$\alpha=\beta$ のとき，$|\overrightarrow{OM'}|^2=|\overrightarrow{ON'}|^2$ より OM′＝ON′ であるから，線分 AB と線分 CD は同一平面上にあることになる。つまり，点Dは**平面 ABC 上にある**。

① →テ

解説

(1)　(i)　線分ABを$m:n$に内分する点をP，外分する点をQとすると

$$\overrightarrow{OP}=\frac{n\overrightarrow{OA}+m\overrightarrow{OB}}{m+n},\quad \overrightarrow{OQ}=\frac{-n\overrightarrow{OA}+m\overrightarrow{OB}}{m-n}$$

特に，線分ABの中点をMとすれば，$\overrightarrow{OM}=\frac{\overrightarrow{OA}+\overrightarrow{OB}}{2}$　$(m=n=1)$となる。

> **ポイント　内積の定義**
>
> 2つのベクトル$\vec{a}$，$\vec{b}$のなす角をθとするとき，内積$\vec{a}\cdot\vec{b}$は
>
> $\vec{a}\cdot\vec{b}=|\vec{a}||\vec{b}|\cos\theta$　($\theta=0°$のときは$\vec{a}\cdot\vec{b}=|\vec{a}||\vec{b}|$となる)
>
> と定義される。ただし，$\vec{a}=\vec{0}$または$\vec{b}=\vec{0}$のときは$\vec{a}\cdot\vec{b}=0$とする。

(ii)　$\vec{a}\neq\vec{0}$，$\vec{b}\neq\vec{0}$のとき，「2つのベクトル$\vec{a}$，$\vec{b}$が平行であること」は，「$\vec{b}=k\vec{a}$を満たす実数kが存在すること」と同値である。特に，O，M，Nが同一直線上にあるときは

$\overrightarrow{ON}=k\overrightarrow{OM}$　($\overrightarrow{OM}\parallel\overrightarrow{ON}$　かつ　点Oを共有)

と表せる。

> **ポイント　内積の基本性質**
>
> $\vec{a}\cdot\vec{b}=\vec{b}\cdot\vec{a}$　(交換法則)
>
> $(\vec{a}+\vec{b})\cdot\vec{c}=\vec{a}\cdot\vec{c}+\vec{b}\cdot\vec{c}$,　$\vec{a}(\vec{b}+\vec{c})=\vec{a}\cdot\vec{b}+\vec{a}\cdot\vec{c}$　(分配法則)
>
> $(k\vec{a})\cdot\vec{b}=\vec{a}\cdot(k\vec{b})=k(\vec{a}\cdot\vec{b})$　(kは実数)
>
> $\vec{a}\cdot\vec{a}=|\vec{a}|^2$　(重要)

(iii)　〔方針1〕の$\vec{d}$を$\vec{a}$，$\vec{b}$，$\vec{c}$を用いて表す部分は，$\overrightarrow{ON}=\frac{2}{3}\overrightarrow{OM}$を〔解答〕のように用いる。

$$\vec{d}=\overrightarrow{OD}=\overrightarrow{OC}+\overrightarrow{CD}=\overrightarrow{OC}+2\overrightarrow{CN}=\overrightarrow{OC}+2(\overrightarrow{ON}-\overrightarrow{OC})$$
$$=-\overrightarrow{OC}+2\times\frac{2}{3}\overrightarrow{OM}=-\vec{c}+\frac{4}{3}\times\frac{1}{2}(\vec{a}+\vec{b})=\frac{2}{3}\vec{a}+\frac{2}{3}\vec{b}-\vec{c}$$

としてもよいが，やや迂遠である。

〔方針2〕の$|\overrightarrow{ON}|^2$は，$\vec{c}\cdot\vec{d}=|\vec{c}||\vec{d}|\cos\theta=\cos\theta$を念頭におく。

(iv)　(2)の設問を読むと，ここでは〔方針2〕に従って解きたいところである。

(2)　〔解答〕では線分AB，CDの中点をM′，N′とおいているが，(1)では，条件AB=1が使われていないので，ここでも，線分ABの中点をM，線分CDの中点をNとしても差し支えない。

第1回 試行調査：数学Ⅰ・数学A

問題番号	解答記号	正解	チェック
第1問	ア	③	
	イ	②	
	ウ	①	
	エ	⑤	
	(あ)	（次ページを参照）	
	オ	⓪	
	カ	③	
	キ	④	
	ク	②	
	ケ	③	
	$\sqrt{コ}R$	$\sqrt{3}R$	
	サ，シ	⑤，①	
	ス，セ	③，⑤	
	(い)	（次ページを参照）	
	ソ	②	
第2問	ア	①	
	イ	⑤	
	ウ	⑥	
	エオカキ	1250	
	クケコサ	1300	
	シ	④	
	(う)	（次ページを参照）	
	ス	⑧	
	セ	②，③（2つマークして正解）	
	ソ	④	

（注）第1問，第2問は必答。第3問～第5問のうちから2問選択。計4問を解答。

問題番号	解答記号	正解	チェック
第3問	$\frac{アイ}{ウエ}$	$\frac{12}{13}$	
	$\frac{オカ}{キク}$	$\frac{11}{13}$	
	$\frac{ケ}{コサ}$	$\frac{1}{22}$	
	$\frac{シス}{セソ}$	$\frac{19}{26}$	
	タチツテ	1440	
	トナニ	960	
	ヌ	③	
第4問	ア	③	
	イ	③	
	ウ	⓪	
	エ，オ	②，③（解答の順序は問わない）	
	カ	①	
	キ	①，②（2つマークして正解）	
	ク	⓪	
第5問	ア	2	
	イ列目	5列目	
	ウ	③	
	エ	⓪	
	オカ列目	27列目	
	キ	7	
	ク	7	
	ケコ行目	20行目	
	サ	①，②，④，⑤（4つマークして正解）	

自己採点欄

● 設問ごとの配点は非公表。

★ (あ)《正答の条件》

次の(a)と(b)の両方について正しく記述している。

(a)　頂点の y 座標 $-\dfrac{b^2-4ac}{4a}<0$ であること。

(b)　(a)の根拠として，$a>0$ かつ $c<0$ であること。

《正答例 1》　$a>0$，$c<0$ であることにより，頂点の y 座標について，つねに $-\dfrac{b^2-4ac}{4a}<0$ となるから。

《正答例 2》　a は正で，c は負なので，頂点の y 座標 $-\dfrac{b^2}{4a}+c<0$ となるから第1象限，第2象限には移動しない。

《正答例 3》　グラフが下に凸なので $a>0$，y 切片が負なので $c<0$。よって $-4ac>0$ となるので，$b^2-4ac>0$ である。

したがって，頂点の y 座標 $-\dfrac{b^2-4ac}{4a}<0$ となる。

※　頂点の y 座標に関する不等式を使っていないものは不可とする。

(い)《正答の条件》

②，③の両方について，次のように正しく記述している。

②について，$\mathrm{BC}\cos(180°-B)$ またはそれと同値な式。

③について，AH－BH またはそれと同値な式。

《正答例 1》　AH＝＿＿＿＿＿＿①
BH＝ $\mathrm{BC}\cos(180°-B)$ ②
AB＝ AH－BH ③

《正答例 2》　AH＝＿＿＿＿＿＿①
BH＝ $-\mathrm{BC}\cos B$ ②
AB＝ －BH＋AH ③

※　①については，修正の必要がないと判断したことが読み取れるものは可とする。

(う)《正答の条件》

「直線」という単語を用いて，次の(a)と(b)の両方について正しく記述している。

(a)　用いる直線が各県を表す点と原点を通ること。

(b)　(a)の直線の傾きが最も大きい点を選ぶこと。

《正答例 1》　各県を表す点のうち，その点と原点を通る直線の傾きが最も大きい点を選ぶ。

《正答例 2》　各県を表す点と原点を通る直線のうち，x 軸とのなす角が最も大きい点を選ぶ。

《正答例 3》　各点と (0, 0) を通る直線のうち，直線の上側に他の点がないような点を探す。

※「傾きが急」のように，数学の表現として正確でない記述は不可とする。

(注) 記述式問題については，導入が見送られることになりました。本書では，出題内容や場面設定の参考としてそのまま掲載しています（該当の問題には★印を付けています）。

第1問 —— 2次関数，三角比，正弦定理，命題

〔1〕 標準 《2次関数》

(1) 2次関数 $y=ax^2+bx+c$ ……① のグラフは下に凸だから

$a>0$ ……②

①のグラフの y 切片は正だから

$c>0$ ……③

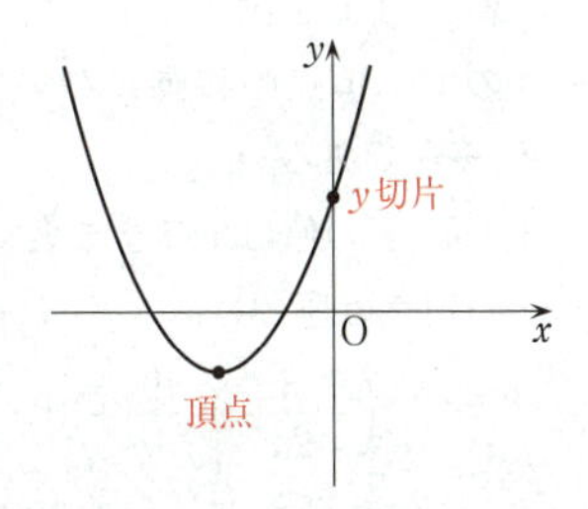

①を平方完成すると

$$y=a\left(x^2+\frac{b}{a}x\right)+c=a\left\{\left(x+\frac{b}{2a}\right)^2-\frac{b^2}{4a^2}\right\}+c$$

$$=a\left(x+\frac{b}{2a}\right)^2-\frac{b^2}{4a}+c=a\left(x+\frac{b}{2a}\right)^2-\frac{b^2-4ac}{4a}$$

だから，①のグラフの頂点の座標は $\left(-\frac{b}{2a},\ -\frac{b^2-4ac}{4a}\right)$ ……(＊)

頂点が第3象限にあることより，(頂点の x 座標)<0，(頂点の y 座標)<0 となるから

$-\frac{b}{2a}<0$ ……④，　$-\frac{b^2-4ac}{4a}<0$ ……⑤

②より $a>0$ なので，④の両辺を $-2a$ (<0) 倍して

$b>0$ ……⑥

⑤の両辺を $-4a$ (<0) 倍して

$b^2-4ac>0$ ……⑦

②，③，⑥より，$a>0$，$b>0$，$c>0$ となるから，これらを満たす a，b，c の値の組合せとして適当なものは，⓪あるいは③である。

⓪は $a=2$，$b=1$，$c=3$ なので，これらを⑦の左辺に代入すると

(⑦の左辺) $=1^2-4\cdot2\cdot3=-23<0$

となるので，⑦を満たさない。

③は $a=\frac{1}{2}$，$b=3$，$c=3$ なので，これらを⑦の左辺に代入すると

(⑦の左辺) $=3^2-4\cdot\frac{1}{2}\cdot3=3>0$

となるので，⑦を満たす。

よって，a，b，c の値の組合せとして最も適当なものは ③ →ア である。

(2) a，b の値は(1)のまま変えないので，$a=\frac{1}{2}$，$b=3$だから，(＊) より，①のグラフの頂点の座標は

$\left(-3,\ c-\dfrac{9}{2}\right)$

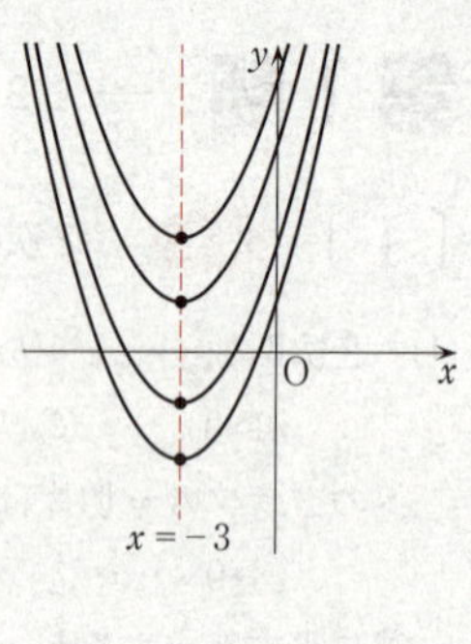

c の値だけを変化させたとき

$$(\text{頂点の}\ x\ \text{座標})=-3,\ (\text{頂点の}\ y\ \text{座標})=c-\frac{9}{2}$$

より，頂点の y 座標の値は単調に増加し，頂点は直線 $x=-3$ 上を動く。よって，頂点は **y 軸方向に移動する**ので，頂点の移動について正しく述べたものは ② →イ である。

(3)　b，c の値は(1)のまま変えないので，$b=3$，$c=3$ だから，(＊) より，①のグラフの頂点の座標は

$\left(-\dfrac{3}{2a},\ -\dfrac{9}{4a}+3\right)$

a の値だけをグラフが下に凸の状態を維持するように変化させたとき，$a>0$ であり，$a=\dfrac{b^2}{4c}=\dfrac{3^2}{4\cdot3}=\dfrac{3}{4}$ のときは，①のグラフの頂点の座標は（-2，0）となるから，**①のグラフの頂点は x 軸上にある。** ① →ウ

$a\neq\dfrac{b^2}{4c}=\dfrac{3}{4}$，すなわち，$0<a<\dfrac{3}{4}$，$\dfrac{3}{4}<a$ のときは

$$(\text{頂点の}\ x\ \text{座標})=-\frac{3}{2a}\ (<0),\ (\text{頂点の}\ y\ \text{座標})=-\frac{9}{4a}+3$$

より，頂点の x 座標は常に負の値をとり，頂点の y 座標は正の値も負の値もとるから，**①のグラフの頂点は第2象限と第3象限を移動する。** ⑤ →エ

★(4)　①のグラフは下に凸だから　　$a>0$

①のグラフの y 切片は負だから　　$c<0$

①のグラフの頂点の座標は　　$\left(-\dfrac{b}{2a},\ -\dfrac{b^2-4ac}{4a}\right)$

a，c の値を $a>0$，$c<0$ のまま変えずに，b の値だけを変化させるとき，

$a>0$，$c<0$ より　　$-4ac>0$

$b^2\geqq0$ なので　　$b^2-4ac>0$

両辺を $-4a$（<0）で割れば　　$-\dfrac{b^2-4ac}{4a}<0$

したがって　　$(\text{頂点の}\ y\ \text{座標})=-\dfrac{b^2-4ac}{4a}<0$

よって，a，c の値を $a>0$，$c<0$ のまま変えずに，b の値だけを変化させても，(頂点の y 座標)$=-\dfrac{b^2-4ac}{4a}<0$ であるから，頂点は第1象限および第2象限には移動しない。 →(あ)

解説

2次関数 $y=ax^2+bx+c$ ……① のグラフの座標平面上の位置から，a，b，c の値として最も適当なものを選んだり，①の a，b，c の値の変化に応じて，①のグラフが座標平面上のどの位置にくるかを考えさせたりする問題である。

(1) ①のグラフが下に凸であること，y 切片が正であること，頂点が第3象限にあることより，a，b，c の条件②，③，⑥，⑦が得られる。

②，③，⑥，⑦だけでは，具体的な a，b，c の値が決定できないので，②，③，⑥より，a，b，c の値の組合せとして適当なものの候補として⓪と③だけを残し，⓪と③の a，b，c の値の組合せが⑦を満たすかどうかを⑦に代入して調べる。

(2) a と b の値は(1)のまま変えないので，$a=\frac{1}{2}$，$b=3$ であるから，(＊)に代入すれば①のグラフの頂点の座標は求まる。

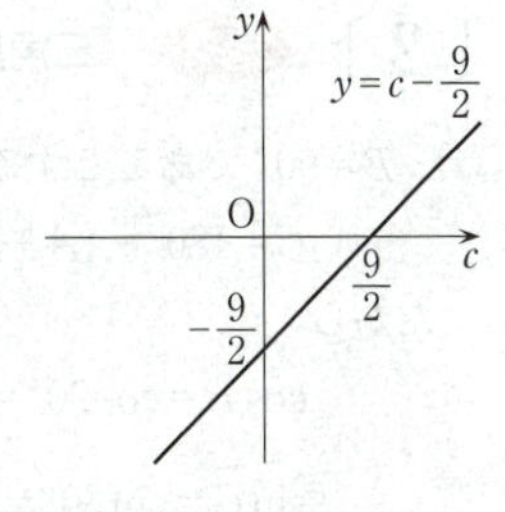

①のグラフの頂点の座標が $\left(-3,\ c-\frac{9}{2}\right)$ であることより，c の値を変化させても頂点の x 座標は常に $x=-3$ の値をとる。さらに，頂点の y 座標は c を変数とする c の1次関数 $y=c-\frac{9}{2}$ であり，グラフは右上がりの直線となるから，c の値の増加にともない y の値も増加する。したがって，頂点は直線 $x=-3$ 上を動く。

(3) b と c の値は(1)のまま変えないので，$b=3$，$c=3$ であるから，(＊)に代入すれば①のグラフの頂点の座標は求まる。

$a=\frac{b^2}{4c}$ のときは，$b=3$，$c=3$ なので，$a=\frac{b^2}{4c}=\frac{3}{4}$ の値を求めることで，①のグラフの頂点の座標 $(-2,\ 0)$ を求め，頂点が x 軸上にあることを導き出してもよいが，$a=\frac{b^2}{4c}$ は変形すると $b^2-4ac=0$ となるので，(①の判別式)$=0$ であることを表すから，そこから頂点が x 軸上にあることを導き出すこともできる。

$a\neq\frac{b^2}{4c}$ のとき，頂点の x 座標 $x=-\frac{3}{2a}$ は，$a>0$ より，常に負の値をとる。頂点の y 座標 $y=-\frac{9}{4a}+3$ は，$a=\frac{b^2}{4c}=\frac{3}{4}$ のときの議論で，$a=\frac{3}{4}$ のとき $y=-\frac{9}{4a}+3=0$ となることはわかっているので，それを考慮すれば，$a>\frac{3}{4}$ のときは $y=-\frac{9}{4a}+3>0$，$0<a<\frac{3}{4}$ のときは $y=-\frac{9}{4a}+3<0$ となることがわかる。

また，$y=-\frac{9}{4a}+3$ は，反比例の曲線 $y=-\frac{9}{4a}=\frac{-\frac{9}{4}}{a}$ をｙ軸方向に３だけ平行移動した曲線と考えて，右のようなグラフを利用してｙのとりうる値の範囲を求めてもよい。

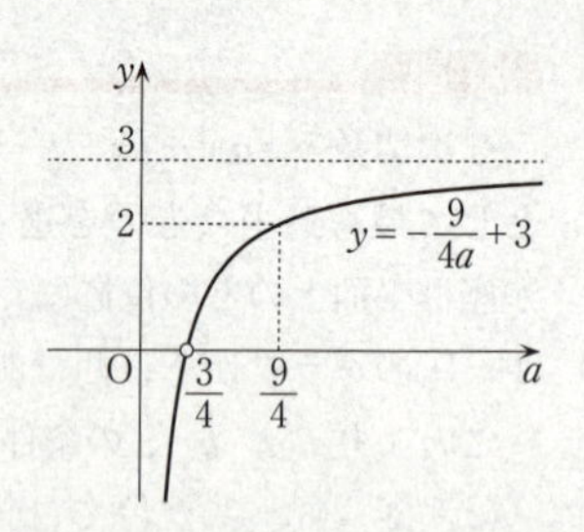

したがって，頂点は第２象限と第３象限を移動することがわかる。

★(4)　①のグラフが下に凸であること，ｙ切片が負であることより，$a>0$，$c<0$ の条件が得られる。a，c の値はこのまま変えないので，$a>0$，$c<0$ であり，b の値は変化させたとしても常に $b^2 \geqq 0$ が成り立つ。

〔２〕 標準 《三角比，正弦定理，命題》

(1)　$B=90°$ であるとすると

$$C=180°-(A+B)=180°-(60°+90°)=180°-150°=30°$$

だから

$$\cos B=\cos 90°=0$$ ⓪ →オ

$$\sin C=\sin 30°=\frac{1}{2}$$ ③ →カ

したがって，この場合の X の値を計算すると

$$X=4\cos^2 B+4\sin^2 C-4\sqrt{3}\cos B\sin C$$
$$=4\cdot 0^2+4\cdot\left(\frac{1}{2}\right)^2-4\sqrt{3}\cdot 0\cdot\frac{1}{2}=1$$

になる。

(2)　$B=13°$ にすると，数学の教科書の三角比の表より，$\cos B=0.9744$ であり

$$C=180°-(A+B)=180°-(60°+13°)=180°-73°=107°$$

だから，$\sin(180°-\theta)=\sin\theta$ ④ →キ という関係を利用すれば

$$\sin C=\sin 107°=\sin(180°-73°)=\sin 73°$$

ここで，$0<\sin 73°<1$ より，⓪，①，③は不適。よって

$$\sin C=\sin 73°=0.9563$$ ② →ク

だとわかる。

(注)　この場合の X の値を，$\sqrt{3}=1.732$ として電卓を使って計算すると

$$X=4\cos^2 B+4\sin^2 C-4\sqrt{3}\cos B\sin C$$
$$=4\times(0.9744)^2+4\times(0.9563)^2-4\times 1.732\times 0.9744\times 0.9563$$
$$=3.79782144+3.65803876-6.45564009216$$

$=1.00022010784$

小数第 4 位を四捨五入すると

$X=1.000$

(3)　下線部(a)において，$A=60^\circ$，$B=13^\circ$ のときの $\cos B$，$\sin C$ の値は，三角比の表から求めているので近似値である。また，X の値を計算する際，$\sqrt{3}=1.732$ としているが，これも近似値であり，X の値も小数第 4 位を四捨五入している。したがって，$A=60^\circ$，$B=13^\circ$ のときに，X の近似値が 1 となることがわかっただけで，$X=1$ となることが証明できたわけではない。

また，下線部(b)において，(1)より $A=60^\circ$，$B=90^\circ$ のときに $X=1$ となることが証明できたが，B が 90° 以外の角度のときにも $X=1$ となるかどうかはわからないので，「$A=60^\circ$ ならば $X=1$」という命題が真であると証明できたことにはならない。

よって，太郎さんが言った下線部(a)，(b)について，**下線部(a)，(b)ともに誤りである**から，その正誤の組合せとして正しいものは ③ →ケ である。

(4)　△ABC の外接円の半径を R とすると，$A=60^\circ$ だから，△ABC に正弦定理を用いて

$$\frac{\mathrm{BC}}{\sin A}=2R$$

$$\therefore\quad \mathrm{BC}=2R\cdot\sin 60^\circ=2R\cdot\frac{\sqrt{3}}{2}$$

$$=\sqrt{3}\,R \rightarrow コ$$

同様に，△ABC に正弦定理を用いれば

$$\frac{\mathrm{AB}}{\sin C}=2R,\quad \frac{\mathrm{AC}}{\sin B}=2R$$

$\therefore$　AB $=$ **$2R\sin C$** ⑤ →サ，　AC $=$ **$2R\sin B$** ① →シ

(5)　まず，B が鋭角の場合を考える。

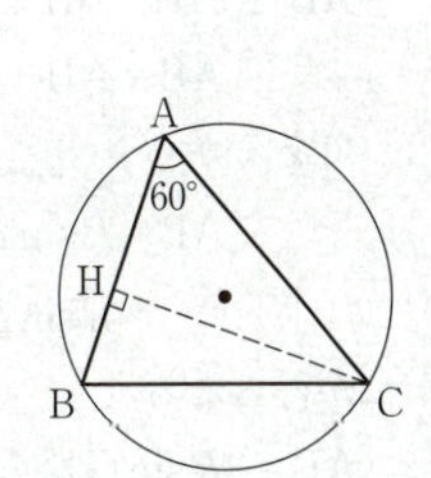

点 C から直線 AB に垂線 CH を引くと

$$\mathrm{AH}=\underline{\mathrm{AC}\cos 60^\circ}_{①}=\mathrm{AC}\cdot\frac{1}{2}=\frac{1}{2}\mathrm{AC}$$

$$\mathrm{BH}=\underline{\mathrm{BC}\cos B}_{②}$$

$\mathrm{BC}=\sqrt{3}R$，$\mathrm{AC}=2R\sin B$ なので

$$\mathrm{AH}=\frac{1}{2}\mathrm{AC}=\frac{1}{2}\cdot 2R\sin B=R\sin B$$

$$\mathrm{BH}=\mathrm{BC}\cos B=\sqrt{3}\,R\cos B$$

AB を AH，BH を用いて表すと

$$\mathrm{AB}=\underline{\mathrm{AH}+\mathrm{BH}}_{③}$$

であるから

$\underline{AB = R\sin B + \sqrt{3}R\cos B}_{④}$　（ ③ $\sin B +$ ⑤ $\cos B$）→ス，セ

が得られる。

$AB = 2R\sin C$ なので，④の式とあわせると

$$2R\sin C = R\sin B + \sqrt{3}R\cos B$$

両辺を R（>0）で割って

$$2\sin C = \sin B + \sqrt{3}\cos B$$

よって，この式を X の式に代入すれば

$$\begin{aligned} X &= 4\cos^2 B + 4\sin^2 C - 4\sqrt{3}\cos B\sin C \\ &= 4\cos^2 B + (2\sin C)^2 - 2\sqrt{3}\cos B \cdot 2\sin C \\ &= 4\cos^2 B + (\sin B + \sqrt{3}\cos B)^2 - 2\sqrt{3}\cos B(\sin B + \sqrt{3}\cos B) \\ &= 4\cos^2 B + (\sin^2 B + 2\sqrt{3}\cos B\sin B + 3\cos^2 B) - 2\sqrt{3}\cos B\sin B - 6\cos^2 B \\ &= \cos^2 B + \sin^2 B = 1 \end{aligned}$$

となることが証明できる。

★(6)　B が鈍角の場合を考える。

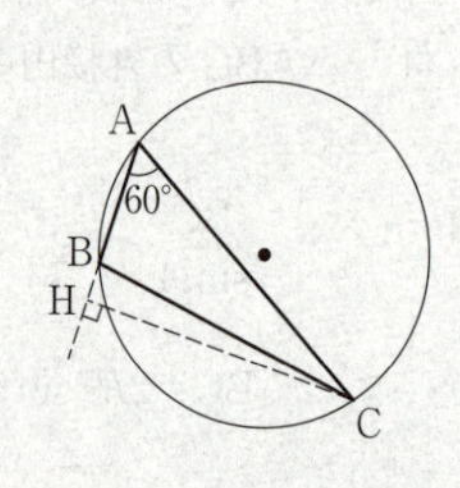

点Cから直線 AB に垂線 CH を引くと

$$AH = AC\cos 60° = AC \cdot \frac{1}{2} = \frac{1}{2}AC$$

$$BH = BC\cos(180° - B) = BC(-\cos B) = -BC\cos B$$

$BC = \sqrt{3}R$，$AC = 2R\sin B$ なので

$$AH = \frac{1}{2}AC = \frac{1}{2} \cdot 2R\sin B = R\sin B$$

$$BH = -BC\cos B = -\sqrt{3}R\cos B$$

AB を AH，BH を用いて表すと

$$AB = AH - BH$$

であるから

$$\begin{aligned} AB &= R\sin B - (-\sqrt{3}R\cos B) \\ &= R\sin B + \sqrt{3}R\cos B \end{aligned}$$

が得られる。

$AB = 2R\sin C$ なので，以下，B が鋭角の場合と同様の式変形をすれば，$X = 1$ となることが証明できる。

よって，下線部(c)について，B が鈍角のときには下線部①～③の式のうち修正が必要なものは，②と③であり，修正した式は

$BH = \underline{BC\cos(180° - B)}_{②}$　　$AB = \underline{AH - BH}_{③}$　→(い)

である。

(7) 条件 q は

「$q：4\cos^2B+4\sin^2C-4\sqrt{3}\cos B\sin C=1 \Longleftrightarrow X=1$」

であるから，(4)〜(6)の議論より，$p \Longrightarrow q$ は真である。

また，$A=120°$，$B=30°$ のとき

$$C=180°-(A+B)=180°-(120°+30°)=180°-150°=30°$$

より

$$\cos B=\cos 30°=\frac{\sqrt{3}}{2}$$

$$\sin C=\sin 30°=\frac{1}{2}$$

だから

$$X=4\cos^2B+4\sin^2C-4\sqrt{3}\cos B\sin C$$
$$=4\cdot\left(\frac{\sqrt{3}}{2}\right)^2+4\cdot\left(\frac{1}{2}\right)^2-4\sqrt{3}\cdot\frac{\sqrt{3}}{2}\cdot\frac{1}{2}=1$$

したがって，$q \Longrightarrow p$ は偽（反例：$A=120°$，$B=30°$）である。

よって，これまでの太郎さんと花子さんが行った考察をもとに，正しいと判断できるものは

p は q であるための十分条件であるが，必要条件でない。 ② →ソ

である。

解説

図形と計量についての問題だけでなく，命題についての理解も問われる問題となっている。

(2) $\sin C=\sin 107°$ なので，0° から 90° までの角度で表す形に変形することを中心に考えていけば，キ の解答群も考慮に入れると，$\sin(180°-\theta)=\sin\theta$ が選択できる。

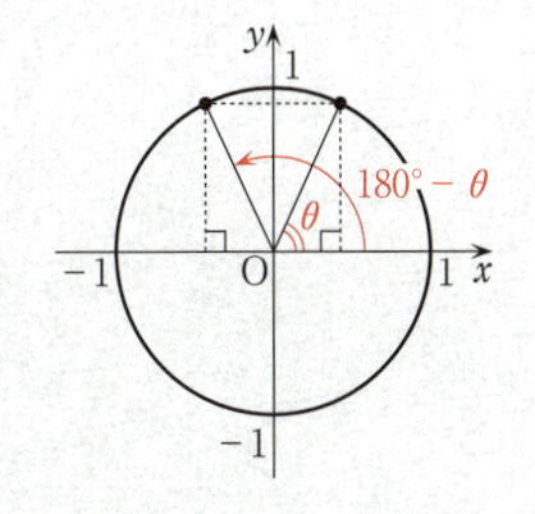

また，問題文では，「教科書の三角比の表から」となっているが，問題には三角比の表が掲載されていないので，$\sin C$ の値として最も適当なものを選ぶことになる。

$0\leqq\sin 73°\leqq 1$ であることがわかっていれば，ク の解答群の中から②を選択することはたやすい。

(3) 数学の教科書の三角比の表は，小数第５位を四捨五入して小数第４位までを示したものとなっている。

(5) 問題文に，$\mathrm{AB}=2R\sin C$ を用いることが誘導として与えられているので，$\mathrm{AB}=2R\sin C$ だけでなく，$\mathrm{BC}=\sqrt{3}R$，$\mathrm{AC}=2R\sin B$ もあわせて利用することを考える。

★(6)　B が鈍角の場合に，修正が必要となる可能性のある式は①〜③だけなので，証明のそれ以外の部分に関しては，鋭角の場合と同じであることを認識しておく必要がある。教科書内の定理の証明においても，鋭角と鈍角の場合を分けて証明することは多々あるので，普段から鋭角の場合の証明だけを理解して満足するのではなく，鋭角と鈍角の場合をそれぞれどのように証明するか理解していないと，本問に解答することは難しいかもしれない。

(7)　(4)〜(6)より，$p \Longrightarrow q$ が真であることはわかる。$q \Longrightarrow p$ の真偽については，$A=120^\circ$，$B=30^\circ$ の場合に $X=1$ となることが，$q \Longrightarrow p$ の反例となっていることに気付けるかどうかがポイントになる。$A=120^\circ$，$B=30^\circ$（，$C=30^\circ$）は「$q：X=1$」を満たすが，「$p：A=60^\circ$」を満たさないので，$q \Longrightarrow p$ は偽であり，$A=120^\circ$，$B=30^\circ$ はその反例となる。

第２問 ―― １次関数，２次関数，データの相関，箱ひげ図

〔１〕 標準 《１次関数，２次関数》

(1) 販売数は，Ｔシャツ１枚の価格に対し，それ以上の金額を回答した生徒の累積人数なので，表１のＴシャツ１枚の価格と**累積人数** ① →**ア** の値の組を $(x,\ y)$ として座標平面上に表すと，その４点が直線に沿って分布しているように見えたので，この直線を，Ｔシャツ１枚の価格 x と販売数 y の関係を表すグラフとみなすことにした。

このとき，y は x の**１次関数** ⑤ →**イ** であるので，$y=ax+b\ (a\neq0)$ と表せるから，売上額を $S(x)$ とおくと，(売上額)＝(Ｔシャツ１枚の価格)×(販売数) より

$$S(x)=x\times y=x\times(ax+b)=ax^2+bx\quad(a\neq0)$$

すなわち，$S(x)$ は x の**２次関数** ⑥ →**ウ** である。

(2) 表１を用いて座標平面上にとった４点のうち x の値が最小の点 (500，200) と最大の点 (2000，50) を通る直線の方程式を求めると，(500，200)，(2000，50) を $y=ax+b$ に代入して

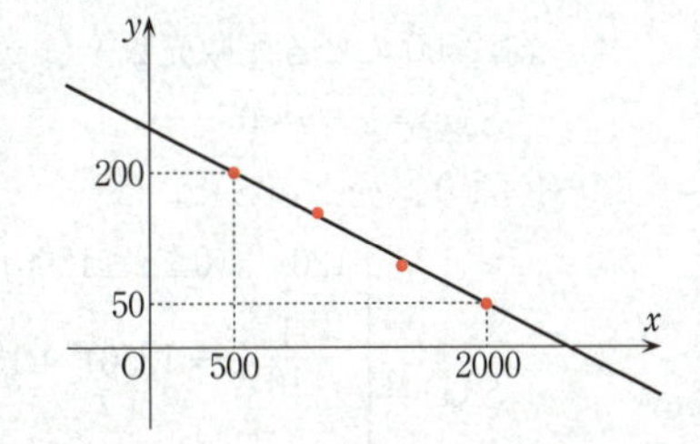

$$500a+b=200\quad\cdots\cdots①$$
$$2000a+b=50\quad\cdots\cdots②$$

②－①より

$$1500a=-150\qquad\therefore\quad a=-\frac{1}{10}$$

これを①に代入すれば　$b=250$

すなわち　$y=-\dfrac{1}{10}x+250\quad\cdots\cdots③$

これより，売上額 $S(x)$ は

$$S(x)=x\times y=x\times\left(-\frac{1}{10}x+250\right)$$
$$=-\frac{1}{10}x^2+250x$$
$$=-\frac{1}{10}(x-1250)^2+156250\quad\cdots\cdots④$$

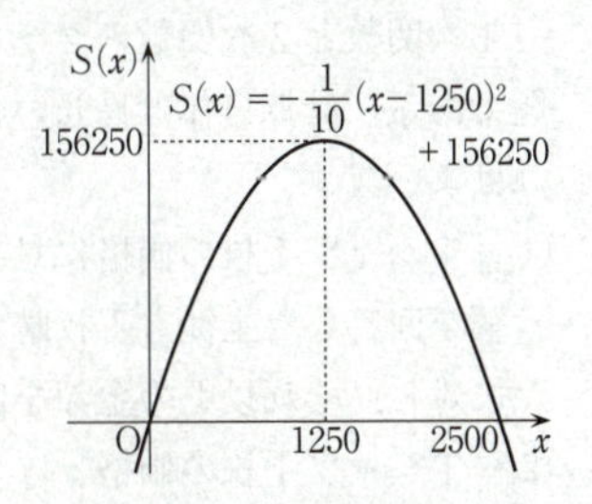

なので，$x=1250$ のとき，$S(x)$ は最大となる（この x は，50の倍数の金額となっている）。

よって，売上額 $S(x)$ が最大になる x の値は 1250 →**エオカキ** である。

⑶　製作費用は400円×120枚＝48000円で一定なので，(利益)＝(売上額)－(製作費用）より，利益を最大にするためには，売上額 $S(x)$ を最大にすればよい。

業者に120枚を依頼するので，販売数 y は $0 \leqq y \leqq 120$ であるから，$y=120$ のときのＴシャツ１枚の価格 x を求めると，③より

$$120=-\frac{1}{10}x+250 \qquad \therefore \quad x=1300$$

(a)　$0 \leqq x \leqq 1300$ のとき，製作した120枚すべてが売れるので，販売数 y は $y=120$ だから，$S(x)$ は

$$S(x)=x \times y=x \times 120=120x$$

(b)　$1300 \leqq x \leqq 2500$ のとき，販売数 y は $y=-\frac{1}{10}x+250$ だから，$S(x)$ は④より

$$S(x)=x \times y=-\frac{1}{10}(x-1250)^2+156250$$

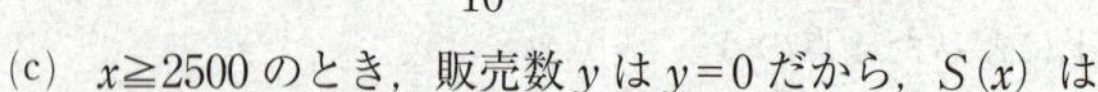

(c)　$x \geqq 2500$ のとき，販売数 y は $y=0$ だから，$S(x)$ は

$$S(x)=x \times y=0$$

(a)〜(c)より，売上額 $S(x)$ は

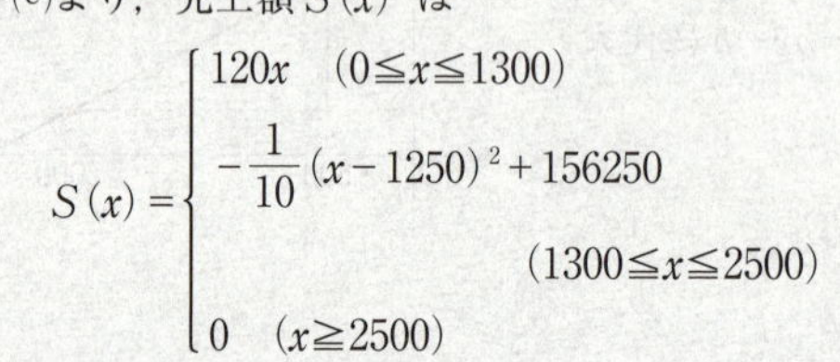

$$S(x)=\begin{cases} 120x & (0 \leqq x \leqq 1300) \\ -\frac{1}{10}(x-1250)^2+156250 & (1300 \leqq x \leqq 2500) \\ 0 & (x \geqq 2500) \end{cases}$$

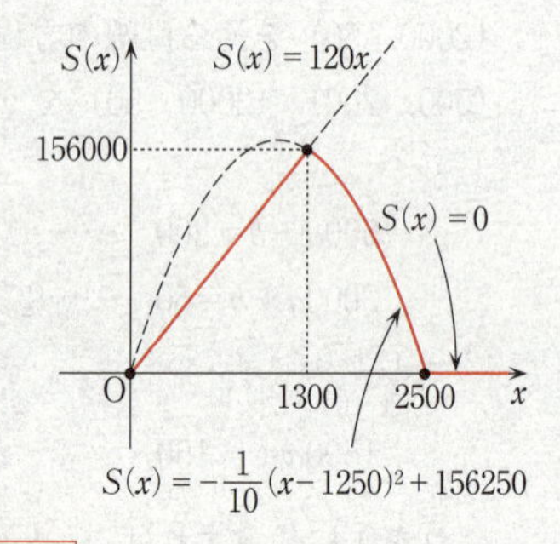

となるので，$x=1300$ のとき，$S(x)$ は最大となる（この x は，50の倍数の金額となっている）。

よって，利益が最大になるＴシャツ１枚の価格は 1300 →**クケコサ** 円である。

解説

１次関数と２次関数のグラフを用いて，売上額や利益を最大にすることを考える問題である。計算自体は易しいので，問われていることが何であるかを読み間違えなければよい。

⑴　Ｔシャツ１枚の価格に対し，その金額を回答した生徒だけでなく，それ以上の金額を回答した生徒も１枚購入すると考えているので，販売数はＴシャツ１枚の価格に対し，それ以上の金額を回答した生徒の累積人数である。

⑵　Ｔシャツ１枚の価格 x は，価格決定の手順(iii)より，50の倍数の金額としている。この問題では，売上額 $S(x)$ が最大となる x の値は $x=1250$ であり，50の倍数であったために特に問題とはならなかったが，x の２次関数 $S(x)$ のグラフの頂点の

x 座標が50の倍数でなかった場合には，頂点の x 座標に最も近い50の倍数の値を答えとして選ぶことになる。

(3) Tシャツ1枚当たりの製作費用が400円なので，業者に120枚を依頼するとき，製作費用の総額は変化せず一定だから，利益を最大にするためには，売上額 $S(x)$ を最大にすればよいことがわかる。
業者に120枚を依頼するので，販売数 y が120より大きくなることはないから，$0 \leqq y \leqq 120$ となる。したがって，(2)とは異なり，販売数 y にとりうる値の範囲が付加された問題ということになる。③のグラフを参考にして考えれば，販売数 y は，

(a) $0 \leqq x \leqq 1300$ のとき $y=120$，(b) $1300 \leqq x \leqq 2500$ のとき $y=-\frac{1}{10}x+250$，

(c) $x \geqq 2500$ のとき $y=0$，のように変化することがわかるので，これに応じて x の値で(a)〜(c)に場合分けすることになる。

〔2〕 標準 《データの相関，箱ひげ図》

(1) 観光客数と消費総額の間には強い正の相関があることが読み取れるので，相関係数は1に近い値となる。よって，図1の観光客数と消費総額の間の相関係数に最も近い値は0.83 ④ →シ である。

★(2) 消費額単価は，消費総額 y を観光客数 x で割ればよいから，$\frac{消費総額}{観光客数}=\frac{y}{x}$，すなわち，各県を表す点（$x$，$y$）と原点を通る直線の傾きに等しい。よって，図1の散布図から消費額単価が最も高い県を表す点（x，y）を特定するためには，**各点と原点を結んだときの直線の傾きが最も大きい点（x，y）を選べばよい。**→(う)

(3) (2)より，各県を表す点（x，y）と原点を通る直線の中で，直線の傾きが最も大きい点（x，y）を選べばよいから，消費額単価が最も高い県を表す点は ⑧ →ス である。

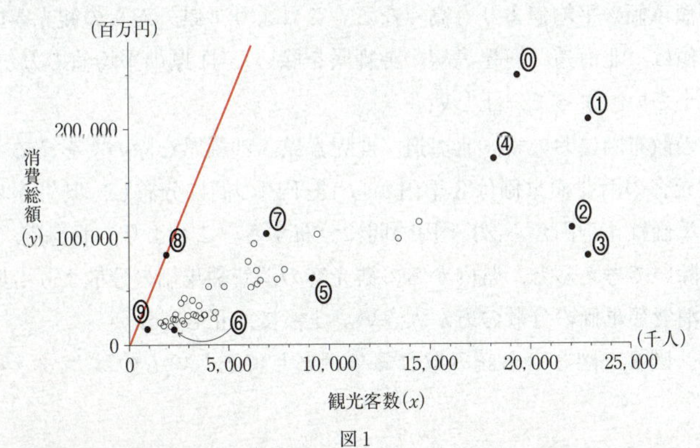

図1

(4)　⓪　図2の上の観光客数についての箱ひげ図では，それぞれの県の県内からの観光客数と県外からの観光客数を比較することはできない。よって，正しいか正しくないかを読み取ることができない。

①　図2の下の消費総額についての箱ひげ図では，それぞれの県の県内からの観光客の消費総額と県外からの観光客の消費総額を比較することはできない。よって，正しいか正しくないかを読み取ることができない。

②　図3の散布図において，点（2, 2）と点（10, 10）を通る傾き1の直線を引くと，直線よりも上の領域に分布する点は，県外からの観光客の消費額単価の方が県内からの観光客の消費額単価より高く，44県の4分の3以上の県が含まれている。これより，44県の4分3以上の県では，県外からの観光客の消費額単価の方が県内からの観光客の消費額単価より高い。よって，正しい。

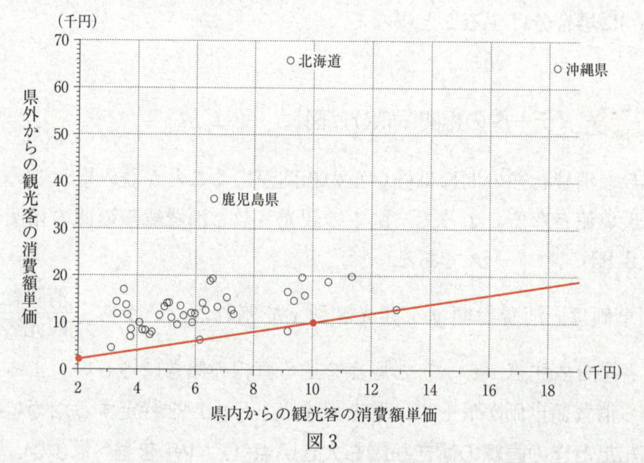

図3

③　図3の散布図において，北海道，鹿児島県，沖縄県の県外からの観光客の消費額単価は，北海道，鹿児島県，沖縄県を除いた41県の県外からの観光客の消費額単価よりも高いから，北海道，鹿児島県，沖縄県を除いた41県の県外からの観光客の消費額単価の平均値よりも高くなる。これより，県外からの観光客の消費額単価の平均値は，北海道，鹿児島線，沖縄県を除いた41県の平均値の方が44県の平均値より小さい。よって，正しい。

④　図3の散布図において，北海道，鹿児島県，沖縄県を除いて考えるとき，県内からの観光客の消費額単価は3千円から13千円の間に分布し，県外からの観光客の消費額単価は4千円から20千円の間に分布する。これより，北海道，鹿児島県，沖縄県を除いて考えると，県内からの観光客の消費額単価の分散よりも県外からの観光客の消費額単価の分散の方が大きい。よって，正しくない。

以上より，図2，図3から読み取れる事柄として正しいものは，②，③ →セ である。

(5) ⓪ 44県のうち，行祭事・イベントの開催数が30回以下の県が23県あるので，開催数の中央値は30回以下である。一方，開催数が30回以上の県が半数の22県あり，そのうち7県は60回から150回の間に分布しているので，開催数の平均値は30回より大きい。よって，正しくない。

① 行祭事・イベントの開催数が80回未満の県では，開催数が増えると県外からの観光客数が増える傾向がある。開催数が80回以上になると，開催数が60回から79回である県に比べて県外からの観光客数は減るが，開催数が80回以上の県だけで見ると開催数が増えると県外からの観光客数が増える傾向がある。よって，正しいとは言えない。

② 県外からの観光客数が多い県は，行祭事・イベントを多く開催している傾向にあるが，県外からの観光客数が多い上位5県の行祭事・イベントの開催数は必ずしも多いわけではない。したがって，県外からの観光客数を増やすには行祭事・イベントの開催数を増やせばよいとは断定できない。よって，正しいとは言えない。

③ 行祭事・イベントの開催数が最も多い県の，行祭事・イベントの開催数は140回より多く150回より少なく，県外からの観光客数は6000千人より多く6500千人より少ない。行祭事・イベントの開催一回当たりの県外からの観光客数は，(県外からの観光客数)÷(行祭事・イベントの開催数) で求めればよいから，行祭事・イベントの開催数が最も多い県では，行祭事・イベントの開催一回当たりの県外からの観光客数は6,000千人を超えない。よって，正しくない。

④ 県外からの観光客数が多い県ほど，行祭事・イベントを多く開催している傾向があることは，図4から読み取れる。よって，正しい。

以上より，図4から読み取れることとして最も適切な記述は ④ →ソ である。

解説

(1) 図1の散布図から，観光客数 x が増えると消費総額 y も増える強い傾向がみられるので，相関係数は1に近い値となる。

★(2) 問題文に，「「直線」という単語を用いて」という指示があるので，「直線」を利用することから考えれば，$(\text{消費額単価})=\dfrac{\text{消費総額}}{\text{観光客数}}=\dfrac{y}{x}$ であることに気付けるだろう。

(3) 原点と⓪～⑦，⑨のそれぞれの点を通る直線の傾きは，原点と⑧の点を通る直線の傾きよりも小さい。

(4) ⓪ 箱ひげ図では，各県が箱ひげ図のどの部分に含まれているかはわからないので，各県の県内からの観光客数と県外からの観光客数を比較することはできない。

① 箱ひげ図では，各県が箱ひげ図のどの部分に含まれているかはわからないので，各県の県内からの観光客の消費総額と県外からの観光客の消費総額を比較することはできない。

② 点（2, 2）と点（10, 10）を通る傾き1の直線上の点は，横軸の県内からの観光客の消費額単価の値と，縦軸の県外からの観光客の消費額単価の値が等しい。したがって，この直線よりも上の領域に分布する点は，横軸の県内からの観光客の消費額単価の値よりも，縦軸の県外からの観光客の消費額単価の値の方が大きいことがわかる。

③ 北海道，鹿児島県，沖縄県の県外からの観光客の消費額単価は，北海道，鹿児島県，沖縄県を除いた41県の県外からの観光客の消費額単価よりも高い。また，北海道，鹿児島県，沖縄県を除いた41県の県外からの観光客の消費額単価の平均値は，北海道，鹿児島県，沖縄県を除いた41県の県外からの観光客の消費額単価の最大値よりも大きくなることはない。したがって，北海道，鹿児島県，沖縄県を除いた41県の県外からの観光客の消費額単価の平均値よりも，44県の県外からの観光客の消費額単価の平均値の方が高いことがわかる。

④ 分散は，データの散らばりの度合いを表す量である。縦軸と横軸では目盛りの縮尺が異なるので，点の分布の散らばり具合を見るだけでは不十分であることに注意しなければならない。

(5) ⓪ 行祭事・イベントの開催数と県の数の関係は下表のようになる。

行祭事・イベントの開催数(回)	0〜	10〜	20〜	30〜	40〜	50〜	60〜	70〜	80〜	90〜	100〜	110〜	120〜	130〜	140〜
県の数	5	5	12	8	6	1	1	2	1	0	1	1	0	0	1

これより，開催数の平均値は

$$(\text{平均値}) \geqq \frac{1}{44}(0\times5+10\times5+20\times12+30\times8+40\times6+50\times1+60\times1+70\times2+80\times1+100\times1+110\times1+140\times1)$$

$$=\frac{1450}{44}=32.9\cdots\text{回}$$

となる。

② 県外からの観光客数が多い上位5県の行祭事・イベントの開催数は，必ずしも多くはない。したがって，県外からの観光客数を増やすには行祭事・イベントの開催数を増やせばよいとは断言できない。

④ それほど強い傾向ではないが，県外からの観光客数が多い県ほど，行祭事・イベントを多く開催している傾向があるといえる。

第3問 易 《確 率》

(1) すべての道路に渋滞中の表示がない場合，A地点の分岐において運転手が①の道路を選択する確率は，④の道路を選択する事象の余事象の確率を用いて

$$1-\frac{1}{13}=\frac{12}{13}$$ →アイ，ウエ ……㋐

(2) すべての道路に渋滞中の表示がない場合，C地点の分岐において運転手が⑦の道路を選択する確率は

$$\frac{126}{1008}=\frac{1}{8}$$ ……㋑

C地点の分岐において運転手が②の道路を選択する確率は，⑦の道路を選択する事象の余事象の確率を用いて

$$1-\frac{1}{8}=\frac{7}{8}$$ ……㋒

E地点の分岐において運転手が⑤の道路を選択する確率と⑥の道路を選択する確率は，ともに

$$\frac{248}{496}=\frac{1}{2}$$ ……㋓

A地点からB地点に向かう車がD地点を通過するのは

(a) A —①→ C —②→ D —③→ B

(b) A —④→ E —⑤→ D —③→ B

のいずれかの場合で，これらは互いに排反である。(a)，(b)のときの確率をそれぞれ求めると

(a) ㋐，㋒より　$\frac{12}{13}\times\frac{7}{8}=\frac{21}{26}$

(b) ④の道路を選択する確率が $\frac{1}{13}$ であるのと，㋓より　$\frac{1}{13}\times\frac{1}{2}=\frac{1}{26}$

よって，(a)，(b)より，A地点からB地点に向かう車がD地点を通過する確率は

$$\frac{21}{26}+\frac{1}{26}=\frac{11}{13}$$ →オカ，キク

(3) すべての道路に渋滞中の表示がない場合，A地点からB地点に向かう車がD地点を通過する確率は，(2)より

$$\frac{11}{13}$$

A地点からB地点に向かう車でD地点とE地点を通過する確率は，(2)の(b)より

$$\frac{1}{26}$$

よって，A地点からB地点に向かう車でD地点を通過した車が，E地点を通過していた確率は

$$\frac{\frac{1}{26}}{\frac{11}{13}}=\frac{1}{26}\div\frac{11}{13}=\boxed{\frac{1}{22}}$$ →ケ，コサ

(4) ①の道路にのみ渋滞中の表示がある場合，A地点の分岐において運転手が①の道路を選択する確率は，㋐ $\times\frac{2}{3}$ より

$$\frac{12}{13}\times\frac{2}{3}=\frac{8}{13}\quad\cdots\cdots㋔$$

A地点の分岐において運転手が④の道路を選択する確率は，①の道路を選択する事象の余事象の確率を用いて

$$1-\frac{8}{13}=\frac{5}{13}\quad\cdots\cdots㋕$$

A地点からB地点に向かう車がD地点を通過するのは

(c) $\boxed{A}\xrightarrow{\text{渋滞①}}\boxed{C}\xrightarrow{②}\boxed{D}\xrightarrow{③}\boxed{B}$

(d) $\boxed{A}\xrightarrow{④}\boxed{E}\xrightarrow{⑤}\boxed{D}\xrightarrow{③}\boxed{B}$

のいずれかの場合で，これらは互いに排反である。(c)，(d)のときの確率をそれぞれ求めると

(c) ㋔，㋒より $\frac{8}{13}\times\frac{7}{8}=\frac{7}{13}$

(d) ㋕，㋓より $\frac{5}{13}\times\frac{1}{2}=\frac{5}{26}$

よって，(c)，(d)より，A地点からB地点に向かう車がD地点を通過する確率は

$$\frac{7}{13}+\frac{5}{26}=\boxed{\frac{19}{26}}$$ →シス，セソ

(5) すべての道路に渋滞中の表示がない場合，①を通過する台数は，㋐より

$$1560\times\frac{12}{13}=\boxed{1440}$$ 台 →タチツテ

となる。

よって，①の通過台数を1000台以下にするには，①に渋滞中の表示を出す必要がある。

①に渋滞中の表示を出した場合，①の通過台数は，㋔より

$$1560\times\frac{8}{13}=\boxed{960}$$ 台 →トナニ

となる。

(6) ⓪〜③のいずれの場合も，①に渋滞中の表示が出ているので

①の通過台数は，(5)より　960 台

④の通過台数は　$1560-960=600$ 台

まず，①を 960 台が通過する中で，⑦に渋滞中の表示が出ているとき

・⑦の通過台数は，㋑$\times\frac{2}{3}$ より　$960\times\left(\frac{1}{8}\times\frac{2}{3}\right)=80$ 台

・②の通過台数は　$960-80=880$ 台

②に渋滞中の表示が出ているとき

・②の通過台数は，㋒$\times\frac{2}{3}$ より　$960\times\left(\frac{7}{8}\times\frac{2}{3}\right)=560$ 台

・⑦の通過台数は　$960-560=400$ 台

次に，④を 600 台が通過する中で，⑤に渋滞中の表示が出ているとき

・⑤の通過台数は，㋓$\times\frac{2}{3}$ より　$600\times\left(\frac{1}{2}\times\frac{2}{3}\right)=200$ 台

・⑥の通過台数は　$600-200=400$ 台

⑥に渋滞中の表示が出ているとき

・⑥の通過台数は，㋓$\times\frac{2}{3}$ より　$600\times\left(\frac{1}{2}\times\frac{2}{3}\right)=200$ 台

・⑤の通過台数は　$600-200=400$ 台

これより，⓪〜③のそれぞれの場合の，③の通過台数は

⓪　$880+200=1080$ 台

①　$880+400=1280$ 台

②　$560+200=760$ 台

③　$560+400=960$ 台

となるので，⓪と①の場合は，③の通過台数が 1000 台を超えてしまい，適さない。②と③はどちらの場合も，①の通過台数は 960 台，②の通過台数は 560 台であるから，①，②，③をそれぞれ通過する台数の合計が最大となるのは，③である。

よって，各道路の通過台数が 1000 台を超えない範囲で，①，②，③をそれぞれ通過する台数の合計を最大にするには，渋滞中の表示を ③ →ヌ のようにすればよい。

解説

選択の割合を確率とみなすことで，各分岐点を通過する確率を求め，最も効率が上がる通過台数となるように渋滞中の表示を出すことを考える問題である。確率と通過台数の計算自体は，とても簡単なものとなっているので，題意をしっかりと把握しさえすれば，手が止まることなく解き進められるだろう。

(1) 問題文に④の道路を選択する確率が $\frac{1}{13}$ と与えられているので，これを利用し，

余事象の確率を用いて，①の道路を選択する確率を求めた。

(2) 表1で②と⑦の道路を選択する割合を比べてみると，⑦の割合 $\dfrac{126}{1008}$ の方が，②の割合 $\dfrac{882}{1008}$ よりも小さいから，まず⑦の道路を選択する確率を求め，それを利用して余事象の確率を用いることで，②の道路を選択する確率を求めた。

また，A地点からB地点に向かう車がD地点を通過するのは，(a)C地点を経由するか，(b)E地点を経由するか，のいずれかである。

(3) 問題文に「条件付き確率」と明記されていないが，求める確率が条件付き確率であることに気付けるかどうかがポイントとなる。

(4) 渋滞中の表示がある場合の確率は，渋滞中の表示がない場合の確率の $\dfrac{2}{3}$ 倍になる。また，分岐点において一方の道路に渋滞中の表示がある場合，渋滞中の表示がないもう一方の道路を選択する確率にも変化が生じることに注意が必要である。実際には，渋滞中の表示がない場合，①の道路を選択する確率が $\dfrac{12}{13}$，④の道路を選択する確率が $\dfrac{1}{13}$ であるのに対して，①の道路にのみ渋滞中の表示がある場合，①の道路を選択する確率が $\dfrac{8}{13}$，④の道路を選択する確率が $\dfrac{5}{13}$ となる。

(5) (1)～(4)では選択の割合を確率とみなしたので，それぞれの道路に進む車の台数の割合は，(1)～(4)で求めた確率がそのまま利用できる。

(6) 選択肢⓪～③の中で違いがある点は，C地点の分岐において②と⑦の道路のどちらかに渋滞中の表示がある点と，E地点の分岐において⑤と⑥の道路のどちらかに渋滞中の表示がある点だから，それぞれの場合における各道路の通過台数を求めることで，①，②，③をそれぞれ通過する台数の合計を最大にする場合が⓪～③のいずれであるかを調べた。

ちなみに，⓪～③の通過台数をすべて書き出すと，以下のようになる。

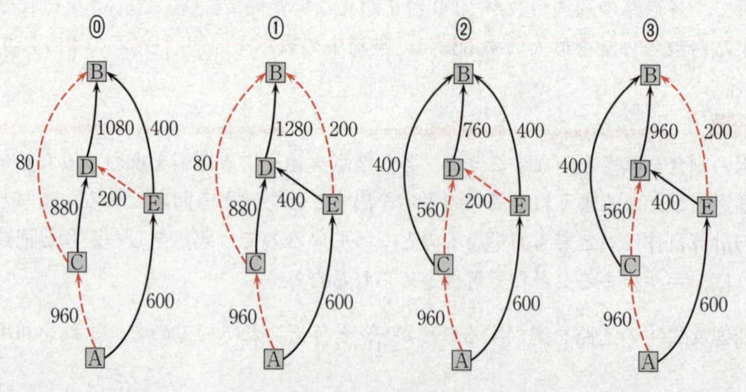

第4問 やや難 《中点連結定理，命題，直線と平面の位置関係》

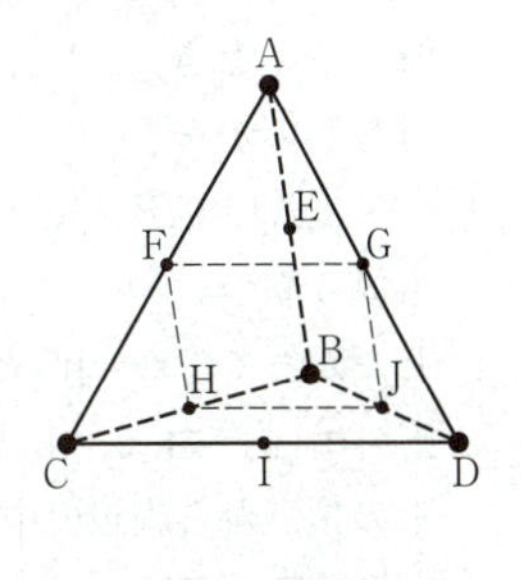

(1) (i)・(ii) △ACD において，点 F，G はそれぞれ辺 AC，DA の中点であるから，中点連結定理により

$$FG=\frac{1}{2}CD$$

△CBA，△BCD，△DABにおいても同様にすれば

$$HF=\frac{1}{2}BA,\ HJ=\frac{1}{2}CD,\ GJ=\frac{1}{2}AB$$

正四面体 ABCD はすべての辺の長さが等しいことより

$$FG=HF=HJ=GJ$$

よって，**中点連結定理** ③ →ア により，四角形 FHJG の各辺の長さはいずれも正四面体 ABCD の１辺の長さの $\frac{1}{2}$ ③ →イ 倍であるから，４辺の長さが等しくなる。

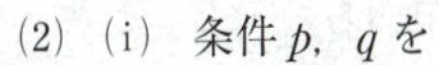

(2) (i) 条件 p，q を

p：四角形において，４辺の長さが等しい

q：正方形である

とすると，$p \Longrightarrow q$ は偽（反例：正方形ではないひし形），$q \Longrightarrow p$ は真なので，p は q であるための必要条件であるが十分条件でない。

よって，四角形において，４辺の長さが等しいことは正方形であるための**必要条件であるが十分条件でない。** ⓪ →ウ

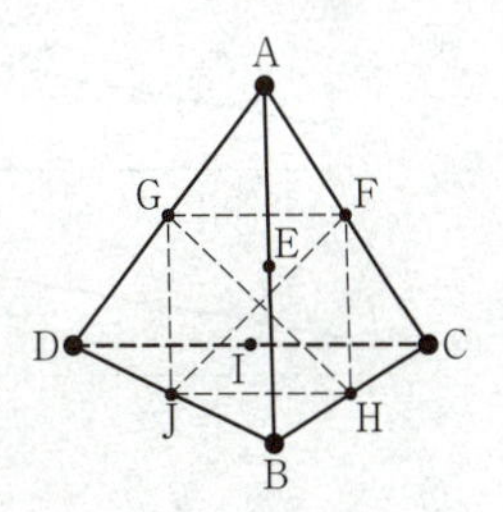

さらに，対角線 FJ と GH の長さが等しいことがいえれば，四角形 FHJG が正方形であることの証明となるので，△FJC と△GHD が合同であることを示したい。

しかし，この二つの三角形が合同であることの証明は難しいので，別の三角形の組に着目する。

(ii) 点 F，点 G はそれぞれ AC，AD の中点なので，二つの三角形**△AJC** ② と**△AHD** ③ →エ，オ に着目する。

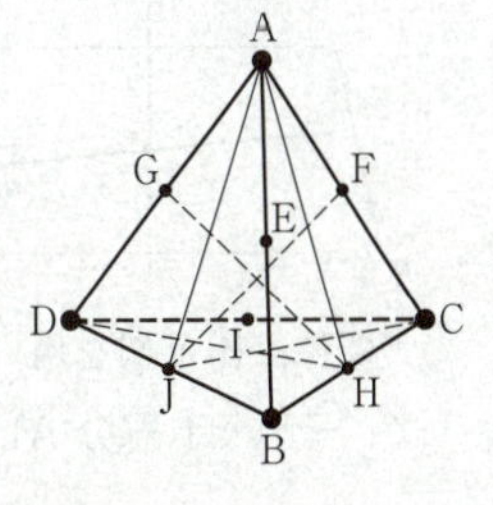

正四面体 ABCD はすべての辺の長さが等しいので

$$CA=DA$$

正四面体 ABCD の各面は合同な正三角形であり，点 F，点 G はそれぞれ AC，AD の中点なので，合同な正三角形の頂点から対辺の中点へ下ろした中線の長さは等しいことから

AJ＝AH，JC＝HD

よって，△AJCと△AHDは3辺の長さがそれぞれ等しいので合同である。

(iii)　このとき，AJ，AH，JC，HDは合同な正三角形の中線なので，すべて長さは等しいから

AJ＝AH＝JC＝HD

も成り立つ。

したがって，△AJCと△AHDはそれぞれ，AJ＝JC，AH＝HDである**二等辺三角形** ① **→カ** で，FとGはそれぞれAC，ADの中点なので，合同な二等辺三角形の頂点から底辺の中点へ下ろした線分の長さは等しいことから

FJ＝GH

である。

よって，四角形FHJGは，4辺の長さが等しく対角線の長さが等しいので正方形である。

(3)　⓪　この命題は正しいが，下線部(a)から下線部(b)を導く過程で用いることはない。

①　この命題は正しく，下線部(a)から下線部(b)を導く過程で用いる。

②　この命題は正しく，下線部(a)から下線部(b)を導く過程で用いる。

③　この命題は正しくない。平面α上にある直線ℓ，mが平行であるとき，直線ℓ，mがともに平面α上にない直線nに垂直であっても，$\alpha \perp n$とはならない場合が存在する。

④　この命題は正しくない。平面α上に直線ℓ，平面β上に直線mがあるとき，$\alpha \perp \beta$であっても，$\ell \perp m$とはならない場合が存在する。

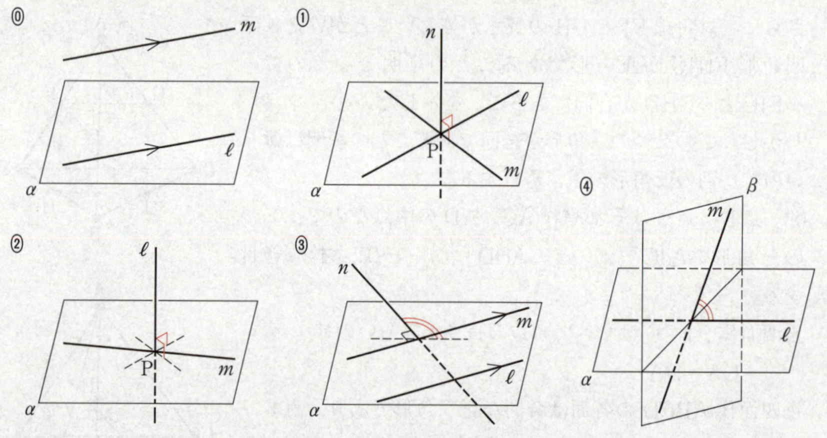

実際に，①と②を用いて下線部(a)から下線部(b)を導くと，△ACD，△BCDにおいて，それぞれ線分AI，線分BIは正三角形の中線なので，底辺CDと垂直である。

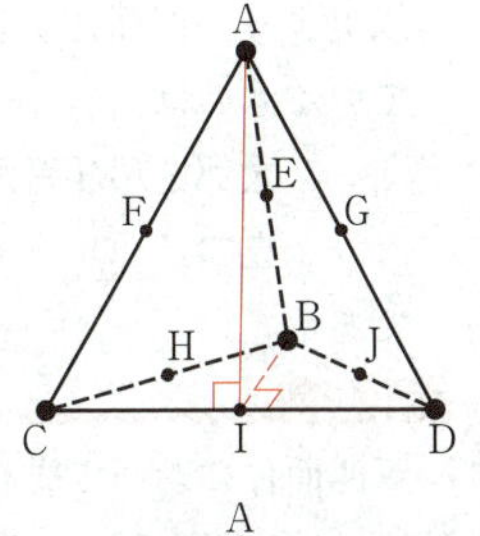

まず，命題①において，平面 α を平面 ABI，直線 ℓ を線分 AI，直線 m を線分 BI，点 P を点 I，直線 n を辺 CD として考えれば，(辺 CD)⊥(線分 AI)，(辺 CD)⊥(線分 BI) なので

(平面 ABI)⊥(辺 CD)

である。

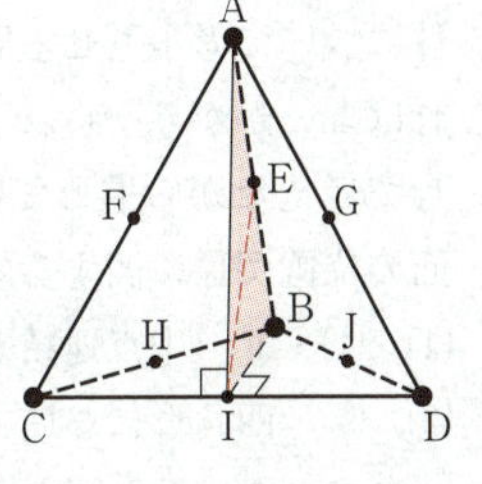

次に命題②において，平面 α を平面 ABI，直線 ℓ を辺 CD，点 P を点 I として考えれば，(平面 ABI)⊥(辺 CD) なので，平面 ABI 上の点 I を通る線分 EI に対して

(辺 CD)⊥(線分 EI)

である。

以上より，下線部(a)から下線部(b)を導く過程で用いる性質として正しいものは，①，② →キ である。

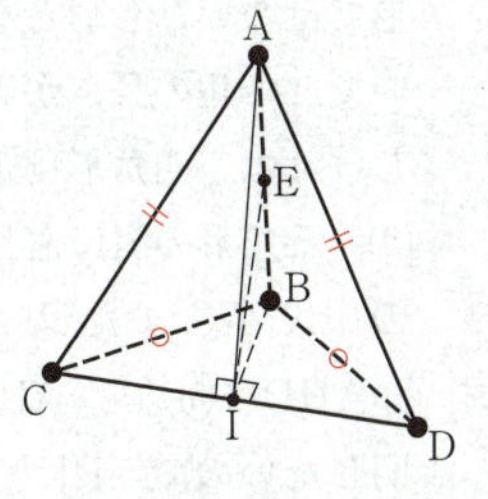

(4) **太郎さんが考えた条件**：AC＝AD，BC＝BD が成り立つときを考える。

AC＝AD より，△ACD は二等辺三角形であり，点 I は底辺 CD の中点なので

(線分 AI)⊥(辺 CD)

BC＝BD より，△BCD は二等辺三角形であり，点 I は底辺 CD の中点なので

(線分 BI)⊥(辺 CD)

よって，(線分 AI)⊥(辺 CD)，(線分 BI)⊥(辺 CD) なので，(3)の議論により

(線分 EI)⊥(辺 CD)

が成り立つ。

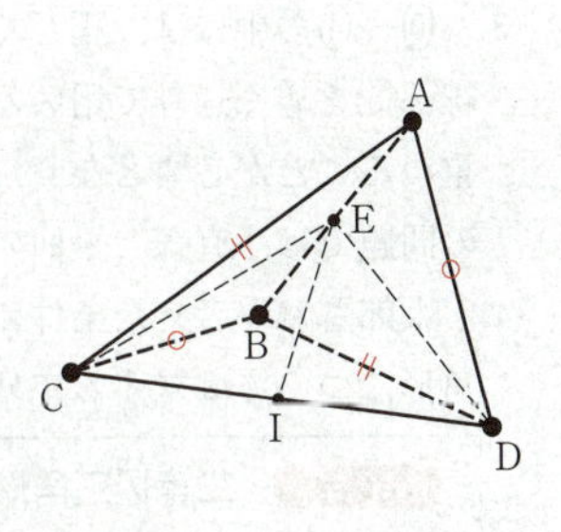

花子さんが考えた条件：BC＝AD，AC＝BD が成り立つときを考える。

△ABC と △BAD において，BC＝AD，AC＝BD，AB が共通より，3 辺の長さがそれぞれ等しいので

△ABC≡△BAD

△ABC と △BAD は合同であり，点 E は AB の中点なので

EC＝ED

△ECD は EC＝ED である二等辺三角形であり，点 I は底辺 CD の中点なので

(線分 EI)⊥(辺 CD)

が成り立つ。

以上より，四面体 ABCD において，下線部(b)が成り立つ条件について正しく述べているものは

太郎さんが考えた条件，花子さんが考えた条件のどちらにおいても常に成り立つ。 ⓪ →ク

である。

解説

正四面体において成り立つ性質について証明し，さらに一般の四面体に拡張した条件について考察させる問題となっている。この問題では，具体的に何を証明・検討すればよいかが与えられていないため，証明・検討の道筋についても，ある程度自分自身で考えながら進めていかなければならず，難しい。また，「空間図形」の直線と平面の位置関係に関する知識が問われる問題も含まれている。

(1) (i)・(ii) 中点連結定理を用いることに気付ければよい。

(2) (i) 四角形において，4辺の長さが等しい場合でも，正方形ではないひし形となる場合が存在する。また，四角形において，4辺の長さが等しく，さらに2つの対角線の長さが等しければ，四角形は正方形であるといえる。

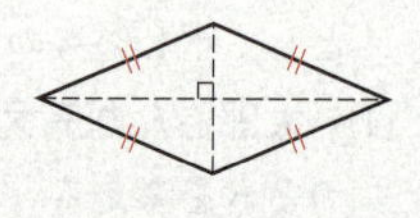

(ii) 三角形の組に着目するので，対比できる関係にある三角形の組を選ぶ。選択肢の中で AC または AD を辺とする合同な三角形の組として，△AJC（②）と△AHD（③），△AHC（④）と△AJD（⑤）の組が考えられるが，FJ＝GH を証明したいので，FJ と GH が絡められるものでなければならないことを考慮に入れると，△AJC（②）と△AHD（③）の組に着目することがわかる。

(iii) (ii)において，二つの三角形△AJC と△AHD の組に着目することがわかっていれば，特に悩むことなく進められるはずである。

(3) ⓪～④の中には，正しくない命題が含まれ，また正しい命題でも下線部(a)から下線部(b)を導く過程で用いる性質として正しくない命題が含まれているので，吟味を重ねることが必要となり，悩ましい上に時間もかかる問題となっている。特に，この問題では，直線と平面の位置関係に関する知識が必要となる。

(4) 太郎さんが考えた条件においても，花子さんが考えた条件においても，二等辺三角形について成立する定理を用いることがポイントとなる。

ポイント 二等辺三角形

二等辺三角形の頂点から底辺に引いた中線は，底辺を垂直に2等分する。

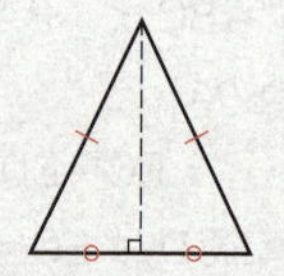

太郎さんが考えた条件においては，(3)における議論を用いればよいことに気付ければよいが，花子さんが考えた条件においては，証明について自分自身で考えていかなければならないので，なかなか難しかったのではなかろうか。

第５問 やや難 《剰余，１次不定方程式》

(1) $n=8$ のとき，図３において，上から６行目，左から３列目のＡには，$6\times3=18$ を８で割った余りである２が書かれている。

よって，図３の方盤のＡに当てはまる数は $\boxed{2}$ →ア である。

また，図３において，上から５行目には

$$5\cdot1=5,\quad 5\cdot2=10,\quad 5\cdot3=15,\quad 5\cdot4=20,\ 5\cdot5=25,\quad 5\cdot6=30,\quad 5\cdot7=35$$

をそれぞれ８で割った余りである

５，２，７，４，１，６，３

が左から順に書かれている。

よって，図３の方盤の上から５行目に並ぶ数のうち，１が書かれているのは左から $\boxed{5}$ →イ 列目である。

(2) 方盤のいずれのマスにも０が現れないための，n に関する必要十分条件は，n が素数であることと予想されるので

「方盤のいずれのマスにも０が現れない $\Longleftrightarrow$ n が素数である」 ……①

を示す。

n が素数であるとき，n は１から $(n-1)$ までの整数とそれぞれ互いに素だから，k，ℓ を整数として，方盤の上から k 行目 $(1\leqq k\leqq n-1)$，左から ℓ 列目 $(1\leqq \ell\leqq n-1)$ を考えたとき，１以上 $(n-1)$ 以下のすべての整数 k，ℓ に対して，積 $k\ell$ は n で割り切れない。

これより，方盤のいずれのマスにも０が現れない。

したがって

「n が素数である $\Longrightarrow$ 方盤のいずれのマスにも０が現れない」 ……②

が成り立つ。

n が素数でないとき，n は $n\geqq3$ の整数であるから，２以上 $(n-1)$ 以下のある整数 p，q を用いて

$$n=pq$$

と表せる。

これより，方盤の上から p 行目，左から q 列目のマスには０が現れる。

したがって

「n が素数でない $\Longrightarrow$ 方盤のいずれかのマスには０が現れる」 ……③

が成り立つ。

以上より，②，③が成り立つので，転換法により②，③の逆も成り立つから，①が成り立つ。

よって，方盤のいずれのマスにも０が現れないための，n に関する必要十分条件は，

n が素数であることである。 ③ →ウ

(3)　$n=56$ のとき，方盤の上から27行目に並ぶ数のうち，1は左から何列目にあるかを考える。

(i)　方盤の上から27行目，左から ℓ 列目（$1\leqq\ell\leqq55$）の数が1であるとすると，27ℓ は56で割った余りが1だから，整数 m を用いて

$$27\ell=56m+1 \quad すなわち \quad 27\ell-56m=1 \quad \cdots\cdots④$$

と表せる。

よって，ℓ を求めるためには，**1次不定方程式 $27\ell-56m=1$ の整数解のうち，$1\leqq\ell\leqq55$ を満たすものを求める**とよい。 ⓪ →エ

(ii)　27と56にユークリッドの互除法を用いると

$$27\cdot27-56\cdot13=1 \quad \cdots\cdots⑤$$

が成り立つから，④－⑤より

$$27(\ell-27)-56(m-13)=0$$

$$27(\ell-27)=56(m-13)$$

27と56は互いに素だから，④の整数解は，整数 t を用いて

$$\ell-27=56t,\quad m-13=27t \quad すなわち \quad \ell=56t+27,\quad m=27t+13$$

と表せる。

1次不定方程式④の整数解のうち，$1\leqq\ell\leqq55$ を満たすのは，$t=0$ のときで

$$\ell=56\cdot0+27=27$$

よって，方盤の上から27行目に並ぶ数のうち，1は左から 27 →オカ 列目にある。

(4)　$n=56$ のとき，方盤の各行にそれぞれ何個の0があるか考える。

(i)　方盤の上から24行目には0が何個あるか考える。

左から ℓ 列目（$1\leqq\ell\leqq55$）が0であるための必要十分条件は，24ℓ が56の倍数であることだから，整数 m を用いて

$$24\ell=56m \quad すなわち \quad 3\ell=7m$$

と表せる。

3と7は互いに素だから，ℓ は7の倍数となる。

よって，左から ℓ 列目が0であるための必要十分条件は，24ℓ が56の倍数であること，すなわち，ℓ が 7 →キ の倍数であることである。

したがって，$1\leqq\ell\leqq55$ を満たす整数 ℓ は

$$\ell=7,\ 14,\ 21,\ \cdots,\ 49$$

の7個あるので，上から24行目には0が 7 →ク 個ある。

(ii)　方盤の上から k 行目（$1\leqq k\leqq55$），左から ℓ 列目（$1\leqq\ell\leqq55$）が0であるための必要十分条件は，$k\ell$ が56の倍数であることだから，整数 m を用いて

$$k\ell=56m \quad すなわち \quad k\ell=2^3\cdot 7m \quad \cdots\cdots⑥$$

と表せる。

$1\leqq \ell \leqq 55$ を満たす整数 ℓ の個数が最も多くなるような k は，$1\leqq k\leqq 55$ で⑥を満たす最大の k を考えて

$$k=2^2\cdot 7=28$$

であり，このとき⑥は

$$28\ell=56m \quad すなわち \quad \ell=2m$$

となるから，$1\leqq \ell \leqq 55$ を満たす整数 ℓ は

$$\ell=2,\ 4,\ 6,\ \cdots,\ 54$$

の 27 個ある。

よって，上から 1 行目から 55 行目までのうち，0 の個数が最も多いのは上から

28 →ケコ 行目である。

(5) $n=56$ のときの方盤について考える。

⓪ 方盤の上から 5 行目，左から ℓ 列目 $(1\leqq \ell \leqq 55)$ に 0 があるとすると，5ℓ は 56 の倍数であるから，整数 m を用いて

$$5\ell=56m$$

と表せる。

5 と 56 は互いに素だから，ℓ は 56 の倍数となるが，$1\leqq \ell \leqq 55$ を満たす整数 ℓ は存在しない。

よって，正しくない。

① 方盤の上から 6 行目，左から ℓ 列目 $(1\leqq \ell \leqq 55)$ に 0 があるとすると，6ℓ は 56 の倍数であるから，整数 m を用いて

$$6\ell=56m \quad すなわち \quad 3\ell=28m$$

と表せる。

3 と 28 は互いに素だから，ℓ は 28 の倍数となり，$1\leqq \ell \leqq 55$ を満たす整数 ℓ は

$$\ell=28$$

の 1 個ある。

よって，上から 6 行目，左から 28 列目には 0 があるから，正しい。

② 方盤の上から 9 行目，左から ℓ 列目 $(1\leqq \ell \leqq 55)$ に 1 があるとすると，9ℓ は 56 で割った余りが 1 だから，整数 m を用いて

$$9\ell=56m+1 \quad すなわち \quad 9\ell-56m=1 \quad \cdots\cdots⑦$$

と表せる。

9 と 56 にユークリッドの互除法を用いると

$$9\cdot 25-56\cdot 4=1 \quad \cdots\cdots⑧$$

が成り立つから，⑦－⑧より

$9(\ell-25)-56(m-4)=0$

$9(\ell-25)=56(m-4)$

9と56は互いに素だから，⑦の整数解は，整数tを用いて

$\ell-25=56t,\quad m-4=9t$　すなわち　$\ell=56t+25,\quad m=9t+4$

と表せる。

1次不定方程式⑦の整数解のうち，$1\leqq\ell\leqq55$を満たすのは，$t=0$のときで

$\ell=56\cdot0+25=25$

の1個である。

よって，上から9行目，左から25列目には1があるから，正しい。

③　方盤の上から10行目，左からℓ列目（$1\leqq\ell\leqq55$）に1があるとすると，10ℓは56で割った余りが1だから，整数mを用いて

$10\ell=56m+1$　すなわち　$2(5\ell-28m)=1$　……⑨

と表せる。

⑨の左辺は偶数，⑨の右辺は奇数となるから，⑨を満たす整数ℓ，mは存在しない。

よって，正しくない。

④　方盤の上から15行目，左からℓ列目（$1\leqq\ell\leqq55$）に7があるとすると，15ℓは56で割った余りが7だから，整数mを用いて

$15\ell=56m+7$　すなわち　$15\ell-56m=7$　……⑩

と表せる。

15と56にユークリッドの互除法を用いると

$15\cdot15-56\cdot4=1$

が成り立つから，両辺を7倍して

$15\cdot105-56\cdot28=7$　……⑪

⑩－⑪より

$15(\ell-105)-56(m-28)=0$

$15(\ell-105)=56(m-28)$

15と56は互いに素だから，⑩の整数解は，整数tを用いて

$\ell-105=56t,\quad m-28=15t$　すなわち　$\ell=56t+105,\quad m=15t+28$

と表せる。

1次不定方程式⑩の整数解のうち，$1\leqq\ell\leqq55$を満たすのは，$t=-1$のときで

$\ell=56\cdot(-1)+105=49$

の1個ある。

よって，上から15行目，左から49列目には7があるから，正しい。

⑤　方盤の上から21行目，左からℓ列目（$1\leqq\ell\leqq55$）に7があるとすると，21ℓは56で割った余りが7だから，整数mを用いて

$$21\ell = 56m + 7$$

すなわち　$3\ell - 8m = 1$　……⑫

と表せる。

3と8にユークリッドの互除法を用いると

$$3\cdot3 - 8\cdot1 = 1 \quad \cdots\cdots ⑬$$

が成り立つから，⑫－⑬より

$$3(\ell-3) - 8(m-1) = 0$$

$$3(\ell-3) = 8(m-1)$$

3と8は互いに素だから，⑫の整数解は，整数 t を用いて

$$\ell - 3 = 8t, \quad m - 1 = 3t$$

すなわち　$\ell = 8t + 3, \quad m = 3t + 1$

と表せる。

1次不定方程式⑫の整数解のうち，$1 \leqq \ell \leqq 55$ を満たすのは，$t = 0, 1, 2, \cdots, 6$ のときで

$$\ell = 8\cdot0+3,\ 8\cdot1+3,\ 8\cdot2+3,\ \cdots,\ 8\cdot6+3$$
$$= 3,\ 11,\ 19,\ \cdots,\ 51$$

の7個ある。

よって，上から21行目，左から3列目，11列目，19列目，…，51列目には7があるから，正しい。

以上より，$n=56$ のときの方盤について，正しいものは，**①，②，④，⑤** →サ

である。

解説

ルールに従って剰余を書き込んだ方盤において，1次不定方程式を利用することで，どの数字がどのマスにあるかや，記入されている数字の個数を求めさせる問題である。何を根拠に解答していくべきなのかがわかりづらく，なんとなく解き進めてしまうと，なかなか正解にはたどり着かないだろう。

(2)　方盤のいずれのマスにも0が現れないための，n に関する必要十分条件を，**ウ** の選択肢を考慮しながら調べると，「③ n が素数であること。」以外は求める条件として不適であることがわかる。

まず，$n=4$ のときの図2から，「④ n が素数ではないこと。」が求める条件として適さないことがわかる。

「③ n が素数であること。」との重複を避けるために，n に素数でない奇数を選ぶと，$n=9$ のとき，方盤の上から3行目，左から3列目に0が現れるから，「⓪ n が奇数であること。」が求める条件として適さないことがわかる。

「③ n が素数であること。」との重複を避けるために，n に素数でなく4で割って

3余る整数を選ぶと，$n=15$ のとき，方盤の上から3行目，左から5列目に0が現れるから，「① n が4で割って3余る整数であること。」が求める条件として適さないことがわかる。

「③ n が素数であること。」との重複を避けるために，n に素数でなく2の倍数でも5の倍数でもない整数を選ぶと，$n=9$ のとき，上の議論と同様にして，「② n が2の倍数でも5の倍数でもない整数であること。」が求める条件として適さないことがわかる。

また，$n-1$ と n にユークリッドの互除法を用いると，$n=(n-1)\cdot1+1$ より，$n-1$ と n は互いに素であり，これは常に成り立つから，「⑤ $n-1$ と n が互いに素であること。」が求める条件として適さないことがわかる。

以上より，方盤のいずれのマスにも0が現れないための，n に関する必要十分条件は，「③ n が素数であること。」と予想される。

①が成り立つことを示す際に利用した転換法は，円周角の定理の逆を証明する際に用いられる証明法である。転換法が理解しづらければ，③の対偶「方盤のいずれのマスにも0が現れない $\Longrightarrow n$ が素数である」が②の逆と一致するから，①が成り立つと考えてもよい。

(3)　(ii)　27と56にユークリッドの互除法を用いると

$56=27\cdot2+2 \qquad \therefore \ 2=56-27\cdot2$

$27=2\cdot13+1 \qquad \therefore \ 1=27-2\cdot13$

すなわち

$$\begin{aligned}1&=27-2\cdot13\\&=27-(56-27\cdot2)\cdot13\\&=27\cdot27-56\cdot13\end{aligned}$$

と変形できるから，⑤が成り立つ。

(4)　(i)　方盤の上から24行目に0が何個あるかを求めるためには，$24\ell=56m$ $(1\leqq\ell\leqq55)$ を満たす整数 ℓ の個数が求まればよい。

(ii)　方盤の上から1行目から55行目までのうち，0の個数が最も多い行を求めるためには，⑥と $1\leqq\ell\leqq55$ を満たす整数 ℓ の個数が最大となるような k が求まればよい。(4)の(i)と同様の考え方をして ℓ の個数を考えるわけだから，$56=2^3\cdot7$ より，ℓ が2の倍数となるとき，ℓ の個数が最大となることがわかるので，$k=2^2\cdot7$ となる。

(5)　②　9と56にユークリッドの互除法を用いると

$56=9\cdot6+2 \qquad \therefore \ 2=56-9\cdot6$

$9=2\cdot4+1 \qquad \therefore \ 1=9-2\cdot4$

すなわち

$$\begin{aligned}1&=9-2\cdot4\\&=9-(56-9\cdot6)\cdot4\\&=9\cdot25-56\cdot4\end{aligned}$$

と変形できるから，⑧が成り立つ。

④　15と56にユークリッドの互除法を用いると

$$\begin{aligned}&56=15\cdot3+11 \qquad \therefore\ 11=56-15\cdot3\\&15=11\cdot1+4 \qquad \therefore\ 4=15-11\cdot1\\&11=4\cdot2+3 \qquad \therefore\ 3=11-4\cdot2\\&4=3\cdot1+1 \qquad \therefore\ 1=4-3\cdot1\end{aligned}$$

すなわち

$$\begin{aligned}1&=4-3\cdot1\\&=4-(11-4\cdot2)\cdot1\\&=4\cdot3-11\\&=(15-11\cdot1)\cdot3-11\\&=15\cdot3-11\cdot4\\&=15\cdot3-(56-15\cdot3)\cdot4\\&=15\cdot15-56\cdot4\end{aligned}$$

と変形できるから，両辺を7倍することで⑪が得られる。

⑤　3と8にユークリッドの互除法を用いると

$$\begin{aligned}&8=3\cdot2+2 \qquad \therefore\ 2=8-3\cdot2\\&3=2\cdot1+1 \qquad \therefore\ 1=3-2\cdot1\end{aligned}$$

すなわち

$$\begin{aligned}1&=3-2\cdot1\\&=3-(8-3\cdot2)\cdot1\\&=3\cdot3-8\cdot1\end{aligned}$$

と変形できるから，⑬が成り立つ。

第１回　試行調査：数学Ⅱ・数学Ｂ

問題番号	解答記号	正　解	チェック
第１問	$-ア\sqrt{イ}$	$-5\sqrt{2}$	
	$\dfrac{a^2-ウエ}{オ}$	$\dfrac{a^2-25}{2}$	
	カ	⓪	
	キ	①	
	ク	③	
	ケ	④	
	コ	⑥	
	サ	①，⑤，⑥ （３つマークして正解）	
	シ	②	
	ス	9	
第２問	$(x+ア)(x-イ)^{ウ}$	$(x+1)(x-2)^2$	
	$S(a)=エ$	$S(a)=0$	
	$a=オカ$	$a=-1$	
	キ，ク	0，2	
	ケ	⓪	
	コ	⓪	
	サ	②	
	シ	①	
	ス	①，④ （２つマークして正解）	

（注）第１問，第２問は必答。第３問～第５問のうちから２問選択。計４問を解答。

問題番号	解答記号	正　解	チェック
第３問	$a_1=ア$	$a_1=5$	
	$\dfrac{イ}{ウ}a_n+エ$	$\dfrac{1}{2}a_n+5$	
	$d=オカ$	$d=10$	
	$\dfrac{キ}{ク}$	$\dfrac{1}{2}$	
	$\dfrac{ケ}{コ}$	$\dfrac{1}{2}$	
	$サシ-ス\left(\dfrac{セ}{ソ}\right)^{n-1}$	$10-5\left(\dfrac{1}{2}\right)^{n-1}$	
	タ	②，③ （２つマークして正解）	
	$\dfrac{チ}{ツ}$	$\dfrac{1}{3}$	
	$k=テ$	$k=3$	
	ト	③	
第４問	$\vec{a}\cdot\vec{b}=ア$	$\vec{a}\cdot\vec{b}=1$	
	$\overrightarrow{OA}\cdot\overrightarrow{BC}=イ$	$\overrightarrow{OA}\cdot\overrightarrow{BC}=0$	
	ウ	①	
	エ	②	
	オ，カ	⓪，③	
	キ	①	
	ク	⓪	
第５問	0.アイウ	0.819	
	0.エオカ	0.001	
	キ	②	
	$m_Y=クケコ$	$m_Y=218$	
	サ	①	
	シ	③	
	ス	②	
	セ	4	
	ソタ.チ	67.3	

自己採点欄

● 設問ごとの配点は非公表。

第1問 ―― 図形と方程式，指数・対数関数，三角関数，式と証明

〔1〕 標準 《円と直線》

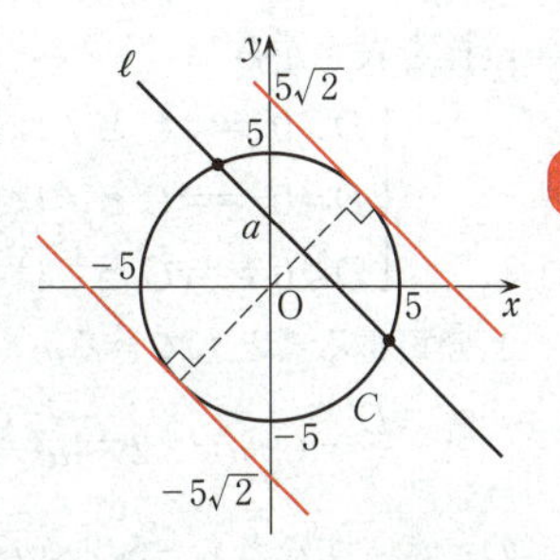

原点を中心とする半径5の円 C と，直線 $\ell: x+y-a=0$ が異なる2点で交わるための条件は

(円 C の中心と ℓ の距離)<(円 C の半径)

が成り立つことであるから，点と直線の距離の公式を用いて

$$\frac{|-a|}{\sqrt{1^2+1^2}}<5 \quad \text{すなわち}$$

$$-\boxed{5}\sqrt{\boxed{2}}<a<5\sqrt{2} \quad \rightarrow \text{ア，イ} \quad \cdots\cdots①$$

である。①の条件を満たすとき，C と ℓ の交点の一つを $\mathrm{P}(s,\ t)$ とすれば，P は C 上にあるから，C の方程式 $x^2+y^2=5^2$ を満たし，同時に ℓ 上にもあるから，ℓ の方程式 $x+y=a$ も満たす。よって，次の2式を得る。

$$\begin{cases} s^2+t^2=5^2 \quad \text{すなわち} \quad (s+t)^2-2st=25 \\ s+t=a \end{cases}$$

2番目の式を1番目の式に代入すれば

$$a^2-2st=25 \qquad \therefore \quad st=\frac{a^2-\boxed{25}}{\boxed{2}} \quad (-5\sqrt{2}<a<5\sqrt{2}) \rightarrow \text{ウエ，オ}$$

である。

解説

円の半径が r，円の中心と直線の距離が d のとき

$$\begin{cases} d<r \Longleftrightarrow \text{円と直線は異なる2点で交わる} \\ d=r \Longleftrightarrow \text{円と直線は接する} \\ d>r \Longleftrightarrow \text{円と直線は共有点をもたない} \end{cases}$$

と分類できる。d を求めるには次の公式を用いるとよい。

> **ポイント 点と直線の距離の公式**
>
> 点 $(x_0,\ y_0)$ から直線 $ax+by+c=0$ へ下ろした垂線の長さ d は
>
> $$d=\frac{|ax_0+by_0+c|}{\sqrt{a^2+b^2}}$$
>
> と表される。これを点 $(x_0,\ y_0)$ と直線 $ax+by+c=0$ の距離という。

本問の場合，C と ℓ が接するような図を描いてみれば，原点Oと，ℓ の x 切片および y 切片の3点を頂点とする直角二等辺三角形が見つかるので，その辺の長さの比を用

いて，C と ℓ が接するときの a の値（y 切片）を簡単に知ることができる。

また，本問の C と ℓ の方程式，$C: x^2+y^2=5^2$，$\ell: x+y=a$ から y を消去すると

$$x^2+(a-x)^2=5^2 \quad \text{すなわち} \quad 2x^2-2ax+a^2-25=0 \quad \cdots\cdots(*)$$

となるが，この2次方程式（判別式を D とする）の実数解が，C と ℓ の共有点の x 座標を表すから

$$\begin{cases} D>0 \Longleftrightarrow C \text{ と } \ell \text{ は異なる2点で交わる} \\ D=0 \Longleftrightarrow C \text{ と } \ell \text{ は接する} \\ D<0 \Longleftrightarrow C \text{ と } \ell \text{ は共有点をもたない} \end{cases}$$

と分類することもできる。

$$\frac{D}{4}=(-a)^2-2\times(a^2-25)=-a^2+50>0 \qquad a^2<50=(5\sqrt{2})^2$$

のとき，すなわち $-5\sqrt{2}<a<5\sqrt{2}$ のとき C と ℓ は異なる2点で交わる。

また，$x+y=a$ より，$y=a-x$ であるから

$$xy=x(a-x)=-x^2+ax=\frac{a^2-25}{2} \quad ((*)\text{の両辺を2で割って整理した})$$

となり，$\mathrm{P}(s,\ t)$ は交点であるから，$st=\dfrac{a^2-25}{2}$ となる。

〔2〕 標準 《指数・対数方程式》

a を1でない正の実数とする。

(i) $\sqrt[4]{a^3}\times a^{\frac{2}{3}}=a^2$ を変形して

$$a^{\frac{3}{4}}\times a^{\frac{2}{3}}=a^2 \qquad a^{\frac{3}{4}+\frac{2}{3}}=a^2 \qquad a^{\frac{17}{12}}=a^2$$

両辺を12乗すると

$$(a^{\frac{17}{12}})^{12}=(a^2)^{12} \qquad a^{17}=a^{24} \qquad a^{24}-a^{17}=0$$

$$a^{17}(a^7-1)=0$$

a は1でない正の実数であるから，$a^{17}\neq 0$ かつ $a^7-1\neq 0$ であるので，**式を満たす a の値は存在しない。** ⓪ →カ

(ii) $\dfrac{(2a)^6}{(4a)^2}=\dfrac{a^3}{2}$ より

$$\frac{64a^6}{16a^2}=\frac{a^3}{2} \qquad 4a^4=\frac{a^3}{2} \qquad 8a^4-a^3=0$$

$$a^3(8a-1)=0$$

a は1でない正の実数であるから，$a=\dfrac{1}{8}$ のみが式を満たし，**式を満たす a の値はちょうど一つである。** ① →キ

(iii) $4(\log_2 a-\log_4 a)=\log_{\sqrt{2}} a$ において

$$\log_4 a=\frac{\log_2 a}{\log_2 4}=\frac{\log_2 a}{2},\quad \log_{\sqrt{2}} a=\frac{\log_2 a}{\log_2\sqrt{2}}=\frac{\log_2 a}{\frac{1}{2}}=2\log_2 a\quad(\text{底の変換公式})$$

であるから

$$(\text{与式の左辺})=4\left(\log_2 a-\frac{\log_2 a}{2}\right)=2\log_2 a$$

$$(\text{与式の右辺})=2\log_2 a$$

となる。これは，**どのような a の値を代入しても成り立つ式である。** ③ →ク

解説

a を実数，m，n を正の整数とし，次のように定める。

$$a^0=1,\quad a^{-n}=\frac{1}{a^n}\quad(a\neq 0)$$

$$a^{\frac{m}{n}}=\sqrt[n]{a^m},\quad a^{-\frac{m}{n}}=\frac{1}{\sqrt[n]{a^m}}\quad(a>0)$$

ポイント 指数法則

$a>0$，$b>0$ とし，r，s を任意の実数とするとき

$$a^r\times a^s=a^{r+s},\quad (a^r)^s=a^{rs},\quad (ab)^r=a^rb^r$$

が成り立つ。よって，次のことが成り立つ。

$$a^r\div a^s=\frac{a^r}{a^s}=a^r\times a^{-s}=a^{r-s},\quad \left(\frac{a}{b}\right)^r=(ab^{-1})^r=a^rb^{-r}=\frac{a^r}{b^r}$$

$a>0$，$a\neq 1$ のとき，$a^m=M \Longleftrightarrow m=\log_a M$（指数 m を a を底とする M の対数といい，M を対数 m の真数という）より，次の基本性質を得る。

ポイント 対数の基本性質

$a>0$，$a\neq 1$，$b>0$，$b\neq 1$，$M>0$，$N>0$ とし，r を実数とする。

$$\log_a a=1,\quad \log_a 1=0$$

$$\log_a MN=\log_a M+\log_a N,\quad \log_a\frac{M}{N}=\log_a M-\log_a N$$

$$\log_a M^r=r\log_a M$$

$$\log_a M=\frac{\log_b M}{\log_b a}\quad(\text{底の変換公式})$$

〔3〕 標準 《三角関数のグラフ》

(1) (i) $y=\sin 2x$ $\left(\text{周期は}\ \dfrac{2\pi}{2}=\pi\right)$ のグラフは，$y=\sin x$（周期 2π）のグラフを x 軸方向に $\dfrac{1}{2}$ 倍したものであるから，当てはまるグラフは ④ →ケ である。

(ii) $y=\sin\left(x+\dfrac{3}{2}\pi\right)=\sin\left(x-\dfrac{\pi}{2}+2\pi\right)=\sin\left(x-\dfrac{\pi}{2}\right)$ のグラフは，$y=\sin x$ のグラフを x 軸方向に $\dfrac{\pi}{2}$ だけ平行移動したものであるから，当てはまるグラフは ⑥ →コ である。

(2) 与えられたグラフから，ある三角関数の周期は π であるから，$y=2\sin 2x$ または $y=2\cos 2x$ のグラフを x 軸方向に平行移動したものである。したがって，③と⑦は除外できる。また，y 軸との交点の y 座標が -2 であることから，⓪（$y=2$），②（$y=0$），④（$y=0$）も除外できる。よって，①，⑤，⑥を調べればよい。

与えられたグラフは，$y=2\sin 2x$ のグラフを x 軸方向に $\dfrac{\pi}{4}$ だけ平行移動したものであり，また，$y=2\cos 2x$ のグラフを x 軸方向に $\dfrac{\pi}{2}$ または $-\dfrac{\pi}{2}$ だけ平行移動したものでもある。

① $y=2\sin\left(2x-\dfrac{\pi}{2}\right)=2\sin 2\left(x-\dfrac{\pi}{4}\right)$

⑤ $y=2\cos 2\left(x-\dfrac{\pi}{2}\right)$

⑥ $y=2\cos 2\left(x+\dfrac{\pi}{2}\right)$

であるから，これらのグラフは，与えられたグラフになる。よって，関数の式として正しいものは ①，⑤，⑥ →サ である。

解説

(1)・(2) $y=A\sin kx$（$A\neq 0$，$k>0$）のグラフは，$y=\sin x$（周期は 2π）のグラフを x 軸方向に $\dfrac{1}{k}$ 倍にして，y 軸方向に A 倍（$A<0$ のときは，x 軸に関して対称に移動してから $|A|$ 倍）することで得られる。周期は $\dfrac{2\pi}{k}$ となる。

$y=A\sin k(x-p)$ のグラフは，$y=A\sin kx$ のグラフを x 軸方向に p だけ平行移動して得られる。さらに，y 軸方向に q だけ平行移動すると，式は $y=A\sin k(x-p)+q$ となる。$y=\sin\left(x+\dfrac{3}{2}\pi\right)$ のグラフは，$y=\sin x$ のグラフを x 軸方向に $-\dfrac{3}{2}\pi$ だ

け平行移動したものである。これは，〔解答〕にあるように，$y=\sin\left(x-\frac{\pi}{2}\right)$ のグラフと同じである。

$\theta+2n\pi$，$-\theta$，$\pi-\theta$，$\frac{\pi}{2}-\theta$ それぞれの三角関数と，θ の三角関数の関係をまとめておく。

ポイント 三角関数の性質 （n を整数とする）

$$\begin{cases}\sin(\theta+2n\pi)=\sin\theta\\ \cos(\theta+2n\pi)=\cos\theta\\ \tan(\theta+2n\pi)=\tan\theta\end{cases}\qquad \begin{cases}\sin(-\theta)=-\sin\theta\\ \cos(-\theta)=\cos\theta\\ \tan(-\theta)=-\tan\theta\end{cases}$$

$$\begin{cases}\sin(\pi-\theta)=\sin\theta\\ \cos(\pi-\theta)=-\cos\theta\\ \tan(\pi-\theta)=-\tan\theta\end{cases}\qquad \begin{cases}\sin\left(\frac{\pi}{2}-\theta\right)=\cos\theta\\ \cos\left(\frac{\pi}{2}-\theta\right)=\sin\theta\\ \tan\left(\frac{\pi}{2}-\theta\right)=\frac{1}{\tan\theta}\end{cases}$$

$\sin(\theta+\pi)=-\sin\theta$，$\sin\left(\theta+\frac{\pi}{2}\right)=\cos\theta$ などについては，〔ポイント〕で，θ を $-\theta$ に置き換えると導くことができる。加法定理から導いてもよいが，式変形の見通しを得るためにも，〔ポイント〕は覚えておきたい。

〔4〕 易 《相加平均と相乗平均の関係》

(1) 以下，x，y は正の実数である。

【解答A】の不等式①において，等号が成り立つのは

$$x=\frac{1}{y}\quad すなわち\quad xy=1$$

のときであり，不等式②において，等号が成り立つのは

$$y=\frac{4}{x}\quad すなわち\quad xy=4$$

のときである。よって，不等式①，②の等号を同時に成り立たせる x，y は存在しない。したがって，①，②の辺々（いずれも正）をかけて作られた不等式

$$\left(x+\frac{1}{y}\right)\left(y+\frac{4}{x}\right)\geqq 2\sqrt{\frac{x}{y}}\cdot 4\sqrt{\frac{y}{x}}=8\quad \cdots\cdots③$$

自体は正しいが，この不等式の等号を成り立たせる x，y は存在しない。

よって，$x+\frac{1}{y}=2\sqrt{\frac{x}{y}}$ かつ $y+\frac{4}{x}=4\sqrt{\frac{y}{x}}$ を満たす x，y の値がない。 ② →シ

(2)【解答B】の不等式

$$xy+\frac{4}{xy}\geqq 2\sqrt{xy\cdot\frac{4}{xy}}=4$$

において，等号が成り立つのは，$xy=\dfrac{4}{xy}$ すなわち $(xy)^2=4$ $(x>0,\ y>0)$ のときである。$x=1$，$y=2$ はこれを満たすから，この不等式の等号は成り立つ。よって

$$\left(x+\frac{1}{y}\right)\left(y+\frac{4}{x}\right)=xy+\frac{4}{xy}+5\geqq 4+5=9$$

より，正しい最小値は 9 →ス である。

解説

(1)　2つの正の実数 a，b に対して，$\dfrac{a+b}{2}$，$\sqrt{ab}$ をそれぞれ a，b の相加平均，相乗平均という。

$\sqrt{a}$，$\sqrt{b}$ は実数であるので，$\sqrt{a}-\sqrt{b}$ は実数であり，実数の平方は0以上であるから

$$(\sqrt{a}-\sqrt{b})^2\geqq 0 \quad \text{すなわち} \quad a+b\geqq 2\sqrt{ab}$$

である。この不等式は常に（a，b が正の実数であれば）成り立つ。ただし，等号が成り立つ a，b が存在するかどうかは別問題である。

ポイント　相加平均と相乗平均の関係

$a>0$，$b>0$ のとき，次の不等式が常に成り立つ。

$$\frac{a+b}{2}\geqq\sqrt{ab} \quad (a+b\geqq 2\sqrt{ab}\ \text{の形でもよく使われる})$$

等号は $a=b$ のとき成り立つ。

$A\geqq B \Longleftrightarrow (A>B$ または $A=B)$ であるから，不等式③自体は正しい。

(2)【解答B】は，$xy=\dfrac{4}{xy}$ $(x>0,\ y>0)$ を満たす x，y が存在するから正しいことになる。この場合 x，y の値は無数にあるが，1組でもあればよいので，〔解答〕では，$x=1$，$y=2$ を例示しておいた。

また，$A\geqq 9 \Longrightarrow A\geqq 8$ は正しい命題である。

第２問 標準 《定積分で表された関数と被積分関数のグラフ》

(1) $S(x)$ は３次関数であり，$y=S(x)$ のグラフは点 $(-1,\ 0)$ を通り，かつ点 $(2,\ 0)$ で x 軸に接しているから，３次方程式 $S(x)=0$ は，$x=-1,\ 2$ を解にもち，そのうち $x=2$ は重解になる。よって，A を定数とすれば，$S(x)$ は

$$S(x)=A(x+1)(x-2)^2$$

と表せる。また，$y=S(x)$ のグラフは点 $(0,\ 4)$ を通るので，$S(0)=4$ すなわち

$$A(0+1)(0-2)^2=4 \qquad \therefore\ A=1$$

である。したがって

$$S(x)=(x+\boxed{1})(x-\boxed{2})^{\boxed{2}}$$ →ア，イ，ウ

である。

関数 $f(x)$ に対し，$S(x)=\int_a^x f(t)\,dt$（a は定数）とおかれているから，

$S(a)=\boxed{0}$ →エ である。よって，$S(a)=(a+1)(a-2)^2=0$ が成り立ち，a が負の定数のとき，$a=\boxed{-1}$ →オカ である。

$y=S(x)$ のグラフを見ると，関数 $S(x)$ は $x=\boxed{0}$ →キ を境に増加から減少に移り，$x=\boxed{2}$ →ク を境に減少から増加に移っている。このことと，$S(0)=4$，$S(2)=0$ から，$S(x)$ の増減は右表のようになる。

x	…	0	…	2	…
$S'(x)$	＋	0	－	0	＋
$S(x)$	↗	4	↘	0	↗

いま，$S(x)=\int_a^x f(t)\,dt$ より　$S'(x)=f(x)$

であるから，$f(0)=S'(0)=0$，$f(2)=S'(2)=0$，$0<x<2$ のとき $f(x)=S'(x)<0$ である。したがって，関数 $f(x)$ について，$x=0$ のとき $f(x)$ の値は０ $\boxed{⓪}$ →ケ であり，$x=2$ のとき $f(x)$ の値は０ $\boxed{⓪}$ →コ である。また，$0<x<2$ の範囲では $f(x)$ の値は負 $\boxed{②}$ →サ である。

$S(x)$ は３次関数であるから，$S'(x)=f(x)$ は２次関数であり，x の値の増加にともなって $f(x)$ の値は正→０→負→０→正と変化するから，$y=f(x)$ のグラフは下に凸である。したがって，$y=f(x)$ のグラフの概形として最も適当なものは $\boxed{①}$ →シ である。

(2) $S(x)=\int_0^x f(t)\,dt$ より $S'(x)=f(x)$，$S(0)=0$ である。選択肢⓪～④の左側のグラフはすべて $S(0)=0$（原点を通る）を満たしているから，⓪～④のそれぞれについて，右側の $y=f(x)$（$=S'(x)$）のグラフをもとに増減表を作ってみる。その際，$y=f(x)$ のグラフと x 軸の共有点の x 座標を t，t_1，t_2，t_3 で表す。

⓪

x	$\cdots$	t	$\cdots$
$S'(x)$	$-$	0	$+$
$S(x)$	↘	$S(t)$	↗

$(0<t<1)$

①

x	$\cdots$	t	$\cdots$
$S'(x)$	$+$	0	$-$
$S(x)$	↗	$S(t)$	↘

$(t<0)$

②

x	$\cdots$
$S'(x)$	$+$
$S(x)$	↗

$\left(\begin{array}{l} S'(x)=f(x) \text{ が正の値 } m \text{ をとるから,} \\ y=S(x) \text{ のグラフは，傾き } m \text{ の直線になる。} \end{array}\right)$

③

x	$\cdots$	t	$\cdots$
$S'(x)$	$+$	0	$+$
$S(x)$	↗	$S(t)$	↗

$(0<t<1)$

④

x	$\cdots$	t_1	$\cdots$	t_2	$\cdots$	t_3	$\cdots$
$S'(x)$	$+$	0	$-$	0	$+$	0	$-$
$S(x)$	↗	$S(t_1)$	↘	$S(t_2)$	↗	$S(t_3)$	↘

$(t_1<0<t_2<t_3<1)$

①については，$S(x)$ は $x=t$ $(t<0)$ で極大になるが，左側の $y=S(x)$ の図では，極大となる x の値が正であるから矛盾する。

④については，$x<t_1$ のとき $S'(x)>0$ であるから，このとき $S(x)$ は増加のはずであるが，$y=S(x)$ の図では $x<t_1$ で減少しているから矛盾する。

他の⓪，②，③については矛盾点はない。

したがって，矛盾するものは ①，④ →ス である。

解説

(1)　3次関数 $y=ax^3+bx^2+cx+d$ $(a\neq 0)$ のグラフが x 軸上の異なる3点 $(\alpha,\ 0)$，$(\beta,\ 0)$，$(\gamma,\ 0)$ を通るとき，この式の右辺は $y=a(x-\alpha)(x-\beta)(x-\gamma)$ と因数分解される。$\alpha\neq\beta=\gamma$ のときには，$(\beta,\ 0)$ は接点となり，$y=a(x-\alpha)(x-\beta)^2$ と因数分解される。

上端と下端の等しい定積分の値は0である。つまり　$\displaystyle\int_a^a f(t)\,dt=0$

$F'(x)=f(x)$ とおくと，$\displaystyle\int_a^x f(t)\,dt=\Big[F(t)\Big]_a^x=F(x)-F(a)$ であるから

$$\frac{d}{dx}\int_a^x f(t)\,dt=\frac{d}{dx}\{F(x)-F(a)\}=F'(x)-F'(a)$$

$$=f(x)\quad (F(a) \text{ は定数であるから，} F'(a)=0)$$

ポイント　定積分で表された関数の微分

$$\frac{d}{dx}\int_a^x f(t)\,dt=f(x)$$

(2)　$S'(x)=f(x)$ であることをしっかり頭に入れて，$f(x)$ すなわち $S'(x)$ の正，0，負に着目する。$f(x)$ が正になる範囲で $S(x)$ は増加，負になる範囲で減少となる。このことが理解できていれば，増減表を作るまでもないだろう。

第３問 やや難 《２項間の漸化式》

(1) 薬Dを $T=12$ 時間ごとに１錠ずつ服用したとき，自然数 n に対して，a_n は n 回目の服用直後の血中濃度を表す。血中濃度は第 n 回目の服用直後から時間の経過に応じて減少しており，第 $(n+1)$ 回目の服用直前までには T 時間経過しているから，血中濃度は $\frac{1}{2}a_n$ となっている。ここで第 $(n+1)$ 回目の服用が行われるから血中濃度は P だけ上昇する。したがって

$$a_1=P,\quad a_{n+1}=\frac{1}{2}a_n+P\quad (n=1,\ 2,\ 3,\ \cdots)$$

となる。$P=5$ を代入して，数列 $\{a_n\}$ の初項と漸化式は次のようになる。

$$a_1=\boxed{5},\quad a_{n+1}=\frac{\boxed{1}}{\boxed{2}}a_n+\boxed{5}\quad (n=1,\ 2,\ 3,\ \cdots)\quad \cdots\cdots(*)$$

→ア，イ，ウ，エ

【考え方１】では，数列 $\{a_n-d\}$ が等比数列になるように $(*)$ を変形するのであるから，公比を r とすれば

$$a_{n+1}-d=r(a_n-d)\quad すなわち\quad a_{n+1}=ra_n+(1-r)d$$

が $(*)$ と一致するように d と r を定めればよい。

このとき，$r=\frac{1}{2}$ であり，$(1-r)d=5$ より，$d=10$ であるから，$d=\boxed{10}$ →オカ

に対して，数列 $\{a_n-d\}$ が公比 $\frac{\boxed{1}}{\boxed{2}}$ →キ，クの等比数列になる。

【考え方２】では，階差数列 $\{a_{n+1}-a_n\}$ が等比数列になることを利用する。$(*)$ より

$$a_{n+2}=\frac{1}{2}a_{n+1}+5$$

$$a_{n+1}=\frac{1}{2}a_n+5$$

が成り立つから，辺々引くと

$$a_{n+2}-a_{n+1}=\frac{1}{2}(a_{n+1}-a_n)$$

となる。よって，数列 $\{a_{n+1}-a_n\}$ は公比が $\frac{\boxed{1}}{\boxed{2}}$ →ケ，コの等比数列となる。

【考え方１】の方法で数列 $\{a_n\}$ の一般項を求める。初項 a_1-10，公比 $\frac{1}{2}$ の等比数列 $\{a_n-10\}$ の第 n 項は，$a_n-10=(a_1-10)\times\left(\frac{1}{2}\right)^{n-1}$ であるから，$a_1=5$ を代入し

て

$$a_n = \boxed{10} - \boxed{5}\left(\frac{\boxed{1}}{\boxed{2}}\right)^{n-1} \quad (n=1,\ 2,\ 3,\ \cdots)$$ →サシ，ス，セ，ソ

である。

【考え方２】の方法で数列 $\{a_n\}$ の一般項を求める。数列 $\{a_{n+1}-a_n\}$ は初項が (a_2-a_1)，公比が $\frac{1}{2}$ の等比数列であるから

$$a_{n+1}-a_n=(a_2-a_1)\times\left(\frac{1}{2}\right)^{n-1}$$

となり，(＊)より，$a_2-a_1=\frac{1}{2}a_1+5-a_1=5-\frac{1}{2}a_1=5-\frac{5}{2}=\frac{5}{2}$ であるから

$$a_{n+1}-a_n=\frac{5}{2}\times\left(\frac{1}{2}\right)^{n-1}=5\times\left(\frac{1}{2}\right)^n$$

となる。したがって，$n \geqq 2$ のとき

$$a_n=a_1+\sum_{k=1}^{n-1}(a_{k+1}-a_k)=5+\sum_{k=1}^{n-1}\left\{5\times\left(\frac{1}{2}\right)^k\right\}=5+5\sum_{k=1}^{n-1}\left(\frac{1}{2}\right)^k$$

$$=5+5\times\frac{\frac{1}{2}\left\{1-\left(\frac{1}{2}\right)^{n-1}\right\}}{1-\frac{1}{2}}=5+5\left\{1-\left(\frac{1}{2}\right)^{n-1}\right\}=10-5\left(\frac{1}{2}\right)^{n-1}$$

であり，これは $a_1=5$ を満たすから，$n=1,\ 2,\ 3,\ \cdots$ に対して $a_n=10-5\left(\frac{1}{2}\right)^{n-1}$ である。

(2)　薬Ｄの服用について，適切な効果が得られる血中濃度の最小値が M，副作用を起こさない血中濃度の最大値が L であり，いま，$M=2$，$L=40$ である。

$n=1,\ 2,\ 3,\ \cdots$ に対して $\left(\frac{1}{2}\right)^{n-1}>0$ であるから

$$a_n=10-5\left(\frac{1}{2}\right)^{n-1}<10<40=L$$

となり，血中濃度 a_n が L を超えることはない。よって，選択肢の⓪，①は誤りであり，②は正しい。また

$$a_n-P=\left\{10-5\left(\frac{1}{2}\right)^{n-1}\right\}-5=5\left\{1-\left(\frac{1}{2}\right)^{n-1}\right\}$$ （第 n 回目の服用直前の血中濃度）

より，$a_1-P=0$，$n \geqq 2$ のとき $\left(\frac{1}{2}\right)^{n-1} \leqq \frac{1}{2}$ より，$a_n-P \geqq \frac{5}{2}>2=M$ であるので，１回目の服用の後は，a_n-P が M を下回ることはない。よって，③は正しいが，④，⑤は誤りである。したがって，正しいものは［②，③］→タ である。

(3) 薬Ｄの血中濃度は 24 時間経過すると $\left(\frac{1}{2}\right)^2=\frac{1}{4}$ 倍になるから，24 時間ごとに 1 錠ずつ服用するとき，n 回目の服用直後の血中濃度 b_n については，(1)と同様に考えて

$$b_1=5,\quad b_{n+1}=\frac{1}{4}b_n+5$$

が成り立つ。これを【考え方１】で変形すると

$$b_{n+1}-\frac{20}{3}=\frac{1}{4}\left(b_n-\frac{20}{3}\right)$$

となる。数列 $\left\{b_n-\frac{20}{3}\right\}$ は，初項が $b_1-\frac{20}{3}=5-\frac{20}{3}=-\frac{5}{3}$，公比が $\frac{1}{4}$ の等比数列であるから

$$b_n-\frac{20}{3}=-\frac{5}{3}\left(\frac{1}{4}\right)^{n-1}\qquad\therefore\quad b_n=\frac{20}{3}-\frac{5}{3}\left(\frac{1}{4}\right)^{n-1}\quad(n=1,\ 2,\ 3,\ \cdots)$$

である。したがって

$$\frac{b_{n+1}-P}{a_{2n+1}-P}=\frac{\left\{\frac{20}{3}-\frac{5}{3}\left(\frac{1}{4}\right)^n\right\}-5}{\left\{10-5\left(\frac{1}{2}\right)^{2n}\right\}-5}\quad(P=5)$$

$$=\frac{\frac{5}{3}\left\{1-\left(\frac{1}{2}\right)^{2n}\right\}}{5\left\{1-\left(\frac{1}{2}\right)^{2n}\right\}}=\frac{\boxed{1}}{\boxed{3}}\ \to チ，ツ$$

となる。

(4) 薬Ｄを 24 時間ごとに k 錠ずつ服用する場合，最初の服用直後の血中濃度は $kP=5k$ となるから，このとき，n 回目の服用直後の血中濃度を c_n とすれば

$$c_1=5k,\quad c_{n+1}=\frac{1}{4}c_n+5k\quad(n=1,\ 2,\ 3,\ \cdots)$$

が成り立ち，変形して

$$c_{n+1}-\frac{20k}{3}=\frac{1}{4}\left(c_n-\frac{20k}{3}\right)$$

となる。$c_1-\frac{20k}{3}=5k-\frac{20k}{3}=-\frac{5k}{3}$ であるから

$$c_n-\frac{20k}{3}=-\frac{5k}{3}\left(\frac{1}{4}\right)^{n-1}\quad すなわち\quad c_n=\frac{20k}{3}-\frac{5k}{3}\left(\frac{1}{4}\right)^{n-1}$$

である。このとき

$$\frac{c_{n+1}-kP}{a_{2n+1}-P}=\frac{\frac{5k}{3}\left\{1-\left(\frac{1}{2}\right)^{2n}\right\}}{5\left\{1-\left(\frac{1}{2}\right)^{2n}\right\}}=\frac{k}{3}\quad(P=5)$$

であるから，薬Dを12時間ごとに1錠ずつ服用した場合と24時間ごとにk錠ずつ服用した場合の血中濃度を比較して，最初の服用から$24n$時間経過後の各服用直前の血中濃度が等しくなるのは，$\dfrac{k}{3}=1$すなわち$k=$ 3 →テ のときである。

また，24時間ごとの服用量を3錠にするとき，$n=1,\ 2,\ 3,\ \cdots$に対して$\left(\dfrac{1}{4}\right)^{n-1}>0$より

$$c_n=\frac{20\times3}{3}-\frac{5\times3}{3}\left(\frac{1}{4}\right)^{n-1}=20-5\left(\frac{1}{4}\right)^{n-1}<20<40=L$$

であるから，**どれだけ継続して服用しても血中濃度がLを超えることはない。**

③ →ト

解説

(1)　2項間の漸化式$a_{n+1}=pa_n+q$（$pq\neq0,\ p\neq1$）を解くには，【考え方1】，【考え方2】のほかに，一般項を類推して数学的帰納法を用いて証明する，という方法もあるが，一般には，次の【考え方1】が最も簡単である。

ポイント　**2項間の漸化式$a_{n+1}=pa_n+q$（$pq\neq0,\ p\neq1$）の解法**

$a_{n+1}=a_n=\alpha$とおくと，$\alpha=p\alpha+q$すなわち$\alpha=\dfrac{q}{1-p}$となるが，このとき

$$a_{n+1}=pa_n+q\iff a_{n+1}-\alpha=p(a_n-\alpha)$$

が成り立っている。これは，数列$\{a_n-\alpha\}$が，初項$a_1-\alpha$，公比pの等比数列であることを表しているので

$$a_n-\alpha=(a_1-\alpha)p^{n-1}\quad すなわち\quad a_n=\alpha+(a_1-\alpha)p^{n-1}\quad\left(\alpha=\frac{q}{1-p}\right)$$

となる（$a_{n+1}=a_n=\alpha$とおくのは，あくまで形式的である）。

〔解答〕の(3)，(4)の数列$\{b_n\}$，$\{c_n\}$については，いずれもこの方法を用いて一般項を求めてある。(1)では，【考え方2】の方法を用いて一般項a_nを求める計算も〔解答〕に記しておいた。

$$a_n=a_1+(a_2-a_1)+(a_3-a_2)+\cdots+(a_n-a_{n-1})\quad(n\geqq2)$$

であるから，$n\geqq2$のとき

$$a_n=a_1+\{階差数列の初項から第(n-1)項までの和\}=a_1+\sum_{k=1}^{n-1}(a_{k+1}-a_k)$$

である。最後に$n=1$のときも成り立つことを確認する。

(2)　問題文の(1)の図（ギザギザのグラフ）において，$a_1=5,\ a_2=\dfrac{15}{2},\ a_3=\dfrac{35}{4},\ \cdots$である。2回目の最小値は$a_2-5=\dfrac{5}{2}$，3回目の最小値は$a_3-5=\dfrac{15}{4}$，$\cdots$である。

1回目の服用の後では，血中濃度が$M=2$を下回ることはないようである。

$a_1<a_2<a_3<\cdots$ となっているから，$L=40$を超えてしまうことがあるかもしれない。

〔解答〕のように不等式を用いると明確になる。

(3) 薬Dを12時間ごとに服用する場合(ア)と，24時間ごとに服用する場合(イ)において，

$24n$時間経過後の服用直前の血中濃度は次図のようになる。

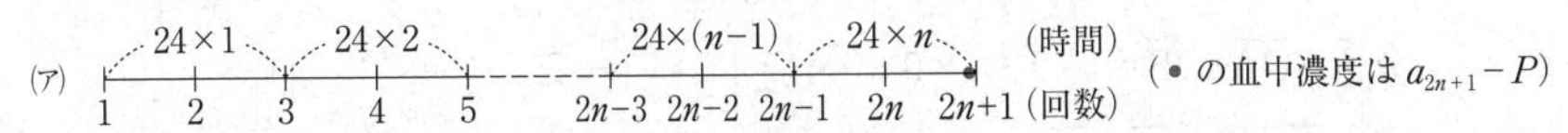

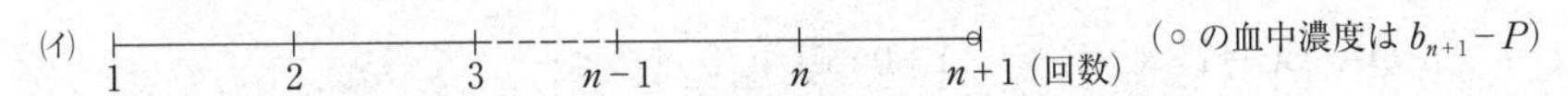

(4) 数列$\{c_n\}$の一般項を求める計算（2項間の漸化式の解法）について，〔解答〕

では簡単に書いてあるが，$\{a_n\}$や$\{b_n\}$の場合と全く同様である。

$\{b_n\}$と$\{c_n\}$を比較してkの影響を観察すれば，計算は省略できるだろう。

第4問 標準 《空間ベクトル》

四面体OABCにおいて，$\overrightarrow{\mathrm{OA}}=\vec{a}$，$\overrightarrow{\mathrm{OB}}=\vec{b}$，$\overrightarrow{\mathrm{OC}}=\vec{c}$ とおく。

(1) O(0, 0, 0)，A(1, 1, 0)，B(1, 0, 1)，C(0, 1, 1) のとき，
$\overrightarrow{\mathrm{OA}}=(1,\ 1,\ 0)$，$\overrightarrow{\mathrm{OB}}=(1,\ 0,\ 1)$ であるから

$$\vec{a}\cdot\vec{b}=\overrightarrow{\mathrm{OA}}\cdot\overrightarrow{\mathrm{OB}}=1\times1+1\times0+0\times1=\boxed{1}\ \to ア$$

となる。$\overrightarrow{\mathrm{OA}}\neq\vec{0}$，$\overrightarrow{\mathrm{BC}}=\overrightarrow{\mathrm{OC}}-\overrightarrow{\mathrm{OB}}=(0,\ 1,\ 1)-(1,\ 0,\ 1)=(-1,\ 1,\ 0)\neq\vec{0}$ であることに注意すると

$$\overrightarrow{\mathrm{OA}}\cdot\overrightarrow{\mathrm{BC}}=1\times(-1)+1\times1+0\times0=\boxed{0}\ \to イ$$

によりOA⊥BCである。

(2) 四面体OABCについては，$\overrightarrow{\mathrm{OA}}\neq\vec{0}$，$\overrightarrow{\mathrm{OB}}\neq\vec{0}$ であるから，OA⊥BCとなるための必要十分条件は

$$\overrightarrow{\mathrm{OA}}\cdot\overrightarrow{\mathrm{BC}}=0\iff\vec{a}\cdot(\vec{c}-\vec{b})=0\iff\vec{a}\cdot\vec{c}-\vec{a}\cdot\vec{b}=0$$

$$\iff\vec{a}\cdot\vec{b}=\vec{a}\cdot\vec{c}\quad\boxed{①}\ \to ウ$$

である。

(3) OA⊥BCであることは，(2)より，$\vec{a}\cdot\vec{b}=\vec{a}\cdot\vec{c}$ と同値であるが，
$\vec{a}\cdot\vec{b}=|\overrightarrow{\mathrm{OA}}||\overrightarrow{\mathrm{OB}}|\cos\angle\mathrm{AOB}$，$\vec{a}\cdot\vec{c}=|\overrightarrow{\mathrm{OA}}||\overrightarrow{\mathrm{OC}}|\cos\angle\mathrm{AOC}$ であるから，これは

$$|\overrightarrow{\mathrm{OA}}||\overrightarrow{\mathrm{OB}}|\cos\angle\mathrm{AOB}=|\overrightarrow{\mathrm{OA}}||\overrightarrow{\mathrm{OC}}|\cos\angle\mathrm{AOC}$$

$$\therefore\quad|\overrightarrow{\mathrm{OB}}|\cos\angle\mathrm{AOB}=|\overrightarrow{\mathrm{OC}}|\cos\angle\mathrm{AOC}\quad(|\overrightarrow{\mathrm{OA}}|\neq0\text{ より})$$

と同値となる。これは，$|\overrightarrow{\mathrm{OB}}|=|\overrightarrow{\mathrm{OC}}|$ かつ $\cos\angle\mathrm{AOB}=\cos\angle\mathrm{AOC}$，すなわち，
OB＝OCかつ∠AOB＝∠AOC $\boxed{②}$ →エ ならば常に成り立つ。つまり，このとき常にOA⊥BCである。

(4) OC＝OB＝AB＝ACを満たす四面体OABCについて，OA⊥BCが成り立つことを証明する。

【証明】 線分OAの中点をDとすると

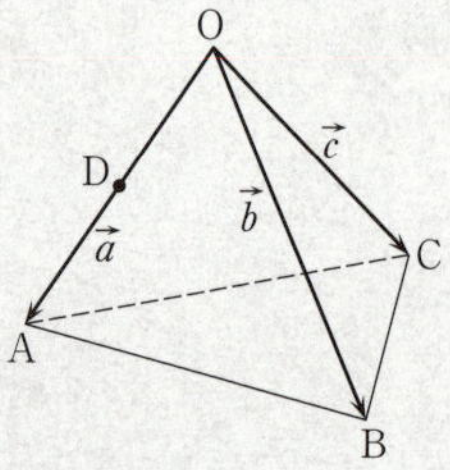

$$\overrightarrow{\mathrm{BD}}=\frac{1}{2}(\overrightarrow{\mathrm{BA}}+\overrightarrow{\mathrm{BO}}),\quad\overrightarrow{\mathrm{OA}}=\overrightarrow{\mathrm{BA}}-\overrightarrow{\mathrm{BO}}$$

$\boxed{⓪}$ →オ，$\boxed{③}$ →カ

O
D
$\vec{c}$
$\vec{b}$
$\vec{a}$
C
A
B

$$\overrightarrow{\mathrm{BD}}\cdot\overrightarrow{\mathrm{OA}}=\frac{1}{2}(\overrightarrow{\mathrm{BA}}+\overrightarrow{\mathrm{BO}})\cdot(\overrightarrow{\mathrm{BA}}-\overrightarrow{\mathrm{BO}})$$

$$=\frac{1}{2}(\overrightarrow{\mathrm{BA}}\cdot\overrightarrow{\mathrm{BA}}-\overrightarrow{\mathrm{BA}}\cdot\overrightarrow{\mathrm{BO}}+\overrightarrow{\mathrm{BO}}\cdot\overrightarrow{\mathrm{BA}}-\overrightarrow{\mathrm{BO}}\cdot\overrightarrow{\mathrm{BO}})$$

$$=\frac{1}{2}(|\overrightarrow{\mathrm{BA}}|^2-|\overrightarrow{\mathrm{BO}}|^2)$$

である。また，条件 OB＝AB すなわち $|\overrightarrow{BO}|=|\overrightarrow{BA}|$ により，$\overrightarrow{OA}\cdot\overrightarrow{BD}=0$ である。
同様に

$$\overrightarrow{CD}=\frac{1}{2}(\overrightarrow{CA}+\overrightarrow{CO}),\quad \overrightarrow{OA}=\overrightarrow{CA}-\overrightarrow{CO}$$

$$\overrightarrow{CD}\cdot\overrightarrow{OA}=\frac{1}{2}(\overrightarrow{CA}+\overrightarrow{CO})\cdot(\overrightarrow{CA}-\overrightarrow{CO})=\frac{1}{2}(|\overrightarrow{CA}|^2-|\overrightarrow{CO}|^2)$$

である。また，条件 OC＝AC すなわち $|\overrightarrow{CO}|=|\overrightarrow{CA}|$ 　① →キ により，
$\overrightarrow{OA}\cdot\overrightarrow{CD}=0$ である。
このことから，$\overrightarrow{OA}\neq\vec{0}$，$\overrightarrow{BC}\neq\vec{0}$ であることに注意すると

$$\overrightarrow{OA}\cdot\overrightarrow{BC}=\overrightarrow{OA}\cdot(\overrightarrow{DC}-\overrightarrow{DB})=\overrightarrow{OA}\cdot(\overrightarrow{BD}-\overrightarrow{CD})=\overrightarrow{OA}\cdot\overrightarrow{BD}-\overrightarrow{OA}\cdot\overrightarrow{CD}=0-0=0$$

により，OA⊥BC である。

(5)　(4)の証明は，条件 OC＝OB＝AB＝AC のうち，OB＝AB と OC＝AC を用いているが，OB＝OC は用いていない。このことに注意すると，OA⊥BC が成り立つ四面体は

OC＝AC かつ OB＝AB かつ OB≠OC であるような四面体 OABC 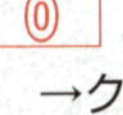 **→ク**

解説

(1)　成分で表示されたベクトルの内積は次のように計算される。

> **ポイント　内積と成分**
>
> $\vec{a}=(a_1,\ a_2,\ a_3)$，$\vec{b}=(b_1,\ b_2,\ b_3)$ のとき
>
> $\vec{a}\cdot\vec{b}=a_1\times b_1+a_2\times b_2+a_3\times b_3$

また，内積の図形への応用として，次のことは特に重要である。

> **ポイント　ベクトルの垂直条件**
>
> $\overrightarrow{AB}\neq\vec{0}$，$\overrightarrow{CD}\neq\vec{0}$ のとき
>
> $AB\perp CD \Longleftrightarrow \overrightarrow{AB}\cdot\overrightarrow{CD}=0$

本問の四面体 OABC は，OA＝OB＝OC＝AB＝BC＝CA＝$\sqrt{2}$ であるから，正四面体である。正四面体では OA⊥BC が成り立っていることがわかった。

(2)　内積の基本性質をまとめておく。

> **ポイント**　内積の基本性質
>
> $\vec{a}\cdot\vec{b}=\vec{b}\cdot\vec{a}$　（交換法則）
>
> $(\vec{a}+\vec{b})\cdot\vec{c}=\vec{a}\cdot\vec{c}+\vec{b}\cdot\vec{c}$,　$\vec{a}\cdot(\vec{b}+\vec{c})=\vec{a}\cdot\vec{b}+\vec{a}\cdot\vec{c}$　（分配法則）
>
> $(k\vec{a})\cdot\vec{b}=\vec{a}\cdot(k\vec{b})=k(\vec{a}\cdot\vec{b})$　（k は実数）
>
> $\vec{a}\cdot\vec{a}=|\vec{a}|^2$　（重要）

(3)　内積の図形的定義を確認しておく。

> **ポイント**　内積の定義
>
> 2つのベクトル $\vec{a}$, $\vec{b}$ のなす角を θ とするとき，内積 $\vec{a}\cdot\vec{b}$ を
>
> $\vec{a}\cdot\vec{b}=|\vec{a}||\vec{b}|\cos\theta$　（$\vec{b}=\vec{a}$ のとき $\theta=0$ となって $\vec{a}\cdot\vec{a}=|\vec{a}|^2$）
>
> と定義する。ただし，$\vec{a}=\vec{0}$ または $\vec{b}=\vec{0}$ のときは $\vec{a}\cdot\vec{b}=0$ とする。

四面体 OABC において，OA⊥BC となるための必要十分条件が

$|\overrightarrow{OB}|\cos\angle AOB=|\overrightarrow{OC}|\cos\angle AOC$　……(＊)

と求められた。(選択肢②) ⟹ (＊) はたしかに成り立つが，(＊) ⟹ ②は正しくない。②以外にも，たとえば(5)の選択肢⓪でも (＊) が成り立つからである。

(4)　OA⊥BC が成り立つことを証明するのであるから，$\overrightarrow{OA}\cdot\overrightarrow{BC}=0$ を示すことが目標となる。問題文の【証明】の最後を見ると，$\overrightarrow{BC}=\overrightarrow{BD}-\overrightarrow{CD}$ と分解してあるが，これは $\overrightarrow{OA}\cdot\overrightarrow{BD}=0$, $\overrightarrow{OA}\cdot\overrightarrow{CD}=0$ を用いるためである。つまり，OA⊥BD かつ OA⊥CD であればよいのだから，直線 OA 上に点Eを，OA⊥BE かつ OA⊥CE となるようにとれば OA⊥BC となる。条件 OB＝AB，OC＝AC のもとでは，E はDと一致するのである。よって，OA⊥BC となるための条件はもっと一般化できそうである。

(5)　ここでは，条件 OB＝OC が(4)の証明に使われなかったことに気付かなければならない。△OAB が OB＝AB の二等辺三角形，△OAC が OC＝AC の二等辺三角形であれば，それらの大きさは異なっていても OA⊥BC となるのである。

右図のように，直線 OA を平面 α に垂直になるように置けば，α 上の任意の線分 BC（ただし，OA と α の交点Eを通らないようにする）に対して，四面体 OABC は，OA⊥BC の成り立つ四面体である。

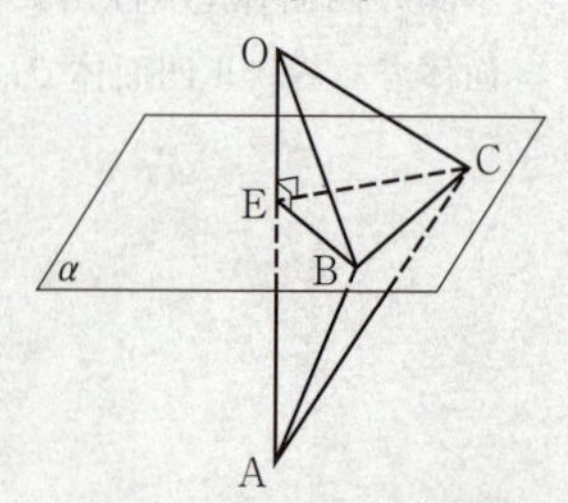

第5問 標準 《正規分布，母平均の推定，信頼区間の幅》

(1) ポップコーン1袋の内容量を表す確率変数 X は，平均 104g，標準偏差 2g の正規分布 $N(104,\ 2^2)$ に従うから，確率変数 $Z=\dfrac{X-104}{2}$ は標準正規分布 $N(0,\ 1)$ に従う。したがって

$$\begin{aligned}P(100\leqq X\leqq 106)&=P(-2\leqq Z\leqq 1)=P(-2\leqq Z\leqq 0)+P(0\leqq Z\leqq 1)\\&=P(0\leqq Z\leqq 2)+P(0\leqq Z\leqq 1)\\&=0.4772+0.3413\quad(\text{正規分布表より})\\&=0.8185\end{aligned}$$

$$\begin{aligned}P(X\leqq 98)&=P(Z\leqq -3)=P(Z\geqq 3)=P(Z\geqq 0)-P(0\leqq Z\leqq 3)\\&=0.5-0.4987\quad(\text{正規分布表より})\\&=0.0013\end{aligned}$$

より，X が 100g 以上 106g 以下となる確率は 0. 819 →**アイウ** であり，X が 98 g 以下となる確率は 0. 001 →**エオカ** である。

コインを n 枚同時に投げたとき，すべて表が出る確率は $\left(\dfrac{1}{2}\right)^n=\dfrac{1}{2^n}$ である。これが，X が 98g 以下となる確率 $0.001=\dfrac{1}{1000}$ に近いとすれば，$2^9=512$，$2^{10}=1024$ より，$n=10$ ② →**キ** である。

ポップコーン2袋のそれぞれの内容量を表す確率変数を X_1，X_2 とする。袋は1袋あたり 5g であるから，ポップコーン2袋分の重さを表す確率変数 Y は

$$Y=(X_1+5)+(X_2+5)=X_1+X_2+10$$

と表され，X_1，X_2 はともに正規分布 $N(104,\ 2^2)$ に従うとしてよい。このとき，Y の平均 m_Y は

$$\begin{aligned}m_Y&=E(Y)=E(X_1+X_2+10)=E(X_1)+E(X_2)+10\\&=104+104+10=218\end{aligned}$$ →**クケコ**

である。また，X の標準偏差は 2g であるから，X の分散は 2^2 すなわち $V(X)=V(X_1)=V(X_2)=2^2=4$ である。X_1，X_2 は互いに独立であるから

$$V(Y)=V(X_1+X_2+10)=V(X_1)+V(X_2)=4+4=8$$

である。よって，Y の標準偏差 σ は，$\sigma=\sqrt{V(Y)}=\sqrt{8}=2\sqrt{2}$ である。したがって，選択肢⓪～⑤のうち，⓪，③，④，⑤は誤りである。

Y は $N(m_Y,\ \sigma^2)$ $(m_Y=218,\ \sigma=2\sqrt{2})$ に従うから，$m_Y-\sigma\leqq Y\leqq m_Y+\sigma$ となる確率 p_Y は，$Z_Y=\dfrac{Y-m_Y}{\sigma}$ とおけば，$-1\leqq Z_Y\leqq 1$ となる確率に等しい。

X について，$102\leqq X\leqq 106$ となる確率 p_X は，(1)より，$Z=\dfrac{X-104}{2}$ とおけば，

$-1 \leqq Z \leqq 1$ となる確率に等しい。

Z_Y, Z ともに $N(0,\ 1)$ に従うから，$-1 \leqq Z_Y \leqq 1$ となる確率と $-1 \leqq Z \leqq 1$ となる確率は等しいので，$p_Y = p_X$ である。よって，正しいものは ① →サである。

(2) ポップコーン1袋の内容量の母平均 m を，100袋の標本平均104g，標本の標準偏差2gをもとに，信頼度95％で推定する。

標本の大きさを n，母標準偏差を s とすれば，標本平均 $\overline{X}$ は，n が大きいとき，近似的に正規分布 $N\left(m,\ \dfrac{s^2}{n}\right)$ に従うから，このとき $Z = \dfrac{\overline{X} - m}{\dfrac{s}{\sqrt{n}}}$ は標準正規分布 $N(0,\ 1)$ に従う。

$P(0 \leqq Z \leqq \alpha) = \dfrac{0.95}{2} = 0.4750$ となる α に対し，$P(|Z| \leqq \alpha) = 0.95$ であるから

$$\left|\frac{\overline{X} - m}{\dfrac{s}{\sqrt{n}}}\right| \leqq \alpha \iff \overline{X} - \alpha \times \frac{s}{\sqrt{n}} \leqq m \leqq \overline{X} + \alpha \times \frac{s}{\sqrt{n}} \quad \cdots\cdots ①$$

となる。これが，m の信頼度95％の信頼区間である。n が大きいとき，母標準偏差の値の代わりに標本標準偏差の値を用いてもよいから，上式で $s=2$ とし，$n=100$，$\overline{X}=104$ を代入し，さらに正規分布表より $\alpha = 1.96$ を得て

$$104 - 1.96 \times \frac{2}{10} \leqq m \leqq 104 + 1.96 \times \frac{2}{10}, \quad 1.96 \times \frac{2}{10} = 0.392$$

$$\therefore \quad 103.608 \leqq m \leqq 104.392$$

と計算される。小数第2位を四捨五入して，**103.6≦m≦104.4** ③ →シである。

信頼度を99％にするときの信頼区間は①の α を，次の β で置き換えたものになる。

$$P(0 \leqq Z \leqq \beta) = \frac{0.99}{2} = 0.495 \quad すなわち \quad P(|Z| \leqq \beta) = 0.99$$

を満たす β は，正規分布表より $\beta = 2.58$ で，$\beta > \alpha$ である。したがって，①より

$$\overline{X} - \beta \times \frac{s}{\sqrt{n}} < \overline{X} - \alpha \times \frac{s}{\sqrt{n}} \leqq m \leqq \overline{X} + \alpha \times \frac{s}{\sqrt{n}} < \overline{X} + \beta \times \frac{s}{\sqrt{n}}$$

となるから，信頼度99％の信頼区間は，**信頼度95％の信頼区間より広い範囲になる。** ② →ス

母平均 m に対する信頼度 D％の信頼区間 $A \leqq m \leqq B$ の幅 $B-A$ は，$P(|Z| \leqq \gamma) = \dfrac{D}{100}$ を満たす γ に対して，標本の大きさを n' とすると

$$\overline{X} - \gamma \times \frac{s}{\sqrt{n'}} \leqq m \leqq \overline{X} + \gamma \times \frac{s}{\sqrt{n'}} \quad より \quad B - A = 2\gamma \times \frac{s}{\sqrt{n'}}$$

となる。標本の大きさか信頼度のいずれか一方を変えて，$2\gamma\times\dfrac{s}{\sqrt{n'}}$ を，①のときの幅 $2\alpha\times\dfrac{s}{\sqrt{n}}$ の半分にするには，$\sqrt{n'}=2\sqrt{n}$ とするか $\gamma=\dfrac{\alpha}{2}$ とするかである。

$\sqrt{n'}=2\sqrt{n}$ は $n'=4n$ であるから，標本の大きさを 4 →セ 倍にすることであり，

$\gamma=\dfrac{\alpha}{2}=\dfrac{1.96}{2}=0.98$ のとき

$$P(|Z|\leqq 0.98)=2P(0\leqq Z\leqq 0.98)=2\times 0.3365=0.6730$$

であるから，信頼度を 67 . 3 →ソタ，チ %にすることである。

解説

(1) 正規分布表を用いるために，確率変数を変換する。

> **ポイント** 標準正規分布
>
> 確率変数 X が正規分布 $N(m,\ \sigma^2)$ に従うとき
>
> 確率変数 $Z=\dfrac{X-m}{\sigma}$
>
> は標準正規分布 $N(0,\ 1)$ に従う。

確率変数を変換したときや，確率変数の和・積などの平均・分散についてまとめておく。

> **ポイント** $aX+b$ や $X+Y$ の平均・分散
>
> 確率変数 X に対して，$Y=aX+b$（a，b は定数）と変換すると
>
> 平均 $E(Y)=aE(X)+b$
>
> 分散 $V(Y)=a^2V(X)$，　標準偏差 $\sigma(Y)=|a|\sigma(X)$
>
> 2つの確率変数 X，Y に対して
>
> 平均 $E(aX+bY)=aE(X)+bE(Y)$　（a，b は定数）
>
> X，Y が互いに独立ならば
>
> 平均 $E(XY)=E(X)E(Y)$
>
> 分散 $V(aX+bY)=a^2V(X)+b^2V(Y)$　（a，b は定数）

(2) 標本平均の分布については次のことが重要である。

> **ポイント** 標本平均の分布
>
> 母平均 m，母標準偏差 σ の母集団から大きさ n の標本を無作為に抽出するとき，標本平均 $\overline{X}$ は，n が大きいとき，近似的に
>
> 正規分布 $N\left(m,\ \left(\dfrac{\sigma}{\sqrt{n}}\right)^2\right)$ （標本平均をたくさんとれば それらは正規分布をなす。）
>
> に従うとみなせる。

よって，このとき，$Z=\dfrac{\overline{X}-m}{\dfrac{\sigma}{\sqrt{n}}}$ は標準正規分布 $N(0,\ 1)$ に従う。

このことから，〔解答〕のようにして

95％の信頼区間　$\overline{X}-1.96\times\dfrac{\sigma}{\sqrt{n}}\leqq m\leqq\overline{X}+1.96\times\dfrac{\sigma}{\sqrt{n}}$

99％の信頼区間　$\overline{X}-2.58\times\dfrac{\sigma}{\sqrt{n}}\leqq m\leqq\overline{X}+2.58\times\dfrac{\sigma}{\sqrt{n}}$

が得られる。σ は標本標準偏差で代用できる。これらを公式として覚えておくとよい。

99％の信頼区間の方が95％の信頼区間より広くなるのは当然であろう（的を大きくすれば当たりやすくなる）。

数学Ⅰ・数学A　センター試験 本試験

問題番号(配点)	解答記号	正　解	配点	チェック
第1問 (30)	アイ$<a<$ウ	$-2<a<4$	3	
	エ$<a<$オ	$0<a<4$	2	
	カキ	-2	2	
	$\dfrac{ク\sqrt{ケ}-コ}{サシ}$	$\dfrac{5\sqrt{3}-6}{13}$	3	
	ス	②	2	
	セソ	12	2	
	タ	④	2	
	チ	③	2	
	$x^2-2(c+ツ)x+c(c+テ)$	$x^2-2(c+2)x+c(c+4)$	2	
	$-ト\leqq c\leqq ナ$	$-1\leqq c\leqq 0$	2	
	$ニ\leqq c\leqq ヌ$	$2\leqq c\leqq 3$	2	
	$ネ+\sqrt{ノ}$	$3+\sqrt{3}$	2	
	ハヒ	-4	2	
	$フ+ヘ\sqrt{ホ}$	$8+6\sqrt{3}$	2	

問題番号(配点)	解答記号	正　解	配点	チェック
第2問 (30)	ア	2	3	
	$\dfrac{\sqrt{イウ}}{エ}$	$\dfrac{\sqrt{14}}{4}$	3	
	$\sqrt{オ}$	$\sqrt{2}$	3	
	カ	1	3	
	$\dfrac{キ\sqrt{ク}}{ケ}$	$\dfrac{4\sqrt{7}}{7}$	3	
	コ，サ	③，⑤ (解答の順序は問わない)	6 (各3)	
	シ	⑥	3	
	ス	④	3	
	セ	③	3	

問題番号(配点)	解答記号	正　解	配点	チェック
第3問(20)	ア，イ	⓪，②(解答の順序は問わない)	4(各2)	
	$\frac{\text{ウ}}{\text{エ}}$	$\frac{1}{4}$	2	
	$\frac{\text{オ}}{\text{カ}}$	$\frac{1}{2}$	2	
	キ	3	2	
	$\frac{\text{ク}}{\text{ケ}}$	$\frac{3}{8}$	3	
	$\frac{\text{コ}}{\text{サシ}}$	$\frac{7}{32}$	4	
	$\frac{\text{ス}}{\text{セ}}$	$\frac{4}{7}$	3	
第4問(20)	$\frac{\text{アイ}}{\text{ウエ}}$	$\frac{26}{11}$	3	
	$\frac{\text{オカ}+7\times a+b}{\text{キク}}$	$\frac{96+7\times a+b}{48}$	3	
	ケ	9	2	
	コサ	11	2	
	シス	36	3	
	セ，ソ	5，1	3	
	タ	6	4	

問題番号(配点)	解答記号	正　解	配点	チェック
第5問(20)	ア	1	2	
	$\frac{\text{イ}}{\text{ウ}}$	$\frac{1}{8}$	2	
	$\frac{\text{エ}}{\text{オ}}$	$\frac{2}{7}$	2	
	$\frac{\text{カ}}{\text{キク}}$	$\frac{9}{56}$	4	
	ケコ	12	4	
	サシ	72	2	
	ス	②	4	

(注)　第1問，第2問は必答。第3問～第5問のうちから2問選択。計4問を解答。

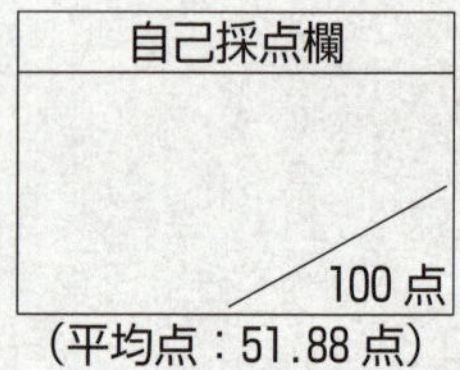

(平均点：51.88点)

第1問 ── 1次関数，2次不等式，式の値，集合，反例，2次関数，平行移動

〔1〕 標準 《1次関数，2次不等式，式の値》

(1)　直線 $\ell : y=(a^2-2a-8)x+a$　……① の傾きが負となるのは

$$a^2-2a-8<0$$

となるときだから，これを解くと

$$(a+2)(a-4)<0 \qquad \therefore \quad -2<a<4$$

よって，直線 ℓ の傾きが負となるのは，a の値の範囲が

$$\boxed{-2}<a<\boxed{4}$$

のときである。

(2)　$a^2-2a-8\neq 0$ とすると，(1)の直線 ℓ と x 軸との交点の x 座標 b は，①に $y=0$ を代入して

$$0=(a^2-2a-8)x+a$$

$$x=-\frac{a}{a^2-2a-8} \quad (\because \ a^2-2a-8\neq 0)$$

すなわち　$b=-\dfrac{a}{a^2-2a-8}=\dfrac{-a}{(a+2)(a-4)}$

• $a>0$ の場合，$b=\dfrac{-a}{(a+2)(a-4)}>0$ となるのは，$-a<0$ より

$$(a+2)(a-4)<0$$

となるときであるから　$-2<a<4$

$a>0$ なので，$b>0$ となるのは

$$\boxed{0}<a<\boxed{4}$$

のときである。

• $a\leqq 0$ の場合，$b=\dfrac{-a}{(a+2)(a-4)}>0$ となるのは，$-a\geqq 0$ より

$$(a+2)(a-4)>0$$

となるときであるから　$a<-2,\ 4<a$

$a\leqq 0$ なので，$b>0$ となるのは

$$a<\boxed{-2}$$

のときである。

また，$a=\sqrt{3}$ のとき，$b=-\dfrac{a}{a^2-2a-8}$ に代入すれば

$$b=-\frac{\sqrt{3}}{3-2\sqrt{3}-8}=\frac{\sqrt{3}}{5+2\sqrt{3}}=\frac{\sqrt{3}(5-2\sqrt{3})}{25-12}=\frac{\boxed{5}\sqrt{\boxed{3}}-\boxed{6}}{\boxed{13}}$$

である。

解説

1次関数の傾きと，x軸との交点について考察させる問題である。

(2)において分数式の不等式を解くことになるため，最初は驚いてしまうかもしれないが，誘導に従えば2次不等式を解くことに帰着するので，落ち着いて考えたい。

(1)　直線 ℓ：$y=(a^2-2a-8)x+a$ の傾きは a^2-2a-8 だから，直線 ℓ の傾きが負となるのは $a^2-2a-8<0$ となるときである。

(2)　直線 ℓ と x 軸との交点の x 座標 b は，①に $y=0$ を代入した式である $(a^2-2a-8)x+a=0$ を x について解けば求まるが，$x=-\dfrac{a}{a^2-2a-8}$ と変形する際に，$a^2-2a-8\neq 0$ の条件を使用している。

問題文で，$a>0$ の場合と $a\leqq 0$ の場合の場合分けは与えられているので，$b=-\dfrac{a}{a^2-2a-8}=\dfrac{-a}{(a+2)(a-4)}>0$ となるときの a の値の範囲は，(bの分母) $=(a+2)(a-4)$ の正負で決定できる。

〔2〕 標準 《集合，反例》

$P=\{n \mid n$ は自然数，n は4の倍数$\}=\{4,\ 8,\ 12,\ 16,\ 20,\ \cdots\}$

$Q=\{n \mid n$ は自然数，n は6の倍数$\}=\{6,\ 12,\ 18,\ 24,\ 30,\ \cdots\}$

$R=\{n \mid n$ は自然数，n は24の倍数$\}=\{24,\ 48,\ 72,\ 96,\ 120,\ \cdots\}$

(1)　$32\in P$，$32\in \overline{Q}$，$32\in \overline{R}$ なので

$32\in P\cap \overline{Q}$　（$\boxed{②}$）

(2)　条件（p かつ q）は

「（p かつ q）：n は4の倍数かつ6の倍数である $\Longleftrightarrow$ n は12の倍数である」

なので

$P\cap Q=\{n \mid n$ は自然数，n は12の倍数$\}$

だから，$P\cap Q$ に属する自然数のうち最小のものは $\boxed{12}$ である。

また，$12\notin R$（$\boxed{④}$）である。

(3)　(2)より，$12\in P\cap Q$ だから，$12\in P\cup Q$ となる。

また，$12\notin R$ だから，$12\in \overline{R}$ となる。

⓪　自然数12は，条件（p かつ q）を満たし，条件 $\overline{r}$ も満たす。よって，この命

題の反例とならない。

① 自然数 12 は，条件（p または q）を満たし，条件 $\overline{r}$ も満たす。よって，この命題の反例とならない。

② 自然数 12 は，条件 r を満たさない。よって，この命題の反例とならない。

③ 自然数 12 は，条件（p かつ q）を満たすが，条件 r を満たさない。よって，この命題の反例となる。

以上より，自然数 12 は，命題「$(p$ かつ $q) \Longrightarrow r$」（③）の反例である。

解説

倍数の条件を満たす自然数全体の集合に関する問題である。

(3)は自然数 12 が反例となる命題を選択肢の中から選ぶ問題であり，センター試験では珍しい出題となっている。

(1)・(2) 集合 P，Q，R の要素を書き出して考えていけば特に問題はないが，ベン図を用いて考えることもできる。$P \cap Q = \{n \mid n$ は自然数，n は 12 の倍数$\}$，$R = \{n \mid n$ は自然数，n は 24 の倍数$\}$ なので，$(P \cap Q) \supset R$ であることを考慮すると，ベン図は右のようになる。

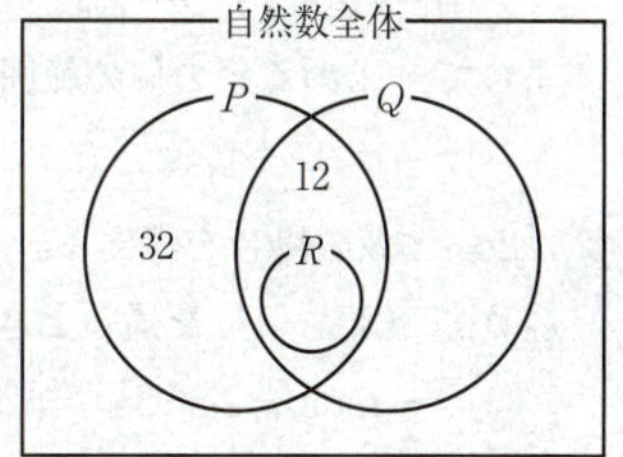

(3) 命題「$s \Longrightarrow t$」において，仮定 s を満たすが，結論 t を満たさないような例を反例という。

(2)の結果より，$12 \in P \cap Q$，$12 \notin R$ であるから，$12 \in P \cup Q$，$12 \in \overline{R}$ であることもわかるので，自然数 12 は，条件（p かつ q）と条件（p または q）と条件 $\overline{r}$ を満たし，条件 r を満たさない。したがって，自然数 12 は，命題「$(p$ かつ $q) \Longrightarrow r$」の反例となることがわかる。

［3］ 標準 《2次関数，平行移動》

(1) G は 2 次関数 $y = x^2$ のグラフを平行移動したグラフなので，G の x^2 の係数は 1 であり，G は 2 点 $(c,\ 0)$，$(c+4,\ 0)$ を通るから，G をグラフにもつ 2 次関数は

$$y = 1 \cdot (x-c)\{x-(c+4)\}$$
$$= x^2 - 2(c + \boxed{2})x + c(c + \boxed{4}) \quad \cdots\cdots①$$

と表せる。

2 点 $(3,\ 0)$，$(3,\ -3)$ を両端とする線分と G が共有点をもつためには，G の $x=3$ のときの y の値が -3 以上 0 以下となればよい。

G の $x=3$ のときの y の値は，①に $x=3$ を代入すれば

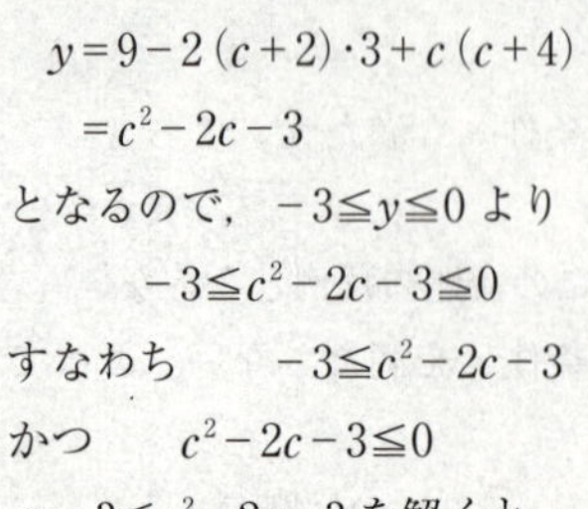

$y=9-2(c+2)\cdot 3+c(c+4)$

$\quad =c^2-2c-3$

となるので，$-3\leqq y\leqq 0$ より

$$-3\leqq c^2-2c-3\leqq 0$$

すなわち　　$-3\leqq c^2-2c-3$

かつ　　$c^2-2c-3\leqq 0$

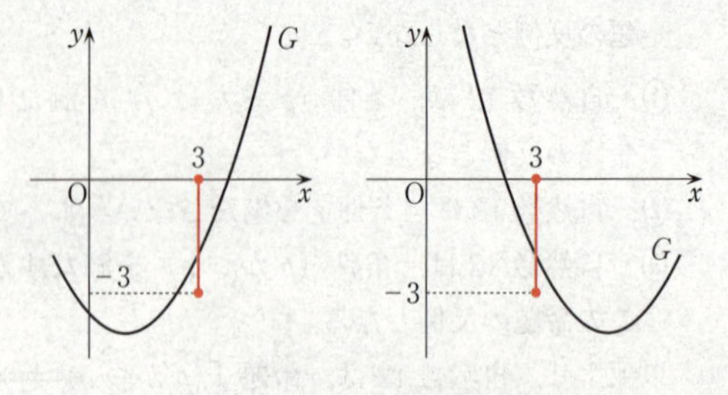

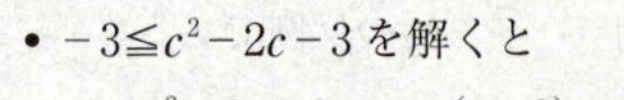

• $-3\leqq c^2-2c-3$ を解くと

$$c^2-2c\geqq 0\qquad c(c-2)\geqq 0\qquad \therefore\quad c\leqq 0,\ 2\leqq c\quad \cdots\cdots②$$

• $c^2-2c-3\leqq 0$ を解くと

$$(c+1)(c-3)\leqq 0$$

$\therefore\quad -1\leqq c\leqq 3\quad \cdots\cdots③$

よって，求める c の値の範囲は，②かつ③より

$$-\boxed{1}\leqq c\leqq\boxed{0},\quad \boxed{2}\leqq c\leqq\boxed{3}$$

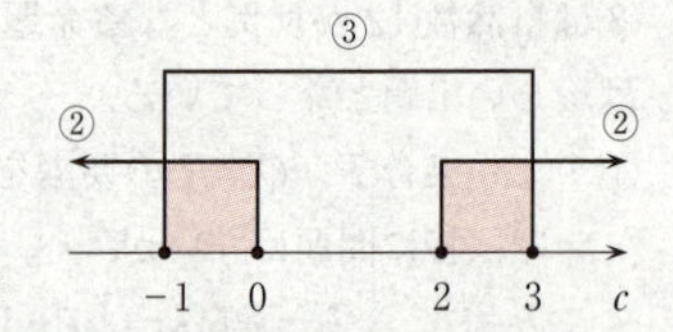

(2)　$2\leqq c\leqq 3$ の場合を考える。

G が点 $(3,\ -1)$ を通るとき，①に $x=3,\ y=-1$ を代入すると

$$-1=c^2-2c-3\qquad c^2-2c-2=0$$

なので，解の公式を用いて

$$c=-(-1)\pm\sqrt{(-1)^2-1\cdot(-2)}=1\pm\sqrt{3}$$

$2\leqq c\leqq 3$ なので　　$c=1+\sqrt{3}$

ここで，①を平方完成すると

$$y=\{x-(c+2)\}^2-(c+2)^2+c(c+4)=\{x-(c+2)\}^2-4\quad\cdots\cdots④$$

なので，$c=1+\sqrt{3}$ を代入すれば

$$y=\{x-(3+\sqrt{3})\}^2-4\quad\cdots\cdots⑤$$

よって，G は2次関数 $y=x^2$ のグラフを x 軸方向に $\boxed{3}+\sqrt{\boxed{3}}$，$y$ 軸方向に $\boxed{-4}$ だけ平行移動したものである。

また，このとき G と y 軸との交点の y 座標は，⑤に $x=0$ を代入して

$$y=\{0-(3+\sqrt{3})\}^2-4=(3+\sqrt{3})^2-4=(12+6\sqrt{3})-4$$

$$=\boxed{8}+\boxed{6}\sqrt{\boxed{3}}$$

別解　(1)　G は2次関数 $y=x^2$ のグラフを平行移動したグラフなので，G の x^2 の係数は1であり，G は2点 $(c,\ 0)$，$(c+4,\ 0)$ を通るから，G の頂点は2点 $(c,\ 0)$，$(c+4,\ 0)$ を両端とする線分の中点 $(c+2,\ 0)$ を通る x 軸に垂直な直線 $x=c+2$ 上にある。

したがって，G をグラフにもつ2次関数は

$$y=\{x-(c+2)\}^2+q \quad \cdots\cdots ⑥$$

とおける。

G は点 $(c,\ 0)$ を通るから，⑥に $x=c$，$y=0$ を代入して

$$0=(-2)^2+q \qquad \therefore \quad q=-4$$

よって，⑥より

$$y=\{x-(c+2)\}^2-4 \quad \cdots\cdots ④$$

$$=x^2-2(c+2)x+c(c+4) \quad \cdots\cdots ①$$

と表せる。

$x=c+2$

c　$c+4$　x

解説

2次関数の平行移動と，2次関数が y 軸に平行な線分と共有点をもつための条件を考えさせる問題である。

(1)において G をグラフにもつ2次関数が正しく立式できないと，それ以降の問題を解き進めることができなくなる。また，y 軸に平行な線分と2次関数のグラフが共有点をもつための条件を考えさせる問題は，センター試験では見慣れない出題であり，戸惑った受験生も多かっただろう。

(1)〔解答〕では，x 軸上の2点 $(\alpha,\ 0)$，$(\beta,\ 0)$ $(\alpha\neq\beta)$ を通る2次関数のグラフの方程式は，$y=a(x-\alpha)(x-\beta)$ と表せることを用いた。

〔別解〕では，x 軸上の2点 $(\alpha,\ 0)$，$(\beta,\ 0)$ $(\alpha\neq\beta)$ を通る2次関数のグラフの軸は，$x=\dfrac{\alpha+\beta}{2}$ であることを利用している。

2点 $(3,\ 0)$，$(3,\ -3)$ を両端とする y 軸に平行な線分と G が共有点をもつための条件設定は，図を描きながら考えるとよいだろう。G の $x=3$ のときの y の値が -3 以上0以下となりさえすればよいことに気付きたい。

(2)　G が点 $(3,\ -1)$ を通るので，$x=3$，$y=-1$ を①に代入すれば，解の公式を用いることで，$c=1+\sqrt{3}$ が求まる。

〔解答〕では，①を平方完成してから，$c=1+\sqrt{3}$ を代入したが，文字 c が残ったままで平方完成するのが難しければ，$c=1+\sqrt{3}$ を①に代入してから平方完成してもよい。

また，〔解答〕では，G と y 軸との交点の y 座標を，⑤に $x=0$ を代入することで求めたが，①より，G の y 切片が $y=c(c+4)$ であることに着目して，$y=c(c+4)$ に $c=1+\sqrt{3}$ を代入することで求めることもできる。

第2問 ── 余弦定理，正弦定理，角の二等分線，外接円の半径，四分位数，箱ひげ図，ヒストグラム，データの相関

〔1〕 やや難 《余弦定理，正弦定理，角の二等分線，外接円の半径》

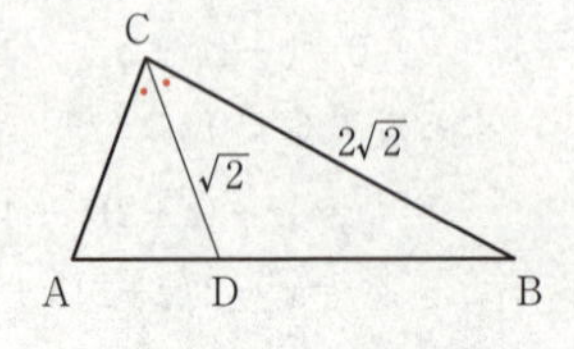

△BCD に余弦定理を用いると

$$BD^2=BC^2+CD^2-2\cdot BC\cdot CD\cdot\cos\angle BCD$$
$$=(2\sqrt{2})^2+(\sqrt{2})^2-2\cdot 2\sqrt{2}\cdot\sqrt{2}\cdot\frac{3}{4}$$
$$=4$$

BD＞0 なので　　$BD=\boxed{2}$

$\sin\angle BCD>0$ なので，$\sin^2\angle BCD+\cos^2\angle BCD=1$ より

$$\sin\angle BCD=\sqrt{1-\cos^2\angle BCD}=\sqrt{1-\left(\frac{3}{4}\right)^2}=\frac{\sqrt{7}}{4}$$

△BCD に正弦定理を用いれば

$$\frac{BD}{\sin\angle BCD}=\frac{BC}{\sin\angle CDB}\qquad \frac{2}{\frac{\sqrt{7}}{4}}=\frac{2\sqrt{2}}{\sin\angle CDB}$$

$$\therefore\quad \sin\angle CDB=2\sqrt{2}\times\frac{\frac{\sqrt{7}}{4}}{2}=\frac{\sqrt{14}}{4}$$

なので，∠ADC＋∠CDB＝180° より

$$\sin\angle ADC=\sin(180^\circ-\angle CDB)=\sin\angle CDB=\frac{\sqrt{\boxed{14}}}{\boxed{4}}$$

線分 CD は∠ACB の二等分線なので

$$AC:BC=AD:BD\qquad AC:2\sqrt{2}=AD:2$$

$$\therefore\quad \frac{AC}{AD}=\sqrt{\boxed{2}}$$

であるから

$$AC:AD=\sqrt{2}:1$$

となることより

$$AC=\sqrt{2}k,\quad AD=k\quad (k>0)$$

とおける。

∠ACD＝∠BCD より

$$\cos\angle ACD=\cos\angle BCD=\frac{3}{4}$$

なので，△ADCに余弦定理を用いれば

$$AD^2=CD^2+AC^2-2\cdot CD\cdot AC\cdot\cos\angle ACD$$

$$k^2=(\sqrt{2})^2+(\sqrt{2}k)^2-2\cdot\sqrt{2}\cdot\sqrt{2}k\cdot\frac{3}{4}$$

$$k^2-3k+2=0 \qquad (k-1)(k-2)=0$$

$$\therefore \quad k=1,\ 2$$

ここで，$k=2$のとき，$AC=2\sqrt{2}$，$AD=2$となり，△ABCは$AC=BC=2\sqrt{2}$，$AB=4$，$\angle ACB=90°$の直角二等辺三角形となるから，$\cos\angle BCD=\cos 45°=\frac{1}{\sqrt{2}}$となってしまい，$\cos\angle BCD=\frac{3}{4}$であることに反する。

（$k=2$のとき）

したがって，$k=1$だから

$$AC=\sqrt{2},\quad AD=\boxed{1}$$

また，△ADCは$AC=CD=\sqrt{2}$の二等辺三角形となるので，$\angle CAD=\angle ADC$より

$$\sin\angle CAD=\sin\angle ADC=\frac{\sqrt{14}}{4}$$

だから，△ABCの外接円の半径をRとして，△ABCに正弦定理を用いると

$$2R=\frac{BC}{\sin\angle CAD}$$

$$\therefore \quad R=\frac{BC}{2\sin\angle CAD}=\frac{2\sqrt{2}}{2\cdot\frac{\sqrt{14}}{4}}=\frac{4\sqrt{2}}{\sqrt{14}}=\frac{4\sqrt{7}}{7}$$

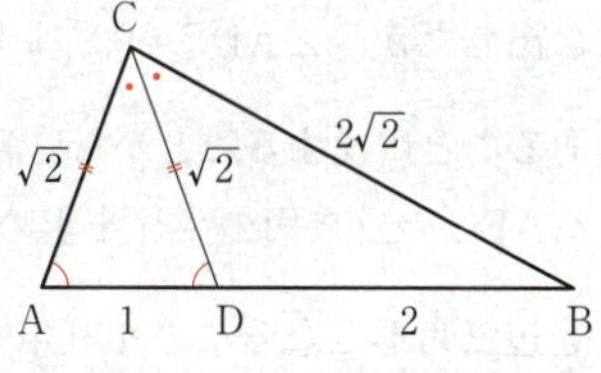

よって，△ABCの外接円の半径は$\frac{\boxed{4}\sqrt{\boxed{7}}}{\boxed{7}}$である。

解説

正弦定理と余弦定理を用いて，辺の長さや，外接円の半径などを求める問題。

丁寧な誘導が与えられていないため，自分自身で行間を埋めていく必要があり，なかなか難しかったと思われる。〔解答〕の解法以外にも様々な解法が考えられるが，すばやく処理できる解法をなるべく選択したい。

BDの長さは，△BCDに余弦定理を用いれば求まる。

$\sin\angle ADC$は，$\angle ADC=180°-\angle CDB$であることに気付くかどうかがポイントとなる。それに気付けば，$\sin^2\angle BCD+\cos^2\angle BCD=1$より$\sin\angle BCD$を求め，△BCDに正弦定理を用いて$\sin\angle CDB$を求めることで，$\sin(180°-\theta)=\sin\theta$を利用すれば

$\sin\angle ADC$ が求まる。

$\dfrac{AC}{AD}$ は，〔解答〕では，数学Aで学習する角の二等分線の性質を利用した。角の二等分線の性質を利用せずに，$\angle ACD=\angle BCD$ より，$\sin\angle ACD=\sin\angle BCD=\dfrac{\sqrt{7}}{4}$ なので，$\triangle ADC$ に正弦定理 $\dfrac{AD}{\sin\angle ACD}=\dfrac{AC}{\sin\angle ADC}$ を用いて求めることもできる。

ポイント　角の二等分線と辺の比

$\triangle ABC$ の辺 AB 上の点Dについて

線分 CD が $\angle C$ の二等分線

$\Longleftrightarrow$ AC：BC＝AD：BD

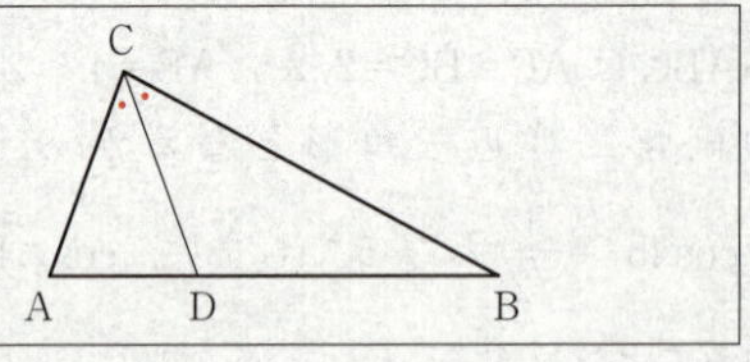

次に，$\dfrac{AC}{AD}=\sqrt{2}$ を利用して AD の長さを求めたが，これは方針が立てにくい問題であった。$\dfrac{AC}{AD}=\sqrt{2}$ より，AC と AD の比がわかるので，$AC=\sqrt{2}k$，$AD=k$ $(k>0)$ とおいて，$\triangle ADC$ に余弦定理を用いることで $k=1,\ 2$ が求まる。〔解答〕では，$k=2$ のとき $\cos\angle BCD=\dfrac{3}{4}$ であることに反することから，$k=2$ が適さないことを導き出したが，$\angle ADC=90°$ より $\sin\angle ADC=1$ となってしまい，$\sin\angle ADC=\dfrac{\sqrt{14}}{4}$ であることに反することから，$k=2$ が不適としてもよい。

$\triangle ABC$ の外接円の半径を求める際に，〔解答〕では $\triangle ADC$ が $\angle CAD=\angle ADC$ の二等辺三角形となることを利用して，$\sin\angle CAD=\dfrac{\sqrt{14}}{4}$ を求めた。$\triangle ADC$ が二等辺三角形であることに気付かなければ，($\triangle ABC$ の面積)＝($\triangle ADC$ の面積)＋($\triangle BCD$ の面積) であることを利用して $\sin\angle ACB$ を求めたり，$\triangle ABC$ における余弦定理と $\sin^2\theta+\cos^2\theta=1$ を利用したりして，$\triangle ABC$ の外接円の半径を求めることもできる。

〔2〕 標準 《四分位数，箱ひげ図，ヒストグラム，データの相関》

(1) 99 個の観測値からなるデータを x_1，x_2，x_3，…，x_{99}（ただし，$x_1 \leqq x_2 \leqq x_3 \leqq \cdots \leqq x_{99}$）とすると

最小値は x_1，第 1 四分位数は x_{25}，中央値は x_{50}，

第 3 四分位数は x_{75}，最大値は x_{99}

となる。

⓪ 98 個の観測値が 0，1 個の観測値が 99 の 99 個の観測値からなるデータを考えると，平均値は

$$\frac{0+\cdots+0+99}{99}=\frac{0\times 98+99}{99}=1$$

第 1 四分位数と第 3 四分位数はともに 0。

よって，平均値は第 1 四分位数と第 3 四分位数の間にないので，正しくない。

① ⓪と同様に，98 個の観測値が 0，1 個の観測値が 99 の 99 個の観測値からなるデータを考えると，第 1 四分位数と第 3 四分位数はともに 0 となるから，四分位範囲は

$$0-0=0$$

平均値は，⓪より，1 となるから，標準偏差は

$$\sqrt{\frac{(0-1)^2+\cdots+(0-1)^2+(99-1)^2}{99}}=\sqrt{\frac{1+\cdots+1+98^2}{99}}$$

$$=\sqrt{\frac{1\times 98+98^2}{99}}=\sqrt{\frac{98(1+98)}{99}}=\sqrt{\frac{98\cdot 99}{99}}=\sqrt{98}$$

よって，四分位範囲は標準偏差より小さいので，正しくない。

② ⓪と同様に，98 個の観測値が 0，1 個の観測値が 99 の 99 個の観測値からなるデータを考えると，中央値は 0。

よって，中央値より小さい観測値の個数は 0 個なので，正しくない。

③ 最大値に等しい観測値を 1 個削除した 98 個の観測値からなるデータ x_1，x_2，x_3，…，x_{98}（ただし，$x_1 \leqq x_2 \leqq x_3 \leqq \cdots \leqq x_{98}$）の第 1 四分位数は x_{25} となる。

よって，最大値に等しい観測値を 1 個削除しても第 1 四分位数は変わらないので，正しい。

④ ⓪と同様に，98 個の観測値が 0，1 個の観測値が 99 の 99 個の観測値からなるデータを考えると，第 1 四分位数の 0 より小さい観測値は 0 個であり，第 3 四分位数の 0 より大きい観測値は 99 の 1 個だけである。

よって，第 1 四分位数より小さい観測値と，第 3 四分位数より大きい観測値とをすべて削除すると，残りの観測値の個数は 98 個なので，正しくない。

⑤　第1四分位数より小さい観測値と，第3四分位数より大きい観測値とをすべて削除すると，残りの観測値からなるデータの最大値，最小値は，それぞれ，もとの99個の観測値からなるデータの第3四分位数，第1四分位数に等しい。

よって，第1四分位数より小さい観測値と，第3四分位数より大きい観測値とをすべて削除すると，残りの観測値からなるデータの範囲はもとのデータの四分位範囲に等しいので，正しい。

以上より，どのようなデータでも成り立つものは ③ と ⑤ である。

(2)　(I)　P10の四分位範囲は1より大きいから，四分位範囲はどの都道府県においても1以下とはならない。よって，誤り。

(II)　P7の中央値は，P8の中央値より大きいから，箱ひげ図は中央値が小さい値から大きい値の順に上から下へ並んでいない。よって，誤り。

(III)　P1のデータの最大値とP47のデータの最小値の差は1.5より大きいから，P1のデータのどの値とP47のデータのどの値とを比較しても1.5以上の差がある。よって，正しい。

以上より，(I)，(II)，(III)の正誤の組合せとして正しいものは ⑥ である。

(3)　ある県の20の市区町村の男の平均寿命を小さい方から順に並べると，図2のヒストグラムより，最大値は81.5以上82.0未満の階級に含まれる。また，第1四分位数は小さい方から5番目と6番目の値の平均値であるから，図2のヒストグラムより，小さい方から5番目と6番目の値は80.0以上80.5未満の階級に含まれるので，第1四分位数は80.0から80.5の区間にある。

よって，図2のヒストグラムに対応する箱ひげ図は ④ である。

(4)　切片が7.0で傾きが1の直線 ℓ_1 と，切片が7.5で傾きが1の直線 ℓ_2 を考慮すると，この2本の直線の間の領域（ℓ_1 は含み，ℓ_2 は含まない）にある点は3点あり，これらの点の女の平均寿命と男の平均寿命の差は7.0以上7.5未満である。

よって，7.0以上7.5未満の階級に含まれるデータの個数は3であるから，都道府県ごとに男女の平均寿命の差をとったデータに対するヒストグラムは ③ である。

解説

(1)　四分位数について述べた記述の中で，どのようなデータに対しても成り立つものを選ばせる問題である。一般的なデータについて考察しなければならず，受験生にとっては解きにくい問題であったと思われる。

どのようなデータでも成り立つ記述を選び出したいので，一般的なデータで考えるだけでなく，極端なデータを例にとって考えると，成り立つかどうかの判断がつきやすい。

⓪　98個の観測値が0，1個の観測値が99の99個の観測値からなるデータを例にとって考えたが，考えやすいデータであれば，これ以外のデータを例にとって

考えても一向にかまわない。

① 四分位範囲は，（四分位範囲）＝（第3四分位数）－（第1四分位数）で求められる。

② 99個の観測値からなるデータ x_1，x_2，x_3，…，x_{99}（ただし，$x_1 \leqq x_2 \leqq x_3 \leqq \cdots \leqq x_{99}$）で考えた場合，$x_1$，$x_2$，$x_3$，…，$x_{49}$ の中に中央値 x_{50} と等しい観測値が1個以上あれば，中央値より小さい観測値の個数は48個以下である。

③ 98個の観測値からなるデータ x_1，x_2，x_3，…，x_{98}（ただし，$x_1 \leqq x_2 \leqq x_3 \leqq \cdots \leqq x_{98}$）では

最小値は x_1，第1四分位数は x_{25}，中央値は $\dfrac{x_{49}+x_{50}}{2}$，

第3四分位数は x_{74}，最大値は x_{98}

となる。

④ 99個の観測値からなるデータ x_1，x_2，x_3，…，x_{99}（ただし，$x_1 \leqq x_2 \leqq x_3 \leqq \cdots \leqq x_{99}$）で考えた場合，$x_1$，$x_2$，$x_3$，…，$x_{24}$ の中に第1四分位数 x_{25} と等しい観測値，あるいは，x_{76}，x_{77}，x_{78}，…，x_{99} の中に第3四分位数 x_{75} と等しい観測値が1個以上あれば，第1四分位数より小さい観測値と，第3四分位数より大きい観測値とをすべて削除すると，残りの観測値の個数は52個以上である。

⑤ （範囲）＝（最大値）－（最小値），（四分位範囲）＝（第3四分位数）－（第1四分位数）で求められる。

(2) 箱ひげ図に関する記述の正誤の組合せを選ぶ問題である。(Ⅰ)，(Ⅱ)，(Ⅲ)の正誤は判定しやすい。

(Ⅰ) （四分位範囲）＝（第3四分位数）－（第1四分位数）である。

(Ⅱ) 〔解答〕ではP7とP8の中央値に着目したが，これ以外にも，P10とP11，P17とP18，P27とP28などの中央値も注目しやすい。

(Ⅲ) P1のデータの最大値とP47のデータの最小値の差を考えれば，P1のデータのどの値とP47のデータのどの値とを比較してもそれ以上の差があることがわかる。

(3) ヒストグラムに対応する箱ひげ図を選択肢の中から選ぶ問題であり，考えやすい問題である。

20個のデータを y_1，y_2，y_3，…，y_{20}（ただし，$y_1 \leqq y_2 \leqq y_3 \leqq \cdots \leqq y_{20}$）とすると

最小値は y_1，第1四分位数は $\dfrac{y_5+y_6}{2}$，中央値は $\dfrac{y_{10}+y_{11}}{2}$，

第3四分位数は $\dfrac{y_{15}+y_{16}}{2}$，最大値は y_{20}

となる。

図２のヒストグラムより，最大値が81.5以上82.0未満の階級に含まれることがわかるから，図２のヒストグラムに対応する箱ひげ図は④〜⑦のいずれかであることがわかる。さらに，図２のヒストグラムより，第１四分位数が80.0から80.5の区間にあることがわかるから，図２のヒストグラムに対応する箱ひげ図は④であると決定できる。

(4)　都道府県ごとに散布図で与えられた男女の平均寿命の差をとったデータに対するヒストグラムを，選択肢の中から選ばせる問題である。差をとったデータに対するヒストグラムを考えさせる問題は目新しい。

この問題は，切片が7.0で傾きが１の直線を $\ell_1: y=x+7.0$，切片が7.5で傾きが１の直線を $\ell_2: y=x+7.5$ として考えるとわかりやすい。この２本の直線の間の領域にある点は下図の○の３点であり，下図の点Aを例にとって考える。

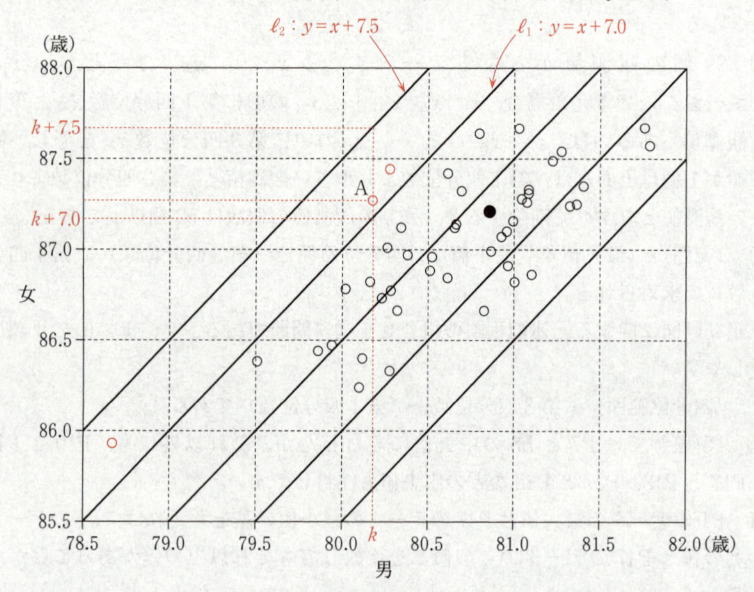

点Aの横軸の値を k とすれば，点Aの縦軸の値は $k+7.0$ より大きく $k+7.5$ より小さい。したがって，点Aの縦軸の値と横軸の値の差，すなわち，点Aの女の平均寿命と男の平均寿命の差は7.0より大きく7.5より小さいことがわかる。

このことから，切片が7.0で傾きが１の直線と，切片が7.5で傾きが１の直線の間の領域にある３点の女の平均寿命と男の平均寿命の差は，7.0より大きく7.5より小さいこともわかる。

したがって，7.0以上7.5未満の階級に含まれるデータの個数が３であるヒストグラムを選択すればよい。

第3問 ── 確率，条件付き確率

〔1〕 標準 《確率，条件付き確率》

⓪　1枚のコインを投げる試行を5回繰り返すとき，1回も表が出ないのは，裏が5回出る場合だから，1回も表が出ない確率は

$$\left(\frac{1}{2}\right)^5=\frac{1}{32}$$

これより，少なくとも1回は表が出る確率 p は，余事象の確率を用いて

$$p=1-\frac{1}{32}=\frac{31}{32}=0.96875$$

よって，$p>0.95$ だから，正しい。

①　袋の中に入っている赤球と白球のそれぞれの個数がわからないので，1回の試行で赤球が出る確率を求めることはできない。

よって，1回の試行で赤球が出る確率は $\frac{3}{5}$ かどうかわからないから，正しくない。

②　箱の中から同時に2枚のカードを取り出すとき，すべての場合の数は

$${}_5C_2=\frac{5\cdot 4}{2\cdot 1}=10 \text{ 通り}$$

書かれた文字が同じになるのは，「ろ」と書かれたカードを2枚取り出す場合と，「は」と書かれたカードを2枚取り出す場合の2通りだから，書かれた文字が同じ確率は

$$\frac{2}{10}=\frac{1}{5}$$

これより，書かれた文字が異なる確率は，余事象の確率を用いて

$$1-\frac{1}{5}=\frac{4}{5}$$

よって，正しい。

③　ある人が1枚のコインを投げるとき，表が出る事象を A，コインの出た面を見た2体のロボットがともに「オモテ」と発言する事象を B とする。

事象 B が起こるのは

(i)　コインの表が出て，2体のロボットがともに「オモテ」と発言する。
　(コインの表が出て，2体のロボットがともに正しく発言する)

(ii)　コインの裏が出て，2体のロボットがともに「オモテ」と発言する。
　(コインの裏が出て，2体のロボットがともに正しく発言しない)

のいずれかだから，(i)，(ii)の確率をそれぞれ求めると

(i)　$\dfrac{1}{2}\times 0.9\times 0.9=\dfrac{81}{200}$

(ii)　$\dfrac{1}{2}\times 0.1\times 0.1=\dfrac{1}{200}$

(i), (ii)より，事象 B が起こる確率は

$$P(B)=\frac{81}{200}+\frac{1}{200}=\frac{82}{200}$$

また，事象 $A\cap B$ が起こる確率は，(i)の場合だから

$$P(A\cap B)=\frac{81}{200}$$

これより，出た面を見た2体が，ともに「オモテ」と発言したときに，実際に表が出ている確率 p は

$$p=P_B(A)=\frac{P(B\cap A)}{P(B)}=\frac{P(A\cap B)}{P(B)}=\frac{\frac{81}{200}}{\frac{82}{200}}$$

$$=\frac{81}{82}=0.98\cdots$$

よって，$p>0.9$ だから，正しくない。

以上より，正しい記述は ⓪ と ② である。

解説

異なる題材の確率を考えさせる問題が選択肢として与えられ，その中から正しい記述を選ぶ目新しい問題である。初めての出題形式であるため，戸惑った受験生も多かっただろう。

③以外の問題はどれも基本的であり，計算量も多くないが，それぞれの問題設定をしっかりと理解しながら正誤を確認していかなければならないため，少し時間がかかってしまったかもしれない。

⓪　少なくとも1回は表が出る確率 p を求めるので，余事象の確率を利用すればよい。

①　試行を5回繰り返したときに赤球が3回出たからといって，1回の試行で赤球が出る確率は $\dfrac{3}{5}$ となるかどうかわからない。

袋の中に赤球が a 個，白球が $(8-a)$ 個（a は0以上8以下の整数）入っているとすると，1回の試行で赤球が出る確率は $\dfrac{a}{8}$ である。

②　〔解答〕では余事象の確率を利用したが，箱の中から同時に2枚のカードを取り

出すときのすべての場合の数は10通りなので，書かれた文字が異なる場合をすべて書き出して数え上げても，それほど手間はかからない。

③　問題設定が単純ではないため，設定の理解に手間取ると，必要以上に時間を要してしまうかもしれない。
求める確率 p は，出た面を見た2体が，ともに「オモテ」と発言したときに，実際に表が出ている条件付き確率であるから，$p=P_B(A)=\dfrac{P(B\cap A)}{P(B)}=\dfrac{P(A\cap B)}{P(B)}$
で求められる。

〔2〕 標準 《確率，条件付き確率》

(1)　コインを2回投げ終わって持ち点が -2 点であるのは，裏が2回出る場合だから，その確率は

$$\left(\frac{1}{2}\right)^2=\frac{\boxed{1}}{\boxed{4}}$$

また，コインを2回投げ終わって持ち点が1点であるのは，表が1回，裏が1回出る場合だから，その確率は

$$_2C_1\left(\frac{1}{2}\right)^1\left(\frac{1}{2}\right)^1=\frac{\boxed{1}}{\boxed{2}}$$

(2)　コインを n 回投げたとき，表が k 回，裏が $(n-k)$ 回出るとする（n は1以上5以下の整数，k は0以上 n 以下の整数）。
このとき，持ち点が0点となるのは

$$2\times k+(-1)\times(n-k)=0 \qquad 3k-n=0 \qquad \therefore\ n=3k$$

となる場合だから，これを満たす $1\leqq n\leqq 5$，$0\leqq k\leqq n$ の整数 n，k は

$$n=3,\ k=1$$

よって，持ち点が再び0点になることが起こるのは，コインを $\boxed{3}$ 回投げ終わったときである。
コインを3回投げ終わって持ち点が0点になるのは，表が1回，裏が2回出る場合だから，その確率は

$$_3C_1\left(\frac{1}{2}\right)^1\left(\frac{1}{2}\right)^2=\frac{\boxed{3}}{\boxed{8}}$$

(3)　ゲームが終了した時点で持ち点が4点であるのは，持ち点が再び0点にならなくて，かつ，コインを5回投げ終わった時点で持ち点が4点となる場合である。コインを5回投げ終わった時点で持ち点が4点になるのは，表が3回，裏が2回出る場

合だから，コインを3回投げ終わった時点で持ち点が再び0点にならないことを考慮すれば

(i)　コインを3回投げ終わった時点で表が3回出て，その後4回目と5回目にコインを投げて裏が2回出る。

(ii)　コインを3回投げ終わった時点で表が2回，裏が1回出て，その後，4回目と5回目にコインを投げて表が1回，裏が1回出る。

のいずれかの場合である。(i)，(ii)の確率をそれぞれ求めると

(i)　$\left(\frac{1}{2}\right)^3\times\left(\frac{1}{2}\right)^2=\frac{1}{32}$

(ii)　${}_3C_2\left(\frac{1}{2}\right)^2\left(\frac{1}{2}\right)^1\times{}_2C_1\left(\frac{1}{2}\right)^1\left(\frac{1}{2}\right)^1=\frac{6}{32}$

よって，(i)，(ii)より，ゲームが終了した時点で持ち点が4点である確率は

$$\frac{1}{32}+\frac{6}{32}=\frac{\boxed{7}}{\boxed{32}}$$

(4)　ゲームが終了した時点で持ち点が4点で，かつ，コインを2回投げ終わって持ち点が1点であるのは，コインを3回投げ終わった時点で持ち点が再び0点にならないことを考慮すれば，コインを2回投げ終わった時点で表が1回，裏が1回出て，3回目にコインを投げて表が出て，その後，4回目と5回目にコインを投げて表が1回，裏が1回出る場合である。

したがって，このときの確率は，(1)の結果を利用して

$$\frac{1}{2}\times\frac{1}{2}\times{}_2C_1\left(\frac{1}{2}\right)^1\left(\frac{1}{2}\right)^1=\frac{1}{8}$$

よって，ゲームが終了した時点で持ち点が4点であるとき，コインを2回投げ終わって持ち点が1点である条件付き確率は

$$\frac{\frac{1}{8}}{\frac{7}{32}}=\frac{1}{8}\div\frac{7}{32}=\frac{\boxed{4}}{\boxed{7}}$$

別解　(3)　ゲームが終了した時点で持ち点が4点であるのは，持ち点が再び0点にならなくて，かつ，コインを5回投げ終わった時点で持ち点が4点となる場合である。

また，コインを5回投げ終わった時点で持ち点が4点になるのは，表が3回，裏が2回出る場合である。コインを5回投げたとき，表が3回，裏が2回出る場合の数は

$${}_5C_3={}_5C_2=\frac{5\cdot4}{2\cdot1}=10\text{ 通り}$$

となるので，表が出ることを○，裏が出ることを×で表し，表が3回，裏が2回出

る場合をすべて書き出せば，右のようになる。

	1	2	3	4	5
(ア)	○	○	○	×	×
(イ)	○	○	×	○	×
(ウ)	○	○	×	×	○
(エ)	○	×	○	○	×
(オ)	○	×	○	×	○
(カ)	○	×	×	○	○
(キ)	×	○	○	○	×
(ク)	×	○	○	×	○
(ケ)	×	○	×	○	○
(コ)	×	×	○	○	○

この中で，コインを3回投げ終わった時点で持ち点が再び0点になるのは，(カ)・(ケ)・(コ)の3通りであり，(ア)〜(コ)のそれぞれの起こる確率は $\left(\frac{1}{2}\right)^5=\frac{1}{32}$ だから，ゲームが終了した時点で持ち点が4点である確率は

$$(10-3)\times\frac{1}{32}=\frac{7}{32}$$

(4) ゲームが終了した時点で持ち点が4点であるのは，(3)より，(ア)〜(オ)・(キ)・(ク)の7通りである。

また，ゲームが終了した時点で持ち点が4点で，かつ，コインを2回投げ終わって持ち点が1点であるのは，(エ)・(オ)・(キ)・(ク)の4通りである。

よって，ゲームが終了した時点で持ち点が4点であるとき，コインを2回投げ終わって持ち点が1点である条件付き確率は，$\frac{4}{7}$ である。

解説

1枚のコインを最大で5回投げるゲームに関する問題。典型的な問題ではあるが，「持ち点が再び0点になった場合は，その時点で終了する」というルールがあるため，簡単な問題ではない。問題の誘導は丁寧に与えられているので，その意図をうまく汲み取れるかどうかがポイントとなる。

(1) 反復試行の基本的な問題なので，特に難しい部分はないだろう。

(2) 持ち点が再び0点になることが起こるのは，表裏の出方を考えて点数の推移を調べていけば，コインを3回投げ終わったときであることがわかるはずである。〔解答〕では，コインを n 回投げたとき，表が k 回，裏が $(n-k)$ 回出るとして，条件 $n=3k$ を導き出した。このことから，持ち点が再び0点になることが起こるのは，コインを投げた回数が3の倍数となるときのみであることがわかる。

また，コインを投げ終わって持ち点が0点になるのは，表が k 回，裏が $(n-k)$ 回出るとしたとき，$n=3$, $k=1$ と求まったので，表が1回，裏が $3-1=2$ 回出る場合だとわかる。

(3) 〔解答〕において，コインを5回投げ終わった時点で持ち点が4点になるのは，表が3回，裏が2回出る場合だから，表が3回，裏が2回出るという条件の中で，コインを3回投げ終わった時点で持ち点が再び0点にならない，すなわち，コインを3回投げ終わった時点で表が1回，裏が2回出てはいけないことを加味して考えると，1回目から3回目までの表裏の出方は，(i)表が3回出る場合か，または，(ii)

表が2回，裏が1回出る場合のいずれかを考えればよいことがわかる。

〔別解〕では，表が3回，裏が2回出る場合をすべて書き出して，ゲームが終了した時点で持ち点が4点である確率を求めた。

(4) 〔解答〕において，(3)と同様に考えて，コインを3回投げ終わった時点で持ち点が再び0点にならないこと，すなわち，コインを3回投げ終わった時点で表が1回，裏が2回出てはいけないことを考慮すれば，1回目から3回目までの表裏の出方は，1回目と2回目にコインを投げて表が1回，裏が1回出て，3回目にコインを投げて表が出る場合のみを考えればよいことがわかる。

また，1回目と2回目にコインを投げて表が1回，裏が1回出る確率は，(1)の結果を利用することができる。

〔別解〕では，ゲームが終了した時点で持ち点が4点であるときの場合の数と，ゲームが終了した時点で持ち点が4点で，かつ，コインを2回投げ終わって持ち点が1点であるときの場合の数がそれぞれ求められるので，求める条件付き確率を直接求めることができる。

第4問　やや難　《n 進法》

(1)　x を循環小数 $2.\dot{3}\dot{6}$ とする。すなわち，$x=2.\dot{3}\dot{6}$ とする。

このとき

$$100\times x=100\times 2.\dot{3}\dot{6}\qquad 100x=236.\dot{3}\dot{6}$$

なので

$$100x-x=236.\dot{3}\dot{6}-2.\dot{3}\dot{6}\qquad 99x=234$$

であるから，x を分数で表すと

$$x=\frac{234}{99}=\frac{\boxed{26}}{\boxed{11}}$$

(2)　有理数 y は，7 進法で表すと，二つの数字の並び ab が繰り返し現れる循環小数 $2.\dot{a}\dot{b}_{(7)}$ になるとする。すなわち，$y=2.\dot{a}\dot{b}_{(7)}$ ……① とする。ただし，a，b は 0 以上 6 以下の異なる整数である。

このとき，49 を 7 進法で表すと，$49=7^2=100_{(7)}$ であることより，これを①の辺々にかければ

$$49\times y=100_{(7)}\times 2.\dot{a}\dot{b}_{(7)}\qquad 49y=2ab.\dot{a}\dot{b}_{(7)}$$

なので

$$49y-y=2ab.\dot{a}\dot{b}_{(7)}-2.\dot{a}\dot{b}_{(7)}\quad\cdots\cdots(*)$$

すなわち

$$48y=2ab_{(7)}-2_{(7)}=(2\times 7^2+a\times 7^1+b)-2=96+7\times a+b$$

であるから

$$y=\frac{\boxed{96}+7\times a+b}{\boxed{48}}$$

と表せる。

(i)　$y=\dfrac{96+7a+b}{48}$ の分子・分母をそれぞれ 12 で割れば，$y=\dfrac{8+\dfrac{7a+b}{12}}{4}$ となるから，$y=\dfrac{8+\dfrac{7a+b}{12}}{4}$ が，分子が奇数で分母が 4 である分数で表されるとき，$7a+b$ は 12 の奇数倍となる。

ここで，a，b は 0 以上 6 以下の異なる整数であるから

$$1\leqq 7a+b\leqq 47$$

なので

$$7a+b=12\times 1=12\quad\text{または}\quad 7a+b=12\times 3=36$$

よって，yが，分子が奇数で分母が4である分数で表されるのは

$$y=\frac{8+\frac{12}{12}}{4}=\frac{\boxed{9}}{4} \quad \text{または} \quad y=\frac{8+\frac{36}{12}}{4}=\frac{\boxed{11}}{4}$$

のときである。$y=\frac{11}{4}$ のときは，$7\times a+b=\boxed{36}$ であるから，これを満たす0以上6以下の異なる整数a，bは

$$a=\boxed{5},\quad b=\boxed{1}$$

(ii)　$y-2$を計算すると

$$y-2=\frac{96+7a+b}{48}-2=\left(2+\frac{7a+b}{48}\right)-2=\frac{7a+b}{48}$$

となるから，$y-2$が，分子が1で分母が2以上の整数である分数で表されるとき，$7a+b$は48未満の48の正の約数となる。

$48=2^4\times 3$ より，48未満の48の正の約数は

1，2，3，4，6，8，12，16，24

であるから，a，bが0以上6以下の異なる整数であることに注意すれば

- $7a+b=1$ のとき，$a=0$，$b=1$
- $7a+b=2$ のとき，$a=0$，$b=2$
- $7a+b=3$ のとき，$a=0$，$b=3$
- $7a+b=4$ のとき，$a=0$，$b=4$
- $7a+b=6$ のとき，$a=0$，$b=6$
- $7a+b=8$ のとき，$a=1$，$b=1$ となるが，$a\neq b$ に反するので，不適。
- $7a+b=12$ のとき，$a=1$，$b=5$
- $7a+b=16$ のとき，$a=2$，$b=2$ となるが，$a\neq b$ に反するので，不適。
- $7a+b=24$ のとき，$a=3$，$b=3$ となるが，$a\neq b$ に反するので，不適。

よって，$y-2$が，分子が1で分母が2以上の整数である分数で表されるようなyの個数は，全部で $\boxed{6}$ 個である。

解説

n進法の循環小数に関する問題である。10進法以外の循環小数は，なかなか見かけない問題であるので対策が手薄になりがちであるが，センター試験「数学Ⅰ・数学A」の2018年度追試験第4問〔2〕で出題されているので，過去問演習でしっかりと対策をしていた受験生にとっては，有利に働いただろう。

(1)　10進法の循環小数を10進法の分数で表す基本的な問題である。

(2)　(1)の手法を，7進法の循環小数に適用する問題である。やや丁寧な誘導は与えられているので，その誘導の意図を読み取り，10進法と7進法が混在した式(＊)を

正確に処理できるかどうかがポイントとなる。

(i) $y=2.\dot{a}\dot{b}_{(7)}$ が，分子が奇数で分母が4である分数で表されるとき，問題文の空欄 $y=\dfrac{\boxed{ケ}}{4}$ または $y=\dfrac{\boxed{コサ}}{4}$ を考慮すれば，$2=2_{(7)}$，$3=3_{(7)}$ より，$\dfrac{8}{4}=2<y<3=\dfrac{12}{4}$ となるので，$y=\dfrac{9}{4}$ または $y=\dfrac{11}{4}$ にしかならない。これに気付くと，$y=\dfrac{11}{4}$ のときは，$y=\dfrac{96+7a+b}{48}$ より，$\dfrac{11}{4}=\dfrac{96+7a+b}{48}$ となるから，この式を変形することで，$7a+b=36$ も求まり，すばやく処理することができる。

〔解答〕では，y が，分母が4である分数で表される場合を考えるので，$y=\dfrac{96+7a+b}{48}$ の分子・分母をそれぞれ12で割り，$y=\dfrac{8+\dfrac{7a+b}{12}}{4}$ の形に変形して考えた。また，(分子)$=8+\dfrac{7a+b}{12}$ が奇数となるのは，$\dfrac{7a+b}{12}$ が奇数となるときだから，$7a+b$ が12の奇数倍とならなければならないことがわかる。

a，b が0以上6以下の異なる整数であることを考慮すると，$7a+b$ が最小となるのは，$a=0$，$b=1$ のとき $7a+b=1$ であり，$7a+b$ が最大となるのは，$a=6$，$b=5$ のとき $7a+b=47$ である。したがって，$1\leqq 7a+b\leqq 47$ であるから，$7a+b$ が12の奇数倍となるのは，$7a+b=12\times 1$ または 12×3 のときである。

$y=\dfrac{11}{4}$ のときは，$7a+b=36$ であるから，これを満たす0以上6以下の異なる整数 a，b は，$7a+b=36$ に具体的な値を代入しながら考えればよいが，$7a+b$ の形から，係数の値が大きい文字 a から決定していくとよい。

(ii) $y-2=\dfrac{7a+b}{48}$ が，分子が1である分数で表される場合を考えるので，$7a+b$ が48の正の約数でなければならないことがわかる。また，分母が2以上の整数であるので，$7a+b$ が48となる場合は適さないから，$7a+b$ が48未満の48の正の約数となればよいことがわかる。これがわかれば，$7a+b=1$，2，3，4，6，8，12，16，24となる0以上6以下の整数 a，b の組を，a と b が異なる整数であるという条件に注意して，決定していけばよい。

第5問 やや難 《チェバの定理，メネラウスの定理，方べきの定理，円に内接する四角形》

△ABC にチェバの定理を用いて

$$\frac{GB}{AG}\cdot\frac{DC}{BD}\cdot\frac{EA}{CE}=1 \qquad \frac{GB}{AG}\cdot\frac{1}{7}\cdot\frac{7}{1}=1$$

$$\therefore\ \frac{GB}{AG}=\boxed{1}\ \cdots\cdots①$$

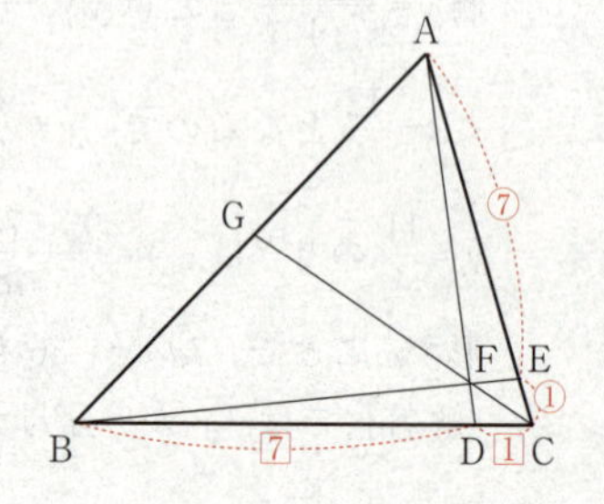

△ADC と直線 BE にメネラウスの定理を用いて

$$\frac{FD}{AF}\cdot\frac{BC}{DB}\cdot\frac{EA}{CE}=1 \qquad \frac{FD}{AF}\cdot\frac{8}{7}\cdot\frac{7}{1}=1$$

$$\therefore\ \frac{FD}{AF}=\frac{\boxed{1}}{\boxed{8}}\ \cdots\cdots②$$

△BCG と直線 AD にメネラウスの定理を用いると，①より，AG：GB＝1：1 なので

$$\frac{AG}{BA}\cdot\frac{FC}{GF}\cdot\frac{DB}{CD}=1 \qquad \frac{1}{2}\cdot\frac{FC}{GF}\cdot\frac{7}{1}=1$$

$$\therefore\ \frac{FC}{GF}=\frac{\boxed{2}}{\boxed{7}}\ \cdots\cdots③$$

したがって，△BCG の面積を S とすると

$$(\triangle CDG\text{ の面積})=(\triangle BCG\text{ の面積})\times\frac{CD}{BC}$$

$$=S\times\frac{1}{8}=\frac{S}{8}$$

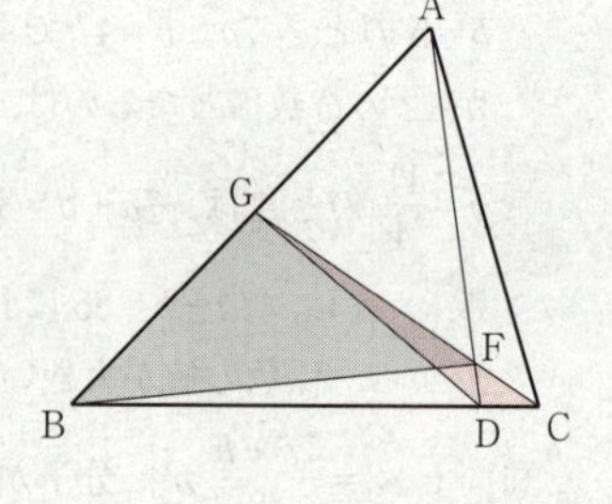

また，③より，GF：FC＝7：2 なので

$$(\triangle BFG\text{ の面積})=(\triangle BCG\text{ の面積})\times\frac{GF}{CG}$$

$$=S\times\frac{7}{9}=\frac{7S}{9}$$

であるから

$$\frac{\triangle CDG\text{ の面積}}{\triangle BFG\text{ の面積}}=\frac{\frac{S}{8}}{\frac{7S}{9}}=\frac{S}{8}\div\frac{7S}{9}=\frac{\boxed{9}}{\boxed{56}}$$

4 点B，D，F，Gが同一円周上にあり，かつ FD＝1 のとき，②より

$$\frac{1}{AF}=\frac{1}{8}\qquad \therefore\ AF=8$$

なので

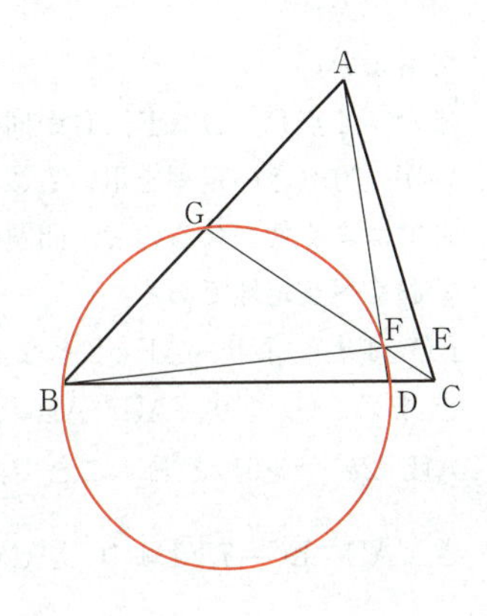

$$AD=AF+FD=8+1=9$$

だから，方べきの定理を用いれば

$$AF\cdot AD=AG\cdot AB \qquad 8\cdot 9=AG\cdot AB$$

$$\therefore \quad AG\cdot AB=72 \quad \cdots\cdots ④$$

AG：AB＝1：2なので

$$AG=k,\ AB=2k \quad (k>0)$$

とおけるから，④に代入して

$$k\cdot 2k=72 \qquad k^2=36$$

$k>0$ より　　$k=6$

したがって　　$AB=2k=$ 12

さらに，$AE=3\sqrt{7}$ とするとき，AE：EC＝7：1より

$$AC=\frac{8}{7}AE=\frac{8}{7}\times 3\sqrt{7}=\frac{24\sqrt{7}}{7}$$

だから

$$AE\cdot AC=3\sqrt{7}\cdot\frac{24\sqrt{7}}{7}= \boxed{72} \quad \cdots\cdots ⑤$$

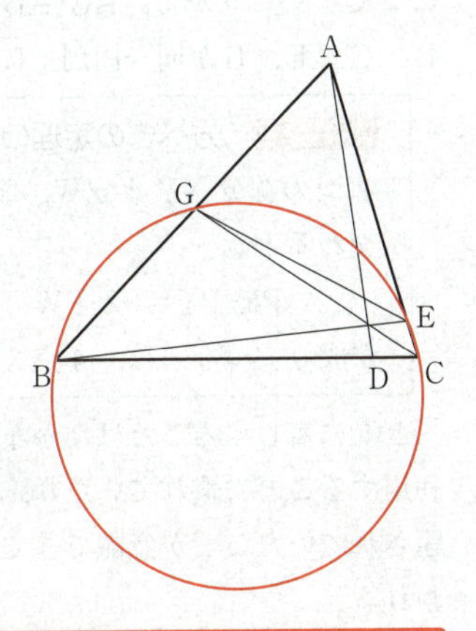

④，⑤より，$AG\cdot AB=AE\cdot AC$（＝72）となるので，方べきの定理の逆より，4点B，C，E，Gは同一円周上にある。

よって，四角形BCEGは円に内接するので，円に内接する四角形の性質より

$$\angle AEG=\angle ABC \quad (\boxed{②})$$

解説

まず，チェバの定理，メネラウスの定理を利用して，線分比と面積比を求め，次に，方べきの定理を用いることで，円に内接する四角形についての性質を利用する問題である。誘導が与えられてはいるが，方べきの定理の逆を利用することに気付くことは，受験生にとってなかなか難しかったと思われる。

最初に線分比を求める際，問題で与えられた条件から，チェバの定理とメネラウスの定理を利用することは気付くだろう。チェバの定理とメネラウスの定理は「図形の性質」の分野では頻出であるから，試験中に混乱してしまわないように，しっかりと使いこなせるようにしておきたい。

次に，△CDGの面積と△BFGの面積の面積比を求める際に，△BCGの面積を S とおくことで，△CDGの面積と△BFGの面積を S で表した。この考え方が思い付かなければ，△ABCの面積を S とおいて，△CDGの面積と△BFGの面積を S で表し

てもよい。

また，４点B，D，F，Gが同一円周上にある場合，直接的な誘導は与えられていないが，方べきの定理を用いることに気付きたい。方べきの定理も「図形の性質」の分野ではよく使われるので，問題の中で円を扱っている場合には，常に頭の片隅に留めておくべき定理である。

FD＝1と②より，AF＝8となるから，方べきの定理より，AG・AB＝72　……④が求まる。①より，AG：AB＝1：2となることがわかっているので，AG＝k，AB＝$2k$（$k>0$）とおくことで，ABの長さが求まる。さらに，AE＝$3\sqrt{7}$とするとき，AE：EC＝7：1より，AC＝$\dfrac{24\sqrt{7}}{7}$が求まるので，AE・AC＝72　……⑤が求められる。

ここで，④，⑤から，AG・AB＝AE・ACとなるので，方べきの定理の逆より，４点B，C，E，Gが同一円周上にあることがわかる。

ポイント　**方べきの定理の逆**

２つの線分XYとZW，または，XYの延長とZWの延長どうしが点Pで交わるとき

PX・PY＝PZ・PW

が成り立つならば，４点X，Y，Z，Wは同一円周上にある。

④と⑤に着目することはなかなか難しいが，過去問の演習を通して，方べきの定理を利用することに慣れていたり，近年，センター試験では定理の逆を利用する問題が出題されていたことが意識できていたりすると，思い付きやすかったのではないかと思われる。

四角形BCEGが円に内接することがわかれば，円に内接する四角形の内角は，それに向かい合う角の外角に等しいことを利用して，∠AEG＝∠ABCであることがわかる。

数学Ⅱ・数学B

問題番号（配点）	解答記号	正解	配点	チェック
第1問 (30)	$\frac{\sqrt{\text{ア}}}{\text{イ}}$, ウ	$\frac{\sqrt{3}}{2}$, 3	2	
	$\sin\left(\theta+\frac{\pi}{\text{エ}}\right)$	$\sin\left(\theta+\frac{\pi}{3}\right)$	2	
	$\frac{\text{オ}}{\text{カ}}$, $\frac{\text{キ}}{\text{ク}}$	$\frac{2}{3}$, $\frac{5}{3}$	3	
	ケコ	12	2	
	$\frac{\text{サ}}{\text{シ}}$	$\frac{4}{5}$	2	
	$\frac{\text{ス}}{\text{セ}}$	$\frac{3}{5}$	2	
	ソ	③	2	
	タチ	11	3	
	$\sqrt{\text{ツテ}}$	$\sqrt{13}$	2	
	トナニ	−36	2	
	ヌ$X+Y\leqq$ネノ	$2X+Y\leqq 10$	2	
	ハ$X-Y\geqq$ヒフ	$3X-Y\geqq -4$	2	
	ヘ	7	2	
	ホ	5	2	

問題番号（配点）	解答記号	正解	配点	チェック
第2問 (30)	ア$t+$イ	$2t+2$	2	
	ウ	1	2	
	エ$s-$オ$a+$カ	$2s-4a+2$	2	
	キa^2+ク	$4a^2+1$	2	
	ケ, コ	0, 2	3	
	サ$x+$シ	$2x+1$	2	
	ス	a	2	
	$\frac{a^{\text{セ}}}{\text{ソ}}$	$\frac{a^3}{3}$	3	
	タ	1	2	
	$\frac{\text{チ}}{\text{ツ}}$	$\frac{1}{3}$	3	
	テ, ト, ナ, $\frac{\text{ニ}}{\text{ヌ}}$	2, 4, 2, $\frac{1}{3}$	3	
	$\frac{\text{ネ}}{\text{ノ}}$	$\frac{2}{3}$	3	
	$\frac{\text{ハ}}{\text{ヒフ}}$	$\frac{2}{27}$	1	

問題番号(配点)	解答記号	正　解	配点	チェック
第3問(20)	ア	6	2	
	イ	0	1	
	$\frac{ウ}{(n+エ)(n+オ)}$	$\frac{1}{(n+1)(n+2)}$	2	
	カ	3	1	
	キ	1	1	
	ク，ケ，コ	2，1，1	2	
	$\frac{サ}{シ}$，$\frac{ス}{セ}$	$\frac{1}{6}$，$\frac{1}{2}$	2	
	$\frac{n-ソ}{タ(n+チ)}$	$\frac{n-2}{3(n+1)}$	2	
	ツ，テ，ト	3，1，4	2	
	$\frac{(n+ナ)(n+ニ)}{ヌ}$	$\frac{(n+1)(n+2)}{2}$	2	
	ネ，ノ，ハ	1，0，0	1	
	ヒ	1	2	
第4問(20)	ア$\sqrt{イ}$	$3\sqrt{6}$	2	
	ウ$\sqrt{エ}$	$4\sqrt{3}$	2	
	オカ	36	2	
	$\frac{キク}{ケ}$	$\frac{-2}{3}$	1	
	コ	1	1	
	サ$\sqrt{シ}$	$2\sqrt{6}$	2	
	(ス，セ，ソタ)	(2，2，−4)	1	
	チ	③	2	
	ツテ	30	2	
	ト$+\frac{\sqrt{ナ}}{ニ}$，ヌ$-\frac{\sqrt{ネ}}{ノ}$	$1+\frac{\sqrt{2}}{2}$，$1-\frac{\sqrt{2}}{2}$	2	
	ハヒ	60	1	
	$\sqrt{フ}$	$\sqrt{3}$	1	
	ヘ$\sqrt{ホ}$	$4\sqrt{3}$	1	

問題番号(配点)	解答記号	正　解	配点	チェック
第5問(20)	$\frac{ア}{イ}$	$\frac{1}{4}$	2	
	$\frac{ウ}{エ}$	$\frac{1}{2}$	2	
	$\frac{\sqrt{オ}}{カ}$	$\frac{\sqrt{7}}{4}$	2	
	キクケ	240	2	
	コサ	12	2	
	0.シス	0.02	2	
	セ	2	2	
	$\sqrt{ソ}$	$\sqrt{6}$	2	
	タチ	60	1	
	ツテ	30	1	
	トナ.ニ	44.1	1	
	ヌネ.ノ	55.9	1	

(注)　第1問，第2問は必答。第3問～第5問のうちから2問選択。計4問を解答。

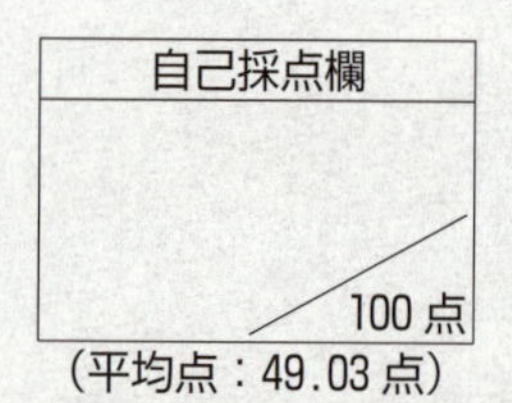

(平均点：49.03 点)

第1問 ── 三角関数，指数・対数関数，図形と方程式

〔1〕 標準 《三角不等式，三角方程式》

(1)　$\sin\theta > \sqrt{3}\cos\left(\theta - \dfrac{\pi}{3}\right)\quad (0 \leqq \theta < 2\pi)$　……①

において，①の右辺は，加法定理を用いると

$$\sqrt{3}\cos\left(\theta-\frac{\pi}{3}\right)=\sqrt{3}\left(\cos\theta\cos\frac{\pi}{3}+\sin\theta\sin\frac{\pi}{3}\right)$$

$$=\sqrt{3}\left(\frac{1}{2}\cos\theta+\frac{\sqrt{3}}{2}\sin\theta\right)$$

$$=\frac{\sqrt{\boxed{3}}}{\boxed{2}}\cos\theta+\frac{\boxed{3}}{2}\sin\theta$$

となるから，①は

$$\sin\theta>\frac{\sqrt{3}}{2}\cos\theta+\frac{3}{2}\sin\theta \qquad \frac{1}{2}\sin\theta+\frac{\sqrt{3}}{2}\cos\theta<0$$

すなわち，$\sin\theta+\sqrt{3}\cos\theta<0\ (0\leqq\theta<2\pi)$ となり，三角関数の合成を用いると

$$\sqrt{1^2+(\sqrt{3})^2}\sin\left(\theta+\frac{\pi}{3}\right)<0$$

$$\sin\left(\theta+\frac{\pi}{\boxed{3}}\right)<0$$

と変形できる。

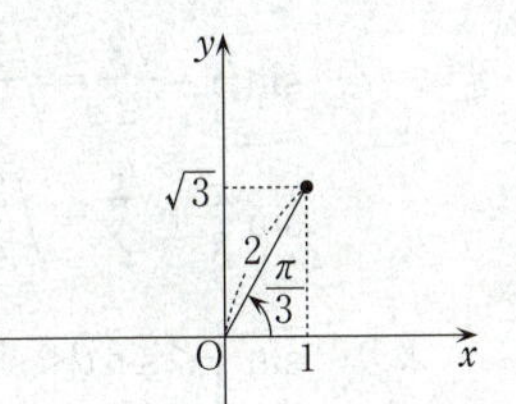

$0\leqq\theta<2\pi$ より，$\dfrac{\pi}{3}\leqq\theta+\dfrac{\pi}{3}<2\pi+\dfrac{\pi}{3}$ であるから，①の解は

$$\pi<\theta+\frac{\pi}{3}<2\pi \quad より \quad \frac{\boxed{2}}{\boxed{3}}\pi<\theta<\frac{\boxed{5}}{\boxed{3}}\pi$$

である。

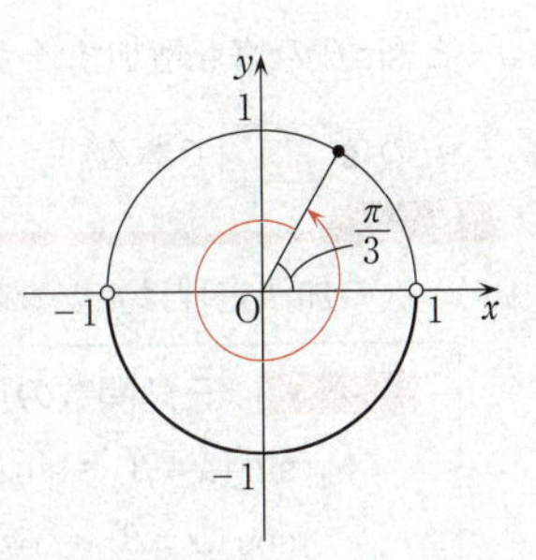

(2)　$\sin\theta$ と $\cos\theta$ $\left(0\leqq\theta\leqq\dfrac{\pi}{2}\right)$ は x の 2 次方程式

$$25x^2-35x+k=0\quad (k\ は実数)\quad ……㋐$$

の解であるから，解と係数の関係により

$$\begin{cases}\sin\theta+\cos\theta=-\dfrac{-35}{25}=\dfrac{7}{5} & ……㋑\\[2mm] \sin\theta\cos\theta=\dfrac{k}{25} & ……㋒\end{cases}$$

が成り立つ。

④の両辺を平方すると

$$\sin^2\theta+2\sin\theta\cos\theta+\cos^2\theta=\frac{49}{25}$$

であるが，$\sin^2\theta+\cos^2\theta=1$ であるから，$\sin\theta\cos\theta=\frac{1}{2}\left(\frac{49}{25}-1\right)=\frac{12}{25}$ である。

したがって，⑨より，$k=$ 12 であることがわかる。このとき，⑦を解くと

$$25x^2-35x+12=0 \qquad (5x-4)(5x-3)=0$$

$$\therefore \quad x=\frac{4}{5},\ \frac{3}{5}$$

となる。この解の一方が $\sin\theta$ で他方が $\cos\theta$ であるが，$\sin\theta \geqq \cos\theta$ を満たすとすると

$$\sin\theta=\frac{4}{5},\qquad \cos\theta=\frac{3}{5}$$

である。

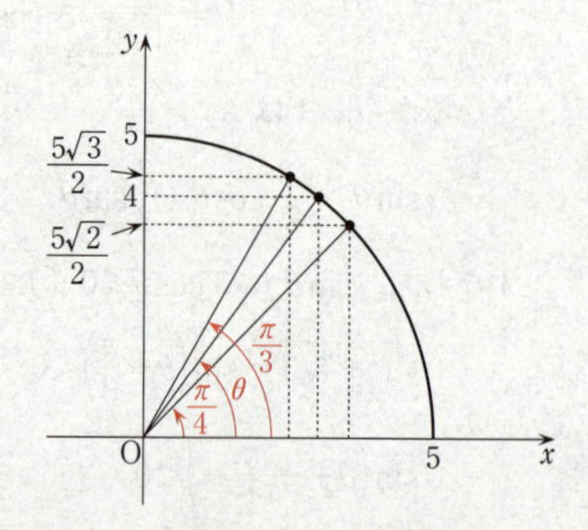

$$\sin\theta=\frac{4}{5}=\sqrt{\frac{16}{25}}=\sqrt{\frac{64}{100}} \quad \left(0\leqq\theta\leqq\frac{\pi}{2}\right)$$

$$\sin\frac{\pi}{4}=\frac{\sqrt{2}}{2}=\sqrt{\frac{2}{4}}=\sqrt{\frac{50}{100}}$$

$$\sin\frac{\pi}{3}=\frac{\sqrt{3}}{2}=\sqrt{\frac{3}{4}}=\sqrt{\frac{75}{100}}$$

より，$\sin\frac{\pi}{4}<\sin\theta<\sin\frac{\pi}{3}$ であることがわかり，$0\leqq\theta\leqq\frac{\pi}{2}$ において，θ が増加すると $\sin\theta$ の値も増加するから，$\frac{\pi}{4}<\theta<\frac{\pi}{3}$ である。したがって，ソ に当てはまるものは ③ である。

解説

(1)　次の加法定理は重要な基本公式である。必ず覚えておかなければならない。

ポイント　三角関数の加法定理

$$\left.\begin{aligned}\sin(\alpha\pm\beta)&=\sin\alpha\cos\beta\pm\cos\alpha\sin\beta\\ \cos(\alpha\pm\beta)&=\cos\alpha\cos\beta\mp\sin\alpha\sin\beta\\ \tan(\alpha\pm\beta)&=\frac{\tan\alpha\pm\tan\beta}{1\mp\tan\alpha\tan\beta}\end{aligned}\right\}\text{（複号同順）}$$

三角関数の合成は，上の加法定理を応用すればよいが，次の公式を覚えておくとよい。

ポイント 三角関数の合成

$$a\sin\theta+b\cos\theta=\sqrt{a^2+b^2}\sin(\theta+\alpha)$$

$$\left(\cos\alpha=\frac{a}{\sqrt{a^2+b^2}},\quad \sin\alpha=\frac{b}{\sqrt{a^2+b^2}}\right)$$

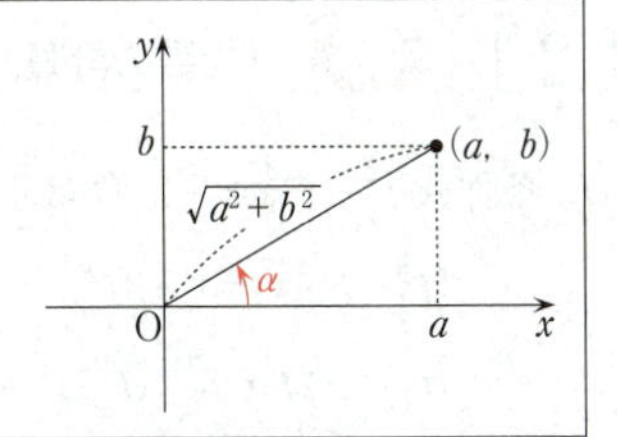

三角不等式 $\sin\left(\theta+\frac{\pi}{3}\right)<0$ $(0\leqq\theta<2\pi)$ において，$\theta+\frac{\pi}{3}=X$ とおけば

$$\sin X<0 \quad \left(\frac{\pi}{3}\leqq X<\frac{7}{3}\pi\right)$$

を解くことになり，解は $\pi<X<2\pi$ である。つまり

$$\pi<\theta+\frac{\pi}{3}<2\pi \quad より \quad \frac{2}{3}\pi<\theta<\frac{5}{3}\pi$$

が得られる。

(2)　2次方程式 $ax^2+bx+c=0$ $(a\neq 0)$ の解を α，β とすると，解と係数の関係

$$\alpha+\beta=-\frac{b}{a},\quad \alpha\beta=\frac{c}{a}$$

が成り立つ。このことを用いると，題意より

$$\sin\theta+\cos\theta=\frac{7}{5},\quad \sin\theta\cos\theta=\frac{k}{25}$$

が得られるが，$\sin\theta$ と $\cos\theta$ の間には，いつでも，基本的であるが重要な関係

$$\sin^2\theta+\cos^2\theta=1$$

が成り立っている。このことを忘れてはならない。

⓪～⑤の6つの区間には共通部分はなく，全部合わせれば $0\leqq\theta\leqq\frac{\pi}{2}$ となるから，$\sin\theta=\frac{4}{5}$ $\left(0\leqq\theta\leqq\frac{\pi}{2}\right)$ を満たす θ は，⓪～⑤のいずれかに含まれる。〔解答〕のような図を描いてみれば容易に見当がつけられるであろう。

〔2〕 標準 《指数の計算，対数不等式，不等式の表す領域》

(1)　条件式 $t^{\frac{1}{3}}-t^{-\frac{1}{3}}=-3$（$t$ は正の実数）の両辺を平方して

$$(t^{\frac{1}{3}}-t^{-\frac{1}{3}})^2=(-3)^2$$

$$(t^{\frac{1}{3}})^2-2t^{\frac{1}{3}}t^{-\frac{1}{3}}+(t^{-\frac{1}{3}})^2=9$$

$(t^{\frac{1}{3}})^2=t^{\frac{2}{3}}$，$t^{\frac{1}{3}}t^{-\frac{1}{3}}=t^{\frac{1}{3}-\frac{1}{3}}=t^0=1$，$(t^{-\frac{1}{3}})^2=t^{-\frac{2}{3}}$ であるから

$$t^{\frac{2}{3}}-2+t^{-\frac{2}{3}}=9$$

$$t^{\frac{2}{3}}+t^{-\frac{2}{3}}=9+2=\boxed{11}$$

である。このとき

$$(t^{\frac{1}{3}}+t^{-\frac{1}{3}})^2=t^{\frac{2}{3}}+2+t^{-\frac{2}{3}}=11+2=13$$

であり，$t^{\frac{1}{3}}>0$，$t^{-\frac{1}{3}}>0$ より，$t^{\frac{1}{3}}+t^{-\frac{1}{3}}>0$ であるから

$$t^{\frac{1}{3}}+t^{-\frac{1}{3}}=\sqrt{\boxed{13}}$$

である。また

$$\begin{aligned}t-t^{-1}&=(t^{\frac{1}{3}})^3-(t^{-\frac{1}{3}})^3\\&=(t^{\frac{1}{3}}-t^{-\frac{1}{3}})\{(t^{\frac{1}{3}})^2+t^{\frac{1}{3}}t^{-\frac{1}{3}}+(t^{-\frac{1}{3}})^2\}\\&=(t^{\frac{1}{3}}-t^{-\frac{1}{3}})(t^{\frac{2}{3}}+1+t^{-\frac{2}{3}})\\&=-3(11+1)=\boxed{-36}\end{aligned}$$

である。

(2)　$\begin{cases}\log_3(x\sqrt{y})\leqq 5 & \cdots\cdots② \\ \log_{81}\dfrac{y}{x^3}\leqq 1 & \cdots\cdots③\end{cases}$　（x，y は正の実数）

②を変形すると，$\log_3(x\sqrt{y})=\log_3(xy^{\frac{1}{2}})=\log_3 x+\log_3 y^{\frac{1}{2}}=\log_3 x+\dfrac{1}{2}\log_3 y$ より

$$\log_3 x+\frac{1}{2}\log_3 y\leqq 5$$

となる。③の左辺に底の変換公式を用いれば

$$\log_{81}\frac{y}{x^3}=\frac{\log_3\dfrac{y}{x^3}}{\log_3 81}=\frac{\log_3 y-\log_3 x^3}{\log_3 3^4}=\frac{\log_3 y-3\log_3 x}{4}$$

となるので

$$\frac{\log_3 y-3\log_3 x}{4}\leqq 1$$

となる。よって，$X=\log_3 x$，$Y=\log_3 y$ とおくと，②は

$$X+\frac{1}{2}Y\leqq 5 \quad \text{すなわち} \quad \boxed{2}\,X+Y\leqq\boxed{10} \quad \cdots\cdots ④$$

と変形でき，③は

$$\frac{Y-3X}{4}\leqq 1 \quad \text{すなわち} \quad \boxed{3}\,X-Y\geqq\boxed{-4} \quad \cdots\cdots ⑤$$

と変形できる。

X，Y が④と⑤を満たすとき，点（X，Y）は右図の網かけ部分（境界はすべて含む）に含まれている。2直線

$$\begin{cases} 2X+Y=10 \\ 3X-Y=-4 \end{cases}$$

の交点の座標は $\left(\frac{6}{5},\ \frac{38}{5}\right)$ であるから

$$Y\leqq\frac{38}{5}$$

である。よって，Y のとり得る最大の整数の値は $\boxed{7}$ である。

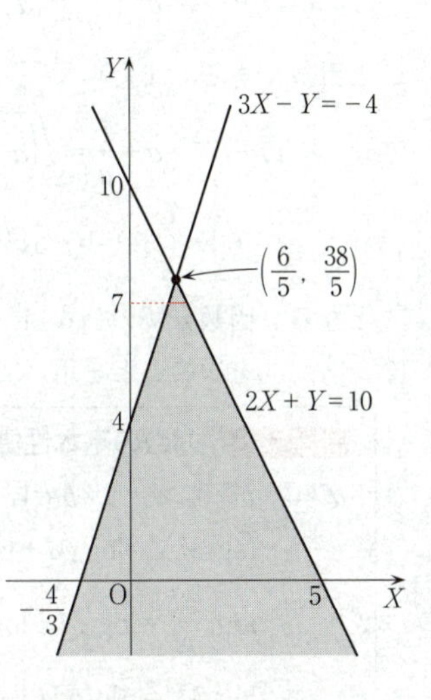

$Y=7$ のとき，④より $X\leqq\frac{3}{2}$，⑤より $X\geqq 1$，す

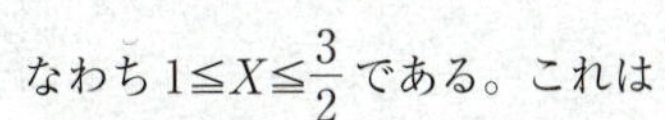
なわち $1\leqq X\leqq\frac{3}{2}$ である。これは

$$1\leqq\log_3 x\leqq\frac{3}{2} \quad \text{すなわち} \quad 3\leqq x\leqq 3^{\frac{3}{2}}=3\sqrt{3}$$

を表しているから，$25<27<36$ より $5<3\sqrt{3}<6$ に注意すれば，x のとり得る最大の整数の値は $\boxed{5}$ である。

解説

(1) 基本問題である。計算ミスをしないように注意しよう。

ポイント　指数法則

$a>0$，$b>0$，m，n を任意の実数とするとき

$$a^m\times a^n=a^{m+n}, \quad a^m\div a^n=a^{m-n}, \quad (a^m)^n=a^{mn}$$

$$(ab)^n=a^nb^n, \quad \left(\frac{a}{b}\right)^n=\frac{a^n}{b^n}$$

$t^{\frac{1}{3}}=a$（$t>0$）と置き換えてもよい。$a>0$ であり

$$t^{-\frac{1}{3}}=(t^{\frac{1}{3}})^{-1}=a^{-1}=\frac{1}{a},\quad t^{\frac{2}{3}}=(t^{\frac{1}{3}})^{2}=a^2,\quad t^{-\frac{2}{3}}=(t^{-\frac{1}{3}})^{2}=\left(\frac{1}{a}\right)^2=\frac{1}{a^2}$$

であるから，条件式 $t^{\frac{1}{3}}-t^{-\frac{1}{3}}=-3$ は $a-\frac{1}{a}=-3$ となり

$$t^{\frac{2}{3}}+t^{-\frac{2}{3}}=a^2+\frac{1}{a^2}=\left(a-\frac{1}{a}\right)^2+2=(-3)^2+2=11$$

と計算できる。また

$$t^{\frac{1}{3}}+t^{-\frac{1}{3}}=a+\frac{1}{a}=\sqrt{\left(a+\frac{1}{a}\right)^2}=\sqrt{\left(a-\frac{1}{a}\right)^2+4}=\sqrt{(-3)^2+4}=\sqrt{13}\quad\left(a+\frac{1}{a}>0\right)$$

$$t-t^{-1}=(t^{\frac{1}{3}})^3-(t^{-\frac{1}{3}})^3=a^3-\left(\frac{1}{a}\right)^3=\left(a-\frac{1}{a}\right)\left\{a^2+1+\left(\frac{1}{a}\right)^2\right\}=-3(11+1)=-36$$

となる。因数分解の公式 $A^3-B^3=(A-B)(A^2+AB+B^2)$ を間違わないように。

(2)　②，③を次のことを用いて④，⑤に変形する。

ポイント　**対数の基本性質と底の変換公式**

$a>0$，$b>0$，$a\neq 1$，$b\neq 1$，$M>0$，$N>0$ のとき

$$\log_a MN=\log_a M+\log_a N$$

$$\log_a \frac{M}{N}=\log_a M-\log_a N$$

$$\log_a M^p=p\log_a M\quad（p\text{ は実数}）$$

底の変換公式　$\log_a M=\dfrac{\log_b M}{\log_b a}$

連立不等式④，⑤を満たす X，Y のとり得る値の範囲を知るには，XY 座標平面を利用するのが一般的である。

④の両辺を3倍した式と，⑤の両辺を -2 倍した式を辺々加えて

$$\begin{array}{rr} & 6X+3Y\leqq 30 \\ +) & -6X+2Y\leqq 8 \\ \hline & 5Y\leqq 38 \end{array}\qquad \therefore\quad Y\leqq\frac{38}{5}$$

とすることも可能であるが，このように式を操作する方法は，思わぬミスを引き起こしやすいので勧められない。〔解答〕のように考える方がよいであろう。

なお，$Y=7$ のとき，$\log_3 y=7$ より $y=3^7$ となるが，これを②，③に戻すのはあまりに遠回りである。連立不等式②，③と連立不等式④，⑤は同値であるから，X の範囲を求めるべきである。

第2問 標準 《共通接線，面積，最大値》

$C : y=x^2+2x+1=(x+1)^2$

$D : y=f(x)=x^2-(4a-2)x+4a^2+1 \quad (a>0)$

(1) 放物線 C と D の両方に接する直線 ℓ の方程式を求める。

ℓ と C は点 $(t,\ t^2+2t+1)$ において接するとすると

$$y=x^2+2x+1 \quad より \quad y'=2x+2$$

であるから，ℓ の方程式は

$$y-(t^2+2t+1)=(2t+2)(x-t)$$

すなわち

$$y=(\boxed{2}t+\boxed{2})x-t^2+\boxed{1} \quad \cdots\cdots ①$$

である。また，ℓ と D は点 $(s,\ f(s))$ において接するとすると

$$f(x)=x^2-(4a-2)x+4a^2+1 \quad より \quad f'(x)=2x-(4a-2)$$

であるから，ℓ の方程式は

$$y-\{s^2-(4a-2)s+4a^2+1\}=\{2s-(4a-2)\}(x-s)$$

すなわち

$$y=(\boxed{2}s-\boxed{4}a+\boxed{2})x-s^2+\boxed{4}a^2+\boxed{1} \quad \cdots\cdots ②$$

である。ここで，①と②は同じ直線を表しているので

$$\begin{cases} 2t+2=2s-4a+2 \\ -t^2+1=-s^2+4a^2+1 \end{cases} \quad \therefore \quad \begin{cases} t=s-2a & \cdots\cdots ③ \\ t^2=s^2-4a^2 & \cdots\cdots ④ \end{cases}$$

が成り立つ。③より $s=t+2a$，これを④に代入すると

$$t^2=(t+2a)^2-4a^2 \qquad t^2=t^2+4at$$

$a>0$ より $a\neq 0$ であるから，$t=\boxed{0}$ を得て，このとき③より $s=\boxed{2}a$ が成り立つ。

したがって，ℓ の方程式は

$$\ell : y=\boxed{2}x+\boxed{1}$$

である。

(2) 二つの放物線 C，D の交点の x 座標は

$$x^2+2x+1=x^2-(4a-2)x+4a^2+1$$

の実数解で与えられる。これを変形すると

$$4ax=4a^2$$

となり，$a>0$ より $a\neq 0$ であるので，$x=a$ を得るから，C と D の交点の x 座標は $\boxed{a}$ である。

C と直線 ℓ，および直線 $x=a$ で囲まれた図形は右図の赤色の部分であり，この部分の面積 S は

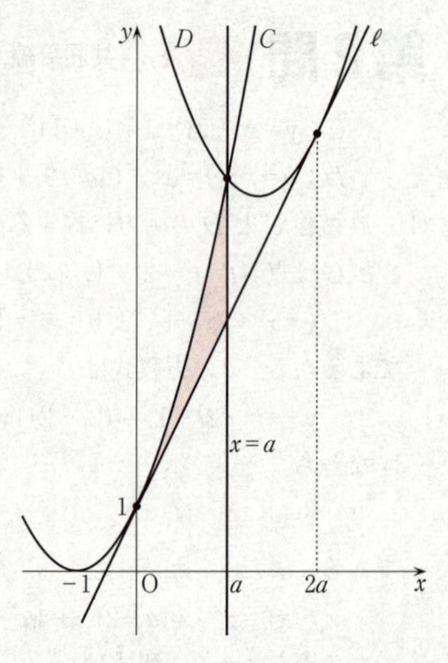

$$S=\int_0^a\{(x^2+2x+1)-(2x+1)\}dx$$

$$=\int_0^a x^2dx=\left[\frac{x^3}{3}\right]_0^a=\frac{a^{\boxed{3}}}{\boxed{3}}$$

である。

(3)　二つの放物線 C，D と直線 ℓ で囲まれた図形の中で $0\leqq x\leqq 1$ を満たす部分の面積 T は，右図でわかるように，$0\leqq x<a$ の範囲では D が C の上側にあることから，$a>\boxed{1}$ のとき，a の値によらず

$$T=\int_0^1\{(x^2+2x+1)-(2x+1)\}dx$$

$$=\frac{\boxed{1}}{\boxed{3}}\quad（上の S の計算を利用）$$

である。

$\frac{1}{2}\leqq a\leqq 1$ のとき，右図の赤色の部分の面積が T であるので

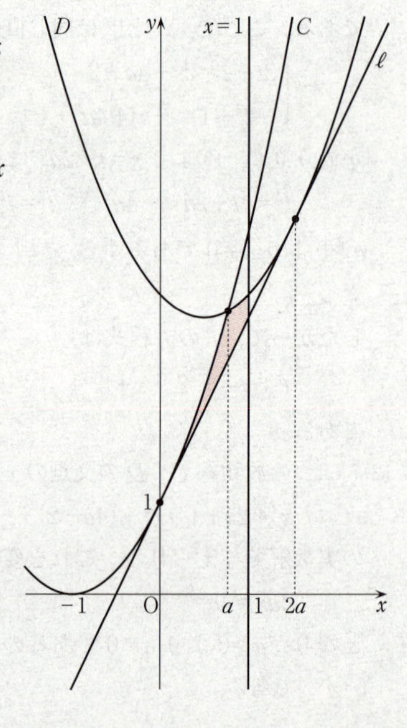

$$T=S+\int_a^1\{x^2-(4a-2)x+4a^2+1-(2x+1)\}dx$$

$$=\frac{a^3}{3}+\left[\frac{x^3}{3}-2ax^2+4a^2x\right]_a^1$$

$$=\frac{a^3}{3}+\frac{1^3-a^3}{3}-2a(1^2-a^2)+4a^2(1-a)$$

$$=-\boxed{2}a^3+\boxed{4}a^2-\boxed{2}a+\frac{\boxed{1}}{\boxed{3}}$$

である。

(4)
$$U=2T-3S$$

$$=2\left(-2a^3+4a^2-2a+\frac{1}{3}\right)-3\times\frac{a^3}{3}$$

$$=-5a^3+8a^2-4a+\frac{2}{3}\quad\left(\frac{1}{2}\leqq a\leqq 1\right)$$

を $U(a)$ と表すと

$$U'(a) = -15a^2+16a-4$$
$$= -(15a^2-16a+4)$$
$$= -(3a-2)(5a-2)$$

であるから，$\frac{1}{2} \leqq a \leqq 1$ における $U(a)$ の増減表は右のようになる。よって

a	$\frac{1}{2}$	$\cdots$	$\frac{2}{3}$	$\cdots$	1
$U'(a)$		+	0	−	
$U(a)$		↗	$U\left(\frac{2}{3}\right)$	↘	

$$U\left(\frac{2}{3}\right) = -5\times\frac{8}{27}+8\times\frac{4}{9}-4\times\frac{2}{3}+\frac{2}{3}$$
$$= \frac{-40+96-72+18}{27} = \frac{2}{27}$$

より，U は

$a = \frac{\boxed{2}}{\boxed{3}}$ で最大値 $\frac{\boxed{2}}{\boxed{27}}$ をとる。

解説

(1) $f(x)$ の係数に文字 a が含まれているので計算ミスに注意しよう。

> **ポイント　接線の方程式**
>
> 曲線 $y=f(x)$ 上の点 $(t,\ f(t))$ における，この曲線の接線の方程式は
>
> $y-f(t)=f'(t)(x-t)$

2 直線 $y=mx+n$，$y=m'x+n'$ が一致するのは

$m=m'$　かつ　$n=n'$

が成り立つときである。

(2) 二つの曲線（直線の場合も含む）$y=f(x)$，$y=g(x)$ の交点の x 座標は，方程式 $f(x)=g(x)$ の実数解で与えられる。

面積 S を求める計算は基本的であるが，図を描いて考察することを怠らないようにしよう。

(3) $a \geqq \frac{1}{2}$ としてあるから，$2a \geqq 1$ であり，ℓ と D の接点の x 座標 $2a$ は 1 より小さくなることはないが，C と D の交点の x 座標 a は，$0 \leqq x \leqq 1$ の範囲に入らないことも入ることもある。入らない場合の T の計算は簡単である。入る場合は

$$T=\int_0^a (C-\ell)\,dx+\int_a^1 (D-\ell)\,dx \quad \left(\begin{array}{l} C \text{ は } x^2+2x+1,\ D \text{ は } f(x), \\ \ell \text{ は } 2x+1 \text{ を表す} \end{array}\right)$$

となる。図が微妙であるので慎重に対処しなければならない。

(4) $U=2T-3S$ は a の 3 次関数になる。$\frac{1}{2} \leqq a \leqq 1$ の範囲での最大値を求めればよい。微分法を用いる典型的な問題である。

第3問　やや難　《特殊な漸化式，整数の性質》

$$\begin{cases} a_1=0 \\ a_{n+1}=\dfrac{n+3}{n+1}\{3a_n+3^{n+1}-(n+1)(n+2)\} \quad (n=1,\ 2,\ 3,\ \cdots) \end{cases} \quad \cdots\cdots①$$

(1)　①において，$n=1$ とすると

$$a_2=\frac{4}{2}(3a_1+3^2-2\times3)$$
$$=2(3\times0+9-6)=\boxed{6} \quad (a_1=0)$$

である。

(2)　$b_n=\dfrac{a_n}{3^n(n+1)(n+2)}$ とおくと

$$b_1=\frac{a_1}{3\times2\times3}=\frac{0}{18}=\boxed{0} \quad (a_1=0)$$

である。

①の両辺を $3^{n+1}(n+2)(n+3)$ で割ると

$$\frac{a_{n+1}}{3^{n+1}(n+2)(n+3)}=\frac{(n+3)\{3a_n+3^{n+1}-(n+1)(n+2)\}}{(n+1)\times3^{n+1}(n+2)(n+3)}$$
$$=\frac{3a_n+3^{n+1}-(n+1)(n+2)}{3^{n+1}(n+1)(n+2)}$$
$$=\frac{a_n}{3^n(n+1)(n+2)}+\frac{1}{(n+1)(n+2)}-\left(\frac{1}{3}\right)^{n+1}$$

となるから

$$b_{n+1}=b_n+\frac{\boxed{1}}{(n+\boxed{1})(n+\boxed{2})}-\left(\frac{1}{\boxed{3}}\right)^{n+1}$$

を得る。

$\dfrac{1}{(n+1)(n+2)}=\dfrac{1}{n+1}-\dfrac{1}{n+2}$ と分解できるから

$$b_{n+1}-b_n=\left(\frac{\boxed{1}}{n+1}-\frac{1}{n+2}\right)-\left(\frac{1}{3}\right)^{n+1}$$

である。

n を2以上の自然数とするとき

$$\sum_{k=1}^{n-1}\left(\frac{1}{k+1}-\frac{1}{k+2}\right)=\left(\frac{1}{2}-\frac{1}{3}\right)+\left(\frac{1}{3}-\frac{1}{4}\right)+\cdots+\left(\frac{1}{n}-\frac{1}{n+1}\right)$$
$$=\frac{1}{2}-\frac{1}{n+1}=\frac{(n+1)-2}{2(n+1)}$$

$$=\frac{1}{\boxed{2}}\left(\frac{n-\boxed{1}}{n+\boxed{1}}\right)$$

$$\sum_{k=1}^{n-1}\left(\frac{1}{3}\right)^{k+1}=\left(\frac{1}{3}\right)^2+\left(\frac{1}{3}\right)^3+\cdots+\left(\frac{1}{3}\right)^n\quad\left(\text{初項}\,\frac{1}{9},\ \text{公比}\,\frac{1}{3},\ \text{項数}\,n-1\right)$$

$$=\frac{\frac{1}{9}\left\{1-\left(\frac{1}{3}\right)^{n-1}\right\}}{1-\frac{1}{3}}=\frac{1}{6}\left\{1-\left(\frac{1}{3}\right)^{n-1}\right\}$$

$$=\frac{\boxed{1}}{\boxed{6}}-\frac{\boxed{1}}{\boxed{2}}\left(\frac{1}{3}\right)^n\quad\left(\frac{1}{6}\times\left(\frac{1}{3}\right)^{-1}=\frac{1}{2}\right)$$

が成り立つことを利用すると

$$b_n=b_1+\sum_{k=1}^{n-1}(b_{k+1}-b_k)=0+\sum_{k=1}^{n-1}\left\{\left(\frac{1}{k+1}-\frac{1}{k+2}\right)-\left(\frac{1}{3}\right)^{k+1}\right\}$$

$$=\sum_{k=1}^{n-1}\left(\frac{1}{k+1}-\frac{1}{k+2}\right)-\sum_{k=1}^{n-1}\left(\frac{1}{3}\right)^{k+1}$$

$$=\frac{1}{2}\left(\frac{n-1}{n+1}\right)-\left\{\frac{1}{6}-\frac{1}{2}\left(\frac{1}{3}\right)^n\right\}$$

$$=\frac{n-1}{2(n+1)}-\frac{1}{6}+\frac{1}{2}\left(\frac{1}{3}\right)^n=\frac{3(n-1)-(n+1)}{6(n+1)}+\frac{1}{2}\left(\frac{1}{3}\right)^n$$

$$=\frac{n-\boxed{2}}{\boxed{3}\,(n+\boxed{1}\,)}+\frac{1}{2}\left(\frac{1}{3}\right)^n$$

が得られ，これは $n=1$ のときも成り立つから，これが数列 $\{b_n\}$ の一般項である。

(3)　(2)により，数列 $\{a_n\}$ の一般項は

$$a_n=3^n(n+1)(n+2)\,b_n=3^n(n+1)(n+2)\left\{\frac{n-2}{3(n+1)}+\frac{1}{2}\left(\frac{1}{3}\right)^n\right\}$$

$$=\boxed{3}^{\,n-\boxed{1}}(n^2-\boxed{4}\,)+\frac{(n+\boxed{1}\,)(n+\boxed{2}\,)}{\boxed{2}}\quad\cdots\cdots②$$

で与えられる。$(n+1)$，$(n+2)$ は連続する2自然数であるから，一方は偶数であるので，すべての自然数 n について，a_n は整数となることがわかる。

(4)　$a_1=0$，a_2-6 であるから，a_1，a_2 ともに3で割った余りは0である。

$n\geqq3$ のとき，②の $3^{n-1}(n^2-4)$ は3の倍数であるから，a_n を3で割った余りは，整数 $\frac{(n+1)(n+2)}{2}$ （$=f(n)$ とおく）を3で割った余りに等しい。自然数 k に対して，$f(3k)=\frac{(3k+1)(3k+2)}{2}=\frac{9k^2+9k+2}{2}=\frac{9k(k+1)}{2}+1$ を3で割った余りは

1である（$k(k+1)$ は2の倍数）。

$f(3k+1)=\dfrac{(3k+2)(3k+3)}{2}=\dfrac{3(3k+2)(k+1)}{2}$ は整数で，3を因数にもつから，

3で割った余りは0である。

$f(3k+2)=\dfrac{(3k+3)(3k+4)}{2}=\dfrac{3(k+1)(3k+4)}{2}$ は整数で，3を因数にもつから，

3で割った余りは0である。

以上のことから，a_{3k}，a_{3k+1}，a_{3k+2} を3で割った余りはそれぞれ，［1］，［0］，［0］である。$a_1=0$，$a_2=6$ を考慮しても a_n を3で割った余りは，n が3の倍数のときに限り1となり，3の倍数でないときは0である。

和 $a_1+a_2+\cdots+a_{2020}$ を3で割った余りは，a_1，a_2，…，a_{2020} それぞれを3で割った余りの和を3で割った余りに等しい。$2020=3\times673+1$ であるから，a_1，a_2，…，a_{2020} のうち，3で割った余りが1になるのは673個ある。したがって，a_1，a_2，…，a_{2020} それぞれを3で割った余りの和は673である。$673=3\times224+1$ より，求める余りは［1］である。

解説

(1)　①に $n=1$ を代入するだけだが，計算ミスをしないように注意しよう。

(2)　漸化式①は見慣れない形であるが，誘導に従えば必ずできる，と自信をもって落ち着いて対処したい。

$b_n=\dfrac{a_n}{3^n(n+1)(n+2)}$ とおくと　　$b_{n+1}=\dfrac{a_{n+1}}{3^{n+1}(n+2)(n+3)}$

であるから，問題文の指示がなくても，①の両辺を $3^{n+1}(n+2)(n+3)$ で割るという考えが浮かぶであろう。

ポイント　階差数列

数列 $\{b_n\}$ の階差数列とは

b_2-b_1，b_3-b_2，…，b_n-b_{n-1}，$b_{n+1}-b_n$，…
（初項）（第2項）　（第 $n-1$ 項）（第 n 項）

のことで，等式

$$b_n=b_1+(b_2-b_1)+(b_3-b_2)+\cdots+(b_n-b_{n-1})$$

が成り立つので，$n\geqq2$ のとき

$$b_n=b_1+\sum_{k=1}^{n-1}(b_{k+1}-b_k)=(\{b_n\}\text{ の初項})+\left(\begin{array}{l}\text{階差数列の初項から}\\\text{第 }n-1\text{ 項までの和}\end{array}\right)$$

と表せる。$n=1$ の場合に成り立つことを付記しておく。

$\sum_{k=1}^{n-1}(b_{k+1}-b_k)$ の計算では，部分分数分解，等比数列の和を用いている。いずれも基本的な知識である。

(3) $b_n=\dfrac{a_n}{3^n(n+1)(n+2)}$ とおいたのだから，$a_n=3^n(n+1)(n+2)b_n$ である（b_n が求まれば a_n が求まる）。

(4) 整数 a_n を 3 で割ったとき，商を q_n，余りを r_n とすると，$a_n=3q_n+r_n$ で，r_n は 0 または 1 または 2 である。本問の場合

$$\sum_{n=1}^{2020}a_n=\sum_{n=1}^{2020}(3q_n+r_n)=3\sum_{n=1}^{2020}q_n+\sum_{n=1}^{2020}r_n=(3\text{の倍数})+\sum_{n=1}^{2020}r_n$$

であるから，$\sum_{n=1}^{2020}a_n$ を 3 で割った余りは，$\sum_{n=1}^{2020}r_n$ を 3 で割った余りに等しい。

$$\sum_{n=1}^{2020}r_n=0+0+\underset{(r_3)}{1}+0+0+\underset{(r_6)}{1}+0+0+\cdots+0+\underset{(r_{2019})}{1}+0 \quad (1\text{が}673\text{個})$$

となっている。

連続 2 整数の積は必ず 2 の倍数であり，連続 3 整数の積は必ず 6 の倍数である。連続 2 整数は一方が偶数であり他方が奇数であるし，連続 3 整数は必ず 3 の倍数を 1 個含み，偶数を少なくとも 1 つ含むからである。

なお，自然数を 3 で割った余りを求めるには，自然数の各桁の和を 3 で割った余りを求めればよい。673 では，$6+7+3=16$ を 3 で割って余りは 1 となる。桁数が大きいときには便利な方法である。4 桁の自然数 $d_1d_2d_3d_4$（d_1，d_2，d_3，d_4 は 0 以上 9 以下の整数で，$d_1\neq0$ とする）を例にして考えると

$$\begin{aligned}&d_1\times10^3+d_2\times10^2+d_3\times10^1+d_4\times10^0\\&=1000d_1+100d_2+10d_3+d_4\\&=999d_1+99d_2+9d_3+(d_1+d_2+d_3+d_4)\\&=3^2(111d_1+11d_2+d_3)+(d_1+d_2+d_3+d_4)\end{aligned}$$

となるから，3 で割った余りは，$d_1+d_2+d_3+d_4$ を 3 で割った余りに等しい。9 で割る場合もこの方法が使えることがわかる。

第4問　標準　《空間ベクトル》

3点O(0, 0, 0)，A(3, 3, −6)，B$(2+2\sqrt{3},\ 2-2\sqrt{3},\ -4)$ の定める平面 α 上の点Cに対して

$$\overrightarrow{OA}\perp\overrightarrow{OC},\quad \overrightarrow{OB}\cdot\overrightarrow{OC}=24 \quad \cdots\cdots①$$

が成り立つ。

(1)　$\overrightarrow{OA}=(3,\ 3,\ -6)$，$\overrightarrow{OB}=(2+2\sqrt{3},\ 2-2\sqrt{3},\ -4)$ であるから

$$|\overrightarrow{OA}|=\sqrt{3^2+3^2+(-6)^2}=\sqrt{54}=\boxed{3}\sqrt{\boxed{6}}$$

$$|\overrightarrow{OB}|=\sqrt{(2+2\sqrt{3})^2+(2-2\sqrt{3})^2+(-4)^2}=\sqrt{48}=\boxed{4}\sqrt{\boxed{3}}$$

$$\overrightarrow{OA}\cdot\overrightarrow{OB}=3(2+2\sqrt{3})+3(2-2\sqrt{3})+(-6)\times(-4)=\boxed{36}$$

である。

(2)　点Cは平面 α 上にあるので，実数 s，t を用いて，$\overrightarrow{OC}=s\overrightarrow{OA}+t\overrightarrow{OB}$ と表すことができる。①より，$\overrightarrow{OA}\cdot\overrightarrow{OC}=0$，$\overrightarrow{OB}\cdot\overrightarrow{OC}=24$ であるから

$$\overrightarrow{OA}\cdot\overrightarrow{OC}=\overrightarrow{OA}\cdot(s\overrightarrow{OA}+t\overrightarrow{OB})=s|\overrightarrow{OA}|^2+t\overrightarrow{OA}\cdot\overrightarrow{OB}=54s+36t=0$$

$$\therefore\quad 6s+4t=0 \quad \cdots\cdots②$$

$$\overrightarrow{OB}\cdot\overrightarrow{OC}=\overrightarrow{OB}\cdot(s\overrightarrow{OA}+t\overrightarrow{OB})=s\overrightarrow{OA}\cdot\overrightarrow{OB}+t|\overrightarrow{OB}|^2=36s+48t=24$$

$$\therefore\quad 3s+4t=2 \quad \cdots\cdots③$$

連立方程式②，③を解くと

$$s=\frac{\boxed{-2}}{\boxed{3}},\quad t=\boxed{1}$$

である。したがって

$$|\overrightarrow{OC}|^2=\left|-\frac{2}{3}\overrightarrow{OA}+\overrightarrow{OB}\right|^2=\left(-\frac{2}{3}\overrightarrow{OA}+\overrightarrow{OB}\right)\cdot\left(-\frac{2}{3}\overrightarrow{OA}+\overrightarrow{OB}\right)$$

$$=\frac{4}{9}|\overrightarrow{OA}|^2-\frac{4}{3}\overrightarrow{OA}\cdot\overrightarrow{OB}+|\overrightarrow{OB}|^2$$

$$=\frac{4}{9}\times54-\frac{4}{3}\times36+48=24-48+48=24$$

$|\overrightarrow{OC}|\geqq0$ より，$|\overrightarrow{OC}|=\sqrt{24}=\boxed{2}\sqrt{\boxed{6}}$ である。

(3)

$$\overrightarrow{OC}=-\frac{2}{3}\overrightarrow{OA}+\overrightarrow{OB}=-\frac{2}{3}(3,\ 3,\ -6)+(2+2\sqrt{3},\ 2-2\sqrt{3},\ -4)$$

$$=(-2,\ -2,\ 4)+(2+2\sqrt{3},\ 2-2\sqrt{3},\ -4)=(2\sqrt{3},\ -2\sqrt{3},\ 0)$$

であるから

$$\overrightarrow{CB}=\overrightarrow{OB}-\overrightarrow{OC}=(2+2\sqrt{3},\ 2-2\sqrt{3},\ -4)-(2\sqrt{3},\ -2\sqrt{3},\ 0)$$

$= (\boxed{2},\ \boxed{2},\ \boxed{-4})$

である。よって，$\overrightarrow{CB} = \dfrac{2}{3}\overrightarrow{OA}$ となる。

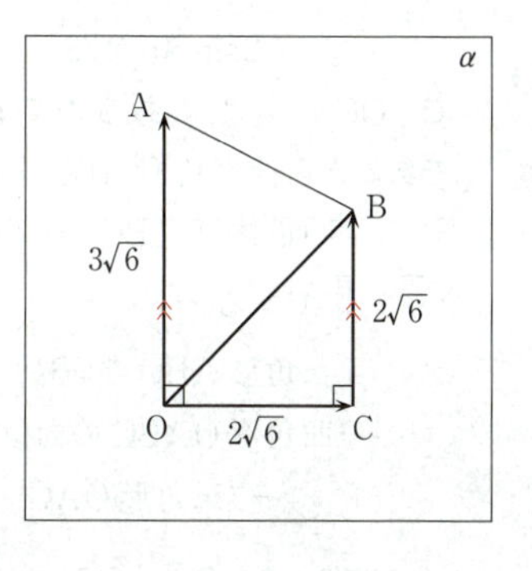

したがって，4点O，A，B，Cの平面 α 上の配置は右図のようになる。

つまり，四角形OABCは，正方形でも，長方形でも，平行四辺形でもなく，台形である。$\boxed{チ}$ に当てはまるものは $\boxed{③}$ である。

$\overrightarrow{OA} \perp \overrightarrow{OC}$ であるので，四角形OABCの面積は

$$\frac{1}{2}(OA + CB) \times OC = \frac{1}{2}\left(OA + \frac{2}{3}OA\right) \times OC$$

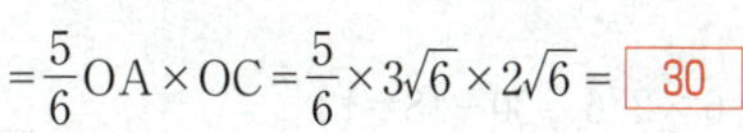

$$= \frac{5}{6}OA \times OC = \frac{5}{6} \times 3\sqrt{6} \times 2\sqrt{6} = \boxed{30}$$

である。

(4) $\overrightarrow{OA} \perp \overrightarrow{OD}$，$\overrightarrow{OC} \cdot \overrightarrow{OD} = 2\sqrt{6}$ かつ z 座標が1であるような点Dの座標を $(x,\ y,\ 1)$ とおくと，$\overrightarrow{OA} \perp \overrightarrow{OD}$ より $\overrightarrow{OA} \cdot \overrightarrow{OD} = 0$ であるから

$$3x + 3y - 6 = 0 \qquad \therefore\ x + y = 2 \quad \cdots\cdots④$$

が成り立ち，また，$\overrightarrow{OC} \cdot \overrightarrow{OD} = 2\sqrt{6}$ より

$$2\sqrt{3}x - 2\sqrt{3}y = 2\sqrt{6} \qquad \therefore\ x - y = \sqrt{2} \quad \cdots\cdots⑤$$

が成り立つ。連立方程式④，⑤を解くと

$$x = \frac{1}{2}(2 + \sqrt{2}),\quad y = \frac{1}{2}(2 - \sqrt{2})$$

が得られるので，点Dの座標は

$$\left(\boxed{1} + \frac{\sqrt{\boxed{2}}}{\boxed{2}},\ \boxed{1} - \frac{\sqrt{\boxed{2}}}{\boxed{2}},\ 1\right)$$

である。このとき，$|\overrightarrow{OD}| = \sqrt{\left(1 + \dfrac{\sqrt{2}}{2}\right)^2 + \left(1 - \dfrac{\sqrt{2}}{2}\right)^2 + 1^2} = 2$ であるから

$$\overrightarrow{OC} \cdot \overrightarrow{OD} = |\overrightarrow{OC}||\overrightarrow{OD}|\cos\angle COD \quad より \quad 2\sqrt{6} = 2\sqrt{6} \times 2 \times \cos\angle COD$$

を得て，$\cos\angle COD = \dfrac{1}{2}$ がわかる。$0° \leqq \angle COD \leqq 180°$ より，$\angle COD = \boxed{60}°$ である。

$\overrightarrow{OA} \perp \overrightarrow{OC}$，$\overrightarrow{OA} \perp \overrightarrow{OD}$，$\overrightarrow{OC} \not\parallel \overrightarrow{OD}$ であるから，OAは3点O，C，Dの定める平面 β に垂直である。平面 α はOAを含むから，α と β は垂直である。点DからOCに下ろした垂線をDHとすると

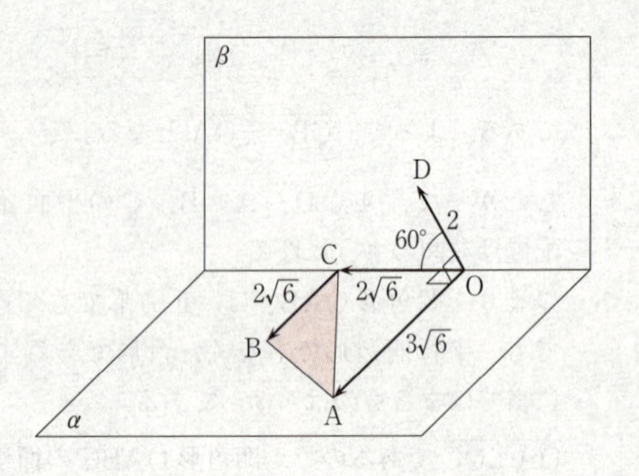

$$\mathrm{DH} = \mathrm{OD}\sin\angle\mathrm{COD}$$
$$= 2\sin 60° = \sqrt{3}$$

で，OC は α 上にあるので DH⊥α であるから，三角形 ABC を底面とする四面体 DABC の高さは $\sqrt{\boxed{3}}$ である。また

（三角形 ABC の面積）
＝（四角形 OABC の面積）
　　－（三角形 OAC の面積）

$$= 30 - \frac{1}{2} \times \mathrm{OA} \times \mathrm{OC}$$

$$= 30 - \frac{1}{2} \times 3\sqrt{6} \times 2\sqrt{6} = 30 - 18 = 12$$

であるから，四面体 DABC の体積は

$$\frac{1}{3} \times (\text{三角形 ABC の面積}) \times \mathrm{DH} = \frac{1}{3} \times 12 \times \sqrt{3} = \boxed{4}\sqrt{\boxed{3}}$$

である。

解説

(1)　次のことを知っていれば十分に対応できる。

ポイント　ベクトルの大きさと内積

$\vec{a} = (a_1,\ a_2,\ a_3)$，$\vec{b} = (b_1,\ b_2,\ b_3)$ のとき

$$|\vec{a}| = \sqrt{a_1{}^2 + a_2{}^2 + a_3{}^2}, \quad \vec{a}\cdot\vec{b} = a_1b_1 + a_2b_2 + a_3b_3$$

(2)　ある平面上に二つのベクトル $\vec{a}$，$\vec{b}$ があり，$\vec{a} \neq \vec{0}$，$\vec{b} \neq \vec{0}$，$\vec{a} \not\parallel \vec{b}$ であれば，この平面上の任意のベクトルは，$s\vec{a} + t\vec{b}$（s，t は実数）の形に表せる。このことは非常に重要である。

$|\overrightarrow{\mathrm{OC}}|$ を求めるとき，〔解答〕では $|\overrightarrow{\mathrm{OC}}|^2 = \left|-\frac{2}{3}\overrightarrow{\mathrm{OA}} + \overrightarrow{\mathrm{OB}}\right|^2$ を用いたが，$\overrightarrow{\mathrm{OC}}$ を成分で表してから成分の計算で求めると，(3)で少し楽ができる。

(3)　$\overrightarrow{\mathrm{CB}} = \frac{2}{3}\overrightarrow{\mathrm{OA}}$ であることに気付くことがポイントになる。これは，$\overrightarrow{\mathrm{CB}}$ と $\overrightarrow{\mathrm{OA}}$ が同じ向きに平行であることと，$|\overrightarrow{\mathrm{CB}}| = \frac{2}{3}|\overrightarrow{\mathrm{OA}}|$ であることを同時に表している。条件 $\overrightarrow{\mathrm{OA}} \perp \overrightarrow{\mathrm{OC}}$ とあわせて〔解答〕のような図が描けることになる。四角形 OABC が台形であることは一目瞭然であろう。

(4) (2)と同じように連立方程式を解くことで，点Dの座標を求めることができる。ベクトルのなす角については，次の内積の幾何的定義を想起する。

ポイント **内積の定義**

$\vec{a}$，$\vec{b}$ のなす角を θ とすると，内積 $\vec{a}\cdot\vec{b}$ は

$$\vec{a}\cdot\vec{b}=|\vec{a}||\vec{b}|\cos\theta$$

と定義される。ただし，$\vec{a}=\vec{0}$ または $\vec{b}=\vec{0}$ のときは $\vec{a}\cdot\vec{b}=0$ とする。

2平面 α，β が垂直であることは，問題文に書かれているが，なぜそうなるかをよく理解しておこう。誘導が親切であるから，図さえ描ければ四面体DABCの体積計算は容易であろう。

第5問　標準　《平均，標準偏差，二項分布，正規分布表，信頼区間》

(1)　ある高校の全生徒720人から1人を無作為に選んだとき，その生徒が借りた本の冊数を表す確率変数 X は，題意より，右の分布に従う。したがって，X の平均 $E(X)$，X^2 の平均 $E(X^2)$，X の標準偏差 $\sigma(X)$ は次のようになる。

X	0	1	2	3	計
P	$\frac{612}{720}$	$\frac{54}{720}$	$\frac{36}{720}$	$\frac{18}{720}$	1

$$E(X)=0\times\frac{612}{720}+1\times\frac{54}{720}+2\times\frac{36}{720}+3\times\frac{18}{720}=\frac{1}{720}(54+72+54)$$

$$=\frac{180}{720}=\frac{\boxed{1}}{\boxed{4}}$$

$$E(X^2)=0^2\times\frac{612}{720}+1^2\times\frac{54}{720}+2^2\times\frac{36}{720}+3^2\times\frac{18}{720}=\frac{1}{720}(54+4\times36+9\times18)$$

$$=\frac{360}{720}=\frac{\boxed{1}}{\boxed{2}}$$

$$\sigma(X)=\sqrt{E(X^2)-\{E(X)\}^2}=\sqrt{\frac{1}{2}-\left(\frac{1}{4}\right)^2}=\sqrt{\frac{1}{2}-\frac{1}{16}}=\sqrt{\frac{7}{16}}=\frac{\sqrt{\boxed{7}}}{\boxed{4}}$$

(2)　母集団が市内の高校生全員であり，ある1週間に市立図書館を利用した生徒の割合（母比率）が p，この母集団から600人を無作為に選んだとき，その1週間に市立図書館を利用した生徒の数が Y であるのだから，確率変数 Y は二項分布 $B(600,\ p)$ に従う。Y の平均は $E(Y)=600p$，標準偏差 $\sigma(Y)=\sqrt{600p(1-p)}$ である。

$p=0.4$ のとき，Y の平均と標準偏差は次のようになる。

$$E(Y)=600\times0.4=\boxed{240}$$

$$\sigma(Y)=\sqrt{600\times0.4\times(1-0.4)}=\sqrt{144}=\boxed{12}$$

標本数600は十分に大きいので，Y は近似的に正規分布 $N(240,\ 12^2)$ に従うから，確率変数 $Z=\dfrac{Y-240}{12}$ は標準正規分布 $N(0,\ 1)$ に従う。よって，Y が215以下となる確率は

$$P(Y\leqq215)=P\left(Z\leqq\frac{215-240}{12}\right)=P\left(Z\leqq-\frac{25}{12}\right)\fallingdotseq P(Z\leqq-2.08)$$

$$=P(Z\geqq2.08)=P(Z\geqq0)-P(0\leqq Z\leqq2.08)$$

$$=0.5-0.4812\quad(\text{正規分布表より})$$

$$=0.0188\fallingdotseq0.\boxed{02}$$

になる。

また，$p=0.2$ のとき，Y の平均は $600\times0.2=120$ で，これは，240 の $\dfrac{1}{\boxed{2}}$ 倍，

標準偏差は $\sqrt{600\times0.2\times(1-0.2)}=\sqrt{600\times0.2\times0.8}=\sqrt{96}=4\sqrt{6}$ で，これは 12 の

$\dfrac{\sqrt{\boxed{6}}}{3}$ 倍である。

(3)　1回あたりの利用時間（分）を表す確率変数 W が，母平均 m，母標準偏差 30 の分布に従うとき，この母集団から大きさ n の標本 W_1，W_2，…，W_n を無作為に抽出すれば，各 W_k（$k=1$，2，…，n）は大きさ1の標本の確率変数と考えてよいから，それぞれ母集団分布に従い，平均 $E(W_k)=m$，標準偏差 $\sigma(W_k)=30$ である。したがって，確率変数の変換 $U_k=W_k-60$（$k=1$，2，…，n）を行うとき，平均，標準偏差は

$$E(U_k)=E(W_k-60)=E(W_k)-60=m-\boxed{60}$$

$$\sigma(U_k)=\sigma(W_k-60)=\sigma(W_k)=\boxed{30}$$

である。

母平均 $m-60$，母標準偏差 30 をもつ母集団から抽出された大きさ 100 の無作為標本の標本平均 $\overline{U}$ は，近似的に正規分布 $N\left(m-60,\ \dfrac{30^2}{100}\right)$ に従うから，$t=m-60$ とおくとき，確率変数 $V=\dfrac{\overline{U}-t}{\sqrt{\dfrac{30^2}{100}}}=\dfrac{\overline{U}-t}{3}$ は標準正規分布 $N(0,\ 1)$ に従う。

正規分布表より，$P(|V|\leqq1.96)\fallingdotseq0.95$ であるから

$$P\left(\left|\frac{\overline{U}-t}{3}\right|\leqq1.96\right)\fallingdotseq0.95 \qquad P(|\overline{U}-t|\leqq1.96\times3)\fallingdotseq0.95$$

$$P(-1.96\times3\leqq\overline{U}-t\leqq1.96\times3)\fallingdotseq0.95$$

$$P(\overline{U}-5.88\leqq t\leqq\overline{U}+5.88)\fallingdotseq0.95$$

となり，いま，$\overline{U}=50$ であるから

$$P(44.12\leqq t\leqq55.88)\fallingdotseq0.95$$

となる。求める信頼区間は

$$\boxed{44}.\boxed{1}\leqq t\leqq\boxed{55}.\boxed{9}$$

になる。

解説

(1)　度数分布表は右のようになる。この表から平均を求めると

$$\frac{1}{720}(0\times612+1\times54+2\times36+3\times18)$$

となる。これは，$0\times\frac{612}{720}+1\times\frac{54}{720}+2\times\frac{36}{720}+3\times\frac{18}{720}$ と変形できるから，〔解答〕の確率分布と同じであると考えられる。

階級値	度数
0	612
1	54
2	36
3	18
計	720

ポイント　標準偏差

$$\sigma(X)=\sqrt{E(X^2)-\{E(X)\}^2}$$

($\sqrt{(2乗の平均)-(平均の2乗)}$ と覚える)

(2)　600人のうち r 人が「ある1週間に市立図書館を利用した」とすれば，その確率は ${}_{600}\mathrm{C}_r p^r(1-p)^{600-r}$（ある1人が利用する確率が p，しない確率が $1-p$）となるから，値 r をとる確率変数 Y は二項分布 $B(600,\ p)$ に従う。

ポイント　二項分布の平均と標準偏差

確率変数 Y が二項分布 $B(n,\ p)$ に従うとき

平均　$E(Y)=np$

標準偏差　$\sigma(Y)=\sqrt{np(1-p)}$

二項分布 $B(n,\ p)$ に従う確率変数 Y は，n が十分に大きいとき，近似的に正規分布 $N(np,\ npq)$（$q=1-p$）に従うから，次のことが使える。

ポイント　標準正規分布

確率変数 Y が正規分布 $N(m,\ \sigma^2)$ に従うとき，$Z=\frac{Y-m}{\sigma}$ とおくと，確率変数 Z は標準正規分布 $N(0,\ 1)$ に従う。

(3)　ここで，確率変数 W_k を $U_k=W_k-60$（$k=1,\ 2,\ \cdots,\ n$）に変換している。

ポイント　確率変数の変換

確率変数 W と定数 $a,\ b$ に対して，$U=aW+b$ とおくと，U も確率変数で

平均　$E(U)=aE(W)+b$

標準偏差　$\sigma(U)=|a|\sigma(W)$

母平均の推定については，次のことを記憶しておくとよい。

ポイント 母平均の推定（信頼度 95％）

母標準偏差 σ をもつ母集団から抽出された大きさ n の無作為標本の標本平均 $\overline{X}$ に対して，n が十分に大きいとき，母平均 m に対する信頼度 95％の信頼区間は

$$\overline{X}-1.96\times\frac{\sigma}{\sqrt{n}}\leqq m\leqq\overline{X}+1.96\times\frac{\sigma}{\sqrt{n}}$$

である。σ の代わりに標本標準偏差を用いることも可能である。

数学Ⅰ・数学A 本試験

問題番号(配点)	解答記号	正解	配点	チェック
第1問 (30)	(アa－イ)^2	$(3a-1)^2$	2	
	ウa＋エ	$4a+1$	2	
	オカa＋キ	$-2a+3$	2	
	ク	6	2	
	$\frac{ケコ}{サ}$	$\frac{-7}{3}$	2	
	シ	⓪	2	
	ス	②	2	
	セ	⓪	2	
	ソ	②	2	
	タ	③	2	
	$\frac{b}{チ}$	$\frac{b}{2}$	2	
	$-\frac{b^2}{ツ}+ab+テ$	$-\frac{b^2}{4}+ab+1$	2	
	ト，ナ	5，1	2	
	$\frac{ニ}{ヌ}$	$\frac{3}{2}$	2	
	$\frac{ネノ}{ハ}$	$\frac{-1}{4}$	2	

問題番号(配点)	解答記号	正解	配点	チェック
第2問 (30)	$\frac{アイ}{ウ}$，エ	$\frac{-1}{4}$，②	4	
	$\frac{\sqrt{オカ}}{キ}$	$\frac{\sqrt{15}}{4}$	3	
	$\frac{ク}{ケ}$	$\frac{1}{4}$	2	
	コ	4	3	
	$\frac{サ\sqrt{シス}}{セ}$	$\frac{7\sqrt{15}}{4}$	3	
	ソ	③	3	
	タ	④	3	
	チ，ツ	④，⑦ (解答の順序は問わない)	4 (各2)	
	テ	⓪	1	
	ト	⓪	1	
	ナ	①	1	
	ニ	②	2	

問題番号(配点)	解答記号	正　解	配点	チェック
第3問(20)	$\frac{ア}{イ}$	$\frac{4}{9}$	2	
	$\frac{ウ}{エ}$	$\frac{1}{6}$	2	
	$\frac{オ}{カキ}$	$\frac{7}{18}$	3	
	$\frac{ク}{ケ}$	$\frac{1}{6}$	2	
	$\frac{コサ}{シスセ}$	$\frac{43}{108}$	2	
	$\frac{ソタチ}{ツテト}$	$\frac{259}{648}$	3	
	$\frac{ナニ}{ヌネ}$	$\frac{21}{43}$	3	
	$\frac{ノハ}{ヒフヘ}$	$\frac{88}{259}$	3	
第4問(20)	ア，イウ	8，17	3	
	エオ，カキ	23，49	2	
	ク，ケコ	8，17	3	
	サ，シス	7，15	3	
	セ	2	2	
	ソ	6	2	
	タ，チ，ツテ	3，2，23	2	
	トナニ	343	3	

問題番号(配点)	解答記号	正　解	配点	チェック
第5問(20)	$\frac{\sqrt{ア}}{イ}$	$\frac{\sqrt{6}}{2}$	4	
	ウ	1	3	
	$\frac{エ\sqrt{オカ}}{キ}$	$\frac{2\sqrt{15}}{5}$	3	
	$\frac{ク}{ケ}$	$\frac{3}{4}$	2	
	コ	3	2	
	$\frac{\sqrt{サ}}{シ}$	$\frac{\sqrt{6}}{2}$	3	
	$\frac{\sqrt{スセ}}{ソ}$	$\frac{\sqrt{15}}{5}$	3	

(注)　第1問，第2問は必答。第3問～第5問のうちから2問選択。計4問を解答。

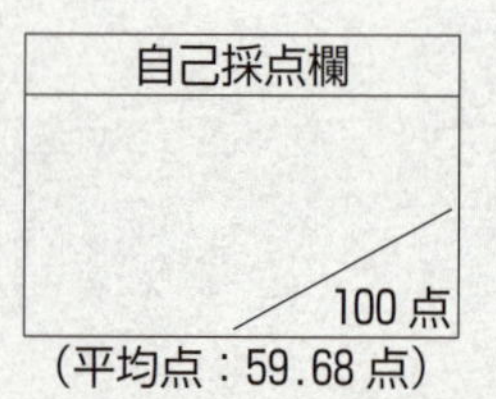

（平均点：59.68点）

第1問 ── 平方根，絶対値，命題，２次関数，最大値，平行移動

〔1〕 標準 《平方根，絶対値》

$9a^2-6a+1=($ 3 $a-$ 1 $)^2$ である。

次に，$A=\sqrt{9a^2-6a+1}+|a+2|$ とおくと

$$A=\sqrt{(3a-1)^2}+|a+2|=|3a-1|+|a+2|$$

なので，次の三つの場合に分けて考える。

- $a>\frac{1}{3}$ のとき，$3a-1>0$，$a+2>0$ なので

  $A=(3a-1)+(a+2)=$ 4 $a+$ 1

- $-2\leqq a\leqq\frac{1}{3}$ のとき，$3a-1\leqq 0$，$a+2\geqq 0$ なので

  $A=-(3a-1)+(a+2)=$ −2 $a+$ 3

- $a<-2$ のとき，$3a-1<0$，$a+2<0$ なので

  $A=-(3a-1)-(a+2)=-4a-1$

$A=2a+13$ となるのは

- $a>\frac{1}{3}$ のとき，$A=4a+1$ なので

  $4a+1=2a+13 \qquad \therefore \quad a=6$

  これは $a>\frac{1}{3}$ を満たす。

- $-2\leqq a\leqq\frac{1}{3}$ のとき，$A=-2a+3$ なので

  $-2a+3=2a+13 \qquad \therefore \quad a=-\frac{5}{2}$

  これは $-2\leqq a\leqq\frac{1}{3}$ を満たさないので不適。

- $a<-2$ のとき，$A=-4a-1$ なので

  $-4a-1=2a+13 \qquad \therefore \quad a=-\frac{7}{3}$

  これは $a<-2$ を満たす。

よって，求める a の値は

$a=$ 6 ，$\frac{-7}{3}$

解説

根号を，絶対値を用いて処理する問題である。誘導が丁寧であるため，計算間違いに注意して進めてゆけば，容易な問題である。

$9a^2-6a+1=(3a-1)^2$ より，根号の中が平方の形になるので，x が実数のとき $\sqrt{x^2}=|x|$ となることを用いて，$A=|3a-1|+|a+2|$ と変形すればよい。

通常であれば，A の絶対値をはずすための a の値の場合分けを考えさせられてもおかしくない問題ではあるが，a の値の三つの場合分けも問題の中に示されているので，絶対値の中身である $3a-1$ と $a+2$ が0以上となるか，あるいは0以下となるかに注意して絶対値をはずしてゆけばよい。$A=2a+13$ となる a の値は，$a>\frac{1}{3}$，$-2\leqq a\leqq\frac{1}{3}$，$a<-2$ の三つの場合で A の式が異なるので，この三つの場合に場合分けをして求める。その際，求めた a の値が，場合分けの a の値の範囲に含まれるか否かを吟味し忘れないようにしなければならない。

〔2〕 易 《命　題》

(1) 「p：m と n はともに奇数である」

より

「$\overline{p}$：m と n の少なくとも一方は偶数である」

なので，二つの自然数 m，n が条件 $\overline{p}$ を満たすとき，m が奇数ならば n は偶数である。（ ⓪ ）

また，m が偶数ならば n は偶数でも奇数でもよい。（ ② ）

(2) 「q：$3mn$ は奇数である $\Longleftrightarrow$ m と n はともに奇数である」

なので，$p\Longrightarrow q$，$q\Longrightarrow p$ はいずれも真だから，p は q であるための必要十分条件である。（ ⓪ ）

また

「r：$m+5n$ は偶数である $\Longleftrightarrow$（m と $5n$ はともに偶数）または

（m と $5n$ はともに奇数）

$\Longleftrightarrow$（m と n はともに偶数）または

（m と n はともに奇数）」

なので，$p\Longrightarrow r$ は真，$r\Longrightarrow p$ は偽（反例：m と n はともに偶数）だから，p は r であるための十分条件であるが，必要条件ではない。（ ② ）

$\overline{p}\Longrightarrow r$ は偽（反例：m は偶数，n は奇数），$r\Longrightarrow\overline{p}$ は偽（反例：m と n はとも

に奇数）だから，$\overline{p}$ は r であるための必要条件でも十分条件でもない。（ ③ ）

解説

二つの自然数の偶数，奇数に関する問題であり，偶数，奇数で分類しさえすれば，難しい部分は見当たらない。

偶数，奇数の積と和について考えると

（偶数）×（偶数）＝（偶数）　　（偶数）＋（偶数）＝（偶数）

（偶数）×（奇数）＝（偶数）　　（偶数）＋（奇数）＝（奇数）

（奇数）×（奇数）＝（奇数）　　（奇数）＋（奇数）＝（偶数）

となる。

〔3〕 易 《2次関数，最大値，平行移動》

(1) $y=x^2+(2a-b)x+a^2+1$（a，b：正の実数）……①

を平方完成すると

$$y=\left(x+\frac{2a-b}{2}\right)^2-\left(\frac{2a-b}{2}\right)^2+a^2+1$$

$$=\left(x+a-\frac{b}{2}\right)^2-\frac{4a^2-4ab+b^2}{4}+a^2+1$$

$$=\left\{x-\left(\frac{b}{2}-a\right)\right\}^2-\frac{b^2}{4}+ab+1$$

なので，グラフ G の頂点の座標は

$$\left(\frac{b}{\boxed{2}}-a,\ -\frac{b^2}{\boxed{4}}+ab+\boxed{1}\right)\ \cdots\cdots②$$

(2) グラフ G が点 $(-1,\ 6)$ を通るとき，$x=-1$，$y=6$ を①に代入して

$$6=1-(2a-b)+a^2+1$$

すなわち

$$b=-a^2+2a+4$$

$$=-(a-1)^2+5$$

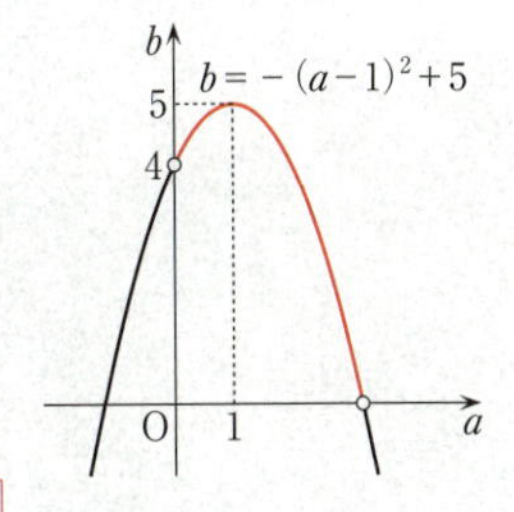

a，b は正の実数なので，b のとり得る値の最大値は $\boxed{5}$

であり，そのときの a の値は $\boxed{1}$ である。

$b=5$，$a=1$ のとき，グラフ G の頂点の座標は，②より

$$\left(\frac{5}{2}-1,\ -\frac{25}{4}+5+1\right)\qquad\therefore\ \left(\frac{3}{2},\ -\frac{1}{4}\right)$$

なので，グラフ G は２次関数 $y=x^2$ のグラフを x 軸方向に $\frac{3}{2}$，y 軸方向に $\frac{-1}{4}$ だけ平行移動したものである。

解説

教科書でも扱われるような基本的な内容であり，取り組みやすい問題である。定数が２文字含まれているので，計算間違いにさえ注意しておけばよい。

⑴　①を平方完成すれば，グラフ G の頂点②が求まる。

⑵　グラフ G が点（-1，6）を通る条件から，b を a の２次関数で表して b の最大値を求める。そのとき，a と b はともに正の実数であることを意識しておかなければならないが，仮にこの条件を忘れてしまっていても，グラフから b のとり得る値の最大値と，そのときの a の値を求めることはできてしまう。

$b=5$，$a=1$ が求まれば，グラフ G の頂点②に代入することで，グラフ G の頂点が具体的に求まるので，グラフ G が２次関数 $y=x^2$ のグラフを x 軸方向と y 軸方向にどれだけ平行移動したものであるかがわかる。

第2問 ── 余弦定理，三角比，三角形の面積，箱ひげ図，ヒストグラム，データの相関

〔1〕 標準 《余弦定理，三角比，三角形の面積》

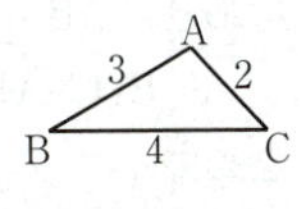

△ABC に余弦定理を用いれば

$$\cos\angle BAC = \frac{3^2+2^2-4^2}{2\cdot 3\cdot 2} = \frac{\boxed{-1}}{\boxed{4}}$$

であり，$\cos\angle BAC<0$ より，$\angle BAC>90°$ なので，$\angle BAC$ は鈍角である。

（$\boxed{②}$）

また，$\sin\angle BAC>0$ なので，$\sin^2\angle BAC+\cos^2\angle BAC=1$ より

$$\sin\angle BAC = \sqrt{1-\cos^2\angle BAC} = \sqrt{1-\left(-\frac{1}{4}\right)^2} = \sqrt{\frac{15}{16}}$$

$$= \frac{\sqrt{\boxed{15}}}{\boxed{4}}$$

である。

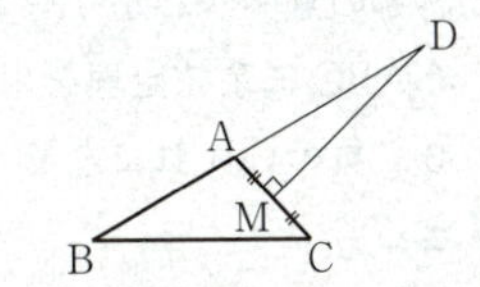

線分 AC の垂直二等分線と直線 AB の交点をDとすると，$\angle BAC$ は鈍角なので，点Dは右図のように辺 AB の端点Aの側の延長上にあり

$$\angle CAD = 180° - \angle BAC$$

より

$$\cos\angle CAD = \cos(180° - \angle BAC)$$

$$= -\cos\angle BAC = -\left(-\frac{1}{4}\right)$$

$$= \frac{\boxed{1}}{\boxed{4}}$$

線分 AC の垂直二等分線と線分 AC の交点をMとすると，$\angle AMD=90°$ より，△AMD において

$$\cos\angle CAD = \frac{AM}{AD}$$

すなわち　$AD = \dfrac{AM}{\cos\angle CAD} = \dfrac{1}{\dfrac{1}{4}} = \boxed{4}$

ここで，△ABC の面積を求めると

$$(\triangle\text{ABC の面積})=\frac{1}{2}\cdot\text{AB}\cdot\text{AC}\cdot\sin\angle\text{BAC}$$

$$=\frac{1}{2}\cdot 3\cdot 2\cdot\frac{\sqrt{15}}{4}=\frac{3\sqrt{15}}{4}$$

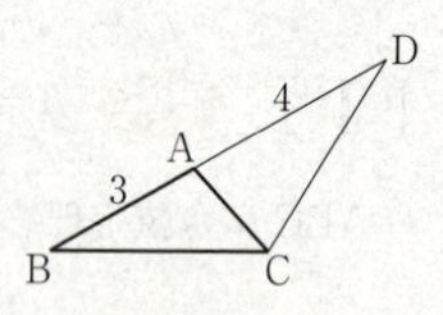

であり，AB：AD＝3：4 より

$$\text{BD}:\text{AB}=(3+4):3=7:3$$

なので

$$(\triangle\text{DBC の面積}):(\triangle\text{ABC の面積})=\text{BD}:\text{AB}$$
$$=7:3$$

よって，△DBC の面積は

$$(\triangle\text{DBC の面積})=\frac{7}{3}(\triangle\text{ABC の面積})=\frac{7}{3}\cdot\frac{3\sqrt{15}}{4}$$

$$=\frac{\boxed{7}\sqrt{\boxed{15}}}{\boxed{4}}$$

解説

誘導の意図がわかりやすく，誘導に従いやすい問題である。

△ABC に余弦定理を用いれば cos∠BAC の値が求まるので，cos∠BAC の値が正，0，負のいずれになるかで，∠BAC が鋭角，直角，鈍角のいずれであるかが決定できる。

線分 AC の垂直二等分線と直線 AB の交点Dが，辺 AB の端点Aの側の延長上にあるか，端点Bの側の延長上にあるかを判断しなければならないが，∠BAC が鈍角であるから，端点Aの側の延長上にあることがわかる。このことから，∠CAD＝180°－∠BAC であることがわかるので，$\cos(180°-\theta)=-\cos\theta$ を利用して cos∠CAD の値が求まり，△AMD は直角三角形なので，cos∠CAD の値を利用することで AD の長さも求まる。△DBC の面積と△ABC の面積は，点Cから直線 BD に下ろした垂線を高さと考えれば高さは共通なので，△DBC の面積と△ABC の面積の比は，底辺の比 BD：AB と一致する。したがって，△ABC の面積を求めさえすれば，△DBC の面積は求まる。

〔2〕 標準 《箱ひげ図，ヒストグラム，データの相関》

(1) 図1より，2013年の箱ひげ図の最大値に着目すると，最大値は135より大きく140より小さい値をとる。図2より，ヒストグラムの最大値が135以上140未満の階級にあるのは③のみである。

よって，2013年のヒストグラムは ③ である。

図1より，2017年の箱ひげ図の最大値に着目すると，最大値は120より大きく125より小さい値をとる。図2より，ヒストグラムの最大値が120以上125未満の階級にあるのは④のみである。

よって，2017年のヒストグラムは ④ である。

(2) 図3，図4から読み取れることとして正しくないものを考えると

⓪ 図4より，モンシロチョウの初見日の最小値である点と，ツバメの初見日の最小値である点は一致し，その点は原点を通り傾き1の直線上にあるので，モンシロチョウの初見日の最小値はツバメの初見日の最小値と同じである。よって，正しい。

① 図3より，モンシロチョウの初見日の最大値はツバメの初見日の最大値より大きい。よって，正しい。

② 図3より，モンシロチョウの初見日の中央値はツバメの初見日の中央値より大きい。よって，正しい。

③ 図3より，モンシロチョウの初見日の第1四分位数はおよそ83，第3四分位数はおよそ103だから，四分位範囲は $103-83=20$ より，およそ20。また，図3より，ツバメの初見日の第1四分位数はおよそ88，第3四分位数はおよそ97だから，四分位範囲は $97-88=9$ より，およそ9。これより，モンシロチョウの初見日の四分位範囲はツバメの初見日の四分位範囲の3倍より小さい。よって，正しい。

④ 図3より，モンシロチョウの初見日の第1四分位数は85より小さく，第3四分位数は100より大きいから，四分位範囲は15日より大きい。よって，正しくない。

⑤ 図3より，ツバメの初見日の第1四分位数は85より大きく，第3四分位数は100より小さいから，四分位範囲は15日より小さい。よって，正しい。

⑥ 図4より，原点を通り傾き1の直線上にある点は4点であり，散布図の点には重なった点が2点あることを考慮すれば，モンシロチョウとツバメの初見日が同じ所が少なくとも4地点ある。よって，正しい。

⑦ 図4より，次図の2点A，Bについて考える。

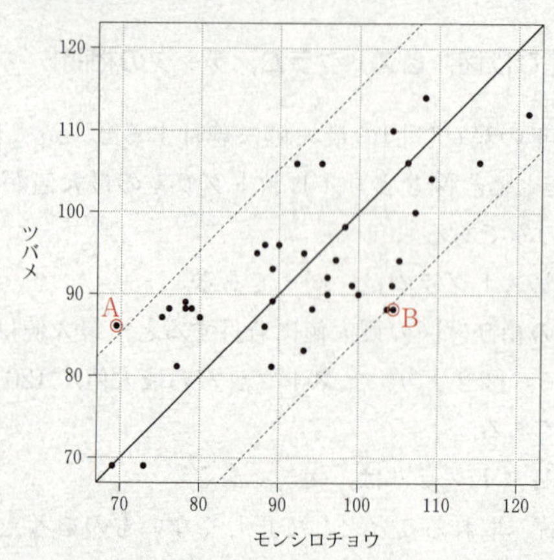

点Aの横軸の値をkとすると，原点を通り傾き1の直線と切片が15で傾きが1の直線を考慮すれば，縦軸の値は$k+15$より大きい。点Bの横軸の値をℓとすると，原点を通り傾き1の直線と切片が-15で傾きが1の直線を考慮すれば，縦軸の値は$\ell-15$より小さい。これより，同一地点でのモンシロチョウの初見日とツバメの初見日の差が15日より大きい地点がある。よって，正しくない。

以上より，正しくないものは，［④］，［⑦］である。

(3)　• Xの偏差$x_1-\overline{x}$，$x_2-\overline{x}$，…，$x_n-\overline{x}$の平均値は

$$\frac{1}{n}\{(x_1-\overline{x})+(x_2-\overline{x})+\cdots+(x_n-\overline{x})\}$$

$$=\frac{1}{n}\{(x_1+x_2+\cdots+x_n)-n\overline{x}\}$$

$$=\frac{1}{n}(x_1+x_2+\cdots+x_n)-\overline{x}$$

$$=\overline{x}-\overline{x}=0$$　（［⓪］）

• X'の平均値を$\overline{x'}$とすると，上の結果を用いて

$$\overline{x'}=\frac{1}{n}(x_1'+x_2'+\cdots+x_n')$$

$$=\frac{1}{n}\left(\frac{x_1-\overline{x}}{s}+\frac{x_2-\overline{x}}{s}+\cdots+\frac{x_n-\overline{x}}{s}\right)$$

$$=\frac{1}{s}\cdot\frac{1}{n}\{(x_1-\overline{x})+(x_2-\overline{x})+\cdots+(x_n-\overline{x})\}$$

$$=\frac{1}{s}\cdot 0=0$$　（［⓪］）

• X'の分散をs'^2，標準偏差をs'とすると，分散s'^2は$\overline{x'}=0$より

$$s'^2=\frac{1}{n}\{(x_1'-\overline{x'})^2+(x_2'-\overline{x'})^2+\cdots+(x_n'-\overline{x'})^2\}$$

$$=\frac{1}{n}\{(x_1')^2+(x_2')^2+\cdots+(x_n')^2\} \quad \cdots\cdots(*)$$

$$=\frac{1}{n}\left\{\left(\frac{x_1-\overline{x}}{s}\right)^2+\left(\frac{x_2-\overline{x}}{s}\right)^2+\cdots+\left(\frac{x_n-\overline{x}}{s}\right)^2\right\}$$

$$=\frac{1}{s^2}\cdot\frac{1}{n}\{(x_1-\overline{x})^2+(x_2-\overline{x})^2+\cdots+(x_n-\overline{x})^2\}$$

$$=\frac{1}{s^2}\cdot s^2=1$$

よって，X' の標準偏差 s' は

$$s'=\sqrt{s'^2}=\sqrt{1}=1 \quad (\boxed{①})$$

$x_i'=\dfrac{x_i-\overline{x}}{s}=\dfrac{1}{s}(x_i-\overline{x})$　$(i=1,\ 2,\ \cdots,\ n)$　……（＊＊）より，X' の平均値が $\overline{x'}=0$ なので，x_i' は $\overline{x'}=0$ を中心に $(x_i-\overline{x})$ を $\dfrac{1}{s}$ 倍だけ拡大・縮小された形で分布する。M' と T' は，データ M とデータ T について変換（＊＊）をそれぞれ行ったものであり，同様の変換（＊＊）をしているため，M' と T' の散布図の各点の配置と，M と T の散布図の各点の配置は同じになる。これに適するのは図5の⓪と②である。

また，M' と T' の標準偏差の値 $s'=1$ を考慮すると，（＊）より

$$\frac{1}{n}\{(x_1')^2+(x_2')^2+\cdots+(x_n')^2\}=1 \quad (=s'^2) \quad \cdots\cdots(***)$$

となり，$(x_1')^2$，$(x_2')^2$，…，$(x_n')^2$ の平均が1なので，$(x_1')^2$，$(x_2')^2$，…，$(x_n')^2$ がすべて1より小さい値をとることはない。図5の⓪と②において，$|x_j'|<1$ すなわち $(x_j')^2<1$ となる x_j' が存在するから，$(x_i')^2>1$　すなわち　$|x_i'|>1$ となる x_i' が少なくとも1つ存在し，M' と T' の散布図において，縦軸と横軸で1より大きい値，あるいは，-1 より小さい値をとる点が存在するはずである。図5の⓪と②のうちで，これに適するのは②である。

よって，M' と T' の散布図は，$\boxed{②}$ である。

解説

(1)　図2のヒストグラム⓪～⑤は各々の違いがはっきりしているので，図1の特徴のある点に着目すれば，2013年，2017年の箱ひげ図に対応するヒストグラムはすぐに見つけることができる。

〔解答〕では，2013年のヒストグラムを決定する際，2013年の箱ひげ図の最大値に

着目したが，最小値に着目することで解答を選択することもできる。

(2)　⓪・⑥図４の散布図上に実線で描かれた傾き１の直線は，原点を通るから，この直線上にある点は横軸の値と縦軸の値が等しい。

⑦原点を通り傾き１の直線を $y=x$，切片が 15 および -15 で傾きが１の２本の直線をそれぞれ $y=x+15$，$y=x-15$ として考えるとわかりやすい。

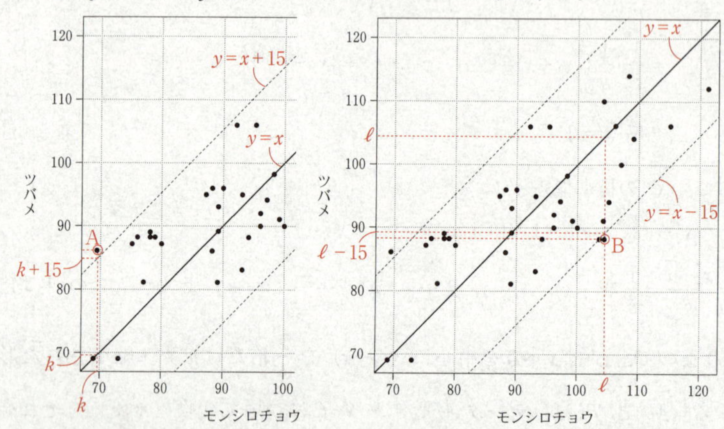

点Aの横軸の値を k とすれば，上図より，縦軸の値は $k+15$ より大きいことがわかる。したがって，点Aの地点でのモンシロチョウの初見日とツバメの初見日の差は 15 日より大きい。

点Bの横軸の値を ℓ とすれば，上図より，縦軸の値は $\ell-15$ より小さいことがわかる。したがって，点Bの地点でのモンシロチョウの初見日とツバメの初見日の差は 15 日より大きい。

これらのことから，切片が -15 で傾きが１の直線と切片が 15 で傾きが１の直線の間の領域にある点は，モンシロチョウの初見日とツバメの初見日の差が 15 日より小さいこともわかる。

(3)　変換 $x_i'=\dfrac{x_i-\overline{x}}{s}$ ……(＊＊) は「標準化」と呼ばれる変換であり，変換されたデータの平均は０，分散は１となる。

X の偏差の平均値，X' の平均値，X' の標準偏差は，偏差，平均値，標準偏差の定義式が理解できていれば求めることは難しくないが，M と T を変換（＊＊）によってそれぞれ変換したときの M' と T' の散布図が図５のどの散布図になるのかを答える問題は難しい。

$x_i'=\dfrac{1}{s}(x_i-\overline{x})$ ……(＊＊) より，X' の平均値が $\overline{x'}=0$ なので，x_i' は $(\overline{x'}=)\,0$ を

中心に $(x_i-\bar{x})$ が $\dfrac{1}{s}$ 倍だけ拡大・縮小された形で分布し，M' と T' は M と T に同様の変換（＊＊）をしているため，M' と T' の散布図と M と T の散布図の各点の配置は同じになる。例えば，図 4 の散布図のモンシロチョウの初見日が 70 より大きく 80 以下の区間にあり，ツバメの初見日が 80 より大きく 90 より小さい区間にある 6 つの密集した点が，図 5 の散布図のどこの位置に変換されているかに着目すると，図 5 の⓪と②を選び出しやすい。

問題の誘導から，M' と T' の標準偏差の値を考慮することはわかるが，標準偏差の値をどのように活かすべきかがわかりづらい。（＊＊＊）より，$(x_1')^2$，$(x_2')^2$，…，$(x_n')^2$ の平均が 1 なので，$(x_1')^2$，$(x_2')^2$，…，$(x_n')^2$ がすべて 1 より小さい値をとることはなく，$(x_1')^2$，$(x_2')^2$，…，$(x_n')^2$ の値がすべて 1 となるか，あるいは，$(x_j')^2<1$ となる x_j' が存在するときには $(x_i')^2>1$ となる x_i' が存在するか，のどちらかである。（＊＊＊）に着目することを思い付くことも難しく，（＊＊＊）から $|x_i'|>1$ となる x_i' が少なくとも 1 つ存在することに気付くこともなかなか難しいだろう。

第3問　やや難　《確率，条件付き確率》

(1)　1回目の操作で，赤い袋が選ばれるのは，さいころ1個を投げて，3の倍数以外の目1，2，4，5が出たときだから，その確率は$\frac{4}{6}$。赤い袋から赤球が取り出される確率は$\frac{2}{3}$。

よって，1回目の操作で，赤い袋が選ばれ赤球が取り出される確率は

$$\frac{4}{6}\times\frac{2}{3}=\frac{\boxed{4}}{\boxed{9}}$$

1回目の操作で，白い袋が選ばれるのは，さいころ1個を投げて，3の倍数の目3，6が出たときだから，その確率は$\frac{2}{6}$。白い袋から赤球が取り出される確率は$\frac{1}{2}$。

よって，1回目の操作で，白い袋が選ばれ赤球が取り出される確率は

$$\frac{2}{6}\times\frac{1}{2}=\frac{\boxed{1}}{\boxed{6}}$$

(2)　2回目の操作が赤い袋で行われるのは，1回目の操作で赤球が取り出されるときだから，2回目の操作が赤い袋で行われる確率は，(1)の結果より

$$\frac{4}{9}+\frac{1}{6}=\frac{11}{18}\quad\cdots\cdots①$$

よって，2回目の操作が白い袋で行われる確率は，余事象の確率を用いて

$$1-\frac{11}{18}=\frac{\boxed{7}}{\boxed{18}}$$

(3)　2回目の操作で白球が取り出されるのは

(i)　1回目の操作で白球を取り出し，2回目の操作で白い袋から白球を取り出す。

(ii)　1回目の操作で赤球を取り出し，2回目の操作で赤い袋から白球を取り出す。

のいずれかだから，1回目の操作で白球を取り出す確率をpで表し，(i)と(ii)のそれぞれの確率を求めると

(i)　$p\times\frac{1}{2}=\frac{1}{2}p\quad\cdots\cdots②$　　(ii)　$(1-p)\times\frac{1}{3}=\frac{1}{3}(1-p)$

(i)，(ii)より，2回目の操作で白球が取り出される確率は

$$\frac{1}{2}p+\frac{1}{3}(1-p)=\frac{\boxed{1}}{\boxed{6}}p+\frac{1}{3}$$

よって，2回目の操作で白球が取り出される確率は，$p=\frac{7}{18}$を代入して

$$\frac{1}{6}\cdot\frac{7}{18}+\frac{1}{3}=\frac{7+2\cdot18}{6\cdot18}=\frac{\boxed{43}}{\boxed{108}}\quad\cdots\cdots③$$

同様に考えると，2回目の操作で白球を取り出す確率を q で表すと，3回目の操作で白球が取り出される確率は $\frac{1}{6}q+\frac{1}{3}$ で表される。

よって，3回目の操作で白球が取り出される確率は，$q=\frac{43}{108}$ を代入して

$$\frac{1}{6}\cdot\frac{43}{108}+\frac{1}{3}=\frac{43+2\cdot108}{6\cdot108}=\frac{\boxed{259}}{\boxed{648}}\quad\cdots\cdots④$$

(4) 2回目の操作で取り出した球が白球である事象を A，2回目の操作が白い袋で行われる事象を B とすると，②，③より

$$P(A)=\frac{43}{108},\ P(A\cap B)=P(B\cap A)=\frac{1}{2}p=\frac{1}{2}\cdot\frac{7}{18}$$

よって，求める条件付き確率は

$$P_A(B)=\frac{P(A\cap B)}{P(A)}=\frac{\frac{1}{2}\cdot\frac{7}{18}}{\frac{43}{108}}=\frac{1}{2}\cdot\frac{7}{18}\cdot\frac{108}{43}$$

$$=\frac{\boxed{21}}{\boxed{43}}$$

また，3回目の操作で取り出した球が白球である事象を C，はじめて白球が取り出されたのが3回目の操作である事象を D とすると，④より

$$P(C)=\frac{259}{648}$$

$P(C\cap D)$ は，1回目と2回目の操作で赤球を取り出し，3回目の操作で白球を取り出す確率だから，①の結果を用いて

$$P(C\cap D)=\frac{11}{18}\cdot\frac{2}{3}\cdot\frac{1}{3}$$

よって，求める条件付き確率は

$$P_C(D)=\frac{P(C\cap D)}{P(C)}=\frac{\frac{11}{18}\cdot\frac{2}{3}\cdot\frac{1}{3}}{\frac{259}{648}}=\frac{11}{18}\cdot\frac{2}{3}\cdot\frac{1}{3}\cdot\frac{648}{259}$$

$$=\frac{\boxed{88}}{\boxed{259}}$$

解説

2次試験でみられるような設定であり，なかなか難しい問題である。問題設定を把握し，考えてゆく時間を必要とするため，時間がかかる問題であっただろう。また，1回前の操作での確率 p を用いて確率を求めさせる設問は目新しく，「数学B」で学習する「漸化式」との融合問題に触れたことのある受験生には有利であったと思われる。

(1)　問題設定をしっかりと理解すれば，特に問題はない。

(2)　(1)の結果を利用して，2回目の操作が赤い袋で行われる確率を求め，余事象の確率を用いて求める。

(3)　2回目の操作で白球が取り出されるのは，2回目の操作で白い袋から白球を取り出す場合と，赤い袋から白球を取り出す場合のいずれかだから，1回目の操作で白球を取り出す場合と，赤球を取り出す場合に分けて考える必要がある。1回目の操作で白球を取り出す確率を p で表すので，赤球を取り出す確率は $1-p$ となる。これに気付けたかどうかがポイントになっただろう。

同様に考えると，3回目の操作で白球が取り出されるのは

(iii)　2回目の操作で白球を取り出し，3回目の操作で白い袋から白球を取り出す。

(iv)　2回目の操作で赤球を取り出し，3回目の操作で赤い袋から白球を取り出す。

のいずれかだから，2回目の操作で白球を取り出す確率を q で表すと，(i)・(ii)のときと同様に，$q\times\frac{1}{2}+(1-q)\times\frac{1}{3}=\frac{1}{6}q+\frac{1}{3}$ が得られる。

(4)　$P(A)$，$P(A\cap B)$，$P(C)$，$P(C\cap D)$ を求める際，(1)～(3)の結果を利用することができる。このことに気付けたかどうかが，この後の処理を簡略化できたかどうかの鍵となる。

第4問 やや難 《不定方程式，約数，倍数》

(1) 49 と 23 にユークリッドの互除法を用いると

$$49=23\cdot2+3 \qquad \therefore \quad 3=49-23\cdot2$$
$$23=3\cdot7+2 \qquad \therefore \quad 2=23-3\cdot7$$
$$3=2\cdot1+1 \qquad \therefore \quad 1=3-2\cdot1$$

すなわち

$$\begin{aligned}1&=3-2\cdot1\\&=3-(23-3\cdot7)\cdot1\\&=23\cdot(-1)+3\cdot8\\&=23\cdot(-1)+(49-23\cdot2)\cdot8\\&=23\cdot(-17)+49\cdot8\\&=49\cdot8-23\cdot17\end{aligned}$$

不定方程式 $49x-23y=1$ ……①は，$49\cdot8-23\cdot17=1$ ……②が成り立つから，①−②より

$$49(x-8)-23(y-17)=0$$

すなわち　$49(x-8)=23(y-17)$

49 と 23 は互いに素なので，k を整数として

$$x-8=23k,\ y-17=49k$$

と表されるから

$$x=23k+8,\ y=49k+17$$

よって，①の解となる自然数 x，y の中で，x の値が最小のものは，$k=0$ のときで

$$x=23\cdot0+8=\boxed{8},\ y=49\cdot0+17=\boxed{17}$$

であり，すべての整数解は，k を整数として

$$x=\boxed{23}k+8,\ y=\boxed{49}k+17$$

と表せる。

(2) 49 の倍数である自然数 A と 23 の倍数である自然数 B は

$$A=49x,\ B=23y \quad (x,\ y：自然数)$$

と表せるから，A と B の差の絶対値が 1 となるのは

$$|A-B|=1 \qquad A-B=\pm1 \qquad \therefore \quad 49x-23y=\pm1$$

$A=49x$ が最小になるのは，x の値が最小になるときだから

(i) $49x-23y=1$ のとき

(1)の結果より，x の値が最小のものは

$$x=8,\ y=17$$

なので，このときの組（A，B）は

$$(A,\ B)=(49\times 8,\ 23\times 17)$$

(ii)　$49x-23y=-1$　……③のとき

②の両辺を（-1）倍して

$$49\cdot(-8)-23\cdot(-17)=-1$$

不定方程式③と辺々引き算して

$$49(x+8)-23(y+17)=0$$

すなわち　　$49(x+8)=23(y+17)$

49と23は互いに素なので，不定方程式③のすべての整数解は，ℓを整数として

$$x+8=23\ell,\quad y+17=49\ell$$

すなわち

$$x=23\ell-8,\ y=49\ell-17$$

と表せる。

これを満たすxの値が最小のものは，$\ell=1$のときで

$$x=23\cdot 1-8=15,\ y=49\cdot 1-17=32$$

なので，このときの組（A，B）は

$$(A,\ B)=(49\times 15,\ 23\times 32)$$

よって，(i)，(ii)より，AとBの差の絶対値が1となる組（A，B）の中で，Aが最小になるのは

$$(A,\ B)=(49\times \boxed{8},\ 23\times \boxed{17})$$

また，AとBの差の絶対値が2となるのは

$$|A-B|=2 \qquad A-B=\pm 2 \qquad \therefore\ 49x-23y=\pm 2$$

$A=49x$が最小になるのは，xの値が最小になるときだから

(iii)　$49x-23y=2$　……④のとき

②の両辺を2倍した式と不定方程式④の辺々引き算をして，(ii)と同様に変形することを考えれば，不定方程式④のすべての整数解は，sを整数として

$$x-8\cdot 2=23s,\ y-17\cdot 2=49s$$

$$\therefore\ x=23s+16,\ y=49s+34$$

と表せる。

これを満たすxの値が最小のものは，$s=0$のときで

$$x=23\cdot 0+16=16,\ y=49\cdot 0+34=34$$

なので，このときの組（A，B）は

$$(A,\ B)=(49\times 16,\ 23\times 34)$$

(iv)　$49x-23y=-2$　……⑤のとき

②の両辺を（-2）倍した式と不定方程式⑤の辺々引き算をして，(ii)と同様に変形することを考えれば，不定方程式⑤のすべての整数解は，t を整数として

$$x-8\cdot(-2)=23t,\ \ y-17\cdot(-2)=49t$$

$$\therefore\ \ x=23t-16,\ \ y=49t-34$$

と表せる。

これを満たす x の値が最小のものは，$t=1$ のときで

$$x=23\cdot1-16=7,\ \ y=49\cdot1-34=15$$

なので，このときの組（A，B）は

$$(A,\ B)=(49\times7,\ 23\times15)$$

よって，(iii)，(iv)より，A と B の差の絶対値が2となる組（A，B）の中で，A が最小になるのは

$$(A,\ B)=(49\times\boxed{7},\ 23\times\boxed{15})$$

(3) a と $a+2$（a：自然数）の最大公約数について考えると

- $a=1$ のとき

$a=1$，$a+2=3$ だから，a と $a+2$ の最大公約数は1。

- $a=2$ のとき

$a=2$，$a+2=4$ だから，a と $a+2$ の最大公約数は2。

- $a\geqq3$ のとき

a と $a+2$ にユークリッドの互除法を用いると

$$a+2=a\cdot1+2$$

より，$a+2$ を a で割った余りは2だから，a と $a+2$ の最大公約数は，a と2の最大公約数に一致する。

したがって，a と2の最大公約数は，a が奇数のとき1，a が偶数のとき2だから，a と $a+2$ の最大公約数は1または2。

以上より，a と $a+2$ の最大公約数は1または $\boxed{2}$ である。

また，a，$a+1$，$a+2$（a：自然数）は連続する三つの自然数だから，この三つの自然数のうちの一つが3の倍数であり，少なくとも一つが2の倍数である。

したがって，$a(a+1)(a+2)$ は $2\times3=6$ の倍数である。

ここで，$a=1$ のとき

$$a(a+1)(a+2)=1\cdot2\cdot3=6$$

なので，すべての自然数 a に対して，$a(a+1)(a+2)$ が6より大きな自然数の倍数になることはない。

よって，「条件：$a(a+1)(a+2)$ は m の倍数である」がすべての自然数 a で成り立つような自然数 m のうち，最大のものは $m=\boxed{6}$ である。

(4)　6762 を素因数分解すると

$$6762=2\times\boxed{3}\times7^{\boxed{2}}\times\boxed{23}$$

である。

b を，$b(b+1)(b+2)$ が 6762 の倍数となる最小の自然数とすると，(3)の結果より

$$\left.\begin{array}{l} b \text{ と } b+1 \text{ の最大公約数は } 1 \\ b+1 \text{ と } b+2 \text{ の最大公約数は } 1 \\ b \text{ と } b+2 \text{ の最大公約数は } 1 \text{ または } 2 \end{array}\right\} \cdots\cdots(*)$$

となるから，b，$b+1$，$b+2$ のいずれかは $7^2=49$ の倍数であり，また，b，$b+1$，$b+2$ のいずれかは 23 の倍数である。このとき，$b(b+1)(b+2)$ は 6 の倍数であるから，$b(b+1)(b+2)$ は 6762 の倍数となる。

b，$b+1$，$b+2$ のうちの，49 の倍数であるものを $A=49x$（x：自然数），23 の倍数であるものを $B=23y$（y：自然数）とおくと，b，$b+1$，$b+2$ のうちの 2 つの数の差は，0，±1，±2 のいずれかだから

$$|A-B|=0 \quad \text{または} \quad 1 \quad \text{または} \quad 2$$

を考えればよいことがわかる。

したがって

(ア)　$|A-B|=0$ のとき

$$A-B=0 \quad \text{すなわち} \quad A=B$$

よって，$A=49x=23y=B$ で，49 と 23 は互いに素であるから，$A=B$ が最小になるのは

$$A=B=49\cdot23=1127$$

$A=B$ が $b+2$ と一致するとき，b は最小になるから

$$b+2=1127 \qquad \therefore \quad b=1125$$

(イ)　$|A-B|=1$ のとき

$$A-B=1 \quad \text{または} \quad A-B=-1$$

(2)の(i)，(ii)の結果より，A が最小になるのは，$A-B=1$ のときで，そのときの組 $(A,\ B)$ は

$$(A,\ B)=(49\times8,\ 23\times17)$$

$A-B=1$ より，$A>B$ なので，A が $b+2$ と一致するとき，b は最小になるから

$$b+2=49\times8=392 \qquad \therefore \quad b=390$$

(ウ)　$|A-B|=2$ のとき

$$A-B=2 \quad \text{または} \quad A-B=-2$$

(2)の(iii)，(iv)の結果より，A が最小になるのは，$A-B=-2$ のときで，そのときの組 $(A,\ B)$ は

$$(A,\ B)=(49\times7,\ 23\times15)$$

$A-B=-2$ より，$B>A$ なので，B が $b+2$ と一致するとき，b は最小になるから

$$b+2=23\times15=345 \qquad \therefore\ b=343$$

よって，(ア)〜(ウ)より，求める b の値は

$b=$ 343

解説

1次不定方程式を利用して，三つの連続する整数の積を決定する問題である。(2)の二つの自然数の差の絶対値に関する問題は，見慣れた出題形式ではないため，受験生にとっては難しく感じられたのではないだろうか。(4)の問題は，(1)〜(3)とのつながりが見えづらく相当難度が高い。

(1) 問題文の誘導では，①の解となる自然数 x，y の中で，x の値が最小のものを求めてから，①のすべての整数解を求める流れになっているが，x の値が最小となる①の解 $x=8$，$y=17$ が求めやすい数値ではないので，①のすべての整数解を先に求め，その解を使って，x の値が最小となる x，y を求めた。

(2) $A=49x$，$B=23y$（x，y：自然数）とおくことで，(1)と同様の方法で，$49x-23y=-1$，$49x-23y=\pm2$ のときのすべての整数解 x，y を求めることができる。その解を利用して，A が最小となる組（A，B）を求めればよい。

(3) a と $a+2$ の最大公約数を求める際，次の互除法の原理を利用している。

> **ポイント　互除法の原理**
> 二つの自然数 a，b（$a>b$）について，a を b で割ったときの余りを r（$r\neq0$）とすると，a と b の最大公約数は，b と r の最大公約数に等しい。

$a=1$，2のときも，$a+2=a\cdot1+2$ の形に変形することはできるが，$a=1$，2のとき「$a+2$ を a で割ったときの余りが2」とは言えないので，$a=1$，$a=2$，$a\geqq3$ の三つの場合に場合分けをして考えた。

連続する三つの整数が6の倍数となるのは有名な事実であり，大学入試でも頻出である。ここでは，「条件：$a(a+1)(a+2)$ は m の倍数である」がすべての自然数 a で成り立つような最大の自然数 m を求めたいので，$a(a+1)(a+2)$ が最も小さい数となる $a=1$ のときを調べ，$m=6$ が最大であることを述べた。

(4) (3)の結果より，（＊）が成り立つから，b，$b+1$，$b+2$ のいずれかは 7^2 の倍数であり，また，b，$b+1$，$b+2$ のいずれかは23の倍数であることがわかる。b，$b+1$，$b+2$ のうちの49の倍数であるものを $A=49x$（x：自然数），23の倍数であるものを $B=23y$（y：自然数）とおけば，b，$b+1$，$b+2$ のうちの2数の差が，0，±1，

±2のいずれかだから，$|A-B|=0$または1または2と表せるので，(2)の結果を利用することができる。

(ア)では，$A=B$が最小になるのは，$A=B$が49の倍数で，かつ，23の倍数なので，49と23が互いに素より，$A=B=49\cdot23$となるときで，$A=B$が$b+2$と一致すれば，b，$b+1$，$b+2=A=B$となって，bは最小となる。

(イ)では，Aが最小になるのは，(2)の(i)，(ii)の結果より，$A-B=1$のときだから，$A>B$より，Aが$b+2$と一致すれば，b，$b+1=B$，$b+2=A$となって，bは最小となる。本来(イ)であれば，$A-B=1$（$A>B$）のときの$A=49\cdot(23k+8)$と$A-B=-1$（$B>A$）のときの$B=23\cdot(49\ell-17)$を大小比較してどちらの方が小さいかを考えるべきである。しかし，$A-B=-1$のときのAとBの差は1であり，$A-B=1$のときのAと$A-B=-1$のときのAを大小比較した場合，(2)の(i)，(ii)の結果と$A=49x$の形より，$A-B=1$のときのAの方が49以上小さくなるから，$A-B=1$のときのAと$A-B=-1$のときのBを大小比較するのでなく，$A-B=1$のときのAと$A-B=-1$のときのAを大小比較すればよいことになる。したがって，(2)の(i)，(ii)の結果が利用できる。

(ウ)では，(イ)と同様に，Aが最小になるのは，(2)の(iii)，(iv)の結果より，$A-B=-2$のときだから，$B>A$より，Bが$b+2$と一致すれば，$b=A$，$b+1$，$b+2=B$となって，bは最小となる。本来(ウ)であれば，$A-B=2$（$A>B$）のときのAと$A-B=-2$（$B>A$）のときのBを大小比較してどちらの方が小さいかを考えるべきである。しかし，$A-B=-2$のときのAとBの差は2であり，$A-B=2$のときのAと$A-B=-2$のときのAを大小比較した場合，(2)の(iii)，(iv)の結果と$A=49x$の形より，$A-B=-2$のときのAの方が49以上小さくなるから，$A-B=2$のときのAと$A-B=-2$のときのBを大小比較するのでなく，$A-B=2$のときのAと$A-B=-2$のときのAを大小比較すればよいことになる。したがって，(2)の(iii)，(iv)の結果が利用できる。

第5問 標準 《内接円，余弦定理，チェバの定理，正弦定理》

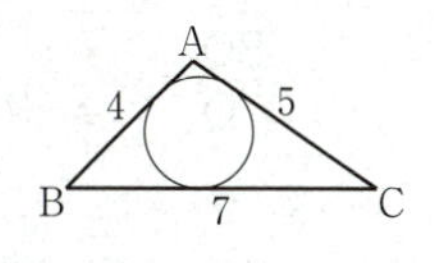

△ABCの面積をSとすると

$$S=\frac{1}{2}\cdot \mathrm{AB}\cdot \mathrm{AC}\cdot \sin\angle \mathrm{BAC}$$
$$=\frac{1}{2}\cdot 4\cdot 5\cdot \frac{2\sqrt{6}}{5}$$
$$=4\sqrt{6}$$

△ABCの内接円の半径をrとすると，$S=\frac{1}{2}r(\mathrm{AB}+\mathrm{BC}+\mathrm{AC})$と表せるから

$$4\sqrt{6}=\frac{1}{2}r(4+7+5) \qquad \therefore \quad r=\frac{\sqrt{6}}{2}$$

よって，△ABCの内接円の半径は$\dfrac{\sqrt{\boxed{6}}}{\boxed{2}}$である。

この内接円と辺BCとの接点をGとし，$\mathrm{AD}=\mathrm{AE}=x$，$\mathrm{BD}=\mathrm{BG}=y$，$\mathrm{CG}=\mathrm{CE}=z$とおくと

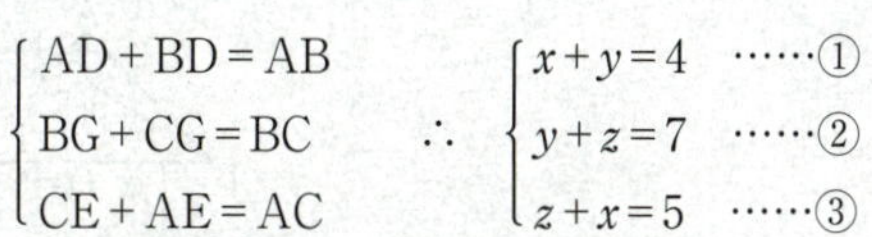

$$\begin{cases}\mathrm{AD}+\mathrm{BD}=\mathrm{AB}\\ \mathrm{BG}+\mathrm{CG}=\mathrm{BC}\\ \mathrm{CE}+\mathrm{AE}=\mathrm{AC}\end{cases} \qquad \therefore \quad \begin{cases}x+y=4 & \cdots\cdots ①\\ y+z=7 & \cdots\cdots ②\\ z+x=5 & \cdots\cdots ③\end{cases}$$

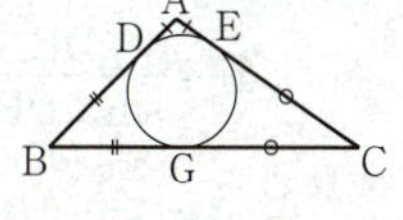

①＋②＋③より

$$2(x+y+z)=16 \qquad \therefore \quad x+y+z=8 \quad \cdots\cdots ④$$

④に①，②，③をそれぞれ代入すれば

$$z=4,\ x=1,\ y=3$$

よって　　$\mathrm{AD}=x=\boxed{1}$

したがって，△ADEに余弦定理を用いれば

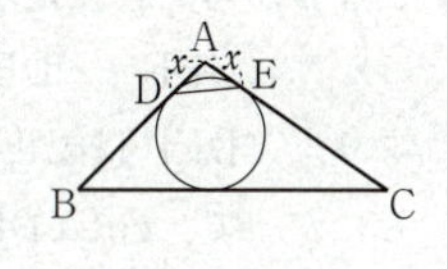

$$\mathrm{DE}^2=x^2+x^2-2\cdot x\cdot x\cdot \cos\angle \mathrm{BAC}$$
$$=1^2+1^2-2\cdot 1\cdot 1\cdot\left(-\frac{1}{5}\right)$$
$$=\frac{12}{5}$$

DE＞0なので

$$\mathrm{DE}=\sqrt{\frac{12}{5}}=\frac{2\sqrt{3}}{\sqrt{5}}=\frac{\boxed{2}\sqrt{\boxed{15}}}{\boxed{5}}$$

△ABCにチェバの定理を用いれば

$$\frac{\mathrm{AD}}{\mathrm{DB}}\cdot\frac{\mathrm{BQ}}{\mathrm{QC}}\cdot\frac{\mathrm{CE}}{\mathrm{EA}}=1 \qquad \frac{1}{3}\cdot\frac{\mathrm{BQ}}{\mathrm{CQ}}\cdot\frac{4}{1}=1$$

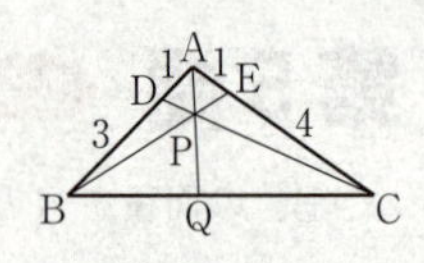

$$\therefore\ \frac{\mathrm{BQ}}{\mathrm{CQ}}=\frac{\boxed{3}}{\boxed{4}}$$

であるから

$$\mathrm{BQ}:\mathrm{BC}=3:(3+4)=3:7$$

より

$$\mathrm{BQ}=\frac{3}{7}\mathrm{BC}=\boxed{3}$$

これより，BQ＝BG＝3 なので，Q と G は同じ点になるから，

△ABC の内心を I とすると

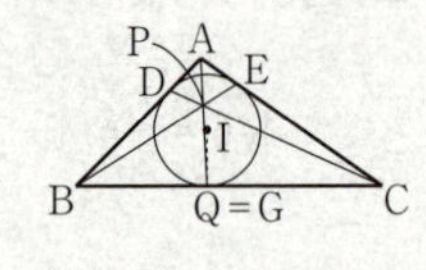

$$\mathrm{IQ}=\mathrm{IG}=r=\frac{\sqrt{\boxed{6}}}{\boxed{2}}$$

△DEF の外接円と△ABC の内接円は一致するから，△DEF の外接円の半径は r なので，△DEF に正弦定理を用いて

$$2r=\frac{\mathrm{DE}}{\sin\angle\mathrm{DFE}}$$

すなわち

$$\sin\angle\mathrm{DFE}=\frac{\mathrm{DE}}{2r}=\frac{\frac{2\sqrt{15}}{5}}{2\cdot\frac{\sqrt{6}}{2}}=\frac{2\sqrt{15}}{5\sqrt{6}}=\frac{\sqrt{10}}{5}$$

$\cos\angle\mathrm{BAC}=-\frac{1}{5}<0$ より，∠BAC は鈍角なので，△ADE において∠DEA は鋭角となるから，接弦定理を用いて

$$\angle\mathrm{DFE}=\angle\mathrm{DEA}$$

より，∠DFE は鋭角であることがわかる。

したがって，$\cos\angle\mathrm{DFE}>0$ なので，$\sin^2\angle\mathrm{DFE}+\cos^2\angle\mathrm{DFE}=1$ より

$$\cos\angle\mathrm{DFE}=\sqrt{1-\sin^2\angle\mathrm{DFE}}=\sqrt{1-\left(\frac{\sqrt{10}}{5}\right)^2}=\sqrt{\frac{15}{25}}$$

$$=\frac{\sqrt{\boxed{15}}}{\boxed{5}}$$

解説

「数学Ⅰ」の「図形と計量」との融合問題である。旧課程では「平面図形」と「図形と計量」との融合問題として出題されていたが，現行課程となってからは珍しい形式

での出題である。

初めに正弦の値が与えられているので，$S=\frac{1}{2}r(\mathrm{AB}+\mathrm{BC}+\mathrm{AC})$ を利用することで，△ABC の内接円の半径が求まることに気付けるだろう。

三角形と内接円が絡む問題では頻繁に利用するが，円外の点から円に引いた2接線の長さは等しいので，AD＝AE，BD＝BG，CG＝CE が成り立つから，それを x，y，z とおき，AD の長さを求めた。ここでは，x，y，z の3文字で表したが，AD＝AE，BD＝BG，CG＝CE を1文字だけで表す解法も考えられる。実際には，AD＝AE＝x，BD＝BG＝$4-x$，CG＝CE＝$5-x$ とおいて，BG＋CG＝BC＝7 を利用して求める。AD＝AE＝x の長さがわかれば，初めに与えられた余弦の値を利用して，△ADE に余弦定理を用いることで DE の長さも求まる。

AD の長さを求める誘導から，BD，AE，CE の長さも求まるので，$\frac{\mathrm{BQ}}{\mathrm{CQ}}$ の値は，チェバの定理を用いればよいことに気付ける。そこから，BQ の長さが求まるが，BQ＝BG＝3 となるので，Q＝G が成り立つ。このことに気付くかどうかが，この問題を完答できるかどうかの分かれ目となる。それがわかれば，IQ の長さは，IQ＝IG＝r から求めることができ，△DEF の外接円と△ABC の内接円が一致するので，△ABC の内接円の半径 r を利用して△DEF に正弦定理を用いることができる。

数学Ⅱ・数学B

問題番号(配点)	解答記号	正　解	配点	チェック
第1問 (30)	アイ	-1	1	
	ウ $+\sqrt{エ}$	$2+\sqrt{3}$	2	
	$\frac{\cos 2\theta + オ}{カ}$	$\frac{\cos 2\theta + 1}{2}$	2	
	キ，ク，ケ	2，2，1	3	
	コ，サ，シ	2，2，4	3	
	ス	3	2	
	$\frac{\pi}{セ}$，$\frac{\pi}{ソ}$	$\frac{\pi}{4}$，$\frac{\pi}{2}$	2	
	タ	②	2	
	チ	2	2	
	ツx＋テ	$2x+1$	2	
	t^2-トナ$t+$ニヌ	$t^2-11t+18$	2	
	ネ	0	1	
	ノ	9	1	
	ハ	2	1	
	$\log_3 \frac{ヒ}{フ}$	$\log_3 \frac{1}{2}$	2	
	$\log_3 \frac{ヘ}{ホ}$	$\log_3 \frac{3}{4}$	2	

問題番号(配点)	解答記号	正　解	配点	チェック
第2問 (30)	ア	0	1	
	イ	0	1	
	ウエ	-3	1	
	オ	1	2	
	カキ	-2	1	
	クケ	-2	2	
	$ka^{コ}$	ka^2	1	
	$\frac{サ}{シ}$	$\frac{a}{2}$	2	
	$\frac{k}{ス}a^{セ}$	$\frac{k}{3}a^3$	2	
	ソタ	12	2	
	$\frac{チ}{ツ}-$テ	$\frac{3}{a}-a$	3	
	ト$(b^2-$ナ$)x$	$3(b^2-1)x$	2	
	ニb^3	$2b^3$	1	
	$(x-$ヌ$)^2$	$(x-b)^2$	1	
	$x+$ネb	$x+2b$	2	
	$\frac{ノハ}{ヒ}$	$\frac{12}{5}$	3	
	$\frac{フ}{ヘホ}$	$\frac{3}{25}$	3	

問題番号(配点)	解答記号	正　解	配点	チェック
第3問 (20)	アイ	15	2	
	ウ	2	2	
	エ，オ，カ	4，①，1	2	
	キ，ク，ケ，コ，サ	4，①，3，4，3	3	
	シス	−5	1	
	セT_n＋ソn＋タ	$4T_n+3n+3$	3	
	チb_n＋ツ	$4b_n+6$	2	
	テト，ナ，ニ	−3，⓪，2	2	
	ヌ，ネ，ノ，ハ，ヒ	−，9，8，8，3	3	
第4問 (20)	アイ°	90°	1	
	$\frac{\sqrt{ウ}}{エ}$	$\frac{\sqrt{5}}{2}$	1	
	オカ	−1	1	
	$\sqrt{キ}$	$\sqrt{2}$	1	
	$\sqrt{ク}$	$\sqrt{2}$	1	
	ケコサ°	120°	1	
	シス°	60°	1	
	セ	2	1	
	$\vec{a}-ソ\vec{b}+タ\vec{c}$	$\vec{a}-2\vec{b}+2\vec{c}$	1	
	$\frac{チ\sqrt{ツ}}{テ}$	$\frac{3\sqrt{3}}{2}$	2	
	ト	0	1	
	ナ，$\frac{ニ}{ヌ}$	1，$\frac{3}{5}$	2	
	$\frac{\sqrt{ネ}}{ノ}$	$\frac{\sqrt{5}}{5}$	2	
	$\frac{ハ}{ヒ}$	$\frac{1}{6}$	1	
	フ	3	1	
	$\frac{\sqrt{ヘ}}{ホ}$	$\frac{\sqrt{3}}{3}$	2	

問題番号(配点)	解答記号	正　解	配点	チェック
第5問 (20)	アイ	74	2	
	-7×10^{ウ}	-7×10^{3}	2	
	$5^{エ}\times10^{オ}$	$5^{2}\times10^{6}$	2	
	カ.キ	1.4	2	
	0.クケ	0.08	2	
	コ.サ	4.0	2	
	$\sqrt{シ.ス}$	$\sqrt{3.7}$	2	
	セ.ソ	0.6	2	
	0.タチ	0.90	2	
	ツ	②	2	

（注）　第1問，第2問は必答。第3問～第5問のうちから2問選択。計4問を解答。

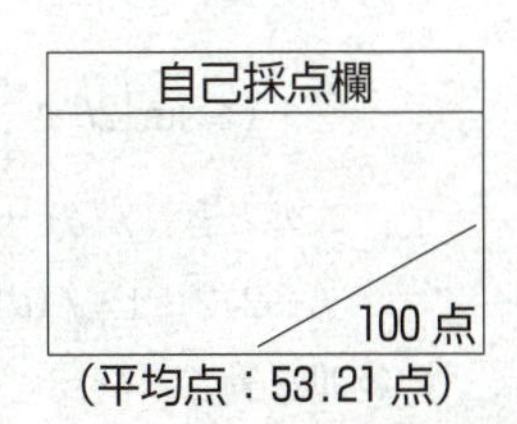

（平均点：53.21点）

第1問 ―― 三角関数，指数・対数関数

〔1〕 標準 《三角関数の値域》

$$f(\theta)=3\sin^2\theta+4\sin\theta\cos\theta-\cos^2\theta \quad \cdots\cdots(*)$$

(1)　(＊)より

$$f(0)=3\sin^2 0+4\sin 0\cos 0-\cos^2 0=3\times 0^2+4\times 0\times 1-1^2=\boxed{-1}$$

$$f\left(\frac{\pi}{3}\right)=3\sin^2\frac{\pi}{3}+4\sin\frac{\pi}{3}\cos\frac{\pi}{3}-\cos^2\frac{\pi}{3}$$

$$=3\left(\frac{\sqrt{3}}{2}\right)^2+4\times\frac{\sqrt{3}}{2}\times\frac{1}{2}-\left(\frac{1}{2}\right)^2=\frac{9}{4}+\sqrt{3}-\frac{1}{4}=\boxed{2}+\sqrt{\boxed{3}}$$

である。

(2)　余弦の2倍角の公式 $\cos 2\theta=2\cos^2\theta-1$ より

$$\cos^2\theta=\frac{\cos 2\theta+\boxed{1}}{\boxed{2}}$$

となる。また，正弦の2倍角の公式 $\sin 2\theta=2\sin\theta\cos\theta$ も用いると，(＊)は

$$f(\theta)=3(1-\cos^2\theta)+4\sin\theta\cos\theta-\cos^2\theta \quad (\sin^2\theta+\cos^2\theta=1)$$

$$=3+4\sin\theta\cos\theta-4\cos^2\theta$$

$$=3+2\sin 2\theta-4\times\frac{\cos 2\theta+1}{2}$$

$$=\boxed{2}\sin 2\theta-\boxed{2}\cos 2\theta+\boxed{1} \quad \cdots\cdots①$$

となる。

(3)　三角関数の合成を用いると，右図より，①は

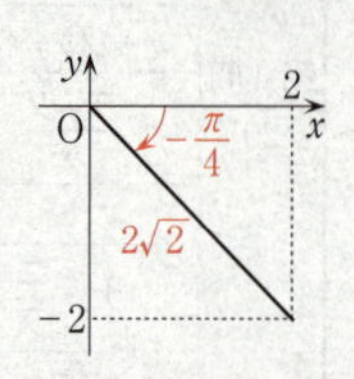

$$f(\theta)=2\sqrt{2}\sin\left\{2\theta+\left(-\frac{\pi}{4}\right)\right\}+1$$

$$=\boxed{2}\sqrt{\boxed{2}}\sin\left(2\theta-\frac{\pi}{\boxed{4}}\right)+1$$

と変形できる。

θ が $0\leqq\theta\leqq\pi$ の範囲を動くとき，$-\frac{\pi}{4}\leqq 2\theta-\frac{\pi}{4}\leqq\frac{7}{4}\pi$ であるから

$$-1\leqq\sin\left(2\theta-\frac{\pi}{4}\right)\leqq 1$$

で，このとき，$f(\theta)$ は

$$-2\sqrt{2}+1\leqq f(\theta)\leqq 2\sqrt{2}+1$$

の範囲を動く。$4<8<9$ より $2<2\sqrt{2}<3$ であるから

$$-2<-2\sqrt{2}+1<-1,\ 3<2\sqrt{2}+1<4$$

が成り立つので，関数 $f(\theta)$ のとり得る最大の整数の値 m は

$$m=\boxed{3}$$

である。

$0\leqq\theta\leqq\pi$ において，$f(\theta)=3$ となる θ の値を求める。

$$2\sqrt{2}\sin\left(2\theta-\frac{\pi}{4}\right)+1=3 \quad より \quad \sin\left(2\theta-\frac{\pi}{4}\right)=\frac{1}{\sqrt{2}}$$

$-\dfrac{\pi}{4}\leqq 2\theta-\dfrac{\pi}{4}\leqq\dfrac{7}{4}\pi$ であるから，右図より

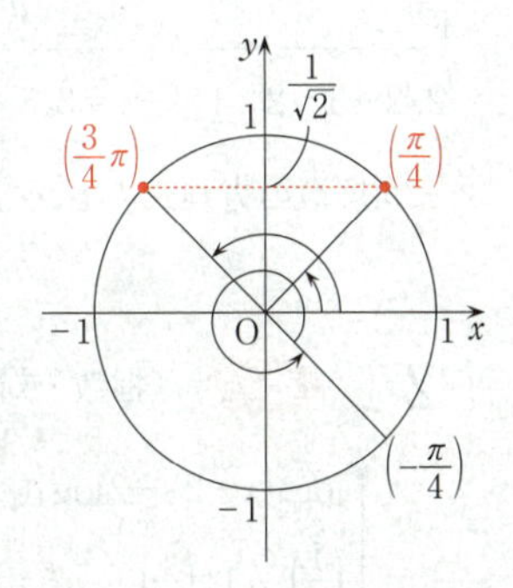

$$2\theta-\frac{\pi}{4}=\frac{\pi}{4},\ \frac{3}{4}\pi$$

$$2\theta=\frac{\pi}{2},\ \pi$$

よって，θ の値は，小さい順に，$\dfrac{\pi}{\boxed{4}}$，$\dfrac{\pi}{\boxed{2}}$ である。

解説

(1)　$\sin 0=0$，$\cos 0=1$，$\sin\dfrac{\pi}{3}=\dfrac{\sqrt{3}}{2}$，$\cos\dfrac{\pi}{3}=\dfrac{1}{2}$ である。ていねいに計算しよう。

(2)　2倍角の公式は加法定理からすぐ導けるが，次の公式は覚えておきたい。

> **ポイント　2倍角の公式**
>
> $\sin 2\theta=2\sin\theta\cos\theta$
>
> $\cos 2\theta=\cos^2\theta-\sin^2\theta$
>
> $\qquad=2\cos^2\theta-1\quad(\sin^2\theta=1-\cos^2\theta)$
>
> $\qquad=1-2\sin^2\theta\quad(\cos^2\theta=1-\sin^2\theta)$

$\cos 2\theta=1-2\sin^2\theta$ から $\sin^2\theta=\dfrac{1-\cos 2\theta}{2}$ を得るから，これを用いて $f(\theta)$ を変形してもよい。

(3)　三角関数の合成も加法定理の応用である。

ポイント 三角関数の合成

$$a\sin\theta+b\cos\theta=\sqrt{a^2+b^2}\sin(\theta+\alpha)$$

右辺を加法定理を用いて展開すれば，この等式が次の条件で成立することを確認できる。

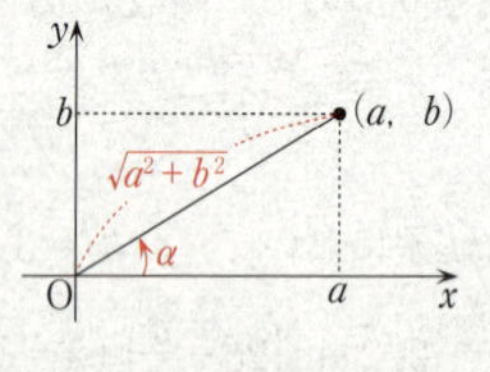

$$a=\sqrt{a^2+b^2}\cos\alpha,\quad b=\sqrt{a^2+b^2}\sin\alpha$$

すなわち　$\cos\alpha=\dfrac{a}{\sqrt{a^2+b^2}},\quad \sin\alpha=\dfrac{b}{\sqrt{a^2+b^2}}$

$2\sqrt{2}+1\fallingdotseq 2\times1.4+1=3.8$ と考えても $m=3$ はわかる。

三角関数の方程式 $f(\theta)=3$ を解く際には，$2\theta-\dfrac{\pi}{4}$ のとり得る値の範囲に注意する。

〔2〕 標準 《指数・対数方程式》

$$\begin{cases}\log_2(x+2)-2\log_4(y+3)=-1 & \cdots\cdots ②\\ \left(\dfrac{1}{3}\right)^y-11\left(\dfrac{1}{3}\right)^{x+1}+6=0 & \cdots\cdots ③\end{cases}$$

真数の条件により

$x+2>0,\ y+3>0$　すなわち　$x>-2,\ y>-3$

であるから，[タ] に当てはまるものは [②] である。

底の変換公式により

$$\log_4(y+3)=\frac{\log_2(y+3)}{\log_2 4}=\frac{\log_2(y+3)}{\boxed{2}}$$

である。よって，②から，x と y の関係は次のようになる。

$$\log_2(x+2)-2\times\frac{\log_2(y+3)}{2}=-1$$

$$\log_2(x+2)-\log_2(y+3)=-1$$

$$\log_2(x+2)+1=\log_2(y+3)$$

$$\log_2(x+2)+\log_2 2=\log_2(y+3)\quad(\log_2 2=1)$$

$$\log_2 2(x+2)=\log_2(y+3)$$

$$2(x+2)=y+3$$

$$\therefore\quad y=\boxed{2}x+\boxed{1}\quad\cdots\cdots ④$$

$t=\left(\dfrac{1}{3}\right)^x$ とおくと，④より

$$\left(\frac{1}{3}\right)^y=\left(\frac{1}{3}\right)^{2x+1}=\left(\frac{1}{3}\right)^{2x}\times\left(\frac{1}{3}\right)^1=\left\{\left(\frac{1}{3}\right)^x\right\}^2\times\frac{1}{3}=\frac{1}{3}t^2$$

となり，また

$$\left(\frac{1}{3}\right)^{x+1}=\left(\frac{1}{3}\right)^x\times\left(\frac{1}{3}\right)^1=\frac{1}{3}t$$

であるから，③より

$$\frac{1}{3}t^2-11\times\frac{1}{3}t+6=0$$

すなわち　　$t^2-\boxed{11}\,t+\boxed{18}=0$　……⑤

が得られる。

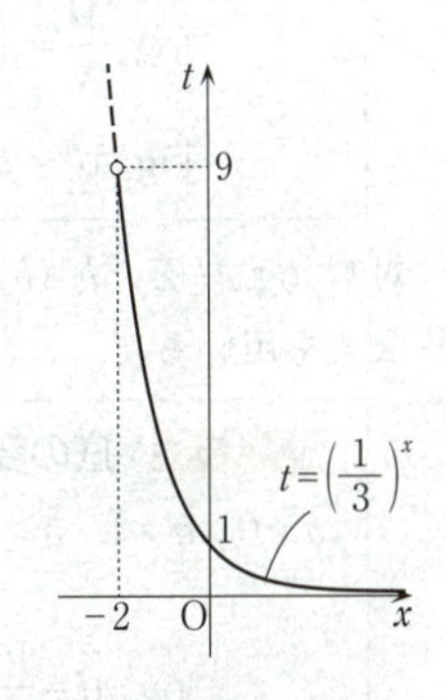

いま，$x>-2$（真数の条件）であるから，右図より

$$\boxed{0}<t<\boxed{9}\quad\cdots\cdots⑥$$

である。

⑥の範囲で方程式⑤を解くと

$$(t-2)(t-9)=0\quad(0<t<9)$$

より，$t=\boxed{2}$（$t=9$ は不適）となる。したがって，連立方程式②，③を満たす実数 x，y の値は次のように求められる。

$$\left(\frac{1}{3}\right)^x=2\quad より\quad 3^{-x}=2\qquad -x=\log_3 2$$

$$\therefore\quad x=-\log_3 2=\log_3 2^{-1}=\log_3\frac{\boxed{1}}{\boxed{2}}$$

④より

$$y=2\times\log_3\frac{1}{2}+1=\log_3\left(\frac{1}{2}\right)^2+\log_3 3\quad(\log_3 3=1)$$

$$=\log_3\left\{\left(\frac{1}{2}\right)^2\times 3\right\}=\log_3\frac{\boxed{3}}{\boxed{4}}$$

解説

実数 m に対して $a^m=M$（$a>0$，$a\neq 1$）のとき $M>0$ である。この式を m について解くために記号 log が作られ，$m=\log_a M$ と表せるようになった。m すなわち $\log_a M$ を a を底とする M の対数という。このとき M は真数と呼ばれ，$M>0$ でなければならない（真数の条件）。当然，$a^{\log_a M}=M$ であり，$\log_a a=1$，$\log_a 1=0$ である。対数の基本性質は指数法則から導かれる。

ポイント　対数の基本性質（□内が指数法則）

$a>0$，$a\neq 1$，$M>0$，$N>0$ とする。

$\log_a M=m$，$\log_a N=n$ とおくと，$M=a^m$，$N=a^n$ である。

$$\log_a MN=\log_a M+\log_a N \longleftarrow MN=\boxed{a^m\times a^n=a^{m+n}}=a^{\log_a M+\log_a N}$$

$$\log_a \frac{M}{N}=\log_a M-\log_a N \longleftarrow \frac{M}{N}=\boxed{\frac{a^m}{a^n}=a^{m-n}}=a^{\log_a M-\log_a N}$$

$$\log_a M^p=p\log_a M \longleftarrow M^p=\boxed{(a^m)^p=a^{pm}}=a^{p\log_a M}\quad (p \text{ は実数})$$

対数 $\log_a M$ を，b（$b>0$，$b\neq 1$）を底とする対数で表したい場合には，次の底の変換公式を用いる。

ポイント　底の変換公式

$a>0$，$a\neq 1$，$b>0$，$b\neq 1$，$M>0$ とする。

$$\log_a M=\frac{\log_b M}{\log_b a} \longleftarrow \left(\begin{array}{l} \log_a M=m \text{ のとき}\qquad M=a^m \\ \text{よって，}\log_b M=\log_b a^m=m\log_b a \\ \qquad\qquad\qquad =(\log_a M)(\log_b a) \end{array}\right)$$

②から④を導く計算は次のようにしてもよい。

$$\log_2(x+2)-\log_2(y+3)=-1 \qquad \log_2\frac{x+2}{y+3}=-1$$

$$\frac{x+2}{y+3}=2^{-1}=\frac{1}{2} \qquad \therefore\quad y=2x+1$$

指数関数 $t=\left(\frac{1}{3}\right)^x$ はつねに正の減少関数である。〔解答〕に図を示しておいた。

$x>-2$ のとき，$0<t<9$ となることは，その図を見ればよいが，$\frac{1}{3}=3^{-1}$ として，次のように考えてもよい。

$$0<t=3^{-x}<3^2=9 \quad (x>-2 \quad \text{より}\quad -x<2)$$

第2問 標準 《極値，共通接線，面積》

$C : y = f(x) = x^3 + px^2 + qx$ （p，q は実数）

$D : y = -kx^2$

A：点（a，$-ka^2$）　（$k>0$，$a>0$）

(1) 関数 $f(x)$ が $x=-1$ で極値をとるので，$f'(-1)=$ 0 である。その極値は2であるから $f(-1)=2$ である。

$$f'(x) = 3x^2 + 2px + q \quad \text{より} \quad f'(-1) = 3 - 2p + q = 0 \qquad \therefore \quad 2p - q = 3$$

また

$$f(-1) = -1 + p - q = 2 \qquad \therefore \quad p - q = 3$$

この2式より，$p=$ 0 ，$q=$ −3 である。したがって

$$f(x) = x^3 - 3x = x(x^2-3) = x(x+\sqrt{3})(x-\sqrt{3})$$

$$f'(x) = 3x^2 - 3 = 3(x^2-1) = 3(x+1)(x-1)$$

となるから，右の増減表が得られ，$f(x)$ は $x=$ 1 で極小値 −2 をとる。また，$y=f(x)$ のグラフと x 軸の交点の x 座標が $-\sqrt{3}$，0，$\sqrt{3}$ であることを考慮すれば，$y=f(x)$ のグラフは右図のようになる。

x	$\cdots$	-1	$\cdots$	1	$\cdots$
$f'(x)$	$+$	0	$-$	0	$+$
$f(x)$	↗	2	↘	-2	↗

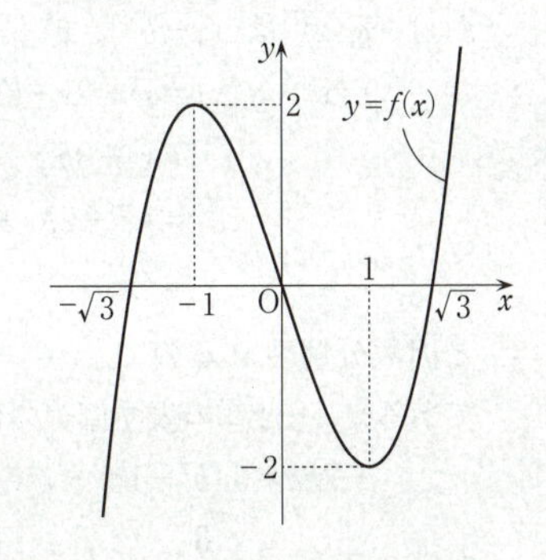

(2) 点 A$(a, -ka^2)$（$k>0$，$a>0$）における放物線 $D : y=-kx^2$（$y'=-2kx$）の接線 ℓ の方程式は

$$y - (-ka^2) = -2ka(x-a)$$

$$\therefore \quad \ell : y = \boxed{-2}\,kax + ka^{\boxed{2}} \quad \cdots\cdots①$$

と表せる。ℓ と x 軸の交点の x 座標は

$$0 = -2kax + ka^2 \qquad 2kax = ka^2$$

$$\therefore \quad x = \frac{ka^2}{2ka} = \frac{\boxed{a}}{\boxed{2}} \quad (k \neq 0,\ a \neq 0)$$

であり，D と x 軸および直線 $x=a$ で囲まれた図形の面積は

$$\int_0^a \{-(-kx^2)\}\,dx = \int_0^a kx^2\,dx = \left[\frac{k}{3}x^3\right]_0^a$$

$$= \frac{k}{\boxed{3}}a^{\boxed{3}}$$

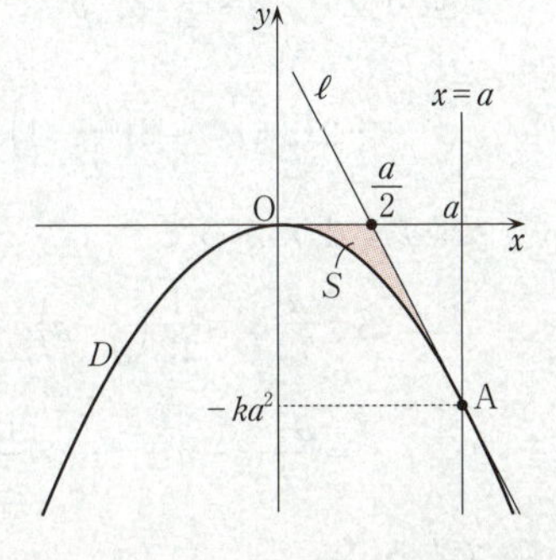

である。よって，D と ℓ および x 軸で囲まれた図形の面積 S は，上の面積から三角形 $\left(\text{底辺 } a-\dfrac{a}{2}=\dfrac{a}{2},\ \text{高さ } ka^2\right)$ の面積を差し引くことによって

$$S=\frac{k}{3}a^3-\frac{1}{2}\times\frac{a}{2}\times ka^2=\frac{k}{3}a^3-\frac{k}{4}a^3=\frac{k}{\boxed{12}}a^3$$

である。

(3)　点 $\mathrm{A}(a,\ -ka^2)$ が $C:y=x^3-3x$ 上にあるとき

$$-ka^2=a^3-3a$$

が成り立つから

$$k=\frac{a^3-3a}{-a^2}=-a+\frac{3}{a}=\frac{\boxed{3}}{\boxed{a}}-\boxed{a}\quad(a\neq 0)$$

である。(2)の接線 ℓ が C にも接するとき，ℓ と C の接点の x 座標を b とすると，ℓ の方程式は b を用いて

$$y-f(b)=f'(b)(x-b)$$
$$y-(b^3-3b)=(3b^2-3)(x-b)$$
$$\therefore\quad \ell:y=\boxed{3}(b^2-\boxed{1})x-\boxed{2}b^3\quad\cdots\cdots②$$

と表される。②の右辺を $g(x)$ とおくと，$f(x)=g(x)$ は重解 b をもつので，$f(x)-g(x)$ は $(x-b)^2=x^2-2bx+b^2$ を因数にもつ。これを用いて

$$\begin{aligned}f(x)-g(x)&=x^3-3x-\{3(b^2-1)x-2b^3\}\\&=x^3-3b^2x+2b^3\\&=(x^2-2bx+b^2)(x+2b)\\&=(x-\boxed{b})^2(x+\boxed{2}b)\end{aligned}$$

と因数分解されるので，$a=-2b$ となる（点Aの x 座標は a であり，同時に $-2b$ である）。①と②の表す直線の傾きを比較することにより

$$-2ka=3(b^2-1)$$

が成り立ち，$k=\dfrac{3}{a}-a$，$b=-\dfrac{1}{2}a$ を代入すれば

$$-2(3-a^2)=3\left(\frac{a^2}{4}-1\right)\qquad \frac{5}{4}a^2=3\qquad \therefore\quad a^2=\frac{\boxed{12}}{\boxed{5}}$$

である。したがって

$$S=\frac{k}{12}a^3=\frac{1}{12}\left(\frac{3}{a}-a\right)a^3=\frac{1}{12}(3a^2-a^4)$$
$$=\frac{a^2}{12}(3-a^2)=\frac{1}{12}\times\frac{12}{5}\left(3-\frac{12}{5}\right)=\frac{1}{5}\times\frac{3}{5}=\frac{\boxed{3}}{\boxed{25}}$$

である。

解 説

(1) $f(x)=x^3-3x$ は，$f(-x)=(-x)^3-3(-x)=-x^3+3x=-(x^3-3x)=-f(x)$ が成り立つから奇関数である。奇関数のグラフは原点対称であるので，$x=-1$ で極値 2 をとるならば，増減表を見るまでもなく，$x=1$ で極値 -2 をとることがわかる。

(2) 接線の方程式に関する出題は毎年のようにある。

> **ポイント** 接線の方程式
>
> 曲線 $y=f(x)$ 上の点 $(t,\ f(t))$ におけるこの曲線の接線の方程式は
>
> $$y-f(t)=f'(t)(x-t)$$

面積については，図を見ながら考える習慣をつけておきたい。

(3) C と D と ℓ を図示すると右図のようになる。

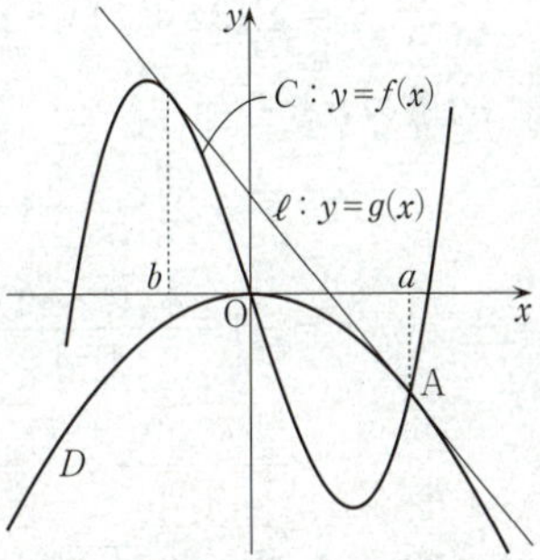

この図を見れば，ℓ と C が $x=b$ で接し，$x=a$ で交わることがよくわかるであろう。つまり，3 次方程式 $f(x)=g(x)$ は $x=b$ を重解にもち，他の解は $x=a$ となるのであるから

$$f(x)-g(x)=(x-b)^2(x-a)$$

とならなければならないのである。それで $a=-2b$ となるのである。

なお，$f(x)-g(x)$ の因数分解では，

$x^3-3b^2x+2b^3$ を $(x-b)^2$ で割って，商を求めてもよい。

ℓ の方程式を $y=h(x)=-2kax+ka^2=(2a^2-6)x+3a-a^3$ $\left(①と\ k=\dfrac{3}{a}-a\ より\right)$ とおいても

$$f(x)-h(x)=(x-b)^2(x-a)$$

とならなければならない。実際

$$\begin{aligned} f(x)-h(x) &= x^3-3x-\{(2a^2-6)x+3a-a^3\} \\ &= x^3-(2a^2-3)x-3a+a^3 \\ &= (x-a)(x^2+ax-a^2+3) \end{aligned}$$

となり，$x^2+ax-a^2+3=0$ が重解 $b\ \left(=-\dfrac{a}{2}\right)$ をもつことから，判別式を 0 とおくことにより

$$a^2-4(-a^2+3)=0 \qquad 5a^2=12 \qquad \therefore\ a^2=\frac{12}{5}$$

が得られる。

第3問 やや難《等比数列，階差数列，漸化式》

(1)　S_n は，初項が3，公比が4の等比数列の初項から第 n 項までの和であるから

$$S_2=3+3\times4=3+12=\boxed{15}$$

数列 $\{T_n\}$ は，初項が -1 であり，$\{T_n\}$ の階差数列が数列 $\{S_n\}$ であるような数列ゆえ

$$T_2-T_1=S_1 \quad より \quad T_2=T_1+S_1=-1+3=\boxed{2}$$

である。

(2)　$\{S_n\}$ と $\{T_n\}$ の一般項は，それぞれ

$$S_n=\sum_{k=1}^{n}(3\times4^{k-1})=3\sum_{k=1}^{n}4^{k-1}=3\times\frac{4^n-1}{4-1}=\boxed{4}^n-\boxed{1}$$

$n\geqq2$ のとき

$$T_n=T_1+\sum_{k=1}^{n-1}S_k=-1+\sum_{k=1}^{n-1}(4^k-1)=-1+\sum_{k=1}^{n-1}4^k-\sum_{k=1}^{n-1}1$$

$$=-1+\frac{4(4^{n-1}-1)}{4-1}-(n-1)=-1+\frac{4^n}{3}-\frac{4}{3}-(n-1)$$

$$=\frac{\boxed{4}^n}{\boxed{3}}-n-\frac{\boxed{4}}{\boxed{3}} \quad (n=1のときも成り立つ)$$

である。ただし，$\boxed{オ}$ と $\boxed{ク}$ に当てはまるものは，順に $\boxed{①}$，$\boxed{①}$ である。

(3)　数列 $\{a_n\}$ は，初項が -3 であり，次の漸化式(＊)を満たす。

$$na_{n+1}=4(n+1)a_n+8T_n \quad (n=1,\ 2,\ 3,\ \cdots) \quad \cdots\cdots(*)$$

数列 $\{b_n\}$ は，$b_n=\dfrac{a_n+2T_n}{n}$ で定められており，$\{b_n\}$ の初項 b_1 は

$$b_1=\frac{a_1+2T_1}{1}=-3+2\times(-1)=\boxed{-5}$$

である。

$\{T_n\}$ は漸化式

$$T_{n+1}=\frac{4^{n+1}}{3}-(n+1)-\frac{4}{3}=4\times\frac{4^n}{3}-n-\frac{7}{3}$$

$$=4\left(T_n+n+\frac{4}{3}\right)-n-\frac{7}{3} \quad \left(T_n=\frac{4^n}{3}-n-\frac{4}{3} \quad より \quad \frac{4^n}{3}=T_n+n+\frac{4}{3}\right)$$

$$=\boxed{4}T_n+\boxed{3}n+\boxed{3} \quad (n=1,\ 2,\ 3,\ \cdots)$$

を満たすから，$\{b_n\}$ は漸化式

$$b_{n+1}=\frac{a_{n+1}+2T_{n+1}}{n+1}$$

$$=\frac{1}{n+1}\left\{\frac{4}{n}(n+1)a_n+\frac{8}{n}T_n+2(4T_n+3n+3)\right\}$$

（（＊）および $\{T_n\}$ の漸化式を用いた）

$$=\frac{1}{n+1}\left\{\frac{4}{n}(n+1)a_n+\frac{8(n+1)T_n}{n}+6(n+1)\right\}$$

$$=\frac{4}{n}a_n+\frac{8}{n}T_n+6=4\times\frac{a_n+2T_n}{n}+6$$

$$=\boxed{4}\,b_n+\boxed{6}\quad (n=1,\ 2,\ 3,\ \cdots)$$

を満たすことがわかる。この $\{b_n\}$ の漸化式は

$$b_{n+1}+2=4(b_n+2)$$

と変形できる。これは，数列 $\{b_n+2\}$ が，初項が $b_1+2=-5+2=-3$，公比が 4 の等比数列であることを示しているので

$$b_n+2=-3\times4^{n-1}$$

となり，$\{b_n\}$ の一般項は

$$b_n=\boxed{-3}\cdot4^{n-1}-\boxed{2}$$

である。ただし，ナ に当てはまるものは ⓪ である。

$b_n=\dfrac{a_n+2T_n}{n}$ であったから

$$\frac{a_n+2T_n}{n}=-3\times4^{n-1}-2\quad より\quad a_n=-3n\times4^{n-1}-2n-2T_n$$

$T_n=\dfrac{4^n}{3}-n-\dfrac{4}{3}$ を用いて

$$a_n=-3n\times4^{n-1}-2n-2\left(\frac{4^n}{3}-n-\frac{4}{3}\right)=-3n\times4^{n-1}-\frac{8}{3}\times4^{n-1}+\frac{8}{3}$$

$$=\frac{\boxed{-}\left(\boxed{9}\,n+\boxed{8}\right)4^{n-1}+\boxed{8}}{\boxed{3}}$$

である。

参考 $\{b_n\}$ が与えられていないときは，（＊）の両辺を $n(n+1)$ で割るとよい。

$$\frac{na_{n+1}}{n(n+1)}=\frac{4(n+1)a_n+8T_n}{n(n+1)}$$

$$\frac{a_{n+1}}{n+1}=\frac{4a_n}{n}+8T_n\left(\frac{1}{n}-\frac{1}{n+1}\right)\quad\left(\frac{1}{n(n+1)}=\frac{1}{n}-\frac{1}{n+1}\right)$$

$$\frac{a_{n+1}+8T_n}{n+1}=\frac{4a_n+8T_n}{n}$$

$\{T_n\}$ は漸化式 $T_{n+1}=4T_n+3n+3$ を満たすから，$8T_n=2T_{n+1}-6(n+1)$ であるので

$$\frac{a_{n+1}+2T_{n+1}-6(n+1)}{n+1}=\frac{4(a_n+2T_n)}{n}$$

$$\frac{a_{n+1}+2T_{n+1}}{n+1}=4\times\frac{a_n+2T_n}{n}+6$$

これが，$b_n=\dfrac{a_n+2T_n}{n}$ を考える理由である。

解説

(1)　(2)を先に求めて，それに $n=2$ を代入してもよい。

(2)　等比数列の和の公式は基本中の基本である。

ポイント　等比数列の和

初項 a，公比 r の等比数列の初項から第 n 項までの和は

$r\neq 1$ のとき，$\displaystyle\sum_{k=1}^{n}ar^{k-1}=a\sum_{k=1}^{n}r^{k-1}=a(\underbrace{1+r+\cdots+r^{n-1}}_{n\text{項}})=\frac{a(1-r^n)}{1-r}=\frac{a(r^n-1)}{r-1}$

$r=1$ のとき，$\displaystyle\sum_{k=1}^{n}a=a\sum_{k=1}^{n}1=a(\underbrace{1+1+\cdots+1}_{n\text{項}})=a\times n=na$

数列 $\{c_n\}$ の階差数列とは

$$c_2-c_1,\ c_3-c_2,\ \cdots,\ c_{n+1}-c_n,\ \cdots$$

のことである。$d_n=c_{n+1}-c_n$ とおいて，$d_1+d_2+\cdots+d_{n-1}$ $(n\geqq 2)$ を計算すると

$$\begin{aligned} d_1&=c_2-c_1\\ d_2&=c_3-c_2\\ &\cdots\quad\cdots\\ +)\quad d_{n-1}&=c_n-c_{n-1}\\ \hline d_1+d_2+\cdots+d_{n-1}&=c_n-c_1 \end{aligned}$$

$\therefore\quad c_n=c_1+(d_1+d_2+\cdots+d_{n-1})\quad(n\geqq 2)$

となる。これは次のことを意味する。

（もとの数列の第 $\underline{n}$ 項）＝（もとの数列の初項）＋（階差数列の初項から第 $\underline{n-1}$ 項までの和）

ポイント　階差数列

数列 $\{c_n\}$ の階差数列を $\{d_n\}$ とすると，$n \geqq 2$ のとき

$$c_n = c_1 + \sum_{k=1}^{n-1} d_k \quad (n=1 \text{ の場合についても成り立つことを確認しておく})$$

(3)　$\{T_n\}$ の漸化式を求めることは難しくない。

$$T_n = \frac{4^n}{3} - n - \frac{4}{3} \quad \cdots\cdots(\mathrm{A})$$

$$T_{n+1} = \frac{4^{n+1}}{3} - (n+1) - \frac{4}{3} \quad \cdots\cdots(\mathrm{B})$$

をながめて，(B)$-4\times$(A) を計算してもよい。指数の部分が消える。

$$T_{n+1} - 4T_n = 3n+3 \qquad \therefore \quad T_{n+1} = 4T_n + 3n + 3$$

本題は，誘導に従って漸化式(＊)を解く問題である。

$b_n = \dfrac{a_n + 2T_n}{n}$ と置くとうまくいくはずである。$\{T_n\}$ の一般項は求まっているから，$\{b_n\}$ の一般項が求まれば，$\{a_n\}$ の一般項が求まる（$a_n = nb_n - 2T_n$）のである。

$b_{n+1} = \dfrac{a_{n+1} + 2T_{n+1}}{n+1}$ において，まず T_{n+1} を T_n で表し，次に，(＊)を用いて a_{n+1} を a_n で表せば，b_{n+1} が b_n の単純な形で表せるのであろう。このような見通しをもって解き進めることが大切である。b_n が与えられていないと，〔参考〕のように難しい問題になる。2項間の漸化式の解き方は確実にしておかなければならない。

ポイント　2項間の漸化式 $b_{n+1} = pb_n + q$ の解法

$$b_{n+1} = pb_n + q \quad (p \neq 0,\ p \neq 1,\ q \neq 0)$$

$$-)\ \underline{\alpha = p\alpha + q} \longrightarrow \alpha = \frac{q}{1-p} \quad (b_{n+1} \text{ も } b_n \text{ も形式的に } \alpha \text{ とおく})$$

$$b_{n+1} - \alpha = p(b_n - \alpha) \longleftarrow q \text{ が消える（等比化）}$$

数列 $\{b_n - \alpha\}$ は，公比が p，初項が $b_1 - \alpha$ の等比数列である。

$$b_n - \alpha = (b_1 - \alpha)p^{n-1} \qquad \therefore \quad b_n = (b_1 - \alpha)p^{n-1} + \alpha$$

第4問 標準 《空間ベクトル》

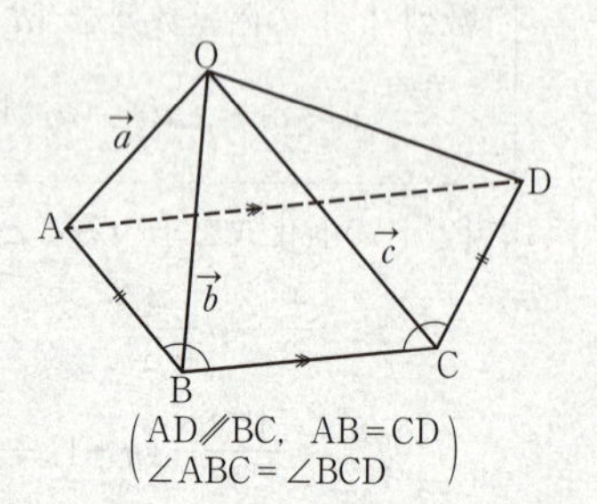

(1)　右図の四角錐 OABCD において

$$\overrightarrow{OA}=\vec{a},\ \overrightarrow{OB}=\vec{b},\ \overrightarrow{OC}=\vec{c}$$

$$|\vec{a}|=1,\ |\vec{b}|=\sqrt{3},\ |\vec{c}|=\sqrt{5}$$

$$\vec{a}\cdot\vec{b}=1,\ \vec{b}\cdot\vec{c}=3,\ \vec{a}\cdot\vec{c}=0$$

である。

$\vec{a}\cdot\vec{c}=0$ より，$\angle AOC=\boxed{90}\,^\circ$ であるから，三角形 OAC の面積は

$$\frac{1}{2}\times OA\times OC=\frac{1}{2}|\vec{a}||\vec{c}|=\frac{1}{2}\times 1\times\sqrt{5}=\frac{\sqrt{\boxed{5}}}{\boxed{2}}$$

である。

(2)
$$\overrightarrow{BA}=\overrightarrow{OA}-\overrightarrow{OB}=\vec{a}-\vec{b}$$

$$\overrightarrow{BC}=\overrightarrow{OC}-\overrightarrow{OB}=\vec{c}-\vec{b}$$

であるから

$$\overrightarrow{BA}\cdot\overrightarrow{BC}=(\vec{a}-\vec{b})\cdot(\vec{c}-\vec{b})=\vec{a}\cdot\vec{c}-\vec{a}\cdot\vec{b}-\vec{b}\cdot\vec{c}+|\vec{b}|^2$$

$$=0-1-3+(\sqrt{3})^2=\boxed{-1}$$

$$|\overrightarrow{BA}|^2=\overrightarrow{BA}\cdot\overrightarrow{BA}=(\vec{a}-\vec{b})\cdot(\vec{a}-\vec{b})=|\vec{a}|^2-2\vec{a}\cdot\vec{b}+|\vec{b}|^2$$

$$=1^2-2\times 1+(\sqrt{3})^2=2$$

$$\therefore\ |\overrightarrow{BA}|=\sqrt{\boxed{2}}$$

$$|\overrightarrow{BC}|^2=\overrightarrow{BC}\cdot\overrightarrow{BC}=(\vec{c}-\vec{b})\cdot(\vec{c}-\vec{b})=|\vec{c}|^2-2\vec{b}\cdot\vec{c}+|\vec{b}|^2$$

$$=(\sqrt{5})^2-2\times 3+(\sqrt{3})^2=2$$

$$\therefore\ |\overrightarrow{BC}|=\sqrt{\boxed{2}}$$

である。よって

$$\cos\angle ABC=\frac{\overrightarrow{BA}\cdot\overrightarrow{BC}}{|\overrightarrow{BA}||\overrightarrow{BC}|}=\frac{-1}{\sqrt{2}\times\sqrt{2}}=-\frac{1}{2}\quad(0^\circ<\angle ABC<180^\circ)$$

となるから，$\angle ABC=\boxed{120}\,^\circ$ である。

さらに，∠ABC＝∠BCD であり，辺 AD と辺 BC が平行であるから

$$\angle BAD=\angle ADC=\boxed{60}\,^\circ$$

である。よって，次図より

$$\mathrm{AD}=\frac{\sqrt{2}}{2}+\sqrt{2}+\frac{\sqrt{2}}{2}=2\sqrt{2}=2\mathrm{BC}$$

であるから，$\overrightarrow{\mathrm{AD}}=\boxed{2}\,\overrightarrow{\mathrm{BC}}$ であり

$$\begin{aligned}\overrightarrow{\mathrm{OD}}&=\overrightarrow{\mathrm{OA}}+\overrightarrow{\mathrm{AD}}=\overrightarrow{\mathrm{OA}}+2\overrightarrow{\mathrm{BC}}\\&=\overrightarrow{\mathrm{OA}}+2(\overrightarrow{\mathrm{OC}}-\overrightarrow{\mathrm{OB}})\\&=\overrightarrow{\mathrm{OA}}-2\overrightarrow{\mathrm{OB}}+2\overrightarrow{\mathrm{OC}}=\vec{a}-\boxed{2}\,\vec{b}+\boxed{2}\,\vec{c}\end{aligned}$$

と表される。また，四角形ABCDの面積は，台形の面積の公式を用いて

$$\frac{1}{2}(\mathrm{AD}+\mathrm{BC})\times\mathrm{AB}\sin 60^\circ=\frac{1}{2}(2\sqrt{2}+\sqrt{2})\times\sqrt{2}\times\frac{\sqrt{3}}{2}=\frac{\boxed{3}\sqrt{\boxed{3}}}{\boxed{2}}$$

である。

(3) 3点O，A，Cの定める平面 α 上に，点Hを $\overrightarrow{\mathrm{BH}}\perp\vec{a}$ と $\overrightarrow{\mathrm{BH}}\perp\vec{c}$ が成り立つようにとると，$\overrightarrow{\mathrm{BH}}\perp\alpha$ となるから，$|\overrightarrow{\mathrm{BH}}|$ は三角錐BOACの高さ（三角形OACを底面とするときの）である。

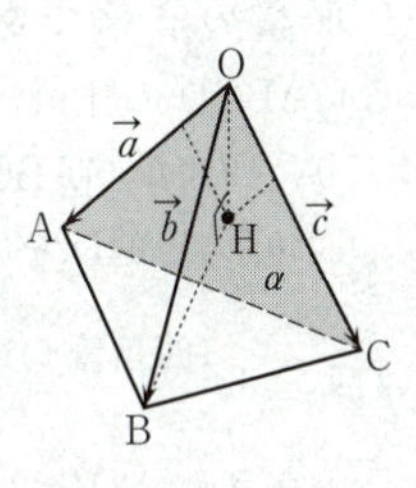

Hは α 上の点であるから，実数 s，t を用いて，$\overrightarrow{\mathrm{OH}}=s\vec{a}+t\vec{c}$ の形に表される。よって

$$\overrightarrow{\mathrm{BH}}=\overrightarrow{\mathrm{OH}}-\overrightarrow{\mathrm{OB}}=s\vec{a}+t\vec{c}-\vec{b}$$

であり，$\overrightarrow{\mathrm{BH}}\perp\vec{a}$，$\overrightarrow{\mathrm{BH}}\perp\vec{c}$ より $\overrightarrow{\mathrm{BH}}\cdot\vec{a}=\boxed{0}$，$\overrightarrow{\mathrm{BH}}\cdot\vec{c}=0$ であるから

$$\begin{aligned}\overrightarrow{\mathrm{BH}}\cdot\vec{a}&=(s\vec{a}+t\vec{c}-\vec{b})\cdot\vec{a}\\&=s|\vec{a}|^2+t\vec{a}\cdot\vec{c}-\vec{a}\cdot\vec{b}=s\times1^2+t\times0-1=s-1=0\end{aligned}$$

$$\begin{aligned}\overrightarrow{\mathrm{BH}}\cdot\vec{c}&=(s\vec{a}+t\vec{c}-\vec{b})\cdot\vec{c}\\&=s\vec{a}\cdot\vec{c}+t|\vec{c}|^2-\vec{b}\cdot\vec{c}=s\times0+t\times(\sqrt{5})^2-3=5t-3=0\end{aligned}$$

より，$s=\boxed{1}$，$t=\dfrac{\boxed{3}}{\boxed{5}}$ である。

よって，$\overrightarrow{\mathrm{OH}}=\vec{a}+\dfrac{3}{5}\vec{c}$ であるので

$$\begin{aligned}|\overrightarrow{\mathrm{OH}}|^2&=\overrightarrow{\mathrm{OH}}\cdot\overrightarrow{\mathrm{OH}}=\left(\vec{a}+\frac{3}{5}\vec{c}\right)\cdot\left(\vec{a}+\frac{3}{5}\vec{c}\right)=|\vec{a}|^2+\frac{6}{5}\vec{a}\cdot\vec{c}+\frac{9}{25}|\vec{c}|^2\\&=1^2+\frac{6}{5}\times0+\frac{9}{25}\times(\sqrt{5})^2=1+\frac{9}{5}=\frac{14}{5}\end{aligned}$$

すなわち，$\mathrm{OH}^2=\dfrac{14}{5}$ である。三角形BOHに三平方の定理を用いると

$$BH^2=OB^2-OH^2=(\sqrt{3})^2-\frac{14}{5}=\frac{1}{5}$$

$$\therefore\ |\overrightarrow{BH}|=BH=\sqrt{\frac{1}{5}}=\frac{\sqrt{\boxed{5}}}{\boxed{5}}$$

が得られる。したがって，(1)より，三角錐 BOAC の体積 V は

$$V=\frac{1}{3}\times(\text{三角形 OAC の面積})\times(\text{高さ BH})=\frac{1}{3}\times\frac{\sqrt{5}}{2}\times\frac{\sqrt{5}}{5}=\frac{\boxed{1}}{\boxed{6}}$$

である。

(4)　(2)の図を見ると，三角形 ACD の面積は三角形 ABC の面積の 2 倍であることがわかる（AD∥BC，AD＝2BC）。よって，四角形 ABCD の面積は三角形 ABC の面積の 3 倍である（四角形ABCD＝△ABC＋△ACD）。したがって，四角錐 OABCD の体積は三角錐 OABC（三角錐 BOAC）の体積 V の 3 倍である。つまり，四角錐 OABCD の体積は $\boxed{3}\ V$ と表せる。

四角形 ABCD を底面とする四角錐 OABCD の高さを h とすると

$$(\text{四角錐 OABCD の体積})=\frac{1}{3}\times(\text{四角形 ABCD の面積})\times h$$

と表され，$3V=3\times\frac{1}{6}=\frac{1}{2}$ および(2)の結果を用いれば

$$\frac{1}{2}=\frac{1}{3}\times\frac{3\sqrt{3}}{2}h\qquad\therefore\ h=\frac{\sqrt{\boxed{3}}}{\boxed{3}}$$

である。

解説

(1)　条件 $\vec{a}\cdot\vec{c}=0$ に着目すれば簡単に答えられる。

(2)　$\overrightarrow{BA}$，$\overrightarrow{BC}$ を $\vec{a}$，$\vec{b}$，$\vec{c}$ で表し，内積の計算を実行すればよい。

内積 $(\vec{a}-\vec{b})\cdot(\vec{c}-\vec{b})$ の計算と整式 $(a-b)(c-b)$ の展開はほぼ同様にできる。

$(\vec{a}-\vec{b})\cdot(\vec{c}-\vec{b})=\vec{a}\cdot\vec{c}-\vec{a}\cdot\vec{b}-\vec{b}\cdot\vec{c}+|\vec{b}|^2$，交換法則 $\vec{a}\cdot\vec{c}=\vec{c}\cdot\vec{a}$

$(a-b)(c-b)=ac-ab-bc+b^2$　　　，交換法則 $ac=ca$

注意することは，内積の記号・を忘れないことと，$\vec{b}\cdot\vec{b}=|\vec{b}|^2$ とすることである。

なお，(3)の $|\overrightarrow{BH}|$ も，〔解答〕では三平方の定理を用いたが，$\overrightarrow{BH}=\vec{a}+\frac{3}{5}\vec{c}-\vec{b}$ から直接求めることもできる。公式 $(A+B+C)^2=A^2+B^2+C^2+2AB+2BC+2CA$ を利用して

$$|\overrightarrow{BH}|^2=\left|\vec{a}+\frac{3}{5}\vec{c}-\vec{b}\right|^2=|\vec{a}|^2+\frac{9}{25}|\vec{c}|^2+|\vec{b}|^2-\frac{6}{5}\vec{c}\cdot\vec{b}-2\vec{b}\cdot\vec{a}+\frac{6}{5}\vec{a}\cdot\vec{c}$$

$$=1^2+\frac{9}{25}(\sqrt{5})^2+(\sqrt{3})^2-\frac{6}{5}\times3-2\times1+\frac{6}{5}\times0=1+\frac{9}{5}+3-\frac{18}{5}-2=\frac{1}{5}$$

$\therefore\ |\overrightarrow{\mathrm{BH}}|=\dfrac{\sqrt{5}}{5}$

ポイント　内積の図形的定義

$\overrightarrow{\mathrm{BA}}\cdot\overrightarrow{\mathrm{BC}}=|\overrightarrow{\mathrm{BA}}||\overrightarrow{\mathrm{BC}}|\cos\angle\mathrm{ABC}$

四角形ABCDの面積の求め方はいろいろあるだろう。

(3)　$\vec{a}\neq\vec{0}$，$\vec{b}\neq\vec{0}$，$\vec{c}\neq\vec{0}$，かつ，$\vec{a}$，$\vec{b}$，$\vec{c}$が同じ平面上にないとき，$\vec{a}$，$\vec{b}$，$\vec{c}$の3つのみで，空間内のすべてのベクトルを表す（$l\vec{a}+m\vec{b}+n\vec{c}$の形；$l$，$m$，$n$は実数）ことができる。また，平面$\alpha$上では，$\vec{a}\neq\vec{0}$，$\vec{c}\neq\vec{0}$，$\vec{a}\not\parallel\vec{c}$であるから，$\vec{a}$と$\vec{c}$の2つだけで，$\alpha$上のすべてのベクトルを表すことができる。$\overrightarrow{\mathrm{OH}}$は平面$\alpha$上にあるから，$\overrightarrow{\mathrm{OH}}=s\vec{a}+t\vec{c}$（$s$，$t$は実数）と表すことができ，$\overrightarrow{\mathrm{BH}}$は$\alpha$上にないから，$\vec{b}$の実数倍も必要になる。

ポイント　直線と平面の垂直

直線Lと平面αに対し

$L\perp\alpha\Longrightarrow L\perp(\alpha$上の任意の直線$)$

α上の平行でない2直線p，qに対し

$L\perp p$ かつ $L\perp q\Longrightarrow L\perp\alpha$

このことから，$\mathrm{BH}\perp\alpha$ならば$\overrightarrow{\mathrm{BH}}\perp\vec{a}$かつ$\overrightarrow{\mathrm{BH}}\perp\vec{c}$であり，$\vec{a}\not\parallel\vec{c}$であるから逆もいえる。このことは重要である。未知数はs，tの2つであるから，$\overrightarrow{\mathrm{BH}}\cdot\vec{a}=0$，$\overrightarrow{\mathrm{BH}}\cdot\vec{c}=0$の2つの条件で$s$，$t$は決定できる。

なお，〔解答〕の図では模式的に点Hを△OAC上においたが，実際には点Hは△OACの外にある（△OACの周および内部にあるのは，$0\leqq s\leqq1$，$0\leqq t\leqq1$，$0\leqq s+t\leqq1$が満たされる場合である）。

(4)　三角錐BOACの底面を三角形ABCとみたとき，その高さは，四角錐OABCDの高さhになっている。視点を変えることが必要である。

第5問　易　《平均と分散，正規分布，二項分布，母平均の推定》

(1)　問題の確率変数 X の期待値（平均）は $E(X)=-7$，標準偏差は $\sigma(X)=5$ であるから，等式 $\sigma(X)=\sqrt{E(X^2)-\{E(X)\}^2}$ より

$$E(X^2)=\{\sigma(X)\}^2+\{E(X)\}^2=5^2+(-7)^2=\boxed{74}$$

である。また，確率変数 W を，$W=1000X$ とするとき，期待値 $E(W)$，分散 $V(W)$ は

$$E(W)=E(1000X)=1000E(X)=1000\times(-7)=-7\times10^{\boxed{3}}$$

$$V(W)=V(1000X)=1000^2V(X)=(10^3)^2\times\{\sigma(X)\}^2=5^{\boxed{2}}\times10^{\boxed{6}}$$

となる。

(2)　X が正規分布 $N(-7,\ 5^2)$ に従うとするとき，$X\geqq0 \Longleftrightarrow \dfrac{X+7}{5}\geqq1.4$ より

$$P(X\geqq0)=P\left(\frac{X+7}{5}\geqq\boxed{1}.\boxed{4}\right)$$

$Z=\dfrac{X+7}{5}$ とおくと，Z は標準正規分布に従い

$$P(X\geqq0)=P(Z\geqq1.4)=P(Z\geqq0)-P(0\leqq Z\leqq1.4)$$
$$=0.5-0.4192=0.0808\quad（正規分布表より）$$
$$\fallingdotseq0.\boxed{08}$$

である。

無作為に抽出された50人のうち，$X\geqq0$ となる人数を表す確率変数を M とするとき，M は二項分布 $B(50,\ 0.08)$ に従う。このとき期待値 $E(M)$，標準偏差 $\sigma(M)$ は

$$E(M)=50\times0.08=\boxed{4}.\boxed{0}$$

$$\sigma(M)=\sqrt{50\times0.08\times(1-0.08)}=\sqrt{50\times0.08\times0.92}=\sqrt{3.68}$$
$$\fallingdotseq\sqrt{\boxed{3}.\boxed{7}}$$

となる。

(3)　問題の確率変数 Y の母集団分布は母平均 m，母標準偏差6をもつ。母集団から無作為に抽出された100人の標本平均 $\overline{Y}$ の値は -10.2 である。このとき，$\overline{Y}$ の期待値は $E(\overline{Y})=m$ であり，標準偏差 $\sigma(\overline{Y})$ は

$$\sigma(\overline{Y})=\frac{6}{\sqrt{100}}=\frac{6}{10}=\boxed{0}.\boxed{6}$$

である。$\overline{Y}$ の分布が正規分布で近似できるとすれば，$Z=\dfrac{\overline{Y}-m}{0.6}$ が近似的に標準正規分布 $N(0,\ 1)$ に従うとみなすことができる。

正規分布表を用いて $|Z|\leqq 1.64$ となる確率を求めると

$$0.4495\times 2=0.8990 \fallingdotseq 0.\boxed{90}$$

となる。このことを利用して，母平均 m に対する信頼度 90％の信頼区間を求めると，$\overline{Y}=-10.2$ より

$$-1.64\leqq \frac{-10.2-m}{0.6}\leqq 1.64$$

$$-1.64\times 0.6+10.2\leqq -m\leqq 1.64\times 0.6+10.2$$

$$9.216\leqq -m\leqq 11.184 \qquad \therefore \quad -11.184\leqq m\leqq -9.216$$

となるから，$\boxed{\text{ツ}}$ に当てはまるものは $\boxed{②}$ である。

解説

(1) 次の公式を知っていれば難なくできる。

ポイント　分散と標準偏差，確率変数の変換

確率変数 X の期待値（平均）を $E(X)$，分散を $V(X)$，標準偏差を $\sigma(X)$ とする。

$$V(X)=E(X^2)-\{E(X)\}^2 \quad ((2乗の平均)\ -\ (平均)^2)$$

$$\sigma(X)=\sqrt{E(X^2)-\{E(X)\}^2} \quad (\sigma(X)=\sqrt{V(X)})$$

確率変数 Y が，$Y=aX+b$（$a,\ b$ は定数）と表されるとする。

$$E(Y)=aE(X)+b$$

$$V(Y)=a^2V(X),\ \sigma(Y)=|a|\sigma(X)$$

(2) 正規分布表を利用する確率の計算は基本である。

ポイント　標準正規分布

確率変数 X が正規分布 $N(m,\ \sigma^2)$ に従うとき

$$Z=\frac{X-m}{\sigma}$$

とおくと，確率変数 Z は標準正規分布 $N(0,\ 1)$ に従う。

$P(Z\geqq 1.4)$ は右図の赤い網かけ部分の面積（確率）であるから，それを計算すると

$$1-(0.5+0.4192)=0.0808$$

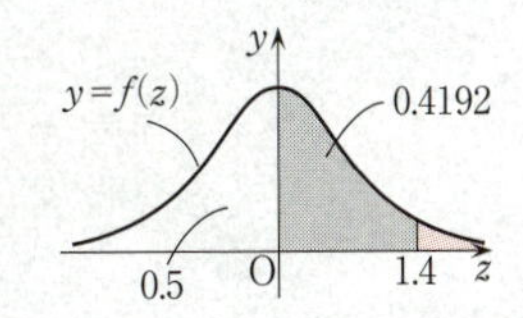

となる$\left(y=f(z)=\dfrac{1}{\sqrt{2\pi}}e^{-\frac{z^2}{2}}\right.$ と z 軸で囲まれる部分の面積が $\left.1\right)$。

二項分布 $B(n,\ p)$ とは，1回の試行で事象 A の起こる確率が p であるとき，この試行を独立に n 回繰り返すうちに，A の起こる回数 N（確率変数）の分布のことである。

本問では，無作為に抽出された 50 人の試行（50 回の独立な試行）において，$X \geqq 0$ となる（確率は 0.08）人数が M（50 回のうち M 回だけ $X \geqq 0$ となる）であるから，M は二項分布 $B(50,\ 0.08)$ に従うことになる。

ポイント　二項分布の平均，分散，標準偏差

確率変数 X が二項分布 $B(n,\ p)$ に従うとき

$$E(X)=np,\ \ V(X)=npq,\ \ \sigma(X)=\sqrt{npq}\quad (q=1-p)$$

(3)　次のことを知っていなければならない。

ポイント　標本平均の期待値と標準偏差

母平均 m，母標準偏差 σ の母集団から大きさ n の無作為標本を抽出するとき，標本平均 $\overline{X}$ の期待値と標準偏差は

$$E(\overline{X})=m,\ \ \sigma(\overline{X})=\frac{\sigma}{\sqrt{n}}$$

後半は信頼度 90％の信頼区間を求める問題であるが，不等式

$$|Z|=\left|\frac{-10.2-m}{0.6}\right| \leqq 1.64$$

を m について解くだけである。小数の計算に注意しよう。

数学Ⅰ・数学A 本試験

問題番号(配点)	解答記号	正解	配点	チェック
第1問 (30)	ア	5	2	
	イ，ウエ	6，14	4	
	オ	2	2	
	カ	8	2	
	キ	②	3	
	ク	⓪	3	
	ケ	②	2	
	コ	⓪	2	
	$サ+\frac{シ}{a}$	$1+\frac{3}{a}$	2	
	ス	1	2	
	セ	1	2	
	$\frac{ソ}{タ}$	$\frac{4}{5}$	2	
	$\frac{チ+\sqrt{ツテ}}{ト}$	$\frac{7+\sqrt{13}}{4}$	2	

問題番号(配点)	解答記号	正解	配点	チェック
第2問 (30)	$\frac{ア}{イ}$	$\frac{7}{9}$	3	
	$\frac{ウ\sqrt{エ}}{オ}$	$\frac{4\sqrt{2}}{9}$	3	
	カ，キ	⓪，④	5	
	$ク\sqrt{ケコ}$	$2\sqrt{33}$	4	
	サ，シ	①，⑥ (解答の順序は問わない)	6 (各3)	
	ス，セ	④，⑤ (解答の順序は問わない)	6 (各3)	
	ソ	②	3	

問題番号(配点)	解答記号	正　解	配点	チェック
第3問(20)	$\frac{ア}{イ}$	$\frac{1}{6}$	2	
	$\frac{ウ}{エ}$	$\frac{1}{6}$	2	
	$\frac{オ}{カ}$	$\frac{1}{9}$	2	
	$\frac{キ}{ク}$	$\frac{1}{4}$	2	
	$\frac{ケ}{コ}$	$\frac{1}{6}$	2	
	サ	①	2	
	シ	②	2	
	$\frac{ス}{セソタ}$	$\frac{1}{432}$	3	
	$\frac{チ}{ツテ}$	$\frac{1}{81}$	3	
第4問(20)	ア，イ，ウ	4，3，2	3	
	エオ	15	3	
	カ	2	2	
	キク	41	2	
	ケ	7	2	
	コサシ	144	2	
	ス	2	3	
	セソ	23	3	

問題番号(配点)	解答記号	正　解	配点	チェック
第5問(20)	$\frac{ア\sqrt{イ}}{ウ}$	$\frac{2\sqrt{5}}{3}$	3	
	$\frac{エオ}{カ}$	$\frac{20}{9}$	3	
	$\frac{キク}{ケ}$	$\frac{10}{9}$	2	
	コ，サ	⓪，④	4	
	$\frac{シ}{ス}$	$\frac{5}{8}$	3	
	$\frac{セ}{ソ}$	$\frac{5}{3}$	2	
	タ	①	3	

(注)　第1問，第2問は必答。第3問～第5問のうちから2問選択。計4問を解答。

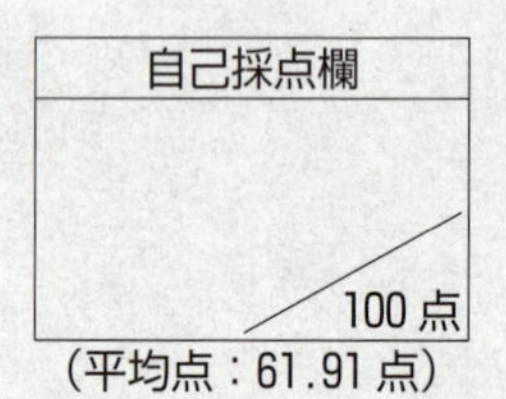

(平均点：61.91点)

第1問 ―― 式の値，集合，命題，２次関数，最小値

〔1〕 標準 《式の値》

整数 n に対して

$$(x+n)(n+5-x)=(x+n)\{n+(5-x)\}$$
$$=x(5-x)+n^2+\{x+(5-x)\}n$$
$$=x(5-x)+n^2+\boxed{5}\,n$$

であり，したがって，$X=x(5-x)$ とおくと

$$(x+n)(n+5-x)=X+n^2+5n \quad \cdots\cdots①$$

これより，①に $n=1$，２を代入した式を考えれば

$$(x+1)(6-x)=X+1^2+5\cdot1=X+6$$
$$(x+2)(7-x)=X+2^2+5\cdot2=X+14$$

なので

$$A=x(x+1)(x+2)(5-x)(6-x)(7-x)$$
$$=x(5-x)\cdot(x+1)(6-x)\cdot(x+2)(7-x)$$
$$=X(X+\boxed{6})(X+\boxed{14}) \quad \cdots\cdots②$$

と表せる。

$x=\dfrac{5+\sqrt{17}}{2}$ のとき

$$X=\frac{5+\sqrt{17}}{2}\left(5-\frac{5+\sqrt{17}}{2}\right)=\frac{5+\sqrt{17}}{2}\cdot\frac{5-\sqrt{17}}{2}$$
$$=\frac{25-17}{4}=\boxed{2}$$

であり，②に代入して

$$A=X(X+6)(X+14)=2\cdot(2+6)\cdot(2+14)$$
$$=2^1\cdot2^3\cdot2^4=2^{1+3+4}=2^{\boxed{8}}$$

解説

まず始めに，$(x+n)(n+5-x)$ を整理することが求められているので，誘導の意図がわかりづらい形になっているが，誘導の意図が理解できれば，これ以降は誘導に従って解いていくだけになるため，難しくはない。

$A=x(x+1)(x+2)(5-x)(6-x)(7-x)$ を $X=x(5-x)$ で表す際，設問の形が $A=X(X+\boxed{イ})(X+\boxed{ウエ})$ となっているから，A の $X=x(5-x)$ 以外の部分である $(x+1)(x+2)(6-x)(7-x)$ が①を用いて表せればよいので，①に $n=1$，２を

代入することを考える。

$x=\dfrac{5+\sqrt{17}}{2}$ のとき，単純に $x=\dfrac{5+\sqrt{17}}{2}$ を $X=x(5-x)$ に代入すれば，和と差の積 $(a+b)(a-b)=a^2-b^2$ が使える形になるから，容易に $X=2$ が求まり，$X=2$ を②に代入することで $A=2^8$ が求まる。

〔2〕 標準 《集合，命題》

(1)　集合 U，A，B，C の要素を書き並べて表すと

$U=\{x\,|\,x$ は 20 以下の自然数$\}$
$\quad=\{1,\ 2,\ 3,\ \cdots,\ 20\}$
$A=\{x\,|\,x\in U$ かつ x は 20 の約数$\}$
$\quad=\{1,\ 2,\ 4,\ 5,\ 10,\ 20\}$
$B=\{x\,|\,x\in U$ かつ x は 3 の倍数$\}$
$\quad=\{3,\ 6,\ 9,\ 12,\ 15,\ 18\}$
$C=\{x\,|\,x\in U$ かつ x は偶数$\}$
$\quad=\{2,\ 4,\ 6,\ 8,\ 10,\ 12,\ 14,\ 16,\ 18,\ 20\}$

$1\notin C$，$5\notin C$ なので，$A\subset C$ は誤り。

A の要素はいずれも 3 の倍数でないので，$A\cap B=\varnothing$ は正しい。

よって，集合の関係(a)，(b)の正誤の組合せとして正しいものは **②** である。

$A\cup C=\{1,\ 2,\ 4,\ 5,\ 6,\ 8,\ 10,\ 12,\ 14,\ 16,\ 18,\ 20\}$ だから，$A\cup C$ の要素のうち 3 の倍数であるものは $\{6,\ 12,\ 18\}$ なので，$(A\cup C)\cap B=\{6,\ 12,\ 18\}$ は正しい。

$\overline{A}=\{3,\ 6,\ 7,\ 8,\ 9,\ 11,\ 12,\ 13,\ 14,\ 15,\ 16,\ 17,\ 18,\ 19\}$ であり，

$\overline{A}\cap C=\{6,\ 8,\ 12,\ 14,\ 16,\ 18\}$ だから

$$(\overline{A}\cap C)\cup B=\{3,\ 6,\ 8,\ 9,\ 12,\ 14,\ 15,\ 16,\ 18\}$$

また，$B\cup C=\{2,\ 3,\ 4,\ 6,\ 8,\ 9,\ 10,\ 12,\ 14,\ 15,\ 16,\ 18,\ 20\}$ だから

$$\overline{A}\cap(B\cup C)=\{3,\ 6,\ 8,\ 9,\ 12,\ 14,\ 15,\ 16,\ 18\}$$

したがって，$(\overline{A}\cap C)\cup B=\overline{A}\cap(B\cup C)$ は正しい。

よって，集合の関係(c)，(d)の正誤の組合せとして正しいものは **⓪** である。

(2)　$|x-2|>2$ を変形すると

$$x-2<-2,\ 2<x-2 \qquad \therefore\quad x<0,\ 4<x$$

なので

「$p : |x-2|>2 \Longleftrightarrow x<0,\ 4<x$」

さらに，$\sqrt{x^2}>4$ を変形すると

$$|x|>4 \qquad \therefore\ x<-4,\ 4<x$$

なので

「$s : \sqrt{x^2}>4 \Longleftrightarrow x<-4,\ 4<x$」

したがって，「(q または r)：$x<0,\ 4<x$」なので，(q または r) $\Longrightarrow p$，$p \Longrightarrow$ (q または r) はいずれも真だから，q または r であることは，p であるための**必要十分条件である**。（ ② ）

また，$s \Longrightarrow r$ は偽（反例：$x=-5$），$r \Longrightarrow s$ は真だから，s は r であるための**必要条件であるが，十分条件ではない**。（ ⓪ ）

解説

(1)・(2)のどちらも，作業としては基本的な処理を行うだけである。

(1)　全体集合 U の要素が高々 20 個なので，部分集合 A，B，C についても丁寧に要素を書き出していけば，問題となる部分はない。実戦的にはベン図を用いて処理した方が速くすむだろう。集合の関係(b)で求めることになるが，$A\cap B=\varnothing$ が成り立つので，実際にベン図を描くと図 1 のようになる。特に，3 つの集合 A，B，C 間の和集合と共通部分を考える集合の関係(d)については，要素を書き並べると時間がかかってしまうので，この正誤判定だけでもベン図を用いて考えたい（図 2）。

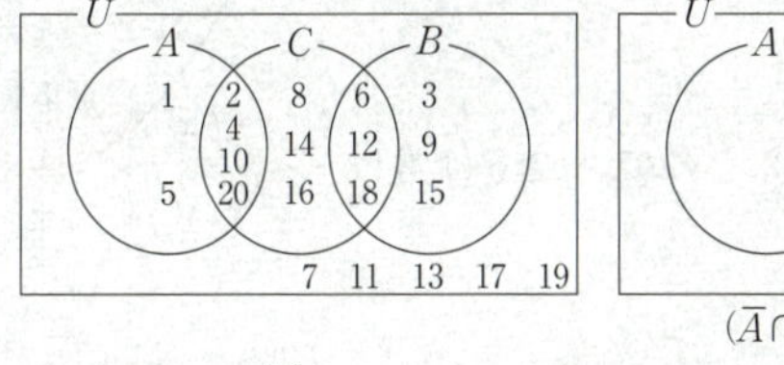

図 1

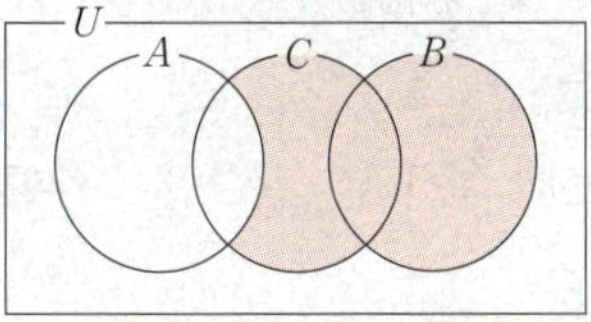

U　A　C　B

$(\overline{A}\cap C)\cup B=\overline{A}\cap(B\cup C)$

図 2

(2)　条件 p，s を適切に言い換えて考えればよいが，$\sqrt{x^2}=x$ としてしまわないように注意が必要である。正しい変形は，$\sqrt{x^2}=|x|$ である。この変形さえできれば，あとは落ち着いて取り組めばよいだろう。

〔3〕 標準 《2次関数，最小値》

$f(x)=ax^2-2(a+3)x-3a+21$ （$a>0$） を平方完成すると

$$f(x)=a\left\{x^2-\frac{2(a+3)}{a}x\right\}-3a+21$$

$$=a\left\{\left(x-\frac{a+3}{a}\right)^2-\frac{(a+3)^2}{a^2}\right\}-3a+21$$

$$=a\left(x-\frac{a+3}{a}\right)^2-\frac{(a+3)^2}{a}-3a+21$$

なので，$y=f(x)$ のグラフの頂点の x 座標を p とおくと

$$p=\frac{a+3}{a}=\boxed{1}+\frac{\boxed{3}}{a}$$

$a>0$ より，$y=f(x)$ は下に凸の 2 次関数だから，$0\leqq x\leqq 4$ における関数 $y=f(x)$ の最小値が $f(4)$ となるためには，右図より

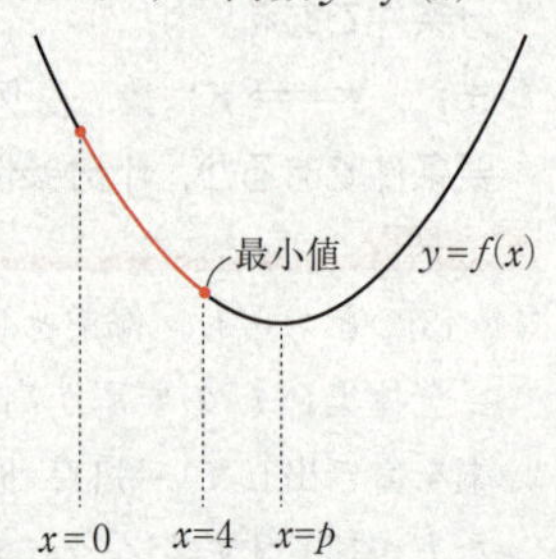

$$p\geqq 4$$

となればよい。これを解いて

$$1+\frac{3}{a}\geqq 4 \qquad \frac{1}{a}\geqq 1$$

両辺に a (>0) をかけて

$$1\geqq a$$

これと，$a>0$ をあわせて，求める a の値の範囲は

$$0<a\leqq \boxed{1}$$

また，$0\leqq x\leqq 4$ における関数 $y=f(x)$ の最小値が $f(p)$ となるためには，右図より

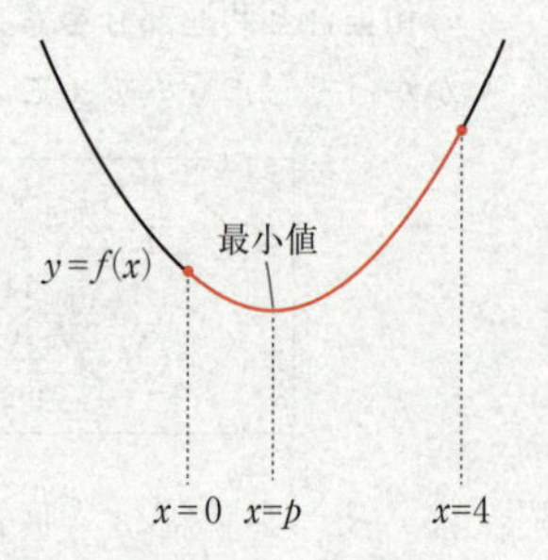

$$0\leqq p\leqq 4$$

ここで，$p=1+\dfrac{3}{a}>1$ $(\because\ \ a>0)$ なので，$p\geqq 0$ は常に成り立つから

$$p\leqq 4$$

となればよい。これを解いて

$$1+\frac{3}{a}\leqq 4 \qquad \frac{1}{a}\leqq 1$$

両辺に a (>0) をかけて

$$1\leqq a$$

よって，求める a の値の範囲は

$$\boxed{1}\leqq a$$

$a>0$ より $p>1$ なので，$p\leqq 0$ となる場合は存在しないから，$0\leqq x\leqq 4$ における関数 $y=f(x)$ の最小値が 1 であるのは

- $0<a\leqq 1$ のとき，最小値は $f(4)$ なので

$$f(4)=1$$

$$16a-8(a+3)-3a+21=1$$

$\therefore\quad a=\dfrac{4}{5}$ （これは，$0<a\leqq 1$ を満たす）

• $a\geqq 1$ のとき，最小値は $f(p)$ なので

$$f(p)=1$$

$$-\frac{(a+3)^2}{a}-3a+21=1$$

両辺に a をかけて

$$-(a+3)^2-3a^2+21a=a \qquad 4a^2-14a+9=0$$

$\therefore\quad a=\dfrac{7\pm\sqrt{13}}{4}$

$a\geqq 1$ なので，$3<\sqrt{13}<4$ より

$$a=\frac{7+\sqrt{13}}{4}$$

したがって

$$a=\frac{\boxed{4}}{\boxed{5}} \quad \text{または} \quad a=\frac{\boxed{7}+\sqrt{\boxed{13}}}{\boxed{4}}$$

解説

2次関数の最小値を，軸の場合分けをすることで求める問題である。

$f(x)$ の2次の係数に文字 a が入っているので，平方完成をする際にも計算間違いをしないように，慎重に計算しなければならない。それ以外にも，軸が $x\ (=p)=1+\dfrac{3}{a}$ の形となるので，この問題全体を通して計算は複雑になる。

軸の場合分けに関しては，要求されているのは典型的な場合分けなので，2次関数の最大・最小の場合分けに慣れていれば問題のないレベルであるし，誘導も丁寧である。

また，$a>0$ であることを認識しておかないと，2次関数 $y=f(x)$ が下に凸なのか，上に凸なのかがわからないので，最小値をとる x の値が決定できない。

$0\leqq x\leqq 4$ における関数 $y=f(x)$ の最小値を求めるためには，軸 $x=p$ を $p\leqq 0$，$0\leqq p\leqq 4$，$4\leqq p$ で場合分けする必要があるが，$a>0$ より $p>1$ なので，軸が $p\leqq 0$ となる場合は存在しないことに注意が必要である。したがって，最小値が $f(4)$ になる場合と，最小値が $f(p)$ になる場合を考えることで，最小値を求めるためのすべての場合分けをしたことになる。

$f(p)=1$ から，2通りの a の値 $a=\dfrac{7\pm\sqrt{13}}{4}$ が求まるが，$\sqrt{9}<\sqrt{13}<\sqrt{16}$ より

$$3<\sqrt{13}<4 \qquad 10<7+\sqrt{13}<11 \qquad \therefore \quad \frac{5}{2}<\frac{7+\sqrt{13}}{4}<\frac{11}{4}$$

$$-4<-\sqrt{13}<-3 \qquad 3<7-\sqrt{13}<4 \qquad \therefore \quad \frac{3}{4}<\frac{7-\sqrt{13}}{4}<1$$

となるので，$a \geqq 1$ を満たすのは，$a=\frac{7+\sqrt{13}}{4}$ である。

第2問 ── 余弦定理，三角比，ヒストグラム，箱ひげ図，データの相関，共分散

〔1〕 やや難 《余弦定理，三角比》

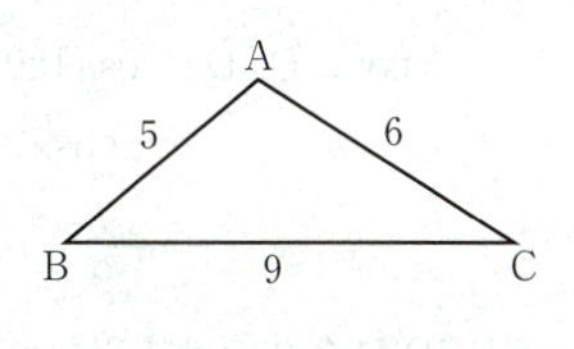

△ABC に余弦定理を用いて

$$\cos\angle ABC = \frac{AB^2 + BC^2 - AC^2}{2 \cdot AB \cdot BC} = \frac{5^2 + 9^2 - 6^2}{2 \cdot 5 \cdot 9}$$

$$= \frac{70}{2 \cdot 5 \cdot 9} = \frac{\boxed{7}}{\boxed{9}}$$

$\sin\angle ABC > 0$ なので，$\cos^2\angle ABC + \sin^2\angle ABC = 1$ より

$$\sin\angle ABC = \sqrt{1 - \cos^2\angle ABC} = \sqrt{1 - \left(\frac{7}{9}\right)^2} = \sqrt{\frac{32}{81}}$$

$$= \frac{\boxed{4}\sqrt{\boxed{2}}}{\boxed{9}}$$

ここで

$$AB \cdot \sin\angle ABC = 5 \cdot \frac{4\sqrt{2}}{9} = \frac{20\sqrt{2}}{9}$$

$$CD = 3 = \frac{27}{9}$$

だから，$\sqrt{2} = 1.4\cdots$ より，$20\sqrt{2} = 28.\cdots$ なので

$$\frac{27}{9} < \frac{20\sqrt{2}}{9}$$

すなわち

$CD < AB \cdot \sin\angle ABC$ ……① （ $\boxed{カ}$ は $\boxed{0}$ ）

である。

点Aから辺BCに下ろした垂線の足をHとすると

$$AH = AB \cdot \sin\angle ABC$$

だから，①は

$CD < AH$ ……②

となる。

四角形ABCDは台形だから，AD∥BC または AB∥CD が成り立つが，仮に辺ADと辺BCが平行ならば，線分ADと線分BCの間の距離がAHとなるから，CD≧AH となり，②に反する。

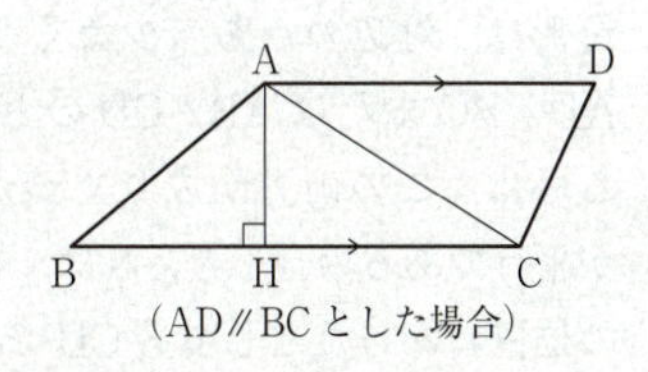

（AD∥BC とした場合）

したがって，辺ABと辺CDが平行である。（ キ は ④ ）

辺ABと辺CDが平行だから，右図より

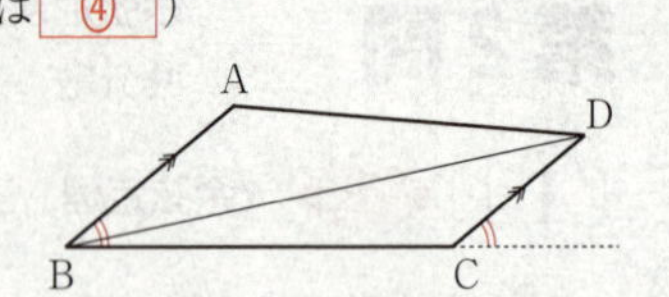

$$\angle BCD = 180° - \angle ABC$$

なので

$$\cos\angle BCD = \cos(180° - \angle ABC)$$
$$= -\cos\angle ABC$$
$$= -\frac{7}{9}$$

△BCDに余弦定理を用いれば

$$BD^2 = BC^2 + CD^2 - 2\cdot BC\cdot CD\cdot \cos\angle BCD$$
$$= 9^2 + 3^2 - 2\cdot 9\cdot 3\cdot\left(-\frac{7}{9}\right)$$
$$= 132$$

BD＞0なので

$$BD = \sqrt{132} = \boxed{2}\sqrt{\boxed{33}}$$

解説

前半部分は易しいが，後半は キ の正解を選ぶ設問が目新しい上に，BDの長さを求める部分は誘導が与えられていないので，難しく感じ，戸惑う受験生も多かっただろう。

$\frac{20\sqrt{2}}{9}$ と3の大小比較をする際，$\sqrt{2} = 1.4\cdots$ を覚えていなければ

$$\frac{20\sqrt{2}}{9} = \frac{\sqrt{20^2\cdot 2}}{9} = \frac{\sqrt{800}}{9},\quad 3 = \frac{27}{9} = \frac{\sqrt{27^2}}{9} = \frac{\sqrt{729}}{9}$$

なので $\frac{\sqrt{800}}{9} > \frac{\sqrt{729}}{9}$ となるから，$\frac{20\sqrt{2}}{9} > 3$ がわかる。

①を求めることができれば，①を根拠にして キ に当てはまるものを選択する形になっているので，まずは，①の右辺である $AB\cdot\sin\angle ABC$ がどのような長さを表すのかを考える必要がある。$\sin\angle ABC = \frac{AH}{AB}$ より $AB\cdot\sin\angle ABC$ が点Aから辺BCに下ろした垂線AHの長さを表していることがわかれば，②が得られる。

台形は，対辺のうちの少なくとも1組の対辺が互いに平行である四角形なので，AD∥BCまたはAB∥CDのどちらか一方か，あるいは，この両方が成り立つが，辺ADと辺BCが平行である場合を考えれば，右図より，点Dがどの位置にあったとしてもCD＜AHとなることはな

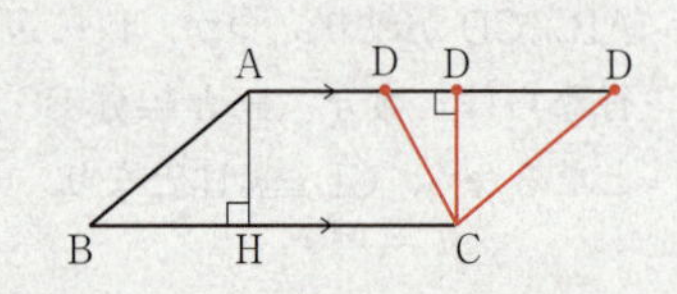

く，CD≧AH が成り立つから，②に反することがわかる。普段から，図をある程度正確に描くことを心掛けていないと，こういったことを考えるのは厳しいだろう。BD の長さを求めるためには，∠BCD に関する情報がほしいので，AB∥CD から同位角が等しいことを利用して，∠BCD＝180°－∠ABC を導けばよい。cos∠ABC の値はすでに求めているので，$\cos(180°-\theta)=-\cos\theta$ を利用して，cos∠BCD の値を求めることができる。

〔2〕 標準 《ヒストグラム，箱ひげ図，データの相関，共分散》

(1) 図1および図2から読み取れる内容として正しいものを考えると

⓪ 図2より，四つのグループのうちで範囲が最も大きいのは，男子短距離グループである。よって，正しくない。

① 図2より，男子短距離グループの四分位範囲は10であり，四つのグループのうちで四分位範囲が最も大きいのは男子短距離グループだから，四つのグループのすべてにおいて，四分位範囲は12未満である。よって，正しい。

② 図1の男子長距離グループのヒストグラムより，度数最大の階級は170～175である。図2の男子長距離グループの箱ひげ図より，男子長距離グループの中央値は176だから，男子長距離グループのヒストグラムでは，度数最大の階級に中央値が入っていない。よって，正しくない。

③ 図1の女子長距離グループのヒストグラムより，度数最大の階級は165～170である。図2の女子長距離グループの箱ひげ図より，女子長距離グループの第1四分位数は160～162の階級にあるから，女子長距離グループのヒストグラムでは，度数最大の階級に第1四分位数が入っていない。よって，正しくない。

④ 図2より，すべての選手の中で最も身長の高い選手は202cm であり，男子短距離グループの中にいる。よって，正しくない。

⑤ 図2より，すべての選手の中で最も身長の低い選手は144～146の階級にいて，女子短距離グループの中にいる。よって，正しくない。

⑥ 図2の男子短距離グループの箱ひげ図より，男子短距離グループの中央値は180～182の階級にあり，図2の男子長距離グループの箱ひげ図より，男子長距離グループの第3四分位数は180～182の階級にあるから，男子短距離グループの中央値と男子長距離グループの第3四分位数は，ともに180以上182未満である。よって，正しい。

以上より，正しいものは，［①］，［⑥］である。

(2) 図3において，散布図の各点の Z の値は，$Z=\dfrac{W}{X}$ より原点と散布図の各点を結ぶ線分の傾きに等しいから，傾きが 15，20，25，30 である四つの直線 l_1，l_2，l_3，l_4 を基準にして考えて，四つのグループの Z の最大値に着目すると

- 男子短距離グループの最大値は，l_4 よりも上の領域に分布する点があるから，30 よりも大きい値をとる。
- 男子長距離グループの最大値は，l_3 と l_4 の間の領域に分布する点があるから，25〜30 の値をとる。
- 女子短距離グループの最大値は，l_3 と l_4 の間の領域に分布する点があるから，25〜30 の値をとる。
- 女子長距離グループの最大値は，l_2 と l_3 の間の領域に分布する点があるから，20〜25 の値をとる。

ここで，男子長距離グループと女子短距離グループの Z の最大値の大小を比較すると，男子長距離グループの最大値をとる点の方が，女子短距離グループの最大値をとる点よりも，l_4 の近くに分布するから，この二つのグループの Z の最大値の大小は

(女子短距離)＜(男子長距離)

である。

以上の考察より，四つのグループの Z の最大値の大小は

(女子長距離)＜(女子短距離)＜(男子長距離)＜(男子短距離)

であることがわかるから，図 4 の(a)，(b)，(c)，(d)で示す Z の四つの箱ひげ図は

(a)　男子短距離　　(b)　女子短距離　　(c)　男子長距離　　(d)　女子長距離

に対応していることがわかる。

これより，図 3 および図 4 から読み取れる内容として正しいものを考えると

⓪　図 3 より，四つのグループはすべて右上がりに分布しているので，四つのグループのすべてにおいて，X と W には正の相関があると考えられる。よって，正しくない。

①　図 4 より，四つのグループのうちで Z の中央値が一番大きいのは，(a)の男子短距離グループである。よって，正しくない。

②　図 4 より，四つのグループのうちで Z の範囲が最小なのは，(d)の女子長距離グループである。よって，正しくない。

③　図 4 の(a)より，男子短距離グループの Z の四分位範囲は，四つのグループのうちで最大だから，四つのグループのうちで Z の四分位範囲が最小なのは，男子短距離グループではない。よって，正しくない。

④　図 4 の(d)より，女子長距離グループのすべての Z の値は 25 より小さい。よって，正しい。

⑤ 男子長距離グループの Z の箱ひげ図は(c)である。よって，正しい。

以上より，正しいものは，［④］，［⑤］である。

(3) $k=1,\ 2,\ \cdots,\ n$ のとき

$$(x_k-\overline{x})(w_k-\overline{w})=x_kw_k-x_k\overline{w}-\overline{x}w_k+\overline{x}\,\overline{w}$$

なので

$$(x_1-\overline{x})(w_1-\overline{w})+(x_2-\overline{x})(w_2-\overline{w})+\cdots+(x_n-\overline{x})(w_n-\overline{w})$$
$$=(x_1w_1+x_2w_2+\cdots+x_nw_n)-(x_1+x_2+\cdots+x_n)\overline{w}-\overline{x}(w_1+w_2+\cdots+w_n)+n\overline{x}\,\overline{w}$$

ここで

$$(x_1+x_2+\cdots+x_n)\overline{w}=n\cdot\frac{1}{n}(x_1+x_2+\cdots+x_n)\cdot\overline{w}$$
$$=n\cdot\overline{x}\cdot\overline{w}$$
$$\overline{x}(w_1+w_2+\cdots+w_n)=\overline{x}\cdot n\cdot\frac{1}{n}(w_1+w_2+\cdots+w_n)$$
$$=\overline{x}\cdot n\cdot\overline{w}$$
$$=n\cdot\overline{x}\cdot\overline{w}$$

だから

$$(x_1-\overline{x})(w_1-\overline{w})+(x_2-\overline{x})(w_2-\overline{w})+\cdots+(x_n-\overline{x})(w_n-\overline{w})$$
$$=(x_1w_1+x_2w_2+\cdots+x_nw_n)-n\overline{x}\,\overline{w}-n\overline{x}\,\overline{w}+n\overline{x}\,\overline{w}$$
$$=(x_1w_1+x_2w_2+\cdots+x_nw_n)-n\overline{x}\,\overline{w}$$

よって，［ソ］に当てはまるものは［②］である。

解説

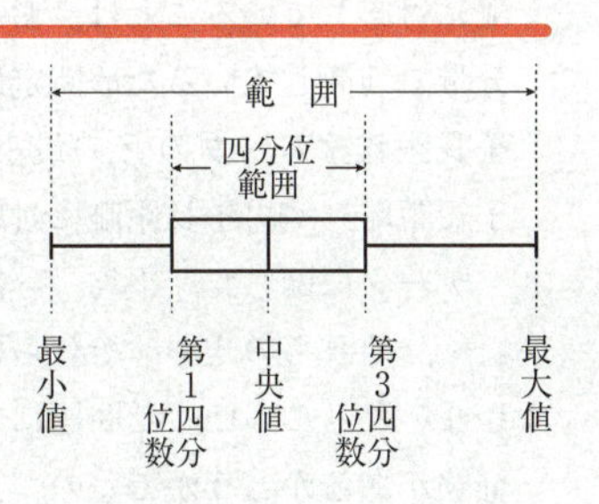

範囲は，(範囲)＝(最大値)－(最小値) で求めることができ，四分位範囲は，(四分位範囲)＝(第３四分位数)－(第１四分位数) で求めることができる。

(1) ⓪～⑥が正しいかどうかを判断する際に，ヒストグラム（図１）と箱ひげ図（図２）のどちらを見るべきなのかを瞬時に判断できないと余計な時間をとられてしまうことになる。その判断が的確に下せれば，⓪～⑥で問われていることは難しくない。

(2) まず，散布図（図３）と箱ひげ図（図４）(a)～(d)のいずれが対応しているかが決定できないと，①～⑤が正しいかどうか判断できない。逆に，その決定さえできれば，①～⑤で問われていることは易しい。

四つの直線 $l_1,\ l_2,\ l_3,\ l_4$ が補助的に描かれている理由を考えれば，$Z=\dfrac{W}{X}$ の意味

を理解する糸口になるだろう。散布図の横軸がX，縦軸がWだから，散布図のそれぞれの点の$Z=\frac{W}{X}$の値は，原点と散布図のそれぞれの点（X，W）を結ぶ線分の傾きに等しい。例えば，l_3とl_4の間の領域に分布する点のZの値はすべて25～30の間の値をとることがわかり，各点の分布している位置がl_4の近くになればなるほど30に近い値をとっていることがわかる。

図4の(a)～(d)で示すZの四つの箱ひげ図は，〔解答〕のように，Zの最大値のみで四つのグループのいずれに対応しているかが決定できるが，実際に解く場合には，四つのグループのZの中央値にも着目したい。理解の助けになるだろう。実際に四つのグループのZの中央値について考察すると，図3より，以下のようになる。

- 男子短距離グループの多くの点は，l_2とl_3の間の領域に分布するから，男子短距離グループの中央値は20～25の間の値をとると考えられる。
- 男子長距離グループの多くの点は，l_2付近に分布するから，男子長距離グループの中央値は約20の値をとると考えられる。
- 女子短距離グループの半数以上の点は，l_2とl_3の間の領域に分布し，半数未満の点は，l_1とl_2の間の領域のl_2近辺に分布するから，女子短距離グループの中央値は20よりも大きい20に近い値をとると考えられる。
- 女子長距離グループの多くの点は，l_1とl_2の間の領域に分布するから，女子長距離グループの中央値は15～20の間の値をとると考えられる。

Zの中央値だけを考えた場合でも，図4の(a)～(d)で示すZの箱ひげ図は，(a)男子短距離，(d)女子長距離に対応していることがわかるが，(b)女子短距離，(c)男子長距離に対応していることは，おそらく正しいだろうとは考えられても，散布図から目分量で判断しているため断定はできない。この場合には，女子短距離グループと男子長距離グループのZの最小値の大小についても合わせて考察することで，(b)女子短距離，(c)男子長距離に対応していることが決定できる。

(3)　データに関して，平均，分散，共分散，相関係数などの数値計算をするだけではなく，それらの式や，それらに関連して成り立つ等式についての証明に触れたことがないと，こういった問題には対応できないだろう。難しくはないが，そういった経験があるかどうかで差のつく問題である。

第3問 標準 《積事象，条件付き確率》

(1) 大小2個のさいころを同時に投げる試行において，すべての場合の数は

$6\times6=36$ 通り

大小2個のさいころを同時に投げる試行において，大きいさいころの出る目が a，小さいさいころの出る目が b であることを $(a,\ b)$ で表すと，事象 A が起こるのは，$(4,\ 1)$，$(4,\ 2)$，$(4,\ 3)$，$(4,\ 4)$，$(4,\ 5)$，$(4,\ 6)$ の6通りだから，事象 A の確率は

$$P(A)=\frac{6}{36}=\frac{\boxed{1}}{\boxed{6}}$$

事象 B が起こるのは，$(1,\ 6)$，$(2,\ 5)$，$(3,\ 4)$，$(4,\ 3)$，$(5,\ 2)$，$(6,\ 1)$ の6通りだから，事象 B の確率は

$$P(B)=\frac{6}{36}=\frac{\boxed{1}}{\boxed{6}}$$

事象 C が起こるのは，$(3,\ 6)$，$(4,\ 5)$，$(5,\ 4)$，$(6,\ 3)$ の4通りだから，事象 C の確率は

$$P(C)=\frac{4}{36}=\frac{\boxed{1}}{\boxed{9}}$$

(2) 事象 C が起こったときの事象 A が起こる条件付き確率は，$P_C(A)=\dfrac{P(C\cap A)}{P(C)}$ であり，事象 $C\cap A$ が起こるのは，$(4,\ 5)$ の1通りだから，事象 $C\cap A$ の確率は

$$P(C\cap A)=\frac{1}{36}$$

よって，求める確率は，(1)の結果を用いて

$$P_C(A)=\frac{P(C\cap A)}{P(C)}=\frac{1}{36}\div\frac{1}{9}=\frac{\boxed{1}}{\boxed{4}}$$

事象 A が起こったときの事象 C が起こる条件付き確率は，$P_A(C)=\dfrac{P(A\cap C)}{P(A)}$ だから

$$P(A\cap C)=P(C\cap A)=\frac{1}{36}$$

よって，求める確率は，(1)の結果を用いて

$$P_A(C)=\frac{P(A\cap C)}{P(A)}=\frac{1}{36}\div\frac{1}{6}=\frac{\boxed{1}}{\boxed{6}}$$

(3)　事象 $A\cap B$ が起こるのは，(4, 3) の1通りだから，事象 $A\cap B$ の確率は

$$P(A\cap B)=\frac{1}{36}$$

(1)の結果より

$$P(A)P(B)=\frac{1}{6}\cdot\frac{1}{6}=\frac{1}{36}$$

だから

$$P(A\cap B)=P(A)P(B)\quad(\boxed{サ}\ は\ \boxed{①})$$

また，(2)より，事象 $A\cap C$ の確率は

$$P(A\cap C)=\frac{1}{36}$$

(1)の結果より

$$P(A)P(C)=\frac{1}{6}\cdot\frac{1}{9}=\frac{1}{54}$$

だから

$$P(A\cap C)>P(A)P(C)\quad(\boxed{シ}\ は\ \boxed{②})$$

(4)　(3)より，事象 $A\cap B$ の確率は

$$P(A\cap B)=\frac{1}{36}$$

事象 $\overline{A}\cap C$ が起こるのは，(3, 6)，(5, 4)，(6, 3) の3通りだから，事象 $\overline{A}\cap C$ の確率は

$$P(\overline{A}\cap C)=\frac{3}{36}$$

よって，大小2個のさいころを同時に投げる試行を2回繰り返すとき，1回目に事象 $A\cap B$ が起こり，2回目に事象 $\overline{A}\cap C$ が起こる確率は，反復試行の確率を用いて

$$P(A\cap B)\times P(\overline{A}\cap C)=\frac{1}{36}\times\frac{3}{36}=\frac{\boxed{1}}{\boxed{432}}\quad\cdots\cdots①$$

また，2回の試行で，3つの事象 A，B，C がいずれもちょうど1回ずつ起こるのは，事象 B と事象 C が同時に起こらないことに注意すると

(i)　2回の試行のうちのいずれか1回の試行で事象 A と事象 B が同時に起こり ($A\cap B$)，もう1回の試行で事象 C のみ（事象 A は起こらない）が起こる ($\overline{A}\cap C$)。

(ii)　2回の試行のうちのいずれか1回の試行で事象 A と事象 C が同時に起こり ($A\cap C$)，もう1回の試行で事象 B のみ（事象 A は起こらない）が起こる

$(\overline{A}\cap B)$。

のいずれかであるから，2回の試行で起こる順番も考慮すると，(i)・(ii)の確率は

(i) ①の結果を用いて　$\{P(A\cap B)\times P(\overline{A}\cap C)\}\times 2=\left(\frac{1}{36}\times\frac{3}{36}\right)\times 2=\frac{6}{36^2}$

(ii) (3)より，事象 $A\cap C$ の確率は

$$P(A\cap C)=\frac{1}{36}$$

事象 $\overline{A}\cap B$ が起こるのは，(1, 6)，(2, 5)，(3, 4)，(5, 2)，(6, 1) の5通りだから，事象 $\overline{A}\cap B$ の確率は

$$P(\overline{A}\cap B)=\frac{5}{36}$$

よって　$\{P(A\cap C)\times P(\overline{A}\cap B)\}\times 2=\left(\frac{1}{36}\times\frac{5}{36}\right)\times 2=\frac{10}{36^2}$

(i), (ii)より，求める確率は

$$\frac{6}{36^2}+\frac{10}{36^2}=\frac{16}{36^2}=\left(\frac{4}{36}\right)^2=\left(\frac{1}{9}\right)^2=\frac{\boxed{1}}{\boxed{81}}$$

解説

大小2個のさいころを同時に投げる試行において，出る目は6×6=36通りしかないので，すべての場合を表にまとめて考えても，手間や時間はそれほどかからないだろう。そのやり方の方がわかりやすく感じるかもしれない。

(2) 一般に，事象 X が起こったときに事象 Y が起こる条件付き確率 $P_X(Y)$ は

$$P_X(Y)=\frac{P(X\cap Y)}{P(X)}$$

で与えられる。ここでは，(1)の結果と，$P(C\cap A)=P(A\cap C)$ が利用できるので，やりやすい問題となっている。

(3) 一般に，2つの事象 X，Y について $P(X\cap Y)=P(X)P(Y)$ が成り立つとき，事象 X，Y は独立であるという。
ここでは，左辺と右辺の確率の大小を比較することで，A と B，A と C の事象がそれぞれ独立かどうかを考えさせる問題となっている。しかし，2つの事象の独立に関する理解がなくとも正解を選択できる形になっており，(4)においても，この知識を求められることはないので，心配する必要はない。なお，本問の結果から事象 A と事象 B は独立であるが，事象 A と事象 C は独立でないことがわかる。

(4) 3つの事象 A，B，C がいずれもちょうど1回ずつ起こる状況がどのようなものであるか，正しく把握できたかどうかで差がついたであろう。その際，1回目に事象 $A\cap B$ が起こり，2回目に事象 $\overline{A}\cap C$ が起こる確率を求める部分が誘導となっ

ていることに気付きたい。事象 B と事象 C が同時に起こることはないから，2回の試行の中で2つの事象が同時に起こるとすれば，事象 A と事象 B，あるいは，事象 A と事象 C であるので，(i)・(ii)のように場合分けすることになる。
(i)・(ii)の確率を求めるには，試行を2回繰り返すので，反復試行の確率となるから，1回目の試行の確率と2回目の試行の確率をそれぞれ求めて掛け合わせ，2回の試行で起こる順番も考慮して，その値を2倍すればよい。

第4問 標準 《約数の個数，不定方程式》

(1) 144を素因数分解すると

$$144=2^{\boxed{4}}\times\boxed{3}^{\boxed{2}}$$

であり，144の正の約数の個数は

$$(4+1)\times(2+1)=5\times3=15$$

より，$\boxed{15}$個である。

2)144
2) 72
2) 36
2) 18
3) 9
　 3

(2) $144x-7y=1$ ……① において

$x=0$のとき　$7y=-1$　これを満たす整数yは存在しない。

$x=1$のとき　$7y=143$　これを満たす整数yは存在しない。

$x=-1$のとき　$7y=-145$　これを満たす整数yは存在しない。

$x=2$のとき　$7y=287$　$y=41$

$x=-2$のとき　$7y=-289$　これを満たす整数yは存在しない。

以上より，不定方程式①の整数解x，yの中で，xの絶対値が最小になるのは

$$x=\boxed{2},\ y=\boxed{41}$$

よって，不定方程式①は，$144\cdot2-7\cdot41=1$ ……② が成り立つから，①－② より

$$144(x-2)-7(y-41)=0$$

すなわち　$144(x-2)=7(y-41)$

144と7は互いに素なので，kを整数として

$$x-2=7k,\ y-41=144k$$

と表せるから，すべての整数解は，kを整数として

$$x=\boxed{7}k+2,\ y=\boxed{144}k+41$$

と表される。

(3) 144の倍数で，7で割ったら余りが1となる自然数をnとすると，xを自然数，yを0以上の整数として

$$n=144x,\ n=7y+1$$

とおける。すなわち

$$144x=7y+1$$

この式を変形すれば

$$144x-7y=1$$

となるから，(2)の結果より，kを0以上の整数として

$$x=7k+2,\ y=144k+41$$

と表されるので，求める自然数nは

$$n=144x=144\times(7k+2)$$

$$=2^4\times3^2\times(7k+2)$$

となる。

$k=0,\ 1,\ 2,\ \cdots$ の順に代入して，正の約数の個数を調べていけば，正の約数の個数が 18 個である最小のものは，$k=0$ のときで

$$n=2^4\times3^2\times(7\cdot0+2)=2^4\times3^2\times2=2^5\times3^2$$

となり，確かに正の約数の個数は

$$(5+1)\times(2+1)=6\times3=18\text{ 個}$$

だから，$n=144\times$ 2 であり，正の約数の個数が 30 個である最小のものは，$k=3$ のときで

$$n=2^4\times3^2\times(7\cdot3+2)=2^4\times3^2\times23$$

となり，確かに正の約数の個数は

$$(4+1)\times(2+1)\times(1+1)=5\times3\times2=30\text{ 個}$$

だから，$n=144\times$ 23 である。

解説

(1)　一般に，自然数 N の素因数分解が $N=\alpha^p\cdot\beta^q\cdot\gamma^r\cdots$（$\alpha,\ \beta,\ \gamma$ は相異なる素数，$p,\ q,\ r$ は自然数）となるとき，N の約数の個数は $(p+1)(q+1)(r+1)\cdots$ である。

(2)　〔解答〕では，①を満たす整数解 $x,\ y$ の中で，x の絶対値が最小になるものを，①の x に絶対値が小さい順に $x=0,\ \pm1,\ \pm2,\ \cdots$ と代入することで求め（すなわち，$x=2,\ y=41$ が求まる），その値を用いて②をつくることで，①のすべての整数解 $x,\ y$ を求めた。やり慣れた方法として，まず①を満たす整数解 $x,\ y$ を 1 つ見いだし，①のすべての整数解 $x,\ y$ を，整数 k を用いて表してから，x の絶対値が最小になる $x,\ y$ を求めてもよい。このとき，②をつくる際に，$x=2,\ y=41$ が①を満たすことに気付けなければ，144 と 7 にユークリッドの互除法を用いることで求めることができる。実際には

$$144=7\cdot20+4\qquad\therefore\quad 4=144-7\cdot20$$
$$7=4\cdot1+3\qquad\therefore\quad 3=7-4\cdot1$$
$$4=3\cdot1+1\qquad\therefore\quad 1=4-3\cdot1$$

すなわち

$$\begin{aligned}1&=4-3\cdot1\\&=4-(7-4\cdot1)\cdot1\\&=4\cdot2-7\cdot1\\&=(144-7\cdot20)\cdot2-7\cdot1\\&=144\cdot2-7\cdot41\end{aligned}$$

と変形することで，$x=2,\ y=41$ を求めることができる。

(3) ここでは，(1)と(2)の結果が利用できることに気付きたい。

144 の倍数で，7 で割ったら余りが 1 となる自然数 n を考えたいので，$144x-7y=1$ という形で表す。ここで x を自然数，y を 0 以上の整数としたが，(2)は不定方程式①を満たす整数解 x，y を求めたので，x を自然数，y を 0 以上の整数に制限しても当然成り立つから，(2)の結果を用いて，$x=7k+2$，$y=144k+41$ と表すことができる。x が自然数，y が 0 以上の整数であるという条件が満たされるように，k は 0 以上の整数とした。

x と y がこの形に表されることがわかれば，求める自然数 n は，$n=144\times(7k+2)$ または $n=7\times(144k+41)+1$ の形にかけるが，いずれも $n=144\times(7k+2)$ となる。

(1)より，144 の正の約数の個数が 15 個であることがわかっているので，正の約数の個数が 18 個であるものと，正の約数の個数が 30 個であるものを求めるのに，k に 0 から順に値を代入していっても，それほど時間がかからないことは容易に想像がつく。特にこの問題は，その中でも最小のものを求めたいので，k に 0 から順に値を代入していく方針が得策であることもわかる。

〔解答〕では $k=0$，3 の場合のみを示したが，$k=1$，2 の場合も実際に調べれば

• $k=1$ のとき

$$n=2^4\times3^2\times(7\cdot1+2)=2^4\times3^2\times9=2^4\times3^4$$

だから，正の約数の個数は

$$(4+1)\times(4+1)=5\times5=25 \text{ 個}$$

• $k=2$ のとき

$$n=2^4\times3^2\times(7\cdot2+2)=2^4\times3^2\times16=2^8\times3^2$$

だから，正の約数の個数は

$$(8+1)\times(2+1)=9\times3=27 \text{ 個}$$

となって，どちらも適さない。

第5問　やや難　《角の二等分線と辺の比，方べきの定理，メネラウスの定理》

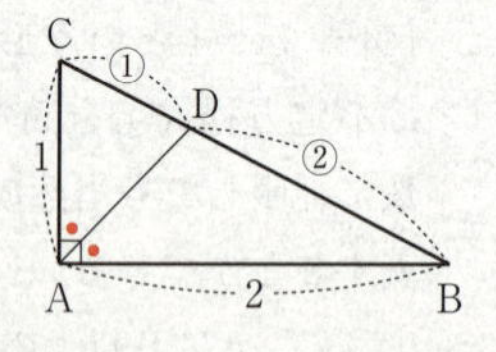

直角三角形 ABC に三平方の定理を用いて

$$BC=\sqrt{AB^2+AC^2}=\sqrt{2^2+1^2}=\sqrt{5}$$

線分 AD は∠A の二等分線なので

$$BD:DC=AB:AC$$
$$=2:1$$

となるから

$$BD=\frac{2}{2+1}BC=\frac{2}{3}\cdot\sqrt{5}=\frac{\boxed{2}\sqrt{\boxed{5}}}{\boxed{3}}$$

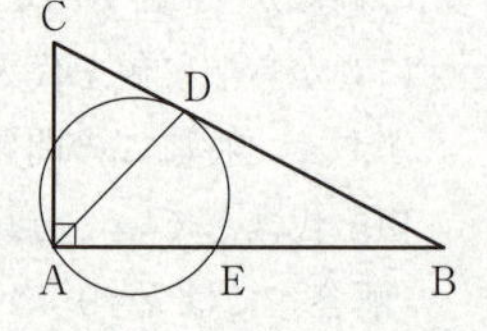

方べきの定理を用いると

$$AB\cdot BE=BD^2$$

ここで

$$BD^2=\left(\frac{2\sqrt{5}}{3}\right)^2=\frac{\boxed{20}}{\boxed{9}}$$

であるから，これと AB＝2 より

$$2\cdot BE=\frac{20}{9}\qquad\therefore\quad BE=\frac{\boxed{10}}{\boxed{9}}$$

これより

$$\frac{BE}{BD}=\frac{10}{9}\div\frac{2\sqrt{5}}{3}=\frac{5}{3\sqrt{5}}=\frac{\sqrt{5}}{3}=\frac{5\sqrt{5}}{15}$$

$$\frac{AB}{BC}=\frac{2}{\sqrt{5}}=\frac{2\sqrt{5}}{5}=\frac{6\sqrt{5}}{15}$$

なので

$$\frac{BE}{BD}<\frac{AB}{BC}\quad\cdots\cdots①\quad(\boxed{コ}\text{ は }\boxed{⓪})$$

点 E を通り辺 AB に垂直な直線と辺 BC との交点を G とおくと，AC∥EG より

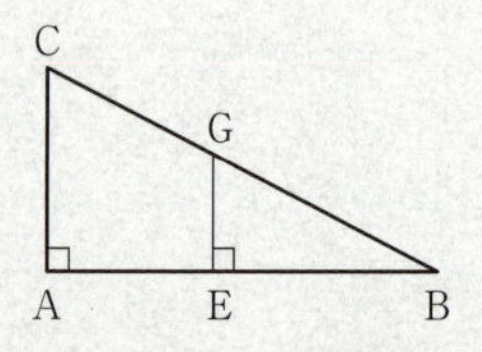

$$\frac{AB}{BC}=\frac{BE}{BG}$$

となるから，これと①より

$$\frac{BE}{BD}<\left(\frac{AB}{BC}=\right)\frac{BE}{BG}\quad\cdots\cdots(※)$$

両辺を BE（＞0）で割って

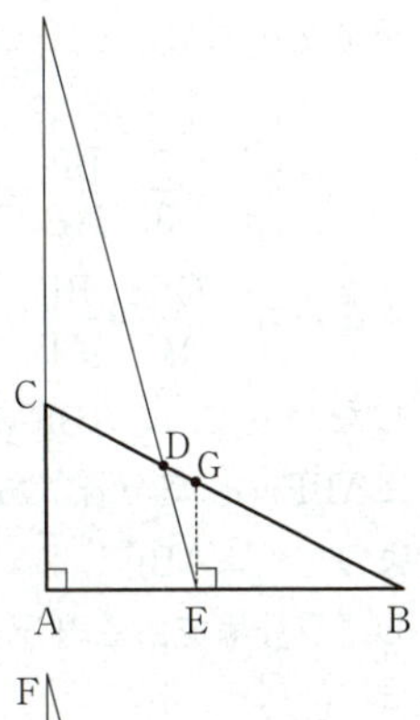

$$\frac{1}{BD}<\frac{1}{BG}$$

両辺に BD·BG（>0）をかければ

$$BG<BD \quad \cdots\cdots ②$$

②より，点Dは点Gよりも点Bから離れた位置にあるので，直線 AC と直線 DE の交点は辺 AC の端点Cの側の延長上にある。（ サ は ④ ）

その交点をFとすると，△ABC と直線 EF についてメネラウスの定理を用いれば

$$\frac{FC}{AF}\cdot\frac{DB}{CD}\cdot\frac{EA}{BE}=1$$

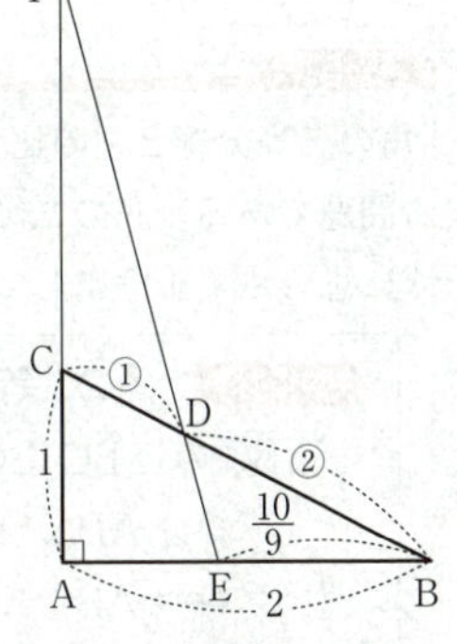

ここで

$$BD:DC=2:1$$

$$AE=AB-BE=2-\frac{10}{9}=\frac{8}{9}$$

なので

$$\frac{CF}{AF}\cdot\frac{2}{1}\cdot\frac{\frac{8}{9}}{\frac{10}{9}}=1$$

$$\therefore \quad \frac{CF}{AF}=\frac{5}{8}$$

であるから

$$CF:AF=5:8$$

これより

$$AC:CF=(AF-CF):CF=(8-5):5=3:5$$

となるので

$$CF=\frac{5}{3}AC=\frac{5}{3}\cdot 1=\frac{5}{3}$$

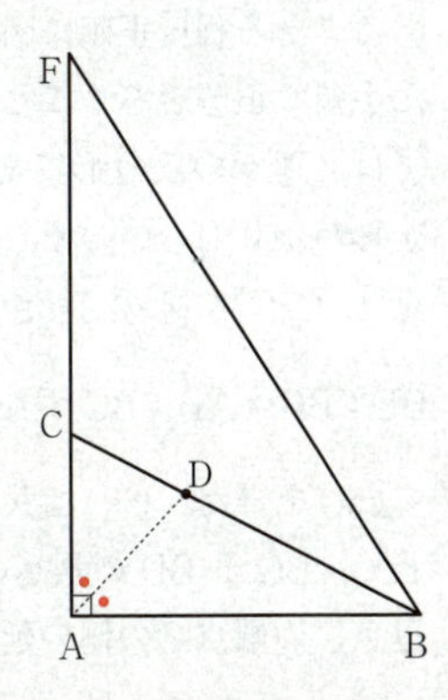

したがって，直角三角形 ABF に三平方の定理を用いれば

$AF=AC+CF=1+\frac{5}{3}=\frac{8}{3}$ より

$$BF=\sqrt{AB^2+AF^2}=\sqrt{2^2+\left(\frac{8}{3}\right)^2}$$

$$=\sqrt{\frac{100}{9}}=\frac{10}{3}$$

が求まり，AC：CF＝3：5，AB＝2なので

$$\frac{CF}{AC}=\frac{5}{3},\quad \frac{BF}{AB}=\frac{\frac{10}{3}}{2}=\frac{5}{3}$$

すなわち，$\frac{CF}{AC}=\frac{BF}{AB}$ であることがわかる。

したがって，△ABF において，AC：CF＝AB：BF が成り立つから，線分 BC は∠ABF の二等分線である。

よって，△ABF において，点Dは，∠FAB の二等分線である線分 AD と，∠ABF の二等分線である線分 BC の交点であるから，点Dは△ABF の内心である。（ タ は ① ）

解説

「角の二等分線と辺の比」「方べきの定理」「メネラウスの定理」「内心の性質」を用いる問題である。角の二等分線が出てきた場合には，次の定理をよく利用するので，すぐに思いつくようにしておかなければならない。

ポイント　角の二等分線と辺の比

△ABC の辺 BC 上の点Dについて

線分 AD が∠A の二等分線

⟺ AB：AC＝BD：DC

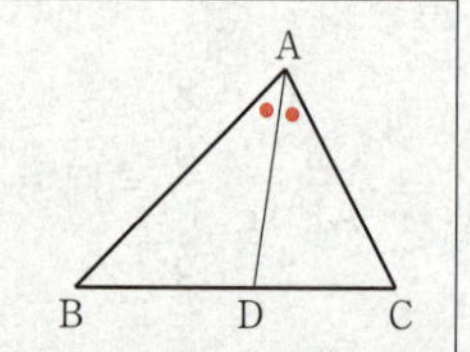

線分 BC は点Dで円に接し，線分 AB は円と2点A，Eで交わるから，方べきの定理を用いることができる。AB·BE の値を求めさせるという直接的な誘導になっているので，方べきの定理を利用することは気付きたい。この定理も「図形の性質」の分野ではよく使うので，しっかりと覚えておくべきである。

サ は，辺の比の大小関係から点の位置関係を探る問題であるが，目新しい出題である。ある程度正確に図を描くことで，正解を推測することはできるが，きちんとした手順で正解を導くことはなかなか難しい。

①は，別々の三角形である△ABC の辺の比と，△EBD の辺の比の形になっているからわかりづらいので，①をとらえやすくするために，△ABC と相似な△EBG を用意して，共通の長さを使って考えられるようにした。AC∥EG より，BE：BG＝AB：BC すなわち $\frac{AB}{BC}=\frac{BE}{BG}$ が成り立つので，これと①の結果をあわせて（※）を得た。（※）は共通の長さ BE を用いて表されているので，（※）を変形することで，BG と BD の長さの大小関係②が得られるから，直線 AC と直線 DE の交点は辺 AC の端点Cの側の延長上にあることがわかる。

その交点をFとした後は，$\frac{CF}{AF}$の形がわかりやすい誘導となっているから，メネラウスの定理を用いることは気付けるだろう。

メネラウスの定理を用いて$\frac{CF}{AF}$の値が求まれば，そこから先は誘導に従っていけば$\frac{CF}{AC}=\frac{BF}{AB}$であることがわかるから，角の二等分線と辺の比の定理の「△ABF において，$AC : CF = AB : BF \Longrightarrow$線分 BC が∠ABF の二等分線」を用いる。すると，△ABF において，点Dは2つの内角の二等分線の交点であることがわかるので，△ABF の内心であるといえる。

問題の最初の部分で，点Dは∠A の二等分線と辺 BC との交点として与えられているのだから，このことを糸口にして考えていけば，点Dが△ABF の内心であることはある程度想像がつくはずである。

数学Ⅱ・数学B 本試験

問題番号(配点)	解答記号	正　解	配点	チェック
第1問 (30)	ア	②	1	
	$\frac{イ}{ウ}\pi$	$\frac{4}{5}\pi$	2	
	エオカ°	345°	2	
	$\frac{\pi}{キ}$	$\frac{\pi}{6}$	2	
	$\sqrt{ク}$	$\sqrt{3}$	2	
	ケ，コ	3，2	3	
	$\frac{サシ}{スセ}\pi$	$\frac{29}{30}\pi$	3	
	$t^{ソ}-タt$	t^2-3t	3	
	$t\leqq$チ，$t\geqq$ツ	$t\leqq1$，$t\geqq2$	2	
	テ	0	1	
	$x\leqq$ト，$x\geqq$ナ	$x\leqq3$，$x\geqq9$	1	
	ニ	②	2	
	$\frac{ヌ}{ネ}$	$\frac{3}{4}$	3	
	$\sqrt[4]{ハヒ}$	$\sqrt[4]{27}$	3	

問題番号(配点)	解答記号	正　解	配点	チェック
第2問 (30)	ア	2	1	
	イウp＋エ	$-2p+2$	2	
	オ	1	2	
	カ，キ，ク，ケ	3，3，3，1	4	
	コ	2	2	
	サ	3	3	
	$\frac{シ+\sqrt{ス}}{セ}$	$\frac{3+\sqrt{5}}{2}$	3	
	ソ	③	2	
	タチ	-1	3	
	ツ	⑦	1	
	テ	④	3	
	トナ$t^{ニ}$＋ヌ	$-6t^2+2$	4	

問題番号(配点)	解答記号	正　解	配点	チェック
第3問 (20)	アイ	-6	2	
	ウエ	12	2	
	オn^2−カキn	$6n^2-12n$	2	
	クケ	12	2	
	コ	3	2	
	サ(シ^n−ス)	$6(3^n-1)$	2	
	セ	⑤	2	
	ソ$n^2-2\cdot$タ$^{n+チ}$	$6n^2-2\cdot 3^{n+2}$	2	
	ツテト	-18	1	
	ナ，ニ，ヌ，ネ	2，3，9，2	3	
第4問 (20)	ア	②	1	
	イ$\vec{p}\cdot\vec{q}$	$2\vec{p}\cdot\vec{q}$	1	
	$\frac{ウ}{エ}\vec{p}+\frac{オ}{カ}\vec{q}$	$\frac{3}{4}\vec{p}+\frac{1}{4}\vec{q}$	2	
	キク$\vec{p}$+ケ$s\vec{r}$	$-3\vec{p}+4s\vec{r}$	2	
	コ−サ，シ	$1-a$，a	4	
	スセ，ソ	$-a$，4	2	
	タチ	-3	2	
	ツ，テ	9，6	3	
	$\frac{トナ-ニ}{ヌ}$	$\frac{3a-2}{2}$	3	

問題番号(配点)	解答記号	正　解	配点	チェック
第5問 (20)	$\frac{ア}{イ}$	$\frac{1}{a}$	2	
	ウ	6	1	
	エ	8	1	
	オ	2	1	
	カ	8	1	
	0.キ	0.6	1	
	$\frac{ク}{ケ}$	$\frac{1}{6}$	2	
	コサ	30	1	
	シス	25	1	
	−セ.ソタ	−2.40	1	
	チ.ツテ	1.20	1	
	0.トナ	0.88	2	
	0.ニ	0.8	1	
	0.ヌネ	0.76	1	
	0.ノハ	0.84	1	
	ヒ	④	2	

(注) 第1問，第2問は必答。第3問～第5問のうちから2問選択。計4問を解答。

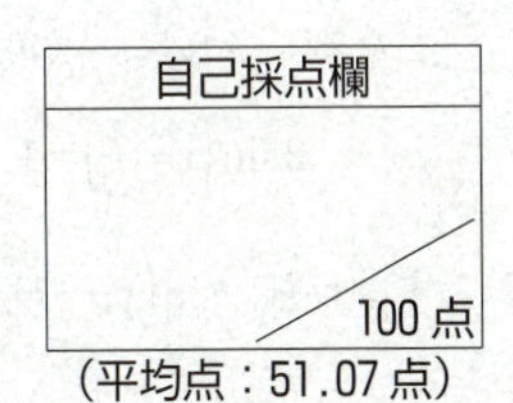
自己採点欄

100点

(平均点：51.07点)

第1問 ── 三角関数，指数・対数関数

〔1〕 標準 《弧度法，三角方程式》

(1)　1ラジアンとは，半径 r の円において，長さが r の弧に対する中心角の大きさのことであるから，$r=1$ とすると［ア］に当てはまるものは［②］である。

(2)　半径1の円の半円周の長さは π であるから，$180°$ は π ラジアン，すなわち $1°$ は $\dfrac{\pi}{180}$ ラジアンである。したがって，$144°$ を弧度で表すと $144\times\dfrac{\pi}{180}$ ラジアン，つまり $\dfrac{\boxed{4}}{\boxed{5}}\pi$ ラジアンである。また，$\dfrac{23}{12}\pi$ ラジアンを度で表すと $\dfrac{23}{12}\times180°$ $=\boxed{345}°$ である。

(3)　$\dfrac{\pi}{2}\leqq\theta\leqq\pi$ の範囲で

$$2\sin\left(\theta+\frac{\pi}{5}\right)-2\cos\left(\theta+\frac{\pi}{30}\right)=1\quad\cdots\cdots①$$

を満たす θ の値を求めるために，$x=\theta+\dfrac{\pi}{5}$ とおくと

$$\theta+\frac{\pi}{30}=\theta+\frac{\pi}{5}-\frac{\pi}{6}=x-\frac{\pi}{6}$$

となるから，①は

$$2\sin x-2\cos\left(x-\frac{\pi}{\boxed{6}}\right)=1$$

と表せる。加法定理を用いると

$$\cos\left(x-\frac{\pi}{6}\right)=\cos x\cos\frac{\pi}{6}+\sin x\sin\frac{\pi}{6}=\frac{\sqrt{3}}{2}\cos x+\frac{1}{2}\sin x$$

であるから，先の式は

$$2\sin x-2\left(\frac{\sqrt{3}}{2}\cos x+\frac{1}{2}\sin x\right)=1$$

$$\therefore\quad \sin x-\sqrt{\boxed{3}}\cos x=1$$

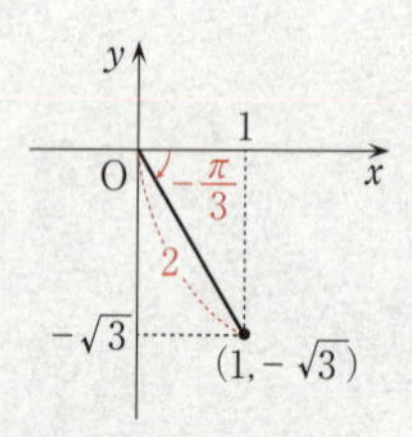

となる。さらに，三角関数の合成を用いると

$$2\sin\left(x-\frac{\pi}{3}\right)=1$$

すなわち　$\sin\left(x-\dfrac{\pi}{\boxed{3}}\right)=\dfrac{1}{\boxed{2}}$　$\cdots\cdots(*)$

と変形できる。$x=\theta+\frac{\pi}{5}$，$\frac{\pi}{2}\leqq\theta\leqq\pi$ であるから

$$\frac{\pi}{2}+\frac{\pi}{5}\leqq\theta+\frac{\pi}{5}\leqq\pi+\frac{\pi}{5}\quad\text{すなわち}\quad\frac{7}{10}\pi\leqq x\leqq\frac{6}{5}\pi$$

であり

$$\frac{7}{10}\pi-\frac{\pi}{3}\leqq x-\frac{\pi}{3}\leqq\frac{6}{5}\pi-\frac{\pi}{3}$$

すなわち　$\frac{11}{30}\pi\leqq x-\frac{\pi}{3}\leqq\frac{13}{15}\pi$

であるから，右図より，(＊)を満たす x の値は

$$x-\frac{\pi}{3}=\frac{5}{6}\pi\quad\text{すなわち}\quad x=\frac{5}{6}\pi+\frac{\pi}{3}=\frac{7}{6}\pi$$

である。したがって

$$\theta=x-\frac{\pi}{5}=\frac{7}{6}\pi-\frac{\pi}{5}=\frac{35-6}{30}\pi=\frac{\boxed{29}}{\boxed{30}}\pi$$

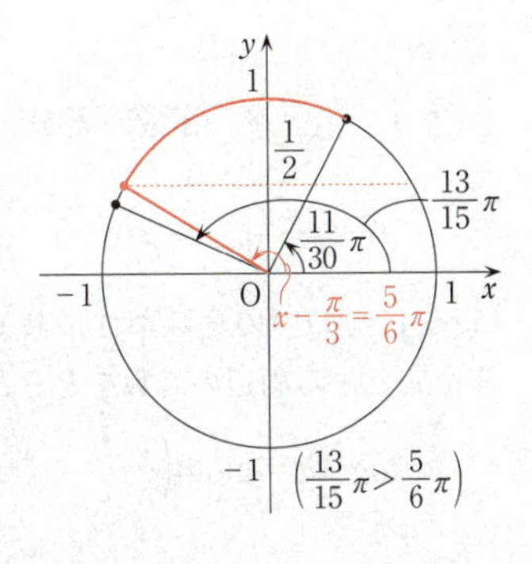

である。

解説

(1)　「180°＝π ラジアン」だけ覚えて，弧度法の定義をおろそかにしてはいけない。定義をしっかり理解し記憶することは何より大事なことである。次の公式も自分で導けるようにしておきたい。

半径 r の円において，中心角 θ（ラジアン）に対する円弧の長さを l，そのときの扇形の面積を S とすると

$$l=r\theta,\quad S=\frac{1}{2}r^2\theta=\frac{1}{2}rl$$

が成り立つ。

ちなみに，選択肢⓪での中心角の大きさは2ラジアン，①での中心角の大きさは $\frac{2}{\pi^2}$ ラジアン，③での中心角の大きさは $\frac{1}{\pi}$ ラジアンである。

(2)　「180°＝π ラジアン」だけで解ける。

(3)　誘導が丁寧なので，それに従えばよい。(＊)から x，θ の値を求める部分が少し面倒である。整数 n を用いて一般解を利用する方法もある。

ポイント　三角関数の加法定理

$$\left.\begin{aligned}\sin(\alpha\pm\beta)&=\sin\alpha\cos\beta\pm\cos\alpha\sin\beta\\\cos(\alpha\pm\beta)&=\cos\alpha\cos\beta\mp\sin\alpha\sin\beta\\\tan(\alpha\pm\beta)&=\frac{\tan\alpha\pm\tan\beta}{1\mp\tan\alpha\tan\beta}\end{aligned}\right\}\quad\text{（複号同順）}$$

ポイント　三角関数の合成

$$a\sin\theta+b\cos\theta=\sqrt{a^2+b^2}\sin(\theta+\alpha)$$

$$\left(\cos\alpha=\frac{a}{\sqrt{a^2+b^2}},\ \sin\alpha=\frac{b}{\sqrt{a^2+b^2}}\right)$$

※右辺を加法定理で展開すれば左辺になる。

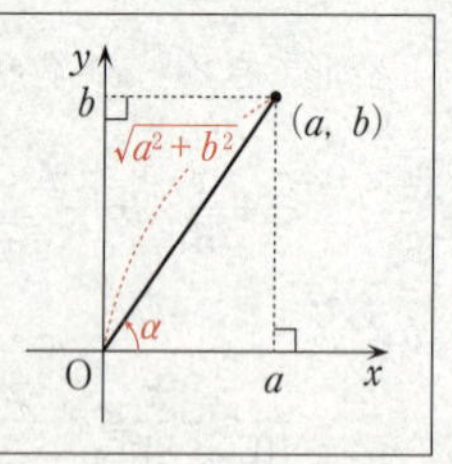

〔2〕 標準 《指数不等式》

$$x^{\log_3 x}\geqq\left(\frac{x}{c}\right)^3\quad(c>0)\quad\cdots\cdots②$$

$\log_3 x$ についての真数条件より $x>0$ であるので，②の両辺はともに正であるから，3を底とする両辺の対数をとると

$$\log_3 x^{\log_3 x}\geqq\log_3\left(\frac{x}{c}\right)^3$$

$$(\log_3 x)(\log_3 x)\geqq 3\log_3\frac{x}{c}$$

$$(\log_3 x)^2\geqq 3(\log_3 x-\log_3 c)$$

となるから，$t=\log_3 x$ とおくと

$$t^2\geqq 3(t-\log_3 c)\quad すなわち\quad t^{\boxed{2}}-\boxed{3}\,t+3\log_3 c\geqq 0\quad\cdots\cdots③$$

となる。

$c=\sqrt[3]{9}$ のとき，②を満たす x の範囲を求めるには，$c=\sqrt[3]{3^2}=3^{\frac{2}{3}}$ より

$$3\log_3 c=3\times\frac{2}{3}=2$$

であるから，③により

$$t^2-3t+2\geqq 0$$

$$(t-1)(t-2)\geqq 0$$

$$\therefore\quad t\leqq\boxed{1},\ t\geqq\boxed{2}$$

である。このことから

$$\log_3 x\leqq 1=\log_3 3\quad より\quad x\leqq 3$$

$$\log_3 x\geqq 2=\log_3 3^2=\log_3 9\quad より\quad x\geqq 9$$

これらと，真数の条件 $x>0$ より

$$\boxed{0}<x\leqq\boxed{3},\ x\geqq\boxed{9}$$

となる。

次に，②が $x>0$ の範囲でつねに成り立つような c の値の範囲を求める。
x が $x>0$ の範囲を動くとき，t（$=\log_3 x$）のとり得る値の範囲は実数全体であるから，［二］に当てはまるものは［②］である。
t が実数全体を動くとき，③の左辺は

$$t^2-3t+3\log_3 c=\left(t-\frac{3}{2}\right)^2-\frac{9}{4}+3\log_3 c\geqq 3\log_3 c-\frac{9}{4}\quad\left(t=\frac{3}{2}\text{のとき等号成立}\right)$$

であるから，③がつねに成り立つための必要十分条件は

$$3\log_3 c-\frac{9}{4}\geqq 0$$

$$\therefore\quad \log_3 c\geqq\frac{\boxed{3}}{\boxed{4}}=\log_3 3^{\frac{3}{4}}=\log_3\sqrt[4]{3^3}=\log_3\sqrt[4]{27}$$

である。すなわち，$c\geqq\sqrt[4]{\boxed{27}}$ である。

解説

与えられた不等式②は，式中に $\log_3 x$ を含むから，②は $x>0$（真数条件）の範囲でのみ意味をもつ。さらに，$c>0$ であるから，②は両辺ともに正である。②の両辺に3を底とする対数をとったとき，$3>1$ より不等号の向きはもとの式と同じである。
また，関数 $Y=\log_3 X$ は，定義域が $X>0$，値域は実数全体である。

ポイント　対数の性質

$a>0$，$a\neq 1$，$M>0$，$N>0$ とする。

$$\log_a MN=\log_a M+\log_a N$$

$$\log_a\frac{M}{N}=\log_a M-\log_a N$$

$$\log_a M^k=k\log_a M\quad(k\text{は実数})$$

後半は2次関数の問題である。③が任意の実数 t に対して成り立つのは，③の左辺の最小値 $3\log_3 c-\dfrac{9}{4}$ が0以上のときである。あるいは，2次方程式（③の左辺）$=0$ の判別式が0以下になると考えてもよい。

$$(\text{判別式})=(-3)^2-4\times 1\times 3\log_3 c\leqq 0\quad\text{より}\quad\log_3 c\geqq\frac{3}{4}$$

第2問 ―― 微分・積分

〔1〕 標準 《接線，面積，最小値》

$C：y=px^2+qx+r \quad (p>0)$

$\ell：y=2x-1$

放物線 C は点 A(1，1) において直線 ℓ に接しているから，C の A における接線は ℓ ということになる。

(1) $y'=2px+q$ より，C 上の点 A における C の接線の傾きは $2p\times1+q$ であり，その接線すなわち ℓ の傾きは $\boxed{2}$ であることから，$2p+q=2$ が成り立つ。よって，$q=\boxed{-2}p+\boxed{2}$ がわかる。さらに，C は A を通ることから，$1=p+q+r$ が成り立つので，$r=1-p-q=1-p-(-2p+2)=p-\boxed{1}$ となる。

(2) (1)の結果 $q=-2p+2$，$r=p-1$ を用いると

$C：y=px^2+(-2p+2)x+(p-1) \quad (p>0)$

であるから，放物線 C（$p>0$ より下に凸）と直線 ℓ および直線 $x=v$ ($v>1$) で囲まれた図形（右図の赤色部分）の面積 S は

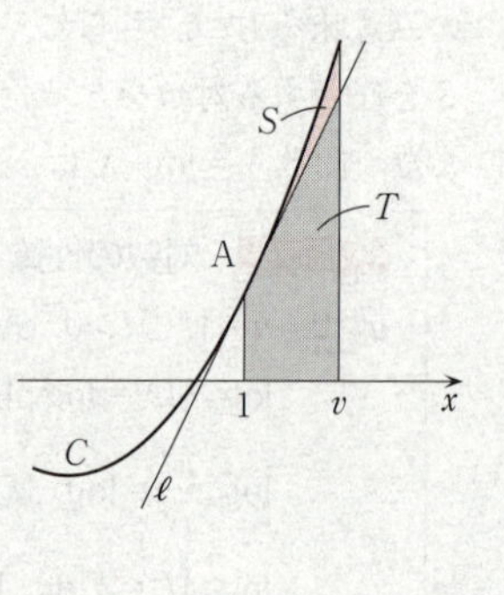

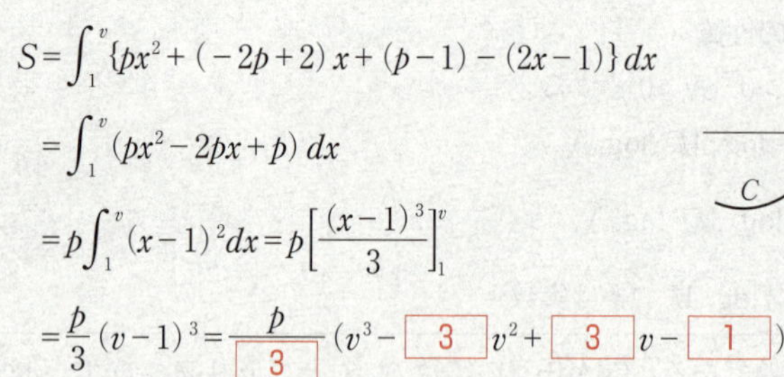

$$S=\int_1^v\{px^2+(-2p+2)x+(p-1)-(2x-1)\}dx$$

$$=\int_1^v(px^2-2px+p)\,dx$$

$$=p\int_1^v(x-1)^2dx=p\left[\frac{(x-1)^3}{3}\right]_1^v$$

$$=\frac{p}{3}(v-1)^3=\frac{p}{\boxed{3}}(v^3-\boxed{3}v^2+\boxed{3}v-\boxed{1})$$

である。また，x 軸と ℓ および2直線 $x=1$，$x=v$ で囲まれた図形（上図の灰色部分）の面積 T は

$$T=\int_1^v(2x-1)\,dx=\left[x^2-x\right]_1^v=v^{\boxed{2}}-v$$

である。

$$U=S-T=\frac{p}{3}(v^3-3v^2+3v-1)-(v^2-v)$$

が $v=2$ で極値をとるのであるから，$v=2$ のとき $U'=S'-T'=0$ である。

$$U'=S'-T'=\frac{p}{3}(3v^2-6v+3)-(2v-1)$$

となるから，ここで $v=2$ として

$$\frac{p}{3}(12-12+3)-(4-1)=0 \qquad p-3=0$$

$\therefore\ p=$ 3

である。$p=3$ のとき

$$\begin{aligned}U&=v^3-4v^2+4v-1\\&=(v^3-1)-4v(v-1)\\&=(v-1)(v^2+v+1)-4v(v-1)\\&=(v-1)(v^2-3v+1)\end{aligned}$$

であるから，$U=0$ となるのは，$v-1=0$，$v^2-3v+1=0$ より

$$v=1,\ \frac{3\pm\sqrt{5}}{2}$$

したがって，$v>1$ の範囲で $U=0$ となる v の値 v_0 は，$v^2-3v+1=0$ の解の1つで

$$v_0=\frac{3+\sqrt{5}}{2} \quad \left(\frac{3-\sqrt{5}}{2}<1\right)$$

である。

$U=(v-1)(v^2-3v+1)$ のグラフの概略は，v^3 の係数が正であることと，v 軸との交点の v 座標が小さい順に $\frac{3-\sqrt{5}}{2}$，1，$v_0=\frac{3+\sqrt{5}}{2}$ (>2) であることから右図のようになり，$v=2$ における極値は極小値であることがわかる。

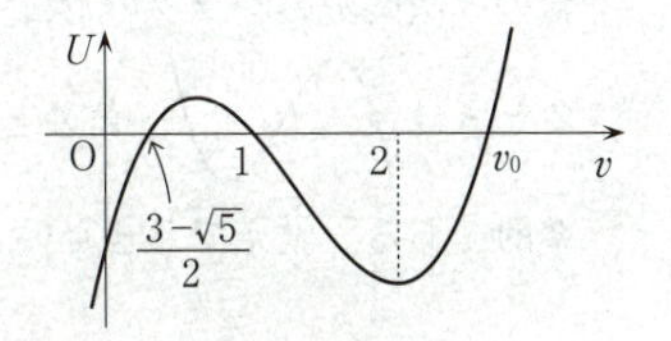

この図を見ると，$1<v<v_0$ の範囲では $U<0$ であるから，ソ に当てはまるものは ③ である。

また，$p=3$ のとき，$v>1$ における U は $v=2$ のとき最小で，最小値は

$$(2-1)(2^2-3\times2+1)=4-6+1=-1$$

である。

解説

(1) 3個の未知数 p，q，r に対して，条件が2つ（C が点Aを通ること，C のAにおける接線の傾きが2であること）あるから，q，r は p で表せる。

(2) S の計算は次のようにしてもよい。

$$\begin{aligned}S&=\int_1^v\{px^2+(-2p+2)x+(p-1)-(2x-1)\}dx\\&=p\int_1^v(x^2-2x+1)\,dx\end{aligned}$$

$$=p\left[\frac{1}{3}x^3-x^2+x\right]_1^v$$

$$=p\left\{\left(\frac{1}{3}v^3-v^2+v\right)-\left(\frac{1}{3}-1+1\right)\right\}$$

$$=\frac{p}{3}(v^3-3v^2+3v-1)$$

〔解答〕では $\int(x-1)^2dx=\frac{1}{3}(x-1)^3$（積分定数省略）を用いている。

一般には，$a\neq0$ のとき $\int(ax+b)^2dx=\frac{1}{3a}(ax+b)^3$（積分定数省略）となる。知っておくと便利である。

T の計算は，台形の面積の公式を利用してもよい。

$$T=\frac{1}{2}\times(\text{高さ})\times(\text{上底}+\text{下底})=\frac{v-1}{2}\{1+(2v-1)\}=v^2-v$$

$U=v^3-4v^2+4v-1$，$U'=3v^2-8v+4=(v-2)(3v-2)$

から右の増減表が得られる。この表があれば終盤ははっきりわかるであろう。なお，極値が存在する場合の３次関数のグラフの形は，３次の係数が正であるときは［グラフ］，負のときは［グラフ］が標準的である。覚えておきたい。

v	…	$\frac{2}{3}$	…	2	…
U'	+	0	−	0	+
U	↗	$\frac{5}{27}$	↘	−1	↗

〔２〕 標準 《関数の決定》

関数 $f(x)$ は $x\geqq1$ の範囲でつねに $f(x)\leqq0$ を満たすから，$t>1$ のとき，曲線 $y=f(x)$ と x 軸および２直線 $x=1$，$x=t$ で囲まれた図形の面積 W は

$$W=\int_1^t|f(x)|dx=-\int_1^t f(x)\,dx$$

と表される。

$F(x)$ を $f(x)$ の不定積分とすると，$F'(x)=f(x)$ であり

$$W=-\Big[F(x)\Big]_1^t=-\{F(t)-F(1)\}=-F(t)+F(1)\quad\cdots\cdots①$$

であるから，［ツ］，［テ］に当てはまるものは，順に［⑦］，［④］である。

底辺の長さが $2t^2-2$（$t>1$），他の２辺の長さがそれぞれ t^2+1 の二等辺三角形の面積は，その高さが，三平方の定理により

$$\sqrt{(t^2+1)^2-(t^2-1)^2}=\sqrt{4t^2}=2t\quad(t>1)$$

と求まることから

$$\frac{1}{2}\times(2t^2-2)\times 2t=2t^3-2t$$

である。したがって，題意より

$$W=2t^3-2t$$

が成り立つ。よって，①より，$t>1$ において

$$-F(t)+F(1)=2t^3-2t$$

が成り立つ。$F(1)$ が定数であることと，$F'(t)=f(t)$ であることに注意して，両辺を t で微分すると

$$-f(t)+0=6t^2-2 \qquad \therefore \quad f(t)=\boxed{-6}\,t^{\boxed{2}}+\boxed{2}$$

である。よって，$x>1$ において $f(x)=-6x^2+2$ である。

解説

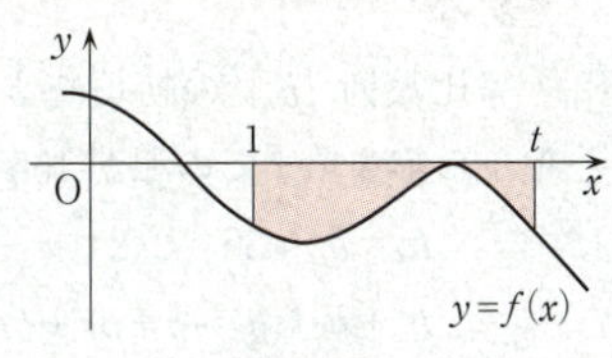

関数 $f(x)$ は $x\geqq 1$ の範囲でつねに $f(x)\leqq 0$ を満たすのであるから，例えば，右のような図を描いてみればよい。$W=-\int_1^t f(x)\,dx$ はすぐにわかるであろう。目新しい問題ではあるが，特に難しい問題ではない。$f(x)$ とその原始関数 $F(x)$ の間の関係をよく理解しておこう。

$$f(x)\ \underset{\text{微分}}{\overset{\text{積分}}{\rightleftarrows}}\ F(x)$$

第3問　やや難　《等差数列，等比数列，階差数列》

(1)　等差数列 $\{a_n\}$ の初項を a $(a_1=a)$，公差を d とする。第4項が30，初項から第8項までの和が288であるから，次の2式が成り立つ。

$$a_4=a+(4-1)d=a+3d=30$$

$$a_1+a_2+\cdots+a_8=\frac{1}{2}\times8\times\{2a+(8-1)d\}=4(2a+7d)=288$$

第1式より　$2a+6d=60$，第2式より　$2a+7d=72$

これら2式より　　$d=12$，$a=-6$

$\{a_n\}$ の初項は $\boxed{-6}$，公差は $\boxed{12}$ であり，初項から第 n 項までの和 S_n は

$$S_n=\frac{1}{2}n\{2a+(n-1)d\}=\frac{n}{2}(-12+12n-12)=\boxed{6}n^2-\boxed{12}n$$

である。

(2)　等比数列 $\{b_n\}$ の初項を b $(b_1=b)$，公比を r $(r\neq0)$ とする。第2項が36，初項から第3項までの和が156であるから，次の2式が成り立つ。

$$b_2=br=36$$

$$b_1+b_2+b_3=b+br+br^2=b(1+r+r^2)=156$$

第2式を第1式で辺々割ると

$$\frac{b(1+r+r^2)}{br}=\frac{156}{36}\qquad\frac{1}{r}+1+r=\frac{13}{3}\qquad r-\frac{10}{3}+\frac{1}{r}=0$$

両辺に $3r$ をかけて

$$3r^2-10r+3=0\qquad(3r-1)(r-3)=0$$

公比 r は1より大きいから $r=3$，このとき $b=12$ であるから，$\{b_n\}$ の初項は $\boxed{12}$，公比は $\boxed{3}$ であり，初項から第 n 項までの和 T_n は

$$T_n=\frac{b(r^n-1)}{r-1}=\frac{12(3^n-1)}{3-1}=\boxed{6}(\boxed{3}^n-\boxed{1})$$

である。

(3)　数列 $\{c_n\}$ の定義は

$$c_n=\sum_{k=1}^{n}(n-k+1)(a_k-b_k)$$
$$=n(a_1-b_1)+(n-1)(a_2-b_2)+\cdots+2(a_{n-1}-b_{n-1})+(a_n-b_n)$$
$$(n=1,\ 2,\ 3,\ \cdots)$$

である。このとき $\{c_n\}$ の階差数列 $\{d_n\}$ は

$$d_n=c_{n+1}-c_n=\sum_{k=1}^{n+1}\{(n+1)-k+1\}(a_k-b_k)-\sum_{k=1}^{n}(n-k+1)(a_k-b_k)$$

$$=\{(n+1)-(n+1)+1\}(a_{n+1}-b_{n+1})+\sum_{k=1}^{n}(n+1-k+1)(a_k-b_k)$$
$$-\sum_{k=1}^{n}(n-k+1)(a_k-b_k)$$
$$=(a_{n+1}-b_{n+1})+\sum_{k=1}^{n}\{(n+1-k+1)-(n-k+1)\}(a_k-b_k)$$
$$=(a_{n+1}-b_{n+1})+\sum_{k=1}^{n}(a_k-b_k)=\sum_{k=1}^{n+1}(a_k-b_k)=\sum_{k=1}^{n+1}a_k-\sum_{k=1}^{n+1}b_k$$
$$=S_{n+1}-T_{n+1}$$

となるから，［セ］に当てはまるものは［⑤］である。

したがって，(1)と(2)により

$$d_n=6(n+1)^2-12(n+1)-6(3^{n+1}-1)$$
$$=6(n+1)\{(n+1)-2\}-6\times 3^{n+1}+6$$
$$=6(n+1)(n-1)-2\times 3^{n+2}+6$$
$$=\boxed{6}\,n^2-2\cdot\boxed{3}^{\,n+\boxed{2}}$$

である。$c_1=a_1-b_1=-6-12=\boxed{-18}$ であるから，$n\geqq 2$ のとき $\{c_n\}$ の一般項は

$$c_n=c_1+(c_2-c_1)+(c_3-c_2)+\cdots+(c_n-c_{n-1})$$
$$=c_1+(d_1+d_2+\cdots+d_{n-1})$$
$$=-18+\sum_{k=1}^{n-1}(6k^2-2\cdot 3^{k+2})=-18+6\sum_{k=1}^{n-1}k^2-2\sum_{k=1}^{n-1}3^{k+2}$$
$$=-18+6\times\frac{1}{6}(n-1)n(2n-1)-2\times\frac{3^3(3^{n-1}-1)}{3-1}$$
$$=-18+2n^3-3n^2+n-3^3\times 3^{n-1}+27$$
$$=\boxed{2}\,n^3-\boxed{3}\,n^2+n+\boxed{9}-3^{n+\boxed{2}}$$

である。$n=1$ のときの $c_1=-18$ はこの式に含まれる。

解説

(1) 等差数列については，次の基本事項を知っていなければならない。

> **ポイント　等差数列の一般項と初項から第 n 項までの和**
>
> 初項 a，公差 d の等差数列 $\{a_n\}$ の一般項 a_n，初項から第 n 項までの和 S_n は
>
> $$a_n=a+(n-1)d\quad(a_1=a)$$
> $$S_n=\frac{1}{2}n(a_1+a_n)=\frac{1}{2}n\{a+a+(n-1)d\}=\frac{1}{2}n\{2a+(n-1)d\}$$

(2) 等比数列については，次の基本事項を知っていなければならない。

ポイント　等比数列の一般項と初項から第 n 項までの和

初項 b，公比 r $(r \neq 0)$ の等比数列 $\{b_n\}$ の一般項 b_n，初項から第 n 項までの和 T_n は

$$b_n = br^{n-1} \quad (b_1 = b)$$

$$T_n = \frac{b(r^n - 1)}{r-1} = \frac{b(1-r^n)}{1-r} \quad (r \neq 1 \text{ のとき})$$

（$r=1$ のときは，$T_n = nb$ となる）

なお，本問の T_n は初項から第3項の和で項数が少ないので，上の公式を用いずに $T_n = b + br + br^2$ として計算した。

(3)　問題文の中で例示された

$$c_1 = a_1 - b_1,\ c_2 = 2(a_1 - b_1) + (a_2 - b_2),\ c_3 = 3(a_1 - b_1) + 2(a_2 - b_2) + (a_3 - b_3)$$

から

$$c_2 - c_1 = (a_1 - b_1) + (a_2 - b_2),\ c_3 - c_2 = (a_1 - b_1) + (a_2 - b_2) + (a_3 - b_3)$$

と計算されるから

$$c_{n+1} - c_n = (a_1 - b_1) + (a_2 - b_2) + \cdots + (a_{n+1} - b_{n+1})$$

となることは予測できるであろう。

なお

$$c_{n+1} = \sum_{k=1}^{n+1} (n+1-k+1)(a_k - b_k)$$

は，$k = n+1$ の項を独立させて

$$c_{n+1} = \{n+1-(n+1)+1\}(a_{n+1} - b_{n+1}) + \sum_{k=1}^{n} (n+1-k+1)(a_k - b_k)$$

と変形してある。

ポイント　階差数列

数列 $\{c_n\}$ の階差数列を $\{d_n\}$ とすると，$d_n = c_{n+1} - c_n$ で定義される。

$$c_n = c_1 + (\{d_n\} \text{ の初項から第 } n-1 \text{ 項までの和}) \quad (n \geqq 2)$$

$\displaystyle\sum_{k=1}^{n-1} k^2$ の計算は，公式 $\displaystyle\sum_{k=1}^{N} k^2 = \frac{1}{6}N(N+1)(2N+1)$ を用いる。

$\displaystyle\sum_{k=1}^{n-1} 3^{k+2}$ は，初項が $3^{1+2} = 3^3$，公比が3の等比数列の初項から第 $n-1$ 項までの和であるから，等比数列の和の公式を用いて

$$\frac{3^3(3^{n-1}-1)}{2} = \frac{3^{n+2}-27}{2}$$

と計算される。

第4問 標準 《平面ベクトル》

(1) 右図において

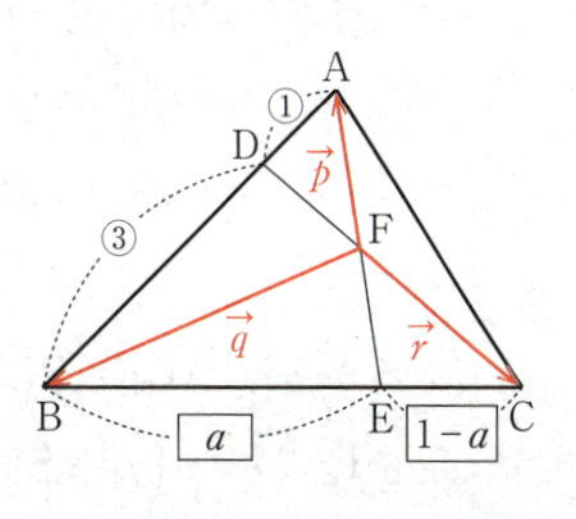

$$\overrightarrow{AB}=\overrightarrow{FB}-\overrightarrow{FA}=\vec{q}-\vec{p}$$

であるから，［ア］に当てはまるものは［②］であり

$$|\overrightarrow{AB}|^2=\overrightarrow{AB}\cdot\overrightarrow{AB}=(\vec{q}-\vec{p})\cdot(\vec{q}-\vec{p})$$
$$=\vec{q}\cdot\vec{q}-\vec{q}\cdot\vec{p}-\vec{p}\cdot\vec{q}+\vec{p}\cdot\vec{p}$$
$$=|\vec{p}|^2-\boxed{2}\,\vec{p}\cdot\vec{q}+|\vec{q}|^2 \quad \cdots\cdots①$$

である。

(2) AD：DB＝1：3であるから，$\overrightarrow{FD}$ を $\vec{p}$ と $\vec{q}$ を用いて表すと

$$\overrightarrow{FD}=\frac{3\overrightarrow{FA}+1\overrightarrow{FB}}{1+3}=\frac{\boxed{3}}{\boxed{4}}\vec{p}+\frac{\boxed{1}}{\boxed{4}}\vec{q} \quad \cdots\cdots②$$

である。

(3) 実数 s，t を用いて $\overrightarrow{FD}=s\vec{r}$，$\overrightarrow{FE}=t\vec{p}$ と表すと，まず②により

$$\overrightarrow{FD}=s\vec{r}=\frac{3}{4}\vec{p}+\frac{1}{4}\vec{q}$$

$$\therefore\ \vec{q}=\boxed{-3}\,\vec{p}+\boxed{4}\,s\vec{r} \quad \cdots\cdots③$$

である。また，BE：EC＝a：$(1-a)$　$(0<a<1)$ であるから

$$\overrightarrow{FE}=t\vec{p}=(1-a)\vec{q}+a\vec{r}$$

$$\therefore\ \vec{q}=\frac{t}{\boxed{1}-\boxed{a}}\vec{p}-\frac{\boxed{a}}{1-a}\vec{r} \quad \cdots\cdots④$$

である。③と④により

$$-3\vec{p}+4s\vec{r}=\frac{t}{1-a}\vec{p}-\frac{a}{1-a}\vec{r}$$

が成り立つから，$\vec{p}\neq\vec{0}$，$\vec{r}\neq\vec{0}$，$\vec{p}\not\parallel\vec{r}$ であることより

$$-3=\frac{t}{1-a},\quad 4s=\frac{-a}{1-a}$$

であるので

$$s=\frac{\boxed{-a}}{\boxed{4}\,(1-a)},\quad t=\boxed{-3}\,(1-a)$$

である。

(4) $|\vec{p}|=1$ のとき，①により

$$|\overrightarrow{AB}|^2=1-2\vec{p}\cdot\vec{q}+|\vec{q}|^2$$

であり，また，$\overrightarrow{BE}=\overrightarrow{FE}-\overrightarrow{FB}=t\vec{p}-\vec{q}$ であるから

$$
\begin{aligned}
|\overrightarrow{BE}|^2&=\overrightarrow{BE}\cdot\overrightarrow{BE}=(t\vec{p}-\vec{q})\cdot(t\vec{p}-\vec{q})\\
&=t^2|\vec{p}|^2-2t\vec{p}\cdot\vec{q}+|\vec{q}|^2\\
&=\{-3(1-a)\}^2\times1-2\{-3(1-a)\}\vec{p}\cdot\vec{q}+|\vec{q}|^2 \quad ((3)\text{より } t=-3(1-a))\\
&=\boxed{9}(1-a)^2+\boxed{6}(1-a)\vec{p}\cdot\vec{q}+|\vec{q}|^2
\end{aligned}
$$

であるから，$|\overrightarrow{AB}|=|\overrightarrow{BE}|$ であれば，$|\overrightarrow{AB}|^2=|\overrightarrow{BE}|^2$ より

$$1-2\vec{p}\cdot\vec{q}+|\vec{q}|^2=9(1-a)^2+6(1-a)\vec{p}\cdot\vec{q}+|\vec{q}|^2$$

$$1-9(1-a)^2=\{2+6(1-a)\}\vec{p}\cdot\vec{q}$$

$$-8+18a-9a^2=(8-6a)\vec{p}\cdot\vec{q} \quad (0<a<1)$$

$$
\begin{aligned}
\therefore\quad \vec{p}\cdot\vec{q}&=\frac{-8+18a-9a^2}{8-6a}=\frac{9a^2-18a+8}{6a-8}=\frac{(3a-2)(3a-4)}{2(3a-4)}\\
&=\frac{\boxed{3a}-\boxed{2}}{\boxed{2}}
\end{aligned}
$$

である。

解説

(1)　まず，与えられた条件を図にしてみる。$\overrightarrow{AB}=\overrightarrow{FB}-\overrightarrow{FA}$ は基本である。内積の計算については，次の基本性質を知っていなければならない。

> **ポイント　内積の基本性質**
>
> - 交換法則　$\vec{a}\cdot\vec{b}=\vec{b}\cdot\vec{a}$
> - 分配法則　$\vec{a}\cdot(\vec{b}+\vec{c})=\vec{a}\cdot\vec{b}+\vec{a}\cdot\vec{c}$
>
> $(\vec{a}+\vec{b})\cdot\vec{c}=\vec{a}\cdot\vec{c}+\vec{b}\cdot\vec{c}$
> - 結合法則　$(m\vec{a})\cdot\vec{b}=\vec{a}\cdot(m\vec{b})=m(\vec{a}\cdot\vec{b})$　(m は実数)
> - ベクトルの大きさと内積の関係　$|\vec{a}|^2=\vec{a}\cdot\vec{a}$

内積の計算は整式の計算とほぼ同様にできるので，慣れれば簡単である。特に重要なことは最後の $|\vec{a}|^2=\vec{a}\cdot\vec{a}$ である。$|\overrightarrow{AB}|^2$ の計算は $\overrightarrow{AB}\cdot\overrightarrow{AB}$ と直してから始める。

(2)　線分の分点の位置ベクトルについては，次のことを確実に使えるようにしておく。

> **ポイント　分点の位置ベクトル**
>
> 線分 AB を $m:n$ の比に分ける点をPとすると，任意の点Oに対して
>
> $$\overrightarrow{OP}=\frac{n\overrightarrow{OA}+m\overrightarrow{OB}}{m+n}\quad\left(\begin{array}{l}mn>0\text{ のとき内分を表し，}\\ mn<0\text{ のとき外分を表す}\end{array}\right)$$

(3) 次のことは特に重要である。

ポイント 平面ベクトルの1次独立性

同一平面上の2つのベクトル $\vec{a}$, $\vec{b}$ が実数 m, n に対して

$$m\vec{a}+n\vec{b}=\vec{0} \Longleftrightarrow m=n=0$$

を満たすとき，「$\vec{a}$ と $\vec{b}$ は1次独立である」という。

図形的にいえば，$\vec{a}\neq\vec{0}$ かつ $\vec{b}\neq\vec{0}$ かつ $\vec{a}\not\parallel\vec{b}$ が成り立つとき，$\vec{a}$ と $\vec{b}$ は1次独立である。このとき実数 m, n, m', n' に対して

$$m\vec{a}+n\vec{b}=m'\vec{a}+n'\vec{b} \Longleftrightarrow m=m' \text{ かつ } n=n'$$

が成り立つ。

(4) 問題の流れに従って計算を進めればよい。$|\overrightarrow{BE}|^2$ は $\overrightarrow{BE}\cdot\overrightarrow{BE}$ に直す。$\overrightarrow{BE}$ は $\overrightarrow{FE}-\overrightarrow{FB}$ と表せる。$\overrightarrow{FE}$ の方は(3)を利用すればよい。

第5問 標準 《平均，分散，二項分布，正規分布表，信頼区間》

(1)　2，4，6，…，$2a$（a は正の整数）の数字がそれぞれ1つずつ書かれた a 枚のカードが入った箱から1枚のカードを無作為に取り出すとき，そこに書かれた数字を表す確率変数 X に対し，$X=2a$ となる確率 $P(X=2a)$ は，a 枚のカードから，数字 $2a$ の書かれたカード（1枚しかない）を取り出す確率のことであるから

$$P(X=2a)=\frac{\boxed{1}}{\boxed{a}}$$

である。

$a=5$ のとき，カードは5枚（それぞれ2，4，6，8，10の数字が書かれている）であるので，X の確率分布は右表のようになる。したがって，X の平均 $E(X)$，X の分散 $V(X)$ は

X	2	4	6	8	10	計
P	$\frac{1}{5}$	$\frac{1}{5}$	$\frac{1}{5}$	$\frac{1}{5}$	$\frac{1}{5}$	1

$$E(X)=2\times\frac{1}{5}+4\times\frac{1}{5}+6\times\frac{1}{5}+8\times\frac{1}{5}+10\times\frac{1}{5}$$

$$=\frac{2}{5}(1+2+3+4+5)=\boxed{6}$$

$$V(X)=(2-6)^2\times\frac{1}{5}+(4-6)^2\times\frac{1}{5}+(6-6)^2\times\frac{1}{5}+(8-6)^2\times\frac{1}{5}+(10-6)^2\times\frac{1}{5}$$

$$=\frac{1}{5}(16+4+0+4+16)=\boxed{8}$$

である。

定数 s，t（$s>0$）に対し，$sX+t$ の平均が20，分散が32であるとき

$$E(sX+t)=sE(X)+t=6s+t=20\quad(E(X)=6)$$

$$V(sX+t)=s^2V(X)=8s^2=32\quad(V(X)=8)$$

が成り立つ。第2式より $s^2=4$，$s>0$ であるから $s=\boxed{2}$，よって，第1式より $t=\boxed{8}$ である。

このとき，$sX+t=2X+8$ が20以上である確率 $P(2X+8\geqq 20)$ は，上の表より

$$P(2X+8\geqq 20)=P(X\geqq 6)=\frac{1}{5}+\frac{1}{5}+\frac{1}{5}=\frac{3}{5}=0.\boxed{6}$$

である。

(2)　(1)の箱（$a\geqq 3$）から3枚のカードを同時に取り出し，それらのカードを横1列に並べるとき，カードの数字が左から小さい順に並んでいる事象を A とするのであるから，事象 A の起こる場合はただ1通りに定まり，その確率 $P(A)$ は，カードの並び方が $3!=6$ 通りあることから

$$P(A)=\frac{\boxed{1}}{\boxed{6}}$$

である。

この試行を180回繰り返すとき，事象 A が起こる回数を表す確率変数 Y は，二項分布 $B\left(180,\ \frac{1}{6}\right)$ に従うとみてよい。したがって，Y の平均 m，Y の分散 σ^2 は

$$m=180\times\frac{1}{6}=\boxed{30}$$

$$\sigma^2=180\times\frac{1}{6}\times\left(1-\frac{1}{6}\right)=\frac{180\times 5}{36}=\boxed{25}$$

である。

試行回数180は大きいことから，Y は近似的に平均 $m=30$，標準偏差 $\sigma=\sqrt{25}=5$ の正規分布 $N(30,\ 25)$ に従うと考えられる。ここで，$Z=\frac{Y-30}{5}$ とおくと，Z は標準正規分布 $N(0,\ 1)$ に従うから，事象 A が18回以上36回以下起こる確率の近似値は次のようになる。

$$\begin{aligned}P(18\leqq Y\leqq 36)&=P\left(-\frac{12}{5}\leqq Z\leqq\frac{6}{5}\right)\\&=P(-\boxed{2}.\boxed{40}\leqq Z\leqq\boxed{1}.\boxed{20})\\&=P(-2.40\leqq Z\leqq 0)+P(0\leqq Z\leqq 1.20)\\&=P(0\leqq Z\leqq 2.40)+P(0\leqq Z\leqq 1.20)\\&=0.4918+0.3849\quad（正規分布表より）\\&=0.8767\fallingdotseq 0.\boxed{88}\end{aligned}$$

(3)　ある都市での世論調査において，無作為に400人の有権者を選び，ある政策に対する賛否を調べたところ，320人が賛成であったので，この調査での賛成者の比率（標本比率）R は，$R=\frac{320}{400}=\frac{4}{5}=0.\boxed{8}$ である。標本の大きさが400と大きいので，二項分布の正規分布による近似を用いると，この都市の有権者全体のうち，この政策の賛成者の母比率 p に対する信頼度95％の信頼区間は

$$R-1.96\sqrt{\frac{R(1-R)}{400}}\leqq p\leqq R+1.96\sqrt{\frac{R(1-R)}{400}}$$

で表される。ここで

$$\sqrt{\frac{R(1-R)}{400}}=\sqrt{\frac{0.8\times(1-0.8)}{400}}=\sqrt{\frac{0.16}{400}}=\frac{0.4}{20}=0.02$$

であるから

$0.8-1.96\times0.02\leqq p\leqq0.8+1.96\times0.02$

$0.8-0.0392\leqq p\leqq0.8+0.0392$

$0.7608\leqq p\leqq0.8392$

$\therefore\ 0.\boxed{76}\leqq p\leqq0.\boxed{84}$

である。ここで求めた信頼区間の幅 L_1 は

$$L_1=2\times1.96\sqrt{\frac{R(1-R)}{400}}=2\times1.96\sqrt{\frac{0.8\times0.2}{400}}$$

であり，標本の大きさが 400 の場合に $R=0.6$ が得られたときの信頼区間の幅 L_2 は

$$L_2=2\times1.96\sqrt{\frac{R(1-R)}{400}}=2\times1.96\sqrt{\frac{0.6\times0.4}{400}}$$

であり，標本の大きさが 500 の場合に $R=0.8$ が得られたときの信頼区間の幅 L_3 は

$$L_3=2\times1.96\sqrt{\frac{R(1-R)}{500}}=2\times1.96\sqrt{\frac{0.8\times0.2}{500}}$$

である。

$0.8\times0.2<0.6\times0.4$ であるから，$L_1<L_2$ である。

$\frac{1}{400}>\frac{1}{500}$ であるから，$L_1>L_3$ である。

したがって，$L_3<L_1<L_2$ が成り立つので，$\boxed{\text{ヒ}}$ に当てはまるものは $\boxed{④}$。

解説

(1)　確率変数 X が右の表に示された確率分布に従うとき，X の平均（期待値）$E(X)$，分散 $V(X)$ は

X	x_1	x_2	$\cdots$	x_n	計
P	p_1	p_2	$\cdots$	p_n	1

$$E(X)=\sum_{k=1}^{n}x_kp_k=x_1p_1+x_2p_2+\cdots+x_np_n$$

$$V(X)=\sum_{k=1}^{n}(x_k-m)^2p_k\quad(m=E(X))$$

$$=(x_1-m)^2p_1+(x_2-m)^2p_2+\cdots+(x_n-m)^2p_n$$

と定義される。基本中の基本である。

確率変数の変換については次のことを知っておく必要がある。

ポイント　**確率変数の変換**

確率変数 X と定数 a，b に対して，確率変数 Y が，$Y=aX+b$ と表されるとき，Y の平均 E，分散 V は次のようになる。

$$E(Y)=E(aX+b)=aE(X)+b$$

$$V(Y)=V(aX+b)=a^2V(X)$$

(2)　1回の試行において，事象 A の起こる確率が $\frac{1}{6}$，起こらない確率が $\frac{5}{6}$ である。

この試行を180回繰り返すとき，事象 A が起こる回数 Y は，二項分布 $B\left(180,\ \frac{1}{6}\right)$ に従うと考えられる。

> **ポイント**　**二項分布の平均，分散**
>
> 確率変数 X が二項分布 $B(n,\ p)$ に従うとき，X の平均 E，分散 V は次の通り。
>
> $$E(X)=np,\quad V(X)=np(1-p)$$

二項分布 $B(n,\ p)$ に従う確率変数 X は，n が大きいとき，近似的に正規分布 $N(np,\ np(1-p))$ に従う。（標準）正規分布表を利用するためには，確率変数を

$$Z=\frac{X-np}{\sqrt{np(1-p)}}$$

に変換しなければならない。

(3)　この調査での賛成者の数を T とすると，標本比率 R は $R=\frac{T}{400}$ と表される。母比率が p であるから，T は二項分布 $B(400,\ p)$ に従う。このとき

$$E(R)=E\left(\frac{T}{400}\right)=\frac{1}{400}E(T)=\frac{1}{400}\times400\times p=p$$

$$V(R)=V\left(\frac{T}{400}\right)=\frac{1}{400^2}V(T)=\frac{1}{400^2}\times400\times p(1-p)=\frac{p(1-p)}{400}$$

となるから，R は近似的に正規分布 $N\left(p,\ \frac{p(1-p)}{400}\right)$ に従う。したがって，確率変数 $Z=\frac{R-p}{\sqrt{\frac{p(1-p)}{400}}}$ は標準正規分布 $N(0,\ 1)$ に従う。

正規分布表により

$$P(|Z|\leqq1.96)\fallingdotseq0.95$$

であるから，これを変形して

$$P\left(-1.96\leqq\frac{R-p}{\sqrt{\frac{p(1-p)}{400}}}\leqq1.96\right)\fallingdotseq0.95$$

$$P\left(R-1.96\sqrt{\frac{p(1-p)}{400}}\leqq p\leqq R+1.96\sqrt{\frac{p(1-p)}{400}}\right)\fallingdotseq0.95$$

400は十分大きいので，R は p に近いとみなしてよい（大数の法則）から，根号の

中の p を R に書き換えて，p に対する信頼度95％の信頼区間が次のように求まる。

$$R-1.96\sqrt{\frac{R(1-R)}{400}} \leqq p \leqq R+1.96\sqrt{\frac{R(1-R)}{400}}$$

標本の大きさを n のままにすると

$$R-1.96\sqrt{\frac{R(1-R)}{n}} \leqq p \leqq R+1.96\sqrt{\frac{R(1-R)}{n}}$$

であり，信頼区間の幅 L は，$L=2\times1.96\sqrt{\frac{R(1-R)}{n}}$ と表せる。問題の L_1 と L_2 は R だけが異なり，L_1 と L_3 は n だけが異なるから，数値計算はしないで，式の形から大小を判断する。

数学Ⅰ・数学A 本試験

問題番号(配点)	解答記号	正解	配点	チェック
第1問(30)	アイ	13	3	
	ウ	2	1	
	エ√オカ	$7\sqrt{13}$	3	
	キク	73	3	
	ケ	⓪	1	
	コ	③	2	
	サ	③	2	
	シ	①	2	
	ス	②	3	
	セ，ソ	3，5	2	
	タ，チツ，テト	9，24，16	2	
	$-\dfrac{ナニ}{ヌネ}$	$-\dfrac{25}{12}$	3	
	ノハ	16	3	

問題番号(配点)	解答記号	正解	配点	チェック
第2問(30)	$\sqrt{ア}$	$\sqrt{6}$	3	
	$\sqrt{イ}$	$\sqrt{2}$	3	
	$\dfrac{\sqrt{ウ}+\sqrt{エ}}{オ}$	$\dfrac{\sqrt{2}+\sqrt{6}}{4}$ または $\dfrac{\sqrt{6}+\sqrt{2}}{4}$	3	
	$\dfrac{カ\sqrt{キ}-ク}{ケ}$	$\dfrac{2\sqrt{3}-2}{3}$	3	
	$\dfrac{コ}{サ}$	$\dfrac{2}{3}$	3	
	シ，ス，セ	①，④，⑥（解答の順序は問わない）	6（各2）	
	ソ	④	2	
	タ	③	2	
	チ	②	2	
	ツ	⓪	1	
	テ	①	2	

問題番号(配点)	解答記号	正　解	配点	チェック
第3問 (20)	$\frac{\text{ア}}{\text{イ}}$	$\frac{5}{6}$	2	
	ウ，エ，オ	①，③，⑤ (解答の順序は問わない)	3	
	$\frac{\text{カ}}{\text{キ}}$	$\frac{1}{2}$	2	
	$\frac{\text{ク}}{\text{ケ}}$	$\frac{3}{5}$	2	
	コ，サ，シ	⓪，③，⑤ (解答の順序は問わない)	3	
	$\frac{\text{ス}}{\text{セ}}$	$\frac{5}{6}$	2	
	$\frac{\text{ソ}}{\text{タ}}$	$\frac{5}{6}$	2	
	チ	⑥	4	
第4問 (20)	ア，イ	2，6 (解答の順序は問わない)	2 (各1)	
	ウ	3	2	
	エ，オ	0，6	2	
	カ，キ	9，6	2	
	ク，ケ，コサ	0，6，14	3	
	シス	24	2	
	セソ	16	2	
	タ	8	2	
	チツ	24	3	

問題番号(配点)	解答記号	正　解	配点	チェック
第5問 (20)	アイ	28	3	
	$\frac{\text{ウ}}{\text{エ}}$	$\frac{7}{2}$	3	
	$\frac{\text{オカ}}{\text{キ}}$	$\frac{12}{7}$	3	
	$\frac{\text{クケ}}{\text{コ}}$	$\frac{21}{5}$	3	
	サシ°	60°	2	
	$\frac{\text{ス}\sqrt{\text{セ}}}{\text{ソ}}$	$\frac{2\sqrt{3}}{3}$	3	
	$\frac{\text{タ}\sqrt{\text{チ}}}{\text{ツ}}$	$\frac{4\sqrt{3}}{3}$	3	

(注)　第1問，第2問は必答。第3問～第5問のうちから2問選択。計4問を解答。

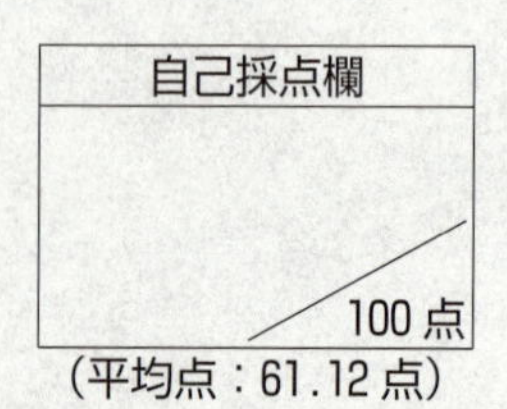

(平均点：61.12点)

第1問 ―― 式の値，命題，２次関数，最小値

〔1〕 標準 《式の値》

$x^2+\dfrac{4}{x^2}=9$ を満たすとき

$$\left(x+\frac{2}{x}\right)^2-2\cdot x\cdot\frac{2}{x}=9$$

$$\left(x+\frac{2}{x}\right)^2-4=9$$

$$\left(x+\frac{2}{x}\right)^2=\boxed{13}$$

であるから，x が正の実数より，$x+\dfrac{2}{x}>0$ なので

$$x+\frac{2}{x}=\sqrt{13}$$

さらに

$$x^3+\frac{8}{x^3}=\left(x+\frac{2}{x}\right)\left(x^2+\frac{4}{x^2}-a\right)$$

とおけば，右辺を展開して

$$x^3+\frac{8}{x^3}=x^3+(2-a)x+\frac{2(2-a)}{x}+\frac{8}{x^3}$$

両辺の係数を比較すると

$$2-a=0,\quad 2(2-a)=0$$

すなわち　　$a=2$

したがって

$$x^3+\frac{8}{x^3}=\left(x+\frac{2}{x}\right)\left(x^2+\frac{4}{x^2}-\boxed{2}\right)$$

$$=\sqrt{13}\,(9-2)$$

$$=\boxed{7}\sqrt{\boxed{13}}$$

また

$$x^4+\frac{16}{x^4}=(x^2)^2+\left(\frac{4}{x^2}\right)^2$$

$$=\left(x^2+\frac{4}{x^2}\right)^2-2\cdot x^2\cdot\frac{4}{x^2}$$

$$=9^2-8$$

$= \boxed{73}$

別解　ウ～カは３次の因数分解の公式を利用して，次のように解くこともできる。

$$
\begin{aligned}
x^3+\frac{8}{x^3}&=x^3+\left(\frac{2}{x}\right)^3\\
&=\left(x+\frac{2}{x}\right)\left\{x^2-x\cdot\frac{2}{x}+\left(\frac{2}{x}\right)^2\right\}\\
&=\left(x+\frac{2}{x}\right)\left(x^2+\frac{4}{x^2}-2\right)\\
&=\sqrt{13}\,(9-2)\\
&=7\sqrt{13}
\end{aligned}
$$

解説

$x^2+\dfrac{4}{x^2}=x^2+\left(\dfrac{2}{x}\right)^2$ と考えることで，乗法公式 $(a+b)^2=a^2+2ab+b^2$ を利用する。分数式を含むので扱いづらいかもしれないが，よく目にする問題なので，さほど難しくはないだろう。

$x+\dfrac{2}{x}$ の値を求める際には，x が正の実数であることに注意すれば，$x+\dfrac{2}{x}>0$ であることがわかる。

さらに，教科書の発展的な内容である３次の因数分解を利用する問題が出題されているが，公式 $a^3+b^3=(a+b)(a^2-ab+b^2)$ の扱いに慣れていれば，〔別解〕のように処理した方が速いだろう。この公式を覚えていなくとも，問題文の誘導が丁寧な形で与えられているので，〔解答〕のように空欄の部分を文字で置き換えることで処理することもできる。

最後は，$x^4+\dfrac{16}{x^4}=(x^2)^2+\left(\dfrac{4}{x^2}\right)^2$ と考えることで，$\left(x+\dfrac{2}{x}\right)^2$ の値を求めたときと同様に式変形できる。

〔２〕 易 《命　題》

「p：$x=1$」

「q：$x^2=1 \Longleftrightarrow x=1$ または $x=-1$」

より

「$\overline{p}$：$x\neq1$」

「$\overline{q}$：$x\neq1$ かつ $x\neq-1$」

(1)　$q\Longrightarrow p$ は偽（反例：$x=-1$），$p\Longrightarrow q$ は真だから，q は p であるための**必要**

条件だが十分条件でない。（ ⓪ ）

$\overline{p} \Longrightarrow q$ は偽（反例：$x=2$），$q \Longrightarrow \overline{p}$ は偽（反例：$x=1$）だから，$\overline{p}$ は q であるための必要条件でも十分条件でもない。（ ③ ）

「$(p$ または $\overline{q})$：$x \neq -1$」なので，$(p$ または $\overline{q}) \Longrightarrow q$ は偽（反例：$x=2$），$q \Longrightarrow$ $(p$ または $\overline{q})$ は偽（反例：$x=-1$）だから，$(p$ または $\overline{q})$ は q であるための必要条件でも十分条件でもない。（ ③ ）

「$(\overline{p}$ かつ $q)$：$x=-1$」なので，$(\overline{p}$ かつ $q) \Longrightarrow q$ は真，$q \Longrightarrow (\overline{p}$ かつ $q)$ は偽（反例：$x=1$）だから，$(\overline{p}$ かつ $q)$ は q であるための十分条件だが必要条件でない。（ ① ）

(2) 「r：$x>0$」であり，「$(p$ かつ $q)$：$x=1$」なので

A：「$(p$ かつ $q) \Longrightarrow r$」は真

B：「$q \Longrightarrow r$」は偽（反例：$x=-1$）

C：「$\overline{q} \Longrightarrow \overline{p}$」は真

よって，真偽について正しいものはAは真，Bは偽，Cは真である。（ ② ）

解説

条件 q を「$x=1$ または $x=-1$」としてから否定を考えれば，ド・モルガンの法則より，条件 $\overline{q}$ は「$x \neq 1$ かつ $x \neq -1$」であることが求まる。しかし，条件 $\overline{q}$ を「$x^2 \neq 1$」から考えた場合，「$x \neq 1$ または $x \neq -1$」としてしまうケースが見受けられるので，十分注意しておきたい。

また

「$\overline{p}$：$x \neq 1 \Longleftrightarrow x<1,\ 1<x$」

「$\overline{q}$：$x \neq 1$ かつ $x \neq -1 \Longleftrightarrow x<-1,\ -1<x<1,\ 1<x$」

と考えることもできるので

$(p$ または $\overline{q})$ は

$x=1$ または $(x<-1,\ -1<x<1,\ 1<x)$

$\Longleftrightarrow x<-1,\ -1<x$

$\Longleftrightarrow x \neq -1$

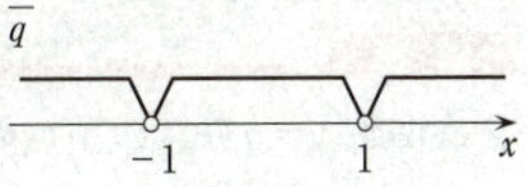

$(\overline{p}$ かつ $q)$ は

$(x<1,\ 1<x)$ かつ $(x=1$ または $x=-1)$

$\Longleftrightarrow x=-1$

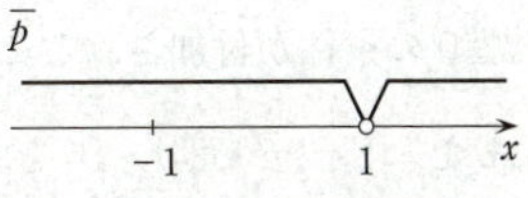

として考えることもできる。

〔3〕 標準 《2次関数，最小値》

$g(x)=x^2-2(3a^2+5a)x+18a^4+30a^3+49a^2+16$ を平方完成すると

$$g(x)=\{x-(3a^2+5a)\}^2-(3a^2+5a)^2+18a^4+30a^3+49a^2+16$$
$$=\{x-(3a^2+5a)\}^2+9a^4+24a^2+16$$

なので，$y=g(x)$ のグラフの頂点は

$$(\boxed{3}a^2+\boxed{5}a,\ \boxed{9}a^4+\boxed{24}a^2+\boxed{16})$$

頂点の x 座標を X とすると

$$X=3a^2+5a$$
$$=3\left(a^2+\frac{5}{3}a\right)$$
$$=3\left(a+\frac{5}{6}\right)^2-\frac{25}{12}$$

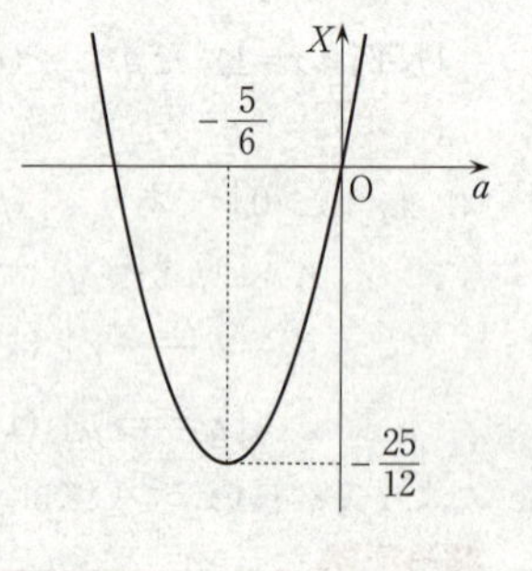

だから，a が実数全体を動くとき，右のグラフより，頂点の x 座標の最小値は $-\dfrac{\boxed{25}}{\boxed{12}}$ である。

次に，頂点の y 座標を Y とすると

$$Y=9a^4+24a^2+16$$

$t=a^2$ とおけば，$t\ (=a^2)\geqq 0$ であり

$$Y=9t^2+24t+16$$
$$=9\left(t^2+\frac{8}{3}t\right)+16$$
$$=9\left(t+\frac{4}{3}\right)^2\quad(t\geqq 0)$$

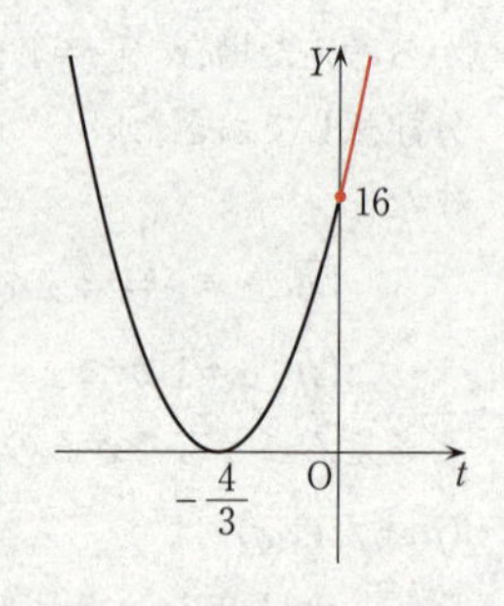

したがって，a が実数全体を動くとき，右のグラフより，頂点の y 座標の最小値は $\boxed{16}$ である。

解説

2次関数 $y=g(x)$ の頂点の座標を定数 a で表し，a が実数全体を動くときの頂点の x 座標と y 座標の最小値を求める問題であるが，頻出の問題なので，計算間違いに注意しながら解き進めれば，特に難しい部分は見当たらない。ただし，$t=a^2$ とおくと，$t\geqq 0$ の条件が付加されることを忘れないようにしなければならない。

また，$Y=9t^2+24t+16$ を平方完成することで，$Y=9\left(t+\dfrac{4}{3}\right)^2$ の形に変形したが，

$Y=9t^2+24t+16=(3t+4)^2=\left\{3\left(t+\dfrac{4}{3}\right)\right\}^2=9\left(t+\dfrac{4}{3}\right)^2$ と因数分解してもよい。

第2問 ── 余弦定理，正弦定理，三角形の面積，データの相関，ヒストグラム，箱ひげ図

〔1〕 標準 《余弦定理，正弦定理，三角形の面積》

(1)　△ABC に余弦定理を用いて

$$AC^2=(\sqrt{3}-1)^2+(\sqrt{3}+1)^2-2(\sqrt{3}-1)(\sqrt{3}+1)\cos 60^\circ$$

$$=(4-2\sqrt{3})+(4+2\sqrt{3})-2(3-1)\cdot\frac{1}{2}$$

$$=6$$

AC>0 なので

$$AC=\sqrt{\boxed{6}}$$

△ABC の外接円の半径を R とすると，正弦定理より

$$R=\frac{AC}{2\sin\angle ABC}=\frac{\sqrt{6}}{2\sin 60^\circ}=\frac{\sqrt{6}}{2\cdot\frac{\sqrt{3}}{2}}=\frac{\sqrt{6}}{\sqrt{3}}$$

$$=\sqrt{\boxed{2}}$$

また，正弦定理より，$2R=\dfrac{BC}{\sin\angle BAC}$ なので

$$\sin\angle BAC=\frac{BC}{2R}=\frac{\sqrt{3}+1}{2\sqrt{2}}=\frac{\sqrt{\boxed{6}}+\sqrt{\boxed{2}}}{\boxed{4}}$$

(2)　△ABD の面積が $\dfrac{\sqrt{2}}{6}$ となるので

$$\frac{1}{2}\cdot AB\cdot AD\cdot\sin\angle BAC=\frac{\sqrt{2}}{6}$$

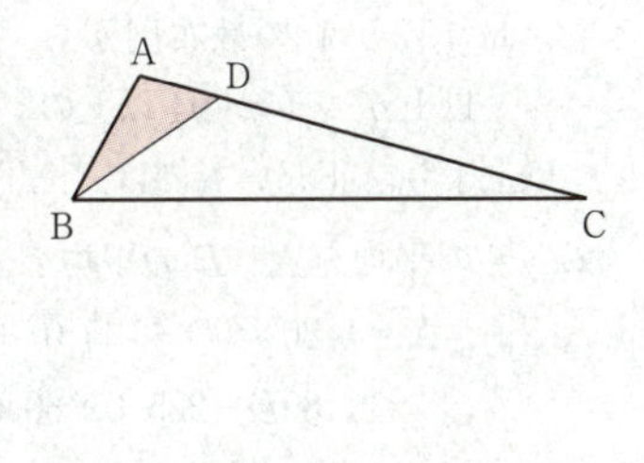

$$AB\cdot AD=\frac{2}{\sin\angle BAC}\cdot\frac{\sqrt{2}}{6}=\frac{2}{\frac{\sqrt{6}+\sqrt{2}}{4}}\cdot\frac{\sqrt{2}}{6}$$

$$=\frac{4}{\sqrt{6}+\sqrt{2}}\cdot\frac{\sqrt{2}}{3}=\frac{4(\sqrt{6}-\sqrt{2})}{6-2}\cdot\frac{\sqrt{2}}{3}$$

$$=\frac{\boxed{2}\sqrt{\boxed{3}}-\boxed{2}}{\boxed{3}}$$

であるから，$AB=\sqrt{3}-1$ より

$$AD=\frac{1}{AB}\cdot\frac{2\sqrt{3}-2}{3}=\frac{1}{\sqrt{3}-1}\cdot\frac{2(\sqrt{3}-1)}{3}=\frac{\boxed{2}}{\boxed{3}}$$

解説

(1)　△ABC に余弦定理を用いれば AC は求まり，正弦定理を用いれば外接円の半径と sin∠BAC は求まる。

(2)　△ABD の面積は $\frac{1}{2}\cdot \mathrm{AB}\cdot \mathrm{AD}\cdot \sin\angle \mathrm{BAC}$ で求めることができるので，この公式がしっかりと頭に入っていれば，△ABD の面積が $\frac{\sqrt{2}}{6}$ となることより，AB･AD が求まることはすぐに気付けるだろう。AB･AD が求まれば，$\mathrm{AB}=\sqrt{3}-1$ だから，AD はすぐに求まる。

〔2〕 標準 《データの相関，ヒストグラム，箱ひげ図》

(1)　⓪　X と V の散布図から，X と V の間には相関はみられないが，X と Y の散布図から，X と Y の間には正の相関がみられる。よって，正しくない。

①　X と Y の散布図から，X と Y の間には正の相関がみられる。よって，正しい。

②　X と V の散布図から，V が最大のとき，X は 60 未満だから，X は最大ではない。よって，正しくない。

③　Y と V の散布図から，V が最大のとき，Y は 55 未満だから，Y は最大ではない。よって，正しくない。

④　X と Y の散布図から，Y が最小のとき，X は 55 以上だから，X は最小ではない。よって，正しい。

⑤　X と V の散布図から，X が 80 以上のとき，93 未満である V が 1 つあるから，V はすべて 93 以上ではない。よって，正しくない。

⑥　Y と V の散布図から，Y が 55 以上のとき，V は 94 未満だから，Y が 55 以上かつ V が 94 以上のジャンプはない。よって，正しい。

以上より，正しいものは，［①］，［④］，［⑥］である。

(2)　X の平均を $\overline{X}$，D の平均を $\overline{D}$ とすると

$$
\begin{aligned}
X&=1.80\times(D-125.0)+60.0\\
&=1.80D-225.0+60.0\\
&=1.80D-165.0
\end{aligned}
$$

より

$$\overline{X}=1.80\overline{D}-165.0$$

だから

$$X-\overline{X}=(1.80D-165.0)-(1.80\overline{D}-165.0)$$
$$=1.80(D-\overline{D})$$

分散は，偏差の2乗の平均値だから，Xの分散を$s_X{}^2$，Dの分散を$s_D{}^2$とすれば

$$s_X{}^2=(1.80)^2 s_D{}^2=3.24 s_D{}^2$$

よって，Xの分散は，Dの分散の3.24倍になる。（ ソ は ④ ）

共分散は，偏差の積の平均値だから，Yの平均を$\overline{Y}$，XとYの共分散をs_{XY}，DとYの共分散をs_{DY}とすれば，$(X-\overline{X})(Y-\overline{Y})=1.80(D-\overline{D})(Y-\overline{Y})$ より

$$s_{XY}=1.80 s_{DY}$$

よって，XとYの共分散は，DとYの共分散の1.80倍である。

（ タ は ③ ）

XとYの相関係数をr_{XY}，DとYの相関係数をr_{DY}，Yの分散を$s_Y{}^2$とすれば

$$r_{XY}=\frac{s_{XY}}{s_X s_Y}=\frac{1.80 s_{DY}}{\sqrt{(1.80)^2}s_D s_Y}=\frac{1.80 s_{DY}}{1.80 s_D s_Y}=\frac{s_{DY}}{s_D s_Y}$$
$$=r_{DY}$$

よって，XとYの相関係数は，DとYの相関係数の1倍である。

（ チ は ② ）

(3) 1回目の$X+Y$の最小値が108.0だから，1回目の$X+Y$の値に対するヒストグラムはA，箱ひげ図はaである。よって，1回目の$X+Y$の値について，ヒストグラムおよび箱ひげ図の組合せとして正しいものは ⓪ である。

また，図3から読み取れることとして正しいものを考えると

⓪ 1回目の$X+Y$の四分位範囲は15未満，2回目の$X+Y$の四分位範囲は15以上であるから，1回目の$X+Y$の四分位範囲は2回目の$X+Y$の四分位範囲より小さい。よって，正しくない。

① 1回目の$X+Y$の中央値は，2回目の$X+Y$の中央値より大きい。よって，正しい。

② 1回目の$X+Y$の最大値は，2回目の$X+Y$の最大値より大きい。よって，正しくない。

③ 1回目の$X+Y$の最小値は，2回目の$X+Y$の最小値より大きい。よって，正しくない。

以上より，正しいものは， ① である。

解説

(2) 飛距離Dについての値をD_1，D_2，…，D_{58}とし，$X=1.80D-165.0$によって算出されるD_1，D_2，…，D_{58}に対する得点Xについての値をX_1，X_2，…，X_{58}とすると

$$\begin{aligned}\overline{X}&=\frac{1}{58}(X_1+X_2+\cdots+X_{58})\\&=\frac{1}{58}\{(1.80D_1-165.0)+(1.80D_2-165.0)+\cdots+(1.80D_{58}-165.0)\}\\&=\frac{1}{58}\{1.80(D_1+D_2+\cdots+D_{58})-58\times165.0\}\\&=1.80\times\frac{1}{58}(D_1+D_2+\cdots+D_{58})-165.0\\&=1.80\overline{D}-165.0\end{aligned}$$

したがって

$$\begin{aligned}X-\overline{X}&=(1.80D-165.0)-(1.80\overline{D}-165.0)\\&=1.80(D-\overline{D})\end{aligned}$$

が成り立つから

$$\begin{aligned}{s_X}^2&=\frac{1}{58}\{(X_1-\overline{X})^2+(X_2-\overline{X})^2+\cdots+(X_{58}-\overline{X})^2\}\\&=\frac{1}{58}[\{1.80(D_1-\overline{D})\}^2+\{1.80(D_2-\overline{D})\}^2+\cdots+\{1.80(D_{58}-\overline{D})\}^2]\\&=(1.80)^2\times\frac{1}{58}\{(D_1-\overline{D})^2+(D_2-\overline{D})^2+\cdots+(D_{58}-\overline{D})^2\}\\&=(1.80)^2{s_D}^2\end{aligned}$$

また，得点 Y についての値を Y_1，Y_2，…，Y_{58} とすると

$$\begin{aligned}s_{XY}&=\frac{1}{58}\{(X_1-\overline{X})(Y_1-\overline{Y})+(X_2-\overline{X})(Y_2-\overline{Y})+\cdots+(X_{58}-\overline{X})(Y_{58}-\overline{Y})\}\\&=\frac{1}{58}\{1.80(D_1-\overline{D})(Y_1-\overline{Y})+1.80(D_2-\overline{D})(Y_2-\overline{Y})\\&\qquad+\cdots+1.80(D_{58}-\overline{D})(Y_{58}-\overline{Y})\}\\&=1.80\times\frac{1}{58}\{(D_1-\overline{D})(Y_1-\overline{Y})+(D_2-\overline{D})(Y_2-\overline{Y})\\&\qquad+\cdots+(D_{58}-\overline{D})(Y_{58}-\overline{Y})\}\\&=1.80s_{DY}\end{aligned}$$

(3)　1回目の最小値が 108.0 であることから，1回目の $X+Y$ の値に対するヒストグラムはA，箱ひげ図はaであることがわかる。ヒストグラムのBと箱ひげ図のbは，最小値が 105 未満であるから適さない。

また，四分位範囲は，（四分位範囲）＝（第３四分位数）－（第１四分位数）である。

第3問 やや難 《排反事象，和事象，条件付き確率》

(1)　A，Bの少なくとも一方があたりのくじを引く事象 E_1 の余事象は，A，Bがともにはずれのくじを引く事象であり，その確率は，Cがあたりのくじを引くことに注意して

$$\frac{2}{4}\times\frac{1}{3}\times\frac{2}{2}=\frac{1}{6}$$

よって，事象 E_1 の確率 $P(E_1)$ は，余事象の確率を用いれば

$$P(E_1)=1-\frac{1}{6}=\frac{\boxed{5}}{\boxed{6}}$$

(2)　あたりのくじは2本しかないので，A，B，Cの3人で2本のあたりのくじを引く事象 E は，A，B，Cの3人の中で1人だけがはずれのくじを引く事象に等しい。

よって，事象 E は，3つの排反な事象，Aだけがはずれのくじを引く事象（ ① ），Bだけがはずれのくじを引く事象（ ③ ），Cだけがはずれのくじを引く事象（ ⑤ ）の和事象である。

また，Aだけがはずれのくじを引く事象の確率は，B，Cがあたりのくじを引くことに注意して

$$\frac{2}{4}\times\frac{2}{3}\times\frac{1}{2}=\frac{1}{6}$$

同様にして考えれば，Bだけがはずれのくじを引く事象の確率と，Cだけがはずれのくじを引く事象の確率は，それぞれ

$$\frac{2}{4}\times\frac{2}{3}\times\frac{1}{2}=\frac{1}{6}\qquad\frac{2}{4}\times\frac{1}{3}\times\frac{2}{2}=\frac{1}{6}$$

これらの事象は排反だから，これらの事象の和事象の確率 $P(E)$ は

$$P(E)=\frac{1}{6}+\frac{1}{6}+\frac{1}{6}=\frac{\boxed{1}}{\boxed{2}}$$

(3)　事象 E_1 が起こったときの事象 E の起こる条件付き確率 $P_{E_1}(E)$ は

$$P_{E_1}(E)=\frac{P(E_1\cap E)}{P(E_1)}$$

ここで，A，B，Cの3人で2本のあたりのくじを引くとき，A，Bの少なくとも一方はあたりのくじを必ず引くことになることに注意すると，$E_1\cap E=E$ だから（……(*)）

$$P_{E_1}(E)=\frac{P(E)}{P(E_1)}=\frac{\frac{1}{2}}{\frac{5}{6}}=\frac{\boxed{3}}{\boxed{5}}$$

(4)　Aがはずれのくじを引くとき，残りのくじは，あたりのくじが2本，はずれのくじが1本だから，B，Cの少なくとも一方はあたりのくじを必ず引くことになる。よって，事象E_2が起こる。

Aがあたりのくじを引くとき，残りのくじは，あたりのくじが1本，はずれのくじが2本だから，事象E_2が起こるためには，B，Cのどちらか一方はあたりのくじを引き，他方ははずれのくじを引かなければならない。すなわち，B，Cのどちらか一方だけがはずれのくじを引くことになる。

よって，B，Cの少なくとも一方があたりのくじを引く事象E_2は，3つの排反な事象，Aがはずれのくじを引く事象（$\boxed{⓪}$），Bだけがはずれのくじを引く事象（$\boxed{③}$），Cだけがはずれのくじを引く事象（$\boxed{⑤}$）の和事象である。

また，Aがはずれのくじを引く事象の確率は，B，Cがあたりのくじとはずれのくじのどちらを引いてもよいことに注意して

$$\frac{2}{4}\times\frac{3}{3}\times\frac{2}{2}=\frac{1}{2}$$

Bだけがはずれのくじを引く事象の確率と，Cだけがはずれのくじを引く事象の確率は，(2)より，それぞれ$\frac{1}{6}$，$\frac{1}{6}$となる。

これらの事象は排反だから，これらの事象の和事象の確率$P(E_2)$は

$$P(E_2)=\frac{1}{2}+\frac{1}{6}+\frac{1}{6}=\frac{\boxed{5}}{\boxed{6}}$$

他方，(1)と同様にすれば，A，Cの少なくとも一方があたりのくじを引く事象E_3の余事象の確率は，Bだけがあたりのくじを引くことに注意して

$$\frac{2}{4}\times\frac{2}{3}\times\frac{1}{2}=\frac{1}{6}$$

よって，事象E_3の確率$P(E_3)$は，余事象の確率を用いれば

$$P(E_3)=1-\frac{1}{6}=\frac{\boxed{5}}{\boxed{6}}$$

(5)　(3)より

$$p_1=P_{E_1}(E)=\frac{P(E)}{P(E_1)}$$

また，(*)と同様にして$E_2\cap E=E$，$E_3\cap E=E$だから

$$p_2 = P_{E_2}(E) = \frac{P(E_2 \cap E)}{P(E_2)} = \frac{P(E)}{P(E_2)}$$

$$p_3 = P_{E_3}(E) = \frac{P(E_3 \cap E)}{P(E_3)} = \frac{P(E)}{P(E_3)}$$

ここで

$$P(E_1) = P(E_2) = P(E_3) = \frac{5}{6}$$

だから，p_1，p_2，p_3 の間の大小関係は，$p_1 = p_2 = p_3$ （⑥）である。

解説

(1) 「少なくとも一方が…」という事象の確率を求める場合には，余事象の確率を用いる方法が有効である。

(2) 事象 E の確率を求めるだけであれば難しくないが，事象 E を3つの排反な事象の和事象で表さなければならず，排反事象についてしっかりと理解できていなければ難しい。⓪から⑤までの選択肢はすべてはずれのくじを引く事象なので，事象 E をはずれのくじを引く事象で表すことを中心に考えていけばよい。

(3) 事象 X が起こったときに事象 Y が起こる条件付き確率 $P_X(Y)$ は

$$P_X(Y) = \frac{P(X \cap Y)}{P(X)}$$

で与えられる。本問では $E_1 \cap E = E$ が成り立つことに気付くと簡明である。

(4) この問題では全体を通して，あたりのくじが2本，はずれのくじが2本の合計4本からなるくじであることを常に意識しておかなければならない。その状況がしっかりと理解できていれば，A，B，Cの3人が全員あたりのくじを引くことも，全員はずれのくじを引くこともないことがわかるし，あたりのくじを引くことを○，はずれのくじを引くことを×で表せば，A，B，Cがくじを引く場合の数は右の6通りしかないこともわかる。

	A	B	C
(ア)	○	×	×
(イ)	○	○	×
(ウ)	○	×	○
(エ)	×	○	×
(オ)	×	○	○
(カ)	×	×	○

B，Cの少なくとも一方があたりのくじを引く事象 E_2 は(イ)〜(カ)だから，事象 E_2 は，Aがはずれのくじを引く事象(エ)(オ)(カ)，Bだけがはずれのくじを引く事象(ウ)，Cだけがはずれのくじを引く事象(イ)の和事象で表せる。

(ア)〜(カ)の6通りしかないことが最初からわかるのであれば，(ア)〜(カ)を使って解答していく方が間違いも少なく，迅速に処理できるだろう。

(5) (3)と同様にして考えれば，$E_2 \cap E = E$，$E_3 \cap E = E$ だから，p_2，p_3 の値を求めなくとも $p_1 = p_2 = p_3$ であることがわかる。

第4問 やや難 《倍数判定，約数の個数，2進法》

(1) $37a$ が4で割り切れるためには，下2桁が4の倍数であればよいから，$7a$ が4の倍数となればよい。$a=0,\ 1,\ \cdots,\ 9$ であることに注意すれば，そのような $7a$ は72と76であるから，a の値は

$a=$ [2]，[6]

(2) (1)と同様にすれば，$7b5c$ が4で割り切れるためには，$5c$ が4の倍数となればよい。$c=0,\ 1,\ \cdots,\ 9$ であることに注意すれば，そのような $5c$ は52と56であるから，c の値は

$c=2,\ 6$

また，$7b5c$ が9で割り切れるためには，各位の数の和が9の倍数であればよいから，$7+b+5+c$，すなわち，$12+b+c$ が9の倍数となればよい。$b=0,\ 1,\ \cdots,\ 9$ であることに注意すれば

- $c=2$ のとき

  $12+b+c=14+b$ が9の倍数となるのは　$b=4$

- $c=6$ のとき

  $12+b+c=18+b$ が9の倍数となるのは　$b=0,\ 9$

よって，$7b5c$ が4でも9でも割り切れる $b,\ c$ の組は，全部で

$(b,\ c)=(4,\ 2),\ (0,\ 6),\ (9,\ 6)$

の [3] 個ある。

このとき，$7b5c$ は

$7b5c=7452,\ 7056,\ 7956$

となるから，$7b5c$ の値が最小になるのは $b=$ [0]，$c=$ [6] のときで，

$7b5c$ の値が最大になるのは $b=$ [9]，$c=$ [6] のときである。

また

$$7b5c=(6\times n)^2=36\times n^2=4\times 9\times n^2$$

だから，$7b5c=(6\times n)^2$ となるとき $7b5c$ は4でも9でも割り切れるので，$b,\ c$ は，上で求めた

$(b,\ c)=(4,\ 2),\ (0,\ 6),\ (9,\ 6)$

のいずれかである。このとき，$7b5c$ は

$$7452=4\times 9\times 207=4\times 9\times(3^2\times 23)$$

$$7056=4\times 9\times 196=4\times 9\times 14^2$$

$$7956=4\times 9\times 221=4\times 9\times(13\times 17)$$

となるから，$7b5c=4\times 9\times n^2$ となるのは，$7056=4\times 9\times 14^2$ である。

したがって，$7b5c=(6\times n)^2$ となる b，c と自然数 n は

$b=$ 0 ，$c=$ 6 ，$n=$ 14

(3)　$1188=2^2\times 3^3\times 11$ より，1188 の正の約数は全部で

$(2+1)(3+1)(1+1)=3\cdot 4\cdot 2=$ 24 個

これらのうち，2 の倍数は，$1188=2\times(2\times 3^3\times 11)$ より，$2\times 3^3\times 11$ の部分の約数の個数を考えて

$(1+1)(3+1)(1+1)=2\cdot 4\cdot 2=$ 16 個

4 の倍数は，$1188=2^2\times(3^3\times 11)$ より，$3^3\times 11$ の部分の約数の個数を考えて

$(3+1)(1+1)=4\cdot 2=$ 8 個

1188 のすべての正の約数の積について，素因数 2 の個数を求めると，上の結果より

1188 の正の約数のうち 2 の倍数は 16 個

1188 の正の約数のうち 4 $(=2^2)$ の倍数は 8 個

4 の倍数は素因数 2 を 2 個もつが，2 の倍数として 1 個，4 の倍数としてもう 1 個と数えればよいので，素因数 2 の個数は

$16+8=24$個

よって，1188 のすべての正の約数の積を 2 進法で表すと，末尾には 0 が連続して 24 個並ぶ。

別解　(3)　$1188=2^2\times 3^3\times 11$ の正の約数は

(i)$2^0\times 3^k\times 11^\ell$　(ii)$2^1\times 3^k\times 11^\ell$　(iii)$2^2\times 3^k\times 11^\ell$

$(k=0,\ 1,\ 2,\ 3,\quad \ell=0,\ 1)$

のいずれかの形で表される。

(i)～(iii)の形で表される正の約数の個数は，いずれも $3^k\times 11^\ell$ の約数の個数に等しく，k が 0 から 3 までの 4 通り，ℓ が 0，1 の 2 通りだから，$4\times 2=8$ 個ずつある。

よって，1188 の正の約数は全部で $8+8+8=24$ 個ある。

これらのうち，2 の倍数は(ii)と(iii)の形で表されるから $8+8=16$ 個，4 の倍数は(iii)の形で表されるから 8 個ある。

1188 のすべての正の約数の積は，1188 の正の約数が(i)～(iii)のいずれかの形で表され，それぞれ 8 個ずつあるので，1188 のすべての正の約数の積の形を実際に書き表せば

$$(2^0)^8\times(2^1)^8\times(2^2)^8\times 3^m\times 11^n=2^{24}\times 3^m\times 11^n\quad (m,\ n：正の整数)$$

と表せる。

よって，1188 のすべての正の約数の積を 2 進法で表すと，末尾には 0 が連続して 24 個並ぶ。

解説

(1)・(2)　4の倍数と9の倍数の判定法は次のようになる。

4の倍数…下2桁が4の倍数である。

9の倍数…各位の数の和が9の倍数である。

$7b5c$ は4でも9でも割り切れるから，$7b5c$ が4の倍数となることで c の値が定まり，$7b5c$ が9の倍数となることと先に求めた c の値を用いることで b の値も定まる。その際，a，b，c は0から9までの整数であることに注意が必要である。ここで求めた b，c の組を実際に当てはめれば，$7b5c$ の値が最大・最小となる b，c の組は簡単に求まる。

また，$7b5c=(6\times n)^2=4\times 9\times n^2$ となるから，$7b5c$ が4でも9でも割り切れることがわかり，上で求めた b，c の組を利用することができる。それがわかれば，b，c の組は全部で3個なので，$7b5c$ に b，c の値を当てはめて36で割ることで積の形に変形すれば，$7b5c=4\times 9\times n^2$ の形に変形できる自然数 n が求まる。

(3)　一般に，自然数 N の素因数分解が $N=\alpha^p\cdot\beta^q\cdot\gamma^r\cdots$（$\alpha$，$\beta$，$\gamma$，…は相異なる素数）となるとき，$N$ の約数の個数は $(p+1)(q+1)(r+1)\cdots$ である。

1188のすべての正の約数の積が

$2^p\times 3^q\times 11^r$　（p，q，r：正の整数）

と表せたとすると，$3^q\times 11^r$ は奇数だから，2進法で表すと，末尾には0が連続して p 個並ぶことになる。

教科書や問題集では，10進法の桁数についての問題が扱われていることが多いが，本問は2進法の桁数についての問題である。桁数の問題を，本質を理解せずにやり方だけを覚えるような解き方をしていると，まったく歯が立たなかっただろう。

〔解答〕では，1188のすべての正の約数の積について素因数2の個数が求まればよいから，例えば，下の表のようにして考えれば，2の倍数は素因数2を1個，4の倍数は素因数2を2個もつから，○の数を，2の倍数は2の倍数として1回，4の倍数は2の倍数として1回，4の倍数として1回の計2回数えることになる。

	2^1	2^2	$2^1\cdot 3^1$	$2^2\cdot 3^1$	$2^1\cdot 3^2$	$2^1\cdot 11^1$	…	$2^2\cdot 3^3\cdot 11^1$
2の倍数	○	○	○	○	○	○		○
4の倍数		○		○				○

〔別解〕では，1188の正の約数が(i)〜(iii)のいずれかの形で表せることから，1188のすべての正の約数の積を実際に書き表して，末尾に連続して並ぶ0の個数を求めた。

第5問 易 《方べきの定理，メネラウスの定理，余弦定理，内接円》

(1) $CD=AC-AD=7-3=4$ より，△ABC に方べきの定理を用いて

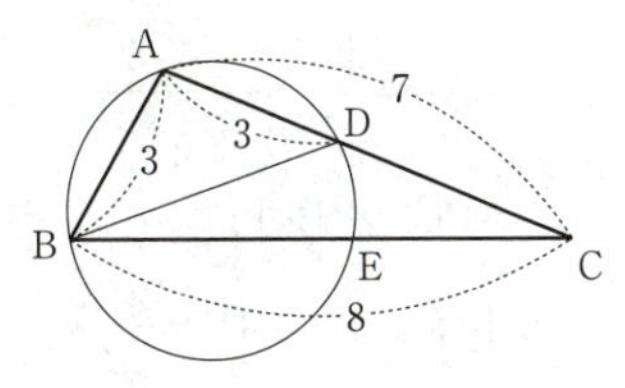

$$CE\cdot CB=CD\cdot CA$$
$$=4\cdot 7$$
$$=28$$

よって　$BC\cdot CE=\boxed{28}$

$BC=8$ だから

$$CE=\frac{1}{BC}\cdot 28=\frac{1}{8}\cdot 28=\frac{\boxed{7}}{\boxed{2}}$$

△ABC と直線 DE についてメネラウスの定理を用いれば，$BE=BC-CE=8-\frac{7}{2}=\frac{9}{2}$ より

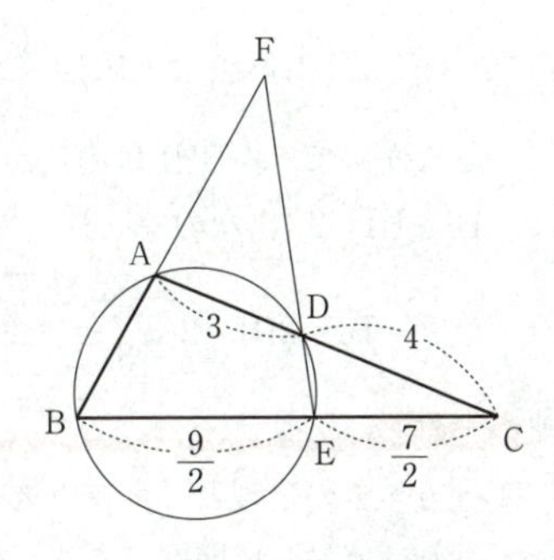

$$\frac{EC}{BE}\cdot\frac{DA}{CD}\cdot\frac{FB}{AF}=1$$

$$\frac{\frac{7}{2}}{\frac{9}{2}}\cdot\frac{3}{4}\cdot\frac{FB}{AF}=1\qquad \frac{BF}{AF}=\frac{\boxed{12}}{\boxed{7}}$$

これより，$AF:BF=7:12$ だから

$$AF:AB=AF:(BF-AF)=7:(12-7)=7:5$$

なので

$$AF=\frac{7}{5}AB=\frac{7}{5}\cdot 3=\frac{\boxed{21}}{\boxed{5}}$$

(2) △ABC に余弦定理を用いて

$$\cos\angle ABC=\frac{AB^2+BC^2-CA^2}{2AB\cdot BC}=\frac{3^2+8^2-7^2}{2\cdot 3\cdot 8}=\frac{24}{48}$$
$$=\frac{1}{2}$$

$0°<\angle ABC<180°$ なので

$$\angle ABC=\boxed{60}°$$

これより，△ABC の面積を S とすると

$$S=\frac{1}{2}\cdot AB\cdot BC\cdot\sin\angle ABC=\frac{1}{2}\cdot 3\cdot 8\cdot\frac{\sqrt{3}}{2}=6\sqrt{3}$$

△ABC の内接円の半径を r とすれば，$S=\frac{1}{2}r(AB+BC+CA)$ を用いて

$$6\sqrt{3}=\frac{1}{2}r(3+8+7)$$

$$6\sqrt{3}=9r$$

$$\therefore\quad r=\frac{\boxed{2}\sqrt{\boxed{3}}}{\boxed{3}}$$

△ABC の内接円と辺 BC の接点を H とすると，∠BHI＝90° であり，HI は内接円の半径より　$\mathrm{HI}=\dfrac{2\sqrt{3}}{3}$

点 I は内心より，線分 BI は∠ABC の二等分線だから

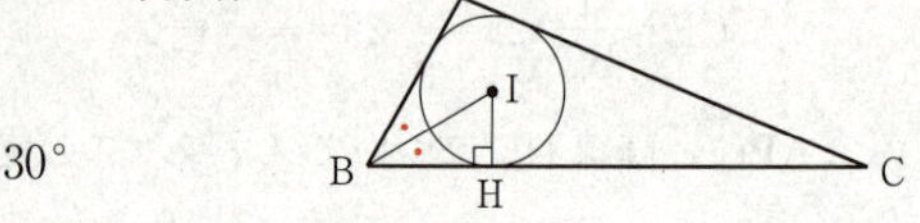

$$\angle\mathrm{IBH}=\frac{1}{2}\angle\mathrm{ABC}=\frac{1}{2}\times 60^\circ=30^\circ$$

したがって，△BHI は内角が 30°，60°，90° の直角三角形となるから

BI：HI＝2：1 なので

$$\mathrm{BI}=2\mathrm{HI}=2\cdot\frac{2\sqrt{3}}{3}=\frac{\boxed{4}\sqrt{\boxed{3}}}{\boxed{3}}$$

解説

⑴　方べきの定理とメネラウスの定理を用いることに気付ければよい。正しい図が描ければ，易しい問題である。普段，問題を解くときから，図が速く・正しく描けるように練習しておくべきである。

⑵　「数学Ⅰ」の「図形と計量」で扱う余弦定理や，三角形の内接円と面積の公式が利用できる。「数学A」の「図形の性質」の単元にしぼって考えてしまうと迷ってしまうこともあるだろう。近年では珍しいが，旧課程では「図形と計量」の分野との融合問題として出題されていたため，今後も注意しておく必要があるだろう。

数学Ⅱ・数学B　本試験

問題番号(配点)	解答記号	正　解	配点	チェック
第1問(30)	$\frac{アイ}{ウエ}$	$\frac{17}{15}$	3	
	オ	4	2	
	$\frac{カ}{キ}$	$\frac{4}{5}$	3	
	$\frac{ク}{ケ}$	$\frac{1}{3}$	3	
	$\frac{コ\sqrt{サ}}{シ}$	$\frac{2\sqrt{5}}{5}$	2	
	$\frac{ス\sqrt{セ}}{ソ}$	$\frac{-\sqrt{3}}{3}$	2	
	タ	0	2	
	$\frac{チ}{ツ}$	$\frac{1}{3}$	2	
	$\frac{テ}{ト}\log_2 p+ナ$	$\frac{1}{3}\log_2 p+1$	2	
	$\frac{ニ}{ヌ}q^{ネ}$	$\frac{1}{8}q^3$	3	
	$ノ\sqrt{ハ}$	$6\sqrt{6}$	2	
	$ヒ\sqrt{フ}$	$2\sqrt{6}$	2	
	ヘ	⑥	2	

問題番号(配点)	解答記号	正　解	配点	チェック
第2問(30)	ア	2	2	
	イ	1	1	
	$t^2-ウat+エa-オ$	$t^2-2at+2a-1$	2	
	$カa-キ$	$2a-1$	1	
	ク	1	1	
	ケ	1	1	
	$(コa-サ)x-シa^2+スa$	$(4a-2)x-4a^2+4a$	2	
	セ	2	2	
	$ソ<a<タ$	$0<a<1$	2	
	$チ(a^{ツ}-a^{テ})$	$2(a^2-a^3)$	3	
	$\frac{ト}{ナ}$	$\frac{2}{3}$	3	
	$\frac{ニ}{ヌネ}$	$\frac{8}{27}$	3	
	$\frac{ノ}{ハ}a^3-ヒa^2$	$\frac{7}{3}a^3-3a^2$	3	
	フ	a	1	
	ヘ	②	3	

問題番号(配点)	解答記号	正　解	配点	チェック
第3問(20)	ア	8	2	
	イ	7	2	
	ウ	a	2	
	$\text{エ}r^2+(\text{オ}-\text{カ})r+\text{キ}$	$ar^2+(a-b)r+a$	3	
	$\text{ク}a^2+\text{ケ}ab-b^2$	$3a^2+2ab-b^2$	2	
	コ	4	2	
	サシ	16	2	
	ス，セ	1，1	2	
	$\dfrac{\text{ソ}n+\text{タ}}{\text{チ}}$，ツ	$\dfrac{3n+2}{9}$，2	2	
	$\dfrac{\text{テト}}{\text{ナ}}$	$\dfrac{32}{9}$	1	
第4問(20)	ア，$\sqrt{\text{イ}}$	1，$\sqrt{3}$	1	
	−ウ	−2	1	
	$-\dfrac{\text{エ}}{\text{オ}}$，$\dfrac{\sqrt{\text{カ}}}{\text{キ}}$	$-\dfrac{5}{2}$，$\dfrac{\sqrt{3}}{2}$	2	
	ク，$\sqrt{\text{ケ}}$	1，$\sqrt{3}$	2	
	$\dfrac{\text{コ}}{\text{サ}}$	$\dfrac{4}{3}$	2	
	$\dfrac{\text{シ}}{\text{ス}}$	$\dfrac{2}{3}$	2	
	$-\dfrac{\text{セ}}{\text{ソ}}$，$\dfrac{\text{タ}\sqrt{\text{チ}}}{\text{ツ}}$	$-\dfrac{4}{3}$，$\dfrac{2\sqrt{3}}{3}$	2	
	テ，ト$+\sqrt{\text{ナ}}$	2，$a+\sqrt{3}$	2	
	$\dfrac{\text{ニ}a^{\text{ヌ}}+\text{ネ}}{\text{ノ}}$，ハ	$\dfrac{-a^2+1}{2}$，a	3	
	$\pm\dfrac{\text{ヒ}}{\text{フヘ}}$	$\pm\dfrac{5}{12}$	3	

問題番号(配点)	解答記号	正　解	配点	チェック
第5問(20)	アイウ	152	3	
	$\dfrac{\text{エ}}{\text{オカ}}$	$\dfrac{8}{27}$	3	
	キ.クケ	1.25	3	
	0.コサ	0.89	3	
	$\dfrac{\text{シ}}{\text{ス}}$	$\dfrac{1}{8}$	2	
	$\dfrac{\text{セ}}{\text{ソ}}$	$\dfrac{a}{3}$	3	
	$\dfrac{\text{タチ}}{\text{ツ}}$	$\dfrac{2a}{3}$	2	
	テ	7	1	

（注）　第1問，第2問は必答。第3問～第5問のうちから2問選択。計4問を解答。

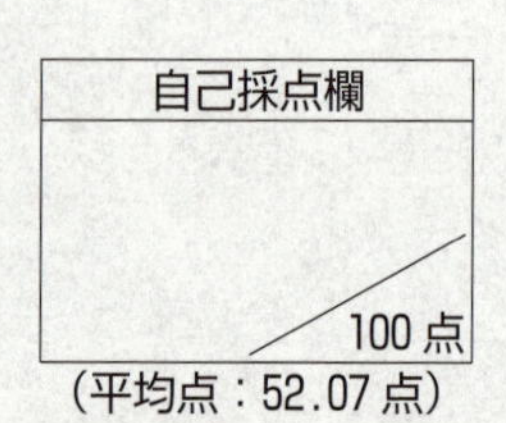

（平均点：52.07点）

第1問 ── 三角関数，指数・対数関数，図形と方程式

〔1〕 標準 《三角方程式》

連立方程式

$$\begin{cases} \cos 2\alpha + \cos 2\beta = \dfrac{4}{15} & \cdots\cdots ① \\ \cos\alpha\cos\beta = -\dfrac{2\sqrt{15}}{15} & \cdots\cdots ② \end{cases}$$

において，$0 \leqq \alpha \leqq \pi$，$0 \leqq \beta \leqq \pi$ であり，$\alpha < \beta$ かつ

$$|\cos\alpha| \geqq |\cos\beta| \quad \cdots\cdots ③$$

が成り立つ。

2倍角の公式 $\cos 2\theta = 2\cos^2\theta - 1$ を用いると，①から

$$(2\cos^2\alpha - 1) + (2\cos^2\beta - 1) = \frac{4}{15}$$

$$2(\cos^2\alpha + \cos^2\beta) = \frac{4}{15} + 2$$

$$\therefore \quad \cos^2\alpha + \cos^2\beta = \frac{\boxed{17}}{\boxed{15}} \quad \cdots\cdots Ⓐ$$

が得られる。また，②の両辺を平方すると

$$(\cos\alpha\cos\beta)^2 = \left(-\frac{2\sqrt{15}}{15}\right)^2 = \frac{2^2 \times 15}{15^2} = \frac{4}{15}$$

$$\therefore \quad \cos^2\alpha\cos^2\beta = \frac{\boxed{4}}{15} \quad \cdots\cdots Ⓑ$$

である。ⒶとⒷより，$\cos^2\alpha$，$\cos^2\beta$ は t についての2次方程式

$$t^2 - \frac{17}{15}t + \frac{4}{15} = 0$$

の解である。この2次方程式を解くと

$$\left(t - \frac{4}{5}\right)\left(t - \frac{1}{3}\right) = 0$$

より，$t = \dfrac{4}{5}$，$\dfrac{1}{3}$ を得るが，③より，$\cos^2\alpha \geqq \cos^2\beta$ であるから

$$\cos^2\alpha = \frac{\boxed{4}}{\boxed{5}}, \quad \cos^2\beta = \frac{\boxed{1}}{\boxed{3}}$$

$$\therefore \quad \cos\alpha = \pm\sqrt{\frac{4}{5}}, \quad \cos\beta = \pm\sqrt{\frac{1}{3}}$$

ここで，条件 $0 \leqq \alpha \leqq \pi$，$0 \leqq \beta \leqq \pi$，$\alpha < \beta$ から，$\cos\alpha > \cos\beta$ であり，また②より $\cos\alpha$ と $\cos\beta$ は異符号であるから

$$\cos\alpha = \sqrt{\frac{4}{5}} = \frac{2}{\sqrt{5}} = \frac{\boxed{2}\sqrt{\boxed{5}}}{\boxed{5}}$$

$$\cos\beta = -\sqrt{\frac{1}{3}} = \frac{-1}{\sqrt{3}} = \frac{\boxed{-}\sqrt{\boxed{3}}}{\boxed{3}}$$

解説

コサインの加法定理（基本中の基本，必ず覚える）

$$\cos(A+B) = \cos A\cos B - \sin A\sin B$$

において，$A=B=\theta$ とすると

$$\begin{aligned}\cos 2\theta &= \cos^2\theta - \sin^2\theta \\ &= 2\cos^2\theta - 1 \quad (\sin^2\theta = 1-\cos^2\theta) \\ &= 1-2\sin^2\theta \quad (\cos^2\theta = 1-\sin^2\theta)\end{aligned}$$

となる。これがコサインの2倍角の公式である。覚えておきたい。

未知数 x，y について，$x+y=a$，$xy=b$ であれば，x，y は2次方程式

$$t^2 - at + b = 0$$

の解である（解と係数の関係により $x+y=a$，$xy=b$ となる）。この解を $t=t_1$，t_2 $(t_1 \neq t_2)$ とすれば

$$(x,\ y) = (t_1,\ t_2),\ (t_2,\ t_1)$$

である。本問では x，y がそれぞれ $\cos^2\alpha$，$\cos^2\beta$ である。

$|A| \geqq |B|$ のとき両辺正であるから $|A|^2 \geqq |B|^2$ が成り立つ。$|A|^2 = A^2$，$|B|^2 = B^2$ であるので，結局 $A^2 \geqq B^2$ である。本問では $|\cos\alpha| \geqq |\cos\beta|$ より $\cos^2\alpha \geqq \cos^2\beta$ となる。

$y=\cos\theta$ のグラフは，$0 \leqq \theta \leqq \pi$ で単調に減少するから

$$0 \leqq \alpha \leqq \pi, \quad 0 \leqq \beta \leqq \pi, \quad \alpha < \beta$$

であれば

$$\cos\alpha > \cos\beta$$

である。

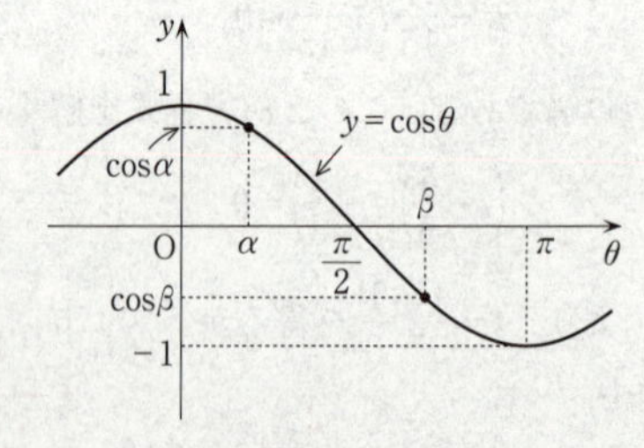

〔2〕 標準 《対数方程式，対数の計算》

3点 $A\left(0,\ \frac{3}{2}\right)$，$B(p,\ \log_2 p)$，$C(q,\ \log_2 q)$ において，線分ABを1：2に内分する点がCである。

真数の条件により，$p>$ 0 ，$q>0$ である。

線分ABを1：2に内分する点の座標は，その x 座標，y 座標がそれぞれ

$$\frac{2\times 0+1\times p}{1+2}=\frac{p}{3},\quad \frac{2\times\frac{3}{2}+1\times\log_2 p}{1+2}=\frac{3+\log_2 p}{3}=\frac{1}{3}\log_2 p+1$$

と計算されるから

$$\left(\frac{1}{3}p,\ \frac{1}{3}\log_2 p+1\right)$$

と表され，これがCの座標と一致するので

$$\begin{cases}\dfrac{1}{3}p=q & \cdots\cdots④\\ \dfrac{1}{3}\log_2 p+1=\log_2 q & \cdots\cdots⑤\end{cases}$$

が成り立つ。

⑤を変形すると

$$\log_2 p+3=3\log_2 q \quad (両辺を3倍)$$

$$\log_2 p+\log_2 2^3=\log_2 q^3 \quad (3=3\times 1=3\times\log_2 2=\log_2 2^3)$$

$$\log_2(p\times 2^3)=\log_2 q^3 \quad (\log_2 A+\log_2 B=\log_2 AB)$$

$$8p=q^3 \qquad \therefore\ p=\frac{1}{8}q^{3} \quad \cdots\cdots⑥$$

④と⑥より p を消去すると

$$\frac{1}{3}\times\frac{1}{8}q^3=q \qquad q^3-24q=0 \qquad q(q^2-24)=0$$

$q>0$ より　$q=\sqrt{24}=2\sqrt{6}$

このとき，④より

$$p=3q=3\times 2\sqrt{6}=6\sqrt{6}$$

したがって，求める p，q の値は

$$p=6\sqrt{6},\quad q=2\sqrt{6}$$

このとき，Cの y 座標 $\log_2 q$ の値は

$$\log_2 q=\log_2 2\sqrt{6}=\log_2 2+\log_2\sqrt{6}$$

$$=1+\log_2 6^{\frac{1}{2}}=1+\frac{1}{2}\log_2 6$$

$$=1+\frac{1}{2}\log_2(2\times3)=1+\frac{1}{2}(\log_2 2+\log_2 3)$$

$$=1+\frac{1}{2}\left(1+\frac{\log_{10}3}{\log_{10}2}\right)=\frac{3}{2}+\frac{1}{2}\times\frac{0.4771}{0.3010}$$

$$=\frac{3}{2}+\frac{1}{2}\times\frac{4771}{3010}=1.5+\frac{4771}{6020}=1.5+0.79\cdots$$

$$=2.29\cdots$$

より，小数第２位を四捨五入して小数第１位まで求めると 2.3 となる。（  ）

解説

内分点Cの座標を求めるには次の公式を用いる。

> **ポイント　内分点，外分点の座標**
>
> 2点 $(x_1,\ y_1)$，$(x_2,\ y_2)$ を $m:n$ の比に分ける点の座標は
>
> $$\left(\frac{nx_1+mx_2}{m+n},\ \frac{ny_1+my_2}{m+n}\right)$$
>
> $mn>0$ なら内分点であり，$mn<0$ なら外分点である。

なお，本問の内容を図にすると下図のようになる。

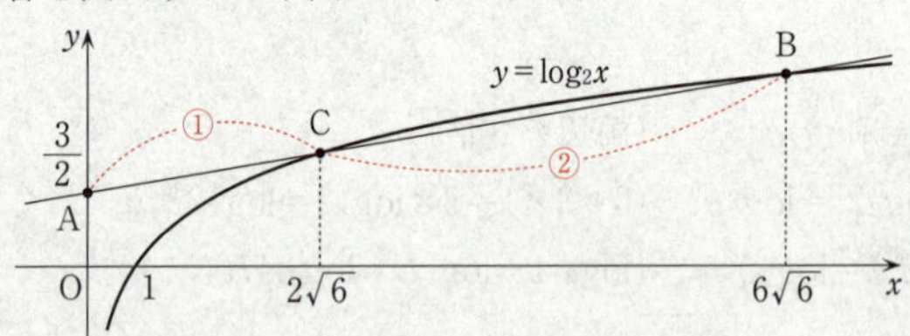

対数の計算では次の性質が使われている。

> **ポイント　対数の性質**
>
> $a>0$，$a\neq1$，$M>0$，$N>0$ とする。
>
> $$\log_a MN=\log_a M+\log_a N,\quad \log_a\frac{M}{N}=\log_a M-\log_a N$$
>
> $$\log_a M^k=k\log_a M\quad (k \text{ は実数})$$
>
> $$\log_a b=\frac{\log_c b}{\log_c a}\quad (\text{底の変換公式，} b>0,\ c>0,\ c\neq1)$$

$\log_2 q$ の値は $\log_2 3$ の値がわかれば求まるが，問題文の最後に与えられている値は常用対数（10 を底とする対数）であるから，どうしても底の変換公式を用いなければならず，面倒な割り算が避けられない。

第２問　標準　《接線，面積，関数の増減》

(1)　点 $\mathrm{P}(a,\ 2a)$ を通り，放物線 $C：y=x^2+1$ に接する直線の方程式を求める。

C 上の点 $(t,\ t^2+1)$ における接線の方程式は，$y'=2x$ より傾きは $2t$ となるので

$$y-(t^2+1)=2t(x-t)$$

$$\therefore\quad y=\boxed{2}tx-t^2+\boxed{1}$$

であり，この直線がPを通るとすると，t は方程式

$$2a=2ta-t^2+1$$

$$\therefore\quad t^2-\boxed{2}at+\boxed{2}a-\boxed{1}=0$$

を満たすから，左辺の因数分解

$$(t-1)\{t-(2a-1)\}=0$$

より，$t=\boxed{2}a-\boxed{1}$，$\boxed{1}$ である。$2a-1=1 \Longleftrightarrow a=1$ のときは２つの接点が一致するから接線は１本である。よって，$a\neq\boxed{1}$ のとき，Pを通る C の接線は２本あり，それらの方程式は

$$y=2(2a-1)x-(2a-1)^2+1\quad と\quad y=2\times1\times x-1^2+1$$

すなわち

$$y=(\boxed{4}a-\boxed{2})x-\boxed{4}a^2+\boxed{4}a\quad\cdots\cdots①$$

と

$$y=\boxed{2}x$$

である。

(2)　方程式①で表される直線 ℓ と y 軸との交点を $\mathrm{R}(0,\ r)$ とすると

$$r=(4a-2)\times0-4a^2+4a=-4a^2+4a$$

である。$r>0$ となるのは，$-4a^2+4a>0$ より $-4a(a-1)>0$ すなわち $a(a-1)<0$ が成り立つときであるから，$\boxed{0}<a<\boxed{1}$ のときである。

このとき，三角形OPRの面積 S は，右図より

$$S=\frac{1}{2}ar=\frac{1}{2}a(-4a^2+4a)$$

$$=-2a^3+2a^2$$

$$=\boxed{2}(a^{\boxed{2}}-a^{\boxed{3}})$$

となる。

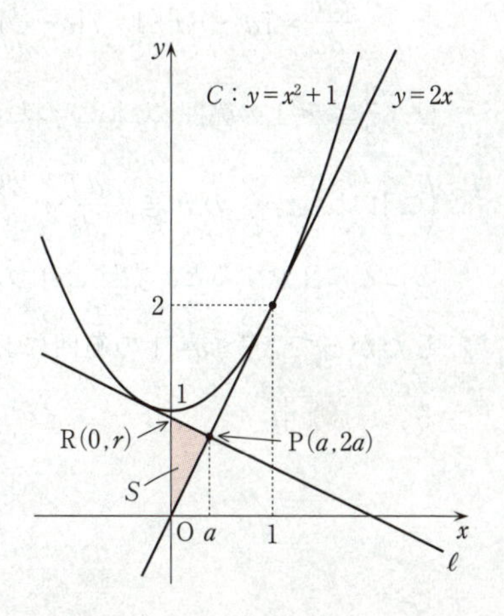

$$\frac{dS}{da}=2(2a-3a^2)=-6a\left(a-\frac{2}{3}\right)$$

であるから，$0<a<1$ における S の増減は右表のようになる。

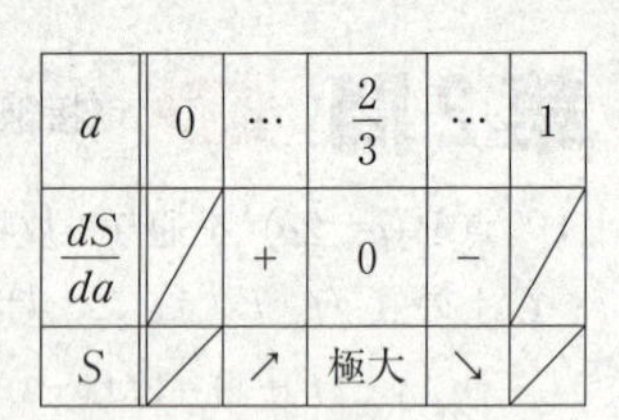

a	0	…	$\frac{2}{3}$	…	1
$\frac{dS}{da}$	／	＋	0	－	／
S	／	↗	極大	↘	／

したがって，S は，$a=\frac{\boxed{2}}{\boxed{3}}$ で最大値

$$2\left\{\left(\frac{2}{3}\right)^2-\left(\frac{2}{3}\right)^3\right\}=2\times\left(\frac{2}{3}\right)^2\left(1-\frac{2}{3}\right)=\frac{8}{9}\times\frac{1}{3}$$

$$=\frac{\boxed{8}}{\boxed{27}}$$

をとる。

(3)　$0<a<1$ のとき，放物線 C と直線 ℓ および2直線 $x=0$，$x=a$ で囲まれた図形の面積 T は，右図より

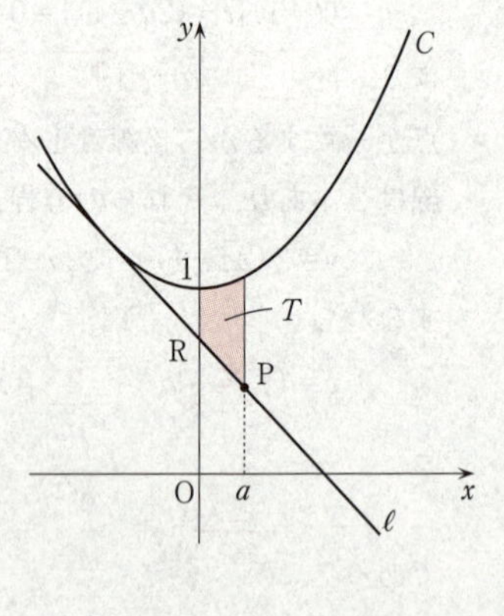

$$T=\int_0^a\{(x^2+1)-(4a-2)x+4a^2-4a\}dx$$

$$=\left[\frac{x^3}{3}+x-(2a-1)x^2+(4a^2-4a)x\right]_0^a$$

$$=\frac{a^3}{3}+a-(2a-1)a^2+(4a^2-4a)a$$

$$=\frac{\boxed{7}}{\boxed{3}}a^3-\boxed{3}a^2+\boxed{a}$$

である。

$$\frac{dT}{da}=7a^2-6a+1=7\left(a-\frac{3}{7}\right)^2-\frac{2}{7}$$

は，$\frac{2}{3}\leqq a<1$ の範囲においてつねに正である。

（これは，$a=\frac{2}{3}$ のとき，$\frac{dT}{da}=\frac{28}{9}-4+1=\frac{1}{9}>0$ であることに注意すると，右図よりわかる）

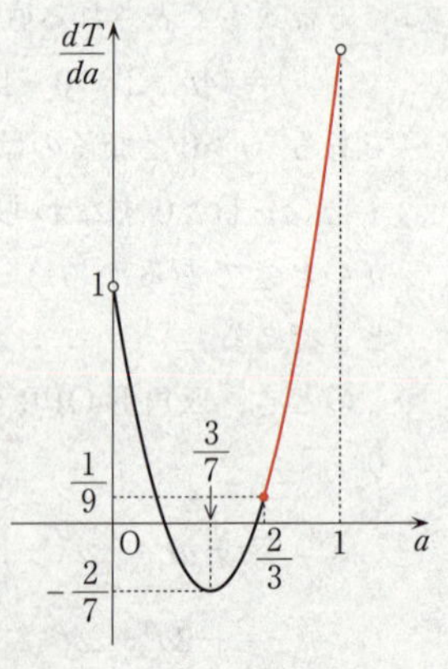

したがって，$\frac{2}{3}\leqq a<1$ の範囲において，T は増加する。（$\boxed{②}$）

解 説

(1) 点 $\mathrm{P}(a,\ 2a)$ が直線 $y=2x$ 上の点であることに気付けば図は描きやすい。

接線の方程式については次のことが基本である。

> **ポイント** 接線の方程式
>
> 曲線 $y=f(x)$ 上の点 $(t,\ f(t))$ における接線の方程式は
>
> $$y-f(t)=f'(t)(x-t)$$

点Pを通る接線の方程式を求めるには，接点の座標を $(t,\ f(t))$ などとおいて，接線の方程式をつくり，点Pの座標がその方程式を満たすと考えて t の値を求める，とするのが定石である。

$t^2-2at+2a-1$ は，$t=1$ を代入すると0になるから，$t-1$ を因数にもつことがわかる（因数定理）。a について整理しても因数分解できる。

(2) 三角形OPRの面積は，底辺 r，高さ a と考えると簡単に求まる。a についての3次関数になるから，微分法を用いて面積の増減を調べる。

(3) ここでの面積計算には定積分の計算をしなければならないが，C と ℓ との上下関係は変化しないから難しい部分はない。

最後の設問に答えるとき，増減表を利用してもよい。

$\dfrac{dT}{da}=0$ を解くと，$a=\dfrac{3\pm\sqrt{2}}{7}$ を得るから，$0<a<1$ で増減表をつくる。

a	0	$\cdots$	$\frac{3-\sqrt{2}}{7}$	$\cdots$	$\frac{3+\sqrt{2}}{7}$	$\cdots$	1
$\frac{dT}{da}$	／	$+$	0	$-$	0	$+$	／
T	／	↗	極大	↘	極小	↗	／

$\dfrac{2}{3}-\dfrac{3+\sqrt{2}}{7}=\dfrac{5-3\sqrt{2}}{21}=\dfrac{\sqrt{25}-\sqrt{18}}{21}>0$ すなわち $\dfrac{3+\sqrt{2}}{7}<\dfrac{2}{3}$ (<1) であるから，

$\dfrac{2}{3}\leqq a<1$ では $\dfrac{dT}{da}>0$ であることがわかる。

第3問　標準　《等比数列，いろいろな数列の和》

(1)　等比数列 $\{s_n\}$ の初項が1であるから $s_1=1$，公比が2であるから $s_2=2s_1=2\times1=2$，$s_3=2s_2=2\times2=4$ である。よって

$$s_1s_2s_3=1\times2\times4=\boxed{8}$$

$$s_1+s_2+s_3=1+2+4=\boxed{7}$$

(2)　等比数列 $\{s_n\}$ は初項が x，公比が r であり

$$s_1s_2s_3=a^3\quad(a\neq0)\quad\cdots\cdots①$$

$$s_1+s_2+s_3=b\quad\cdots\cdots②$$

を満たす。$s_1=x$，$s_2=xr$，$s_3=xr^2$ であるから，①より

$$x\times xr\times xr^2=a^3\qquad\therefore\quad(xr)^3=a^3$$

が成り立ち，x，r，a はすべて実数であるから

$$xr=\boxed{a}\quad\cdots\cdots③$$

である。②は

$$x+xr+xr^2=b\qquad\therefore\quad x(1+r+r^2)=b$$

となるが，③より $x=\dfrac{a}{r}$ $(a\neq0$ より $r\neq0)$ であるから

$$\frac{a}{r}(1+r+r^2)=b\qquad a+ar+ar^2=br$$

となり，r，a，b の満たす関係式

$$\boxed{a}r^2+(\boxed{a}-\boxed{b})r+\boxed{a}=0\quad\cdots\cdots④$$

を得る。④を満たす実数 r が存在するので，r についての2次方程式④の判別式は0以上であるから

$$(a-b)^2-4a\times a\geqq0\qquad a^2-2ab+b^2-4a^2\geqq0$$

$$\therefore\quad\boxed{3}a^2+\boxed{2}ab-b^2\leqq0\quad\cdots\cdots⑤$$

(3)　$a=64$，$b=336$ のとき，(2)の条件①，②を満たし，公比が1より大きい等比数列 $\{s_n\}$ を考える。この a，b は⑤を満たすから，③，④より r，x が求まる。④より

$$64r^2+(64-336)r+64=0$$

両辺を64と336の最大公約数16で割ると

$$4r^2+(4-21)r+4=0\qquad4r^2-17r+4=0$$

$$(4r-1)(r-4)=0\qquad\therefore\quad r=\frac{1}{4},\ 4$$

いま，$r>1$ であるから，$r=\dfrac{1}{4}$ は不適で，$r=\boxed{4}$，③より $x=\dfrac{a}{r}=\dfrac{64}{4}=\boxed{16}$ である。

$\{s_n\}$ を用いて，数列 $\{t_n\}$ を

$$t_n=s_n\log_4 s_n \quad (n=1,\ 2,\ 3,\ \cdots)$$

と定める。いま $s_n=xr^{n-1}=16\times 4^{n-1}=4^2\times 4^{n-1}=4^{n+1}$ であるので，$\{t_n\}$ の一般項は

$$t_n=4^{n+1}\log_4 4^{n+1}=4^{n+1}(n+1)\log_4 4=(n+\boxed{1})\cdot 4^{n+\boxed{1}}$$

である。$\{t_n\}$ の初項から第 n 項までの和 U_n は

$$U_n=2\times 4^2+3\times 4^3+4\times 4^4+\cdots+n\times 4^n+(n+1)\times 4^{n+1}$$

と表され

$$4U_n=2\times 4^3+3\times 4^4+4\times 4^5+\cdots+n\times 4^{n+1}+(n+1)\times 4^{n+2}$$

であるから，U_n-4U_n を計算すれば

$$\begin{aligned}-3U_n&=2\times 4^2+4^3+4^4+\cdots+4^{n+1}-(n+1)\times 4^{n+2}\\&=12+4(1+4+4^2+4^3+\cdots+4^n)-(n+1)\times 4^{n+2}\\&\qquad\qquad (2\times 4^2=32=12+4+4^2 \text{ より})\\&=12+4\times\frac{4^{n+1}-1}{4-1}-(n+1)\times 4^{n+2}\\&=-(n+1)\times 4^{n+2}+\frac{4^{n+2}-4}{3}+12\\&=\frac{-(3n+2)}{3}\cdot 4^{n+2}+\frac{32}{3}\end{aligned}$$

となる。両辺を -3 で割ることによって

$$U_n=\frac{\boxed{3}n+\boxed{2}}{\boxed{9}}\cdot 4^{n+\boxed{2}}-\frac{\boxed{32}}{\boxed{9}}$$

参考　数列 $\{a_n\}$ を等差数列（初項 a，公差 d），数列 $\{b_n\}$ を等比数列（初項 b，公比 r，$r\neq 1$）とするとき，数列 $\{a_nb_n\}$ の初項から第 n 項までの和 S_n を求めてみよう。

$$\begin{aligned}S_n&=a_1b_1+a_2b_2+a_3b_3+\cdots+a_nb_n\\&=ab+(a+d)br+(a+2d)br^2+\cdots+\{a+(n-1)d\}br^{n-1}\end{aligned}$$

の両辺に $\{b_n\}$ の公比 r をかけると

$$\begin{aligned}rS_n=abr+(a+d)br^2+(a+2d)br^3+\cdots&+\{a+(n-2)d\}br^{n-1}\\&+\{a+(n-1)d\}br^n\end{aligned}$$

となるから，r の同次の項に着目して S_n から rS_n を辺々引いて

$$S_n-rS_n=ab+dbr+dbr^2+\cdots+dbr^{n-1}-\{a+(n-1)d\}br^n$$

$$(1-r)S_n=ab+dbr\frac{1-r^{n-1}}{1-r}-\{a+(n-1)d\}br^n$$

より，両辺を $1-r$ で割ればよい。結果はきれいにまとまらないが，r で整理すると

$$S_n=\frac{a-(a-d)r-(a+nd)r^n+\{a+(n-1)d\}r^{n+1}}{(1-r)^2}\times b$$

となる。$a=2$，$d=1$，$b=16$，$r=4$ を代入すると(3)の U_n が求まる。

解説

(1)　(2)のための準備である。とくに問題はないだろう。

(2)　等比数列については，次のことが基本である。

> **ポイント**　等比数列の一般項と和
>
> 等比数列 $\{a_n\}$ の初項を a，公比を r とすると
>
> $$a_n=ar^{n-1}\quad(a_1=a)$$
>
> $$\underbrace{a_1+a_2+\cdots+a_n}_{n\text{個}}=a+ar+\cdots+ar^{n-1}$$
>
> $$=\begin{cases}\dfrac{a(r^n-1)}{r-1}=\dfrac{a(1-r^n)}{1-r} & (r\neq1\text{のとき})\\ na & (r=1\text{のとき})\end{cases}$$

$s_n=xr^{n-1}$ であるから，①は $(xr)^3=a^3$ となるが，x，r，a $(a\neq0)$ が実数のとき

$$(xr)^3-a^3=0\qquad (xr-a)\{(xr)^2+(xr)a+a^2\}=0$$

において，$(xr)^2+(xr)a+a^2=\left\{(xr)+\dfrac{a}{2}\right\}^2+\dfrac{3}{4}a^2>0$ であるから，$xr=a$ となる。

(3)　$a=64=4\times16$，$b=336=21\times16$ が⑤を満たすことは次のように確かめられる。

$3a^2+2ab-b^2=(3a-b)(a+b)$ であり，$3a-b=12\times16-21\times16<0$，$a+b>0$ であるから，$3a^2+2ab-b^2<0$ である。

対数の性質 $\log_a M^k=k\log_a M$，$\log_a a=1$ $(a>0,\ a\neq1,\ M>0,\ k$ は実数) を用いれば，$\log_4 s_n=\log_4 4^{n+1}=(n+1)\log_4 4=(n+1)\times1=n+1$ となる。数列 $\{t_n\}$ の一般項は $t_n=(n+1)\cdot4^{n+1}$ である。これは（等差×等比）型の数列で，この型の数列の和を求めることは入試では頻出である。〔参考〕をよく勉強しておくこと。

第4問 標準 《平面ベクトル》

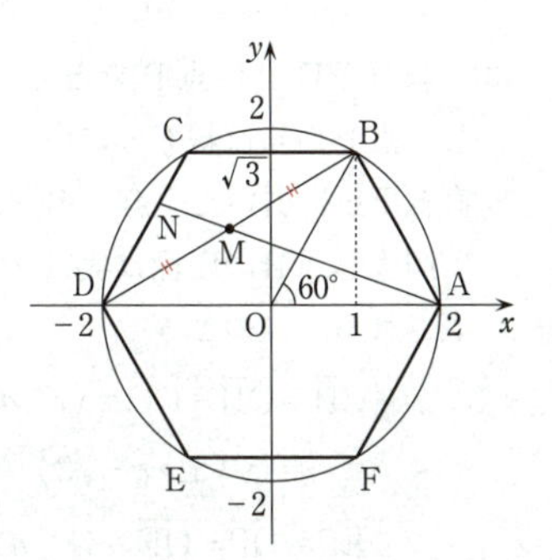

(1) 座標平面上に点 A(2, 0) をとり，原点Oを中心とする半径2の円周上に点B，C，D，E，Fを，点A，B，C，D，E，Fが順に正六角形の頂点となるようにとる（ただし，点Bは第1象限にとる）と，右図のようになるから，点Bの座標は（ 1 ，$\sqrt{\text{ 3 }}$ ），点Dの座標は

（− 2 ，0）である。

(2) 線分 BD の中点Mの座標は

$$\left(\frac{1-2}{2},\ \frac{\sqrt{3}+0}{2}\right) \quad すなわち \quad M\left(-\frac{1}{2},\ \frac{\sqrt{3}}{2}\right)$$

である。直線 AM と直線 CD の交点をNとすると，$\overrightarrow{ON}$ は実数 r，s を用いて，$\overrightarrow{ON}=\overrightarrow{OA}+r\overrightarrow{AM}$，$\overrightarrow{ON}=\overrightarrow{OD}+s\overrightarrow{DC}$ と2通りに表すことができる。ここで

$$\overrightarrow{OA}=(2,\ 0)$$

$$\overrightarrow{AM}=\overrightarrow{OM}-\overrightarrow{OA}=\left(-\frac{1}{2},\ \frac{\sqrt{3}}{2}\right)-(2,\ 0)=\left(-\frac{\boxed{5}}{\boxed{2}},\ \frac{\sqrt{\boxed{3}}}{\boxed{2}}\right)$$

$$\overrightarrow{OD}=(-2,\ 0)$$

$$\overrightarrow{DC}=\overrightarrow{OB}=(\boxed{1},\ \sqrt{\boxed{3}})$$

であるから，先の2通りは

$$\overrightarrow{ON}=\overrightarrow{OA}+r\overrightarrow{AM}=(2,\ 0)+r\left(-\frac{5}{2},\ \frac{\sqrt{3}}{2}\right)=\left(-\frac{5}{2}r+2,\ \frac{\sqrt{3}}{2}r\right)$$

$$\overrightarrow{ON}=\overrightarrow{OD}+s\overrightarrow{DC}=(-2,\ 0)+s(1,\ \sqrt{3})=(-2+s,\ \sqrt{3}s)$$

となり，これらが等しいことより

$$-\frac{5}{2}r+2=-2+s,\quad \frac{\sqrt{3}}{2}r=\sqrt{3}s$$

後者より　$s=\frac{1}{2}r$

これを前者に代入すると　$-\frac{5}{2}r+2=-2+\frac{1}{2}r$

$$\therefore\ r=\frac{\boxed{4}}{\boxed{3}},\ s=\frac{\boxed{2}}{\boxed{3}}$$

よって

$$\overrightarrow{ON}=\left(-2+\frac{2}{3},\ \sqrt{3}\times\frac{2}{3}\right)=\left(-\frac{\boxed{4}}{\boxed{3}},\ \frac{\boxed{2}\sqrt{\boxed{3}}}{\boxed{3}}\right)$$

(3)　線分 BF 上に点 P をとり，その y 座標を a とし，点 P から直線 CE に引いた垂線と，点 C から直線 EP に引いた垂線との交点を H とするとき，右図より，H の座標は実数 x を用いて $(x,\ a)$ と表される。このとき

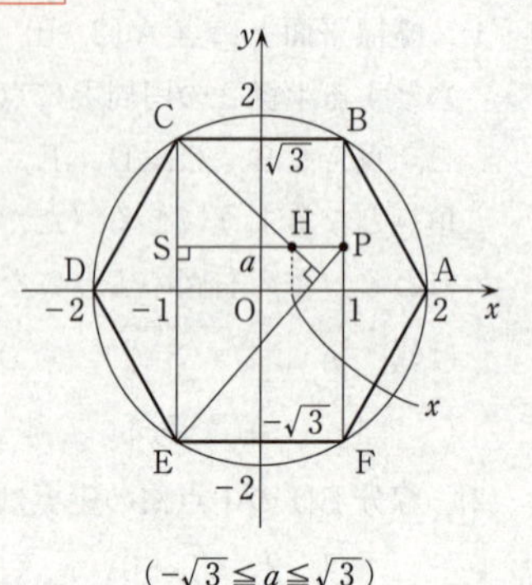

$(-\sqrt{3}\leqq a\leqq\sqrt{3})$

$$\overrightarrow{CH}=\overrightarrow{OH}-\overrightarrow{OC}=(x,\ a)-(-1,\ \sqrt{3})$$
$$=(x+1,\ a-\sqrt{3})$$
$$\overrightarrow{EP}=\overrightarrow{OP}-\overrightarrow{OE}=(1,\ a)-(-1,\ -\sqrt{3})$$
$$=(\boxed{2},\ \boxed{a}+\sqrt{\boxed{3}})$$

と表せ，CH⊥EP より $\overrightarrow{CH}\cdot\overrightarrow{EP}=0$ であるので

$$(x+1,\ a-\sqrt{3})\cdot(2,\ a+\sqrt{3})=0$$
$$(x+1)\times2+(a-\sqrt{3})(a+\sqrt{3})=0$$
$$2x+2+a^2-3=0\qquad\therefore\quad x=\frac{-a^2+1}{2}$$

となる。したがって，H の座標を a を用いて表すと

$$\mathrm{H}\left(\frac{\boxed{-}a^{\boxed{2}}+\boxed{1}}{\boxed{2}},\ \boxed{a}\right)$$

さらに，$\overrightarrow{OP}$ と $\overrightarrow{OH}$ のなす角 θ が，$\cos\theta=\dfrac{12}{13}$ のとき

$$\overrightarrow{OP}\cdot\overrightarrow{OH}=|\overrightarrow{OP}||\overrightarrow{OH}|\cos\theta=\sqrt{1+a^2}\sqrt{x^2+a^2}\times\frac{12}{13}$$

一方，内積を成分で計算すると

$$\overrightarrow{OP}\cdot\overrightarrow{OH}=(1,\ a)\cdot(x,\ a)=1\times x+a\times a=x+a^2$$

これらが等しいことより

$$\frac{12}{13}\sqrt{1+a^2}\sqrt{x^2+a^2}=x+a^2$$

$x=\dfrac{-a^2+1}{2}$ を代入すると

$$x^2+a^2=\frac{a^4-2a^2+1}{4}+a^2=\frac{a^4+2a^2+1}{4}=\left(\frac{a^2+1}{2}\right)^2,\quad x+a^2=\frac{1+a^2}{2}$$

より

$$\frac{12}{13}\sqrt{1+a^2}\,\frac{a^2+1}{2}=\frac{1+a^2}{2}$$

$$\frac{12}{13}\sqrt{1+a^2}=1 \qquad 1+a^2=\frac{13^2}{12^2} \qquad a^2=\frac{13^2-12^2}{12^2}=\frac{5^2}{12^2}$$

$$\therefore \quad a=\pm\frac{\boxed{5}}{\boxed{12}}$$

（注1）〔解答〕の図において，三角形EPSと三角形HCSは相似である（どちらも直角三角形であることに注意）。よって，$\frac{\mathrm{SE}}{\mathrm{SP}}=\frac{\mathrm{SH}}{\mathrm{SC}}$ が成り立つから

$$\mathrm{SH}=\frac{\mathrm{SE}}{\mathrm{SP}}\times\mathrm{SC}=\frac{a+\sqrt{3}}{2}\times(\sqrt{3}-a)=\frac{3-a^2}{2} \quad (a<0\text{でも問題ない})$$

が成り立つ。したがって

$$(\text{H の } x \text{ 座標})=-1+\mathrm{SH}=-1+\frac{3-a^2}{2}=\frac{-a^2+1}{2}$$

（注2）$\cos\theta=\frac{12}{13}$ のときの a の値は，三角形OPHに余弦定理を用いてもよい。

$$\mathrm{PH}^2=\mathrm{OP}^2+\mathrm{OH}^2-2\mathrm{OP}\cdot\mathrm{OH}\cos\theta$$

$$(1-x)^2=(1^2+a^2)+(x^2+a^2)-2\sqrt{1^2+a^2}\sqrt{x^2+a^2}\times\frac{12}{13}$$

$$-2x=2a^2-\frac{24}{13}\sqrt{(1+a^2)(x^2+a^2)}$$

$$\frac{12}{13}\sqrt{(1+a^2)(x^2+a^2)}=x+a^2$$

以降，〔解答〕と同じ。

解説

(1)　正六角形はなじみの図形で，作図も簡単である。図を描けば答えられる。

(2)　問題文の誘導に従えば自然にできるだろう。ベクトルを成分の形で利用するので，Mの座標 $\left(-\frac{1}{2},\ \frac{\sqrt{3}}{2}\right)$ から $\overrightarrow{\mathrm{OM}}=\left(-\frac{1}{2},\ \frac{\sqrt{3}}{2}\right)$ なのであり，$\overrightarrow{\mathrm{AM}}=\left(-\frac{1}{2},\ \frac{\sqrt{3}}{2}\right)$ などと勘違いしないよう注意しよう。

(3)　Hの座標を $(x,\ a)$ とおくところがポイントになる。
条件 $\mathrm{CH}\perp\mathrm{EP}$ では内積が想起されなければならない。

ポイント　ベクトルの垂直と内積

$\vec{a}\neq\vec{0},\ \vec{b}\neq\vec{0}$ のとき

$$\vec{a}\cdot\vec{b}=0 \Longleftrightarrow \vec{a}\perp\vec{b}$$

なお，Hの座標は，（注１）のように，相似な三角形に気付くと簡単に求まる。

最後の $\cos\theta=\dfrac{12}{13}$ から a の値を求める部分では，内積を利用してもよいし，（注２）のように余弦定理を用いてもよい。いずれの方法でも計算がやや複雑になるので，上手に処理しなければならない。

ポイント　**ベクトルの内積**

$\vec{a}=(a_1,\ a_2)$，$\vec{b}=(b_1,\ b_2)$　$(\vec{a}\neq\vec{0},\ \vec{b}\neq\vec{0})$ に対して，$\vec{a}$ と $\vec{b}$ のなす角を θ とするとき，$\vec{a}$ と $\vec{b}$ の内積 $\vec{a}\cdot\vec{b}$ は次のように定義される。

$$\vec{a}\cdot\vec{b}=|\vec{a}||\vec{b}|\cos\theta\quad\left(|\vec{a}|=\sqrt{a_1{}^2+a_2{}^2},\quad |\vec{b}|=\sqrt{b_1{}^2+b_2{}^2}\right)$$

成分で表すと

$$\vec{a}\cdot\vec{b}=a_1b_1+a_2b_2$$

右図に余弦定理を用いると

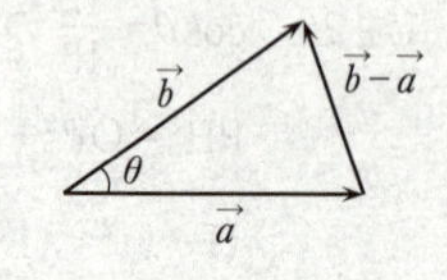

$$|\vec{b}-\vec{a}|^2=|\vec{a}|^2+|\vec{b}|^2-2|\vec{a}||\vec{b}|\cos\theta$$

$\vec{b}-\vec{a}=(b_1,\ b_2)-(a_1,\ a_2)=(b_1-a_1,\ b_2-a_2)$ であるから

$$|\vec{b}-\vec{a}|^2=(b_1-a_1)^2+(b_2-a_2)^2$$

よって

$$|\vec{a}||\vec{b}|\cos\theta=\frac{1}{2}(|\vec{a}|^2+|\vec{b}|^2-|\vec{b}-\vec{a}|^2)$$

$$=\frac{1}{2}\{a_1{}^2+a_2{}^2+b_1{}^2+b_2{}^2-(b_1{}^2-2a_1b_1+a_1{}^2)-(b_2{}^2-2a_2b_2+a_2{}^2)\}$$

$$=a_1b_1+a_2b_2$$

〔解答〕の方法と（注２）は本質的に同じことなのである。

第5問 やや難 《二項分布，正規分布表，確率密度関数》

(1) 1回の試行において，事象 A の起こる確率が p，起こらない確率が $1-p$ であり，この試行を n 回繰り返すとき，事象 A の起こる回数を W とするのであるから，確率変数 W は，二項分布 $B(n,\ p)$ に従う。W の平均（期待値）m が $\dfrac{1216}{27}$，標準偏差 σ が $\dfrac{152}{27}$ であることから，$m=E(W)=np$，$\sigma=\sigma(W)=\sqrt{np(1-p)}$ より

$$np=\frac{1216}{27}\quad\cdots\cdots①,\qquad \sqrt{np(1-p)}=\frac{152}{27}\quad\cdots\cdots②$$

が成り立つ。②の両辺を平方し，①で辺々割ると

$$\frac{np(1-p)}{np}=\frac{152^2}{27^2}\times\frac{27}{1216}\quad(1216=152\times8,\ 152=19\times8)$$

$$1-p=\frac{19}{27}\qquad\therefore\quad p=1-\frac{19}{27}=\frac{8}{27}$$

①より，$n=\dfrac{1216}{27}\times\dfrac{1}{p}=\dfrac{1216}{27}\times\dfrac{27}{8}=152$ であるから

$$n=\boxed{152},\quad p=\frac{\boxed{8}}{\boxed{27}}$$

(2) $W\geqq38$ のとき

$$\frac{W-m}{\sigma}=\frac{W-\dfrac{1216}{27}}{\dfrac{152}{27}}\geqq\frac{38-\dfrac{1216}{27}}{\dfrac{152}{27}}=\frac{38\times27-1216}{152}=\frac{19\times2\times27-19\times64}{19\times8}$$

$$=\frac{27-32}{4}=-\frac{5}{4}=-1.25$$

であるから

$$P(W\geqq38)=P\left(\frac{W-m}{\sigma}\geqq-\boxed{1}.\boxed{25}\right)$$

と変形できる。ここで，$Z=\dfrac{W-m}{\sigma}$ とおき，W の分布を正規分布で近似すると，正規分布表から W が38以上となる確率の近似値は次のように求められる。

$$\begin{aligned}P(Z\geqq-1.25)&=P(Z\geqq0)+P(-1.25\leqq Z\leqq0)\\&=P(Z\geqq0)+P(0\leqq Z\leqq1.25)\\&=0.5+0.3944\quad（正規分布表より）\\&=0.\boxed{89}\end{aligned}$$

(3)　連続型確率変数 X のとり得る値 x の範囲が $-a \leqq x \leqq 2a$ $(a>0)$ で，確率密度関数が

$$f(x)=\begin{cases} \dfrac{2}{3a^2}(x+a) & (-a \leqq x \leqq 0 \text{ のとき}) \\ \dfrac{1}{3a^2}(2a-x) & (0 \leqq x \leqq 2a \text{ のとき}) \end{cases}$$

であるとき，分布曲線 $y=f(x)$ は右図のようになる。このとき，$a \leqq X \leqq \frac{3}{2}a$ となる確率 $P\left(a \leqq X \leqq \frac{3}{2}a\right)$ は図の赤色部分の面積であるから

$$P\left(a \leqq X \leqq \frac{3}{2}a\right)=\frac{1}{2}\times(2a-a)\times f(a)-\frac{1}{2}\times\left(2a-\frac{3}{2}a\right)\times f\left(\frac{3}{2}a\right)$$

$$=\frac{1}{2}a\times\frac{1}{3a}-\frac{1}{4}a\times\frac{1}{6a}=\frac{1}{6}-\frac{1}{24}=\frac{1}{8}$$

また，X の平均 $E(X)$ は

$$E(X)=\int_{-a}^{2a}xf(x)\,dx=\int_{-a}^{0}x\times\frac{2}{3a^2}(x+a)\,dx+\int_{0}^{2a}x\times\frac{1}{3a^2}(2a-x)\,dx$$

$$=\frac{2}{3a^2}\int_{-a}^{0}(x^2+ax)\,dx+\frac{1}{3a^2}\int_{0}^{2a}(2ax-x^2)\,dx$$

$$=\frac{2}{3a^2}\left[\frac{x^3}{3}+\frac{a}{2}x^2\right]_{-a}^{0}+\frac{1}{3a^2}\left[ax^2-\frac{x^3}{3}\right]_{0}^{2a}$$

$$=\frac{2}{3a^2}\left(\frac{a^3}{3}-\frac{a^3}{2}\right)+\frac{1}{3a^2}\left(4a^3-\frac{8a^3}{3}\right)$$

$$=-\frac{2}{3a^2}\times\frac{a^3}{6}+\frac{1}{3a^2}\times\frac{4a^3}{3}=-\frac{1}{9}a+\frac{4}{9}a=\frac{a}{3}$$

$Y=2X+7$ のとき，Y の平均 $E(Y)$ は次のようになる。

$$E(Y)=E(2X+7)=2E(X)+7=2\times\frac{a}{3}+7=\frac{2a}{3}+7$$

解説

(1)　確率変数 W は二項分布 $B(n,\ p)$ に従う。このことが見抜けなければならない。

ポイント　二項分布の平均，標準偏差

確率変数 X が二項分布 $B(n,\ p)$ に従うとき，X の平均 $E(X)$，分散 $V(X)$，標準偏差 $\sigma(X)$ は

$$E(X)=np,\quad V(X)=np(1-p),\quad \sigma(X)=\sqrt{np(1-p)}$$

(2) 二項分布 $B(n,\ p)$ に従う確率変数 W は，n が大きいとき，近似的に正規分布 $N(np,\ np(1-p))$ すなわち $N(m,\ \sigma^2)$ に従う。

このとき，$Z=\dfrac{W-m}{\sigma}$ とおくと，確率変数 Z は標準正規分布 $N(0,\ 1)$ に従う。

すなわち

$$P(W \geqq 38)=P\left(\frac{W-m}{\sigma} \geqq -1.25\right)$$
$$=P(Z \geqq -1.25)$$

となり，正規分布表が利用できることになる。

頭の中で下図のように考えるとすぐに表が引けるだろう。

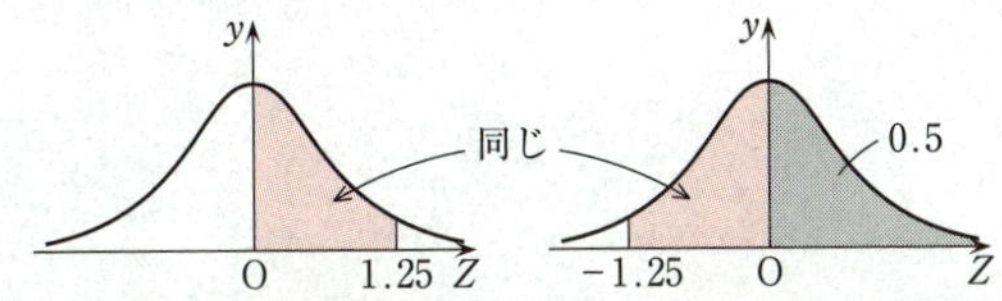

(3) 連続型確率変数についてはあまり練習していないと思われる。しかし，本問は，教科書に書かれていることを理解していれば決して難しくはない。

確率 $P\left(a \leqq X \leqq \dfrac{3}{2}a\right)$ は，$y=f(x)$ のグラフと x 軸および2直線 $x=a$，$x=\dfrac{3}{2}a$ で囲まれた部分の面積のことである。$P(-a \leqq X \leqq 2a)=1$ となることは，グラフから容易にわかるであろう。

> **ポイント　連続型確率変数の平均（期待値）と分散，標準偏差**
>
> 確率変数 X $(a \leqq X \leqq b)$ の確率密度関数が $f(x)$ のとき，X の平均 $E(X)$ と分散 $V(X)$ は次のように定義される。
>
> $$E(X)=\int_a^b xf(x)\,dx, \quad V(X)=\int_a^b (x-m)^2 f(x)\,dx \quad (m=E(X))$$
>
> 標準偏差 $\sigma(X)$ は，$\sigma(X)=\sqrt{V(X)}$ と定義される。

$Y=2X+7$ とおくときの Y の平均 $E(Y)$ については，次のことを用いる。

> **ポイント　確率変数の変換**
>
> 確率変数 X と定数 a，b に対して，$Y=aX+b$ とおくと，Y も確率変数となり
>
> $$E(Y)=E(aX+b)=aE(X)+b$$
>
> が成り立つ。

NOTE

NOTE

NOTE

NOTE

NOTE

NOTE

NOTE

NOTE

NOTE

2024年版

共通テスト

過去問研究

数学 I・A/II・B

問題編

矢印の方向に引くと
本体から取り外せます ➡

ゆっくり丁寧に取り外しましょう

問題編

<共通テスト>

- 2023 年度　数学Ⅰ・A／Ⅱ・B　本試験
　　　　　　数学Ⅰ／Ⅱ　　　　本試験
- 2022 年度　数学Ⅰ・A／Ⅱ・B　本試験・追試験
　　　　　　数学Ⅰ／Ⅱ　　　　本試験
- 2021 年度　数学Ⅰ・A／Ⅱ・B　本試験（第 1 日程）
　　　　　　数学Ⅰ・A／Ⅱ・B　本試験（第 2 日程）
- 第 2 回　試行調査　数学Ⅰ・A／Ⅱ・B
- 第 1 回　試行調査　数学Ⅰ・A／Ⅱ・B

<センター試験>

- 2020 年度　数学Ⅰ・A／Ⅱ・B　本試験
- 2019 年度　数学Ⅰ・A／Ⅱ・B　本試験
- 2018 年度　数学Ⅰ・A／Ⅱ・B　本試験
- 2017 年度　数学Ⅰ・A／Ⅱ・B　本試験

＊ 2021 年度の共通テストは，新型コロナウイルス感染症の影響に伴う学業の遅れに対応する選択肢を確保するため，本試験が以下の 2 日程で実施されました。
第 1 日程：2021 年 1 月 16 日（土）および 17 日（日）
第 2 日程：2021 年 1 月 30 日（土）および 31 日（日）

＊ 第 2 回試行調査は 2018 年度に，第 1 回試行調査は 2017 年度に実施されたものです。

＊ 記述式の出題は見送りとなりましたが，試行調査で出題された記述式問題は参考として掲載しています。

マークシート解答用紙　2 回分

※本書に付属のマークシートは編集部で作成したものです。実際の試験とは異なる場合がありますが，ご了承ください。

共通テスト　解答上の注意〔数学Ⅰ・A／数学Ⅰ〕

1　解答は，解答用紙の問題番号に対応した解答欄にマークしなさい。

2　問題の文中の［ア］，［イウ］などには，符号（－，±）又は数字（0～9）が入ります。ア，イ，ウ，…の一つ一つは，これらのいずれか一つに対応します。それらを解答用紙のア，イ，ウ，…で示された解答欄にマークして答えなさい。

例　［アイウ］に－83と答えたいとき

ア	● ± 0 1 2 3 4 5 6 7 8 9
イ	－ ± 0 1 2 3 4 5 6 7 ● 9
ウ	－ ± 0 1 2 ● 4 5 6 7 8 9

3　分数形で解答する場合，分数の符号は分子につけ，分母につけてはいけません。

例えば，$\dfrac{\boxed{エオ}}{\boxed{カ}}$ に $-\dfrac{4}{5}$ と答えたいときは，$\dfrac{-4}{5}$ として答えなさい。

また，それ以上約分できない形で答えなさい。

例えば，$\dfrac{3}{4}$ と答えるところを，$\dfrac{6}{8}$ のように答えてはいけません。

4　小数の形で解答する場合，指定された桁数の一つ下の桁を四捨五入して答えなさい。また，必要に応じて，指定された桁まで⓪にマークしなさい。

例えば，［キ］．［クケ］に2.5と答えたいときは，2.50として答えなさい。

5　根号を含む形で解答する場合，根号の中に現れる自然数が最小となる形で答えなさい。

例えば，$\boxed{コ}\sqrt{\boxed{サ}}$ に $4\sqrt{2}$ と答えるところを，$2\sqrt{8}$ のように答えてはいけません。

6　根号を含む分数形で解答する場合，例えば $\dfrac{\boxed{シ}+\boxed{ス}\sqrt{\boxed{セ}}}{\boxed{ソ}}$ に $\dfrac{3+2\sqrt{2}}{2}$ と答えるところを，$\dfrac{6+4\sqrt{2}}{4}$ や $\dfrac{6+2\sqrt{8}}{4}$ のように答えてはいけません。

7　問題の文中の二重四角で表記された［タ］などには，選択肢から一つを選んで，答えなさい。

8　同一の問題文中に［チツ］，［テ］などが2度以上現れる場合，原則として，2度目以降は，［チツ］，［テ］のように細字で表記します。

共通テスト　解答上の注意〔数学Ⅱ・B／Ⅱ〕

1　解答は，解答用紙の問題番号に対応した解答欄にマークしなさい。

2　問題の文中の［ア］，［イウ］などには，符号(−)，数字(0 ～ 9)，又は文字(a ～ d)が入ります。ア，イ，ウ，…の一つ一つは，これらのいずれか一つに対応します。それらを解答用紙のア，イ，ウ，…で示された解答欄にマークして答えなさい。

例　［アイウ］に $-8a$ と答えたいとき

ア	● ⓪ ① ② ③ ④ ⑤ ⑥ ⑦ ⑧ ⑨ ⓐ ⓑ ⓒ ⓓ
イ	⊖ ⓪ ① ② ③ ④ ⑤ ⑥ ⑦ ● ⑨ ⓐ ⓑ ⓒ ⓓ
ウ	⊖ ⓪ ① ② ③ ④ ⑤ ⑥ ⑦ ⑧ ⑨ ● ⓑ ⓒ ⓓ

3　数と文字の積の形で解答する場合，数を文字の前にして答えなさい。

例えば，$3a$ と答えるところを，$a3$ と答えてはいけません。

4　分数形で解答する場合，分数の符号は分子につけ，分母につけてはいけません。

例えば，$\dfrac{\boxed{\text{エオ}}}{\boxed{\text{カ}}}$ に $-\dfrac{4}{5}$ と答えたいときは，$\dfrac{-4}{5}$ として答えなさい。

また，それ以上約分できない形で答えなさい。

例えば，$\dfrac{3}{4}$，$\dfrac{2a+1}{3}$ と答えるところを，$\dfrac{6}{8}$，$\dfrac{4a+2}{6}$ のように答えてはいけません。

5　小数の形で解答する場合，指定された桁数の一つ下の桁を四捨五入して答えなさい。また，必要に応じて，指定された桁まで⓪にマークしなさい。

例えば，［キ］．［クケ］に2.5と答えたいときは，2.50として答えなさい。

6　根号を含む形で解答する場合，根号の中に現れる自然数が最小となる形で答えなさい。

例えば，$4\sqrt{2}$，$\dfrac{\sqrt{13}}{2}$，$6\sqrt{2a}$ と答えるところを，$2\sqrt{8}$，$\dfrac{\sqrt{52}}{4}$，$3\sqrt{8a}$ のように答えてはいけません。

7　問題の文中の二重四角で表記された［［コ］］などには，選択肢から一つを選んで，答えなさい。

8　同一の問題文中に［サシ］，［［ス］］などが2度以上現れる場合，原則として，2度目以降は，［サシ］，［［ス］］のように細字で表記します。

2023

共通テスト
本試験

数学Ⅰ・数学A …… 2

数学Ⅱ・数学B …… 27

数学Ⅰ …… 52

数学Ⅱ …… 72

数学Ⅰ・数学A／数学Ⅰ：
解答時間 70分
配点 100点

数学Ⅱ・数学B／数学Ⅱ：
解答時間 60分
配点 100点

数学Ⅰ・数学A

問　題	選　択　方　法
第1問	必　　答
第2問	必　　答
第3問	いずれか2問を選択し，解答しなさい。
第4問	
第5問	

第1問 （必答問題）（配点　30）

〔1〕　実数 x についての不等式

$$|x+6| \leqq 2$$

の解は

$$\boxed{\text{アイ}} \leqq x \leqq \boxed{\text{ウエ}}$$

である。

　よって，実数 a，b，c，d が

$$|(1-\sqrt{3})(a-b)(c-d)+6| \leqq 2$$

を満たしているとき，$1-\sqrt{3}$ は負であることに注意すると，$(a-b)(c-d)$ のとり得る値の範囲は

$$\boxed{\text{オ}} + \boxed{\text{カ}}\sqrt{3} \leqq (a-b)(c-d) \leqq \boxed{\text{キ}} + \boxed{\text{ク}}\sqrt{3}$$

であることがわかる。

特に

$$(a-b)(c-d) = \boxed{\text{キ}} + \boxed{\text{ク}}\sqrt{3} \quad \cdots\cdots ①$$

であるとき，さらに

$$(a-c)(b-d) = -3+\sqrt{3} \quad \cdots\cdots ②$$

が成り立つならば

$$(a-d)(c-b) = \boxed{\text{ケ}} + \boxed{\text{コ}}\sqrt{3} \quad \cdots\cdots ③$$

であることが，等式①，②，③の左辺を展開して比較することによりわかる。

〔2〕

(1) 点Oを中心とし，半径が5である円Oがある。この円周上に2点A，BをAB = 6となるようにとる。また，円Oの円周上に，2点A，Bとは異なる点Cをとる。

(i) $\sin\angle ACB =$ サ である。また，点Cを $\angle ACB$ が鈍角となるようにとるとき，$\cos\angle ACB =$ シ である。

(ii) 点Cを△ABCの面積が最大となるようにとる。点Cから直線ABに垂直な直線を引き，直線ABとの交点をDとするとき，
$\tan\angle OAD =$ ス である。また，△ABCの面積は セソ である。

サ ～ ス の解答群(同じものを繰り返し選んでもよい。)

⓪ $\frac{3}{5}$	① $\frac{3}{4}$	② $\frac{4}{5}$	③ 1	④ $\frac{4}{3}$
⑤ $-\frac{3}{5}$	⑥ $-\frac{3}{4}$	⑦ $-\frac{4}{5}$	⑧ -1	⑨ $-\frac{4}{3}$

(2)　半径が5である球Sがある。この球面上に3点P，Q，Rをとったとき，これらの3点を通る平面α上でPQ＝8，QR＝5，RP＝9であったとする。

球Sの球面上に点Tを三角錐TPQRの体積が最大となるようにとるとき，その体積を求めよう。

まず，$\cos \angle QPR = \dfrac{\boxed{タ}}{\boxed{チ}}$であることから，△PQRの面積は

$\boxed{ツ}\sqrt{\boxed{テト}}$である。

次に，点Tから平面αに垂直な直線を引き，平面αとの交点をHとする。このとき，PH，QH，RHの長さについて，$\boxed{ナ}$が成り立つ。

以上より，三角錐TPQRの体積は$\boxed{ニヌ}\left(\sqrt{\boxed{ネノ}}+\sqrt{\boxed{ハ}}\right)$である。

$\boxed{ナ}$の解答群

⓪　PH < QH < RH　　①　PH < RH < QH
②　QH < PH < RH　　③　QH < RH < PH
④　RH < PH < QH　　⑤　RH < QH < PH
⑥　PH = QH = RH

第2問 （必答問題）（配点　30）

〔1〕 太郎さんは，総務省が公表している2020年の家計調査の結果を用いて，地域による食文化の違いについて考えている。家計調査における調査地点は，都道府県庁所在市および政令指定都市（都道府県庁所在市を除く）であり，合計52市である。家計調査の結果の中でも，スーパーマーケットなどで販売されている調理食品の「二人以上の世帯の1世帯当たり年間支出金額（以下，支出金額，単位は円）」を分析することにした。以下においては，52市の調理食品の支出金額をデータとして用いる。

太郎さんは調理食品として，最初にうなぎのかば焼き（以下，かば焼き）に着目し，図1のように52市におけるかば焼きの支出金額のヒストグラムを作成した。ただし，ヒストグラムの各階級の区間は，左側の数値を含み，右側の数値を含まない。

なお，以下の図や表については，総務省のWebページをもとに作成している。

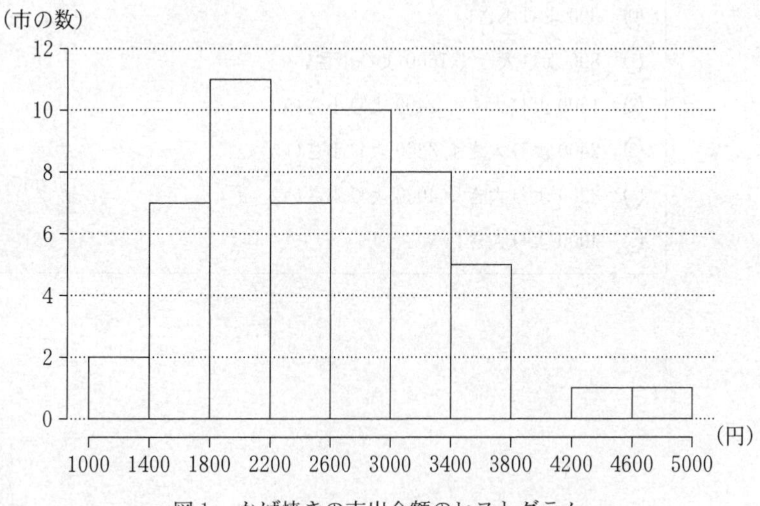

図1　かば焼きの支出金額のヒストグラム

(1)　図1から次のことが読み取れる。

- 第1四分位数が含まれる階級は [ア] である。
- 第3四分位数が含まれる階級は [イ] である。
- 四分位範囲は [ウ] 。

[ア] ，[イ] の解答群（同じものを繰り返し選んでもよい。）

⓪　1000 以上 1400 未満	①　1400 以上 1800 未満
②　1800 以上 2200 未満	③　2200 以上 2600 未満
④　2600 以上 3000 未満	⑤　3000 以上 3400 未満
⑥　3400 以上 3800 未満	⑦　3800 以上 4200 未満
⑧　4200 以上 4600 未満	⑨　4600 以上 5000 未満

[ウ] の解答群

⓪　800 より小さい
①　800 より大きく 1600 より小さい
②　1600 より大きく 2400 より小さい
③　2400 より大きく 3200 より小さい
④　3200 より大きく 4000 より小さい
⑤　4000 より大きい

(2) 太郎さんは，東西での地域による食文化の違いを調べるために，52 市を東側の地域 E(19 市)と西側の地域 W(33 市)の二つに分けて考えることにした。

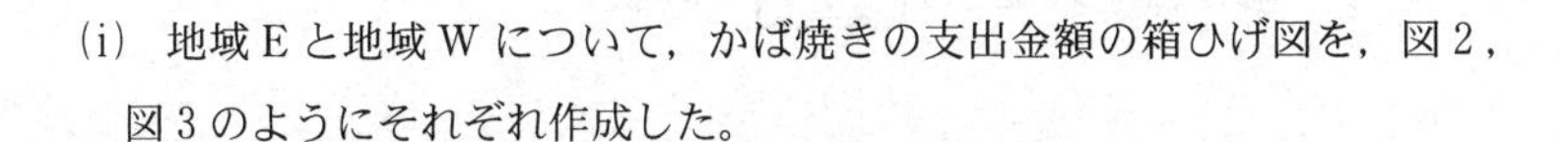

(i) 地域 E と地域 W について，かば焼きの支出金額の箱ひげ図を，図 2，図 3 のようにそれぞれ作成した。

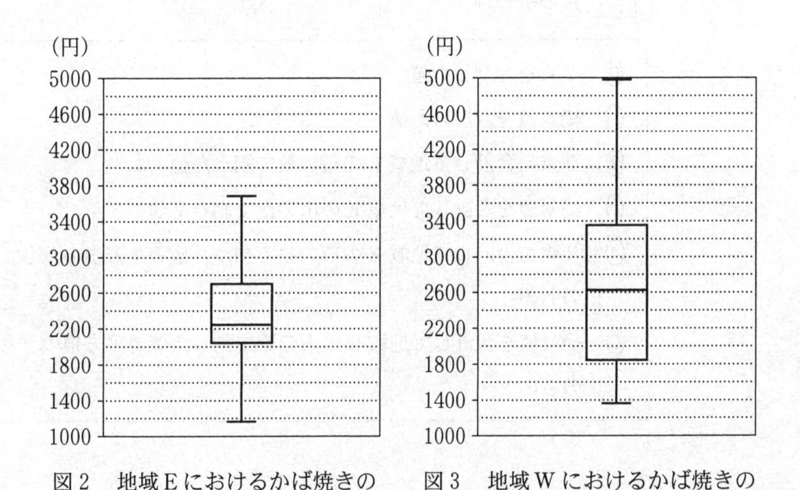

図 2　地域 E におけるかば焼きの支出金額の箱ひげ図

図 3　地域 W におけるかば焼きの支出金額の箱ひげ図

かば焼きの支出金額について，図 2 と図 3 から読み取れることとして，次の⓪～③のうち，正しいものは **エ** である。

エ の解答群

⓪ 地域 E において，小さい方から 5 番目は 2000 以下である。
① 地域 E と地域 W の範囲は等しい。
② 中央値は，地域 E より地域 W の方が大きい。
③ 2600 未満の市の割合は，地域 E より地域 W の方が大きい。

(ii) 太郎さんは，地域Ｅと地域Ｗのデータの散らばりの度合いを数値でとらえようと思い，それぞれの分散を考えることにした。地域Ｅにおけるかば焼きの支出金額の分散は，地域Ｅのそれぞれの市におけるかば焼きの支出金額の偏差の［オ］である。

［オ］の解答群

⓪ 2乗を合計した値
① 絶対値を合計した値
② 2乗を合計して地域Ｅの市の数で割った値
③ 絶対値を合計して地域Ｅの市の数で割った値
④ 2乗を合計して地域Ｅの市の数で割った値の平方根のうち正のもの
⑤ 絶対値を合計して地域Ｅの市の数で割った値の平方根のうち正のもの

(3) 太郎さんは，(2)で考えた地域Ｅにおける，やきとりの支出金額についても調べることにした。

ここでは地域Ｅにおいて，やきとりの支出金額が増加すれば，かば焼きの支出金額も増加する傾向があるのではないかと考え，まず図4のように，地域Ｅにおける，やきとりとかば焼きの支出金額の散布図を作成した。そして，相関係数を計算するために，表1のように平均値，分散，標準偏差および共分散を算出した。ただし，共分散は地域Ｅのそれぞれの市における，やきとりの支出金額の偏差とかば焼きの支出金額の偏差との積の平均値である。

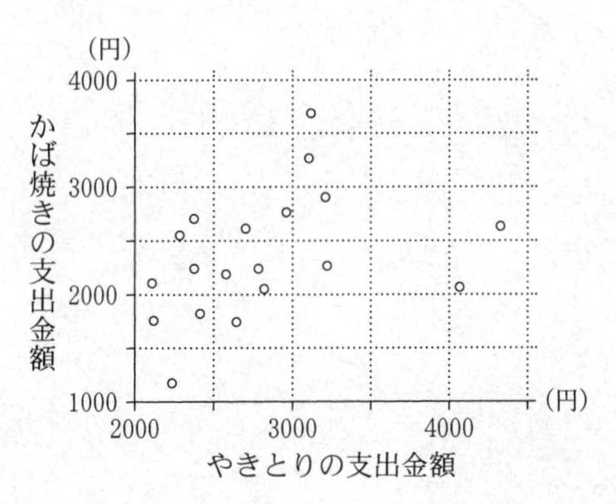

図4　地域Ｅにおける，やきとりとかば焼きの支出金額の散布図

表1　地域Ｅにおける，やきとりとかば焼きの支出金額の平均値，分散，標準偏差および共分散

	平均値	分　散	標準偏差	共分散
やきとりの支出金額	2810	348100	590	124000
かば焼きの支出金額	2350	324900	570	

表1を用いると，地域Eにおける，やきとりの支出金額とかば焼きの支出金額の相関係数は **カ** である。

カ については，最も適当なものを，次の⓪～⑨のうちから一つ選べ。

⓪　－0.62	①　－0.50	②　－0.37	③　－0.19
④　－0.02	⑤　0.02	⑥　0.19	⑦　0.37
⑧　0.50	⑨　0.62		

〔2〕　太郎さんと花子さんは，バスケットボールのプロ選手の中には，リングと同じ高さでシュートを打てる人がいることを知り，シュートを打つ高さによってボールの軌道がどう変わるかについて考えている。

二人は，図1のように座標軸が定められた平面上に，プロ選手と花子さんがシュートを打つ様子を真横から見た図をかき，ボールがリングに入った場合について，後の**仮定**を設定して考えることにした。長さの単位はメートルであるが，以下では省略する。

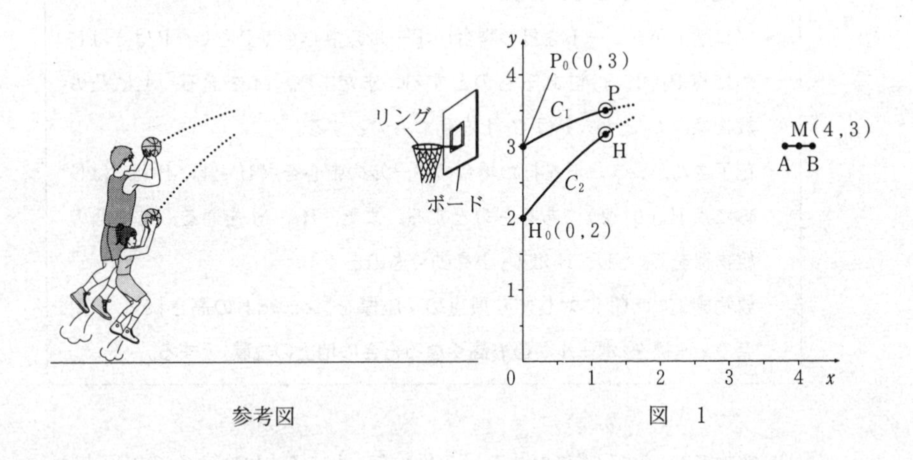

参考図　　　　図 1

仮定

- 平面上では，ボールを直径 0.2 の円とする。
- リングを真横から見たときの左端を点A(3.8，3)，右端を点B(4.2，3)とし，リングの太さは無視する。
- ボールがリングや他のものに当たらずに上からリングを通り，かつ，ボールの中心がABの中点M(4，3)を通る場合を考える。ただし，ボールがリングに当たるとは，ボールの中心とAまたはBとの距離が 0.1 以下になることとする。
- プロ選手がシュートを打つ場合のボールの中心を点Pとし，Pは，はじめに点P_0(0，3)にあるものとする。また，P_0，Mを通る，上に凸の放物線をC_1とし，PはC_1上を動くものとする。
- 花子さんがシュートを打つ場合のボールの中心を点Hとし，Hは，はじめに点H_0(0，2)にあるものとする。また，H_0，Mを通る，上に凸の放物線をC_2とし，HはC_2上を動くものとする。
- 放物線C_1やC_2に対して，頂点のy座標を「**シュートの高さ**」とし，頂点のx座標を「**ボールが最も高くなるときの地上の位置**」とする。

(1)　放物線C_1の方程式におけるx^2の係数をaとする。放物線C_1の方程式は

$$y = ax^2 - \boxed{\text{キ}}\,ax + \boxed{\text{ク}}$$

と表すことができる。また，プロ選手の「**シュートの高さ**」は

$$-\boxed{\text{ケ}}\,a + \boxed{\text{コ}}$$

である。

放物線 C_2 の方程式における x^2 の係数を p とする。放物線 C_2 の方程式は

$$y = p\left\{x - \left(2 - \frac{1}{8p}\right)\right\}^2 - \frac{(16p-1)^2}{64p} + 2$$

と表すことができる。

プロ選手と花子さんの「**ボールが最も高くなるときの地上の位置**」の比較の記述として，次の⓪～③のうち，正しいものは［サ］である。

［サ］の解答群

⓪　プロ選手と花子さんの「**ボールが最も高くなるときの地上の位置**」は，つねに一致する。

①　プロ選手の「**ボールが最も高くなるときの地上の位置**」の方が，つねにMの x 座標に近い。

②　花子さんの「**ボールが最も高くなるときの地上の位置**」の方が，つねにMの x 座標に近い。

③　プロ選手の「**ボールが最も高くなるときの地上の位置**」の方がMの x 座標に近いときもあれば，花子さんの「**ボールが最も高くなるときの地上の位置**」の方がMの x 座標に近いときもある。

(2)　二人は，ボールがリングすれすれを通る場合のプロ選手と花子さんの「**シュートの高さ**」について次のように話している。

太郎：例えば，プロ選手のボールがリングに当たらないようにするには，Pがリングの左端Aのどのくらい上を通れば良いのかな。

花子：Aの真上の点でPが通る点Dを，線分DMがAを中心とする半径0.1の円と接するようにとって考えてみたらどうかな。

太郎：なるほど。Pの軌道は上に凸の放物線で山なりだから，その場合，図2のように，PはDを通った後で線分DMより上側を通るのでボールはリングに当たらないね。花子さんの場合も，HがこのDを通れば，ボールはリングに当たらないね。

花子：放物線 C_1 と C_2 がDを通る場合でプロ選手と私の「**シュートの高さ**」を比べてみようよ。

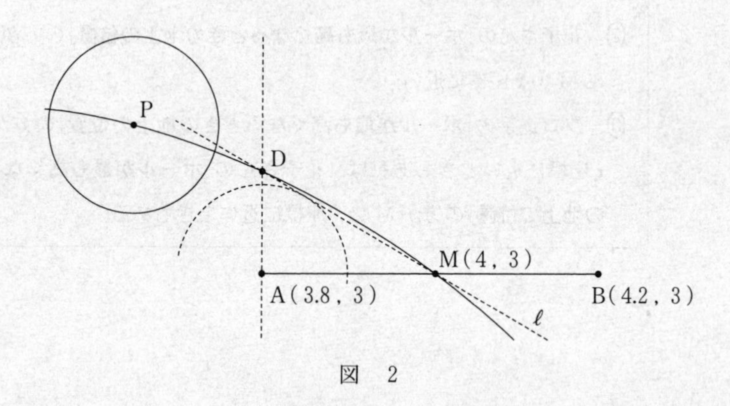

図　2

図2のように，Mを通る直線ℓが，Aを中心とする半径0.1の円に直線ABの上側で接しているとする。また，Aを通り直線ABに垂直な直線を引き，ℓとの交点をDとする。このとき，$AD = \dfrac{\sqrt{3}}{15}$である。

よって，放物線C_1がDを通るとき，C_1の方程式は

$$y = -\frac{\boxed{シ}\sqrt{\boxed{ス}}}{\boxed{セソ}}\left(x^2 - \boxed{キ}\,x\right) + \boxed{ク}$$

となる。

また，放物線C_2がDを通るとき，(1)で与えられたC_2の方程式を用いると，花子さんの「**シュートの高さ**」は約3.4と求められる。

以上のことから，放物線C_1とC_2がDを通るとき，プロ選手と花子さんの「**シュートの高さ**」を比べると，[タ]の「**シュートの高さ**」の方が大きく，その差はボール[チ]である。なお，$\sqrt{3} = 1.7320508\cdots$である。

[タ]の解答群

⓪ プロ選手	① 花子さん

[チ]については，最も適当なものを，次の⓪～③のうちから一つ選べ。

⓪ 約1個分	① 約2個分	② 約3個分	③ 約4個分

第3問 （選択問題）（配点 20）

番号によって区別された複数の球が，何本かのひもでつながれている。ただし，各ひもはその両端で二つの球をつなぐものとする。次の**条件**を満たす球の塗り分け方(以下，球の塗り方)を考える。

条件

- それぞれの球を，用意した5色(赤，青，黄，緑，紫)のうちのいずれか1色で塗る。
- 1本のひもでつながれた二つの球は異なる色になるようにする。
- 同じ色を何回使ってもよく，また使わない色があってもよい。

例えば図Aでは，三つの球が2本のひもでつながれている。この三つの球を塗るとき，球1の塗り方が5通りあり，球1を塗った後，球2の塗り方は4通りあり，さらに球3の塗り方は4通りある。したがって，球の塗り方の総数は80である。

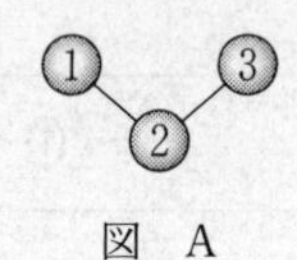

図　A

(1)　図Bにおいて，球の塗り方は アイウ 通りある。

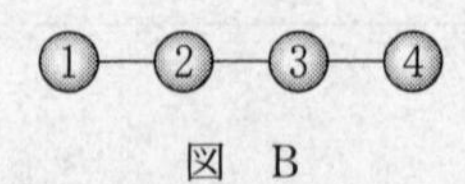

図　B

⑵　図Cにおいて，球の塗り方は **エオ** 通りある。

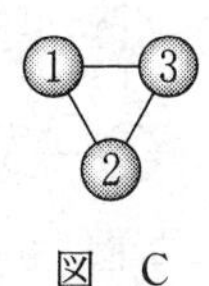

図　C

⑶　図Dにおける球の塗り方のうち，赤をちょうど2回使う塗り方は **カキ** 通りある。

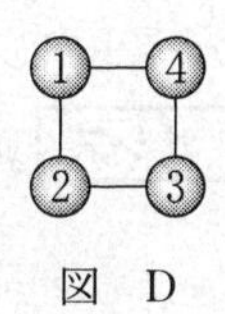

図　D

⑷　図Eにおける球の塗り方のうち，赤をちょうど3回使い，かつ青をちょうど2回使う塗り方は **クケ** 通りある。

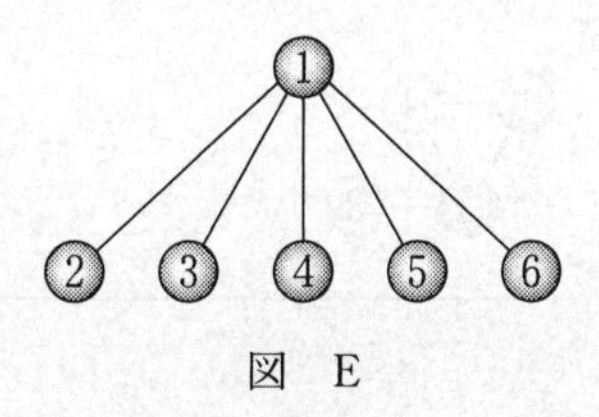

図　E

⑸　図Dにおいて，球の塗り方の総数を求める。

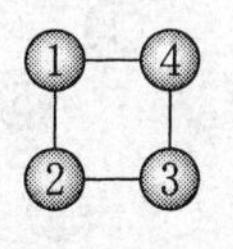

図　D(再掲)

そのために，次の**構想**を立てる。

構想

図Dと図Fを比較する。

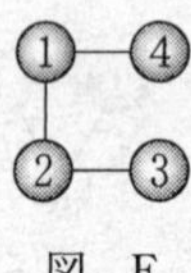

図　F

図Fでは球3と球4が同色になる球の塗り方が可能であるため，図Dよりも図Fの球の塗り方の総数の方が大きい。

図Fにおける球の塗り方は，図Bにおける球の塗り方と同じであるため，全部で［アイウ］通りある。そのうち球3と球4が同色になる球の塗り方の総数と一致する図として，後の⓪～④のうち，正しいものは［コ］である。したがって，図Dにおける球の塗り方は［サシス］通りある。

［コ］の解答群

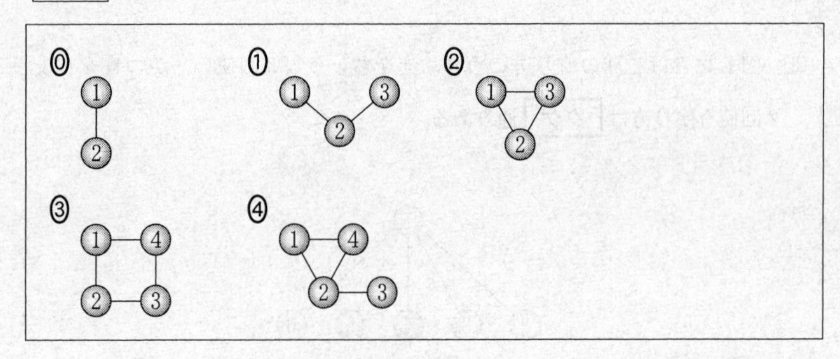

(6)　図Gにおいて，球の塗り方は［セソタチ］通りある。

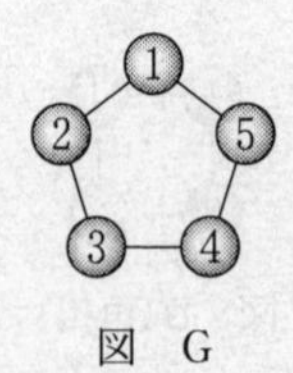

図　G

第4問　(選択問題)（配点　20）

色のついた長方形を並べて正方形や長方形を作ることを考える。色のついた長方形は，向きを変えずにすき間なく並べることとし，色のついた長方形は十分(じゅうぶん)あるものとする。

(1)　横の長さが 462 で縦の長さが 110 である赤い長方形を，図 1 のように並べて正方形や長方形を作ることを考える。

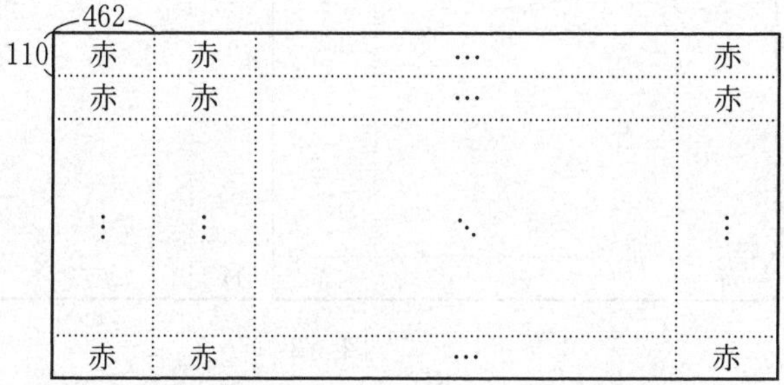

図　1

462 と 110 の両方を割り切る素数のうち最大のものは **アイ** である。

赤い長方形を並べて作ることができる正方形のうち，辺の長さが最小であるものは，一辺の長さが **ウエオカ** のものである。

また，赤い長方形を並べて正方形ではない長方形を作るとき，横の長さと縦の長さの差の絶対値が最小になるのは，462 の約数と 110 の約数を考えると，差の絶対値が **キク** になるときであることがわかる。

縦の長さが横の長さより キク 長い長方形のうち，横の長さが最小であるものは，横の長さが **ケコサシ** のものである。

⑵　花子さんと太郎さんは，⑴で用いた赤い長方形を1枚以上並べて長方形を作り，その右側に横の長さが363で縦の長さが154である青い長方形を1枚以上並べて，図2のような正方形や長方形を作ることを考えている。

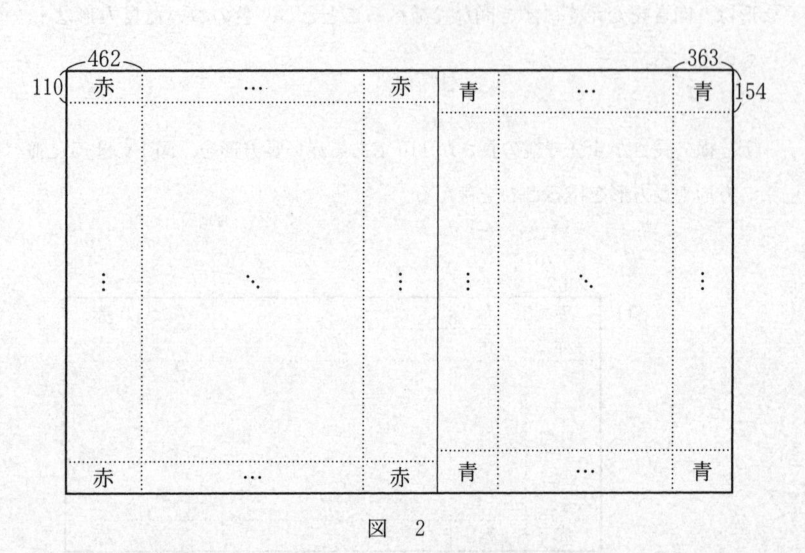

図　2

このとき，赤い長方形を並べてできる長方形の縦の長さと，青い長方形を並べてできる長方形の縦の長さは等しい。よって，図2のような長方形のうち，縦の長さが最小のものは，縦の長さが **スセソ** のものであり，図2のような長方形は縦の長さが スセソ の倍数である。

二人は，次のように話している。

花子：赤い長方形と青い長方形を図2のように並べて正方形を作ってみようよ。

太郎：赤い長方形の横の長さが462で青い長方形の横の長さが363だから，図2のような正方形の横の長さは462と363を組み合わせて作ることができる長さでないといけないね。

花子：正方形だから，横の長さは［スセソ］の倍数でもないといけないね。

462と363の最大公約数は**［タチ］**であり，［タチ］の倍数のうちで［スセソ］の倍数でもある最小の正の整数は**［ツテトナ］**である。

これらのことと，使う長方形の枚数が赤い長方形も青い長方形も1枚以上であることから，図2のような正方形のうち，辺の長さが最小であるものは，一辺の長さが**［ニヌネノ］**のものであることがわかる。

第５問 （選択問題）（配点　20）

(1)　円Oに対して，次の**手順１**で作図を行う。

手順１

(Step 1)　円Oと異なる２点で交わり，中心Oを通らない直線ℓを引く。円Oと直線ℓとの交点をA，Bとし，線分ABの中点Cをとる。

(Step 2)　円Oの周上に，点Dを∠CODが鈍角となるようにとる。直線CDを引き，円Oとの交点でDとは異なる点をEとする。

(Step 3)　点Dを通り直線OCに垂直な直線を引き，直線OCとの交点をFとし，円Oとの交点でDとは異なる点をGとする。

(Step 4)　点Gにおける円Oの接線を引き，直線ℓとの交点をHとする。

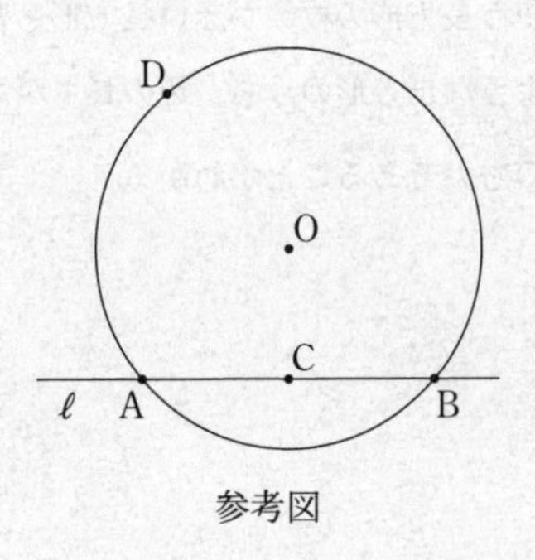

参考図

このとき，直線ℓと点Dの位置によらず，直線EHは円Oの接線である。このことは，次の**構想**に基づいて，後のように説明できる。

構想

直線EHが円Oの接線であることを証明するためには，
∠OEH = [アイ]°であることを示せばよい。

手順1の(Step 1)と(Step 4)により，4点C，G，H，[ウ]は同一円周上にあることがわかる。よって，∠CHG = [エ]である。一方，点Eは円Oの周上にあることから，[エ] = [オ]がわかる。よって，∠CHG = [オ]であるので，4点C，G，H，[カ]は同一円周上にある。この円が点[ウ]を通ることにより，∠OEH = [アイ]°を示すことができる。

[ウ]の解答群

⓪ B	① D	② F	③ O

[エ]の解答群

⓪ ∠AFC	① ∠CDF	② ∠CGH	③ ∠CBO	④ ∠FOG

[オ]の解答群

⓪ ∠AED	① ∠ADE	② ∠BOE	③ ∠DEG	④ ∠EOH

[カ]の解答群

⓪ A	① D	② E	③ F

⑵　円Oに対して，⑴の**手順1**とは直線ℓの引き方を変え，次の**手順2**で作図を行う。

手順2

(Step 1)　円Oと共有点をもたない直線ℓを引く。中心Oから直線ℓに垂直な直線を引き，直線ℓとの交点をPとする。

(Step 2)　円Oの周上に，点Qを∠POQが鈍角となるようにとる。直線PQを引き，円Oとの交点でQとは異なる点をRとする。

(Step 3)　点Qを通り直線OPに垂直な直線を引き，円Oとの交点でQとは異なる点をSとする。

(Step 4)　点Sにおける円Oの接線を引き，直線ℓとの交点をTとする。

このとき，∠PTS＝［キ］である。

円Oの半径が$\sqrt{5}$で，OT＝$3\sqrt{6}$であったとすると，3点O，P，Rを通る

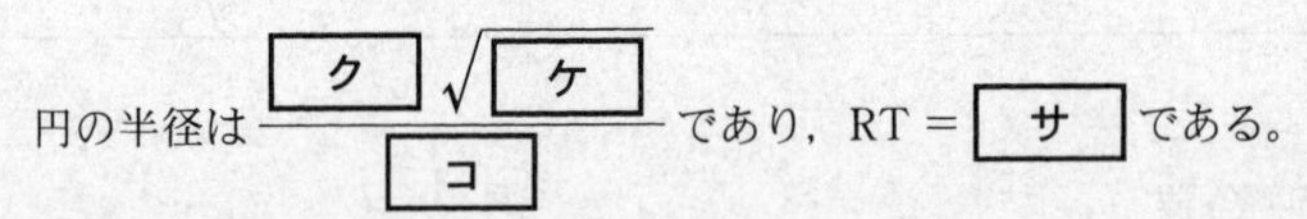

円の半径は$\dfrac{［ク］\sqrt{［ケ］}}{［コ］}$であり，RT＝［サ］である。

［キ］の解答群

⓪　∠PQS	①　∠PST	②　∠QPS	③　∠QRS	④　∠SRT

数学Ⅱ・数学B

問　題	選　択　方　法
第1問	必　　答
第2問	必　　答
第3問	いずれか2問を選択し，解答しなさい。
第4問	
第5問	

第1問 (必答問題) (配点　30)

〔1〕 三角関数の値の大小関係について考えよう。

(1) $x=\frac{\pi}{6}$ のとき $\sin x$ [ア] $\sin 2x$ であり，$x=\frac{2}{3}\pi$ のとき

$\sin x$ [イ] $\sin 2x$ である。

[ア]，[イ] の解答群(同じものを繰り返し選んでもよい。)

⓪ $<$	① $=$	② $>$

⑵　$\sin x$ と $\sin 2x$ の値の大小関係を詳しく調べよう。

$$\sin 2x - \sin x = \sin x\left(\boxed{ウ}\cos x - \boxed{エ}\right)$$

であるから，$\sin 2x - \sin x > 0$ が成り立つことは

「$\sin x > 0$　かつ　$\boxed{ウ}\cos x - \boxed{エ} > 0$」 …………… ①

または

「$\sin x < 0$　かつ　$\boxed{ウ}\cos x - \boxed{エ} < 0$」 …………… ②

が成り立つことと同値である。$0 \leqq x \leqq 2\pi$ のとき，① が成り立つような x の値の範囲は

$$0 < x < \frac{\pi}{\boxed{オ}}$$

であり，② が成り立つような x の値の範囲は

$$\pi < x < \frac{\boxed{カ}}{\boxed{キ}}\pi$$

である。よって，$0 \leqq x \leqq 2\pi$ のとき，$\sin 2x > \sin x$ が成り立つような x の値の範囲は

$$0 < x < \frac{\pi}{\boxed{オ}},\quad \pi < x < \frac{\boxed{カ}}{\boxed{キ}}\pi$$

である。

(3)　$\sin 3x$ と $\sin 4x$ の値の大小関係を調べよう。

三角関数の加法定理を用いると，等式

$$\sin(\alpha+\beta)-\sin(\alpha-\beta)=2\cos\alpha\sin\beta \quad \cdots\cdots\cdots\cdots ③$$

が得られる。$\alpha+\beta=4x$，$\alpha-\beta=3x$ を満たす α，β に対して③を用いることにより，$\sin 4x-\sin 3x>0$ が成り立つことは

「$\cos$ [クの枠] >0　かつ　$\sin$ [ケの枠] >0」 ……………… ④

または

「$\cos$ [クの枠] <0　かつ　$\sin$ [ケの枠] <0」 ……………… ⑤

が成り立つことと同値であることがわかる。

$0\leqq x\leqq\pi$ のとき，④，⑤により，$\sin 4x>\sin 3x$ が成り立つような x の値の範囲は

$$0<x<\frac{\pi}{\boxed{コ}},\quad \frac{\boxed{サ}}{\boxed{シ}}\pi<x<\frac{\boxed{ス}}{\boxed{セ}}\pi$$

である。

[クの枠]，[ケの枠] の解答群（同じものを繰り返し選んでもよい。）

⓪ 0	① x	② $2x$	③ $3x$
④ $4x$	⑤ $5x$	⑥ $6x$	⑦ $\frac{x}{2}$
⑧ $\frac{3}{2}x$	⑨ $\frac{5}{2}x$	ⓐ $\frac{7}{2}x$	ⓑ $\frac{9}{2}x$

(4)　(2)，(3)の考察から，$0\leqq x\leqq\pi$ のとき，$\sin 3x>\sin 4x>\sin 2x$ が成り立つような x の値の範囲は

$$\frac{\pi}{\boxed{コ}}<x<\frac{\pi}{\boxed{ソ}},\quad \frac{\boxed{ス}}{\boxed{セ}}\pi<x<\frac{\boxed{タ}}{\boxed{チ}}\pi$$

であることがわかる。

〔2〕

(1) $a > 0$，$a \neq 1$，$b > 0$ のとき，$\log_a b = x$ とおくと，［ツ］が成り立つ。

［ツ］の解答群

⓪ $x^a = b$	① $x^b = a$
② $a^x = b$	③ $b^x = a$
④ $a^b = x$	⑤ $b^a = x$

(2) 様々な対数の値が有理数か無理数かについて考えよう。

(i) $\log_5 25 =$ ［テ］，$\log_9 27 = \dfrac{［ト］}{［ナ］}$ であり，どちらも有理数である。

(ii) $\log_2 3$ が有理数と無理数のどちらであるかを考えよう。

$\log_2 3$ が有理数であると仮定すると，$\log_2 3 > 0$ であるので，二つの自然数 p，q を用いて $\log_2 3 = \dfrac{p}{q}$ と表すことができる。このとき，(1)により $\log_2 3 = \dfrac{p}{q}$ は［ニ］と変形できる。いま，2 は偶数であり 3 は奇数であるので，［ニ］を満たす自然数 p，q は存在しない。

したがって，$\log_2 3$ は無理数であることがわかる。

(iii) a，b を 2 以上の自然数とするとき，(ii)と同様に考えると，「［ヌ］ならば $\log_a b$ はつねに無理数である」ことがわかる。

ニ の解答群

⓪ $p^2 = 3q^2$　① $q^2 = p^3$　② $2^q = 3^p$
③ $p^3 = 2q^3$　④ $p^2 = q^3$　⑤ $2^p = 3^q$

ヌ の解答群

⓪ a が偶数
① b が偶数
② a が奇数
③ b が奇数
④ a と b がともに偶数，または a と b がともに奇数
⑤ a と b のいずれか一方が偶数で，もう一方が奇数

第2問　（必答問題）（配点　30）

〔1〕

(1)　kを正の定数とし，次の3次関数を考える。

$$f(x)=x^2(k-x)$$

$y=f(x)$のグラフとx軸との共有点の座標は$(0,\ 0)$と$\left(\boxed{\text{ア}},\ 0\right)$である。

$f(x)$の導関数$f'(x)$は

$$f'(x)=\boxed{\text{イウ}}\,x^2+\boxed{\text{エ}}\,kx$$

である。

$x=\boxed{\text{オ}}$のとき，$f(x)$は極小値$\boxed{\text{カ}}$をとる。

$x=\boxed{\text{キ}}$のとき，$f(x)$は極大値$\boxed{\text{ク}}$をとる。

また，$0<x<k$の範囲において$x=\boxed{\text{キ}}$のとき$f(x)$は最大となることがわかる。

$\boxed{\text{ア}}$，$\boxed{\text{オ}}$～$\boxed{\text{ク}}$の解答群（同じものを繰り返し選んでもよい。）

⓪ 0	① $\dfrac{1}{3}k$	② $\dfrac{1}{2}k$	③ $\dfrac{2}{3}k$
④ k	⑤ $\dfrac{3}{2}k$	⑥ $-4k^2$	⑦ $\dfrac{1}{8}k^2$
⑧ $\dfrac{2}{27}k^3$	⑨ $\dfrac{4}{27}k^3$	ⓐ $\dfrac{4}{9}k^3$	ⓑ $4k^3$

(2)　後の図のように底面が半径9の円で高さが15の円錐(すい)に内接する円柱を考える。円柱の底面の半径と体積をそれぞれ x，V とする。V を x の式で表すと

$$V = \frac{\boxed{\text{ケ}}}{\boxed{\text{コ}}}\pi x^2\left(\boxed{\text{サ}} - x\right) \quad (0 < x < 9)$$

である。(1)の考察より，$x = \boxed{\text{シ}}$ のとき V は最大となることがわかる。V の最大値は $\boxed{\text{スセソ}}\,\pi$ である。

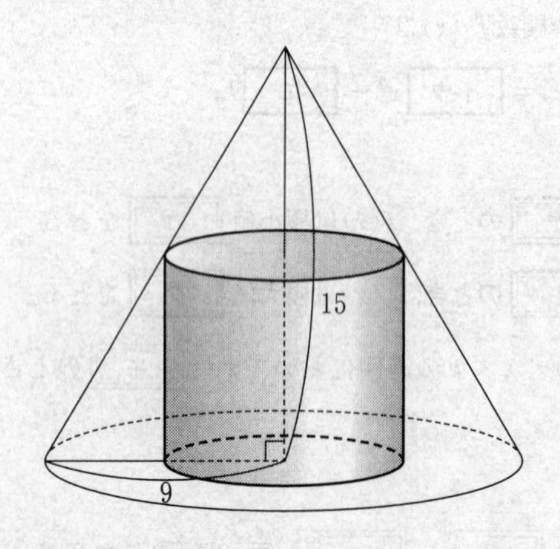

〔2〕

(1)　定積分 $\int_0^{30}\left(\frac{1}{5}x+3\right)dx$ の値は $\boxed{\text{タチツ}}$ である。

また，関数 $\frac{1}{100}x^2-\frac{1}{6}x+5$ の不定積分は

$$\int\left(\frac{1}{100}x^2-\frac{1}{6}x+5\right)dx=\frac{1}{\boxed{\text{テトナ}}}x^3-\frac{1}{\boxed{\text{ニヌ}}}x^2+\boxed{\text{ネ}}\,x+C$$

である。ただし，C は積分定数とする。

(2)　ある地域では，毎年3月頃「ソメイヨシノ(桜の種類)の開花予想日」が話題になる。太郎さんと花子さんは，開花日時を予想する方法の一つに，2月に入ってからの気温を時間の関数とみて，その関数を積分した値をもとにする方法があることを知った。ソメイヨシノの開花日時を予想するために，二人は図1の6時間ごとの気温の折れ線グラフを見ながら，次のように考えることにした。

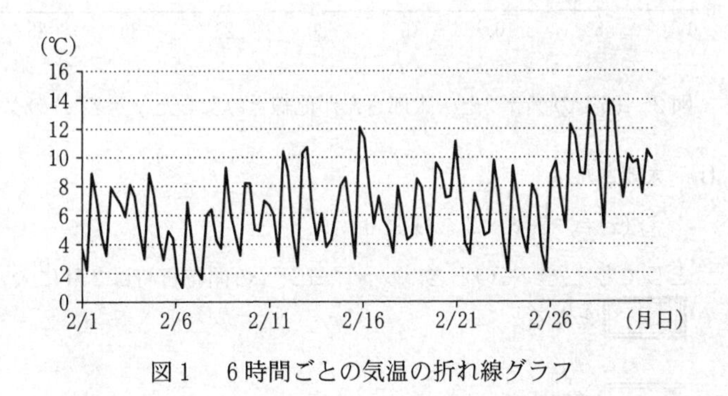

図1　6時間ごとの気温の折れ線グラフ

x の値の範囲を0以上の実数全体として，2月1日午前0時から $24x$ 時間経った時点を x 日後とする。(例えば，10.3日後は2月11日午前7時12分を表す。)また，x 日後の気温を y℃とする。このとき，y は x の関数であり，これを $y=f(x)$ とおく。ただし，y は負にはならないものとする。

気温を表す関数 $f(x)$ を用いて二人はソメイヨシノの開花日時を次の**設定**で考えることにした。

設定

正の実数 t に対して，$f(x)$ を 0 から t まで積分した値を $S(t)$ とする。すなわち，$S(t)=\int_0^t f(x)\,dx$ とする。この $S(t)$ が 400 に到達したとき，ソメイヨシノが開花する。

設定のもと，太郎さんは気温を表す関数 $y=f(x)$ のグラフを図2のように直線とみなしてソメイヨシノの開花日時を考えることにした。

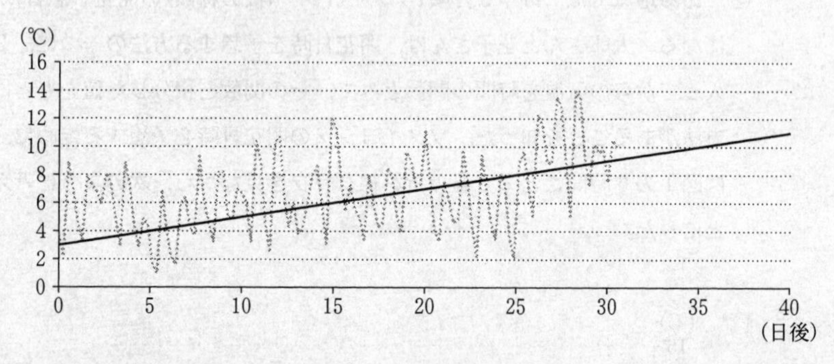

図2　図1のグラフと，太郎さんが直線とみなした $y=f(x)$ のグラフ

(i)　太郎さんは

$$f(x)=\frac{1}{5}x+3\quad(x\geqq 0)$$

として考えた。このとき，ソメイヨシノの開花日時は2月に入ってから［ノ］となる。

［ノ］の解答群

⓪ 30日後	① 35日後	② 40日後
③ 45日後	④ 50日後	⑤ 55日後
⑥ 60日後	⑦ 65日後	

(ii) 太郎さんと花子さんは，2 月に入ってから 30 日後以降の気温について話をしている。

> 太郎：1 次関数を用いてソメイヨシノの開花日時を求めてみたよ。
>
> 花子：気温の上がり方から考えて，2 月に入ってから 30 日後以降の気温を表す関数が 2 次関数の場合も考えてみようか。

花子さんは気温を表す関数 $f(x)$ を，$0 \leqq x \leqq 30$ のときは太郎さんと同じように

$$f(x) = \frac{1}{5}x + 3 \quad \cdots\cdots\cdots\cdots ①$$

とし，$x \geqq 30$ のときは

$$f(x) = \frac{1}{100}x^2 - \frac{1}{6}x + 5 \quad \cdots\cdots\cdots\cdots ②$$

として考えた。なお，$x = 30$ のとき ① の右辺の値と ② の右辺の値は一致する。花子さんの考えた式を用いて，ソメイヨシノの開花日時を考えよう。(1) より

$$\int_0^{30}\left(\frac{1}{5}x + 3\right)dx = \boxed{\text{タチツ}}$$

であり

$$\int_{30}^{40}\left(\frac{1}{100}x^2 - \frac{1}{6}x + 5\right)dx = 115$$

となることがわかる。

また，$x \geqq 30$ の範囲において $f(x)$ は増加する。よって

$$\int_{30}^{40} f(x)\,dx \quad \boxed{\text{ハ}} \quad \int_{40}^{50} f(x)\,dx$$

であることがわかる。以上より，ソメイヨシノの開花日時は 2 月に入ってから $\boxed{\text{ヒ}}$ となる。

ハ の解答群

⓪ <	① =	② >

ヒ の解答群

⓪ 30 日後より前

① 30 日後

② 30 日後より後，かつ 40 日後より前

③ 40 日後

④ 40 日後より後，かつ 50 日後より前

⑤ 50 日後

⑥ 50 日後より後，かつ 60 日後より前

⑦ 60 日後

⑧ 60 日後より後

第3問 （選択問題）（配点　20）

以下の問題を解答するにあたっては，必要に応じて43ページの正規分布表を用いてもよい。

(1) ある生産地で生産されるピーマン全体を母集団とし，この母集団におけるピーマン1個の重さ(単位はg)を表す確率変数をXとする。mとσを正の実数とし，Xは正規分布$N(m,\ \sigma^2)$に従うとする。

(i) この母集団から1個のピーマンを無作為に抽出したとき，重さがm g以上である確率$P(X \geqq m)$は

$$P(X \geqq m) = P\left(\frac{X-m}{\sigma} \geqq \boxed{ア}\right) = \frac{\boxed{イ}}{\boxed{ウ}}$$

である。

(ii) 母集団から無作為に抽出された大きさnの標本X_1，X_2，…，X_nの標本平均を$\overline{X}$とする。$\overline{X}$の平均(期待値)と標準偏差はそれぞれ

$$E(\overline{X}) = \boxed{エ},\quad \sigma(\overline{X}) = \boxed{オ}$$

となる。

$n = 400$，標本平均が30.0 g，標本の標準偏差が3.6 gのとき，mの信頼度90 %の信頼区間を次の**方針**で求めよう。

方針

Zを標準正規分布$N(0,\ 1)$に従う確率変数として，$P(-z_0 \leqq Z \leqq z_0) = 0.901$となる$z_0$を正規分布表から求める。この$z_0$を用いると$m$の信頼度90.1 %の信頼区間が求められるが，これを信頼度90 %の信頼区間とみなして考える。

方針において，$z_0 = \boxed{カ}.\boxed{キク}$である。

一般に，標本の大きさ n が大きいときには，母標準偏差の代わりに，標本の標準偏差を用いてよいことが知られている。$n=400$ は十分に大きいので，**方針**に基づくと，m の信頼度 90 % の信頼区間は ケ となる。

エ ，オ の解答群（同じものを繰り返し選んでもよい。）

⓪ σ	① σ^2	② $\dfrac{\sigma}{\sqrt{n}}$	③ $\dfrac{\sigma^2}{n}$
④ m	⑤ $2m$	⑥ m^2	⑦ $\sqrt{m}$
⑧ $\dfrac{\sigma}{n}$	⑨ $n\sigma$	ⓐ nm	ⓑ $\dfrac{m}{n}$

ケ については，最も適当なものを，次の⓪～⑤のうちから一つ選べ。

⓪ $28.6 \leqq m \leqq 31.4$	① $28.7 \leqq m \leqq 31.3$	② $28.9 \leqq m \leqq 31.1$
③ $29.6 \leqq m \leqq 30.4$	④ $29.7 \leqq m \leqq 30.3$	⑤ $29.9 \leqq m \leqq 30.1$

(2)　(1)の確率変数 X において，$m=30.0$，$\sigma=3.6$ とした母集団から無作為にピーマンを1個ずつ抽出し，ピーマン2個を1組にしたものを袋に入れていく。このようにしてピーマン2個を1組にしたものを25袋作る。その際，1袋ずつの重さの分散を小さくするために，次の**ピーマン分類法**を考える。

ピーマン分類法

無作為に抽出したいくつかのピーマンについて，重さが30.0g以下のときをSサイズ，30.0gを超えるときはLサイズと分類する。そして，分類されたピーマンからSサイズとLサイズのピーマンを一つずつ選び，ピーマン2個を1組とした袋を作る。

(i)　ピーマンを無作為に50個抽出したとき，**ピーマン分類法**で25袋作ることができる確率 p_0 を考えよう。無作為に1個抽出したピーマンがSサイズである確率は $\dfrac{\boxed{コ}}{\boxed{サ}}$ である。ピーマンを無作為に50個抽出したときのSサイズのピーマンの個数を表す確率変数を U_0 とすると，U_0 は二項分布 $B\left(50,\ \dfrac{\boxed{コ}}{\boxed{サ}}\right)$ に従うので

$$p_0={}_{50}\mathrm{C}_{\boxed{シス}}\times\left(\frac{\boxed{コ}}{\boxed{サ}}\right)^{\boxed{シス}}\times\left(1-\frac{\boxed{コ}}{\boxed{サ}}\right)^{50-\boxed{シス}}$$

となる。

p_0 を計算すると，$p_0=0.1122\cdots$ となることから，ピーマンを無作為に50個抽出したとき，25袋作ることができる確率は0.11程度とわかる。

(ii)　**ピーマン分類法**で25袋作ることができる確率が0.95以上となるようなピーマンの個数を考えよう。

kを自然数とし，ピーマンを無作為に$(50+k)$個抽出したとき，Sサイズのピーマンの個数を表す確率変数をU_kとすると，U_kは二項分布

$B\left(50+k,\ \dfrac{\boxed{コ}}{\boxed{サ}}\right)$に従う。

$(50+k)$は十分に大きいので，U_kは近似的に正規分布

$N\left(\boxed{セ},\ \boxed{ソ}\right)$に従い，$Y=\dfrac{U_k-\boxed{セ}}{\sqrt{\boxed{ソ}}}$とすると，$Y$は近似的に標準正規分布$N(0,1)$に従う。

よって，**ピーマン分類法**で，25袋作ることができる確率をp_kとすると

$$p_k=P(25\leqq U_k\leqq 25+k)=P\left(-\frac{\boxed{タ}}{\sqrt{50+k}}\leqq Y\leqq \frac{\boxed{タ}}{\sqrt{50+k}}\right)$$

となる。

$\boxed{タ}=\alpha$，$\sqrt{50+k}=\beta$とおく。

$p_k\geqq 0.95$になるような$\dfrac{\alpha}{\beta}$について，正規分布表から$\dfrac{\alpha}{\beta}\geqq 1.96$を満たせばよいことがわかる。ここでは

$$\frac{\alpha}{\beta}\geqq 2 \qquad \cdots\cdots\cdots\cdots\cdots\cdots\cdots\cdots\cdots ①$$

を満たす自然数kを考えることとする。①の両辺は正であるから，$\alpha^2\geqq 4\beta^2$を満たす最小のkをk_0とすると，$k_0=\boxed{チツ}$であることがわかる。ただし，$\boxed{チツ}$の計算においては，$\sqrt{51}=7.14$を用いてもよい。

したがって，少なくとも$\left(50+\boxed{チツ}\right)$個のピーマンを抽出しておけば，**ピーマン分類法**で25袋作ることができる確率は0.95以上となる。

$\boxed{セ}$ ～ $\boxed{タ}$ の解答群(同じものを繰り返し選んでもよい。)

⓪ k	① $2k$	② $3k$	③ $\dfrac{50+k}{2}$
④ $\dfrac{25+k}{2}$	⑤ $25+k$	⑥ $\dfrac{\sqrt{50+k}}{2}$	⑦ $\dfrac{50+k}{4}$

正規分布表

次の表は，標準正規分布の分布曲線における右図の灰色部分の面積の値をまとめたものである。

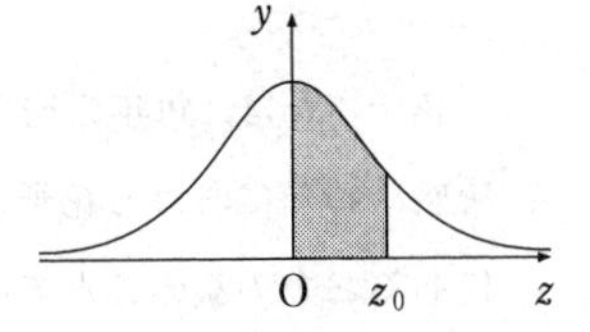

z_0	0.00	0.01	0.02	0.03	0.04	0.05	0.06	0.07	0.08	0.09
0.0	0.0000	0.0040	0.0080	0.0120	0.0160	0.0199	0.0239	0.0279	0.0319	0.0359
0.1	0.0398	0.0438	0.0478	0.0517	0.0557	0.0596	0.0636	0.0675	0.0714	0.0753
0.2	0.0793	0.0832	0.0871	0.0910	0.0948	0.0987	0.1026	0.1064	0.1103	0.1141
0.3	0.1179	0.1217	0.1255	0.1293	0.1331	0.1368	0.1406	0.1443	0.1480	0.1517
0.4	0.1554	0.1591	0.1628	0.1664	0.1700	0.1736	0.1772	0.1808	0.1844	0.1879
0.5	0.1915	0.1950	0.1985	0.2019	0.2054	0.2088	0.2123	0.2157	0.2190	0.2224
0.6	0.2257	0.2291	0.2324	0.2357	0.2389	0.2422	0.2454	0.2486	0.2517	0.2549
0.7	0.2580	0.2611	0.2642	0.2673	0.2704	0.2734	0.2764	0.2794	0.2823	0.2852
0.8	0.2881	0.2910	0.2939	0.2967	0.2995	0.3023	0.3051	0.3078	0.3106	0.3133
0.9	0.3159	0.3186	0.3212	0.3238	0.3264	0.3289	0.3315	0.3340	0.3365	0.3389
1.0	0.3413	0.3438	0.3461	0.3485	0.3508	0.3531	0.3554	0.3577	0.3599	0.3621
1.1	0.3643	0.3665	0.3686	0.3708	0.3729	0.3749	0.3770	0.3790	0.3810	0.3830
1.2	0.3849	0.3869	0.3888	0.3907	0.3925	0.3944	0.3962	0.3980	0.3997	0.4015
1.3	0.4032	0.4049	0.4066	0.4082	0.4099	0.4115	0.4131	0.4147	0.4162	0.4177
1.4	0.4192	0.4207	0.4222	0.4236	0.4251	0.4265	0.4279	0.4292	0.4306	0.4319
1.5	0.4332	0.4345	0.4357	0.4370	0.4382	0.4394	0.4406	0.4418	0.4429	0.4441
1.6	0.4452	0.4463	0.4474	0.4484	0.4495	0.4505	0.4515	0.4525	0.4535	0.4545
1.7	0.4554	0.4564	0.4573	0.4582	0.4591	0.4599	0.4608	0.4616	0.4625	0.4633
1.8	0.4641	0.4649	0.4656	0.4664	0.4671	0.4678	0.4686	0.4693	0.4699	0.4706
1.9	0.4713	0.4719	0.4726	0.4732	0.4738	0.4744	0.4750	0.4756	0.4761	0.4767
2.0	0.4772	0.4778	0.4783	0.4788	0.4793	0.4798	0.4803	0.4808	0.4812	0.4817
2.1	0.4821	0.4826	0.4830	0.4834	0.4838	0.4842	0.4846	0.4850	0.4854	0.4857
2.2	0.4861	0.4864	0.4868	0.4871	0.4875	0.4878	0.4881	0.4884	0.4887	0.4890
2.3	0.4893	0.4896	0.4898	0.4901	0.4904	0.4906	0.4909	0.4911	0.4913	0.4916
2.4	0.4918	0.4920	0.4922	0.4925	0.4927	0.4929	0.4931	0.4932	0.4934	0.4936
2.5	0.4938	0.4940	0.4941	0.4943	0.4945	0.4946	0.4948	0.4949	0.4951	0.4952
2.6	0.4953	0.4955	0.4956	0.4957	0.4959	0.4960	0.4961	0.4962	0.4963	0.4964
2.7	0.4965	0.4966	0.4967	0.4968	0.4969	0.4970	0.4971	0.4972	0.4973	0.4974
2.8	0.4974	0.4975	0.4976	0.4977	0.4977	0.4978	0.4979	0.4979	0.4980	0.4981
2.9	0.4981	0.4982	0.4982	0.4983	0.4984	0.4984	0.4985	0.4985	0.4986	0.4986
3.0	0.4987	0.4987	0.4987	0.4988	0.4988	0.4989	0.4989	0.4989	0.4990	0.4990

第4問 （選択問題）（配点　20）

花子さんは，毎年の初めに預金口座に一定額の入金をすることにした。この入金を始める前における花子さんの預金は10万円である。ここで，預金とは預金口座にあるお金の額のことである。預金には年利1％で利息がつき，ある年の初めの預金がx万円であれば，その年の終わりには預金は$1.01x$万円となる。次の年の初めには$1.01x$万円に入金額を加えたものが預金となる。

毎年の初めの入金額をp万円とし，n年目の初めの預金をa_n万円とおく。ただし，$p>0$とし，nは自然数とする。

例えば，$a_1=10+p$，$a_2=1.01(10+p)+p$である。

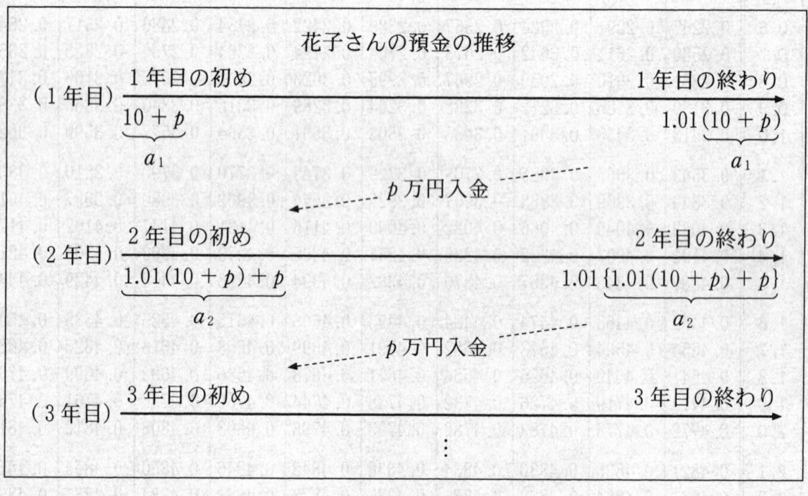

参考図

(1)　a_n を求めるために二つの方針で考える。

方針1

n 年目の初めの預金と $(n+1)$ 年目の初めの預金との関係に着目して考える。

3年目の初めの預金 a_3 万円について，$a_3 =$ [ア] である。すべての自然数 n について

$$a_{n+1} = \boxed{イ}\, a_n + \boxed{ウ}$$

が成り立つ。これは

$$a_{n+1} + \boxed{エ} = \boxed{オ}\left(a_n + \boxed{エ}\right)$$

と変形でき，a_n を求めることができる。

[ア] の解答群

⓪ $1.01\{1.01(10+p)+p\}$
① $1.01\{1.01(10+p)+1.01p\}$
② $1.01\{1.01(10+p)+p\}+p$
③ $1.01\{1.01(10+p)+p\}+1.01p$
④ $1.01(10+p)+1.01p$
⑤ $1.01(10+1.01p)+1.01p$

[イ] ～ [オ] の解答群（同じものを繰り返し選んでもよい。）

⓪ 1.01
① 1.01^{n-1}
② 1.01^n
③ p
④ $100p$
⑤ np
⑥ $100np$
⑦ $1.01^{n-1}\times 100p$
⑧ $1.01^n \times 100p$

方針２

もともと預金口座にあった10万円と毎年の初めに入金したp万円について，n年目の初めにそれぞれがいくらになるかに着目して考える。

もともと預金口座にあった10万円は，２年目の初めには10×1.01万円になり，３年目の初めには10×1.01^2万円になる。同様に考えるとn年目の初めには$10\times1.01^{n-1}$万円になる。

- １年目の初めに入金したp万円は，n年目の初めには$p\times1.01^{\boxed{カ}}$万円になる。
- ２年目の初めに入金したp万円は，n年目の初めには$p\times1.01^{\boxed{キ}}$万円になる。

⋮

- n年目の初めに入金したp万円は，n年目の初めにはp万円のままである。

これより

$$\begin{aligned}a_n&=10\times1.01^{n-1}+p\times1.01^{\boxed{カ}}+p\times1.01^{\boxed{キ}}+\cdots+p\\&=10\times1.01^{n-1}+p\sum_{k=1}^{n}1.01^{\boxed{ク}}\end{aligned}$$

となることがわかる。ここで，$\sum_{k=1}^{n}1.01^{\boxed{ク}}=\boxed{ケ}$となるので，$a_n$を求めることができる。

カ，キ の解答群（同じものを繰り返し選んでもよい。）

⓪ $n+1$　① n　② $n-1$　③ $n-2$

ク の解答群

⓪ $k+1$　① k　② $k-1$　③ $k-2$

ケ の解答群

⓪ 100×1.01^n　① $100(1.01^n-1)$

② $100(1.01^{n-1}-1)$　③ $n+1.01^{n-1}-1$

④ $0.01(101n-1)$　⑤ $\dfrac{n\times1.01^{n-1}}{2}$

(2)　花子さんは，10 年目の終わりの預金が 30 万円以上になるための入金額について考えた。

10 年目の終わりの預金が 30 万円以上であることを不等式を用いて表すと［コ］$\geqq 30$ となる。この不等式を p について解くと

$$p \geqq \frac{\boxed{\text{サシ}} - \boxed{\text{スセ}} \times 1.01^{10}}{101\left(1.01^{10} - 1\right)}$$

となる。したがって，毎年の初めの入金額が例えば 18000 円であれば，10 年目の終わりの預金が 30 万円以上になることがわかる。

［コ］の解答群

⓪ a_{10}	① $a_{10} + p$	② $a_{10} - p$
③ $1.01a_{10}$	④ $1.01a_{10} + p$	⑤ $1.01a_{10} - p$

(3)　1 年目の入金を始める前における花子さんの預金が 10 万円ではなく，13 万円の場合を考える。すべての自然数 n に対して，この場合の n 年目の初めの預金は a_n 万円よりも［ソ］万円多い。なお，年利は 1％であり，毎年の初めの入金額は p 万円のままである。

［ソ］の解答群

⓪ 3	① 13	② $3(n-1)$
③ $3n$	④ $13(n-1)$	⑤ $13n$
⑥ 3^n	⑦ $3 + 1.01(n-1)$	⑧ $3 \times 1.01^{n-1}$
⑨ 3×1.01^n	ⓐ $13 \times 1.01^{n-1}$	ⓑ 13×1.01^n

第5問 （選択問題）（配点 20）

三角錐(すい)PABCにおいて，辺BCの中点をMとおく。また，$\angle\mathrm{PAB}=\angle\mathrm{PAC}$とし，この角度を$\theta$とおく。ただし，$0^\circ<\theta<90^\circ$とする。

(1) $\overrightarrow{\mathrm{AM}}$は

$$\overrightarrow{\mathrm{AM}}=\frac{\boxed{\text{ア}}}{\boxed{\text{イ}}}\overrightarrow{\mathrm{AB}}+\frac{\boxed{\text{ウ}}}{\boxed{\text{エ}}}\overrightarrow{\mathrm{AC}}$$

と表せる。また

$$\frac{\overrightarrow{\mathrm{AP}}\cdot\overrightarrow{\mathrm{AB}}}{|\overrightarrow{\mathrm{AP}}||\overrightarrow{\mathrm{AB}}|}=\frac{\overrightarrow{\mathrm{AP}}\cdot\overrightarrow{\mathrm{AC}}}{|\overrightarrow{\mathrm{AP}}||\overrightarrow{\mathrm{AC}}|}=\boxed{\text{オ}}\quad\cdots\cdots\cdots\cdots\cdots\cdots\text{①}$$

である。

オ の解答群

⓪ $\sin\theta$	① $\cos\theta$	② $\tan\theta$
③ $\dfrac{1}{\sin\theta}$	④ $\dfrac{1}{\cos\theta}$	⑤ $\dfrac{1}{\tan\theta}$
⑥ $\sin\angle\mathrm{BPC}$	⑦ $\cos\angle\mathrm{BPC}$	⑧ $\tan\angle\mathrm{BPC}$

(2) $\theta=45^\circ$とし，さらに

$$|\overrightarrow{\mathrm{AP}}|=3\sqrt{2},\quad|\overrightarrow{\mathrm{AB}}|=|\overrightarrow{\mathrm{PB}}|=3,\quad|\overrightarrow{\mathrm{AC}}|=|\overrightarrow{\mathrm{PC}}|=3$$

が成り立つ場合を考える。このとき

$$\overrightarrow{\mathrm{AP}}\cdot\overrightarrow{\mathrm{AB}}=\overrightarrow{\mathrm{AP}}\cdot\overrightarrow{\mathrm{AC}}=\boxed{\text{カ}}$$

である。さらに，直線AM上の点Dが$\angle\mathrm{APD}=90^\circ$を満たしているとする。このとき，$\overrightarrow{\mathrm{AD}}=\boxed{\text{キ}}\overrightarrow{\mathrm{AM}}$である。

(3)

$$\overrightarrow{AQ} = \boxed{\text{キ}}\ \overrightarrow{AM}$$

で定まる点をQとおく。$\overrightarrow{PA}$ と $\overrightarrow{PQ}$ が垂直である三角錐PABCはどのようなものかについて考えよう。例えば(2)の場合では，点Qは点Dと一致し，$\overrightarrow{PA}$ と $\overrightarrow{PQ}$ は垂直である。

(i) $\overrightarrow{PA}$ と $\overrightarrow{PQ}$ が垂直であるとき，$\overrightarrow{PQ}$ を $\overrightarrow{AB}$，$\overrightarrow{AC}$，$\overrightarrow{AP}$ を用いて表して考えると，［ク］が成り立つ。さらに①に注意すると，［ク］から［ケ］が成り立つことがわかる。

したがって，$\overrightarrow{PA}$ と $\overrightarrow{PQ}$ が垂直であれば，［ケ］が成り立つ。逆に，［ケ］が成り立てば，$\overrightarrow{PA}$ と $\overrightarrow{PQ}$ は垂直である。

［ク］の解答群

- ⓪ $\overrightarrow{AP}\cdot\overrightarrow{AB} + \overrightarrow{AP}\cdot\overrightarrow{AC} = \overrightarrow{AP}\cdot\overrightarrow{AP}$
- ① $\overrightarrow{AP}\cdot\overrightarrow{AB} + \overrightarrow{AP}\cdot\overrightarrow{AC} = -\overrightarrow{AP}\cdot\overrightarrow{AP}$
- ② $\overrightarrow{AP}\cdot\overrightarrow{AB} + \overrightarrow{AP}\cdot\overrightarrow{AC} = \overrightarrow{AB}\cdot\overrightarrow{AC}$
- ③ $\overrightarrow{AP}\cdot\overrightarrow{AB} + \overrightarrow{AP}\cdot\overrightarrow{AC} = -\overrightarrow{AB}\cdot\overrightarrow{AC}$
- ④ $\overrightarrow{AP}\cdot\overrightarrow{AB} + \overrightarrow{AP}\cdot\overrightarrow{AC} = 0$
- ⑤ $\overrightarrow{AP}\cdot\overrightarrow{AB} - \overrightarrow{AP}\cdot\overrightarrow{AC} = 0$

［ケ］の解答群

- ⓪ $|\overrightarrow{AB}| + |\overrightarrow{AC}| = \sqrt{2}\,|\overrightarrow{BC}|$
- ① $|\overrightarrow{AB}| + |\overrightarrow{AC}| = 2\,|\overrightarrow{BC}|$
- ② $|\overrightarrow{AB}|\sin\theta + |\overrightarrow{AC}|\sin\theta = |\overrightarrow{AP}|$
- ③ $|\overrightarrow{AB}|\cos\theta + |\overrightarrow{AC}|\cos\theta = |\overrightarrow{AP}|$
- ④ $|\overrightarrow{AB}|\sin\theta = |\overrightarrow{AC}|\sin\theta = 2\,|\overrightarrow{AP}|$
- ⑤ $|\overrightarrow{AB}|\cos\theta = |\overrightarrow{AC}|\cos\theta = 2\,|\overrightarrow{AP}|$

(ii) k を正の実数とし

$$k\overrightarrow{AP}\cdot\overrightarrow{AB}=\overrightarrow{AP}\cdot\overrightarrow{AC}$$

が成り立つとする。このとき，［コ］が成り立つ。

また，点Bから直線APに下ろした垂線と直線APとの交点をB′とし，同様に点Cから直線APに下ろした垂線と直線APとの交点をC′とする。

このとき，$\overrightarrow{PA}$ と $\overrightarrow{PQ}$ が垂直であることは，［サ］であることと同値である。特に $k=1$ のとき，$\overrightarrow{PA}$ と $\overrightarrow{PQ}$ が垂直であることは，［シ］であることと同値である。

［コ］の解答群

⓪ $k|\overrightarrow{AB}|=|\overrightarrow{AC}|$　　① $|\overrightarrow{AB}|=k|\overrightarrow{AC}|$

② $k|\overrightarrow{AP}|=\sqrt{2}\,|\overrightarrow{AB}|$　　③ $k|\overrightarrow{AP}|=\sqrt{2}\,|\overrightarrow{AC}|$

［サ］の解答群

⓪ B′とC′がともに線分APの中点

① B′とC′が線分APをそれぞれ $(k+1):1$ と $1:(k+1)$ に内分する点

② B′とC′が線分APをそれぞれ $1:(k+1)$ と $(k+1):1$ に内分する点

③ B′とC′が線分APをそれぞれ $k:1$ と $1:k$ に内分する点

④ B′とC′が線分APをそれぞれ $1:k$ と $k:1$ に内分する点

⑤ B′とC′がともに線分APを $k:1$ に内分する点

⑥ B′とC′がともに線分APを $1:k$ に内分する点

［シ］の解答群

⓪ △PABと△PACがともに正三角形

① △PABと△PACがそれぞれ∠PBA = 90°，∠PCA = 90°を満たす直角二等辺三角形

② △PABと△PACがそれぞれBP = BA，CP = CAを満たす二等辺三角形

③ △PABと△PACが合同

④ AP = BC

数　学　Ⅰ

(全　問　必　答)

第1問　(配点　20)

〔1〕　実数 x についての不等式

$$|x+6| \leqq 2$$

の解は

$$\boxed{\text{アイ}} \leqq x \leqq \boxed{\text{ウエ}}$$

である。

よって，実数 a，b，c，d が

$$|(1-\sqrt{3})(a-b)(c-d)+6| \leqq 2$$

を満たしているとき，$1-\sqrt{3}$ は負であることに注意すると，$(a-b)(c-d)$ のとり得る値の範囲は

$$\boxed{\text{オ}} + \boxed{\text{カ}}\sqrt{3} \leqq (a-b)(c-d) \leqq \boxed{\text{キ}} + \boxed{\text{ク}}\sqrt{3}$$

であることがわかる。

特に

$$(a-b)(c-d)=\boxed{\text{キ}}+\boxed{\text{ク}}\sqrt{3} \quad \cdots\cdots ①$$

であるとき，さらに

$$(a-c)(b-d)=-3+\sqrt{3} \quad \cdots\cdots ②$$

が成り立つならば

$$(a-d)(c-b)=\boxed{\text{ケ}}+\boxed{\text{コ}}\sqrt{3} \quad \cdots\cdots ③$$

であることが，等式①，②，③の左辺を展開して比較することによりわかる。

〔2〕 Uを全体集合とし，A，B，CをUの部分集合とする。Uの部分集合Xに対して，Xの補集合を$\overline{X}$で表す。

(1) U，A，B，Cの関係を図1のように表すと，例えば，$A \cap (B \cup C)$はAと$B \cup C$の共通部分で，$B \cup C$は図2の斜線部分なので，$A \cap (B \cup C)$は図3の斜線部分となる。

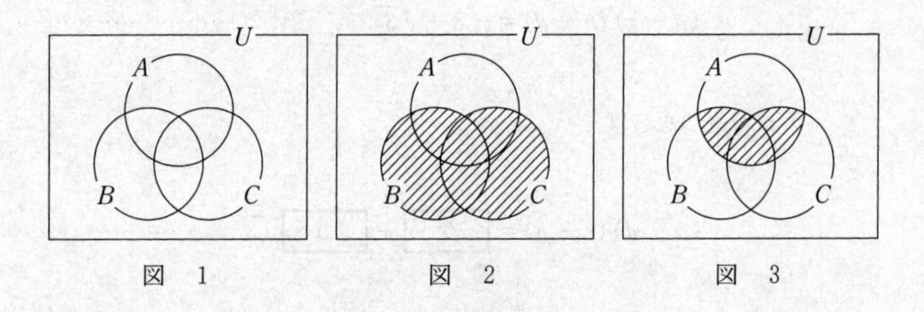

図 1　　図 2　　図 3

このとき，$(A \cap \overline{C}) \cup (B \cap C)$は サ の斜線部分である。

サ については，最も適当なものを，次の⓪～⑤のうちから一つ選べ。

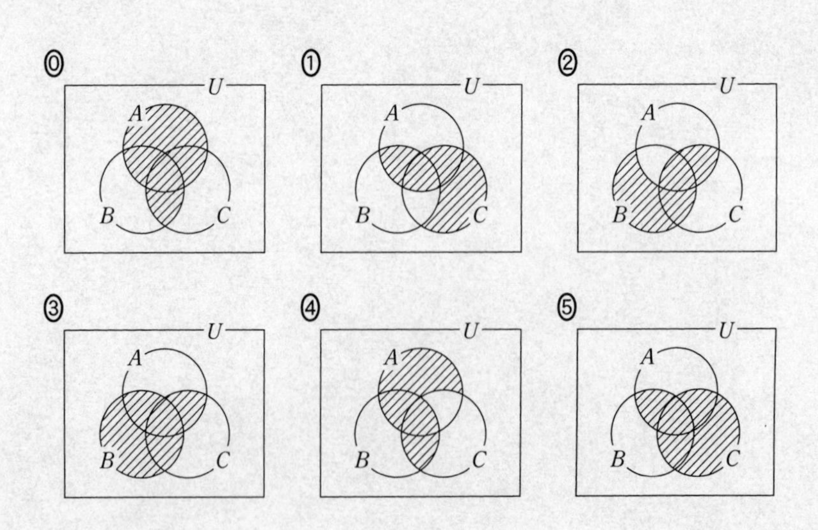

⑵　全体集合 U を

$$U=\{0, 1, 2, 3, 4, 5, 6, 7, 8, 9\}$$

とする。また，U の部分集合 A，B を次のように定める。

$$A=\{0, 2, 3, 4, 6, 8, 9\}, \quad B=\{1, 3, 5, 6, 7, 9\}$$

(i)　このとき

$$A \cap B=\{\boxed{シ}, \boxed{ス}, \boxed{セ}\}$$

$$\overline{A} \cap B=\{\boxed{ソ}, \boxed{タ}, \boxed{チ}\}$$

である。ただし

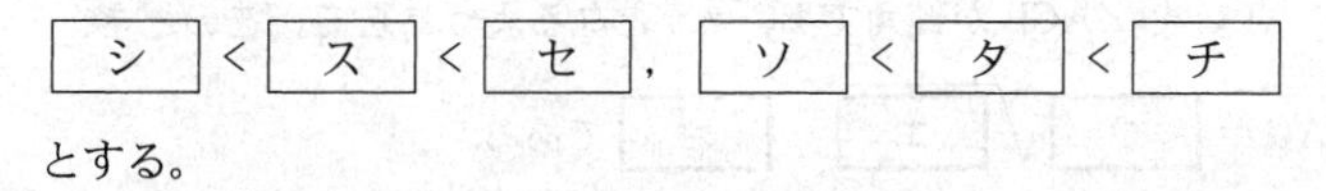

とする。

(ii)　U の部分集合 C は

$$(A \cap \overline{C}) \cup (B \cap C)=A$$

を満たすとする。このとき，次のことが成り立つ。

・$\overline{A} \cap B$ の $\boxed{ツ}$。

・$A \cap \overline{B}$ の $\boxed{テ}$。

$\boxed{ツ}$，$\boxed{テ}$ の解答群（同じものを繰り返し選んでもよい。）

⓪　すべての要素は C の要素である

①　どの要素も C の要素ではない

②　要素には，C の要素であるものと，C の要素でないものがある

第2問 (配点 30)

(1) 点Oを中心とし，半径が5である円Oがある。この円周上に2点A，Bを$AB=6$となるようにとる。また，円Oの円周上に，2点A，Bとは異なる点Cをとる。

(i) $\sin\angle ACB=$ [ア] である。また，点Cを$\angle ACB$が鈍角となるようにとるとき，$\cos\angle ACB=$ [イ] である。

(ii) 点Cを$\angle ACB$が鈍角で$BC=5$となるようにとる。このとき，

$AC=$ [ウ] $\sqrt{\text{[エ]}}-$ [オ] である。

(iii) 点Cを△ABCの面積が最大となるようにとる。点Cから直線ABに垂直な直線を引き，直線ABとの交点をDとするとき，$\tan\angle OAD=$ [カ] である。また，△ABCの面積は [キク] である。

(iv)　点Cを，(iii)と同様に，△ABCの面積が最大となるようにとる。このとき，

$\tan\angle ACB =$ [ケ] である。

さらに，点Cを通り直線ACに垂直な直線を引き，直線ABとの交点をEとする。このとき，$\sin\angle BCE =$ [コ] である。

点Fを線分CE上にとるとき，BFの長さの最小値は $\dfrac{[サシ]\sqrt{[スセ]}}{[ソ]}$

である。

[ア]，[イ]，[カ]，[ケ]，[コ] の解答群(同じものを繰り返し選んでもよい。)

⓪ $\frac{3}{5}$	① $\frac{3}{4}$	② $\frac{4}{5}$	③ 1	④ $\frac{4}{3}$
⑤ $-\frac{3}{5}$	⑥ $-\frac{3}{4}$	⑦ $-\frac{4}{5}$	⑧ -1	⑨ $-\frac{4}{3}$

(2) 半径が 5 である球 S がある。この球面上に 3 点 P，Q，R をとったとき，これらの 3 点を通る平面 α 上で PQ ＝ 8，QR ＝ 5，RP ＝ 9 であったとする。

球 S の球面上に点 T を三角錐(すい) TPQR の体積が最大となるようにとるとき，その体積を求めよう。

まず，$\cos \angle QPR = \dfrac{\boxed{タ}}{\boxed{チ}}$ であることから，△PQR の面積は

$\boxed{ツ}\sqrt{\boxed{テト}}$ である。

次に，点 T から平面 α に垂直な直線を引き，平面 α との交点を H とする。このとき，PH，QH，RH の長さについて，$\boxed{ナ}$ が成り立つ。

以上より，三角錐 TPQR の体積は $\boxed{ニヌ}\left(\sqrt{\boxed{ネノ}} + \sqrt{\boxed{ハ}}\right)$ である。

$\boxed{ナ}$ の解答群

⓪ PH < QH < RH	① PH < RH < QH
② QH < PH < RH	③ QH < RH < PH
④ RH < PH < QH	⑤ RH < QH < PH
⑥ PH ＝ QH ＝ RH	

第3問 (配点　20)

太郎さんは，総務省が公表している2020年の家計調査の結果を用いて，地域による食文化の違いについて考えている。家計調査における調査地点は，都道府県庁所在市および政令指定都市(都道府県庁所在市を除く)であり，合計52市である。家計調査の結果の中でも，スーパーマーケットなどで販売されている調理食品の「二人以上の世帯の1世帯当たり年間支出金額(以下，支出金額，単位は円)」を分析することにした。以下においては，52市の調理食品の支出金額をデータとして用いる。

太郎さんは調理食品として，最初にうなぎのかば焼き(以下，かば焼き)に着目し，図1のように52市におけるかば焼きの支出金額のヒストグラムを作成した。ただし，ヒストグラムの各階級の区間は，左側の数値を含み，右側の数値を含まない。

なお，以下の図や表については，総務省のWebページをもとに作成している。

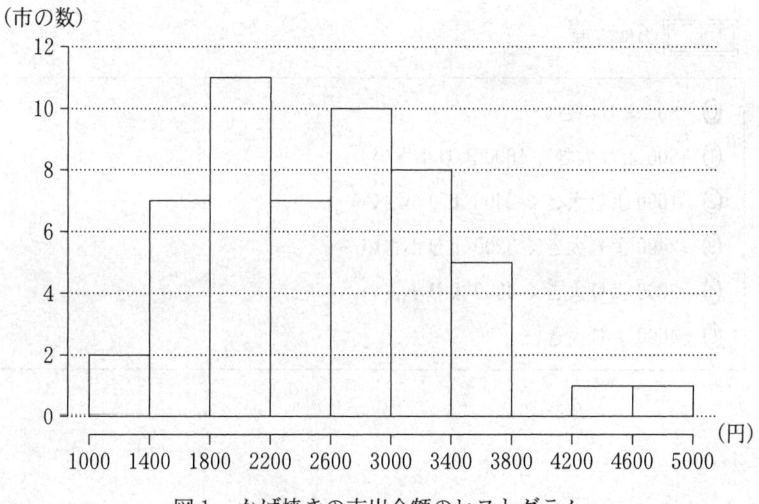

図1　かば焼きの支出金額のヒストグラム

(1) 図1から次のことが読み取れる。

- 中央値が含まれる階級は［ア］である。
- 第1四分位数が含まれる階級は［イ］である。
- 第3四分位数が含まれる階級は［ウ］である。
- 四分位範囲は［エ］。

［ア］～［ウ］の解答群（同じものを繰り返し選んでもよい。）

⓪ 1000以上1400未満　① 1400以上1800未満
② 1800以上2200未満　③ 2200以上2600未満
④ 2600以上3000未満　⑤ 3000以上3400未満
⑥ 3400以上3800未満　⑦ 3800以上4200未満
⑧ 4200以上4600未満　⑨ 4600以上5000未満

［エ］の解答群

⓪ 800より小さい
① 800より大きく1600より小さい
② 1600より大きく2400より小さい
③ 2400より大きく3200より小さい
④ 3200より大きく4000より小さい
⑤ 4000より大きい

⑵　太郎さんは，東西での地域による食文化の違いを調べるために，52 市を東側の地域 E(19 市)と西側の地域 W(33 市)の二つに分けて考えることにした。

(i)　地域 E と地域 W について，かば焼きの支出金額の箱ひげ図を，図 2，図 3 のようにそれぞれ作成した。

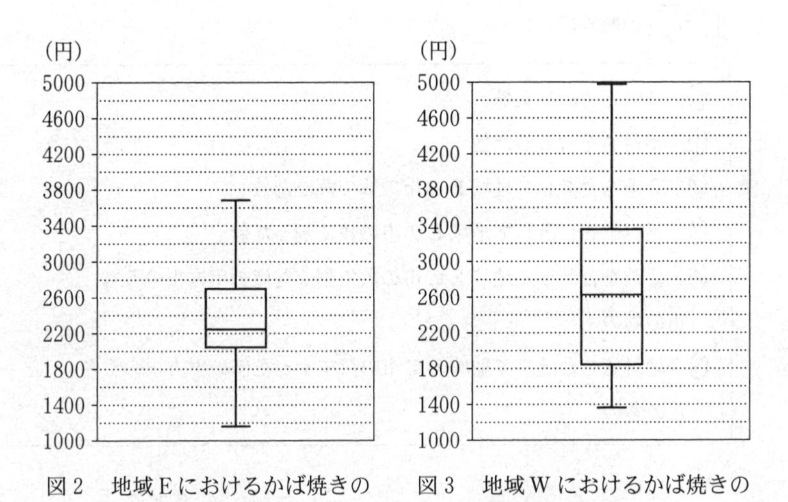

図 2　地域 E におけるかば焼きの支出金額の箱ひげ図

図 3　地域 W におけるかば焼きの支出金額の箱ひげ図

かば焼きの支出金額について，図 2 と図 3 から読み取れることとして，次の ⓪～③のうち，正しいものは　オ　である。

　オ　の解答群

⓪　地域 E において，小さい方から 5 番目は 2000 以下である。

①　地域 E と地域 W の範囲は等しい。

②　中央値は，地域 E より地域 W の方が大きい。

③　2600 未満の市の割合は，地域 E より地域 W の方が大きい。

(ii)　太郎さんは，地域Ｅと地域Ｗのデータの散らばりの度合いを数値でとらえようと思い，それぞれの分散を考えることにした。地域Ｅにおけるかば焼きの支出金額の分散は，地域Ｅのそれぞれの市におけるかば焼きの支出金額の偏差の［カ］である。

［カ］の解答群

⓪　２乗を合計した値
①　絶対値を合計した値
②　２乗を合計して地域Ｅの市の数で割った値
③　絶対値を合計して地域Ｅの市の数で割った値
④　２乗を合計して地域Ｅの市の数で割った値の平方根のうち正のもの
⑤　絶対値を合計して地域Ｅの市の数で割った値の平方根のうち正のもの

(3)　太郎さんは，(2)で考えた地域Eにおける，やきとりの支出金額についても調べることにした。

ここでは地域Eにおいて，やきとりの支出金額が増加すれば，かば焼きの支出金額も増加する傾向があるのではないかと考え，まず図4のように，地域Eにおける，やきとりとかば焼きの支出金額の散布図を作成した。そして，相関係数を計算するために，表1のように平均値，分散，標準偏差および共分散を算出した。ただし，共分散は地域Eのそれぞれの市における，やきとりの支出金額の偏差とかば焼きの支出金額の偏差との積の平均値である。

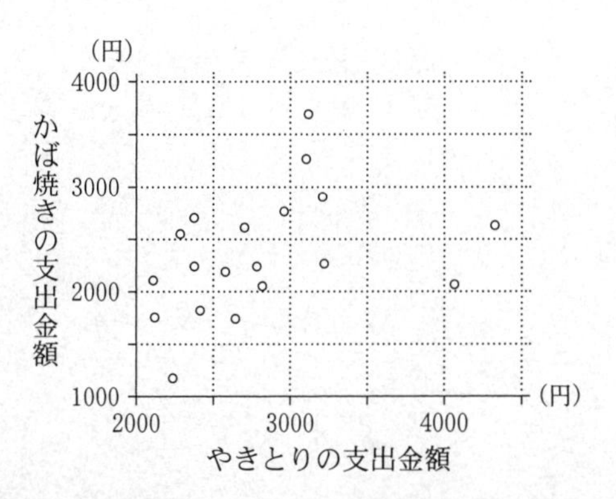

図4　地域Eにおける，やきとりとかば焼きの支出金額の散布図

表1　地域Eにおける，やきとりとかば焼きの支出金額の平均値，分散，標準偏差および共分散

	平均値	分　散	標準偏差	共分散
やきとりの支出金額	2810	348100	590	124000
かば焼きの支出金額	2350	324900	570	

(i)　表1を用いると，地域Eにおける，やきとりの支出金額とかば焼きの支出金額の相関係数は［キ］である。

［キ］については，最も適当なものを，次の⓪～⑨のうちから一つ選べ。

⓪　−0.62	①　−0.50	②　−0.37	③　−0.19
④　−0.02	⑤　0.02	⑥　0.19	⑦　0.37
⑧　0.50	⑨　0.62		

(ii)　地域Eの19市それぞれにおける，やきとりの支出金額 x とかば焼きの支出金額 y の値の組を

$$(x_1,\ y_1),\ (x_2,\ y_2),\ \cdots,\ (x_{19},\ y_{19})$$

とする。この支出金額のデータを千円単位に変換することを考える。地域Eにおいて千円単位に変換した，やきとりの支出金額 x' とかば焼きの支出金額 y' の値の組を

$$(x'_1,\ y'_1),\ (x'_2,\ y'_2),\ \cdots,\ (x'_{19},\ y'_{19})$$

とすると

$$\begin{cases} x'_i = \dfrac{x_i}{1000} \\ y'_i = \dfrac{y_i}{1000} \end{cases} \quad (i = 1,\ 2,\ \cdots,\ 19)$$

と表される。このとき，次のことが成り立つ。

- x' の分散は［ク］となる。
- x' と y' の相関係数は，x と y の相関係数［ケ］。

［ク］の解答群

⓪ $\dfrac{348100}{1000^2}$	① $\dfrac{348100}{1000}$	② 348100
③ 1000×348100	④ $1000^2 \times 348100$	

［ケ］の解答群

⓪ の $\dfrac{1}{1000^2}$ 倍となる	① の $\dfrac{1}{1000}$ 倍となる	② と等しい
③ の1000倍となる	④ の 1000^2 倍となる	

第4問　(配点　30)

〔1〕 p を実数とし，$f(x) = (x - 2)(x - 8) + p$ とする。

(1)　2次関数 $y = f(x)$ のグラフの頂点の座標は

$$\left(\boxed{\text{ア}},\ \boxed{\text{イウ}} + p\right)$$

である。

(2)　2次関数 $y = f(x)$ のグラフと x 軸との位置関係は，p の値によって次のように三つの場合に分けられる。

$p > \boxed{\text{エ}}$ のとき，2次関数 $y = f(x)$ のグラフは x 軸と共有点をもたない。

$p = \boxed{\text{エ}}$ のとき，2次関数 $y = f(x)$ のグラフは x 軸と点 $\left(\boxed{\text{オ}},\ 0\right)$ で接する。

$p < \boxed{\text{エ}}$ のとき，2次関数 $y = f(x)$ のグラフは x 軸と異なる2点で交わる。

(3)　2次関数 $y = f(x)$ のグラフを x 軸方向に -3，y 軸方向に5だけ平行移動した放物線をグラフとする2次関数を $y = g(x)$ とすると

$$g(x) = x^2 - \boxed{\text{カ}}\,x + p$$

となる。

関数 $y = |f(x) - g(x)|$ のグラフを考えることにより，

関数 $y = |f(x) - g(x)|$ は $x = \dfrac{\boxed{\text{キ}}}{\boxed{\text{ク}}}$ で最小値をとることがわかる。

〔2〕 太郎さんと花子さんは，バスケットボールのプロ選手の中には，リングと同じ高さでシュートを打てる人がいることを知り，シュートを打つ高さによってボールの軌道がどう変わるかについて考えている。

二人は，図1のように座標軸が定められた平面上に，プロ選手と花子さんがシュートを打つ様子を真横から見た図をかき，ボールがリングに入った場合について，後の**仮定**を設定して考えることにした。長さの単位はメートルであるが，以下では省略する。

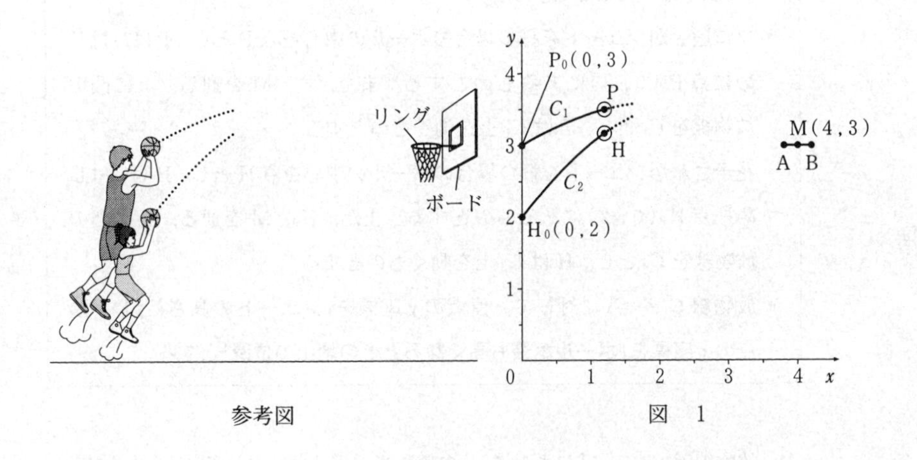

参考図　　　　図　1

仮定

- 平面上では，ボールを直径 0.2 の円とする。
- リングを真横から見たときの左端を点 A(3.8 , 3), 右端を点 B(4.2 , 3) とし，リングの太さは無視する。
- ボールがリングや他のものに当たらずに上からリングを通り，かつ，ボールの中心が AB の中点 M(4 , 3)を通る場合を考える。ただし，ボールがリングに当たるとは，ボールの中心と A または B との距離が 0.1 以下になることとする。
- プロ選手がシュートを打つ場合のボールの中心を点 P とし，P は，はじめに点 P_0(0 , 3)にあるものとする。また，P_0，M を通る，上に凸の放物線を C_1 とし，P は C_1 上を動くものとする。
- 花子さんがシュートを打つ場合のボールの中心を点 H とし，H は，はじめに点 H_0(0 , 2)にあるものとする。また，H_0，M を通る，上に凸の放物線を C_2 とし，H は C_2 上を動くものとする。
- 放物線 C_1 や C_2 に対して，頂点の y 座標を「**シュートの高さ**」とし，頂点の x 座標を「**ボールが最も高くなるときの地上の位置**」とする。

(1)　放物線 C_1 の方程式における x^2 の係数を a とする。放物線 C_1 の方程式は

$$y = ax^2 - \boxed{\text{ケ}}\,ax + \boxed{\text{コ}}$$

と表すことができる。また，プロ選手の「**シュートの高さ**」は

$$-\boxed{\text{サ}}\,a + \boxed{\text{シ}}$$

である。

放物線 C_2 の方程式における x^2 の係数を p とする。放物線 C_2 の方程式は

$$y = p\left\{x - \left(2 - \frac{1}{8p}\right)\right\}^2 - \frac{(16p-1)^2}{64p} + 2$$

と表すことができる。

プロ選手と花子さんの「**ボールが最も高くなるときの地上の位置**」の比較の記述として，次の⓪～③のうち，正しいものは［ス］である。

［ス］の解答群

⓪　プロ選手と花子さんの「**ボールが最も高くなるときの地上の位置**」は，つねに一致する。

①　プロ選手の「**ボールが最も高くなるときの地上の位置**」の方が，つねにMの x 座標に近い。

②　花子さんの「**ボールが最も高くなるときの地上の位置**」の方が，つねにMの x 座標に近い。

③　プロ選手の「**ボールが最も高くなるときの地上の位置**」の方がMの x 座標に近いときもあれば，花子さんの「**ボールが最も高くなるときの地上の位置**」の方がMの x 座標に近いときもある。

⑵　二人は，ボールがリングすれすれを通る場合のプロ選手と花子さんの「**シュートの高さ**」について次のように話している。

太郎：例えば，プロ選手のボールがリングに当たらないようにするには，Pがリングの左端Aのどのくらい上を通れば良いのかな。

花子：Aの真上の点でPが通る点Dを，線分DMがAを中心とする半径0.1の円と接するようにとって考えてみたらどうかな。

太郎：なるほど。Pの軌道は上に凸の放物線で山なりだから，その場合，図2のように，PはDを通った後で線分DMより上側を通るのでボールはリングに当たらないね。花子さんの場合も，HがこのDを通れば，ボールはリングに当たらないね。

花子：放物線 C_1 と C_2 がDを通る場合でプロ選手と私の「**シュートの高さ**」を比べてみようよ。

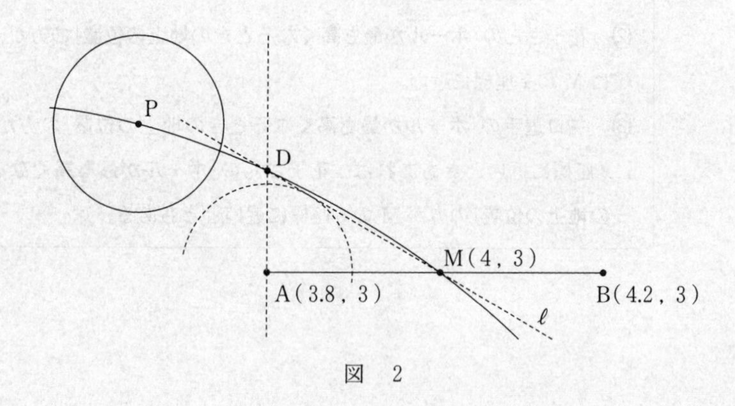

図　2

図2のように，Mを通る直線ℓが，Aを中心とする半径0.1の円に直線ABの上側で接しているとする。また，Aを通り直線ABに垂直な直線を引き，ℓとの交点をDとする。このとき，$AD = \dfrac{\sqrt{3}}{15}$である。

よって，放物線C_1がDを通るとき，C_1の方程式は

$$y = -\frac{\boxed{セ}\sqrt{\boxed{ソ}}}{\boxed{タチ}}\left(x^2 - \boxed{ケ}\,x\right) + \boxed{コ}$$

となる。

また，放物線C_2がDを通るとき，(1)で与えられたC_2の方程式を用いると，花子さんの「**シュートの高さ**」は約3.4と求められる。

以上のことから，放物線C_1とC_2がDを通るとき，プロ選手と花子さんの「**シュートの高さ**」を比べると，$\boxed{ツ}$の「**シュートの高さ**」の方が大きく，その差はボール$\boxed{テ}$である。なお，$\sqrt{3} = 1.7320508\cdots$である。

$\boxed{ツ}$の解答群

⓪ プロ選手	① 花子さん

$\boxed{テ}$については，最も適当なものを，次の⓪～③のうちから一つ選べ。

⓪ 約1個分	① 約2個分	② 約3個分	③ 約4個分

数　学　Ⅱ

（全　問　必　答）

第1問　数学Ⅱ・数学Bの第1問に同じ。［ア］～［ヌ］　（配点　30）

第2問　数学Ⅱ・数学Bの第2問に同じ。［ア］～［ヒ］　（配点　30）

第3問　（配点　20）

(1)　次の**問題1**について考えよう。

［**問題1**］　座標平面上の原点をOとし，方程式$(x-10)^2+(y-5)^2=25$が表す円をC_1とする。点Pが円C_1上を動くとき，線分OPを2：3に内分する点Qの軌跡を求めよ。

(i)　円C_1は，中心（［アイ］，［ウ］），半径［エ］の円である。

(ii)　点 Q の軌跡を求めよう。

点 P, Q の座標をそれぞれ$(s,\ t)$, $(x,\ y)$とすると

$$x=\frac{\boxed{\text{オ}}}{\boxed{\text{カ}}}s,\quad y=\frac{\boxed{\text{キ}}}{\boxed{\text{ク}}}t$$

が成り立つ。したがって

$$s=\frac{\boxed{\text{カ}}}{\boxed{\text{オ}}}x,\quad t=\frac{\boxed{\text{ク}}}{\boxed{\text{キ}}}y$$

である。

点 P$(s,\ t)$は円 C_1 上にあることに注意すると，点 Q は方程式

$$\left(x-\boxed{\text{ケ}}\right)^2+\left(y-\boxed{\text{コ}}\right)^2=\boxed{\text{サ}}^2 \cdots\cdots\cdots\cdots ①$$

が表す円上にあることがわかる。方程式 ① が表す円を C_2 とする。

逆に，円 C_2 上のすべての点 Q$(x,\ y)$は，条件を満たす。

これより，点 Q の軌跡が円 C_2 であることがわかる。

(iii)　円 C_1 の中心を A とする。円 C_2 の中心は線分 OA を $\boxed{\text{シ}}$ に内分する点である。

$\boxed{\text{シ}}$ の解答群

⓪　1：2	①　1：3	②　2：3
③　2：1	④　3：1	⑤　3：2

(2)　次の**問題 2** について考えよう。

> **問題 2**　座標平面上の原点をOとし，方程式 $(x-10)^2+(y-5)^2=25$ が表す円を C_1 とする。点Pが円 C_1 上を動くとき，線分OPを $m:n$ に内分する点Rの軌跡を求めよ。ただし，m と n は正の実数である。

円 C_1 の中心をAとする。点Rの軌跡は円となり，その中心は線分OAを **ス** に内分する点であり，半径は円 C_1 の半径の **セ** 倍である。

ス の解答群

⓪ $1:m$	① $1:n$	② $m:n$
③ $m:1$	④ $n:1$	⑤ $n:m$

セ の解答群

⓪ $\dfrac{m}{n}$	① $\dfrac{n}{m}$	② $\dfrac{m+n}{m}$
③ $\dfrac{m+n}{n}$	④ $\dfrac{m}{m+n}$	⑤ $\dfrac{n}{m+n}$

(3)　太郎さんと花子さんは，次の**問題3**について話している。

> **問題3**　座標平面上の2点D(1，6)，E(3，2)をとり，方程式 $(x-5)^2+(y-7)^2=9$ が表す円を C_3 とする。点Pが円 C_3 上を動くとき，△DEPの重心Gの軌跡を求めよ。

> 太郎：点P，Gの座標をそれぞれ$(s,\ t)$，$(x,\ y)$とおいて，(1)の(ii)のようにして計算すれば求められそうだね。
>
> 花子：(1)の(iii)や(2)で考えたことをもとにしても求められるかな。

線分DEの中点をMとする。△DEPの重心Gは，線分MPを［ソ］に内分する点である。

点Gの軌跡は，中心(［タ］，［チ］)，半径［ツ］の円である。

［ソ］の解答群

⓪　1：2	①　1：3	②　2：3
③　2：1	④　3：1	⑤　3：2

第4問 （配点 20）

p，qを実数とし，xの整式$S(x)$，$T(x)$を次のように定める。

$$S(x)=(x-2)\{x^2-2(p+1)x+2p^2-2p+5\}$$
$$T(x)=x^3+x+q$$

xの3次方程式$S(x)=0$の三つの解を2，α，βとする。xの3次方程式$T(x)=0$の三つの解をr，α'，β'とする。ただし，rは実数であるとする。

(1) $S(x)=0$の解がすべて実数になるのは，xの2次方程式

$$x^2-2(p+1)x+2p^2-2p+5=0 \quad \cdots\cdots ①$$

が実数解をもつときである。①の判別式を考えることにより，①が実数解をもつための必要十分条件は

$$p^2-\boxed{\text{ア}}\,p+\boxed{\text{イ}}\leqq 0$$

であることがわかる。すなわち，$p=\boxed{\text{ウ}}$である。よって，$S(x)=0$の解がすべて実数になるとき，その解は$x=2$，$\boxed{\text{エ}}$である。

$p \neq \boxed{\text{ウ}}$のとき，$S(x)=0$は二つの虚数

$$x=p+\boxed{\text{オ}}\pm\left(p-\boxed{\text{カ}}\right)i$$

を解にもつ。このことから，$p \neq \boxed{\text{ウ}}$のとき，$S(x)=0$の二つの虚数解α，βは互いに共役な複素数であることがわかる。

(2)　$x=r$ が $T(x)=0$ の解であるので，$q=-r^{\boxed{キ}}-r$ となる。これより $T(x)$ は次のように表せる。

$$T(x)=(x-r)\left(x^2+rx+r^{\boxed{ク}}+\boxed{ケ}\right)$$

ここで x の2次方程式 $x^2+rx+r^{\boxed{ク}}+\boxed{ケ}=0$ の判別式を D とおくと，すべての実数 r に対して D $\boxed{コ}$ 0となり，$T(x)=0$ の $x=r$ 以外の解は $x=\boxed{サ}$ となる。したがって，α'，β' は $\boxed{シ}$。

$\boxed{コ}$ の解答群

⓪ $<$	① $=$	② $>$

$\boxed{サ}$ の解答群

⓪ $-\dfrac{r}{2}$	① $-r$	② $\dfrac{-r\pm D}{2}$
③ $\dfrac{-2r\pm D}{2}$	④ $\dfrac{-r\pm\sqrt{D}\,i}{2}$	⑤ $\dfrac{-2r\pm\sqrt{D}\,i}{2}$
⑥ $\dfrac{-r\pm\sqrt{-D}\,i}{2}$	⑦ $\dfrac{-2r\pm\sqrt{-D}\,i}{2}$	

$\boxed{シ}$ の解答群

⓪　異なる実数である

①　等しい実数である

②　虚数であり，互いに共役な複素数である

(3)　$S(x)=0$，$T(x)=0$ が共通の解をもつ場合を考える。

(i)　共通の解が $x=2$ であるような r の値は［ス］。

［ス］の解答群

⓪ 存在しない	① ちょうど1個存在する
② ちょうど2個存在する	③ ちょうど3個存在する

(ii)　共通の実数解をもつが，$x=2$ が共通の解ではないとき，p，r の値の組 $(p,\ r)$ は

(［セ］，［ソ］)

である。

(iii)　共通の解が虚数のとき，p，r の値の組 $(p,\ r)$ は

(［タ］，［チツ］)，　(［テト］，［ナ］)

である。

2022

共通テスト
本試験

数学Ⅰ・数学A … 2

数学Ⅱ・数学B … 25

数学Ⅰ …………………… 49

数学Ⅱ …………………… 76

数学Ⅰ・数学A／数学Ⅰ：
解答時間 70分
配点 100点

数学Ⅱ・数学B／数学Ⅱ：
解答時間 60分
配点 100点

数学Ⅰ・数学A

問　題	選　択　方　法
第1問	必　　答
第2問	必　　答
第3問	いずれか2問を選択し，解答しなさい。
第4問	
第5問	

第１問　（必答問題）（配点　30）

〔1〕　実数 a，b，c が

$$a + b + c = 1 \quad \cdots\cdots ①$$

および

$$a^2 + b^2 + c^2 = 13 \quad \cdots\cdots ②$$

を満たしているとする。

(1)　$(a + b + c)^2$ を展開した式において，① と ② を用いると

$$ab + bc + ca = \boxed{\text{アイ}}$$

であることがわかる。よって

$$(a - b)^2 + (b - c)^2 + (c - a)^2 = \boxed{\text{ウエ}}$$

である。

(2)　$a-b=2\sqrt{5}$ の場合に，$(a-b)(b-c)(c-a)$の値を求めてみよう。

$b-c=x$，$c-a=y$ とおくと

$$x+y=\boxed{\text{オカ}}\sqrt{5}$$

である。また，(1)の計算から

$$x^2+y^2=\boxed{\text{キク}}$$

が成り立つ。

これらより

$$(a-b)(b-c)(c-a)=\boxed{\text{ケ}}\sqrt{5}$$

である。

〔2〕 以下の問題を解答するにあたっては，必要に応じて7ページの三角比の表を用いてもよい。

太郎さんと花子さんは，キャンプ場のガイドブックにある地図を見ながら，後のように話している。

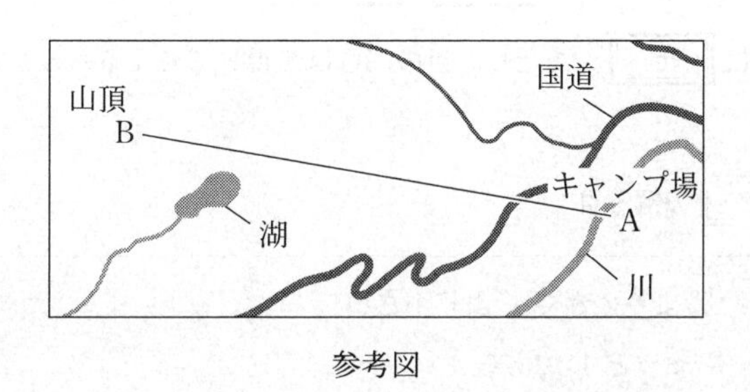

参考図

太郎：キャンプ場の地点Aから山頂Bを見上げる角度はどれくらいかな。

花子：地図アプリを使って，地点Aと山頂Bを含む断面図を調べたら，図1のようになったよ。点Cは，山頂Bから地点Aを通る水平面に下ろした垂線とその水平面との交点のことだよ。

太郎：図1の角度θは，AC，BCの長さを定規で測って，三角比の表を用いて調べたら$16°$だったよ。

花子：本当に$16°$なの？　図1の鉛直方向の縮尺と水平方向の縮尺は等しいのかな？

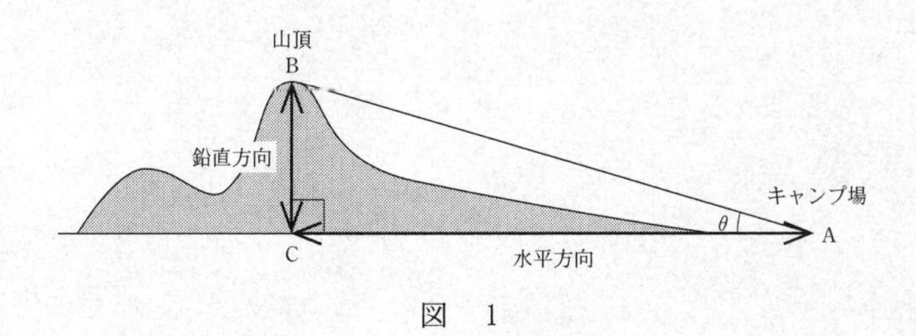

図　1

図1のθはちょうど16°であったとする。しかし，図1の縮尺は，水平方向が$\dfrac{1}{100000}$であるのに対して，鉛直方向は$\dfrac{1}{25000}$であった。

実際にキャンプ場の地点Aから山頂Bを見上げる角である∠BACを考えると，tan∠BACは［コ］.［サシス］となる。したがって，∠BACの大きさは［セ］。ただし，目の高さは無視して考えるものとする。

［セ］の解答群

⓪ 3°より大きく4°より小さい
① ちょうど4°である
② 4°より大きく5°より小さい
③ ちょうど16°である
④ 48°より大きく49°より小さい
⑤ ちょうど49°である
⑥ 49°より大きく50°より小さい
⑦ 63°より大きく64°より小さい
⑧ ちょうど64°である
⑨ 64°より大きく65°より小さい

三角比の表

角	正弦(sin)	余弦(cos)	正接(tan)
0°	0.0000	1.0000	0.0000
1°	0.0175	0.9998	0.0175
2°	0.0349	0.9994	0.0349
3°	0.0523	0.9986	0.0524
4°	0.0698	0.9976	0.0699
5°	0.0872	0.9962	0.0875
6°	0.1045	0.9945	0.1051
7°	0.1219	0.9925	0.1228
8°	0.1392	0.9903	0.1405
9°	0.1564	0.9877	0.1584
10°	0.1736	0.9848	0.1763
11°	0.1908	0.9816	0.1944
12°	0.2079	0.9781	0.2126
13°	0.2250	0.9744	0.2309
14°	0.2419	0.9703	0.2493
15°	0.2588	0.9659	0.2679
16°	0.2756	0.9613	0.2867
17°	0.2924	0.9563	0.3057
18°	0.3090	0.9511	0.3249
19°	0.3256	0.9455	0.3443
20°	0.3420	0.9397	0.3640
21°	0.3584	0.9336	0.3839
22°	0.3746	0.9272	0.4040
23°	0.3907	0.9205	0.4245
24°	0.4067	0.9135	0.4452
25°	0.4226	0.9063	0.4663
26°	0.4384	0.8988	0.4877
27°	0.4540	0.8910	0.5095
28°	0.4695	0.8829	0.5317
29°	0.4848	0.8746	0.5543
30°	0.5000	0.8660	0.5774
31°	0.5150	0.8572	0.6009
32°	0.5299	0.8480	0.6249
33°	0.5446	0.8387	0.6494
34°	0.5592	0.8290	0.6745
35°	0.5736	0.8192	0.7002
36°	0.5878	0.8090	0.7265
37°	0.6018	0.7986	0.7536
38°	0.6157	0.7880	0.7813
39°	0.6293	0.7771	0.8098
40°	0.6428	0.7660	0.8391
41°	0.6561	0.7547	0.8693
42°	0.6691	0.7431	0.9004
43°	0.6820	0.7314	0.9325
44°	0.6947	0.7193	0.9657
45°	0.7071	0.7071	1.0000

角	正弦(sin)	余弦(cos)	正接(tan)
45°	0.7071	0.7071	1.0000
46°	0.7193	0.6947	1.0355
47°	0.7314	0.6820	1.0724
48°	0.7431	0.6691	1.1106
49°	0.7547	0.6561	1.1504
50°	0.7660	0.6428	1.1918
51°	0.7771	0.6293	1.2349
52°	0.7880	0.6157	1.2799
53°	0.7986	0.6018	1.3270
54°	0.8090	0.5878	1.3764
55°	0.8192	0.5736	1.4281
56°	0.8290	0.5592	1.4826
57°	0.8387	0.5446	1.5399
58°	0.8480	0.5299	1.6003
59°	0.8572	0.5150	1.6643
60°	0.8660	0.5000	1.7321
61°	0.8746	0.4848	1.8040
62°	0.8829	0.4695	1.8807
63°	0.8910	0.4540	1.9626
64°	0.8988	0.4384	2.0503
65°	0.9063	0.4226	2.1445
66°	0.9135	0.4067	2.2460
67°	0.9205	0.3907	2.3559
68°	0.9272	0.3746	2.4751
69°	0.9336	0.3584	2.6051
70°	0.9397	0.3420	2.7475
71°	0.9455	0.3256	2.9042
72°	0.9511	0.3090	3.0777
73°	0.9563	0.2924	3.2709
74°	0.9613	0.2756	3.4874
75°	0.9659	0.2588	3.7321
76°	0.9703	0.2419	4.0108
77°	0.9744	0.2250	4.3315
78°	0.9781	0.2079	4.7046
79°	0.9816	0.1908	5.1446
80°	0.9848	0.1736	5.6713
81°	0.9877	0.1564	6.3138
82°	0.9903	0.1392	7.1154
83°	0.9925	0.1219	8.1443
84°	0.9945	0.1045	9.5144
85°	0.9962	0.0872	11.4301
86°	0.9976	0.0698	14.3007
87°	0.9986	0.0523	19.0811
88°	0.9994	0.0349	28.6363
89°	0.9998	0.0175	57.2900
90°	1.0000	0.0000	—

〔3〕　外接円の半径が3である△ABCを考える。点Aから直線BCに引いた垂線と直線BCとの交点をDとする。

(1)　AB = 5，AC = 4とする。このとき

$$\sin\angle ABC = \frac{\boxed{ソ}}{\boxed{タ}}, \qquad AD = \frac{\boxed{チツ}}{\boxed{テ}}$$

である。

(2)　2辺AB，ACの長さの間に2AB + AC = 14の関係があるとする。

このとき，ABの長さのとり得る値の範囲は $\boxed{ト} \leqq AB \leqq \boxed{ナ}$ であり

$$AD = \frac{\boxed{ニヌ}}{\boxed{ネ}}AB^2 + \frac{\boxed{ノ}}{\boxed{ハ}}AB$$

と表せるので，ADの長さの最大値は $\boxed{ヒ}$ である。

第２問　（必答問題）（配点　30）

〔１〕　p，q を実数とする。

花子さんと太郎さんは，次の二つの２次方程式について考えている。

$$x^2 + px + q = 0 \quad \cdots\cdots ①$$
$$x^2 + qx + p = 0 \quad \cdots\cdots ②$$

① または ② を満たす実数 x の個数を n とおく。

(1)　$p = 4$，$q = -4$ のとき，$n =$ [ア] である。

また，$p = 1$，$q = -2$ のとき，$n =$ [イ] である。

(2)　$p = -6$ のとき，$n = 3$ になる場合を考える。

花子：例えば，① と ② をともに満たす実数 x があるときは $n = 3$ になりそうだね。

太郎：それを α としたら，$\alpha^2 - 6\alpha + q = 0$ と $\alpha^2 + q\alpha - 6 = 0$ が成り立つよ。

花子：なるほど。それならば，α^2 を消去すれば，α の値が求められそうだね。

太郎：確かに α の値が求まるけど，実際に $n = 3$ となっているかどうかの確認が必要だね。

花子：これ以外にも $n = 3$ となる場合がありそうだね。

$n = 3$ となる q の値は

$q =$ [ウ]，[エ]

である。ただし，[ウ] ＜ [エ] とする。

(3)　花子さんと太郎さんは，グラフ表示ソフトを用いて，①，②の左辺を y とおいた2次関数 $y = x^2 + px + q$ と $y = x^2 + qx + p$ のグラフの動きを考えている。

$p=-6$ に固定したまま，q の値だけを変化させる。

$$y=x^2-6x+q \quad \cdots\cdots\cdots\cdots\cdots\cdots\cdots ③$$
$$y=x^2+qx-6 \quad \cdots\cdots\cdots\cdots\cdots\cdots\cdots ④$$

の二つのグラフについて，$q=1$ のときのグラフを点線で，q の値を1から増加させたときのグラフを実線でそれぞれ表す。このとき，③ のグラフの移動の様子を示すと **オ** となり，④ のグラフの移動の様子を示すと **カ** となる。

オ，カ については，最も適当なものを，次の⓪～⑦のうちから一つずつ選べ。ただし，同じものを繰り返し選んでもよい。なお，x 軸と y 軸は省略しているが，x 軸は右方向，y 軸は上方向がそれぞれ正の方向である。

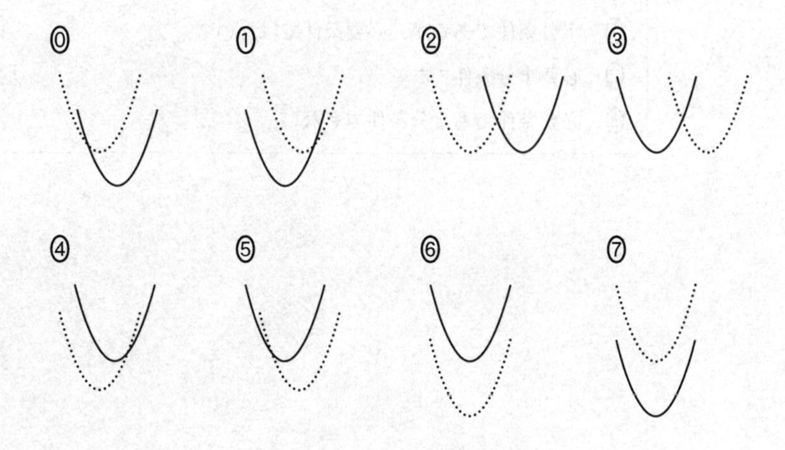

(4) [ウ] $< q <$ [エ] とする。全体集合 U を実数全体の集合とし，U の部分集合 A，B を

$$A = \{x \mid x^2 - 6x + q < 0\}$$
$$B = \{x \mid x^2 + qx - 6 < 0\}$$

とする。U の部分集合 X に対し，X の補集合を $\overline{X}$ と表す。このとき，次のことが成り立つ。

- $x \in A$ は，$x \in B$ であるための [キ]。
- $x \in B$ は，$x \in \overline{A}$ であるための [ク]。

[キ]，[ク] の解答群（同じものを繰り返し選んでもよい。）

⓪ 必要条件であるが，十分条件ではない
① 十分条件であるが，必要条件ではない
② 必要十分条件である
③ 必要条件でも十分条件でもない

〔2〕 日本国外における日本語教育の状況を調べるために，独立行政法人国際交流基金では「海外日本語教育機関調査」を実施しており，各国における教育機関数，教員数，学習者数が調べられている。2018 年度において学習者数が 5000 人以上の国と地域(以下，国)は 29 か国であった。これら 29 か国について，2009 年度と 2018 年度のデータが得られている。

(1) 各国において，学習者数を教員数で割ることにより，国ごとの「教員 1 人あたりの学習者数」を算出することができる。図 1 と図 2 は，2009 年度および 2018 年度における「教員 1 人あたりの学習者数」のヒストグラムである。これら二つのヒストグラムから，9 年間の変化に関して，後のことが読み取れる。なお，ヒストグラムの各階級の区間は，左側の数値を含み，右側の数値を含まない。

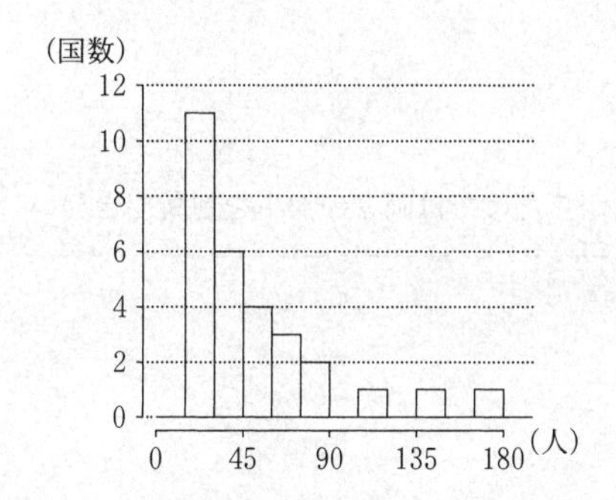

図 1　2009 年度における教員 1 人あたりの学習者数のヒストグラム

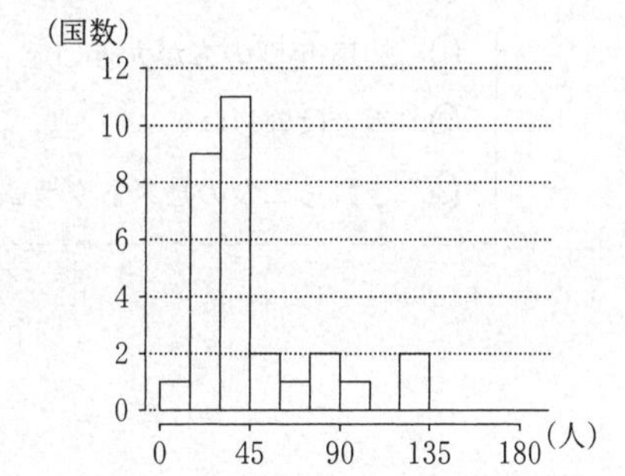

図 2　2018 年度における教員 1 人あたりの学習者数のヒストグラム

(出典：国際交流基金の Web ページにより作成)

- 2009 年度と 2018 年度の中央値が含まれる階級の階級値を比較すると，［ケ］。
- 2009 年度と 2018 年度の第 1 四分位数が含まれる階級の階級値を比較すると，［コ］。
- 2009 年度と 2018 年度の第 3 四分位数が含まれる階級の階級値を比較すると，［サ］。
- 2009 年度と 2018 年度の範囲を比較すると，［シ］。
- 2009 年度と 2018 年度の四分位範囲を比較すると，［ス］。

［ケ］～［ス］の解答群(同じものを繰り返し選んでもよい。)

⓪ 2018 年度の方が小さい
① 2018 年度の方が大きい
② 両者は等しい
③ これら二つのヒストグラムからだけでは両者の大小を判断できない

⑵　各国において，学習者数を教育機関数で割ることにより，「教育機関１機関あたりの学習者数」も算出した。図３は，2009 年度における「教育機関１機関あたりの学習者数」の箱ひげ図である。

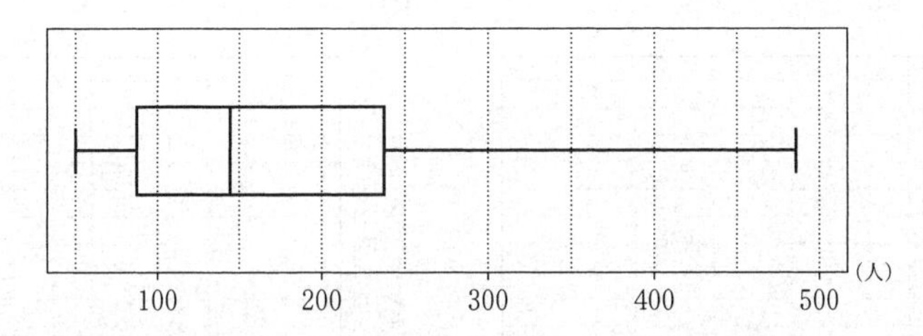

図３　2009 年度における教育機関１機関あたりの学習者数の箱ひげ図

（出典：国際交流基金の Web ページにより作成）

2009 年度について，「教育機関１機関あたりの学習者数」（横軸）と「教員１人あたりの学習者数」（縦軸）の散布図は［セ］である。ここで，2009 年度における「教員１人あたりの学習者数」のヒストグラムである⑴の図１を，図４として再掲しておく。

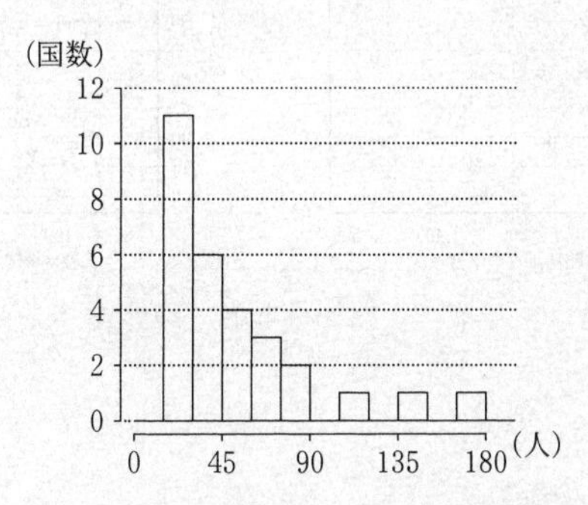

図４　2009 年度における教員１人あたりの学習者数のヒストグラム

（出典：国際交流基金の Web ページにより作成）

セ については，最も適当なものを，次の⓪～③のうちから一つ選べ。なお，これらの散布図には，完全に重なっている点はない。

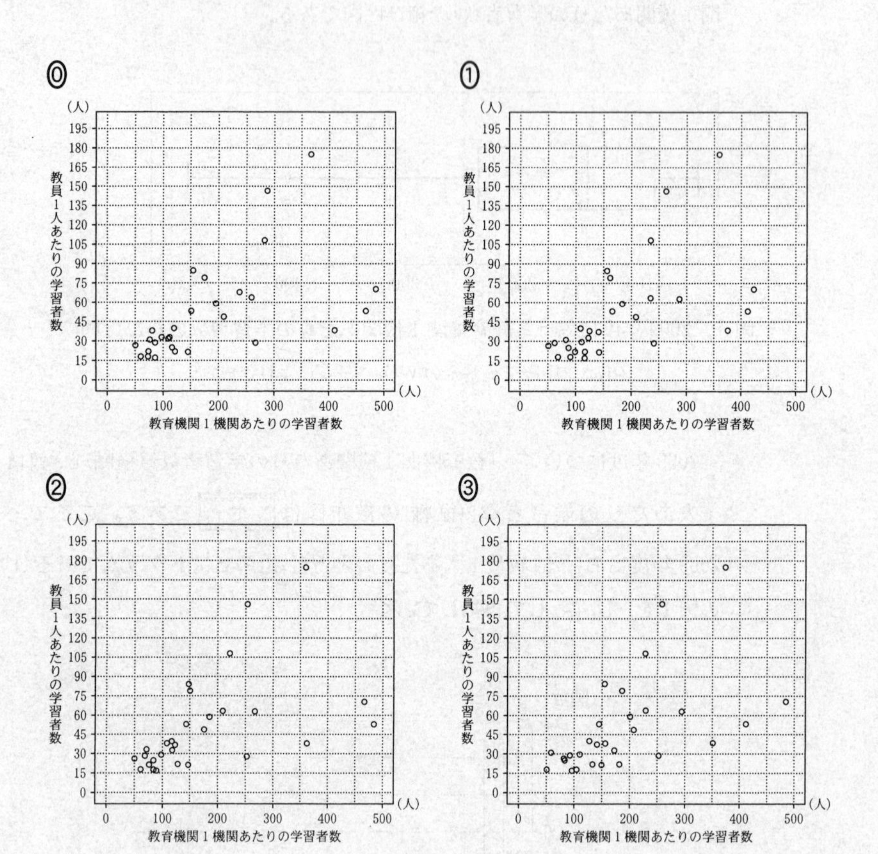

(3) 各国における2018年度の学習者数を100としたときの2009年度の学習者数S，および，各国における2018年度の教員数を100としたときの2009年度の教員数Tを算出した。

例えば，学習者数について説明すると，ある国において，2009年度が44272人，2018年度が174521人であった場合，2009年度の学習者数Sは$\frac{44272}{174521} \times 100$より25.4と算出される。

表1はSとTについて，平均値，標準偏差および共分散を計算したものである。ただし，SとTの共分散は，Sの偏差とTの偏差の積の平均値である。

表1の数値が四捨五入していない正確な値であるとして，SとTの相関係数を求めると［ソ］.［タチ］である。

表1　平均値，標準偏差および共分散

Sの平均値	Tの平均値	Sの標準偏差	Tの標準偏差	SとTの共分散
81.8	72.9	39.3	29.9	735.3

(4)　表1と(3)で求めた相関係数を参考にすると，(3)で算出した2009年度の S（横軸）と T（縦軸）の散布図は［ツ］である。

［ツ］については，最も適当なものを，次の⓪～③のうちから一つ選べ。なお，これらの散布図には，完全に重なっている点はない。

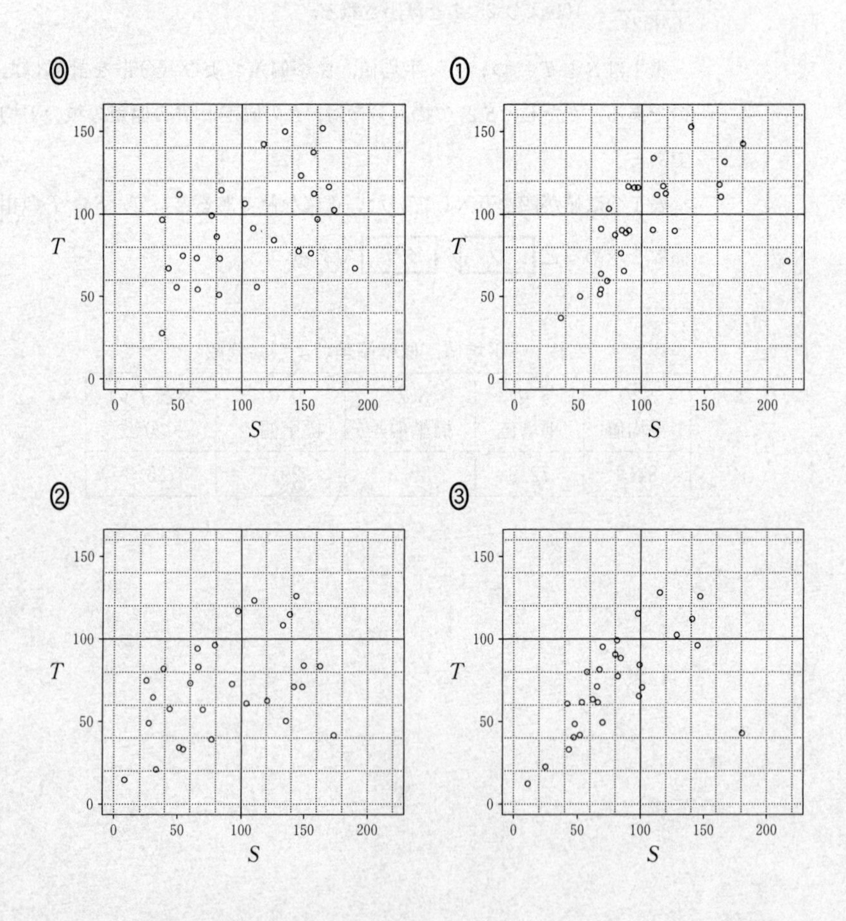

第3問　（選択問題）（配点　20）

複数人がそれぞれプレゼントを一つずつ持ち寄り，交換会を開く。ただし，プレゼントはすべて異なるとする。プレゼントの交換は次の**手順**で行う。

手順

外見が同じ袋を人数分用意し，各袋にプレゼントを一つずつ入れたうえで，各参加者に袋を一つずつでたらめに配る。各参加者は配られた袋の中のプレゼントを受け取る。

交換の結果，1人でも自分の持参したプレゼントを受け取った場合は，交換をやり直す。そして，全員が自分以外の人の持参したプレゼントを受け取ったところで交換会を終了する。

(1)　2人または3人で交換会を開く場合を考える。

(i)　2人で交換会を開く場合，1回目の交換で交換会が終了するプレゼントの受け取り方は［ア］通りある。したがって，1回目の交換で交換会が終了する確率は$\frac{［イ］}{［ウ］}$である。

(ii)　3人で交換会を開く場合，1回目の交換で交換会が終了するプレゼントの受け取り方は［エ］通りある。したがって，1回目の交換で交換会が終了する確率は$\frac{［オ］}{［カ］}$である。

(iii)　3人で交換会を開く場合，4回以下の交換で交換会が終了する確率は$\frac{［キク］}{［ケコ］}$である。

(2)　4人で交換会を開く場合，1回目の交換で交換会が終了する確率を次の**構想**に基づいて求めてみよう。

構想

1回目の交換で交換会が**終了しない**プレゼントの受け取り方の総数を求める。そのために，自分の持参したプレゼントを受け取る人数によって場合分けをする。

1回目の交換で，4人のうち，ちょうど1人が自分の持参したプレゼントを受け取る場合は［サ］通りあり，ちょうど2人が自分のプレゼントを受け取る場合は［シ］通りある。このように考えていくと，1回目のプレゼントの受け取り方のうち，1回目の交換で交換会が終了しない受け取り方の総数は［スセ］である。

したがって，1回目の交換で交換会が終了する確率は $\frac{\boxed{ソ}}{\boxed{タ}}$ である。

(3)　5人で交換会を開く場合，1回目の交換で交換会が終了する確率は $\frac{\boxed{チツ}}{\boxed{テト}}$ である。

(4)　A，B，C，D，Eの5人が交換会を開く。1回目の交換でA，B，C，Dがそれぞれ自分以外の人の持参したプレゼントを受け取ったとき，その回で交換会が終了する条件付き確率は $\frac{\boxed{ナニ}}{\boxed{ヌネ}}$ である。

第４問 （選択問題）（配点　20）

(1)　$5^4=625$ を 2^4 で割ったときの余りは1に等しい。このことを用いると，不定方程式

$$5^4x-2^4y=1 \quad \cdots\cdots\cdots\cdots ①$$

の整数解のうち，x が正の整数で最小になるのは

$$x=\boxed{\text{ア}},\ y=\boxed{\text{イウ}}$$

であることがわかる。

また，① の整数解のうち，x が2桁の正の整数で最小になるのは

$$x=\boxed{\text{エオ}},\ y=\boxed{\text{カキク}}$$

である。

(2)　次に，625^2 を 5^5 で割ったときの余りと，2^5 で割ったときの余りについて考えてみよう。

まず

$$625^2=5^{\boxed{\text{ケ}}}$$

であり，また，$m=\boxed{\text{イウ}}$ とすると

$$625^2=2^{\boxed{\text{ケ}}}m^2+2^{\boxed{\text{コ}}}m+1$$

である。これらより，625^2 を 5^5 で割ったときの余りと，2^5 で割ったときの余りがわかる。

(3)　(2)の考察は，不定方程式

$$5^5x - 2^5y = 1 \qquad \cdots\cdots\cdots\cdots\cdots\cdots\cdots\cdots\cdots\cdots ②$$

の整数解を調べるために利用できる。

x，y を ② の整数解とする。5^5x は 5^5 の倍数であり，2^5 で割ったときの余りは1となる。よって，(2)により，$5^5x - 625^2$ は 5^5 でも 2^5 でも割り切れる。5^5 と 2^5 は互いに素なので，$5^5x - 625^2$ は $5^5 \cdot 2^5$ の倍数である。

このことから，② の整数解のうち，x が3桁の正の整数で最小になるのは

$x =$ **サシス**，$y =$ **セソタチツ**

であることがわかる。

(4)　11^4 を 2^4 で割ったときの余りは1に等しい。不定方程式

$$11^5x - 2^5y = 1$$

の整数解のうち，x が正の整数で最小になるのは

$x =$ **テト**，$y =$ **ナニヌネノ**

である。

第5問 （選択問題）（配点　20）

△ABCの重心をGとし，線分AG上で点Aとは異なる位置に点Dをとる。直線AGと辺BCの交点をEとする。また，直線BC上で辺BC上にはない位置に点Fをとる。直線DFと辺ABの交点をP，直線DFと辺ACの交点をQとする。

(1)　点Dは線分AGの中点であるとする。このとき，△ABCの形状に関係なく

$$\frac{AD}{DE}=\frac{\boxed{ア}}{\boxed{イ}}$$

である。また，点Fの位置に関係なく

$$\frac{BP}{AP}=\boxed{ウ}\times\frac{\boxed{エ}}{\boxed{オ}},\qquad \frac{CQ}{AQ}=\boxed{カ}\times\frac{\boxed{キ}}{\boxed{ク}}$$

であるので，つねに

$$\frac{BP}{AP}+\frac{CQ}{AQ}=\boxed{ケ}$$

となる。

$\boxed{エ}$，$\boxed{オ}$，$\boxed{キ}$，$\boxed{ク}$ の解答群（同じものを繰り返し選んでもよい。）

⓪ BC	① BF	② CF	③ EF
④ FP	⑤ FQ	⑥ PQ	

(2)　AB = 9，BC = 8，AC = 6 とし，(1)と同様に，点 D は線分 AG の中点であるとする。ここで，4 点 B，C，Q，P が同一円周上にあるように点 F をとる。

このとき，$\mathrm{AQ} = \dfrac{\boxed{\text{コ}}}{\boxed{\text{サ}}}\mathrm{AP}$ であるから

$$\mathrm{AP} = \frac{\boxed{\text{シス}}}{\boxed{\text{セ}}}, \qquad \mathrm{AQ} = \frac{\boxed{\text{ソタ}}}{\boxed{\text{チ}}}$$

であり

$$\mathrm{CF} = \frac{\boxed{\text{ツテ}}}{\boxed{\text{トナ}}}$$

である。

(3)　△ABC の形状や点 F の位置に関係なく，つねに $\dfrac{\mathrm{BP}}{\mathrm{AP}} + \dfrac{\mathrm{CQ}}{\mathrm{AQ}} = 10$ となるのは，$\dfrac{\mathrm{AD}}{\mathrm{DG}} = \dfrac{\boxed{\text{ニ}}}{\boxed{\text{ヌ}}}$ のときである。

数学Ⅱ・数学B

問　題	選　択　方　法
第1問	必　　答
第2問	必　　答
第3問	いずれか2問を選択し，解答しなさい。
第4問	
第5問	

第1問 （必答問題）（配点　30）

〔1〕 座標平面上に点A(－8，0)をとる。また，不等式

$$x^2+y^2-4x-10y+4 \leqq 0$$

の表す領域を D とする。

(1) 領域 D は，中心が点(ア ， イ)，半径が ウ の円の エ である。

エ の解答群

⓪ 周	① 内　部	② 外　部
③ 周および内部	④ 周および外部	

以下，点(ア ， イ)をQとし，方程式

$$x^2+y^2-4x-10y+4=0$$

の表す図形を C とする。

(2) 点Aを通る直線と領域Dが共有点をもつのはどのようなときかを考えよう。

(i) (1)により，直線$y=$ [オ] は点Aを通るCの接線の一つとなることがわかる。

太郎さんと花子さんは点Aを通るCのもう一つの接線について話している。

点Aを通り，傾きがkの直線をℓとする。

太郎：直線ℓの方程式は$y=k(x+8)$と表すことができるから，
これを

$$x^2+y^2-4x-10y+4=0$$

に代入することで接線を求められそうだね。

花子：x軸と直線AQのなす角のタンジェントに着目することでも求められそうだよ。

(ii)　太郎さんの求め方について考えてみよう。

$y = k(x + 8)$ を $x^2 + y^2 - 4x - 10y + 4 = 0$ に代入すると，x についての2次方程式

$$(k^2 + 1)x^2 + (16k^2 - 10k - 4)x + 64k^2 - 80k + 4 = 0$$

が得られる。この方程式が［カ］ときの k の値が接線の傾きとなる。

［カ］の解答群

⓪　重解をもつ
①　異なる二つの実数解をもち，一つは0である
②　異なる二つの正の実数解をもつ
③　正の実数解と負の実数解をもつ
④　異なる二つの負の実数解をもつ
⑤　異なる二つの虚数解をもつ

(iii)　花子さんの求め方について考えてみよう。

x 軸と直線AQのなす角を θ $\left(0 < \theta \leqq \frac{\pi}{2}\right)$ とすると

$$\tan\theta = \frac{\boxed{キ}}{\boxed{ク}}$$

であり，直線 $y =$［オ］と異なる接線の傾きは $\tan$［ケ］と表すことができる。

［ケ］の解答群

⓪　θ	①　2θ	②　$\left(\theta + \frac{\pi}{2}\right)$
③　$\left(\theta - \frac{\pi}{2}\right)$	④　$(\theta + \pi)$	⑤　$(\theta - \pi)$
⑥　$\left(2\theta + \frac{\pi}{2}\right)$	⑦　$\left(2\theta - \frac{\pi}{2}\right)$	

(iv)　点Aを通る C の接線のうち，直線 $y=$ [オ] と異なる接線の傾きを k_0 とする。このとき，(ii)または(iii)の考え方を用いることにより

$$k_0=\frac{\boxed{コ}}{\boxed{サ}}$$

であることがわかる。

直線 ℓ と領域 D が共有点をもつような k の値の範囲は [シ] である。

[シ] の解答群

⓪ $k>k_0$	① $k \geqq k_0$
② $k<k_0$	③ $k \leqq k_0$
④ $0<k<k_0$	⑤ $0 \leqq k \leqq k_0$

〔2〕 a，b は正の実数であり，$a \neq 1$，$b \neq 1$ を満たすとする。太郎さんは $\log_a b$ と $\log_b a$ の大小関係を調べることにした。

(1) 太郎さんは次のような考察をした。

まず，$\log_3 9 =$ [ス]，$\log_9 3 = \dfrac{1}{[ス]}$ である。この場合

$$\log_3 9 > \log_9 3$$

が成り立つ。

一方，$\log_{\frac{1}{4}}$ [セ] $= -\dfrac{3}{2}$，$\log_{[セ]} \dfrac{1}{4} = -\dfrac{2}{3}$ である。この場合

$$\log_{\frac{1}{4}} [セ] < \log_{[セ]} \frac{1}{4}$$

が成り立つ。

(2)　ここで

$$\log_a b = t \qquad \cdots\cdots ①$$

とおく。

(1)の考察をもとにして，太郎さんは次の式が成り立つと推測し，それが正しいことを確かめることにした。

$$\log_b a = \frac{1}{t} \qquad \cdots\cdots ②$$

①により，［ソ］である。このことにより［タ］が得られ，②が成り立つことが確かめられる。

［ソ］の解答群

⓪　$a^b = t$	①　$a^t = b$	②　$b^a = t$
③　$b^t = a$	④　$t^a = b$	⑤　$t^b = a$

［タ］の解答群

⓪　$a = t^{\frac{1}{b}}$	①　$a = b^{\frac{1}{t}}$	②　$b = t^{\frac{1}{a}}$
③　$b = a^{\frac{1}{t}}$	④　$t = b^{\frac{1}{a}}$	⑤　$t = a^{\frac{1}{b}}$

(3)　次に，太郎さんは(2)の考察をもとにして

$$t > \frac{1}{t} \quad \cdots\cdots\cdots\cdots\cdots\cdots\cdots\cdots\cdots ③$$

を満たす実数 t $(t \neq 0)$ の値の範囲を求めた。

太郎さんの考察

$t > 0$ ならば，③の両辺に t を掛けることにより，$t^2 > 1$ を得る。このような t $(t > 0)$ の値の範囲は $1 < t$ である。

$t < 0$ ならば，③の両辺に t を掛けることにより，$t^2 < 1$ を得る。このような t $(t < 0)$ の値の範囲は $-1 < t < 0$ である。

この考察により，③を満たす t $(t \neq 0)$ の値の範囲は

$-1 < t < 0$，$1 < t$

であることがわかる。

ここで，a の値を一つ定めたとき，不等式

$$\log_a b > \log_b a \quad \cdots\cdots\cdots\cdots\cdots\cdots\cdots\cdots\cdots ④$$

を満たす実数 b $(b > 0,\ b \neq 1)$ の値の範囲について考える。

④を満たす b の値の範囲は，$a > 1$ のときは［チ］であり，$0 < a < 1$ のときは［ツ］である。

［チ］の解答群

⓪ $0 < b < \frac{1}{a}$，$1 < b < a$	① $0 < b < \frac{1}{a}$，$a < b$
② $\frac{1}{a} < b < 1$，$1 < b < a$	③ $\frac{1}{a} < b < 1$，$a < b$

［ツ］の解答群

⓪ $0 < b < a$，$1 < b < \frac{1}{a}$	① $0 < b < a$，$\frac{1}{a} < b$
② $a < b < 1$，$1 < b < \frac{1}{a}$	③ $a < b < 1$，$\frac{1}{a} < b$

(4) $p = \frac{12}{13}$，$q = \frac{12}{11}$，$r = \frac{14}{13}$とする。

次の⓪～③のうち，正しいものは［テ］である。

［テ］の解答群

⓪ $\log_p q > \log_q p$ かつ $\log_p r > \log_r p$

① $\log_p q > \log_q p$ かつ $\log_p r < \log_r p$

② $\log_p q < \log_q p$ かつ $\log_p r > \log_r p$

③ $\log_p q < \log_q p$ かつ $\log_p r < \log_r p$

第２問　（必答問題）（配点　30）

〔1〕 a を実数とし，$f(x) = x^3 - 6ax + 16$ とおく。

(1) $y = f(x)$ のグラフの概形は

$a = 0$ のとき，ア

$a < 0$ のとき，イ

である。

ア，イ については，最も適当なものを，次の⓪～⑤のうちから一つずつ選べ。ただし，同じものを繰り返し選んでもよい。

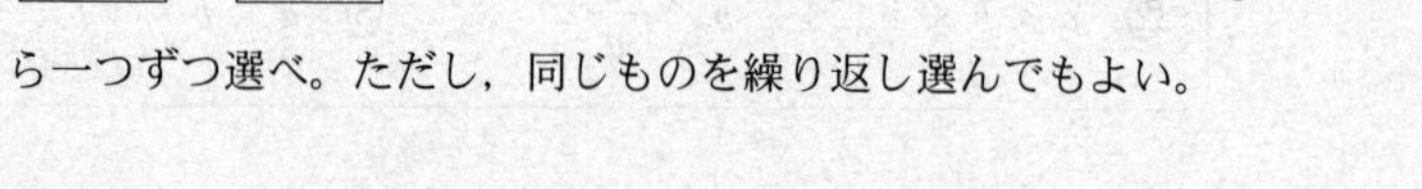

⓪
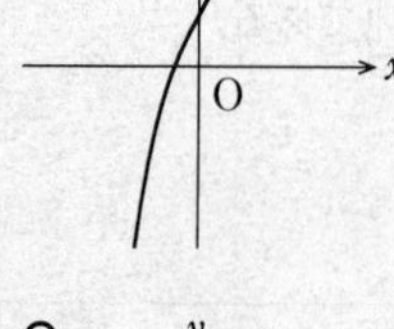

①
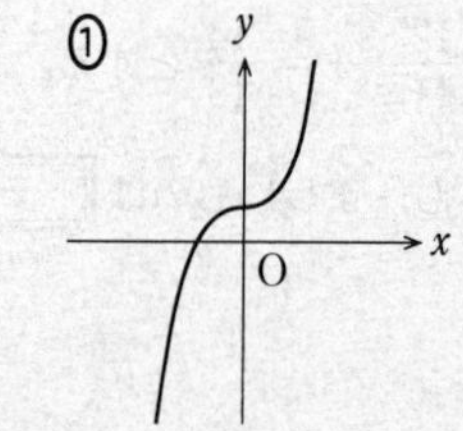

②
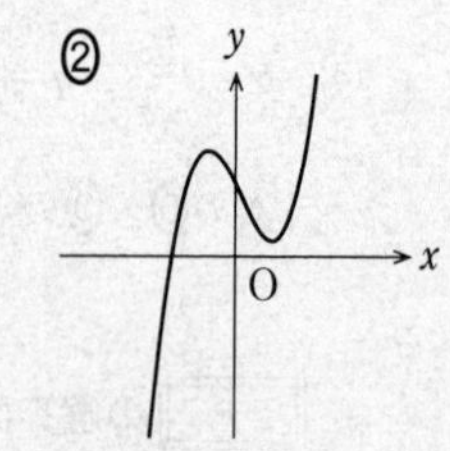

③
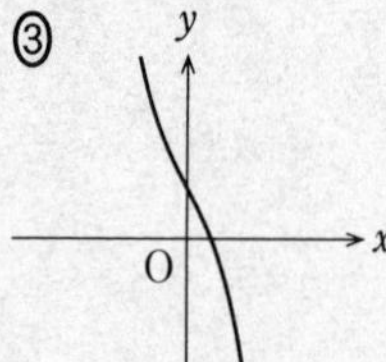

④
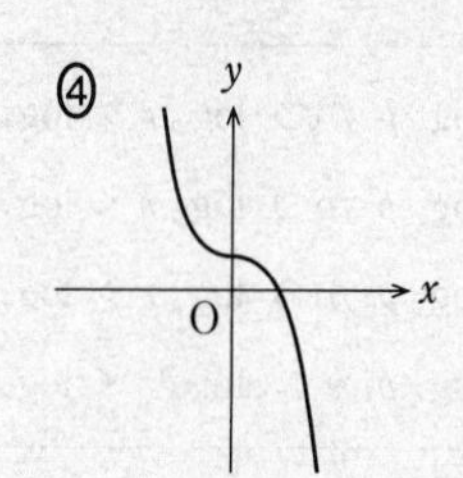

⑤
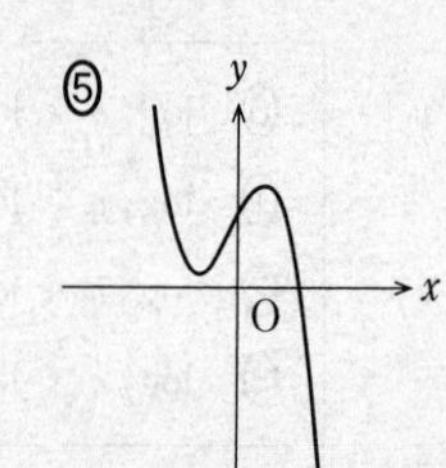

(2)　$a > 0$とし，pを実数とする。座標平面上の曲線$y = f(x)$と直線$y = p$が3個の共有点をもつようなpの値の範囲は［ウ］$< p <$［エ］である。

$p =$［ウ］のとき，曲線$y = f(x)$と直線$y = p$は2個の共有点をもつ。それらのx座標をq，r $(q < r)$とする。曲線$y = f(x)$と直線$y = p$が点$(r,\ p)$で接することに注意すると

$$q = \boxed{オカ}\sqrt{\boxed{キ}}\,a^{\frac{1}{2}},\quad r = \sqrt{\boxed{ク}}\,a^{\frac{1}{2}}$$

と表せる。

［ウ］，［エ］の解答群(同じものを繰り返し選んでもよい。)

⓪　$2\sqrt{2}\,a^{\frac{3}{2}} + 16$	①　$-2\sqrt{2}\,a^{\frac{3}{2}} + 16$
②　$4\sqrt{2}\,a^{\frac{3}{2}} + 16$	③　$-4\sqrt{2}\,a^{\frac{3}{2}} + 16$
④　$8\sqrt{2}\,a^{\frac{3}{2}} + 16$	⑤　$-8\sqrt{2}\,a^{\frac{3}{2}} + 16$

(3)　方程式$f(x) = 0$の異なる実数解の個数をnとする。次の⓪～⑤のうち，正しいものは［ケ］と［コ］である。

［ケ］，［コ］の解答群(解答の順序は問わない。)

⓪　$n = 1$ならば$a < 0$	①　$a < 0$ならば$n = 1$
②　$n = 2$ならば$a < 0$	③　$a < 0$ならば$n = 2$
④　$n = 3$ならば$a > 0$	⑤　$a > 0$ならば$n = 3$

〔2〕 $b>0$とし，$g(x)=x^3-3bx+3b^2$，$h(x)=x^3-x^2+b^2$とおく。座標平面上の曲線$y=g(x)$をC_1，曲線$y=h(x)$をC_2とする。

C_1とC_2は2点で交わる。これらの交点のx座標をそれぞれα，β $(\alpha<\beta)$とすると，$\alpha=$ [サ]，$\beta=$ [シス] である。

$\alpha \leqq x \leqq \beta$の範囲で$C_1$と$C_2$で囲まれた図形の面積を$S$とする。また，$t>\beta$とし，$\beta \leqq x \leqq t$の範囲で$C_1$と$C_2$および直線$x=t$で囲まれた図形の面積を$T$とする。

このとき

$$S=\int_{\alpha}^{\beta} \boxed{\text{セ}}\,dx$$

$$T=\int_{\beta}^{t} \boxed{\text{ソ}}\,dx$$

$$S-T=\int_{\alpha}^{t} \boxed{\text{タ}}\,dx$$

であるので

$$S-T=\frac{\boxed{\text{チツ}}}{\boxed{\text{テ}}}\left(2t^3-\boxed{\text{ト}}\,bt^2+\boxed{\text{ナニ}}\,b^2t-\boxed{\text{ヌ}}\,b^3\right)$$

が得られる。

したがって，$S=T$となるのは$t=\dfrac{\boxed{\text{ネ}}}{\boxed{\text{ノ}}}b$のときである。

[セ] ～ [タ] の解答群(同じものを繰り返し選んでもよい。)

⓪ $\{g(x)+h(x)\}$	① $\{g(x)-h(x)\}$
② $\{h(x)-g(x)\}$	③ $\{2g(x)+2h(x)\}$
④ $\{2g(x)-2h(x)\}$	⑤ $\{2h(x)-2g(x)\}$
⑥ $2g(x)$	⑦ $2h(x)$

第3問 （選択問題） （配点　20）

以下の問題を解答するにあたっては，必要に応じて41ページの正規分布表を用いてもよい。

ジャガイモを栽培し販売している会社に勤務する花子さんは，A地区とB地区で収穫されるジャガイモについて調べることになった。

(1)　A地区で収穫されるジャガイモには1個の重さが200 gを超えるものが25 %含まれることが経験的にわかっている。花子さんはA地区で収穫されたジャガイモから400個を無作為に抽出し，重さを計測した。そのうち，重さが200 gを超えるジャガイモの個数を表す確率変数をZとする。このときZは二項分布$B\left(400,\ 0.\boxed{\text{アイ}}\right)$に従うから，$Z$の平均（期待値）は$\boxed{\text{ウエオ}}$である。

⑵　Zを⑴の確率変数とし，A地区で収穫されたジャガイモ400個からなる標本において，重さが200 gを超えていたジャガイモの標本における比率を$R = \dfrac{Z}{400}$とする。このとき，Rの標準偏差は$\sigma(R) =$ カ である。

標本の大きさ400は十分に大きいので，Rは近似的に正規分布$N\left(0.\boxed{アイ},\ \left(\boxed{カ}\right)^2\right)$に従う。

したがって，$P(R \geqq x) = 0.0465$となるようなxの値は キ となる。ただし， キ の計算においては$\sqrt{3} = 1.73$とする。

カ の解答群

⓪ $\dfrac{3}{6400}$	① $\dfrac{\sqrt{3}}{4}$	② $\dfrac{\sqrt{3}}{80}$	③ $\dfrac{3}{40}$

キ については，最も適当なものを，次の⓪～③のうちから一つ選べ。

⓪ 0.209	① 0.251	② 0.286	③ 0.395

(3)　B 地区で収穫され，出荷される予定のジャガイモ 1 個の重さは 100 g から 300 g の間に分布している。B 地区で収穫され，出荷される予定のジャガイモ 1 個の重さを表す確率変数を X とするとき，X は連続型確率変数であり，X のとり得る値 x の範囲は $100 \leqq x \leqq 300$ である。

花子さんは，B 地区で収穫され，出荷される予定のすべてのジャガイモのうち，重さが 200 g 以上のものの割合を見積もりたいと考えた。そのために花子さんは，X の確率密度関数 $f(x)$ として適当な関数を定め，それを用いて割合を見積もるという方針を立てた。

B 地区で収穫され，出荷される予定のジャガイモから 206 個を無作為に抽出したところ，重さの標本平均は 180 g であった。図 1 はこの標本のヒストグラムである。

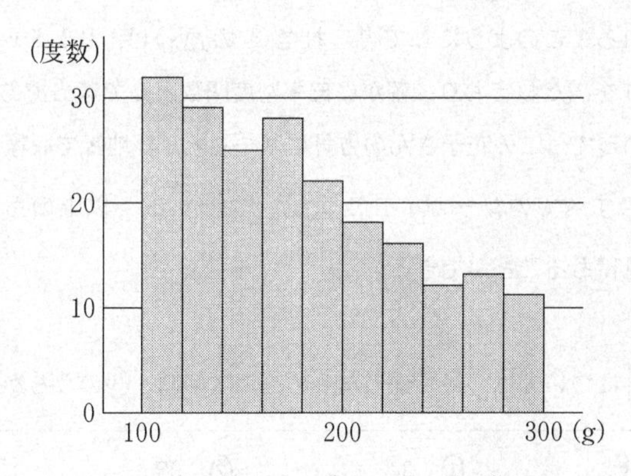

図 1　ジャガイモの重さのヒストグラム

花子さんは図 1 のヒストグラムにおいて，重さ x の増加とともに度数がほぼ一定の割合で減少している傾向に着目し，X の確率密度関数 $f(x)$ として，1 次関数

$$f(x) = ax + b \qquad (100 \leqq x \leqq 300)$$

を考えることにした。ただし，$100 \leqq x \leqq 300$ の範囲で $f(x) \geqq 0$ とする。

このとき，$P(100 \leqq X \leqq 300) =$ **ク** であることから

ケ $\cdot 10^4 a +$ **コ** $\cdot 10^2 b =$ ク　…………………… ①

である。

花子さんは，X の平均（期待値）が重さの標本平均 180 g と等しくなるように確率密度関数を定める方法を用いることにした。

連続型確率変数 X のとり得る値 x の範囲が $100 \leqq x \leqq 300$ で，その確率密度関数が $f(x)$ のとき，X の平均（期待値）m は

$$m = \int_{100}^{300} x f(x)\, dx$$

で定義される。この定義と花子さんの採用した方法から

$$m = \frac{26}{3} \cdot 10^{6} a + 4 \cdot 10^{4} b = 180 \quad \cdots\cdots ②$$

となる。① と ② により，確率密度関数は

$$f(x) = - \boxed{サ} \cdot 10^{-5} x + \boxed{シス} \cdot 10^{-3} \quad \cdots\cdots ③$$

と得られる。このようにして得られた ③ の $f(x)$ は，$100 \leqq x \leqq 300$ の範囲で $f(x) \geqq 0$ を満たしており，確かに確率密度関数として適当である。

したがって，この花子さんの方針に基づくと，B 地区で収穫され，出荷される予定のすべてのジャガイモのうち，重さが 200 g 以上のものは $\boxed{セ}$ ％あると見積もることができる。

$\boxed{セ}$ については，最も適当なものを，次の⓪～③のうちから一つ選べ。

⓪ 33	① 34	② 35	③ 36

正規分布表

次の表は，標準正規分布の分布曲線における右図の灰色部分の面積の値をまとめたものである。

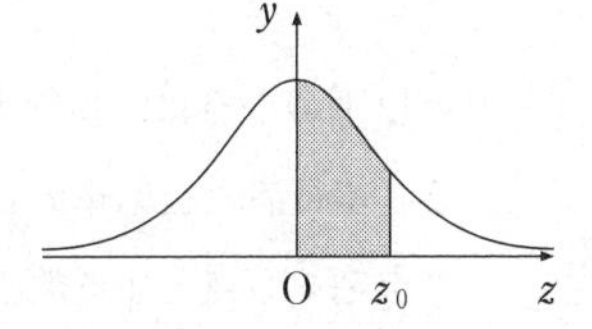

z_0	0.00	0.01	0.02	0.03	0.04	0.05	0.06	0.07	0.08	0.09
0.0	0.0000	0.0040	0.0080	0.0120	0.0160	0.0199	0.0239	0.0279	0.0319	0.0359
0.1	0.0398	0.0438	0.0478	0.0517	0.0557	0.0596	0.0636	0.0675	0.0714	0.0753
0.2	0.0793	0.0832	0.0871	0.0910	0.0948	0.0987	0.1026	0.1064	0.1103	0.1141
0.3	0.1179	0.1217	0.1255	0.1293	0.1331	0.1368	0.1406	0.1443	0.1480	0.1517
0.4	0.1554	0.1591	0.1628	0.1664	0.1700	0.1736	0.1772	0.1808	0.1844	0.1879
0.5	0.1915	0.1950	0.1985	0.2019	0.2054	0.2088	0.2123	0.2157	0.2190	0.2224
0.6	0.2257	0.2291	0.2324	0.2357	0.2389	0.2422	0.2454	0.2486	0.2517	0.2549
0.7	0.2580	0.2611	0.2642	0.2673	0.2704	0.2734	0.2764	0.2794	0.2823	0.2852
0.8	0.2881	0.2910	0.2939	0.2967	0.2995	0.3023	0.3051	0.3078	0.3106	0.3133
0.9	0.3159	0.3186	0.3212	0.3238	0.3264	0.3289	0.3315	0.3340	0.3365	0.3389
1.0	0.3413	0.3438	0.3461	0.3485	0.3508	0.3531	0.3554	0.3577	0.3599	0.3621
1.1	0.3643	0.3665	0.3686	0.3708	0.3729	0.3749	0.3770	0.3790	0.3810	0.3830
1.2	0.3849	0.3869	0.3888	0.3907	0.3925	0.3944	0.3962	0.3980	0.3997	0.4015
1.3	0.4032	0.4049	0.4066	0.4082	0.4099	0.4115	0.4131	0.4147	0.4162	0.4177
1.4	0.4192	0.4207	0.4222	0.4236	0.4251	0.4265	0.4279	0.4292	0.4306	0.4319
1.5	0.4332	0.4345	0.4357	0.4370	0.4382	0.4394	0.4406	0.4418	0.4429	0.4441
1.6	0.4452	0.4463	0.4474	0.4484	0.4495	0.4505	0.4515	0.4525	0.4535	0.4545
1.7	0.4554	0.4564	0.4573	0.4582	0.4591	0.4599	0.4608	0.4616	0.4625	0.4633
1.8	0.4641	0.4649	0.4656	0.4664	0.4671	0.4678	0.4686	0.4693	0.4699	0.4706
1.9	0.4713	0.4719	0.4726	0.4732	0.4738	0.4744	0.4750	0.4756	0.4761	0.4767
2.0	0.4772	0.4778	0.4783	0.4788	0.4793	0.4798	0.4803	0.4808	0.4812	0.4817
2.1	0.4821	0.4826	0.4830	0.4834	0.4838	0.4842	0.4846	0.4850	0.4854	0.4857
2.2	0.4861	0.4864	0.4868	0.4871	0.4875	0.4878	0.4881	0.4884	0.4887	0.4890
2.3	0.4893	0.4896	0.4898	0.4901	0.4904	0.4906	0.4909	0.4911	0.4913	0.4916
2.4	0.4918	0.4920	0.4922	0.4925	0.4927	0.4929	0.4931	0.4932	0.4934	0.4936
2.5	0.4938	0.4940	0.4941	0.4943	0.4945	0.4946	0.4948	0.4949	0.4951	0.4952
2.6	0.4953	0.4955	0.4956	0.4957	0.4959	0.4960	0.4961	0.4962	0.4963	0.4964
2.7	0.4965	0.4966	0.4967	0.4968	0.4969	0.4970	0.4971	0.4972	0.4973	0.4974
2.8	0.4974	0.4975	0.4976	0.4977	0.4977	0.4978	0.4979	0.4979	0.4980	0.4981
2.9	0.4981	0.4982	0.4982	0.4983	0.4984	0.4984	0.4985	0.4985	0.4986	0.4986
3.0	0.4987	0.4987	0.4987	0.4988	0.4988	0.4989	0.4989	0.4989	0.4990	0.4990

第4問 （選択問題） （配点　20）

以下のように，歩行者と自転車が自宅を出発して移動と停止を繰り返している。歩行者と自転車の動きについて，数学的に考えてみよう。

自宅を原点とする数直線を考え，歩行者と自転車をその数直線上を動く点とみなす。数直線上の点の座標が y であるとき，その点は位置 y にあるということにする。また，歩行者が自宅を出発してから x 分経過した時点を時刻 x と表す。歩行者は時刻 0 に自宅を出発し，正の向きに毎分 1 の速さで歩き始める。自転車は時刻 2 に自宅を出発し，毎分 2 の速さで歩行者を追いかける。自転車が歩行者に追いつくと，歩行者と自転車はともに 1 分だけ停止する。その後，歩行者は再び正の向きに毎分 1 の速さで歩き出し，自転車は毎分 2 の速さで自宅に戻る。自転車は自宅に到着すると，1 分だけ停止した後，再び毎分 2 の速さで歩行者を追いかける。これを繰り返し，自転車は自宅と歩行者の間を往復する。

$x = a_n$ を自転車が n 回目に自宅を出発する時刻とし，$y = b_n$ をそのときの歩行者の位置とする。

(1)　花子さんと太郎さんは，数列 $\{a_n\}$，$\{b_n\}$ の一般項を求めるために，歩行者と自転車について，時刻 x において位置 y にいることを O を原点とする座標平面上の点 (x, y) で表すことにした。

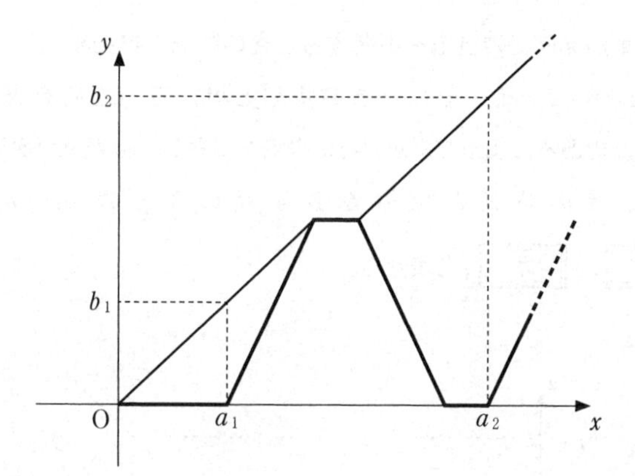

$a_1 = 2$，$b_1 = 2$により，自転車が最初に自宅を出発するときの時刻と自転車の位置を表す点の座標は(2，0)であり，そのときの時刻と歩行者の位置を表す点の座標は(2，2)である。また，自転車が最初に歩行者に追いつくときの時刻と位置を表す点の座標は(ア ， ア)である。よって

$a_2 =$ イ ，$b_2 =$ ウ

である。

花子：数列$\{a_n\}$，$\{b_n\}$の一般項について考える前に，(ア ， ア)の求め方について整理してみようか。

太郎：花子さんはどうやって求めたの？

花子：自転車が歩行者を追いかけるときに，間隔が1分間に1ずつ縮まっていくことを利用したよ。

太郎：歩行者と自転車の動きをそれぞれ直線の方程式で表して，交点を計算して求めることもできるね。

自転車がn回目に自宅を出発するときの時刻と自転車の位置を表す点の座標は$(a_n,\ 0)$であり，そのときの時刻と歩行者の位置を表す点の座標は$(a_n,\ b_n)$である。よって，n回目に自宅を出発した自転車が次に歩行者に追いつくときの時刻と位置を表す点の座標は，a_n，b_nを用いて，

$\left(\boxed{\text{エ}},\ \boxed{\text{オ}}\right)$と表せる。

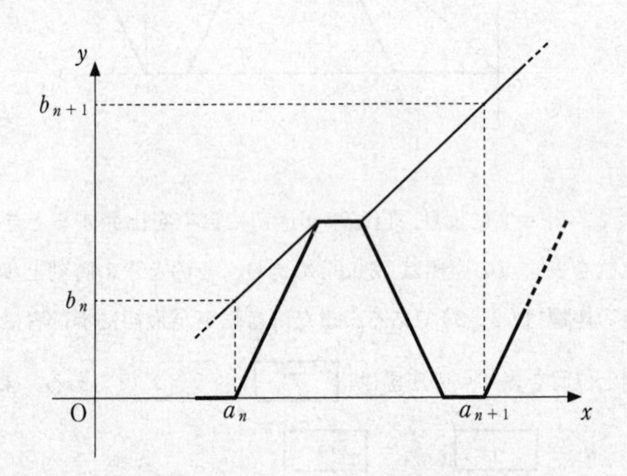

$\boxed{\text{エ}}$，$\boxed{\text{オ}}$の解答群（同じものを繰り返し選んでもよい。）

⓪ a_n	① b_n	② $2a_n$
③ a_n+b_n	④ $2b_n$	⑤ $3a_n$
⑥ $2a_n+b_n$	⑦ a_n+2b_n	⑧ $3b_n$

以上から，数列$\{a_n\}$，$\{b_n\}$について，自然数nに対して，関係式

$$a_{n+1} = a_n + \boxed{カ}\,b_n + \boxed{キ} \quad \cdots\cdots ①$$

$$b_{n+1} = 3b_n + \boxed{ク} \quad \cdots\cdots ②$$

が成り立つことがわかる。まず，$b_1 = 2$と②から

$$b_n = \boxed{ケ} \quad (n = 1, 2, 3, \cdots)$$

を得る。この結果と，$a_1 = 2$および①から

$$a_n = \boxed{コ} \quad (n = 1, 2, 3, \cdots)$$

がわかる。

ケ，コの解答群(同じものを繰り返し選んでもよい。)

⓪ $3^{n-1}+1$　① $\frac{1}{2}\cdot 3^n+\frac{1}{2}$

② $3^{n-1}+n$　③ $\frac{1}{2}\cdot 3^n+n-\frac{1}{2}$

④ $3^{n-1}+n^2$　⑤ $\frac{1}{2}\cdot 3^n+n^2-\frac{1}{2}$

⑥ $2\cdot 3^{n-1}$　⑦ $\frac{5}{2}\cdot 3^{n-1}-\frac{1}{2}$

⑧ $2\cdot 3^{n-1}+n-1$　⑨ $\frac{5}{2}\cdot 3^{n-1}+n-\frac{3}{2}$

ⓐ $2\cdot 3^{n-1}+n^2-1$　ⓑ $\frac{5}{2}\cdot 3^{n-1}+n^2-\frac{3}{2}$

(2) 歩行者が$y = 300$の位置に到着するときまでに，自転車が歩行者に追いつく回数は サ 回である。また，サ 回目に自転車が歩行者に追いつく時刻は，$x =$ シスセ である。

第5問 （選択問題）（配点　20）

平面上の点Oを中心とする半径1の円周上に，3点A，B，Cがあり，$\overrightarrow{OA}\cdot\overrightarrow{OB}=-\dfrac{2}{3}$ および $\overrightarrow{OC}=-\overrightarrow{OA}$ を満たすとする。t を $0<t<1$ を満たす実数とし，線分ABを $t:(1-t)$ に内分する点をPとする。また，直線OP上に点Qをとる。

(1)　$\cos\angle AOB=\dfrac{\boxed{アイ}}{\boxed{ウ}}$ である。

また，実数 k を用いて，$\overrightarrow{OQ}=k\,\overrightarrow{OP}$ と表せる。したがって

$$\overrightarrow{OQ}=\boxed{エ}\,\overrightarrow{OA}+\boxed{オ}\,\overrightarrow{OB} \quad \cdots\cdots ①$$

$$\overrightarrow{CQ}=\boxed{カ}\,\overrightarrow{OA}+\boxed{キ}\,\overrightarrow{OB}$$

となる。

$\overrightarrow{OA}$ と $\overrightarrow{OP}$ が垂直となるのは，$t=\dfrac{\boxed{ク}}{\boxed{ケ}}$ のときである。

$\boxed{エ}$ ～ $\boxed{キ}$ の解答群（同じものを繰り返し選んでもよい。）

⓪ kt	① $(k-kt)$	② $(kt+1)$
③ $(kt-1)$	④ $(k-kt+1)$	⑤ $(k-kt-1)$

以下，$t \neq \dfrac{\boxed{\text{ク}}}{\boxed{\text{ケ}}}$ とし，∠OCQ が直角であるとする。

(2)　∠OCQ が直角であることにより，(1) の k は

$$k = \frac{\boxed{\text{コ}}}{\boxed{\text{サ}}\,t - \boxed{\text{シ}}} \quad \cdots\cdots\cdots\cdots\cdots ②$$

となることがわかる。

平面から直線 OA を除いた部分は，直線 OA を境に二つの部分に分けられる。そのうち，点 B を含む部分を D_1，含まない部分を D_2 とする。また，平面から直線 OB を除いた部分は，直線 OB を境に二つの部分に分けられる。そのうち，点 A を含む部分を E_1，含まない部分を E_2 とする。

- $0 < t < \dfrac{\boxed{\text{ク}}}{\boxed{\text{ケ}}}$ ならば，点 Q は $\boxed{\text{ス}}$。
- $\dfrac{\boxed{\text{ク}}}{\boxed{\text{ケ}}} < t < 1$ ならば，点 Q は $\boxed{\text{セ}}$。

$\boxed{\text{ス}}$，$\boxed{\text{セ}}$ の解答群（同じものを繰り返し選んでもよい。）

⓪　D_1 に含まれ，かつ E_1 に含まれる
①　D_1 に含まれ，かつ E_2 に含まれる
②　D_2 に含まれ，かつ E_1 に含まれる
③　D_2 に含まれ，かつ E_2 に含まれる

(3) 太郎さんと花子さんは，点Pの位置と$|\overrightarrow{OQ}|$の関係について考えている。

$t=\dfrac{1}{2}$のとき，①と②により，$|\overrightarrow{OQ}|=\sqrt{\boxed{ソ}}$とわかる。

太郎：$t\neq\dfrac{1}{2}$のときにも，$|\overrightarrow{OQ}|=\sqrt{\boxed{ソ}}$となる場合があるかな。

花子：$|\overrightarrow{OQ}|$をtを用いて表して，$|\overrightarrow{OQ}|=\sqrt{\boxed{ソ}}$を満たす$t$の値について考えればいいと思うよ。

太郎：計算が大変そうだね。

花子：直線OAに関して，$t=\dfrac{1}{2}$のときの点Qと対称な点をRとしたら，$|\overrightarrow{OR}|=\sqrt{\boxed{ソ}}$となるよ。

太郎：$\overrightarrow{OR}$を$\overrightarrow{OA}$と$\overrightarrow{OB}$を用いて表すことができれば，tの値が求められそうだね。

直線OAに関して，$t=\dfrac{1}{2}$のときの点Qと対称な点をRとすると

$$\overrightarrow{CR}=\boxed{タ}\,\overrightarrow{CQ}$$
$$=\boxed{チ}\,\overrightarrow{OA}+\boxed{ツ}\,\overrightarrow{OB}$$

となる。

$t\neq\dfrac{1}{2}$のとき，$|\overrightarrow{OQ}|=\sqrt{\boxed{ソ}}$となる$t$の値は$\dfrac{\boxed{テ}}{\boxed{ト}}$である。

数　学　Ⅰ

(全　問　必　答)

第1問 (配点　20)

〔1〕 実数 a, b, c が

$$a+b+c=1 \quad \cdots\cdots ①$$

および

$$a^2+b^2+c^2=13 \quad \cdots\cdots ②$$

を満たしているとする。

(1) $(a+b+c)^2$ を展開した式において，① と ② を用いると

$$ab+bc+ca = \boxed{\text{アイ}}$$

であることがわかる。よって

$$(a-b)^2+(b-c)^2+(c-a)^2 = \boxed{\text{ウエ}}$$

である。

(2)　$a-b=2\sqrt{5}$ の場合に，$(a-b)(b-c)(c-a)$ の値を求めてみよう。

$b-c=x$，$c-a=y$ とおくと

$$x+y=\boxed{\text{オカ}}\sqrt{5}$$

である。また，(1)の計算から

$$x^2+y^2=\boxed{\text{キク}}$$

が成り立つ。

これらより

$$(a-b)(b-c)(c-a)=\boxed{\text{ケ}}\sqrt{5}$$

である。

〔2〕 太郎さんと花子さんは，次の**命題A**が真であることを証明しようとしている。

> **命題A** p，q，r，s を実数とする。$pq = 2(r + s)$ ならば，二つの2次関数 $y = x^2 + px + r$，$y = x^2 + qx + s$ のグラフのうち，少なくとも一方は x 軸と共有点をもつ。

太郎：**命題A**は，グラフと x 軸との共有点についての命題だね。

花子：$y = 0$ とおいた2次方程式の解の問題として**命題A**を考えてみてはどうかな。

2次方程式 $x^2 + px + r = 0$ に解の公式を適用すると

$$x = \frac{-p \pm \sqrt{p^{\boxed{コ}} - \boxed{サ}\,r}}{\boxed{シ}}$$

となる。ここで，D_1 を

$$D_1 = p^{\boxed{コ}} - \boxed{サ}\,r$$

とおく。同様に，2次方程式 $x^2 + qx + s = 0$ に対して，D_2 を

$$D_2 = q^{\boxed{コ}} - \boxed{サ}\,s$$

とおく。

$y = x^2 + px + r$，$y = x^2 + qx + s$ のグラフのうち，少なくとも一方が x 軸と共有点をもつための必要十分条件は，［ス］である。つまり，**命題A** の代わりに，次の**命題B**を証明すればよい。

> **命題B**　p，q，r，s を実数とする。$pq = 2(r + s)$ ならば，［ス］が成り立つ。

> 太郎：D_1 と D_2 を用いて，**命題B**をどうやって証明したらいいかな。
> 花子：結論を否定して，**背理法**を用いて証明したらどうかな。

背理法を用いて証明するには，［ス］が成り立たない，すなわち［セ］が成り立つと仮定して矛盾を導けばよい。

［ス］，［セ］の解答群（同じものを繰り返し選んでもよい。）

⓪　$D_1 < 0$ かつ $D_2 < 0$	①　$D_1 < 0$ かつ $D_2 \geqq 0$
②　$D_1 \geqq 0$ かつ $D_2 < 0$	③　$D_1 \geqq 0$ かつ $D_2 \geqq 0$
④　$D_1 > 0$ かつ $D_2 > 0$	⑤　$D_1 < 0$ または $D_2 < 0$
⑥　$D_1 < 0$ または $D_2 \geqq 0$	⑦　$D_1 \geqq 0$ または $D_2 < 0$
⑧　$D_1 \geqq 0$ または $D_2 \geqq 0$	⑨　$D_1 > 0$ または $D_2 > 0$

セ が成り立つならば

$$D_1 + D_2 \;\boxed{ソ}\; 0$$

が得られる。

一方，$pq = 2(r+s)$を用いると

$$D_1 + D_2 = \boxed{タ}$$

が得られるので

$$D_1 + D_2 \;\boxed{チ}\; 0$$

となるが，これは$D_1 + D_2$ ソ 0に矛盾する。したがって， セ は成り立たない。よって，**命題B**は真である。

ソ ， チ の解答群(同じものを繰り返し選んでもよい。)

⓪ $=$	① $<$	② $>$	③ $\geqq$

タ の解答群

⓪ p^2+q^2+2pq	① p^2+q^2-2pq	② p^2+q^2+3pq
③ p^2+q^2-3pq	④ p^2+q^2+4pq	⑤ p^2+q^2-4pq
⑥ p^2+q^2	⑦ pq	⑧ $2pq$

第2問 （配点　30）

〔1〕 以下の問題を解答するにあたっては，必要に応じて56ページの三角比の表を用いてもよい。

太郎さんと花子さんは，キャンプ場のガイドブックにある地図を見ながら，後のように話している。

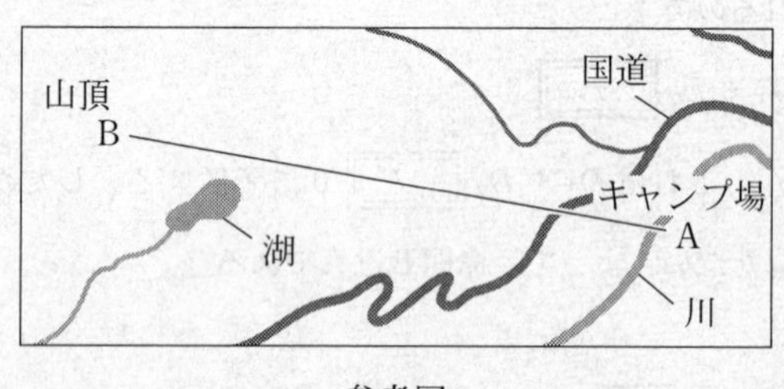

参考図

太郎：キャンプ場の地点Aから山頂Bを見上げる角度はどれくらいかな。

花子：地図アプリを使って，地点Aと山頂Bを含む断面図を調べたら，図1のようになったよ。点Cは，山頂Bから地点Aを通る水平面に下ろした垂線とその水平面との交点のことだよ。

太郎：図1の角度θは，AC，BCの長さを定規で測って，三角比の表を用いて調べたら16°だったよ。

花子：本当に16°なの？　図1の鉛直方向の縮尺と水平方向の縮尺は等しいのかな？

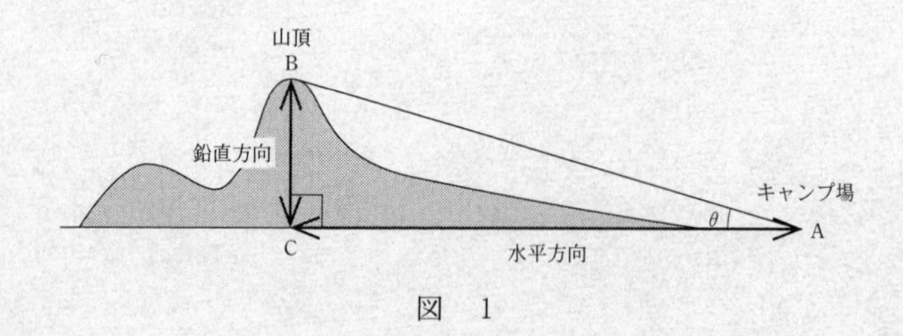

図　1

図1のθはちょうど16°であったとする。しかし，図1の縮尺は，水平方向が$\dfrac{1}{100000}$であるのに対して，鉛直方向は$\dfrac{1}{25000}$であった。

実際にキャンプ場の地点Aから山頂Bを見上げる角である∠BACを考えると，tan∠BACは［ア］.［イウエ］となる。したがって，∠BACの大きさは［オ］。ただし，目の高さは無視して考えるものとする。

［オ］の解答群

- ⓪ 3°より大きく4°より小さい
- ① ちょうど4°である
- ② 4°より大きく5°より小さい
- ③ ちょうど16°である
- ④ 48°より大きく49°より小さい
- ⑤ ちょうど49°である
- ⑥ 49°より大きく50°より小さい
- ⑦ 63°より大きく64°より小さい
- ⑧ ちょうど64°である
- ⑨ 64°より大きく65°より小さい

三角比の表

角	正弦(sin)	余弦(cos)	正接(tan)
0°	0.0000	1.0000	0.0000
1°	0.0175	0.9998	0.0175
2°	0.0349	0.9994	0.0349
3°	0.0523	0.9986	0.0524
4°	0.0698	0.9976	0.0699
5°	0.0872	0.9962	0.0875
6°	0.1045	0.9945	0.1051
7°	0.1219	0.9925	0.1228
8°	0.1392	0.9903	0.1405
9°	0.1564	0.9877	0.1584
10°	0.1736	0.9848	0.1763
11°	0.1908	0.9816	0.1944
12°	0.2079	0.9781	0.2126
13°	0.2250	0.9744	0.2309
14°	0.2419	0.9703	0.2493
15°	0.2588	0.9659	0.2679
16°	0.2756	0.9613	0.2867
17°	0.2924	0.9563	0.3057
18°	0.3090	0.9511	0.3249
19°	0.3256	0.9455	0.3443
20°	0.3420	0.9397	0.3640
21°	0.3584	0.9336	0.3839
22°	0.3746	0.9272	0.4040
23°	0.3907	0.9205	0.4245
24°	0.4067	0.9135	0.4452
25°	0.4226	0.9063	0.4663
26°	0.4384	0.8988	0.4877
27°	0.4540	0.8910	0.5095
28°	0.4695	0.8829	0.5317
29°	0.4848	0.8746	0.5543
30°	0.5000	0.8660	0.5774
31°	0.5150	0.8572	0.6009
32°	0.5299	0.8480	0.6249
33°	0.5446	0.8387	0.6494
34°	0.5592	0.8290	0.6745
35°	0.5736	0.8192	0.7002
36°	0.5878	0.8090	0.7265
37°	0.6018	0.7986	0.7536
38°	0.6157	0.7880	0.7813
39°	0.6293	0.7771	0.8098
40°	0.6428	0.7660	0.8391
41°	0.6561	0.7547	0.8693
42°	0.6691	0.7431	0.9004
43°	0.6820	0.7314	0.9325
44°	0.6947	0.7193	0.9657
45°	0.7071	0.7071	1.0000

角	正弦(sin)	余弦(cos)	正接(tan)
45°	0.7071	0.7071	1.0000
46°	0.7193	0.6947	1.0355
47°	0.7314	0.6820	1.0724
48°	0.7431	0.6691	1.1106
49°	0.7547	0.6561	1.1504
50°	0.7660	0.6428	1.1918
51°	0.7771	0.6293	1.2349
52°	0.7880	0.6157	1.2799
53°	0.7986	0.6018	1.3270
54°	0.8090	0.5878	1.3764
55°	0.8192	0.5736	1.4281
56°	0.8290	0.5592	1.4826
57°	0.8387	0.5446	1.5399
58°	0.8480	0.5299	1.6003
59°	0.8572	0.5150	1.6643
60°	0.8660	0.5000	1.7321
61°	0.8746	0.4848	1.8040
62°	0.8829	0.4695	1.8807
63°	0.8910	0.4540	1.9626
64°	0.8988	0.4384	2.0503
65°	0.9063	0.4226	2.1445
66°	0.9135	0.4067	2.2460
67°	0.9205	0.3907	2.3559
68°	0.9272	0.3746	2.4751
69°	0.9336	0.3584	2.6051
70°	0.9397	0.3420	2.7475
71°	0.9455	0.3256	2.9042
72°	0.9511	0.3090	3.0777
73°	0.9563	0.2924	3.2709
74°	0.9613	0.2756	3.4874
75°	0.9659	0.2588	3.7321
76°	0.9703	0.2419	4.0108
77°	0.9744	0.2250	4.3315
78°	0.9781	0.2079	4.7046
79°	0.9816	0.1908	5.1446
80°	0.9848	0.1736	5.6713
81°	0.9877	0.1564	6.3138
82°	0.9903	0.1392	7.1154
83°	0.9925	0.1219	8.1443
84°	0.9945	0.1045	9.5144
85°	0.9962	0.0872	11.4301
86°	0.9976	0.0698	14.3007
87°	0.9986	0.0523	19.0811
88°	0.9994	0.0349	28.6363
89°	0.9998	0.0175	57.2900
90°	1.0000	0.0000	—

〔2〕 外接円の半径が3である△ABCを考える。

(1) $\cos\angle ACB=\dfrac{\sqrt{3}}{3}$，AC：BC$=\sqrt{3}$：2とする。このとき

$$\sin\angle ACB=\frac{\sqrt{\boxed{\text{カ}}}}{\boxed{\text{キ}}}$$

$$AB=\boxed{\text{ク}}\sqrt{\boxed{\text{ケ}}},\qquad AC=\boxed{\text{コ}}\sqrt{\boxed{\text{サ}}}$$

である。

(2) 点Aから直線BCに引いた垂線と直線BCとの交点をDとする。

(i) AB＝5，AC＝4とする。このとき

$$\sin \angle ABC = \frac{\boxed{シ}}{\boxed{ス}}, \quad AD = \frac{\boxed{セソ}}{\boxed{タ}}$$

である。

(ii) 2辺AB，ACの長さの間に2AB＋AC＝14の関係があるとする。

このとき，ABの長さのとり得る値の範囲は

$\boxed{チ} \leqq AB \leqq \boxed{ツ}$ であり

$$AD = \frac{\boxed{テト}}{\boxed{ナ}} AB^2 + \frac{\boxed{ニ}}{\boxed{ヌ}} AB$$

と表せるので，ADの長さの最大値は $\boxed{ネ}$ である。AD＝$\boxed{ネ}$ のとき，△ABCの面積は $\boxed{ノ}\sqrt{\boxed{ハ}}$ である。

第3問　(配点　30)

〔1〕 a, b, c, d を実数とし，$a \neq 0$，$c \neq 0$ とする。x の1次式の積で表される2次関数

$$y = (ax + b)(cx + d)$$

の最大値や最小値について，二つの直線 $\ell : y = ax + b$ と $m : y = cx + d$ の関係に着目して考える。

ℓ と m の関係として，次の ㋐～㋔ の場合について考える。

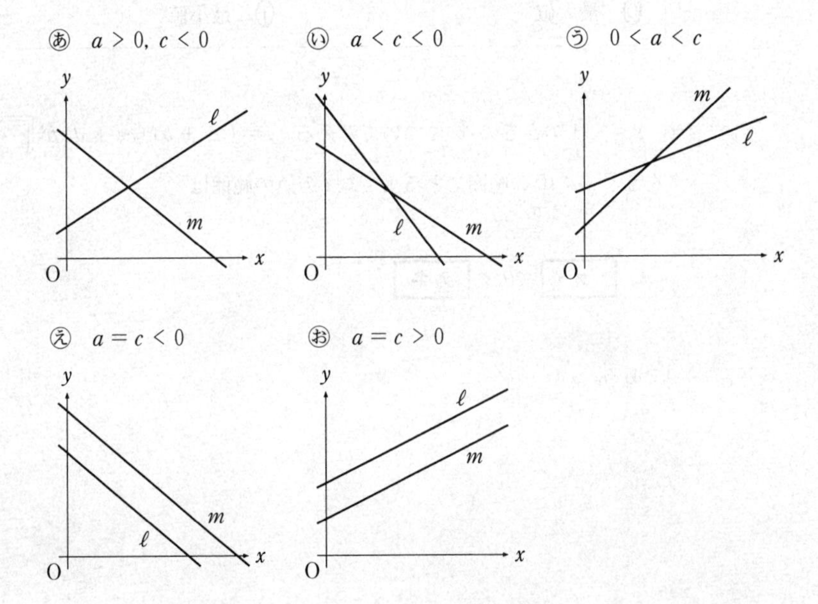

ℓ と x 軸との交点の x 座標を s，m と x 軸との交点の x 座標を t とする。㋐～㋔ のすべてにおいて，$s < t$ であり，ℓ，m は y 軸と $y > 0$ の部分で交わるものとする。また，㋐～㋒ では ℓ と m の交点の x 座標と y 座標はともに正であるとする。

以下，x のとり得る値の範囲は実数全体とする。

(1)　s，t が具体的な値である場合を考える。

(i)　ⓐについて考える。$s=-1$，$t=5$ であるとき，

$y=(ax+b)(cx+d)$ は，$x=$ ア で イ をとる。

(ii)　ⓘについて考える。$s=6$，$t=8$ であるとき，

$y=(ax+b)(cx+d)$ は，$x=$ ウ で エ をとる。

イ ， エ の解答群(同じものを繰り返し選んでもよい。)

⓪　最大値	①　最小値

(2)　$s=-1$ のときのⓐについて考える。$y=(ax+b)(cx+d)$ が イ を $0<x<10$ の範囲でとるような t の値の範囲は

オ $<t<$ カキ

である。

(3)　$y=(ax+b)(cx+d)$について，次のことが成り立つ。

- yの最大値があるのは［ク］。
- yの最小値があり，その値が0以上になるのは［ケ］。
- yの最小値があり，その値を$x>0$の範囲でとるのは［コ］。

［ク］～［コ］の解答群(同じものを繰り返し選んでもよい。)

⓪　ⓐのみである
①　ⓘとⓤのみである
②　ⓔとⓞのみである
③　ⓘとⓔのみである
④　ⓤとⓞのみである
⑤　ⓐ，ⓘ，ⓔのみである
⑥　ⓐ，ⓤ，ⓞのみである
⑦　ⓐ～ⓞのうちにはない

〔2〕 p，q を実数とする。

花子さんと太郎さんは，次の二つの2次方程式について考えている。

$$x^2 + px + q = 0 \quad \cdots\cdots ①$$
$$x^2 + qx + p = 0 \quad \cdots\cdots ②$$

① または ② を満たす実数 x の個数を n とおく。

(1) $p = 4$，$q = -4$ のとき，$n =$ サ である。

また，$p = 1$，$q = -2$ のとき，$n =$ シ である。

(2) $p = -6$ のとき，$n = 3$ になる場合を考える。

花子：例えば，① と ② をともに満たす実数 x があるときは $n = 3$ になりそうだね。

太郎：それを α としたら，$\alpha^2 - 6\alpha + q = 0$ と $\alpha^2 + q\alpha - 6 = 0$ が成り立つよ。

花子：なるほど。それならば，α^2 を消去すれば，α の値が求められそうだね。

太郎：確かに α の値が求まるけど，実際に $n = 3$ となっているかどうかの確認が必要だね。

花子：これ以外にも $n = 3$ となる場合がありそうだね。

$n = 3$ となる q の値は

$q =$ ス ， セ

である。ただし，ス ＜ セ とする。

(3)　花子さんと太郎さんは，グラフ表示ソフトを用いて，①，②の左辺を y とおいた2次関数 $y = x^2 + px + q$ と $y = x^2 + qx + p$ のグラフの動きを考えている。

$p=-6$ に固定したまま，q の値だけを変化させる。

$$y=x^2-6x+q \quad \cdots\cdots\cdots\cdots ③$$
$$y=x^2+qx-6 \quad \cdots\cdots\cdots\cdots ④$$

の二つのグラフについて，$q=1$ のときのグラフを点線で，q の値を 1 から増加させたときのグラフを実線でそれぞれ表す。このとき，③ のグラフの移動の様子を示すと [ソ] となり，④ のグラフの移動の様子を示すと [タ] となる。

[ソ]，[タ] については，最も適当なものを，次の⓪～⑦のうちから一つずつ選べ。ただし，同じものを繰り返し選んでもよい。なお，x 軸と y 軸は省略しているが，x 軸は右方向，y 軸は上方向がそれぞれ正の方向である。

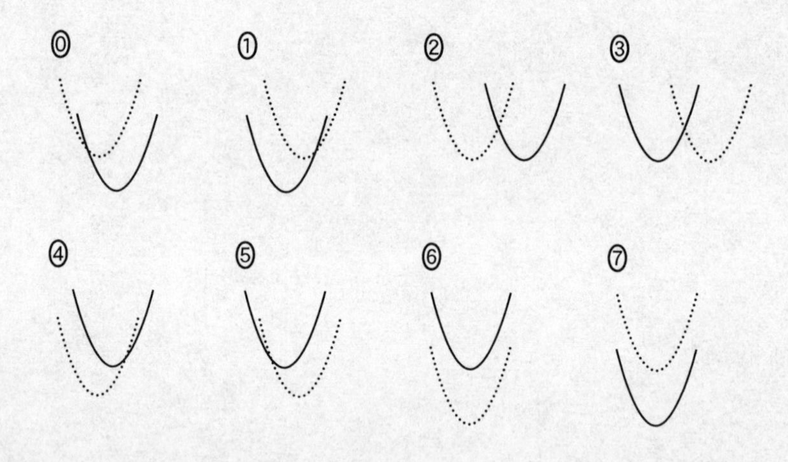

(4)　[ス] $< q <$ [セ] とする。全体集合 U を実数全体の集合とし，U の部分集合 A，B を

$$A = \{x \mid x^2 - 6x + q < 0\}$$
$$B = \{x \mid x^2 + qx - 6 < 0\}$$

とする。U の部分集合 X に対し，X の補集合を $\overline{X}$ と表す。このとき，次のことが成り立つ。

- $x \in A$ は，$x \in B$ であるための [チ]。
- $x \in B$ は，$x \in \overline{A}$ であるための [ツ]。

[チ]，[ツ] の解答群(同じものを繰り返し選んでもよい。)

⓪　必要条件であるが，十分条件ではない
①　十分条件であるが，必要条件ではない
②　必要十分条件である
③　必要条件でも十分条件でもない

第4問 （配点　20）

日本国外における日本語教育の状況を調べるために，独立行政法人国際交流基金では「海外日本語教育機関調査」を実施しており，各国における教育機関数，教員数，学習者数が調べられている。2018 年度において学習者数が 5000 人以上の国と地域(以下，国)は 29 か国であった。これら 29 か国について，2009 年度と 2018 年度のデータが得られている。

(1) 各国において，学習者数を教員数で割ることにより，国ごとの「教員 1 人あたりの学習者数」を算出することができる。図 1 と図 2 は，2009 年度および 2018 年度における「教員 1 人あたりの学習者数」のヒストグラムである。これら二つのヒストグラムから，9 年間の変化に関して，後のことが読み取れる。なお，ヒストグラムの各階級の区間は，左側の数値を含み，右側の数値を含まない。

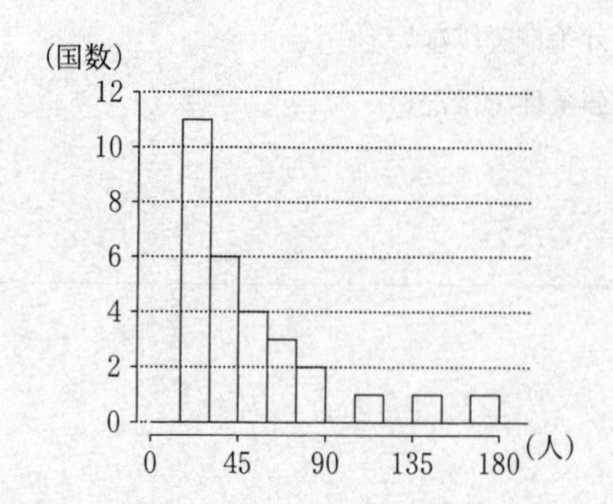

図 1　2009 年度における教員 1 人あたりの学習者数のヒストグラム

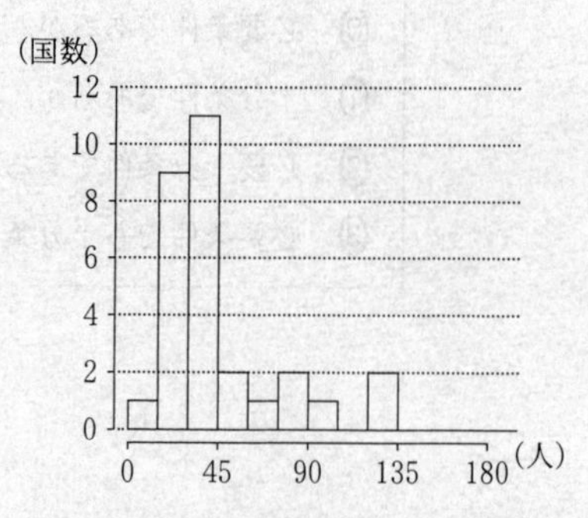

図 2　2018 年度における教員 1 人あたりの学習者数のヒストグラム

（出典：国際交流基金の Web ページにより作成）

- 2009 年度と 2018 年度の中央値が含まれる階級の階級値を比較すると，［ア］。
- 2009 年度と 2018 年度の第 1 四分位数が含まれる階級の階級値を比較すると，［イ］。
- 2009 年度と 2018 年度の第 3 四分位数が含まれる階級の階級値を比較すると，［ウ］。
- 2009 年度と 2018 年度の範囲を比較すると，［エ］。
- 2009 年度と 2018 年度の四分位範囲を比較すると，［オ］。

［ア］～［オ］の解答群(同じものを繰り返し選んでもよい。)

⓪ 2018 年度の方が小さい
① 2018 年度の方が大きい
② 両者は等しい
③ これら二つのヒストグラムからだけでは両者の大小を判断できない

⑵　各国において，学習者数を教育機関数で割ることにより，「教育機関１機関あたりの学習者数」も算出した。図３は，2009 年度における「教育機関１機関あたりの学習者数」の箱ひげ図である。

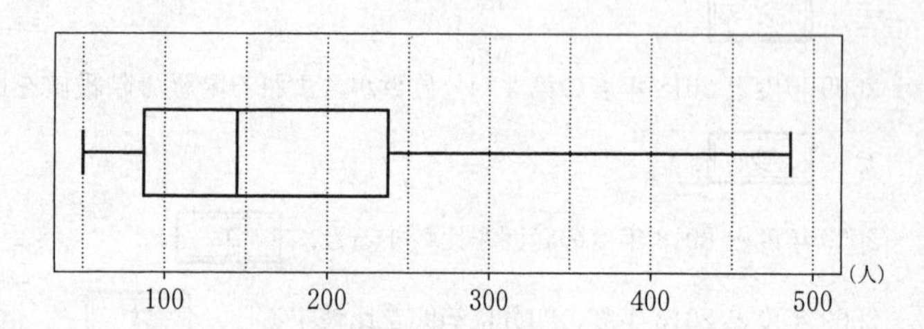

図３　2009 年度における教育機関１機関あたりの学習者数の箱ひげ図

（出典：国際交流基金の Web ページにより作成）

2009 年度について，「教育機関１機関あたりの学習者数」（横軸）と「教員１人あたりの学習者数」（縦軸）の散布図は **カ** である。ここで，2009 年度における「教員１人あたりの学習者数」のヒストグラムである⑴の図１を，図４として再掲しておく。

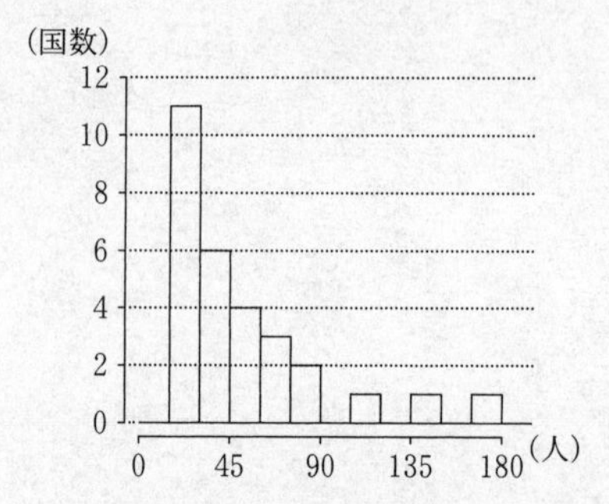

図４　2009 年度における教員１人あたりの学習者数のヒストグラム

（出典：国際交流基金の Web ページにより作成）

カ については，最も適当なものを，次の⓪～③のうちから一つ選べ。なお，これらの散布図には，完全に重なっている点はない。

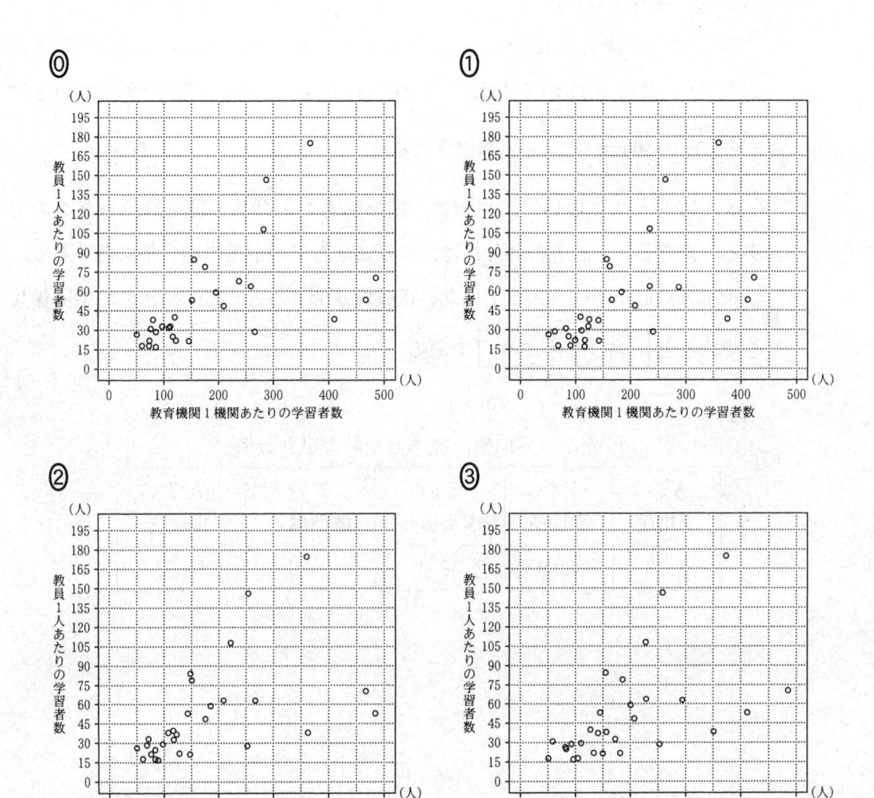

(3)　各国における2018年度の学習者数を100としたときの2009年度の学習者数S，および，各国における2018年度の教員数を100としたときの2009年度の教員数Tを算出した。

例えば，学習者数について説明すると，ある国において，2009年度が44272人，2018年度が174521人であった場合，2009年度の学習者数Sは$\dfrac{44272}{174521}\times 100$より25.4と算出される。

表1はSとTについて，平均値，標準偏差および共分散を計算したものである。ただし，SとTの共分散は，Sの偏差とTの偏差の積の平均値である。

表1の数値が四捨五入していない正確な値であるとして，SとTの相関係数を求めると **キ** . **クケ** である。

表1　平均値，標準偏差および共分散

Sの平均値	Tの平均値	Sの標準偏差	Tの標準偏差	SとTの共分散
81.8	72.9	39.3	29.9	735.3

(4)　表1と(3)で求めた相関係数を参考にすると，(3)で算出した2009年度のS(横軸)とT(縦軸)の散布図は［コ］である。

［コ］については，最も適当なものを，次の⓪～③のうちから一つ選べ。なお，これらの散布図には，完全に重なっている点はない。

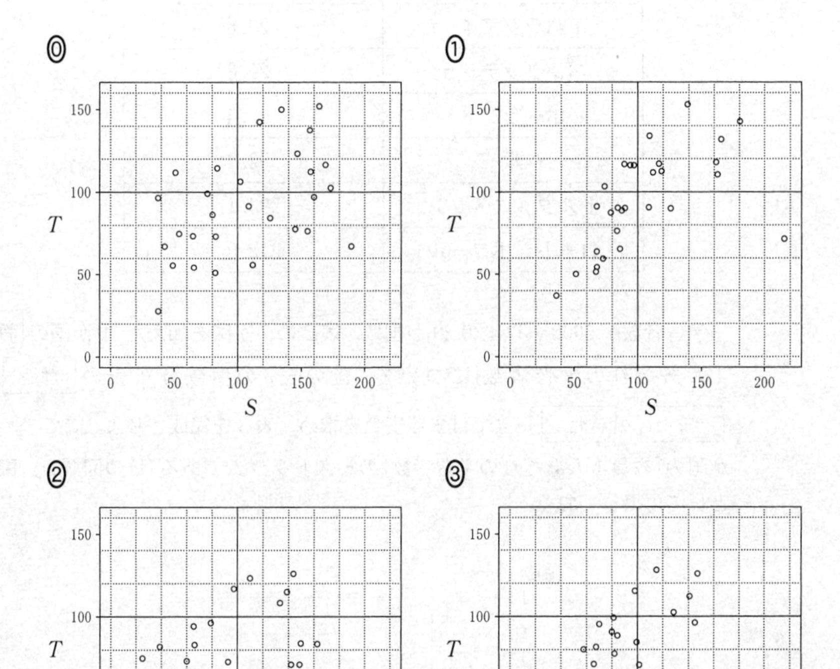

(5)　2018年度において，学習者数が3000人以上5000人未満の国は表2の7か国であった。これらの国々について「教員1人あたりの学習者数」を算出した。

表2　学習者数が3000人以上5000人未満の7か国

国　名	教員1人あたりの学習者数(人)
スイス	15.5
パラグアイ	20.6
バングラデシュ	21.8
ポーランド	22.4
ペルー	52.7
トルクメニスタン	93.1
コートジボワール	212.0

学習者数が5000人以上の29か国に，表2の7か国を加えた36か国の「教員1人あたりの学習者数」について，後の表3の度数分布表の［サシ］，［ス］，［セ］に当てはまる度数を求め，表3を完成させよ。ここで，29か国の「教員1人あたりの学習者数」のヒストグラムである(1)の図2を，図5として再掲しておく。

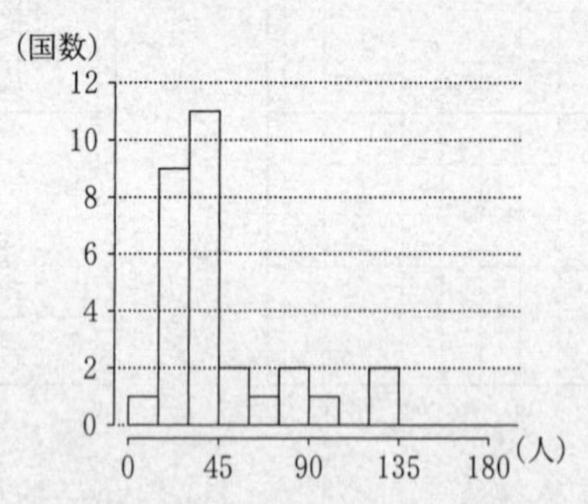

図5　29か国の2018年度における教員1人あたりの学習者数のヒストグラム

(出典：国際交流基金のWebページにより作成)

表3　度数分布表

階級(人)	度数(国数)
0以上　30未満	14
30以上　60未満	サシ
60以上　90未満	ス
90以上 120未満	セ
120以上 150未満	2
150以上 180未満	0
180以上 210未満	0
210以上 240未満	1

表4は，29か国と7か国のそれぞれの群の「教員1人あたりの学習者数」の，平均値と標準偏差である。なお，ここでの平均値および標準偏差は，国ごとの「教員1人あたりの学習者数」に対して算出したものとする。以下，同様とする。

表4　教員1人あたりの学習者数の平均値と標準偏差

	平均値	標準偏差
学習者数が5000人以上の29か国	44.8	29.1
学習者数が3000人以上5000人未満の7か国	62.6	66.1

表4より，これらを合わせた36か国の「教員1人あたりの学習者数」の平均値を算出する式は［ソ］である。

［ソ］については，最も適当なものを，次の⓪～⑤のうちから一つ選べ。

⓪ $\dfrac{44.8+62.6}{2}$　① $\dfrac{62.6-44.8}{2}$

② $\dfrac{44.8\times 29+62.6\times 7}{29+7}$　③ $\dfrac{44.8\times 29-62.6\times 7}{29+7}$

④ $\dfrac{44.8\times 7+62.6\times 29}{29+7}$　⑤ $\dfrac{62.6\times 29-44.8\times 7}{29+7}$

次の(Ⅰ), (Ⅱ)は，「教員１人あたりの学習者数」についての記述である。

(Ⅰ)　36か国の「教員１人あたりの学習者数」の平均値は，29か国の「教員１人あたりの学習者数」の平均値より小さい。

(Ⅱ)　29か国の「教員１人あたりの学習者数」の分散は，７か国の「教員１人あたりの学習者数」の分散より小さい。

(Ⅰ), (Ⅱ)の正誤の組合せとして正しいものは［タ］である。

［タ］の解答群

	⓪	①	②	③
(Ⅰ)	正	正	誤	誤
(Ⅱ)	正	誤	正	誤

数　学　Ⅱ

（全 問 必 答）

第1問　数学Ⅱ・数学Bの第1問に同じ。[ア]～[テ]　（配点　30）

第2問　数学Ⅱ・数学Bの第2問に同じ。[ア]～[ノ]　（配点　30）

第3問　（配点　20）

$0 \leqq \theta \leqq \pi$ のとき

$$4\cos 2\theta + 2\cos\theta + 3 = 0 \quad \cdots\cdots ①$$

を満たす θ について考えよう。

(1)　$t = \cos\theta$ とおくと，t のとり得る値の範囲は $-1 \leqq t \leqq 1$ である。2倍角の公式により

$$\cos 2\theta = \boxed{\text{ア}}\,t^2 - \boxed{\text{イ}}$$

であるから，① により，t についての方程式

$$\boxed{\text{ウ}}\,t^2 + \boxed{\text{エ}}\,t - 1 = 0$$

が得られる。この方程式の解は

$$t = \frac{\boxed{\text{オカ}}}{\boxed{\text{キ}}},\ \frac{1}{4}$$

である。

以下，$0 \leqq \theta \leqq \pi$ かつ $\cos\theta = \dfrac{\boxed{\text{オカ}}}{\boxed{\text{キ}}}$ を満たす θ を α とし，$0 \leqq \theta \leqq \pi$ かつ $\cos\theta = \dfrac{1}{4}$ を満たす θ を β とする。

(2)　$\cos\alpha = \dfrac{\boxed{\text{オカ}}}{\boxed{\text{キ}}}$ により，$\alpha = \dfrac{\boxed{\text{ク}}}{\boxed{\text{ケ}}}\pi$ であることがわかる。そこで β の値について調べてみよう。

$\cos\beta = \dfrac{1}{4}$ と

$$\cos\frac{\pi}{6} = \boxed{\text{コ}}，\ \cos\frac{\pi}{4} = \boxed{\text{サ}}，\ \cos\frac{\pi}{3} = \boxed{\text{シ}}$$

を比較することにより，β は $\boxed{\text{ス}}$ を満たすことがわかる。

$\boxed{\text{コ}}$ ～ $\boxed{\text{シ}}$ の解答群（同じものを繰り返し選んでもよい。）

⓪ 0	① 1	② -1
③ $\dfrac{\sqrt{3}}{2}$	④ $-\dfrac{\sqrt{3}}{2}$	⑤ $\dfrac{\sqrt{2}}{2}$
⑥ $-\dfrac{\sqrt{2}}{2}$	⑦ $\dfrac{1}{2}$	⑧ $-\dfrac{1}{2}$

$\boxed{\text{ス}}$ の解答群

⓪ $0 < \beta < \dfrac{\pi}{6}$	① $\dfrac{\pi}{6} < \beta < \dfrac{\pi}{4}$
② $\dfrac{\pi}{4} < \beta < \dfrac{\pi}{3}$	③ $\dfrac{\pi}{3} < \beta < \dfrac{\pi}{2}$

(3)　β の値について，さらに詳しく調べてみよう。

2倍角の公式を用いると

$$\cos 2\beta = \frac{\boxed{\text{セソ}}}{\boxed{\text{タ}}},\quad \cos 4\beta = \frac{\boxed{\text{チツ}}}{\boxed{\text{テト}}}$$

であることがわかる。さらに，座標平面上で 4β の動径は第 ナ 象限にあり，β は ニ を満たすことがわかる。ただし，角の動径は x 軸の正の部分を始線として考えるものとする。

ニ の解答群

⓪ $0 < \beta < \frac{\pi}{8}$	① $\frac{\pi}{8} < \beta < \frac{\pi}{6}$
② $\frac{\pi}{6} < \beta < \frac{3}{16}\pi$	③ $\frac{3}{16}\pi < \beta < \frac{\pi}{4}$
④ $\frac{\pi}{4} < \beta < \frac{5}{16}\pi$	⑤ $\frac{5}{16}\pi < \beta < \frac{\pi}{3}$
⑥ $\frac{\pi}{3} < \beta < \frac{3}{8}\pi$	⑦ $\frac{3}{8}\pi < \beta < \frac{5}{12}\pi$
⑧ $\frac{5}{12}\pi < \beta < \frac{7}{16}\pi$	⑨ $\frac{7}{16}\pi < \beta < \frac{\pi}{2}$

第4問 （配点　20）

m，n を実数とし，次の二つの整式 $P(x)$ と $Q(x)$ を考える。

$$P(x) = x^4 + (m-1)x^3 + 5x^2 + (m-3)x + n$$

$$Q(x) = x^2 - x + 2$$

また，$P(x)$ は $Q(x)$ で割り切れるとし，$P(x)$ を $Q(x)$ で割ったときの商を $R(x)$ とおく。

(1)　2次方程式 $Q(x) = 0$ の解は

$$x = \frac{\boxed{\text{ア}} \pm \sqrt{\boxed{\text{イ}}}\,i}{\boxed{\text{ウ}}}$$

である。

(2)　$P(x)$ は $Q(x)$ で割り切れるから，n を m を用いて表すと

$$n = \boxed{\text{エ}}\,m + \boxed{\text{オ}}$$

である。また

$$R(x) = x^2 + mx + m + \boxed{\text{カ}}$$

である。

(3)　方程式 $R(x)=0$ は異なる二つの虚数解 α, β をもつとする。このとき，m のとり得る値の範囲は

$$\boxed{\text{キク}} < m < \boxed{\text{ケ}}$$

である。また

$$\alpha+\beta=\boxed{\text{コ}}\,m,\ \alpha\beta=m+\boxed{\text{サ}}$$

である。

いま，$\alpha\beta(\alpha+\beta)=-10$ であるとする。このとき，$m=\boxed{\text{シ}}$ であり，方程式 $R(x)=0$ の虚数解は

$$x=\boxed{\text{スセ}}\pm\boxed{\text{ソ}}\,i$$

である。

(4)　方程式 $P(x)=0$ の解について考える。

異なる解が全部で3個になるのは，$m=\boxed{\text{タチ}}$，$\boxed{\text{ツ}}$ のときであり，そのうち虚数解は $\boxed{\text{テ}}$ 個である。

異なる解が全部で2個になるのは，$m=\boxed{\text{トナ}}$ のときである。

異なる解が全部で4個になるのは，m の値が $\boxed{\text{タチ}}$，$\boxed{\text{ツ}}$，$\boxed{\text{トナ}}$ のいずれとも等しくないときであり，$m<\boxed{\text{タチ}}$，$\boxed{\text{ツ}}<m$ のとき，4個の解のうち虚数解は $\boxed{\text{ニ}}$ 個である。

2022

共通テスト
追試験

数学Ⅰ・数学A … 82

数学Ⅱ・数学B … 109

数学Ⅰ・数学A：
解答時間 70分
配点 100点

数学Ⅱ・数学B：
解答時間 60分
配点 100点

数学Ⅰ・数学A

問　題	選 択 方 法
第1問	必　　答
第2問	必　　答
第3問	いずれか2問を選択し，解答しなさい。
第4問	
第5問	

第1問 （必答問題）（配点　30）

〔1〕 c を実数とし，x の方程式

$$|3x-3c+1|=(3-\sqrt{3})x-1 \quad \cdots\cdots ①$$

を考える。

(1) $x \geqq c-\dfrac{1}{3}$ のとき，①は

$$3x-3c+1=(3-\sqrt{3})x-1 \quad \cdots\cdots ②$$

となる。②を満たす x は

$$x=\sqrt{\boxed{\text{ア}}}\,c-\frac{\boxed{\text{イ}}\sqrt{3}}{3} \quad \cdots\cdots ③$$

となる。③が $x \geqq c-\dfrac{1}{3}$ を満たすような c の値の範囲は $\boxed{\text{ウ}}$ である。

また，$x < c-\dfrac{1}{3}$ のとき，①は

$$-3x+3c-1=(3-\sqrt{3})x-1 \quad \cdots\cdots ④$$

となる。④を満たす x は

$$x=\frac{\boxed{\text{エ}}+\sqrt{3}}{\boxed{\text{オカ}}}c \quad \cdots\cdots ⑤$$

となる。⑤が $x < c-\dfrac{1}{3}$ を満たすような c の値の範囲は $\boxed{\text{キ}}$ である。

ウ，キ の解答群(同じものを繰り返し選んでもよい。)

⓪ $c \leqq \dfrac{3+\sqrt{3}}{6}$	① $c < \dfrac{3-\sqrt{3}}{6}$	② $c \geqq \dfrac{5+\sqrt{3}}{6}$
③ $c > \dfrac{3+\sqrt{3}}{6}$	④ $c \geqq \dfrac{3-\sqrt{3}}{6}$	⑤ $c > \dfrac{5+\sqrt{3}}{6}$
⑥ $c \leqq \dfrac{5-\sqrt{3}}{6}$	⑦ $c \geqq \dfrac{7-3\sqrt{3}}{6}$	
⑧ $c < \dfrac{5-\sqrt{3}}{6}$	⑨ $c > \dfrac{7-3\sqrt{3}}{6}$	

(2)　①が異なる二つの解をもつための必要十分条件は **ク** であり，ただ一つの解をもつための必要十分条件は **ケ** である。さらに，①が解をもたないための必要十分条件は **コ** である。

ク ～ コ の解答群(同じものを繰り返し選んでもよい。)

⓪ $c > \dfrac{3-\sqrt{3}}{6}$	① $c > \dfrac{5+\sqrt{3}}{6}$	② $c \geqq \dfrac{7-3\sqrt{3}}{6}$
③ $c = \dfrac{3-\sqrt{3}}{6}$	④ $c = \dfrac{5+\sqrt{3}}{6}$	⑤ $c = \dfrac{7-3\sqrt{3}}{6}$
⑥ $c \leqq \dfrac{3-\sqrt{3}}{6}$	⑦ $c < \dfrac{5+\sqrt{3}}{6}$	⑧ $c < \dfrac{7-3\sqrt{3}}{6}$

〔2〕 以下の問題を解答するにあたっては，必要に応じて88ページの三角比の表を用いてもよい。

火災時に，ビルの高層階に取り残された人を救出する際，はしご車を使用することがある。

図1のはしご車で考える。はしごの先端をA，はしごの支点をBとする。はしごの角度(はしごと水平面のなす角の大きさ)は75°まで大きくすることができ，はしごの長さABは35 mまで伸ばすことができる。また，はしごの支点Bは地面から2 mの高さにあるとする。

以下，はしごの長さABは35 mに固定して考える。また，はしごは太さを無視して線分とみなし，はしご車は水平な地面上にあるものとする。

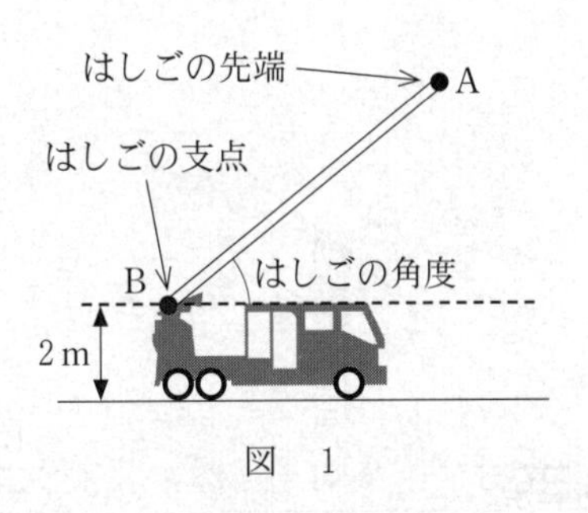

図　1

(1) はしごの先端Aの最高到達点の高さは，地面から **サシ** mである。小数第1位を四捨五入して答えよ。

(2)　図1のはしごは，図2のように，点Cで，ACが鉛直方向になるまで下向きに屈折させることができる。ACの長さは10 mである。

図3のように，あるビルにおいて，地面から26 mの高さにある位置を点Pとする。障害物のフェンスや木があるため，はしご車をBQの長さが18 mとなる場所にとめる。ここで，点Qは，点Pの真下で，点Bと同じ高さにある位置である。

このとき，はしごの先端Aが点Pに届くかどうかは，障害物の高さや，はしご車と障害物の距離によって決まる。そこで，このことについて，後の(i)，(ii)のように考える。

ただし，はしご車，障害物，ビルは同じ水平な地面上にあり，点A，B，C，P，Qはすべて同一平面上にあるものとする。

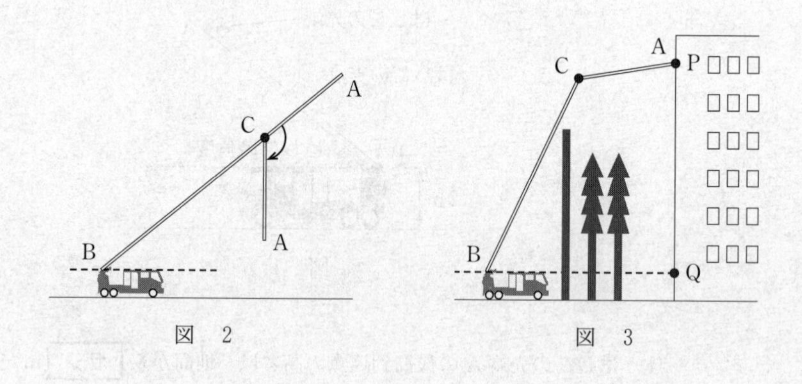

図　2　　　　図　3

(i)　はしごを点Cで屈折させ，はしごの先端Aが点Pに一致したとすると，∠QBCの大きさはおよそ［ス］°になる。

［ス］については，最も適当なものを，次の⓪～⑥のうちから一つ選べ。

⓪ 53	① 56	② 59	③ 63
④ 67	⑤ 71	⑥ 75	

(ii) はしご車に最も近い障害物はフェンスで，フェンスの高さは7m以上あり，障害物の中で最も高いものとする。フェンスは地面に垂直で2点B，Qの間にあり，フェンスとBQとの交点から点Bまでの距離は6mである。また，フェンスの厚みは考えないとする。

このとき，次の⓪～⑥のフェンスの高さのうち，図3のように，はしごがフェンスに当たらずに，はしごの先端Aを点Pに一致させることができる最大のものは，［セ］である。

［セ］の解答群

⓪ 7m	① 10m	② 13m	③ 16m
④ 19m	⑤ 22m	⑥ 25m	

三角比の表

角	正弦(sin)	余弦(cos)	正接(tan)
0°	0.0000	1.0000	0.0000
1°	0.0175	0.9998	0.0175
2°	0.0349	0.9994	0.0349
3°	0.0523	0.9986	0.0524
4°	0.0698	0.9976	0.0699
5°	0.0872	0.9962	0.0875
6°	0.1045	0.9945	0.1051
7°	0.1219	0.9925	0.1228
8°	0.1392	0.9903	0.1405
9°	0.1564	0.9877	0.1584
10°	0.1736	0.9848	0.1763
11°	0.1908	0.9816	0.1944
12°	0.2079	0.9781	0.2126
13°	0.2250	0.9744	0.2309
14°	0.2419	0.9703	0.2493
15°	0.2588	0.9659	0.2679
16°	0.2756	0.9613	0.2867
17°	0.2924	0.9563	0.3057
18°	0.3090	0.9511	0.3249
19°	0.3256	0.9455	0.3443
20°	0.3420	0.9397	0.3640
21°	0.3584	0.9336	0.3839
22°	0.3746	0.9272	0.4040
23°	0.3907	0.9205	0.4245
24°	0.4067	0.9135	0.4452
25°	0.4226	0.9063	0.4663
26°	0.4384	0.8988	0.4877
27°	0.4540	0.8910	0.5095
28°	0.4695	0.8829	0.5317
29°	0.4848	0.8746	0.5543
30°	0.5000	0.8660	0.5774
31°	0.5150	0.8572	0.6009
32°	0.5299	0.8480	0.6249
33°	0.5446	0.8387	0.6494
34°	0.5592	0.8290	0.6745
35°	0.5736	0.8192	0.7002
36°	0.5878	0.8090	0.7265
37°	0.6018	0.7986	0.7536
38°	0.6157	0.7880	0.7813
39°	0.6293	0.7771	0.8098
40°	0.6428	0.7660	0.8391
41°	0.6561	0.7547	0.8693
42°	0.6691	0.7431	0.9004
43°	0.6820	0.7314	0.9325
44°	0.6947	0.7193	0.9657
45°	0.7071	0.7071	1.0000

角	正弦(sin)	余弦(cos)	正接(tan)
45°	0.7071	0.7071	1.0000
46°	0.7193	0.6947	1.0355
47°	0.7314	0.6820	1.0724
48°	0.7431	0.6691	1.1106
49°	0.7547	0.6561	1.1504
50°	0.7660	0.6428	1.1918
51°	0.7771	0.6293	1.2349
52°	0.7880	0.6157	1.2799
53°	0.7986	0.6018	1.3270
54°	0.8090	0.5878	1.3764
55°	0.8192	0.5736	1.4281
56°	0.8290	0.5592	1.4826
57°	0.8387	0.5446	1.5399
58°	0.8480	0.5299	1.6003
59°	0.8572	0.5150	1.6643
60°	0.8660	0.5000	1.7321
61°	0.8746	0.4848	1.8040
62°	0.8829	0.4695	1.8807
63°	0.8910	0.4540	1.9626
64°	0.8988	0.4384	2.0503
65°	0.9063	0.4226	2.1445
66°	0.9135	0.4067	2.2460
67°	0.9205	0.3907	2.3559
68°	0.9272	0.3746	2.4751
69°	0.9336	0.3584	2.6051
70°	0.9397	0.3420	2.7475
71°	0.9455	0.3256	2.9042
72°	0.9511	0.3090	3.0777
73°	0.9563	0.2924	3.2709
74°	0.9613	0.2756	3.4874
75°	0.9659	0.2588	3.7321
76°	0.9703	0.2419	4.0108
77°	0.9744	0.2250	4.3315
78°	0.9781	0.2079	4.7046
79°	0.9816	0.1908	5.1446
80°	0.9848	0.1736	5.6713
81°	0.9877	0.1564	6.3138
82°	0.9903	0.1392	7.1154
83°	0.9925	0.1219	8.1443
84°	0.9945	0.1045	9.5144
85°	0.9962	0.0872	11.4301
86°	0.9976	0.0698	14.3007
87°	0.9986	0.0523	19.0811
88°	0.9994	0.0349	28.6363
89°	0.9998	0.0175	57.2900
90°	1.0000	0.0000	—

〔3〕　三角形は，与えられた辺の長さや角の大きさの条件によって，ただ一通りに決まる場合や二通りに決まる場合がある。

以下，$\triangle ABC$ において $AB = 4$ とする。

(1)　$AC = 6$，$\cos\angle BAC = \frac{1}{3}$ とする。このとき，$BC = \boxed{ソ}$ であり，$\triangle ABC$ はただ一通りに決まる。

(2)　$\sin\angle BAC = \frac{1}{3}$ とする。このとき，BC の長さのとり得る値の範囲は，点 B と直線 AC との距離を考えることにより，$BC \geqq \frac{\boxed{タ}}{\boxed{チ}}$ である。

$BC = \frac{\boxed{タ}}{\boxed{チ}}$ または $BC = \boxed{ツ}$ のとき，$\triangle ABC$ はただ一通りに決まる。

また，$\angle ABC = 90^\circ$ のとき，$BC = \sqrt{\boxed{テ}}$ である。

したがって，△ABC の形状について，次のことが成り立つ。

- $\dfrac{\boxed{タ}}{\boxed{チ}} < \mathrm{BC} < \sqrt{\boxed{テ}}$ のとき，△ABC は $\boxed{\boxed{ト}}$。

- $\mathrm{BC} = \sqrt{\boxed{テ}}$ のとき，△ABC は $\boxed{\boxed{ナ}}$。

- $\mathrm{BC} > \sqrt{\boxed{テ}}$ かつ $\mathrm{BC} \neq \boxed{ツ}$ のとき，△ABC は $\boxed{\boxed{ニ}}$。

$\boxed{\boxed{ト}}$ ～ $\boxed{\boxed{ニ}}$ の解答群（同じものを繰り返し選んでもよい。）

⓪ ただ一通りに決まり，それは鋭角三角形である
① ただ一通りに決まり，それは直角三角形である
② ただ一通りに決まり，それは鈍角三角形である
③ 二通りに決まり，それらはともに鋭角三角形である
④ 二通りに決まり，それらは鋭角三角形と直角三角形である
⑤ 二通りに決まり，それらは鋭角三角形と鈍角三角形である
⑥ 二通りに決まり，それらはともに直角三角形である
⑦ 二通りに決まり，それらは直角三角形と鈍角三角形である
⑧ 二通りに決まり，それらはともに鈍角三角形である

第2問 (必答問題) (配点　30)

〔1〕 a を $5 < a < 10$ を満たす実数とする。長方形ABCDを考え，$\mathrm{AB} = \mathrm{CD} = 5$，$\mathrm{BC} = \mathrm{DA} = a$ とする。

次のようにして，長方形ABCDの辺上に4点P，Q，R，Sをとり，内部に点Tをとることを考える。

辺AB上に点Bと異なる点Pをとる。辺BC上に点Qを $\angle\mathrm{BPQ}$ が 45° になるようにとる。Qを通り，直線PQと垂直に交わる直線を ℓ とする。ℓ が頂点C，D以外の点で辺CDと交わるとき，ℓ と辺CDの交点をRとする。

点Rを通り ℓ と垂直に交わる直線を m とする。m と辺ADとの交点をSとする。点Sを通り m と垂直に交わる直線を n とする。n と直線PQとの交点をTとする。

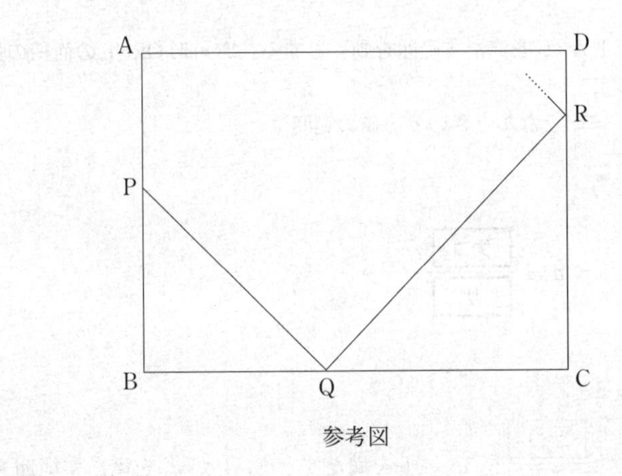

参考図

(1) $a=6$ のとき，ℓ が頂点C，D以外の点で辺CDと交わるときのAPの値の範囲は $0 \leqq \mathrm{AP} <$ [ア] である。このとき，四角形QRSTの面積の最大値は $\dfrac{[イウ]}{[エ]}$ である。

$a=8$ のとき，四角形QRSTの面積の最大値は [オカ] である。

(2) $5<a<10$ とする。ℓ が頂点C，D以外の点で辺CDと交わるときのAPの値の範囲は

$$0 \leqq \mathrm{AP} < [キク] - a \quad \cdots\cdots\cdots\cdots ①$$

である。

点Pが①を満たす範囲を動くとする。四角形QRSTの面積の最大値が $\dfrac{[イウ]}{[エ]}$ となるときの a の値の範囲は

$$5 < a \leqq \dfrac{[ケコ]}{[サ]}$$

である。

a が $\dfrac{[ケコ]}{[サ]} < a < 10$ を満たすとき，Pが①を満たす範囲を動いたときの四角形QRSTの面積の最大値は

$$[シス]\,a^2 + [セソ]\,a - [タチツ]$$

である。

〔2〕 国土交通省では「全国道路・街路交通情勢調査」を行い，地域ごとのデータを公開している。以下では，2010 年と 2015 年に 67 地域で調査された高速道路の交通量と速度を使用する。交通量としては，それぞれの地域において，ある 1 日にある区間を走行した自動車の台数(以下，交通量という。単位は台)を用いる。また，速度としては，それぞれの地域において，ある区間を走行した自動車の走行距離および走行時間から算出した値(以下，速度という。単位は km/h)を用いる。

(1) 表1は，2015年の交通量と速度の平均値，標準偏差および共分散である。ただし，共分散は交通量の偏差と速度の偏差の積の平均値である。

表1 2015年の交通量と速度の平均値，標準偏差および共分散

	平均値	標準偏差	共分散
交通量	17300	10200	−63600
速　度	82.0	9.60	

この表より，(標準偏差)：(平均値)の比の値は，小数第3位を四捨五入すると，交通量については0.59であり，速度については［テ］である。また，交通量と速度の相関係数は［ト］である。

また，図1は，2015年の交通量と速度の散布図である。なお，この散布図には，完全に重なっている点はない。

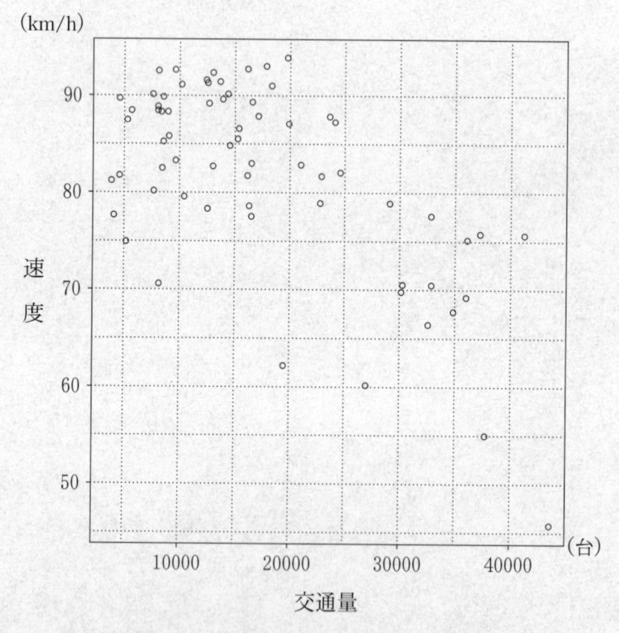

図1 2015年の交通量と速度の散布図

(出典：国土交通省のWebページにより作成)

2015年の交通量のヒストグラムは，図1を参考にすると，ナ である。なお，ヒストグラムの各階級の区間は，左側の数値を含み，右側の数値を含まない。また，表1および図1から読み取れることとして，後の⓪～⑤のうち，正しいものは ニ と ヌ である。

テ，ト については，最も適当なものを，次の⓪～⑨のうちから一つずつ選べ。ただし，同じものを繰り返し選んでもよい。

⓪	−0.71	①	−0.65	②	−0.59	③	−0.12	④	−0.03
⑤	0.03	⑥	0.12	⑦	0.59	⑧	0.65	⑨	0.71

ナ の解答群

⓪
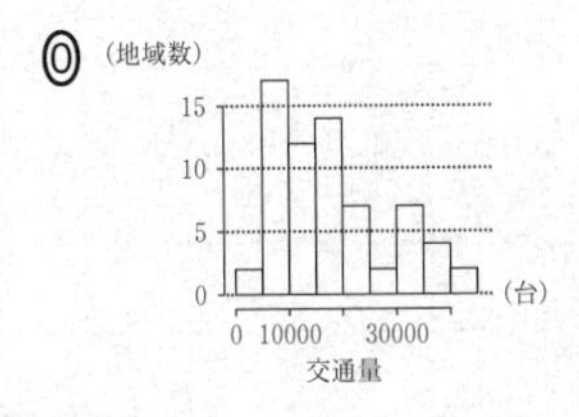

①
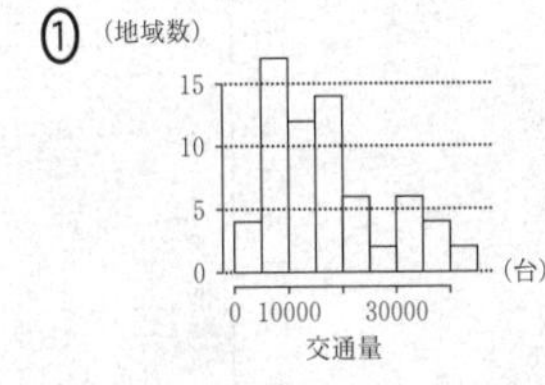

②
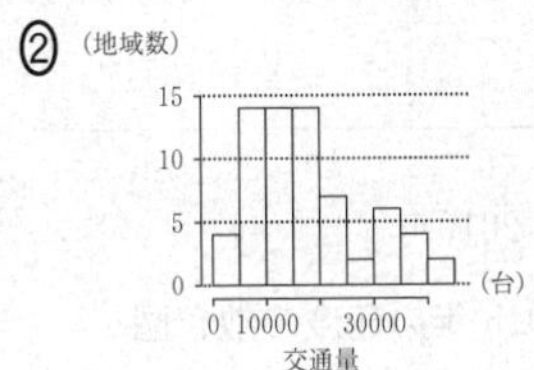

③
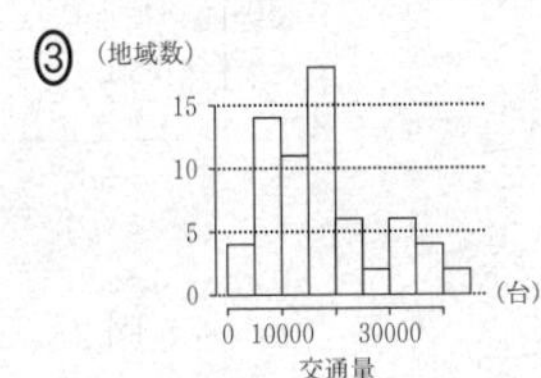

ニ，ヌ の解答群(解答の順序は問わない。)

⓪　交通量が27500以上のすべての地域の速度は75未満である。
①　交通量が10000未満のすべての地域の速度は70以上である。
②　速度が平均値以上のすべての地域では，交通量が平均値以上である。
③　速度が平均値未満のすべての地域では，交通量が平均値未満である。
④　交通量が27500以上の地域は，ちょうど7地域存在する。
⑤　速度が72.5未満の地域は，ちょうど11地域存在する。

⑵ 図2は，2010年と2015年の速度の散布図である。ただし，原点を通り，傾きが1である直線(点線)を補助的に描いている。また，この散布図には，完全に重なっている点はない。

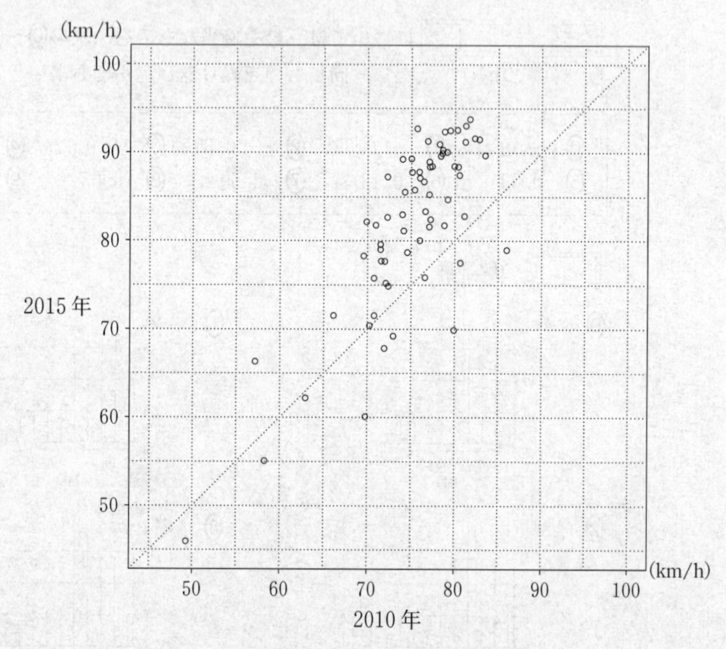

図2　2010年と2015年の速度の散布図

(出典：国土交通省のWebページにより作成)

67地域について，2010年より2015年の速度が速くなった地域群をA群，遅くなった地域群をB群とする。A群の地域数は［ネノ］である。

B群において，2010年より2015年の速度が，5 km/h以上遅くなった地域数は［ハ］であり，10％以上遅くなった地域数は［ヒ］である。

A群の2015年の速度については，第1四分位数は81.2，中央値は86.7，第3四分位数は89.7であった。次の(I)，(II)，(III)はA群とB群の2015年の速度に関する記述である。

(I)　A群の速度の範囲は，B群の速度の範囲より小さい。

(II)　A群の速度の第1四分位数は，B群の速度の第3四分位数より小さい。

(III)　A群の速度の四分位範囲は，B群の速度の四分位範囲より小さい。

(I)，(II)，(III)の正誤の組合せとして正しいものは［フ］である。

［フ］の解答群

	⓪	①	②	③	④	⑤	⑥	⑦
(I)	正	正	正	正	誤	誤	誤	誤
(II)	正	正	誤	誤	正	正	誤	誤
(III)	正	誤	正	誤	正	誤	正	誤

(3)　図3は2015年の速度の箱ひげ図である。図4は図1を再掲したものであり，2015年の交通量と速度の散布図である。これらの速度から1kmあたりの走行時間(分)を考える。例えば，速度が55km/hの場合は，1時間あたりの走行距離が55kmなので，1kmあたりの走行時間は$\frac{1}{55}\times 60$の小数第3位を四捨五入して1.09分となる。

このようにして2015年の速度を1kmあたりの走行時間に変換したデータの箱ひげ図は［ヘ］であり，2015年の交通量と1kmあたりの走行時間の散布図は［ホ］である。なお，解答群の散布図には，完全に重なっている点はない。

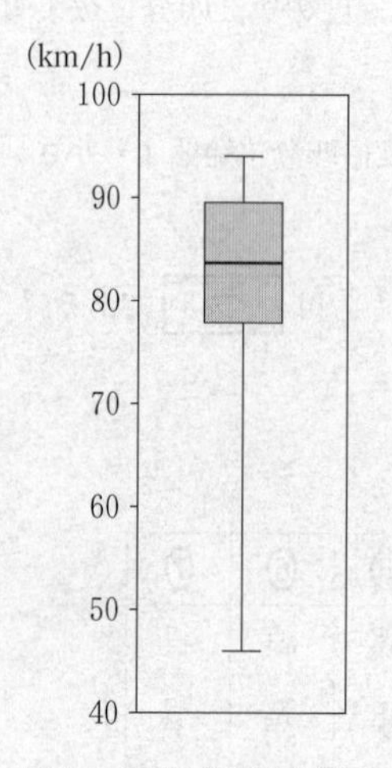

図3　2015年の速度の箱ひげ図

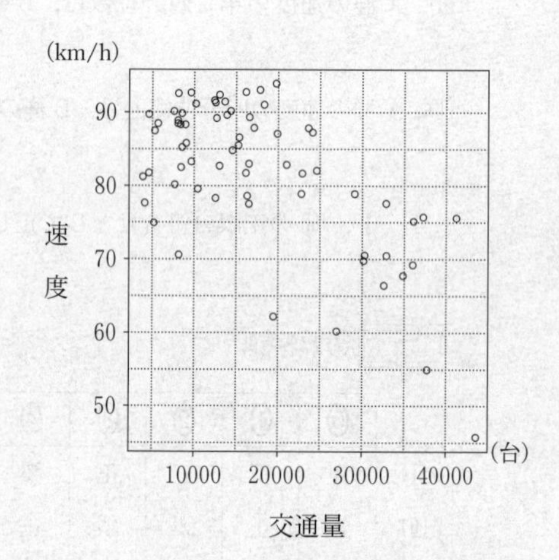

図4　2015年の交通量と速度の散布図

（出典：国土交通省のWebページにより作成）

ヘ の解答群

ホ の解答群

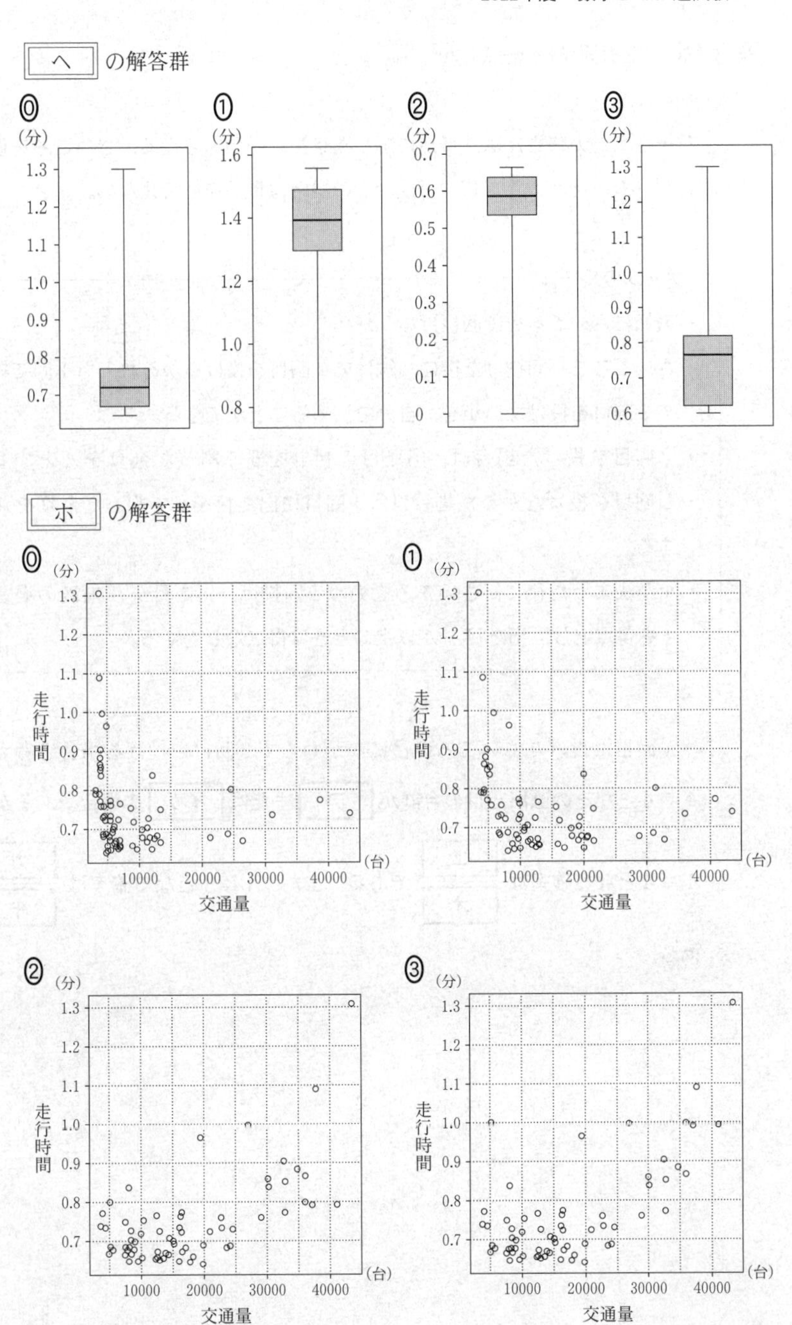
⓪
(分)
1.3
1.2
1.1
1.0
0.9
0.8
0.7
①
(分)
1.6
1.4
1.2
1.0
0.8
②
(分)
0.7
0.6
0.5
0.4
0.3
0.2
0.1
0
③
(分)
1.3
1.2
1.1
1.0
0.9
0.8
0.7
0.6
走行時間
交通量
(台)
10000
20000
30000
40000

第3問　（選択問題）（配点　20）

花子さんと太郎さんは，得点に応じた景品を一つもらえる，さいころを使った次のゲームを行う。ただし，得点なしの場合は景品をもらえない。

ゲームのルール

- 最初にさいころを1回投げる。
- さいころを1回投げた後に，続けて2回目を投げるかそれとも1回で終えて2回目を投げないかを，自分で決めることができる。
- 2回目を投げた場合は，出た目の合計を6で割った余りを A とする。2回目を投げなかった場合は，1回目に出た目を6で割った余りを A とする。
- A が決まった後に，さいころをもう1回投げ，出た目が A 未満の場合は A を得点とし，出た目が A 以上のときは得点なしとする。

(1)　1回目に投げたさいころの目にかかわらず2回目を投げる場合を考える。

$A=4$ となるのは出た目の合計が［ア］または［イウ］の場合であるから，

$A=4$ となる確率は $\dfrac{\boxed{エ}}{\boxed{オ}}$ である。また，$A \geqq 4$ となる確率は $\dfrac{\boxed{カ}}{\boxed{キ}}$ である。

(2) 花子さんは4点以上の景品が欲しいと思い，$A \geqq 4$ となる確率が最大となるような戦略を考えた。

例えば，さいころを1回投げたところ，出た目は5であったとする。この条件のもとでは，2回目を投げない場合は確実に $A \geqq 4$ となるが，2回目を投げると $A \geqq 4$ となる確率は $\dfrac{\boxed{ク}}{\boxed{ケ}}$ である。よって，この条件のもとでは2回目を投げない方が $A \geqq 4$ となる確率は大きくなる。

1回目に出た目が5以外の場合も，このように2回目を投げない場合と投げる場合を比較すると，花子さんの戦略は次のようになる。

花子さんの戦略

1回目に投げたさいころの目を6で割った余りが $\boxed{コ}$ のときのみ，2回目を投げる。

1回目に投げたさいころの目が5以外の場合も考えてみると，いずれの場合も2回目を投げたときに $A \geqq 4$ となる確率は $\dfrac{\boxed{ク}}{\boxed{ケ}}$ である。このことから，花子さんの戦略のもとで $A \geqq 4$ となる確率は $\dfrac{\boxed{サ}}{\boxed{シ}}$ であり，この確率は $\dfrac{\boxed{カ}}{\boxed{キ}}$ より大きくなる。

$\boxed{コ}$ の解答群

⓪　2以下	①　3以下	②　4以下
③　2以上	④　3以上	⑤　4以上

(3)　太郎さんは，どの景品でもよいからもらいたいと思い，得点なしとなる確率が最小となるような戦略を考えた。

例えば，さいころを1回投げたところ，出た目は3であったとする。この条件のもとでは，2回目を投げない場合，得点なしとなる確率は $\dfrac{\boxed{ス}}{\boxed{セ}}$ であり，2回目を投げる場合，得点なしとなる確率は $\dfrac{\boxed{ソタ}}{\boxed{チツ}}$ である。よって，1回目に投げたさいころの目が3であったときは，$\boxed{テ}$。

1回目に投げたさいころの目が3以外の場合についても考えてみると，太郎さんの戦略は次のようになる。

太郎さんの戦略

1回目に投げたさいころの目を6で割った余りが $\boxed{ト}$ のときのみ，2回目を投げる。

この戦略のもとで太郎さんが得点なしとなる確率は $\dfrac{\boxed{ナニ}}{\boxed{ヌネ}}$ であり，この確率は，1回目に投げたさいころの目にかかわらず2回目を投げる場合における得点なしとなる確率より小さくなる。

テ の解答群

⓪　2回目を投げない方が得点なしとなる確率は小さい
①　2回目を投げた方が得点なしとなる確率は小さい
②　2回目を投げても投げなくても得点なしとなる確率は変わらない

ト の解答群

⓪　2以下	①　3以下	②　4以下
③　2以上	④　3以上	⑤　4以上

第4問 （選択問題）（配点　20）

(1)　整数 k が $0 \leqq k < 5$ を満たすとする。$77k = 5 \times 15k + 2k$ に注意すると，$77k$ を5で割った余りが1となるのは $k =$ [ア] のときである。

(2)　三つの整数 k，ℓ，m が

$$0 \leqq k < 5, \quad 0 \leqq \ell < 7, \quad 0 \leqq m < 11$$

を満たすとする。このとき

$$\frac{k}{5} + \frac{\ell}{7} + \frac{m}{11} - \frac{1}{385} \quad \cdots\cdots ①$$

が整数となる k，ℓ，m を求めよう。

①の値が整数のとき，その値を n とすると

$$\frac{k}{5} + \frac{\ell}{7} + \frac{m}{11} = \frac{1}{385} + n \quad \cdots\cdots ②$$

となる。②の両辺に385を掛けると

$$77k + 55\ell + 35m = 1 + 385n \quad \cdots\cdots ③$$

となる。これより

$$77k = 5(-11\ell - 7m + 77n) + 1$$

となることから，$77k$ を5で割った余りは1なので $k =$ [ア] である。

同様にして

$$55\ell = 7(-11k - 5m + 55n) + 1$$

および

$$35m = 11(-7k - 5\ell + 35n) + 1$$

であることに注意すると，$\ell =$ イ および $m =$ ウ が得られる。

なお，$k =$ ア ，$\ell =$ イ ，$m =$ ウ を ③ に代入すると $n = 2$ であることがわかる。

(3)　三つの整数 x，y，z が

$$0 \leqq x < 5,\quad 0 \leqq y < 7,\quad 0 \leqq z < 11$$

を満たすとする。次の形の整数

$$77 \times \boxed{\text{ア}} \times x + 55 \times \boxed{\text{イ}} \times y + 35 \times \boxed{\text{ウ}} \times z$$

を 5，7，11 で割った余りがそれぞれ 2，4，5 であるとする。このとき，x，y，z を求めよう。$77 \times \boxed{\text{ア}} \times x$ を 5 で割った余りが 2 であることから $x = \boxed{\text{エ}}$ となる。同様にして $y = \boxed{\text{オ}}$，$z = \boxed{\text{カ}}$ となる。

x，y，z を上で求めた値として，整数 p を

$$p = 77 \times \boxed{\text{ア}} \times x + 55 \times \boxed{\text{イ}} \times y + 35 \times \boxed{\text{ウ}} \times z$$

で定める。このとき，5，7，11 で割った余りがそれぞれ 2，4，5 である整数 M は，ある整数 r を用いて $M = p + 385r$ と表すことができる。

(4)　整数 p を(3)で定めたものとする。p^a を 5 で割った余りが 1 となる正の整数 a のうち，最小のものは $a = 4$ である。また，p^b を 7 で割った余りが 1 となる正の整数 b のうち，最小のものは $b = \boxed{\text{キ}}$ となる。さらに，p^c を 11 で割った余りが 1 となる正の整数 c のうち，最小のものは $c = \boxed{\text{ク}}$ である。

p^8 を 385 で割った余りを q とするとき，q を求めよう。p^8 を 5，7，11 で割った余りを利用して(3)と同様に考えると，$q = \boxed{\text{ケコサ}}$ であることがわかる。

第5問 (選択問題) (配点　20)

(1) 円と直線に関する次の**定理**を考える。

> **定理**　3点P，Q，Rは一直線上にこの順に並んでいるとし，点Tはこの直線上にないものとする。このとき，$PQ \cdot PR = PT^2$ が成り立つならば，直線PTは3点Q，R，Tを通る円に接する。

この**定理**が成り立つことは，次のように説明できる。

直線PTは3点Q，R，Tを通る円Oに接しないとする。このとき，直線PTは円Oと異なる2点で交わる。直線PTと円Oとの交点で点Tとは異なる点をT′とすると

$$PT \cdot PT' = \boxed{\text{ア}} \cdot \boxed{\text{イ}}$$

が成り立つ。点Tと点T′が異なることにより，$PT \cdot PT'$ の値と PT^2 の値は異なる。したがって，$PQ \cdot PR = PT^2$ に矛盾するので，背理法により，直線PTは3点Q，R，Tを通る円に接するといえる。

[ア]，[イ] の解答群(解答の順序は問わない。)

⓪ PQ	① PR	② QR	③ QT	④ RT

(2)　△ABCにおいて，$AB = \frac{1}{2}$，$BC = \frac{3}{4}$，$AC = 1$とする。

このとき，∠ABCの二等分線と辺ACとの交点をDとすると，

$AD = \frac{\boxed{ウ}}{\boxed{エ}}$である。直線BC上に，点Cとは異なり，BC = BEとなる点Eをとる。∠ABEの二等分線と線分AEとの交点をFとし，直線ACとの交点をGとすると

$$\frac{AC}{AG} = \frac{\boxed{オ}}{\boxed{カ}}, \qquad \frac{\triangle ABF\text{の面積}}{\triangle AFG\text{の面積}} = \frac{\boxed{キ}}{\boxed{ク}}$$

である。

線分DGの中点をHとすると，$BH = \frac{\boxed{ケ}}{\boxed{コ}}$である。また

$$AH = \frac{\boxed{サ}}{\boxed{シ}}, \qquad CH = \frac{\boxed{ス}}{\boxed{セ}}$$

である。

△ABCの外心をOとする。△ABCの外接円Oの半径が

$\frac{\boxed{ソ}\sqrt{\boxed{タチ}}}{\boxed{ツテ}}$であることから，線分BHを1：2に内分する点をIとすると

$$IO = \frac{\boxed{ト}\sqrt{\boxed{ナ}}}{\boxed{ニヌ}}$$

であることがわかる。

数学Ⅱ・数学B

<table>
<tr><th>問　題</th><th>選　択　方　法</th></tr>
<tr><td>第1問</td><td>必　　答</td></tr>
<tr><td>第2問</td><td>必　　答</td></tr>
<tr><td>第3問</td><td rowspan="3">いずれか2問を選択し，解答しなさい。</td></tr>
<tr><td>第4問</td></tr>
<tr><td>第5問</td></tr>
</table>

第１問　（必答問題）（配点　30）

〔1〕　座標平面上で，直線 $3x+2y-39=0$ を ℓ_1 とする。また，k を実数とし，直線 $kx-y-5k+12=0$ を ℓ_2 とする。

(1)　直線 ℓ_1 と x 軸は，点$\left(\boxed{\text{アイ}}, 0\right)$で交わる。

また，直線 ℓ_2 は k の値に関係なく点$\left(\boxed{\text{ウ}}, \boxed{\text{エオ}}\right)$を通り，直線 ℓ_1 もこの点を通る。

(2)　2直線 ℓ_1，ℓ_2 および x 軸によって囲まれた三角形ができないような k の値は

$$k=\boxed{\text{カ}},\ \frac{\boxed{\text{キク}}}{\boxed{\text{ケ}}}$$

である。

(3)　2直線 ℓ_1，ℓ_2 および x 軸によって囲まれた三角形ができるとき，この三角形の周および内部からなる領域を D とする。さらに，r を正の実数とし，不等式 $x^2 + y^2 \leqq r^2$ の表す領域を E とする。

直線 ℓ_2 が点 $(-13, 0)$ を通る場合を考える。このとき，$k = \dfrac{\boxed{\text{コ}}}{\boxed{\text{サ}}}$

である。さらに，D が E に含まれるような r の値の範囲は

$r \geqq \boxed{\text{シス}}$

である。

次に，$r = \boxed{\text{シス}}$ の場合を考える。このとき，D が E に含まれるような k の値の範囲は

$k \geqq \dfrac{\boxed{\text{セ}}}{\boxed{\text{ソ}}}$ または $k < \dfrac{\boxed{\text{タチ}}}{\boxed{\text{ツ}}}$

である。

〔2〕 θ は $-\frac{\pi}{2} < \theta < \frac{\pi}{2}$ を満たすとする。

(1) $\tan\theta = -\sqrt{3}$ のとき，$\theta =$ [テ] であり

$\cos\theta =$ [ト]，$\sin\theta =$ [ナ]

である。

一般に，$\tan\theta = k$ のとき

$\cos\theta =$ [ニ]，$\sin\theta =$ [ヌ]

である。

[テ] の解答群

⓪ $-\frac{\pi}{3}$　① $-\frac{\pi}{4}$　② $-\frac{\pi}{6}$　③ $\frac{\pi}{6}$　④ $\frac{\pi}{4}$　⑤ $\frac{\pi}{3}$

[ト]，[ナ] の解答群(同じものを繰り返し選んでもよい。)

⓪ 0　① 1　② -1

③ $\frac{\sqrt{3}}{2}$　④ $-\frac{\sqrt{3}}{2}$　⑤ $\frac{\sqrt{2}}{2}$

⑥ $-\frac{\sqrt{2}}{2}$　⑦ $\frac{1}{2}$　⑧ $-\frac{1}{2}$

[ニ]，[ヌ] の解答群(同じものを繰り返し選んでもよい。)

⓪ $\frac{1}{1+k^2}$　① $-\frac{1}{1+k^2}$　② $\frac{k}{1+k^2}$　③ $-\frac{k}{1+k^2}$

④ $\frac{2}{1+k^2}$　⑤ $-\frac{2}{1+k^2}$　⑥ $\frac{2k}{1+k^2}$　⑦ $-\frac{2k}{1+k^2}$

⑧ $\frac{1}{\sqrt{1+k^2}}$　⑨ $-\frac{1}{\sqrt{1+k^2}}$　ⓐ $\frac{k}{\sqrt{1+k^2}}$　ⓑ $-\frac{k}{\sqrt{1+k^2}}$

⑵　花子さんと太郎さんは，関数のとり得る値の範囲について話している。

花子：$-\frac{\pi}{2} < \theta < \frac{\pi}{2}$ の範囲で θ を動かすとき，$\tan\theta$ のとり得る値の範囲は実数全体だよね。

太郎：$\tan\theta = \frac{\sin\theta}{\cos\theta}$ だけど，分子を少し変えるとどうなるかな。

$\frac{\sin 2\theta}{\cos\theta} = p$，$\frac{\sin\left(\theta + \frac{\pi}{7}\right)}{\cos\theta} = q$ とおく。

$-\frac{\pi}{2} < \theta < \frac{\pi}{2}$ の範囲で θ を動かすとき，p のとり得る値の範囲は［ネ］であり，q のとり得る値の範囲は［ノ］である。

［ネ］の解答群

⓪ $-1 < p < 1$	① $0 < p < 1$
② $-2 < p < 2$	③ $0 < p < 2$
④ 実数全体	⑤ 正の実数全体

［ノ］の解答群

⓪ $-1 < q < 1$	① $0 < q < 1$
② $-2 < q < 2$	③ $0 < q < 2$
④ 実数全体	⑤ 正の実数全体
⑥ $-\sin\frac{\pi}{7} < q < \sin\frac{\pi}{7}$	⑦ $0 < q < \sin\frac{\pi}{7}$
⑧ $-\cos\frac{\pi}{7} < q < \cos\frac{\pi}{7}$	⑨ $0 < q < \cos\frac{\pi}{7}$

(3)　α は $0 \leqq \alpha < 2\pi$ を満たすとし

$$\frac{\sin(\theta + \alpha)}{\cos\theta} = r$$

とおく。$\alpha = \dfrac{\pi}{7}$ の場合，r は(2)で定めた q と等しい。

α の値を一つ定め，$-\dfrac{\pi}{2} < \theta < \dfrac{\pi}{2}$ の範囲で θ のみを動かすとき，r のとり得る値の範囲を考える。

r のとり得る値の範囲が q のとり得る値の範囲と異なるような α $(0 \leqq \alpha < 2\pi)$ は［ハ］。

［ハ］の解答群

⓪　存在しない	①　ちょうど1個存在する
②　ちょうど2個存在する	③　ちょうど3個存在する
④　ちょうど4個存在する	⑤　5個以上存在する

第2問 （必答問題）（配点　30）

k を実数とし

$$f(x) = x^3 - kx$$

とおく。また，座標平面上の曲線 $y = f(x)$ を C とする。

必要に応じて，次のことを用いてもよい。

曲線 C の平行移動

曲線 C を x 軸方向に p，y 軸方向に q だけ平行移動した曲線の方程式は

$$y = (x - p)^3 - k(x - p) + q$$

である。

(1) t を実数とし

$$g(x) = (x - t)^3 - k(x - t)$$

とおく。また，座標平面上の曲線 $y = g(x)$ を C_1 とする。

(i) 関数 $f(x)$ は $x = 2$ で極値をとるとする。

このとき，$f'(2) =$ [ア] であるから，$k =$ [イウ] であり，$f(x)$ は $x =$ [エオ] で極大値をとる。また，$g(x)$ が $x = 3$ で極大値をとるとき，$t =$ [カ] である。

(ii) $t = 1$ とする。また，曲線 C と C_1 は2点で交わるとし，一つの交点の x 座標は -2 であるとする。このとき，$k =$ [キク] であり，もう一方の交点の x 座標は [ケ] である。また，C と C_1 で囲まれた図形のうち，$x \geqq 0$ の範囲にある部分の面積は $\dfrac{\text{[コサ]}}{\text{[シ]}}$ である。

(2)　a，b，c を実数とし

$$h(x) = x^3 + 3ax^2 + bx + c$$

とおく。また，座標平面上の曲線 $y = h(x)$ を C_2 とする。

(i)　曲線 C を平行移動して，C_2 と一致させることができるかどうかを考察しよう。C を x 軸方向に p，y 軸方向に q だけ平行移動した曲線が C_2 と一致するとき

$$h(x) = (x - p)^3 - k(x - p) + q \quad \cdots\cdots\cdots\cdots ①$$

である。よって，$p =$ [スセ]，$b =$ [ソ] $p^2 - k$ であり

$$k = \boxed{タ}\,a^2 - b \quad \cdots\cdots\cdots\cdots ②$$

である。また，① において，$x = p$ を代入すると，$q = h(p) = h\left(\boxed{スセ}\right)$ となる。

逆に，k が ② を満たすとき，C を x 軸方向に [スセ]，y 軸方向に $h\left(\boxed{スセ}\right)$ だけ平行移動させると C_2 と一致することが確かめられる。

(ii)　$b = 3a^2 - 3$ とする。このとき，曲線 C_2 は曲線

$$y = x^3 - \boxed{\text{チ}}\,x$$

を平行移動したものと一致する。よって，$h(x)$ が $x = 4$ で極大値 3 をとるとき，$h(x)$ は $x = \boxed{\text{ツ}}$ で極小値 $\boxed{\text{テト}}$ をとることがわかる。

(iii)　次の⓪～③のうち，平行移動によって一致させることができる二つの異なる曲線は $\boxed{\text{ナ}}$ と $\boxed{\text{ニ}}$ である。

$\boxed{\text{ナ}}$，$\boxed{\text{ニ}}$ の解答群（解答の順序は問わない。）

⓪　$y = x^3 - x - 5$

①　$y = x^3 + 3x^2 - 2x - 4$

②　$y = x^3 - 6x^2 - x - 4$

③　$y = x^3 - 6x^2 + 7x - 5$

第3問　(選択問題)(配点　20)

以下の問題を解答するにあたっては，必要に応じて123ページの正規分布表を用いてもよい。

太郎さんのクラスでは，確率分布の問題として，2個のさいころを同時に投げることを72回繰り返す試行を行い，2個とも1の目が出た回数を表す確率変数Xの分布を考えることとなった。そこで，21名の生徒がこの試行を行った。

(1)　Xは二項分布$B\left(\boxed{\text{アイ}}, \dfrac{\boxed{\text{ウ}}}{\boxed{\text{エオ}}}\right)$に従う。このとき，$k = \boxed{\text{アイ}}$，

$p = \dfrac{\boxed{\text{ウ}}}{\boxed{\text{エオ}}}$とおくと，$X = r$である確率は

$$P(X = r) = {}_k\mathrm{C}_r\, p^r (1-p)^{\boxed{\text{カ}}} \quad (r = 0, 1, 2, \cdots, k) \cdots\cdots ①$$

である。

また，Xの平均(期待値)は$E(X) = \boxed{\text{キ}}$，標準偏差は

$\sigma(X) = \dfrac{\sqrt{\boxed{\text{クケ}}}}{\boxed{\text{コ}}}$である。

$\boxed{\text{カ}}$の解答群

⓪ k	① $k+r$	② $k-r$	③ r

⑵　21名全員の試行結果について，2個とも1の目が出た回数を調べたところ，次の表のような結果になった。なお，5回以上出た生徒はいなかった。

回数	0	1	2	3	4	計
人数	2	7	7	3	2	21

この表をもとに，確率変数Yを考える。Yのとり得る値を0，1，2，3，4とし，各値の相対度数を確率として，Yの確率分布を次の表のとおりとする。

Y	0	1	2	3	4	計
P	$\frac{2}{21}$	$\frac{1}{3}$	$\frac{1}{3}$	$\frac{\boxed{サ}}{\boxed{シ}}$	$\frac{2}{21}$	$\boxed{ス}$

このとき，Yの平均は$E(Y)=\dfrac{\boxed{セソ}}{\boxed{タチ}}$，標準偏差は$\sigma(Y)=\dfrac{\sqrt{530}}{21}$である。

(3)　太郎さんは，(2)の実際の試行結果から作成した確率変数Yの分布について，二項分布の①のように，その確率の値を数式で表したいと考えた。そこで，$Y=1$，$Y=2$である確率が最大であり，かつ，それら二つの確率が等しくなっている確率分布について先生に相談したところ，Yの代わりとして，新しく次のような確率変数Zを提案された。

先生の提案

Zのとり得る値は0，1，2，3，4であり，$Z=r$である確率を

$$P(Z=r)=a\cdot\frac{2^r}{r!}\qquad(r=0,\ 1,\ 2,\ 3,\ 4)$$

とする。ただし，aを正の定数とする。また，$r!=r(r-1)\cdots\cdot 2\cdot 1$であり，$0!=1$，$1!=1$，$2!=2$，$3!=6$，$4!=24$である。

このとき，(2)と同様にZの確率分布の表を作成することにより，

$a=\dfrac{\boxed{\text{ツ}}}{\boxed{\text{テ}}}$であることがわかる。

Zの平均は$E(Z)=\dfrac{\boxed{\text{セソ}}}{\boxed{\text{タチ}}}$，標準偏差は$\sigma(Z)=\dfrac{\sqrt{614}}{21}$であり，$E(Z)=E(Y)$が成り立つ。また，$Z=1$，$Z=2$である確率が最大であり，かつ，それら二つの確率は等しい。これらのことから，太郎さんは提案されたこのZの確率分布を利用することを考えた。

(4)　(3)で考えた確率変数 Z の確率分布をもつ母集団を考え，この母集団から無作為に抽出した大きさ n の標本を確率変数 W_1，W_2，…，W_n とし，標本平均を $\overline{W} = \dfrac{1}{n}(W_1 + W_2 + \cdots + W_n)$ とする。

$\overline{W}$ の平均を $E(\overline{W}) = m$，標準偏差を $\sigma(\overline{W}) = s$ とおくと，$m = \dfrac{\boxed{トナ}}{\boxed{ニヌ}}$，

$s = \sigma(Z) \cdot$ $\boxed{ネ}$ である。

$\boxed{ネ}$ の解答群

⓪ $\dfrac{1}{n}$	① 1	② $\dfrac{1}{\sqrt{n}}$
③ $\sqrt{n}$	④ n	⑤ n^2

また，標本の大きさnが十分に大きいとき，$\overline{W}$は近似的に正規分布$N(m,\ s^2)$に従う。さらに，nが増加するとs^2は［ノ］ので，$\overline{W}$の分布曲線と，mと$E(X)=$［キ］の大小関係に注意すれば，nが増加すると$P\left(\overline{W} \geqq \text{［キ］}\right)$は［ハ］ことがわかる。

ここで，$U=$［ヒ］とおくと，nが十分に大きいとき，確率変数Uは近似的に標準正規分布$N(0,\ 1)$に従う。このことを利用すると，$n=100$のとき，標本の大きさは十分に大きいので

$$P\left(\overline{W} \geqq \text{［キ］}\right)=0.\text{［フヘホ］}$$

である。ただし，0.［フヘホ］の計算においては$\dfrac{1}{\sqrt{614}}=\dfrac{\sqrt{614}}{614}=0.040$とする。

$\overline{W}$の確率分布において$E(X)$は極端に大きな値をとっていることがわかり，$E(X)$と$E(\overline{W})$は等しいとはみなせない。

［ノ］，［ハ］の解答群（同じものを繰り返し選んでもよい。）

⓪　小さくなる	①　変化しない	②　大きくなる

［ヒ］の解答群

⓪　$\dfrac{\overline{W}-m}{\sqrt{n}}$	①　$\dfrac{\overline{W}-m}{n}$	②　$\dfrac{\overline{W}-m}{n^2}$
③　$\dfrac{\overline{W}-m}{\sqrt{s}}$	④　$\dfrac{\overline{W}-m}{s}$	⑤　$\dfrac{\overline{W}-m}{s^2}$

正規分布表

次の表は，標準正規分布の分布曲線における右図の灰色部分の面積の値をまとめたものである。

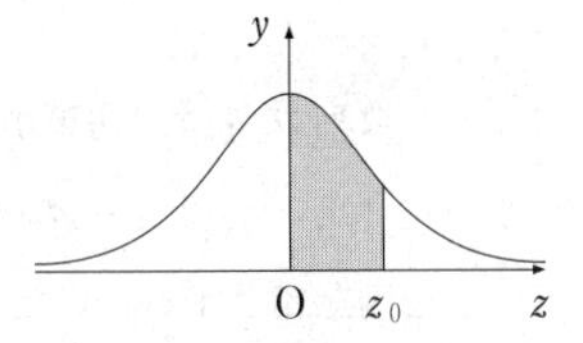

z_0	0.00	0.01	0.02	0.03	0.04	0.05	0.06	0.07	0.08	0.09
0.0	0.0000	0.0040	0.0080	0.0120	0.0160	0.0199	0.0239	0.0279	0.0319	0.0359
0.1	0.0398	0.0438	0.0478	0.0517	0.0557	0.0596	0.0636	0.0675	0.0714	0.0753
0.2	0.0793	0.0832	0.0871	0.0910	0.0948	0.0987	0.1026	0.1064	0.1103	0.1141
0.3	0.1179	0.1217	0.1255	0.1293	0.1331	0.1368	0.1406	0.1443	0.1480	0.1517
0.4	0.1554	0.1591	0.1628	0.1664	0.1700	0.1736	0.1772	0.1808	0.1844	0.1879
0.5	0.1915	0.1950	0.1985	0.2019	0.2054	0.2088	0.2123	0.2157	0.2190	0.2224
0.6	0.2257	0.2291	0.2324	0.2357	0.2389	0.2422	0.2454	0.2486	0.2517	0.2549
0.7	0.2580	0.2611	0.2642	0.2673	0.2704	0.2734	0.2764	0.2794	0.2823	0.2852
0.8	0.2881	0.2910	0.2939	0.2967	0.2995	0.3023	0.3051	0.3078	0.3106	0.3133
0.9	0.3159	0.3186	0.3212	0.3238	0.3264	0.3289	0.3315	0.3340	0.3365	0.3389
1.0	0.3413	0.3438	0.3461	0.3485	0.3508	0.3531	0.3554	0.3577	0.3599	0.3621
1.1	0.3643	0.3665	0.3686	0.3708	0.3729	0.3749	0.3770	0.3790	0.3810	0.3830
1.2	0.3849	0.3869	0.3888	0.3907	0.3925	0.3944	0.3962	0.3980	0.3997	0.4015
1.3	0.4032	0.4049	0.4066	0.4082	0.4099	0.4115	0.4131	0.4147	0.4162	0.4177
1.4	0.4192	0.4207	0.4222	0.4236	0.4251	0.4265	0.4279	0.4292	0.4306	0.4319
1.5	0.4332	0.4345	0.4357	0.4370	0.4382	0.4394	0.4406	0.4418	0.4429	0.4441
1.6	0.4452	0.4463	0.4474	0.4484	0.4495	0.4505	0.4515	0.4525	0.4535	0.4545
1.7	0.4554	0.4564	0.4573	0.4582	0.4591	0.4599	0.4608	0.4616	0.4625	0.4633
1.8	0.4641	0.4649	0.4656	0.4664	0.4671	0.4678	0.4686	0.4693	0.4699	0.4706
1.9	0.4713	0.4719	0.4726	0.4732	0.4738	0.4744	0.4750	0.4756	0.4761	0.4767
2.0	0.4772	0.4778	0.4783	0.4788	0.4793	0.4798	0.4803	0.4808	0.4812	0.4817
2.1	0.4821	0.4826	0.4830	0.4834	0.4838	0.4842	0.4846	0.4850	0.4854	0.4857
2.2	0.4861	0.4864	0.4868	0.4871	0.4875	0.4878	0.4881	0.4884	0.4887	0.4890
2.3	0.4893	0.4896	0.4898	0.4901	0.4904	0.4906	0.4909	0.4911	0.4913	0.4916
2.4	0.4918	0.4920	0.4922	0.4925	0.4927	0.4929	0.4931	0.4932	0.4934	0.4936
2.5	0.4938	0.4940	0.4941	0.4943	0.4945	0.4946	0.4948	0.4949	0.4951	0.4952
2.6	0.4953	0.4955	0.4956	0.4957	0.4959	0.4960	0.4961	0.4962	0.4963	0.4964
2.7	0.4965	0.4966	0.4967	0.4968	0.4969	0.4970	0.4971	0.4972	0.4973	0.4974
2.8	0.4974	0.4975	0.4976	0.4977	0.4977	0.4978	0.4979	0.4979	0.4980	0.4981
2.9	0.4981	0.4982	0.4982	0.4983	0.4984	0.4984	0.4985	0.4985	0.4986	0.4986
3.0	0.4987	0.4987	0.4987	0.4988	0.4988	0.4989	0.4989	0.4989	0.4990	0.4990

第4問 （選択問題）（配点　20）

数列$\{a_n\}$は，初項が1で

$$a_{n+1} = a_n + 4n + 2 \qquad (n = 1,\ 2,\ 3,\ \cdots)$$

を満たすとする。また，数列$\{b_n\}$は，初項が1で

$$b_{n+1} = b_n + 4n + 2 + 2\cdot(-1)^n \qquad (n = 1,\ 2,\ 3,\ \cdots)$$

を満たすとする。さらに，$S_n = \sum_{k=1}^{n} a_k$とおく。

(1)　$a_2 =$ ［ア］ である。また，階差数列を考えることにより

$$a_n = \boxed{\text{イ}}\,n^2 - \boxed{\text{ウ}} \qquad (n = 1,\ 2,\ 3,\ \cdots)$$

であることがわかる。さらに

$$S_n = \frac{\boxed{\text{エ}}\,n^3 + \boxed{\text{オ}}\,n^2 - \boxed{\text{カ}}\,n}{\boxed{\text{キ}}} \qquad (n = 1,\ 2,\ 3,\ \cdots)$$

を得る。

(2)　$b_2 =$ ［ク］ である。また，すべての自然数nに対して

$$a_n - b_n = \boxed{\text{ケ}}$$

が成り立つ。

［ケ］の解答群

⓪　0	①　$2n$	②　$2n-2$
③　n^2-1	④　n^2-n	⑤　$1+(-1)^n$
⑥　$1-(-1)^n$	⑦　$-1+(-1)^n$	⑧　$-1-(-1)^n$

(3)　(2)から

$$a_{2021}\ \boxed{\text{コ}}\ b_{2021}, \qquad a_{2022}\ \boxed{\text{サ}}\ b_{2022}$$

が成り立つことがわかる。また，$T_n = \sum_{k=1}^{n} b_k$ とおくと

$$S_{2021}\ \boxed{\text{シ}}\ T_{2021}, \qquad S_{2022}\ \boxed{\text{ス}}\ T_{2022}$$

が成り立つこともわかる。

$\boxed{\text{コ}}$ ～ $\boxed{\text{ス}}$ の解答群(同じものを繰り返し選んでもよい。)

⓪　$<$	①　$=$	②　$>$

(4) 数列$\{b_n\}$の初項を変えたらどうなるかを考えてみよう。つまり，初項がcで

$$c_{n+1} = c_n + 4n + 2 + 2\cdot(-1)^n \qquad (n = 1, 2, 3, \cdots)$$

を満たす数列$\{c_n\}$を考える。

すべての自然数nに対して

$$b_n - c_n = \boxed{セ} - \boxed{ソ}$$

が成り立つ。

また，$U_n = \sum_{k=1}^{n} c_k$とおく。$S_4 = U_4$が成り立つとき，$c = \boxed{タ}$である。このとき

$$S_{2021}\ \boxed{チ}\ U_{2021}, \qquad S_{2022}\ \boxed{ツ}\ U_{2022}$$

も成り立つ。

ただし，$\boxed{タ}$ は，文字(a～d)を用いない形で答えること。

$\boxed{チ}$，$\boxed{ツ}$ の解答群(同じものを繰り返し選んでもよい。)

⓪ <	① ＝	② >

第5問 （選択問題）（配点　20）

a を正の実数とする。O を原点とする座標空間に4点

$$A_1(1,\ 0,\ a),\ A_2(0,\ 1,\ a),\ A_3(-1,\ 0,\ a),\ A_4(0,\ -1,\ a)$$

がある。また，次の図のように，4点 B_1，B_2，B_3，B_4 を四角形 $A_1OA_2B_1$，$A_2OA_3B_2$，$A_3OA_4B_3$，$A_4OA_1B_4$ がそれぞれひし形になるようにとる。さらに，4点 C_1，C_2，C_3，C_4 を四角形 $A_1B_1C_1B_4$，$A_2B_2C_2B_1$，$A_3B_3C_3B_2$，$A_4B_4C_4B_3$ がそれぞれひし形になるようにとる。

ただし，座標空間における四角形を考える際には，その四つの頂点が同一平面上にあるものとする。

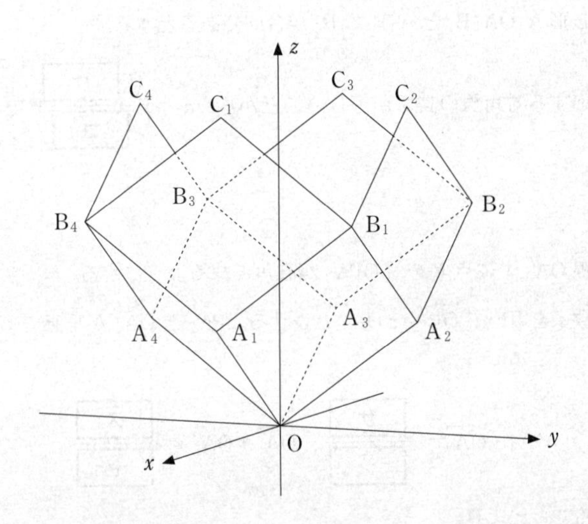

(1) 点 B_2，C_3 の座標は

$$B_2\left(-1,\ \boxed{\text{ア}},\ \boxed{\text{イウ}}\right),\ C_3\left(-1,\ \boxed{\text{エ}},\ \boxed{\text{オカ}}\right)$$

である。

また，

$$\overrightarrow{OA_1}\cdot\overrightarrow{OB_2}=\boxed{キ},\quad \overrightarrow{OA_1}\cdot\overrightarrow{B_2C_3}=\boxed{ク}$$

となる。

キ，ク の解答群（同じものを繰り返し選んでもよい。）

⓪ 0	① 1	② -1
③ a^2	④ a^2+1	⑤ a^2-1
⑥ $2a^2$	⑦ $2a^2+1$	⑧ $2a^2-1$

(2)　ひし形 $A_1OA_2B_1$ と $A_1B_1C_1B_4$ が合同であるとする。

対応する対角線の長さが等しいことから，$a=\dfrac{\sqrt{\boxed{ケ}}}{\boxed{コ}}$ であることがわかる。

直線 OA_1 上に点 P を $\angle OPA_2$ が直角となるようにとる。

実数 s を用いて $\overrightarrow{OP}=s\overrightarrow{OA_1}$ と表せる。$\overrightarrow{PA_2}$ と $\overrightarrow{OA_1}$ が垂直であること，および

$$\overrightarrow{OA_1}\cdot\overrightarrow{OA_1}=\frac{\boxed{サ}}{\boxed{シ}},\quad \overrightarrow{OA_1}\cdot\overrightarrow{OA_2}=\frac{\boxed{ス}}{\boxed{セ}}$$

であることにより

$$s=\frac{\boxed{ソ}}{\boxed{タ}}$$

であることがわかる。

(3)　実数 a および点 P を(2)のようにとり，3 点 P，A_2，A_4 を通る平面を α とするとき，次のことについて考察しよう。

考察すること

平面 α と 2 点 B_2，C_3 の位置関係

$\angle OPA_4$ も直角であるので，$\overrightarrow{OA_1}$ と平面 α は垂直であることに注意する。

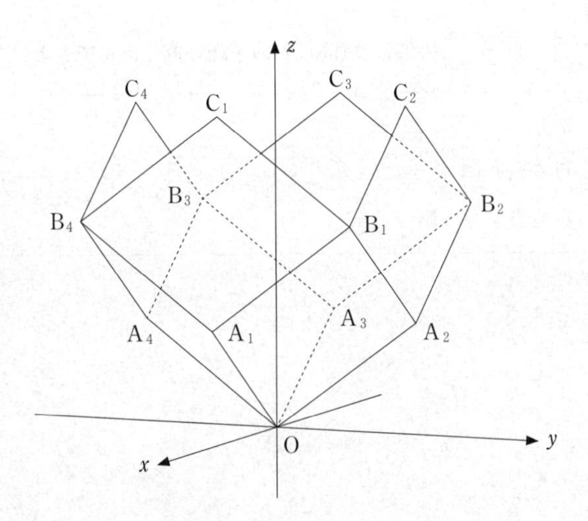

直線 B_2C_3 と平面 α の交点を Q とする。

実数 t を用いて

$$\overrightarrow{OQ} = \overrightarrow{OB_2} + t\,\overrightarrow{B_2C_3}$$

と表せる。$\overrightarrow{PQ}$ が $\overrightarrow{OA_1}$ と垂直であることにより

$t =$ チ

であることがわかる。

座標空間から平面 α を除いた部分は，α を境に，原点 O を含む側と含まない側に分けられる。このとき，点 B_2 は ツ にあり，点 C_3 は テ にある。

チ の解答群

⓪ 0	① 1	② -1	③ $\frac{1}{2}$
④ $-\frac{1}{2}$	⑤ $\frac{1}{3}$	⑥ $-\frac{1}{3}$	⑦ $\frac{2}{3}$

ツ ， テ の解答群（同じものを繰り返し選んでもよい。）

⓪ α 上
① O を含む側
② O を含まない側

2021

共通テスト

本試験
（第1日程）

数学Ⅰ・数学A … 2

数学Ⅱ・数学B … 29

数学Ⅰ・数学A：
解答時間 70分
配点 100点

数学Ⅱ・数学B：
解答時間 60分
配点 100点

数学Ⅰ・数学A

問　題	選　択　方　法
第１問	必　　答
第２問	必　　答
第３問	いずれか２問を選択し，解答しなさい。
第４問	
第５問	

第1問　(必答問題)(配点　30)

〔1〕 c を正の整数とする。x の2次方程式

$$2x^2+(4c-3)x+2c^2-c-11=0 \quad \cdots\cdots\cdots ①$$

について考える。

(1) $c=1$ のとき，① の左辺を因数分解すると

$$(\boxed{\text{ア}}\,x+\boxed{\text{イ}})(x-\boxed{\text{ウ}})$$

であるから，① の解は

$$x=-\frac{\boxed{\text{イ}}}{\boxed{\text{ア}}},\quad \boxed{\text{ウ}}$$

である。

(2) $c=2$ のとき，① の解は

$$x=\frac{-\boxed{\text{エ}}\pm\sqrt{\boxed{\text{オカ}}}}{\boxed{\text{キ}}}$$

であり，大きい方の解を α とすると

$$\frac{5}{\alpha}=\frac{\boxed{\text{ク}}+\sqrt{\boxed{\text{ケコ}}}}{\boxed{\text{サ}}}$$

である。また，$m<\frac{5}{\alpha}<m+1$ を満たす整数 m は $\boxed{\text{シ}}$ である。

(3)　太郎さんと花子さんは，①の解について考察している。

太郎：①の解はcの値によって，ともに有理数である場合もあれば，ともに無理数である場合もあるね。cがどのような値のときに，解は有理数になるのかな。

花子：2次方程式の解の公式の根号の中に着目すればいいんじゃないかな。

①の解が異なる二つの有理数であるような正の整数cの個数は［ス］個である。

〔2〕 右の図のように，△ABCの外側に辺AB，BC，CAをそれぞれ1辺とする正方形ADEB，BFGC，CHIAをかき，2点EとF，GとH，IとDをそれぞれ線分で結んだ図形を考える。以下において

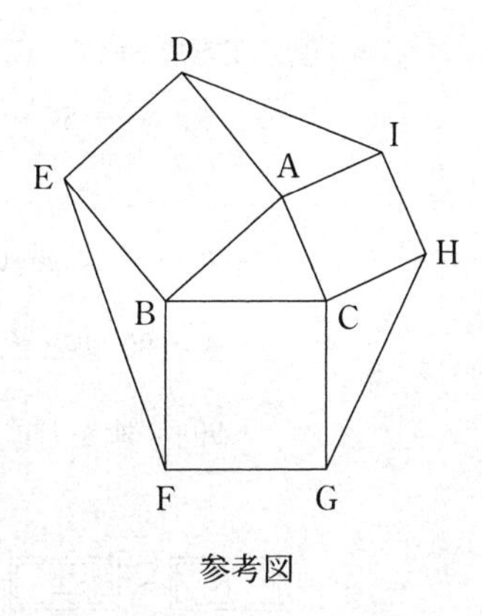

参考図

$BC = a,\ CA = b,\ AB = c$

$\angle CAB = A,\ \angle ABC = B,\ \angle BCA = C$

とする。

(1) $b = 6$，$c = 5$，$\cos A = \dfrac{3}{5}$ のとき，$\sin A = \dfrac{\boxed{セ}}{\boxed{ソ}}$ であり，

△ABCの面積は $\boxed{タチ}$，△AIDの面積は $\boxed{ツテ}$ である。

(2)　正方形 BFGC，CHIA，ADEB の面積をそれぞれ S_1，S_2，S_3 とする。このとき，$S_1 - S_2 - S_3$ は

- $0° < A < 90°$ のとき，［ト］。
- $A = 90°$ のとき，［ナ］。
- $90° < A < 180°$ のとき，［ニ］。

［ト］～［ニ］の解答群(同じものを繰り返し選んでもよい。)

⓪　0である
①　正の値である
②　負の値である
③　正の値も負の値もとる

(3)　△AID，△BEF，△CGH の面積をそれぞれ T_1，T_2，T_3 とする。このとき，［ヌ］である。

［ヌ］の解答群

⓪　$a < b < c$ ならば，$T_1 > T_2 > T_3$
①　$a < b < c$ ならば，$T_1 < T_2 < T_3$
②　A が鈍角ならば，$T_1 < T_2$ かつ $T_1 < T_3$
③　a，b，c の値に関係なく，$T_1 = T_2 = T_3$

(4)　△ABC，△AID，△BEF，△CGH のうち，外接円の半径が最も小さいものを求める。

$0° < A < 90°$ のとき，ID [ネ] BC であり

(△AID の外接円の半径) [ノ] (△ABC の外接円の半径)

であるから，外接円の半径が最も小さい三角形は

- $0° < A < B < C < 90°$ のとき，[ハ] である。
- $0° < A < B < 90° < C$ のとき，[ヒ] である。

[ネ]，[ノ] の解答群(同じものを繰り返し選んでもよい。)

⓪ <	① ＝	② >

[ハ]，[ヒ] の解答群(同じものを繰り返し選んでもよい。)

⓪ △ABC	① △AID	② △BEF	③ △CGH

第２問 (必答問題)(配点　30)

〔１〕 陸上競技の短距離100 m走では，100 mを走るのにかかる時間(以下，タイムと呼ぶ)は，１歩あたりの進む距離(以下，ストライドと呼ぶ)と１秒あたりの歩数(以下，ピッチと呼ぶ)に関係がある。ストライドとピッチはそれぞれ以下の式で与えられる。

$$\text{ストライド(m/歩)} = \frac{100\,(\text{m})}{\text{100 mを走るのにかかった歩数(歩)}}$$

$$\text{ピッチ(歩/秒)} = \frac{\text{100 mを走るのにかかった歩数(歩)}}{\text{タイム(秒)}}$$

ただし，100 mを走るのにかかった歩数は，最後の１歩がゴールラインをまたぐこともあるので，小数で表される。以下，単位は必要のない限り省略する。

例えば，タイムが10.81で，そのときの歩数が48.5であったとき，ストライドは$\frac{100}{48.5}$より約2.06，ピッチは$\frac{48.5}{10.81}$より約4.49である。

なお，小数の形で解答する場合は，**解答上の注意**にあるように，指定された桁数の一つ下の桁を四捨五入して答えよ。また，必要に応じて，指定された桁まで⓪にマークせよ。

(1)　ストライドをx，ピッチをzとおく。ピッチは1秒あたりの歩数，ストライドは1歩あたりの進む距離なので，1秒あたりの進む距離すなわち平均速度は，xとzを用いて［ア］(m/秒)と表される。

これより，タイム と，ストライド，ピッチとの関係は

$$\text{タイム} = \frac{100}{\boxed{\text{ア}}} \quad \cdots\cdots\cdots\cdots\cdots\cdots\cdots\cdots\cdots\cdots\cdots ①$$

と表されるので，［ア］が最大になるときにタイムが最もよくなる。ただし，タイムがよくなるとは，タイムの値が小さくなることである。

［ア］の解答群

⓪ $x+z$	① $z-x$	② xz
③ $\frac{x+z}{2}$	④ $\frac{z-x}{2}$	⑤ $\frac{xz}{2}$

(2) 男子短距離100 m 走の選手である太郎さんは，① に着目して，タイムが最もよくなるストライドとピッチを考えることにした。

次の表は，太郎さんが練習で100 m を3回走ったときのストライドとピッチのデータである。

	1回目	2回目	3回目
ストライド	2.05	2.10	2.15
ピッチ	4.70	4.60	4.50

また，ストライドとピッチにはそれぞれ限界がある。太郎さんの場合，ストライドの最大値は2.40，ピッチの最大値は4.80である。

太郎さんは，上の表から，ストライドが0.05大きくなるとピッチが0.1小さくなるという関係があると考えて，ピッチがストライドの1次関数として表されると仮定した。このとき，ピッチ z はストライド x を用いて

$$z = \boxed{\text{イウ}}\,x + \frac{\boxed{\text{エオ}}}{5} \qquad \cdots\cdots\cdots\cdots\cdots ②$$

と表される。

② が太郎さんのストライドの最大値2.40とピッチの最大値4.80まで成り立つと仮定すると，x の値の範囲は次のようになる。

$$\boxed{\text{カ}}\,.\,\boxed{\text{キク}} \leqq x \leqq 2.40$$

$y=$ ア とおく。②を $y=$ ア に代入することにより，y を x の関数として表すことができる。太郎さんのタイムが最もよくなるストライドとピッチを求めるためには，カ．キク $\leqq x \leqq 2.40$ の範囲で y の値を最大にする x の値を見つければよい。このとき，y の値が最大になるのは $x=$ ケ．コサ のときである。

よって，太郎さんのタイムが最もよくなるのは，ストライドが ケ．コサ のときであり，このとき，ピッチは シ．スセ である。また，このときの太郎さんのタイムは，①により ソ である。

ソ については，最も適当なものを，次の⓪～⑤のうちから一つ選べ。

⓪ 9.68	① 9.97	② 10.09
③ 10.33	④ 10.42	⑤ 10.55

〔2〕 就業者の従事する産業は，勤務する事業所の主な経済活動の種類によって，第1次産業(農業，林業と漁業)，第2次産業(鉱業，建設業と製造業)，第3次産業(前記以外の産業)の三つに分類される。国の労働状況の調査(国勢調査)では，47の都道府県別に第1次，第2次，第3次それぞれの産業ごとの就業者数が発表されている。ここでは都道府県別に，就業者数に対する各産業に就業する人数の割合を算出したものを，各産業の「就業者数割合」と呼ぶことにする。

(1)　図1は，1975年度から2010年度まで5年ごとの8個の年度(それぞれを時点という)における都道府県別の三つの産業の就業者数割合を箱ひげ図で表したものである。各時点の箱ひげ図は，それぞれ上から順に第1次産業，第2次産業，第3次産業のものである。

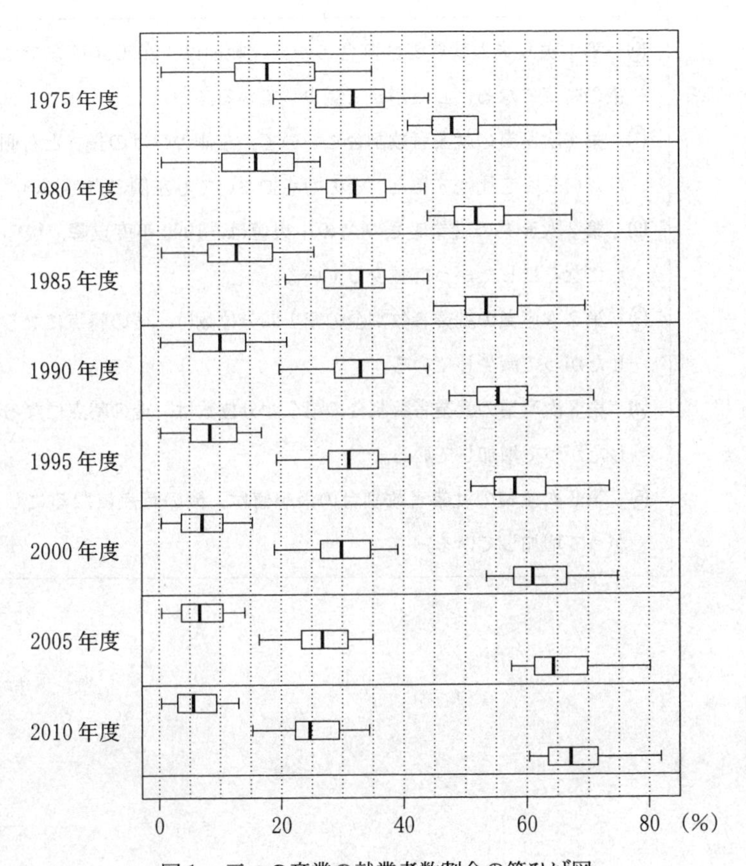

図1　三つの産業の就業者数割合の箱ひげ図

(出典：総務省のWebページにより作成)

次の⓪～⑤のうち，図1から読み取れることとして**正しくないもの**は **タ** と **チ** である。

タ，チ の解答群(解答の順序は問わない。)

⓪ 第1次産業の就業者数割合の四分位範囲は，2000年度までは，後の時点になるにしたがって減少している。

① 第1次産業の就業者数割合について，左側のひげの長さと右側のひげの長さを比較すると，どの時点においても左側の方が長い。

② 第2次産業の就業者数割合の中央値は，1990年度以降，後の時点になるにしたがって減少している。

③ 第2次産業の就業者数割合の第1四分位数は，後の時点になるにしたがって減少している。

④ 第3次産業の就業者数割合の第3四分位数は，後の時点になるにしたがって増加している。

⑤ 第3次産業の就業者数割合の最小値は，後の時点になるにしたがって増加している。

(2) (1)で取り上げた8時点の中から5時点を取り出して考える。各時点における都道府県別の，第1次産業と第3次産業の就業者数割合のヒストグラムを一つのグラフにまとめてかいたものが，次ページの五つのグラフである。それぞれの右側の網掛けしたヒストグラムが第3次産業のものである。なお，ヒストグラムの各階級の区間は，左側の数値を含み，右側の数値を含まない。

- 1985年度におけるグラフは [ツ] である。
- 1995年度におけるグラフは [テ] である。

[ツ]，[テ] については，最も適当なものを，次の⓪～④のうちから一つずつ選べ。ただし，同じものを繰り返し選んでもよい。

⓪

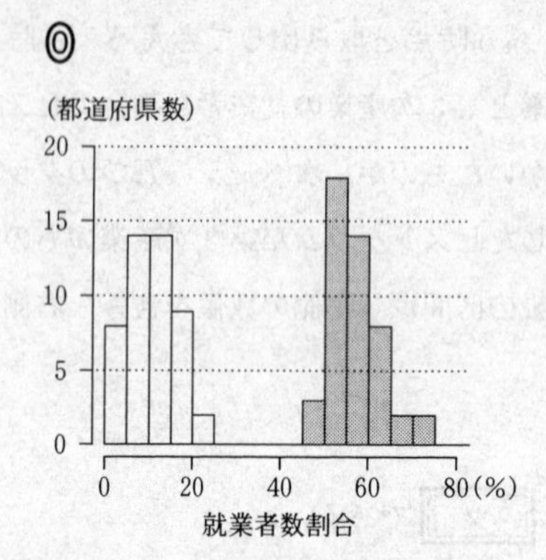

①

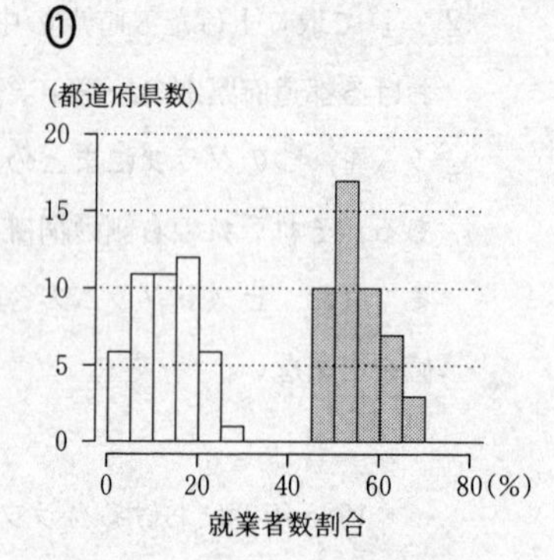

②

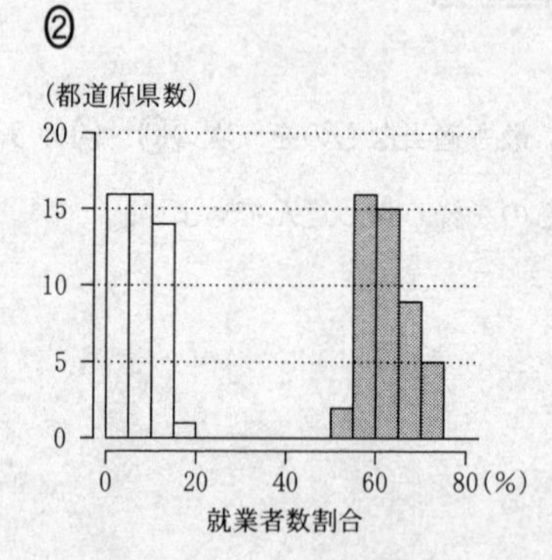

③

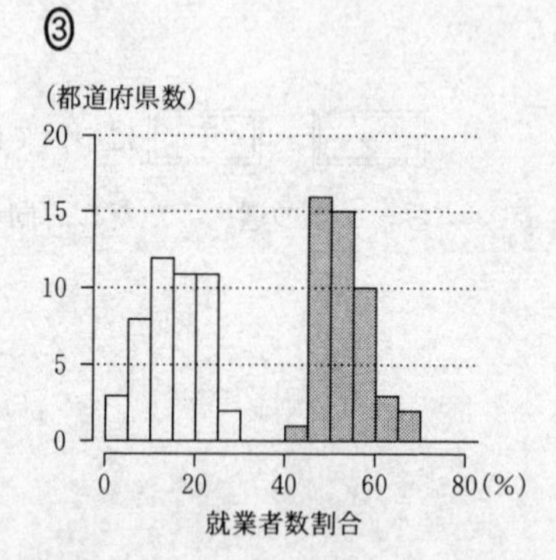

④

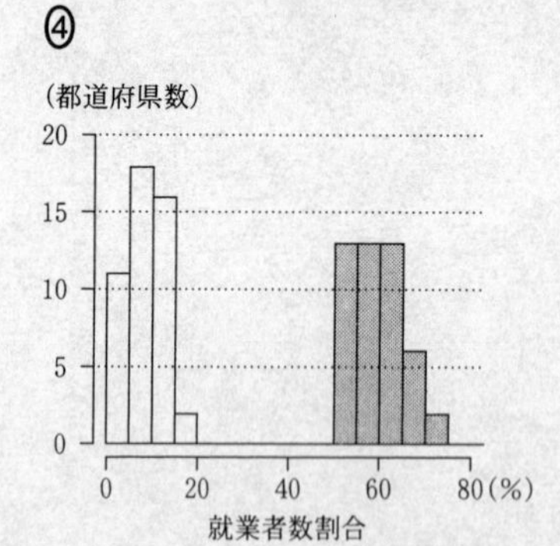

(出典：総務省の Web ページにより作成)

(3)　三つの産業から二つずつを組み合わせて都道府県別の就業者数割合の散布図を作成した。図2の散布図群は，左から順に1975年度における第1次産業(横軸)と第2次産業(縦軸)の散布図，第2次産業(横軸)と第3次産業(縦軸)の散布図，および第3次産業(横軸)と第1次産業(縦軸)の散布図である。また，図3は同様に作成した2015年度の散布図群である。

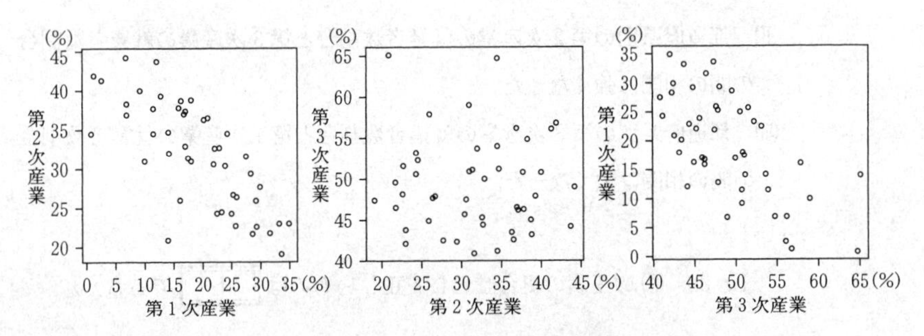

図2　1975年度の散布図群

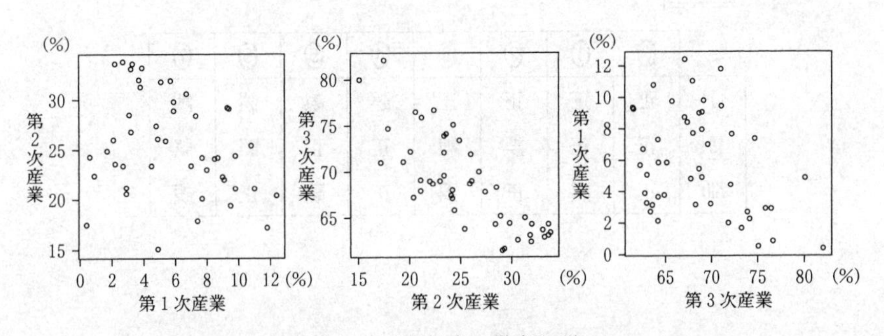

図3　2015年度の散布図群

(出典：図2，図3はともに総務省のWebページにより作成)

下の(Ⅰ)，(Ⅱ)，(Ⅲ)は，1975年度を基準としたときの，2015年度の変化を記述したものである。ただし，ここで「相関が強くなった」とは，相関係数の絶対値が大きくなったことを意味する。

(Ⅰ)　都道府県別の第1次産業の就業者数割合と第2次産業の就業者数割合の間の相関は強くなった。

(Ⅱ)　都道府県別の第2次産業の就業者数割合と第3次産業の就業者数割合の間の相関は強くなった。

(Ⅲ)　都道府県別の第3次産業の就業者数割合と第1次産業の就業者数割合の間の相関は強くなった。

(Ⅰ)，(Ⅱ)，(Ⅲ)の正誤の組合せとして正しいものは［ト］である。

［ト］の解答群

	⓪	①	②	③	④	⑤	⑥	⑦
(Ⅰ)	正	正	正	正	誤	誤	誤	誤
(Ⅱ)	正	正	誤	誤	正	正	誤	誤
(Ⅲ)	正	誤	正	誤	正	誤	正	誤

(4) 各都道府県の就業者数の内訳として男女別の就業者数も発表されている。そこで，就業者数に対する男性・女性の就業者数の割合をそれぞれ「男性の就業者数割合」，「女性の就業者数割合」と呼ぶことにし，これらを都道府県別に算出した。図4は，2015年度における都道府県別の，第1次産業の就業者数割合(横軸)と，男性の就業者数割合(縦軸)の散布図である。

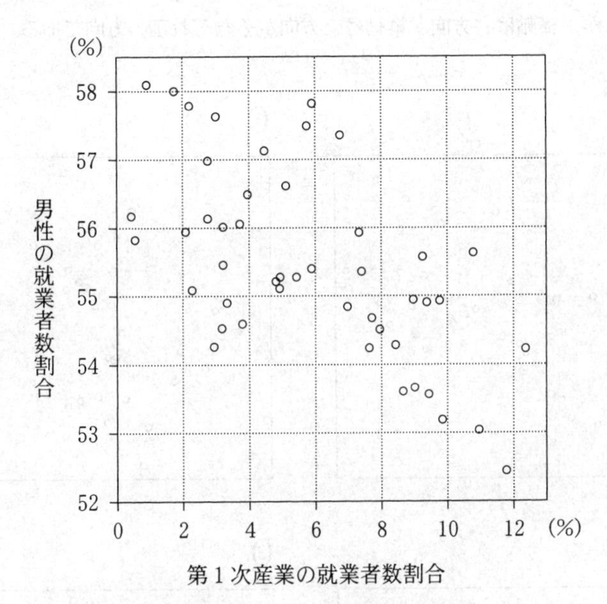

図4　都道府県別の，第1次産業の就業者数割合と，
男性の就業者数割合の散布図

(出典：総務省のWebページにより作成)

各都道府県の，男性の就業者数と女性の就業者数を合計すると就業者数の全体となることに注意すると，2015 年度における都道府県別の，第 1 次産業の就業者数割合(横軸)と，女性の就業者数割合(縦軸)の散布図は ナ である。

ナ については，最も適当なものを，下の⓪～③のうちから一つ選べ。なお，設問の都合で各散布図の横軸と縦軸の目盛りは省略しているが，横軸は右方向，縦軸は上方向がそれぞれ正の方向である。

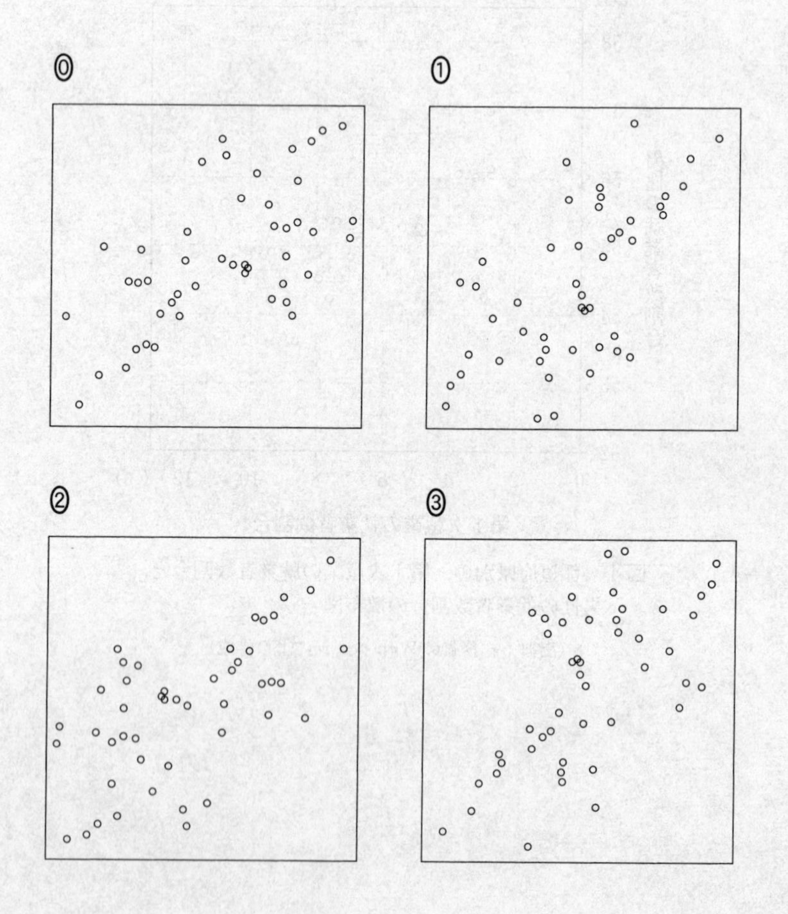

第3問 (選択問題) (配点 20)

中にくじが入っている箱が複数あり，各箱の外見は同じであるが，当たりくじを引く確率は異なっている。くじ引きの結果から，どの箱からくじを引いた可能性が高いかを，条件付き確率を用いて考えよう。

(1) 当たりくじを引く確率が $\frac{1}{2}$ である箱Aと，当たりくじを引く確率が $\frac{1}{3}$ である箱Bの二つの箱の場合を考える。

(i) 各箱で，くじを1本引いてはもとに戻す試行を3回繰り返したとき

箱Aにおいて，3回中ちょうど1回当たる確率は $\frac{\boxed{ア}}{\boxed{イ}}$ …①

箱Bにおいて，3回中ちょうど1回当たる確率は $\frac{\boxed{ウ}}{\boxed{エ}}$ …②

である。

(ii) まず，AとBのどちらか一方の箱をでたらめに選ぶ。次にその選んだ箱において，くじを1本引いてはもとに戻す試行を3回繰り返したところ，3回中ちょうど1回当たった。このとき，箱Aが選ばれる事象を A，箱Bが選ばれる事象を B，3回中ちょうど1回当たる事象を W とすると

$$P(A\cap W)=\frac{1}{2}\times\frac{\boxed{ア}}{\boxed{イ}},\quad P(B\cap W)=\frac{1}{2}\times\frac{\boxed{ウ}}{\boxed{エ}}$$

である。$P(W)=P(A\cap W)+P(B\cap W)$ であるから，3回中ちょうど1回当たったとき，選んだ箱がAである条件付き確率 $P_W(A)$ は $\frac{\boxed{オカ}}{\boxed{キク}}$ となる。また，条件付き確率 $P_W(B)$ は $\frac{\boxed{ケコ}}{\boxed{サシ}}$ となる。

(2)　(1)の$P_W(A)$と$P_W(B)$について，次の**事実**(＊)が成り立つ。

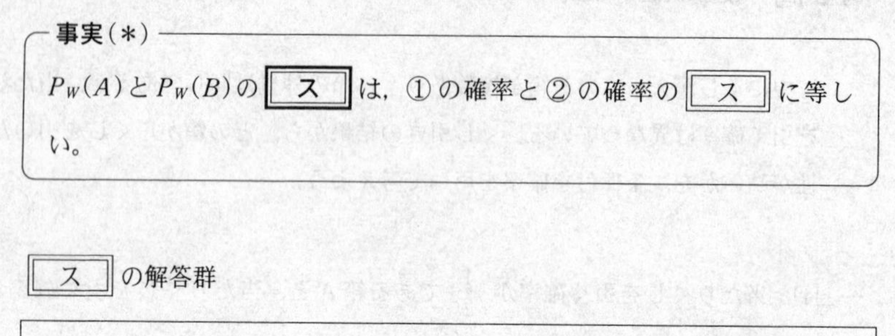

事実(＊)

$P_W(A)$と$P_W(B)$の［ス］は，①の確率と②の確率の［ス］に等しい。

［ス］の解答群

⓪ 和　① 2乗の和　② 3乗の和　③ 比　④ 積

(3)　花子さんと太郎さんは**事実**(＊)について話している。

花子：**事実**(＊)はなぜ成り立つのかな？

太郎：$P_W(A)$と$P_W(B)$を求めるのに必要な$P(A \cap W)$と$P(B \cap W)$の計算で，①,②の確率に同じ数$\frac{1}{2}$をかけているからだよ。

花子：なるほどね。外見が同じ三つの箱の場合は，同じ数$\frac{1}{3}$をかけることになるので，同様のことが成り立ちそうだね。

当たりくじを引く確率が，$\frac{1}{2}$である箱A，$\frac{1}{3}$である箱B，$\frac{1}{4}$である箱Cの三つの箱の場合を考える。まず，A，B，Cのうちどれか一つの箱をでたらめに選ぶ。次にその選んだ箱において，くじを1本引いてはもとに戻す試行を3回繰り返したところ，3回中ちょうど1回当たった。このとき，選んだ箱がAである条件付き確率は$\frac{\boxed{セソタ}}{\boxed{チツテ}}$となる。

(4)

花子：どうやら箱が三つの場合でも，条件付き確率の［ス］は各箱で3回中ちょうど1回当たりくじを引く確率の［ス］になっているみたいだね。

太郎：そうだね。それを利用すると，条件付き確率の値は計算しなくても，その大きさを比較することができるね。

当たりくじを引く確率が，$\frac{1}{2}$ である箱A，$\frac{1}{3}$ である箱B，$\frac{1}{4}$ である箱C，$\frac{1}{5}$ である箱Dの四つの箱の場合を考える。まず，A，B，C，Dのうちどれか一つの箱をでたらめに選ぶ。次にその選んだ箱において，くじを1本引いてはもとに戻す試行を3回繰り返したところ，3回中ちょうど1回当たった。このとき，条件付き確率を用いて，どの箱からくじを引いた可能性が高いかを考える。可能性が高い方から順に並べると［ト］となる。

［ト］の解答群

⓪ A，B，C，D	① A，B，D，C	② A，C，B，D
③ A，C，D，B	④ A，D，B，C	⑤ B，A，C，D
⑥ B，A，D，C	⑦ B，C，A，D	⑧ B，C，D，A

第4問　(選択問題)(配点　20)

円周上に15個の点 P_0，P_1，…，P_{14} が反時計回りに順に並んでいる。最初，点 P_0 に石がある。さいころを投げて偶数の目が出たら石を反時計回りに5個先の点に移動させ，奇数の目が出たら石を時計回りに3個先の点に移動させる。この操作を繰り返す。例えば，石が点 P_5 にあるとき，さいころを投げて6の目が出たら石を点 P_{10} に移動させる。次に，5の目が出たら点 P_{10} にある石を点 P_7 に移動させる。

(1)　さいころを5回投げて，偶数の目が［ア］回，奇数の目が［イ］回出れば，点 P_0 にある石を点 P_1 に移動させることができる。このとき，$x=$［ア］，$y=$［イ］は，不定方程式 $5x-3y=1$ の整数解になっている。

(2) 不定方程式

$$5x-3y=8 \qquad \cdots\cdots\cdots ①$$

のすべての整数解 x，y は，k を整数として

$$x = \boxed{\text{ア}} \times 8 + \boxed{\text{ウ}}\,k,\quad y = \boxed{\text{イ}} \times 8 + \boxed{\text{エ}}\,k$$

と表される。① の整数解 x，y の中で，$0 \leqq y < \boxed{\text{エ}}$ を満たすものは

$$x = \boxed{\text{オ}},\quad y = \boxed{\text{カ}}$$

である。したがって，さいころを $\boxed{\text{キ}}$ 回投げて，偶数の目が $\boxed{\text{オ}}$ 回，奇数の目が $\boxed{\text{カ}}$ 回出れば，点 P_0 にある石を点 P_8 に移動させることができる。

(3) (2)において，さいころを [キ] 回より少ない回数だけ投げて，点 P_0 にある石を点 P_8 に移動させることはできないだろうか。

(＊) 石を反時計回りまたは時計回りに 15 個先の点に移動させると元の点に戻る。

(＊)に注意すると，偶数の目が [ク] 回，奇数の目が [ケ] 回出れば，さいころを投げる回数が [コ] 回で，点 P_0 にある石を点 P_8 に移動させることができる。このとき，[コ] < [キ] である。

(4) 点 P_1，P_2，…，P_{14} のうちから点を一つ選び，点 P_0 にある石をさいころを何回か投げてその点に移動させる。そのために必要となる，さいころを投げる最小回数を考える。例えば，さいころを 1 回だけ投げて点 P_0 にある石を点 P_2 へ移動させることはできないが，さいころを 2 回投げて偶数の目と奇数の目が 1 回ずつ出れば，点 P_0 にある石を点 P_2 へ移動させることができる。したがって，点 P_2 を選んだ場合には，この最小回数は 2 回である。

点 P_1，P_2，…，P_{14} のうち，この最小回数が最も大きいのは点 [サ] であり，その最小回数は [シ] 回である。

[サ] の解答群

⓪ P_{10}	① P_{11}	② P_{12}	③ P_{13}	④ P_{14}

第5問 (選択問題)(配点　20)

△ABCにおいて，AB = 3，BC = 4，AC = 5とする。

∠BACの二等分線と辺BCとの交点をDとすると

$$BD = \frac{\boxed{ア}}{\boxed{イ}},\quad AD = \frac{\boxed{ウ}\sqrt{\boxed{エ}}}{\boxed{オ}}$$

である。

また，∠BACの二等分線と△ABCの外接円Oとの交点で点Aとは異なる点をEとする。△AECに着目すると

$$AE = \boxed{カ}\sqrt{\boxed{キ}}$$

である。

△ABCの2辺ABとACの両方に接し，外接円Oに内接する円の中心をPとする。円Pの半径をrとする。さらに，円Pと外接円Oとの接点をFとし，直線PFと外接円Oとの交点で点Fとは異なる点をGとする。このとき

$$AP = \sqrt{\boxed{ク}}\,r,\quad PG = \boxed{ケ} - r$$

と表せる。したがって，方べきの定理により$r = \frac{\boxed{コ}}{\boxed{サ}}$である。

△ABCの内心をQとする。内接円Qの半径は［シ］で，AQ = $\sqrt{［ス］}$ である。また，円Pと辺ABとの接点をHとすると，AH = $\frac{［セ］}{［ソ］}$ である。

以上から，点Hに関する次の(a)，(b)の正誤の組合せとして正しいものは［タ］である。

(a)　点Hは3点B，D，Qを通る円の周上にある。
(b)　点Hは3点B，E，Qを通る円の周上にある。

［タ］の解答群

	⓪	①	②	③
(a)	正	正	誤	誤
(b)	正	誤	正	誤

数学Ⅱ・数学Ｂ

問　題	選　択　方　法
第１問	必　　答
第２問	必　　答
第３問	いずれか２問を選択し，解答しなさい。
第４問	
第５問	

第１問 （必答問題）（配点　30）

〔1〕

(1) 次の**問題A**について考えよう。

> **問題A**　関数 $y = \sin\theta + \sqrt{3}\cos\theta \left(0 \leqq \theta \leqq \dfrac{\pi}{2}\right)$ の最大値を求めよ。

$$\sin\frac{\pi}{\boxed{\text{ア}}} = \frac{\sqrt{3}}{2},\quad \cos\frac{\pi}{\boxed{\text{ア}}} = \frac{1}{2}$$

であるから，三角関数の合成により

$$y = \boxed{\text{イ}}\sin\left(\theta + \frac{\pi}{\boxed{\text{ア}}}\right)$$

と変形できる。よって，y は $\theta = \dfrac{\pi}{\boxed{\text{ウ}}}$ で最大値 $\boxed{\text{エ}}$ をとる。

(2) p を定数とし，次の**問題B**について考えよう。

> **問題B**　関数 $y = \sin\theta + p\cos\theta \left(0 \leqq \theta \leqq \dfrac{\pi}{2}\right)$ の最大値を求めよ。

(i) $p = 0$ のとき，y は $\theta = \dfrac{\pi}{\boxed{\text{オ}}}$ で最大値 $\boxed{\text{カ}}$ をとる。

(ii) $p > 0$ のときは，加法定理

$$\cos(\theta - \alpha) = \cos\theta\cos\alpha + \sin\theta\sin\alpha$$

を用いると

$$y = \sin\theta + p\cos\theta = \sqrt{\boxed{キ}}\cos(\theta - \alpha)$$

と表すことができる。ただし，α は

$$\sin\alpha = \frac{\boxed{ク}}{\sqrt{\boxed{キ}}},\ \cos\alpha = \frac{\boxed{ケ}}{\sqrt{\boxed{キ}}},\ 0 < \alpha < \frac{\pi}{2}$$

を満たすものとする。このとき，y は $\theta = \boxed{コ}$ で最大値 $\sqrt{\boxed{サ}}$ をとる。

(iii) $p < 0$ のとき，y は $\theta = \boxed{シ}$ で最大値 $\boxed{ス}$ をとる。

$\boxed{キ}$ ～ $\boxed{ケ}$，$\boxed{サ}$，$\boxed{ス}$ の解答群(同じものを繰り返し選んでもよい。)

⓪ -1	① 1	② $-p$
③ p	④ $1-p$	⑤ $1+p$
⑥ $-p^2$	⑦ p^2	⑧ $1-p^2$
⑨ $1+p^2$	ⓐ $(1-p)^2$	ⓑ $(1+p)^2$

$\boxed{コ}$，$\boxed{シ}$ の解答群(同じものを繰り返し選んでもよい。)

⓪ 0	① α	② $\frac{\pi}{2}$

〔2〕　二つの関数 $f(x)=\dfrac{2^{x}+2^{-x}}{2}$，$g(x)=\dfrac{2^{x}-2^{-x}}{2}$ について考える。

(1)　$f(0)=\boxed{\text{セ}}$，$g(0)=\boxed{\text{ソ}}$ である。また，$f(x)$ は相加平均と相乗平均の関係から，$x=\boxed{\text{タ}}$ で最小値 $\boxed{\text{チ}}$ をとる。

$g(x)=-2$ となる x の値は $\log_2\left(\sqrt{\boxed{\text{ツ}}}-\boxed{\text{テ}}\right)$ である。

(2)　次の①～④は，x にどのような値を代入してもつねに成り立つ。

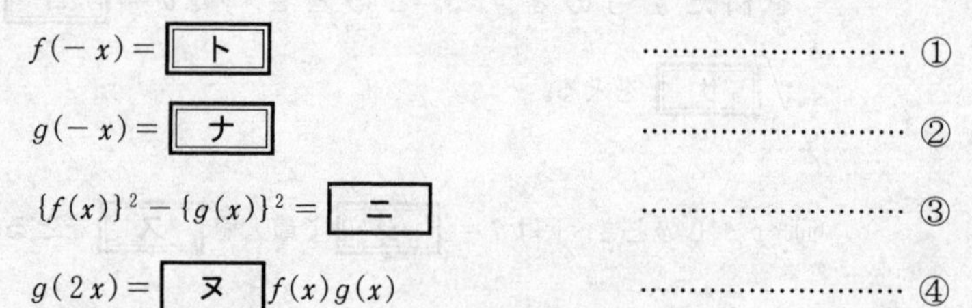

$f(-x)=\boxed{\text{ト}}$ ……………………… ①

$g(-x)=\boxed{\text{ナ}}$ ……………………… ②

$\{f(x)\}^2-\{g(x)\}^2=\boxed{\text{ニ}}$ ……………………… ③

$g(2x)=\boxed{\text{ヌ}}\,f(x)g(x)$ ……………………… ④

$\boxed{\text{ト}}$，$\boxed{\text{ナ}}$ の解答群（同じものを繰り返し選んでもよい。）

⓪ $f(x)$	① $-f(x)$	② $g(x)$	③ $-g(x)$

(3)　花子さんと太郎さんは，$f(x)$ と $g(x)$ の性質について話している。

花子：①～④ は三角関数の性質に似ているね。

太郎：三角関数の加法定理に類似した式(A)～(D)を考えてみたけど，つねに成り立つ式はあるだろうか。

花子：成り立たない式を見つけるために，式(A)～(D)の β に何か具体的な値を代入して調べてみたらどうかな。

太郎さんが考えた式

$$f(\alpha-\beta)=f(\alpha)g(\beta)+g(\alpha)f(\beta) \quad \cdots\cdots\cdots\cdots \text{(A)}$$

$$f(\alpha+\beta)=f(\alpha)f(\beta)+g(\alpha)g(\beta) \quad \cdots\cdots\cdots\cdots \text{(B)}$$

$$g(\alpha-\beta)=f(\alpha)f(\beta)+g(\alpha)g(\beta) \quad \cdots\cdots\cdots\cdots \text{(C)}$$

$$g(\alpha+\beta)=f(\alpha)g(\beta)-g(\alpha)f(\beta) \quad \cdots\cdots\cdots\cdots \text{(D)}$$

(1)，(2)で示されたことのいくつかを利用すると，式(A)～(D)のうち，［ネ］以外の三つは成り立たないことがわかる。［ネ］は左辺と右辺をそれぞれ計算することによって成り立つことが確かめられる。

［ネ］の解答群

⓪ (A)	① (B)	② (C)	③ (D)

第2問 (必答問題)(配点　30)

(1)　座標平面上で，次の二つの2次関数のグラフについて考える。

$y = 3x^2 + 2x + 3$ ……………………………… ①

$y = 2x^2 + 2x + 3$ ……………………………… ②

①，②の2次関数のグラフには次の**共通点**がある。

共通点

- y 軸との交点の y 座標は［ア］である。
- y 軸との交点における接線の方程式は $y =$［イ］$x +$［ウ］である。

次の⓪～⑤の2次関数のグラフのうち，y 軸との交点における接線の方程式が $y =$［イ］$x +$［ウ］となるものは［エ］である。

［エ］の解答群

⓪ $y = 3x^2 - 2x - 3$	① $y = -3x^2 + 2x - 3$
② $y = 2x^2 + 2x - 3$	③ $y = 2x^2 - 2x + 3$
④ $y = -x^2 + 2x + 3$	⑤ $y = -x^2 - 2x + 3$

a，b，c を0でない実数とする。

曲線 $y = ax^2 + bx + c$ 上の点$\left(0,\ \text{［オ］}\right)$における接線を ℓ とすると，その方程式は $y =$［カ］$x +$［キ］である。

接線 ℓ と x 軸との交点の x 座標は $\dfrac{\boxed{\text{クケ}}}{\boxed{\text{コ}}}$ である。

a，b，c が正の実数であるとき，曲線 $y = ax^2 + bx + c$ と接線 ℓ および直線 $x = \dfrac{\boxed{\text{クケ}}}{\boxed{\text{コ}}}$ で囲まれた図形の面積を S とすると

$$S = \frac{ac^{\boxed{\text{サ}}}}{\boxed{\text{シ}}\, b^{\boxed{\text{ス}}}} \quad \cdots\cdots\cdots\cdots\cdots\cdots ③$$

である。

③において，$a = 1$ とし，S の値が一定となるように正の実数 b，c の値を変化させる。このとき，b と c の関係を表すグラフの概形は $\boxed{\text{セ}}$ である。

$\boxed{\text{セ}}$ については，最も適当なものを，次の⓪～⑤のうちから一つ選べ。

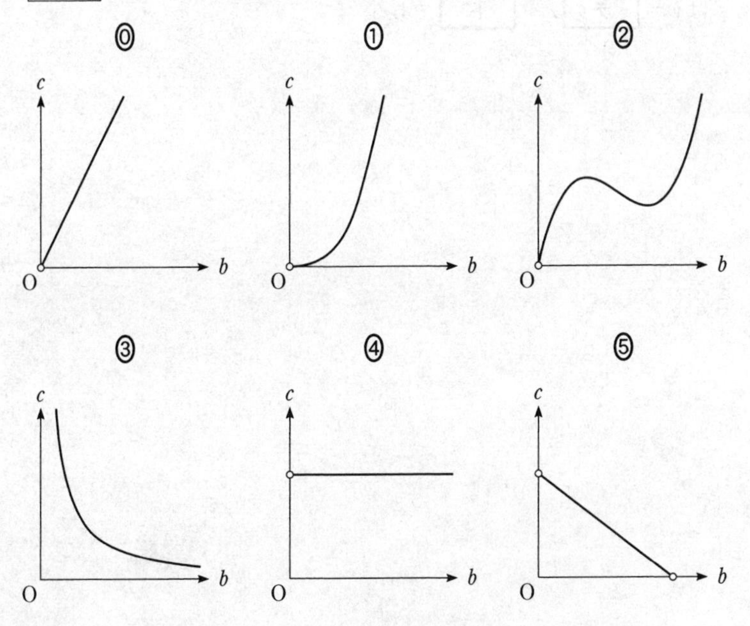

(2) 座標平面上で，次の三つの3次関数のグラフについて考える。

$y=4x^3+2x^2+3x+5$ …………………………… ④

$y=-2x^3+7x^2+3x+5$ …………………………… ⑤

$y=5x^3-x^2+3x+5$ …………………………… ⑥

④，⑤，⑥ の3次関数のグラフには次の**共通点**がある。

共通点

- y 軸との交点の y 座標は [ソ] である。
- y 軸との交点における接線の方程式は $y=$ [タ] $x+$ [チ] である。

a，b，c，d を0でない実数とする。

曲線 $y=ax^3+bx^2+cx+d$ 上の点 $\left(0,\ \boxed{ツ}\right)$ における接線の方程式は $y=$ [テ] $x+$ [ト] である。

次に，$f(x) = ax^3 + bx^2 + cx + d$，$g(x) =$ [テ] $x +$ [ト] とし，

$f(x) - g(x)$ について考える。

$h(x) = f(x) - g(x)$ とおく。a，b，c，d が正の実数であるとき，$y = h(x)$ のグラフの概形は [ナ] である。

$y = f(x)$ のグラフと $y = g(x)$ のグラフの共有点の x 座標は $\dfrac{\text{ニヌ}}{\text{ネ}}$ と [ノ] である。また，x が $\dfrac{\text{ニヌ}}{\text{ネ}}$ と [ノ] の間を動くとき，

$|f(x) - g(x)|$ の値が最大となるのは，$x = \dfrac{\text{ハヒフ}}{\text{ヘホ}}$ のときである。

[ナ] については，最も適当なものを，次の⓪～⑤のうちから一つ選べ。

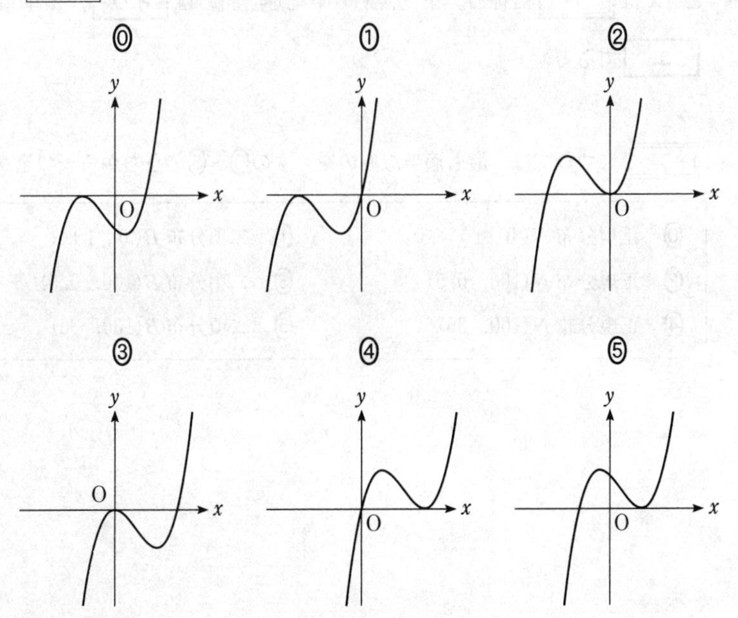

第3問　(選択問題)　(配点　20)

以下の問題を解答するにあたっては，必要に応じて41ページの正規分布表を用いてもよい。

Q高校の校長先生は，ある日，新聞で高校生の読書に関する記事を読んだ。そこで，Q高校の生徒全員を対象に，直前の1週間の読書時間に関して，100人の生徒を無作為に抽出して調査を行った。その結果，100人の生徒のうち，この1週間に全く読書をしなかった生徒が36人であり，100人の生徒のこの1週間の読書時間(分)の平均値は204であった。Q高校の生徒全員のこの1週間の読書時間の母平均をm，母標準偏差を150とする。

(1)　全く読書をしなかった生徒の母比率を0.5とする。このとき，100人の無作為標本のうちで全く読書をしなかった生徒の数を表す確率変数をXとすると，Xは［ア］に従う。また，Xの平均(期待値)は［イウ］，標準偏差は［エ］である。

［ア］については，最も適当なものを，次の⓪～⑤のうちから一つ選べ。

⓪　正規分布 $N(0,\ 1)$	①　二項分布 $B(0,\ 1)$
②　正規分布 $N(100,\ 0.5)$	③　二項分布 $B(100,\ 0.5)$
④　正規分布 $N(100,\ 36)$	⑤　二項分布 $B(100,\ 36)$

(2)　標本の大きさ100は十分に大きいので，100人のうち全く読書をしなかった生徒の数は近似的に正規分布に従う。

全く読書をしなかった生徒の母比率を0.5とするとき，全く読書をしなかった生徒が36人以下となる確率をp_5とおく。p_5の近似値を求めると，$p_5 =$ オ である。

また，全く読書をしなかった生徒の母比率を0.4とするとき，全く読書をしなかった生徒が36人以下となる確率をp_4とおくと， カ である。

オ については，最も適当なものを，次の⓪～⑤のうちから一つ選べ。

⓪ 0.001	① 0.003	② 0.026
③ 0.050	④ 0.133	⑤ 0.497

カ の解答群

⓪ $p_4 < p_5$	① $p_4 = p_5$	② $p_4 > p_5$

(3)　1週間の読書時間の母平均mに対する信頼度95％の信頼区間を$C_1 \leqq m \leqq C_2$とする。標本の大きさ100は十分大きいことと，1週間の読書時間の標本平均が204，母標準偏差が150であることを用いると，$C_1 + C_2 =$ キクケ ，$C_2 - C_1 =$ コサ . シ であることがわかる。

また，母平均mとC_1，C_2については， ス 。

ス の解答群

⓪ $C_1 \leqq m \leqq C_2$が必ず成り立つ

① $m \leqq C_2$は必ず成り立つが，$C_1 \leqq m$が成り立つとは限らない

② $C_1 \leqq m$は必ず成り立つが，$m \leqq C_2$が成り立つとは限らない

③ $C_1 \leqq m$も$m \leqq C_2$も成り立つとは限らない

(4)　Q高校の図書委員長も，校長先生と同じ新聞記事を読んだため，校長先生が調査をしていることを知らずに，図書委員会として校長先生と同様の調査を独自に行った。ただし，調査期間は校長先生による調査と同じ直前の1週間であり，対象をQ高校の生徒全員として100人の生徒を無作為に抽出した。その調査における，全く読書をしなかった生徒の数を n とする。

校長先生の調査結果によると全く読書をしなかった生徒は36人であり，［セ］。

［セ］の解答群

⓪　n は必ず36に等しい	①　n は必ず36未満である
②　n は必ず36より大きい	③　n と36との大小はわからない

(5)　(4)の図書委員会が行った調査結果による母平均 m に対する信頼度95％の信頼区間を $D_1 \leqq m \leqq D_2$，校長先生が行った調査結果による母平均 m に対する信頼度95％の信頼区間を(3)の $C_1 \leqq m \leqq C_2$ とする。ただし，母集団は同一であり，1週間の読書時間の母標準偏差は150とする。

このとき，次の⓪～⑤のうち，正しいものは［ソ］と［タ］である。

［ソ］，［タ］の解答群(解答の順序は問わない。)

⓪　$C_1 = D_1$ と $C_2 = D_2$ が必ず成り立つ。
①　$C_1 < D_2$ または $D_1 < C_2$ のどちらか一方のみが必ず成り立つ。
②　$D_2 < C_1$ または $C_2 < D_1$ となる場合もある。
③　$C_2 - C_1 > D_2 - D_1$ が必ず成り立つ。
④　$C_2 - C_1 = D_2 - D_1$ が必ず成り立つ。
⑤　$C_2 - C_1 < D_2 - D_1$ が必ず成り立つ。

正　規　分　布　表

次の表は，標準正規分布の分布曲線における右図の灰色部分の面積の値をまとめたものである。

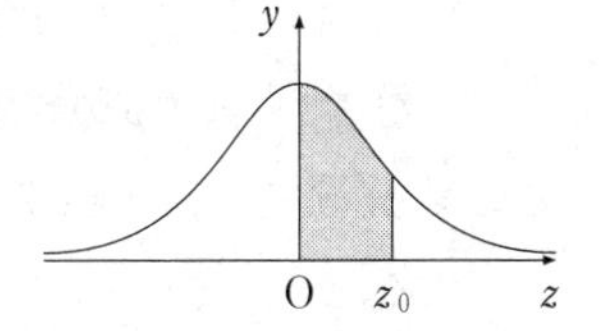

z_0	0.00	0.01	0.02	0.03	0.04	0.05	0.06	0.07	0.08	0.09
0.0	0.0000	0.0040	0.0080	0.0120	0.0160	0.0199	0.0239	0.0279	0.0319	0.0359
0.1	0.0398	0.0438	0.0478	0.0517	0.0557	0.0596	0.0636	0.0675	0.0714	0.0753
0.2	0.0793	0.0832	0.0871	0.0910	0.0948	0.0987	0.1026	0.1064	0.1103	0.1141
0.3	0.1179	0.1217	0.1255	0.1293	0.1331	0.1368	0.1406	0.1443	0.1480	0.1517
0.4	0.1554	0.1591	0.1628	0.1664	0.1700	0.1736	0.1772	0.1808	0.1844	0.1879
0.5	0.1915	0.1950	0.1985	0.2019	0.2054	0.2088	0.2123	0.2157	0.2190	0.2224
0.6	0.2257	0.2291	0.2324	0.2357	0.2389	0.2422	0.2454	0.2486	0.2517	0.2549
0.7	0.2580	0.2611	0.2642	0.2673	0.2704	0.2734	0.2764	0.2794	0.2823	0.2852
0.8	0.2881	0.2910	0.2939	0.2967	0.2995	0.3023	0.3051	0.3078	0.3106	0.3133
0.9	0.3159	0.3186	0.3212	0.3238	0.3264	0.3289	0.3315	0.3340	0.3365	0.3389
1.0	0.3413	0.3438	0.3461	0.3485	0.3508	0.3531	0.3554	0.3577	0.3599	0.3621
1.1	0.3643	0.3665	0.3686	0.3708	0.3729	0.3749	0.3770	0.3790	0.3810	0.3830
1.2	0.3849	0.3869	0.3888	0.3907	0.3925	0.3944	0.3962	0.3980	0.3997	0.4015
1.3	0.4032	0.4049	0.4066	0.4082	0.4099	0.4115	0.4131	0.4147	0.4162	0.4177
1.4	0.4192	0.4207	0.4222	0.4236	0.4251	0.4265	0.4279	0.4292	0.4306	0.4319
1.5	0.4332	0.4345	0.4357	0.4370	0.4382	0.4394	0.4406	0.4418	0.4429	0.4441
1.6	0.4452	0.4463	0.4474	0.4484	0.4495	0.4505	0.4515	0.4525	0.4535	0.4545
1.7	0.4554	0.4564	0.4573	0.4582	0.4591	0.4599	0.4608	0.4616	0.4625	0.4633
1.8	0.4641	0.4649	0.4656	0.4664	0.4671	0.4678	0.4686	0.4693	0.4699	0.4706
1.9	0.4713	0.4719	0.4726	0.4732	0.4738	0.4744	0.4750	0.4756	0.4761	0.4767
2.0	0.4772	0.4778	0.4783	0.4788	0.4793	0.4798	0.4803	0.4808	0.4812	0.4817
2.1	0.4821	0.4826	0.4830	0.4834	0.4838	0.4842	0.4846	0.4850	0.4854	0.4857
2.2	0.4861	0.4864	0.4868	0.4871	0.4875	0.4878	0.4881	0.4884	0.4887	0.4890
2.3	0.4893	0.4896	0.4898	0.4901	0.4904	0.4906	0.4909	0.4911	0.4913	0.4916
2.4	0.4918	0.4920	0.4922	0.4925	0.4927	0.4929	0.4931	0.4932	0.4934	0.4936
2.5	0.4938	0.4940	0.4941	0.4943	0.4945	0.4946	0.4948	0.4949	0.4951	0.4952
2.6	0.4953	0.4955	0.4956	0.4957	0.4959	0.4960	0.4961	0.4962	0.4963	0.4964
2.7	0.4965	0.4966	0.4967	0.4968	0.4969	0.4970	0.4971	0.4972	0.4973	0.4974
2.8	0.4974	0.4975	0.4976	0.4977	0.4977	0.4978	0.4979	0.4979	0.4980	0.4981
2.9	0.4981	0.4982	0.4982	0.4983	0.4984	0.4984	0.4985	0.4985	0.4986	0.4986
3.0	0.4987	0.4987	0.4987	0.4988	0.4988	0.4989	0.4989	0.4989	0.4990	0.4990

第4問 (選択問題) (配点 20)

初項3，公差pの等差数列を$\{a_n\}$とし，初項3，公比rの等比数列を$\{b_n\}$とする。ただし，$p \neq 0$かつ$r \neq 0$とする。さらに，これらの数列が次を満たすとする。

$$a_n b_{n+1} - 2a_{n+1}b_n + 3b_{n+1} = 0 \qquad (n = 1, 2, 3, \cdots) \cdots\cdots ①$$

(1) pとrの値を求めよう。自然数nについて，a_n，a_{n+1}，b_nはそれぞれ

$$a_n = \boxed{ア} + (n-1)p \cdots\cdots\cdots\cdots ②$$

$$a_{n+1} = \boxed{ア} + np \cdots\cdots\cdots\cdots ③$$

$$b_n = \boxed{イ}\, r^{n-1}$$

と表される。$r \neq 0$により，すべての自然数nについて，$b_n \neq 0$となる。

$\dfrac{b_{n+1}}{b_n} = r$であることから，①の両辺をb_nで割ることにより

$$\boxed{ウ}\, a_{n+1} = r\left(a_n + \boxed{エ}\right) \cdots\cdots\cdots\cdots ④$$

が成り立つことがわかる。④に②と③を代入すると

$$\left(r - \boxed{オ}\right)pn = r\left(p - \boxed{カ}\right) + \boxed{キ} \cdots\cdots\cdots\cdots ⑤$$

となる。⑤がすべてのnで成り立つことおよび$p \neq 0$により，$r = \boxed{オ}$

を得る。さらに，このことから，$p = \boxed{ク}$を得る。

以上から，すべての自然数nについて，a_nとb_nが正であることもわかる。

(2) $p=$ [ク], $r=$ [オ] であることから，$\{a_n\}$，$\{b_n\}$ の初項から第 n 項までの和は，それぞれ次の式で与えられる。

$$\sum_{k=1}^{n} a_k = \frac{\boxed{ケ}}{\boxed{コ}} n\left(n + \boxed{サ}\right)$$

$$\sum_{k=1}^{n} b_k = \boxed{シ}\left(\boxed{オ}^{n} - \boxed{ス}\right)$$

(3) 数列 $\{a_n\}$ に対して，初項3の数列 $\{c_n\}$ が次を満たすとする。

$$a_n c_{n+1} - 4a_{n+1}c_n + 3c_{n+1} = 0 \quad (n = 1, 2, 3, \cdots) \quad \cdots\cdots\cdots ⑥$$

a_n が正であることから，⑥を変形して，$c_{n+1} = \dfrac{\boxed{セ}\, a_{n+1}}{a_n + \boxed{ソ}} c_n$ を得る。

さらに，$p=$ [ク] であることから，数列 $\{c_n\}$ は [タ] ことがわかる。

[タ] の解答群

⓪ すべての項が同じ値をとる数列である
① 公差が0でない等差数列である
② 公比が1より大きい等比数列である
③ 公比が1より小さい等比数列である
④ 等差数列でも等比数列でもない

(4) q，u は定数で，$q \neq 0$ とする。数列 $\{b_n\}$ に対して，初項3の数列 $\{d_n\}$ が次を満たすとする。

$$d_n b_{n+1} - q d_{n+1} b_n + u b_{n+1} = 0 \quad (n = 1, 2, 3, \cdots) \quad \cdots\cdots\cdots ⑦$$

$r=$ [オ] であることから，⑦を変形して，$d_{n+1} = \dfrac{\boxed{チ}}{q}(d_n + u)$ を得る。したがって，数列 $\{d_n\}$ が，公比が0より大きく1より小さい等比数列となるための必要十分条件は，$q >$ [ツ] かつ $u =$ [テ] である。

第5問 (選択問題) (配点　20)

1辺の長さが1の正五角形の対角線の長さを a とする。

(1)　1辺の長さが1の正五角形 $OA_1B_1C_1A_2$ を考える。

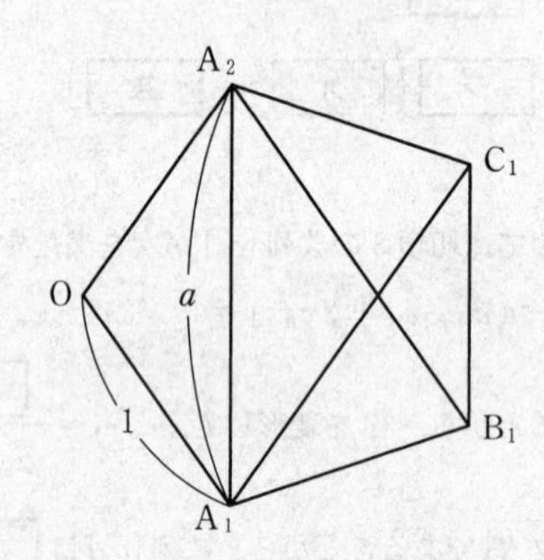

$\angle A_1C_1B_1 =$ [アイ]$°$，$\angle C_1A_1A_2 =$ [アイ]$°$ となることから，$\overrightarrow{A_1A_2}$ と $\overrightarrow{B_1C_1}$ は平行である。ゆえに

$$\overrightarrow{A_1A_2} = \boxed{ウ}\,\overrightarrow{B_1C_1}$$

であるから

$$\overrightarrow{B_1C_1} = \frac{1}{\boxed{ウ}}\overrightarrow{A_1A_2} = \frac{1}{\boxed{ウ}}\left(\overrightarrow{OA_2} - \overrightarrow{OA_1}\right)$$

また，$\overrightarrow{OA_1}$ と $\overrightarrow{A_2B_1}$ は平行で，さらに，$\overrightarrow{OA_2}$ と $\overrightarrow{A_1C_1}$ も平行であることから

$$\begin{aligned}\overrightarrow{B_1C_1} &= \overrightarrow{B_1A_2} + \overrightarrow{A_2O} + \overrightarrow{OA_1} + \overrightarrow{A_1C_1} \\ &= -\boxed{ウ}\,\overrightarrow{OA_1} - \overrightarrow{OA_2} + \overrightarrow{OA_1} + \boxed{ウ}\,\overrightarrow{OA_2} \\ &= \left(\boxed{エ} - \boxed{オ}\right)\left(\overrightarrow{OA_2} - \overrightarrow{OA_1}\right)\end{aligned}$$

となる。したがって

$$\frac{1}{\boxed{ウ}} = \boxed{エ} - \boxed{オ}$$

が成り立つ。$a > 0$ に注意してこれを解くと，$a = \dfrac{1+\sqrt{5}}{2}$ を得る。

⑵　下の図のような，１辺の長さが１の正十二面体を考える。正十二面体とは，どの面もすべて合同な正五角形であり，どの頂点にも三つの面が集まっているへこみのない多面体のことである。

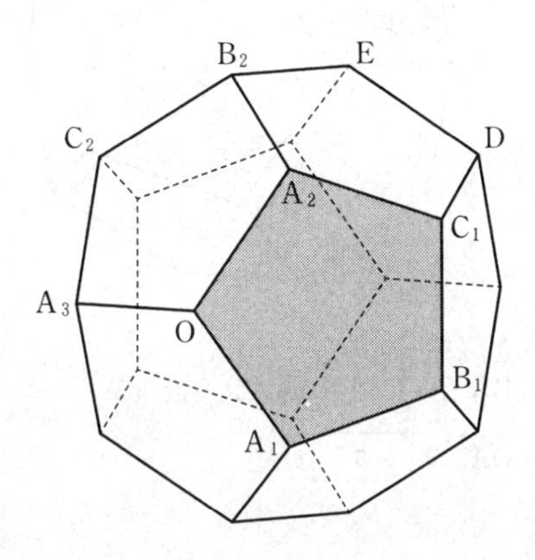

面 $OA_1B_1C_1A_2$ に着目する。$\overrightarrow{OA_1}$ と $\overrightarrow{A_2B_1}$ が平行であることから

$$\overrightarrow{OB_1} = \overrightarrow{OA_2} + \overrightarrow{A_2B_1} = \overrightarrow{OA_2} + \boxed{\text{ウ}}\,\overrightarrow{OA_1}$$

である。また

$$\left|\overrightarrow{OA_2} - \overrightarrow{OA_1}\right|^2 = \left|\overrightarrow{A_1A_2}\right|^2 = \frac{\boxed{\text{カ}} + \sqrt{\boxed{\text{キ}}}}{\boxed{\text{ク}}}$$

に注意すると

$$\overrightarrow{OA_1} \cdot \overrightarrow{OA_2} = \frac{\boxed{\text{ケ}} - \sqrt{\boxed{\text{コ}}}}{\boxed{\text{サ}}}$$

を得る。

ただし，$\boxed{\text{カ}}$ ～ $\boxed{\text{サ}}$ は，文字 a を用いない形で答えること。

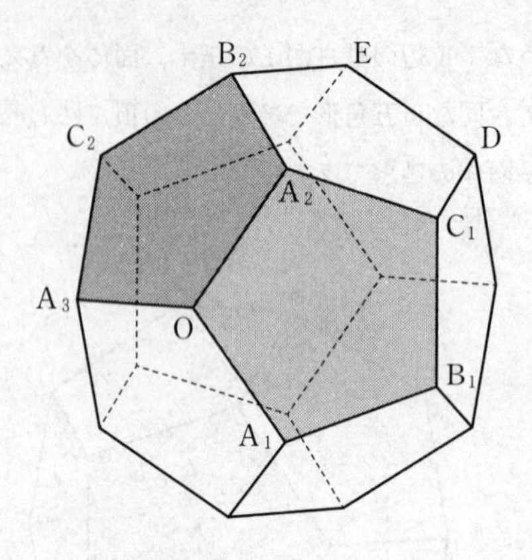

次に，面 $\mathrm{OA_2B_2C_2A_3}$ に着目すると

$$\overrightarrow{\mathrm{OB_2}} = \overrightarrow{\mathrm{OA_3}} + \boxed{\text{ウ}}\,\overrightarrow{\mathrm{OA_2}}$$

である。さらに

$$\overrightarrow{\mathrm{OA_2}}\cdot\overrightarrow{\mathrm{OA_3}} = \overrightarrow{\mathrm{OA_3}}\cdot\overrightarrow{\mathrm{OA_1}} = \frac{\boxed{\text{ケ}} - \sqrt{\boxed{\text{コ}}}}{\boxed{\text{サ}}}$$

が成り立つことがわかる。ゆえに

$$\overrightarrow{\mathrm{OA_1}}\cdot\overrightarrow{\mathrm{OB_2}} = \boxed{\text{シ}},\quad \overrightarrow{\mathrm{OB_1}}\cdot\overrightarrow{\mathrm{OB_2}} = \boxed{\text{ス}}$$

である。

$\boxed{\text{シ}}$，$\boxed{\text{ス}}$ の解答群（同じものを繰り返し選んでもよい。）

⓪ 0	① 1	② -1	③ $\dfrac{1+\sqrt{5}}{2}$
④ $\dfrac{1-\sqrt{5}}{2}$	⑤ $\dfrac{-1+\sqrt{5}}{2}$	⑥ $\dfrac{-1-\sqrt{5}}{2}$	⑦ $-\dfrac{1}{2}$
⑧ $\dfrac{-1+\sqrt{5}}{4}$	⑨ $\dfrac{-1-\sqrt{5}}{4}$		

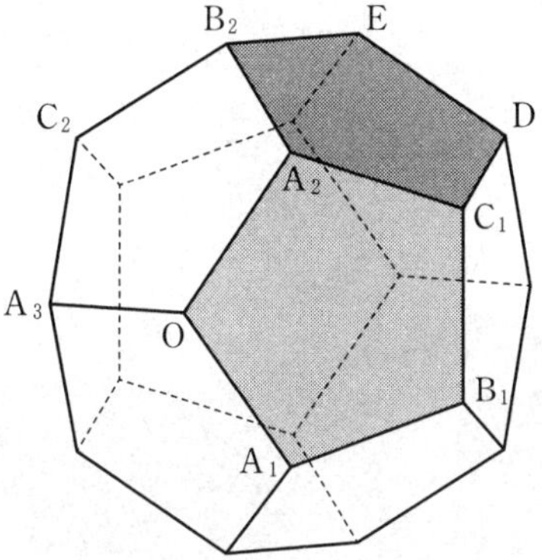

最後に，面 $A_2C_1DEB_2$ に着目する。

$$\overrightarrow{B_2D} = \boxed{\text{ウ}}\ \overrightarrow{A_2C_1} = \overrightarrow{OB_1}$$

であることに注意すると，4点O，B_1，D，B_2 は同一平面上にあり，四角形 OB_1DB_2 は［セ］ことがわかる。

［セ］の解答群

- ⓪ 正方形である
- ① 正方形ではないが，長方形である
- ② 正方形ではないが，ひし形である
- ③ 長方形でもひし形でもないが，平行四辺形である
- ④ 平行四辺形ではないが，台形である
- ⑤ 台形でない

ただし，少なくとも一組の対辺が平行な四角形を台形という。

2021

共通テスト

本試験
(第2日程)

数学Ⅰ・数学A … 50

数学Ⅱ・数学B … 72

数学Ⅰ・数学A：
解答時間 70分
配点 100点

数学Ⅱ・数学B：
解答時間 60分
配点 100点

数学Ⅰ・数学A

問　題	選　択　方　法
第１問	必　　答
第２問	必　　答
第３問	いずれか２問を選択し，解答しなさい。
第４問	
第５問	

第１問　(必答問題)(配点　30)

〔1〕　a，bを定数とするとき，xについての不等式

$$|ax - b - 7| < 3 \qquad \cdots\cdots\cdots\cdots ①$$

を考える。

(1)　$a = -3$，$b = -2$とする。①を満たす整数全体の集合をPとする。この集合Pを，要素を書き並べて表すと

$$P = \{ \boxed{アイ}, \boxed{ウエ} \}$$

となる。ただし，［アイ］，［ウエ］の解答の順序は問わない。

(2)　$a = \dfrac{1}{\sqrt{2}}$とする。

(i)　$b = 1$のとき，①を満たす整数は全部で［オ］個である。

(ii)　①を満たす整数が全部で$\left(\boxed{オ} + 1\right)$個であるような正の整数$b$のうち，最小のものは［カ］である。

〔2〕 平面上に2点A，Bがあり，AB＝8である。直線AB上にない点Pをとり，△ABPをつくり，その外接円の半径をRとする。

太郎さんは，図1のように，コンピュータソフトを使って点Pをいろいろな位置にとった。

図1は，点Pをいろいろな位置にとったときの△ABPの外接円をかいたものである。

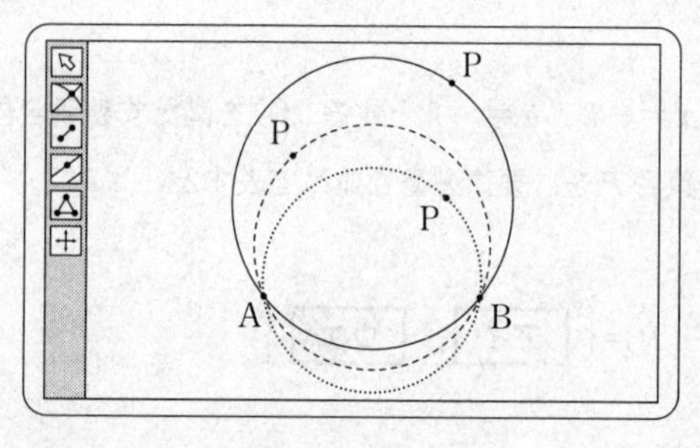

図　1

(1) 太郎さんは，点Pのとり方によって外接円の半径が異なることに気づき，次の**問題1**を考えることにした。

問題1 点Pをいろいろな位置にとるとき，外接円の半径Rが最小となる△ABPはどのような三角形か。

正弦定理により，$2R=\dfrac{\boxed{\text{キ}}}{\sin\angle\text{APB}}$ である。よって，Rが最小となるのは $\angle\text{APB}=\boxed{\text{クケ}}^\circ$ の三角形である。このとき，$R=\boxed{\text{コ}}$ である。

(2) 太郎さんは，図2のように，**問題1**の点Pのとり方に条件を付けて，次の**問題2**を考えた。

> **問題2** 直線ABに平行な直線をℓとし，直線ℓ上で点Pをいろいろな位置にとる。このとき，外接円の半径Rが最小となる△ABPはどのような三角形か。

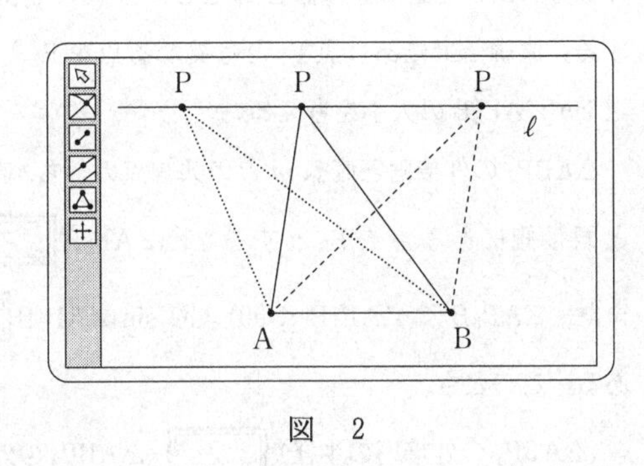

図　2

太郎さんは，この問題を解決するために，次の構想を立てた。

問題2の解決の構想

> **問題1**の考察から，線分ABを直径とする円をCとし，円Cに着目する。直線ℓは，その位置によって，円Cと共有点をもつ場合ともたない場合があるので，それぞれの場合に分けて考える。

直線ABと直線ℓとの距離をhとする。直線ℓが円Cと共有点をもつ場合は，$h \leqq$ [サ] のときであり，共有点をもたない場合は，$h >$ [サ] のときである。

(i) $h \leqq$ [サ] のとき

直線ℓが円Cと共有点をもつので，Rが最小となる△ABPは，$h <$ [サ] のとき [シ] であり，$h =$ [サ] のとき直角二等辺三角形である。

(ii) $h >$ [サ] のとき

線分ABの垂直二等分線をmとし，直線mと直線ℓとの交点をP_1とする。直線ℓ上にあり点P_1とは異なる点をP_2とするとき$\sin \angle AP_1B$と$\sin \angle AP_2B$の大小を考える。

$\triangle ABP_2$の外接円と直線mとの共有点のうち，直線ABに関して点P_2と同じ側にある点をP_3とすると，$\angle AP_3B$ [ス] $\angle AP_2B$である。

また，$\angle AP_3B < \angle AP_1B < 90°$より$\sin \angle AP_3B$ [セ] $\sin \angle AP_1B$である。このとき

($\triangle ABP_1$の外接円の半径) [ソ] ($\triangle ABP_2$の外接円の半径)

であり，Rが最小となる△ABPは [タ] である。

[シ]，[タ] については，最も適当なものを，次の⓪～④のうちから一つずつ選べ。ただし，同じものを繰り返し選んでもよい。

⓪ 鈍角三角形	① 直角三角形	② 正三角形
③ 二等辺三角形	④ 直角二等辺三角形	

[ス] ～ [ソ] の解答群(同じものを繰り返し選んでもよい。)

⓪ <	① ＝	② >

(3) **問題2**の考察を振り返って，$h=8$ のとき，△ABPの外接円の半径 R が最小である場合について考える。このとき，$\sin\angle\mathrm{APB}=\dfrac{\boxed{チ}}{\boxed{ツ}}$ であり，$R=\boxed{テ}$ である。

第２問 (必答問題) (配点　30)

〔1〕 花子さんと太郎さんのクラスでは，文化祭でたこ焼き店を出店することになった。二人は１皿あたりの価格をいくらにするかを検討している。次の表は，過去の文化祭でのたこ焼き店の売り上げデータから，１皿あたりの価格と売り上げ数の関係をまとめたものである。

１皿あたりの価格(円)	200	250	300
売り上げ数(皿)	200	150	100

(1) まず，二人は，上の表から，１皿あたりの価格が50円上がると売り上げ数が50皿減ると考えて，売り上げ数が１皿あたりの価格の１次関数で表されると仮定した。このとき，１皿あたりの価格をx円とおくと，売り上げ数は

$$\boxed{\text{アイウ}} - x \quad \cdots\cdots\cdots ①$$

と表される。

(2) 次に，二人は，利益の求め方について考えた。

花子：利益は，売り上げ金額から必要な経費を引けば求められるよ。
太郎：売り上げ金額は，１皿あたりの価格と売り上げ数の積で求まるね。
花子：必要な経費は，たこ焼き用器具の賃貸料と材料費の合計だね。材料費は，売り上げ数と１皿あたりの材料費の積になるね。

二人は，次の三つの条件のもとで，1皿あたりの価格xを用いて利益を表すことにした。

(条件1)　1皿あたりの価格がx円のときの売り上げ数として①を用いる。

(条件2)　材料は，①により得られる売り上げ数に必要な分量だけ仕入れる。

(条件3)　1皿あたりの材料費は160円である。たこ焼き用器具の賃貸料は6000円である。材料費とたこ焼き用器具の賃貸料以外の経費はない。

利益をy円とおく。yをxの式で表すと

$$y = -x^2 + \boxed{\text{エオカ}}\,x - \boxed{\text{キ}} \times 10000 \quad \cdots\cdots\cdots\cdots ②$$

である。

(3)　太郎さんは利益を最大にしたいと考えた。②を用いて考えると，利益が最大になるのは1皿あたりの価格が $\boxed{\text{クケコ}}$ 円のときであり，そのときの利益は $\boxed{\text{サシスセ}}$ 円である。

(4)　花子さんは，利益を7500円以上となるようにしつつ，できるだけ安い価格で提供したいと考えた。②を用いて考えると，利益が7500円以上となる1皿あたりの価格のうち，最も安い価格は $\boxed{\text{ソタチ}}$ 円となる。

〔2〕　総務省が実施している国勢調査では都道府県ごとの総人口が調べられており，その内訳として日本人人口と外国人人口が公表されている。また，外務省では旅券(パスポート)を取得した人数を都道府県ごとに公表している。加えて，文部科学省では都道府県ごとの小学校に在籍する児童数を公表している。

そこで，47都道府県の，人口1万人あたりの外国人人口(以下，外国人数)，人口1万人あたりの小学校児童数(以下，小学生数)，また，日本人1万人あたりの旅券を取得した人数(以下，旅券取得者数)を，それぞれ計算した。

(1)　図1は，2010年における47都道府県の，旅券取得者数(横軸)と小学生数(縦軸)の関係を黒丸で，また，旅券取得者数(横軸)と外国人数(縦軸)の関係を白丸で表した散布図である。

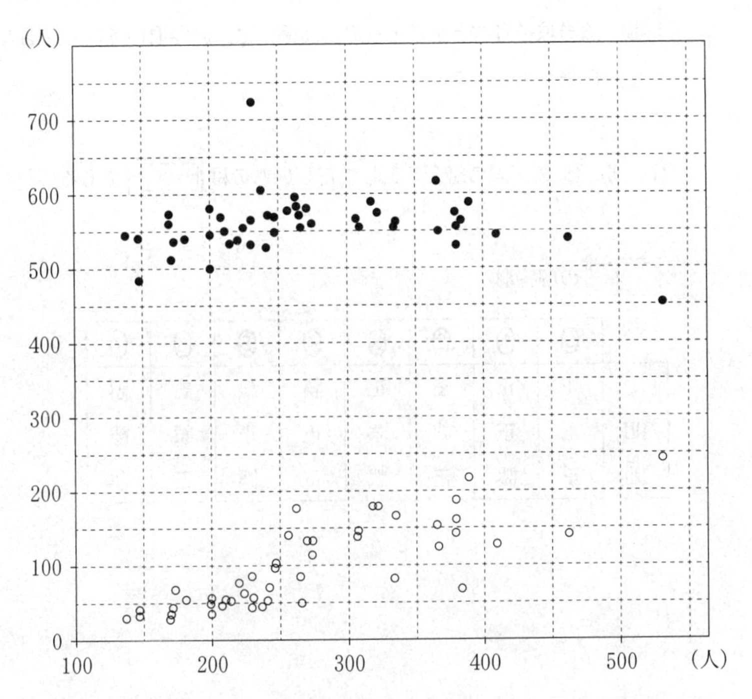

図1　2010年における，旅券取得者数と小学生数の散布図(黒丸)，
旅券取得者数と外国人数の散布図(白丸)

(出典：外務省，文部科学省および総務省のWebページにより作成)

次の(Ⅰ)，(Ⅱ)，(Ⅲ)は図1の散布図に関する記述である。

(Ⅰ)　小学生数の四分位範囲は，外国人数の四分位範囲より大きい。

(Ⅱ)　旅券取得者数の範囲は，外国人数の範囲より大きい。

(Ⅲ)　旅券取得者数と小学生数の相関係数は，旅券取得者数と外国人数の相関係数より大きい。

(Ⅰ)，(Ⅱ)，(Ⅲ)の正誤の組合せとして正しいものは［ツ］である。

［ツ］の解答群

	⓪	①	②	③	④	⑤	⑥	⑦
(Ⅰ)	正	正	正	正	誤	誤	誤	誤
(Ⅱ)	正	正	誤	誤	正	正	誤	誤
(Ⅲ)	正	誤	正	誤	正	誤	正	誤

(2)　一般に，度数分布表

階級値	x_1	x_2	x_3	x_4	…	x_k	計
度数	f_1	f_2	f_3	f_4	…	f_k	n

が与えられていて，各階級に含まれるデータの値がすべてその階級値に等しいと仮定すると，平均値 $\bar{x}$ は

$$\bar{x}=\frac{1}{n}(x_1f_1+x_2f_2+x_3f_3+x_4f_4+\cdots+x_kf_k)$$

で求めることができる。さらに階級の幅が一定で，その値が h のときは

$$x_2=x_1+h,\ x_3=x_1+2h,\ x_4=x_1+3h,\ \cdots,\ x_k=x_1+(k-1)h$$

に注意すると

$$\bar{x}=\boxed{\text{テ}}$$

と変形できる。

テ については，最も適当なものを，次の⓪～④のうちから一つ選べ。

⓪ $\frac{x_1}{n}(f_1+f_2+f_3+f_4+\cdots+f_k)$

① $\frac{h}{n}(f_1+2f_2+3f_3+4f_4+\cdots+kf_k)$

② $x_1+\frac{h}{n}(f_2+f_3+f_4+\cdots+f_k)$

③ $x_1+\frac{h}{n}\{f_2+2f_3+3f_4+\cdots+(k-1)f_k\}$

④ $\frac{1}{2}(f_1+f_k)x_1-\frac{1}{2}(f_1+kf_k)$

図2は，2008年における47都道府県の旅券取得者数のヒストグラムである。なお，ヒストグラムの各階級の区間は，左側の数値を含み，右側の数値を含まない。

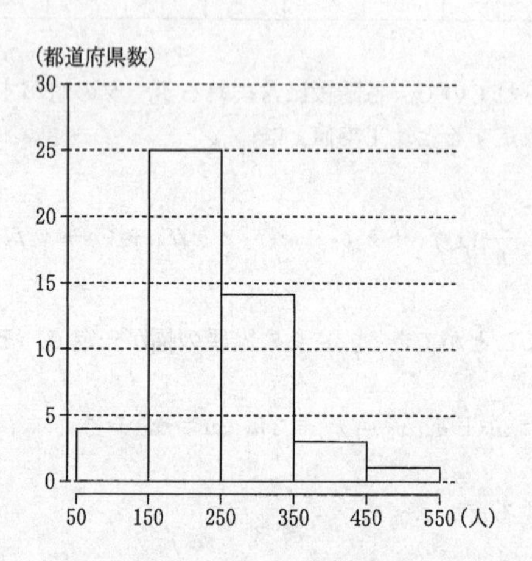

図2　2008年における旅券取得者数のヒストグラム

（出典：外務省のWebページにより作成）

図2のヒストグラムに関して，各階級に含まれるデータの値がすべてその階級値に等しいと仮定する。このとき，平均値 $\bar{x}$ は小数第1位を四捨五入すると ［トナニ］ である。

(3)　一般に，度数分布表

階級値	x_1	x_2	$\cdots$	x_k	計
度数	f_1	f_2	$\cdots$	f_k	n

が与えられていて，各階級に含まれるデータの値がすべてその階級値に等しいと仮定すると，分散 s^2 は

$$s^2=\frac{1}{n}\left\{(x_1-\overline{x})^2f_1+(x_2-\overline{x})^2f_2+\cdots+(x_k-\overline{x})^2f_k\right\}$$

で求めることができる。さらに s^2 は

$$s^2=\frac{1}{n}\left\{(x_1{}^2f_1+x_2{}^2f_2+\cdots+x_k{}^2f_k)-2\overline{x}\times\boxed{\text{ヌ}}+(\overline{x})^2\times\boxed{\text{ネ}}\right\}$$

と変形できるので

$$s^2=\frac{1}{n}(x_1{}^2f_1+x_2{}^2f_2+\cdots+x_k{}^2f_k)-\boxed{\text{ノ}}\quad\cdots\cdots\cdots\cdots\cdots\cdots\text{①}$$

である。

[ヌ] ～ [ノ] の解答群(同じものを繰り返し選んでもよい。)

⓪ n	① n^2	② $\overline{x}$	③ $n\overline{x}$	④ $2n\overline{x}$
⑤ $n^2\overline{x}$	⑥ $(\overline{x})^2$	⑦ $n(\overline{x})^2$	⑧ $2n(\overline{x})^2$	⑨ $3n(\overline{x})^2$

図3は，図2を再掲したヒストグラムである。

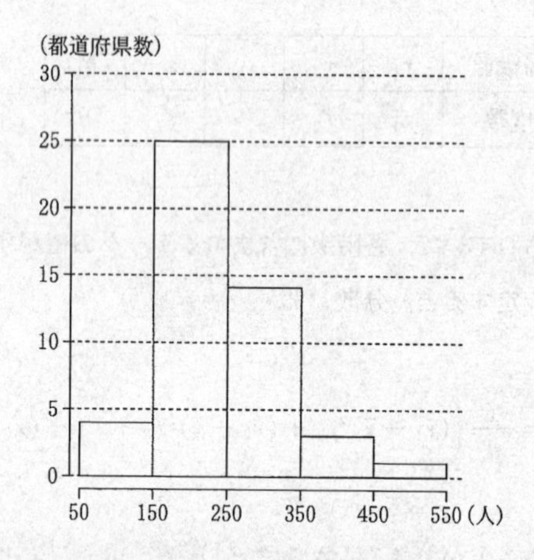

図3　2008年における旅券取得者数のヒストグラム

(出典：外務省のWebページにより作成)

図3のヒストグラムに関して，各階級に含まれるデータの値がすべてその階級値に等しいと仮定すると，平均値$\bar{x}$は(2)で求めた［トナニ］である。［トナニ］の値と式①を用いると，分散s^2は［ハ］である。

［ハ］については，最も近いものを，次の⓪〜⑦のうちから一つ選べ。

⓪ 3900	① 4900	② 5900	③ 6900
④ 7900	⑤ 8900	⑥ 9900	⑦ 10900

第3問 (選択問題)(配点　20)

二つの袋A，Bと一つの箱がある。Aの袋には赤球2個と白球1個が入っており，Bの袋には赤球3個と白球1個が入っている。また，箱には何も入っていない。

(1) A，Bの袋から球をそれぞれ1個ずつ同時に取り出し，球の色を調べずに箱に入れる。

(i) 箱の中の2個の球のうち少なくとも1個が赤球である確率は$\frac{\boxed{アイ}}{\boxed{ウエ}}$である。

(ii) 箱の中をよくかき混ぜてから球を1個取り出すとき，取り出した球が赤球である確率は$\frac{\boxed{オカ}}{\boxed{キク}}$であり，取り出した球が赤球であったときに，それがBの袋に入っていたものである条件付き確率は$\frac{\boxed{ケ}}{\boxed{コサ}}$である。

(2)　A，Bの袋から球をそれぞれ２個ずつ同時に取り出し，球の色を調べずに箱に入れる。

(i)　箱の中の４個の球のうち，ちょうど２個が赤球である確率は $\dfrac{\boxed{シ}}{\boxed{ス}}$ である。また，箱の中の４個の球のうち，ちょうど３個が赤球である確率は $\dfrac{\boxed{セ}}{\boxed{ソ}}$ である。

(ii)　箱の中をよくかき混ぜてから球を２個同時に取り出すとき，どちらの球も赤球である確率は $\dfrac{\boxed{タチ}}{\boxed{ツテ}}$ である。また，取り出した２個の球がどちらも赤球であったときに，それらのうちの１個のみがBの袋に入っていたものである条件付き確率は $\dfrac{\boxed{トナ}}{\boxed{ニヌ}}$ である。

第4問 (選択問題) (配点　20)

正の整数 m に対して

$$a^2 + b^2 + c^2 + d^2 = m,\ a \geqq b \geqq c \geqq d \geqq 0 \quad \cdots\cdots\cdots\cdots ①$$

を満たす整数 a，b，c，d の組がいくつあるかを考える。

(1)　$m = 14$ のとき，① を満たす整数 a，b，c，d の組 (a, b, c, d) は

$$\left(\boxed{\text{ア}},\ \boxed{\text{イ}},\ \boxed{\text{ウ}},\ \boxed{\text{エ}} \right)$$

のただ一つである。

また，$m = 28$ のとき，① を満たす整数 a，b，c，d の組の個数は $\boxed{\text{オ}}$ 個である。

(2)　a が奇数のとき，整数 n を用いて $a = 2n + 1$ と表すことができる。このとき，$n(n + 1)$ は偶数であるから，次の条件がすべての奇数 a で成り立つような正の整数 h のうち，最大のものは $h = \boxed{\text{カ}}$ である。

条件：$a^2 - 1$ は h の倍数である。

よって，a が奇数のとき，a^2 を $\boxed{\text{カ}}$ で割ったときの余りは1である。

また，a が偶数のとき，a^2 を $\boxed{\text{カ}}$ で割ったときの余りは，0または4のいずれかである。

(3)　(2)により，$a^2+b^2+c^2+d^2$ が ［カ］ の倍数ならば，整数 a，b，c，d のうち，偶数であるものの個数は ［キ］ 個である。

(4)　(3)を用いることにより，m が ［カ］ の倍数であるとき，①を満たす整数 a，b，c，d が求めやすくなる。

例えば，$m=224$ のとき，①を満たす整数 a，b，c，d の組 $(a,\ b,\ c,\ d)$ は

（［クケ］，［コ］，［サ］，［シ］）

のただ一つであることがわかる。

(5)　7の倍数で896の約数である正の整数 m のうち，①を満たす整数 a，b，c，d の組の個数が ［オ］ 個であるものの個数は ［ス］ 個であり，そのうち最大のものは $m=$ ［セソタ］ である。

第５問 (選択問題)(配点　20)

点Zを端点とする半直線ZXと半直線ZYがあり，$0° < \angle XZY < 90°$とする。また，$0° < \angle SZX < \angle XZY$かつ$0° < \angle SZY < \angle XZY$を満たす点Sをとる。点Sを通り，半直線ZXと半直線ZYの両方に接する円を作図したい。

円Oを，次の(Step 1)～(Step 5)の手順で作図する。

手順

(Step 1)　$\angle XZY$の二等分線ℓ上に点Cをとり，下図のように半直線ZXと半直線ZYの両方に接する円Cを作図する。また，円Cと半直線ZXとの接点をD，半直線ZYとの接点をEとする。

(Step 2)　円Cと直線ZSとの交点の一つをGとする。

(Step 3)　半直線ZX上に点HをDG//HSを満たすようにとる。

(Step 4)　点Hを通り，半直線ZXに垂直な直線を引き，ℓとの交点をOとする。

(Step 5)　点Oを中心とする半径OHの円Oをかく。

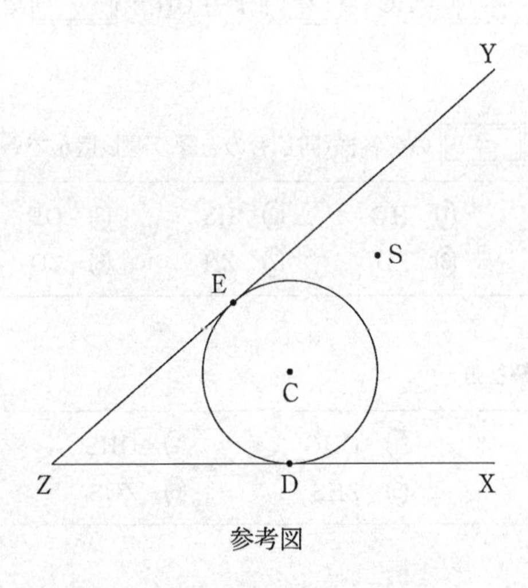

参考図

(1)　(Step 1)～(Step 5)の手順で作図した円Oが求める円であることは，次の構想に基づいて下のように説明できる。

構想

円Oが点Sを通り，半直線ZXと半直線ZYの両方に接する円であることを示すには，OH＝［ア］が成り立つことを示せばよい。

作図の手順より，△ZDGと△ZHSとの関係，および△ZDCと△ZHOとの関係に着目すると

DG：［イ］＝［ウ］：［エ］

DC：［オ］＝［ウ］：［エ］

であるから，DG：［イ］＝DC：［オ］となる。

ここで，３点S，O，Hが一直線上にない場合は，∠CDG＝∠［カ］であるので，△CDGと△［カ］との関係に着目すると，CD＝CGよりOH＝［ア］であることがわかる。

なお，３点S，O，Hが一直線上にある場合は，DG＝［キ］DCとなり，DG：［イ］＝DC：［オ］よりOH＝［ア］であることがわかる。

［ア］～［オ］の解答群（同じものを繰り返し選んでもよい。）

⓪ DH	① HO	② HS	③ OD	④ OG
⑤ OS	⑥ ZD	⑦ ZH	⑧ ZO	⑨ ZS

［カ］の解答群

⓪ OHD	① OHG	② OHS	③ ZDS
④ ZHG	⑤ ZHS	⑥ ZOS	⑦ ZCG

(2) 点Sを通り，半直線ZXと半直線ZYの両方に接する円は二つ作図できる。特に，点Sが∠XZYの二等分線ℓ上にある場合を考える。半径が大きい方の円の中心をO_1とし，半径が小さい方の円の中心をO_2とする。また，円O_2と半直線ZYが接する点をIとする。円O_1と半直線ZYが接する点をJとし，円O_1と半直線ZXが接する点をKとする。

作図をした結果，円O_1の半径は5，円O_2の半径は3であったとする。このとき，IJ = [ク]$\sqrt{[ケコ]}$ である。さらに，円O_1と円O_2の接点Sにおける共通接線と半直線ZYとの交点をLとし，直線LKと円O_1との交点で点Kとは異なる点をMとすると

$$LM \cdot LK = \boxed{サシ}$$

である。

また，ZI = [ス]$\sqrt{[セソ]}$ であるので，直線LKと直線ℓとの交点をNとすると

$$\frac{LN}{NK} = \frac{\boxed{タ}}{\boxed{チ}}, \quad SN = \frac{\boxed{ツ}}{\boxed{テ}}$$

である。

数学Ⅱ・数学B

問　題	選　択　方　法
第1問	必　　　答
第2問	必　　　答
第3問	いずれか2問を選択し，解答しなさい。
第4問	
第5問	

第1問 (必答問題) (配点　30)

〔1〕

(1) $\log_{10} 10 =$ [ア] である。また，$\log_{10} 5$，$\log_{10} 15$ をそれぞれ $\log_{10} 2$ と $\log_{10} 3$ を用いて表すと

$$\log_{10} 5 = \boxed{\text{イ}} \log_{10} 2 + \boxed{\text{ウ}}$$

$$\log_{10} 15 = \boxed{\text{エ}} \log_{10} 2 + \log_{10} 3 + \boxed{\text{オ}}$$

となる。

(2)　太郎さんと花子さんは，15^{20} について話している。

以下では，$\log_{10} 2 = 0.3010$，$\log_{10} 3 = 0.4771$ とする。

太郎：15^{20} は何桁の数だろう。

花子：15 の 20 乗を求めるのは大変だね。$\log_{10} 15^{20}$ の整数部分に着目してみようよ。

$\log_{10} 15^{20}$ は

$$\boxed{\text{カキ}} < \log_{10} 15^{20} < \boxed{\text{カキ}} + 1$$

を満たす。よって，15^{20} は $\boxed{\text{クケ}}$ 桁の数である。

太郎：15^{20} の最高位の数字も知りたいね。だけど，$\log_{10} 15^{20}$ の整数部分にだけ着目してもわからないな。

花子：$N \cdot 10^{\boxed{\text{カキ}}} < 15^{20} < (N+1) \cdot 10^{\boxed{\text{カキ}}}$ を満たすような正の整数 N に着目してみたらどうかな。

$\log_{10} 15^{20}$ の小数部分は $\log_{10} 15^{20} - \boxed{\text{カキ}}$ であり

$$\log_{10} \boxed{\text{コ}} < \log_{10} 15^{20} - \boxed{\text{カキ}} < \log_{10}\left(\boxed{\text{コ}} + 1\right)$$

が成り立つので，15^{20} の最高位の数字は $\boxed{\text{サ}}$ である。

〔２〕 座標平面上の原点を中心とする半径１の円周上に３点 $P(\cos\theta,\ \sin\theta)$，$Q(\cos\alpha,\ \sin\alpha)$，$R(\cos\beta,\ \sin\beta)$がある。ただし，$0 \leqq \theta < \alpha < \beta < 2\pi$ とする。このとき，s と t を次のように定める。

$$s = \cos\theta + \cos\alpha + \cos\beta,\quad t = \sin\theta + \sin\alpha + \sin\beta$$

(1) △PQR が正三角形や二等辺三角形のときの s と t の値について考察しよう。

考察１

△PQR が正三角形である場合を考える。

この場合，α，β を θ で表すと

$$\alpha = \theta + \frac{\boxed{シ}}{3}\pi,\ \beta = \theta + \frac{\boxed{ス}}{3}\pi$$

であり，加法定理により

$\cos\alpha = \boxed{セ}$，$\sin\alpha = \boxed{ソ}$

である。同様に，$\cos\beta$ および $\sin\beta$ を，$\sin\theta$ と $\cos\theta$ を用いて表すことができる。

これらのことから，$s = t = \boxed{タ}$ である。

$\boxed{セ}$，$\boxed{ソ}$ の解答群（同じものを繰り返し選んでもよい。）

⓪ $\frac{1}{2}\sin\theta + \frac{\sqrt{3}}{2}\cos\theta$	① $\frac{\sqrt{3}}{2}\sin\theta + \frac{1}{2}\cos\theta$
② $\frac{1}{2}\sin\theta - \frac{\sqrt{3}}{2}\cos\theta$	③ $\frac{\sqrt{3}}{2}\sin\theta - \frac{1}{2}\cos\theta$
④ $-\frac{1}{2}\sin\theta + \frac{\sqrt{3}}{2}\cos\theta$	⑤ $-\frac{\sqrt{3}}{2}\sin\theta + \frac{1}{2}\cos\theta$
⑥ $-\frac{1}{2}\sin\theta - \frac{\sqrt{3}}{2}\cos\theta$	⑦ $-\frac{\sqrt{3}}{2}\sin\theta - \frac{1}{2}\cos\theta$

考察 2

△PQR が PQ ＝ PR となる二等辺三角形である場合を考える。

例えば，点Pが直線 $y=x$ 上にあり，点Q，Rが直線 $y=x$ に関して対称であるときを考える。このとき，$\theta=\dfrac{\pi}{4}$ である。また，α は $\alpha<\dfrac{5}{4}\pi$，β は $\dfrac{5}{4}\pi<\beta$ を満たし，点Q，Rの座標について，$\sin\beta=\cos\alpha$，$\cos\beta=\sin\alpha$ が成り立つ。よって

$$s=t=\frac{\sqrt{\boxed{チ}}}{\boxed{ツ}}+\sin\alpha+\cos\alpha$$

である。

ここで，三角関数の合成により

$$\sin\alpha+\cos\alpha=\sqrt{\boxed{テ}}\sin\left(\alpha+\frac{\pi}{\boxed{ト}}\right)$$

である。したがって

$$\alpha=\frac{\boxed{ナニ}}{12}\pi,\ \beta=\frac{\boxed{ヌネ}}{12}\pi$$

のとき，$s=t=0$ である。

(2)　次に，s と t の値を定めたときの θ，α，β の関係について考察しよう。

考察 3

$s=t=0$ の場合を考える。

この場合，$\sin^2\theta+\cos^2\theta=1$ により，α と β について考えると

$$\cos\alpha\cos\beta+\sin\alpha\sin\beta=\frac{\boxed{\text{ノハ}}}{\boxed{\text{ヒ}}}$$

である。

同様に，θ と α について考えると

$$\cos\theta\cos\alpha+\sin\theta\sin\alpha=\frac{\boxed{\text{ノハ}}}{\boxed{\text{ヒ}}}$$

であるから，θ，α，β の範囲に注意すると

$$\beta-\alpha=\alpha-\theta=\frac{\boxed{\text{フ}}}{\boxed{\text{ヘ}}}\pi$$

という関係が得られる。

(3)　これまでの考察を振り返ると，次の⓪〜③のうち，正しいものは［ホ］であることがわかる。

［ホ］の解答群

⓪　△PQR が正三角形ならば $s=t=0$ であり，$s=t=0$ ならば△PQR は正三角形である。

①　△PQR が正三角形ならば $s=t=0$ であるが，$s=t=0$ であっても△PQR が正三角形でない場合がある。

②　△PQR が正三角形であっても $s=t=0$ でない場合があるが，$s=t=0$ ならば△PQR は正三角形である。

③　△PQR が正三角形であっても $s=t=0$ でない場合があり，$s=t=0$ であっても△PQR が正三角形でない場合がある。

第2問 (必答問題) (配点　30)

〔1〕 a を実数とし，$f(x)=(x-a)(x-2)$ とおく。また，$F(x)=\int_0^x f(t)\,dt$ とする。

(1) $a=1$ のとき，$F(x)$ は $x=$ ア で極小になる。

(2) $a=$ イ のとき，$F(x)$ はつねに増加する。また，$F(0)=$ ウ であるから，$a=$ イ のとき，$F(2)$ の値は エ である。

エ の解答群

⓪ 0	① 正	② 負

(3)　$a >$ [イ] とする。

b を実数とし，$G(x)=\int_b^x f(t)\,dt$ とおく。

関数 $y=G(x)$ のグラフは，$y=F(x)$ のグラフを [オ] 方向に [カ] だけ平行移動したものと一致する。また，$G(x)$ は $x=$ [キ] で極大になり，$x=$ [ク] で極小になる。

$G(b)=$ [ケ] であるから，$b=$ [キ] のとき，曲線 $y=G(x)$ と x 軸との共有点の個数は [コ] 個である。

[オ] の解答群

⓪　x 軸	①　y 軸

[カ] の解答群

⓪　b	①　$-b$	②　$F(b)$
③　$-F(b)$	④　$F(-b)$	⑤　$-F(-b)$

〔2〕 $g(x)=|x|(x+1)$とおく。

点P$(-1,\ 0)$を通り，傾きがcの直線をℓとする。$g'(-1)=$ サ であるから，$0<c<$ サ のとき，曲線$y=g(x)$と直線ℓは3点で交わる。そのうちの1点はPであり，残りの2点を点Pに近い方から順にQ，Rとすると，点Qのx座標は シス であり，点Rのx座標は セ である。

また，$0 < c <$ [サ] のとき，線分PQと曲線 $y = g(x)$ で囲まれた図形の面積を S とし，線分QRと曲線 $y = g(x)$ で囲まれた図形の面積を T とすると

$$S = \frac{\boxed{ソ}\,c^3 + \boxed{タ}\,c^2 - \boxed{チ}\,c + 1}{\boxed{ツ}}$$

$$T = c^{\boxed{テ}}$$

である。

第3問 (選択問題)(配点　20)

以下の問題を解答するにあたっては，必要に応じて86ページの正規分布表を用いてもよい。

ある大学には，多くの留学生が在籍している。この大学の留学生に対して学習や生活を支援する留学生センターでは，留学生の日本語の学習状況について関心を寄せている。

(1) この大学では，留学生に対する授業として，以下に示す三つの日本語学習コースがある。

初級コース：1週間に10時間の日本語の授業を行う

中級コース：1週間に8時間の日本語の授業を行う

上級コース：1週間に6時間の日本語の授業を行う

すべての留学生が三つのコースのうち，いずれか一つのコースのみに登録することになっている。留学生全体における各コースに登録した留学生の割合は，それぞれ

初級コース：20％，中級コース：35％，上級コース：$\boxed{\text{アイ}}$ ％

であった。ただし，数値はすべて正確な値であり，四捨五入されていないものとする。

この留学生の集団において，一人を無作為に抽出したとき，その留学生が1週間に受講する日本語学習コースの授業の時間数を表す確率変数をXとする。Xの平均(期待値)は$\dfrac{\boxed{\text{ウエ}}}{2}$であり，$X$の分散は$\dfrac{\boxed{\text{オカ}}}{20}$である。

次に，留学生全体を母集団とし，a 人を無作為に抽出したとき，初級コースに登録した人数を表す確率変数を Y とすると，Y は二項分布に従う。このとき，Y の平均 $E(Y)$ は

$$E(Y)=\frac{\boxed{\text{キ}}}{\boxed{\text{ク}}}$$

である。

また，上級コースに登録した人数を表す確率変数を Z とすると，Z は二項分布に従う。Y，Z の標準偏差をそれぞれ $\sigma(Y)$，$\sigma(Z)$ とすると

$$\frac{\sigma(Z)}{\sigma(Y)}=\frac{\boxed{\text{ケ}}\sqrt{\boxed{\text{コサ}}}}{\boxed{\text{シ}}}$$

である。

ここで，$a=100$ としたとき，無作為に抽出された留学生のうち，初級コースに登録した留学生が28人以上となる確率を p とする。$a=100$ は十分大きいので，Y は近似的に正規分布に従う。このことを用いて p の近似値を求めると，$p=$ ス である。

ス については，最も適当なものを，次の⓪～⑤のうちから一つ選べ。

⓪ 0.002	① 0.023	② 0.228
③ 0.477	④ 0.480	⑤ 0.977

(2)　40 人の留学生を無作為に抽出し，ある１週間における留学生の日本語学習コース以外の日本語の学習時間（分）を調査した。ただし，日本語の学習時間は母平均 m，母分散 σ^2 の分布に従うものとする。

母分散 σ^2 を 640 と仮定すると，標本平均の標準偏差は［セ］となる。

調査の結果，40 人の学習時間の平均値は 120 であった。標本平均が近似的に正規分布に従うとして，母平均 m に対する信頼度 95 ％の信頼区間を $C_1 \leqq m \leqq C_2$ とすると

$$C_1 = \boxed{ソタチ}.\boxed{ツテ},\quad C_2 = \boxed{トナニ}.\boxed{ヌネ}$$

である。

(3)　(2)の調査とは別に，日本語の学習時間を再度調査することになった。そこで，50 人の留学生を無作為に抽出し，調査した結果，学習時間の平均値は 120 であった。

母分散 σ^2 を 640 と仮定したとき，母平均 m に対する信頼度 95 ％の信頼区間を $D_1 \leqq m \leqq D_2$ とすると，［ノ］が成り立つ。

一方，母分散 σ^2 を 960 と仮定したとき，母平均 m に対する信頼度 95 ％の信頼区間を $E_1 \leqq m \leqq E_2$ とする。このとき，$D_2 - D_1 = E_2 - E_1$ となるためには，標本の大きさを 50 の［ハ］.［ヒ］倍にする必要がある。

［ノ］の解答群

⓪ $D_1 < C_1$ かつ $D_2 < C_2$	① $D_1 < C_1$ かつ $D_2 > C_2$
② $D_1 > C_1$ かつ $D_2 < C_2$	③ $D_1 > C_1$ かつ $D_2 > C_2$

正　規　分　布　表

次の表は，標準正規分布の分布曲線における右図の灰色部分の面積の値をまとめたものである。

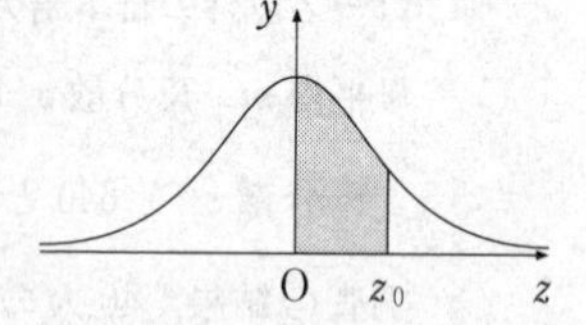

z_0	0.00	0.01	0.02	0.03	0.04	0.05	0.06	0.07	0.08	0.09
0.0	0.0000	0.0040	0.0080	0.0120	0.0160	0.0199	0.0239	0.0279	0.0319	0.0359
0.1	0.0398	0.0438	0.0478	0.0517	0.0557	0.0596	0.0636	0.0675	0.0714	0.0753
0.2	0.0793	0.0832	0.0871	0.0910	0.0948	0.0987	0.1026	0.1064	0.1103	0.1141
0.3	0.1179	0.1217	0.1255	0.1293	0.1331	0.1368	0.1406	0.1443	0.1480	0.1517
0.4	0.1554	0.1591	0.1628	0.1664	0.1700	0.1736	0.1772	0.1808	0.1844	0.1879
0.5	0.1915	0.1950	0.1985	0.2019	0.2054	0.2088	0.2123	0.2157	0.2190	0.2224
0.6	0.2257	0.2291	0.2324	0.2357	0.2389	0.2422	0.2454	0.2486	0.2517	0.2549
0.7	0.2580	0.2611	0.2642	0.2673	0.2704	0.2734	0.2764	0.2794	0.2823	0.2852
0.8	0.2881	0.2910	0.2939	0.2967	0.2995	0.3023	0.3051	0.3078	0.3106	0.3133
0.9	0.3159	0.3186	0.3212	0.3238	0.3264	0.3289	0.3315	0.3340	0.3365	0.3389
1.0	0.3413	0.3438	0.3461	0.3485	0.3508	0.3531	0.3554	0.3577	0.3599	0.3621
1.1	0.3643	0.3665	0.3686	0.3708	0.3729	0.3749	0.3770	0.3790	0.3810	0.3830
1.2	0.3849	0.3869	0.3888	0.3907	0.3925	0.3944	0.3962	0.3980	0.3997	0.4015
1.3	0.4032	0.4049	0.4066	0.4082	0.4099	0.4115	0.4131	0.4147	0.4162	0.4177
1.4	0.4192	0.4207	0.4222	0.4236	0.4251	0.4265	0.4279	0.4292	0.4306	0.4319
1.5	0.4332	0.4345	0.4357	0.4370	0.4382	0.4394	0.4406	0.4418	0.4429	0.4441
1.6	0.4452	0.4463	0.4474	0.4484	0.4495	0.4505	0.4515	0.4525	0.4535	0.4545
1.7	0.4554	0.4564	0.4573	0.4582	0.4591	0.4599	0.4608	0.4616	0.4625	0.4633
1.8	0.4641	0.4649	0.4656	0.4664	0.4671	0.4678	0.4686	0.4693	0.4699	0.4706
1.9	0.4713	0.4719	0.4726	0.4732	0.4738	0.4744	0.4750	0.4756	0.4761	0.4767
2.0	0.4772	0.4778	0.4783	0.4788	0.4793	0.4798	0.4803	0.4808	0.4812	0.4817
2.1	0.4821	0.4826	0.4830	0.4834	0.4838	0.4842	0.4846	0.4850	0.4854	0.4857
2.2	0.4861	0.4864	0.4868	0.4871	0.4875	0.4878	0.4881	0.4884	0.4887	0.4890
2.3	0.4893	0.4896	0.4898	0.4901	0.4904	0.4906	0.4909	0.4911	0.4913	0.4916
2.4	0.4918	0.4920	0.4922	0.4925	0.4927	0.4929	0.4931	0.4932	0.4934	0.4936
2.5	0.4938	0.4940	0.4941	0.4943	0.4945	0.4946	0.4948	0.4949	0.4951	0.4952
2.6	0.4953	0.4955	0.4956	0.4957	0.4959	0.4960	0.4961	0.4962	0.4963	0.4964
2.7	0.4965	0.4966	0.4967	0.4968	0.4969	0.4970	0.4971	0.4972	0.4973	0.4974
2.8	0.4974	0.4975	0.4976	0.4977	0.4977	0.4978	0.4979	0.4979	0.4980	0.4981
2.9	0.4981	0.4982	0.4982	0.4983	0.4984	0.4984	0.4985	0.4985	0.4986	0.4986
3.0	0.4987	0.4987	0.4987	0.4988	0.4988	0.4989	0.4989	0.4989	0.4990	0.4990

第４問 (選択問題) (配点　20)

〔1〕 自然数 n に対して，$S_n = 5^n - 1$ とする。さらに，数列 $\{a_n\}$ の初項から第 n 項までの和が S_n であるとする。このとき，$a_1 =$ [ア] である。また，$n \geqq 2$ のとき

$$a_n = \boxed{イ} \cdot \boxed{ウ}^{\,n-1}$$

である。この式は $n = 1$ のときにも成り立つ。

上で求めたことから，すべての自然数 n に対して

$$\sum_{k=1}^{n} \frac{1}{a_k} = \frac{\boxed{エ}}{\boxed{オカ}}\left(1 - \boxed{キ}^{\,-n}\right)$$

が成り立つことがわかる。

〔2〕　太郎さんは和室の畳を見て，畳の敷き方が何通りあるかに興味を持った。ちょうど手元にタイルがあったので，畳をタイルに置き換えて，数学的に考えることにした。

縦の長さが1，横の長さが2の長方形のタイルが多数ある。それらを縦か横の向きに，隙間も重なりもなく敷き詰めるとき，その敷き詰め方をタイルの「配置」と呼ぶ。

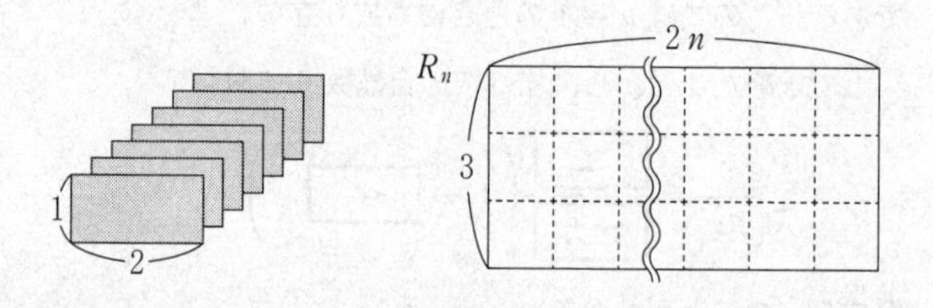

上の図のように，縦の長さが3，横の長さが$2n$の長方形をR_nとする。$3n$枚のタイルを用いたR_n内の配置の総数をr_nとする。

$n=1$のときは，下の図のように$r_1=3$である。

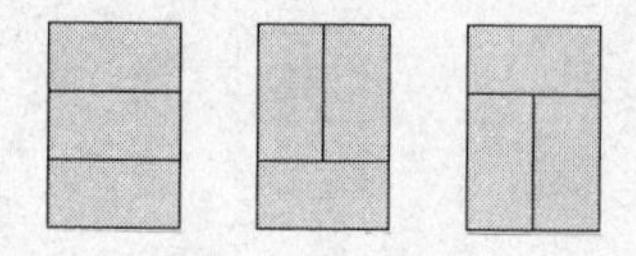

また，$n=2$のときは，下の図のように$r_2=11$である。

(1)　太郎さんは次のような図形 T_n 内の配置を考えた。

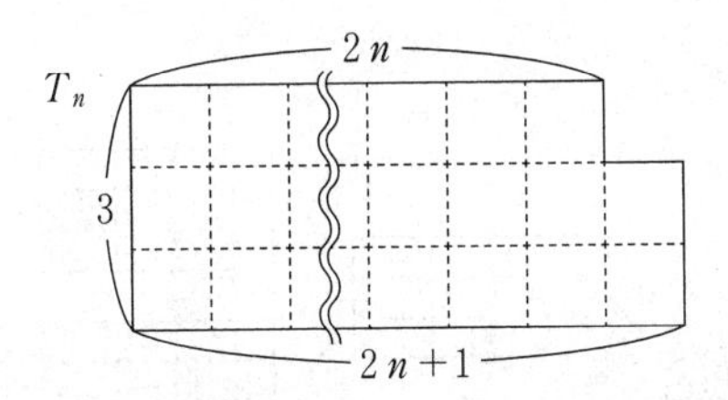

$(3n+1)$枚のタイルを用いた T_n 内の配置の総数を t_n とする。$n=1$ のときは，$t_1=$ ク である。

さらに，太郎さんは T_n 内の配置について，右下隅(すみ)のタイルに注目して次のような図をかいて考えた。

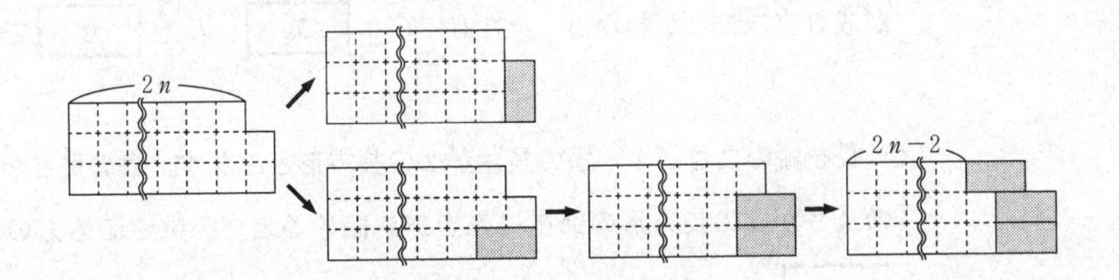

この図から，2 以上の自然数 n に対して

$$t_n = Ar_n + Bt_{n-1}$$

が成り立つことがわかる。ただし，$A=$ ケ ，$B=$ コ である。

以上から，$t_2=$ サシ であることがわかる。

同様に，R_n の右下隅のタイルに注目して次のような図をかいて考えた。

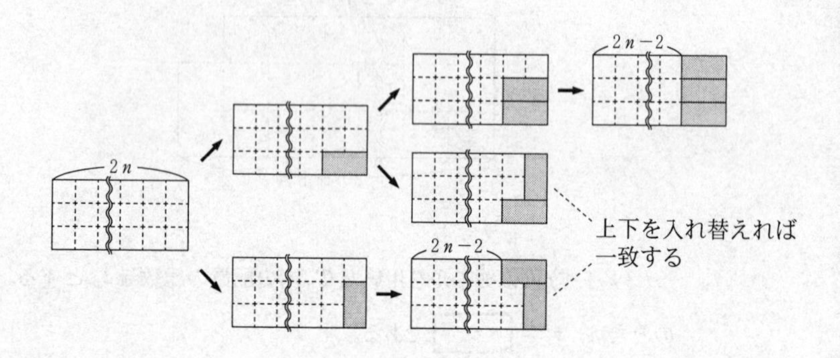

この図から，２以上の自然数 n に対して

$$r_n = Cr_{n-1} + Dt_{n-1}$$

が成り立つことがわかる。ただし，$C=$ [ス]，$D=$ [セ] である。

(2)　畳を縦の長さが１，横の長さが２の長方形とみなす。縦の長さが３，横の長さが６の長方形の部屋に畳を敷き詰めるとき，敷き詰め方の総数は [ソタ] である。

また，縦の長さが３，横の長さが８の長方形の部屋に畳を敷き詰めるとき，敷き詰め方の総数は [チツテ] である。

第5問 (選択問題) (配点　20)

Oを原点とする座標空間に2点A$(-1, 2, 0)$, B$(2, p, q)$がある。ただし, $q>0$とする。線分ABの中点Cから直線OAに引いた垂線と直線OAの交点Dは, 線分OAを9：1に内分するものとする。また, 点Cから直線OBに引いた垂線と直線OBの交点Eは, 線分OBを3：2に内分するものとする。

(1) 点Bの座標を求めよう。

$|\overrightarrow{OA}|^2 = \boxed{ア}$ である。また, $\overrightarrow{OD} = \dfrac{\boxed{イ}}{\boxed{ウエ}}\overrightarrow{OA}$ であることにより,

$\overrightarrow{CD} = \dfrac{\boxed{オ}}{\boxed{カ}}\overrightarrow{OA} - \dfrac{\boxed{キ}}{\boxed{ク}}\overrightarrow{OB}$ と表される。$\overrightarrow{OA} \perp \overrightarrow{CD}$ から

$\overrightarrow{OA}\cdot\overrightarrow{OB} = \boxed{ケ}$ ……………………… ①

である。同様に, $\overrightarrow{CE}$ を $\overrightarrow{OA}$, $\overrightarrow{OB}$ を用いて表すと, $\overrightarrow{OB} \perp \overrightarrow{CE}$ から

$|\overrightarrow{OB}|^2 = 20$ ……………………… ②

を得る。

①と②, および$q>0$から, Bの座標は$\left(2, \boxed{コ}, \sqrt{\boxed{サ}}\right)$である。

(2) 3点O，A，Bの定める平面をαとし，点$(4,\ 4,\ -\sqrt{7})$をGとする。また，α上に点Hを$\overrightarrow{\mathrm{GH}} \perp \overrightarrow{\mathrm{OA}}$と$\overrightarrow{\mathrm{GH}} \perp \overrightarrow{\mathrm{OB}}$が成り立つようにとる。$\overrightarrow{\mathrm{OH}}$を$\overrightarrow{\mathrm{OA}}$，$\overrightarrow{\mathrm{OB}}$を用いて表そう。

Hがα上にあることから，実数s，tを用いて

$$\overrightarrow{\mathrm{OH}} = s\,\overrightarrow{\mathrm{OA}} + t\,\overrightarrow{\mathrm{OB}}$$

と表される。よって

$$\overrightarrow{\mathrm{GH}} = \boxed{\text{シ}}\,\overrightarrow{\mathrm{OG}} + s\,\overrightarrow{\mathrm{OA}} + t\,\overrightarrow{\mathrm{OB}}$$

である。これと，$\overrightarrow{\mathrm{GH}} \perp \overrightarrow{\mathrm{OA}}$および$\overrightarrow{\mathrm{GH}} \perp \overrightarrow{\mathrm{OB}}$が成り立つことから，

$s = \dfrac{\boxed{\text{ス}}}{\boxed{\text{セ}}}$，$t = \dfrac{\boxed{\text{ソ}}}{\boxed{\text{タチ}}}$が得られる。ゆえに

$$\overrightarrow{\mathrm{OH}} = \frac{\boxed{\text{ス}}}{\boxed{\text{セ}}}\,\overrightarrow{\mathrm{OA}} + \frac{\boxed{\text{ソ}}}{\boxed{\text{タチ}}}\,\overrightarrow{\mathrm{OB}}$$

となる。また，このことから，Hは$\boxed{\text{ツ}}$であることがわかる。

$\boxed{\text{ツ}}$の解答群

- ⓪ 三角形OACの内部の点
- ① 三角形OBCの内部の点
- ② 点O，Cと異なる，線分OC上の点
- ③ 三角形OABの周上の点
- ④ 三角形OABの内部にも周上にもない点

共通テスト
第2回 試行調査

数学Ⅰ・数学A … 2
数学Ⅱ・数学B … 29

数学Ⅰ・数学A：
解答時間 70分
配点 100点

数学Ⅱ・数学B：
解答時間 60分
配点 100点

第2回試行調査　解答上の注意　〔数学Ⅰ・数学A〕

〔マーク式の解答について〕

1　問題の文中の **ア** ， **イウ** などには，特に指示がないかぎり，符号(−，±)又は数字(0～9)が入ります。ア，イ，ウ，…の一つ一つは，これらのいずれか一つに対応します。それらを解答用紙のア，イ，ウ，…で示された解答欄にマークして答えなさい。

（例1）　**アイウ** に −83 と答えたいとき

ア	●(−)	±	0	1	2	3	4	5	6	7	8	9
イ	−	±	0	1	2	3	4	5	6	7	●(8)	9
ウ	−	±	0	1	2	●(3)	4	5	6	7	8	9

なお，同一の問題文中に **ア** ， **イウ** などが2度以上現れる場合，原則として，2度目以降は， ア ， イウ のように細字で表記します。

また，「すべて選べ」と指示のある問いに対して，複数解答する場合は，同じ解答欄に符号又は数字を**複数マーク**しなさい。例えば， **エ** と表示のある問いに対して①，④と解答する場合は，次の(例2)のように**解答欄エの①，④にそれぞれマーク**しなさい。

（例2）

エ	−	±	0	●(1)	2	3	●(4)	5	6	7	8	9

2　分数形で解答する場合，分数の符号は分子につけ，分母につけてはいけません。

例えば，$\frac{\boxed{オカ}}{\boxed{キ}}$ に $-\frac{4}{5}$ と答えたいときは，$\frac{-4}{5}$ として答えなさい。

また，それ以上約分できない形で答えなさい。

例えば，$\frac{3}{4}$ と答えるところを，$\frac{6}{8}$ のように答えてはいけません。

3　小数の形で解答する場合，指定された桁数の一つ下の桁を四捨五入して答えなさい。また，必要に応じて，指定された桁まで⓪にマークしなさい。

例えば， **ク** ． **ケコ** に 2.5 と答えたいときには，2.50 として答えなさい。

4　根号を含む形で解答する場合，根号の中に現れる自然数が最小となる形で答えなさい。

例えば，［サ］$\sqrt{［シ］}$ に $4\sqrt{2}$ と答えるところを，$2\sqrt{8}$ のように答えてはいけません。

★〔記述式の解答について〕

解答欄［(あ)］，［(い)］などには，特に指示がないかぎり，枠内に数式や言葉を判読ができるよう丁寧な文字で記述して答えなさい。記述は複数行になってもよいが，枠内に入るようにしなさい。枠外に記述している解答は，採点の対象外とします。

(注) 記述式問題については，導入が見送られることになりました。本書では，出題内容や場面設定の参考としてそのまま掲載しています（該当の問題には★印を付けています）。

数学Ⅰ・数学Ａ

問　題	選　択　方　法
第１問	必　　答
第２問	必　　答
第３問	いずれか２問を選択し，解答しなさい。
第４問	
第５問	

第１問 （必答問題） （配点　25）

〔1〕 有理数全体の集合を A，無理数全体の集合を B とし，空集合を $\varnothing$ と表す。このとき，次の問いに答えよ。

★ (1) 「集合 A と集合 B の共通部分は空集合である」という命題を，記号を用いて表すと次のようになる。

$$A \cap B = \varnothing$$

「1のみを要素にもつ集合は集合 A の部分集合である」という命題を，記号を用いて表せ。解答は，解答欄 (あ) に記述せよ。

(2) 命題「$x \in B$，$y \in B$ ならば，$x + y \in B$ である」が偽であることを示すための反例となる x，y の組を，次の⓪～⑤のうちから二つ選べ。必要ならば，$\sqrt{2}$，$\sqrt{3}$，$\sqrt{2}+\sqrt{3}$ が無理数であることを用いてもよい。ただし，解答の順序は問わない。 ア ， イ

⓪ $x=\sqrt{2}$，$y=0$
① $x=3-\sqrt{3}$，$y=\sqrt{3}-1$
② $x=\sqrt{3}+1$，$y=\sqrt{2}-1$
③ $x=\sqrt{4}$，$y=-\sqrt{4}$
④ $x=\sqrt{8}$，$y=1-2\sqrt{2}$
⑤ $x=\sqrt{2}-2$，$y=\sqrt{2}+2$

〔2〕 関数 $f(x)=a(x-p)^2+q$ について，$y=f(x)$ のグラフをコンピュータのグラフ表示ソフトを用いて表示させる。

このソフトでは，a，p，q の値を入力すると，その値に応じたグラフが表示される。さらに，それぞれの □ の下にある ● を左に動かすと値が減少し，右に動かすと値が増加するようになっており，値の変化に応じて関数のグラフが画面上で変化する仕組みになっている。

最初に，a，p，q をある値に定めたところ，図1のように，x 軸の負の部分と2点で交わる下に凸の放物線が表示された。

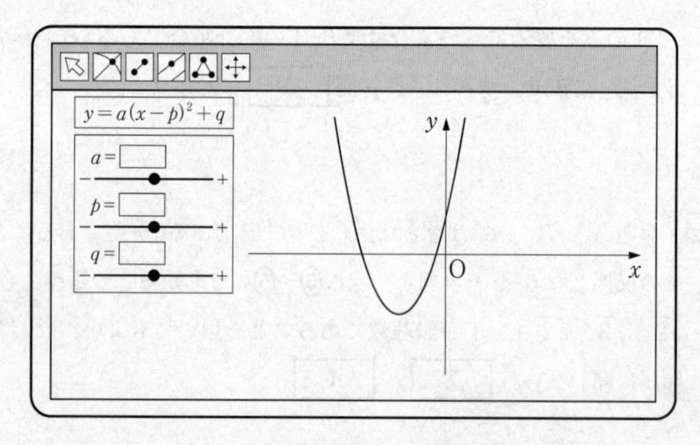

図1

(1) 図1の放物線を表示させる a，p，q の値に対して，方程式 $f(x)=0$ の解について正しく記述したものを，次の⓪～④のうちから一つ選べ。 **ウ**

⓪ 方程式 $f(x)=0$ は異なる二つの正の解をもつ。

① 方程式 $f(x)=0$ は異なる二つの負の解をもつ。

② 方程式 $f(x)=0$ は正の解と負の解をもつ。

③ 方程式 $f(x)=0$ は重解をもつ。

④ 方程式 $f(x)=0$ は実数解をもたない。

(2) 次の操作A，操作P，操作Qのうち，いずれか一つの操作を行い，不等式 $f(x) > 0$ の解を考える。

> 操作A：図1の状態から p，q の値は変えず，a の値だけを変化させる。
>
> 操作P：図1の状態から a，q の値は変えず，p の値だけを変化させる。
>
> 操作Q：図1の状態から a，p の値は変えず，q の値だけを変化させる。

このとき，操作A，操作P，操作Qのうち，「不等式 $f(x) > 0$ の解がすべての実数となること」が起こり得る操作は [エ] 。また，「不等式 $f(x) > 0$ の解がないこと」が起こり得る操作は [オ] 。

[エ]，[オ] に当てはまるものを，次の⓪～⑦のうちから一つずつ選べ。ただし，同じものを選んでもよい。

⓪ ない
① 操作Aだけである
② 操作Pだけである
③ 操作Qだけである
④ 操作Aと操作Pだけである
⑤ 操作Aと操作Qだけである
⑥ 操作Pと操作Qだけである
⑦ 操作Aと操作Pと操作Qのすべてである

★〔3〕 久しぶりに小学校に行くと，階段の一段一段の高さが低く感じられることがある。これは，小学校と高等学校とでは階段の基準が異なるからである。学校の階段の基準は，下のように建築基準法によって定められている。

高等学校の階段では，蹴上(けあ)げが 18 cm 以下，踏面(ふみづら)が 26 cm 以上となっており，この基準では，傾斜は最大で約 35° である。

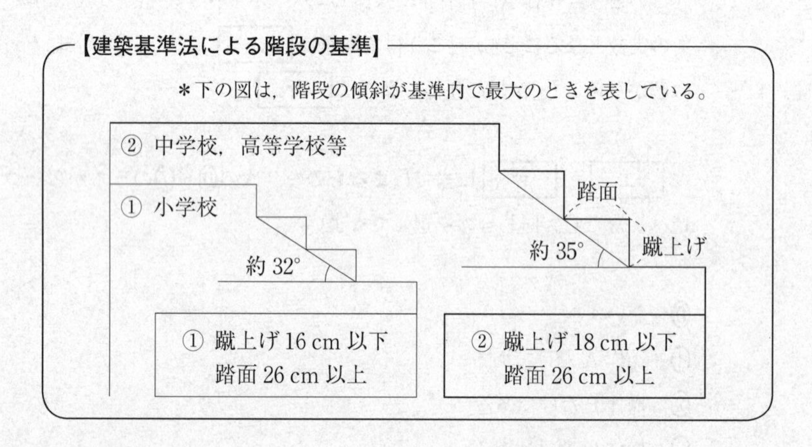

階段の傾斜をちょうど 33° とするとき，蹴上げを 18 cm 以下にするためには，踏面をどのような範囲に設定すればよいか。踏面を x cm として，x のとり得る値の範囲を求めるための不等式を，33° の三角比と x を用いて表せ。解答は，解答欄 (い) に記述せよ。ただし，踏面と蹴上げの長さはそれぞれ一定であるとし，また，踏面は水平であり，蹴上げは踏面に対して垂直であるとする。

(本問題の図は，「建築基準法の階段に係る基準について」(国土交通省)をもとに作成している。)

〔4〕 三角形 ABC の外接円を O とし，円 O の半径を R とする。辺 BC，CA，AB の長さをそれぞれ a，b，c とし，∠CAB，∠ABC，∠BCA の大きさをそれぞれ A，B，C とする。

太郎さんと花子さんは三角形 ABC について

$$\frac{a}{\sin A}=\frac{b}{\sin B}=\frac{c}{\sin C}=2R \qquad \cdots\cdots\cdots(*)$$

の関係が成り立つことを知り，その理由について，まず直角三角形の場合を次のように考察した。

$C=90^\circ$ のとき，円周角の定理より，線分 AB は円 O の直径である。

よって，

$$\sin A=\frac{\mathrm{BC}}{\mathrm{AB}}=\frac{a}{2R}$$

であるから，

$$\frac{a}{\sin A}=2R$$

となる。

同様にして，

$$\frac{b}{\sin B}=2R$$

である。

また，$\sin C=1$ なので，

$$\frac{c}{\sin C}=\mathrm{AB}=2R$$

である。

よって，$C=90^\circ$ のとき $(*)$ の関係が成り立つ。

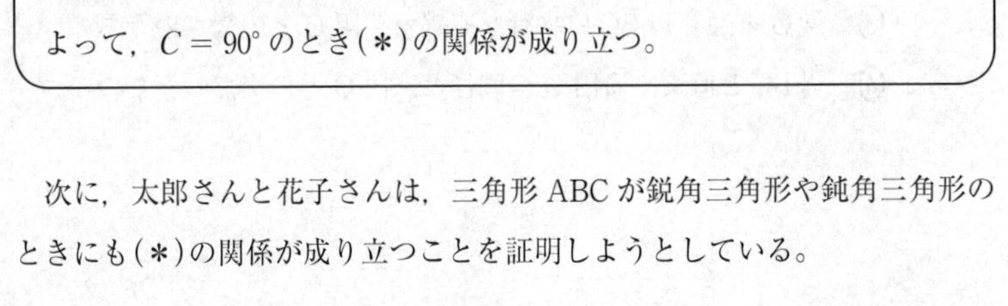

次に，太郎さんと花子さんは，三角形 ABC が鋭角三角形や鈍角三角形のときにも $(*)$ の関係が成り立つことを証明しようとしている。

(1)　三角形ABCが鋭角三角形の場合についても(＊)の関係が成り立つことは，直角三角形の場合に(＊)の関係が成り立つことをもとにして，次のような太郎さんの構想により証明できる。

太郎さんの証明の構想

点Aを含む弧BC上に点A′をとると，円周角の定理より

$$\angle CAB = \angle CA'B$$

が成り立つ。

特に，[カ]を点A′とし，三角形A′BCに対して $C = 90°$ の場合の考察の結果を利用すれば，

$$\frac{a}{\sin A} = 2R$$

が成り立つことを証明できる。

$\dfrac{b}{\sin B} = 2R$，$\dfrac{c}{\sin C} = 2R$ についても同様に証明できる。

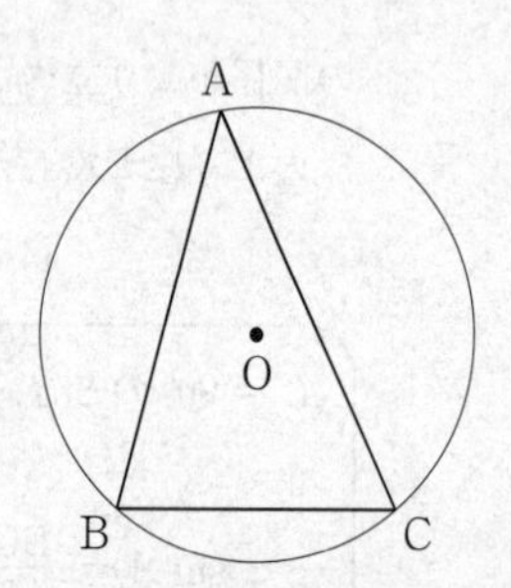

[カ]に当てはまる最も適当なものを，次の⓪～④のうちから一つ選べ。

⓪　点Bから辺ACに下ろした垂線と，円Oとの交点のうち点Bと異なる点
①　直線BOと円Oとの交点のうち点Bと異なる点
②　点Bを中心とし点Cを通る円と，円Oとの交点のうち点Cと異なる点
③　点Oを通り辺BCに平行な直線と，円Oとの交点のうちの一つ
④　辺BCと直交する円Oの直径と，円Oとの交点のうちの一つ

(2) 三角形ABCが $A > 90^\circ$ である鈍角三角形の場合についても $\dfrac{a}{\sin A} = 2R$ が成り立つことは，次のような花子さんの構想により証明できる。

花子さんの証明の構想

右図のように，線分BDが円Oの直径となるように点Dをとると，三角形BCDにおいて

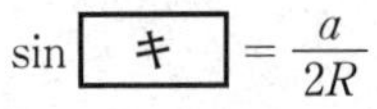

$$\sin \boxed{\text{キ}} = \frac{a}{2R}$$

である。

このとき，四角形ABDCは円Oに内接するから，

$$\angle \mathrm{CAB} = \boxed{\text{ク}}$$

であり，

$$\sin\angle \mathrm{CAB} = \sin\left(\boxed{\text{ク}}\right) = \sin \boxed{\text{キ}}$$

となることを用いる。

$\boxed{\text{キ}}$，$\boxed{\text{ク}}$ に当てはまるものを，次の各解答群のうちから一つずつ選べ。

$\boxed{\text{キ}}$ **の解答群**

⓪ $\angle \mathrm{ABC}$　① $\angle \mathrm{ABD}$　② $\angle \mathrm{ACB}$　③ $\angle \mathrm{ACD}$

④ $\angle \mathrm{BCD}$　⑤ $\angle \mathrm{BDC}$　⑥ $\angle \mathrm{CBD}$

$\boxed{\text{ク}}$ **の解答群**

⓪ $90^\circ + \angle \mathrm{ABC}$　① $180^\circ - \angle \mathrm{ABC}$

② $90^\circ + \angle \mathrm{ACB}$　③ $180^\circ - \angle \mathrm{ACB}$

④ $90^\circ + \angle \mathrm{BDC}$　⑤ $180^\circ - \angle \mathrm{BDC}$

⑥ $90^\circ + \angle \mathrm{ABD}$　⑦ $180^\circ - \angle \mathrm{CBD}$

第2問　（必答問題）（配点　35）

〔1〕　$\angle ACB = 90°$ である直角三角形ABCと，その辺上を移動する3点P，Q，Rがある。点P，Q，Rは，次の規則に従って移動する。

- 最初，点P，Q，Rはそれぞれ点A，B，Cの位置にあり，点P，Q，Rは同時刻に移動を開始する。
- 点Pは辺AC上を，点Qは辺BA上を，点Rは辺CB上を，それぞれ向きを変えることなく，一定の速さで移動する。ただし，点Pは毎秒1の速さで移動する。
- 点P，Q，Rは，それぞれ点C，A，Bの位置に同時刻に到達し，移動を終了する。

次の問いに答えよ。

(1)　図1の直角三角形ABCを考える。

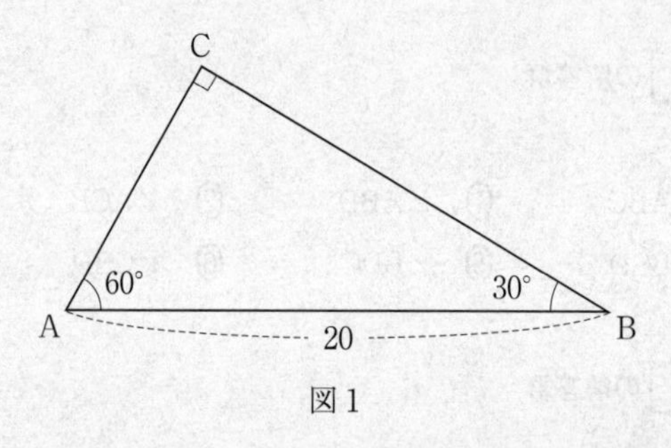

図1

(i)　各点が移動を開始してから2秒後の線分PQの長さと三角形APQの面積Sを求めよ。

$PQ = \boxed{ア}\sqrt{\boxed{イウ}}$，$S = \boxed{エ}\sqrt{\boxed{オ}}$

(ii)　各点が移動する間の線分 PR の長さとして，とり得ない値，一回だけとり得る値，二回だけとり得る値を，次の⓪～④のうちからそれぞれ**すべて選べ**。ただし，移動には出発点と到達点も含まれるものとする。

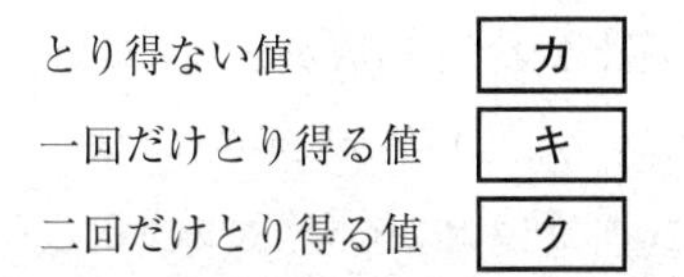

⓪ $5\sqrt{2}$　① $5\sqrt{3}$　② $4\sqrt{5}$　③ 10　④ $10\sqrt{3}$

★ (iii)　各点が移動する間における三角形 APQ，三角形 BQR，三角形 CRP の面積をそれぞれ S_1，S_2，S_3 とする。各時刻における S_1，S_2，S_3 の間の大小関係と，その大小関係が時刻とともにどのように変化するかを答えよ。解答は，解答欄 (う) に記述せよ。

(2)　直角三角形 ABC の辺の長さを右の図２のように変えたとき，三角形 PQR の面積が 12 となるのは，各点が移動を開始してから何秒後かを求めよ。

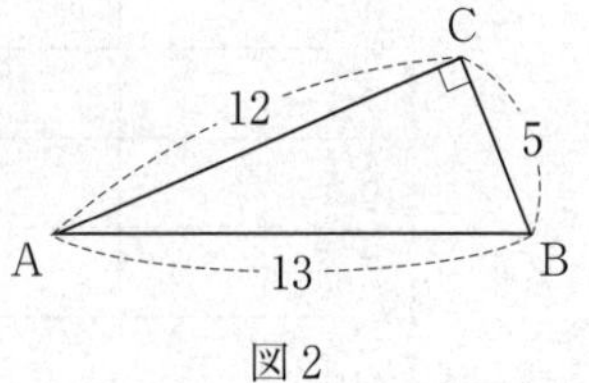

図２

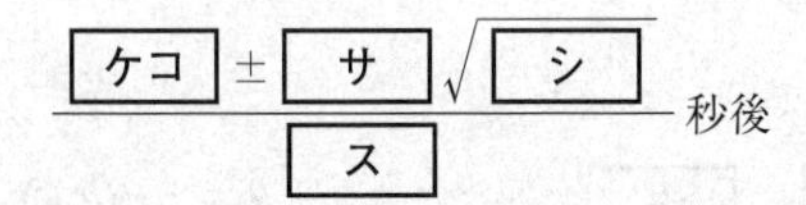

〔2〕 太郎さんと花子さんは二つの変量 x, y の相関係数について考えている。二人の会話を読み，下の問いに答えよ。

> 花子：先生からもらった表計算ソフトのA列とB列に値を入れると，
> 　　　E列にはD列に対応する正しい値が表示されるよ。
> 太郎：最初は簡単なところで二組の値から考えてみよう。
> 花子：2行目を $(x,\ y)=(1,\ 2)$，3行目を $(x,\ y)=(2,\ 1)$ としてみるね。

このときのコンピュータの画面のようすが次の図である。

	A	B	C	D	E
1	変量 x	変量 y		(x の平均値) =	セ
2	1	2		(x の標準偏差) =	ソ
3	2	1		(y の平均値) =	セ
4				(y の標準偏差) =	ソ
5					
6				(x と y の相関係数) =	タ
7					

(1) セ，ソ，タ に当てはまるものを，次の⓪～⑨のうちから一つずつ選べ。ただし，同じものを繰り返し選んでもよい。

⓪ -1.50　① -1.00　② -0.50　③ -0.25　④ 0.00
⑤ 0.25　⑥ 0.50　⑦ 1.00　⑧ 1.50　⑨ 2.00

> 太郎：３行目の変量 y の値を０や -1 に変えても相関係数の値は [タ] になったね。
>
> 花子：今度は，３行目の変量 y の値を２に変えてみよう。
>
> 太郎：エラーが表示されて，相関係数は計算できないみたいだ。

(2) 変量 x と変量 y の値の組を変更して，$(x, y)=(1, 2)$，$(2, 2)$ としたときには相関係数が計算できなかった。その理由として最も適当なものを，次の⓪〜③のうちから一つ選べ。[チ]

⓪ 値の組の個数が２個しかないから。
① 変量 x の平均値と変量 y の平均値が異なるから。
② 変量 x の標準偏差の値と変量 y の標準偏差の値が異なるから。
③ 変量 y の標準偏差の値が０であるから。

> 花子：３行目の変量 y の値を３に変更してみよう。相関係数の値は 1.00 だね。
>
> 太郎：３行目の変量 y の値が４のときも５のときも，相関係数の値は 1.00 だ。
>
> 花子：相関係数の値が 1.00 になるのはどんな特徴があるときかな。
>
> 太郎：値の組の個数を多くすると何かわかるかもしれないよ。

花子：じゃあ，次に値の組の個数を３としてみよう。

太郎：$(x, y)=(1, 1)$，$(2, 2)$，$(3, 3)$とすると相関係数の値は1.00だ。

花子：$(x, y)=(1, 1)$，$(2, 2)$，$(3, 1)$とすると相関係数の値は0.00になった。

太郎：$(x, y)=(1, 1)$，$(2, 2)$，$(2, 2)$とすると相関係数の値は1.00だね。

花子：まったく同じ値の組が含まれていても相関係数の値は計算できることがあるんだね。

太郎：思い切って，値の組の個数を100にして，１個だけ$(x, y)=(1, 1)$で，99個は$(x, y)=(2, 2)$としてみるね……。相関係数の値は1.00になったよ。

花子：値の組の個数が多くても，相関係数の値が1.00になるときもあるね。

(3)　相関係数の値についての記述として**誤っているもの**を，次の⓪～④のうちから一つ選べ。 ツ

⓪　値の組の個数が２のときには相関係数の値が0.00になることはない。

①　値の組の個数が３のときには相関係数の値が-1.00となることがある。

②　値の組の個数が４のときには相関係数の値が1.00となることはない。

③　値の組の個数が50であり，１個の値の組が$(x, y)=(1, 1)$，残りの49個の値の組が$(x, y)=(2, 0)$のときは相関係数の値は-1.00である。

④　値の組の個数が100であり，50個の値の組が$(x, y)=(1, 1)$，残りの50個の値の組が$(x, y)=(2, 2)$のときは相関係数の値は1.00である。

花子：値の組の個数が２のときは，相関係数の値は1.00か［タ］，または計算できない場合の３通りしかないね。

太郎：値の組を散布図に表したとき，相関係数の値はあくまで散布図の点が［テ］程度を表していて，値の組の個数が２の場合に，花子さんが言った３通りに限られるのは［ト］からだね。値の組の個数が多くても値の組が２種類のときはそれらにしかならないんだね。

花子：なるほどね。相関係数は，そもそも値の組の個数が多いときに使われるものだから，組の個数が極端に少ないときなどにはあまり意味がないのかもしれないね。

太郎：値の組の個数が少ないときはもちろんのことだけど，基本的に散布図と相関係数を合わせてデータの特徴を考えるとよさそうだね。

(4)　［テ］，［ト］に当てはまる最も適当なものを，次の各解答群のうちから一つずつ選べ。

［テ］の解答群

⓪　x軸に関して対称に分布する
①　変量x，yのそれぞれの中央値を表す点の近くに分布する
②　変量x，yのそれぞれの平均値を表す点の近くに分布する
③　円周に沿って分布する
④　直線に沿って分布する

［ト］の解答群

⓪　変量xの中央値と平均値が一致する
①　変量xの四分位数を考えることができない
②　変量x，yのそれぞれの平均値を表す点からの距離が等しい
③　平面上の異なる２点は必ずある直線上にある
④　平面上の異なる２点を通る円はただ１つに決まらない

第3問 （選択問題）（配点 20）

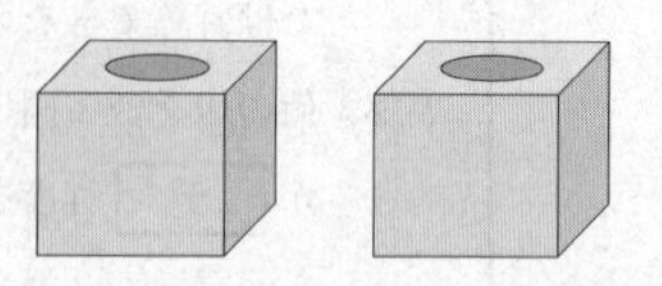

くじが100本ずつ入った二つの箱があり，それぞれの箱に入っている当たりくじの本数は異なる。これらの箱から二人の人が順にどちらかの箱を選んで1本ずつくじを引く。ただし，引いたくじはもとに戻さないものとする。

また，くじを引く人は，最初にそれぞれの箱に入れる当たりくじの本数は知っているが，それらがどちらの箱に入っているかはわからないものとする。

今，1番目の人が一方の箱からくじを1本引いたところ，当たりくじであったとする。2番目の人が当たりくじを引く確率を大きくするためには，1番目の人が引いた箱と同じ箱，異なる箱のどちらを選ぶべきかを考察しよう。

最初に当たりくじが多く入っている方の箱をA，もう一方の箱をBとし，1番目の人がくじを引いた箱がAである事象をA，Bである事象をBとする。このとき，$P(A)=P(B)=\frac{1}{2}$とする。また，1番目の人が当たりくじを引く事象をWとする。

太郎さんと花子さんは，箱A，箱Bに入っている当たりくじの本数によって，2番目の人が当たりくじを引く確率がどのようになるかを調べている。

(1)　箱Aには当たりくじが10本入っていて，箱Bには当たりくじが5本入っている場合を考える。

> 花子：1番目の人が当たりくじを引いたから，その箱が箱Aである可能性が高そうだね。その場合，箱Aには当たりくじが9本残っているから，2番目の人は，1番目の人と同じ箱からくじを引いた方がよさそうだよ。
>
> 太郎：確率を計算してみようよ。

１番目の人が引いた箱が箱Ａで，かつ当たりくじを引く確率は，

$$P(A \cap W) = P(A) \cdot P_A(W) = \frac{\boxed{ア}}{\boxed{イウ}}$$

である。一方で，１番目の人が当たりくじを引く事象 W は，箱Ａから当たりくじを引くか箱Ｂから当たりくじを引くかのいずれかであるので，その確率は，

$$P(W) = \frac{\boxed{エ}}{\boxed{オカ}}$$

である。

よって，１番目の人が当たりくじを引いたという条件の下で，その箱が箱Ａであるという条件付き確率 $P_W(A)$ は，

$$P_W(A) = \frac{P(A \cap W)}{P(W)} = \frac{\boxed{キ}}{\boxed{ク}}$$

と求められる。

また，１番目の人が当たりくじを引いた後，同じ箱から２番目の人がくじを引くとき，そのくじが当たりくじである確率は，

$$P_W(A) \times \frac{9}{99} + P_W(B) \times \frac{\boxed{ケ}}{99} = \frac{\boxed{コ}}{\boxed{サシ}}$$

である。

それに対して，１番目の人が当たりくじを引いた後，異なる箱から２番目の人がくじを引くとき，そのくじが当たりくじである確率は，$\dfrac{\boxed{ス}}{\boxed{セソ}}$ である。

花子：やっぱり1番目の人が当たりくじを引いた場合は，同じ箱から引いた方が当たりくじを引く確率が大きいよ。

太郎：そうだね。でも，思ったより確率の差はないんだね。もう少し当たりくじの本数の差が小さかったらどうなるのだろう。

花子：1番目の人が引いた箱が箱Aの可能性が高いから，箱Bの当たりくじの本数が8本以下だったら，同じ箱のくじを引いた方がよいのではないかな。

太郎：確率を計算してみようよ。

(2)　今度は箱Aには当たりくじが10本入っていて，箱Bには当たりくじが7本入っている場合を考える。

1番目の人が当たりくじを引いた後，同じ箱から2番目の人がくじを引くとき，そのくじが当たりくじである確率は $\frac{\boxed{タ}}{\boxed{チツ}}$ である。それに対して異なる箱からくじを引くとき，そのくじが当たりくじである確率は $\frac{7}{85}$ である。

太郎：今度は異なる箱から引く方が当たりくじを引く確率が大きくなったね。

花子：最初に当たりくじを引いた箱の方が箱Aである確率が大きいのに不思議だね。計算してみないと直観ではわからなかったな。

太郎：二つの箱に入っている当たりくじの本数の差が小さくなれば，最初に当たりくじを引いた箱がAである確率とBである確率の差も小さくなるよ。最初に当たりくじを引いた箱がBである場合は，もともと当たりくじが少ない上に前の人が1本引いてしまっているから当たりくじはなおさら引きにくいね。

花子：なるほどね。箱Aに入っている当たりくじの本数は10本として，箱Bに入っている当たりくじが何本であれば同じ箱から引く方がよいのかを調べてみよう。

(3)　箱Aに当たりくじが10本入っている場合，1番目の人が当たりくじを引いたとき，2番目の人が当たりくじを引く確率を大きくするためには，1番目の人が引いた箱と同じ箱，異なる箱のどちらを選ぶべきか。箱Bに入っている当たりくじの本数が4本，5本，6本，7本のそれぞれの場合において選ぶべき箱の組み合わせとして正しいものを，次の⓪～④のうちから一つ選べ。［テ］

	箱Bに入っている当たりくじの本数			
	4本	5本	6本	7本
⓪	同じ箱	同じ箱	同じ箱	同じ箱
①	同じ箱	同じ箱	同じ箱	異なる箱
②	同じ箱	同じ箱	異なる箱	異なる箱
③	同じ箱	異なる箱	異なる箱	異なる箱
④	異なる箱	異なる箱	異なる箱	異なる箱

第4問 （選択問題）（配点　20）

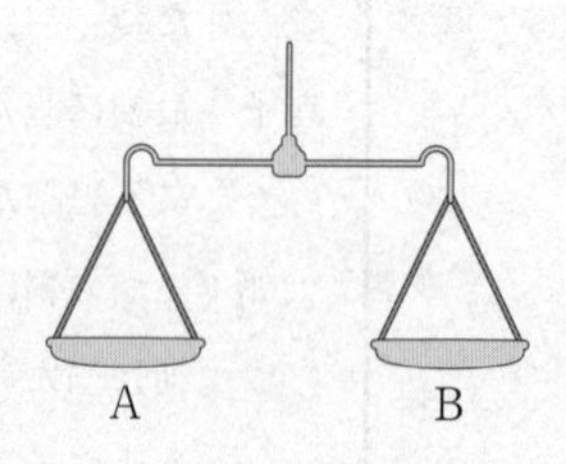

　ある物体Xの質量を天秤(びん)ばかりと分銅を用いて量りたい。天秤ばかりは支点の両側に皿A，Bが取り付けられており，両側の皿にのせたものの質量が等しいときに釣り合うように作られている。分銅は3gのものと8gのものを何個でも使うことができ，天秤ばかりの皿の上には分銅を何個でものせることができるものとする。以下では，物体Xの質量をM(g)とし，Mは自然数であるとする。

(1)　天秤ばかりの皿Aに物体Xをのせ，皿Bに3gの分銅3個をのせたところ，天秤ばかりはBの側に傾いた。さらに，皿Aに8gの分銅1個をのせたところ，天秤ばかりはAの側に傾き，皿Bに3gの分銅2個をのせると天秤ばかりは釣り合った。このとき，皿A，Bにのせているものの質量を比較すると

$$M+8\times\boxed{\text{ア}}=3\times\boxed{\text{イ}}$$

が成り立ち，$M=\boxed{\text{ウ}}$である。上の式は

$$3\times\boxed{\text{イ}}+8\times\left(-\boxed{\text{ア}}\right)=M$$

と変形することができ，$x=\boxed{\text{イ}}$，$y=-\boxed{\text{ア}}$は，方程式$3x+8y=M$の整数解の一つである。

(2)　$M=1$ のとき，皿Ａに物体Ｘと８ｇの分銅 **エ** 個をのせ，皿Ｂに３ｇの分銅３個をのせると釣り合う。

よって，M がどのような自然数であっても，皿Ａに物体Ｘと８ｇの分銅 **オ** 個をのせ，皿Ｂに３ｇの分銅 **カ** 個をのせることで釣り合うことになる。**オ**，**カ** に当てはまるものを，次の⓪～⑤のうちから一つずつ選べ。ただし，同じものを選んでもよい。

⓪　$M-1$　　①　M　　②　$M+1$

③　$M+3$　　④　$3M$　　⑤　$5M$

(3)　$M=20$ のとき，皿Ａに物体Ｘと３ｇの分銅 p 個を，皿Ｂに８ｇの分銅 q 個をのせたところ，天秤ばかりが釣り合ったとする。このような自然数の組 $(p,\ q)$ のうちで，p の値が最小であるものは $p=$ **キ**，$q=$ **ク** であり，方程式 $3x+8y=20$ のすべての整数解は，整数 n を用いて

$x=$ **ケコ** $+$ **サ** n，$y=$ ク $-$ **シ** n

と表すことができる。

(4)　$M=$ ウ とする。３ｇと８ｇの分銅を，他の質量の分銅の組み合わせに変えると，分銅をどのようにのせても天秤ばかりが釣り合わない場合がある。この場合の分銅の質量の組み合わせを，次の⓪～③のうちからすべて選べ。ただし，２種類の分銅は，皿Ａ，皿Ｂのいずれにも何個でものせることができるものとする。**ス**

⓪　３ｇと14ｇ　　①　３ｇと21ｇ

②　８ｇと14ｇ　　③　８ｇと21ｇ

(5) 皿Aには物体Xのみをのせ，3gと8gの分銅は皿Bにしかのせられないとすると，天秤ばかりを釣り合わせることではMの値を量ることができない場合がある。このような自然数Mの値は［セ］通りあり，そのうち最も大きい値は［ソタ］である。

ここで，$M >$［ソタ］であれば，天秤ばかりを釣り合わせることでMの値を量ることができる理由を考えてみよう。xを0以上の整数とするとき，

(i) $3x + 8 \times 0$は0以上であって，3の倍数である。
(ii) $3x + 8 \times 1$は8以上であって，3で割ると2余る整数である。
(iii) $3x + 8 \times 2$は16以上であって，3で割ると1余る整数である。

［ソタ］より大きなMの値は，(i)，(ii)，(iii)のいずれかに当てはまることから，0以上の整数x，yを用いて$M = 3x + 8y$と表すことができ，3gの分銅x個と8gの分銅y個を皿BにのせることでMの値を量ることができる。

このような考え方で，0以上の整数x，yを用いて$3x + 2018y$と表すことができないような自然数の最大値を求めると，［チツテト］である。

第5問 （選択問題）（配点　20）

ある日，太郎さんと花子さんのクラスでは，数学の授業で先生から次の**問題1**が宿題として出された。下の問いに答えよ。なお，円周上に異なる2点をとった場合，弧は二つできるが，本問題において，弧は二つあるうちの小さい方を指す。

問題1　正三角形ABCの外接円の弧BC上に点Xがあるとき，
$AX = BX + CX$ が成り立つことを証明せよ。

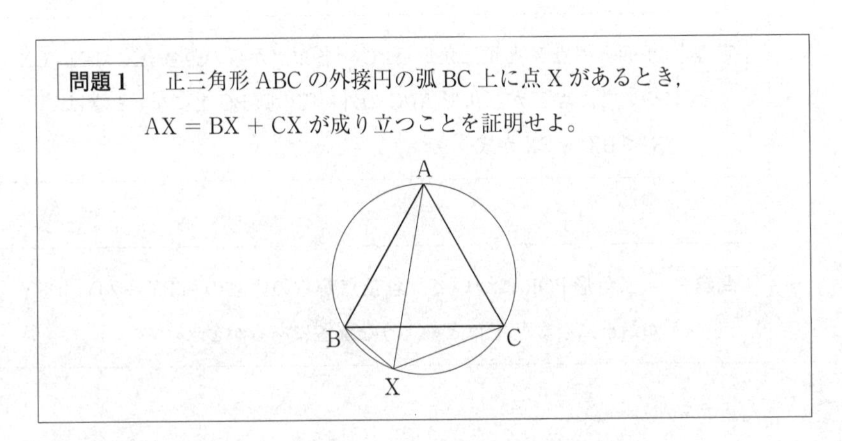

(1) **問題1**は次のような構想をもとにして証明できる。

> 線分AX上に $BX = B'X$ となる点 B' をとり，Bと B' を結ぶ。
> $AX = AB' + B'X$ なので，$AX = BX + CX$ を示すには，$AB' = CX$ を示せばよく，$AB' = CX$ を示すには，二つの三角形 ［ア］ と ［イ］ が合同であることを示せばよい。

［ア］，［イ］ に当てはまるものを，次の⓪～⑦のうちから一つずつ選べ。ただし，［ア］，［イ］ の解答の順序は問わない。

⓪ $\triangle ABB'$　① $\triangle AB'C$　② $\triangle ABX$　③ $\triangle AXC$
④ $\triangle BCB'$　⑤ $\triangle BXB'$　⑥ $\triangle B'XC$　⑦ $\triangle CBX$

太郎さんたちは，次の日の数学の授業で**問題1**を証明した後，点Xが弧BC上にないときについて先生に質問をした。その質問に対して先生は，一般に次の**定理**が成り立つことや，その**定理**と**問題1**で証明したことを使うと，下の**問題2**が解決できることを教えてくれた。

> **定理**　平面上の点Xと正三角形ABCの各頂点からの距離AX，BX，CXについて，点Xが三角形ABCの外接円の弧BC上にないときは，$\mathrm{AX} < \mathrm{BX} + \mathrm{CX}$が成り立つ。

> **問題2**　三角形PQRについて，各頂点からの距離の和$\mathrm{PY} + \mathrm{QY} + \mathrm{RY}$が最小になる点Yはどのような位置にあるかを求めよ。

(2) 太郎さんと花子さんは**問題2**について，次のような会話をしている。

花子：**問題1**で証明したことは，二つの線分 BX と CX の長さの和を一つの線分 AX の長さに置き換えられるってことだよね。

太郎：例えば，下の図の三角形 PQR で辺 PQ を1辺とする正三角形をかいてみたらどうかな。ただし，辺 QR を最も長い辺とするよ。辺 PQ に関して点R とは反対側に点 Sをとって，正三角形 PSQ をかき，その外接円をかいてみようよ。

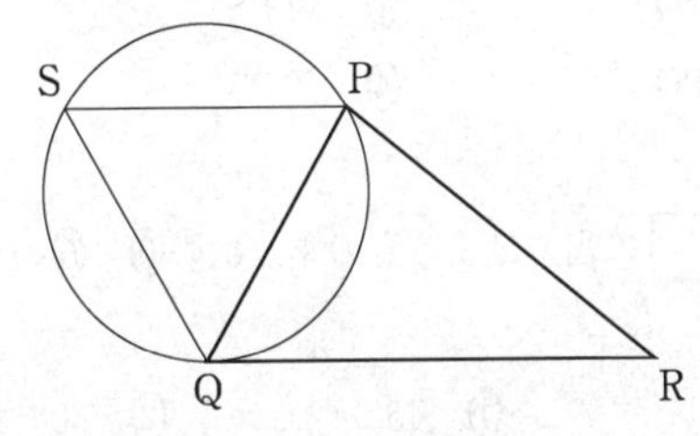

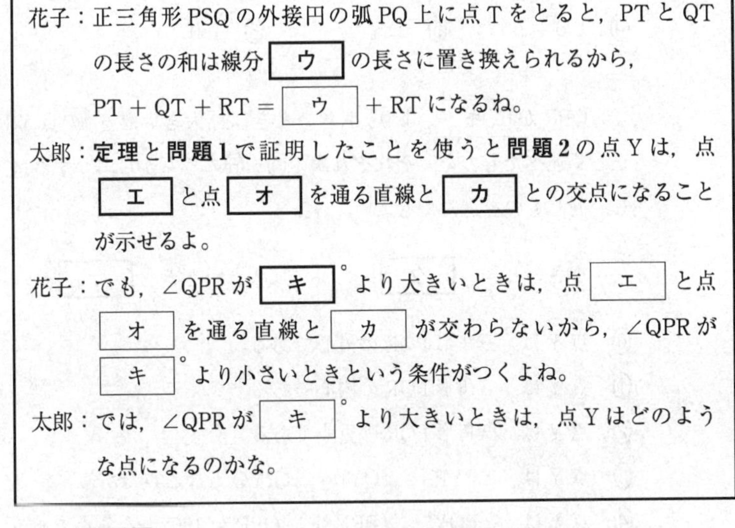

花子：正三角形 PSQ の外接円の弧 PQ 上に点 T をとると，PT と QT の長さの和は線分 **[ウ]** の長さに置き換えられるから，

PT + QT + RT = [ウ] + RT になるね。

太郎：**定理**と**問題1**で証明したことを使うと**問題2**の点 Y は，点 **[エ]** と点 **[オ]** を通る直線と **[カ]** との交点になることが示せるよ。

花子：でも，∠QPR が **[キ]**° より大きいときは，点 [エ] と点 [オ] を通る直線と [カ] が交わらないから，∠QPR が [キ]° より小さいときという条件がつくよね。

太郎：では，∠QPR が [キ]° より大きいときは，点 Y はどのような点になるのかな。

(i) **[ウ]** に当てはまるものを，次の⓪～⑤のうちから一つ選べ。

⓪ PQ　　① PS　　② QS

③ RS　　④ RT　　⑤ ST

(ii) エ ，オ に当てはまるものを，次の⓪～④のうちから一つずつ選べ。ただし，エ ，オ の解答の順序は問わない。

⓪ P　　① Q　　② R　　③ S　　④ T

(iii) カ に当てはまるものを，次の⓪～⑤のうちから一つ選べ。

⓪ 辺 PQ　　① 辺 PS　　② 辺 QS
③ 弧 PQ　　④ 弧 PS　　⑤ 弧 QS

(iv) キ に当てはまるものを，次の⓪～⑥のうちから一つ選べ。

⓪ 30　　① 45　　② 60　　③ 90
④ 120　　⑤ 135　　⑥ 150

(v) ∠QPR が キ °より「小さいとき」と「大きいとき」の点 Y について正しく述べたものを，それぞれ次の⓪～⑥のうちから一つずつ選べ。ただし，同じものを選んでもよい。

小さいとき ク　　大きいとき ケ

⓪ 点 Y は，三角形 PQR の外心である。
① 点 Y は，三角形 PQR の内心である。
② 点 Y は，三角形 PQR の重心である。
③ 点 Y は，∠PYR ＝ ∠QYP ＝ ∠RYQ となる点である。
④ 点 Y は，∠PQY ＋ ∠PRY ＋ ∠QPR ＝ 180° となる点である。
⑤ 点 Y は，三角形 PQR の三つの辺のうち，最も短い辺を除く二つの辺の交点である。
⑥ 点 Y は，三角形 PQR の三つの辺のうち，最も長い辺を除く二つの辺の交点である。

第2回試行調査　解答上の注意〔数学Ⅱ・数学B〕

1　解答は，解答用紙の問題番号に対応した解答欄にマークしなさい。

2　問題の文中の［ア］，［イウ］などには，特に指示がないかぎり，符号(－)，数字(0～9)，又は文字(a～d)が入ります。**ア**，**イ**，**ウ**，…の一つ一つは，これらのいずれか一つに対応します。それらを解答用紙の**ア**，**イ**，**ウ**，…で示された解答欄にマークして答えなさい。

(例1)　［アイウ］に $-8a$ と答えたいとき

ア	**●** ⓪ ① ② ③ ④ ⑤ ⑥ ⑦ ⑧ ⑨ ⓐ ⓑ ⓒ ⓓ
イ	⊖ ⓪ ① ② ③ ④ ⑤ ⑥ ⑦ **●** ⑨ ⓐ ⓑ ⓒ ⓓ
ウ	⊖ ⓪ ① ② ③ ④ ⑤ ⑥ ⑦ ⑧ ⑨ **●** ⓑ ⓒ ⓓ

なお，同一の問題文中に［ア］，［イウ］などが2度以上現れる場合，原則として，2度目以降は，［ア］，［イウ］のように細字で表記します。

また，「すべて選べ」と指示のある問いに対して，複数解答する場合は，同じ解答欄に符号，数字又は文字を**複数マーク**しなさい。例えば，［エ］と表示のある問いに対して①，④と解答する場合は，次の(例2)のように**解答欄エ**の①，④**にそれぞれマーク**しなさい。

(例2)

エ	⊖ ⓪ **●** ② ③ **●** ⑤ ⑥ ⑦ ⑧ ⑨ ⓐ ⓑ ⓒ ⓓ

3　分数形で解答する場合，分数の符号は分子につけ，分母につけてはいけません。

例えば，$\dfrac{\boxed{オカ}}{\boxed{キ}}$ に $-\dfrac{4}{5}$ と答えたいときは，$\dfrac{-4}{5}$ として答えなさい。

また，それ以上約分できない形で答えなさい。

例えば，$\dfrac{3}{4}$ と答えるところを，$\dfrac{6}{8}$ のように答えてはいけません。

4　小数の形で解答する場合，指定された桁数の一つ下の桁を四捨五入して答えなさい。また，必要に応じて，指定された桁まで⓪にマークしなさい。

例えば，［ク］.［ケコ］に2.5と答えたいときには，2.50として答えなさい。

5　根号を含む形で解答する場合，根号の中に現れる自然数が最小となる形で答えなさい。

例えば，［サ］$\sqrt{［シ］}$ に $4\sqrt{2}$ と答えるところを，$2\sqrt{8}$ のように答えてはいけません。

数学Ⅱ・数学Ｂ

問　題	選　択　方　法
第１問	必　　答
第２問	必　　答
第３問	いずれか２問を選択し，解答しなさい。
第４問	
第５問	

第1問 (必答問題) (配点 30)

〔1〕 Oを原点とする座標平面上に，点A(0, −1)と，中心がOで半径が1の円 C がある。円 C 上に y 座標が正である点Pをとり，線分OPと x 軸の正の部分とのなす角を θ $(0 < \theta < \pi)$ とする。また，円 C 上に x 座標が正である点Qを，つねに $\angle \mathrm{POQ} = \dfrac{\pi}{2}$ となるようにとる。次の問いに答えよ。

(1) P，Qの座標をそれぞれ θ を用いて表すと

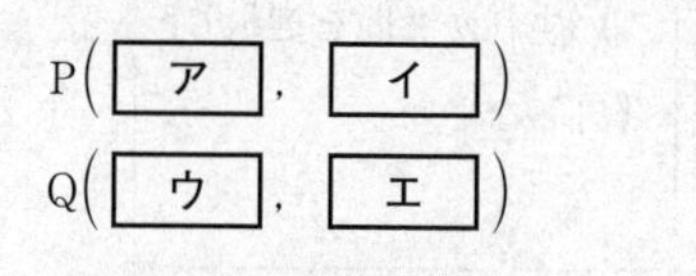

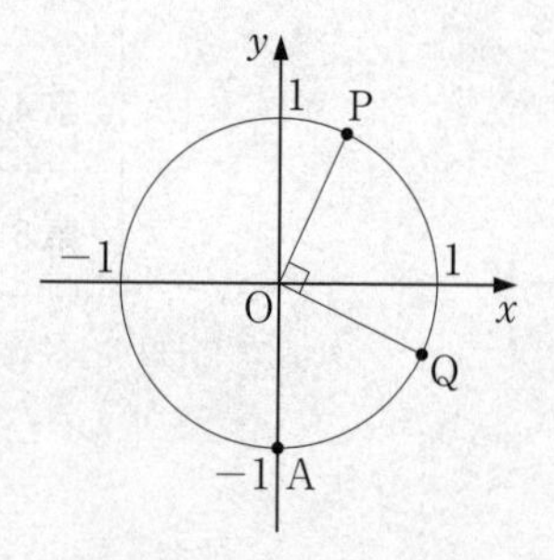

である。 ア ～ エ に当てはまるものを，次の⓪～⑤のうちから一つずつ選べ。ただし，同じものを繰り返し選んでもよい。

⓪ $\sin\theta$　① $\cos\theta$　② $\tan\theta$
③ $-\sin\theta$　④ $-\cos\theta$　⑤ $-\tan\theta$

(2) θ は $0 < \theta < \pi$ の範囲を動くものとする。このとき線分 AQ の長さ ℓ は θ の関数である。関数 ℓ のグラフとして最も適当なものを，次の⓪～⑨のうちから一つ選べ。 オ

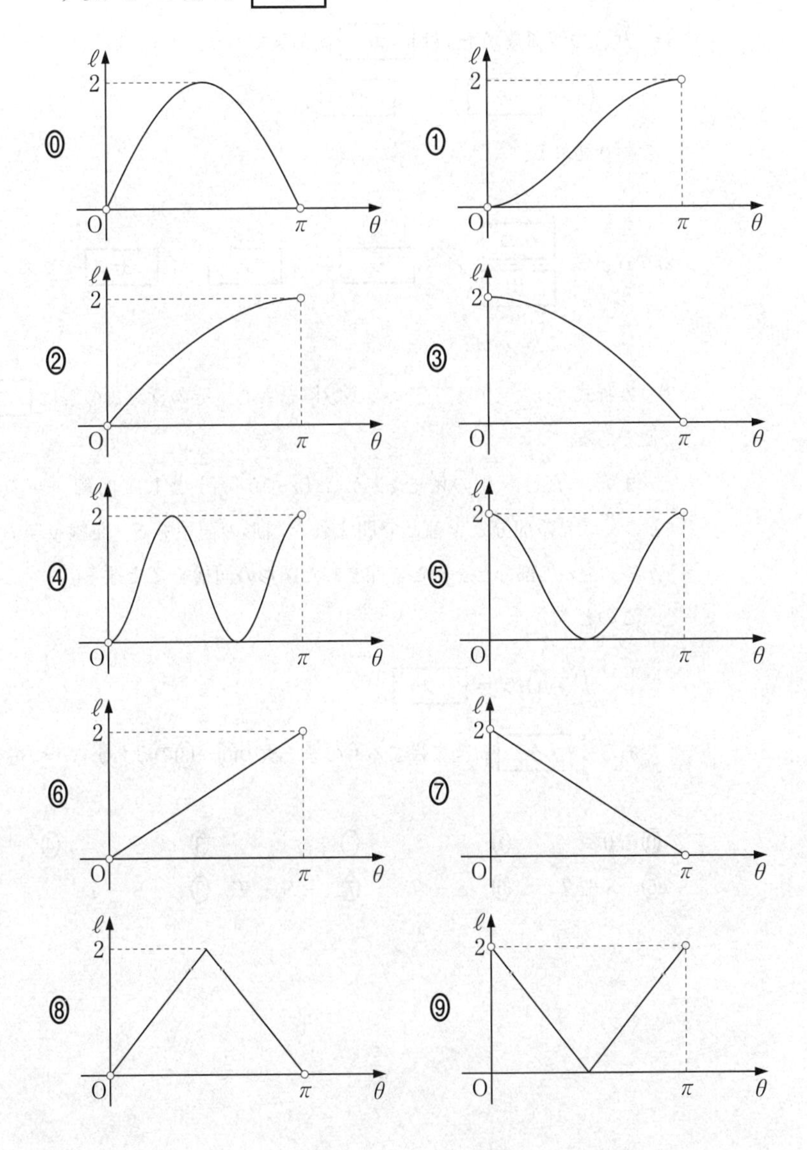

〔2〕　3次関数 $f(x)$ は，$x=-1$ で極小値 $-\dfrac{4}{3}$ をとり，$x=3$ で極大値をとる。また，曲線 $y=f(x)$ は点 $(0,\ 2)$ を通る。

(1)　$f(x)$ の導関数 $f'(x)$ は［カ］次関数であり，$f'(x)$ は

$$\left(x+\boxed{\text{キ}}\right)\left(x-\boxed{\text{ク}}\right)$$

で割り切れる。

(2)　$f(x)=\dfrac{\boxed{\text{ケコ}}}{\boxed{\text{サ}}}x^3+\boxed{\text{シ}}x^2+\boxed{\text{ス}}x+\boxed{\text{セ}}$ である。

(3)　方程式 $f(x)=0$ は，三つの実数解をもち，そのうち負の解は［ソ］個である。

また，$f(x)=0$ の解を $a,\ b,\ c\ (a<b<c)$ とし，曲線 $y=f(x)$ の $a \leqq x \leqq b$ の部分と x 軸とで囲まれた図形の面積を S，曲線 $y=f(x)$ の $b \leqq x \leqq c$ の部分と x 軸とで囲まれた図形の面積を T とする。

このとき

$$\int_a^c f(x)\,dx=\boxed{\text{タ}}$$

である。［タ］に当てはまるものを，次の⓪～⑧のうちから一つ選べ。

⓪　0　　①　S　　②　T　　③　$-S$　　④　$-T$

⑤　$S+T$　　⑥　$S-T$　　⑦　$-S+T$　　⑧　$-S-T$

〔３〕

(1) $\log_{10} 2 = 0.3010$ とする。このとき，$10^{\boxed{チ}} = 2$，$2^{\boxed{ツ}} = 10$ となる。

チ，ツ に当てはまるものを，次の⓪～⑧のうちから一つずつ選べ。ただし，同じものを選んでもよい。

⓪ 0　① 0.3010　② -0.3010

③ 0.6990　④ -0.6990　⑤ $\dfrac{1}{0.3010}$

⑥ $-\dfrac{1}{0.3010}$　⑦ $\dfrac{1}{0.6990}$　⑧ $-\dfrac{1}{0.6990}$

(2) 次のようにして**対数ものさしＡ**を作る。

対数ものさしＡ

２以上の整数 n のそれぞれに対して，１の目盛りから右に $\log_{10} n$ だけ離れた場所に n の目盛りを書く。

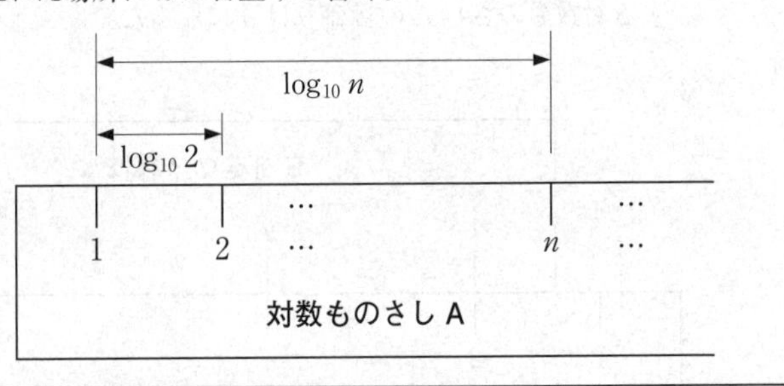

(i) **対数ものさしＡ**において，３の目盛りと４の目盛りの間隔は，１の目盛りと２の目盛りの間隔 テ 。 テ に当てはまるものを，次の⓪～②のうちから一つ選べ。

⓪ より大きい　① に等しい　② より小さい

また，次のようにして**対数ものさしＢ**を作る。

対数ものさしＢ

２以上の整数 n のそれぞれに対して，１の目盛りから左に $\log_{10} n$ だけ離れた場所に n の目盛りを書く。

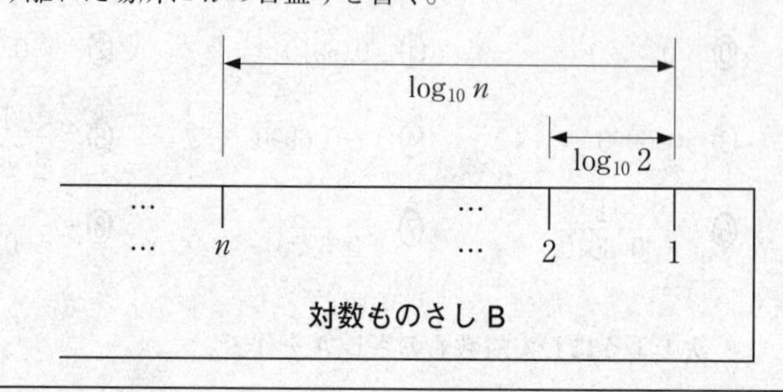

(ii)　次の図のように，**対数ものさしＡ**の２の目盛りと**対数ものさしＢ**の１の目盛りを合わせた。このとき，**対数ものさしＢ**の b の目盛りに対応する**対数ものさしＡ**の目盛りは a になった。

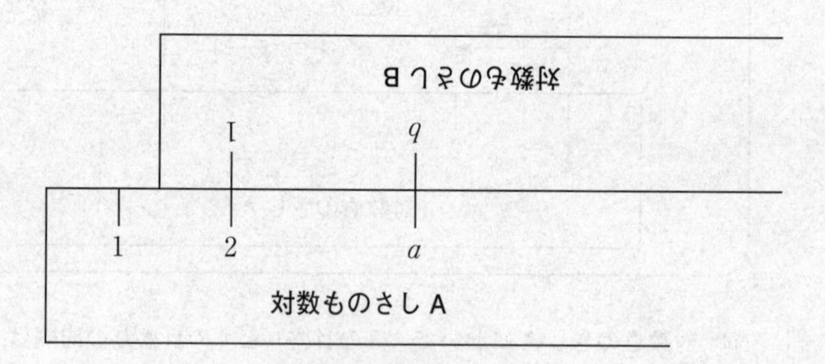

a と b の関係について，いつでも成り立つ式を，次の⓪～③のうちから一つ選べ。［ト］

⓪　$a = b + 2$　　　①　$a = 2b$

②　$a = \log_{10}(b + 2)$　　　③　$a = \log_{10} 2b$

さらに，次のようにして**ものさしＣ**を作る。

ものさしＣ

自然数 n のそれぞれに対して，0の目盛りから左に $n\log_{10}2$ だけ離れた場所に n の目盛りを書く。

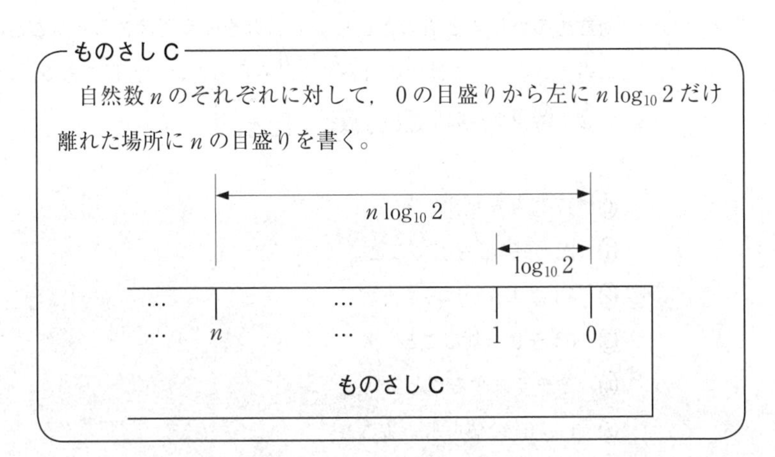

(iii)　次の図のように**対数ものさしＡ**の1の目盛りと**ものさしＣ**の0の目盛りを合わせた。このとき，**ものさしＣ**の c の目盛りに対応する**対数ものさしＡ**の目盛りは d になった。

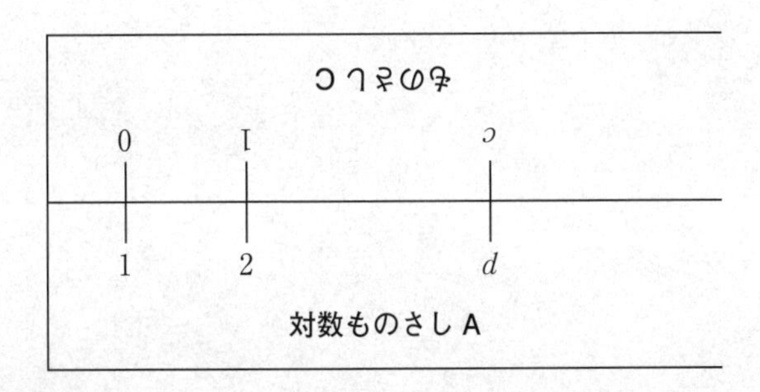

c と d の関係について，いつでも成り立つ式を，次の⓪～③のうちから一つ選べ。 **ナ**

⓪　$d = 2c$　　　　①　$d = c^2$

②　$d = 2^c$　　　　③　$c = \log_{10} d$

(iv)　**対数ものさしAと対数ものさしBの目盛りを一度だけ合わせるか，対数ものさしAとものさしCの目盛りを一度だけ合わせることにする。**
このとき，適切な箇所の目盛りを読み取るだけで実行できるものを，次の⓪～⑤のうちから**すべて選べ**。 ニ

⓪　17に9を足すこと。

①　23から15を引くこと。

②　13に4をかけること。

③　63を9で割ること。

④　2を4乗すること。

⑤　$\log_2 64$の値を求めること。

第２問 （必答問題） （配点　30）

〔１〕 100 g ずつ袋詰めされている食品 A と B がある。1 袋あたりのエネルギーは食品 A が 200 kcal，食品 B が 300 kcal であり，1 袋あたりの脂質の含有量は食品 A が 4 g，食品 B が 2 g である。

(1) 太郎さんは，食品 A と B を食べるにあたり，エネルギーは 1500 kcal 以下に，脂質は 16 g 以下に抑えたいと考えている。食べる量(g)の合計が最も多くなるのは，食品 A と B をどのような量の組合せで食べるときかを調べよう。ただし，一方のみを食べる場合も含めて考えるものとする。

(i) 食品 A を x 袋分，食品 B を y 袋分だけ食べるとする。このとき，x，y は次の条件①，②を満たす必要がある。

摂取するエネルギー量についての条件　［ア］………①

摂取する脂質の量についての条件　［イ］………②

［ア］，［イ］に当てはまる式を，次の各解答群のうちから一つずつ選べ。

［ア］の解答群

⓪ $200x + 300y \leqq 1500$　① $200x + 300y \geqq 1500$

② $300x + 200y \leqq 1500$　③ $300x + 200y \geqq 1500$

［イ］の解答群

⓪ $2x + 4y \leqq 16$　① $2x + 4y \geqq 16$

② $4x + 2y \leqq 16$　③ $4x + 2y \geqq 16$

(ii)　x，y の値と条件①，②の関係について正しいものを，次の⓪〜③のうちから二つ選べ。ただし，解答の順序は問わない。 ウ ， エ

⓪　$(x,\ y)=(0,\ 5)$ は条件①を満たさないが，条件②は満たす。

①　$(x,\ y)=(5,\ 0)$ は条件①を満たすが，条件②は満たさない。

②　$(x,\ y)=(4,\ 1)$ は条件①も条件②も満たさない。

③　$(x,\ y)=(3,\ 2)$ は条件①と条件②をともに満たす。

(iii)　条件①，②をともに満たす $(x,\ y)$ について，食品AとBを食べる量の合計の最大値を二つの場合で考えてみよう。

食品A，Bが1袋を小分けにして食べられるような食品のとき，すなわち x，y のとり得る値が実数の場合，食べる量の合計の最大値は オカキ gである。このときの $(x,\ y)$ の組は，

$$(x,\ y)=\left(\frac{\boxed{\text{ク}}}{\boxed{\text{ケ}}},\ \frac{\boxed{\text{コ}}}{\boxed{\text{サ}}}\right)\text{である。}$$

次に，食品A，Bが1袋を小分けにして食べられないような食品のとき，すなわち x，y のとり得る値が整数の場合，食べる量の合計の最大値は シスセ gである。このときの $(x,\ y)$ の組は ソ 通りある。

(2)　花子さんは，食品AとBを合計600g以上食べて，エネルギーは1500kcal以下にしたい。脂質を最も少なくできるのは，食品A，Bが1袋を小分けにして食べられない食品の場合，Aを タ 袋，Bを チ 袋食べるときで，そのときの脂質は ツテ gである。

〔2〕

(1) 座標平面上に点Aをとる。点Pが放物線 $y=x^2$ 上を動くとき，線分AP の中点Mの軌跡を考える。

(i) 点Aの座標が $(0,\ -2)$ のとき，点Mの軌跡の方程式として正しいものを，次の⓪〜⑤のうちから一つ選べ。 ト

⓪ $y=x^2-1$　　① $y=2x^2-1$　　② $y=\frac{1}{2}x^2-1$

③ $y=|x|-1$　　④ $y=2|x|-1$　　⑤ $y=\frac{1}{2}|x|-1$

(ii) p を実数とする。点Aの座標が $(p,\ -2)$ のとき，点Mの軌跡は(i)の軌跡を x 軸方向に ナ だけ平行移動したものである。 ナ に当てはまるものを，次の⓪〜⑤のうちから一つ選べ。

⓪ $\frac{1}{2}p$　　① p　　② $2p$

③ $-\frac{1}{2}p$　　④ $-p$　　⑤ $-2p$

(iii) $p,\ q$ を実数とする。点Aの座標が $(p,\ q)$ のとき，点Mの軌跡と放物線 $y=x^2$ との共有点について正しいものを，次の⓪〜⑤のうちから**すべて選べ**。 ニ

⓪ $q=0$ のとき，共有点はつねに2個である。

① $q=0$ のとき，共有点が1個になるのは $p=0$ のときだけである。

② $q=0$ のとき，共有点は0個，1個，2個のいずれの場合もある。

③ $q<p^2$ のとき，共有点はつねに0個である。

④ $q=p^2$ のとき，共有点はつねに1個である。

⑤ $q>p^2$ のとき，共有点はつねに0個である。

(2) ある円 C 上を動く点Qがある。下の図は定点 $\mathrm{O}(0,\ 0)$，$\mathrm{A}_1(-9,\ 0)$，$\mathrm{A}_2(-5,\ -5)$，$\mathrm{A}_3(5,\ -5)$，$\mathrm{A}_4(9,\ 0)$ に対して，線分 OQ，$\mathrm{A}_1\mathrm{Q}$，$\mathrm{A}_2\mathrm{Q}$，$\mathrm{A}_3\mathrm{Q}$，$\mathrm{A}_4\mathrm{Q}$ のそれぞれの中点の軌跡である。このとき，円 C の方程式として最も適当なものを，下の⓪～⑦のうちから一つ選べ。［ヌ］

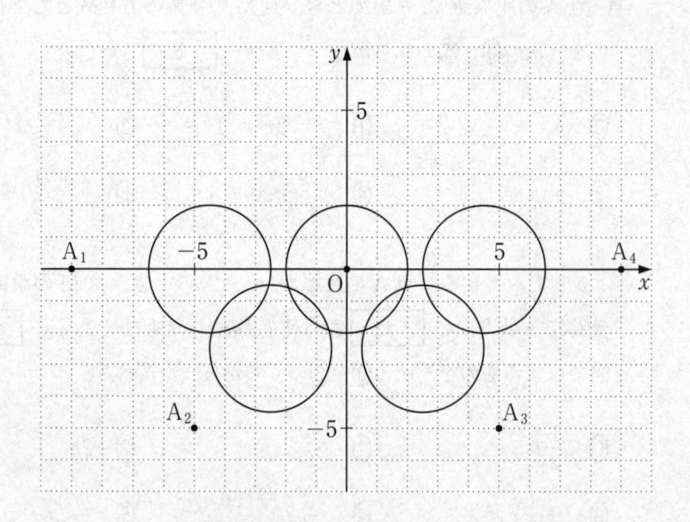

⓪ $x^2 + y^2 = 1$　　① $x^2 + y^2 = 2$

② $x^2 + y^2 = 4$　　③ $x^2 + y^2 = 16$

④ $x^2 + (y + 1)^2 = 1$　　⑤ $x^2 + (y + 1)^2 = 2$

⑥ $x^2 + (y + 1)^2 = 4$　　⑦ $x^2 + (y + 1)^2 = 16$

第3問 （選択問題）（配点　20）

昨年度実施されたある調査によれば，全国の大学生の1日あたりの読書時間の平均値は24分で，全く読書をしない大学生の比率は50％とのことであった。大規模P大学の学長は，P大学生の1日あたりの読書時間が30分以上であって欲しいと考えていたので，この調査結果に愕(がく)然とした。そこで今年度，P大学生から400人を標本として無作為抽出し，読書時間の実態を調査することにした。次の問いに答えよ。ただし，必要に応じて46ページの正規分布表を用いてもよい。

(1) P大学生のうち全く読書をしない学生の母比率が，昨年度の全国調査の結果と同じ50％であると仮定する。

標本400人のうち全く読書をしない学生の人数の平均(期待値)は［アイウ］人である。

また，標本の大きさ400は十分に大きいので，標本のうち全く読書をしない学生の比率の分布は，平均(期待値)0.［エ］，標準偏差0.［オカキ］の正規分布で近似できる。

(2) P大学生の読書時間は，母平均が昨年度の全国調査結果と同じ24分であると仮定し，母標準偏差をσ分とおく。

(i) 標本の大きさ400は十分に大きいので，読書時間の標本平均の分布は，平均(期待値) [クケ] 分，標準偏差 $\dfrac{\sigma}{\boxed{\text{コサ}}}$ 分の正規分布で近似できる。

(ii) $\sigma = 40$ とする。読書時間の標本平均が30分以上となる確率は0. [シスセソ] である。

また，[タ] となる確率は，およそ0.1587である。[タ] に当てはまる最も適当なものを，次の⓪～⑤のうちから一つ選べ。

⓪ 大きさ400の標本とは別に無作為抽出する一人の学生の読書時間が26分以上

① 大きさ400の標本とは別に無作為抽出する一人の学生の読書時間が64分以下

② P大学の全学生の読書時間の平均が26分以上

③ P大学の全学生の読書時間の平均が64分以下

④ 標本400人の読書時間の平均が26分以上

⑤ 標本400人の読書時間の平均が64分以下

(3)　Ｐ大学生の読書時間の母標準偏差を σ とし，標本平均を $\overline{X}$ とする。Ｐ大学生の読書時間の母平均 m に対する信頼度 95 % の信頼区間を $A \leqq m \leqq B$ とするとき，標本の大きさ 400 は十分に大きいので，A は $\overline{X}$ と σ を用いて［チ］と表すことができる。

(i)　［チ］に当てはまる式を，次の⓪～⑦のうちから一つ選べ。

⓪ $\overline{X} - 0.95 \times \dfrac{\sigma}{20}$　　① $\overline{X} - 0.95 \times \dfrac{\sigma}{400}$

② $\overline{X} - 1.64 \times \dfrac{\sigma}{20}$　　③ $\overline{X} - 1.64 \times \dfrac{\sigma}{400}$

④ $\overline{X} - 1.96 \times \dfrac{\sigma}{20}$　　⑤ $\overline{X} - 1.96 \times \dfrac{\sigma}{400}$

⑥ $\overline{X} - 2.58 \times \dfrac{\sigma}{20}$　　⑦ $\overline{X} - 2.58 \times \dfrac{\sigma}{400}$

(ii)　母平均 m に対する信頼度 95 % の信頼区間 $A \leqq m \leqq B$ の意味として，最も適当なものを，次の⓪～⑤のうちから一つ選べ。［ツ］

⓪　標本 400 人のうち約 95 % の学生は，読書時間が A 分以上 B 分以下である。

①　Ｐ大学生全体のうち約 95 % の学生は，読書時間が A 分以上 B 分以下である。

②　Ｐ大学生全体から 95 % 程度の学生を無作為抽出すれば，読書時間の標本平均は，A 分以上 B 分以下となる。

③　大きさ 400 の標本を 100 回無作為抽出すれば，そのうち 95 回程度は標本平均が m となる。

④　大きさ 400 の標本を 100 回無作為抽出すれば，そのうち 95 回程度は信頼区間が m を含んでいる。

⑤　大きさ 400 の標本を 100 回無作為抽出すれば，そのうち 95 回程度は信頼区間が $\overline{X}$ を含んでいる。

正 規 分 布 表

次の表は，標準正規分布の分布曲線における右図の灰色部分の面積の値をまとめたものである。

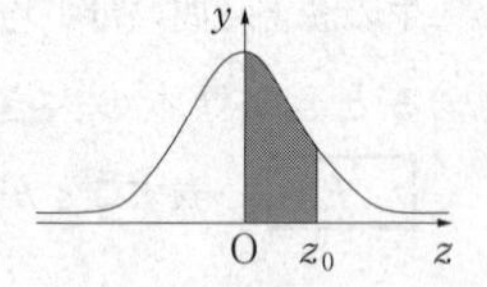

z_0	0.00	0.01	0.02	0.03	0.04	0.05	0.06	0.07	0.08	0.09
0.0	0.0000	0.0040	0.0080	0.0120	0.0160	0.0199	0.0239	0.0279	0.0319	0.0359
0.1	0.0398	0.0438	0.0478	0.0517	0.0557	0.0596	0.0636	0.0675	0.0714	0.0753
0.2	0.0793	0.0832	0.0871	0.0910	0.0948	0.0987	0.1026	0.1064	0.1103	0.1141
0.3	0.1179	0.1217	0.1255	0.1293	0.1331	0.1368	0.1406	0.1443	0.1480	0.1517
0.4	0.1554	0.1591	0.1628	0.1664	0.1700	0.1736	0.1772	0.1808	0.1844	0.1879
0.5	0.1915	0.1950	0.1985	0.2019	0.2054	0.2088	0.2123	0.2157	0.2190	0.2224
0.6	0.2257	0.2291	0.2324	0.2357	0.2389	0.2422	0.2454	0.2486	0.2517	0.2549
0.7	0.2580	0.2611	0.2642	0.2673	0.2704	0.2734	0.2764	0.2794	0.2823	0.2852
0.8	0.2881	0.2910	0.2939	0.2967	0.2995	0.3023	0.3051	0.3078	0.3106	0.3133
0.9	0.3159	0.3186	0.3212	0.3238	0.3264	0.3289	0.3315	0.3340	0.3365	0.3389
1.0	0.3413	0.3438	0.3461	0.3485	0.3508	0.3531	0.3554	0.3577	0.3599	0.3621
1.1	0.3643	0.3665	0.3686	0.3708	0.3729	0.3749	0.3770	0.3790	0.3810	0.3830
1.2	0.3849	0.3869	0.3888	0.3907	0.3925	0.3944	0.3962	0.3980	0.3997	0.4015
1.3	0.4032	0.4049	0.4066	0.4082	0.4099	0.4115	0.4131	0.4147	0.4162	0.4177
1.4	0.4192	0.4207	0.4222	0.4236	0.4251	0.4265	0.4279	0.4292	0.4306	0.4319
1.5	0.4332	0.4345	0.4357	0.4370	0.4382	0.4394	0.4406	0.4418	0.4429	0.4441
1.6	0.4452	0.4463	0.4474	0.4484	0.4495	0.4505	0.4515	0.4525	0.4535	0.4545
1.7	0.4554	0.4564	0.4573	0.4582	0.4591	0.4599	0.4608	0.4616	0.4625	0.4633
1.8	0.4641	0.4649	0.4656	0.4664	0.4671	0.4678	0.4686	0.4693	0.4699	0.4706
1.9	0.4713	0.4719	0.4726	0.4732	0.4738	0.4744	0.4750	0.4756	0.4761	0.4767
2.0	0.4772	0.4778	0.4783	0.4788	0.4793	0.4798	0.4803	0.4808	0.4812	0.4817
2.1	0.4821	0.4826	0.4830	0.4834	0.4838	0.4842	0.4846	0.4850	0.4854	0.4857
2.2	0.4861	0.4864	0.4868	0.4871	0.4875	0.4878	0.4881	0.4884	0.4887	0.4890
2.3	0.4893	0.4896	0.4898	0.4901	0.4904	0.4906	0.4909	0.4911	0.4913	0.4916
2.4	0.4918	0.4920	0.4922	0.4925	0.4927	0.4929	0.4931	0.4932	0.4934	0.4936
2.5	0.4938	0.4940	0.4941	0.4943	0.4945	0.4946	0.4948	0.4949	0.4951	0.4952
2.6	0.4953	0.4955	0.4956	0.4957	0.4959	0.4960	0.4961	0.4962	0.4963	0.4964
2.7	0.4965	0.4966	0.4967	0.4968	0.4969	0.4970	0.4971	0.4972	0.4973	0.4974
2.8	0.4974	0.4975	0.4976	0.4977	0.4977	0.4978	0.4979	0.4979	0.4980	0.4981
2.9	0.4981	0.4982	0.4982	0.4983	0.4984	0.4984	0.4985	0.4985	0.4986	0.4986
3.0	0.4987	0.4987	0.4987	0.4988	0.4988	0.4989	0.4989	0.4989	0.4990	0.4990

第４問 （選択問題） （配点　20）

太郎さんと花子さんは，数列の漸化式に関する**問題A**，**問題B**について話している。二人の会話を読んで，下の問いに答えよ。

(1)

問題A　次のように定められた数列 $\{a_n\}$ の一般項を求めよ。

$$a_1 = 6,\ a_{n+1} = 3a_n - 8 \qquad (n = 1,\ 2,\ 3,\ \cdots)$$

花子：これは前に授業で学習した漸化式の問題だね。まず，k を定数として，$a_{n+1} = 3a_n - 8$ を $a_{n+1} - k = 3(a_n - k)$ の形に変形するといいんだよね。

太郎：そうだね。そうすると公比が３の等比数列に結びつけられるね。

(i)　k の値を求めよ。

$$k = \boxed{\text{ア}}$$

(ii)　数列 $\{a_n\}$ の一般項を求めよ。

$$a_n = \boxed{\text{イ}} \cdot \boxed{\text{ウ}}^{n-1} + \boxed{\text{エ}}$$

(2)

> **問題B**　次のように定められた数列 $\{b_n\}$ の一般項を求めよ。
>
> $$b_1 = 4,\ b_{n+1} = 3b_n - 8n + 6 \qquad (n = 1,\ 2,\ 3,\ \cdots)$$

> 花子：求め方の方針が立たないよ。
>
> 太郎：そういうときは，$n = 1,\ 2,\ 3$ を代入して具体的な数列の様子をみてみよう。
>
> 花子：$b_2 = 10,\ b_3 = 20,\ b_4 = 42$ となったけど…。
>
> 太郎：階差数列を考えてみたらどうかな。

数列 $\{b_n\}$ の階差数列 $\{p_n\}$ を，$p_n = b_{n+1} - b_n (n = 1,\ 2,\ 3,\ \cdots)$ と定める。

(i)　p_1 の値を求めよ。

$$p_1 = \boxed{\text{オ}}$$

(ii)　p_{n+1} を p_n を用いて表せ。

$$p_{n+1} = \boxed{\text{カ}}\,p_n - \boxed{\text{キ}}$$

(iii)　数列 $\{p_n\}$ の一般項を求めよ。

$$p_n = \boxed{\text{ク}} \cdot \boxed{\text{ケ}}^{\,n-1} + \boxed{\text{コ}}$$

(3)　二人は**問題Ｂ**について引き続き会話をしている。

太郎：解ける道筋はついたけれど，漸化式で定められた数列の一般項の求め方は一通りではないと先生もおっしゃっていたし，他のやり方も考えてみようよ。

花子：でも，授業で学習した問題は，**問題Ａ**のタイプだけだよ。

太郎：では，**問題Ａ**の式変形の考え方を**問題Ｂ**に応用してみようよ。**問題Ｂ**の漸化式 $b_{n+1} = 3b_n - 8n + 6$ を，定数 s，t を用いて

$$\boxed{\text{サ}} = 3\left(\boxed{\text{シ}}\right)$$

の式に変形してはどうかな。

(i)　$q_n = \boxed{\text{シ}}$ とおくと，太郎さんの変形により数列 $\{q_n\}$ が公比３の等比数列とわかる。このとき，$\boxed{\text{サ}}$，$\boxed{\text{シ}}$ に当てはまる式を，次の⓪～③のうちから一つずつ選べ。ただし，同じものを選んでもよい。

⓪　$b_n + sn + t$

①　$b_{n+1} + sn + t$

②　$b_n + s(n+1) + t$

③　$b_{n+1} + s(n+1) + t$

(ii)　s，t の値を求めよ。

$s = \boxed{\text{スセ}}$，$t = \boxed{\text{ソ}}$

(4) **問題B**の数列は，(2)の方法でも(3)の方法でも一般項を求めることができる。数列 $\{b_n\}$ の一般項を求めよ。

$$b_n = \boxed{\text{タ}}^{\,n-1} + \boxed{\text{チ}}\,n - \boxed{\text{ツ}}$$

(5) 次のように定められた数列 $\{c_n\}$ がある。

$$c_1 = 16,\ c_{n+1} = 3c_n - 4n^2 - 4n - 10 \qquad (n = 1,\ 2,\ 3,\ \cdots)$$

数列 $\{c_n\}$ の一般項を求めよ。

$$c_n = \boxed{\text{テ}} \cdot \boxed{\text{ト}}^{\,n-1} + \boxed{\text{ナ}}\,n^2 + \boxed{\text{ニ}}\,n + \boxed{\text{ヌ}}$$

第5問 （選択問題）（配点　20）

(1) 右の図のような立体を考える。ただし，六つの面OAC，OBC，OAD，OBD，ABC，ABDは1辺の長さが1の正三角形である。この立体の∠CODの大きさを調べたい。

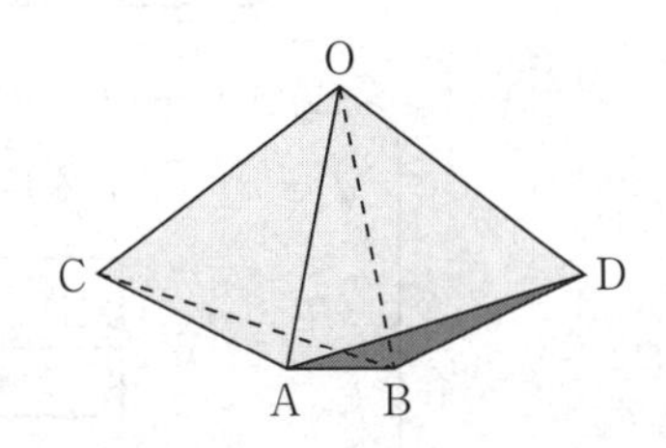

線分ABの中点をM，線分CDの中点をNとおく。

$\overrightarrow{OA}=\vec{a}$，$\overrightarrow{OB}=\vec{b}$，$\overrightarrow{OC}=\vec{c}$，$\overrightarrow{OD}=\vec{d}$ とおくとき，次の問いに答えよ。

(i) 次の［ア］～［エ］に当てはまる数を求めよ。

$$\overrightarrow{OM}=\frac{\boxed{ア}}{\boxed{イ}}(\vec{a}+\vec{b}),\quad \overrightarrow{ON}=\frac{\boxed{ア}}{\boxed{イ}}(\vec{c}+\vec{d})$$

$$\vec{a}\cdot\vec{b}=\vec{a}\cdot\vec{c}=\vec{a}\cdot\vec{d}=\vec{b}\cdot\vec{c}=\vec{b}\cdot\vec{d}=\frac{\boxed{ウ}}{\boxed{エ}}$$

(ii) 3点O，N，Mは同一直線上にある。内積 $\overrightarrow{OA}\cdot\overrightarrow{CN}$ の値を用いて，$\overrightarrow{ON}=k\overrightarrow{OM}$ を満たす k の値を求めよ。

$$k=\frac{\boxed{オ}}{\boxed{カ}}$$

(iii)　$\angle \mathrm{COD} = \theta$ とおき，$\cos\theta$ の値を求めたい。次の**方針 1** または**方針 2** について，[キ]～[シ]に当てはまる数を求めよ。

方針 1

$\vec{d}$ を $\vec{a}$，$\vec{b}$，$\vec{c}$ を用いて表すと，

$$\vec{d} = \frac{\boxed{キ}}{\boxed{ク}}\vec{a} + \frac{\boxed{ケ}}{\boxed{コ}}\vec{b} - \vec{c}$$

であり，$\vec{c}\cdot\vec{d} = \cos\theta$ から $\cos\theta$ が求められる。

方針 2

$\overrightarrow{\mathrm{OM}}$ と $\overrightarrow{\mathrm{ON}}$ のなす角を考えると，$\overrightarrow{\mathrm{OM}}\cdot\overrightarrow{\mathrm{ON}} = |\overrightarrow{\mathrm{OM}}||\overrightarrow{\mathrm{ON}}|$ が成り立つ。

$|\overrightarrow{\mathrm{ON}}|^2 = \dfrac{\boxed{サ}}{\boxed{シ}} + \dfrac{1}{2}\cos\theta$ であるから，$\overrightarrow{\mathrm{OM}}\cdot\overrightarrow{\mathrm{ON}}$，$|\overrightarrow{\mathrm{OM}}|$ の値を用いると，$\cos\theta$ が求められる。

(iv)　**方針 1** または**方針 2** を用いて $\cos\theta$ の値を求めよ。

$$\cos\theta = \frac{\boxed{スセ}}{\boxed{ソ}}$$

(2) (1)の図形から，四つの面 OAC，OBC，OAD，OBD だけを使って，下のような図形を作成したところ，この図形は $\angle AOB$ を変化させると，それにともなって $\angle COD$ も変化することがわかった。

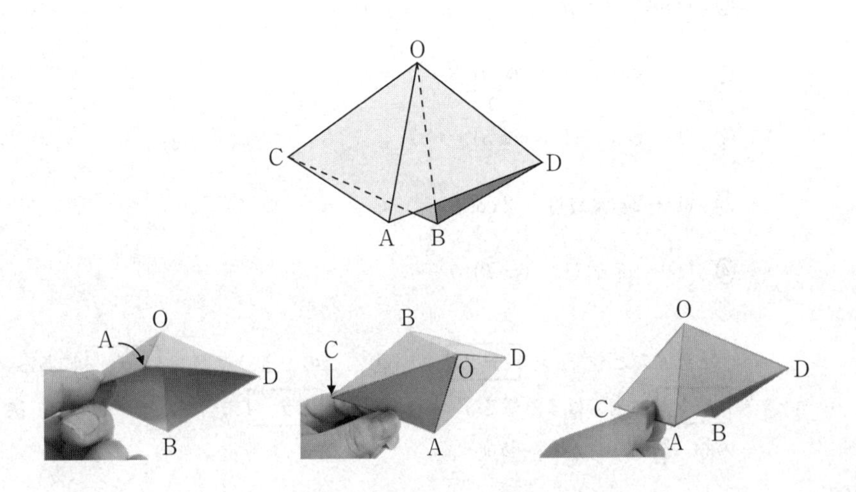

$\angle AOB = \alpha$，$\angle COD = \beta$ とおき，$\alpha > 0$，$\beta > 0$ とする。このときも，線分 AB の中点と線分 CD の中点および点 O は一直線上にある。

(i)　α と β が満たす関係式は(1)の**方針 2** を用いると求めることができる。その関係式として正しいものを，次の⓪～④のうちから一つ選べ。 タ

⓪　$\cos\alpha + \cos\beta = 1$

①　$(1 + \cos\alpha)(1 + \cos\beta) = 1$

②　$(1 + \cos\alpha)(1 + \cos\beta) = -1$

③　$(1 + 2\cos\alpha)(1 + 2\cos\beta) = \frac{2}{3}$

④　$(1 - \cos\alpha)(1 - \cos\beta) = \frac{2}{3}$

(ii)　$\alpha = \beta$ のとき，$\alpha =$ チツ °であり，このとき，点 D は テ にある。

チツ に当てはまる数を求めよ。また， テ に当てはまるものを，次の⓪～②のうちから一つ選べ。

⓪　平面 ABC に関して O と同じ側

①　平面 ABC 上

②　平面 ABC に関して O と異なる側

共通テスト

第1回 試行調査

数学Ⅰ・数学A … 2
数学Ⅱ・数学B … 35

数学Ⅰ・数学A：
解答時間 70分
配点 100点

数学Ⅱ・数学B：
解答時間 60分
配点 100点

第1回試行調査　解答上の注意　〔数学Ⅰ・数学A〕

〔マークシート式の解答欄について〕

1　問題の文中の ア ， イウ などには，特に指示がない限り，符号(−，±)又は数字(0～9)が入ります。ア，イ，ウ，…の一つ一つは，これらのいずれか一つに対応します。それらを解答用紙のア，イ，ウ，…で示された解答欄にマークして答えなさい。

(例1)　アイウ に −83 と答えたいとき

ア	●	±	0	1	2	3	4	5	6	7	8	9
イ	−	±	0	1	2	3	4	5	6	7	●	9
ウ	−	±	0	1	2	●	4	5	6	7	8	9

なお，同一の問題文中に ア ， イウ などが2度以上現れる場合，原則として，2度目以降は， ア ， イウ のように細字で表記します。

また，「すべて選べ」や「二つ選べ」などの指示のある問いに対して複数解答する場合は，同じ解答欄に符号又は数字を**複数マーク**しなさい。

例えば， エ と表示のある問いに対して①，④と解答する場合は，次の(例2)のように**解答欄エの**①，④**にそれぞれマーク**しなさい。

(例2)

エ	−	±	0	●	2	3	●	5	6	7	8	9

2　分数形で解答する場合，分数の符号は分子につけ，分母につけてはいけません。

例えば，$\dfrac{\boxed{オカ}}{\boxed{キ}}$ に $-\dfrac{4}{5}$ と答えたいときは，$\dfrac{-4}{5}$ として答えなさい。

また，それ以上約分できない形で答えなさい。

例えば，$\dfrac{3}{4}$ と答えるところを，$\dfrac{6}{8}$ のように答えてはいけません。

3　小数の形で解答する場合，指定された桁数の一つ下の桁を四捨五入して答えなさい。また，必要に応じて，指定された桁まで⓪にマークしなさい。

例えば， ク . ケコ に2.5と答えたいときは，2.50として答えなさい。

4　根号を含む形で解答する場合，根号の中に現れる自然数が最小となる形で答えなさい。

例えば，［サ］$\sqrt{［シ］}$ に $4\sqrt{2}$ と答えるところを，$2\sqrt{8}$ のように答えてはいけません。

★〔記述式の解答欄について〕

［(あ)］，［(い)］などには，特に指示がない限り，枠内に数式や言葉を記述して答えなさい。記述は複数行になってもよいが，枠内に入るようにしなさい。枠外に記述している答案は採点の対象外とします。

(注) 記述式問題については，導入が見送られることになりました。本書では，出題内容や場面設定の参考としてそのまま掲載しています（該当の問題には★印を付けています)。

数学Ⅰ・数学A

問　題	選　択　方　法
第1問	必　　　答
第2問	必　　　答
第3問	いずれか2問を選択し，解答しなさい。
第4問	
第5問	

第1問 (必答問題)

〔1〕 数学の授業で，2次関数 $y = ax^2 + bx + c$ についてコンピュータのグラフ表示ソフトを用いて考察している。

このソフトでは，図1の画面上の A ， B ， C にそれぞれ係数 a，b，c の値を入力すると，その値に応じたグラフが表示される。さらに， A ， B ， C それぞれの下にある ● を左に動かすと係数の値が減少し，右に動かすと係数の値が増加するようになっており，値の変化に応じて2次関数のグラフが座標平面上を動く仕組みになっている。

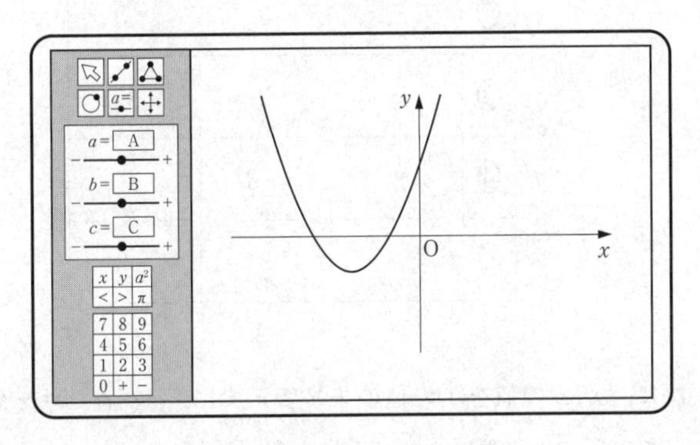

図1

また，座標平面は x 軸，y 軸によって四つの部分に分けられる。これらの各部分を「象限」といい，右の図のように，それぞれを「第1象限」「第2象限」「第3象限」「第4象限」という。ただし，座標軸上の点は，どの象限にも属さないものとする。

第2象限	第1象限
$x < 0$	$x > 0$
$y > 0$	$y > 0$
第3象限	**第4象限**
$x < 0$	$x > 0$
$y < 0$	$y < 0$

このとき，次の問いに答えよ。

(1)　はじめに，図1の画面のように，頂点が第3象限にあるグラフが表示された。このときのa，b，cの値の組合せとして最も適当なものを，次の⓪～⑤のうちから一つ選べ。 ア

	a	b	c
⓪	2	1	3
①	2	-1	3
②	-2	3	-3
③	$\frac{1}{2}$	3	3
④	$\frac{1}{2}$	-3	3
⑤	$-\frac{1}{2}$	3	-3

(2)　次に，a，bの値を(1)の値のまま変えずに，cの値だけを変化させた。このときの頂点の移動について正しく述べたものを，次の⓪～③のうちから一つ選べ。 イ

⓪　最初の位置から移動しない。　　① x軸方向に移動する。

②　y軸方向に移動する。　　③　原点を中心として回転移動する。

(3) また，b，c の値を(1)の値のまま変えずに，a の値だけをグラフが下に凸の状態を維持するように変化させた。このとき，頂点は，$a=\dfrac{b^2}{4c}$ のときは［ウ］にあり，それ以外のときは［エ］を移動した。［ウ］，［エ］に当てはまるものを，次の⓪～⑧のうちから一つずつ選べ。ただし，同じものを選んでもよい。

⓪ 原点　　① x 軸上　　② y 軸上
③ 第3象限のみ　　④ 第1象限と第3象限
⑤ 第2象限と第3象限　　⑥ 第3象限と第4象限
⑦ 第2象限と第3象限と第4象限　　⑧ すべての象限

★ (4) 最初の a，b，c の値を変更して，下の図2のようなグラフを表示させた。このとき，a，c の値をこのまま変えずに，b の値だけを変化させても，頂点は第1象限および第2象限には移動しなかった。

その理由を，頂点の y 座標についての不等式を用いて説明せよ。解答は，解答欄［(あ)］に記述せよ。

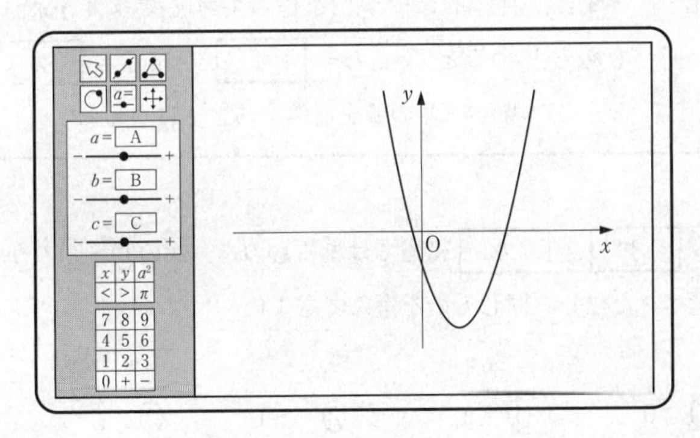

図2

〔2〕 以下の問題では，△ABC に対して，∠A，∠B，∠C の大きさをそれぞれ A，B，C で表すものとする。

ある日，太郎さんと花子さんのクラスでは，数学の授業で先生から次のような宿題が出された。

> **宿題** △ABC において $A = 60^\circ$ であるとする。このとき，
>
> $$X = 4\cos^2 B + 4\sin^2 C - 4\sqrt{3}\cos B \sin C$$
>
> の値について調べなさい。

放課後，太郎さんと花子さんは出された宿題について会話をした。二人の会話を読んで，下の問いに答えよ。

> 太郎：A は 60° だけど，B も C も分からないから，方針が立たないよ。
>
> 花子：まずは，具体的に一つ例を作って考えてみようよ。もし $B = 90^\circ$ であるとすると，$\cos B =$ [オ]，$\sin C =$ [カ] だね。だから，この場合の X の値を計算すると 1 になるね。

(1) [オ]，[カ] に当てはまるものを，次の⓪～⑧のうちから一つずつ選べ。ただし，同じものを選んでもよい。

⓪ 0　① 1　② -1　③ $\frac{1}{2}$　④ $\frac{\sqrt{2}}{2}$

⑤ $\frac{\sqrt{3}}{2}$　⑥ $-\frac{1}{2}$　⑦ $-\frac{\sqrt{2}}{2}$　⑧ $-\frac{\sqrt{3}}{2}$

太郎：$B=13^\circ$ にしてみよう。数学の教科書に三角比の表があるから，それを見ると，$\cos B=0.9744$ で，$\sin C$ は……あれっ？　表には 0° から 90° までの三角比の値しか載っていないから分からないね。

花子：そういうときは，［キ］という関係を利用したらいいよ。この関係を使うと，教科書の三角比の表から $\sin C=$［ク］だと分かるよ。

太郎：じゃあ，この場合の X の値を電卓を使って計算してみよう。$\sqrt{3}$ は 1.732 として計算すると……あれっ？　ぴったりにはならなかったけど，小数第4位を四捨五入すると，X は 1.000 になったよ！(a)<u>これで，$A=60^\circ$，$B=13^\circ$ のときに $X=1$ になることが証明できた</u>ことになるね。さらに，(b)<u>「$A=60^\circ$ ならば $X=1$」という命題が真であると証明できた</u>ね。

花子：本当にそうなのかな？

(2)　［キ］，［ク］に当てはまる最も適当なものを，次の各解答群のうちから一つずつ選べ。

［キ］の解答群：

⓪　$\sin(90^\circ-\theta)=\sin\theta$　①　$\sin(90^\circ-\theta)=-\sin\theta$
②　$\sin(90^\circ-\theta)=\cos\theta$　③　$\sin(90^\circ-\theta)=-\cos\theta$
④　$\sin(180^\circ-\theta)=\sin\theta$　⑤　$\sin(180^\circ-\theta)=-\sin\theta$
⑥　$\sin(180^\circ-\theta)=\cos\theta$　⑦　$\sin(180^\circ-\theta)=-\cos\theta$

［ク］の解答群：

⓪　-3.2709　①　-0.9563　②　0.9563　③　3.2709

(3)　太郎さんが言った下線部(a)，(b)について，その正誤の組合せとして正しいものを，次の⓪～③のうちから一つ選べ。 ケ

⓪　下線部(a)，(b)ともに正しい。

①　下線部(a)は正しいが，(b)は誤りである。

②　下線部(a)は誤りであるが，(b)は正しい。

③　下線部(a)，(b)ともに誤りである。

花子：$A = 60°$ ならば $X = 1$ となるかどうかを，数式を使って考えてみようよ。△ABCの外接円の半径を R とするね。すると，$A = 60°$ だから，$\mathrm{BC} = \sqrt{\boxed{\text{コ}}}\,R$ になるね。

太郎：AB = サ ，AC = シ になるよ。

(4)　コ に当てはまる数を答えよ。また， サ ， シ に当てはまるものを，次の⓪～⑦のうちから一つずつ選べ。ただし，同じものを選んでもよい。

⓪　$R\sin B$　　①　$2R\sin B$　　②　$R\cos B$　　③　$2R\cos B$

④　$R\sin C$　　⑤　$2R\sin C$　　⑥　$R\cos C$　　⑦　$2R\cos C$

花子：まず，Bが鋭角の場合を考えてみたよ。

<花子さんのノート>

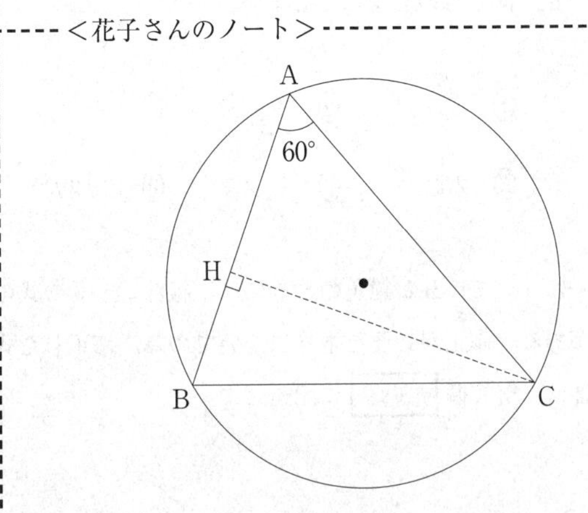

点Cから直線ABに垂線CHを引くと

$\mathrm{AH} = \underline{\mathrm{AC}\cos 60^\circ}$①

$\mathrm{BH} = \underline{\mathrm{BC}\cos B}$②

である。ABをAH，BHを用いて表すと

$\mathrm{AB} = \underline{\mathrm{AH} + \mathrm{BH}}$③

であるから

$\underline{\mathrm{AB} = \boxed{\text{ス}}\sin B + \boxed{\text{セ}}\cos B}$④

が得られる。

太郎：さっき，$\mathrm{AB} = \boxed{\text{サ}}$ と求めたから，④の式とあわせると，$X = 1$となることが証明できたよ。

花子：Bが直角のときは，すでに$X = 1$となることを計算したね。
(c)<u>Bが鈍角のときは，証明を少し変えれば</u>，やはり$X = 1$であることが示せるね。

(5) [ス], [セ] に当てはまるものを，次の⓪～⑧のうちから一つずつ選べ。ただし，同じものを選んでもよい。

⓪ $\frac{1}{2}R$　① $\frac{\sqrt{2}}{2}R$　② $\frac{\sqrt{3}}{2}R$　③ R　④ $\sqrt{2}R$

⑤ $\sqrt{3}R$　⑥ $2R$　⑦ $2\sqrt{2}R$　⑧ $2\sqrt{3}R$

★ (6) 下線部(c)について，B が鈍角のときには下線部①～③の式のうち修正が必要なものがある。修正が必要な番号についてのみ，修正した式をそれぞれ答えよ。解答は，解答欄 [(い)] に記述せよ。

> 花子：今まではずっと $A=60^\circ$ の場合を考えてきたんだけど，$A=120^\circ$ で $B=30^\circ$ の場合を考えてみたよ。$\cos B$ と $\sin C$ の値を求めて，X の値を計算したら，この場合にも1になったんだよね。
>
> 太郎：わっ，本当だ。計算してみたら X の値は1になるね。

(7) △ABC について，次の条件 p，q を考える。

$p: A=60^\circ$

$q: 4\cos^2 B+4\sin^2 C-4\sqrt{3}\cos B\sin C=1$

これまでの太郎さんと花子さんが行った考察をもとに，正しいと判断できるものを，次の⓪～③のうちから一つ選べ。[ソ]

⓪ p は q であるための必要十分条件である。

① p は q であるための必要条件であるが，十分条件でない。

② p は q であるための十分条件であるが，必要条件でない。

③ p は q であるための必要条件でも十分条件でもない。

第２問 （必答問題）

〔１〕 ◯◯高校の生徒会では，文化祭でＴシャツを販売し，その利益をボランティア団体に寄付する企画を考えている。生徒会執行部では，できるだけ利益が多くなる価格を決定するために，次のような手順で考えることにした。

価格決定の手順

(i) アンケート調査の実施

200人の生徒に，「Ｔシャツ１枚の価格がいくらまでであればＴシャツを購入してもよいと思うか」について尋ね，500円，1000円，1500円，2000円の四つの金額から一つを選んでもらう。

(ii) 業者の選定

無地のＴシャツ代とプリント代を合わせた「製作費用」が最も安い業者を選ぶ。

(iii) Ｔシャツ１枚の価格の決定

価格は「製作費用」と「見込まれる販売数」をもとに決めるが，販売時に釣り銭の処理で手間取らないよう50の倍数の金額とする。

下の表１は，アンケート調査の結果である。生徒会執行部では，例えば，価格が1000円のときには1500円や2000円と回答した生徒も１枚購入すると考えて，それぞれの価格に対し，その価格以上の金額を回答した生徒の人数を「累積人数」として表示した。

表１

Ｔシャツ１枚の価格(円)	人数(人)	累積人数(人)
2000	50	50
1500	43	93
1000	61	154
500	46	200

このとき，次の問いに答えよ。

(1)　売上額は

(売上額)＝(Tシャツ1枚の価格)×(販売数)

と表せるので，生徒会執行部では，アンケートに回答した200人の生徒について，調査結果をもとに，表1にない価格の場合についても販売数を予測することにした。そのために，Tシャツ1枚の価格をx円，このときの販売数をy枚とし，xとyの関係を調べることにした。

表1のTシャツ1枚の価格と［ア］の値の組を(x, y)として座標平面上に表すと，その4点が直線に沿って分布しているように見えたので，この直線を，Tシャツ1枚の価格xと販売数yの関係を表すグラフとみなすことにした。

このとき，yはxの［イ］であるので，売上額を$S(x)$とおくと，$S(x)$はxの［ウ］である。このように考えると，表1にない価格の場合についても売上額を予測することができる。

［ア］，［イ］，［ウ］に入るものとして最も適当なものを，次の⓪～⑥のうちから一つずつ選べ。ただし，同じものを繰り返し選んでもよい。

⓪　人数　　①　累積人数　　②　製作費用　　③　比例
④　反比例　　⑤　1次関数　　⑥　2次関数

生徒会執行部が(1)で考えた直線は，表1を用いて座標平面上にとった4点のうちxの値が最小の点と最大の点を通る直線である。この直線を用いて，次の問いに答えよ。

(2)　売上額$S(x)$が最大になるxの値を求めよ。［エオカキ］

(3)　Tシャツ1枚当たりの「製作費用」が400円の業者に120枚を依頼することにしたとき，利益が最大になるTシャツ1枚の価格を求めよ。

［クケコサ］円

〔2〕 地方の経済活性化のため，太郎さんと花子さんは観光客の消費に着目し，その拡大に向けて基礎的な情報を整理することにした。以下は，都道府県別の統計データを集め，分析しているときの二人の会話である。会話を読んで下の問いに答えよ。ただし，東京都，大阪府，福井県の3都府県のデータは含まれていない。また，以後の問題文では「道府県」を単に「県」として表記する。

> 太郎：各県を訪れた観光客数を x 軸，消費総額を y 軸にとり，散布図をつくると図1のようになったよ。
>
> 花子：消費総額を観光客数で割った消費額単価が最も高いのはどこかな。
>
> 太郎：元のデータを使って県ごとに割り算をすれば分かるよ。
> 北海道は……。44回も計算するのは大変だし，間違えそうだな。
>
> 花子：図1を使えばすぐ分かるよ。

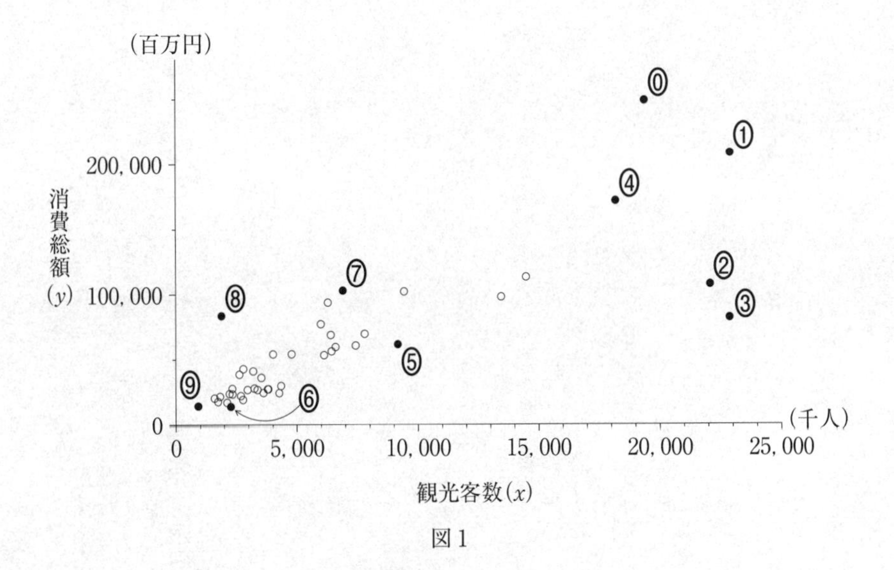

図1

(1)　図1の観光客数と消費総額の間の相関係数に最も近い値を，次の⓪～④のうちから一つ選べ。 シ

⓪　−0.85　　①　−0.52　　②　0.02　　③　0.34　　④　0.83

★ (2)　44県それぞれの消費額単価を計算しなくても，図1の散布図から消費額単価が最も高い県を表す点を特定することができる。その方法を，「直線」という単語を用いて説明せよ。解答は，解答欄 (う) に記述せよ。

(3)　消費額単価が最も高い県を表す点を，図1の⓪～⑨のうちから一つ選べ。 ス

花子：元のデータを見ると消費額単価が最も高いのは沖縄県だね。沖縄県の消費額単価が高いのは，県外からの観光客数の影響かな。

太郎：県内からの観光客と県外からの観光客とに分けて44県の観光客数と消費総額を箱ひげ図で表すと図2のようになったよ。

花子：私は県内と県外からの観光客の消費額単価をそれぞれ横軸と縦軸にとって図3の散布図をつくってみたよ。沖縄県は県内，県外ともに観光客の消費額単価は高いね。それに，北海道，鹿児島県，沖縄県は全体の傾向から外れているみたい。

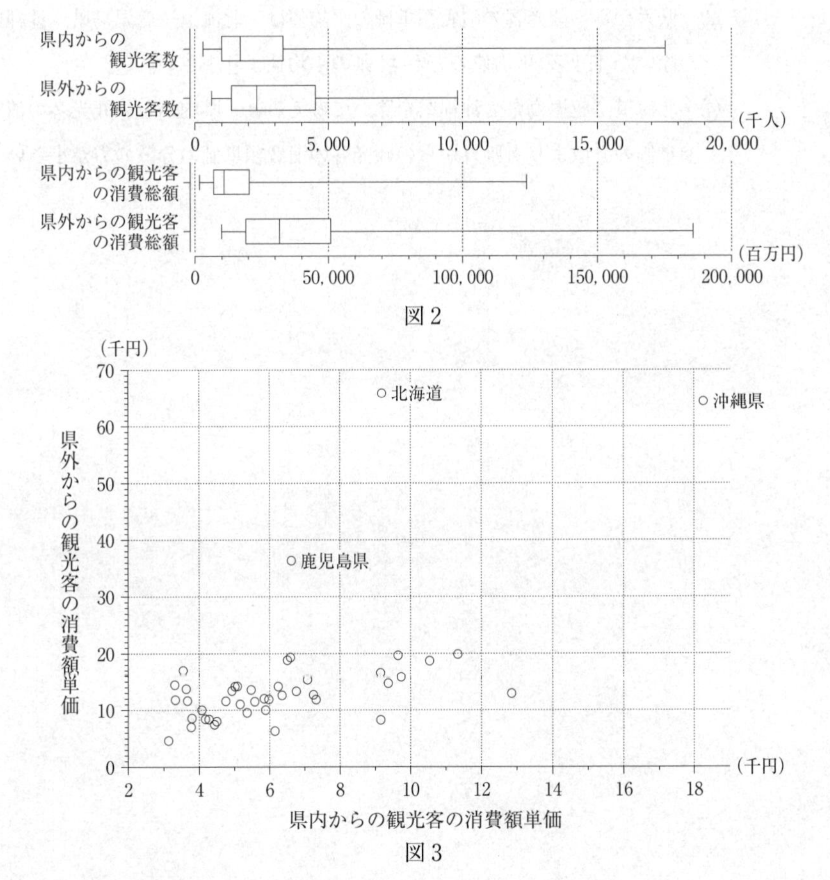

図2

図3

(4)　図２，図３から読み取れる事柄として正しいものを，次の⓪～④のうちから二つ選べ。 セ

⓪　44県の半分の県では，県内からの観光客数よりも県外からの観光客数の方が多い。

①　44県の半分の県では，県内からの観光客の消費総額よりも県外からの観光客の消費総額の方が高い。

②　44県の４分の３以上の県では，県外からの観光客の消費額単価の方が県内からの観光客の消費額単価より高い。

③　県外からの観光客の消費額単価の平均値は，北海道，鹿児島県，沖縄県を除いた41県の平均値の方が44県の平均値より小さい。

④　北海道，鹿児島県，沖縄県を除いて考えると，県内からの観光客の消費額単価の分散よりも県外からの観光客の消費額単価の分散の方が小さい。

(5) 二人は県外からの観光客に焦点を絞って考えることにした。

花子：県外からの観光客数を増やすには，イベントなどを増やしたらいいんじゃないかな。

太郎：44県の行祭事・イベントの開催数と県外からの観光客数を散布図にすると，図4のようになったよ。

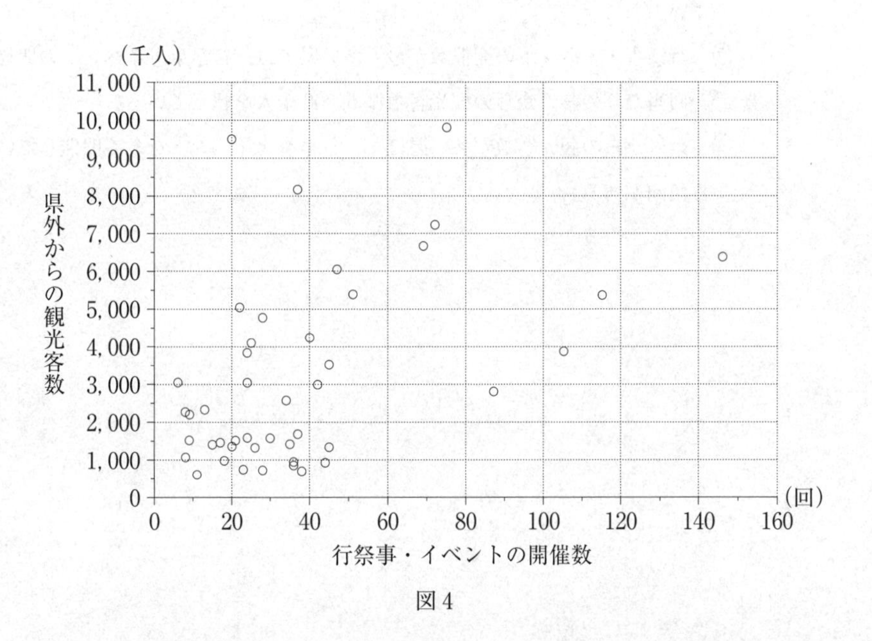

図4

図４から読み取れることとして最も適切な記述を，次の⓪～④のうちから一つ選べ。 ソ

⓪　44県の行祭事・イベント開催数の中央値は，その平均値よりも大きい。

①　行祭事・イベントを多く開催し過ぎると，県外からの観光客数は減ってしまう傾向がある。

②　県外からの観光客数を増やすには行祭事・イベントの開催数を増やせばよい。

③　行祭事・イベントの開催数が最も多い県では，行祭事・イベントの開催一回当たりの県外からの観光客数は6,000千人を超えている。

④　県外からの観光客数が多い県ほど，行祭事・イベントを多く開催している傾向がある。

（本問題の図は，「共通基準による観光入込客統計」（観光庁）をもとにして作成している。）

第3問 (選択問題)

高速道路には，渋滞状況が表示されていることがある。目的地に行く経路が複数ある場合は，渋滞中を示す表示を見て経路を決める運転手も少なくない。太郎さんと花子さんは渋滞中の表示と車の流れについて，仮定をおいて考えてみることにした。

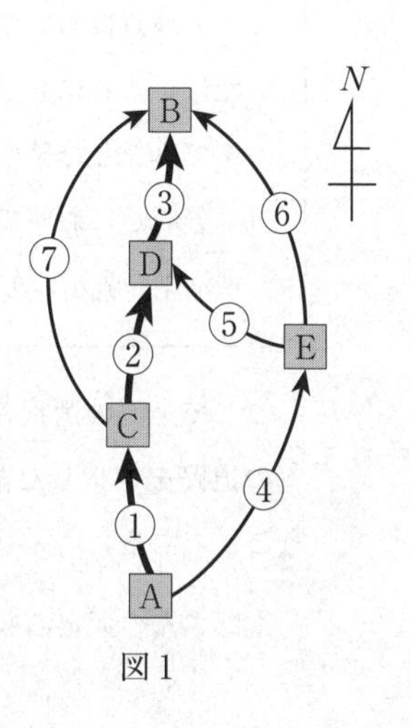

図1

A地点(入口)からB地点(出口)に向かって北上する高速道路には，図1のように分岐点A，C，Eと合流点B，Dがある。①，②，③は主要道路であり，④，⑤，⑥，⑦は迂(う)回道路である。ただし，矢印は車の進行方向を表し，図1の経路以外にA地点からB地点に向かう経路はないとする。また，各分岐点A，C，Eには，それぞれ①と④，②と⑦，⑤と⑥の渋滞状況が表示される。

太郎さんと花子さんは，まず渋滞中の表示がないときに，A，C，Eの各分岐点において運転手がどのような選択をしているか調査した。その結果が表1である。

表1

調査日	地点	台数	選択した道路	台数
5月10日	A	1183	①	1092
			④	91
5月11日	C	1008	②	882
			⑦	126
5月12日	E	496	⑤	248
			⑥	248

これに対して太郎さんは，運転手の選択について，次のような仮定をおいて確率を使って考えることにした。

太郎さんの仮定

(i) 表1の選択の割合を確率とみなす。

(ii) 分岐点において，二つの道路のいずれにも渋滞中の表示がない場合，またはいずれにも渋滞中の表示がある場合，運転手が道路を選択する確率は(i)でみなした確率とする。

(iii) 分岐点において，片方の道路にのみ渋滞中の表示がある場合，運転手が渋滞中の表示のある道路を選択する確率は(i)でみなした確率の $\frac{2}{3}$ 倍とする。

ここで，(i)の選択の割合を確率とみなすとは，例えばA地点の分岐において④の道路を選択した割合 $\frac{91}{1183}=\frac{1}{13}$ を④の道路を選択する確率とみなすということである。

太郎さんの仮定のもとで，次の問いに答えよ。

(1) すべての道路に渋滞中の表示がない場合，A地点の分岐において運転手が①の道路を選択する確率を求めよ。$\frac{\boxed{アイ}}{\boxed{ウエ}}$

(2) すべての道路に渋滞中の表示がない場合，A地点からB地点に向かう車がD地点を通過する確率を求めよ。$\frac{\boxed{オカ}}{\boxed{キク}}$

(3) すべての道路に渋滞中の表示がない場合，A地点からB地点に向かう車でD地点を通過した車が，E地点を通過していた確率を求めよ。$\frac{\boxed{ケ}}{\boxed{コサ}}$

(4) ①の道路にのみ渋滞中の表示がある場合，A地点からB地点に向かう車がD地点を通過する確率を求めよ。$\frac{\boxed{シス}}{\boxed{セソ}}$

各道路を通過する車の台数が1000台を超えると車の流れが急激に悪くなる。一方で各道路の通過台数が1000台を超えない限り，主要道路である①，②，③をより多くの車が通過することが社会の効率化に繋がる。したがって，各道路の通過台数が1000台を超えない範囲で，①，②，③をそれぞれ通過する台数の合計が最大になるようにしたい。

このことを踏まえて，花子さんは，太郎さんの仮定を参考にしながら，次のような仮定をおいて考えることにした。

花子さんの仮定

(i) 分岐点において，二つの道路のいずれにも渋滞中の表示がない場合，またはいずれにも渋滞中の表示がある場合，それぞれの道路に進む車の割合は表1の割合とする。

(ii) 分岐点において，片方の道路にのみ渋滞中の表示がある場合，渋滞中の表示のある道路に進む車の台数の割合は表1の割合の $\dfrac{2}{3}$ 倍とする。

過去のデータから5月13日にA地点からB地点に向かう車は1560台と想定している。そこで，花子さんの仮定のもとでこの台数を想定してシミュレーションを行った。このとき，次の問いに答えよ。

(5)　すべての道路に渋滞中の表示がない場合，①を通過する台数は **タチツテ** 台となる。よって，①の通過台数を 1000 台以下にするには，①に渋滞中の表示を出す必要がある。

①に渋滞中の表示を出した場合，①の通過台数は **トナニ** 台となる。

(6)　各道路の通過台数が 1000 台を超えない範囲で，①，②，③をそれぞれ通過する台数の合計を最大にするには，渋滞中の表示を **ヌ** のようにすればよい。**ヌ** に当てはまるものを，次の⓪～③のうちから一つ選べ。

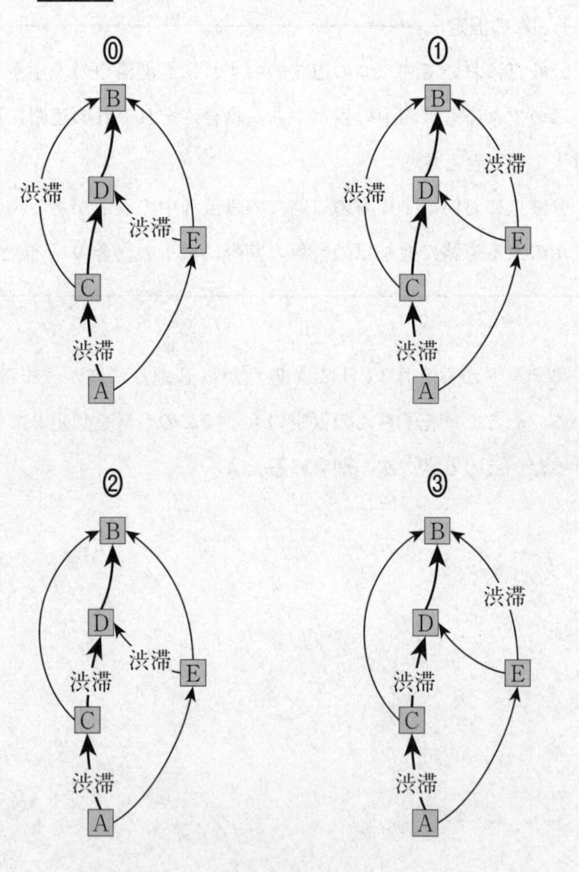

第4問 （選択問題）

花子さんと太郎さんは，正四面体ABCDの各辺の中点を次の図のようにE, F, G, H, I, Jとしたときに成り立つ性質について，コンピュータソフトを使いながら，下のように話している。二人の会話を読んで，下の問いに答えよ。

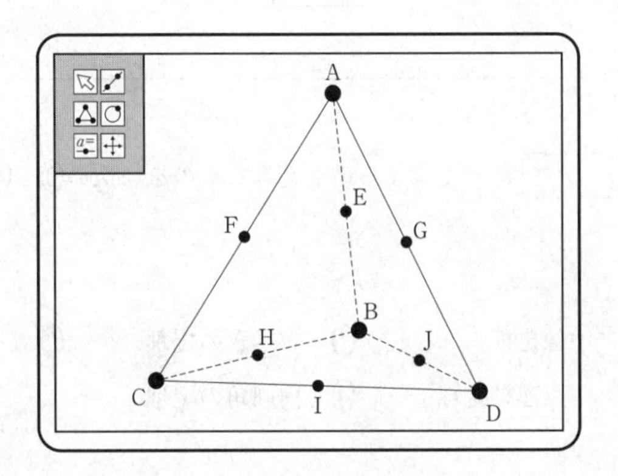

花子：四角形FHJGは平行四辺形に見えるけれど，正方形ではないかな。

太郎：4辺の長さが等しいことは，簡単に証明できそうだよ。

(1)　太郎さんは四角形FHJGの4辺の長さが等しいことを，次のように証明した。

太郎さんの証明

> ［ア］により，四角形FHJGの各辺の長さはいずれも正四面体ABCDの1辺の長さの［イ］倍であるから，4辺の長さが等しくなる。

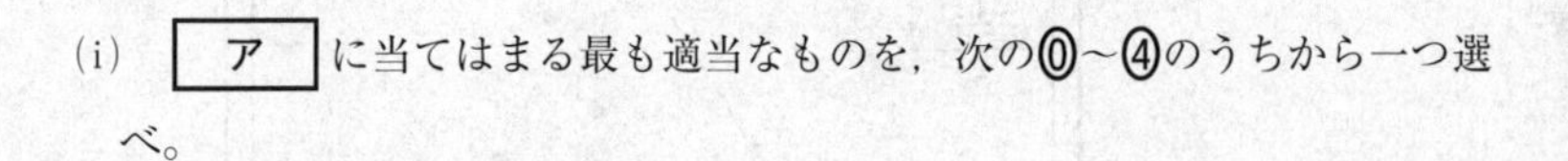

(i)　［ア］に当てはまる最も適当なものを，次の⓪～④のうちから一つ選べ。

⓪　中線定理　　①　方べきの定理　　②　三平方の定理
③　中点連結定理　　④　円周角の定理

(ii)　［イ］に当てはまるものを，次の⓪～④のうちから一つ選べ。

⓪　2　　①　$\frac{3}{4}$　　②　$\frac{2}{3}$　　③　$\frac{1}{2}$　　④　$\frac{1}{3}$

(2) 花子さんは，太郎さんの考えをもとに，正四面体をいろいろな方向から見て，四角形FHJGが正方形であることの証明について，下のような構想をもとに，実際に証明した。

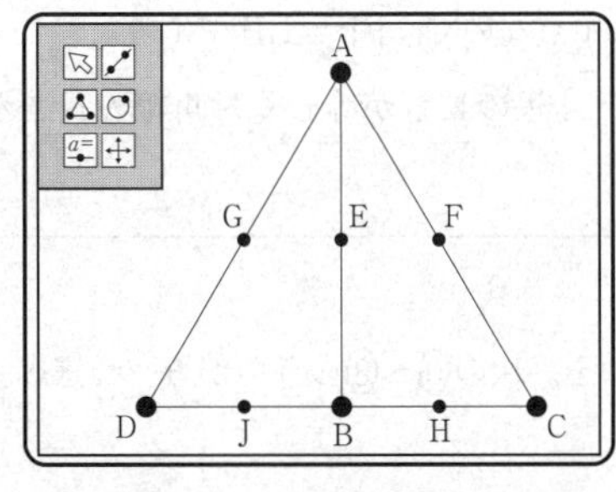

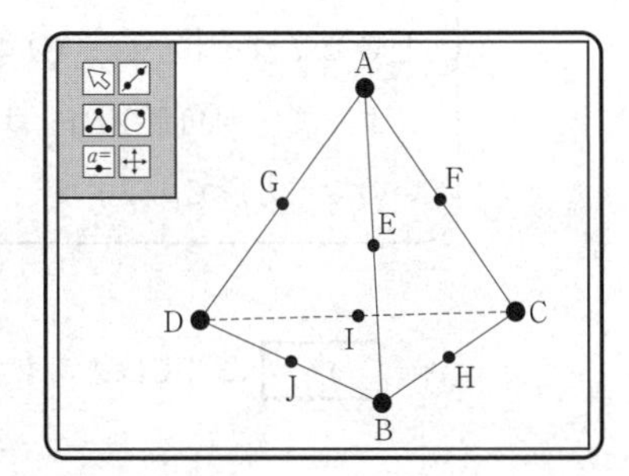

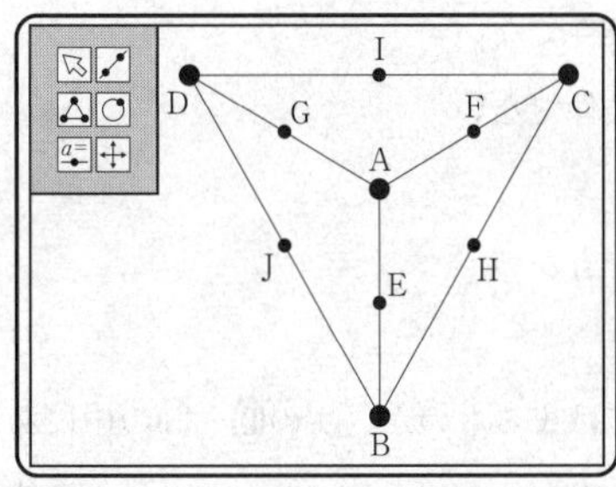

花子さんの構想

四角形において，4辺の長さが等しいことは正方形であるための［ウ］。さらに，対角線FJとGHの長さが等しいことがいえれば，四角形FHJGが正方形であることの証明となるので，△FJCと△GHDが合同であることを示したい。

しかし，この二つの三角形が合同であることの証明は難しいので，別の三角形の組に着目する。

花子さんの証明

点F，点GはそれぞれAC，ADの中点なので，二つの三角形 **エ** と **オ** に着目する。 エ と オ は3辺の長さがそれぞれ等しいので合同である。このとき， エ と オ は **カ** で，FとGはそれぞれAC，ADの中点なので，FJ = GHである。

よって，四角形FHJGは，4辺の長さが等しく対角線の長さが等しいので正方形である。

(i) **ウ** に当てはまるものを，次の⓪～③のうちから一つ選べ。

⓪ 必要条件であるが十分条件でない
① 十分条件であるが必要条件でない
② 必要十分条件である
③ 必要条件でも十分条件でもない

(ii) **エ** ， **オ** に当てはまるものが，次の⓪～⑤の中にある。当てはまるものを一つずつ選べ。ただし， エ と オ の解答の順序は問わない。

⓪ △AGH　　① △AIB　　② △AJC
③ △AHD　　④ △AHC　　⑤ △AJD

(iii) **カ** に当てはまるものを，次の⓪～③のうちから一つ選べ。

⓪ 正三角形　　① 二等辺三角形
② 直角三角形　　③ 直角二等辺三角形

四角形FHJGが正方形であることを証明した太郎さんと花子さんは，さらに，正四面体ABCDにおいて成り立つ他の性質を見いだし，下のように話している。

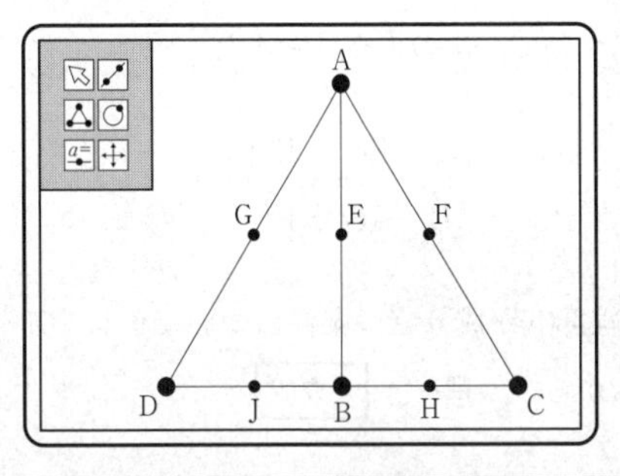

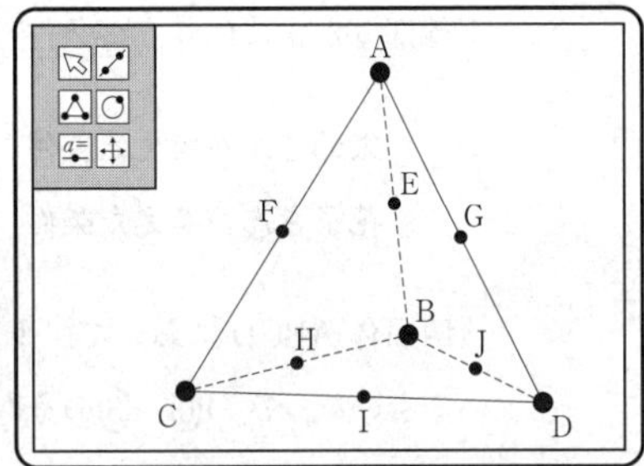

花子：線分EIと辺CDは垂直に交わるね。

太郎：そう見えるだけかもしれないよ。証明できる？

花子：(a)<u>辺CDは線分AIともBIとも垂直</u>だから，(b)<u>線分EIと辺CDは垂直といえるよ。</u>

太郎：そうか……。ということは，(c)<u>この性質は，四面体ABCDが正四面体でなくても成り立つ場合がありそうだね。</u>

(3)　下線部(a)から下線部(b)を導く過程で用いる性質として正しいものを，次の⓪～④のうちから<u>すべて選べ</u>。 キ

⓪　平面α上にある直線ℓと平面α上にない直線mが平行ならば，$\alpha /\!/ m$である。

①　平面α上にある直線ℓ，mが点Pで交わっているとき，点Pを通り平面α上にない直線nが直線ℓ，mに垂直ならば，$\alpha \perp n$である。

②　平面αと直線ℓが点Pで交わっているとき，$\alpha \perp \ell$ならば，平面α上の点Pを通るすべての直線mに対して，$\ell \perp m$である。

③　平面α上にある直線ℓ，mがともに平面α上にない直線nに垂直ならば，$\alpha \perp n$である。

④　平面α上に直線ℓ，平面β上に直線mがあるとき，$\alpha \perp \beta$ならば，$\ell \perp m$である。

(4)　下線部(c)について，太郎さんと花子さんは正四面体でない場合についても考えてみることにした。

四面体ABCDにおいて，AB，CDの中点をそれぞれE，Iとするとき，下線部(b)が常に成り立つ条件について，次のように考えた。

太郎さんが考えた条件：　AC = AD，BC = BD

花子さんが考えた条件：　BC = AD，AC = BD

四面体ABCDにおいて，下線部(b)が成り立つ条件について正しく述べているものを，次の⓪～③のうちから一つ選べ。 ク

⓪　太郎さんが考えた条件，花子さんが考えた条件のどちらにおいても常に成り立つ。

①　太郎さんが考えた条件では常に成り立つが，花子さんが考えた条件では必ずしも成り立つとは限らない。

②　太郎さんが考えた条件では必ずしも成り立つとは限らないが，花子さんが考えた条件では常に成り立つ。

③　太郎さんが考えた条件，花子さんが考えた条件のどちらにおいても必ずしも成り立つとは限らない。

第5問（選択問題）

n を3以上の整数とする。紙に正方形のマスが縦横とも $(n-1)$ 個ずつ並んだマス目を書く。その $(n-1)^2$ 個のマスに，以下の**ルール**に従って数字を一つずつ書き込んだものを「方盤」と呼ぶことにする。なお，横の並びを「行」，縦の並びを「列」という。

ルール：上から k 行目，左から ℓ 列目のマスに，k と ℓ の積を n で割った余りを記入する。

$n=3$，$n=4$ のとき，方盤はそれぞれ下の図1，図2のようになる。

1	2
2	1

図1

1	2	3
2	0	2
3	2	1

図2

例えば，図2において，上から2行目，左から3列目には，$2\times3=6$ を4で割った余りである2が書かれている。このとき，次の問いに答えよ。

(1)　$n=8$ のとき，下の図3の方盤のAに当てはまる数を答えよ。［ア］

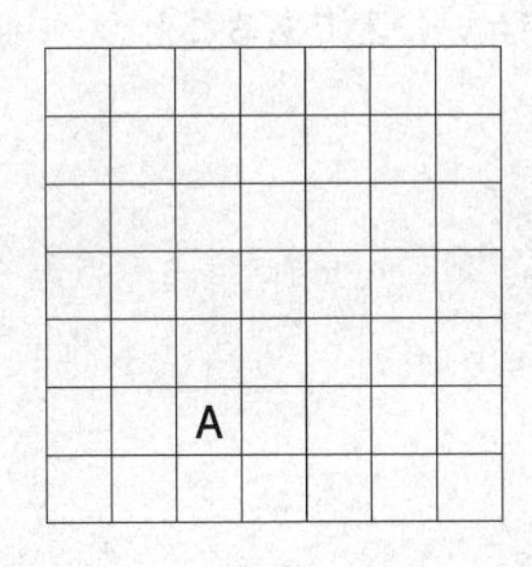

図3

また，図3の方盤の上から5行目に並ぶ数のうち，1が書かれているのは左から何列目であるかを答えよ。左から［イ］列目

(2)　$n=7$のとき，下の図4のように，方盤のいずれのマスにも0が現れない。

1	2	3	4	5	6
2	4	6	1	3	5
3	6	2	5	1	4
4	1	5	2	6	3
5	3	1	6	4	2
6	5	4	3	2	1

図4

このように，方盤のいずれのマスにも0が現れないための，nに関する必要十分条件を，次の⓪～⑤のうちから一つ選べ。［ウ］

⓪　nが奇数であること。

①　nが4で割って3余る整数であること。

②　nが2の倍数でも5の倍数でもない整数であること。

③　nが素数であること。

④　nが素数ではないこと。

⑤　$n-1$とnが互いに素であること。

(3) n の値がもっと大きい場合を考えよう。方盤においてどの数字がどのマスにあるかは，整数の性質を用いると簡単に求めることができる。

$n=56$ のとき，方盤の上から27行目に並ぶ数のうち，1は左から何列目にあるかを考えよう。

(i) 方盤の上から27行目，左から ℓ 列目の数が1であるとする(ただし，$1 \leqq \ell \leqq 55$)。ℓ を求めるためにはどのようにすれば良いか。正しいものを，次の⓪～③のうちから一つ選べ。 **エ**

⓪ 1次不定方程式 $27\ell-56m=1$ の整数解のうち，$1 \leqq \ell \leqq 55$ を満たすものを求める。

① 1次不定方程式 $27\ell-56m=-1$ の整数解のうち，$1 \leqq \ell \leqq 55$ を満たすものを求める。

② 1次不定方程式 $56\ell-27m=1$ の整数解のうち，$1 \leqq \ell \leqq 55$ を満たすものを求める。

③ 1次不定方程式 $56\ell-27m=-1$ の整数解のうち，$1 \leqq \ell \leqq 55$ を満たすものを求める。

(ii) (i)で選んだ方法により，方盤の上から27行目に並ぶ数のうち，1は左から何列目にあるかを求めよ。左から **オカ** 列目

(4)　$n=56$ のとき，方盤の各行にそれぞれ何個の0があるか考えよう。

(i)　方盤の上から24行目には0が何個あるか考える。

左から ℓ 列目が0であるための必要十分条件は，24ℓ が56の倍数であること，すなわち，ℓ が［キ］の倍数であることである。したがって，上から24行目には0が［ク］個ある。

(ii)　上から1行目から55行目までのうち，0の個数が最も多いのは上から何行目であるか答えよ。上から［ケコ］行目

(5)　$n=56$ のときの方盤について，正しいものを，次の⓪～⑤のうちからすべて選べ。［サ］

⓪　上から5行目には0がある。
①　上から6行目には0がある。
②　上から9行目には1がある。
③　上から10行目には1がある。
④　上から15行目には7がある。
⑤　上から21行目には7がある。

第1回試行調査　解答上の注意〔数学Ⅱ・数学B〕

1　解答は，解答用紙の問題番号に対応した解答欄にマークしなさい。

2　問題の文中の [ア]，[イウ] などには，特に指示がない限り，符号(－)，数字(0～9)，又は文字(a～d)が入ります。ア，イ，ウ，…の一つ一つは，これらのいずれか一つに対応します。それらを解答用紙のア，イ，ウ，…で示された解答欄にマークして答えなさい。

(例1)　[アイウ] に $-8a$ と答えたいとき

ア	●	⓪	①	②	③	④	⑤	⑥	⑦	⑧	⑨	ⓐ	ⓑ	ⓒ	ⓓ
イ	⊖	⓪	①	②	③	④	⑤	⑥	⑦	●	⑨	ⓐ	ⓑ	ⓒ	ⓓ
ウ	⊖	⓪	①	②	③	④	⑤	⑥	⑦	⑧	⑨	●	ⓑ	ⓒ	ⓓ

なお，同一の問題文中に [ア]，[イウ] などが2度以上現れる場合，原則として，2度目以降は，[ア]，[イウ] のように細字で表記します。

また，「すべて選べ」や「二つ選べ」などの指示のある問いに対して複数解答する場合は，同じ解答欄に符号，数字又は文字を**複数マーク**しなさい。

例えば，[エ] と表示のある問いに対して①，④と解答する場合は，次の(例2)のように**解答欄エの①，④にそれぞれマーク**しなさい。

(例2)

エ	⊖	⓪	●	②	③	●	⑤	⑥	⑦	⑧	⑨	ⓐ	ⓑ	ⓒ	ⓓ

3　分数形で解答する場合，分数の符号は分子につけ，分母につけてはいけません。

例えば，$\dfrac{\boxed{\text{オカ}}}{\boxed{\text{キ}}}$ に $-\dfrac{4}{5}$ と答えたいときは，$\dfrac{-4}{5}$ として答えなさい。

また，それ以上約分できない形で答えなさい。

例えば，$\dfrac{3}{4}$ と答えるところを，$\dfrac{6}{8}$ のように答えてはいけません。

4　小数の形で解答する場合，指定された桁数の一つ下の桁を四捨五入して答えなさい。また，必要に応じて，指定された桁まで⓪をマークしなさい。

例えば，[ク].[ケコ] に2.5と答えたいときには，2.50として答えなさい。

5　根号を含む形で解答する場合，根号の中に現れる自然数が最小となる形で答えなさい。

例えば，［サ］$\sqrt{［シ］}$ に $4\sqrt{2}$ と答えるところを，$2\sqrt{8}$ のように答えてはいけません。

数学Ⅱ・数学B

問　題	選 択 方 法
第1問	必　　答
第2問	必　　答
第3問	いずれか2問を選択し，解答しなさい。
第4問	
第5問	

第1問 （必答問題）

〔1〕 aを定数とする。座標平面上に，原点を中心とする半径5の円Cと，直線$\ell: x+y=a$がある。

Cとℓが異なる2点で交わるための条件は，

$$-\boxed{\text{ア}}\sqrt{\boxed{\text{イ}}} < a < \boxed{\text{ア}}\sqrt{\boxed{\text{イ}}} \quad \cdots\cdots\cdots ①$$

である。①の条件を満たすとき，Cとℓの交点の一つを$\mathrm{P}(s, t)$とする。このとき，

$$st = \frac{a^2 - \boxed{\text{ウエ}}}{\boxed{\text{オ}}}$$

である。

〔2〕 aを1でない正の実数とする。(i)〜(iii)のそれぞれの式について，正しいものを，下の⓪〜③のうちから一つずつ選べ。ただし，同じものを繰り返し選んでもよい。

(i) $\sqrt[4]{a^3} \times a^{\frac{2}{3}} = a^2$ 　カ

(ii) $\dfrac{(2a)^6}{(4a)^2} = \dfrac{a^3}{2}$ 　キ

(iii) $4(\log_2 a - \log_4 a) = \log_{\sqrt{2}} a$ 　ク

⓪ 式を満たすaの値は存在しない。

① 式を満たすaの値はちょうど一つである。

② 式を満たすaの値はちょうど二つである。

③ どのようなaの値を代入しても成り立つ式である。

〔3〕

(1)　下の図の点線は $y = \sin x$ のグラフである。(i)，(ii)の三角関数のグラフが実線で正しくかかれているものを，下の⓪～⑨のうちから一つずつ選べ。ただし，同じものを選んでもよい。

(i)　$y = \sin 2x$　［ケ］　　　(ii)　$y = \sin\left(x + \dfrac{3}{2}\pi\right)$　［コ］

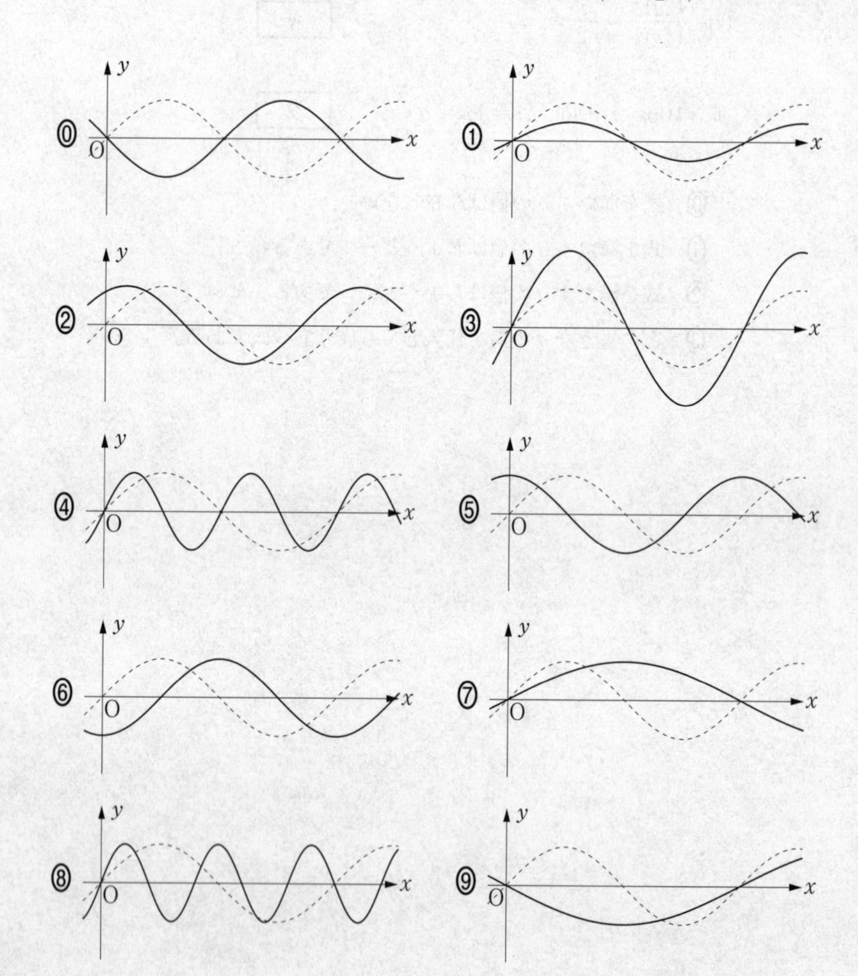

(2) 次の図はある三角関数のグラフである。その関数の式として正しいものを，下の⓪〜⑦のうちからすべて選べ。 サ

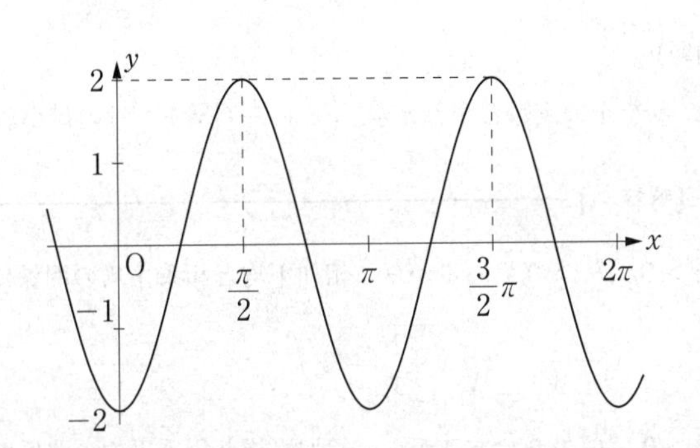

⓪ $y=2\sin\left(2x+\frac{\pi}{2}\right)$

① $y=2\sin\left(2x-\frac{\pi}{2}\right)$

② $y=2\sin 2\left(x+\frac{\pi}{2}\right)$

③ $y=\sin 2\left(2x-\frac{\pi}{2}\right)$

④ $y=2\cos\left(2x+\frac{\pi}{2}\right)$

⑤ $y=2\cos 2\left(x-\frac{\pi}{2}\right)$

⑥ $y=2\cos 2\left(x+\frac{\pi}{2}\right)$

⑦ $y=\cos 2\left(2x-\frac{\pi}{2}\right)$

〔4〕 先生と太郎さんと花子さんは，次の問題とその解答について話している。三人の会話を読んで，下の問いに答えよ。

【問題】

x，yを正の実数とするとき，$\left(x+\dfrac{1}{y}\right)\left(y+\dfrac{4}{x}\right)$の最小値を求めよ。

【解答A】

$x>0$，$\dfrac{1}{y}>0$であるから，相加平均と相乗平均の関係により

$$x+\frac{1}{y} \geqq 2\sqrt{x\cdot\frac{1}{y}}=2\sqrt{\frac{x}{y}} \qquad \cdots\cdots\cdots ①$$

$y>0$，$\dfrac{4}{x}>0$であるから，相加平均と相乗平均の関係により

$$y+\frac{4}{x} \geqq 2\sqrt{y\cdot\frac{4}{x}}=4\sqrt{\frac{y}{x}} \qquad \cdots\cdots\cdots ②$$

である。①，②の両辺は正であるから，

$$\left(x+\frac{1}{y}\right)\left(y+\frac{4}{x}\right) \geqq 2\sqrt{\frac{x}{y}}\cdot 4\sqrt{\frac{y}{x}}=8$$

よって，求める最小値は8である。

【解答B】

$$\left(x+\frac{1}{y}\right)\left(y+\frac{4}{x}\right)=xy+\frac{4}{xy}+5$$

であり，$xy>0$であるから，相加平均と相乗平均の関係により

$$xy+\frac{4}{xy} \geqq 2\sqrt{xy\cdot\frac{4}{xy}}=4$$

である。すなわち，

$$xy+\frac{4}{xy}+5 \geqq 4+5=9$$

よって，求める最小値は9である。

先生　「同じ問題なのに，解答Aと解答Bで答えが違っていますね。」

太郎　「計算が間違っているのかな。」

花子　「いや，どちらも計算は間違えていないみたい。」

太郎　「答えが違うということは，どちらかは正しくないということだよね。」

先生　「なぜ解答Aと解答Bで違う答えが出てしまったのか，考えてみましょう。」

花子　「実際にxとyに値を代入して調べてみよう。」

太郎　「例えば$x=1$，$y=1$を代入してみると，$\left(x+\dfrac{1}{y}\right)\left(y+\dfrac{4}{x}\right)$の値は$2\times5$だから10だ。」

花子　「$x=2$，$y=2$のときの値は$\dfrac{5}{2}\times4=10$になった。」

太郎　「$x=2$，$y=1$のときの値は$3\times3=9$になる。」

（太郎と花子，いろいろな値を代入して計算する）

花子　「先生，ひょっとして［シ］ということですか。」

先生　「そのとおりです。よく気づきましたね。」

花子　「正しい最小値は［ス］ですね。」

(1)　［シ］に当てはまるものを，次の⓪～③のうちから一つ選べ。

⓪　$xy+\dfrac{4}{xy}=4$を満たすx，yの値がない

①　$x+\dfrac{1}{y}=2\sqrt{\dfrac{x}{y}}$かつ$xy+\dfrac{4}{xy}=4$を満たす$x$，$y$の値がある

②　$x+\dfrac{1}{y}=2\sqrt{\dfrac{x}{y}}$かつ$y+\dfrac{4}{x}=4\sqrt{\dfrac{y}{x}}$を満たす$x$，$y$の値がない

③　$x+\dfrac{1}{y}=2\sqrt{\dfrac{x}{y}}$かつ$y+\dfrac{4}{x}=4\sqrt{\dfrac{y}{x}}$を満たす$x$，$y$の値がある

(2)　［ス］に当てはまる数を答えよ。

第2問 （必答問題）

a を定数とする。関数 $f(x)$ に対し，$S(x)=\int_a^x f(t)\,dt$ とおく。このとき，関数 $S(x)$ の増減から $y=f(x)$ のグラフの概形を考えよう。

(1) $S(x)$ は3次関数であるとし，$y=S(x)$ のグラフは次の図のように，2点 $(-1,\ 0)$，$(0,\ 4)$ を通り，点 $(2,\ 0)$ で x 軸に接しているとする。

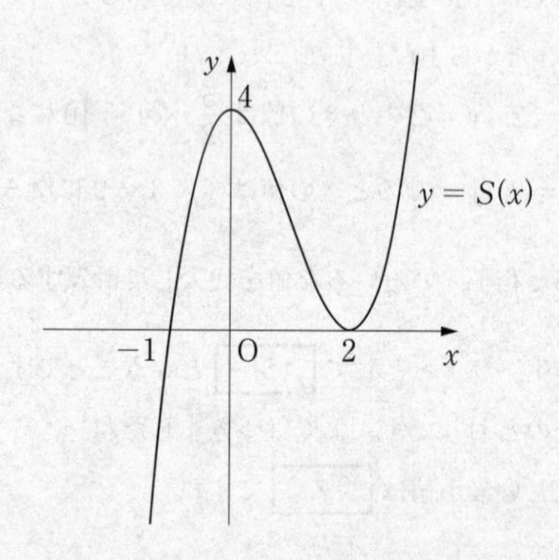

このとき，

$$S(x)=\left(x+\boxed{\text{ア}}\right)\left(x-\boxed{\text{イ}}\right)^{\boxed{\text{ウ}}}$$

である。$S(a)=\boxed{\text{エ}}$ であるから，a を負の定数とするとき，$a=\boxed{\text{オカ}}$ である。

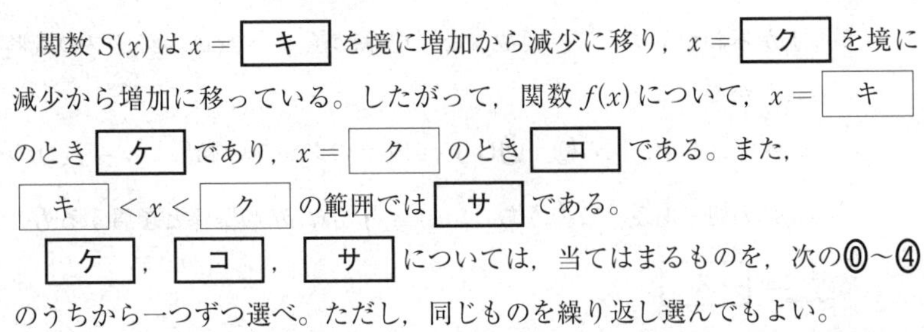
関数 $S(x)$ は $x=$ [キ] を境に増加から減少に移り，$x=$ [ク] を境に減少から増加に移っている。したがって，関数 $f(x)$ について，$x=$ [キ] のとき [ケ] であり，$x=$ [ク] のとき [コ] である。また，[キ] $<x<$ [ク] の範囲では [サ] である。

[ケ]，[コ]，[サ] については，当てはまるものを，次の⓪～④のうちから一つずつ選べ。ただし，同じものを繰り返し選んでもよい。

⓪　$f(x)$ の値は 0　　①　$f(x)$ の値は正　　②　$f(x)$ の値は負

③　$f(x)$ は極大　　④　$f(x)$ は極小

$y=f(x)$ のグラフの概形として最も適当なものを，次の⓪～⑤のうちから一つ選べ。[シ]

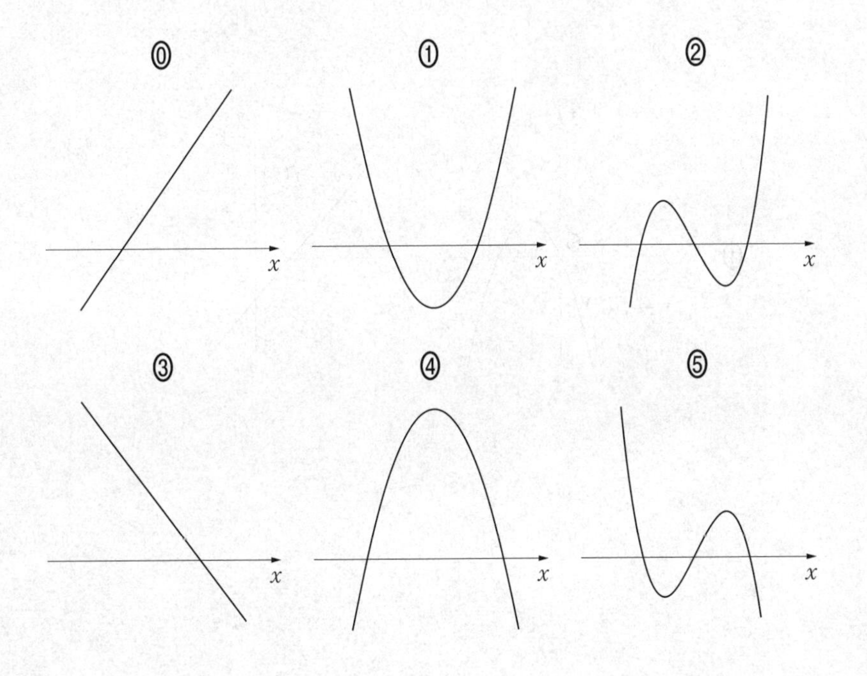

(2) (1)からわかるように，関数 $S(x)$ の増減から $y=f(x)$ のグラフの概形を考えることができる。

$a=0$ とする。次の⓪～④は $y=S(x)$ のグラフの概形と $y=f(x)$ のグラフの概形の組である。このうち，$S(x)=\int_0^x f(t)\,dt$ の関係と**矛盾するもの**を**二つ**選べ。 ス

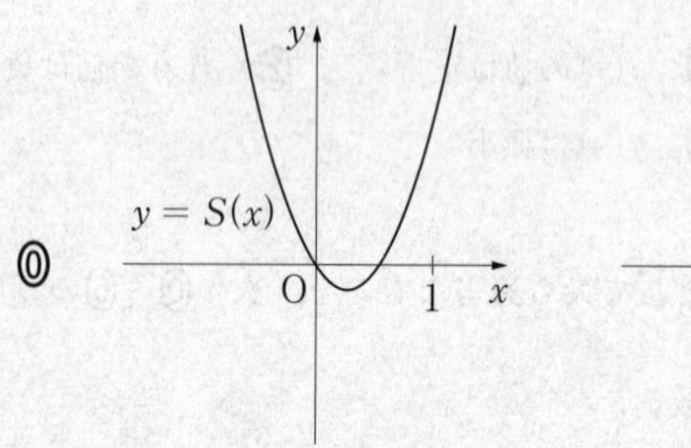

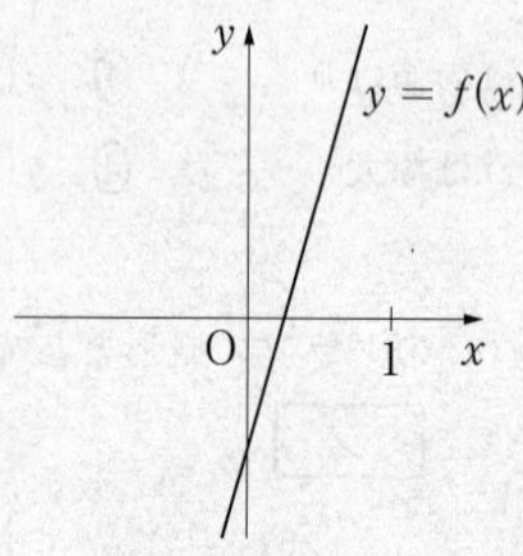

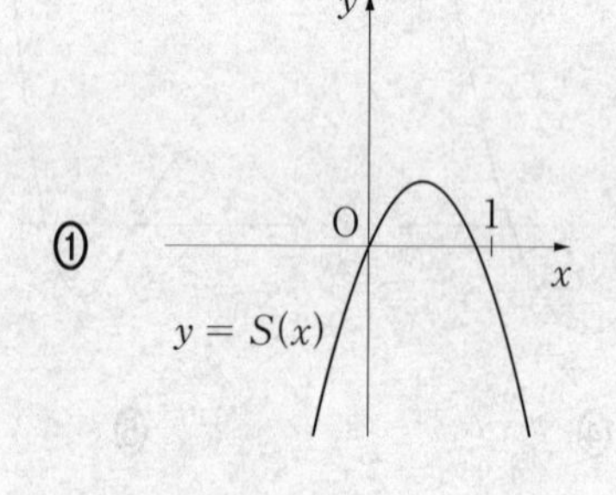

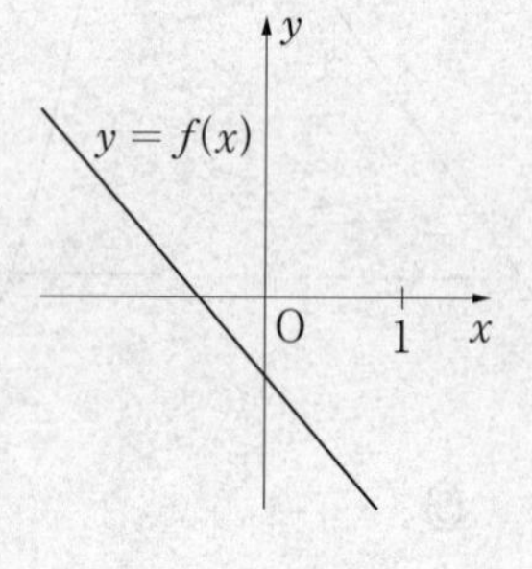

②

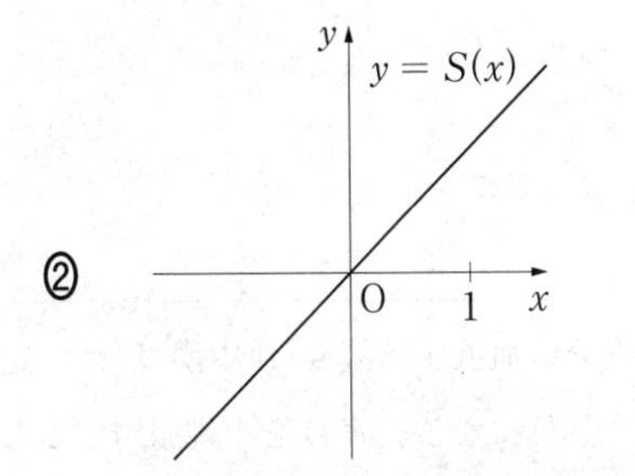

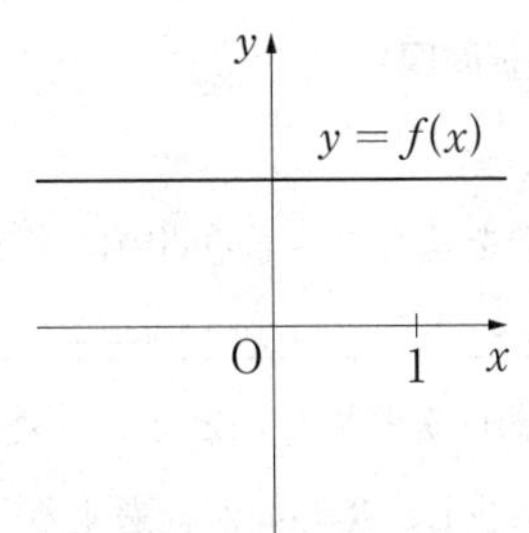

③

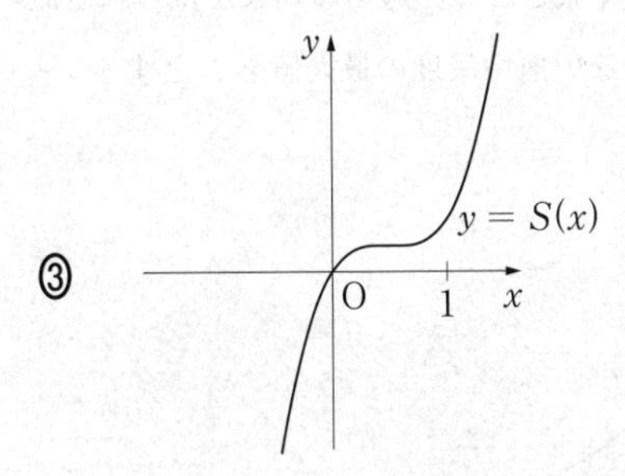

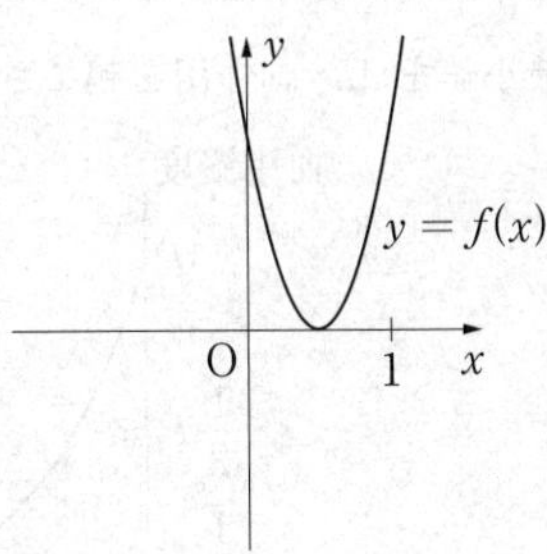

④

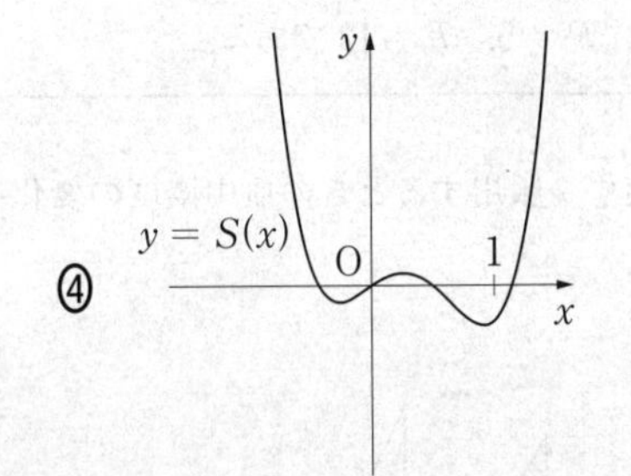

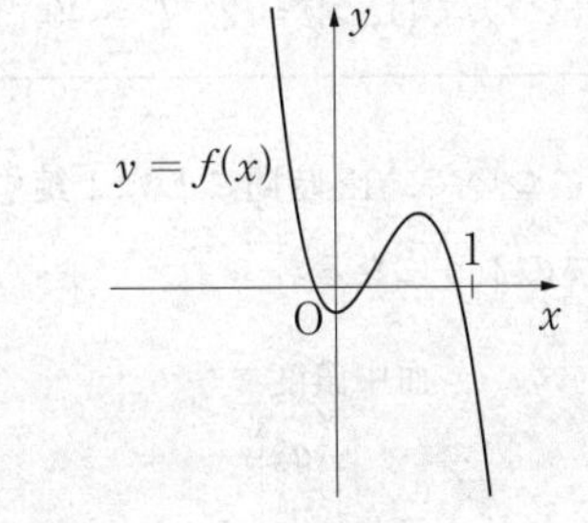

第3問 （選択問題）

次の文章を読んで，下の問いに答えよ。

ある薬Dを服用したとき，有効成分の血液中の濃度(血中濃度)は一定の割合で減少し，T時間が経過すると$\dfrac{1}{2}$倍になる。薬Dを1錠服用すると，服用直後の血中濃度はPだけ増加する。時間0で血中濃度がPであるとき，血中濃度の変化は次のグラフで表される。適切な効果が得られる血中濃度の最小値をM，副作用を起こさない血中濃度の最大値をLとする。

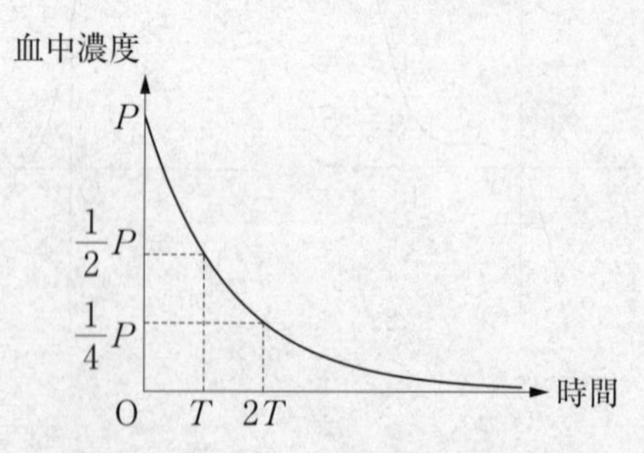

薬Dについては，$M=2$，$L=40$，$P=5$，$T=12$である。

(1) 薬Dについて，12時間ごとに1錠ずつ服用するときの血中濃度の変化は次のグラフのようになる。

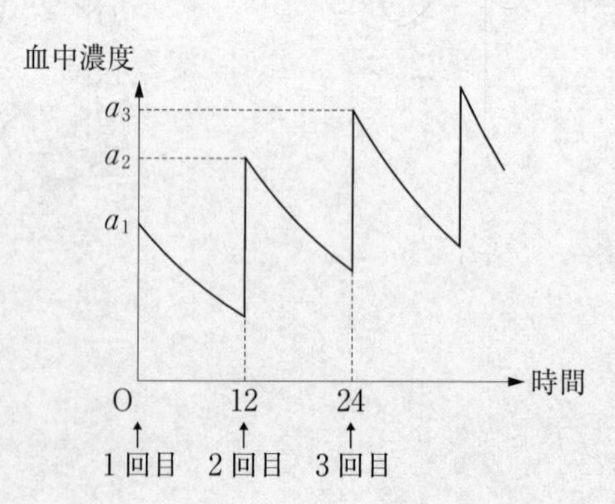

nを自然数とする。a_nはn回目の服用直後の血中濃度である。a_1はPと一致すると考えてよい。第$(n+1)$回目の服用直前には，血中濃度は第n回目の服用直後から時間の経過に応じて減少しており，薬を服用した直後に血中濃度がPだけ上昇する。この血中濃度がa_{n+1}である。

$P=5$，$T=12$であるから，数列$\{a_n\}$の初項と漸化式は

$$a_1=\boxed{\text{ア}},\quad a_{n+1}=\frac{\boxed{\text{イ}}}{\boxed{\text{ウ}}}a_n+\boxed{\text{エ}}\quad (n=1,\ 2,\ 3,\ \cdots)$$

となる。

数列$\{a_n\}$の一般項を求めてみよう。

【考え方1】

数列$\{a_n-d\}$が等比数列となるような定数dを求める。$d=\boxed{\text{オカ}}$に対して，数列$\{a_n-d\}$が公比$\dfrac{\boxed{\text{キ}}}{\boxed{\text{ク}}}$の等比数列になることを用いる。

【考え方2】

階差数列をとって考える。数列$\{a_{n+1}-a_n\}$が公比$\dfrac{\boxed{\text{ケ}}}{\boxed{\text{コ}}}$の等比数列になることを用いる。

いずれの考え方を用いても，一般項を求めることができ，

$$a_n=\boxed{\text{サシ}}-\boxed{\text{ス}}\left(\frac{\boxed{\text{セ}}}{\boxed{\text{ソ}}}\right)^{n-1}\quad (n=1,\ 2,\ 3,\ \cdots)$$

である。

(2) 薬Dについては，$M=2$，$L=40$である。薬Dを12時間ごとに1錠ずつ服用する場合，n回目の服用直前の血中濃度がa_n-Pであることに注意して，正しいものを，次の⓪～⑤のうちから二つ選べ。 タ

⓪ 4回目の服用までは血中濃度がLを超えないが，5回目の服用直後に血中濃度がLを超える。

① 5回目の服用までは血中濃度がLを超えないが，服用し続けるといつか必ずLを超える。

② どれだけ継続して服用しても血中濃度がLを超えることはない。

③ 1回目の服用直後に血中濃度がPに達して以降，血中濃度がMを下回ることはないので，1回目の服用以降は適切な効果が持続する。

④ 2回目までは服用直前に血中濃度がM未満になるが，2回目の服用以降は，血中濃度がMを下回ることはないので，適切な効果が持続する。

⑤ 5回目までは服用直前に血中濃度がM未満になるが，5回目の服用以降は，血中濃度がMを下回ることはないので，適切な効果が持続する。

(3) (1)と同じ服用量で，服用間隔の条件のみを24時間に変えた場合の血中濃度を調べよう。薬Dを24時間ごとに1錠ずつ服用するときの，n回目の服用直後の血中濃度をb_nとする。n回目の服用直前の血中濃度はb_n-Pである。最初の服用から$24n$時間経過後の服用直前の血中濃度である$a_{2n+1}-P$と$b_{n+1}-P$を比較する。$b_{n+1}-P$と$a_{2n+1}-P$の比を求めると，

$$\frac{b_{n+1}-P}{a_{2n+1}-P}=\frac{\boxed{\text{チ}}}{\boxed{\text{ツ}}}$$

となる。

(4) 薬Dを24時間ごとにk錠ずつ服用する場合には，最初の服用直後の血中濃度はkPとなる。服用量を変化させてもTの値は変わらないものとする。

薬Dを12時間ごとに1錠ずつ服用した場合と24時間ごとにk錠ずつ服用した場合の血中濃度を比較すると，最初の服用から$24n$時間経過後の各服用直前の血中濃度が等しくなるのは，$k=$ **テ** のときである。したがって，24時間ごとにk錠ずつ服用する場合の各服用直前の血中濃度を，12時間ごとに1錠ずつ服用する場合の血中濃度以上とするためには$k \geqq$ テ でなくてはならない。

また，24時間ごとの服用量を テ 錠にするとき，正しいものを，次の⓪～③のうちから一つ選べ。 **ト**

⓪ 1回目の服用以降，服用直後の血中濃度が常にLを超える。

① 4回目の服用直後までの血中濃度はL未満だが，5回目以降は服用直後の血中濃度が常にLを超える。

② 9回目の服用直後までの血中濃度はL未満だが，10回目以降は服用直後の血中濃度が常にLを超える。

③ どれだけ継続して服用しても血中濃度がLを超えることはない。

第4問 (選択問題)

四面体OABCについて，OA ⊥ BCが成り立つための条件を考えよう。次の問いに答えよ。ただし，$\overrightarrow{OA}=\vec{a}$，$\overrightarrow{OB}=\vec{b}$，$\overrightarrow{OC}=\vec{c}$ とする。

(1) O(0, 0, 0)，A(1, 1, 0)，B(1, 0, 1)，C(0, 1, 1)のとき，$\vec{a}\cdot\vec{b}=$ ア となる。$\overrightarrow{OA}\neq\vec{0}$，$\overrightarrow{BC}\neq\vec{0}$ であることに注意すると，$\overrightarrow{OA}\cdot\overrightarrow{BC}=$ イ によりOA ⊥ BCである。

(2) 四面体OABCについて，OA ⊥ BCとなるための必要十分条件を，次の⓪～③のうちから一つ選べ。 ウ

⓪ $\vec{a}\cdot\vec{b}=\vec{b}\cdot\vec{c}$　　① $\vec{a}\cdot\vec{b}=\vec{a}\cdot\vec{c}$

② $\vec{b}\cdot\vec{c}=0$　　③ $|\vec{a}|^2=\vec{b}\cdot\vec{c}$

(3) OA ⊥ BCが常に成り立つ四面体を，次の⓪～⑤のうちから一つ選べ。 エ

⓪ OA = OBかつ∠AOB = ∠AOCであるような四面体OABC

① OA = OBかつ∠AOB = ∠BOCであるような四面体OABC

② OB = OCかつ∠AOB = ∠AOCであるような四面体OABC

③ OB = OCかつ∠AOC = ∠BOCであるような四面体OABC

④ OC = OAかつ∠AOC = ∠BOCであるような四面体OABC

⑤ OC = OAかつ∠AOB = ∠BOCであるような四面体OABC

(4) OC = OB = AB = AC を満たす四面体 OABC について，OA ⊥ BC が成り立つことを下のように証明した。

【証明】

線分 OA の中点を D とする。

$\overrightarrow{BD} = \frac{1}{2}\left(\boxed{\text{オ}} + \boxed{\text{カ}}\right)$，$\overrightarrow{OA} = \boxed{\text{オ}} - \boxed{\text{カ}}$ により

$\overrightarrow{BD} \cdot \overrightarrow{OA} = \frac{1}{2}\left\{\left|\boxed{\text{オ}}\right|^2 - \left|\boxed{\text{カ}}\right|^2\right\}$ である。

また，$\left|\boxed{\text{オ}}\right| = \left|\boxed{\text{カ}}\right|$ により $\overrightarrow{OA} \cdot \overrightarrow{BD} = 0$ である。

同様に，$\boxed{\text{キ}}$ により $\overrightarrow{OA} \cdot \overrightarrow{CD} = 0$ である。

このことから $\overrightarrow{OA} \neq \vec{0}$，$\overrightarrow{BC} \neq \vec{0}$ であることに注意すると，

$\overrightarrow{OA} \cdot \overrightarrow{BC} = \overrightarrow{OA} \cdot (\overrightarrow{BD} - \overrightarrow{CD}) = 0$ により OA ⊥ BC である。

(i) $\boxed{\text{オ}}$，$\boxed{\text{カ}}$ に当てはまるものを，次の⓪～③のうちからそれぞれ一つずつ選べ。ただし，同じものを選んでもよい。

⓪ $\overrightarrow{BA}$　① $\overrightarrow{BC}$　② $\overrightarrow{BD}$　③ $\overrightarrow{BO}$

(ii) $\boxed{\text{キ}}$ に当てはまるものを，次の⓪～④のうちから一つ選べ。

⓪ $|\overrightarrow{CO}| = |\overrightarrow{CB}|$　① $|\overrightarrow{CO}| = |\overrightarrow{CA}|$　② $|\overrightarrow{OB}| = |\overrightarrow{OC}|$

③ $|\overrightarrow{AB}| = |\overrightarrow{AC}|$　④ $|\overrightarrow{BO}| = |\overrightarrow{BA}|$

(5)　(4)の証明は，OC ＝ OB ＝ AB ＝ AC のすべての等号が成り立つことを条件として用いているわけではない。このことに注意して，OA ⊥ BC が成り立つ四面体を，次の⓪～③のうちから一つ選べ。 ク

⓪　OC ＝ AC かつ OB ＝ AB かつ OB ≠ OC であるような四面体 OABC

①　OC ＝ AB かつ OB ＝ AC かつ OC ≠ OB であるような四面体 OABC

②　OC ＝ AB ＝ AC かつ OC ≠ OB であるような四面体 OABC

③　OC ＝ OB ＝ AC かつ OC ≠ AB であるような四面体 OABC

第5問 (選択問題)

ある工場では，内容量が100ｇと記載されたポップコーンを製造している。のり子さんが，この工場で製造されたポップコーン１袋を購入して調べたところ，内容量は98ｇであった。のり子さんは「記載された内容量は誤っているのではないか」と考えた。そこで，のり子さんは，この工場で製造されたポップコーンを100袋購入して調べたところ，標本平均は104ｇ，標本の標準偏差は2ｇであった。

以下の問題を解答するにあたっては，必要に応じて58ページの正規分布表を用いてもよい。

(1) ポップコーン１袋の内容量を確率変数Xで表すこととする。のり子さんの調査の結果をもとに，Xは平均104ｇ，標準偏差2ｇの正規分布に従うものとする。

このとき，Xが100ｇ以上106ｇ以下となる確率は0. アイウ であり，Xが98ｇ以下となる確率は0. エオカ である。この98ｇ以下となる確率は，「コインを キ 枚同時に投げたとき，すべて表が出る確率」に近い確率であり，起こる可能性が非常に低いことがわかる。 キ については，最も適当なものを，次の⓪～④のうちから一つ選べ。

⓪ 6　　① 8　　② 10　　③ 12　　④ 14

のり子さんがポップコーンを購入した店では，この工場で製造されたポップコーン2袋をテープでまとめて売っている。ポップコーンを入れる袋は1袋あたり5gであることがわかっている。テープでまとめられたポップコーン2袋分の重さを確率変数 Y で表すとき，Y の平均を m_Y，標準偏差を σ とおけば，$m_Y =$ **クケコ** である。ただし，テープの重さはないものとする。

また，標準偏差 σ と確率変数 X，Y について，正しいものを，次の⓪～⑤のうちから一つ選べ。 **サ**

⓪ $\sigma = 2$ であり，Y について $m_Y - 2 \leqq Y \leqq m_Y + 2$ となる確率は，X について $102 \leqq X \leqq 106$ となる確率と同じである。

① $\sigma = 2\sqrt{2}$ であり，Y について $m_Y - 2\sqrt{2} \leqq Y \leqq m_Y + 2\sqrt{2}$ となる確率は，X について $102 \leqq X \leqq 106$ となる確率と同じである。

② $\sigma = 2\sqrt{2}$ であり，Y について $m_Y - 2\sqrt{2} \leqq Y \leqq m_Y + 2\sqrt{2}$ となる確率は，X について $102 \leqq X \leqq 106$ となる確率の $\sqrt{2}$ 倍である。

③ $\sigma = 4$ であり，Y について $m_Y - 2 \leqq Y \leqq m_Y + 2$ となる確率は，X について $102 \leqq X \leqq 106$ となる確率と同じである。

④ $\sigma = 4$ であり，Y について $m_Y - 4 \leqq Y \leqq m_Y + 4$ となる確率は，X について $102 \leqq X \leqq 106$ となる確率と同じである。

⑤ $\sigma = 4$ であり，Y について $m_Y - 4 \leqq Y \leqq m_Y + 4$ となる確率は，X について $102 \leqq X \leqq 106$ となる確率の4倍である。

(2) 次にのり子さんは，内容量が100 gと記載されたポップコーンについて，内容量の母平均 m の推定を行った。

のり子さんが調べた100袋の標本平均104 g，標本の標準偏差2 gをもとに考えるとき，小数第2位を四捨五入した信頼度(信頼係数)95 %の信頼区間を，次の⓪～⑤のうちから一つ選べ。［シ］

⓪ $100.1 \leqq m \leqq 107.9$
① $102.0 \leqq m \leqq 106.0$
② $103.0 \leqq m \leqq 105.0$
③ $103.6 \leqq m \leqq 104.4$
④ $103.8 \leqq m \leqq 104.2$
⑤ $103.9 \leqq m \leqq 104.1$

同じ標本をもとにした信頼度99 %の信頼区間について，正しいものを，次の⓪～②のうちから一つ選べ。［ス］

⓪ 信頼度95 %の信頼区間と同じ範囲である。
① 信頼度95 %の信頼区間より狭い範囲になる。
② 信頼度95 %の信頼区間より広い範囲になる。

母平均 m に対する信頼度 D %の信頼区間を $A \leqq m \leqq B$ とするとき，この信頼区間の幅を $B - A$ と定める。

のり子さんは信頼区間の幅を［シ］と比べて半分にしたいと考えた。そのための方法は2通りある。

一つは，信頼度を変えずに標本の大きさを［セ］倍にすることであり，もう一つは，標本の大きさを変えずに信頼度を［ソタ］.［チ］%にすることである。

正 規 分 布 表

次の表は，標準正規分布の分布曲線における右図の灰色部分の面積の値をまとめたものである。

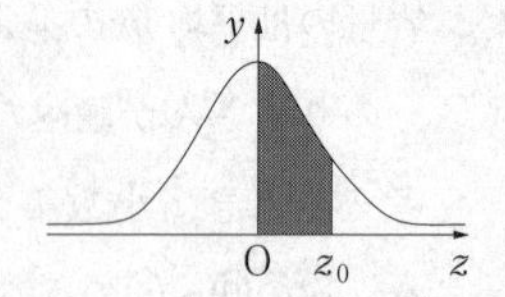

z_0	0.00	0.01	0.02	0.03	0.04	0.05	0.06	0.07	0.08	0.09
0.0	0.0000	0.0040	0.0080	0.0120	0.0160	0.0199	0.0239	0.0279	0.0319	0.0359
0.1	0.0398	0.0438	0.0478	0.0517	0.0557	0.0596	0.0636	0.0675	0.0714	0.0753
0.2	0.0793	0.0832	0.0871	0.0910	0.0948	0.0987	0.1026	0.1064	0.1103	0.1141
0.3	0.1179	0.1217	0.1255	0.1293	0.1331	0.1368	0.1406	0.1443	0.1480	0.1517
0.4	0.1554	0.1591	0.1628	0.1664	0.1700	0.1736	0.1772	0.1808	0.1844	0.1879
0.5	0.1915	0.1950	0.1985	0.2019	0.2054	0.2088	0.2123	0.2157	0.2190	0.2224
0.6	0.2257	0.2291	0.2324	0.2357	0.2389	0.2422	0.2454	0.2486	0.2517	0.2549
0.7	0.2580	0.2611	0.2642	0.2673	0.2704	0.2734	0.2764	0.2794	0.2823	0.2852
0.8	0.2881	0.2910	0.2939	0.2967	0.2995	0.3023	0.3051	0.3078	0.3106	0.3133
0.9	0.3159	0.3186	0.3212	0.3238	0.3264	0.3289	0.3315	0.3340	0.3365	0.3389
1.0	0.3413	0.3438	0.3461	0.3485	0.3508	0.3531	0.3554	0.3577	0.3599	0.3621
1.1	0.3643	0.3665	0.3686	0.3708	0.3729	0.3749	0.3770	0.3790	0.3810	0.3830
1.2	0.3849	0.3869	0.3888	0.3907	0.3925	0.3944	0.3962	0.3980	0.3997	0.4015
1.3	0.4032	0.4049	0.4066	0.4082	0.4099	0.4115	0.4131	0.4147	0.4162	0.4177
1.4	0.4192	0.4207	0.4222	0.4236	0.4251	0.4265	0.4279	0.4292	0.4306	0.4319
1.5	0.4332	0.4345	0.4357	0.4370	0.4382	0.4394	0.4406	0.4418	0.4429	0.4441
1.6	0.4452	0.4463	0.4474	0.4484	0.4495	0.4505	0.4515	0.4525	0.4535	0.4545
1.7	0.4554	0.4564	0.4573	0.4582	0.4591	0.4599	0.4608	0.4616	0.4625	0.4633
1.8	0.4641	0.4649	0.4656	0.4664	0.4671	0.4678	0.4686	0.4693	0.4699	0.4706
1.9	0.4713	0.4719	0.4726	0.4732	0.4738	0.4744	0.4750	0.4756	0.4761	0.4767
2.0	0.4772	0.4778	0.4783	0.4788	0.4793	0.4798	0.4803	0.4808	0.4812	0.4817
2.1	0.4821	0.4826	0.4830	0.4834	0.4838	0.4842	0.4846	0.4850	0.4854	0.4857
2.2	0.4861	0.4864	0.4868	0.4871	0.4875	0.4878	0.4881	0.4884	0.4887	0.4890
2.3	0.4893	0.4896	0.4898	0.4901	0.4904	0.4906	0.4909	0.4911	0.4913	0.4916
2.4	0.4918	0.4920	0.4922	0.4925	0.4927	0.4929	0.4931	0.4932	0.4934	0.4936
2.5	0.4938	0.4940	0.4941	0.4943	0.4945	0.4946	0.4948	0.4949	0.4951	0.4952
2.6	0.4953	0.4955	0.4956	0.4957	0.4959	0.4960	0.4961	0.4962	0.4963	0.4964
2.7	0.4965	0.4966	0.4967	0.4968	0.4969	0.4970	0.4971	0.4972	0.4973	0.4974
2.8	0.4974	0.4975	0.4976	0.4977	0.4977	0.4978	0.4979	0.4979	0.4980	0.4981
2.9	0.4981	0.4982	0.4982	0.4983	0.4984	0.4984	0.4985	0.4985	0.4986	0.4986
3.0	0.4987	0.4987	0.4987	0.4988	0.4988	0.4989	0.4989	0.4989	0.4990	0.4990

2020

センター試験

本試験

数学Ⅰ・A ………………………… 2
数学Ⅱ・B ………………………… 20

各科目とも　60 分　100 点

数学Ⅰ・数学A

問　題	選　択　方　法
第1問	必　　答
第2問	必　　答
第3問	いずれか2問を選択し，解答しなさい。
第4問	
第5問	

第１問　(必答問題)（配点　30)

〔1〕 aを定数とする。

(1) 直線$\ell : y=(a^2-2a-8)x+a$の傾きが負となるのは，aの値の範囲が

$$\boxed{アイ} < a < \boxed{ウ}$$

のときである。

(2) $a^2-2a-8 \neq 0$とし，(1)の直線ℓとx軸との交点のx座標をbとする。

$a>0$の場合，$b>0$となるのは$\boxed{エ} < a < \boxed{オ}$のときである。

$a \leqq 0$の場合，$b>0$となるのは$a < \boxed{カキ}$のときである。

また，$a=\sqrt{3}$のとき

$$b=\frac{\boxed{ク}\sqrt{\boxed{ケ}}-\boxed{コ}}{\boxed{サシ}}$$

である。

〔2〕 自然数 n に関する三つの条件 p, q, r を次のように定める。

p：n は 4 の倍数である

q：n は 6 の倍数である

r：n は 24 の倍数である

条件 p, q, r の否定をそれぞれ $\overline{p}$, $\overline{q}$, $\overline{r}$ で表す。

条件 p を満たす自然数全体の集合を P とし，条件 q を満たす自然数全体の集合を Q とし，条件 r を満たす自然数全体の集合を R とする。自然数全体の集合を全体集合とし，集合 P, Q, R の補集合をそれぞれ $\overline{P}$, $\overline{Q}$, $\overline{R}$ で表す。

(1) 次の ［ス］ に当てはまるものを，下の⓪～⑤のうちから一つ選べ。

$32 \in$ ［ス］ である。

⓪ $P \cap Q \cap R$　　① $P \cap Q \cap \overline{R}$　　② $P \cap \overline{Q}$

③ $\overline{P} \cap Q$　　④ $\overline{P} \cap \overline{Q} \cap R$　　⑤ $\overline{P} \cap \overline{Q} \cap \overline{R}$

(2) 次の タ に当てはまるものを，下の⓪～④のうちから一つ選べ。

$P \cap Q$ に属する自然数のうち最小のものは セソ である。

また，セソ タ R である。

⓪ $=$　① $\subset$　② $\supset$　③ $\in$　④ $\notin$

(3) 次の チ に当てはまるものを，下の⓪～③のうちから一つ選べ。

自然数 セソ は，命題 チ の反例である。

⓪ 「(p かつ q) $\Longrightarrow \overline{r}$」　① 「($p$ または q) $\Longrightarrow \overline{r}$」

② 「$r \Longrightarrow$ (p かつ q)」　③ 「(p かつ q) $\Longrightarrow r$」

〔3〕　c を定数とする。2 次関数 $y = x^2$ のグラフを，2 点 $(c, 0)$，$(c + 4, 0)$ を通るように平行移動して得られるグラフを G とする。

(1)　G をグラフにもつ 2 次関数は，c を用いて

$$y = x^2 - 2\left(c + \boxed{\text{ツ}}\right)x + c\left(c + \boxed{\text{テ}}\right)$$

と表せる。

2 点 $(3, 0)$，$(3, -3)$ を両端とする線分と G が共有点をもつような c の値の範囲は

$$-\boxed{\text{ト}} \leqq c \leqq \boxed{\text{ナ}},\quad \boxed{\text{ニ}} \leqq c \leqq \boxed{\text{ヌ}}$$

である。

(2)　$\boxed{\text{ニ}} \leqq c \leqq \boxed{\text{ヌ}}$ の場合を考える。G が点 $(3, -1)$ を通るとき，G は 2 次関数 $y = x^2$ のグラフを x 軸方向に $\boxed{\text{ネ}} + \sqrt{\boxed{\text{ノ}}}$，$y$ 軸方向に $\boxed{\text{ハヒ}}$ だけ平行移動したものである。また，このとき G と y 軸との交点の y 座標は $\boxed{\text{フ}} + \boxed{\text{ヘ}}\sqrt{\boxed{\text{ホ}}}$ である。

第2問 （必答問題）（配点　30）

〔1〕 △ABCにおいて，$BC=2\sqrt{2}$ とする。∠ACBの二等分線と辺ABの交点をDとし，$CD=\sqrt{2}$，$\cos\angle BCD=\dfrac{3}{4}$ とする。このとき，$BD=$ [ア] であり

$$\sin\angle ADC=\frac{\sqrt{\boxed{\text{イウ}}}}{\boxed{\text{エ}}}$$

である。$\dfrac{AC}{AD}=\sqrt{\boxed{\text{オ}}}$ であるから

$$AD=\boxed{\text{カ}}$$

である。また，△ABCの外接円の半径は $\dfrac{\boxed{\text{キ}}\sqrt{\boxed{\text{ク}}}}{\boxed{\text{ケ}}}$ である。

〔2〕

(1) 次の コ ， サ に当てはまるものを，下の⓪～⑤のうちから一つずつ選べ。ただし，解答の順序は問わない。

99 個の観測値からなるデータがある。四分位数について述べた記述で，どのようなデータでも成り立つものは コ と サ である。

⓪ 平均値は第 1 四分位数と第 3 四分位数の間にある。
① 四分位範囲は標準偏差より大きい。
② 中央値より小さい観測値の個数は 49 個である。
③ 最大値に等しい観測値を 1 個削除しても第 1 四分位数は変わらない。
④ 第 1 四分位数より小さい観測値と，第 3 四分位数より大きい観測値とをすべて削除すると，残りの観測値の個数は 51 個である。
⑤ 第 1 四分位数より小さい観測値と，第 3 四分位数より大きい観測値とをすべて削除すると，残りの観測値からなるデータの範囲はもとのデータの四分位範囲に等しい。

⑵　図1は，平成27年の男の市区町村別平均寿命のデータを47の都道府県P1，P2，…，P47ごとに箱ひげ図にして，並べたものである。

次の(Ⅰ)，(Ⅱ)，(Ⅲ)は図1に関する記述である。

(Ⅰ)　四分位範囲はどの都道府県においても1以下である。

(Ⅱ)　箱ひげ図は中央値が小さい値から大きい値の順に上から下へ並んでいる。

(Ⅲ)　P1のデータのどの値とP47のデータのどの値とを比較しても1.5以上の差がある。

次の［シ］に当てはまるものを，下の⓪～⑦のうちから一つ選べ。

(Ⅰ)，(Ⅱ)，(Ⅲ)の正誤の組合せとして正しいものは［シ］である。

	⓪	①	②	③	④	⑤	⑥	⑦
(Ⅰ)	正	正	正	誤	正	誤	誤	誤
(Ⅱ)	正	正	誤	正	誤	正	誤	誤
(Ⅲ)	正	誤	正	正	誤	誤	正	誤

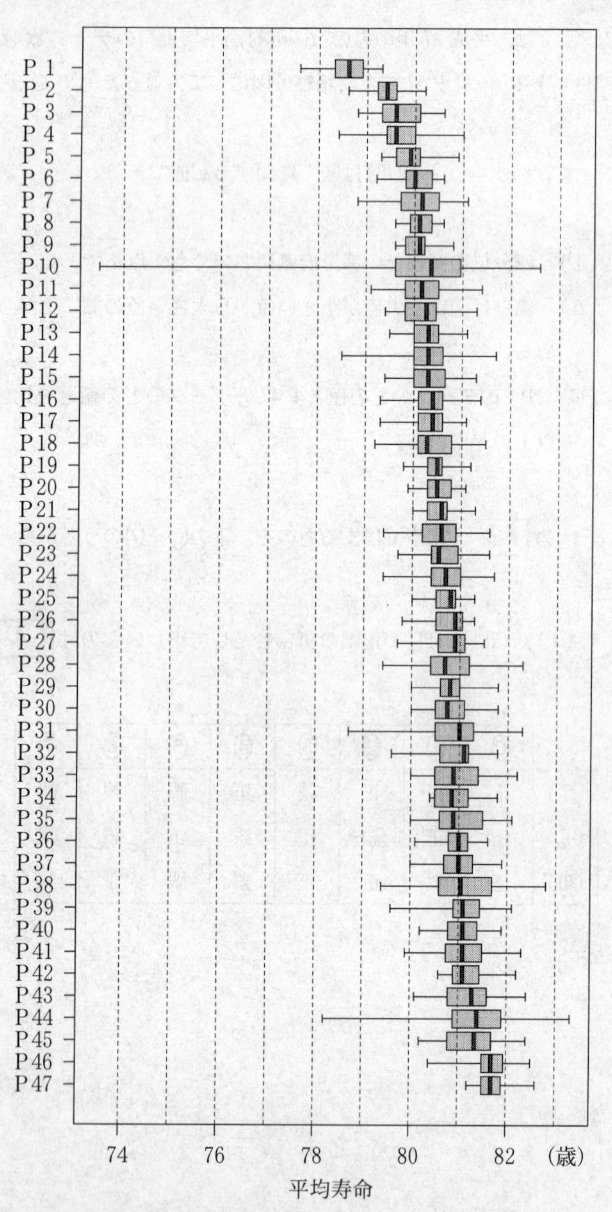

図１　男の市区町村別平均寿命の箱ひげ図
（出典：厚生労働省のWebページにより作成）

(3)　ある県は20の市区町村からなる。図2はその県の男の市区町村別平均寿命のヒストグラムである。なお，ヒストグラムの各階級の区間は，左側の数値を含み，右側の数値を含まない。

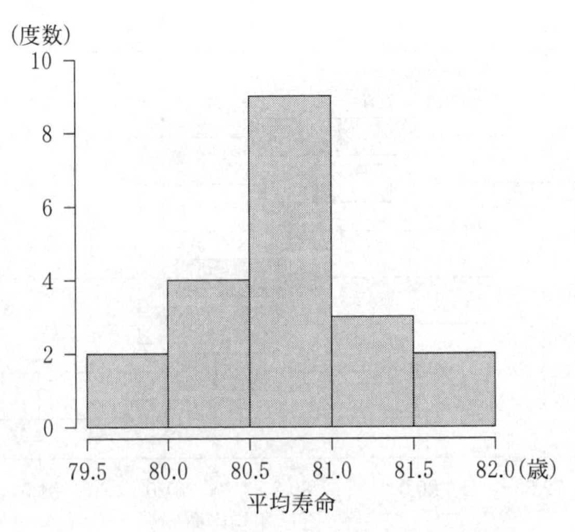

図2　市区町村別平均寿命のヒストグラム

(出典：厚生労働省のWebページにより作成)

次の［ス］に当てはまるものを，下の⓪～⑦のうちから一つ選べ。

図２のヒストグラムに対応する箱ひげ図は［ス］である。

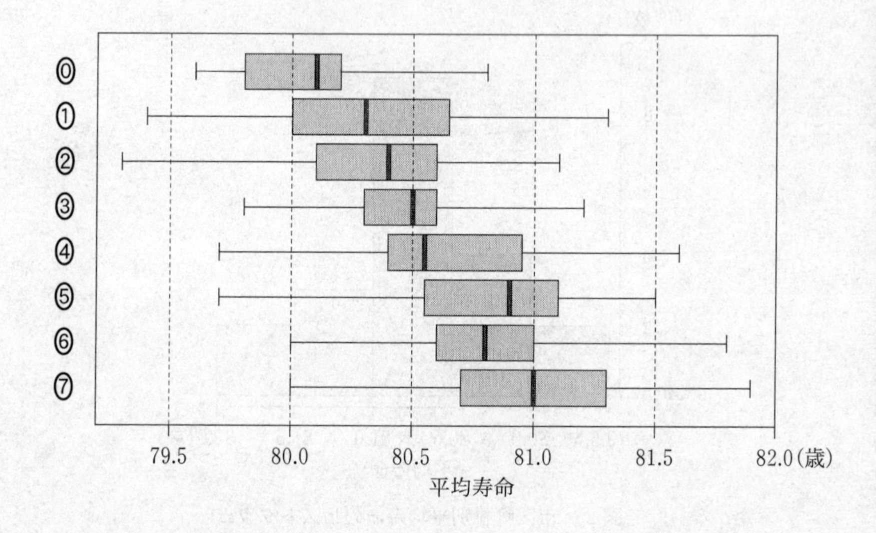

(4) 図3は，平成27年の男の都道府県別平均寿命と女の都道府県別平均寿命の散布図である。2個の点が重なって区別できない所は黒丸にしている。図には補助的に切片が5.5から7.5まで0.5刻みで傾き1の直線を5本付加している。

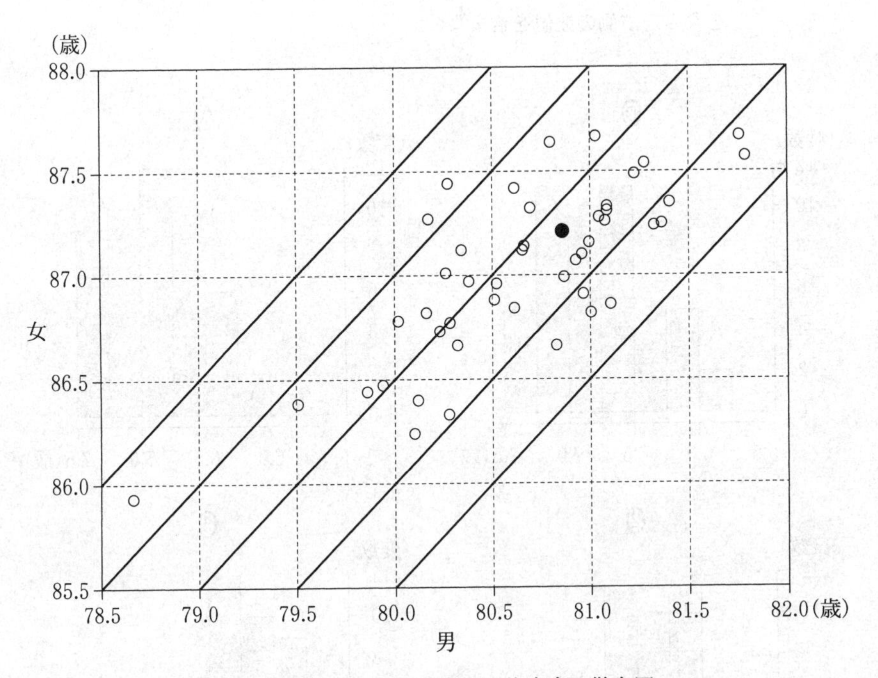

図3　男と女の都道府県別平均寿命の散布図

(出典：厚生労働省のWebページにより作成)

次の セ に当てはまるものを，下の⓪～③のうちから一つ選べ。

都道府県ごとに男女の平均寿命の差をとったデータに対するヒストグラムは セ である。なお，ヒストグラムの各階級の区間は，左側の数値を含み，右側の数値を含まない。

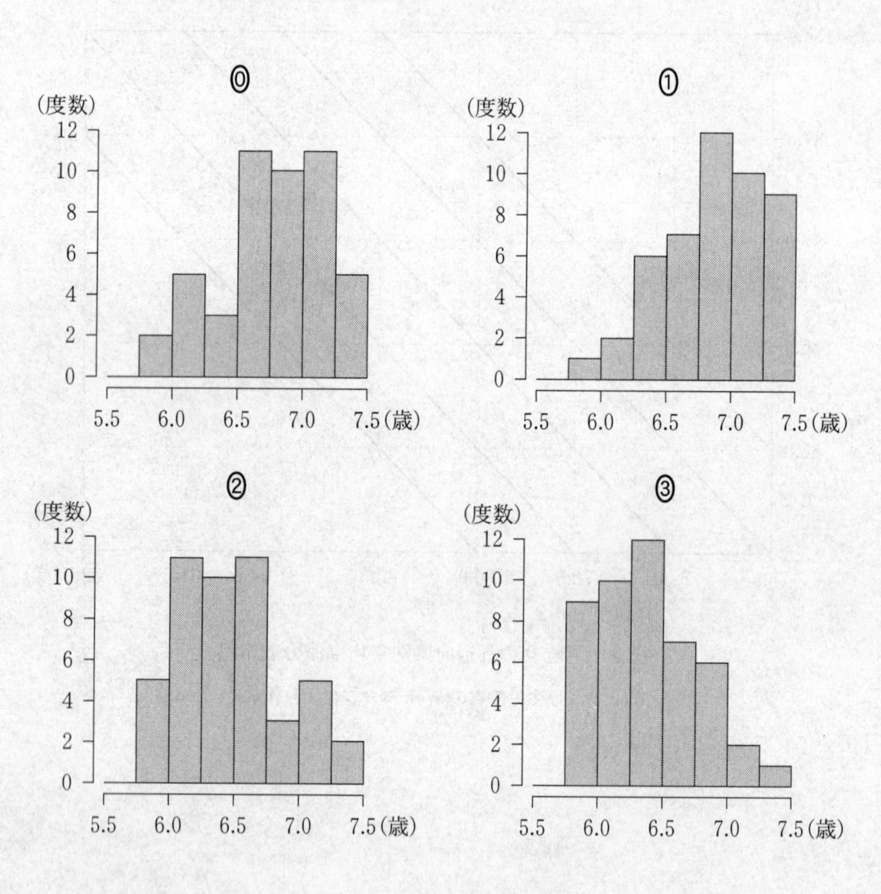

第3問 （選択問題）（配点　20）

〔1〕 次の ア ， イ に当てはまるものを，下の⓪～③のうちから一つずつ選べ。ただし，解答の順序は問わない。

正しい記述は ア と イ である。

⓪ 1枚のコインを投げる試行を5回繰り返すとき，少なくとも1回は表が出る確率を p とすると，$p > 0.95$ である。

① 袋の中に赤球と白球が合わせて8個入っている。球を1個取り出し，色を調べてから袋に戻す試行を行う。この試行を5回繰り返したところ赤球が3回出た。したがって，1回の試行で赤球が出る確率は $\frac{3}{5}$ である。

② 箱の中に「い」と書かれたカードが1枚，「ろ」と書かれたカードが2枚，「は」と書かれたカードが2枚の合計5枚のカードが入っている。同時に2枚のカードを取り出すとき，書かれた文字が異なる確率は $\frac{4}{5}$ である。

③ コインの面を見て「オモテ（表）」または「ウラ（裏）」とだけ発言するロボットが2体ある。ただし，どちらのロボットも出た面に対して正しく発言する確率が0.9，正しく発言しない確率が0.1であり，これら2体は互いに影響されることなく発言するものとする。いま，ある人が1枚のコインを投げる。出た面を見た2体が，ともに「オモテ」と発言したときに，実際に表が出ている確率を p とすると，$p \leqq 0.9$ である。

〔2〕 1枚のコインを最大で5回投げるゲームを行う。このゲームでは，1回投げるごとに表が出たら持ち点に2点を加え，裏が出たら持ち点に－1点を加える。はじめの持ち点は0点とし，ゲーム終了のルールを次のように定める。

- 持ち点が再び0点になった場合は，その時点で終了する。
- 持ち点が再び0点にならない場合は，コインを5回投げ終わった時点で終了する。

(1) コインを2回投げ終わって持ち点が－2点である確率は$\dfrac{\boxed{ウ}}{\boxed{エ}}$である。また，コインを2回投げ終わって持ち点が1点である確率は$\dfrac{\boxed{オ}}{\boxed{カ}}$である。

(2) 持ち点が再び0点になることが起こるのは，コインを$\boxed{キ}$回投げ終わったときである。コインを$\boxed{キ}$回投げ終わって持ち点が0点になる確率は$\dfrac{\boxed{ク}}{\boxed{ケ}}$である。

(3) ゲームが終了した時点で持ち点が4点である確率は$\dfrac{\boxed{コ}}{\boxed{サシ}}$である。

(4) ゲームが終了した時点で持ち点が4点であるとき，コインを2回投げ終わって持ち点が1点である条件付き確率は$\dfrac{\boxed{ス}}{\boxed{セ}}$である。

第４問 （選択問題）（配点　20）

(1)　x を循環小数 $2.\dot{3}\dot{6}$ とする。すなわち

$$x = 2.363636\cdots\cdots$$

とする。このとき

$$100 \times x - x = 236.\dot{3}\dot{6} - 2.\dot{3}\dot{6}$$

であるから，x を分数で表すと

$$x = \frac{\boxed{\text{アイ}}}{\boxed{\text{ウエ}}}$$

である。

(2)　有理数 y は，7進法で表すと，二つの数字の並び ab が繰り返し現れる循環小数 $2.\dot{a}\dot{b}_{(7)}$ になるとする。ただし，a，b は0以上6以下の**異なる**整数である。このとき

$$49 \times y - y = 2ab.\dot{a}\dot{b}_{(7)} - 2.\dot{a}\dot{b}_{(7)}$$

であるから

$$y = \frac{\boxed{\text{オカ}} + 7 \times a + b}{\boxed{\text{キク}}}$$

と表せる。

(i)　y が，分子が奇数で分母が4である分数で表されるのは

$$y = \frac{\boxed{\text{ケ}}}{4} \quad \text{または} \quad y = \frac{\boxed{\text{コサ}}}{4}$$

のときである。$y = \dfrac{\boxed{\text{コサ}}}{4}$ のときは，$7 \times a + b = \boxed{\text{シス}}$ であるから

$$a = \boxed{\text{セ}}, \quad b = \boxed{\text{ソ}}$$

である。

(ii)　$y - 2$ は，分子が1で分母が2以上の整数である分数で表されるとする。このような y の個数は，全部で $\boxed{\text{タ}}$ 個である。

第5問　（選択問題）（配点　20）

△ABCにおいて，辺BCを7：1に内分する点をDとし，辺ACを7：1に内分する点をEとする。線分ADと線分BEの交点をFとし，直線CFと辺ABの交点をGとすると

$$\frac{\mathrm{GB}}{\mathrm{AG}} = \boxed{\text{ア}},\quad \frac{\mathrm{FD}}{\mathrm{AF}} = \frac{\boxed{\text{イ}}}{\boxed{\text{ウ}}},\quad \frac{\mathrm{FC}}{\mathrm{GF}} = \frac{\boxed{\text{エ}}}{\boxed{\text{オ}}}$$

である。したがって

$$\frac{\triangle\mathrm{CDG}\text{の面積}}{\triangle\mathrm{BFG}\text{の面積}} = \frac{\boxed{\text{カ}}}{\boxed{\text{キク}}}$$

となる。

4点B，D，F，Gが同一円周上にあり，かつFD＝1のとき

$$\mathrm{AB} = \boxed{\text{ケコ}}$$

である。さらに，$\mathrm{AE} = 3\sqrt{7}$ とするとき，$\mathrm{AE}\cdot\mathrm{AC} = \boxed{\text{サシ}}$ であり

$$\angle\mathrm{AEG} = \boxed{\text{ス}}$$

である。$\boxed{\text{ス}}$ に当てはまるものを，次の⓪～③のうちから一つ選べ。

⓪ ∠BGE　① ∠ADB　② ∠ABC　③ ∠BAD

数学Ⅱ・数学B

問　題	選　択　方　法
第1問	必　　答
第2問	必　　答
第3問	いずれか2問を選択し，解答しなさい。
第4問	
第5問	

第1問　(必答問題)（配点　30）

〔1〕

(1)　$0 \leqq \theta < 2\pi$ のとき

$$\sin\theta > \sqrt{3}\cos\left(\theta - \frac{\pi}{3}\right) \quad \cdots\cdots\cdots\cdots ①$$

となる θ の値の範囲を求めよう。

加法定理を用いると

$$\sqrt{3}\cos\left(\theta - \frac{\pi}{3}\right) = \frac{\sqrt{\boxed{\text{ア}}}}{\boxed{\text{イ}}}\cos\theta + \frac{\boxed{\text{ウ}}}{\boxed{\text{イ}}}\sin\theta$$

である。よって，三角関数の合成を用いると，① は

$$\sin\left(\theta + \frac{\pi}{\boxed{\text{エ}}}\right) < 0$$

と変形できる。したがって，求める範囲は

$$\frac{\boxed{\text{オ}}}{\boxed{\text{カ}}}\pi < \theta < \frac{\boxed{\text{キ}}}{\boxed{\text{ク}}}\pi$$

である。

(2)　$0 \leqq \theta \leqq \frac{\pi}{2}$ とし，k を実数とする。$\sin\theta$ と $\cos\theta$ は x の2次方程式 $25x^2 - 35x + k = 0$ の解であるとする。このとき，解と係数の関係により $\sin\theta + \cos\theta$ と $\sin\theta\cos\theta$ の値を考えれば，$k =$ 〔ケコ〕 であることがわかる。

さらに，θ が $\sin\theta \geqq \cos\theta$ を満たすとすると，$\sin\theta = \dfrac{〔サ〕}{〔シ〕}$，$\cos\theta = \dfrac{〔ス〕}{〔セ〕}$ である。このとき，θ は 〔ソ〕 を満たす。〔ソ〕 に当てはまるものを，次の⓪～⑤のうちから一つ選べ。

⓪　$0 \leqq \theta < \frac{\pi}{12}$　①　$\frac{\pi}{12} \leqq \theta < \frac{\pi}{6}$　②　$\frac{\pi}{6} \leqq \theta < \frac{\pi}{4}$

③　$\frac{\pi}{4} \leqq \theta < \frac{\pi}{3}$　④　$\frac{\pi}{3} \leqq \theta < \frac{5}{12}\pi$　⑤　$\frac{5}{12}\pi \leqq \theta \leqq \frac{\pi}{2}$

〔2〕

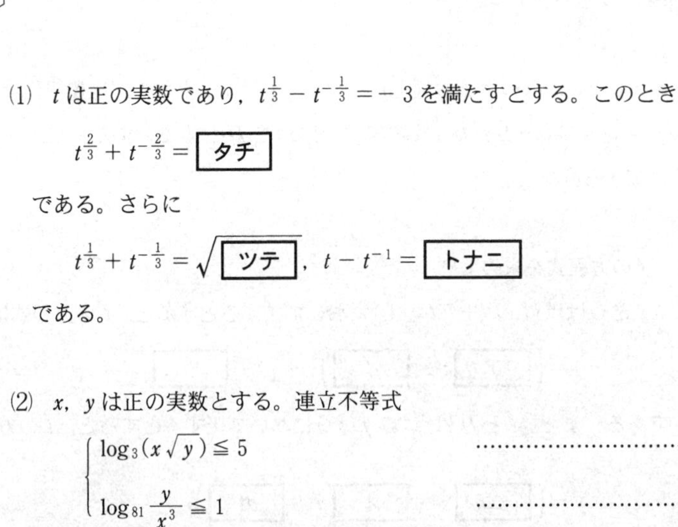

(1)　t は正の実数であり，$t^{\frac{1}{3}} - t^{-\frac{1}{3}} = -3$ を満たすとする。このとき

$$t^{\frac{2}{3}} + t^{-\frac{2}{3}} = \boxed{\text{タチ}}$$

である。さらに

$$t^{\frac{1}{3}} + t^{-\frac{1}{3}} = \sqrt{\boxed{\text{ツテ}}},\quad t - t^{-1} = \boxed{\text{トナニ}}$$

である。

(2)　x，y は正の実数とする。連立不等式

$$\begin{cases} \log_3(x\sqrt{y}) \leqq 5 & \cdots\cdots ② \\ \log_{81}\dfrac{y}{x^3} \leqq 1 & \cdots\cdots ③ \end{cases}$$

について考える。

$X = \log_3 x$，$Y = \log_3 y$ とおくと，② は

$$\boxed{\text{ヌ}}\,X + Y \leqq \boxed{\text{ネノ}} \quad \cdots\cdots ④$$

と変形でき，③ は

$$\boxed{\text{ハ}}\,X - Y \geqq \boxed{\text{ヒフ}} \quad \cdots\cdots ⑤$$

と変形できる。

X，Y が ④ と ⑤ を満たすとき，Y のとり得る最大の整数の値は $\boxed{\text{ヘ}}$ である。また，x，y が ②，③ と $\log_3 y = \boxed{\text{ヘ}}$ を同時に満たすとき，x のとり得る最大の整数の値は $\boxed{\text{ホ}}$ である。

第2問 （必答問題）（配点　30）

$a>0$ とし，$f(x)=x^2-(4a-2)x+4a^2+1$ とおく。座標平面上で，放物線 $y=x^2+2x+1$ を C，放物線 $y=f(x)$ を D とする。また，ℓ を C と D の両方に接する直線とする。

(1) ℓ の方程式を求めよう。

ℓ と C は点 $(t,\ t^2+2t+1)$ において接するとすると，ℓ の方程式は

$$y=(\boxed{\text{ア}}\,t+\boxed{\text{イ}})x-t^2+\boxed{\text{ウ}} \quad \cdots\cdots\cdots\cdots ①$$

である。また，ℓ と D は点 $(s,\ f(s))$ において接するとすると，ℓ の方程式は

$$y=(\boxed{\text{エ}}\,s-\boxed{\text{オ}}\,a+\boxed{\text{カ}})x$$
$$-s^2+\boxed{\text{キ}}\,a^2+\boxed{\text{ク}} \quad \cdots\cdots\cdots\cdots ②$$

である。ここで，①と②は同じ直線を表しているので，$t=\boxed{\text{ケ}}$，$s=\boxed{\text{コ}}\,a$ が成り立つ。

したがって，ℓ の方程式は $y=\boxed{\text{サ}}\,x+\boxed{\text{シ}}$ である。

⑵　二つの放物線 C, D の交点の x 座標は $\boxed{\text{ス}}$ である。

C と直線 ℓ, および直線 $x = \boxed{\text{ス}}$ で囲まれた図形の面積を S とすると,

$S = \dfrac{a^{\boxed{\text{セ}}}}{\boxed{\text{ソ}}}$ である。

⑶　$a \geqq \dfrac{1}{2}$ とする。二つの放物線 C, D と直線 ℓ で囲まれた図形の中で

$0 \leqq x \leqq 1$ を満たす部分の面積 T は, $a > \boxed{\text{タ}}$ のとき, a の値によらず

$$T = \frac{\boxed{\text{チ}}}{\boxed{\text{ツ}}}$$

であり, $\dfrac{1}{2} \leqq a \leqq \boxed{\text{タ}}$ のとき

$$T = -\boxed{\text{テ}}a^3 + \boxed{\text{ト}}a^2 - \boxed{\text{ナ}}a + \frac{\boxed{\text{ニ}}}{\boxed{\text{ヌ}}}$$

である。

⑷　次に, ⑵, ⑶ で定めた S, T に対して, $U = 2T - 3S$ とおく。a が

$\dfrac{1}{2} \leqq a \leqq \boxed{\text{タ}}$ の範囲を動くとき, U は $a = \dfrac{\boxed{\text{ネ}}}{\boxed{\text{ノ}}}$ で最大値 $\dfrac{\boxed{\text{ハ}}}{\boxed{\text{ヒフ}}}$

をとる。

第3問 （選択問題）（配点　20）

数列$\{a_n\}$は，初項a_1が0であり，$n=1,\ 2,\ 3,\ \cdots$のとき次の漸化式を満たすものとする。

$$a_{n+1}=\frac{n+3}{n+1}\{3a_n+3^{n+1}-(n+1)(n+2)\}\ \cdots\cdots\cdots\cdots\ ①$$

(1)　$a_2=$ **ア** である。

(2)　$b_n=\dfrac{a_n}{3^n(n+1)(n+2)}$とおき，数列$\{b_n\}$の一般項を求めよう。

$\{b_n\}$の初項b_1は **イ** である。①の両辺を$3^{n+1}(n+2)(n+3)$で割ると

$$b_{n+1}=b_n+\frac{\boxed{ウ}}{(n+\boxed{エ})(n+\boxed{オ})}-\left(\frac{1}{\boxed{カ}}\right)^{n+1}$$

を得る。ただし，エ ＜ オ とする。

したがって

$$b_{n+1}-b_n=\left(\frac{\boxed{キ}}{n+\boxed{エ}}-\frac{\boxed{キ}}{n+\boxed{オ}}\right)-\left(\frac{1}{\boxed{カ}}\right)^{n+1}$$

である。

n を 2 以上の自然数とするとき

$$\sum_{k=1}^{n-1}\left(\frac{\boxed{キ}}{k+\boxed{エ}}-\frac{\boxed{キ}}{k+\boxed{オ}}\right)=\frac{1}{\boxed{ク}}\left(\frac{n-\boxed{ケ}}{n+\boxed{コ}}\right)$$

$$\sum_{k=1}^{n-1}\left(\frac{1}{\boxed{カ}}\right)^{k+1}=\frac{\boxed{サ}}{\boxed{シ}}-\frac{\boxed{ス}}{\boxed{セ}}\left(\frac{1}{\boxed{カ}}\right)^{n}$$

が成り立つことを利用すると

$$b_n=\frac{n-\boxed{ソ}}{\boxed{タ}\left(n+\boxed{チ}\right)}+\frac{\boxed{ス}}{\boxed{セ}}\left(\frac{1}{\boxed{カ}}\right)^{n}$$

が得られる。これは $n=1$ のときも成り立つ。

(3) (2)により，$\{a_n\}$ の一般項は

$$a_n=\boxed{ツ}^{\,n-\boxed{テ}}\left(n^2-\boxed{ト}\right)+\frac{\left(n+\boxed{ナ}\right)\left(n+\boxed{ニ}\right)}{\boxed{ヌ}}$$

で与えられる。ただし，$\boxed{ナ}<\boxed{ニ}$ とする。

このことから，すべての自然数 n について，a_n は整数となることがわかる。

(4) k を自然数とする。a_{3k}，a_{3k+1}，a_{3k+2} を 3 で割った余りはそれぞれ $\boxed{ネ}$，$\boxed{ノ}$，$\boxed{ハ}$ である。また，$\{a_n\}$ の初項から第 2020 項までの和を 3 で割った余りは $\boxed{ヒ}$ である。

第4問 （選択問題）（配点 20）

点Oを原点とする座標空間に2点

$$A(3,\ 3,\ -6),\quad B(2+2\sqrt{3},\ 2-2\sqrt{3},\ -4)$$

をとる。3点O，A，Bの定める平面をαとする。また，αに含まれる点Cは

$$\overrightarrow{OA} \perp \overrightarrow{OC},\quad \overrightarrow{OB} \cdot \overrightarrow{OC} = 24 \quad \cdots\cdots\cdots\cdots ①$$

を満たすとする。

(1) $|\overrightarrow{OA}| = \boxed{ア}\sqrt{\boxed{イ}}$，$|\overrightarrow{OB}| = \boxed{ウ}\sqrt{\boxed{エ}}$であり，

$\overrightarrow{OA} \cdot \overrightarrow{OB} = \boxed{オカ}$である。

(2) 点Cは平面α上にあるので，実数s，tを用いて，$\overrightarrow{OC} = s\overrightarrow{OA} + t\overrightarrow{OB}$と表すことができる。このとき，①から$s = \dfrac{\boxed{キク}}{\boxed{ケ}}$，$t = \boxed{コ}$である。したがって，$|\overrightarrow{OC}| = \boxed{サ}\sqrt{\boxed{シ}}$である。

(3) $\overrightarrow{\mathrm{CB}} = \left(\boxed{\text{ス}}, \boxed{\text{セ}}, \boxed{\text{ソタ}} \right)$である。したがって，平面$\alpha$上の四角形OABCは$\boxed{\text{チ}}$。$\boxed{\text{チ}}$に当てはまるものを，次の⓪～④のうちから一つ選べ。ただし，少なくとも一組の対辺が平行な四角形を台形という。

⓪ 正方形である
① 正方形ではないが，長方形である
② 長方形ではないが，平行四辺形である
③ 平行四辺形ではないが，台形である
④ 台形ではない

$\overrightarrow{\mathrm{OA}} \perp \overrightarrow{\mathrm{OC}}$であるので，四角形OABCの面積は$\boxed{\text{ツテ}}$である。

(4) $\overrightarrow{\mathrm{OA}} \perp \overrightarrow{\mathrm{OD}}$，$\overrightarrow{\mathrm{OC}} \cdot \overrightarrow{\mathrm{OD}} = 2\sqrt{6}$かつ$z$座標が1であるような点Dの座標は

$$\left(\boxed{\text{ト}} + \frac{\sqrt{\boxed{\text{ナ}}}}{\boxed{\text{ニ}}},\ \boxed{\text{ヌ}} - \frac{\sqrt{\boxed{\text{ネ}}}}{\boxed{\text{ノ}}},\ 1 \right)$$

である。このとき$\angle\mathrm{COD} = \boxed{\text{ハヒ}}^\circ$である。

3点O，C，Dの定める平面をβとする。αとβは垂直であるので，三角形ABCを底面とする四面体DABCの高さは$\sqrt{\boxed{\text{フ}}}$である。したがって，四面体DABCの体積は$\boxed{\text{ヘ}}\sqrt{\boxed{\text{ホ}}}$である。

第5問　（選択問題）（配点　20）

以下の問題を解答するにあたっては，必要に応じて33ページの正規分布表を用いてもよい。

ある市の市立図書館の利用状況について調査を行った。

(1)　ある高校の生徒720人全員を対象に，ある1週間に市立図書館で借りた本の冊数について調査を行った。

その結果，1冊も借りなかった生徒が612人，1冊借りた生徒が54人，2冊借りた生徒が36人であり，3冊借りた生徒が18人であった。4冊以上借りた生徒はいなかった。

この高校の生徒から1人を無作為に選んだとき，その生徒が借りた本の冊数を表す確率変数をXとする。

このとき，Xの平均(期待値)は$E(X)=\dfrac{\boxed{ア}}{\boxed{イ}}$であり，$X^2$の平均は$E(X^2)=\dfrac{\boxed{ウ}}{\boxed{エ}}$である。よって，$X$の標準偏差は$\sigma(X)=\dfrac{\sqrt{\boxed{オ}}}{\boxed{カ}}$である。

(2) 市内の高校生全員を母集団とし，ある1週間に市立図書館を利用した生徒の割合(母比率)を p とする。この母集団から600人を無作為に選んだとき，その1週間に市立図書館を利用した生徒の数を確率変数 Y で表す。

$p=0.4$ のとき，Y の平均は $E(Y)=$ **キクケ**，標準偏差は $\sigma(Y)=$ **コサ** になる。ここで，$Z=\dfrac{Y-\boxed{\text{キクケ}}}{\boxed{\text{コサ}}}$ とおくと，標本数600は十分に大きいので，Z は近似的に標準正規分布に従う。このことを利用して，Y が215以下となる確率を求めると，その確率は0. **シス** になる。

また，$p=0.2$ のとき，Y の平均は キクケ の $\dfrac{1}{\boxed{\text{セ}}}$ 倍，標準偏差は コサ の $\dfrac{\sqrt{\boxed{\text{ソ}}}}{3}$ 倍である。

(3)　市立図書館に利用者登録のある高校生全員を母集団とする。1回あたりの利用時間(分)を表す確率変数を W とし，W は母平均 m，母標準偏差30の分布に従うとする。この母集団から大きさ n の標本 W_1，W_2，…，W_n を無作為に抽出した。

利用時間が60分をどの程度超えるかについて調査するために

$$U_1 = W_1 - 60,\ U_2 = W_2 - 60,\ \cdots,\ U_n = W_n - 60$$

とおくと，確率変数 U_1，U_2，…，U_n の平均と標準偏差はそれぞれ

$$E(U_1) = E(U_2) = \cdots = E(U_n) = m - \boxed{\text{タチ}}$$

$$\sigma(U_1) = \sigma(U_2) = \cdots = \sigma(U_n) = \boxed{\text{ツテ}}$$

である。

ここで，$t = m - 60$ として，t に対する信頼度95％の信頼区間を求めよう。この母集団から無作為抽出された100人の生徒に対して U_1，U_2，…，U_{100} の値を調べたところ，その標本平均の値が50分であった。標本数は十分大きいことを利用して，この信頼区間を求めると

$$\boxed{\text{トナ}}.\boxed{\text{ニ}} \leqq t \leqq \boxed{\text{ヌネ}}.\boxed{\text{ノ}}$$

になる。

正 規 分 布 表

次の表は，標準正規分布の分布曲線における右図の灰色部分の面積の値をまとめたものである。

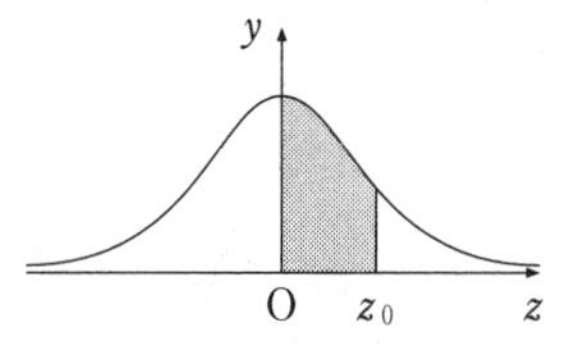

z_0	0.00	0.01	0.02	0.03	0.04	0.05	0.06	0.07	0.08	0.09
0.0	0.0000	0.0040	0.0080	0.0120	0.0160	0.0199	0.0239	0.0279	0.0319	0.0359
0.1	0.0398	0.0438	0.0478	0.0517	0.0557	0.0596	0.0636	0.0675	0.0714	0.0753
0.2	0.0793	0.0832	0.0871	0.0910	0.0948	0.0987	0.1026	0.1064	0.1103	0.1141
0.3	0.1179	0.1217	0.1255	0.1293	0.1331	0.1368	0.1406	0.1443	0.1480	0.1517
0.4	0.1554	0.1591	0.1628	0.1664	0.1700	0.1736	0.1772	0.1808	0.1844	0.1879
0.5	0.1915	0.1950	0.1985	0.2019	0.2054	0.2088	0.2123	0.2157	0.2190	0.2224
0.6	0.2257	0.2291	0.2324	0.2357	0.2389	0.2422	0.2454	0.2486	0.2517	0.2549
0.7	0.2580	0.2611	0.2642	0.2673	0.2704	0.2734	0.2764	0.2794	0.2823	0.2852
0.8	0.2881	0.2910	0.2939	0.2967	0.2995	0.3023	0.3051	0.3078	0.3106	0.3133
0.9	0.3159	0.3186	0.3212	0.3238	0.3264	0.3289	0.3315	0.3340	0.3365	0.3389
1.0	0.3413	0.3438	0.3461	0.3485	0.3508	0.3531	0.3554	0.3577	0.3599	0.3621
1.1	0.3643	0.3665	0.3686	0.3708	0.3729	0.3749	0.3770	0.3790	0.3810	0.3830
1.2	0.3849	0.3869	0.3888	0.3907	0.3925	0.3944	0.3962	0.3980	0.3997	0.4015
1.3	0.4032	0.4049	0.4066	0.4082	0.4099	0.4115	0.4131	0.4147	0.4162	0.4177
1.4	0.4192	0.4207	0.4222	0.4236	0.4251	0.4265	0.4279	0.4292	0.4306	0.4319
1.5	0.4332	0.4345	0.4357	0.4370	0.4382	0.4394	0.4406	0.4418	0.4429	0.4441
1.6	0.4452	0.4463	0.4474	0.4484	0.4495	0.4505	0.4515	0.4525	0.4535	0.4545
1.7	0.4554	0.4564	0.4573	0.4582	0.4591	0.4599	0.4608	0.4616	0.4625	0.4633
1.8	0.4641	0.4649	0.4656	0.4664	0.4671	0.4678	0.4686	0.4693	0.4699	0.4706
1.9	0.4713	0.4719	0.4726	0.4732	0.4738	0.4744	0.4750	0.4756	0.4761	0.4767
2.0	0.4772	0.4778	0.4783	0.4788	0.4793	0.4798	0.4803	0.4808	0.4812	0.4817
2.1	0.4821	0.4826	0.4830	0.4834	0.4838	0.4842	0.4846	0.4850	0.4854	0.4857
2.2	0.4861	0.4864	0.4868	0.4871	0.4875	0.4878	0.4881	0.4884	0.4887	0.4890
2.3	0.4893	0.4896	0.4898	0.4901	0.4904	0.4906	0.4909	0.4911	0.4913	0.4916
2.4	0.4918	0.4920	0.4922	0.4925	0.4927	0.4929	0.4931	0.4932	0.4934	0.4936
2.5	0.4938	0.4940	0.4941	0.4943	0.4945	0.4946	0.4948	0.4949	0.4951	0.4952
2.6	0.4953	0.4955	0.4956	0.4957	0.4959	0.4960	0.4961	0.4962	0.4963	0.4964
2.7	0.4965	0.4966	0.4967	0.4968	0.4969	0.4970	0.4971	0.4972	0.4973	0.4974
2.8	0.4974	0.4975	0.4976	0.4977	0.4977	0.4978	0.4979	0.4979	0.4980	0.4981
2.9	0.4981	0.4982	0.4982	0.4983	0.4984	0.4984	0.4985	0.4985	0.4986	0.4986
3.0	0.4987	0.4987	0.4987	0.4988	0.4988	0.4989	0.4989	0.4989	0.4990	0.4990

2019

本試験

数学Ⅰ・A …………………………… 2
数学Ⅱ・B …………………………… 19

各科目とも　60 分　100 点

数学Ⅰ・数学A

問　題	選　択　方　法
第1問	必　　答
第2問	必　　答
第3問	いずれか2問を選択し，解答しなさい。
第4問	
第5問	

第1問 （必答問題）（配点　30）

〔1〕 a を実数とする。

$9a^2-6a+1=\left(\boxed{\text{ア}}\,a-\boxed{\text{イ}}\right)^2$ である。次に

$$A=\sqrt{9a^2-6a+1}+|a+2|$$

とおくと

$$A=\sqrt{\left(\boxed{\text{ア}}\,a-\boxed{\text{イ}}\right)^2}+|a+2|$$

である。

次の三つの場合に分けて考える。

- $a>\dfrac{1}{3}$ のとき，$A=\boxed{\text{ウ}}\,a+\boxed{\text{エ}}$ である。
- $-2\leqq a\leqq\dfrac{1}{3}$ のとき，$A=\boxed{\text{オカ}}\,a+\boxed{\text{キ}}$ である。
- $a<-2$ のとき，$A=-\boxed{\text{ウ}}\,a-\boxed{\text{エ}}$ である。

$A=2a+13$ となる a の値は

$$\boxed{\text{ク}},\quad \frac{\boxed{\text{ケコ}}}{\boxed{\text{サ}}}$$

である。

〔2〕 二つの自然数 m，n に関する三つの条件 p，q，r を次のように定める。

p：m と n はともに奇数である

q： $3mn$ は奇数である

r：$m+5n$ は偶数である

また，条件 p の否定を $\overline{p}$ で表す。

(1) 次の シ ， ス に当てはまるものを，下の⓪～②のうちから一つずつ選べ。ただし，同じものを繰り返し選んでもよい。

二つの自然数 m，n が条件 $\overline{p}$ を満たすとする。このとき，m が奇数ならば n は シ 。また，m が偶数ならば n は ス 。

⓪ 偶数である

① 奇数である

② 偶数でも奇数でもよい

(2)　次の［セ］，［ソ］，［タ］に当てはまるものを，下の⓪～③のうちから一つずつ選べ。ただし，同じものを繰り返し選んでもよい。

p は q であるための［セ］。

p は r であるための［ソ］。

$\overline{p}$ は r であるための［タ］。

⓪　必要十分条件である

①　必要条件であるが，十分条件ではない

②　十分条件であるが，必要条件ではない

③　必要条件でも十分条件でもない

〔3〕 a と b はともに正の実数とする。x の 2 次関数

$$y = x^2 + (2a - b)x + a^2 + 1$$

のグラフを G とする。

(1) グラフ G の頂点の座標は

$$\left(\frac{b}{\boxed{チ}} - a,\quad -\frac{b^2}{\boxed{ツ}} + ab + \boxed{テ} \right)$$

である。

(2) グラフ G が点$(-1, 6)$を通るとき，b のとり得る値の最大値は $\boxed{ト}$ であり，そのときの a の値は $\boxed{ナ}$ である。

$b = \boxed{ト}$，$a = \boxed{ナ}$ のとき，グラフ G は 2 次関数 $y = x^2$ のグラフを x 軸方向に $\dfrac{\boxed{ニ}}{\boxed{ヌ}}$，$y$ 軸方向に $\dfrac{\boxed{ネノ}}{\boxed{ハ}}$ だけ平行移動したものである。

第2問　（必答問題）（配点　30）

〔1〕　△ABCにおいて，AB = 3，BC = 4，AC = 2とする。

次の［エ］には，下の⓪〜②のうちから当てはまるものを一つ選べ。

$\cos \angle BAC = \dfrac{\boxed{アイ}}{\boxed{ウ}}$ であり，∠BACは［エ］である。また，

$\sin \angle BAC = \dfrac{\sqrt{\boxed{オカ}}}{\boxed{キ}}$ である。

⓪　鋭角　　①　直角　　②　鈍角

線分ACの垂直二等分線と直線ABの交点をDとする。

$\cos \angle CAD = \dfrac{\boxed{ク}}{\boxed{ケ}}$ であるから，AD = ［コ］であり，△DBCの面積

は $\dfrac{\boxed{サ}\sqrt{\boxed{シス}}}{\boxed{セ}}$ である。

〔2〕 全国各地の気象台が観測した「ソメイヨシノ(桜の種類)の開花日」や，「モンシロチョウの初見日(初めて観測した日)」，「ツバメの初見日」などの日付を気象庁が発表している。気象庁発表の日付は普通の月日形式であるが，この問題では該当する年の1月1日を「1」とし，12月31日を「365」(うるう年の場合は「366」)とする「年間通し日」に変更している。例えば，2月3日は，1月31日の「31」に2月3日の3を加えた「34」となる。

(1) 図1は全国48地点で観測しているソメイヨシノの2012年から2017年までの6年間の開花日を，年ごとに箱ひげ図にして並べたものである。

図2はソメイヨシノの開花日の年ごとのヒストグラムである。ただし，順番は年の順に並んでいるとは限らない。なお，ヒストグラムの各階級の区間は，左側の数値を含み，右側の数値を含まない。

次の ソ ， タ に当てはまるものを，図2の⓪～⑤のうちから一つずつ選べ。

- 2013年のヒストグラムは ソ である。
- 2017年のヒストグラムは タ である。

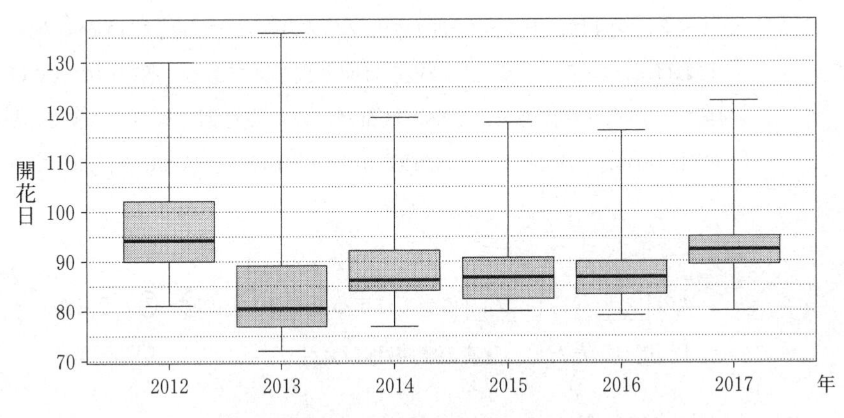

図1　ソメイヨシノの開花日の年別の箱ひげ図

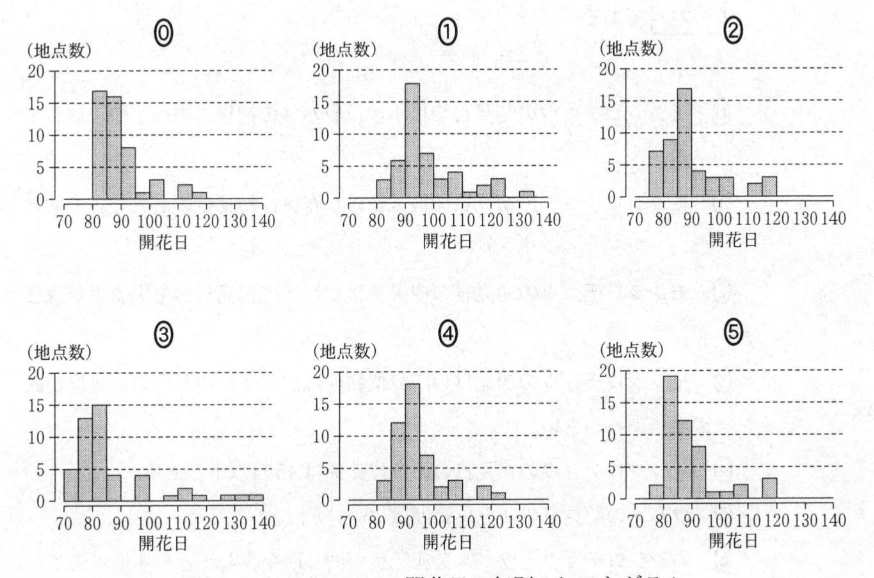

図2　ソメイヨシノの開花日の年別のヒストグラム

(出典：図1，図2は気象庁「生物季節観測データ」Webページにより作成)

⑵ 図3と図4は，モンシロチョウとツバメの両方を観測している41地点における，2017年の初見日の箱ひげ図と散布図である。散布図の点には重なった点が2点ある。なお，散布図には原点を通り傾き1の直線(実線)，切片が -15 および15で傾きが1の2本の直線(破線)を付加している。

次の［チ］，［ツ］に当てはまるものを，下の⓪～⑦のうちから一つずつ選べ。ただし，解答の順序は問わない。

図3，図4から読み取れることとして**正しくないもの**は，［チ］，［ツ］である。

⓪ モンシロチョウの初見日の最小値はツバメの初見日の最小値と同じである。

① モンシロチョウの初見日の最大値はツバメの初見日の最大値より大きい。

② モンシロチョウの初見日の中央値はツバメの初見日の中央値より大きい。

③ モンシロチョウの初見日の四分位範囲はツバメの初見日の四分位範囲の3倍より小さい。

④ モンシロチョウの初見日の四分位範囲は15日以下である。

⑤ ツバメの初見日の四分位範囲は15日以下である。

⑥ モンシロチョウとツバメの初見日が同じ所が少なくとも4地点ある。

⑦ 同一地点でのモンシロチョウの初見日とツバメの初見日の差は15日以下である。

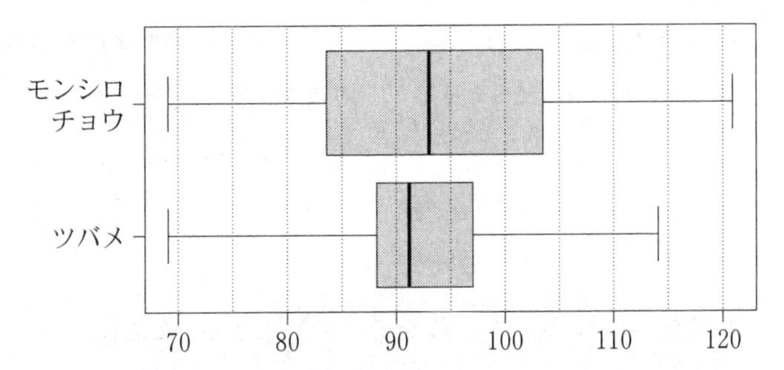

図３　モンシロチョウとツバメの初見日（2017年）の箱ひげ図

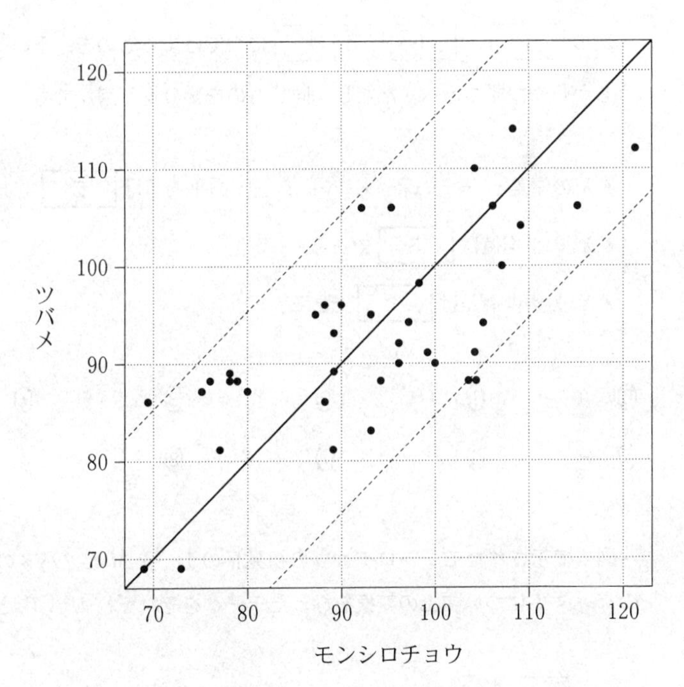

図４　モンシロチョウとツバメの初見日（2017年）の散布図

（出典：図３，図４は気象庁「生物季節観測データ」Webページにより作成）

(3)　一般に n 個の数値 x_1, x_2, …, x_n からなるデータ X の平均値を $\overline{x}$，分散を s^2，標準偏差を s とする。各 x_i に対して

$$x'_i = \frac{x_i - \overline{x}}{s} \quad (i = 1,\ 2,\ \cdots,\ n)$$

と変換した x'_1, x'_2, …, x'_n をデータ X' とする。ただし，$n \geqq 2$，$s > 0$ とする。

次の［テ］，［ト］，［ナ］に当てはまるものを，下の⓪～⑧のうちから一つずつ選べ。ただし，同じものを繰り返し選んでもよい。

- X の偏差 $x_1 - \overline{x}$, $x_2 - \overline{x}$, …, $x_n - \overline{x}$ の平均値は［テ］である。
- X' の平均値は［ト］である。
- X' の標準偏差は［ナ］である。

⓪ 0　① 1　② -1　③ $\overline{x}$　④ s
⑤ $\dfrac{1}{s}$　⑥ s^2　⑦ $\dfrac{1}{s^2}$　⑧ $\dfrac{\overline{x}}{s}$

図4で示されたモンシロチョウの初見日のデータ M とツバメの初見日のデータ T について上の変換を行ったデータをそれぞれ M', T' とする。

次の［ニ］に当てはまるものを，図5の⓪～③のうちから一つ選べ。

変換後のモンシロチョウの初見日のデータ M' と変換後のツバメの初見日のデータ T' の散布図は，M' と T' の標準偏差の値を考慮すると［ニ］である。

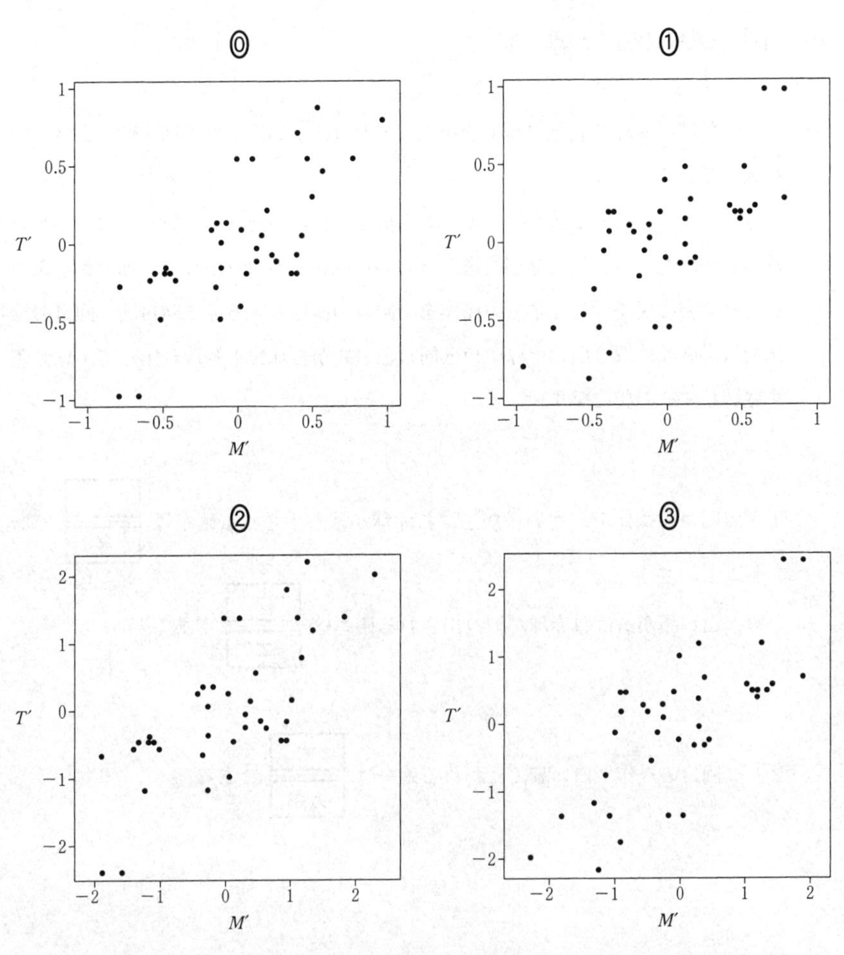

図 5　四つの散布図

第3問　(選択問題)(配点　20)

赤い袋には赤球2個と白球1個が入っており，白い袋には赤球1個と白球1個が入っている。

最初に，さいころ1個を投げて，3の倍数の目が出たら白い袋を選び，それ以外の目が出たら赤い袋を選び，選んだ袋から球を1個取り出して，球の色を確認してその袋に戻す。ここまでの操作を1回目の操作とする。2回目と3回目の操作では，直前に取り出した球の色と同じ色の袋から球を1個取り出して，球の色を確認してその袋に戻す。

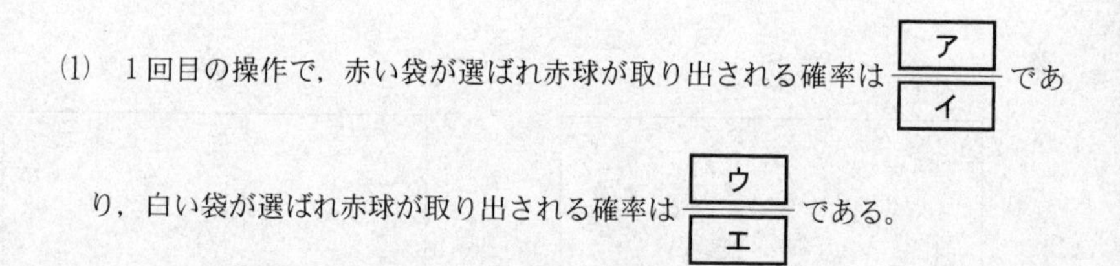

(1)　1回目の操作で，赤い袋が選ばれ赤球が取り出される確率は$\frac{\boxed{\text{ア}}}{\boxed{\text{イ}}}$であり，白い袋が選ばれ赤球が取り出される確率は$\frac{\boxed{\text{ウ}}}{\boxed{\text{エ}}}$である。

(2)　2回目の操作が白い袋で行われる確率は$\frac{\boxed{\text{オ}}}{\boxed{\text{カキ}}}$である。

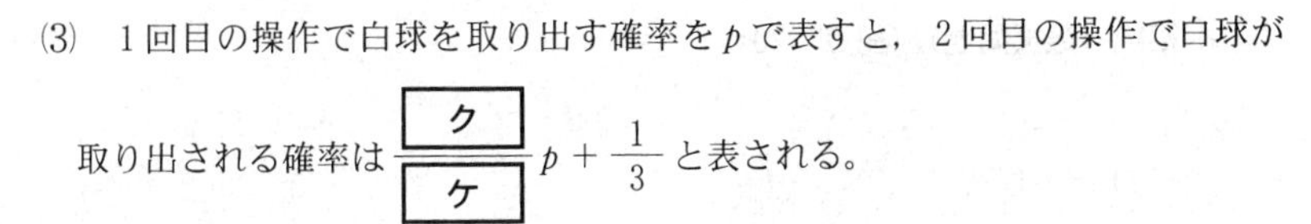

(3)　1回目の操作で白球を取り出す確率をpで表すと，2回目の操作で白球が取り出される確率は$\dfrac{\boxed{\text{ク}}}{\boxed{\text{ケ}}}p+\dfrac{1}{3}$と表される。

よって，2回目の操作で白球が取り出される確率は$\dfrac{\boxed{\text{コサ}}}{\boxed{\text{シスセ}}}$である。

同様に考えると，3回目の操作で白球が取り出される

確率は$\dfrac{\boxed{\text{ソタチ}}}{\boxed{\text{ツテト}}}$である。

(4)　2回目の操作で取り出した球が白球であったとき，その球を取り出した袋の色が白である条件付き確率は$\dfrac{\boxed{\text{ナニ}}}{\boxed{\text{ヌネ}}}$である。

また，3回目の操作で取り出した球が白球であったとき，はじめて白球が取り出されたのが3回目の操作である条件付き確率は$\dfrac{\boxed{\text{ノハ}}}{\boxed{\text{ヒフヘ}}}$である。

第4問（選択問題）（配点　20）

(1)　不定方程式

$$49x - 23y = 1$$

の解となる自然数 x，y の中で，x の値が最小のものは

$$x = \boxed{\text{ア}},\quad y = \boxed{\text{イウ}}$$

であり，すべての整数解は，k を整数として

$$x = \boxed{\text{エオ}}\,k + \boxed{\text{ア}},\quad y = \boxed{\text{カキ}}\,k + \boxed{\text{イウ}}$$

と表せる。

(2)　49 の倍数である自然数 A と 23 の倍数である自然数 B の組 $(A,\ B)$ を考える。A と B の差の絶対値が 1 となる組 $(A,\ B)$ の中で，A が最小になるのは

$$(A,\ B) = \left(49 \times \boxed{\text{ク}},\quad 23 \times \boxed{\text{ケコ}}\right)$$

である。また，A と B の差の絶対値が 2 となる組 $(A,\ B)$ の中で，A が最小になるのは

$$(A,\ B) = \left(49 \times \boxed{\text{サ}},\quad 23 \times \boxed{\text{シス}}\right)$$

である。

(3)　連続する三つの自然数 a，$a+1$，$a+2$ を考える。

a と $a+1$ の最大公約数は 1

$a+1$ と $a+2$ の最大公約数は 1

a と $a+2$ の最大公約数は 1 または [セ]

である。

また，次の条件がすべての自然数 a で成り立つような自然数 m のうち，最大のものは $m=$ [ソ] である。

条件：$a(a+1)(a+2)$ は m の倍数である。

(4)　6762 を素因数分解すると

$$6762 = 2 \times \boxed{タ} \times 7^{\boxed{チ}} \times \boxed{ツテ}$$

である。

b を，$b(b+1)(b+2)$ が 6762 の倍数となる最小の自然数とする。このとき，b，$b+1$，$b+2$ のいずれかは $7^{\boxed{チ}}$ の倍数であり，また，b，$b+1$，$b+2$ のいずれかは [ツテ] の倍数である。したがって，$b=$ [トナニ] である。

第5問 （選択問題）（配点　20）

△ABCにおいて，AB = 4，BC = 7，AC = 5とする。

このとき，$\cos \angle BAC = -\dfrac{1}{5}$，$\sin \angle BAC = \dfrac{2\sqrt{6}}{5}$である。

△ABCの内接円の半径は$\dfrac{\sqrt{\boxed{\text{ア}}}}{\boxed{\text{イ}}}$である。

この内接円と辺ABとの接点をD，辺ACとの接点をEとする。

$$AD = \boxed{\text{ウ}}, \quad DE = \frac{\boxed{\text{エ}}\sqrt{\boxed{\text{オカ}}}}{\boxed{\text{キ}}}$$

である。

線分BEと線分CDの交点をP，直線APと辺BCの交点をQとする。

$$\frac{BQ}{CQ} = \frac{\boxed{\text{ク}}}{\boxed{\text{ケ}}}$$

であるから，$BQ = \boxed{\text{コ}}$であり，△ABCの内心をIとすると

$$IQ = \frac{\sqrt{\boxed{\text{サ}}}}{\boxed{\text{シ}}}$$

である。また，直線CPと△ABCの内接円との交点でDとは異なる点をFとすると

$$\cos \angle DFE = \frac{\sqrt{\boxed{\text{スセ}}}}{\boxed{\text{ソ}}}$$

である。

数学Ⅱ・数学B

問　題	選　択　方　法
第1問	必　　答
第2問	必　　答
第3問	いずれか2問を選択し，解答しなさい。
第4問	
第5問	

第1問 （必答問題）（配点　30）

〔1〕 関数$f(\theta) = 3\sin^2\theta + 4\sin\theta\cos\theta - \cos^2\theta$を考える。

(1) $f(0) = $ アイ ，$f\left(\frac{\pi}{3}\right) = $ ウ $+ \sqrt{\boxed{エ}}$ である。

(2) 2倍角の公式を用いて計算すると，$\cos^2\theta = \dfrac{\cos 2\theta + \boxed{オ}}{\boxed{カ}}$ となる。さらに，$\sin 2\theta$，$\cos 2\theta$を用いて$f(\theta)$を表すと

$$f(\theta) = \boxed{キ}\sin 2\theta - \boxed{ク}\cos 2\theta + \boxed{ケ} \quad \cdots\cdots\cdots\cdots ①$$

となる。

(3) θが$0 \leqq \theta \leqq \pi$の範囲を動くとき，関数$f(\theta)$のとり得る最大の整数の値mとそのときのθの値を求めよう。

三角関数の合成を用いると，① は

$$f(\theta) = \boxed{コ}\sqrt{\boxed{サ}}\sin\left(2\theta - \frac{\pi}{\boxed{シ}}\right) + \boxed{ケ}$$

と変形できる。したがって，$m = $ ス である。

また，$0 \leqq \theta \leqq \pi$において，$f(\theta) = $ ス となるθの値は，小さい順に，$\dfrac{\pi}{\boxed{セ}}$，$\dfrac{\pi}{\boxed{ソ}}$ である。

〔2〕　連立方程式

$$\begin{cases} \log_2(x+2) - 2\log_4(y+3) = -1 & \cdots\cdots\cdots\cdots ② \\ \left(\dfrac{1}{3}\right)^y - 11\left(\dfrac{1}{3}\right)^{x+1} + 6 = 0 & \cdots\cdots\cdots\cdots ③ \end{cases}$$

を満たす実数 x，y を求めよう。

真数の条件により，x，y のとり得る値の範囲は［タ］である。［タ］に当てはまるものを，次の⓪～⑤のうちから一つ選べ。ただし，対数 $\log_a b$ に対し，a を底といい，b を真数という。

⓪　$x > 0$，$y > 0$　　①　$x > 2$，$y > 3$　　②　$x > -2$，$y > -3$

③　$x < 0$，$y < 0$　　④　$x < 2$，$y < 3$　　⑤　$x < -2$，$y < -3$

底の変換公式により

$$\log_4(y+3) = \frac{\log_2(y+3)}{\boxed{チ}}$$

である。よって，②から

$$y = \boxed{ツ}\,x + \boxed{テ} \qquad \cdots\cdots\cdots\cdots ④$$

が得られる。

次に，$t=\left(\frac{1}{3}\right)^x$ とおき，④ を用いて ③ を t の方程式に書き直すと

$$t^2-\boxed{\text{トナ}}\,t+\boxed{\text{ニヌ}}=0 \quad \cdots\cdots⑤$$

が得られる。また，x が $\boxed{\text{タ}}$ における x の範囲を動くとき，t のとり得る値の範囲は

$$\boxed{\text{ネ}}<t<\boxed{\text{ノ}} \quad \cdots\cdots⑥$$

である。

⑥ の範囲で方程式 ⑤ を解くと，$t=\boxed{\text{ハ}}$ となる。したがって，連立方程式 ②，③ を満たす実数 x，y の値は

$$x=\log_3\frac{\boxed{\text{ヒ}}}{\boxed{\text{フ}}},\quad y=\log_3\frac{\boxed{\text{ヘ}}}{\boxed{\text{ホ}}}$$

であることがわかる。

第2問 （必答問題）（配点　30）

p, qを実数とし，関数$f(x)=x^3+px^2+qx$は$x=-1$で極値2をとるとする。また，座標平面上の曲線$y=f(x)$をC, 放物線$y=-kx^2$をD, 放物線D上の点$(a,\ -ka^2)$をAとする。ただし，$k>0$, $a>0$である。

(1) 関数$f(x)$が$x=-1$で極値をとるので，$f'(-1)=$ ア である。これと$f(-1)=2$より，$p=$ イ ，$q=$ ウエ である。よって，$f(x)$は$x=$ オ で極小値 カキ をとる。

(2) 点Aにおける放物線Dの接線をℓとする。Dとℓおよびx軸で囲まれた図形の面積Sをaとkを用いて表そう。

ℓの方程式は

$$y=\boxed{クケ}\,kax+ka^{\boxed{コ}} \quad \cdots\cdots ①$$

と表せる。ℓとx軸の交点のx座標は$\dfrac{\boxed{サ}}{\boxed{シ}}$であり，$D$と$x$軸および直線$x=a$で囲まれた図形の面積は$\dfrac{k}{\boxed{ス}}a^{\boxed{セ}}$である。よって，

$S=\dfrac{k}{\boxed{ソタ}}a^{\boxed{セ}}$である。

(3)　さらに，点Aが曲線 C 上にあり，かつ(2)の接線 ℓ が C にも接するとする。このときの(2)の S の値を求めよう。

Aが C 上にあるので，$k = \dfrac{\boxed{\text{チ}}}{\boxed{\text{ツ}}} - \boxed{\text{テ}}$ である。

ℓ と C の接点の x 座標を b とすると，ℓ の方程式は b を用いて

$$y = \boxed{\text{ト}}\left(b^2 - \boxed{\text{ナ}}\right)x - \boxed{\text{ニ}}\,b^3 \quad \cdots\cdots\cdots\cdots\cdots\cdots ②$$

と表される。②の右辺を $g(x)$ とおくと

$$f(x) - g(x) = \left(x - \boxed{\text{ヌ}}\right)^2\left(x + \boxed{\text{ネ}}\,b\right)$$

と因数分解されるので，$a = -\boxed{\text{ネ}}\,b$ となる。①と②の表す直線の傾きを比較することにより，$a^2 = \dfrac{\boxed{\text{ノハ}}}{\boxed{\text{ヒ}}}$ である。

したがって，求める S の値は $\dfrac{\boxed{\text{フ}}}{\boxed{\text{ヘホ}}}$ である。

第3問 （選択問題）（配点　20）

初項が3，公比が4の等比数列の初項から第n項までの和をS_nとする。また，数列$\{T_n\}$は，初項が-1であり，$\{T_n\}$の階差数列が数列$\{S_n\}$であるような数列とする。

(1)　$S_2 = \boxed{アイ}$，$T_2 = \boxed{ウ}$である。

(2)　$\{S_n\}$と$\{T_n\}$の一般項は，それぞれ

$$S_n = \boxed{エ}^{\boxed{オ}} - \boxed{カ}$$

$$T_n = \frac{\boxed{キ}^{\boxed{ク}}}{\boxed{ケ}} - n - \frac{\boxed{コ}}{\boxed{サ}}$$

である。ただし，$\boxed{オ}$と$\boxed{ク}$については，当てはまるものを，次の⓪～④のうちから一つずつ選べ。同じものを選んでもよい。

⓪　$n-1$　　①　n　　②　$n+1$　　③　$n+2$　　④　$n+3$

(3) 数列$\{a_n\}$は，初項が -3 であり，漸化式

$$na_{n+1} = 4(n+1)a_n + 8T_n \quad (n = 1, 2, 3, \cdots)$$

を満たすとする。$\{a_n\}$の一般項を求めよう。

そのために，$b_n = \dfrac{a_n + 2T_n}{n}$ により定められる数列$\{b_n\}$を考える。$\{b_n\}$の初項は $\boxed{シス}$ である。

$\{T_n\}$は漸化式

$$T_{n+1} = \boxed{セ}\,T_n + \boxed{ソ}\,n + \boxed{タ} \quad (n = 1, 2, 3, \cdots)$$

を満たすから，$\{b_n\}$は漸化式

$$b_{n+1} = \boxed{チ}\,b_n + \boxed{ツ} \quad (n = 1, 2, 3, \cdots)$$

を満たすことがわかる。よって，$\{b_n\}$の一般項は

$$b_n = \boxed{テト} \cdot \boxed{チ}^{\boxed{ナ}} - \boxed{ニ}$$

である。ただし，$\boxed{ナ}$ については，当てはまるものを，次の⓪～④のうちから一つ選べ。

⓪ $n-1$　　① n　　② $n+1$　　③ $n+2$　　④ $n+3$

したがって，$\{T_n\}$，$\{b_n\}$の一般項から$\{a_n\}$の一般項を求めると

$$a_n = \frac{\boxed{ヌ}\left(\boxed{ネ}\,n + \boxed{ノ}\right)\boxed{チ}^{\boxed{ナ}} + \boxed{ハ}}{\boxed{ヒ}}$$

である。

第4問　（選択問題）（配点　20）

四角形ABCDを底面とする四角錐(すい)OABCDを考える。四角形ABCDは，辺ADと辺BCが平行で，AB = CD，∠ABC = ∠BCDを満たすとする。さらに，$\overrightarrow{OA}=\vec{a}$，$\overrightarrow{OB}=\vec{b}$，$\overrightarrow{OC}=\vec{c}$として

$$|\vec{a}|=1, \quad |\vec{b}|=\sqrt{3}, \quad |\vec{c}|=\sqrt{5}$$

$$\vec{a}\cdot\vec{b}=1, \quad \vec{b}\cdot\vec{c}=3, \quad \vec{a}\cdot\vec{c}=0$$

であるとする。

(1)　∠AOC = $\boxed{\text{アイ}}$°により，三角形OACの面積は$\dfrac{\sqrt{\boxed{\text{ウ}}}}{\boxed{\text{エ}}}$である。

(2)　$\overrightarrow{BA}\cdot\overrightarrow{BC}=\boxed{\text{オカ}}$，$|\overrightarrow{BA}|=\sqrt{\boxed{\text{キ}}}$，$|\overrightarrow{BC}|=\sqrt{\boxed{\text{ク}}}$であるから，

∠ABC = $\boxed{\text{ケコサ}}$°である。さらに，辺ADと辺BCが平行であるから，

∠BAD = ∠ADC = $\boxed{\text{シス}}$°である。よって，$\overrightarrow{AD}=\boxed{\text{セ}}\,\overrightarrow{BC}$であり

$$\overrightarrow{OD}=\vec{a}-\boxed{\text{ソ}}\,\vec{b}+\boxed{\text{タ}}\,\vec{c}$$

と表される。また，四角形ABCDの面積は$\dfrac{\boxed{\text{チ}}\sqrt{\boxed{\text{ツ}}}}{\boxed{\text{テ}}}$である。

⑶　三角形 OAC を底面とする三角錐 BOAC の体積 V を求めよう。

3 点 O，A，C の定める平面 α 上に，点 H を $\overrightarrow{\mathrm{BH}} \perp \vec{a}$ と $\overrightarrow{\mathrm{BH}} \perp \vec{c}$ が成り立つようにとる。$|\overrightarrow{\mathrm{BH}}|$ は三角錐 BOAC の高さである。H は α 上の点であるから，実数 s，t を用いて $\overrightarrow{\mathrm{OH}} = s\vec{a} + t\vec{c}$ の形に表される。

$\overrightarrow{\mathrm{BH}} \cdot \vec{a} = \boxed{\text{ト}}$，$\overrightarrow{\mathrm{BH}} \cdot \vec{c} = \boxed{\text{ト}}$ により，$s = \boxed{\text{ナ}}$，$t = \dfrac{\boxed{\text{ニ}}}{\boxed{\text{ヌ}}}$

である。よって，$|\overrightarrow{\mathrm{BH}}| = \dfrac{\sqrt{\boxed{\text{ネ}}}}{\boxed{\text{ノ}}}$ が得られる。したがって，⑴により，

$V = \dfrac{\boxed{\text{ハ}}}{\boxed{\text{ヒ}}}$ であることがわかる。

⑷　⑶の V を用いると，四角錐 OABCD の体積は $\boxed{\text{フ}}$ V と表せる。さらに，四角形 ABCD を底面とする四角錐 OABCD の高さは $\dfrac{\sqrt{\boxed{\text{ヘ}}}}{\boxed{\text{ホ}}}$ である。

第5問　（選択問題）（配点　20）

以下の問題を解答するにあたっては，必要に応じて32ページの正規分布表を用いてもよい。

(1)　ある食品を摂取したときに，血液中の物質Aの量がどのように変化するか調べたい。食品摂取前と摂取してから3時間後に，それぞれ一定量の血液に含まれる物質Aの量(単位はmg)を測定し，その変化量，すなわち摂取後の量から摂取前の量を引いた値を表す確率変数をXとする。Xの期待値(平均)は$E(X)=-7$，標準偏差は$\sigma(X)=5$とする。

このとき，X^2の期待値は$E(X^2)=$ [アイ] である。

また，測定単位を変更して$W=1000X$とすると，その期待値は$E(W)=-7\times10^{[ウ]}$，分散は$V(W)=5^{[エ]}\times10^{[オ]}$となる。

(2) (1)のXが正規分布に従うとするとき，物質Aの量が減少しない確率$P(X \geqq 0)$を求めよう。この確率は

$$P(X \geqq 0) = P\left(\frac{X+7}{5} \geqq \boxed{カ}.\boxed{キ}\right)$$

であるので，標準正規分布に従う確率変数をZとすると，正規分布表から，次のように求められる。

$$P\left(Z \geqq \boxed{カ}.\boxed{キ}\right) = 0.\boxed{クケ} \quad \cdots\cdots\cdots\cdots ①$$

無作為に抽出された50人がこの食品を摂取したときに，物質Aの量が減少するか，減少しないかを考え，物質Aの量が減少しない人数を表す確率変数をMとする。Mは二項分布$B\left(50,\ 0.\boxed{クケ}\right)$に従うので，期待値は$E(M) = \boxed{コ}.\boxed{サ}$，標準偏差は$\sigma(M) = \sqrt{\boxed{シ}.\boxed{ス}}$となる。ただし，$0.\boxed{クケ}$は①で求めた小数第2位までの値とする。

(3) (1)の食品摂取前と摂取してから3時間後に，それぞれ一定量の血液に含まれる別の物質Bの量(単位はmg)を測定し，その変化量，すなわち摂取後の量から摂取前の量を引いた値を表す確率変数をYとする。Yの母集団分布は母平均m，母標準偏差6をもつとする。mを推定するため，母集団から無作為に抽出された100人に対して物質Bの変化量を測定したところ，標本平均$\overline{Y}$の値は-10.2であった。

このとき，$\overline{Y}$の期待値は$E(\overline{Y})=m$，標準偏差は$\sigma(\overline{Y})=$ セ . ソ である。$\overline{Y}$の分布が正規分布で近似できるとすれば，$Z=\dfrac{\overline{Y}-m}{\boxed{セ}.\boxed{ソ}}$は近似的に標準正規分布に従うとみなすことができる。

正規分布表を用いて$|Z|\leqq 1.64$となる確率を求めると0. タチ となる。このことを利用して，母平均mに対する信頼度 タチ ％の信頼区間，すなわち， タチ ％の確率でmを含む信頼区間を求めると， ツ となる。 ツ に当てはまる最も適当なものを，次の⓪～③のうちから一つ選べ。

⓪ $-11.7\leqq m\leqq -8.7$　① $-11.4\leqq m\leqq -9.0$

② $-11.2\leqq m\leqq -9.2$　③ $-10.8\leqq m\leqq -9.6$

正　規　分　布　表

次の表は，標準正規分布の分布曲線における右図の灰色部分の面積の値をまとめたものである。

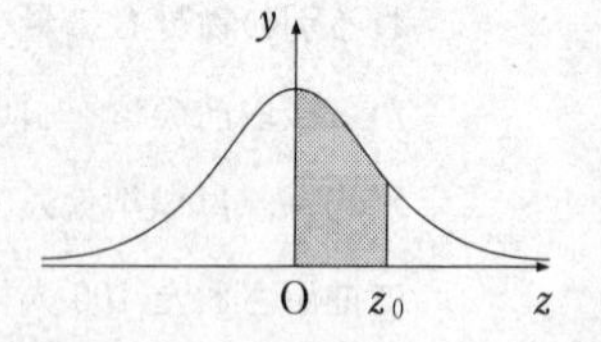

z_0	0.00	0.01	0.02	0.03	0.04	0.05	0.06	0.07	0.08	0.09
0.0	0.0000	0.0040	0.0080	0.0120	0.0160	0.0199	0.0239	0.0279	0.0319	0.0359
0.1	0.0398	0.0438	0.0478	0.0517	0.0557	0.0596	0.0636	0.0675	0.0714	0.0753
0.2	0.0793	0.0832	0.0871	0.0910	0.0948	0.0987	0.1026	0.1064	0.1103	0.1141
0.3	0.1179	0.1217	0.1255	0.1293	0.1331	0.1368	0.1406	0.1443	0.1480	0.1517
0.4	0.1554	0.1591	0.1628	0.1664	0.1700	0.1736	0.1772	0.1808	0.1844	0.1879
0.5	0.1915	0.1950	0.1985	0.2019	0.2054	0.2088	0.2123	0.2157	0.2190	0.2224
0.6	0.2257	0.2291	0.2324	0.2357	0.2389	0.2422	0.2454	0.2486	0.2517	0.2549
0.7	0.2580	0.2611	0.2642	0.2673	0.2704	0.2734	0.2764	0.2794	0.2823	0.2852
0.8	0.2881	0.2910	0.2939	0.2967	0.2995	0.3023	0.3051	0.3078	0.3106	0.3133
0.9	0.3159	0.3186	0.3212	0.3238	0.3264	0.3289	0.3315	0.3340	0.3365	0.3389
1.0	0.3413	0.3438	0.3461	0.3485	0.3508	0.3531	0.3554	0.3577	0.3599	0.3621
1.1	0.3643	0.3665	0.3686	0.3708	0.3729	0.3749	0.3770	0.3790	0.3810	0.3830
1.2	0.3849	0.3869	0.3888	0.3907	0.3925	0.3944	0.3962	0.3980	0.3997	0.4015
1.3	0.4032	0.4049	0.4066	0.4082	0.4099	0.4115	0.4131	0.4147	0.4162	0.4177
1.4	0.4192	0.4207	0.4222	0.4236	0.4251	0.4265	0.4279	0.4292	0.4306	0.4319
1.5	0.4332	0.4345	0.4357	0.4370	0.4382	0.4394	0.4406	0.4418	0.4429	0.4441
1.6	0.4452	0.4463	0.4474	0.4484	0.4495	0.4505	0.4515	0.4525	0.4535	0.4545
1.7	0.4554	0.4564	0.4573	0.4582	0.4591	0.4599	0.4608	0.4616	0.4625	0.4633
1.8	0.4641	0.4649	0.4656	0.4664	0.4671	0.4678	0.4686	0.4693	0.4699	0.4706
1.9	0.4713	0.4719	0.4726	0.4732	0.4738	0.4744	0.4750	0.4756	0.4761	0.4767
2.0	0.4772	0.4778	0.4783	0.4788	0.4793	0.4798	0.4803	0.4808	0.4812	0.4817
2.1	0.4821	0.4826	0.4830	0.4834	0.4838	0.4842	0.4846	0.4850	0.4854	0.4857
2.2	0.4861	0.4864	0.4868	0.4871	0.4875	0.4878	0.4881	0.4884	0.4887	0.4890
2.3	0.4893	0.4896	0.4898	0.4901	0.4904	0.4906	0.4909	0.4911	0.4913	0.4916
2.4	0.4918	0.4920	0.4922	0.4925	0.4927	0.4929	0.4931	0.4932	0.4934	0.4936
2.5	0.4938	0.4940	0.4941	0.4943	0.4945	0.4946	0.4948	0.4949	0.4951	0.4952
2.6	0.4953	0.4955	0.4956	0.4957	0.4959	0.4960	0.4961	0.4962	0.4963	0.4964
2.7	0.4965	0.4966	0.4967	0.4968	0.4969	0.4970	0.4971	0.4972	0.4973	0.4974
2.8	0.4974	0.4975	0.4976	0.4977	0.4977	0.4978	0.4979	0.4979	0.4980	0.4981
2.9	0.4981	0.4982	0.4982	0.4983	0.4984	0.4984	0.4985	0.4985	0.4986	0.4986
3.0	0.4987	0.4987	0.4987	0.4988	0.4988	0.4989	0.4989	0.4989	0.4990	0.4990

2018

本試験

数学Ⅰ・A ………………………… 2
数学Ⅱ・B ………………………… 18

各科目とも　60分　100点

数学Ⅰ・数学A

問　題	選 択 方 法
第1問	必　答
第2問	必　答
第3問	いずれか2問を選択し，解答しなさい。
第4問	
第5問	

第1問 (必答問題)(配点　30)

〔1〕 x を実数とし

$$A = x(x+1)(x+2)(5-x)(6-x)(7-x)$$

とおく。整数 n に対して

$$(x+n)(n+5-x) = x(5-x) + n^2 + \boxed{\text{ア}}\,n$$

であり，したがって，$X = x(5-x)$ とおくと

$$A = X\left(X + \boxed{\text{イ}}\right)\left(X + \boxed{\text{ウエ}}\right)$$

と表せる。

$x = \dfrac{5+\sqrt{17}}{2}$ のとき，$X = \boxed{\text{オ}}$ であり，$A = 2^{\boxed{\text{カ}}}$ である。

〔2〕

(1)　全体集合Uを$U=\{x \mid x$は20以下の自然数$\}$とし，次の部分集合A，B，Cを考える。

$A=\{x \mid x \in U$かつxは20の約数$\}$

$B=\{x \mid x \in U$かつxは3の倍数$\}$

$C=\{x \mid x \in U$かつxは偶数$\}$

集合Aの補集合を$\overline{A}$と表し，空集合を$\varnothing$と表す。

次の［キ］に当てはまるものを，下の⓪～③のうちから一つ選べ。

集合の関係

(a)　$A \subset C$

(b)　$A \cap B = \varnothing$

の正誤の組合せとして正しいものは［キ］である。

	⓪	①	②	③
(a)	正	正	誤	誤
(b)	正	誤	正	誤

次の[ク]に当てはまるものを，下の⓪～③のうちから一つ選べ。

集合の関係

(c)　$(A \cup C) \cap B = \{6,\ 12,\ 18\}$

(d)　$(\overline{A} \cap C) \cup B = \overline{A} \cap (B \cup C)$

の正誤の組合せとして正しいものは[ク]である。

	⓪	①	②	③
(c)	正	正	誤	誤
(d)	正	誤	正	誤

(2)　実数xに関する次の条件p，q，r，sを考える。

$$p：|x-2|>2,\quad q：x<0,\quad r：x>4,\quad s：\sqrt{x^2}>4$$

次の[ケ]，[コ]に当てはまるものを，下の⓪～③のうちからそれぞれ一つ選べ。ただし，同じものを繰り返し選んでもよい。

qまたはrであることは，pであるための[ケ]。また，sはrであるための[コ]。

⓪　必要条件であるが，十分条件ではない
①　十分条件であるが，必要条件ではない
②　必要十分条件である
③　必要条件でも十分条件でもない

〔3〕 aを正の実数とし

$$f(x)=ax^2-2(a+3)x-3a+21$$

とする。2次関数 $y=f(x)$ のグラフの頂点の x 座標を p とおくと

$$p=\boxed{\text{サ}}+\frac{\boxed{\text{シ}}}{a}$$

である。

$0 \leqq x \leqq 4$ における関数 $y=f(x)$ の最小値が $f(4)$ となるような a の値の範囲は

$$0<a \leqq \boxed{\text{ス}}$$

である。

また，$0 \leqq x \leqq 4$ における関数 $y=f(x)$ の最小値が $f(p)$ となるような a の値の範囲は

$$\boxed{\text{セ}} \leqq a$$

である。

したがって，$0 \leqq x \leqq 4$ における関数 $y=f(x)$ の最小値が1であるのは

$$a=\frac{\boxed{\text{ソ}}}{\boxed{\text{タ}}} \quad \text{または} \quad a=\frac{\boxed{\text{チ}}+\sqrt{\boxed{\text{ツテ}}}}{\boxed{\text{ト}}}$$

のときである。

第2問 (必答問題) (配点　30)

〔1〕 四角形ABCDにおいて，3辺の長さをそれぞれAB = 5，BC = 9，CD = 3，対角線ACの長さをAC = 6とする。このとき

$$\cos\angle ABC = \frac{\boxed{\text{ア}}}{\boxed{\text{イ}}}, \quad \sin\angle ABC = \frac{\boxed{\text{ウ}}\sqrt{\boxed{\text{エ}}}}{\boxed{\text{オ}}}$$

である。

ここで，四角形ABCDは台形であるとする。

次の $\boxed{\text{カ}}$ には下の⓪～②から，$\boxed{\text{キ}}$ には③・④から当てはまるものを一つずつ選べ。

CD $\boxed{\text{カ}}$ AB・sin ∠ABC であるから $\boxed{\text{キ}}$ である。

⓪ <　　① =　　② >

③ 辺ADと辺BCが平行　④ 辺ABと辺CDが平行

したがって

$$BD = \boxed{\text{ク}}\sqrt{\boxed{\text{ケコ}}}$$

である。

〔2〕　ある陸上競技大会に出場した選手の身長（単位は cm）と体重（単位は kg）のデータが得られた。男子短距離，男子長距離，女子短距離，女子長距離の四つのグループに分けると，それぞれのグループの選手数は，男子短距離が 328 人，男子長距離が 271 人，女子短距離が 319 人，女子長距離が 263 人である。

(1)　次ページの図 1 および図 2 は，男子短距離，男子長距離，女子短距離，女子長距離の四つのグループにおける，身長のヒストグラムおよび箱ひげ図である。

次の［サ］，［シ］に当てはまるものを，下の⓪～⑥のうちから一つずつ選べ。ただし，解答の順序は問わない。

図 1 および図 2 から読み取れる内容として正しいものは，［サ］，［シ］である。

⓪　四つのグループのうちで範囲が最も大きいのは，女子短距離グループである。

①　四つのグループのすべてにおいて，四分位範囲は 12 未満である。

②　男子長距離グループのヒストグラムでは，度数最大の階級に中央値が入っている。

③　女子長距離グループのヒストグラムでは，度数最大の階級に第 1 四分位数が入っている。

④　すべての選手の中で最も身長の高い選手は，男子長距離グループの中にいる。

⑤　すべての選手の中で最も身長の低い選手は，女子長距離グループの中にいる。

⑥　男子短距離グループの中央値と男子長距離グループの第 3 四分位数は，ともに 180 以上 182 未満である。

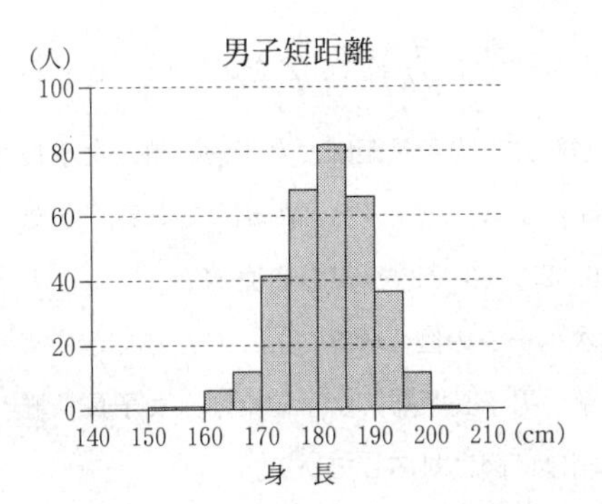

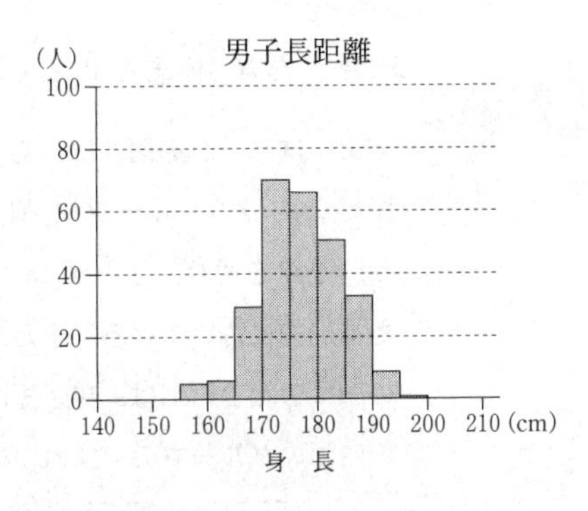

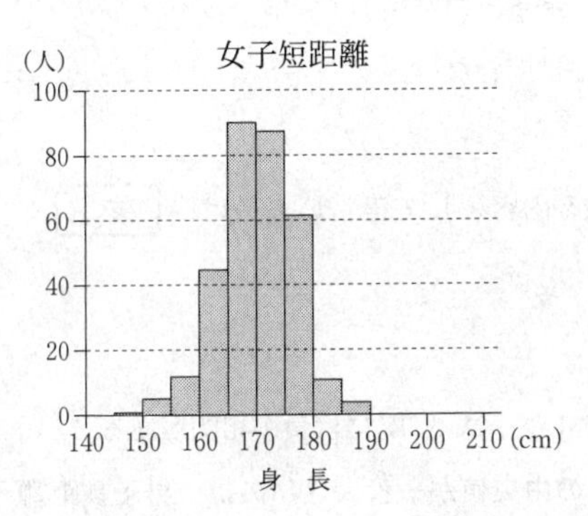

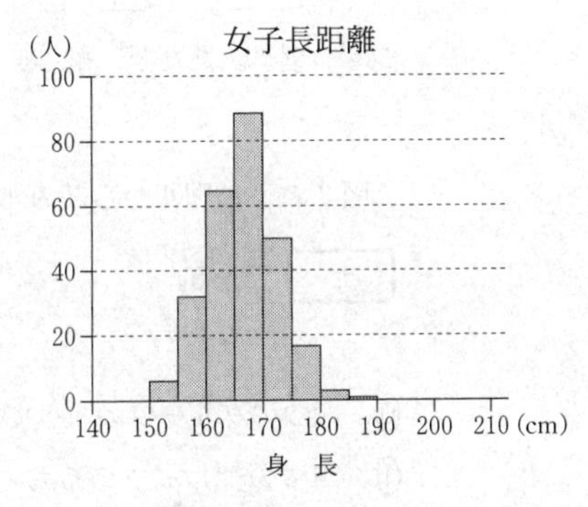

図1　身長のヒストグラム

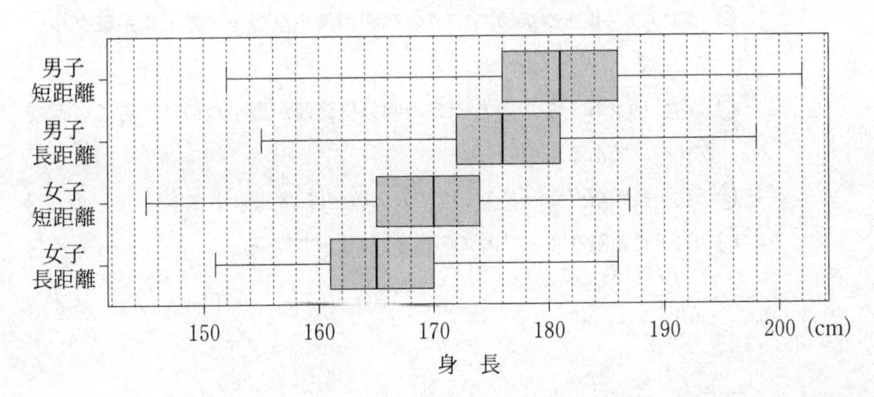

図2　身長の箱ひげ図

(出典：図1，図2はガーディアン社のWebページにより作成)

(2)　身長をH，体重をWとし，Xを$X=\left(\frac{H}{100}\right)^2$で，$Z$を$Z=\frac{W}{X}$で定義する。次ページの図3は，男子短距離，男子長距離，女子短距離，女子長距離の四つのグループにおけるXとWのデータの散布図である。ただし，原点を通り，傾きが15，20，25，30である四つの直線l_1，l_2，l_3，l_4も補助的に描いている。また，次ページの図4の(a)，(b)，(c)，(d)で示すZの四つの箱ひげ図は，男子短距離，男子長距離，女子短距離，女子長距離の四つのグループのいずれかの箱ひげ図に対応している。

次の［ス］，［セ］に当てはまるものを，下の⓪～⑤のうちから一つずつ選べ。ただし，解答の順序は問わない。

図3および図4から読み取れる内容として正しいものは，［ス］，［セ］である。

⓪　四つのグループのすべてにおいて，XとWには負の相関がある。

①　四つのグループのうちでZの中央値が一番大きいのは，男子長距離グループである。

②　四つのグループのうちでZの範囲が最小なのは，男子長距離グループである。

③　四つのグループのうちでZの四分位範囲が最小なのは，男子短距離グループである。

④　女子長距離グループのすべてのZの値は25より小さい。

⑤　男子長距離グループのZの箱ひげ図は(c)である。

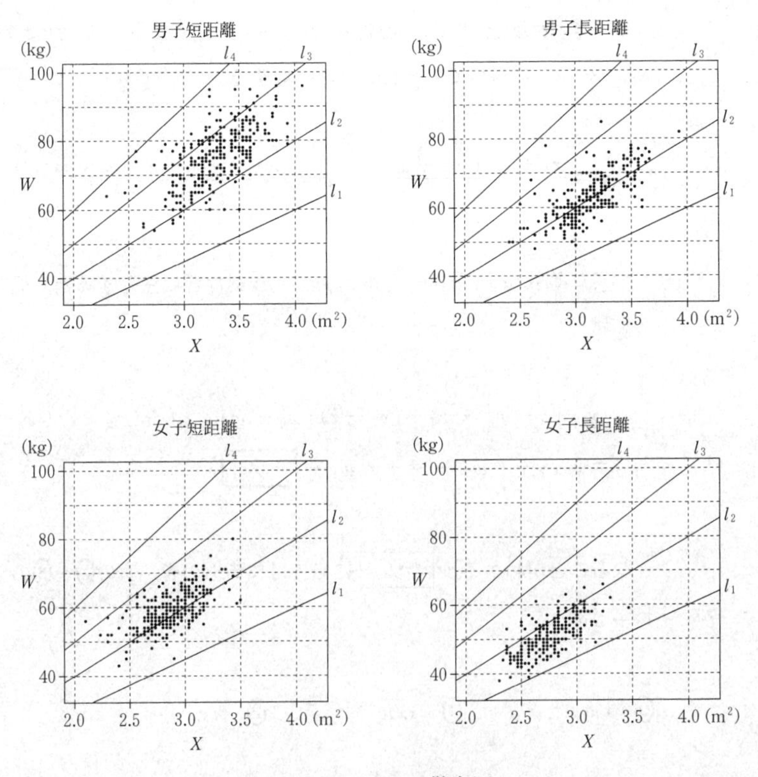

図3　X と W の散布図

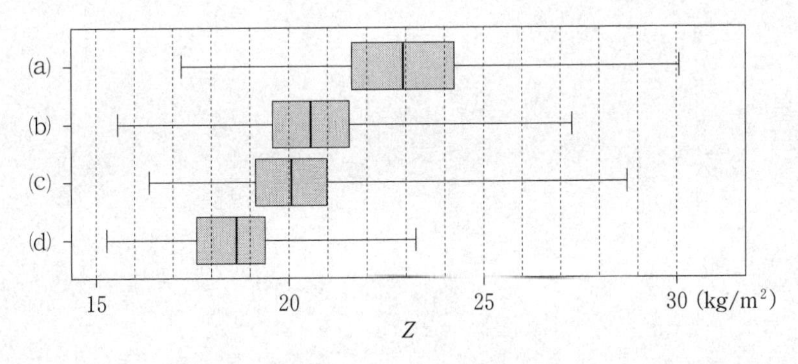

図4　Z の箱ひげ図

(出典：図3，図4はガーディアン社のWebページにより作成)

(3) nを自然数とする。実数値のデータx_1, x_2, …, x_nおよびw_1, w_2, …, w_nに対して，それぞれの平均値を

$$\overline{x}=\frac{x_1+x_2+\cdots+x_n}{n},\quad \overline{w}=\frac{w_1+w_2+\cdots+w_n}{n}$$

とおく。等式$(x_1+x_2+\cdots+x_n)\overline{w}=n\overline{x}\,\overline{w}$などに注意すると，偏差の積の和は

$$(x_1-\overline{x})(w_1-\overline{w})+(x_2-\overline{x})(w_2-\overline{w})+\cdots+(x_n-\overline{x})(w_n-\overline{w})$$
$$=x_1w_1+x_2w_2+\cdots+x_nw_n-\boxed{\text{ソ}}$$

となることがわかる。［ソ］に当てはまるものを，次の⓪～③のうちから一つ選べ。

⓪ $\overline{x}\,\overline{w}$　① $(\overline{x}\,\overline{w})^2$　② $n\overline{x}\,\overline{w}$　③ $n^2\overline{x}\,\overline{w}$

第3問　(選択問題)（配点　20）

一般に，事象Aの確率を$P(A)$で表す。また，事象Aの余事象を$\overline{A}$と表し，二つの事象A，Bの積事象を$A \cap B$と表す。

大小2個のさいころを同時に投げる試行において

Aを「大きいさいころについて，4の目が出る」という事象

Bを「2個のさいころの出た目の和が7である」という事象

Cを「2個のさいころの出た目の和が9である」という事象

とする。

(1)　事象A，B，Cの確率は，それぞれ

$$P(A) = \frac{\boxed{ア}}{\boxed{イ}}, \quad P(B) = \frac{\boxed{ウ}}{\boxed{エ}}, \quad P(C) = \frac{\boxed{オ}}{\boxed{カ}}$$

である。

(2)　事象Cが起こったときの事象Aが起こる条件付き確率は$\dfrac{\boxed{キ}}{\boxed{ク}}$であり，

事象Aが起こったときの事象Cが起こる条件付き確率は$\dfrac{\boxed{ケ}}{\boxed{コ}}$である。

(3)　次の サ ， シ に当てはまるものを，下の⓪～②のうちからそれぞれ一つ選べ。ただし，同じものを繰り返し選んでもよい。

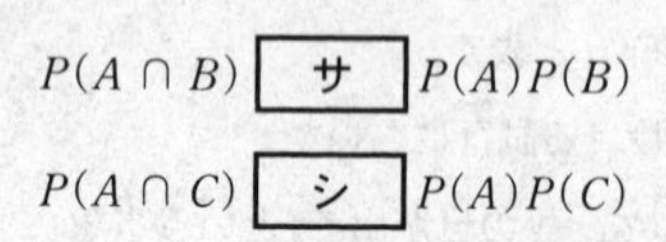

$P(A \cap B)$ サ $P(A)P(B)$

$P(A \cap C)$ シ $P(A)P(C)$

⓪　<　　　①　=　　　②　>

(4)　大小2個のさいころを同時に投げる試行を2回繰り返す。1回目に事象$A \cap B$が起こり，2回目に事象$\overline{A} \cap C$が起こる確率は$\dfrac{\text{ス}}{\text{セソタ}}$である。三つの事象$A$，$B$，$C$がいずれもちょうど1回ずつ起こる確率は$\dfrac{\text{チ}}{\text{ツテ}}$である。

第4問 （選択問題）（配点　20）

(1)　144 を素因数分解すると

$$144 = 2^{\boxed{ア}} \times \boxed{イ}^{\boxed{ウ}}$$

であり，144 の正の約数の個数は $\boxed{エオ}$ 個である。

(2)　不定方程式

$$144x - 7y = 1$$

の整数解 x，y の中で，x の絶対値が最小になるのは

$$x = \boxed{カ}, \quad y = \boxed{キク}$$

であり，すべての整数解は，k を整数として

$$x = \boxed{ケ}\,k + \boxed{カ}, \quad y = \boxed{コサシ}\,k + \boxed{キク}$$

と表される。

(3)　144 の倍数で，7 で割ったら余りが 1 となる自然数のうち，正の約数の個数が 18 個である最小のものは $144 \times \boxed{ス}$ であり，正の約数の個数が 30 個である最小のものは $144 \times \boxed{セソ}$ である。

第5問 （選択問題）（配点　20）

△ABCにおいてAB＝2，AC＝1，∠A＝90°とする。

∠Aの二等分線と辺BCとの交点をDとすると，BD＝$\dfrac{\boxed{ア}\sqrt{\boxed{イ}}}{\boxed{ウ}}$

である。

点Aを通り点Dで辺BCに接する円と辺ABとの交点でAと異なるものをE

とすると，AB・BE＝$\dfrac{\boxed{エオ}}{\boxed{カ}}$であるから，BE＝$\dfrac{\boxed{キク}}{\boxed{ケ}}$である。

次の［コ］には下の⓪～②から，［サ］には③・④から当てはまるものを一つずつ選べ。

$\frac{BE}{BD}$ ［コ］ $\frac{AB}{BC}$ であるから，直線ACと直線DEの交点は辺ACの端点［サ］の側の延長上にある。

⓪ <　　① ＝　　② >　　③ A　　④ C

その交点をFとすると，$\frac{CF}{AF}=\frac{［シ］}{［ス］}$ であるから，$CF=\frac{［セ］}{［ソ］}$ である。したがって，BFの長さが求まり，$\frac{CF}{AC}=\frac{BF}{AB}$ であることがわかる。

次の［タ］には下の⓪～③から当てはまるものを一つ選べ。

点Dは△ABFの［タ］。

⓪ 外心である　　① 内心である　　② 重心である
③ 外心，内心，重心のいずれでもない

数学Ⅱ・数学B

<table>
<tr><th>問　題</th><th>選　択　方　法</th></tr>
<tr><td>第１問</td><td>必　　　答</td></tr>
<tr><td>第２問</td><td>必　　　答</td></tr>
<tr><td>第３問</td><td rowspan="3">いずれか２問を選択し，解答しなさい。</td></tr>
<tr><td>第４問</td></tr>
<tr><td>第５問</td></tr>
</table>

第1問　（必答問題）（配点　30）

〔1〕

(1)　1ラジアンとは，[ア]のことである。[ア]に当てはまるものを，次の⓪〜③のうちから一つ選べ。

⓪　半径が1，面積が1の扇形の中心角の大きさ
①　半径がπ，面積が1の扇形の中心角の大きさ
②　半径が1，弧の長さが1の扇形の中心角の大きさ
③　半径がπ，弧の長さが1の扇形の中心角の大きさ

(2)　144° を弧度で表すと $\frac{\boxed{イ}}{\boxed{ウ}}\pi$ ラジアンである。また，$\frac{23}{12}\pi$ ラジアンを度で表すと[エオカ]° である。

(3)　$\frac{\pi}{2} \leqq \theta \leqq \pi$ の範囲で

$$2\sin\left(\theta+\frac{\pi}{5}\right)-2\cos\left(\theta+\frac{\pi}{30}\right)=1 \quad \cdots\cdots\cdots\cdots ①$$

を満たす θ の値を求めよう。

$x=\theta+\frac{\pi}{5}$ とおくと，① は

$$2\sin x-2\cos\left(x-\frac{\pi}{\boxed{\text{キ}}}\right)=1$$

と表せる。加法定理を用いると，この式は

$$\sin x-\sqrt{\boxed{\text{ク}}}\cos x=1$$

となる。さらに，三角関数の合成を用いると

$$\sin\left(x-\frac{\pi}{\boxed{\text{ケ}}}\right)=\frac{1}{\boxed{\text{コ}}}$$

と変形できる。$x=\theta+\frac{\pi}{5}$，$\frac{\pi}{2} \leqq \theta \leqq \pi$ だから，$\theta=\frac{\boxed{\text{サシ}}}{\boxed{\text{スセ}}}\pi$ である。

〔2〕 cを正の定数として，不等式

$$x^{\log_3 x} \geqq \left(\frac{x}{c}\right)^3 \quad \cdots\cdots\cdots\cdots ②$$

を考える。

3を底とする②の両辺の対数をとり，$t = \log_3 x$とおくと

$$t^{\boxed{ソ}} - \boxed{タ}\,t + \boxed{タ}\log_3 c \geqq 0 \quad \cdots\cdots\cdots\cdots ③$$

となる。ただし，対数$\log_a b$に対し，aを底といい，bを真数という。

$c = \sqrt[3]{9}$のとき，②を満たすxの値の範囲を求めよう。③により

$$t \leqq \boxed{チ}, \quad t \geqq \boxed{ツ}$$

である。さらに，真数の条件を考えて

$$\boxed{テ} < x \leqq \boxed{ト}, \quad x \geqq \boxed{ナ}$$

となる。

次に，②が$x > \boxed{テ}$の範囲でつねに成り立つようなcの値の範囲を求めよう。

xが$x > \boxed{テ}$の範囲を動くとき，tのとり得る値の範囲は$\boxed{ニ}$である。$\boxed{ニ}$に当てはまるものを，次の⓪～③のうちから一つ選べ。

⓪ 正の実数全体　　① 負の実数全体

② 実数全体　　③ 1以外の実数全体

この範囲のtに対して，③がつねに成り立つための必要十分条件は，

$\log_3 c \geqq \dfrac{\boxed{ヌ}}{\boxed{ネ}}$である。すなわち，$c \geqq \sqrt[\boxed{ノ}]{\boxed{ハヒ}}$である。

第2問　（必答問題）（配点　30）

〔1〕 $p>0$ とする。座標平面上の放物線 $y=px^2+qx+r$ を C とし，直線 $y=2x-1$ を ℓ とする。C は点 A(1，1) において ℓ と接しているとする。

(1) q と r を，p を用いて表そう。放物線 C 上の点 A における接線 ℓ の傾きは [ア] であることから，$q=$ [イウ] $p+$ [エ] がわかる。さらに，C は点 A を通ることから，$r=p-$ [オ] となる。

(2) $v>1$ とする。放物線 C と直線 ℓ および直線 $x=v$ で囲まれた図形の面積 S は $S=\dfrac{p}{[カ]}\left(v^3-[キ]v^2+[ク]v-[ケ]\right)$ である。

また，x 軸と ℓ および 2 直線 $x=1$，$x=v$ で囲まれた図形の面積 T は，$T=v^{[コ]}-v$ である。

$U=S-T$ は $v=2$ で極値をとるとする。このとき，$p=$ [サ] であり，$v>1$ の範囲で $U=0$ となる v の値を v_0 とすると，$v_0=\dfrac{[シ]+\sqrt{[ス]}}{[セ]}$ である。$1<v<v_0$ の範囲で U は [ソ]。

[ソ] に当てはまるものを，次の⓪～④のうちから一つ選べ。

⓪ つねに増加する　① つねに減少する　② 正の値のみをとる
③ 負の値のみをとる　④ 正と負のどちらの値もとる

$p=$ [サ] のとき，$v>1$ における U の最小値は [タチ] である。

〔2〕 関数$f(x)$は$x \geqq 1$の範囲でつねに$f(x) \leqq 0$を満たすとする。$t > 1$のとき，曲線$y = f(x)$とx軸および2直線$x = 1$，$x = t$で囲まれた図形の面積をWとする。tが$t > 1$の範囲を動くとき，Wは，底辺の長さが$2t^2 - 2$，他の2辺の長さがそれぞれ$t^2 + 1$の二等辺三角形の面積とつねに等しいとする。このとき，$x > 1$における$f(x)$を求めよう。

$F(x)$を$f(x)$の不定積分とする。一般に，$F'(x) =$ ツ ，$W =$ テ が成り立つ。 ツ ， テ に当てはまるものを，次の⓪～⑧のうちから一つずつ選べ。ただし，同じものを選んでもよい。

⓪ $-F(t)$　① $F(t)$　② $F(t) - F(1)$
③ $F(t) + F(1)$　④ $-F(t) + F(1)$　⑤ $-F(t) - F(1)$
⑥ $-f(x)$　⑦ $f(x)$　⑧ $f(x) - f(1)$

したがって，$t > 1$において

$$f(t) = \boxed{\text{トナ}}\, t^{\boxed{\text{ニ}}} + \boxed{\text{ヌ}}$$

である。よって，$x > 1$における$f(x)$がわかる。

第3問 （選択問題）（配点　20）

第4項が30，初項から第8項までの和が288である等差数列を$\{a_n\}$とし，$\{a_n\}$の初項から第n項までの和をS_nとする。また，第2項が36，初項から第3項までの和が156である等比数列で公比が1より大きいものを$\{b_n\}$とし，$\{b_n\}$の初項から第n項までの和をT_nとする。

(1)　$\{a_n\}$の初項は［アイ］，公差は［ウエ］であり

$$S_n = \boxed{オ}\,n^2 - \boxed{カキ}\,n$$

である。

(2)　$\{b_n\}$の初項は［クケ］，公比は［コ］であり

$$T_n = \boxed{サ}\left(\boxed{シ}^{\,n} - \boxed{ス}\right)$$

である。

(3) 数列$\{c_n\}$を次のように定義する。

$$c_n = \sum_{k=1}^{n} (n-k+1)(a_k - b_k)$$
$$= n(a_1 - b_1) + (n-1)(a_2 - b_2) + \cdots + 2(a_{n-1} - b_{n-1}) + (a_n - b_n)$$
$$(n = 1, 2, 3, \cdots)$$

たとえば

$$c_1 = a_1 - b_1, \qquad c_2 = 2(a_1 - b_1) + (a_2 - b_2)$$
$$c_3 = 3(a_1 - b_1) + 2(a_2 - b_2) + (a_3 - b_3)$$

である。数列$\{c_n\}$の一般項を求めよう。

$\{c_n\}$の階差数列を$\{d_n\}$とする。$d_n = c_{n+1} - c_n$であるから，$d_n =$ [セ] を満たす。[セ] に当てはまるものを，次の⓪～⑦のうちから一つ選べ。

⓪ $S_n + T_n$　① $S_n - T_n$　② $-S_n + T_n$
③ $-S_n - T_n$　④ $S_{n+1} + T_{n+1}$　⑤ $S_{n+1} - T_{n+1}$
⑥ $-S_{n+1} + T_{n+1}$　⑦ $-S_{n+1} - T_{n+1}$

したがって，(1)と(2)により

$$d_n = \boxed{ソ}\, n^2 - 2 \cdot \boxed{タ}^{\,n+\boxed{チ}}$$

である。$c_1 =$ [ツテト] であるから，$\{c_n\}$の一般項は

$$c_n = \boxed{ナ}\, n^3 - \boxed{ニ}\, n^2 + n + \boxed{ヌ} - \boxed{タ}^{\,n+\boxed{ネ}}$$

である。

第4問　（選択問題）（配点　20）

aを$0 < a < 1$を満たす定数とする。三角形ABCを考え，辺ABを1：3に内分する点をD，辺BCを$a:(1-a)$に内分する点をE，直線AEと直線CDの交点をFとする。$\overrightarrow{FA}=\vec{p}$，$\overrightarrow{FB}=\vec{q}$，$\overrightarrow{FC}=\vec{r}$とおく。

(1)　$\overrightarrow{AB}=$ [ア] であり

$$|\overrightarrow{AB}|^2=|\vec{p}|^2-\boxed{\text{イ}}\,\vec{p}\cdot\vec{q}+|\vec{q}|^2 \quad \cdots\cdots ①$$

である。ただし，[ア] については，当てはまるものを，次の⓪～③のうちから一つ選べ。

⓪　$\vec{p}+\vec{q}$　　①　$\vec{p}-\vec{q}$　　②　$\vec{q}-\vec{p}$　　③　$-\vec{p}-\vec{q}$

(2)　$\overrightarrow{FD}$を$\vec{p}$と$\vec{q}$を用いて表すと

$$\overrightarrow{FD}=\frac{\boxed{\text{ウ}}}{\boxed{\text{エ}}}\vec{p}+\frac{\boxed{\text{オ}}}{\boxed{\text{カ}}}\vec{q} \quad \cdots\cdots ②$$

である。

(3)　s, t をそれぞれ $\overrightarrow{\mathrm{FD}} = s\vec{r}$, $\overrightarrow{\mathrm{FE}} = t\vec{p}$ となる実数とする。s と t を a を用いて表そう。

$\overrightarrow{\mathrm{FD}} = s\vec{r}$ であるから，② により

$$\vec{q} = \boxed{\text{キク}}\,\vec{p} + \boxed{\text{ケ}}\,s\vec{r} \quad \cdots\cdots ③$$

である。また，$\overrightarrow{\mathrm{FE}} = t\vec{p}$ であるから

$$\vec{q} = \frac{t}{\boxed{\text{コ}} - \boxed{\text{サ}}}\vec{p} - \frac{\boxed{\text{シ}}}{\boxed{\text{コ}} - \boxed{\text{サ}}}\vec{r} \quad \cdots\cdots ④$$

である。③ と ④ により

$$s = \frac{\boxed{\text{スセ}}}{\boxed{\text{ソ}}\left(\boxed{\text{コ}} - \boxed{\text{サ}}\right)}, \quad t = \boxed{\text{タチ}}\left(\boxed{\text{コ}} - \boxed{\text{サ}}\right)$$

である。

(4)　$|\overrightarrow{\mathrm{AB}}| = |\overrightarrow{\mathrm{BE}}|$ とする。$|\vec{p}| = 1$ のとき，$\vec{p}$ と $\vec{q}$ の内積を a を用いて表そう。

① により

$$|\overrightarrow{\mathrm{AB}}|^2 = 1 - \boxed{\text{イ}}\,\vec{p}\cdot\vec{q} + |\vec{q}|^2$$

である。また

$$|\overrightarrow{\mathrm{BE}}|^2 = \boxed{\text{ツ}}\left(\boxed{\text{コ}} - \boxed{\text{サ}}\right)^2 + \boxed{\text{テ}}\left(\boxed{\text{コ}} - \boxed{\text{サ}}\right)\vec{p}\cdot\vec{q} + |\vec{q}|^2$$

である。したがって

$$\vec{p}\cdot\vec{q} = \frac{\boxed{\text{トナ}} - \boxed{\text{ニ}}}{\boxed{\text{ヌ}}}$$

である。

第5問 （選択問題）（配点　20）

以下の問題を解答するにあたっては，必要に応じて31ページの正規分布表を用いてもよい。

(1)　a を正の整数とする。2，4，6，…，$2a$ の数字がそれぞれ一つずつ書かれた a 枚のカードが箱に入っている。この箱から1枚のカードを無作為に取り出すとき，そこに書かれた数字を表す確率変数を X とする。このとき，$X = 2a$ となる確率は $\dfrac{\boxed{\text{ア}}}{\boxed{\text{イ}}}$ である。

$a = 5$ とする。X の平均（期待値）は $\boxed{\text{ウ}}$，X の分散は $\boxed{\text{エ}}$ である。また，s，t は定数で $s > 0$ のとき，$sX + t$ の平均が20，分散が32となるように s，t を定めると，$s = \boxed{\text{オ}}$，$t = \boxed{\text{カ}}$ である。このとき，$sX + t$ が20以上である確率は $0.\boxed{\text{キ}}$ である。

(2)　(1)の箱のカードの枚数 a は3以上とする。この箱から3枚のカードを同時に取り出し，それらのカードを横1列に並べる。この試行において，カードの数字が左から小さい順に並んでいる事象を A とする。このとき，事象 A の起こる確率は $\dfrac{\boxed{\text{ク}}}{\boxed{\text{ケ}}}$ である。

この試行を180回繰り返すとき，事象 A が起こる回数を表す確率変数を Y とすると，Y の平均 m は $\boxed{\text{コサ}}$，Y の分散 σ^2 は $\boxed{\text{シス}}$ である。ここで，事象 A が18回以上36回以下起こる確率の近似値を次のように求めよう。

試行回数180は大きいことから，Y は近似的に平均 $m=\boxed{\text{コサ}}$，標準偏差 $\sigma=\sqrt{\boxed{\text{シス}}}$ の正規分布に従うと考えられる。ここで，$Z=\dfrac{Y-m}{\sigma}$ とおくと，求める確率の近似値は次のようになる。

$$P(18 \leqq Y \leqq 36) = P\left(-\boxed{\text{セ}}.\boxed{\text{ソタ}} \leqq Z \leqq \boxed{\text{チ}}.\boxed{\text{ツテ}}\right)$$
$$= 0.\boxed{\text{トナ}}$$

(3)　ある都市での世論調査において，無作為に400人の有権者を選び，ある政策に対する賛否を調べたところ，320人が賛成であった。この都市の有権者全体のうち，この政策の賛成者の母比率 p に対する信頼度95％の信頼区間を求めたい。

この調査での賛成者の比率（以下，これを標本比率という）は0. [ニ] である。標本の大きさが400と大きいので，二項分布の正規分布による近似を用いると，p に対する信頼度95％の信頼区間は

$$0.\boxed{ヌネ} \leqq p \leqq 0.\boxed{ノハ}$$

である。

母比率 p に対する信頼区間 $A \leqq p \leqq B$ において，$B - A$ をこの信頼区間の幅とよぶ。以下，R を標本比率とし，p に対する信頼度95％の信頼区間を考える。

上で求めた信頼区間の幅を L_1

標本の大きさが400の場合に $R = 0.6$ が得られたときの信頼区間の幅を L_2

標本の大きさが500の場合に $R = 0.8$ が得られたときの信頼区間の幅を L_3

とする。このとき，L_1，L_2，L_3 について [ヒ] が成り立つ。[ヒ] に当てはまるものを，次の⓪～⑤のうちから一つ選べ。

⓪ $L_1 < L_2 < L_3$　　① $L_1 < L_3 < L_2$　　② $L_2 < L_1 < L_3$

③ $L_2 < L_3 < L_1$　　④ $L_3 < L_1 < L_2$　　⑤ $L_3 < L_2 < L_1$

正 規 分 布 表

次の表は，標準正規分布の分布曲線における右図の灰色部分の面積の値をまとめたものである。

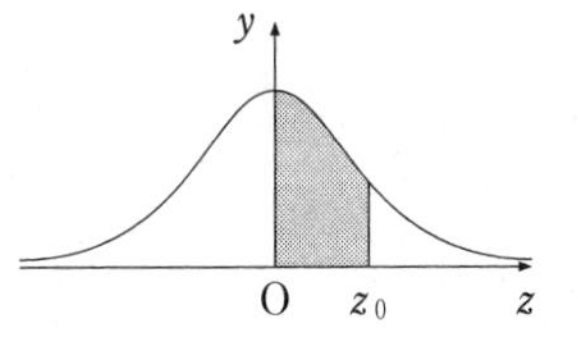

z_0	0.00	0.01	0.02	0.03	0.04	0.05	0.06	0.07	0.08	0.09
0.0	0.0000	0.0040	0.0080	0.0120	0.0160	0.0199	0.0239	0.0279	0.0319	0.0359
0.1	0.0398	0.0438	0.0478	0.0517	0.0557	0.0596	0.0636	0.0675	0.0714	0.0753
0.2	0.0793	0.0832	0.0871	0.0910	0.0948	0.0987	0.1026	0.1064	0.1103	0.1141
0.3	0.1179	0.1217	0.1255	0.1293	0.1331	0.1368	0.1406	0.1443	0.1480	0.1517
0.4	0.1554	0.1591	0.1628	0.1664	0.1700	0.1736	0.1772	0.1808	0.1844	0.1879
0.5	0.1915	0.1950	0.1985	0.2019	0.2054	0.2088	0.2123	0.2157	0.2190	0.2224
0.6	0.2257	0.2291	0.2324	0.2357	0.2389	0.2422	0.2454	0.2486	0.2517	0.2549
0.7	0.2580	0.2611	0.2642	0.2673	0.2704	0.2734	0.2764	0.2794	0.2823	0.2852
0.8	0.2881	0.2910	0.2939	0.2967	0.2995	0.3023	0.3051	0.3078	0.3106	0.3133
0.9	0.3159	0.3186	0.3212	0.3238	0.3264	0.3289	0.3315	0.3340	0.3365	0.3389
1.0	0.3413	0.3438	0.3461	0.3485	0.3508	0.3531	0.3554	0.3577	0.3599	0.3621
1.1	0.3643	0.3665	0.3686	0.3708	0.3729	0.3749	0.3770	0.3790	0.3810	0.3830
1.2	0.3849	0.3869	0.3888	0.3907	0.3925	0.3944	0.3962	0.3980	0.3997	0.4015
1.3	0.4032	0.4049	0.4066	0.4082	0.4099	0.4115	0.4131	0.4147	0.4162	0.4177
1.4	0.4192	0.4207	0.4222	0.4236	0.4251	0.4265	0.4279	0.4292	0.4306	0.4319
1.5	0.4332	0.4345	0.4357	0.4370	0.4382	0.4394	0.4406	0.4418	0.4429	0.4441
1.6	0.4452	0.4463	0.4474	0.4484	0.4495	0.4505	0.4515	0.4525	0.4535	0.4545
1.7	0.4554	0.4564	0.4573	0.4582	0.4591	0.4599	0.4608	0.4616	0.4625	0.4633
1.8	0.4641	0.4649	0.4656	0.4664	0.4671	0.4678	0.4686	0.4693	0.4699	0.4706
1.9	0.4713	0.4719	0.4726	0.4732	0.4738	0.4744	0.4750	0.4756	0.4761	0.4767
2.0	0.4772	0.4778	0.4783	0.4788	0.4793	0.4798	0.4803	0.4808	0.4812	0.4817
2.1	0.4821	0.4826	0.4830	0.4834	0.4838	0.4842	0.4846	0.4850	0.4854	0.4857
2.2	0.4861	0.4864	0.4868	0.4871	0.4875	0.4878	0.4881	0.4884	0.4887	0.4890
2.3	0.4893	0.4896	0.4898	0.4901	0.4904	0.4906	0.4909	0.4911	0.4913	0.4916
2.4	0.4918	0.4920	0.4922	0.4925	0.4927	0.4929	0.4931	0.4932	0.4934	0.4936
2.5	0.4938	0.4940	0.4941	0.4943	0.4945	0.4946	0.4948	0.4949	0.4951	0.4952
2.6	0.4953	0.4955	0.4956	0.4957	0.4959	0.4960	0.4961	0.4962	0.4963	0.4964
2.7	0.4965	0.4966	0.4967	0.4968	0.4969	0.4970	0.4971	0.4972	0.4973	0.4974
2.8	0.4974	0.4975	0.4976	0.4977	0.4977	0.4978	0.4979	0.4979	0.4980	0.4981
2.9	0.4981	0.4982	0.4982	0.4983	0.4984	0.4984	0.4985	0.4985	0.4986	0.4986
3.0	0.4987	0.4987	0.4987	0.4988	0.4988	0.4989	0.4989	0.4989	0.4990	0.4990

2017

本試験

数学Ⅰ・A ………………………… 2
数学Ⅱ・B ………………………… 18

各科目とも　60 分　100 点

数学Ⅰ・数学A

問　題	選　択　方　法
第1問	必　　答
第2問	必　　答
第3問	いずれか2問を選択し，解答しなさい。
第4問	
第5問	

第１問　(必答問題)（配点　30）

〔1〕 x は正の実数で，$x^2 + \dfrac{4}{x^2} = 9$ を満たすとする。このとき

$$\left(x + \frac{2}{x}\right)^2 = \boxed{\text{アイ}}$$

であるから，$x + \dfrac{2}{x} = \sqrt{\boxed{\text{アイ}}}$ である。さらに

$$x^3 + \frac{8}{x^3} = \left(x + \frac{2}{x}\right)\left(x^2 + \frac{4}{x^2} - \boxed{\text{ウ}}\right)$$

$$= \boxed{\text{エ}}\sqrt{\boxed{\text{オカ}}}$$

である。また

$$x^4 + \frac{16}{x^4} = \boxed{\text{キク}}$$

である。

〔2〕　実数 x に関する2つの条件 p，q を

$$p:\ x=1$$
$$q:\ x^2=1$$

とする。また，条件 p，q の否定をそれぞれ $\overline{p}$，$\overline{q}$ で表す。

(1)　次の［ケ］，［コ］，［サ］，［シ］に当てはまるものを，下の⓪～③のうちから一つずつ選べ。ただし，同じものを繰り返し選んでもよい。

q は p であるための［ケ］。

$\overline{p}$ は q であるための［コ］。

(p または $\overline{q}$) は q であるための［サ］。

($\overline{p}$ かつ q) は q であるための［シ］。

⓪　必要条件だが十分条件でない

①　十分条件だが必要条件でない

②　必要十分条件である

③　必要条件でも十分条件でもない

(2)　実数xに関する条件rを

r：$x > 0$

とする。次の［ス］に当てはまるものを，下の⓪～⑦のうちから一つ選べ。

3つの命題

A：「(p かつ q) $\Longrightarrow r$」

B：「$q \Longrightarrow r$」

C：「$\overline{q} \Longrightarrow \overline{p}$」

の真偽について正しいものは［ス］である。

⓪　Aは真，Bは真，Cは真

①　Aは真，Bは真，Cは偽

②　Aは真，Bは偽，Cは真

③　Aは真，Bは偽，Cは偽

④　Aは偽，Bは真，Cは真

⑤　Aは偽，Bは真，Cは偽

⑥　Aは偽，Bは偽，Cは真

⑦　Aは偽，Bは偽，Cは偽

〔3〕 aを定数とし，$g(x) = x^2 - 2(3a^2 + 5a)x + 18a^4 + 30a^3 + 49a^2 + 16$ とおく。2次関数 $y = g(x)$ のグラフの頂点は

$$\left(\boxed{\text{セ}}\,a^2 + \boxed{\text{ソ}}\,a,\ \ \boxed{\text{タ}}\,a^4 + \boxed{\text{チツ}}\,a^2 + \boxed{\text{テト}}\right)$$

である。

aが実数全体を動くとき，頂点のx座標の最小値は $-\dfrac{\boxed{\text{ナニ}}}{\boxed{\text{ヌネ}}}$ である。

次に，$t = a^2$ とおくと，頂点のy座標は

$$\boxed{\text{タ}}\,t^2 + \boxed{\text{チツ}}\,t + \boxed{\text{テト}}$$

と表せる。したがって，aが実数全体を動くとき，頂点のy座標の最小値は $\boxed{\text{ノハ}}$ である。

第２問 （必答問題）（配点　30）

〔１〕 △ABC において，$AB = \sqrt{3} - 1$，$BC = \sqrt{3} + 1$，$\angle ABC = 60°$ とする。

(1) $AC = \sqrt{\boxed{\text{ア}}}$ であるから，△ABC の外接円の半径は $\sqrt{\boxed{\text{イ}}}$ であり

$$\sin \angle BAC = \frac{\sqrt{\boxed{\text{ウ}}} + \sqrt{\boxed{\text{エ}}}}{\boxed{\text{オ}}}$$

である。ただし，$\boxed{\text{ウ}}$，$\boxed{\text{エ}}$ の解答の順序は問わない。

(2) 辺 AC 上に点 D を，△ABD の面積が $\frac{\sqrt{2}}{6}$ になるようにとるとき

$$AB \cdot AD = \frac{\boxed{\text{カ}}\sqrt{\boxed{\text{キ}}} - \boxed{\text{ク}}}{\boxed{\text{ケ}}}$$

であるから，$AD = \dfrac{\boxed{\text{コ}}}{\boxed{\text{サ}}}$ である。

〔2〕　スキージャンプは，飛距離および空中姿勢の美しさを競う競技である。選手は斜面を滑り降り，斜面の端から空中に飛び出す。飛距離 D（単位はm）から得点 X が決まり，空中姿勢から得点 Y が決まる。ある大会における58回のジャンプについて考える。

(1)　得点 X，得点 Y および飛び出すときの速度 V（単位はkm/h）について，図1の3つの散布図を得た。

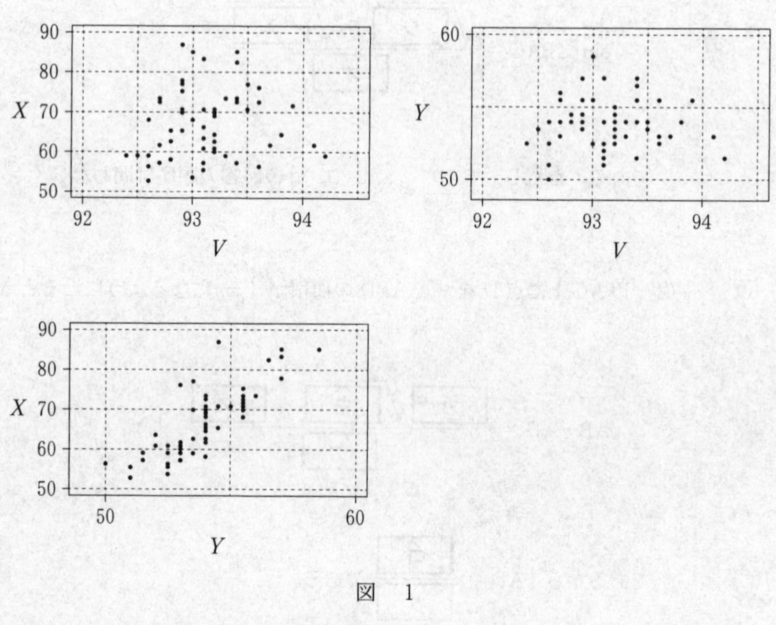

図　1

（出典：国際スキー連盟の Web ページにより作成）

次の [シ], [ス], [セ] に当てはまるものを，下の⓪～⑥のうちから一つずつ選べ。ただし，解答の順序は問わない。

図1から読み取れることとして正しいものは，[シ], [ス], [セ] である。

⓪ X と V の間の相関は，X と Y の間の相関より強い。
① X と Y の間には正の相関がある。
② V が最大のジャンプは，X も最大である。
③ V が最大のジャンプは，Y も最大である。
④ Y が最小のジャンプは，X は最小ではない。
⑤ X が 80 以上のジャンプは，すべて V が 93 以上である。
⑥ Y が 55 以上かつ V が 94 以上のジャンプはない。

(2) 得点 X は，飛距離 D から次の計算式によって算出される。

$$X = 1.80 \times (D - 125.0) + 60.0$$

次の ソ ， タ ， チ にそれぞれ当てはまるものを，下の⓪〜⑥のうちから一つずつ選べ。ただし，同じものを繰り返し選んでもよい。

- X の分散は，D の分散の ソ 倍になる。
- X と Y の共分散は，D と Y の共分散の タ 倍である。ただし，共分散は，2つの変量のそれぞれにおいて平均値からの偏差を求め，偏差の積の平均値として定義される。
- X と Y の相関係数は，D と Y の相関係数の チ 倍である。

⓪ -125　① -1.80　② 1　③ 1.80

④ 3.24　⑤ 3.60　⑥ 60.0

(3)　58回のジャンプは29名の選手が2回ずつ行ったものである。1回目の$X+Y$(得点Xと得点Yの和)の値に対するヒストグラムと2回目の$X+Y$の値に対するヒストグラムは図2のA，Bのうちのいずれかである。また，1回目の$X+Y$の値に対する箱ひげ図と2回目の$X+Y$の値に対する箱ひげ図は図3のa，bのうちのいずれかである。ただし，1回目の$X+Y$の最小値は108.0であった。

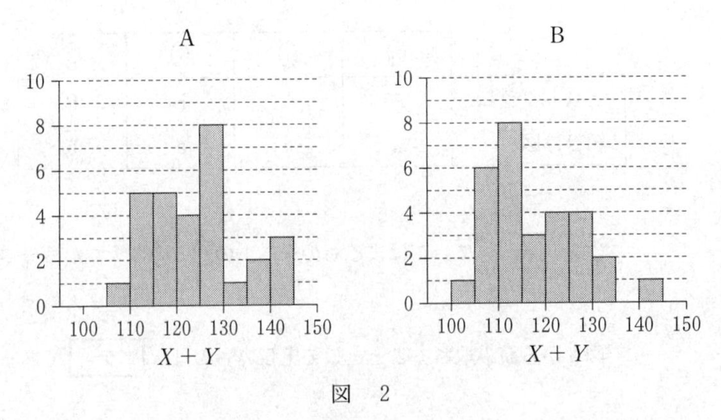

図　2

(出典：国際スキー連盟のWebページにより作成)

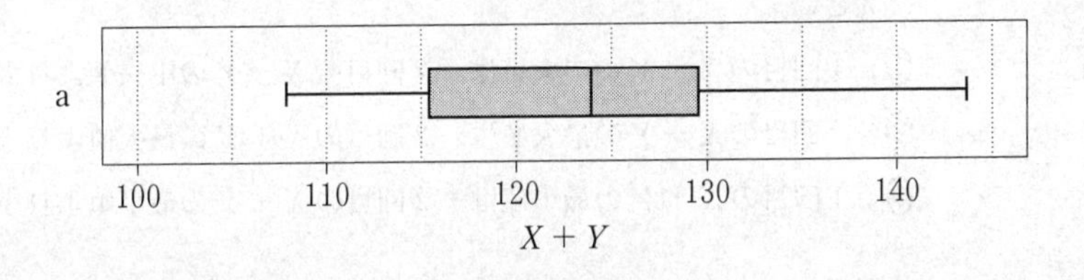

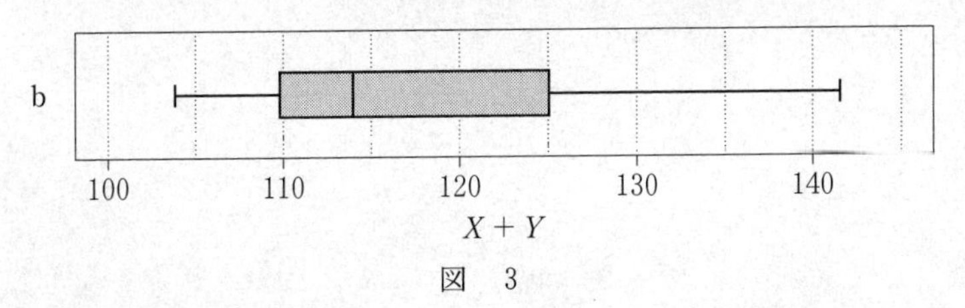

図　3

(出典：国際スキー連盟のWebページにより作成)

次の ツ に当てはまるものを，下の表の⓪～③のうちから一つ選べ。

1回目の$X+Y$の値について，ヒストグラムおよび箱ひげ図の組合せとして正しいものは， ツ である。

	⓪	①	②	③
ヒストグラム	A	A	B	B
箱ひげ図	a	b	a	b

次の テ に当てはまるものを，下の⓪～③のうちから一つ選べ。

図3から読み取れることとして正しいものは， テ である。

⓪　1回目の$X+Y$の四分位範囲は，2回目の$X+Y$の四分位範囲より大きい。
①　1回目の$X+Y$の中央値は，2回目の$X+Y$の中央値より大きい。
②　1回目の$X+Y$の最大値は，2回目の$X+Y$の最大値より小さい。
③　1回目の$X+Y$の最小値は，2回目の$X+Y$の最小値より小さい。

第3問　(選択問題)(配点　20)

あたりが2本，はずれが2本の合計4本からなるくじがある。A，B，Cの3人がこの順に1本ずつくじを引く。ただし，1度引いたくじはもとに戻さない。

(1)　A，Bの少なくとも一方があたりのくじを引く事象 E_1 の確率は，

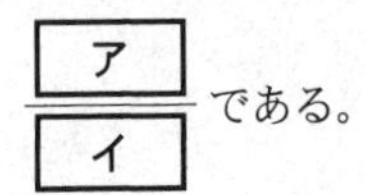

$\dfrac{\boxed{\text{ア}}}{\boxed{\text{イ}}}$ である。

(2)　次の［ウ］，［エ］，［オ］に当てはまるものを，下の⓪～⑤のうちから一つずつ選べ。ただし，解答の順序は問わない。

A，B，Cの3人で2本のあたりのくじを引く事象 E は，3つの排反な事象［ウ］，［エ］，［オ］の和事象である。

⓪　Aがはずれのくじを引く事象
①　Aだけがはずれのくじを引く事象
②　Bがはずれのくじを引く事象
③　Bだけがはずれのくじを引く事象
④　Cがはずれのくじを引く事象
⑤　Cだけがはずれのくじを引く事象

また，その和事象の確率は $\dfrac{\boxed{\text{カ}}}{\boxed{\text{キ}}}$ である。

(3)　事象 E_1 が起こったときの事象 E の起こる条件付き確率は，$\dfrac{\boxed{\text{ク}}}{\boxed{\text{ケ}}}$ である。

(4)　次の［コ］，［サ］，［シ］に当てはまるものを，下の⓪〜⑤のうちから一つずつ選べ。ただし，解答の順序は問わない。

B，Cの少なくとも一方があたりのくじを引く事象E_2は，3つの排反な事象［コ］，［サ］，［シ］の和事象である。

⓪　Aがはずれのくじを引く事象
①　Aだけがはずれのくじを引く事象
②　Bがはずれのくじを引く事象
③　Bだけがはずれのくじを引く事象
④　Cがはずれのくじを引く事象
⑤　Cだけがはずれのくじを引く事象

また，その和事象の確率は$\dfrac{\boxed{ス}}{\boxed{セ}}$である。他方，A，Cの少なくとも一方があたりのくじをひく事象E_3の確率は，$\dfrac{\boxed{ソ}}{\boxed{タ}}$である。

(5)　次の［チ］に当てはまるものを，下の⓪〜⑥のうちから一つ選べ。

事象E_1が起こったときの事象Eの起こる条件付き確率p_1，事象E_2が起こったときの事象Eの起こる条件付き確率p_2，事象E_3が起こったときの事象Eの起こる条件付き確率p_3の間の大小関係は，［チ］である。

⓪　$p_1 < p_2 < p_3$　①　$p_1 > p_2 > p_3$　②　$p_1 < p_2 = p_3$
③　$p_1 > p_2 = p_3$　④　$p_1 = p_2 < p_3$　⑤　$p_1 = p_2 > p_3$
⑥　$p_1 = p_2 = p_3$

第4問　（選択問題）（配点　20）

(1)　百の位の数が3，十の位の数が7，一の位の数が a である3桁（けた）の自然数を $37a$ と表記する。

$37a$ が4で割り切れるのは

$$a = \boxed{ア},\quad \boxed{イ}$$

のときである。ただし，ア，イ の解答の順序は問わない。

(2)　千の位の数が7，百の位の数が b，十の位の数が5，一の位の数が c である4桁の自然数を $7b5c$ と表記する。

$7b5c$ が4でも9でも割り切れる b，c の組は，全部で ウ 個ある。これらのうち，$7b5c$ の値が最小になるのは $b =$ エ，$c =$ オ のときで，$7b5c$ の値が最大になるのは $b =$ カ，$c =$ キ のときである。

また，$7b5c = (6 \times n)^2$ となる b，c と自然数 n は

$$b = \boxed{ク},\quad c = \boxed{ケ},\quad n = \boxed{コサ}$$

である。

(3) 1188 の正の約数は全部で シス 個ある。

これらのうち，2 の倍数は セソ 個，4 の倍数は タ 個ある。

1188 のすべての正の約数の積を 2 進法で表すと，末尾には 0 が連続して チツ 個並ぶ。

第5問 （選択問題）（配点　20）

△ABCにおいて，AB = 3，BC = 8，AC = 7とする。

(1)　辺AC上に点DをAD = 3となるようにとり，△ABDの外接円と直線BCの交点でBと異なるものをEとする。このとき，BC・CE = [アイ] であるから，$CE = \frac{[ウ]}{[エ]}$ である。

直線ABと直線DEの交点をFとするとき，$\frac{BF}{AF} = \frac{[オカ]}{[キ]}$ であるから，$AF = \frac{[クケ]}{[コ]}$ である。

(2)　∠ABC = [サシ]° である。△ABCの内接円の半径は $\frac{[ス]\sqrt{[セ]}}{[ソ]}$ であり，△ABCの内心をIとすると $BI = \frac{[タ]\sqrt{[チ]}}{[ツ]}$ である。

数学Ⅱ・数学B

問　題	選　択　方　法
第1問	必　　答
第2問	必　　答
第3問	いずれか2問を選択し，解答しなさい。
第4問	
第5問	

第１問　（必答問題）（配点　30）

〔1〕　連立方程式

$$\begin{cases} \cos 2\alpha + \cos 2\beta = \dfrac{4}{15} & \cdots\cdots ① \\ \cos\alpha\cos\beta = -\dfrac{2\sqrt{15}}{15} & \cdots\cdots ② \end{cases}$$

を考える。ただし，$0 \leqq \alpha \leqq \pi$，$0 \leqq \beta \leqq \pi$ であり，$\alpha < \beta$ かつ

$$|\cos\alpha| \geqq |\cos\beta| \qquad \cdots\cdots ③$$

とする。このとき，$\cos\alpha$ と $\cos\beta$ の値を求めよう。

2倍角の公式を用いると，① から

$$\cos^2\alpha + \cos^2\beta = \frac{\boxed{アイ}}{\boxed{ウエ}}$$

が得られる。また，② から，$\cos^2\alpha\cos^2\beta = \dfrac{\boxed{オ}}{15}$ である。

したがって，条件 ③ を用いると

$$\cos^2\alpha = \frac{\boxed{カ}}{\boxed{キ}}, \quad \cos^2\beta = \frac{\boxed{ク}}{\boxed{ケ}}$$

である。よって，② と条件 $0 \leqq \alpha \leqq \pi$，$0 \leqq \beta \leqq \pi$，$\alpha < \beta$ から

$$\cos\alpha = \frac{\boxed{コ}\sqrt{\boxed{サ}}}{\boxed{シ}}, \quad \cos\beta = \frac{\boxed{ス}\sqrt{\boxed{セ}}}{\boxed{ソ}}$$

である。

〔2〕 座標平面上に点A$\left(0,\ \frac{3}{2}\right)$をとり，関数$y=\log_2 x$のグラフ上に2点B$(p,\ \log_2 p)$，C$(q,\ \log_2 q)$をとる。線分ABを1：2に内分する点がCであるとき，p，qの値を求めよう。

真数の条件により，$p>$ [タ]，$q>$ [タ] である。ただし，対数$\log_a b$に対し，aを底といい，bを真数という。

線分ABを1：2に内分する点の座標は，pを用いて

$$\left(\frac{\boxed{チ}}{\boxed{ツ}}p,\quad \frac{\boxed{テ}}{\boxed{ト}}\log_2 p+\boxed{ナ}\right)$$

と表される。これがCの座標と一致するので

$$\begin{cases} \dfrac{\boxed{チ}}{\boxed{ツ}}p=q & \cdots\cdots④ \\ \dfrac{\boxed{テ}}{\boxed{ト}}\log_2 p+\boxed{ナ}=\log_2 q & \cdots\cdots⑤ \end{cases}$$

が成り立つ。

⑤は

$$p = \frac{\boxed{\text{ニ}}}{\boxed{\text{ヌ}}} q^{\boxed{\text{ネ}}} \quad \cdots\cdots\cdots ⑥$$

と変形できる。④と⑥を連立させた方程式を解いて，$p >$ [タ]，$q >$ [タ] に注意すると

$$p = \boxed{\text{ノ}}\sqrt{\boxed{\text{ハ}}}, \quad q = \boxed{\text{ヒ}}\sqrt{\boxed{\text{フ}}}$$

である。

また，Cのy座標$\log_2\left(\boxed{\text{ヒ}}\sqrt{\boxed{\text{フ}}}\right)$の値を，小数第2位を四捨五入して小数第1位まで求めると，[ヘ] である。[ヘ] に当てはまるものを，次の⓪～ⓑのうちから一つ選べ。ただし，$\log_{10} 2 = 0.3010$，$\log_{10} 3 = 0.4771$，$\log_{10} 7 = 0.8451$とする。

⓪ 0.3　① 0.6　② 0.9　③ 1.3　④ 1.6　⑤ 1.9
⑥ 2.3　⑦ 2.6　⑧ 2.9　⑨ 3.3　ⓐ 3.6　ⓑ 3.9

第2問　（必答問題）（配点　30）

Oを原点とする座標平面上の放物線$y = x^2 + 1$をCとし，点$(a,\ 2a)$をPとする。

⑴　点Pを通り，放物線Cに接する直線の方程式を求めよう。

C上の点$(t,\ t^2 + 1)$における接線の方程式は

$$y = \boxed{\text{ア}}\,tx - t^2 + \boxed{\text{イ}}$$

である。この直線がPを通るとすると，tは方程式

$$t^2 - \boxed{\text{ウ}}\,at + \boxed{\text{エ}}\,a - \boxed{\text{オ}} = 0$$

を満たすから，$t = \boxed{\text{カ}}\,a - \boxed{\text{キ}}$，$\boxed{\text{ク}}$である。よって，$a \neq \boxed{\text{ケ}}$のとき，Pを通る$C$の接線は2本あり，それらの方程式は

$$y = \left(\boxed{\text{コ}}\,a - \boxed{\text{サ}}\right)x - \boxed{\text{シ}}\,a^2 + \boxed{\text{ス}}\,a \quad \cdots\cdots\cdots ①$$

と

$$y = \boxed{\text{セ}}\,x$$

である。

⑵　⑴の方程式①で表される直線をℓとする。ℓとy軸との交点を$\mathrm{R}(0,\ r)$とすると，$r = -\boxed{\text{シ}}\,a^2 + \boxed{\text{ス}}\,a$である。$r > 0$となるのは，$\boxed{\text{ソ}} < a < \boxed{\text{タ}}$のときであり，このとき，三角形OPRの面積$S$は

$$S = \boxed{\text{チ}}\left(a^{\boxed{\text{ツ}}} - a^{\boxed{\text{テ}}}\right)$$

となる。

[ソ] $< a <$ [タ] のとき，S の増減を調べると，S は $a = \dfrac{[ト]}{[ナ]}$ で最大値 $\dfrac{[ニ]}{[ヌネ]}$ をとることがわかる。

(3)　[ソ] $< a <$ [タ] のとき，放物線 C と(2)の直線 ℓ および2直線 $x = 0$，$x = a$ で囲まれた図形の面積を T とすると

$$T = \frac{[ノ]}{[ハ]}a^3 - [ヒ]a^2 + [フ]$$

である。$\dfrac{[ト]}{[ナ]} \leqq a <$ [タ] の範囲において，T は [ヘ]。[ヘ] に当てはまるものを，次の⓪～⑤のうちから一つ選べ。

⓪　減少する
①　極小値をとるが，極大値はとらない
②　増加する
③　極大値をとるが，極小値はとらない
④　一定である
⑤　極小値と極大値の両方をとる

第3問 (選択問題) (配点 20)

以下において考察する数列の項は，すべて実数であるとする。

(1) 等比数列$\{s_n\}$の初項が1，公比が2であるとき

$$s_1 s_2 s_3 = \boxed{\text{ア}}, \quad s_1 + s_2 + s_3 = \boxed{\text{イ}}$$

である。

(2) $\{s_n\}$を初項x，公比rの等比数列とする。a，bを実数(ただし$a \neq 0$)とし，$\{s_n\}$の最初の3項が

$$s_1 s_2 s_3 = a^3 \quad \cdots\cdots ①$$

$$s_1 + s_2 + s_3 = b \quad \cdots\cdots ②$$

を満たすとする。このとき

$$xr = \boxed{\text{ウ}} \quad \cdots\cdots ③$$

である。さらに，②，③を用いてr，a，bの満たす関係式を求めると

$$\boxed{\text{エ}}\, r^2 + \left(\boxed{\text{オ}} - \boxed{\text{カ}}\right) r + \boxed{\text{キ}} = 0 \quad \cdots\cdots ④$$

を得る。④を満たす実数rが存在するので

$$\boxed{\text{ク}}\, a^2 + \boxed{\text{ケ}}\, ab - b^2 \leqq 0 \quad \cdots\cdots ⑤$$

である。

逆に，a，bが⑤を満たすとき，③，④を用いてr，xの値を求めることができる。

⑶ $a = 64$，$b = 336$ のとき，⑵の条件 ①，② を満たし，公比が 1 より大きい等比数列 $\{s_n\}$ を考える。③，④ を用いて $\{s_n\}$ の公比 r と初項 x を求めると，$r =$ [コ]，$x =$ [サシ] である。

$\{s_n\}$ を用いて，数列 $\{t_n\}$ を

$$t_n = s_n \log_{\boxed{コ}} s_n \qquad (n = 1,\ 2,\ 3,\ \cdots)$$

と定める。このとき，$\{t_n\}$ の一般項は $t_n = \left(n + \boxed{ス}\right) \cdot \boxed{コ}^{\,n + \boxed{セ}}$ である。$\{t_n\}$ の初項から第 n 項までの和 U_n は，$U_n - \boxed{コ}\,U_n$ を計算することにより

$$U_n = \frac{\boxed{ソ}\,n + \boxed{タ}}{\boxed{チ}} \cdot \boxed{コ}^{\,n + \boxed{ツ}} - \frac{\boxed{テト}}{\boxed{ナ}}$$

であることがわかる。

第4問　（選択問題）（配点　20）

座標平面上に点A(2，0)をとり，原点Oを中心とする半径が2の円周上に点B，C，D，E，Fを，点A，B，C，D，E，Fが順に正六角形の頂点となるようにとる。ただし，Bは第1象限にあるとする。

(1)　点Bの座標は$\left(\boxed{\text{ア}},\ \sqrt{\boxed{\text{イ}}}\right)$，点Dの座標は$\left(-\boxed{\text{ウ}},\ 0\right)$である。

(2)　線分BDの中点をMとし，直線AMと直線CDの交点をNとする。$\overrightarrow{\text{ON}}$を求めよう。

$\overrightarrow{\text{ON}}$は実数$r$，$s$を用いて，$\overrightarrow{\text{ON}}=\overrightarrow{\text{OA}}+r\overrightarrow{\text{AM}}$，$\overrightarrow{\text{ON}}=\overrightarrow{\text{OD}}+s\overrightarrow{\text{DC}}$と2通りに表すことができる。ここで

$$\overrightarrow{\text{AM}}=\left(-\frac{\boxed{\text{エ}}}{\boxed{\text{オ}}},\quad \frac{\sqrt{\boxed{\text{カ}}}}{\boxed{\text{キ}}}\right)$$

$$\overrightarrow{\text{DC}}=\left(\boxed{\text{ク}},\quad \sqrt{\boxed{\text{ケ}}}\right)$$

であるから

$$r=\frac{\boxed{\text{コ}}}{\boxed{\text{サ}}},\qquad s=\frac{\boxed{\text{シ}}}{\boxed{\text{ス}}}$$

である。よって

$$\overrightarrow{\text{ON}}=\left(-\frac{\boxed{\text{セ}}}{\boxed{\text{ソ}}},\quad \frac{\boxed{\text{タ}}\sqrt{\boxed{\text{チ}}}}{\boxed{\text{ツ}}}\right)$$

である。

(3)　線分 BF 上に点 P をとり，その y 座標を a とする。点 P から直線 CE に引いた垂線と，点 C から直線 EP に引いた垂線との交点を H とする。

$\overrightarrow{EP}$ が

$$\overrightarrow{EP} = \left(\boxed{テ},\ \ \boxed{ト} + \sqrt{\boxed{ナ}} \right)$$

と表せることにより，H の座標を a を用いて表すと

$$\left(\frac{\boxed{ニ}\,a^{\boxed{ヌ}} + \boxed{ネ}}{\boxed{ノ}},\ \ \boxed{ハ} \right)$$

である。

さらに，$\overrightarrow{OP}$ と $\overrightarrow{OH}$ のなす角を θ とする。$\cos\theta = \dfrac{12}{13}$ のとき，a の値は

$$a = \pm \frac{\boxed{ヒ}}{\boxed{フヘ}}$$

である。

第5問　（選択問題）（配点　20）

以下の問題を解答するにあたっては，必要に応じて30ページの正規分布表を用いてもよい。

(1)　1回の試行において，事象 A の起こる確率が p，起こらない確率が $1-p$ であるとする。この試行を n 回繰り返すとき，事象 A の起こる回数を W とする。確率変数 W の平均(期待値) m が $\frac{1216}{27}$，標準偏差 σ が $\frac{152}{27}$ であるとき，

$n=$ [アイウ]，$p=\frac{[エ]}{[オカ]}$ である。

(2)　(1)の反復試行において，W が38以上となる確率の近似値を求めよう。

いま

$$P(W \geqq 38)=P\left(\frac{W-m}{\sigma} \geqq -\boxed{キ}.\boxed{クケ}\right)$$

と変形できる。ここで，$Z=\frac{W-m}{\sigma}$ とおき，W の分布を正規分布で近似すると，正規分布表から確率の近似値は次のように求められる。

$$P\left(Z \geqq -\boxed{キ}.\boxed{クケ}\right)=0.\boxed{コサ}$$

(3) 連続型確率変数Xのとり得る値xの範囲が$s \leqq x \leqq t$で，確率密度関数が$f(x)$のとき，Xの平均$E(X)$は次の式で与えられる。

$$E(X) = \int_s^t x f(x)\,dx$$

aを正の実数とする。連続型確率変数Xのとり得る値xの範囲が$-a \leqq x \leqq 2a$で，確率密度関数が

$$f(x) = \begin{cases} \dfrac{2}{3a^2}(x+a) & (-a \leqq x \leqq 0 \text{ のとき}) \\ \dfrac{1}{3a^2}(2a-x) & (0 \leqq x \leqq 2a \text{ のとき}) \end{cases}$$

であるとする。このとき，$a \leqq X \leqq \dfrac{3}{2}a$ となる確率は$\dfrac{\boxed{\text{シ}}}{\boxed{\text{ス}}}$である。

また，Xの平均は$\dfrac{\boxed{\text{セ}}}{\boxed{\text{ソ}}}$である。さらに，$Y = 2X + 7$とおくと，$Y$の平均は$\dfrac{\boxed{\text{タチ}}}{\boxed{\text{ツ}}} + \boxed{\text{テ}}$である。

正 規 分 布 表

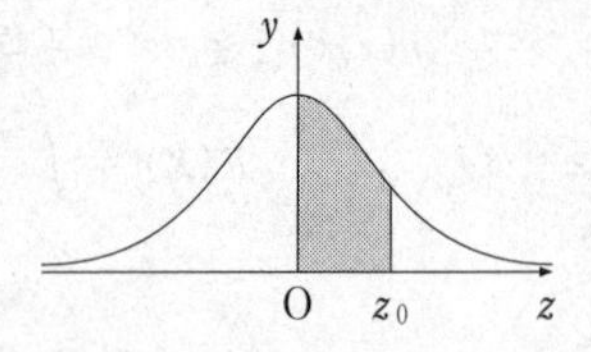

次の表は，標準正規分布の分布曲線における右図の灰色部分の面積の値をまとめたものである。

z_0	0.00	0.01	0.02	0.03	0.04	0.05	0.06	0.07	0.08	0.09
0.0	0.0000	0.0040	0.0080	0.0120	0.0160	0.0199	0.0239	0.0279	0.0319	0.0359
0.1	0.0398	0.0438	0.0478	0.0517	0.0557	0.0596	0.0636	0.0675	0.0714	0.0753
0.2	0.0793	0.0832	0.0871	0.0910	0.0948	0.0987	0.1026	0.1064	0.1103	0.1141
0.3	0.1179	0.1217	0.1255	0.1293	0.1331	0.1368	0.1406	0.1443	0.1480	0.1517
0.4	0.1554	0.1591	0.1628	0.1664	0.1700	0.1736	0.1772	0.1808	0.1844	0.1879
0.5	0.1915	0.1950	0.1985	0.2019	0.2054	0.2088	0.2123	0.2157	0.2190	0.2224
0.6	0.2257	0.2291	0.2324	0.2357	0.2389	0.2422	0.2454	0.2486	0.2517	0.2549
0.7	0.2580	0.2611	0.2642	0.2673	0.2704	0.2734	0.2764	0.2794	0.2823	0.2852
0.8	0.2881	0.2910	0.2939	0.2967	0.2995	0.3023	0.3051	0.3078	0.3106	0.3133
0.9	0.3159	0.3186	0.3212	0.3238	0.3264	0.3289	0.3315	0.3340	0.3365	0.3389
1.0	0.3413	0.3438	0.3461	0.3485	0.3508	0.3531	0.3554	0.3577	0.3599	0.3621
1.1	0.3643	0.3665	0.3686	0.3708	0.3729	0.3749	0.3770	0.3790	0.3810	0.3830
1.2	0.3849	0.3869	0.3888	0.3907	0.3925	0.3944	0.3962	0.3980	0.3997	0.4015
1.3	0.4032	0.4049	0.4066	0.4082	0.4099	0.4115	0.4131	0.4147	0.4162	0.4177
1.4	0.4192	0.4207	0.4222	0.4236	0.4251	0.4265	0.4279	0.4292	0.4306	0.4319
1.5	0.4332	0.4345	0.4357	0.4370	0.4382	0.4394	0.4406	0.4418	0.4429	0.4441
1.6	0.4452	0.4463	0.4474	0.4484	0.4495	0.4505	0.4515	0.4525	0.4535	0.4545
1.7	0.4554	0.4564	0.4573	0.4582	0.4591	0.4599	0.4608	0.4616	0.4625	0.4633
1.8	0.4641	0.4649	0.4656	0.4664	0.4671	0.4678	0.4686	0.4693	0.4699	0.4706
1.9	0.4713	0.4719	0.4726	0.4732	0.4738	0.4744	0.4750	0.4756	0.4761	0.4767
2.0	0.4772	0.4778	0.4783	0.4788	0.4793	0.4798	0.4803	0.4808	0.4812	0.4817
2.1	0.4821	0.4826	0.4830	0.4834	0.4838	0.4842	0.4846	0.4850	0.4854	0.4857
2.2	0.4861	0.4864	0.4868	0.4871	0.4875	0.4878	0.4881	0.4884	0.4887	0.4890
2.3	0.4893	0.4896	0.4898	0.4901	0.4904	0.4906	0.4909	0.4911	0.4913	0.4916
2.4	0.4918	0.4920	0.4922	0.4925	0.4927	0.4929	0.4931	0.4932	0.4934	0.4936
2.5	0.4938	0.4940	0.4941	0.4943	0.4945	0.4946	0.4948	0.4949	0.4951	0.4952
2.6	0.4953	0.4955	0.4956	0.4957	0.4959	0.4960	0.4961	0.4962	0.4963	0.4964
2.7	0.4965	0.4966	0.4967	0.4968	0.4969	0.4970	0.4971	0.4972	0.4973	0.4974
2.8	0.4974	0.4975	0.4976	0.4977	0.4977	0.4978	0.4979	0.4979	0.4980	0.4981
2.9	0.4981	0.4982	0.4982	0.4983	0.4984	0.4984	0.4985	0.4985	0.4986	0.4986
3.0	0.4987	0.4987	0.4987	0.4988	0.4988	0.4989	0.4989	0.4989	0.4990	0.4990

数学① 解答用紙・第1面

注意事項

1　問題番号45の解答欄は，この用紙の第2面にあります。
2　選択問題は，選択した問題番号の解答欄に解答しなさい。
3　訂正は，消しゴムできれいに消し，消しくずを残してはいけません。
4　所定欄以外にはマークしたり，記入したりしてはいけません。
5　汚したり，折りまげたりしてはいけません。

・1科目だけマークしなさい。
・解答科目欄が無マーク又は複数マークの場合は，0点となります。

解答科目欄	
数学I	数学I・数学A
○	○

1

1	解答欄										
	−	±	0	1	2	3	4	5	6	7	8	9
ア	−	±	⓪	①	②	③	④	⑤	⑥	⑦	⑧	⑨
イ	−	±	⓪	①	②	③	④	⑤	⑥	⑦	⑧	⑨
ウ	−	±	⓪	①	②	③	④	⑤	⑥	⑦	⑧	⑨
エ	−	±	⓪	①	②	③	④	⑤	⑥	⑦	⑧	⑨
オ	−	±	⓪	①	②	③	④	⑤	⑥	⑦	⑧	⑨
カ	−	±	⓪	①	②	③	④	⑤	⑥	⑦	⑧	⑨
キ	−	±	⓪	①	②	③	④	⑤	⑥	⑦	⑧	⑨
ク	−	±	⓪	①	②	③	④	⑤	⑥	⑦	⑧	⑨
ケ	−	±	⓪	①	②	③	④	⑤	⑥	⑦	⑧	⑨
コ	−	±	⓪	①	②	③	④	⑤	⑥	⑦	⑧	⑨
サ	−	±	⓪	①	②	③	④	⑤	⑥	⑦	⑧	⑨
シ	−	±	⓪	①	②	③	④	⑤	⑥	⑦	⑧	⑨
ス	−	±	⓪	①	②	③	④	⑤	⑥	⑦	⑧	⑨
セ	−	±	⓪	①	②	③	④	⑤	⑥	⑦	⑧	⑨
ソ	−	±	⓪	①	②	③	④	⑤	⑥	⑦	⑧	⑨
タ	−	±	⓪	①	②	③	④	⑤	⑥	⑦	⑧	⑨
チ	−	±	⓪	①	②	③	④	⑤	⑥	⑦	⑧	⑨
ツ	−	±	⓪	①	②	③	④	⑤	⑥	⑦	⑧	⑨
テ	−	±	⓪	①	②	③	④	⑤	⑥	⑦	⑧	⑨
ト	−	±	⓪	①	②	③	④	⑤	⑥	⑦	⑧	⑨
ナ	−	±	⓪	①	②	③	④	⑤	⑥	⑦	⑧	⑨
ニ	−	±	⓪	①	②	③	④	⑤	⑥	⑦	⑧	⑨
ヌ	−	±	⓪	①	②	③	④	⑤	⑥	⑦	⑧	⑨
ネ	−	±	⓪	①	②	③	④	⑤	⑥	⑦	⑧	⑨
ノ	−	±	⓪	①	②	③	④	⑤	⑥	⑦	⑧	⑨
ハ	−	±	⓪	①	②	③	④	⑤	⑥	⑦	⑧	⑨
ヒ	−	±	⓪	①	②	③	④	⑤	⑥	⑦	⑧	⑨
フ	−	±	⓪	①	②	③	④	⑤	⑥	⑦	⑧	⑨
ヘ	−	±	⓪	①	②	③	④	⑤	⑥	⑦	⑧	⑨
ホ	−	±	⓪	①	②	③	④	⑤	⑥	⑦	⑧	⑨

2

2	解答欄										
	−	±	0	1	2	3	4	5	6	7	8	9
ア	−	±	⓪	①	②	③	④	⑤	⑥	⑦	⑧	⑨
イ	−	±	⓪	①	②	③	④	⑤	⑥	⑦	⑧	⑨
ウ	−	±	⓪	①	②	③	④	⑤	⑥	⑦	⑧	⑨
エ	−	±	⓪	①	②	③	④	⑤	⑥	⑦	⑧	⑨
オ	−	±	⓪	①	②	③	④	⑤	⑥	⑦	⑧	⑨
カ	−	±	⓪	①	②	③	④	⑤	⑥	⑦	⑧	⑨
キ	−	±	⓪	①	②	③	④	⑤	⑥	⑦	⑧	⑨
ク	−	±	⓪	①	②	③	④	⑤	⑥	⑦	⑧	⑨
ケ	−	±	⓪	①	②	③	④	⑤	⑥	⑦	⑧	⑨
コ	−	±	⓪	①	②	③	④	⑤	⑥	⑦	⑧	⑨
サ	−	±	⓪	①	②	③	④	⑤	⑥	⑦	⑧	⑨
シ	−	±	⓪	①	②	③	④	⑤	⑥	⑦	⑧	⑨
ス	−	±	⓪	①	②	③	④	⑤	⑥	⑦	⑧	⑨
セ	−	±	⓪	①	②	③	④	⑤	⑥	⑦	⑧	⑨
ソ	−	±	⓪	①	②	③	④	⑤	⑥	⑦	⑧	⑨
タ	−	±	⓪	①	②	③	④	⑤	⑥	⑦	⑧	⑨
チ	−	±	⓪	①	②	③	④	⑤	⑥	⑦	⑧	⑨
ツ	−	±	⓪	①	②	③	④	⑤	⑥	⑦	⑧	⑨
テ	−	±	⓪	①	②	③	④	⑤	⑥	⑦	⑧	⑨
ト	−	±	⓪	①	②	③	④	⑤	⑥	⑦	⑧	⑨
ナ	−	±	⓪	①	②	③	④	⑤	⑥	⑦	⑧	⑨
ニ	−	±	⓪	①	②	③	④	⑤	⑥	⑦	⑧	⑨
ヌ	−	±	⓪	①	②	③	④	⑤	⑥	⑦	⑧	⑨
ネ	−	±	⓪	①	②	③	④	⑤	⑥	⑦	⑧	⑨
ノ	−	±	⓪	①	②	③	④	⑤	⑥	⑦	⑧	⑨
ハ	−	±	⓪	①	②	③	④	⑤	⑥	⑦	⑧	⑨
ヒ	−	±	⓪	①	②	③	④	⑤	⑥	⑦	⑧	⑨
フ	−	±	⓪	①	②	③	④	⑤	⑥	⑦	⑧	⑨
ヘ	−	±	⓪	①	②	③	④	⑤	⑥	⑦	⑧	⑨
ホ	−	±	⓪	①	②	③	④	⑤	⑥	⑦	⑧	⑨

3

3	解答欄										
	−	±	0	1	2	3	4	5	6	7	8	9
ア	−	±	⓪	①	②	③	④	⑤	⑥	⑦	⑧	⑨
イ	−	±	⓪	①	②	③	④	⑤	⑥	⑦	⑧	⑨
ウ	−	±	⓪	①	②	③	④	⑤	⑥	⑦	⑧	⑨
エ	−	±	⓪	①	②	③	④	⑤	⑥	⑦	⑧	⑨
オ	−	±	⓪	①	②	③	④	⑤	⑥	⑦	⑧	⑨
カ	−	±	⓪	①	②	③	④	⑤	⑥	⑦	⑧	⑨
キ	−	±	⓪	①	②	③	④	⑤	⑥	⑦	⑧	⑨
ク	−	±	⓪	①	②	③	④	⑤	⑥	⑦	⑧	⑨
ケ	−	±	⓪	①	②	③	④	⑤	⑥	⑦	⑧	⑨
コ	−	±	⓪	①	②	③	④	⑤	⑥	⑦	⑧	⑨
サ	−	±	⓪	①	②	③	④	⑤	⑥	⑦	⑧	⑨
シ	−	±	⓪	①	②	③	④	⑤	⑥	⑦	⑧	⑨
ス	−	±	⓪	①	②	③	④	⑤	⑥	⑦	⑧	⑨
セ	−	±	⓪	①	②	③	④	⑤	⑥	⑦	⑧	⑨
ソ	−	±	⓪	①	②	③	④	⑤	⑥	⑦	⑧	⑨
タ	−	±	⓪	①	②	③	④	⑤	⑥	⑦	⑧	⑨
チ	−	±	⓪	①	②	③	④	⑤	⑥	⑦	⑧	⑨
ツ	−	±	⓪	①	②	③	④	⑤	⑥	⑦	⑧	⑨
テ	−	±	⓪	①	②	③	④	⑤	⑥	⑦	⑧	⑨
ト	−	±	⓪	①	②	③	④	⑤	⑥	⑦	⑧	⑨
ナ	−	±	⓪	①	②	③	④	⑤	⑥	⑦	⑧	⑨
ニ	−	±	⓪	①	②	③	④	⑤	⑥	⑦	⑧	⑨
ヌ	−	±	⓪	①	②	③	④	⑤	⑥	⑦	⑧	⑨
ネ	−	±	⓪	①	②	③	④	⑤	⑥	⑦	⑧	⑨
ノ	−	±	⓪	①	②	③	④	⑤	⑥	⑦	⑧	⑨
ハ	−	±	⓪	①	②	③	④	⑤	⑥	⑦	⑧	⑨
ヒ	−	±	⓪	①	②	③	④	⑤	⑥	⑦	⑧	⑨
フ	−	±	⓪	①	②	③	④	⑤	⑥	⑦	⑧	⑨
ヘ	−	±	⓪	①	②	③	④	⑤	⑥	⑦	⑧	⑨
ホ	−	±	⓪	①	②	③	④	⑤	⑥	⑦	⑧	⑨

数学①解答用紙・第2面

4

	解答欄											
	−	±	0	1	2	3	4	5	6	7	8	9
ア	−	±	0	1	2	3	4	5	6	7	8	9
イ	−	±	0	1	2	3	4	5	6	7	8	9
ウ	−	±	0	1	2	3	4	5	6	7	8	9
エ	−	±	0	1	2	3	4	5	6	7	8	9
オ	−	±	0	1	2	3	4	5	6	7	8	9
カ	−	±	0	1	2	3	4	5	6	7	8	9
キ	−	±	0	1	2	3	4	5	6	7	8	9
ク	−	±	0	1	2	3	4	5	6	7	8	9
ケ	−	±	0	1	2	3	4	5	6	7	8	9
コ	−	±	0	1	2	3	4	5	6	7	8	9
サ	−	±	0	1	2	3	4	5	6	7	8	9
シ	−	±	0	1	2	3	4	5	6	7	8	9
ス	−	±	0	1	2	3	4	5	6	7	8	9
セ	−	±	0	1	2	3	4	5	6	7	8	9
ソ	−	±	0	1	2	3	4	5	6	7	8	9
タ	−	±	0	1	2	3	4	5	6	7	8	9
チ	−	±	0	1	2	3	4	5	6	7	8	9
ツ	−	±	0	1	2	3	4	5	6	7	8	9
テ	−	±	0	1	2	3	4	5	6	7	8	9
ト	−	±	0	1	2	3	4	5	6	7	8	9
ナ	−	±	0	1	2	3	4	5	6	7	8	9
ニ	−	±	0	1	2	3	4	5	6	7	8	9
ヌ	−	±	0	1	2	3	4	5	6	7	8	9
ネ	−	±	0	1	2	3	4	5	6	7	8	9
ノ	−	±	0	1	2	3	4	5	6	7	8	9
ハ	−	±	0	1	2	3	4	5	6	7	8	9
ヒ	−	±	0	1	2	3	4	5	6	7	8	9
フ	−	±	0	1	2	3	4	5	6	7	8	9
ヘ	−	±	0	1	2	3	4	5	6	7	8	9
ホ	−	±	0	1	2	3	4	5	6	7	8	9

5

	解答欄											
	−	±	0	1	2	3	4	5	6	7	8	9
ア	−	±	0	1	2	3	4	5	6	7	8	9
イ	−	±	0	1	2	3	4	5	6	7	8	9
ウ	−	±	0	1	2	3	4	5	6	7	8	9
エ	−	±	0	1	2	3	4	5	6	7	8	9
オ	−	±	0	1	2	3	4	5	6	7	8	9
カ	−	±	0	1	2	3	4	5	6	7	8	9
キ	−	±	0	1	2	3	4	5	6	7	8	9
ク	−	±	0	1	2	3	4	5	6	7	8	9
ケ	−	±	0	1	2	3	4	5	6	7	8	9
コ	−	±	0	1	2	3	4	5	6	7	8	9
サ	−	±	0	1	2	3	4	5	6	7	8	9
シ	−	±	0	1	2	3	4	5	6	7	8	9
ス	−	±	0	1	2	3	4	5	6	7	8	9
セ	−	±	0	1	2	3	4	5	6	7	8	9
ソ	−	±	0	1	2	3	4	5	6	7	8	9
タ	−	±	0	1	2	3	4	5	6	7	8	9
チ	−	±	0	1	2	3	4	5	6	7	8	9
ツ	−	±	0	1	2	3	4	5	6	7	8	9
テ	−	±	0	1	2	3	4	5	6	7	8	9
ト	−	±	0	1	2	3	4	5	6	7	8	9
ナ	−	±	0	1	2	3	4	5	6	7	8	9
ニ	−	±	0	1	2	3	4	5	6	7	8	9
ヌ	−	±	0	1	2	3	4	5	6	7	8	9
ネ	−	±	0	1	2	3	4	5	6	7	8	9
ノ	−	±	0	1	2	3	4	5	6	7	8	9
ハ	−	±	0	1	2	3	4	5	6	7	8	9
ヒ	−	±	0	1	2	3	4	5	6	7	8	9
フ	−	±	0	1	2	3	4	5	6	7	8	9
ヘ	−	±	0	1	2	3	4	5	6	7	8	9
ホ	−	±	0	1	2	3	4	5	6	7	8	9

数学②解答用紙・第1面

注意事項

1. 問題番号45の解答欄は，この用紙の第2面にあります。
2. 選択問題は，選択した問題番号の解答欄に解答しなさい。
3. 訂正は，消しゴムできれいに消し，消しくずを残してはいけません。
4. 所定欄以外にはマークしたり，記入したりしてはいけません。
5. 汚したり，折りまげたりしてはいけません。

・1科目だけマークしなさい。
・解答科目欄が無マーク又は複数マークの場合は，0点となることがあります。

解答科目欄			
数学Ⅱ	数学Ⅱ・数学B	簿記・会計	情報関係基礎
○	○	○	○

1 解答欄

1	−	0	1	2	3	4	5	6	7	8	9	a	b	c	d
ア	−	0	1	2	3	4	5	6	7	8	9	a	b	c	d
イ	−	0	1	2	3	4	5	6	7	8	9	a	b	c	d
ウ	−	0	1	2	3	4	5	6	7	8	9	a	b	c	d
エ	−	0	1	2	3	4	5	6	7	8	9	a	b	c	d
オ	−	0	1	2	3	4	5	6	7	8	9	a	b	c	d
カ	−	0	1	2	3	4	5	6	7	8	9	a	b	c	d
キ	−	0	1	2	3	4	5	6	7	8	9	a	b	c	d
ク	−	0	1	2	3	4	5	6	7	8	9	a	b	c	d
ケ	−	0	1	2	3	4	5	6	7	8	9	a	b	c	d
コ	−	0	1	2	3	4	5	6	7	8	9	a	b	c	d
サ	−	0	1	2	3	4	5	6	7	8	9	a	b	c	d
シ	−	0	1	2	3	4	5	6	7	8	9	a	b	c	d
ス	−	0	1	2	3	4	5	6	7	8	9	a	b	c	d
セ	−	0	1	2	3	4	5	6	7	8	9	a	b	c	d
ソ	−	0	1	2	3	4	5	6	7	8	9	a	b	c	d
タ	−	0	1	2	3	4	5	6	7	8	9	a	b	c	d
チ	−	0	1	2	3	4	5	6	7	8	9	a	b	c	d
ツ	−	0	1	2	3	4	5	6	7	8	9	a	b	c	d
テ	−	0	1	2	3	4	5	6	7	8	9	a	b	c	d
ト	−	0	1	2	3	4	5	6	7	8	9	a	b	c	d
ナ	−	0	1	2	3	4	5	6	7	8	9	a	b	c	d
ニ	−	0	1	2	3	4	5	6	7	8	9	a	b	c	d
ヌ	−	0	1	2	3	4	5	6	7	8	9	a	b	c	d
ネ	−	0	1	2	3	4	5	6	7	8	9	a	b	c	d
ノ	−	0	1	2	3	4	5	6	7	8	9	a	b	c	d
ハ	−	0	1	2	3	4	5	6	7	8	9	a	b	c	d
ヒ	−	0	1	2	3	4	5	6	7	8	9	a	b	c	d
フ	−	0	1	2	3	4	5	6	7	8	9	a	b	c	d
ヘ	−	0	1	2	3	4	5	6	7	8	9	a	b	c	d
ホ	−	0	1	2	3	4	5	6	7	8	9	a	b	c	d

2 解答欄

2	−	0	1	2	3	4	5	6	7	8	9	a	b	c	d
ア	−	0	1	2	3	4	5	6	7	8	9	a	b	c	d
イ	−	0	1	2	3	4	5	6	7	8	9	a	b	c	d
ウ	−	0	1	2	3	4	5	6	7	8	9	a	b	c	d
エ	−	0	1	2	3	4	5	6	7	8	9	a	b	c	d
オ	−	0	1	2	3	4	5	6	7	8	9	a	b	c	d
カ	−	0	1	2	3	4	5	6	7	8	9	a	b	c	d
キ	−	0	1	2	3	4	5	6	7	8	9	a	b	c	d
ク	−	0	1	2	3	4	5	6	7	8	9	a	b	c	d
ケ	−	0	1	2	3	4	5	6	7	8	9	a	b	c	d
コ	−	0	1	2	3	4	5	6	7	8	9	a	b	c	d
サ	−	0	1	2	3	4	5	6	7	8	9	a	b	c	d
シ	−	0	1	2	3	4	5	6	7	8	9	a	b	c	d
ス	−	0	1	2	3	4	5	6	7	8	9	a	b	c	d
セ	−	0	1	2	3	4	5	6	7	8	9	a	b	c	d
ソ	−	0	1	2	3	4	5	6	7	8	9	a	b	c	d
タ	−	0	1	2	3	4	5	6	7	8	9	a	b	c	d
チ	−	0	1	2	3	4	5	6	7	8	9	a	b	c	d
ツ	−	0	1	2	3	4	5	6	7	8	9	a	b	c	d
テ	−	0	1	2	3	4	5	6	7	8	9	a	b	c	d
ト	−	0	1	2	3	4	5	6	7	8	9	a	b	c	d
ナ	−	0	1	2	3	4	5	6	7	8	9	a	b	c	d
ニ	−	0	1	2	3	4	5	6	7	8	9	a	b	c	d
ヌ	−	0	1	2	3	4	5	6	7	8	9	a	b	c	d
ネ	−	0	1	2	3	4	5	6	7	8	9	a	b	c	d
ノ	−	0	1	2	3	4	5	6	7	8	9	a	b	c	d
ハ	−	0	1	2	3	4	5	6	7	8	9	a	b	c	d
ヒ	−	0	1	2	3	4	5	6	7	8	9	a	b	c	d
フ	−	0	1	2	3	4	5	6	7	8	9	a	b	c	d
ヘ	−	0	1	2	3	4	5	6	7	8	9	a	b	c	d
ホ	−	0	1	2	3	4	5	6	7	8	9	a	b	c	d

3 解答欄

3	−	0	1	2	3	4	5	6	7	8	9	a	b	c	d
ア	−	0	1	2	3	4	5	6	7	8	9	a	b	c	d
イ	−	0	1	2	3	4	5	6	7	8	9	a	b	c	d
ウ	−	0	1	2	3	4	5	6	7	8	9	a	b	c	d
エ	−	0	1	2	3	4	5	6	7	8	9	a	b	c	d
オ	−	0	1	2	3	4	5	6	7	8	9	a	b	c	d
カ	−	0	1	2	3	4	5	6	7	8	9	a	b	c	d
キ	−	0	1	2	3	4	5	6	7	8	9	a	b	c	d
ク	−	0	1	2	3	4	5	6	7	8	9	a	b	c	d
ケ	−	0	1	2	3	4	5	6	7	8	9	a	b	c	d
コ	−	0	1	2	3	4	5	6	7	8	9	a	b	c	d
サ	−	0	1	2	3	4	5	6	7	8	9	a	b	c	d
シ	−	0	1	2	3	4	5	6	7	8	9	a	b	c	d
ス	−	0	1	2	3	4	5	6	7	8	9	a	b	c	d
セ	−	0	1	2	3	4	5	6	7	8	9	a	b	c	d
ソ	−	0	1	2	3	4	5	6	7	8	9	a	b	c	d
タ	−	0	1	2	3	4	5	6	7	8	9	a	b	c	d
チ	−	0	1	2	3	4	5	6	7	8	9	a	b	c	d
ツ	−	0	1	2	3	4	5	6	7	8	9	a	b	c	d
テ	−	0	1	2	3	4	5	6	7	8	9	a	b	c	d
ト	−	0	1	2	3	4	5	6	7	8	9	a	b	c	d
ナ	−	0	1	2	3	4	5	6	7	8	9	a	b	c	d
ニ	−	0	1	2	3	4	5	6	7	8	9	a	b	c	d
ヌ	−	0	1	2	3	4	5	6	7	8	9	a	b	c	d
ネ	−	0	1	2	3	4	5	6	7	8	9	a	b	c	d
ノ	−	0	1	2	3	4	5	6	7	8	9	a	b	c	d
ハ	−	0	1	2	3	4	5	6	7	8	9	a	b	c	d
ヒ	−	0	1	2	3	4	5	6	7	8	9	a	b	c	d
フ	−	0	1	2	3	4	5	6	7	8	9	a	b	c	d
ヘ	−	0	1	2	3	4	5	6	7	8	9	a	b	c	d
ホ	−	0	1	2	3	4	5	6	7	8	9	a	b	c	d

数学②解答用紙・第2面

4	解答欄														
	−	0	1	2	3	4	5	6	7	8	9	a	b	c	d
ア	−	0	1	2	3	4	5	6	7	8	9	a	b	c	d
イ	−	0	1	2	3	4	5	6	7	8	9	a	b	c	d
ウ	−	0	1	2	3	4	5	6	7	8	9	a	b	c	d
エ	−	0	1	2	3	4	5	6	7	8	9	a	b	c	d
オ	−	0	1	2	3	4	5	6	7	8	9	a	b	c	d
カ	−	0	1	2	3	4	5	6	7	8	9	a	b	c	d
キ	−	0	1	2	3	4	5	6	7	8	9	a	b	c	d
ク	−	0	1	2	3	4	5	6	7	8	9	a	b	c	d
ケ	−	0	1	2	3	4	5	6	7	8	9	a	b	c	d
コ	−	0	1	2	3	4	5	6	7	8	9	a	b	c	d
サ	−	0	1	2	3	4	5	6	7	8	9	a	b	c	d
シ	−	0	1	2	3	4	5	6	7	8	9	a	b	c	d
ス	−	0	1	2	3	4	5	6	7	8	9	a	b	c	d
セ	−	0	1	2	3	4	5	6	7	8	9	a	b	c	d
ソ	−	0	1	2	3	4	5	6	7	8	9	a	b	c	d
タ	−	0	1	2	3	4	5	6	7	8	9	a	b	c	d
チ	−	0	1	2	3	4	5	6	7	8	9	a	b	c	d
ツ	−	0	1	2	3	4	5	6	7	8	9	a	b	c	d
テ	−	0	1	2	3	4	5	6	7	8	9	a	b	c	d
ト	−	0	1	2	3	4	5	6	7	8	9	a	b	c	d
ナ	−	0	1	2	3	4	5	6	7	8	9	a	b	c	d
ニ	−	0	1	2	3	4	5	6	7	8	9	a	b	c	d
ヌ	−	0	1	2	3	4	5	6	7	8	9	a	b	c	d
ネ	−	0	1	2	3	4	5	6	7	8	9	a	b	c	d
ノ	−	0	1	2	3	4	5	6	7	8	9	a	b	c	d
ハ	−	0	1	2	3	4	5	6	7	8	9	a	b	c	d
ヒ	−	0	1	2	3	4	5	6	7	8	9	a	b	c	d
フ	−	0	1	2	3	4	5	6	7	8	9	a	b	c	d
ヘ	−	0	1	2	3	4	5	6	7	8	9	a	b	c	d
ホ	−	0	1	2	3	4	5	6	7	8	9	a	b	c	d

5	解答欄														
	−	0	1	2	3	4	5	6	7	8	9	a	b	c	d
ア	−	0	1	2	3	4	5	6	7	8	9	a	b	c	d
イ	−	0	1	2	3	4	5	6	7	8	9	a	b	c	d
ウ	−	0	1	2	3	4	5	6	7	8	9	a	b	c	d
エ	−	0	1	2	3	4	5	6	7	8	9	a	b	c	d
オ	−	0	1	2	3	4	5	6	7	8	9	a	b	c	d
カ	−	0	1	2	3	4	5	6	7	8	9	a	b	c	d
キ	−	0	1	2	3	4	5	6	7	8	9	a	b	c	d
ク	−	0	1	2	3	4	5	6	7	8	9	a	b	c	d
ケ	−	0	1	2	3	4	5	6	7	8	9	a	b	c	d
コ	−	0	1	2	3	4	5	6	7	8	9	a	b	c	d
サ	−	0	1	2	3	4	5	6	7	8	9	a	b	c	d
シ	−	0	1	2	3	4	5	6	7	8	9	a	b	c	d
ス	−	0	1	2	3	4	5	6	7	8	9	a	b	c	d
セ	−	0	1	2	3	4	5	6	7	8	9	a	b	c	d
ソ	−	0	1	2	3	4	5	6	7	8	9	a	b	c	d
タ	−	0	1	2	3	4	5	6	7	8	9	a	b	c	d
チ	−	0	1	2	3	4	5	6	7	8	9	a	b	c	d
ツ	−	0	1	2	3	4	5	6	7	8	9	a	b	c	d
テ	−	0	1	2	3	4	5	6	7	8	9	a	b	c	d
ト	−	0	1	2	3	4	5	6	7	8	9	a	b	c	d
ナ	−	0	1	2	3	4	5	6	7	8	9	a	b	c	d
ニ	−	0	1	2	3	4	5	6	7	8	9	a	b	c	d
ヌ	−	0	1	2	3	4	5	6	7	8	9	a	b	c	d
ネ	−	0	1	2	3	4	5	6	7	8	9	a	b	c	d
ノ	−	0	1	2	3	4	5	6	7	8	9	a	b	c	d
ハ	−	0	1	2	3	4	5	6	7	8	9	a	b	c	d
ヒ	−	0	1	2	3	4	5	6	7	8	9	a	b	c	d
フ	−	0	1	2	3	4	5	6	7	8	9	a	b	c	d
ヘ	−	0	1	2	3	4	5	6	7	8	9	a	b	c	d
ホ	−	0	1	2	3	4	5	6	7	8	9	a	b	c	d

2024